P9-EIF-977

DISCARDED
FROM
LMSD LIBRARY

REFERENCE

528
N22a
1989

SV
(REF)

THE
ASTRONOMICAL
ALMANAC

FOR THE YEAR

1989

D658/9F660

Data for Astronomy, Space Sciences, Geodesy,
Surveying, Navigation and other applications

Sunnyvale

Return to LMSC Library. Do not destroy
or transmit to another person or office.

WASHINGTON	LONDON
Issued by the	Issued by
Nautical Almanac Office	Her Majesty's
United States	Nautical Almanac Office
Naval Observatory	Royal Greenwich Observatory
by direction of the	on behalf of the
Secretary of the Navy	Science and Engineering
and under the	Research
authority of Congress	Council

WASHINGTON: U.S. GOVERNMENT PRINTING OFFICE
LONDON: HER MAJESTY'S STATIONERY OFFICE

DISCARDED
FROM
LMSD LIBRARY

ISBN 0 11 886932 9

UNITED STATES

For sale by the
Superintendent of Documents
U.S. GOVERNMENT PRINTING OFFICE
Washington, D.C., 20402

UNITED KINGDOM

© *Crown copyright 1988*

First published 1988

For sale by

HER MAJESTY'S STATIONERY OFFICE

HMSO publications are available from:

HMSO Publications Centre
(Mail and telephone orders only)
PO Box 276, London SW8 5DT
Telephone orders (01) 622 3316
General enquiries (01) 211 5656

HMSO Bookshops
49 High Holborn, London, WC1V 6HB   (01) 211 5656 (Counter service only)
258 Broad Street, Birmingham, B1 2HE   (021) 643 3757
Southey House, 33 Wine Street, Bristol, BS1 2BQ   (0272) 24306/24307
9-21 Princess Street, Manchester, M60 8AS   (061) 834 7201
80 Chichester Street, Belfast, BT1 4JY   (0232) 238451
13a Castle Street, Edinburgh, EH2 3AR   (031) 225 6333

HMSO's Accredited Agents
(see Yellow Pages)

And through good booksellers

Overseas Orders to:
The Government Bookshop
P.O. Box 276, London SW8 5DT

NOTE
Every care is taken to prevent errors in the production of
this publication. As a final precaution it is recommended
that the sequence of pages in this copy be examined on
receipt. If faulty it should be returned for replacement.

Printed in the United States of America
by the U.S. Government Printing Office

Beginning with the edition for 1981, the title *The Astronomical Almanac* replaced both the title *The American Ephemeris and Nautical Almanac* and the title *The Astronomical Ephemeris*. The changes in title symbolise the unification of the two series, which until 1980 were published separately in the United States of America since 1855 and in the United Kingdom since 1767. *The Astronomical Almanac* is prepared jointly by the Nautical Almanac Office, United States Naval Observatory, and H.M. Nautical Almanac Office, Royal Greenwich Observatory, and is published jointly by the United States Government Printing Office and Her Majesty's Stationery Office; it is printed only in the United States of America but some of the reproducible material that is used is prepared in the United Kingdom.

The principal ephemerides in this Almanac have been computed from fundamental ephemerides of the planets and the Moon prepared at the Jet Propulsion Laboratory, California, in cooperation with the U.S. Naval Observatory. They are in general accord with the recommendations of the International Astronomical Union and are consistent with the IAU (1976) system of astronomical constants apart from minor modifications introduced to permit a better fit to observations; in particular, dynamical time-scales and the standard reference system of J2000·0 are used where appropriate. A brief description of the use of each ephemeris is given with it, and the bases and additional notes are given in the Explanation at the end of the volume. Additional information about the IAU recommendations and the ephemerides is given in the *Supplement to the Astronomical Almanac for 1984*. A new Explanatory Supplement to the Astronomical Almanac is in preparation and will be published as soon as possible.

By international agreement the tasks of computation and publication of astronomical ephemerides are shared between the ephemeris offices of a number of countries. The sources of the basic data for this Almanac are indicated in the list of contributors on page vii. This volume was designed in consultation with other astronomers of many countries, and is intended to provide current, accurate astronomical data for use in the making and reduction of observations and for general purposes. (The other publications listed on pages viii–ix give astronomical data for particular applications, such as navigation and surveying.) Any changes introduced since the previous volume are listed on page iv. Suggestions for further improvement of this Almanac would be welcomed; they should be sent to the Director, Nautical Almanac Office, United States Naval Observatory or to the Superintendent, H.M. Nautical Almanac Office, Royal Greenwich Observatory.

R. A. ANAWALT   ALEXANDER BOKSENBERG,
Captain, U.S. Navy,   *Director,*
Superintendent, U.S. Naval Observatory,   *Royal Greenwich Observatory,*
Washington, D.C. 20390,   *Herstmonceux Castle, Hailsham,*
U.S.A.   *East Sussex, BN27 1RP, England*

May 1987

CORRECTIONS TO RECENT VOLUMES

Astronomical Almanac 1984–1988

Page F62: The expression for ζ should be

$$\zeta = (a/\delta)\,(r/a)\,[\cos b \cos B \cos (l - U) - \sin b \sin B]$$

Astronomical Almanac 1987

Page C2: In the expression for the mean longitude of perigee of the Sun

for $232°.714\ 766$ read $282°.714\ 766$

In the expression for the Sun's mean anomaly

for $346°.419\ 176$ read $356°.419\ 176$

CONTENTS, 1989

PRELIMINARIES   PAGE   PAGE

Preface   iii   Staff Lists   vi
Corrections to recent volumes   iv   List of contributors   vii
Contents   v   Related publications   viii

Section A   PHENOMENA
Seasons: Moon's phases; planetary phenomena; principal occultations; visibility of planets; elongations and magnitudes of planets; diary of phenomena; times of sunrise, sunset, twilight, moonrise and moonset; eclipses.

Section B   TIME-SCALES AND COORDINATE SYSTEMS
Calendar; chronological cycles and eras; religious calendars; relationships between time scales; universal and sidereal times; reduction of celestial coordinates; proper motion, annual parallax, aberration, light-deflection, precession and nutation; Besselian day numbers; second-order day numbers; rigorous formulae for apparent place reduction; position and velocity of the Earth; mean place conversion from B1950·0 to J2000·0 and from J2000·0 to B1950·0; matrix elements for precession and nutation; polar motion; diurnal parallax and aberration; altitude, azimuth; refraction; pole star formulae and table.

Section C   SUN
Mean orbital elements, elements of rotation; ecliptic and equatorial coordinates; heliographic coordinates, horizontal parallax, semi-diameter and time of transit; geocentric rectangular coordinates; low-precision formulae for coordinates of the Sun and the equation of time.

Section D   MOON
Phases; perigee and apogee; mean elements of orbit and rotation; lengths of mean months; geocentric, topocentric and selenographic coordinates; formulae for libration; ecliptic and equatorial coordinates, distance, horizontal parallax, semi-diameter and time of transit; physical ephemeris; daily polynomial coefficients; low-precision formulae for geocentric and topocentric coordinates.

Section E   MAJOR PLANETS
Osculating orbital elements for Mercury, Venus, Earth, Mars, Jupiter, Saturn, Uranus, Neptune and Pluto; rotation elements; heliocentric ecliptic coordinates; geocentric equatorial coordinates; times of transit; physical ephemerides.

Section F   SATELLITES OF THE PLANETS
Ephemerides and phenomena of the satellites of Mars, Jupiter, Saturn (including the rings), Uranus, Neptune and Pluto.

Section G   MINOR PLANETS AND COMETS
Geocentric equatorial coordinates and time of transit for Ceres, Pallas, Juno and Vesta; orbital elements, magnitudes and dates of opposition of the larger minor planets; perihelion passages of comets.

Section H   STARS AND STELLAR SYSTEMS
Lists of bright stars, *UBVRI* standard stars, *uvby* and Hβ standard stars, radial velocity standard stars, bright galaxies, astrometric radio source positions, radio telescope flux calibrators, X-ray sources, variable stars, quasars and pulsars.

Section J   OBSERVATORIES
Index of observatory name and place; lists of optical and radio observatories; lists of instruments.

Section K   TABLES AND DATA
Julian dates of Gregorian calendar dates; IAU system of astronomical constants; reduction of time scales; reduction of terrestrial coordinates; geodetic reference systems; interpolation methods.

Section L   EXPLANATION   Section M   GLOSSARY   Section N   INDEX

The pagination within each section is given in full on the first page of each section.

U. S. NAVAL OBSERVATORY

Captain R. A. Anawalt, *U.S.N.*, *Superintendent*

ASTRONOMICAL COUNCIL

Captain R. A. Anawalt, *U.S.N.*, *Superintendent*
Lt. Commander William F. Johnson, *U.S.N.*, *Deputy Superintendent*
Gart Westerhout, *Scientific Director*
Gernot M. R. Winkler, *Director, Time Service Department*
P. Kenneth Seidelmann, *Director, Nautical Almanac Office*
James A. Hughes, *Director, Astrometry Department*

NAUTICAL ALMANAC OFFICE

P. Kenneth Seidelmann, *Director*
Paul M. Janiczek, *Chief, Ephemerides Division*
Alan D. Fiala, *Chief, Astronomical Data Division*
LeRoy E. Doggett, *Head, Publications Branch*
Marta R. Goldblatt, *Head, ADP Branch*

Dan Pascu	James L. Hilton
John A. Bangert	James R. Rohde
Jean B. Dudley	Wanda L. Jenkins
Richard E. Schmidt	William T. Harris
Peter C. Kammeyer	Michael J. Kulas
Marie R. Lukac	James A. DeYoung
Ernest J. Santoro	Gretchen M. Robenhymer
Tim S. Carroll	Charlotte S. James
	Candice P. Baines

ROYAL GREENWICH OBSERVATORY

Alexander Boksenberg, Ph.D., F.R.S., *Director*

HER MAJESTY'S NAUTICAL ALMANAC OFFICE

G. A. Wilkins, B.Sc., Ph.D., *Superintendent*

B. D. Yallop, B.Sc., Ph.D.	Miss C. Y. Hohenkerk, B.Sc.
A. T. Sinclair, B.Sc., Ph.D.	Mrs. A. F. Strong
D. B. Taylor, B.Sc., Ph.D.	Mrs. I. M. Rhodes

Mrs. A. E. Hedges, *Secretary*

In addition, the following persons have assisted in the preparation and proof-reading of the publications of the Office:
Mrs. M. J. Everest, Mrs. P. V. Long and Mrs. R. A. Yallop.

May 1987

The data in this volume have been prepared as follows:—

By H. M. Nautical Almanac Office, Royal Greenwich Observatory:

Section A—phenomena, rising and setting of Sun and Moon; B—ephemerides and tables relating to time-scales and coordinate reference frames; D—physical ephemerides, geocentric coordinates and daily polynomial coefficients of the Moon; G—geocentric positions of minor planets; K—tables and data.

By the Nautical Almanac Office, United States Naval Observatory:

Section A—eclipses of Sun and Moon; C—physical ephemerides, geocentric and rectangular coordinates of the Sun; E—physical ephemerides, geocentric coordinates and transit times of the major planets; F—ephemerides of satellites, except Jupiter I–IV; H–data for lists of bright stars, lists of photometric standard stars, bright galaxies, radio source positions, radio flux calibrators, X-ray sources, radial velocity standard stars, variable stars, quasars and pulsars; J—information on observatories; L—explanation; M—glossary; N–index.

By the Service des Calculs, Bureau des Longitudes, Paris:

Section F—ephemerides of satellites I–IV of Jupiter.

By the Institute of Theoretical Astronomy, Leningrad:

Section G—orbital elements of minor planets.

In general the Office responsible for the preparation of the data has drafted the related explanatory notes and auxiliary material, but both have contributed to the final form of the material. The preliminaries, part of Section A and Sections B, D, G and K have been composed in the United Kingdom, while the rest of the material has been composed in the United States. The work of proofreading has been shared, but no attempt has been made to eliminate the differences in spelling and style between the contributions of the two Offices.

Joint publications of the Royal Greenwich Observatory and the United States Naval Observatory

Except for the *Explanatory Supplement*, these publications are available from Her Majesty's Stationery Office at the addresses listed on page ii of this volume and from the Superintendent of Documents, U.S. Government Printing Office, Washington, D.C. 20402.

The Nautical Almanac contains ephemerides at an interval of one hour and auxiliary astronomical data for marine navigation.

The Air Almanac contains ephemerides at an interval of ten minutes and auxiliary astronomical data for air navigation.

Astronomical Phenomena contains extracts from *The Astronomical Almanac* and is published annually in advance of the main volume. It contains the dates and times of planetary and lunar phenomena and other astronomical data of general interest.

Planetary and Lunar Coordinates, 1984–2000 provides low-precision astronomical data for use in advance of the annual ephemerides and for other purposes. It contains heliocentric, geocentric, spherical and rectangular coordinates of the Sun, Moon and planets, eclipse data, and auxiliary data, such as orbital elements and precessional constants.

Explanatory Supplement to The Astronomical Ephemeris and The American Ephemeris and Nautical Almanac contains detailed explanations of the basis and derivation of each ephemeris in the *AE* in the edition for 1960; it also contains other useful material that is relevant to positional and dynamical astronomy and to chronology. Footnotes indicate the changes that have been introduced since 1960 and it contains a reprint of *The Supplement to A.E. 1968*, which gives an account of the introduction of the IAU (1964) system of astronomical constants. It was published by Her Majesty's Stationery Office but is now out of print. A new Explanatory Supplement to the Astronomical Almanac is in preparation.

Other publications of the United States Naval Observatory

Except for *The Ephemeris*, these publications are available from the Nautical Almanac Office, U.S. Naval Observatory, Washington, D.C. 20390.

Almanac for Computers contains short mathematical series which are used to represent the positions of the Sun, Moon and planets for efficient evaluation with small computers or programmable calculators. Data for both astronomical and navigational applications are included.

Astronomical Papers of the American Ephemeris are issued irregularly and contain reports of research in celestial mechanics with particular relevance to ephemerides.

U.S. Naval Observatory Circulars are issued irregularly to disseminate astronomical data concerning ephemerides or astronomical phenomena.

The Floppy Almanac is an integrated package of software and astronomical data on a floppy diskette.*The Floppy Almanac* will produce to full precision most of the data in the *Astronomical Almanac* including both positional and physical data interpolated to any date and time within the appropriate year. Versions are available for microcomputers compatible with the IBM PC, XT or AT, running under MS-DOS with at least 256k of memory.

Other publications of the Royal Greenwich Observatory

The Star Almanac for Land Surveyors contains tabulations of R, declination and E for the Sun for every 6 hours, and right ascension to $0^s\cdot1$ and declination to $1''$ of all stars brighter than magnitude $4\cdot0$ for each month. In addition the ephemerides of R, declination and E for the Sun are represented by polynomial series for each month. This volume is available from Her Majesty's Stationery Office and from Bernan Associates, 9730 E George Palmer Highway, Lanham, MD 20706.

Compact Data for Navigation and Astronomy for 1986 to 1990 contains data, which are mainly in the form of polynomial coefficients, for use by navigators and astronomers to calculate the positions of the Sun, Moon, navigational planets and bright stars using a small programmable calculator or personal computer.

Interpolation and Allied Tables contains tables, formulae and explanatory notes on the techniques for numerical interpolation, differentiation and integration; in particular, it contains extensive tables of Bessel and Everett interpolation coefficients. This booklet is available from Her Majesty's Stationery Office and Bernan Associates, 9730 E George Palmer Highway, Lanham, MD 20706. The companion booklet *Subtabulation* contains tables of Lagrange interpolation coefficients at intervals of 1/20 and 1/24, as well as details for two other techniques of systematic interpolation.

Royal Observatory Bulletins (Nos. 21–181) and *Royal Greenwich Observatory Bulletins* (Nos. 1–20 and from No. 182) are issued irregularly and contain details of current astronomical research. Recent volumes are No. 192, "Catalogue of observations of total occultations of stars by the Moon for the years 1972–1980, and grazing occultations for the years 1963–1980" and No. 193, "Herstmonceux observations of the Sun, planets and Moon 1957–1982". These publications may be obtained, subject to availability, from the Royal Greenwich Observatory, Herstmonceux Castle, Hailsham, East Sussex, BN27 1RP.

Publications of other countries

Apparent Places of Fundamental Stars is prepared annually by the Astronomisches Rechen-Institut in Heidelberg and contains mean and apparent coordinates of 1535 stars of the *Fifth Fundamental Catalogue* (FK5). This volume is available from Verlag G. Braun, Karl-Friedrich-Strasse, 14–18, Karlsruhe, Germany.

Ephemerides of Minor Planets is prepared annually by the Institute of Theoretical Astronomy, and published by the Academy of Sciences of the U.S.S.R. Included in this volume are elements, opposition dates and opposition ephemerides of all numbered minor planets. This volume is available from the Institute of Theoretical Astronomy, Leningrad.

CONTENTS OF SECTION A

	PAGE
Principal phenomena of Sun, Moon and planets	A1
Elongations and magnitudes of planets at 0^h UT	A4
Visibility of planets	A6
Diary of phenomena	A9
Risings, settings and twilights	A12
Examples of rising and setting phenomena	A13
Sunrise and sunset	A14
Beginning and end of civil twilight	A22
Beginning and end of nautical twilight	A30
Beginning and end of astronomical twilight	A38
Moonrise and moonset	A46
Eclipses of Sun and Moon	A79

NOTE: All the times in this section are expressed in universal time (UT).

THE SUN

		d h			d h m			d h m
Perigee	... Jan.	1 22	Equinoxes	... Mar.	20 15 28 ...	... Sept.	23 01 20
Apogee	... July	4 12	Solstices	... June	21 09 53 ...	... Dec.	21 21 22

PHASES OF THE MOON

Lunation	New Moon	First Quarter	Full Moon	Last Quarter
	d h m	d h m	d h m	d h m
817	Jan. 7 19 22	Jan. 14 13 58	Jan. 21 21 33	Jan. 30 02 02
818	Feb. 6 07 37	Feb. 12 23 15	Feb. 20 15 32	Feb. 28 20 08
819	Mar. 7 18 19	Mar. 14 10 11	Mar. 22 09 58	Mar. 30 10 21
820	Apr. 6 03 33	Apr. 12 23 13	Apr. 21 03 13	Apr. 28 20 46
821	May 5 11 46	May 12 14 19	May 20 18 16	May 28 04 01
822	June 3 19 53	June 11 06 59	June 19 06 57	June 26 09 09
823	July 3 04 59	July 11 00 19	July 18 17 42	July 25 13 31
824	Aug. 1 16 06	Aug. 9 17 28	Aug. 17 03 07	Aug. 23 18 40
825	Aug. 31 05 44	Sept. 8 09 49	Sept. 15 11 51	Sept. 22 02 10
826	Sept. 29 21 47	Oct. 8 00 52	Oct. 14 20 32	Oct. 21 13 19
827	Oct. 29 15 27	Nov. 6 14 11	Nov. 13 05 51	Nov. 20 04 44
828	Nov. 28 09 41	Dec. 6 01 26	Dec. 12 16 30	Dec. 19 23 54
829	Dec. 28 03 20			

ECLIPSES

Total eclipse of the Moon	Feb. 20	N.W. of N. America, arctic regions, Australasia, Asia, extreme E. Africa, N.E. Europe
Partial eclipse of the Sun	Mar. 7	Hawaiian Islands, N.W. of N. America, Greenland, extreme N.E. Asia, arctic regions
Total eclipse of the Moon	Aug. 17	Extreme W. Asia, Europe except N.E., Africa, Iceland, S. of Greenland, The Americas except N.W., Antarctica
Partial eclipse of the Sun	Aug. 31	Extreme S.E. Africa, Madagascar, part of Antarctica

For further details see page A79.

OCCULTATIONS OF PLANETS AND BRIGHT STARS BY THE MOON

Date		Body	Area of Visibility
	d h		
Jan.	5 01	*Antares*	Madagascar, S. Indian Ocean, Antarctica, New Zealand
Jan.	24 04	*Regulus*	E. of N. America, E. of Central America, W. Indies, W. and S. of Africa
Feb.	1 11	*Antares*	S. Pacific, extreme S. of S. America, Antarctica
Feb.	20 11	*Regulus*	Japan, N. Pacific, Hawaii, S.E. Pacific
Feb.	28 19	*Antares*	S. Indian Ocean, Antarctica
Mar.	6 04	Mercury	E. Africa, Asia
Mar.	19 17	*Regulus*	S. Europe, N. Africa, S. Asia, E. Indies, Australia except E.
Mar.	28 02	*Antares*	S. and S.E. of S. America, Antarctica, extreme S.W. Australia
Apr.	15 23	*Regulus*	S. of N. America, Central America, W. Indies, N. of S. America, S.W. Africa
Apr.	24 07	*Antares*	S. Pacific, S. of S. America, Antarctica, extreme S. of Africa
May	13 06	*Regulus*	New Guinea, S. Pacific
May	21 13	*Antares*	Indonesia, Australia except N., New Zealand, S. Pacific
June	9 14	*Regulus*	S. Africa, Madagascar, Antarctica
June	17 21	*Antares*	E. of S. America, S. Atlantic, extreme S. of Africa, Antarctica, extreme S.W. Australia
July	5 04	Venus	E. Asia, Japan, W. and S. Pacific
July	6 23	*Regulus*	S. Pacific, extreme N. of New Zealand, Antarctica
July	15 05	*Antares*	E. Australia, New Zealand, S. Pacific, Antarctica, S. of S. America
Aug.	3 07	*Regulus*	S.E. Africa, Madagascar, S. Indian Ocean, Antarctica
Aug.	11 14	*Antares*	S. Africa, Antarctica, Tasmania, New Zealand, S.E. Australia
Sept.	2 16	Mercury	S. America except N., Antarctica
Sept.	7 22	*Antares*	S. Pacific, extreme S. of S. America, Antarctica, S. Atlantic, extreme S. of Africa
Sept.	26 21	*Regulus*	E. Australia, New Zealand, S. Pacific, Antarctica
Oct.	5 05	*Antares*	W. Java, W. and S. Australia, New Zealand, part of Antarctica
Oct.	24 02	*Regulus*	S.E. Africa, Antarctica
Nov.	1 11	*Antares*	S. Africa, S. Madagascar, S. Indian Ocean, W. Australia, E. Java
Nov.	2 22	Venus	New Zealand, Antarctica, extreme S. of S. America
Dec.	2 08	Venus	Asia except extreme W., Japan
Dec.	26 00	*Antares*	E. Indies, Australasia, S. Pacific

OCCULTATIONS OF X-RAY SOURCES BY THE MOON

Occultations occur at intervals of a lunar month between the dates given below:

Source	Dates	Source	Dates	Source	Dates
H1645 − 284	Jan. 5–Apr. 24	GX	0 2 1 2	Jan. 6–Mar. 2	A1742 − 294	Mar. 2 only
	July 15–Sept. 8	GX + 1·1 − 1·0	Jan. 6–Oct. 6	GX3 + 1	Oct. 6–Dec. 27
GX359 + 1	Jan. 6–Dec. 27	OSO − 8 Burst	Jan. 6–Dec. 27	U GEM	Oct. 21–Dec. 15
A1742 − 28	Jan. 6–Sept. 9	NGC918	Jan. 15–Dec. 9	H2215 − 086	Nov. 7–Dec. 5
GCX	Jan. 6–Apr. 25	4U0548 + 29	Jan. 19–Sept. 22	4U0538 + 26	Nov. 15–Dec. 12
MXB1743 − 28	Jan. 6–Dec. 27	3U1237 − 07	Jan. 27–Nov. 23		

AVAILABILITY OF PREDICTIONS OF LUNAR OCCULTATIONS

The International Lunar Occultation Centre, Astronomical Division, Hydrographic Department, Tsukiji-5, Chuo-ku, Tokyo, 104 JAPAN is responsible for the predictions and for the reductions of timings of occultations of stars by the Moon.

GEOCENTRIC PHENOMENA

MERCURY

	d h	d h	d h	d h
Greatest elongation East.	Jan. 9 02 (19°)	May 1 03 (21°)	Aug. 29 10 (27°)	Dec. 23 08 (20°)
Stationary	Jan. 15 15	May 12 23	Sept. 11 14	Dec. 30 16
Inferior conjunction ...	Jan. 25 00	May 23 22	Sept. 24 22	—
Stationary	Feb. 5 14	June 5 02	Oct. 3 06	—
Greatest elongation West	Feb. 18 16 (26°)	June 18 12 (23°)	Oct. 10 12 (18°)	—
Superior conjunction ...	Apr. 4 14	July 18 08	Nov. 10 19	—

VENUS

	d h			d h
Superior conjunction ...	Apr. 4 23	Greatest brilliancy	...	Dec. 14 09
Greatest elongation East	Nov. 8 17 (47°)	Stationary ...	...	Dec. 27 23

SUPERIOR PLANETS

	Stationary	Opposition	Stationary	Conjunction
	d h	d h	d h	d h
Mars	—	—	—	Sept. 29 19
Jupiter	Oct. 29 01	Dec. 27 14	Jan. 20 14	June 9 09
Saturn	Apr. 23 00	July 2 13	Sept. 11 05	—
Uranus	Apr. 9 09	June 24 22	Sept. 10 01	Dec. 27 06
Neptune	Apr. 13 22	July 2 23	Sept. 21 05	—
Pluto	Feb. 20 12	May 4 07	July 28 11	Nov. 7 13

OCCULTATIONS BY PLANETS AND SATELLITES

Details of predictions of occultations of stars by planets, minor planets and satellites are given in *The Handbook of the British Astronomical Association.*

HELIOCENTRIC PHENOMENA

	Perihelion	Aphelion	Descending Node	Greatest Lat. South	Ascending Node	Greatest Lat. North
Mercury	Jan. 17	Mar. 2	—	—	Jan. 12	Jan. 27
	Apr. 15	May 29	Feb. 19	Mar. 22	Apr. 10	Apr. 25
	July 12	Aug. 25	May 18	June 18	July 7	July 22
	Oct. 8	Nov. 21	Aug. 14	Sept. 14	Oct. 3	Oct. 18
	—	—	Nov. 10	Dec. 11	Dec. 30	—
Venus	—	Feb. 23	Jan. 20	Mar. 17	May 13	July 7
	June 16	Oct. 6	Sept. 1	Oct. 28	Dec. 23	—
Mars	—	July 22	Dec. 29	—	—	June 14

Pluto: Perihelion, Sept. 5
Jupiter, Saturn, Uranus, Neptune: None in 1989

PHENOMENA, 1989

ELONGATIONS AND MAGNITUDES OF PLANETS AT 0ʰ UT

Date	Mercury Elong.	Mercury Mag.	Venus Elong.	Venus Mag.	Date	Mercury Elong.	Mercury Mag.	Venus Elong.	Venus Mag.
Jan. −1	E. 16	−0.7	W. 23	−3.9	July 3	W. 17	−0.8	E. 23	−3.9
4	18	0.7	22	3.9	8	12	1.2	25	3.9
9	19	−0.6	21	3.9	13	6	1.7	26	3.9
14	18	0.0	20	3.9	18	W. 2	2.1	27	3.9
19	12	+1.6	19	3.9	23	E. 6	1.6	29	3.9
24	E. 4	+4.4	W. 17	−3.9	28	E. 11	−1.0	E. 30	−3.9
29	W. 10	2.9	16	3.9	Aug. 2	15	0.6	31	3.9
Feb. 3	18	1.2	15	3.9	7	19	0.4	32	3.9
8	23	0.5	14	3.9	12	22	−0.2	33	4.0
13	26	0.2	13	3.9	17	24	0.0	35	4.0
18	W. 26	+0.1	W. 11	−3.9	22	E. 26	+0.1	E. 36	−4.0
23	26	0.0	10	3.9	27	27	0.2	37	4.0
28	25	0.0	9	3.9	Sept. 1	27	0.3	38	4.0
Mar. 5	23	−0.1	8	3.9	6	26	0.5	39	4.0
10	21	0.2	7	3.9	11	23	0.9	40	4.0
15	W. 18	−0.4	W. 5	−3.9	16	E. 17	+1.7	E. 41	−4.1
20	14	0.6	4	3.9	21	E. 9	3.4	42	4.1
25	10	0.9	3	3.9	26	W. 3	4.8	43	4.1
30	6	1.4	2	3.9	Oct. 1	11	2.1	44	4.1
Apr. 4	W. 1	2.0	W. 1	3.9	6	17	+0.3	44	4.2
9	E. 5	−1.8	E. 2	−3.9	11	W. 18	−0.5	E. 45	−4.2
14	10	1.4	3	3.9	16	17	0.9	46	4.2
19	15	1.0	4	3.9	21	14	1.0	46	4.3
24	19	−0.5	5	3.9	26	10	1.0	47	4.3
29	21	+0.1	6	3.9	31	7	1.1	47	4.3
May 4	E. 20	+0.7	E. 8	−3.9	Nov. 5	W. 4	−1.2	E. 47	−4.4
9	18	1.6	9	3.9	10	0	1.3	47	4.4
14	14	2.8	10	3.9	15	E. 3	1.1	47	4.5
19	E. 7	4.3	12	3.9	20	5	0.9	47	4.5
24	W. 2	5.8	13	3.9	25	8	0.7	46	4.6
29	W. 8	+4.2	E. 14	−3.9	30	E. 11	−0.6	E. 45	−4.6
June 3	15	2.8	16	3.9	Dec. 5	13	0.6	44	4.6
8	19	1.8	17	3.9	10	16	0.6	42	4.7
13	22	1.1	18	3.9	15	18	0.6	40	4.7
18	23	0.6	20	3.9	20	20	0.6	37	4.7
23	W. 22	+0.1	E. 21	−3.9	25	E. 20	−0.4	E. 33	−4.6
28	20	−0.3	22	3.9	30	18	+0.2	28	4.6
July 3	W. 17	−0.8	E. 23	−3.9	35	E. 11	+1.9	E. 23	−4.5

MINOR PLANETS

	Conjunction	Stationary	Opposition	Stationary
Ceres ...	Apr. 28	Nov. 3	Dec. 20	—
Pallas ...	Feb. 25	Aug. 18	Sept. 30	Nov. 23
Juno ...	Oct. 9	Jan. 4	Feb. 21	Apr. 5
Vesta ...	—	May 14	June 26	Aug. 7

ELONGATIONS AND MAGNITUDES OF PLANETS AT 0^h UT

Date	Mars Elong.	Mars Mag.	Jupiter Elong.	Jupiter Mag.	Saturn Elong.	Saturn Mag.	Uranus Elong.	Neptune Elong.	Pluto Elong.
Jan. −6	E.103°	−0·2	E. 144°	−2·7	E. 2°	+0·4	W. 2°	E. 6°	W. 51°
4	98	0·0	133	2·7	W. 8	0·5	12 W.	4	60
14	93	+0·2	122	2·6	17	0·5	21	13	70
24	89	0·4	112	2·5	26	0·5	31	23	79
Feb. 3	84	0·6	102	2·5	35	0·6	41	33	89
13	E. 80	+0·8	E. 93	−2·4	W. 44	+0·6	W. 50	W. 43	W. 99
23	76	0·9	84	2·3	53	0·6	60	53	108
Mar. 5	72	1·0	75	2·2	62	0·6	70	62	118
15	68	1·2	66	2·2	72	0·6	79	72	128
25	64	1·3	58	2·1	81	0·6	89	82	137
Apr. 4	E. 60	+1·4	E. 50	−2·1	W. 91	+0·5	W. 99	W. 92	W. 146
14	57	1·5	42	2·0	100	0·5	109	102	154
24	53	1·5	34	2·0	110	0·4	119	111	161
May 4	49	1·6	27	2·0	120	0·4	128	121	W. 164
14	46	1·7	19	2·0	130	0·3	138	131	E. 161
24	E. 43	+1·7	E. 12	−1·9	W. 140	+0·3	W. 148	W. 141	E. 155
June 3	39	1·8	E. 5	1·9	150	0·2	158	151	147
13	36	1·8	W. 3	1·9	160	0·1	168	160	138
23	32	1·8	10	1·9	W. 170	+0·1	W. 178	W. 170	129
July 3	29	1·8	17	1·9	E. 179	0·0	E. 172	E. 179	120
13	E. 26	+1·8	W. 24	−2·0	E. 169	+0·1	E. 162	E. 170	E. 111
23	23	1·8	32	2·0	159	0·1	152	160	102
Aug. 2	19	1·8	39	2·0	149	0·2	142	151	93
12	16	1·8	47	2·0	139	0·2	132	141	83
22	13	1·8	55	2·1	129	0·3	123	131	74
Sept. 1	E. 10	+1·8	W. 63	−2·1	E. 119	+0·4	E. 113	E. 121	E. 65
11	6	1·7	71	2·2	109	0·4	103	111	56
21	E. 3	1·7	79	2·2	99	0·5	93	102	47
Oct. 1	W. 1	1·7	88	2·3	90	0·5	84	92	39
11	4	1·7	97	2·3	80	0·5	74	82	30
21	W. 7	+1·7	W. 107	−2·4	E. 71	+0·6	E. 64	E. 72	E. 23
31	10	1·7	117	2·5	62	0·6	55	62	E. 17
Nov. 10	14	1·7	127	2·5	52	0·6	45	53	W. 15
20	17	1·7	138	2·6	43	0·6	36	43	19
30	20	1·6	149	2·7	34	0·6	26	33	26
Dec. 10	W. 24	+1·6	W. 160	−2·7	E. 25	+0·5	E. 17	E. 23	W. 35
20	27	1·6	W. 171	2·7	16	0·5	E. 7	14	44
30	30	1·6	E. 177	2·7	E. 7	0·5	W. 3	E. 4	53
40	W. 33	+1·5	E. 166	−2·7	W. 2	+0·5	W. 12	W. 6	W. 62

Magnitudes at opposition: Uranus 5·6   Neptune 7·9   Pluto 13·6

VISUAL MAGNITUDES OF MINOR PLANETS

	Jan. 4	Feb. 13	Mar. 25	May 4	June 13	July 23	Sept. 1	Oct. 11	Nov. 20	Dec. 30
Ceres	9·1	9·2	9·0	8·8	9·0	9·1	8·9	8·4	7·6	7·0
Pallas	10·5	10·2	10·2	10·3	10·1	9·6	8·8	8·3	9·0	9·4
Juno	9·2	8·6	9·3	10·2	10·8	11·1	11·1	11·0	11·3	11·4
Vesta	7·8	7·6	7·2	6·5	5·6	5·9	6·8	7·5	7·8	8·0

VISIBILITY OF PLANETS

The planet diagram on page A7 shows, in graphical form for any date during the year, the local mean times of meridian passage of the Sun, of the five planets, Mercury, Venus, Mars, Jupiter and Saturn, and of every 2^h of right ascension. Intermediate lines, corresponding to particular stars, may be drawn in by the user if he so desires. The diagram is intended to provide a general picture of the availability of planets and stars for observation during the year.

On each side of the line marking the time of meridian passage of the Sun, a band 45^m wide is shaded to indicate that planets and most stars crossing the meridian within 45^m of the Sun are generally too close to the Sun for observation.

For any date the diagram provides immediately the local mean times of meridian passage of the Sun, planets and stars, and thus the following information:
    (a) whether a planet or star is too close to the Sun for observation;
    (b) visibility of a planet or star in the morning or evening;
    (c) location of a planet or star during twilight;
    (d) proximity of planets to stars or other planets.

When the meridian passage of a body occurs at midnight, it is close to opposition to the Sun and is visible all night, and may be observed in both morning and evening twilights. As the time of meridian passage decreases, the body ceases to be observable in the morning, but its altitude above the eastern horizon during evening twilight gradually increases until it is on the meridian at evening twilight. From then onwards the body is observable above the western horizon, its altitude at evening twilight gradually decreasing, until it becomes too close to the Sun for observation. When it again becomes visible, it is seen in the morning twilight, low in the east. Its altitude at morning twilight gradually increases until meridian passage occurs at the time of morning twilight, then as the time of meridian passage decreases to 0^h, the body is observable in the west in the morning twilight with a gradually decreasing altitude, until it once again reaches opposition.

Notes on the visibility of the principal planets, except Pluto, are given on page A8. Further information on the visibility of planets may be obtained from the diagram below which shows, in graphical form for any date during the year, the declinations of the bodies plotted on the planet diagram on page A7.

DECLINATIONS OF SUN AND PLANETS, 1989

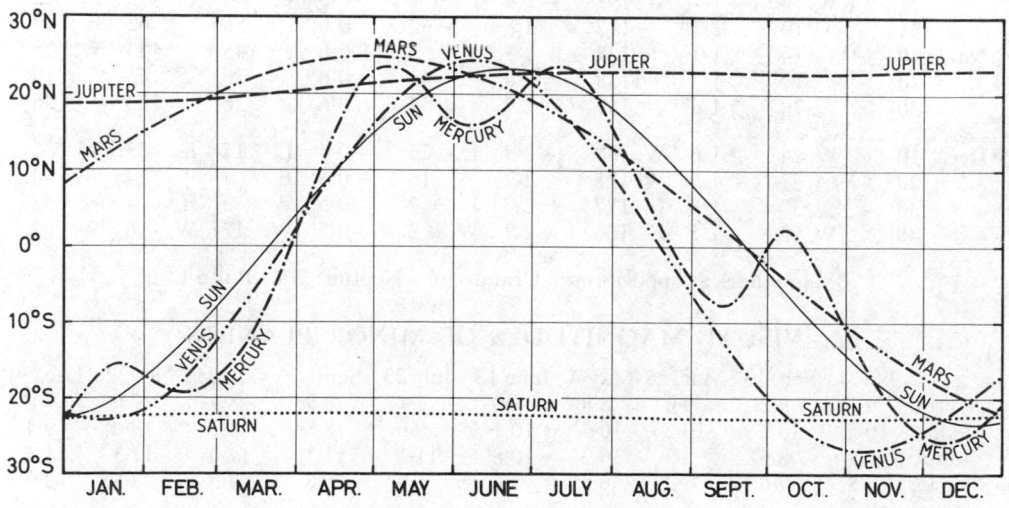

LOCAL MEAN TIME OF MERIDIAN PASSAGE

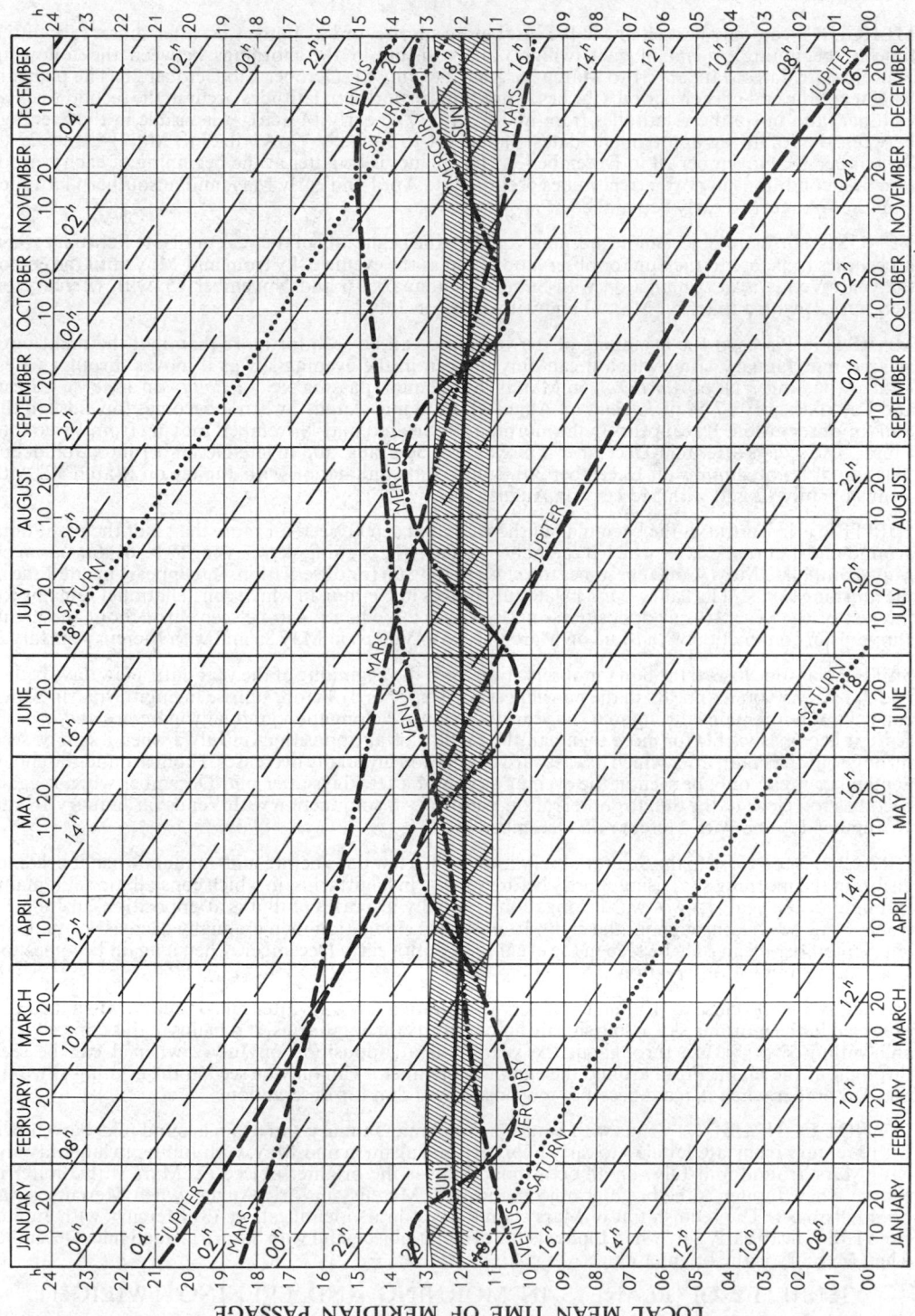

PHENOMENA, 1989

VISIBILITY OF PLANETS

MERCURY can only be seen low in the east before sunrise, or low in the west after sunset (about the time of beginning or end of civil twilight). It is visible in the mornings between the following approximate dates: January 31 to March 26, June 2 to July 11, October 2 to October 28. The planet is brighter at the end of each period, (the best conditions in northern latitudes occur in the second week of October, and in southern latitudes from mid-February to early March). It is visible in the evenings between the following approximate dates: January 1 to January 19, April 13 to May 14, July 27 to September 18, November 28 to December 31. The planet is brighter at the beginning of each period, (the best conditions in northern latitudes occur in late April and early May, and in southern latitudes from mid-August to early September).

VENUS is a brilliant object in the morning sky from the beginning of the year until late February when it becomes too close to the Sun for observation, and in the evening sky from mid-May until the end of the year. Venus is in conjunction with Saturn on January 16 and November 15, with Mercury on February 1, with Jupiter on May 23 and with Mars on July 12.

MARS is in Pisces at the beginning of the year, and can be seen for more than half the night until around mid-January, after which it can only be seen in the evening sky as it moves through Aries, Taurus (passing 7°N. of *Aldebaran* on March 28), Gemini (passing 5°S. of *Pollux* on June 7), Cancer and Leo (passing 0°·7 N. of *Regulus* on August 2) until mid-August, when it becomes too close to the Sun for observation. It reappears in the morning sky around mid-November, moving from Virgo into Libra. A few days after mid-December it moves into Scorpius, and in late December into Ophiuchus (passing 5° N. of *Antares* on December 30). Mars is in conjunction with Jupiter on March 12, with Venus on July 12 and with Mercury on August 5.

JUPITER is in Taurus at the beginning of the year, and can be seen for more than half the night until around mid-February, after which it can only be seen in the evening sky (passing 5° N. of *Aldebaran* on May 4) until late May, when it becomes too close to the Sun for observation. It reappears in late June in the morning sky, still in Taurus, and in late July moves in Gemini, in which constellation it remains for the rest of the year. It is at opposition on December 27, when it can be seen throughout the night. Jupiter is in conjunction with Mars on March 12, with Venus on May 23 and with Mercury on July 2.

SATURN is too close to the Sun for observation from the beginning of the year until a few days before mid-January when it appears in the morning sky, rising shortly before sunrise in Sagittarius, in which constellation it remains throughout the year. Its westward elongation gradually increases and in early April it becomes visible for more than half the night. It is at opposition on July 2 when it can be seen throughout the night, after which its eastward elongation gradually decreases. From around the end of September it can only be seen in the evening sky until a few days after mid-December when it again becomes too close to the Sun for observation. Saturn is in conjunction with Venus on January 16 and November 15, and with Mercury on December 16.

URANUS is too close to the Sun for observation until a few days before mid-January when it becomes visible in the morning sky, rising shortly before sunrise in Sagittarius, in which constellation it remains throughout the year. Its westward elongation gradually increases until it is at opposition on June 24, when it can be seen throughout the night. Its eastward elongation then gradually decreases, and from late September it can only be seen in the evening sky until early December, when it again becomes too close to the Sun for observation.

NEPTUNE is too close to the Sun for observation until a few days after mid-January, when it can be observed in the morning sky, rising shortly before sunrise in Sagittarius. It remains in this constellation and within 5° of Saturn throughout the year. It is at opposition on July 2 when it can be seen throughout the night. From around the end of September it can only be seen in the evening sky until mid-December when it again becomes too close to the Sun for observation.

DO NOT CONFUSE (1) Venus with Saturn around mid-January and again around mid-November, with Mercury from late January to early February and again in mid-May, with Jupiter in late May and with Mars around mid-July; on all occasions Venus is the brighter object. (2) Mars with Jupiter in March when Jupiter is the brighter object, and with Mercury in early August when Mercury is the brighter object. The reddish tint of Mars should assist in its identification. (3) Mercury with Jupiter from late June to early July when Jupiter is the brighter object, and with Saturn around mid-December when Mercury is the brighter object.

VISIBILITY OF PLANETS IN MORNING AND EVENING TWILIGHT

	MORNING		EVENING	
VENUS	January 1	– February 24	May 14	– December 31
MARS	November 14	– December 31	January 1	– August 15
JUPITER	June 24	– December 27	January 1	– May 26
			December 27	– December 31
SATURN	January 13	– July 2	July 2	– December 21

CONFIGURATIONS OF SUN, MOON AND PLANETS

	d	h	
Jan.	1	22	Earth at perihelion
	4	03	Juno stationary
	5	01	Antares 0°·5 N. of Moon Occn.
	6	04	Venus 5° N. of Moon
	7	19	NEW MOON
	9	02	Mercury greatest elong. E. (19°)
	9	05	Mercury 1°·7 N. of Moon
	10	23	Moon at perigee
	12	17	Venus 0°·5 N. of Uranus
	14	14	FIRST QUARTER
	14	22	Mars 4° S. of Moon
	15	15	Mercury stationary
	16	16	Venus 0°·6 S. of Saturn
	17	00	Jupiter 6° S. of Moon
	19	04	Venus 0°·9 S. of Neptune
	20	14	Jupiter stationary
	21	22	FULL MOON
	24	04	Regulus 0°·03 S. of Moon Occn.
	25	00	Mercury in inferior conjunction
	27	00	Moon at apogee
	30	02	LAST QUARTER
Feb.	1	03	Mercury 4° N. of Venus
	1	11	Antares 0°·7 N. of Moon Occn.
	3	06	Uranus 4° N. of Moon
	3	15	Saturn 5° N. of Moon
	3	18	Neptune 5° N. of Moon
	4	18	Mercury 6° N. of Moon
	5	14	Mercury stationary
	6	08	NEW MOON
	7	22	Moon at perigee
	12	07	Mars 4° S. of Moon
	12	23	FIRST QUARTER
	13	07	Jupiter 6° S. of Moon
	18	16	Mercury greatest elong. W. (26°)
	20	11	Regulus 0°·02 S. of Moon Occn.
	20	12	Pluto stationary
	20	16	FULL MOON Eclipse
	21	02	Juno at opposition
	23	14	Moon at apogee
	25	22	Pallas in conjunction with Sun
	28	19	Antares 0°·7 N. of Moon Occn.
	28	20	LAST QUARTER
Mar.	2	17	Uranus 4° N. of Moon
	3	02	Saturn 0°·2 S. of Neptune
	3	06	Neptune 5° N. of Moon
	3	06	Saturn 5° N. of Moon
	6	04	Mercury 0°·8 S. of Moon Occn.
	7	18	NEW MOON Eclipse
	8	08	Moon at perigee
	12	08	Mars 2° N. of Jupiter

	d	h	
Mar.	12	19	Jupiter 6° S. of Moon
	12	19	Mars 4° S. of Moon
	14	10	FIRST QUARTER
	19	17	Regulus 0°·01 S. of Moon Occn.
	20	15	Equinox
	22	10	FULL MOON
	22	18	Moon at apogee
	28	02	Antares 0°·6 N. of Moon Occn.
	28	18	Mars 7° N. of Aldebaran
	30	02	Uranus 4° N. of Moon
	30	10	LAST QUARTER
	30	14	Neptune 5° N. of Moon
	30	16	Saturn 5° N. of Moon
Apr.	4	14	Mercury in superior conjunction
	4	23	Venus in superior conjunction
	5	02	Juno stationary
	5	20	Moon at perigee
	6	04	NEW MOON
	9	09	Uranus stationary
	9	12	Jupiter 6° S. of Moon
	10	09	Mars 4° S. of Moon
	12	23	FIRST QUARTER
	13	22	Neptune stationary
	15	23	Regulus 0°·1 N. of Moon Occn.
	18	21	Moon at apogee
	21	03	FULL MOON
	23	00	Saturn stationary
	24	07	Antares 0°·5 N. of Moon Occn.
	26	08	Uranus 4° N. of Moon
	26	20	Neptune 5° N. of Moon
	26	23	Saturn 5° N. of Moon
	28	06	Ceres in conjunction with Sun
	28	21	LAST QUARTER
May	1	03	Mercury greatest elong. E. (21°)
	4	05	Moon at perigee
	4	07	Pluto at opposition
	4	17	Jupiter 5° N. of Aldebaran
	5	12	NEW MOON
	6	22	Mercury 3° S. of Moon
	7	07	Jupiter 5° S. of Moon
	9	01	Mars 3° S. of Moon
	12	14	FIRST QUARTER
	12	23	Mercury stationary
	13	03	Juno 0°·4 S. of Moon Occn.
	13	06	Regulus 0°·4 N. of Moon Occn.
	14	17	Vesta stationary
	16	07	Mercury 0°·6 N. of Venus
	16	09	Moon at apogee
	19	19	Venus 6° N. of Aldebaran
	20	18	FULL MOON

DIARY OF PHENOMENA, 1989

CONFIGURATIONS OF SUN, MOON AND PLANETS

	d	h		
May	21	13	Antares 0°·4 N. of Moon	Occn.
	23	04	Venus 0°·8 N. of Jupiter	
	23	12	Uranus 4° N. of Moon	
	23	22	Mercury in inferior conjunction	
	24	01	Neptune 5° N. of Moon	
	24	04	Saturn 4° N. of Moon	
	28	04	LAST QUARTER	
	30	06	Pallas 0°·7 S. of Moon	Occn.
June	1	05	Moon at perigee	
	3	20	NEW MOON	
	5	01	Venus 3° S. of Moon	
	5	02	Mercury stationary	
	6	18	Mars 1°·6 S. of Moon	
	7	00	Mars 5° S. of Pollux	
	9	09	Jupiter in conjunction with Sun	
	9	14	Regulus 0°·7 N. of Moon	Occn.
	11	07	FIRST QUARTER	
	13	02	Moon at apogee	
	17	21	Antares 0°·4 N. of Moon	Occn.
	18	12	Mercury greatest elong. W. (23°)	
	19	07	FULL MOON	
	19	17	Uranus 4° N. of Moon	
	20	07	Neptune 5° N. of Moon	
	20	07	Saturn 4° N. of Moon	
	21	10	Solstice	
	23	13	Mercury 3° N. of Aldebaran	
	24	09	Venus 5° S. of Pollux	
	24	16	Saturn 0°·3 S. of Neptune	
	24	22	Uranus at opposition	
	26	04	Vesta at opposition	
	26	09	LAST QUARTER	
	28	04	Moon at perigee	
July	1	21	Mercury 6° S. of Moon	
	1	23	Jupiter 5° S. of Moon	
	2	13	Saturn at opposition	
	2	17	Mercury 0°·6 S. of Jupiter	
	2	23	Neptune at opposition	
	3	05	NEW MOON	
	4	12	Earth at aphelion	
	5	04	Venus 0°·1 S. of Moon	Occn.
	5	12	Mars 0°·09 S. of Moon	
	6	23	Regulus 0°·9 N. of Moon	Occn.
	10	21	Moon at apogee	
	11	00	FIRST QUARTER	
	12	12	Venus 0°·5 N. of Mars	
	15	05	Antares 0°·5 N. of Moon	Occn.
	16	23	Uranus 4° N. of Moon	
	17	12	Saturn 4° N. of Moon	
	17	14	Neptune 5° N. of Moon	
	18	08	Mercury in superior conjunction	
	18	18	FULL MOON	
July	23	07	Moon at perigee	
	23	11	Venus 1°·2 N. of Regulus	
	25	14	LAST QUARTER	
	28	11	Pluto stationary	
	29	16	Jupiter 5° S. of Moon	
Aug.	1	16	NEW MOON	
	2	16	Mars 0°·7 N. of Regulus	
	3	02	Mercury 1°·6 N. of Moon	
	3	07	Regulus 0°·9 N. of Moon	Occn.
	3	08	Mars 1°·6 N. of Moon	
	4	13	Venus 3° N. of Moon	
	4	16	Mercury 0°·8 N. of Regulus	
	5	22	Mercury 0°·01 N. of Mars	
	7	15	Moon at apogee	
	7	19	Vesta stationary	
	9	17	FIRST QUARTER	
	11	14	Antares 0°·6 N. of Moon	Occn.
	13	07	Uranus 4° N. of Moon	
	13	18	Saturn 4° N. of Moon	
	13	22	Neptune 5° N. of Moon	
	17	03	FULL MOON	Eclipse
	18	03	Pallas stationary	
	19	12	Moon at perigee	
	23	19	LAST QUARTER	
	26	07	Jupiter 4° S. of Moon	
	29	10	Mercury greatest elong. E. (27°)	
	31	06	NEW MOON	Eclipse
Sept.	2	16	Mercury 0°·6 N. of Moon	Occn.
	3	21	Venus 5° N. of Moon	
	4	08	Moon at apogee	
	6	13	Venus 1°·9 N. of Spica	
	7	22	Antares 0°·6 N. of Moon	Occn.
	8	10	FIRST QUARTER	
	9	16	Uranus 4° N. of Moon	
	10	01	Uranus stationary	
	10	02	Saturn 4° N. of Moon	
	10	07	Neptune 5° N. of Moon	
	11	05	Saturn stationary	
	11	14	Mercury stationary	
	15	12	FULL MOON	
	16	15	Moon at perigee	
	21	05	Neptune stationary	
	22	02	LAST QUARTER	
	22	19	Jupiter 4° S. of Moon	
	23	01	Equinox	
	24	22	Mercury in inferior conjunction	
	26	21	Regulus 1°·0 N. of Moon	Occn.
	29	19	Mars in conjunction with Sun	
	29	22	NEW MOON	
	30	13	Pallas at opposition	

CONFIGURATIONS OF SUN, MOON AND PLANETS

	^{d}	^{h}	
Oct.	1	20	Moon at apogee
	3	06	Mercury stationary
	4	01	Venus 3° N. of Moon
	5	05	Antares 0°·4 N. of Moon Occn.
	7	00	Uranus 4° N. of Moon
	7	11	Saturn 4° N. of Moon
	7	15	Neptune 5° N. of Moon
	7	16	Vesta 0°·5 N. of Moon Occn.
	8	01	FIRST QUARTER
	9	13	Juno in conjunction with Sun
	10	12	Mercury greatest elong. W. (18°)
	14	21	FULL MOON
	15	01	Moon at perigee
	17	01	Venus 1°·8 N. of Antares
	20	05	Jupiter 4° S. of Moon
	21	13	LAST QUARTER
	24	02	Regulus 1°·1 N. of Moon Occn.
	25	23	Mercury 4° N. of Spica
	28	22	Moon at apogee
	29	01	Jupiter stationary
	29	15	NEW MOON
Nov.	1	11	Antares 0°·2 N. of Moon Occn.
	2	22	Venus 0°·7 N. of Moon Occn.
	3	00	Ceres stationary
	3	08	Uranus 4° N. of Moon
	3	21	Saturn 4° N. of Moon
	3	22	Neptune 4° N. of Moon
	4	20	Vesta 1°·0 S. of Moon Occn.
	6	14	FIRST QUARTER
	7	13	Pluto in conjunction with Sun
	8	02	Venus 3° S. of Uranus
	8	17	Venus greatest elong. E. (47°)
	10	19	Mercury in superior conjunction
	12	13	Moon at perigee
	12	21	Saturn 0°·5 S. of Neptune
	13	06	FULL MOON

	^{d}	^{h}	
Nov.	15	15	Venus 4° S. of Neptune
	15	19	Venus 4° S. of Saturn
	16	14	Jupiter 3° S. of Moon
	20	05	LAST QUARTER
	23	23	Pallas stationary
	25	04	Moon at apogee
	26	19	Mars 6° N. of Moon
	28	10	NEW MOON
	30	16	Uranus 3° N. of Moon
Dec.	1	05	Neptune 4° N. of Moon
	1	07	Saturn 3° N. of Moon
	2	08	Venus 0°·8 S. of Moon Occn.
	6	01	FIRST QUARTER
	10	13	Mercury 2° S. of Uranus
	10	23	Moon at perigee
	12	16	FULL MOON
	13	20	Jupiter 3° S. of Moon
	14	09	Venus greatest brilliancy
	15	04	Mercury 3° S. of Neptune
	16	22	Mercury 2° S. of Saturn
	20	00	LAST QUARTER
	20	07	Ceres at opposition
	21	21	Solstice
	22	19	Moon at apogee
	23	08	Mercury greatest elong. E. (20°)
	25	17	Mars 5° N. of Moon
	26	00	Antares 0°·2 N. of Moon Occn.
	27	06	Uranus in conjunction with Sun
	27	14	Jupiter at opposition
	27	23	Venus stationary
	28	03	NEW MOON
	29	15	Mercury 1°·7 N. of Moon
	30	10	Venus 2° N. of Moon
	30	16	Mercury stationary
	30	23	Mars 5° N. of Antares

Arrangement and basis of the tabulations

The tabulations of risings, settings and twilights on pages A14–A77 refer to the instants when the true geocentric zenith distance of the central point of the disk of the Sun or Moon takes the value indicated in the following table. The tabular times are in universal time (UT) for selected latitudes on the meridian of Greenwich; the times for other latitudes and longitudes may be obtained by interpolation as described below and as exemplified on page A13.

	Phenomena	*Zenith distance*	*Pages*
SUN (interval 4 days):	sunrise and sunset	90° 50′	A14–A21
	civil twilight	96°	A22–A29
	nautical twilight	102°	A30–A37
	astronomical twilight	108°	A38–A45
MOON (interval 1 day):	moonrise and moonset	90° 34′ $+ s - \pi$	A46–A77

(s = semidiameter, π = horizontal parallax)

The zenith distance at the times for rising and setting is such that under normal conditions the upper limb of the Sun and Moon appears to be on the horizon of an observer at sea-level. The parallax of the Sun is ignored. The observed time may differ from the tabular time because of a variation of the atmospheric refraction from the adopted value (34′) and because of a difference in height of the observer and the actual horizon.

Use of tabulations

The following procedure may be used to obtain times of the phenomena for a non-tabular place and date.

Step 1: Interpolate linearly for latitude. The differences between adjacent values are usually small and so the required interpolates can often be obtained by inspection.

Step 2: Interpolate linearly for date and longitude in order to obtain the local mean times of the phenomena at the longitude concerned. For the Sun the variations with longitude of the local mean times of the phenomena are small, but to obtain better precision the interpolation factor for date should be increased by

$$\text{west longitude in degrees} / 1440$$

since the interval of tabulation is 4 days. For the Moon, the interpolating factor to be used is simply

$$\text{west longitude in degrees} / 360$$

since the interval of tabulation is 1 day; backward interpolation should be carried out for east longitudes.

Step 3: Convert the times so obtained (which are on the scale of local mean time for the local meridian to universal time (UT) or to the appropriate clock time, which may differ from the time of the nearest standard meridian according to the customs of the country concerned. The UT of the phenomenon is obtained from the local mean time by applying the longitude expressed in time measure (1 hour for each 15° of longitude), adding for west longitudes and subtracting for east longitudes. The times so obtained may require adjustment by 24$^\text{h}$; if so, the corresponding date must be changed accordingly.

Approximate formulae for direct calculation

The approximate UT of rising or setting of a body with right ascension α and declination δ at latitude ϕ and *east* longitude λ may be calculated from

$$\text{UT} = 0.997\,27\,\{\alpha - \lambda \pm \cos^{-1}(-\tan\phi\tan\delta) - (\text{GMST at } 0^\text{h}\text{UT})\}$$

where each term is expressed in time measure and the GMST at 0$^\text{h}$UT is given in the tabulations on pages B8–B15. The negative sign corresponds to rising and the positive sign to setting. The formula ignores refraction, semi-diameter and any changes in α and δ during the day. If $\tan\phi\tan\delta$ is numerically greater than 1, there is no phenomenon.

Examples

The following examples of the calculations of the times of rising and setting phenomena use the procedure described on page A12.

1. To find the times of sunrise and sunset for Paris on 1989 July 20. Paris is at latitude N 48° 52′ (= +48°·87), longitude E 2° 20′ (= E 2°·33 = E 0^h 09^m), and in the summer the clocks are kept two hours in advance of UT. The relevant portions of the tabulation on page A19 and the results of the interpolation for latitude are as follows, where the interpolation factor is $(48·87-48)/2 = 0·44$:

	Sunrise				Sunset		
	+48°	+50°	+48°·87		+48°	+50°	+48°·87
	h m	h m	h m		h m	h m	h m
July 17	04 18	04 10	04 14		19 54	20 02	19 58
July 21	04 22	04 14	04 18		19 50	19 58	19 54

The interpolation factor for date and longitude is $(20 - 17)/4 - 2·33/1440 = 0·75$

	Sunrise	Sunset
	d h m	d h m
Interpolate to obtain local mean time:	20 04 17	20 19 55
Subtract 0^h 09^m to obtain universal time:	20 04 08	20 19 46
Add 2^h to obtain clock time:	20 06 08	20 21 46

2. To find the times of beginning and end of astronomical twilight for Canberra, Australia on 1989 November 15. Canberra is at latitude S 35° 18′ (= −35°·30), longitude E 149° 08′ (= E 149°·13 = E 9^h 57^m), and in the summer the clocks are kept eleven hours in advance of UT. The relevant portions of the tabulation on page A44 and the results of the interpolation for latitude are as follows, where the interpolation factor is $(-35·30-(-40))/5 = 0·94$:

	Astronomical Twilight						
	beginning				end		
	−40°	−35°	−35°·3		−40°	−35°	−35°·3
	h m	h m	h m		h m	h m	h m
Nov. 14	02 47	03 09	03 08		20 44	20 21	20 22
Nov. 18	02 41	03 05	03 04		20 50	20 26	20 27

The interpolation factor for date and longitude is $(15-14)/4-149·13/1440 = 0·15$

	Astronomical Twilight	
	beginning	end
	d h m	d h m
Interpolation to obtain local mean time:	15 03 07	15 20 23
Subtract 9^h 57^m to obtain universal time:	14 17 10	15 10 26
Add 11^h to obtain clock time:	15 04 10	15 21 26

3. To find the times of moonrise and moonset for Washington, D.C. on 1989 February 2. Washington is at latitude N 38° 55′ (= +38°·92), longitude W 77° 00′ (= W 77°·0 = W 5^h 08^m), and in the winter the clocks are kept five hours behind UT. The relevant portions of the tabulation on page A48 and the results of the interpolation for latitude are as follows, where the interpolation factor is $(38·92-35)/5 = 0·78$:

	Moonrise				Moonset		
	+35°	+40°	+38°·92		+35°	+40°	+38°·92
	h m	h m	h m		h m	h m	h m
Feb. 2	03 49	04 09	04 05		13 14	12 54	12 58
Feb. 3	04 49	05 08	05 04		14 17	13 57	14 01

The interpolation factor for longitude is $77·0/360 = 0·21$

	Moonrise	Moonset
	d h m	d h m
Interpolate to obtain local mean time:	2 04 17	2 13 11
Add 5^h 08^m to obtain universal time:	2 09 25	2 18 19
Subtract 5^h to obtain clock time:	2 04 25	2 13 19

SUNRISE AND SUNSET, 1989
UNIVERSAL TIME FOR MERIDIAN OF GREENWICH
SUNRISE

Lat.	−55°	−50°	−45°	−40°	−35°	−30°	−20°	−10°	0°	+10°	+20°	+30°	+35°	+40°
	h m	h m	h m	h m	h m	h m	h m	h m	h m	h m	h m	h m	h m	h m
Jan. −2	3 23	3 52	4 15	4 33	4 47	5 00	5 22	5 41	5 58	6 16	6 34	6 55	7 07	7 21
2	3 27	3 56	4 18	4 36	4 50	5 03	5 25	5 43	6 00	6 17	6 36	6 56	7 08	7 22
6	3 33	4 01	4 22	4 39	4 54	5 06	5 27	5 45	6 02	6 19	6 37	6 57	7 09	7 22
10	3 39	4 06	4 27	4 43	4 57	5 09	5 30	5 48	6 04	6 20	6 37	6 57	7 09	7 22
14	3 46	4 12	4 32	4 48	5 01	5 13	5 33	5 50	6 05	6 21	6 38	6 57	7 08	7 20
18	3 53	4 18	4 37	4 52	5 05	5 16	5 35	5 52	6 07	6 22	6 38	6 56	7 07	7 19
22	4 01	4 24	4 42	4 57	5 09	5 20	5 38	5 54	6 08	6 22	6 38	6 55	7 05	7 17
26	4 10	4 31	4 48	5 02	5 13	5 23	5 40	5 55	6 09	6 23	6 37	6 53	7 03	7 14
30	4 18	4 38	4 54	5 07	5 17	5 27	5 43	5 57	6 10	6 23	6 36	6 52	7 00	7 10
Feb. 3	4 27	4 45	5 00	5 11	5 22	5 30	5 45	5 58	6 10	6 22	6 35	6 49	6 57	7 07
7	4 35	4 52	5 05	5 16	5 26	5 34	5 48	6 00	6 11	6 22	6 33	6 46	6 54	7 03
11	4 44	4 59	5 11	5 21	5 30	5 37	5 50	6 01	6 11	6 21	6 31	6 43	6 50	6 58
15	4 53	5 06	5 17	5 26	5 34	5 40	5 52	6 02	6 11	6 20	6 29	6 40	6 46	6 53
19	5 01	5 13	5 23	5 31	5 38	5 43	5 54	6 02	6 10	6 18	6 27	6 36	6 42	6 48
23	5 10	5 20	5 29	5 35	5 41	5 47	5 55	6 03	6 10	6 17	6 24	6 32	6 37	6 42
27	5 18	5 27	5 34	5 40	5 45	5 49	5 57	6 03	6 09	6 15	6 21	6 28	6 32	6 37
Mar. 3	5 27	5 34	5 40	5 45	5 49	5 52	5 58	6 04	6 09	6 13	6 18	6 24	6 27	6 31
7	5 35	5 41	5 45	5 49	5 52	5 55	6 00	6 04	6 08	6 11	6 15	6 19	6 22	6 24
11	5 43	5 47	5 50	5 53	5 56	5 58	6 01	6 04	6 07	6 09	6 12	6 15	6 16	6 18
15	5 51	5 54	5 56	5 57	5 59	6 00	6 02	6 04	6 06	6 07	6 09	6 10	6 11	6 12
19	5 59	6 00	6 01	6 02	6 02	6 03	6 04	6 04	6 05	6 05	6 05	6 05	6 05	6 05
23	6 07	6 06	6 06	6 06	6 05	6 05	6 05	6 04	6 03	6 03	6 02	6 00	6 00	5 59
27	6 15	6 13	6 11	6 10	6 09	6 08	6 06	6 04	6 02	6 00	5 58	5 56	5 54	5 52
31	6 22	6 19	6 16	6 14	6 12	6 10	6 07	6 04	6 01	5 58	5 55	5 51	5 48	5 46
Apr. 4	6 30	6 25	6 21	6 18	6 15	6 12	6 08	6 04	6 00	5 56	5 51	5 46	5 43	5 39

SUNSET

Lat.	−55°	−50°	−45°	−40°	−35°	−30°	−20°	−10°	0°	+10°	+20°	+30°	+35°	+40°
	h m	h m	h m	h m	h m	h m	h m	h m	h m	h m	h m	h m	h m	h m
Jan. −2	20 41	20 12	19 49	19 32	19 17	19 04	18 42	18 23	18 06	17 49	17 30	17 09	16 57	16 43
2	20 40	20 11	19 50	19 32	19 18	19 05	18 43	18 25	18 08	17 51	17 33	17 12	17 00	16 46
6	20 38	20 10	19 49	19 32	19 18	19 05	18 44	18 26	18 10	17 53	17 35	17 15	17 03	16 50
10	20 35	20 08	19 48	19 31	19 18	19 06	18 45	18 28	18 11	17 55	17 38	17 18	17 07	16 54
14	20 31	20 06	19 46	19 30	19 17	19 05	18 46	18 29	18 13	17 57	17 41	17 22	17 11	16 58
18	20 26	20 02	19 43	19 28	19 16	19 04	18 46	18 29	18 14	17 59	17 43	17 25	17 15	17 03
22	20 21	19 58	19 40	19 26	19 14	19 03	18 45	18 30	18 15	18 01	17 46	17 29	17 19	17 07
26	20 14	19 53	19 36	19 23	19 12	19 02	18 45	18 30	18 16	18 03	17 48	17 32	17 23	17 12
30	20 07	19 48	19 32	19 20	19 09	18 59	18 44	18 30	18 17	18 04	17 51	17 35	17 27	17 17
Feb. 3	20 00	19 42	19 27	19 16	19 06	18 57	18 42	18 29	18 17	18 06	17 53	17 39	17 31	17 21
7	19 52	19 35	19 22	19 11	19 02	18 54	18 40	18 29	18 18	18 07	17 55	17 42	17 35	17 26
11	19 43	19 28	19 16	19 07	18 58	18 51	18 39	18 28	18 18	18 08	17 57	17 46	17 39	17 31
15	19 34	19 21	19 10	19 02	18 54	18 48	18 36	18 27	18 18	18 09	17 59	17 49	17 43	17 36
19	19 25	19 13	19 04	18 56	18 50	18 44	18 34	18 25	18 17	18 09	18 01	17 52	17 46	17 40
23	19 15	19 05	18 57	18 51	18 45	18 40	18 31	18 24	18 17	18 10	18 03	17 55	17 50	17 45
27	19 06	18 57	18 50	18 45	18 40	18 36	18 28	18 22	18 16	18 10	18 04	17 58	17 54	17 49
Mar. 3	18 56	18 49	18 43	18 39	18 35	18 31	18 25	18 20	18 15	18 11	18 06	18 00	17 57	17 54
7	18 46	18 40	18 36	18 32	18 29	18 27	18 22	18 18	18 14	18 11	18 07	18 03	18 01	17 58
11	18 36	18 32	18 29	18 26	18 24	18 22	18 19	18 16	18 13	18 11	18 08	18 06	18 04	18 03
15	18 26	18 23	18 21	18 20	18 18	18 17	18 15	18 14	18 12	18 11	18 10	18 08	18 08	18 07
19	18 16	18 15	18 14	18 13	18 13	18 12	18 12	18 11	18 11	18 11	18 11	18 11	18 11	18 11
23	18 05	18 06	18 06	18 06	18 07	18 08	18 08	18 09	18 10	18 11	18 12	18 13	18 14	18 15
27	17 55	17 57	17 59	18 00	18 02	18 03	18 05	18 07	18 09	18 11	18 13	18 16	18 17	18 19
31	17 45	17 49	17 51	17 54	17 56	17 58	18 01	18 04	18 07	18 11	18 14	18 18	18 20	18 23
Apr. 4	17 35	17 40	17 44	17 47	17 50	17 53	17 58	18 02	18 06	18 10	18 15	18 20	18 24	18 27

UNIVERSAL TIME FOR MERIDIAN OF GREENWICH
SUNRISE

Lat.	+40°	+42°	+44°	+46°	+48°	+50°	+52°	+54°	+56°	+58°	+60°	+62°	+64°	+66°
	h m	h m	h m	h m	h m	h m	h m	h m	h m	h m	h m	h m	h m	h m
Jan. −2	7 21	7 28	7 34	7 42	7 50	7 59	8 08	8 19	8 32	8 46	9 03	9 25	9 52	10 32
2	7 22	7 28	7 35	7 42	7 50	7 59	8 08	8 19	8 31	8 45	9 02	9 22	9 49	10 26
6	7 22	7 28	7 35	7 42	7 49	7 58	8 07	8 17	8 29	8 43	8 59	9 18	9 43	10 18
10	7 22	7 27	7 34	7 41	7 48	7 56	8 05	8 15	8 26	8 39	8 55	9 13	9 36	10 07
14	7 20	7 26	7 32	7 39	7 46	7 54	8 02	8 12	8 22	8 35	8 49	9 07	9 28	9 56
18	7 19	7 24	7 30	7 36	7 43	7 50	7 58	8 07	8 18	8 29	8 43	8 59	9 19	9 44
22	7 17	7 22	7 27	7 33	7 39	7 46	7 54	8 03	8 12	8 23	8 36	8 50	9 08	9 31
26	7 14	7 19	7 24	7 29	7 35	7 42	7 49	7 57	8 06	8 16	8 27	8 41	8 57	9 17
30	7 10	7 15	7 20	7 25	7 30	7 37	7 43	7 51	7 59	8 08	8 19	8 31	8 46	9 03
Feb. 3	7 07	7 11	7 15	7 20	7 25	7 31	7 37	7 44	7 51	8 00	8 09	8 20	8 33	8 49
7	7 03	7 06	7 10	7 15	7 19	7 25	7 30	7 36	7 43	7 51	7 59	8 09	8 21	8 35
11	6 58	7 01	7 05	7 09	7 13	7 18	7 23	7 28	7 34	7 41	7 49	7 58	8 08	8 20
15	6 53	6 56	6 59	7 03	7 07	7 11	7 15	7 20	7 25	7 31	7 38	7 46	7 55	8 06
19	6 48	6 51	6 53	6 56	7 00	7 03	7 07	7 11	7 16	7 21	7 27	7 34	7 42	7 51
23	6 42	6 45	6 47	6 50	6 53	6 56	6 59	7 03	7 07	7 11	7 16	7 22	7 28	7 36
27	6 37	6 38	6 41	6 43	6 45	6 48	6 50	6 53	6 57	7 00	7 05	7 09	7 15	7 21
Mar. 3	6 31	6 32	6 34	6 36	6 37	6 39	6 42	6 44	6 47	6 50	6 53	6 57	7 01	7 06
7	6 24	6 26	6 27	6 28	6 30	6 31	6 33	6 34	6 36	6 39	6 41	6 44	6 47	6 50
11	6 18	6 19	6 20	6 21	6 22	6 23	6 24	6 25	6 26	6 28	6 29	6 31	6 33	6 35
15	6 12	6 12	6 13	6 13	6 13	6 14	6 14	6 15	6 16	6 16	6 17	6 18	6 19	6 20
19	6 05	6 05	6 05	6 05	6 05	6 05	6 05	6 05	6 05	6 05	6 05	6 05	6 05	6 05
23	5 59	5 58	5 58	5 58	5 57	5 57	5 56	5 55	5 55	5 54	5 53	5 52	5 51	5 49
27	5 52	5 52	5 51	5 50	5 49	5 48	5 47	5 45	5 44	5 42	5 41	5 39	5 36	5 34
31	5 46	5 45	5 43	5 42	5 41	5 39	5 37	5 36	5 34	5 31	5 29	5 26	5 22	5 18
Apr. 4	5 39	5 38	5 36	5 35	5 33	5 31	5 28	5 26	5 23	5 20	5 17	5 13	5 08	5 03

SUNSET

Lat.	+40°	+42°	+44°	+46°	+48°	+50°	+52°	+54°	+56°	+58°	+60°	+62°	+64°	+66°
	h m	h m	h m	h m	h m	h m	h m	h m	h m	h m	h m	h m	h m	h m
Jan. −2	16 43	16 37	16 30	16 23	16 15	16 06	15 56	15 45	15 33	15 18	15 01	14 40	14 13	13 32
2	16 46	16 40	16 33	16 26	16 18	16 10	16 00	15 50	15 37	15 23	15 07	14 46	14 20	13 42
6	16 50	16 44	16 37	16 30	16 23	16 14	16 05	15 55	15 43	15 29	15 13	14 54	14 29	13 55
10	16 54	16 48	16 42	16 35	16 28	16 20	16 11	16 01	15 49	15 36	15 21	15 03	14 39	14 08
14	16 58	16 52	16 46	16 40	16 33	16 25	16 17	16 07	15 56	15 44	15 30	15 12	14 51	14 23
18	17 03	16 57	16 51	16 45	16 39	16 31	16 23	16 14	16 04	15 52	15 39	15 23	15 03	14 38
22	17 07	17 02	16 57	16 51	16 44	16 37	16 30	16 21	16 12	16 01	15 48	15 34	15 16	14 53
26	17 12	17 07	17 02	16 56	16 51	16 44	16 37	16 29	16 20	16 10	15 59	15 45	15 29	15 09
30	17 17	17 12	17 07	17 02	16 57	16 51	16 44	16 37	16 29	16 19	16 09	15 57	15 42	15 24
Feb. 3	17 21	17 17	17 13	17 08	17 03	16 58	16 52	16 45	16 37	16 29	16 19	16 08	15 55	15 40
7	17 26	17 23	17 18	17 14	17 10	17 05	16 59	16 53	16 46	16 39	16 30	16 20	16 08	15 55
11	17 31	17 28	17 24	17 20	17 16	17 11	17 06	17 01	16 55	16 48	16 41	16 32	16 22	16 09
15	17 36	17 33	17 30	17 26	17 22	17 18	17 14	17 09	17 04	16 58	16 51	16 43	16 34	16 24
19	17 40	17 38	17 35	17 32	17 29	17 25	17 21	17 17	17 12	17 07	17 02	16 55	16 47	16 38
23	17 45	17 43	17 40	17 38	17 35	17 32	17 29	17 25	17 21	17 17	17 12	17 06	17 00	16 52
27	17 49	17 48	17 46	17 43	17 41	17 39	17 36	17 33	17 30	17 26	17 22	17 18	17 12	17 06
Mar. 3	17 54	17 52	17 51	17 49	17 47	17 45	17 43	17 41	17 38	17 35	17 32	17 29	17 25	17 20
7	17 58	17 57	17 56	17 55	17 53	17 52	17 50	17 49	17 47	17 45	17 42	17 40	17 37	17 33
11	18 03	18 02	18 01	18 00	17 59	17 58	17 57	17 56	17 55	17 54	17 52	17 51	17 49	17 47
15	18 07	18 06	18 06	18 06	18 05	18 05	18 04	18 04	18 03	18 03	18 02	18 01	18 01	18 00
19	18 11	18 11	18 11	18 11	18 11	18 11	18 11	18 11	18 12	18 12	18 12	18 12	18 12	18 13
23	18 15	18 15	18 16	18 16	18 17	18 18	18 18	18 19	18 20	18 21	18 22	18 23	18 24	18 26
27	18 19	18 20	18 21	18 22	18 23	18 24	18 25	18 26	18 28	18 30	18 31	18 34	18 36	18 39
31	18 23	18 24	18 26	18 27	18 29	18 30	18 32	18 34	18 36	18 38	18 41	18 44	18 48	18 52
Apr. 4	18 27	18 29	18 30	18 32	18 34	18 36	18 39	18 41	18 44	18 47	18 51	18 55	19 00	19 05

SUNRISE AND SUNSET, 1989

UNIVERSAL TIME FOR MERIDIAN OF GREENWICH

SUNRISE

Lat.	−55°	−50°	−45°	−40°	−35°	−30°	−20°	−10°	0°	+10°	+20°	+30°	+35°	+40°
	h m	h m	h m	h m	h m	h m	h m	h m	h m	h m	h m	h m	h m	h m
Mar. 31	6 22	6 19	6 16	6 14	6 12	6 10	6 07	6 04	6 01	5 58	5 55	5 51	5 48	5 46
Apr. 4	6 30	6 25	6 21	6 18	6 15	6 12	6 08	6 04	6 00	5 56	5 51	5 46	5 43	5 39
8	6 38	6 31	6 26	6 22	6 18	6 15	6 09	6 04	5 59	5 53	5 48	5 41	5 37	5 33
12	6 45	6 38	6 31	6 26	6 21	6 17	6 10	6 04	5 57	5 51	5 44	5 37	5 32	5 27
16	6 53	6 44	6 36	6 30	6 24	6 20	6 11	6 04	5 56	5 49	5 41	5 32	5 27	5 21
20	7 01	6 50	6 41	6 34	6 28	6 22	6 12	6 04	5 56	5 47	5 38	5 28	5 22	5 15
24	7 08	6 56	6 46	6 38	6 31	6 24	6 14	6 04	5 55	5 45	5 35	5 24	5 17	5 09
28	7 16	7 02	6 51	6 42	6 34	6 27	6 15	6 04	5 54	5 44	5 33	5 20	5 13	5 04
May 2	7 23	7 08	6 56	6 46	6 37	6 29	6 16	6 05	5 54	5 42	5 30	5 16	5 08	4 59
6	7 30	7 14	7 01	6 50	6 40	6 32	6 18	6 05	5 53	5 41	5 28	5 13	5 04	4 54
10	7 38	7 20	7 05	6 54	6 43	6 35	6 19	6 06	5 53	5 40	5 26	5 10	5 01	4 50
14	7 45	7 25	7 10	6 57	6 47	6 37	6 21	6 06	5 53	5 39	5 24	5 07	4 57	4 46
18	7 51	7 31	7 14	7 01	6 50	6 40	6 22	6 07	5 53	5 38	5 23	5 05	4 54	4 42
22	7 58	7 36	7 19	7 04	6 52	6 42	6 24	6 08	5 53	5 38	5 22	5 03	4 52	4 39
26	8 04	7 40	7 22	7 08	6 55	6 44	6 25	6 09	5 53	5 38	5 21	5 01	4 50	4 36
30	8 09	7 45	7 26	7 11	6 58	6 47	6 27	6 10	5 54	5 38	5 20	5 00	4 48	4 34
June 3	8 14	7 49	7 29	7 14	7 00	6 49	6 29	6 11	5 54	5 38	5 20	4 59	4 47	4 32
7	8 18	7 52	7 32	7 16	7 02	6 51	6 30	6 12	5 55	5 38	5 20	4 58	4 46	4 31
11	8 22	7 55	7 35	7 18	7 04	6 52	6 31	6 13	5 56	5 39	5 20	4 58	4 45	4 31
15	8 24	7 57	7 37	7 20	7 06	6 54	6 33	6 14	5 57	5 39	5 20	4 58	4 45	4 30
19	8 26	7 59	7 38	7 21	7 07	6 55	6 34	6 15	5 58	5 40	5 21	4 59	4 46	4 31
23	8 27	8 00	7 39	7 22	7 08	6 56	6 34	6 16	5 58	5 41	5 22	5 00	4 47	4 32
27	8 27	8 00	7 39	7 23	7 09	6 56	6 35	6 17	5 59	5 42	5 23	5 01	4 48	4 33
July 1	8 26	8 00	7 39	7 23	7 09	6 56	6 36	6 17	6 00	5 43	5 24	5 02	4 50	4 35
5	8 24	7 58	7 38	7 22	7 08	6 56	6 36	6 18	6 01	5 44	5 25	5 04	4 51	4 37

SUNSET

Lat.	−55°	−50°	−45°	−40°	−35°	−30°	−20°	−10°	0°	+10°	+20°	+30°	+35°	+40°
	h m	h m	h m	h m	h m	h m	h m	h m	h m	h m	h m	h m	h m	h m
Mar. 31	17 45	17 49	17 51	17 54	17 56	17 58	18 01	18 04	18 07	18 11	18 14	18 18	18 20	18 23
Apr. 4	17 35	17 40	17 44	17 47	17 50	17 53	17 58	18 02	18 06	18 10	18 15	18 20	18 24	18 27
8	17 25	17 32	17 37	17 41	17 45	17 48	17 55	18 00	18 05	18 10	18 16	18 23	18 27	18 31
12	17 15	17 23	17 30	17 35	17 40	17 44	17 51	17 58	18 04	18 10	18 17	18 25	18 30	18 35
16	17 06	17 15	17 23	17 29	17 35	17 40	17 48	17 56	18 03	18 11	18 19	18 28	18 33	18 39
20	16 56	17 07	17 16	17 23	17 30	17 35	17 45	17 54	18 02	18 11	18 20	18 30	18 36	18 43
24	16 47	17 00	17 10	17 18	17 25	17 31	17 42	17 52	18 01	18 11	18 21	18 33	18 40	18 47
28	16 38	16 52	17 03	17 13	17 21	17 28	17 40	17 51	18 01	18 11	18 22	18 35	18 43	18 51
May 2	16 30	16 45	16 58	17 08	17 16	17 24	17 37	17 49	18 00	18 12	18 24	18 38	18 46	18 56
6	16 22	16 39	16 52	17 03	17 12	17 21	17 35	17 48	18 00	18 12	18 25	18 41	18 49	19 00
10	16 14	16 33	16 47	16 59	17 09	17 18	17 33	17 47	18 00	18 13	18 27	18 43	18 53	19 03
14	16 07	16 27	16 42	16 55	17 06	17 15	17 32	17 46	18 00	18 14	18 28	18 46	18 56	19 07
18	16 01	16 22	16 38	16 51	17 03	17 13	17 30	17 46	18 00	18 14	18 30	18 48	18 59	19 11
22	15 55	16 17	16 34	16 48	17 00	17 11	17 29	17 45	18 00	18 15	18 32	18 51	19 02	19 15
26	15 50	16 13	16 31	16 46	16 58	17 09	17 28	17 45	18 01	18 16	18 33	18 53	19 05	19 18
30	15 45	16 10	16 29	16 44	16 57	17 08	17 28	17 45	18 01	18 17	18 35	18 55	19 07	19 21
June 3	15 42	16 07	16 26	16 42	16 56	17 07	17 28	17 45	18 02	18 18	18 36	18 57	19 10	19 24
7	15 39	16 05	16 25	16 41	16 55	17 07	17 28	17 46	18 02	18 20	18 38	18 59	19 12	19 27
11	15 37	16 04	16 24	16 41	16 55	17 07	17 28	17 46	18 03	18 21	18 39	19 01	19 14	19 29
15	15 36	16 03	16 24	16 41	16 55	17 07	17 28	17 47	18 04	18 22	18 41	19 03	19 15	19 30
19	15 36	16 03	16 24	16 41	16 55	17 08	17 29	17 47	18 05	18 23	18 42	19 04	19 17	19 32
23	15 37	16 04	16 25	16 42	16 56	17 09	17 30	17 48	18 06	18 23	18 42	19 04	19 18	19 33
27	15 39	16 06	16 27	16 43	16 57	17 10	17 31	17 49	18 07	18 24	18 43	19 05	19 18	19 33
July 1	15 42	16 08	16 29	16 45	16 59	17 11	17 32	17 50	18 07	18 25	18 43	19 05	19 18	19 33
5	15 45	16 11	16 31	16 47	17 01	17 13	17 33	17 51	18 08	18 25	18 44	19 05	19 17	19 32

UNIVERSAL TIME FOR MERIDIAN OF GREENWICH

SUNRISE

Lat.	+40°	+42°	+44°	+46°	+48°	+50°	+52°	+54°	+56°	+58°	+60°	+62°	+64°	+66°
	h m	h m	h m	h m	h m	h m	h m	h m	h m	h m	h m	h m	h m	h m
Mar. 31	5 46	5 45	5 43	5 42	5 41	5 39	5 37	5 36	5 34	5 31	5 29	5 26	5 22	5 18
Apr. 4	5 39	5 38	5 36	5 35	5 33	5 31	5 28	5 26	5 23	5 20	5 17	5 13	5 08	5 03
8	5 33	5 31	5 29	5 27	5 25	5 22	5 19	5 16	5 13	5 09	5 05	5 00	4 54	4 47
12	5 27	5 25	5 22	5 20	5 17	5 14	5 10	5 06	5 02	4 58	4 53	4 47	4 40	4 32
16	5 21	5 18	5 15	5 12	5 09	5 05	5 01	4 57	4 52	4 47	4 41	4 34	4 26	4 16
20	5 15	5 12	5 09	5 05	5 01	4 57	4 53	4 48	4 42	4 36	4 29	4 21	4 12	4 01
24	5 09	5 06	5 02	4 58	4 54	4 50	4 44	4 39	4 33	4 26	4 18	4 08	3 58	3 45
28	5 04	5 00	4 56	4 52	4 47	4 42	4 36	4 30	4 23	4 15	4 06	3 56	3 44	3 29
May 2	4 59	4 55	4 50	4 46	4 40	4 35	4 29	4 22	4 14	4 05	3 55	3 44	3 30	3 14
6	4 54	4 50	4 45	4 40	4 34	4 28	4 21	4 14	4 05	3 56	3 45	3 32	3 17	2 58
10	4 50	4 45	4 40	4 34	4 28	4 22	4 14	4 06	3 57	3 47	3 35	3 20	3 03	2 42
14	4 46	4 41	4 35	4 29	4 23	4 16	4 08	3 59	3 49	3 38	3 25	3 09	2 50	2 26
18	4 42	4 37	4 31	4 25	4 18	4 10	4 02	3 52	3 42	3 30	3 16	2 59	2 38	2 10
22	4 39	4 33	4 27	4 21	4 13	4 05	3 56	3 47	3 35	3 22	3 07	2 49	2 25	1 54
26	4 36	4 30	4 24	4 17	4 09	4 01	3 52	3 41	3 29	3 16	2 59	2 39	2 14	1 38
30	4 34	4 28	4 21	4 14	4 06	3 57	3 48	3 37	3 24	3 10	2 52	2 31	2 03	1 21
June 3	4 32	4 26	4 19	4 12	4 04	3 54	3 44	3 33	3 20	3 05	2 46	2 24	1 53	1 04
7	4 31	4 25	4 18	4 10	4 02	3 52	3 42	3 30	3 17	3 01	2 42	2 18	1 45	0 45
11	4 31	4 24	4 17	4 09	4 00	3 51	3 40	3 28	3 14	2 58	2 38	2 13	1 38	0 21
15	4 30	4 24	4 16	4 08	4 00	3 50	3 39	3 27	3 13	2 56	2 36	2 10	1 33	** **
19	4 31	4 24	4 17	4 09	4 00	3 50	3 39	3 27	3 13	2 56	2 35	2 09	1 31	** **
23	4 32	4 25	4 18	4 10	4 01	3 51	3 40	3 28	3 14	2 57	2 36	2 10	1 31	** **
27	4 33	4 26	4 19	4 11	4 02	3 53	3 42	3 29	3 15	2 59	2 38	2 12	1 35	** **
July 1	4 35	4 28	4 21	4 13	4 04	3 55	3 44	3 32	3 18	3 02	2 42	2 17	1 41	0 18
5	4 37	4 30	4 23	4 15	4 07	3 58	3 47	3 35	3 22	3 06	2 47	2 22	1 49	0 46

SUNSET

Lat.	+40°	+42°	+44°	+46°	+48°	+50°	+52°	+54°	+56°	+58°	+60°	+62°	+64°	+66°
	h m	h m	h m	h m	h m	h m	h m	h m	h m	h m	h m	h m	h m	h m
Mar. 31	18 23	18 24	18 26	18 27	18 29	18 30	18 32	18 34	18 36	18 38	18 41	18 44	18 48	18 52
Apr. 4	18 27	18 29	18 30	18 32	18 34	18 36	18 39	18 41	18 44	18 47	18 51	18 55	19 00	19 05
8	18 31	18 33	18 35	18 38	18 40	18 43	18 46	18 49	18 52	18 56	19 01	19 06	19 12	19 18
12	18 35	18 38	18 40	18 43	18 46	18 49	18 52	18 56	19 01	19 05	19 11	19 17	19 24	19 32
16	18 39	18 42	18 45	18 48	18 52	18 55	18 59	19 04	19 09	19 14	19 20	19 28	19 36	19 46
20	18 43	18 46	18 50	18 53	18 57	19 01	19 06	19 11	19 17	19 23	19 30	19 39	19 48	19 59
24	18 47	18 51	18 55	18 59	19 03	19 08	19 13	19 19	19 25	19 32	19 40	19 50	20 01	20 14
28	18 51	18 55	18 59	19 04	19 09	19 14	19 20	19 26	19 33	19 41	19 50	20 01	20 13	20 28
May 2	18 56	19 00	19 04	19 09	19 14	19 20	19 26	19 33	19 41	19 50	20 00	20 12	20 26	20 43
6	19 00	19 04	19 09	19 14	19 20	19 26	19 33	19 41	19 49	19 59	20 10	20 23	20 39	20 58
10	19 03	19 08	19 14	19 19	19 25	19 32	19 40	19 48	19 57	20 08	20 20	20 34	20 52	21 14
14	19 07	19 13	19 18	19 24	19 31	19 38	19 46	19 55	20 05	20 16	20 29	20 45	21 05	21 29
18	19 11	19 17	19 22	19 29	19 36	19 43	19 52	20 01	20 12	20 24	20 39	20 56	21 17	21 46
22	19 15	19 20	19 27	19 33	19 41	19 49	19 58	20 08	20 19	20 32	20 48	21 06	21 30	22 03
26	19 18	19 24	19 31	19 38	19 45	19 54	20 03	20 14	20 26	20 40	20 56	21 16	21 42	22 20
30	19 21	19 27	19 34	19 41	19 49	19 58	20 08	20 19	20 32	20 46	21 04	21 26	21 54	22 38
June 3	19 24	19 30	19 37	19 45	19 53	20 02	20 12	20 24	20 37	20 52	21 11	21 34	22 05	22 57
7	19 27	19 33	19 40	19 48	19 56	20 06	20 16	20 28	20 42	20 58	21 17	21 41	22 15	23 18
11	19 29	19 35	19 43	19 51	19 59	20 09	20 19	20 31	20 45	21 02	21 22	21 47	22 23	23 48
15	19 30	19 37	19 45	19 53	20 01	20 11	20 22	20 34	20 48	21 05	21 25	21 51	22 29	** **
19	19 32	19 39	19 46	19 54	20 03	20 12	20 23	20 36	20 50	21 07	21 27	21 54	22 32	** **
23	19 33	19 39	19 47	19 55	20 03	20 13	20 24	20 36	20 51	21 07	21 28	21 54	22 32	** **
27	19 33	19 40	19 47	19 55	20 04	20 13	20 24	20 36	20 50	21 07	21 27	21 53	22 30	** **
July 1	19 33	19 39	19 47	19 54	20 03	20 12	20 23	20 35	20 49	21 05	21 25	21 50	22 25	23 41
5	19 32	19 39	19 46	19 53	20 02	20 11	20 21	20 33	20 47	21 02	21 21	21 45	22 18	23 18

(** **) indicates Sun continuously above horizon.

SUNRISE AND SUNSET, 1989

UNIVERSAL TIME FOR MERIDIAN OF GREENWICH

SUNRISE

Lat.	−55°	−50°	−45°	−40°	−35°	−30°	−20°	−10°	0°	+10°	+20°	+30°	+35°	+40°
	h m	h m	h m	h m	h m	h m	h m	h m	h m	h m	h m	h m	h m	h m
July 1	8 26	8 00	7 39	7 23	7 09	6 56	6 36	6 17	6 00	5 43	5 24	5 02	4 50	4 35
5	8 24	7 58	7 38	7 22	7 08	6 56	6 36	6 18	6 01	5 44	5 25	5 04	4 51	4 37
9	8 21	7 56	7 37	7 21	7 08	6 56	6 36	6 18	6 02	5 45	5 27	5 06	4 54	4 39
13	8 18	7 53	7 35	7 19	7 06	6 55	6 35	6 18	6 02	5 46	5 28	5 08	4 56	4 42
17	8 13	7 50	7 32	7 17	7 05	6 54	6 35	6 18	6 03	5 47	5 30	5 10	4 58	4 45
21	8 08	7 46	7 29	7 14	7 02	6 52	6 34	6 18	6 03	5 48	5 31	5 12	5 01	4 48
25	8 02	7 41	7 25	7 11	7 00	6 50	6 33	6 17	6 03	5 48	5 33	5 15	5 04	4 52
29	7 55	7 36	7 20	7 08	6 57	6 47	6 31	6 17	6 03	5 49	5 34	5 17	5 07	4 55
Aug. 2	7 48	7 30	7 16	7 04	6 54	6 45	6 29	6 16	6 03	5 50	5 36	5 19	5 10	4 59
6	7 41	7 24	7 10	6 59	6 50	6 42	6 27	6 14	6 02	5 50	5 37	5 22	5 13	5 03
10	7 32	7 17	7 05	6 55	6 46	6 38	6 25	6 13	6 02	5 51	5 38	5 24	5 16	5 07
14	7 24	7 10	6 59	6 50	6 42	6 35	6 22	6 12	6 01	5 51	5 40	5 27	5 19	5 10
18	7 15	7 03	6 53	6 44	6 37	6·31	6 20	6 10	6 00	5 51	5 41	5 29	5 22	5 14
22	7 06	6 55	6 46	6 39	6 32	6 27	6 17	6 08	6 00	5 51	5 42	5 31	5 25	5 18
26	6 56	6 47	6 39	6 33	6 27	6 22	6 14	6 06	5 58	5 51	5 43	5 34	5 28	5 22
30	6 47	6 39	6 32	6 27	6 22	6 18	6 10	6 04	5 57	5 51	5 44	5 36	5 31	5 26
Sept. 3	6 37	6 30	6 25	6 21	6 17	6 13	6 07	6 01	5 56	5 51	5 45	5 38	5 34	5 29
7	6 27	6 22	6 18	6 14	6 11	6 08	6 03	5 59	5 55	5 50	5 46	5 40	5 37	5 33
11	6 17	6 13	6 10	6 08	6 05	6 03	6 00	5 57	5 53	5 50	5 46	5 42	5 40	5 37
15	6 07	6 05	6 03	6 01	6 00	5 58	5 56	5 54	5 52	5 50	5 47	5 44	5 43	5 41
19	5 56	5 56	5 55	5 54	5 54	5 53	5 52	5 52	5 51	5 49	5 48	5 47	5 46	5 45
23	5 46	5 47	5 47	5 48	5 48	5 48	5 49	5 49	5 49	5 49	5 49	5 49	5 49	5 48
27	5 36	5 38	5 40	5 41	5 42	5 43	5 45	5 47	5 48	5 49	5 50	5 51	5 52	5 52
Oct. 1	5 26	5 29	5 32	5 35	5 37	5 39	5 42	5 44	5 46	5 49	5 51	5 53	5 55	5 56
5	5 15	5 21	5 25	5 28	5 31	5 34	5 38	5 42	5 45	5 48	5 52	5 56	5 58	6 00

SUNSET

Lat.	−55°	−50°	−45°	−40°	−35°	−30°	−20°	−10°	0°	+10°	+20°	+30°	+35°	+40°
	h m	h m	h m	h m	h m	h m	h m	h m	h m	h m	h m	h m	h m	h m
July 1	15 42	16 08	16 29	16 45	16 59	17 11	17 32	17 50	18 07	18 25	18 43	19 05	19 18	19 33
5	15 45	16 11	16 31	16 47	17 01	17 13	17 33	17 51	18 08	18 25	18 44	19 05	19 17	19 32
9	15 49	16 14	16 34	16 50	17 03	17 15	17 35	17 52	18 09	18 25	18 43	19 04	19 17	19 31
13	15 54	16 18	16 37	16 52	17 05	17 17	17 36	17 53	18 09	18 26	18 43	19 03	19 15	19 29
17	16 00	16 23	16 41	16 55	17 08	17 19	17 38	17 54	18 10	18 25	18 42	19 02	19 13	19 27
21	16 05	16 27	16 45	16 59	17 11	17 21	17 39	17 55	18 10	18 25	18 41	19 00	19 11	19 24
25	16 12	16 32	16 49	17 02	17 13	17 23	17 41	17 56	18 10	18 24	18 40	18 58	19 08	19 21
29	16 18	16 38	16 53	17 05	17 16	17 26	17 42	17 56	18 10	18 24	18 38	18 55	19 05	19 17
Aug. 2	16 25	16 43	16 57	17 09	17 19	17 28	17 43	17 57	18 10	18 23	18 37	18 53	19 02	19 13
6	16 32	16 48	17 02	17 13	17 22	17 30	17 45	17 57	18 09	18 21	18 34	18 49	18 58	19 08
10	16 39	16 54	17 06	17 16	17 25	17 33	17 46	17 58	18 09	18 20	18 32	18 46	18 54	19 03
14	16 46	17 00	17 11	17 20	17 28	17 35	17 47	17 58	18 08	18 18	18 29	18 42	18 50	18 58
18	16 53	17 06	17 16	17 24	17 31	17 37	17 48	17 58	18 07	18 17	18 27	18 38	18 45	18 53
22	17 01	17 11	17 20	17 28	17 34	17 39	17 49	17 58	18 06	18 15	18 24	18 34	18 40	18 47
26	17 08	17 17	17 25	17 31	17 37	17 42	17 50	17 58	18 05	18 12	18 20	18 30	18 35	18 41
30	17 15	17 23	17 30	17 35	17 40	17 44	17 51	17 58	18 04	18 10	18 17	18 25	18 30	18 35
Sept. 3	17 23	17 29	17 34	17 39	17 43	17 46	17 52	17 57	18 03	18 08	18 14	18 20	18 24	18 29
7	17 30	17 35	17 39	17 42	17 45	17 48	17 53	17 57	18 01	18 05	18 10	18 15	18 19	18 22
11	17 37	17 41	17 44	17 46	17 48	17 50	17 54	17 57	18 00	18 03	18 06	18 10	18 13	18 16
15	17 45	17 47	17 48	17 50	17 51	17 52	17 55	17 56	17 58	18 00	18 03	18 05	18 07	18 09
19	17 52	17 53	17 53	17 54	17 54	17 55	17 55	17 56	17 57	17 58	17 59	18 00	18 01	18 02
23	18 00	17 59	17 58	17 58	17 57	17 57	17 56	17 56	17 56	17 55	17 55	17 55	17 56	17 56
27	18 07	18 05	18 03	18 01	18 00	17 59	17 57	17 56	17 54	17 53	17 52	17 51	17 50	17 49
Oct. 1	18 15	18 11	18 08	18 05	18 03	18 01	17 58	17 55	17 53	17 51	17 48	17 46	17 44	17 43
5	18 23	18 17	18 13	18 09	18 06	18 04	17 59	17 55	17 52	17 48	17 45	17 41	17 39	17 36

UNIVERSAL TIME FOR MERIDIAN OF GREENWICH

SUNRISE

Lat.	+40°	+42°	+44°	+46°	+48°	+50°	+52°	+54°	+56°	+58°	+60°	+62°	+64°	+66°
	h m	h m	h m	h m	h m	h m	h m	h m	h m	h m	h m	h m	h m	h m
July 1	4 35	4 28	4 21	4 13	4 04	3 55	3 44	3 32	3 18	3 02	2 42	2 17	1 41	0 18
5	4 37	4 30	4 23	4 15	4 07	3 58	3 47	3 35	3 22	3 06	2 47	2 22	1 49	0 46
9	4 39	4 33	4 26	4 18	4 10	4 01	3 51	3 40	3 26	3 11	2 53	2 30	1 59	1 07
13	4 42	4 36	4 29	4 22	4 14	4 05	3 55	3 44	3 32	3 17	3 00	2 38	2 09	1 26
17	4 45	4 39	4 33	4 26	4 18	4 10	4 00	3 50	3 38	3 24	3 07	2 47	2 21	1 44
21	4 48	4 43	4 36	4 30	4 22	4 14	4 05	3 55	3 44	3 31	3 15	2 57	2 33	2 01
25	4 52	4 46	4 40	4 34	4 27	4 19	4 11	4 02	3 51	3 39	3 24	3 07	2 46	2 17
29	4 55	4 50	4 45	4 39	4 32	4 25	4 17	4 08	3 58	3 47	3 33	3 18	2 58	2 33
Aug. 2	4 59	4 54	4 49	4 43	4 37	4 30	4 23	4 15	4 05	3 55	3 43	3 28	3 11	2 49
6	5 03	4 58	4 53	4 48	4 42	4 36	4 29	4 22	4 13	4 03	3 52	3 39	3 23	3 04
10	5 07	5 02	4 58	4 53	4 48	4 42	4 36	4 29	4 21	4 12	4 02	3 50	3 36	3 19
14	5 10	5 07	5 02	4 58	4 53	4 48	4 42	4 36	4 29	4 21	4 11	4 01	3 48	3 33
18	5 14	5 11	5 07	5 03	4 59	4 54	4 49	4 43	4 36	4 29	4 21	4 12	4 01	3 48
22	5 18	5 15	5 12	5 08	5 04	5 00	4 55	4 50	4 44	4 38	4 31	4 22	4 13	4 01
26	5 22	5 19	5 16	5 13	5 10	5 06	5 02	4 57	4 52	4 47	4 40	4 33	4 25	4 15
30	5 26	5 23	5 21	5 18	5 15	5 12	5 08	5 04	5 00	4 55	4 50	4 44	4 37	4 28
Sept. 3	5 29	5 27	5 25	5 23	5 20	5 18	5 15	5 11	5 08	5 04	4 59	4 54	4 48	4 41
7	5 33	5 32	5 30	5 28	5 26	5 24	5 21	5 19	5 16	5 12	5 09	5 05	5 00	4 54
11	5 37	5 36	5 34	5 33	5 31	5 30	5 28	5 26	5 23	5 21	5 18	5 15	5 11	5 07
15	5 41	5 40	5 39	5 38	5 37	5 36	5 34	5 33	5 31	5 29	5 28	5 25	5 23	5 20
19	5 45	5 44	5 43	5 43	5 42	5 42	5 41	5 40	5 39	5 38	5 37	5 36	5 34	5 32
23	5 48	5 48	5 48	5 48	5 48	5 48	5 47	5 47	5 47	5 47	5 46	5 46	5 45	5 45
27	5 52	5 52	5 53	5 53	5 53	5 54	5 54	5 54	5 55	5 55	5 56	5 56	5 57	5 58
Oct. 1	5 56	5 57	5 57	5 58	5 59	6 00	6 01	6 02	6 03	6 04	6 05	6 07	6 08	6 10
5	6 00	6 01	6 02	6 03	6 05	6 06	6 07	6 09	6 11	6 13	6 15	6 17	6 20	6 23

SUNSET

Lat.	+40°	+42°	+44°	+46°	+48°	+50°	+52°	+54°	+56°	+58°	+60°	+62°	+64°	+66°
	h m	h m	h m	h m	h m	h m	h m	h m	h m	h m	h m	h m	h m	h m
July 1	19 33	19 39	19 47	19 54	20 03	20 12	20 23	20 35	20 49	21 05	21 25	21 50	22 25	23 41
5	19 32	19 39	19 46	19 53	20 02	20 11	20 21	20 33	20 47	21 02	21 21	21 45	22 18	23 18
9	19 31	19 37	19 44	19 51	20 00	20 09	20 19	20 30	20 43	20 58	21 17	21 39	22 10	22 59
13	19 29	19 35	19 42	19 49	19 57	20 06	20 15	20 26	20 39	20 53	21 11	21 32	22 00	22 42
17	19 27	19 33	19 39	19 46	19 54	20 02	20 11	20 22	20 34	20 47	21 04	21 23	21 49	22 25
21	19 24	19 30	19 36	19 42	19 50	19 58	20 06	20 16	20 28	20 41	20 56	21 14	21 37	22 09
25	19 21	19 26	19 32	19 38	19 45	19 53	20 01	20 10	20 21	20 33	20 47	21 04	21 25	21 52
29	19 17	19 22	19 28	19 33	19 40	19 47	19 55	20 04	20 14	20 25	20 38	20 53	21 12	21 36
Aug. 2	19 13	19 18	19 23	19 28	19 34	19 41	19 48	19 56	20 06	20 16	20 28	20 42	20 59	21 21
6	19 08	19 13	19 18	19 23	19 28	19 35	19 41	19 49	19 57	20 07	20 18	20 31	20 46	21 05
10	19 03	19 08	19 12	19 17	19 22	19 28	19 34	19 41	19 48	19 57	20 07	20 19	20 32	20 49
14	18 58	19 02	19 06	19 10	19 15	19 20	19 26	19 32	19 39	19 47	19 56	20 06	20 19	20 33
18	18 53	18 56	19 00	19 04	19 08	19 13	19 18	19 24	19 30	19 37	19 45	19 54	20 05	20 18
22	18 47	18 50	18 53	18 57	19 01	19 05	19 09	19 14	19 20	19 26	19 33	19 41	19 51	20 02
26	18 41	18 44	18 47	18 50	18 53	18 57	19 01	19 05	19 10	19 15	19 22	19 29	19 37	19 46
30	18 35	18 37	18 40	18 42	18 45	18 48	18 52	18 56	19 00	19 04	19 10	19 16	19 23	19 31
Sept. 3	18 29	18 31	18 33	18 35	18 37	18 40	18 43	18 46	18 49	18 53	18 58	19 03	19 09	19 15
7	18 22	18 24	18 25	18 27	18 29	18 31	18 34	18 36	18 39	18 42	18 46	18 50	18 54	19 00
11	18 16	18 17	18 18	18 19	18 21	18 23	18 24	18 26	18 28	18 31	18 34	18 37	18 40	18 44
15	18 09	18 10	18 11	18 12	18 13	18 14	18 15	18 16	18 18	18 20	18 21	18 24	18 26	18 29
19	18 02	18 03	18 03	18 04	18 04	18 05	18 06	18 06	18 07	18 08	18 09	18 10	18 12	18 13
23	17 56	17 56	17 56	17 56	17 56	17 56	17 56	17 56	17 57	17 57	17 57	17 57	17 58	17 58
27	17 49	17 49	17 48	17 48	17 48	17 47	17 47	17 47	17 46	17 45	17 45	17 44	17 44	17 43
Oct. 1	17 43	17 42	17 41	17 40	17 40	17 39	17 38	17 37	17 35	17 34	17 33	17 31	17 29	17 27
5	17 36	17 35	17 34	17 33	17 31	17 30	17 28	17 27	17 25	17 23	17 21	17 18	17 15	17 12

SUNRISE AND SUNSET, 1989
UNIVERSAL TIME FOR MERIDIAN OF GREENWICH
SUNRISE

Lat.	−55°	−50°	−45°	−40°	−35°	−30°	−20°	−10°	0°	+10°	+20°	+30°	+35°	+40°
	h m	h m	h m	h m	h m	h m	h m	h m	h m	h m	h m	h m	h m	h m
Oct. 1	5 26	5 29	5 32	5 35	5 37	5 39	5 42	5 44	5 46	5 49	5 51	5 53	5 55	5 56
5	5 15	5 21	5 25	5 28	5 31	5 34	5 38	5 42	5 45	5 48	5 52	5 56	5 58	6 00
9	5 05	5 12	5 17	5 22	5 26	5 29	5 35	5 39	5 44	5 48	5 53	5 58	6 01	6 04
13	4 55	5 04	5 10	5 16	5 20	5 24	5 31	5 37	5 43	5 48	5 54	6 00	6 04	6 08
17	4 46	4 55	5 03	5 10	5 15	5 20	5 28	5 35	5 42	5 49	5 55	6 03	6 07	6 12
21	4 36	4 47	4 56	5 04	5 10	5 16	5 25	5 34	5 41	5 49	5 57	6 06	6 11	6 17
25	4 27	4 39	4 50	4 58	5 05	5 12	5 23	5 32	5 41	5 49	5 58	6 09	6 14	6 21
29	4 18	4 32	4 43	4 53	5 01	5 08	5 20	5 31	5 40	5 50	6 00	6 12	6 18	6 26
Nov. 2	4 09	4 25	4 38	4 48	4 57	5 05	5 18	5 29	5 40	5 51	6 02	6 15	6 22	6 30
6	4 01	4 18	4 32	4 43	4 53	5 02	5 16	5 29	5 40	5 52	6 04	6 18	6 26	6 35
10	3 53	4 12	4 27	4 39	4 50	4 59	5 14	5 28	5 40	5 53	6 06	6 21	6 29	6 39
14	3 45	4 06	4 22	4 36	4 47	4 56	5 13	5 28	5 41	5 54	6 08	6 24	6 33	6 44
18	3 39	4 01	4 18	4 32	4 44	4 55	5 12	5 27	5 42	5 56	6 11	6 27	6 37	6 48
22	3 33	3 56	4 15	4 30	4 42	4 53	5 12	5 28	5 43	5 57	6 13	6 31	6 41	6 53
26	3 27	3 52	4 12	4 27	4 41	4 52	5 11	5 28	5 44	5 59	6 15	6 34	6 45	6 57
30	3 23	3 49	4 10	4 26	4 40	4 51	5 12	5 29	5 45	6 01	6 18	6 37	6 49	7 02
Dec. 4	3 19	3 47	4 08	4 25	4 39	4 51	5 12	5 30	5 47	6 03	6 21	6 41	6 52	7 05
8	3 17	3 46	4 07	4 24	4 39	4 52	5 13	5 31	5 48	6 05	6 23	6 44	6 55	7 09
12	3 16	3 45	4 07	4 25	4 40	4 52	5 14	5 33	5 50	6 07	6 25	6 46	6 58	7 12
16	3 15	3 45	4 08	4 26	4 41	4 54	5 16	5 34	5 52	6 09	6 28	6 49	7 01	7 15
20	3 16	3 46	4 09	4 27	4 42	4 55	5 17	5 36	5 54	6 11	6 30	6 51	7 04	7 18
24	3 18	3 48	4 11	4 29	4 44	4 57	5 19	5 38	5 56	6 13	6 32	6 53	7 05	7 20
28	3 22	3 51	4 14	4 32	4 47	5 00	5 21	5 40	5 58	6 15	6 34	6 55	7 07	7 21
32	3 26	3 55	4 17	4 35	4 49	5 02	5 24	5 43	6 00	6 17	6 35	6 56	7 08	7 22
36	3 31	3 59	4 21	4 38	4 53	5 05	5 26	5 45	6 02	6 18	6 36	6 57	7 09	7 22

SUNSET

Lat.	−55°	−50°	−45°	−40°	−35°	−30°	−20°	−10°	0°	+10°	+20°	+30°	+35°	+40°
	h m	h m	h m	h m	h m	h m	h m	h m	h m	h m	h m	h m	h m	h m
Oct. 1	18 15	18 11	18 08	18 05	18 03	18 01	17 58	17 55	17 53	17 51	17 48	17 46	17 44	17 43
5	18 23	18 17	18 13	18 09	18 06	18 04	17 59	17 55	17 52	17 48	17 45	17 41	17 39	17 36
9	18 30	18 24	18 18	18 13	18 09	18 06	18 00	17 55	17 51	17 46	17 41	17 36	17 33	17 30
13	18 38	18 30	18 23	18 18	18 13	18 09	18 01	17 55	17 50	17 44	17 38	17 32	17 28	17 24
17	18 46	18 36	18 28	18 22	18 16	18 11	18 03	17 55	17 49	17 42	17 35	17 27	17 23	17 18
21	18 55	18 43	18 34	18 26	18 20	18 14	18 04	17 56	17 48	17 40	17 32	17 23	17 18	17 12
25	19 03	18 50	18 39	18 31	18 23	18 17	18 06	17 56	17 47	17 39	17 30	17 19	17 13	17 07
29	19 11	18 57	18 45	18 35	18 27	18 20	18 08	17 57	17 47	17 37	17 27	17 16	17 09	17 01
Nov. 2	19 20	19 03	18 50	18 40	18 31	18 23	18 10	17 58	17 47	17 36	17 25	17 12	17 05	16 57
6	19 28	19 10	18 56	18 45	18 35	18 26	18 12	17 59	17 47	17 36	17 23	17 09	17 01	16 52
10	19 37	19 17	19 02	18 49	18 39	18 29	18 14	18 00	17 47	17 35	17 22	17 07	16 58	16 48
14	19 45	19 24	19 07	18 54	18 43	18 33	18 16	18 01	17 48	17 35	17 21	17 04	16 55	16 45
18	19 53	19 30	19 13	18 59	18 47	18 36	18 18	18 03	17 49	17 35	17 20	17 03	16 53	16 42
22	20 01	19 37	19 18	19 03	18 51	18 40	18 21	18 05	17 50	17 35	17 19	17 01	16 51	16 39
26	20 08	19 43	19 23	19 08	18 54	18 43	18 23	18 07	17 51	17 35	17 19	17 00	16 49	16 37
30	20 15	19 49	19 28	19 12	18 58	18 46	18 26	18 09	17 52	17 36	17 19	17 00	16 49	16 36
Dec. 4	20 22	19 54	19 33	19 16	19 02	18 49	18 29	18 11	17 54	17 37	17 20	17 00	16 48	16 35
8	20 27	19 59	19 37	19 20	19 05	18 52	18 31	18 13	17 56	17 39	17 21	17 00	16 48	16 35
12	20 32	20 03	19 41	19 23	19 08	18 55	18 34	18 15	17 57	17 40	17 22	17 01	16 49	16 35
16	20 36	20 06	19 44	19 26	19 11	18 58	18 36	18 17	17 59	17 42	17 24	17 02	16 50	16 36
20	20 39	20 09	19 46	19 28	19 13	19 00	18 38	18 19	18 01	17 44	17 25	17 04	16 52	16 37
24	20 41	20 11	19 48	19 30	19 15	19 02	18 40	18 21	18 03	17 46	17 27	17 06	16 54	16 40
28	20 41	20 12	19 49	19 31	19 16	19 04	18 42	18 23	18 05	17 48	17 30	17 09	16 56	16 42
32	20 41	20 12	19 50	19 32	19 17	19 05	18 43	18 24	18 07	17 50	17 32	17 11	16 59	16 45
36	20 39	20 11	19 49	19 32	19 18	19 05	18 44	18 26	18 09	17 52	17 35	17 14	17 02	16 49

UNIVERSAL TIME FOR MERIDIAN OF GREENWICH
SUNRISE

Lat.	+40°	+42°	+44°	+46°	+48°	+50°	+52°	+54°	+56°	+58°	+60°	+62°	+64°	+66°
	h m	h m	h m	h m	h m	h m	h m	h m	h m	h m	h m	h m	h m	h m
Oct. 1	5 56	5 57	5 57	5 58	5 59	6 00	6 01	6 02	6 03	6 04	6 05	6 07	6 08	6 10
5	6 00	6 01	6 02	6 03	6 05	6 06	6 07	6 09	6 11	6 13	6 15	6 17	6 20	6 23
9	6 04	6 06	6 07	6 09	6 10	6 12	6 14	6 16	6 19	6 21	6 24	6 28	6 32	6 36
13	6 08	6 10	6 12	6 14	6 16	6 18	6 21	6 24	6 27	6 30	6 34	6 39	6 43	6 49
17	6 12	6 15	6 17	6 19	6 22	6 25	6 28	6 31	6 35	6 39	6 44	6 49	6 55	7 03
21	6 17	6 19	6 22	6 25	6 28	6 31	6 35	6 39	6 44	6 48	6 54	7 00	7 08	7 16
25	6 21	6 24	6 27	6 30	6 34	6 38	6 42	6 47	6 52	6 58	7 04	7 12	7 20	7 30
29	6 26	6 29	6 32	6 36	6 40	6 45	6 49	6 55	7 00	7 07	7 14	7 23	7 33	7 44
Nov. 2	6 30	6 34	6 38	6 42	6 46	6 51	6 57	7 02	7 09	7 16	7 25	7 34	7 45	7 59
6	6 35	6 39	6 43	6 48	6 52	6 58	7 04	7 10	7 17	7 26	7 35	7 46	7 58	8 13
10	6 39	6 44	6 48	6 53	6 59	7 04	7 11	7 18	7 26	7 35	7 45	7 57	8 11	8 28
14	6 44	6 49	6 54	6 59	7 05	7 11	7 18	7 26	7 34	7 44	7 55	8 08	8 24	8 43
18	6 48	6 53	6 59	7 04	7 11	7 17	7 25	7 33	7 43	7 53	8 05	8 20	8 37	8 58
22	6 53	6 58	7 04	7 10	7 16	7 24	7 32	7 40	7 50	8 02	8 15	8 31	8 49	9 14
26	6 57	7 03	7 09	7 15	7 22	7 30	7 38	7 47	7 58	8 10	8 24	8 41	9 02	9 29
30	7 02	7 07	7 13	7 20	7 27	7 35	7 44	7 54	8 05	8 18	8 33	8 51	9 13	9 43
Dec. 4	7 05	7 11	7 18	7 25	7 32	7 41	7 50	8 00	8 12	8 25	8 41	9 00	9 24	9 57
8	7 09	7 15	7 22	7 29	7 37	7 45	7 55	8 05	8 17	8 31	8 48	9 08	9 34	10 10
12	7 12	7 19	7 25	7 33	7 41	7 49	7 59	8 10	8 22	8 37	8 54	9 14	9 41	10 21
16	7 15	7 22	7 28	7 36	7 44	7 53	8 03	8 14	8 26	8 41	8 58	9 20	9 48	10 29
20	7 18	7 24	7 31	7 38	7 46	7 55	8 05	8 16	8 29	8 44	9 01	9 23	9 52	10 34
24	7 20	7 26	7 33	7 40	7 48	7 57	8 07	8 18	8 31	8 46	9 03	9 25	9 53	10 36
28	7 21	7 27	7 34	7 42	7 50	7 58	8 08	8 19	8 32	8 46	9 04	9 25	9 53	10 34
32	7 22	7 28	7 35	7 42	7 50	7 59	8 08	8 19	8 31	8 46	9 02	9 23	9 50	10 28
36	7 22	7 28	7 35	7 42	7 50	7 58	8 07	8 18	8 30	8 44	9 00	9 20	9 45	10 20

SUNSET

Lat.	+40°	+42°	+44°	+46°	+48°	+50°	+52°	+54°	+56°	+58°	+60°	+62°	+64°	+66°
	h m	h m	h m	h m	h m	h m	h m	h m	h m	h m	h m	h m	h m	h m
Oct. 1	17 43	17 42	17 41	17 40	17 40	17 39	17 38	17 37	17 35	17 34	17 33	17 31	17 29	17 27
5	17 36	17 35	17 34	17 33	17 31	17 30	17 28	17 27	17 25	17 23	17 21	17 18	17 15	17 12
9	17 30	17 28	17 27	17 25	17 23	17 22	17 19	17 17	17 15	17 12	17 09	17 05	17 02	16 57
13	17 24	17 22	17 20	17 18	17 16	17 13	17 11	17 08	17 05	17 01	16 57	16 53	16 48	16 42
17	17 18	17 16	17 13	17 11	17 08	17 05	17 02	16 58	16 55	16 50	16 46	16 40	16 34	16 27
21	17 12	17 09	17 07	17 04	17 01	16 57	16 53	16 49	16 45	16 40	16 34	16 28	16 20	16 12
25	17 07	17 04	17 00	16 57	16 53	16 50	16 45	16 41	16 35	16 30	16 23	16 16	16 07	15 57
29	17 01	16 58	16 55	16 51	16 47	16 42	16 37	16 32	16 26	16 20	16 12	16 04	15 54	15 42
Nov. 2	16 57	16 53	16 49	16 45	16 40	16 35	16 30	16 24	16 17	16 10	16 02	15 52	15 41	15 27
6	16 52	16 48	16 44	16 39	16 34	16 29	16 23	16 16	16 09	16 01	15 52	15 41	15 28	15 13
10	16 48	16 44	16 39	16 34	16 29	16 23	16 16	16 09	16 01	15 52	15 42	15 30	15 16	14 59
14	16 45	16 40	16 35	16 30	16 24	16 17	16 10	16 03	15 54	15 44	15 33	15 20	15 04	14 45
18	16 42	16 37	16 31	16 25	16 19	16 12	16 05	15 57	15 47	15 37	15 24	15 10	14 53	14 31
22	16 39	16 34	16 28	16 22	16 15	16 08	16 00	15 51	15 41	15 30	15 17	15 01	14 42	14 18
26	16 37	16 31	16 26	16 19	16 12	16 05	15 56	15 47	15 36	15 24	15 10	14 53	14 32	14 05
30	16 36	16 30	16 24	16 17	16 10	16 02	15 53	15 43	15 32	15 19	15 04	14 46	14 24	13 54
Dec. 4	16 35	16 29	16 22	16 15	16 08	16 00	15 50	15 40	15 29	15 15	14 59	14 40	14 16	13 43
8	16 35	16 28	16 22	16 15	16 07	15 58	15 49	15 38	15 26	15 12	14 56	14 36	14 10	13 34
12	16 35	16 29	16 22	16 15	16 07	15 58	15 48	15 37	15 25	15 11	14 54	14 33	14 06	13 27
16	16 36	16 30	16 23	16 15	16 07	15 59	15 49	15 38	15 25	15 10	14 53	14 32	14 04	13 22
20	16 37	16 31	16 24	16 17	16 09	16 00	15 50	15 39	15 26	15 11	14 54	14 32	14 04	13 21
24	16 40	16 33	16 26	16 19	16 11	16 02	15 52	15 41	15 28	15 14	14 56	14 34	14 06	13 24
28	16 42	16 36	16 29	16 22	16 14	16 05	15 55	15 44	15 32	15 17	15 00	14 38	14 11	13 30
32	16 45	16 39	16 32	16 25	16 17	16 09	15 59	15 48	15 36	15 22	15 05	14 44	14 18	13 39
36	16 49	16 43	16 36	16 29	16 21	16 13	16 04	15 53	15 41	15 27	15 11	14 51	14 26	13 51

UNIVERSAL TIME FOR MERIDIAN OF GREENWICH
MORNING CIVIL TWILIGHT

Lat.	−55°	−50°	−45°	−40°	−35°	−30°	−20°	−10°	0°	+10°	+20°	+30°	+35°	+40°
	h m	h m	h m	h m	h m	h m	h m	h m	h m	h m	h m	h m	h m	h m
Jan. −2	2 25	3 08	3 37	4 00	4 18	4 33	4 58	5 18	5 36	5 53	6 10	6 29	6 39	6 51
2	2 31	3 12	3 41	4 03	4 21	4 36	5 00	5 20	5 38	5 55	6 12	6 30	6 40	6 52
6	2 37	3 18	3 46	4 07	4 24	4 39	5 03	5 22	5 40	5 56	6 13	6 31	6 41	6 52
10	2 45	3 23	3 50	4 11	4 28	4 42	5 06	5 25	5 42	5 58	6 14	6 31	6 41	6 52
14	2 54	3 30	3 56	4 16	4 32	4 46	5 08	5 27	5 43	5 59	6 14	6 31	6 40	6 51
18	3 03	3 37	4 02	4 21	4 36	4 50	5 11	5 29	5 45	6 00	6 14	6 30	6 39	6 49
22	3 12	3 44	4 08	4 26	4 41	4 53	5 14	5 31	5 46	6 00	6 14	6 30	6 38	6 47
26	3 22	3 52	4 14	4 31	4 45	4 57	5 17	5 33	5 47	6 01	6 14	6 28	6 36	6 45
30	3 32	4 00	4 20	4 36	4 50	5 01	5 19	5 35	5 48	6 01	6 13	6 26	6 34	6 42
Feb. 3	3 42	4 08	4 27	4 42	4 54	5 05	5 22	5 36	5 49	6 00	6 12	6 24	6 31	6 38
7	3 52	4 15	4 33	4 47	4 59	5 08	5 25	5 38	5 49	6 00	6 11	6 22	6 28	6 34
11	4 02	4 23	4 39	4 52	5 03	5 12	5 27	5 39	5 50	5 59	6 09	6 19	6 24	6 30
15	4 12	4 31	4 46	4 57	5 07	5 15	5 29	5 40	5 50	5 58	6 07	6 16	6 20	6 25
19	4 21	4 39	4 52	5 02	5 11	5 19	5 31	5 41	5 49	5 57	6 05	6 12	6 16	6 20
23	4 31	4 46	4 58	5 07	5 15	5 22	5 33	5 42	5 49	5 56	6 02	6 08	6 12	6 15
27	4 40	4 53	5 04	5 12	5 19	5 25	5 35	5 42	5 49	5 54	5 59	6 04	6 07	6 09
Mar. 3	4 49	5 01	5 10	5 17	5 23	5 28	5 36	5 43	5 48	5 52	5 56	6 00	6 02	6 03
7	4 58	5 08	5 15	5 22	5 27	5 31	5 38	5 43	5 47	5 50	5 53	5 56	5 57	5 57
11	5 06	5 14	5 21	5 26	5 30	5 34	5 39	5 43	5 46	5 48	5 50	5 51	5 51	5 51
15	5 14	5 21	5 26	5 30	5 34	5 36	5 40	5 43	5 45	5 46	5 47	5 46	5 46	5 45
19	5 23	5 28	5 32	5 35	5 37	5 39	5 41	5 43	5 44	5 44	5 43	5 41	5 40	5 38
23	5 31	5 34	5 37	5 39	5 40	5 41	5 43	5 43	5 43	5 42	5 40	5 37	5 34	5 32
27	5 38	5 40	5 42	5 43	5 43	5 44	5 44	5 43	5 41	5 39	5 36	5 32	5 29	5 25
31	5 46	5 47	5 47	5 47	5 47	5 46	5 45	5 43	5 40	5 37	5 33	5 27	5 23	5 19
Apr. 4	5 54	5 53	5 52	5 51	5 50	5 48	5 46	5 43	5 39	5 35	5 29	5 22	5 17	5 12

EVENING CIVIL TWILIGHT

Lat.	−55°	−50°	−45°	−40°	−35°	−30°	−20°	−10°	0°	+10°	+20°	+30°	+35°	+40°
	h m	h m	h m	h m	h m	h m	h m	h m	h m	h m	h m	h m	h m	h m
Jan. −2	21 39	20 56	20 27	20 04	19 46	19 31	19 07	18 46	18 28	18 11	17 54	17 36	17 25	17 14
2	21 37	20 55	20 27	20 05	19 47	19 32	19 08	18 48	18 30	18 14	17 57	17 38	17 28	17 17
6	21 33	20 54	20 26	20 04	19 47	19 33	19 09	18 49	18 32	18 16	17 59	17 41	17 31	17 20
10	21 29	20 51	20 24	20 03	19 47	19 33	19 09	18 50	18 34	18 18	18 02	17 44	17 35	17 24
14	21 23	20 47	20 22	20 02	19 46	19 32	19 10	18 51	18 35	18 20	18 04	17 48	17 38	17 28
18	21 17	20 43	20 19	20 00	19 44	19 31	19 10	18 52	18 36	18 21	18 07	17 51	17 42	17 32
22	21 09	20 38	20 15	19 57	19 42	19 30	19 09	18 52	18 37	18 23	18 09	17 54	17 46	17 36
26	21 01	20 32	20 10	19 53	19 39	19 28	19 08	18 52	18 38	18 25	18 12	17 57	17 50	17 41
30	20 53	20 26	20 06	19 50	19 36	19 25	19 07	18 52	18 39	18 26	18 14	18 01	17 53	17 45
Feb. 3	20 44	20 19	20 00	19 45	19 33	19 23	19 05	18 51	18 39	18 27	18 16	18 04	17 57	17 50
7	20 34	20 12	19 54	19 41	19 29	19 19	19 04	18 50	18 39	18 28	18 18	18 07	18 01	17 55
11	20 25	20 04	19 48	19 36	19 25	19 16	19 01	18 49	18 39	18 29	18 20	18 10	18 05	17 59
15	20 15	19 56	19 42	19 30	19 21	19 12	18 59	18 48	18 39	18 30	18 22	18 13	18 09	18 04
19	20 05	19 48	19 35	19 24	19 16	19 08	18 56	18 47	18 38	18 31	18 23	18 16	18 12	18 08
23	19 54	19 39	19 28	19 19	19 11	19 04	18 54	18 45	18 38	18 31	18 25	18 19	18 16	18 12
27	19 44	19 31	19 21	19 12	19 06	19 00	18 51	18 43	18 37	18 31	18 27	18 22	18 19	18 17
Mar. 3	19 34	19 22	19 13	19 06	19 00	18 55	18 47	18 41	18 36	18 32	18 28	18 24	18 23	18 21
7	19 23	19 13	19 06	19 00	18 55	18 51	18 44	18 39	18 35	18 32	18 29	18 27	18 26	18 25
11	19 13	19 04	18 58	18 53	18 49	18 46	18 41	18 37	18 34	18 32	18 30	18 30	18 29	18 30
15	19 02	18 56	18 51	18 47	18 44	18 41	18 37	18 35	18 33	18 32	18 32	18 32	18 33	18 34
19	18 52	18 47	18 43	18 40	18 38	18 36	18 34	18 32	18 32	18 32	18 33	18 35	18 36	18 38
23	18 41	18 38	18 36	18 34	18 32	18 31	18 30	18 30	18 31	18 32	18 34	18 37	18 39	18 42
27	18 31	18 29	18 28	18 27	18 27	18 27	18 27	18 28	18 29	18 32	18 35	18 40	18 43	18 46
31	18 21	18 21	18 21	18 21	18 21	18 22	18 23	18 25	18 28	18 32	18 36	18 42	18 46	18 50
Apr. 4	18 11	18 12	18 13	18 15	18 16	18 17	18 20	18 23	18 27	18 32	18 37	18 45	18 49	18 55

UNIVERSAL TIME FOR MERIDIAN OF GREENWICH
MORNING CIVIL TWILIGHT

Lat.	+40°	+42°	+44°	+46°	+48°	+50°	+52°	+54°	+56°	+58°	+60°	+62°	+64°	+66°
	h m	h m	h m	h m	h m	h m	h m	h m	h m	h m	h m	h m	h m	h m
Jan. −2	6 51	6 56	7 01	7 07	7 13	7 20	7 28	7 36	7 45	7 55	8 06	8 20	8 35	8 55
2	6 52	6 57	7 02	7 08	7 14	7 20	7 28	7 36	7 44	7 54	8 05	8 18	8 34	8 52
6	6 52	6 57	7 02	7 08	7 13	7 20	7 27	7 35	7 43	7 53	8 03	8 16	8 31	8 48
10	6 52	6 56	7 01	7 07	7 12	7 19	7 25	7 33	7 41	7 50	8 00	8 12	8 26	8 43
14	6 51	6 55	7 00	7 05	7 11	7 16	7 23	7 30	7 38	7 46	7 56	8 07	8 21	8 36
18	6 49	6 54	6 58	7 03	7 08	7 14	7 20	7 26	7 34	7 42	7 51	8 02	8 14	8 28
22	6 47	6 51	6 56	7 00	7 05	7 10	7 16	7 22	7 29	7 37	7 45	7 55	8 06	8 19
26	6 45	6 49	6 53	6 57	7 01	7 06	7 11	7 17	7 23	7 30	7 38	7 47	7 57	8 09
30	6 42	6 45	6 49	6 53	6 57	7 01	7 06	7 11	7 17	7 24	7 31	7 39	7 48	7 59
Feb. 3	6 38	6 41	6 45	6 48	6 52	6 56	7 00	7 05	7 10	7 16	7 22	7 30	7 38	7 47
7	6 34	6 37	6 40	6 43	6 47	6 50	6 54	6 58	7 03	7 08	7 14	7 20	7 27	7 35
11	6 30	6 33	6 35	6 38	6 41	6 44	6 47	6 51	6 55	6 59	7 04	7 10	7 16	7 23
15	6 25	6 28	6 30	6 32	6 35	6 37	6 40	6 43	6 47	6 50	6 54	6 59	7 04	7 10
19	6 20	6 22	6 24	6 26	6 28	6 30	6 33	6 35	6 38	6 41	6 44	6 48	6 52	6 57
23	6 15	6 16	6 18	6 19	6 21	6 23	6 25	6 27	6 29	6 31	6 33	6 36	6 39	6 43
27	6 09	6 10	6 12	6 13	6 14	6 15	6 16	6 18	6 19	6 21	6 22	6 24	6 26	6 29
Mar. 3	6 03	6 04	6 05	6 06	6 06	6 07	6 08	6 09	6 09	6 10	6 11	6 12	6 13	6 14
7	5 57	5 58	5 58	5 58	5 59	5 59	5 59	5 59	5 59	6 00	6 00	6 00	6 00	5 59
11	5 51	5 51	5 51	5 51	5 51	5 50	5 50	5 50	5 49	5 49	5 48	5 47	5 46	5 44
15	5 45	5 44	5 44	5 43	5 43	5 42	5 41	5 40	5 39	5 37	5 36	5 34	5 32	5 29
19	5 38	5 38	5 37	5 36	5 34	5 33	5 32	5 30	5 28	5 26	5 24	5 21	5 17	5 14
23	5 32	5 31	5 29	5 28	5 26	5 24	5 22	5 20	5 17	5 14	5 11	5 07	5 03	4 58
27	5 25	5 24	5 22	5 20	5 18	5 15	5 13	5 10	5 07	5 03	4 59	4 54	4 48	4 41
31	5 19	5 17	5 14	5 12	5 09	5 06	5 03	5 00	4 56	4 51	4 46	4 40	4 33	4 25
Apr. 4	5 12	5 10	5 07	5 04	5 01	4 58	4 54	4 49	4 45	4 39	4 33	4 26	4 18	4 08

EVENING CIVIL TWILIGHT

Lat.	+40°	+42°	+44°	+46°	+48°	+50°	+52°	+54°	+56°	+58°	+60°	+62°	+64°	+66°
	h m	h m	h m	h m	h m	h m	h m	h m	h m	h m	h m	h m	h m	h m
Jan. −2	17 14	17 08	17 03	16 57	16 51	16 44	16 37	16 29	16 20	16 10	15 58	15 45	15 29	15 10
2	17 17	17 12	17 06	17 01	16 55	16 48	16 41	16 33	16 24	16 14	16 03	15 50	15 35	15 16
6	17 20	17 15	17 10	17 05	16 59	16 52	16 45	16 38	16 29	16 20	16 09	15 56	15 42	15 24
10	17 24	17 19	17 14	17 09	17 03	16 57	16 50	16 43	16 35	16 26	16 15	16 03	15 50	15 33
14	17 28	17 23	17 19	17 14	17 08	17 02	16 56	16 49	16 41	16 32	16 23	16 11	15 58	15 43
18	17 32	17 28	17 23	17 18	17 13	17 08	17 02	16 55	16 48	16 40	16 31	16 20	16 08	15 53
22	17 36	17 32	17 28	17 24	17 19	17 14	17 08	17 02	16 55	16 47	16 39	16 29	16 18	16 05
26	17 41	17 37	17 33	17 29	17 24	17 20	17 14	17 09	17 02	16 56	16 48	16 39	16 29	16 17
30	17 45	17 42	17 38	17 34	17 30	17 26	17 21	17 16	17 10	17 04	16 57	16 49	16 40	16 29
Feb. 3	17 50	17 47	17 43	17 40	17 36	17 32	17 28	17 23	17 18	17 12	17 06	16 59	16 51	16 41
7	17 55	17 52	17 49	17 46	17 42	17 39	17 35	17 31	17 26	17 21	17 16	17 09	17 02	16 54
11	17 59	17 57	17 54	17 51	17 48	17 45	17 42	17 38	17 34	17 30	17 25	17 20	17 14	17 07
15	18 04	18 01	17 59	17 57	17 54	17 52	17 49	17 46	17 43	17 39	17 35	17 31	17 26	17 20
19	18 08	18 06	18 04	18 02	18 00	17 58	17 56	17 53	17 51	17 48	17 45	17 41	17 37	17 33
23	18 12	18 11	18 10	18 08	18 06	18 05	18 03	18 01	17 59	17 57	17 54	17 52	17 49	17 46
27	18 17	18 16	18 15	18 14	18 12	18 11	18 10	18 09	18 07	18 06	18 04	18 03	18 01	17 58
Mar. 3	18 21	18 20	18 20	18 19	18 18	18 18	18 17	18 16	18 16	18 15	18 14	18 13	18 12	18 11
7	18 25	18 25	18 25	18 25	18 24	18 24	18 24	18 24	18 24	18 24	18 24	18 24	18 24	18 24
11	18 30	18 30	18 30	18 30	18 30	18 31	18 31	18 32	18 32	18 33	18 34	18 35	18 36	18 38
15	18 34	18 34	18 35	18 35	18 36	18 37	18 38	18 39	18 40	18 42	18 44	18 46	18 48	18 51
19	18 38	18 39	18 40	18 41	18 42	18 43	18 45	18 47	18 49	18 51	18 54	18 57	19 00	19 04
23	18 42	18 43	18 45	18 46	18 48	18 50	18 52	18 54	18 57	19 00	19 04	19 08	19 12	19 18
27	18 46	18 48	18 50	18 52	18 54	18 56	18 59	19 02	19 06	19 09	19 14	19 19	19 25	19 32
31	18 50	18 53	18 55	18 57	19 00	19 03	19 06	19 10	19 14	19 19	19 24	19 30	19 37	19 46
Apr. 4	18 55	18 57	19 00	19 03	19 06	19 10	19 13	19 18	19 23	19 28	19 35	19 42	19 50	20 01

CIVIL TWILIGHT, 1989

UNIVERSAL TIME FOR MERIDIAN OF GREENWICH
MORNING CIVIL TWILIGHT

Lat.	−55°	−50°	−45°	−40°	−35°	−30°	−20°	−10°	0°	+10°	+20°	+30°	+35°	+40°
	h m	h m	h m	h m	h m	h m	h m	h m	h m	h m	h m	h m	h m	h m
Mar. 31	5 46	5 47	5 47	5 47	5 47	5 46	5 45	5 43	5 40	5 37	5 33	5 27	5 23	5 19
Apr. 4	5 54	5 53	5 52	5 51	5 50	5 48	5 46	5 43	5 39	5 35	5 29	5 22	5 17	5 12
8	6 01	5 59	5 57	5 55	5 53	5 51	5 47	5 42	5 38	5 32	5 26	5 17	5 12	5 06
12	6 09	6 05	6 02	5 59	5 56	5 53	5 48	5 42	5 37	5 30	5 22	5 12	5 06	4 59
16	6 16	6 11	6 06	6 02	5 59	5 55	5 49	5 42	5 35	5 28	5 19	5 08	5 01	4 53
20	6 23	6 17	6 11	6 06	6 02	5 58	5 50	5 42	5 34	5 26	5 16	5 03	4 56	4 47
24	6 30	6 22	6 16	6 10	6 05	6 00	5 51	5 42	5 34	5 24	5 13	4 59	4 51	4 41
28	6 37	6 28	6 20	6 14	6 08	6 02	5 52	5 43	5 33	5 22	5 10	4 55	4 46	4 35
May 2	6 44	6 34	6 25	6 17	6 11	6 05	5 53	5 43	5 32	5 20	5 07	4 51	4 41	4 30
6	6 51	6 39	6 29	6 21	6 14	6 07	5 55	5 43	5 32	5 19	5 05	4 47	4 37	4 24
10	6 57	6 44	6 34	6 25	6 17	6 09	5 56	5 44	5 31	5 18	5 03	4 44	4 33	4 20
14	7 04	6 50	6 38	6 28	6 20	6 12	5 58	5 44	5 31	5 17	5 01	4 41	4 29	4 15
18	7 10	6 54	6 42	6 32	6 22	6 14	5 59	5 45	5 31	5 16	4 59	4 39	4 26	4 11
22	7 15	6 59	6 46	6 35	6 25	6 16	6 00	5 46	5 31	5 15	4 58	4 36	4 23	4 08
26	7 21	7 04	6 50	6 38	6 28	6 18	6 02	5 46	5 31	5 15	4 57	4 34	4 21	4 05
30	7 25	7 08	6 53	6 41	6 30	6 21	6 03	5 47	5 32	5 15	4 56	4 33	4 19	4 02
June 3	7 30	7 11	6 56	6 43	6 32	6 23	6 05	5 48	5 32	5 15	4 55	4 32	4 17	4 00
7	7 33	7 14	6 59	6 46	6 35	6 24	6 06	5 49	5 33	5 15	4 55	4 31	4 16	3 59
11	7 37	7 17	7 01	6 48	6 36	6 26	6 07	5 50	5 33	5 16	4 55	4 31	4 16	3 58
15	7 39	7 19	7 03	6 50	6 38	6 27	6 09	5 51	5 34	5 16	4 56	4 31	4 16	3 58
19	7 41	7 21	7 04	6 51	6 39	6 28	6 10	5 52	5 35	5 17	4 56	4 31	4 16	3 58
23	7 42	7 21	7 05	6 52	6 40	6 29	6 10	5 53	5 36	5 18	4 57	4 32	4 17	3 59
27	7 42	7 22	7 06	6 52	6 40	6 30	6 11	5 54	5 37	5 19	4 58	4 33	4 18	4 00
July 1	7 41	7 21	7 05	6 52	6 41	6 30	6 12	5 55	5 38	5 20	5 00	4 35	4 20	4 02
5	7 39	7 20	7 05	6 52	6 40	6 30	6 12	5 55	5 38	5 21	5 01	4 37	4 22	4 04

EVENING CIVIL TWILIGHT

Lat.	−55°	−50°	−45°	−40°	−35°	−30°	−20°	−10°	0°	+10°	+20°	+30°	+35°	+40°
	h m	h m	h m	h m	h m	h m	h m	h m	h m	h m	h m	h m	h m	h m
Mar. 31	18 21	18 21	18 21	18 21	18 21	18 22	18 23	18 25	18 28	18 32	18 36	18 42	18 46	18 50
Apr. 4	18 11	18 12	18 13	18 15	18 16	18 17	18 20	18 23	18 27	18 32	18 37	18 45	18 49	18 55
8	18 01	18 04	18 06	18 08	18 10	18 12	18 17	18 21	18 26	18 32	18 38	18 47	18 53	18 59
12	17 52	17 56	17 59	18 02	18 05	18 08	18 13	18 19	18 25	18 32	18 40	18 50	18 56	19 03
16	17 43	17 48	17 52	17 57	18 00	18 04	18 10	18 17	18 24	18 32	18 41	18 52	18 59	19 07
20	17 34	17 40	17 46	17 51	17 55	18 00	18 08	18 15	18 23	18 32	18 42	18 55	19 03	19 12
24	17 25	17 33	17 40	17 46	17 51	17 56	18 05	18 14	18 23	18 33	18 44	18 58	19 06	19 16
28	17 17	17 26	17 34	17 41	17 47	17 52	18 02	18 12	18 22	18 33	18 45	19 01	19 10	19 21
May 2	17 09	17 20	17 28	17 36	17 43	17 49	18 00	18 11	18 22	18 34	18 47	19 03	19 13	19 25
6	17 02	17 13	17 23	17 32	17 39	17 46	17 58	18 10	18 22	18 34	18 49	19 06	19 17	19 29
10	16 55	17 08	17 18	17 28	17 36	17 43	17 56	18 09	18 22	18 35	18 50	19 09	19 20	19 34
14	16 48	17 02	17 14	17 24	17 33	17 41	17 55	18 08	18 22	18 36	18 52	19 12	19 24	19 38
18	16 43	16 58	17 10	17 21	17 30	17 38	17 54	18 08	18 22	18 37	18 54	19 15	19 27	19 42
22	16 37	16 54	17 07	17 18	17 28	17 37	17 53	18 07	18 22	18 38	18 56	19 17	19 30	19 46
26	16 33	16 50	17 04	17 16	17 26	17 35	17 52	18 07	18 23	18 39	18 57	19 20	19 34	19 50
30	16 29	16 47	17 02	17 14	17 25	17 34	17 52	18 08	18 23	18 40	18 59	19 22	19 36	19 53
June 3	16 26	16 45	17 00	17 12	17 24	17 34	17 51	18 08	18 24	18 41	19 01	19 25	19 39	19 56
7	16 24	16 43	16 59	17 12	17 23	17 33	17 51	18 08	18 25	18 42	19 02	19 27	19 41	19 59
11	16 22	16 42	16 58	17 11	17 23	17 33	17 52	18 09	18 26	18 44	19 04	19 28	19 44	20 01
15	16 22	16 42	16 58	17 11	17 23	17 33	17 52	18 10	18 27	18 45	19 05	19 30	19 45	20 03
19	16 22	16 42	16 58	17 12	17 23	17 34	17 53	18 10	18 28	18 46	19 06	19 31	19 46	20 05
23	16 23	16 43	16 59	17 13	17 24	17 35	17 54	18 11	18 28	18 46	19 07	19 32	19 47	20 05
27	16 24	16 44	17 00	17 14	17 26	17 36	17 55	18 12	18 29	18 47	19 08	19 32	19 48	20 06
July 1	16 27	16 47	17 02	17 16	17 27	17 37	17 56	18 13	18 30	18 48	19 08	19 32	19 47	20 05
5	16 30	16 49	17 05	17 18	17 29	17 39	17 57	18 14	18 31	18 48	19 08	19 32	19 47	20 04

UNIVERSAL TIME FOR MERIDIAN OF GREENWICH
MORNING CIVIL TWILIGHT

Lat.	+40°	+42°	+44°	+46°	+48°	+50°	+52°	+54°	+56°	+58°	+60°	+62°	+64°	+66°
	h m	h m	h m	h m	h m	h m	h m	h m	h m	h m	h m	h m	h m	h m
Mar. 31	5 19	5 17	5 14	5 12	5 09	5 06	5 03	5 00	4 56	4 51	4 46	4 40	4 33	4 25
Apr. 4	5 12	5 10	5 07	5 04	5 01	4 58	4 54	4 49	4 45	4 39	4 33	4 26	4 18	4 08
8	5 06	5 03	5 00	4 56	4 53	4 49	4 44	4 39	4 34	4 27	4 20	4 12	4 02	3 51
12	4 59	4 56	4 52	4 49	4 44	4 40	4 35	4 29	4 23	4 16	4 07	3 58	3 47	3 33
16	4 53	4 49	4 45	4 41	4 36	4 31	4 25	4 19	4 12	4 04	3 54	3 43	3 30	3 15
20	4 47	4 43	4 38	4 33	4 28	4 23	4 16	4 09	4 01	3 52	3 41	3 29	3 14	2 55
24	4 41	4 36	4 31	4 26	4 20	4 14	4 07	3 59	3 50	3 40	3 28	3 14	2 57	2 35
28	4 35	4 30	4 25	4 19	4 13	4 06	3 58	3 50	3 40	3 28	3 15	2 59	2 39	2 13
May 2	4 30	4 24	4 19	4 12	4 06	3 58	3 50	3 40	3 29	3 17	3 02	2 44	2 21	1 49
6	4 24	4 19	4 13	4 06	3 59	3 50	3 41	3 31	3 19	3 05	2 49	2 28	2 01	1 21
10	4 20	4 14	4 07	4 00	3 52	3 43	3 33	3 22	3 09	2 54	2 36	2 12	1 40	0 42
14	4 15	4 09	4 02	3 54	3 46	3 36	3 26	3 14	3 00	2 43	2 23	1 56	1 15	// //
18	4 11	4 05	3 57	3 49	3 40	3 30	3 19	3 06	2 51	2 33	2 10	1 38	0 43	// //
22	4 08	4 01	3 53	3 44	3 35	3 25	3 13	2 59	2 42	2 22	1 57	1 20	// //	// //
26	4 05	3 57	3 49	3 40	3 31	3 19	3 07	2 52	2 35	2 13	1 44	0 59	// //	// //
30	4 02	3 55	3 46	3 37	3 27	3 15	3 02	2 46	2 28	2 04	1 32	0 30	// //	// //
June 3	4 00	3 52	3 44	3 34	3 23	3 11	2 58	2 41	2 22	1 56	1 20	// //	// //	// //
7	3 59	3 51	3 42	3 32	3 21	3 09	2 54	2 37	2 17	1 50	1 10	// //	// //	// //
11	3 58	3 50	3 41	3 31	3 19	3 07	2 52	2 35	2 13	1 45	1 00	// //	// //	// //
15	3 58	3 49	3 40	3 30	3 19	3 06	2 51	2 33	2 11	1 42	0 53	// //	// //	** **
19	3 58	3 50	3 40	3 30	3 19	3 06	2 50	2 32	2 10	1 40	0 49	// //	// //	** **
23	3 59	3 50	3 41	3 31	3 19	3 06	2 51	2 33	2 11	1 41	0 50	// //	// //	** **
27	4 00	3 52	3 43	3 32	3 21	3 08	2 53	2 35	2 13	1 44	0 54	// //	// //	** **
July 1	4 02	3 54	3 45	3 35	3 23	3 11	2 56	2 38	2 17	1 48	1 03	// //	// //	// //
5	4 04	3 56	3 47	3 37	3 26	3 14	3 00	2 43	2 22	1 55	1 13	// //	// //	// //

EVENING CIVIL TWILIGHT

Lat.	+40°	+42°	+44°	+46°	+48°	+50°	+52°	+54°	+56°	+58°	+60°	+62°	+64°	+66°
	h m	h m	h m	h m	h m	h m	h m	h m	h m	h m	h m	h m	h m	h m
Mar. 31	18 50	18 53	18 55	18 57	19 00	19 03	19 06	19 10	19 14	19 19	19 24	19 30	19 37	19 46
Apr. 4	18 55	18 57	19 00	19 03	19 06	19 10	19 13	19 18	19 23	19 28	19 35	19 42	19 50	20 01
8	18 59	19 02	19 05	19 08	19 12	19 16	19 21	19 26	19 31	19 38	19 45	19 54	20 04	20 16
12	19 03	19 06	19 10	19 14	19 18	19 23	19 28	19 34	19 40	19 48	19 56	20 06	20 18	20 32
16	19 07	19 11	19 15	19 20	19 24	19 30	19 35	19 42	19 49	19 58	20 07	20 19	20 32	20 48
20	19 12	19 16	19 20	19 25	19 31	19 36	19 43	19 50	19 58	20 08	20 19	20 31	20 47	21 06
24	19 16	19 21	19 26	19 31	19 37	19 43	19 50	19 59	20 08	20 18	20 30	20 45	21 03	21 25
28	19 21	19 26	19 31	19 37	19 43	19 50	19 58	20 07	20 17	20 29	20 42	20 59	21 19	21 46
May 2	19 25	19 30	19 36	19 42	19 49	19 57	20 06	20 15	20 26	20 39	20 54	21 13	21 37	22 10
6	19 29	19 35	19 41	19 48	19 56	20 04	20 13	20 24	20 36	20 50	21 07	21 28	21 56	22 39
10	19 34	19 40	19 46	19 54	20 02	20 11	20 21	20 32	20 45	21 01	21 20	21 44	22 18	23 27
14	19 38	19 44	19 51	19 59	20 08	20 17	20 28	20 40	20 55	21 12	21 33	22 01	22 43	// //
18	19 42	19 49	19 56	20 04	20 13	20 24	20 35	20 48	21 04	21 22	21 46	22 18	23 21	// //
22	19 46	19 53	20 01	20 10	20 19	20 30	20 42	20 56	21 12	21 33	21 59	22 38	// //	// //
26	19 50	19 57	20 05	20 14	20 24	20 35	20 48	21 03	21 21	21 43	22 12	23 01	// //	// //
30	19 53	20 01	20 09	20 19	20 29	20 41	20 54	21 10	21 29	21 53	22 26	23 35	// //	// //
June 3	19 56	20 04	20 13	20 23	20 33	20 45	20 59	21 16	21 36	22 01	22 38	// //	// //	// //
7	19 59	20 07	20 16	20 26	20 37	20 50	21 04	21 21	21 42	22 09	22 50	// //	// //	// //
11	20 01	20 10	20 19	20 29	20 40	20 53	21 08	21 25	21 47	22 15	23 01	// //	// //	// //
15	20 03	20 12	20 21	20 31	20 42	20 55	21 10	21 28	21 50	22 20	23 09	// //	// //	** **
19	20 05	20 13	20 22	20 33	20 44	20 57	21 12	21 30	21 53	22 23	23 14	// //	// //	** **
23	20 05	20 14	20 23	20 33	20 45	20 58	21 13	21 31	21 53	22 23	23 14	// //	// //	** **
27	20 06	20 14	20 23	20 33	20 45	20 58	21 13	21 30	21 52	22 22	23 10	// //	// //	** **
July 1	20 05	20 13	20 23	20 33	20 44	20 57	21 11	21 29	21 50	22 18	23 03	// //	// //	// //
5	20 04	20 13	20 21	20 31	20 42	20 55	21 09	21 26	21 46	22 13	22 53	// //	// //	// //

(** **) indicates Sun continuously above horizon.
(// //) indicates continuous twilight.

CIVIL TWILIGHT, 1989
UNIVERSAL TIME FOR MERIDIAN OF GREENWICH
MORNING CIVIL TWILIGHT

Lat.	−55°	−50°	−45°	−40°	−35°	−30°	−20°	−10°	0°	+10°	+20°	+30°	+35°	+40°
	h m	h m	h m	h m	h m	h m	h m	h m	h m	h m	h m	h m	h m	h m
July 1	7 41	7 21	7 05	6 52	6 41	6 30	6 12	5 55	5 38	5 20	5 00	4 35	4 20	4 02
5	7 39	7 20	7 05	6 52	6 40	6 30	6 12	5 55	5 38	5 21	5 01	4 37	4 22	4 04
9	7 37	7 18	7 03	6 51	6 40	6 30	6 12	5 55	5 39	5 22	5 02	4 39	4 24	4 07
13	7 34	7 16	7 02	6 49	6 39	6 29	6 12	5 56	5 40	5 23	5 04	4 41	4 27	4 10
17	7 30	7 13	6 59	6 47	6 37	6 28	6 11	5 56	5 40	5 24	5 06	4 43	4 30	4 13
21	7 25	7 09	6 56	6 45	6 35	6 26	6 10	5 55	5 41	5 25	5 07	4 46	4 33	4 17
25	7 20	7 05	6 53	6 42	6 33	6 24	6 09	5 55	5 41	5 26	5 09	4 48	4 36	4 21
29	7 14	7 00	6 49	6 39	6 30	6 22	6 08	5 54	5 41	5 27	5 11	4 51	4 39	4 25
Aug. 2	7 08	6 55	6 44	6 35	6 27	6 20	6 06	5 54	5 41	5 28	5 12	4 54	4 42	4 29
6	7 01	6 49	6 39	6 31	6 23	6 17	6 04	5 53	5 41	5 28	5 14	4 56	4 46	4 33
10	6 53	6 43	6 34	6 26	6 20	6 13	6 02	5 51	5 40	5 29	5 15	4 59	4 49	4 37
14	6 46	6 36	6 28	6 22	6 16	6 10	6 00	5 50	5 40	5 29	5 17	5 01	4 52	4 41
18	6 37	6 29	6 22	6 16	6 11	6 06	5 57	5 48	5 39	5 29	5 18	5 04	4 55	4 45
22	6 29	6 22	6 16	6 11	6 06	6 02	5 54	5 46	5 38	5 30	5 19	5 06	4 59	4 50
26	6 20	6 14	6 09	6 05	6 02	5 58	5 51	5 45	5 37	5 30	5 20	5 09	5 02	4 54
30	6 10	6 06	6 03	5 59	5 56	5 54	5 48	5 42	5 36	5 30	5 21	5 11	5 05	4 58
Sept. 3	6 01	5 58	5 56	5 53	5 51	5 49	5 45	5 40	5 35	5 29	5 22	5 14	5 08	5 02
7	5 51	5 50	5 48	5 47	5 46	5 44	5 41	5 38	5 34	5 29	5 23	5 16	5 11	5 06
11	5 41	5 41	5 41	5 41	5 40	5 39	5 38	5 35	5 33	5 29	5 24	5 18	5 14	5 10
15	5 31	5 32	5 33	5 34	5 34	5 35	5 34	5 33	5 31	5 29	5 25	5 20	5 17	5 14
19	5 20	5 24	5 26	5 28	5 29	5 30	5 30	5 31	5 30	5 28	5 26	5 23	5 20	5 17
23	5 10	5 15	5 18	5 21	5 23	5 25	5 27	5 28	5 28	5 28	5 27	5 25	5 23	5 21
27	5 00	5 06	5 10	5 14	5 17	5 20	5 23	5 26	5 27	5 28	5 28	5 27	5 26	5 25
Oct. 1	4 49	4 57	5 03	5 08	5 11	5 15	5 19	5 23	5 26	5 28	5 29	5 29	5 29	5 29
5	4 39	4 48	4 55	5 01	5 06	5 10	5 16	5 21	5 24	5 27	5 30	5 32	5 32	5 33

EVENING CIVIL TWILIGHT

Lat.	−55°	−50°	−45°	−40°	−35°	−30°	−20°	−10°	0°	+10°	+20°	+30°	+35°	+40°
	h m	h m	h m	h m	h m	h m	h m	h m	h m	h m	h m	h m	h m	h m
July 1	16 27	16 47	17 02	17 16	17 27	17 37	17 56	18 13	18 30	18 48	19 08	19 32	19 47	20 05
5	16 30	16 49	17 05	17 18	17 29	17 39	17 57	18 14	18 31	18 48	19 08	19 32	19 47	20 04
9	16 34	16 52	17 07	17 20	17 31	17 41	17 59	18 15	18 31	18 48	19 08	19 31	19 46	20 03
13	16 38	16 56	17 10	17 22	17 33	17 43	18 00	18 16	18 32	18 48	19 07	19 30	19 44	20 01
17	16 43	17 00	17 13	17 25	17 35	17 45	18 01	18 17	18 32	18 48	19 06	19 29	19 42	19 58
21	16 48	17 04	17 17	17 28	17 38	17 47	18 03	18 17	18 32	18 48	19 05	19 27	19 40	19 55
25	16 53	17 08	17 21	17 31	17 40	17 49	18 04	18 18	18 32	18 47	19 04	19 24	19 37	19 52
29	16 59	17 13	17 25	17 34	17 43	17 51	18 05	18 18	18 32	18 46	19 02	19 22	19 33	19 47
Aug. 2	17 05	17 18	17 29	17 38	17 46	17 53	18 06	18 19	18 31	18 45	19 00	19 18	19 30	19 43
6	17 12	17 23	17 33	17 41	17 49	17 55	18 08	18 19	18 31	18 43	18 58	19 15	19 26	19 38
10	17 18	17 28	17 37	17 45	17 51	17 57	18 09	18 19	18 30	18 42	18 55	19 11	19 21	19 33
14	17 25	17 34	17 41	17 48	17 54	18 00	18 10	18 19	18 29	18 40	18 52	19 07	19 16	19 27
18	17 31	17 39	17 46	17 52	17 57	18 02	18 11	18 19	18 28	18 38	18 49	19 03	19 12	19 21
22	17 38	17 45	17 50	17 55	18 00	18 04	18 12	18 19	18 27	18 36	18 46	18 59	19 06	19 15
26	17 45	17 50	17 55	17 59	18 02	18 06	18 13	18 19	18 26	18 34	18 43	18 54	19 01	19 09
30	17 52	17 56	17 59	18 02	18 05	18 08	18 13	18 19	18 25	18 31	18 39	18 49	18 55	19 03
Sept. 3	17 59	18 02	18 04	18 06	18 08	18 10	18 14	18 19	18 23	18 29	18 36	18 44	18 50	18 56
7	18 06	18 07	18 08	18 10	18 11	18 12	18 15	18 18	18 22	18 27	18 32	18 40	18 44	18 50
11	18 13	18 13	18 13	18 13	18 14	18 14	18 16	18 18	18 21	18 24	18 29	18 35	18 38	18 43
15	18 21	18 19	18 18	18 17	18 16	18 16	18 17	18 17	18 19	18 22	18 25	18 29	18 32	18 36
19	18 28	18 25	18 23	18 21	18 19	18 18	18 17	18 17	18 18	18 19	18 21	18 24	18 27	18 29
23	18 36	18 31	18 27	18 25	18 22	18 21	18 18	18 17	18 16	18 16	18 17	18 19	18 21	18 23
27	18 44	18 37	18 32	18 28	18 25	18 23	18 19	18 17	18 15	18 14	18 14	18 14	18 15	18 16
Oct. 1	18 52	18 44	18 37	18 33	18 29	18 25	18 20	18 16	18 14	18 12	18 10	18 09	18 09	18 10
5	19 00	18 50	18 43	18 37	18 32	18 28	18 21	18 16	18 12	18 09	18 07	18 05	18 04	18 03

UNIVERSAL TIME FOR MERIDIAN OF GREENWICH
MORNING CIVIL TWILIGHT

Lat.	+40°	+42°	+44°	+46°	+48°	+50°	+52°	+54°	+56°	+58°	+60°	+62°	+64°	+66°
	h m	h m	h m	h m	h m	h m	h m	h m	h m	h m	h m	h m	h m	h m
July 1	4 02	3 54	3 45	3 35	3 23	3 11	2 56	2 38	2 17	1 48	1 03	// //	// //	// //
5	4 04	3 56	3 47	3 37	3 26	3 14	3 00	2 43	2 22	1 55	1 13	// //	// //	// //
9	4 07	3 59	3 50	3 41	3 30	3 18	3 04	2 48	2 28	2 02	1 25	// //	// //	// //
13	4 10	4 02	3 54	3 45	3 34	3 23	3 09	2 54	2 35	2 11	1 38	0 30	// //	// //
17	4 13	4 06	3 58	3 49	3 39	3 28	3 15	3 00	2 42	2 20	1 51	1 03	// //	// //
21	4 17	4 10	4 02	3 54	3 44	3 33	3 21	3 07	2 51	2 30	2 04	1 25	// //	// //
25	4 21	4 14	4 07	3 58	3 49	3 39	3 28	3 15	2 59	2 41	2 17	1 45	0 43	// //
29	4 25	4 18	4 11	4 04	3 55	3 46	3 35	3 23	3 08	2 51	2 30	2 02	1 19	// //
Aug. 2	4 29	4 23	4 16	4 09	4 01	3 52	3 42	3 31	3 17	3 02	2 43	2 19	1 45	0 35
6	4 33	4 27	4 21	4 14	4 07	3 58	3 49	3 39	3 26	3 12	2 55	2 34	2 06	1 23
10	4 37	4 32	4 26	4 20	4 13	4 05	3 56	3 47	3 36	3 23	3 07	2 49	2 25	1 52
14	4 41	4 36	4 31	4 25	4 19	4 12	4 04	3 55	3 45	3 33	3 19	3 03	2 42	2 15
18	4 45	4 41	4 36	4 31	4 25	4 18	4 11	4 03	3 54	3 43	3 31	3 16	2 59	2 36
22	4 50	4 45	4 41	4 36	4 31	4 25	4 18	4 11	4 03	3 53	3 42	3 29	3 14	2 54
26	4 54	4 50	4 46	4 41	4 37	4 31	4 25	4 19	4 11	4 03	3 53	3 42	3 28	3 12
30	4 58	4 54	4 51	4 47	4 43	4 38	4 33	4 27	4 20	4 13	4 04	3 54	3 42	3 28
Sept. 3	5 02	4 59	4 56	4 52	4 48	4 44	4 40	4 34	4 29	4 22	4 15	4 06	3 56	3 44
7	5 06	5 03	5 00	4 57	4 54	4 51	4 47	4 42	4 37	4 31	4 25	4 18	4 09	3 59
11	5 10	5 08	5 05	5 03	5 00	4 57	4 53	4 50	4 45	4 41	4 35	4 29	4 22	4 13
15	5 14	5 12	5 10	5 08	5 06	5 03	5 00	4 57	4 54	4 50	4 45	4 40	4 34	4 27
19	5 17	5 16	5 15	5 13	5 11	5 09	5 07	5 04	5 02	4 59	4 55	4 51	4 46	4 40
23	5 21	5 20	5 19	5 18	5 17	5 15	5 14	5 12	5 10	5 07	5 05	5 01	4 58	4 53
27	5 25	5 25	5 24	5 23	5 22	5 21	5 20	5 19	5 18	5 16	5 14	5 12	5 09	5 06
Oct. 1	5 29	5 29	5 29	5 28	5 28	5 28	5 27	5 26	5 26	5 25	5 24	5 23	5 21	5 19
5	5 33	5 33	5 33	5 34	5 34	5 34	5 34	5 34	5 34	5 34	5 33	5 33	5 33	5 32

EVENING CIVIL TWILIGHT

Lat.	+40°	+42°	+44°	+46°	+48°	+50°	+52°	+54°	+56°	+58°	+60°	+62°	+64°	+66°
	h m	h m	h m	h m	h m	h m	h m	h m	h m	h m	h m	h m	h m	h m
July 1	20 05	20 14	20 23	20 33	20 44	20 57	21 11	21 29	21 50	22 18	23 03	// //	// //	// //
5	20 04	20 13	20 21	20 31	20 42	20 55	21 09	21 26	21 46	22 13	22 53	// //	// //	// //
9	20 03	20 11	20 19	20 29	20 40	20 52	21 06	21 22	21 41	22 07	22 42	// //	// //	// //
13	20 01	20 09	20 17	20 26	20 36	20 48	21 01	21 17	21 35	21 59	22 31	23 32	// //	// //
17	19 58	20 06	20 14	20 23	20 32	20 44	20 56	21 11	21 28	21 50	22 19	23 04	// //	// //
21	19 55	20 02	20 10	20 18	20 28	20 38	20 50	21 04	21 20	21 40	22 06	22 43	// //	// //
25	19 52	19 58	20 06	20 14	20 23	20 33	20 44	20 57	21 12	21 30	21 53	22 24	23 19	// //
29	19 47	19 54	20 01	20 08	20 17	20 26	20 37	20 49	21 03	21 20	21 40	22 07	22 47	// //
Aug. 2	19 43	19 49	19 55	20 03	20 11	20 19	20 29	20 40	20 53	21 09	21 27	21 51	22 23	23 21
6	19 38	19 44	19 50	19 57	20 04	20 12	20 21	20 32	20 43	20 57	21 14	21 35	22 02	22 42
10	19 33	19 38	19 44	19 50	19 57	20 04	20 13	20 22	20 33	20 46	21 01	21 19	21 42	22 14
14	19 27	19 32	19 37	19 43	19 49	19 56	20 04	20 13	20 23	20 34	20 48	21 04	21 24	21 50
18	19 21	19 26	19 31	19 36	19 42	19 48	19 55	20 03	20 12	20 22	20 34	20 49	21 06	21 28
22	19 15	19 19	19 24	19 29	19 34	19 40	19 46	19 53	20 01	20 11	20 21	20 34	20 49	21 08
26	19 09	19 13	19 17	19 21	19 26	19 31	19 37	19 43	19 50	19 59	20 08	20 19	20 32	20 48
30	19 03	19 06	19 10	19 13	19 18	19 22	19 27	19 33	19 39	19 47	19 55	20 05	20 16	20 30
Sept. 3	18 56	18 59	19 02	19 06	19 09	19 13	19 18	19 23	19 28	19 35	19 42	19 50	20 00	20 12
7	18 50	18 52	18 55	18 58	19 01	19 04	19 08	19 13	19 17	19 23	19 29	19 36	19 45	19 55
11	18 43	18 45	18 47	18 50	18 52	18 55	18 59	19 02	19 06	19 11	19 16	19 22	19 30	19 38
15	18 36	18 38	18 40	18 42	18 44	18 46	18 49	18 52	18 55	18 59	19 04	19 09	19 14	19 21
19	18 29	18 31	18 32	18 34	18 35	18 37	18 39	18 42	18 44	18 48	18 51	18 55	19 00	19 05
23	18 23	18 24	18 25	18 26	18 27	18 28	18 30	18 32	18 34	18 36	18 39	18 42	18 45	18 49
27	18 16	18 17	18 17	18 18	18 19	18 19	18 20	18 22	18 23	18 24	18 26	18 28	18 31	18 34
Oct. 1	18 10	18 10	18 10	18 10	18 10	18 11	18 11	18 12	18 12	18 13	18 14	18 15	18 17	18 18
5	18 03	18 03	18 03	18 02	18 02	18 02	18 02	18 02	18 02	18 02	18 02	18 02	18 03	18 03

(// //) indicates continuous twilight.

CIVIL TWILIGHT, 1989
UNIVERSAL TIME FOR MERIDIAN OF GREENWICH
MORNING CIVIL TWILIGHT

Lat.	−55°	−50°	−45°	−40°	−35°	−30°	−20°	−10°	0°	+10°	+20°	+30°	+35°	+40°
	h m	h m	h m	h m	h m	h m	h m	h m	h m	h m	h m	h m	h m	h m
Oct. 1	4 49	4 57	5 03	5 08	5 11	5 15	5 19	5 23	5 26	5 28	5 29	5 29	5 29	5 29
5	4 39	4 48	4 55	5 01	5 06	5 10	5 16	5 21	5 24	5 27	5 30	5 32	5 32	5 33
9	4 28	4 39	4 47	4 54	5 00	5 05	5 12	5 18	5 23	5 27	5 31	5 34	5 36	5 37
13	4 17	4 30	4 40	4 48	4 54	5 00	5 09	5 16	5 22	5 27	5 32	5 36	5 39	5 41
17	4 07	4 21	4 33	4 42	4 49	4 55	5 06	5 14	5 21	5 27	5 33	5 39	5 42	5 45
21	3 57	4 13	4 25	4 36	4 44	4 51	5 03	5 12	5 20	5 28	5 34	5 42	5 45	5 49
25	3 46	4 04	4 18	4 30	4 39	4 47	5 00	5 10	5 20	5 28	5 36	5 44	5 49	5 53
29	3 36	3 56	4 12	4 24	4 34	4 43	4 57	5 09	5 19	5 28	5 37	5 47	5 52	5 58
Nov. 2	3 26	3 49	4 05	4 19	4 30	4 39	4 55	5 08	5 19	5 29	5 39	5 50	5 56	6 02
6	3 17	3 41	3 59	4 14	4 26	4 36	4 53	5 07	5 19	5 30	5 41	5 53	5 59	6 06
10	3 08	3 34	3 54	4 09	4 22	4 33	4 51	5 06	5 19	5 31	5 43	5 56	6 03	6 11
14	2 59	3 27	3 48	4 05	4 19	4 30	4 50	5 05	5 19	5 32	5 45	5 59	6 07	6 15
18	2 51	3 21	3 44	4 02	4 16	4 28	4 48	5 05	5 20	5 33	5 47	6 02	6 10	6 19
22	2 43	3 16	3 40	3 58	4 14	4 27	4 48	5 05	5 21	5 35	5 50	6 05	6 14	6 23
26	2 36	3 11	3 36	3 56	4 12	4 25	4 47	5 05	5 22	5 37	5 52	6 08	6 17	6 28
30	2 30	3 07	3 34	3 54	4 11	4 24	4 47	5 06	5 23	5 38	5 54	6 11	6 21	6 32
Dec. 4	2 25	3 04	3 32	3 53	4 10	4 24	4 48	5 07	5 24	5 40	5 57	6 14	6 24	6 35
8	2 21	3 02	3 30	3 52	4 10	4 24	4 48	5 08	5 26	5 42	5 59	6 17	6 27	6 39
12	2 19	3 01	3 30	3 52	4 10	4 25	4 50	5 10	5 28	5 44	6 01	6 20	6 30	6 42
16	2 18	3 01	3 30	3 53	4 11	4 26	4 51	5 11	5 29	5 46	6 04	6 23	6 33	6 45
20	2 18	3 02	3 32	3 54	4 12	4 28	4 53	5 13	5 31	5 48	6 06	6 25	6 35	6 47
24	2 20	3 04	3 34	3 56	4 14	4 30	4 55	5 15	5 33	5 50	6 08	6 27	6 37	6 49
28	2 24	3 07	3 36	3 59	4 17	4 32	4 57	5 17	5 35	5 52	6 10	6 28	6 39	6 51
32	2 29	3 11	3 40	4 02	4 20	4 35	4 59	5 20	5 37	5 54	6 11	6 30	6 40	6 52
36	2 35	3 16	3 44	4 06	4 23	4 38	5 02	5 22	5 39	5 56	6 12	6 31	6 41	6 52

EVENING CIVIL TWILIGHT

Lat.	−55°	−50°	−45°	−40°	−35°	−30°	−20°	−10°	0°	+10°	+20°	+30°	+35°	+40°
	h m	h m	h m	h m	h m	h m	h m	h m	h m	h m	h m	h m	h m	h m
Oct. 1	18 52	18 44	18 37	18 33	18 29	18 25	18 20	18 16	18 14	18 12	18 10	18 09	18 09	18 10
5	19 00	18 50	18 43	18 37	18 32	18 28	18 21	18 16	18 12	18 09	18 07	18 05	18 04	18 03
9	19 08	18 57	18 48	18 41	18 35	18 30	18 22	18 16	18 11	18 07	18 03	18 00	17 58	17 57
13	19 17	19 04	18 53	18 45	18 39	18 33	18 24	18 16	18 10	18 05	18 00	17 56	17 53	17 51
17	19 25	19 11	18 59	18 50	18 42	18 36	18 25	18 17	18 10	18 03	17 57	17 51	17 48	17 45
21	19 34	19 18	19 05	18 55	18 46	18 39	18 27	18 17	18 09	18 02	17 55	17 47	17 44	17 39
25	19 43	19 25	19 11	18 59	18 50	18 42	18 29	18 18	18 09	18 00	17 52	17 44	17 39	17 34
29	19 53	19 32	19 17	19 04	18 54	18 45	18 30	18 19	18 08	17 59	17 50	17 40	17 35	17 29
Nov. 2	20 02	19 40	19 23	19 09	18 58	18 48	18 33	18 20	18 08	17 58	17 48	17 37	17 31	17 25
6	20 12	19 48	19 29	19 14	19 02	18 52	18 35	18 21	18 09	17 57	17 46	17 34	17 28	17 21
10	20 22	19 55	19 35	19 19	19 06	18 55	18 37	18 22	18 09	17 57	17 45	17 32	17 25	17 17
14	20 32	20 03	19 41	19 24	19 11	18 59	18 40	18 24	18 10	17 57	17 44	17 30	17 22	17 14
18	20 41	20 10	19 47	19 30	19 15	19 03	18 42	18 25	18 11	17 57	17 43	17 28	17 20	17 11
22	20 51	20 18	19 53	19 35	19 19	19 06	18 45	18 27	18 12	17 57	17 43	17 27	17 18	17 08
26	21 00	20 25	19 59	19 39	19 23	19 10	18 48	18 29	18 13	17 58	17 43	17 26	17 17	17 07
30	21 09	20 31	20 04	19 44	19 27	19 13	18 50	18 31	18 15	17 59	17 43	17 26	17 16	17 06
Dec. 4	21 17	20 37	20 09	19 48	19 31	19 17	18 53	18 33	18 16	18 00	17 44	17 26	17 16	17 05
8	21 24	20 43	20 14	19 52	19 35	19 20	18 56	18 36	18 18	18 01	17 45	17 26	17 16	17 05
12	21 30	20 47	20 18	19 56	19 38	19 23	18 58	18 38	18 20	18 03	17 46	17 27	17 17	17 05
16	21 34	20 51	20 21	19 59	19 41	19 25	19 00	18 40	18 22	18 05	17 48	17 29	17 18	17 06
20	21 37	20 54	20 24	20 01	19 43	19 28	19 03	18 42	18 24	18 07	17 49	17 30	17 20	17 08
24	21 39	20 55	20 26	20 03	19 45	19 29	19 05	18 44	18 26	18 09	17 51	17 33	17 22	17 10
28	21 39	20 56	20 27	20 04	19 46	19 31	19 06	18 46	18 28	18 11	17 54	17 35	17 24	17 13
32	21 37	20 56	20 27	20 05	19 47	19 32	19 08	18 47	18 30	18 13	17 56	17 38	17 27	17 16
36	21 35	20 54	20 26	20 05	19 47	19 33	19 09	18 49	18 31	18 15	17 58	17 40	17 30	17 19

UNIVERSAL TIME FOR MERIDIAN OF GREENWICH
MORNING CIVIL TWILIGHT

Lat.	+40°	+42°	+44°	+46°	+48°	+50°	+52°	+54°	+56°	+58°	+60°	+62°	+64°	+66°
	h m	h m	h m	h m	h m	h m	h m	h m	h m	h m	h m	h m	h m	h m
Oct. 1	5 29	5 29	5 29	5 28	5 28	5 28	5 27	5 26	5 26	5 25	5 24	5 23	5 21	5 19
5	5 33	5 33	5 33	5 34	5 34	5 34	5 34	5 34	5 34	5 33	5 33	5 33	5 33	5 32
9	5 37	5 38	5 38	5 39	5 39	5 40	5 40	5 41	5 42	5 42	5 43	5 43	5 44	5 45
13	5 41	5 42	5 43	5 44	5 45	5 46	5 47	5 48	5 49	5 51	5 52	5 54	5 55	5 57
17	5 45	5 46	5 48	5 49	5 51	5 52	5 54	5 56	5 57	5 59	6 02	6 04	6 07	6 10
21	5 49	5 51	5 53	5 54	5 56	5 58	6 01	6 03	6 05	6 08	6 11	6 14	6 18	6 22
25	5 53	5 55	5 58	6 00	6 02	6 05	6 07	6 10	6 13	6 17	6 20	6 25	6 29	6 35
29	5 58	6 00	6 02	6 05	6 08	6 11	6 14	6 17	6 21	6 25	6 30	6 35	6 41	6 47
Nov. 2	6 02	6 05	6 07	6 10	6 14	6 17	6 21	6 25	6 29	6 34	6 39	6 45	6 52	7 00
6	6 06	6 09	6 12	6 16	6 19	6 23	6 27	6 32	6 37	6 42	6 48	6 55	7 03	7 12
10	6 11	6 14	6 17	6 21	6 25	6 30	6 34	6 39	6 45	6 51	6 58	7 05	7 14	7 24
14	6 15	6 19	6 22	6 27	6 31	6 36	6 41	6 46	6 52	6 59	7 07	7 15	7 25	7 37
18	6 19	6 23	6 27	6 32	6 36	6 42	6 47	6 53	7 00	7 07	7 15	7 25	7 36	7 48
22	6 23	6 28	6 32	6 37	6 42	6 47	6 53	7 00	7 07	7 15	7 24	7 34	7 46	8 00
26	6 28	6 32	6 37	6 42	6 47	6 53	6 59	7 06	7 14	7 22	7 32	7 43	7 55	8 11
30	6 32	6 36	6 41	6 46	6 52	6 58	7 05	7 12	7 20	7 29	7 39	7 51	8 04	8 21
Dec. 4	6 35	6 40	6 45	6 51	6 57	7 03	7 10	7 17	7 26	7 35	7 46	7 58	8 12	8 30
8	6 39	6 44	6 49	6 55	7 01	7 07	7 14	7 22	7 31	7 40	7 52	8 04	8 19	8 38
12	6 42	6 47	6 52	6 58	7 04	7 11	7 18	7 26	7 35	7 45	7 57	8 10	8 25	8 44
16	6 45	6 50	6 55	7 01	7 07	7 14	7 22	7 30	7 39	7 49	8 01	8 14	8 30	8 50
20	6 47	6 52	6 58	7 04	7 10	7 17	7 24	7 33	7 42	7 52	8 04	8 17	8 33	8 53
24	6 49	6 54	7 00	7 06	7 12	7 19	7 26	7 34	7 44	7 54	8 06	8 19	8 35	8 55
28	6 51	6 56	7 01	7 07	7 13	7 20	7 27	7 35	7 44	7 55	8 06	8 20	8 36	8 55
32	6 52	6 57	7 02	7 08	7 14	7 20	7 28	7 36	7 44	7 54	8 06	8 19	8 34	8 53
36	6 52	6 57	7 02	7 08	7 14	7 20	7 27	7 35	7 44	7 53	8 04	8 17	8 32	8 50

EVENING CIVIL TWILIGHT

Lat.	+40°	+42°	+44°	+46°	+48°	+50°	+52°	+54°	+56°	+58°	+60°	+62°	+64°	+66°
	h m	h m	h m	h m	h m	h m	h m	h m	h m	h m	h m	h m	h m	h m
Oct. 1	18 10	18 10	18 10	18 10	18 10	18 11	18 11	18 12	18 12	18 13	18 14	18 15	18 17	18 18
5	18 03	18 03	18 03	18 02	18 02	18 02	18 02	18 02	18 02	18 02	18 02	18 02	18 03	18 03
9	17 57	17 56	17 56	17 55	17 54	17 54	17 53	17 53	17 52	17 51	17 51	17 50	17 49	17 48
13	17 51	17 50	17 49	17 48	17 47	17 46	17 44	17 43	17 42	17 41	17 39	17 37	17 36	17 34
17	17 45	17 44	17 42	17 41	17 39	17 38	17 36	17 34	17 32	17 30	17 28	17 25	17 23	17 19
21	17 39	17 38	17 36	17 34	17 32	17 30	17 28	17 25	17 23	17 20	17 17	17 14	17 10	17 06
25	17 34	17 32	17 30	17 28	17 25	17 23	17 20	17 17	17 14	17 10	17 07	17 02	16 58	16 52
29	17 29	17 27	17 24	17 22	17 19	17 16	17 13	17 09	17 05	17 01	16 57	16 51	16 46	16 39
Nov. 2	17 25	17 22	17 19	17 16	17 13	17 09	17 06	17 02	16 57	16 52	16 47	16 41	16 34	16 26
6	17 21	17 18	17 14	17 11	17 07	17 03	16 59	16 55	16 50	16 44	16 38	16 31	16 23	16 14
10	17 17	17 13	17 10	17 06	17 02	16 58	16 53	16 48	16 42	16 36	16 29	16 22	16 13	16 02
14	17 14	17 10	17 06	17 02	16 57	16 53	16 48	16 42	16 36	16 29	16 22	16 13	16 03	15 51
18	17 11	17 07	17 03	16 58	16 53	16 48	16 43	16 37	16 30	16 23	16 14	16 05	15 54	15 41
22	17 08	17 04	17 00	16 55	16 50	16 45	16 39	16 32	16 25	16 17	16 08	15 58	15 46	15 32
26	17 07	17 02	16 58	16 53	16 47	16 41	16 35	16 28	16 21	16 12	16 03	15 52	15 39	15 23
30	17 06	17 01	16 56	16 51	16 45	16 39	16 32	16 25	16 17	16 08	15 58	15 46	15 33	15 16
Dec. 4	17 05	17 00	16 55	16 50	16 44	16 37	16 30	16 23	16 15	16 05	15 54	15 42	15 28	15 10
8	17 05	17 00	16 55	16 49	16 43	16 36	16 29	16 21	16 13	16 03	15 52	15 39	15 24	15 06
12	17 05	17 00	16 55	16 49	16 43	16 36	16 29	16 21	16 12	16 02	15 51	15 37	15 22	15 03
16	17 06	17 01	16 56	16 50	16 44	16 37	16 30	16 21	16 12	16 02	15 51	15 37	15 21	15 02
20	17 08	17 03	16 57	16 52	16 45	16 38	16 31	16 23	16 14	16 03	15 52	15 38	15 22	15 02
24	17 10	17 05	16 59	16 54	16 47	16 40	16 33	16 25	16 16	16 05	15 54	15 40	15 24	15 04
28	17 13	17 08	17 02	16 56	16 50	16 43	16 36	16 28	16 19	16 09	15 57	15 44	15 28	15 08
32	17 16	17 11	17 05	17 00	16 53	16 47	16 40	16 32	16 23	16 13	16 02	15 48	15 33	15 14
36	17 19	17 14	17 09	17 03	16 57	16 51	16 44	16 36	16 28	16 18	16 07	15 54	15 39	15 21

NAUTICAL TWILIGHT, 1989
UNIVERSAL TIME FOR MERIDIAN OF GREENWICH
BEGINNING NAUTICAL TWILIGHT

Lat.	−55°	−50°	−45°	−40°	−35°	−30°	−20°	−10°	0°	+10°	+20°	+30°	+35°	+40°
	h m	h m	h m	h m	h m	h m	h m	h m	h m	h m	h m	h m	h m	h m
Jan. −2	// //	2 03	2 48	3 18	3 41	4 00	4 29	4 51	5 10	5 27	5 43	5 59	6 08	6 17
2	0 18	2 09	2 52	3 22	3 44	4 03	4 31	4 53	5 12	5 28	5 44	6 00	6 09	6 18
6	0 46	2 15	2 57	3 26	3 48	4 06	4 34	4 56	5 14	5 30	5 45	6 01	6 09	6 18
10	1 06	2 23	3 03	3 31	3 52	4 10	4 37	4 58	5 16	5 31	5 46	6 02	6 09	6 18
14	1 24	2 32	3 09	3 36	3 57	4 14	4 40	5 00	5 17	5 33	5 47	6 02	6 09	6 17
18	1 41	2 41	3 16	3 42	4 01	4 18	4 43	5 03	5 19	5 34	5 47	6 01	6 08	6 16
22	1 57	2 50	3 23	3 47	4 06	4 22	4 46	5 05	5 21	5 34	5 48	6 00	6 07	6 14
26	2 12	3 00	3 30	3 53	4 11	4 26	4 49	5 07	5 22	5 35	5 47	5 59	6 05	6 12
30	2 26	3 09	3 38	3 59	4 16	4 30	4 52	5 09	5 23	5 35	5 47	5 58	6 03	6 09
Feb. 3	2 40	3 19	3 45	4 05	4 21	4 34	4 55	5 11	5 24	5 35	5 46	5 56	6 01	6 06
7	2 54	3 28	3 53	4 11	4 26	4 38	4 57	5 12	5 24	5 35	5 44	5 53	5 58	6 02
11	3 06	3 38	4 00	4 17	4 31	4 42	5 00	5 14	5 25	5 34	5 43	5 51	5 54	5 58
15	3 18	3 47	4 07	4 23	4 35	4 46	5 02	5 15	5 25	5 33	5 41	5 47	5 51	5 54
19	3 30	3 55	4 14	4 28	4 40	4 49	5 04	5 16	5 25	5 32	5 39	5 44	5 46	5 49
23	3 41	4 04	4 21	4 34	4 44	4 53	5 07	5 17	5 25	5 31	5 36	5 40	5 42	5 44
27	3 52	4 12	4 27	4 39	4 49	4 56	5 08	5 17	5 24	5 30	5 34	5 36	5 37	5 38
Mar. 3	4 02	4 20	4 34	4 44	4 53	5 00	5 10	5 18	5 24	5 28	5 31	5 32	5 32	5 32
7	4 12	4 28	4 40	4 49	4 57	5 03	5 12	5 18	5 23	5 26	5 28	5 28	5 27	5 26
11	4 21	4 35	4 46	4 54	5 00	5 06	5 13	5 19	5 22	5 24	5 24	5 23	5 22	5 20
15	4 31	4 43	4 52	4 58	5 04	5 08	5 15	5 19	5 21	5 22	5 21	5 19	5 16	5 13
19	4 39	4 49	4 57	5 03	5 07	5 11	5 16	5 19	5 20	5 20	5 18	5 14	5 11	5 07
23	4 48	4 56	5 02	5 07	5 11	5 14	5 17	5 19	5 19	5 17	5 14	5 09	5 05	5 00
27	4 56	5 03	5 08	5 11	5 14	5 16	5 18	5 19	5 17	5 15	5 10	5 04	4 59	4 53
31	5 04	5 09	5 13	5 15	5 17	5 18	5 19	5 18	5 16	5 12	5 07	4 59	4 53	4 46
Apr. 4	5 12	5 15	5 18	5 19	5 20	5 21	5 20	5 18	5 15	5 10	5 03	4 54	4 47	4 40

ENDING NAUTICAL TWILIGHT

Lat.	−55°	−50°	−45°	−40°	−35°	−30°	−20°	−10°	0°	+10°	+20°	+30°	+35°	+40°
	h m	h m	h m	h m	h m	h m	h m	h m	h m	h m	h m	h m	h m	h m
Jan. −2	// //	22 01	21 16	20 46	20 23	20 05	19 36	19 13	18 55	18 38	18 22	18 06	17 57	17 48
2	23 42	21 59	21 15	20 46	20 23	20 05	19 37	19 15	18 56	18 40	18 24	18 08	18 00	17 51
6	23 21	21 55	21 14	20 45	20 23	20 06	19 38	19 16	18 58	18 42	18 26	18 11	18 03	17 54
10	23 05	21 51	21 11	20 44	20 22	20 05	19 38	19 17	19 00	18 44	18 29	18 14	18 06	17 58
14	22 51	21 45	21 08	20 41	20 21	20 04	19 38	19 18	19 01	18 46	18 31	18 17	18 09	18 01
18	22 37	21 39	21 04	20 39	20 19	20 03	19 38	19 18	19 02	18 47	18 34	18 20	18 13	18 05
22	22 24	21 32	20 59	20 35	20 16	20 01	19 37	19 18	19 03	18 49	18 36	18 23	18 16	18 09
26	22 11	21 24	20 54	20 31	20 13	19 59	19 36	19 18	19 03	18 50	18 38	18 26	18 20	18 14
30	21 58	21 16	20 48	20 27	20 10	19 56	19 35	19 18	19 04	18 52	18 40	18 29	18 24	18 18
Feb. 3	21 45	21 07	20 41	20 22	20 06	19 53	19 33	19 17	19 04	18 53	18 42	18 32	18 27	18 22
7	21 32	20 58	20 34	20 16	20 02	19 50	19 31	19 16	19 04	18 54	18 44	18 35	18 31	18 27
11	21 20	20 49	20 27	20 11	19 57	19 46	19 28	19 15	19 04	18 54	18 46	18 38	18 35	18 31
15	21 08	20 40	20 20	20 05	19 52	19 42	19 26	19 13	19 03	18 55	18 48	18 41	18 38	18 35
19	20 55	20 31	20 13	19 58	19 47	19 38	19 23	19 12	19 03	18 55	18 49	18 44	18 42	18 40
23	20 43	20 21	20 05	19 52	19 42	19 33	19 20	19 10	19 02	18 56	18 51	18 47	18 45	18 44
27	20 32	20 12	19 57	19 45	19 36	19 29	19 17	19 08	19 01	18 56	18 52	18 49	18 49	18 48
Mar. 3	20 20	20 02	19 49	19 39	19 31	19 24	19 13	19 06	19 00	18 56	18 53	18 52	18 52	18 52
7	20 08	19 53	19 41	19 32	19 25	19 19	19 10	19 04	18 59	18 56	18 55	18 55	18 55	18 57
11	19 57	19 43	19 33	19 25	19 19	19 14	19 06	19 01	18 58	18 56	18 56	18 57	18 59	19 01
15	19 46	19 34	19 25	19 19	19 13	19 09	19 03	18 59	18 57	18 56	18 57	19 00	19 02	19 05
19	19 35	19 25	19 17	19 12	19 07	19 04	18 59	18 57	18 56	18 56	18 58	19 02	19 06	19 10
23	19 24	19 16	19 10	19 05	19 02	18 59	18 56	18 54	18 55	18 56	18 59	19 05	19 09	19 14
27	19 13	19 07	19 02	18 59	18 56	18 54	18 52	18 52	18 53	18 56	19 01	19 08	19 12	19 18
31	19 03	18 58	18 55	18 52	18 50	18 49	18 49	18 50	18 52	18 56	19 02	19 10	19 16	19 23
Apr. 4	18 53	18 50	18 47	18 46	18 45	18 45	18 45	18 48	18 51	18 56	19 03	19 13	19 19	19 27

(// //) indicates continuous twilight.

UNIVERSAL TIME FOR MERIDIAN OF GREENWICH
BEGINNING NAUTICAL TWILIGHT

Lat.	+40°	+42°	+44°	+46°	+48°	+50°	+52°	+54°	+56°	+58°	+60°	+62°	+64°	+66°
	h m	h m	h m	h m	h m	h m	h m	h m	h m	h m	h m	h m	h m	h m
Jan. −2	6 17	6 21	6 25	6 29	6 34	6 39	6 44	6 50	6 56	7 02	7 10	7 18	7 27	7 38
2	6 18	6 22	6 26	6 30	6 34	6 39	6 44	6 50	6 56	7 02	7 09	7 17	7 26	7 37
6	6 18	6 22	6 26	6 30	6 34	6 39	6 44	6 49	6 55	7 01	7 08	7 15	7 24	7 34
10	6 18	6 22	6 25	6 29	6 33	6 38	6 42	6 47	6 53	6 59	7 05	7 13	7 21	7 30
14	6 17	6 21	6 24	6 28	6 32	6 36	6 40	6 45	6 50	6 56	7 02	7 09	7 17	7 25
18	6 16	6 19	6 23	6 26	6 30	6 34	6 38	6 42	6 47	6 52	6 58	7 04	7 11	7 19
22	6 14	6 17	6 20	6 24	6 27	6 31	6 34	6 38	6 43	6 47	6 52	6 58	7 05	7 12
26	6 12	6 15	6 18	6 20	6 24	6 27	6 30	6 34	6 38	6 42	6 46	6 51	6 57	7 04
30	6 09	6 12	6 14	6 17	6 20	6 22	6 25	6 29	6 32	6 36	6 40	6 44	6 49	6 54
Feb. 3	6 06	6 08	6 10	6 13	6 15	6 17	6 20	6 23	6 26	6 29	6 32	6 36	6 40	6 44
7	6 02	6 04	6 06	6 08	6 10	6 12	6 14	6 16	6 19	6 21	6 24	6 27	6 30	6 33
11	5 58	6 00	6 01	6 03	6 04	6 06	6 08	6 09	6 11	6 13	6 15	6 17	6 20	6 22
15	5 54	5 55	5 56	5 57	5 58	6 00	6 01	6 02	6 03	6 04	6 06	6 07	6 08	6 10
19	5 49	5 50	5 50	5 51	5 52	5 53	5 53	5 54	5 55	5 55	5 56	5 56	5 57	5 57
23	5 44	5 44	5 44	5 45	5 45	5 45	5 46	5 46	5 46	5 46	5 45	5 45	5 44	5 44
27	5 38	5 38	5 38	5 38	5 38	5 38	5 37	5 37	5 36	5 36	5 35	5 33	5 32	5 30
Mar. 3	5 32	5 32	5 32	5 31	5 31	5 30	5 29	5 28	5 27	5 25	5 23	5 21	5 18	5 15
7	5 26	5 25	5 25	5 24	5 23	5 22	5 20	5 18	5 16	5 14	5 11	5 08	5 05	5 00
11	5 20	5 19	5 18	5 16	5 15	5 13	5 11	5 09	5 06	5 03	4 59	4 55	4 50	4 44
15	5 13	5 12	5 10	5 09	5 07	5 04	5 02	4 59	4 55	4 51	4 47	4 42	4 35	4 28
19	5 07	5 05	5 03	5 01	4 58	4 55	4 52	4 48	4 44	4 39	4 34	4 28	4 20	4 11
23	5 00	4 58	4 55	4 53	4 50	4 46	4 42	4 38	4 33	4 27	4 21	4 13	4 04	3 53
27	4 53	4 51	4 48	4 44	4 41	4 37	4 32	4 27	4 21	4 15	4 07	3 58	3 47	3 35
31	4 46	4 43	4 40	4 36	4 32	4 27	4 22	4 16	4 10	4 02	3 53	3 43	3 30	3 15
Apr. 4	4 40	4 36	4 32	4 28	4 23	4 18	4 12	4 05	3 58	3 49	3 39	3 26	3 12	2 54

ENDING NAUTICAL TWILIGHT

Lat.	+40°	+42°	+44°	+46°	+48°	+50°	+52°	+54°	+56°	+58°	+60°	+62°	+64°	+66°
	h m	h m	h m	h m	h m	h m	h m	h m	h m	h m	h m	h m	h m	h m
Jan. −2	17 48	17 44	17 40	17 35	17 31	17 26	17 21	17 15	17 09	17 02	16 55	16 47	16 37	16 26
2	17 51	17 47	17 43	17 38	17 34	17 29	17 24	17 19	17 13	17 06	16 59	16 51	16 42	16 32
6	17 54	17 50	17 46	17 42	17 38	17 33	17 28	17 23	17 18	17 11	17 04	16 57	16 48	16 38
10	17 58	17 54	17 50	17 46	17 42	17 38	17 33	17 28	17 23	17 17	17 10	17 03	16 55	16 45
14	18 01	17 58	17 54	17 51	17 47	17 43	17 38	17 34	17 29	17 23	17 17	17 10	17 02	16 54
18	18 05	18 02	17 59	17 55	17 52	17 48	17 44	17 39	17 35	17 30	17 24	17 18	17 11	17 03
22	18 09	18 06	18 03	18 00	17 57	17 53	17 50	17 46	17 41	17 37	17 32	17 26	17 20	17 12
26	18 14	18 11	18 08	18 05	18 02	17 59	17 56	17 52	17 48	17 44	17 40	17 35	17 29	17 23
30	18 18	18 15	18 13	18 10	18 08	18 05	18 02	17 59	17 55	17 52	17 48	17 44	17 39	17 34
Feb. 3	18 22	18 20	18 18	18 16	18 13	18 11	18 08	18 06	18 03	18 00	17 57	17 53	17 49	17 45
7	18 27	18 25	18 23	18 21	18 19	18 17	18 15	18 13	18 11	18 08	18 05	18 03	18 00	17 56
11	18 31	18 29	18 28	18 26	18 25	18 23	18 22	18 20	18 18	18 16	18 15	18 13	18 10	18 08
15	18 35	18 34	18 33	18 32	18 31	18 30	18 28	18 27	18 26	18 25	18 24	18 23	18 21	18 20
19	18 40	18 39	18 38	18 37	18 37	18 36	18 35	18 35	18 34	18 34	18 33	18 33	18 33	18 32
23	18 44	18 43	18 43	18 43	18 42	18 42	18 42	18 42	18 42	18 42	18 43	18 43	18 44	18 45
27	18 48	18 48	18 48	18 48	18 48	18 49	18 49	18 50	18 50	18 51	18 52	18 54	18 56	18 58
Mar. 3	18 52	18 53	18 53	18 54	18 54	18 55	18 56	18 57	18 59	19 00	19 02	19 05	19 07	19 11
7	18 57	18 57	18 58	18 59	19 00	19 02	19 03	19 05	19 07	19 09	19 12	19 16	19 20	19 24
11	19 01	19 02	19 03	19 05	19 06	19 08	19 10	19 13	19 15	19 19	19 22	19 27	19 32	19 38
15	19 05	19 07	19 08	19 10	19 12	19 15	19 18	19 21	19 24	19 28	19 33	19 38	19 45	19 52
19	19 10	19 11	19 14	19 16	19 19	19 22	19 25	19 29	19 33	19 38	19 44	19 50	19 58	20 07
23	19 14	19 16	19 19	19 22	19 25	19 28	19 32	19 37	19 42	19 48	19 54	20 02	20 12	20 23
27	19 18	19 21	19 24	19 27	19 31	19 35	19 40	19 45	19 51	19 58	20 06	20 15	20 26	20 39
31	19 23	19 26	19 29	19 33	19 38	19 42	19 48	19 54	20 01	20 08	20 18	20 28	20 41	20 57
Apr. 4	19 27	19 31	19 35	19 39	19 44	19 50	19 56	20 02	20 10	20 19	20 30	20 42	20 57	21 16

NAUTICAL TWILIGHT, 1989

UNIVERSAL TIME FOR MERIDIAN OF GREENWICH
BEGINNING NAUTICAL TWILIGHT

Lat.	−55°	−50°	−45°	−40°	−35°	−30°	−20°	−10°	0°	+10°	+20°	+30°	+35°	+40°
	h m	h m	h m	h m	h m	h m	h m	h m	h m	h m	h m	h m	h m	h m
Mar. 31	5 04	5 09	5 13	5 15	5 17	5 18	5 19	5 18	5 16	5 12	5 07	4 59	4 53	4 46
Apr. 4	5 12	5 15	5 18	5 19	5 20	5 21	5 20	5 18	5 15	5 10	5 03	4 54	4 47	4 40
8	5 19	5 21	5 23	5 23	5 23	5 23	5 21	5 18	5 14	5 08	5 00	4 49	4 41	4 33
12	5 27	5 27	5 28	5 27	5 26	5 25	5 22	5 18	5 12	5 05	4 56	4 44	4 36	4 26
16	5 34	5 33	5 32	5 31	5 29	5 27	5 23	5 18	5 11	5 03	4 53	4 39	4 30	4 19
20	5 41	5 39	5 37	5 35	5 32	5 30	5 24	5 18	5 10	5 01	4 49	4 34	4 24	4 13
24	5 48	5 44	5 41	5 38	5 35	5 32	5 25	5 18	5 09	4 59	4 46	4 29	4 19	4 06
28	5 54	5 50	5 46	5 42	5 38	5 34	5 26	5 18	5 08	4 57	4 43	4 25	4 14	4 00
May 2	6 01	5 55	5 50	5 45	5 41	5 36	5 27	5 18	5 07	4 55	4 40	4 21	4 09	3 54
6	6 07	6 00	5 54	5 49	5 44	5 38	5 28	5 18	5 06	4 53	4 37	4 17	4 04	3 48
10	6 13	6 05	5 58	5 52	5 46	5 41	5 30	5 18	5 06	4 52	4 35	4 13	3 59	3 43
14	6 19	6 10	6 02	5 55	5 49	5 43	5 31	5 19	5 06	4 51	4 33	4 10	3 55	3 38
18	6 25	6 15	6 06	5 59	5 52	5 45	5 32	5 19	5 05	4 50	4 31	4 07	3 52	3 33
22	6 30	6 19	6 10	6 02	5 54	5 47	5 33	5 20	5 05	4 49	4 29	4 04	3 48	3 29
26	6 35	6 23	6 13	6 05	5 57	5 49	5 35	5 21	5 05	4 48	4 28	4 02	3 46	3 25
30	6 39	6 27	6 16	6 07	5 59	5 51	5 36	5 21	5 06	4 48	4 27	4 00	3 43	3 22
June 3	6 43	6 30	6 19	6 10	6 01	5 53	5 37	5 22	5 06	4 48	4 27	3 59	3 41	3 20
7	6 46	6 33	6 22	6 12	6 03	5 55	5 39	5 23	5 07	4 48	4 26	3 58	3 40	3 18
11	6 49	6 36	6 24	6 14	6 05	5 56	5 40	5 24	5 07	4 49	4 26	3 58	3 39	3 17
15	6 51	6 38	6 26	6 16	6 06	5 57	5 41	5 25	5 08	4 49	4 27	3 58	3 39	3 16
19	6 53	6 39	6 27	6 17	6 07	5 59	5 42	5 26	5 09	4 50	4 27	3 58	3 39	3 16
23	6 54	6 40	6 28	6 18	6 08	5 59	5 43	5 27	5 10	4 51	4 28	3 59	3 40	3 17
27	6 54	6 40	6 28	6 18	6 09	6 00	5 44	5 28	5 11	4 52	4 29	4 00	3 42	3 18
July 1	6 53	6 40	6 28	6 18	6 09	6 00	5 44	5 28	5 11	4 53	4 30	4 02	3 43	3 21
5	6 52	6 39	6 28	6 18	6 09	6 00	5 45	5 29	5 12	4 54	4 32	4 04	3 46	3 23

ENDING NAUTICAL TWILIGHT

Lat.	−55°	−50°	−45°	−40°	−35°	−30°	−20°	−10°	0°	+10°	+20°	+30°	+35°	+40°
	h m	h m	h m	h m	h m	h m	h m	h m	h m	h m	h m	h m	h m	h m
Mar. 31	19 03	18 58	18 55	18 52	18 50	18 49	18 49	18 50	18 52	18 56	19 02	19 10	19 16	19 23
Apr. 4	18 53	18 50	18 47	18 46	18 45	18 45	18 45	18 48	18 51	18 56	19 03	19 13	19 19	19 27
8	18 43	18 41	18 40	18 40	18 40	18 40	18 42	18 46	18 50	18 56	19 05	19 16	19 23	19 32
12	18 34	18 33	18 33	18 34	18 35	18 36	18 39	18 44	18 49	18 57	19 06	19 19	19 27	19 37
16	18 25	18 25	18 27	18 28	18 30	18 32	18 36	18 42	18 49	18 57	19 07	19 21	19 30	19 41
20	18 16	18 18	18 20	18 23	18 25	18 28	18 33	18 40	18 48	18 57	19 09	19 24	19 34	19 46
24	18 08	18 11	18 14	18 17	18 21	18 24	18 31	18 39	18 47	18 58	19 11	19 27	19 38	19 51
28	18 00	18 04	18 08	18 13	18 17	18 20	18 29	18 37	18 47	18 58	19 12	19 31	19 42	19 56
May 2	17 52	17 58	18 03	18 08	18 13	18 17	18 26	18 36	18 47	18 59	19 14	19 34	19 46	20 01
6	17 45	17 52	17 58	18 04	18 09	18 14	18 25	18 35	18 47	19 00	19 16	19 37	19 50	20 06
10	17 39	17 47	17 54	18 00	18 06	18 12	18 23	18 34	18 47	19 01	19 18	19 40	19 54	20 11
14	17 33	17 42	17 50	17 57	18 03	18 09	18 22	18 34	18 47	19 02	19 20	19 43	19 58	20 16
18	17 28	17 37	17 46	17 54	18 01	18 08	18 20	18 33	18 47	19 03	19 22	19 46	20 02	20 21
22	17 23	17 34	17 43	17 51	17 59	18 06	18 20	18 33	18 48	19 04	19 24	19 49	20 05	20 25
26	17 19	17 30	17 40	17 49	17 57	18 05	18 19	18 33	18 49	19 06	19 26	19 52	20 09	20 29
30	17 16	17 28	17 38	17 47	17 56	18 04	18 19	18 34	18 49	19 07	19 28	19 55	20 12	20 33
June 3	17 13	17 26	17 37	17 46	17 55	18 03	18 19	18 34	18 50	19 08	19 30	19 57	20 15	20 37
7	17 11	17 24	17 36	17 45	17 54	18 03	18 19	18 34	18 51	19 09	19 31	20 00	20 18	20 40
11	17 10	17 23	17 35	17 45	17 54	18 03	18 19	18 35	18 52	19 11	19 33	20 02	20 20	20 43
15	17 09	17 23	17 35	17 45	17 55	18 03	18 20	18 36	18 53	19 12	19 34	20 03	20 22	20 45
19	17 10	17 24	17 35	17 46	17 55	18 04	18 20	18 37	18 54	19 13	19 35	20 05	20 23	20 46
23	17 10	17 24	17 36	17 47	17 56	18 05	18 21	18 38	18 55	19 14	19 36	20 05	20 24	20 47
27	17 12	17 26	17 38	17 48	17 57	18 06	18 22	18 38	18 55	19 14	19 37	20 06	20 24	20 47
July 1	17 14	17 28	17 39	17 50	17 59	18 07	18 23	18 39	18 56	19 15	19 37	20 06	20 24	20 47
5	17 17	17 30	17 42	17 51	18 00	18 09	18 25	18 40	18 57	19 15	19 37	20 05	20 23	20 45

UNIVERSAL TIME FOR MERIDIAN OF GREENWICH
BEGINNING NAUTICAL TWILIGHT

Lat.	+40°	+42°	+44°	+46°	+48°	+50°	+52°	+54°	+56°	+58°	+60°	+62°	+64°	+66°
	h m	h m	h m	h m	h m	h m	h m	h m	h m	h m	h m	h m	h m	h m
Mar. 31	4 46	4 43	4 40	4 36	4 32	4 27	4 22	4 16	4 10	4 02	3 53	3 43	3 30	3 15
Apr. 4	4 40	4 36	4 32	4 28	4 23	4 18	4 12	4 05	3 58	3 49	3 39	3 26	3 12	2 54
8	4 33	4 29	4 24	4 20	4 14	4 08	4 02	3 54	3 45	3 35	3 24	3 10	2 53	2 31
12	4 26	4 21	4 17	4 11	4 05	3 59	3 51	3 43	3 33	3 22	3 08	2 52	2 32	2 05
16	4 19	4 14	4 09	4 03	3 56	3 49	3 41	3 31	3 20	3 08	2 52	2 33	2 09	1 34
20	4 13	4 07	4 01	3 55	3 47	3 39	3 30	3 20	3 07	2 53	2 35	2 13	1 43	0 49
24	4 06	4 00	3 54	3 47	3 39	3 30	3 20	3 08	2 54	2 38	2 18	1 51	1 09	// //
28	4 00	3 53	3 46	3 39	3 30	3 20	3 09	2 56	2 41	2 22	1 58	1 25	// //	// //
May 2	3 54	3 47	3 39	3 31	3 22	3 11	2 59	2 45	2 27	2 06	1 37	0 49	// //	// //
6	3 48	3 41	3 33	3 24	3 13	3 02	2 49	2 33	2 14	1 49	1 12	// //	// //	// //
10	3 43	3 35	3 26	3 16	3 06	2 53	2 39	2 21	1 59	1 30	0 37	// //	// //	// //
14	3 38	3 29	3 20	3 10	2 58	2 45	2 29	2 09	1 44	1 08	// //	// //	// //	// //
18	3 33	3 24	3 14	3 03	2 51	2 36	2 19	1 58	1 29	0 39	// //	// //	// //	// //
22	3 29	3 20	3 09	2 58	2 44	2 29	2 10	1 46	1 12	// //	// //	// //	// //	// //
26	3 25	3 16	3 05	2 53	2 38	2 22	2 01	1 35	0 53	// //	// //	// //	// //	// //
30	3 22	3 12	3 01	2 48	2 33	2 16	1 54	1 24	0 27	// //	// //	// //	// //	// //
June 3	3 20	3 09	2 58	2 44	2 29	2 10	1 47	1 13	// //	// //	// //	// //	// //	// //
7	3 18	3 07	2 55	2 41	2 25	2 06	1 41	1 04	// //	// //	// //	// //	// //	// //
11	3 17	3 06	2 53	2 39	2 23	2 03	1 36	0 55	// //	// //	// //	// //	// //	// //
15	3 16	3 05	2 53	2 38	2 21	2 01	1 33	0 49	// //	// //	// //	// //	// //	** **
19	3 16	3 05	2 53	2 38	2 21	2 00	1 32	0 45	// //	// //	// //	// //	// //	** **
23	3 17	3 06	2 53	2 39	2 22	2 01	1 33	0 45	// //	// //	// //	// //	// //	** **
27	3 18	3 07	2 55	2 41	2 24	2 03	1 35	0 50	// //	// //	// //	// //	// //	** **
July 1	3 21	3 10	2 57	2 43	2 27	2 06	1 40	0 58	// //	// //	// //	// //	// //	// //
5	3 23	3 12	3 00	2 47	2 30	2 11	1 45	1 07	// //	// //	// //	// //	// //	// //

ENDING NAUTICAL TWILIGHT

Lat.	+40°	+42°	+44°	+46°	+48°	+50°	+52°	+54°	+56°	+58°	+60°	+62°	+64°	+66°
	h m	h m	h m	h m	h m	h m	h m	h m	h m	h m	h m	h m	h m	h m
Mar. 31	19 23	19 26	19 29	19 33	19 38	19 42	19 48	19 54	20 01	20 08	20 18	20 28	20 41	20 57
Apr. 4	19 27	19 31	19 35	19 39	19 44	19 50	19 56	20 02	20 10	20 19	20 30	20 42	20 57	21 16
8	19 32	19 36	19 40	19 45	19 51	19 57	20 04	20 11	20 20	20 31	20 43	20 57	21 15	21 38
12	19 37	19 41	19 46	19 52	19 58	20 04	20 12	20 21	20 31	20 42	20 56	21 13	21 34	22 03
16	19 41	19 46	19 52	19 58	20 05	20 12	20 21	20 30	20 41	20 55	21 10	21 30	21 56	22 34
20	19 46	19 52	19 58	20 04	20 12	20 20	20 29	20 40	20 53	21 07	21 26	21 49	22 21	23 27
24	19 51	19 57	20 04	20 11	20 19	20 28	20 38	20 50	21 04	21 21	21 42	22 10	22 56	// //
28	19 56	20 02	20 10	20 17	20 26	20 36	20 48	21 01	21 16	21 36	22 01	22 37	// //	// //
May 2	20 01	20 08	20 16	20 24	20 34	20 44	20 57	21 11	21 29	21 51	22 22	23 17	// //	// //
6	20 06	20 13	20 22	20 31	20 41	20 53	21 06	21 23	21 42	22 08	22 48	// //	// //	// //
10	20 11	20 19	20 28	20 37	20 49	21 01	21 16	21 34	21 57	22 28	23 30	// //	// //	// //
14	20 16	20 24	20 34	20 44	20 56	21 10	21 26	21 46	22 11	22 51	// //	// //	// //	// //
18	20 21	20 29	20 39	20 50	21 03	21 18	21 35	21 58	22 28	23 24	// //	// //	// //	// //
22	20 25	20 34	20 45	20 57	21 10	21 26	21 45	22 10	22 45	// //	// //	// //	// //	// //
26	20 29	20 39	20 50	21 02	21 17	21 33	21 54	22 22	23 06	// //	// //	// //	// //	// //
30	20 33	20 44	20 55	21 08	21 23	21 41	22 03	22 34	23 37	// //	// //	// //	// //	// //
June 3	20 37	20 48	20 59	21 13	21 28	21 47	22 11	22 45	// //	// //	// //	// //	// //	// //
7	20 40	20 51	21 03	21 17	21 33	21 53	22 18	22 56	// //	// //	// //	// //	// //	// //
11	20 43	20 54	21 06	21 20	21 37	21 57	22 24	23 06	// //	// //	// //	// //	// //	// //
15	20 45	20 56	21 09	21 23	21 40	22 01	22 28	23 14	// //	// //	// //	// //	// //	** **
19	20 46	20 58	21 10	21 25	21 42	22 03	22 31	23 18	// //	// //	// //	// //	// //	** **
23	20 47	20 58	21 11	21 25	21 42	22 03	22 31	23 18	// //	// //	// //	// //	// //	** **
27	20 47	20 58	21 11	21 25	21 42	22 03	22 30	23 15	// //	// //	// //	// //	// //	** **
July 1	20 47	20 58	21 10	21 24	21 41	22 01	22 27	23 08	// //	// //	// //	// //	// //	// //
5	20 45	20 56	21 08	21 22	21 38	21 57	22 22	22 59	// //	// //	// //	// //	// //	// //

(** **) indicates Sun continuously above horizon.
(// //) indicates continuous twilight.

NAUTICAL TWILIGHT, 1989
UNIVERSAL TIME FOR MERIDIAN OF GREENWICH
BEGINNING NAUTICAL TWILIGHT

Lat.	−55°	−50°	−45°	−40°	−35°	−30°	−20°	−10°	0°	+10°	+20°	+30°	+35°	+40°
	h m	h m	h m	h m	h m	h m	h m	h m	h m	h m	h m	h m	h m	h m
July 1	6 53	6 40	6 28	6 18	6 09	6 00	5 44	5 28	5 11	4 53	4 30	4 02	3 43	3 21
5	6 52	6 39	6 28	6 18	6 09	6 00	5 45	5 29	5 12	4 54	4 32	4 04	3 46	3 23
9	6 50	6 37	6 27	6 17	6 08	6 00	5 45	5 29	5 13	4 55	4 34	4 06	3 48	3 26
13	6 47	6 35	6 25	6 16	6 07	5 59	5 44	5 30	5 14	4 56	4 35	4 08	3 51	3 30
17	6 44	6 33	6 23	6 14	6 06	5 58	5 44	5 30	5 15	4 57	4 37	4 11	3 54	3 34
21	6 40	6 29	6 20	6 12	6 04	5 57	5 43	5 30	5 15	4 59	4 39	4 14	3 58	3 38
25	6 35	6 25	6 17	6 09	6 02	5 55	5 42	5 29	5 15	5 00	4 41	4 17	4 01	3 42
29	6 30	6 21	6 13	6 06	5 59	5 53	5 41	5 29	5 16	5 01	4 43	4 20	4 05	3 47
Aug. 2	6 24	6 16	6 09	6 03	5 57	5 51	5 40	5 28	5 16	5 02	4 45	4 23	4 09	3 52
6	6 17	6 10	6 04	5 59	5 53	5 48	5 38	5 27	5 16	5 02	4 46	4 26	4 12	3 56
10	6 10	6 04	5 59	5 54	5 50	5 45	5 36	5 26	5 16	5 03	4 48	4 28	4 16	4 01
14	6 03	5 58	5 54	5 50	5 46	5 42	5 34	5 25	5 15	5 04	4 50	4 31	4 20	4 06
18	5 55	5 51	5 48	5 45	5 41	5 38	5 31	5 23	5 15	5 04	4 51	4 34	4 24	4 11
22	5 46	5 44	5 42	5 39	5 37	5 34	5 28	5 22	5 14	5 04	4 53	4 37	4 27	4 15
26	5 38	5 37	5 35	5 34	5 32	5 30	5 25	5 20	5 13	5 05	4 54	4 40	4 31	4 20
30	5 28	5 29	5 29	5 28	5 27	5 26	5 22	5 18	5 12	5 05	4 55	4 42	4 34	4 24
Sept. 3	5 19	5 21	5 22	5 22	5 22	5 21	5 19	5 16	5 11	5 05	4 56	4 45	4 38	4 29
7	5 09	5 12	5 14	5 16	5 16	5 17	5 16	5 13	5 10	5 05	4 58	4 48	4 41	4 33
11	4 59	5 04	5 07	5 09	5 11	5 12	5 12	5 11	5 09	5 04	4 59	4 50	4 44	4 37
15	4 49	4 55	4 59	5 03	5 05	5 07	5 09	5 09	5 07	5 04	5 00	4 52	4 48	4 42
19	4 38	4 46	4 52	4 56	4 59	5 02	5 05	5 06	5 06	5 04	5 00	4 55	4 51	4 46
23	4 27	4 37	4 44	4 49	4 53	4 57	5 01	5 04	5 04	5 04	5 01	4 57	4 54	4 50
27	4 16	4 27	4 36	4 42	4 48	4 52	4 57	5 01	5 03	5 03	5 02	4 59	4 57	4 54
Oct. 1	4 05	4 18	4 28	4 36	4 42	4 47	4 54	4 59	5 02	5 03	5 03	5 02	5 00	4 58
5	3 53	4 08	4 20	4 29	4 36	4 41	4 50	4 56	5 00	5 03	5 04	5 04	5 03	5 02

ENDING NAUTICAL TWILIGHT

Lat.	−55°	−50°	−45°	−40°	−35°	−30°	−20°	−10°	0°	+10°	+20°	+30°	+35°	+40°
	h m	h m	h m	h m	h m	h m	h m	h m	h m	h m	h m	h m	h m	h m
July 1	17 14	17 28	17 39	17 50	17 59	18 07	18 23	18 39	18 56	19 15	19 37	20 06	20 24	20 47
5	17 17	17 30	17 42	17 51	18 00	18 09	18 25	18 40	18 57	19 15	19 37	20 05	20 23	20 45
9	17 20	17 33	17 44	17 54	18 02	18 10	18 26	18 41	18 57	19 15	19 37	20 04	20 22	20 44
13	17 24	17 36	17 47	17 56	18 04	18 12	18 27	18 42	18 57	19 15	19 36	20 03	20 20	20 41
17	17 29	17 40	17 50	17 59	18 07	18 14	18 28	18 43	18 58	19 15	19 35	20 01	20 17	20 38
21	17 33	17 44	17 53	18 01	18 09	18 16	18 30	18 43	18 58	19 14	19 34	19 59	20 15	20 34
25	17 38	17 48	17 57	18 04	18 11	18 18	18 31	18 44	18 57	19 13	19 32	19 56	20 11	20 30
29	17 44	17 53	18 00	18 07	18 14	18 20	18 32	18 44	18 57	19 12	19 30	19 53	20 07	20 25
Aug. 2	17 49	17 57	18 04	18 10	18 16	18 22	18 33	18 44	18 57	19 11	19 28	19 49	20 03	20 20
6	17 55	18 02	18 08	18 14	18 19	18 24	18 34	18 44	18 56	19 09	19 25	19 46	19 59	20 14
10	18 01	18 07	18 12	18 17	18 21	18 26	18 35	18 45	18 55	19 07	19 22	19 42	19 54	20 09
14	18 07	18 12	18 16	18 20	18 24	18 28	18 36	18 44	18 54	19 05	19 19	19 37	19 49	20 02
18	18 14	18 17	18 20	18 23	18 27	18 30	18 37	18 44	18 53	19 03	19 16	19 33	19 43	19 56
22	18 20	18 22	18 25	18 27	18 29	18 32	18 38	18 44	18 52	19 01	19 13	19 28	19 38	19 50
26	18 27	18 28	18 29	18 30	18 32	18 34	18 38	18 44	18 50	18 59	19 09	19 23	19 32	19 43
30	18 34	18 33	18 33	18 34	18 35	18 36	18 39	18 43	18 49	18 56	19 06	19 18	19 26	19 36
Sept. 3	18 41	18 39	18 38	18 37	18 37	18 38	18 40	18 43	18 48	18 54	19 02	19 13	19 20	19 29
7	18 48	18 45	18 42	18 41	18 40	18 40	18 41	18 43	18 46	18 51	18 58	19 08	19 14	19 22
11	18 56	18 51	18 47	18 45	18 43	18 42	18 41	18 42	18 45	18 49	18 54	19 03	19 08	19 15
15	19 03	18 57	18 52	18 48	18 46	18 44	18 42	18 42	18 43	18 46	18 50	18 57	19 02	19 08
19	19 11	19 03	18 57	18 52	18 49	18 46	18 43	18 42	18 42	18 43	18 47	18 52	18 56	19 01
23	19 19	19 09	19 02	18 56	18 52	18 48	18 44	18 41	18 40	18 41	18 43	18 47	18 50	18 54
27	19 27	19 16	19 07	19 00	18 55	18 51	18 45	18 41	18 39	18 38	18 39	18 42	18 44	18 47
Oct. 1	19 36	19 23	19 12	19 05	18 58	18 53	18 46	18 41	18 38	18 36	18 36	18 37	18 39	18 41
5	19 45	19 30	19 18	19 09	19 02	18 56	18 47	18 41	18 37	18 34	18 32	18 32	18 33	18 34

UNIVERSAL TIME FOR MERIDIAN OF GREENWICH
BEGINNING NAUTICAL TWILIGHT

Lat.	+40°	+42°	+44°	+46°	+48°	+50°	+52°	+54°	+56°	+58°	+60°	+62°	+64°	+66°
	h m	h m	h m	h m	h m	h m	h m	h m	h m	h m	h m	h m	h m	h m
July 1	3 21	3 10	2 57	2 43	2 27	2 06	1 40	0 58	// //	// //	// //	// //	// //	// //
5	3 23	3 12	3 00	2 47	2 30	2 11	1 45	1 07	// //	// //	// //	// //	// //	// //
9	3 26	3 16	3 04	2 51	2 35	2 16	1 52	1 18	// //	// //	// //	// //	// //	// //
13	3 30	3 20	3 08	2 56	2 41	2 23	2 00	1 30	0 28	// //	// //	// //	// //	// //
17	3 34	3 24	3 13	3 01	2 47	2 30	2 09	1 42	0 57	// //	// //	// //	// //	// //
21	3 38	3 29	3 18	3 07	2 53	2 37	2 18	1 54	1 18	// //	// //	// //	// //	// //
25	3 42	3 33	3 24	3 13	3 00	2 45	2 27	2 05	1 35	0 39	// //	// //	// //	// //
29	3 47	3 39	3 29	3 19	3 07	2 53	2 37	2 17	1 51	1 12	// //	// //	// //	// //
Aug. 2	3 52	3 44	3 35	3 25	3 14	3 01	2 46	2 29	2 06	1 35	0 32	// //	// //	// //
6	3 56	3 49	3 41	3 32	3 21	3 09	2 56	2 40	2 20	1 54	1 14	// //	// //	// //
10	4 01	3 54	3 47	3 38	3 28	3 18	3 05	2 50	2 33	2 11	1 40	0 44	// //	// //
14	4 06	3 59	3 52	3 44	3 36	3 26	3 14	3 01	2 45	2 26	2 01	1 24	// //	// //
18	4 11	4 05	3 58	3 51	3 43	3 33	3 23	3 11	2 57	2 40	2 19	1 50	1 03	// //
22	4 15	4 10	4 04	3 57	3 50	3 41	3 32	3 21	3 08	2 53	2 35	2 12	1 38	0 28
26	4 20	4 15	4 09	4 03	3 56	3 49	3 40	3 31	3 19	3 06	2 50	2 30	2 04	1 25
30	4 24	4 20	4 15	4 09	4 03	3 56	3 48	3 40	3 30	3 18	3 04	2 47	2 26	1 56
Sept. 3	4 29	4 25	4 20	4 15	4 10	4 03	3 57	3 49	3 40	3 29	3 17	3 03	2 44	2 21
7	4 33	4 29	4 25	4 21	4 16	4 10	4 04	3 57	3 49	3 40	3 30	3 17	3 02	2 42
11	4 37	4 34	4 31	4 27	4 22	4 17	4 12	4 06	3 59	3 51	3 42	3 31	3 17	3 01
15	4 42	4 39	4 36	4 32	4 28	4 24	4 19	4 14	4 08	4 01	3 53	3 43	3 32	3 18
19	4 46	4 43	4 41	4 38	4 34	4 31	4 27	4 22	4 17	4 11	4 04	3 56	3 46	3 35
23	4 50	4 48	4 45	4 43	4 40	4 37	4 34	4 30	4 25	4 20	4 15	4 08	4 00	3 50
27	4 54	4 52	4 50	4 48	4 46	4 44	4 41	4 38	4 34	4 30	4 25	4 19	4 12	4 04
Oct. 1	4 58	4 56	4 55	4 54	4 52	4 50	4 48	4 45	4 42	4 39	4 35	4 30	4 25	4 18
5	5 02	5 01	5 00	4 59	4 58	4 56	4 55	4 53	4 50	4 48	4 45	4 41	4 37	4 32

ENDING NAUTICAL TWILIGHT

Lat.	+40°	+42°	+44°	+46°	+48°	+50°	+52°	+54°	+56°	+58°	+60°	+62°	+64°	+66°
	h m	h m	h m	h m	h m	h m	h m	h m	h m	h m	h m	h m	h m	h m
July 1	20 47	20 58	21 10	21 24	21 41	22 01	22 27	23 08	// //	// //	// //	// //	// //	// //
5	20 45	20 56	21 08	21 22	21 38	21 57	22 22	22 59	// //	// //	// //	// //	// //	// //
9	20 44	20 54	21 06	21 19	21 34	21 53	22 16	22 50	// //	// //	// //	// //	// //	// //
13	20 41	20 51	21 02	21 15	21 30	21 47	22 09	22 39	23 35	// //	// //	// //	// //	// //
17	20 38	20 47	20 58	21 10	21 24	21 41	22 01	22 28	23 10	// //	// //	// //	// //	// //
21	20 34	20 43	20 54	21 05	21 18	21 34	21 53	22 17	22 51	// //	// //	// //	// //	// //
25	20 30	20 39	20 48	20 59	21 12	21 26	21 44	22 05	22 34	23 24	// //	// //	// //	// //
29	20 25	20 33	20 43	20 53	21 05	21 18	21 34	21 53	22 18	22 55	// //	// //	// //	// //
Aug. 2	20 20	20 28	20 36	20 46	20 57	21 10	21 24	21 42	22 03	22 33	23 26	// //	// //	// //
6	20 14	20 22	20 30	20 39	20 49	21 01	21 14	21 30	21 49	22 14	22 51	// //	// //	// //
10	20 09	20 15	20 23	20 31	20 41	20 51	21 04	21 18	21 35	21 57	22 26	23 14	// //	// //
14	20 02	20 09	20 16	20 24	20 32	20 42	20 53	21 06	21 22	21 40	22 04	22 39	// //	// //
18	19 56	20 02	20 08	20 16	20 24	20 33	20 43	20 54	21 08	21 25	21 45	22 12	22 55	// //
22	19 50	19 55	20 01	20 07	20 15	20 23	20 32	20 43	20 55	21 10	21 27	21 50	22 21	23 17
26	19 43	19 48	19 53	19 59	20 06	20 13	20 22	20 31	20 42	20 55	21 11	21 30	21 55	22 31
30	19 36	19 40	19 45	19 51	19 57	20 04	20 11	20 20	20 29	20 41	20 54	21 11	21 31	21 59
Sept. 3	19 29	19 33	19 38	19 42	19 48	19 54	20 01	20 08	20 17	20 27	20 39	20 53	21 11	21 33
7	19 22	19 26	19 30	19 34	19 39	19 44	19 50	19 57	20 05	20 14	20 24	20 36	20 51	21 10
11	19 15	19 18	19 22	19 26	19 30	19 35	19 40	19 46	19 53	20 00	20 09	20 20	20 33	20 49
15	19 08	19 11	19 14	19 17	19 21	19 25	19 30	19 35	19 41	19 48	19 55	20 05	20 15	20 29
19	19 01	19 03	19 06	19 09	19 12	19 16	19 20	19 24	19 29	19 35	19 42	19 49	19 59	20 10
23	18 54	18 56	18 58	19 01	19 03	19 06	19 10	19 13	19 18	19 23	19 28	19 35	19 43	19 52
27	18 47	18 49	18 51	18 53	18 55	18 57	19 00	19 03	19 07	19 11	19 15	19 21	19 27	19 35
Oct. 1	18 41	18 42	18 43	18 45	18 46	18 48	18 50	18 53	18 56	18 59	19 03	19 07	19 12	19 18
5	18 34	18 35	18 36	18 37	18 38	18 40	18 41	18 43	18 45	18 48	18 50	18 54	18 58	19 03

(// //) indicates continuous twilight.

NAUTICAL TWILIGHT, 1989

UNIVERSAL TIME FOR MERIDIAN OF GREENWICH
BEGINNING NAUTICAL TWILIGHT

Lat.	−55°	−50°	−45°	−40°	−35°	−30°	−20°	−10°	0°	+10°	+20°	+30°	+35°	+40°
	h m	h m	h m	h m	h m	h m	h m	h m	h m	h m	h m	h m	h m	h m
Oct. 1	4 05	4 18	4 28	4 36	4 42	4 47	4 54	4 59	5 02	5 03	5 03	5 02	5 00	4 58
5	3 53	4 08	4 20	4 29	4 36	4 41	4 50	4 56	5 00	5 03	5 04	5 04	5 03	5 02
9	3 42	3 59	4 12	4 22	4 30	4 36	4 46	4 54	4 59	5 03	5 05	5 06	5 06	5 06
13	3 30	3 49	4 04	4 15	4 24	4 31	4 43	4 51	4 58	5 03	5 06	5 09	5 09	5 10
17	3 18	3 40	3 56	4 08	4 18	4 27	4 40	4 49	4 57	5 03	5 07	5 11	5 12	5 14
21	3 06	3 30	3 48	4 02	4 13	4 22	4 36	4 47	4 56	5 03	5 09	5 14	5 16	5 18
25	2 54	3 21	3 40	3 55	4 07	4 17	4 33	4 45	4 55	5 03	5 10	5 16	5 19	5 22
29	2 42	3 11	3 33	3 49	4 02	4 13	4 30	4 44	4 54	5 03	5 11	5 19	5 22	5 26
Nov. 2	2 29	3 02	3 26	3 43	3 58	4 09	4 28	4 42	4 54	5 04	5 13	5 21	5 26	5 30
6	2 17	2 53	3 19	3 38	3 53	4 06	4 26	4 41	4 54	5 05	5 15	5 24	5 29	5 34
10	2 04	2 45	3 12	3 33	3 49	4 02	4 24	4 40	4 54	5 06	5 17	5 27	5 33	5 38
14	1 51	2 36	3 06	3 28	3 45	3 59	4 22	4 39	4 54	5 07	5 18	5 30	5 36	5 42
18	1 38	2 28	3 00	3 23	3 42	3 57	4 20	4 39	4 54	5 08	5 20	5 33	5 39	5 46
22	1 25	2 21	2 55	3 20	3 39	3 55	4 19	4 39	4 55	5 09	5 23	5 36	5 43	5 50
26	1 11	2 14	2 50	3 16	3 37	3 53	4 19	4 39	4 56	5 11	5 25	5 39	5 46	5 54
30	0 57	2 08	2 47	3 14	3 35	3 52	4 19	4 39	4 57	5 12	5 27	5 42	5 50	5 58
Dec. 4	0 42	2 03	2 44	3 12	3 34	3 51	4 19	4 40	4 58	5 14	5 29	5 45	5 53	6 02
8	0 24	1 59	2 42	3 11	3 33	3 51	4 19	4 41	5 00	5 16	5 32	5 48	5 56	6 05
12	// //	1 57	2 41	3 11	3 33	3 52	4 20	4 43	5 01	5 18	5 34	5 50	5 59	6 08
16	// //	1 56	2 41	3 11	3 34	3 53	4 22	4 44	5 03	5 20	5 36	5 53	6 01	6 11
20	// //	1 56	2 42	3 12	3 36	3 54	4 23	4 46	5 05	5 22	5 38	5 55	6 04	6 13
24	// //	1 58	2 44	3 14	3 38	3 56	4 25	4 48	5 07	5 24	5 40	5 57	6 06	6 15
28	// //	2 02	2 47	3 17	3 40	3 59	4 28	4 50	5 09	5 26	5 42	5 59	6 07	6 17
32	// //	2 07	2 51	3 21	3 43	4 02	4 30	4 53	5 11	5 28	5 44	6 00	6 08	6 18
36	0 39	2 13	2 56	3 25	3 47	4 05	4 33	4 55	5 13	5 30	5 45	6 01	6 09	6 18

ENDING NAUTICAL TWILIGHT

Lat.	−55°	−50°	−45°	−40°	−35°	−30°	−20°	−10°	0°	+10°	+20°	+30°	+35°	+40°
	h m	h m	h m	h m	h m	h m	h m	h m	h m	h m	h m	h m	h m	h m
Oct. 1	19 36	19 23	19 12	19 05	18 58	18 53	18 46	18 41	18 38	18 36	18 36	18 37	18 39	18 41
5	19 45	19 30	19 18	19 09	19 02	18 56	18 47	18 41	18 37	18 34	18 32	18 32	18 33	18 34
9	19 54	19 37	19 24	19 14	19 05	18 59	18 48	18 41	18 36	18 32	18 29	18 28	18 28	18 28
13	20 04	19 45	19 30	19 18	19 09	19 02	18 50	18 41	18 35	18 30	18 26	18 23	18 23	18 22
17	20 14	19 52	19 36	19 23	19 13	19 05	18 52	18 42	18 34	18 28	18 23	18 19	18 18	18 16
21	20 25	20 01	19 42	19 28	19 17	19 08	18 53	18 42	18 33	18 26	18 20	18 15	18 13	18 11
25	20 36	20 09	19 49	19 34	19 21	19 11	18 55	18 43	18 33	18 25	18 18	18 12	18 09	18 06
29	20 48	20 18	19 56	19 39	19 26	19 15	18 57	18 44	18 33	18 24	18 16	18 08	18 05	18 01
Nov. 2	21 00	20 27	20 03	19 45	19 30	19 18	19 00	18 45	18 33	18 23	18 14	18 05	18 01	17 57
6	21 13	20 36	20 10	19 51	19 35	19 22	19 02	18 47	18 34	18 23	18 12	18 03	17 58	17 53
10	21 26	20 45	20 17	19 56	19 40	19 26	19 05	18 48	18 34	18 22	18 11	18 00	17 55	17 49
14	21 40	20 54	20 24	20 02	19 45	19 30	19 07	18 50	18 35	18 22	18 10	17 59	17 53	17 46
18	21 55	21 04	20 31	20 08	19 49	19 34	19 10	18 52	18 36	18 22	18 10	17 57	17 51	17 44
22	22 11	21 13	20 38	20 13	19 54	19 38	19 13	18 54	18 37	18 23	18 10	17 56	17 49	17 42
26	22 27	21 22	20 45	20 19	19 59	19 42	19 16	18 56	18 39	18 24	18 10	17 55	17 48	17 40
30	22 44	21 31	20 52	20 24	20 03	19 46	19 19	18 58	18 41	18 25	18 10	17 55	17 47	17 39
Dec. 4	23 03	21 39	20 57	20 29	20 07	19 49	19 22	19 00	18 42	18 26	18 11	17 56	17 47	17 39
8	23 26	21 46	21 03	20 33	20 11	19 53	19 25	19 03	18 44	18 28	18 12	17 56	17 48	17 39
12	// //	21 52	21 07	20 37	20 14	19 56	19 27	19 05	18 46	18 29	18 13	17 57	17 49	17 39
16	// //	21 56	21 11	20 40	20 17	19 59	19 30	19 07	18 48	18 31	18 15	17 59	17 50	17 41
20	// //	21 59	21 14	20 43	20 20	20 01	19 32	19 09	18 50	18 33	18 17	18 00	17 52	17 42
24	// //	22 01	21 15	20 45	20 22	20 03	19 34	19 11	18 52	18 35	18 19	18 02	17 54	17 44
28	// //	22 01	21 16	20 46	20 23	20 04	19 35	19 13	18 54	18 37	18 21	18 05	17 56	17 47
32	23 52	21 59	21 16	20 46	20 23	20 05	19 37	19 14	18 56	18 39	18 23	18 07	17 59	17 50
36	23 27	21 56	21 14	20 45	20 23	20 06	19 38	19 16	18 58	18 41	18 26	18 10	18 02	17 53

(// //) indicates continuous twilight.

UNIVERSAL TIME FOR MERIDIAN OF GREENWICH
BEGINNING NAUTICAL TWILIGHT

Lat.	+40°	+42°	+44°	+46°	+48°	+50°	+52°	+54°	+56°	+58°	+60°	+62°	+64°	+66°
	h m	h m	h m	h m	h m	h m	h m	h m	h m	h m	h m	h m	h m	h m
Oct. 1	4 58	4 56	4 55	4 54	4 52	4 50	4 48	4 45	4 42	4 39	4 35	4 30	4 25	4 18
5	5 02	5 01	5 00	4 59	4 58	4 56	4 55	4 53	4 50	4 48	4 45	4 41	4 37	4 32
9	5 06	5 05	5 05	5 04	5 03	5 02	5 01	5 00	4 58	4 57	4 54	4 52	4 49	4 45
13	5 10	5 10	5 09	5 09	5 09	5 09	5 08	5 07	5 06	5 05	5 04	5 02	5 00	4 58
17	5 14	5 14	5 14	5 14	5 15	5 15	5 15	5 15	5 14	5 14	5 13	5 13	5 12	5 10
21	5 18	5 18	5 19	5 20	5 20	5 21	5 21	5 22	5 22	5 22	5 23	5 23	5 23	5 23
25	5 22	5 23	5 24	5 25	5 26	5 27	5 28	5 29	5 30	5 31	5 32	5 33	5 34	5 35
29	5 26	5 27	5 29	5 30	5 31	5 33	5 34	5 36	5 37	5 39	5 41	5 42	5 44	5 46
Nov. 2	5 30	5 32	5 33	5 35	5 37	5 39	5 41	5 43	5 45	5 47	5 50	5 52	5 55	5 58
6	5 34	5 36	5 38	5 40	5 42	5 45	5 47	5 50	5 52	5 55	5 58	6 02	6 05	6 09
10	5 38	5 40	5 43	5 45	5 48	5 51	5 53	5 56	6 00	6 03	6 07	6 11	6 15	6 20
14	5 42	5 45	5 48	5 50	5 53	5 56	6 00	6 03	6 07	6 11	6 15	6 20	6 25	6 31
18	5 46	5 49	5 52	5 55	5 59	6 02	6 06	6 09	6 13	6 18	6 23	6 28	6 34	6 41
22	5 50	5 53	5 57	6 00	6 04	6 07	6 11	6 15	6 20	6 25	6 30	6 36	6 43	6 51
26	5 54	5 58	6 01	6 05	6 08	6 12	6 17	6 21	6 26	6 32	6 38	6 44	6 52	7 00
30	5 58	6 02	6 05	6 09	6 13	6 17	6 22	6 27	6 32	6 38	6 44	6 51	6 59	7 09
Dec. 4	6 02	6 05	6 09	6 13	6 17	6 22	6 27	6 32	6 37	6 43	6 50	6 58	7 06	7 16
8	6 05	6 09	6 13	6 17	6 21	6 26	6 31	6 36	6 42	6 49	6 56	7 03	7 12	7 23
12	6 08	6 12	6 16	6 20	6 25	6 30	6 35	6 40	6 46	6 53	7 00	7 08	7 18	7 28
16	6 11	6 15	6 19	6 23	6 28	6 33	6 38	6 44	6 50	6 56	7 04	7 12	7 22	7 33
20	6 13	6 17	6 21	6 26	6 30	6 35	6 41	6 46	6 52	6 59	7 07	7 15	7 25	7 36
24	6 15	6 19	6 23	6 28	6 32	6 37	6 42	6 48	6 54	7 01	7 09	7 17	7 27	7 38
28	6 17	6 20	6 25	6 29	6 34	6 38	6 44	6 49	6 55	7 02	7 10	7 18	7 27	7 38
32	6 18	6 21	6 26	6 30	6 34	6 39	6 44	6 50	6 56	7 02	7 09	7 18	7 27	7 37
36	6 18	6 22	6 26	6 30	6 34	6 39	6 44	6 49	6 55	7 01	7 08	7 16	7 25	7 35

ENDING NAUTICAL TWILIGHT

Lat.	+40°	+42°	+44°	+46°	+48°	+50°	+52°	+54°	+56°	+58°	+60°	+62°	+64°	+66°
	h m	h m	h m	h m	h m	h m	h m	h m	h m	h m	h m	h m	h m	h m
Oct. 1	18 41	18 42	18 43	18 45	18 46	18 48	18 50	18 53	18 56	18 59	19 03	19 07	19 12	19 18
5	18 34	18 35	18 36	18 37	18 38	18 40	18 41	18 43	18 45	18 48	18 50	18 54	18 58	19 03
9	18 28	18 29	18 29	18 30	18 30	18 31	18 32	18 33	18 35	18 36	18 39	18 41	18 44	18 47
13	18 22	18 22	18 22	18 22	18 23	18 23	18 23	18 24	18 25	18 26	18 27	18 29	18 30	18 33
17	18 16	18 16	18 16	18 15	18 15	18 15	18 15	18 15	18 15	18 16	18 16	18 17	18 17	18 19
21	18 11	18 10	18 10	18 09	18 08	18 08	18 07	18 07	18 06	18 06	18 05	18 05	18 05	18 05
25	18 06	18 05	18 04	18 03	18 02	18 01	17 59	17 58	17 57	17 56	17 55	17 54	17 53	17 52
29	18 01	18 00	17 58	17 57	17 55	17 54	17 52	17 51	17 49	17 47	17 46	17 44	17 42	17 40
Nov. 2	17 57	17 55	17 53	17 51	17 50	17 48	17 46	17 44	17 41	17 39	17 37	17 34	17 31	17 28
6	17 53	17 51	17 49	17 46	17 44	17 42	17 39	17 37	17 34	17 31	17 28	17 25	17 21	17 17
10	17 49	17 47	17 44	17 42	17 39	17 37	17 34	17 31	17 27	17 24	17 20	17 16	17 12	17 06
14	17 46	17 44	17 41	17 38	17 35	17 32	17 29	17 25	17 22	17 17	17 13	17 08	17 03	16 57
18	17 44	17 41	17 38	17 35	17 31	17 28	17 24	17 20	17 16	17 12	17 07	17 01	16 55	16 48
22	17 42	17 38	17 35	17 32	17 28	17 24	17 21	17 16	17 12	17 07	17 01	16 55	16 48	16 40
26	17 40	17 37	17 33	17 30	17 26	17 22	17 17	17 13	17 08	17 02	16 56	16 50	16 42	16 34
30	17 39	17 36	17 32	17 28	17 24	17 20	17 15	17 10	17 05	16 59	16 53	16 46	16 37	16 28
Dec. 4	17 39	17 35	17 31	17 27	17 23	17 18	17 14	17 08	17 03	16 57	16 50	16 42	16 34	16 24
8	17 39	17 35	17 31	17 27	17 22	17 18	17 13	17 07	17 01	16 55	16 48	16 40	16 31	16 21
12	17 39	17 35	17 31	17 27	17 23	17 18	17 13	17 07	17 01	16 54	16 47	16 39	16 30	16 19
16	17 41	17 37	17 32	17 28	17 23	17 18	17 13	17 08	17 01	16 55	16 47	16 39	16 29	16 18
20	17 42	17 38	17 34	17 30	17 25	17 20	17 15	17 09	17 03	16 56	16 48	16 40	16 30	16 19
24	17 44	17 40	17 36	17 32	17 27	17 22	17 17	17 11	17 05	16 58	16 51	16 42	16 33	16 22
28	17 47	17 43	17 39	17 34	17 30	17 25	17 20	17 14	17 08	17 01	16 54	16 45	16 36	16 25
32	17 50	17 46	17 42	17 37	17 33	17 28	17 23	17 18	17 12	17 05	16 58	16 50	16 41	16 30
36	17 53	17 49	17 45	17 41	17 37	17 32	17 27	17 22	17 16	17 10	17 03	16 55	16 46	16 36

ASTRONOMICAL TWILIGHT, 1989
UNIVERSAL TIME FOR MERIDIAN OF GREENWICH
BEGINNING ASTRONOMICAL TWILIGHT

Lat.	−55°	−50°	−45°	−40°	−35°	−30°	−20°	−10°	0°	+10°	+20°	+30°	+35°	+40°
	h m	h m	h m	h m	h m	h m	h m	h m	h m	h m	h m	h m	h m	h m
Jan. −2	// //	// //	1 43	2 30	3 01	3 24	3 58	4 23	4 43	5 00	5 16	5 30	5 37	5 44
2	// //	// //	1 49	2 34	3 04	3 27	4 01	4 26	4 46	5 02	5 17	5 31	5 38	5 45
6	// //	// //	1 55	2 39	3 09	3 31	4 04	4 28	4 48	5 04	5 18	5 32	5 39	5 45
10	// //	0 12	2 03	2 45	3 13	3 35	4 07	4 31	4 50	5 05	5 20	5 33	5 39	5 45
14	// //	0 53	2 12	2 51	3 18	3 39	4 10	4 33	4 52	5 07	5 20	5 33	5 39	5 45
18	// //	1 15	2 21	2 58	3 23	3 44	4 14	4 36	4 53	5 08	5 21	5 32	5 38	5 44
22	// //	1 33	2 30	3 04	3 29	3 48	4 17	4 38	4 55	5 09	5 21	5 32	5 37	5 42
26	// //	1 49	2 40	3 11	3 35	3 53	4 20	4 40	4 56	5 10	5 21	5 31	5 35	5 40
30	// //	2 04	2 49	3 18	3 40	3 57	4 23	4 43	4 58	5 10	5 20	5 29	5 33	5 37
Feb. 3	0 50	2 18	2 58	3 26	3 46	4 02	4 27	4 45	4 59	5 10	5 19	5 27	5 31	5 34
7	1 26	2 32	3 07	3 32	3 51	4 07	4 30	4 46	4 59	5 10	5 18	5 25	5 28	5 31
11	1 50	2 44	3 16	3 39	3 57	4 11	4 32	4 48	5 00	5 09	5 17	5 23	5 25	5 27
15	2 10	2 56	3 25	3 46	4 02	4 15	4 35	4 49	5 00	5 09	5 15	5 20	5 21	5 22
19	2 27	3 07	3 33	3 52	4 07	4 19	4 38	4 51	5 00	5 08	5 13	5 16	5 17	5 17
23	2 43	3 17	3 41	3 59	4 12	4 23	4 40	4 52	5 00	5 06	5 11	5 13	5 13	5 12
27	2 57	3 27	3 48	4 04	4 17	4 27	4 42	4 53	5 00	5 05	5 08	5 09	5 08	5 07
Mar. 3	3 10	3 37	3 56	4 10	4 21	4 30	4 44	4 53	4 59	5 03	5 05	5 05	5 03	5 01
7	3 22	3 45	4 03	4 16	4 26	4 34	4 46	4 54	4 59	5 02	5 02	5 00	4 58	4 55
11	3 33	3 54	4 09	4 21	4 30	4 37	4 47	4 54	4 58	5 00	4 59	4 55	4 52	4 48
15	3 43	4 02	4 16	4 26	4 34	4 40	4 49	4 54	4 57	4 57	4 55	4 51	4 47	4 42
19	3 53	4 10	4 22	4 31	4 37	4 43	4 50	4 54	4 56	4 55	4 52	4 46	4 41	4 35
23	4 03	4 17	4 27	4 35	4 41	4 46	4 51	4 54	4 55	4 53	4 48	4 41	4 35	4 28
27	4 12	4 24	4 33	4 40	4 44	4 48	4 53	4 54	4 53	4 50	4 45	4 35	4 29	4 21
31	4 21	4 31	4 38	4 44	4 48	4 51	4 54	4 54	4 52	4 48	4 41	4 30	4 23	4 13
Apr. 4	4 29	4 38	4 44	4 48	4 51	4 53	4 55	4 54	4 51	4 45	4 37	4 25	4 16	4 06

ENDING ASTRONOMICAL TWILIGHT

Lat.	−55°	−50°	−45°	−40°	−35°	−30°	−20°	−10°	0°	+10°	+20°	+30°	+35°	+40°
	h m	h m	h m	h m	h m	h m	h m	h m	h m	h m	h m	h m	h m	h m
Jan. −2	// //	// //	22 21	21 34	21 03	20 40	20 06	19 41	19 21	19 04	18 49	18 35	18 28	18 21
2	// //	// //	22 19	21 34	21 03	20 41	20 07	19 42	19 23	19 06	18 51	18 37	18 30	18 23
6	// //	// //	22 15	21 32	21 03	20 41	20 08	19 43	19 24	19 08	18 53	18 40	18 33	18 27
10	// //	23 46	22 11	21 30	21 01	20 40	20 08	19 44	19 26	19 10	18 56	18 43	18 37	18 30
14	// //	23 20	22 05	21 26	20 59	20 39	20 08	19 45	19 27	19 11	18 58	18 46	18 40	18 34
18	// //	23 02	21 58	21 22	20 57	20 37	20 07	19 45	19 28	19 13	19 00	18 49	18 43	18 38
22	// //	22 47	21 51	21 18	20 53	20 35	20 06	19 45	19 28	19 14	19 02	18 52	18 47	18 42
26	// //	22 33	21 44	21 13	20 50	20 32	20 05	19 45	19 29	19 16	19 05	18 55	18 50	18 46
30	// //	22 19	21 36	21 07	20 46	20 29	20 03	19 44	19 29	19 17	19 07	18 58	18 54	18 50
Feb. 3	23 27	22 07	21 28	21 01	20 41	20 25	20 01	19 43	19 29	19 18	19 08	19 01	18 57	18 54
7	22 56	21 54	21 19	20 55	20 36	20 21	19 58	19 42	19 29	19 19	19 10	19 04	19 01	18 58
11	22 34	21 42	21 11	20 48	20 31	20 17	19 56	19 40	19 28	19 19	19 12	19 06	19 04	19 02
15	22 14	21 30	21 02	20 41	20 25	20 12	19 53	19 39	19 28	19 20	19 14	19 09	19 08	19 07
19	21 57	21 19	20 53	20 34	20 19	20 08	19 50	19 37	19 27	19 20	19 15	19 12	19 11	19 11
23	21 41	21 08	20 44	20 27	20 14	20 03	19 46	19 35	19 26	19 20	19 16	19 15	19 15	19 15
27	21 26	20 56	20 36	20 20	20 08	19 58	19 43	19 33	19 25	19 21	19 18	19 17	19 18	19 20
Mar. 3	21 12	20 46	20 27	20 13	20 02	19 53	19 40	19 30	19 24	19 21	19 19	19 20	19 21	19 24
7	20 58	20 35	20 18	20 05	19 56	19 48	19 36	19 28	19 23	19 21	19 20	19 23	19 25	19 28
11	20 45	20 24	20 10	19 58	19 49	19 42	19 32	19 26	19 22	19 21	19 22	19 25	19 28	19 33
15	20 32	20 14	20 01	19 51	19 43	19 37	19 29	19 23	19 21	19 21	19 23	19 28	19 32	19 37
19	20 20	20 04	19 53	19 44	19 37	19 32	19 25	19 21	19 20	19 21	19 24	19 30	19 35	19 42
23	20 08	19 55	19 45	19 37	19 31	19 27	19 21	19 19	19 19	19 21	19 25	19 33	19 39	19 46
27	19 57	19 45	19 37	19 30	19 26	19 22	19 18	19 16	19 17	19 21	19 27	19 36	19 43	19 51
31	19 46	19 36	19 29	19 24	19 20	19 17	19 14	19 14	19 16	19 21	19 28	19 39	19 46	19 56
Apr. 4	19 36	19 27	19 21	19 17	19 14	19 12	19 11	19 12	19 15	19 21	19 29	19 42	19 50	20 01

(// //) indicates continuous twilight.

UNIVERSAL TIME FOR MERIDIAN OF GREENWICH
BEGINNING ASTRONOMICAL TWILIGHT

Lat.	+40°	+42°	+44°	+46°	+48°	+50°	+52°	+54°	+56°	+58°	+60°	+62°	+64°	+66°
	h m	h m	h m	h m	h m	h m	h m	h m	h m	h m	h m	h m	h m	h m
Jan. −2	5 44	5 47	5 50	5 53	5 56	5 59	6 03	6 06	6 10	6 14	6 18	6 23	6 28	6 34
2	5 45	5 48	5 51	5 54	5 57	6 00	6 03	6 07	6 10	6 14	6 18	6 22	6 27	6 33
6	5 45	5 48	5 51	5 54	5 57	6 00	6 03	6 06	6 09	6 13	6 17	6 21	6 26	6 31
10	5 45	5 48	5 51	5 53	5 56	5 59	6 02	6 05	6 08	6 11	6 15	6 19	6 23	6 27
14	5 45	5 47	5 50	5 52	5 55	5 57	6 00	6 03	6 06	6 09	6 12	6 15	6 19	6 23
18	5 44	5 46	5 48	5 50	5 53	5 55	5 57	6 00	6 02	6 05	6 08	6 11	6 14	6 17
22	5 42	5 44	5 46	5 48	5 50	5 52	5 54	5 56	5 59	6 01	6 03	6 05	6 08	6 11
26	5 40	5 42	5 43	5 45	5 47	5 49	5 50	5 52	5 54	5 56	5 57	5 59	6 01	6 03
30	5 37	5 39	5 40	5 42	5 43	5 45	5 46	5 47	5 48	5 50	5 51	5 52	5 53	5 54
Feb. 3	5 34	5 35	5 37	5 38	5 39	5 40	5 41	5 42	5 42	5 43	5 44	5 44	5 45	5 45
7	5 31	5 32	5 32	5 33	5 34	5 34	5 35	5 35	5 36	5 36	5 36	5 36	5 35	5 34
11	5 27	5 27	5 28	5 28	5 28	5 29	5 29	5 29	5 28	5 28	5 27	5 26	5 25	5 23
15	5 22	5 22	5 23	5 23	5 23	5 22	5 22	5 21	5 20	5 19	5 18	5 16	5 14	5 11
19	5 17	5 17	5 17	5 17	5 16	5 15	5 14	5 13	5 12	5 10	5 08	5 05	5 02	4 58
23	5 12	5 12	5 11	5 10	5 09	5 08	5 07	5 05	5 03	5 00	4 57	4 53	4 49	4 44
27	5 07	5 06	5 05	5 04	5 02	5 00	4 58	4 56	4 53	4 50	4 46	4 41	4 36	4 29
Mar. 3	5 01	5 00	4 58	4 56	4 54	4 52	4 50	4 47	4 43	4 39	4 34	4 28	4 21	4 13
7	4 55	4 53	4 51	4 49	4 46	4 44	4 40	4 37	4 32	4 27	4 22	4 15	4 06	3 56
11	4 48	4 46	4 44	4 41	4 38	4 35	4 31	4 26	4 21	4 15	4 08	4 00	3 50	3 39
15	4 42	4 39	4 36	4 33	4 30	4 26	4 21	4 16	4 10	4 03	3 55	3 45	3 34	3 19
19	4 35	4 32	4 29	4 25	4 21	4 16	4 11	4 05	3 58	3 50	3 40	3 29	3 15	2 58
23	4 28	4 24	4 21	4 16	4 12	4 06	4 00	3 53	3 45	3 36	3 25	3 12	2 56	2 35
27	4 21	4 17	4 12	4 08	4 02	3 56	3 49	3 41	3 32	3 22	3 09	2 54	2 34	2 08
31	4 13	4 09	4 04	3 59	3 53	3 46	3 38	3 29	3 19	3 07	2 52	2 34	2 10	1 35
Apr. 4	4 06	4 01	3 56	3 50	3 43	3 35	3 27	3 16	3 05	2 51	2 34	2 12	1 41	0 44

ENDING ASTRONOMICAL TWILIGHT

Lat.	+40°	+42°	+44°	+46°	+48°	+50°	+52°	+54°	+56°	+58°	+60°	+62°	+64°	+66°
	h m	h m	h m	h m	h m	h m	h m	h m	h m	h m	h m	h m	h m	h m
Jan. −2	18 21	18 18	18 15	18 12	18 08	18 05	18 02	17 58	17 55	17 51	17 46	17 42	17 37	17 31
2	18 23	18 21	18 18	18 15	18 12	18 09	18 05	18 02	17 58	17 55	17 50	17 46	17 41	17 36
6	18 27	18 24	18 21	18 18	18 15	18 12	18 09	18 06	18 03	17 59	17 55	17 51	17 47	17 42
10	18 30	18 28	18 25	18 22	18 20	18 17	18 14	18 11	18 08	18 04	18 01	17 57	17 53	17 49
14	18 34	18 31	18 29	18 27	18 24	18 21	18 19	18 16	18 13	18 10	18 07	18 04	18 00	17 56
18	18 38	18 35	18 33	18 31	18 29	18 26	18 24	18 22	18 19	18 17	18 14	18 11	18 08	18 05
22	18 42	18 40	18 38	18 36	18 34	18 32	18 30	18 28	18 25	18 23	18 21	18 19	18 16	18 14
26	18 46	18 44	18 42	18 41	18 39	18 37	18 35	18 34	18 32	18 30	18 29	18 27	18 25	18 23
30	18 50	18 48	18 47	18 46	18 44	18 43	18 42	18 40	18 39	18 38	18 37	18 36	18 35	18 34
Feb. 3	18 54	18 53	18 52	18 51	18 50	18 49	18 48	18 47	18 46	18 46	18 45	18 45	18 44	18 44
7	18 58	18 57	18 57	18 56	18 55	18 55	18 54	18 54	18 54	18 54	18 54	18 54	18 55	18 56
11	19 02	19 02	19 01	19 01	19 01	19 01	19 01	19 01	19 01	19 02	19 03	19 04	19 05	19 07
15	19 07	19 07	19 06	19 06	19 07	19 07	19 08	19 08	19 09	19 10	19 12	19 14	19 16	19 19
19	19 11	19 11	19 11	19 12	19 12	19 13	19 14	19 16	19 17	19 19	19 21	19 24	19 28	19 32
23	19 15	19 16	19 16	19 17	19 18	19 20	19 21	19 23	19 25	19 28	19 31	19 35	19 40	19 45
27	19 20	19 20	19 22	19 23	19 24	19 26	19 28	19 31	19 34	19 37	19 41	19 46	19 52	19 59
Mar. 3	19 24	19 25	19 27	19 28	19 30	19 33	19 36	19 39	19 42	19 47	19 52	19 58	20 05	20 13
7	19 28	19 30	19 32	19 34	19 37	19 40	19 43	19 47	19 51	19 56	20 02	20 10	20 18	20 28
11	19 33	19 35	19 37	19 40	19 43	19 47	19 51	19 55	20 00	20 07	20 14	20 22	20 32	20 45
15	19 37	19 40	19 43	19 46	19 49	19 54	19 58	20 04	20 10	20 17	20 25	20 35	20 47	21 02
19	19 42	19 45	19 48	19 52	19 56	20 01	20 06	20 13	20 20	20 28	20 38	20 49	21 03	21 21
23	19 46	19 50	19 54	19 58	20 03	20 08	20 15	20 22	20 30	20 39	20 51	21 04	21 21	21 43
27	19 51	19 55	19 59	20 04	20 10	20 16	20 23	20 31	20 41	20 51	21 05	21 21	21 41	22 08
31	19 56	20 00	20 05	20 11	20 17	20 24	20 32	20 41	20 52	21 04	21 20	21 39	22 04	22 42
Apr. 4	20 01	20 06	20 11	20 18	20 25	20 32	20 41	20 52	21 04	21 18	21 36	21 59	22 32	23 54

ASTRONOMICAL TWILIGHT, 1989

UNIVERSAL TIME FOR MERIDIAN OF GREENWICH
BEGINNING ASTRONOMICAL TWILIGHT

Lat.	−55°	−50°	−45°	−40°	−35°	−30°	−20°	−10°	0°	+10°	+20°	+30°	+35°	+40°
	h m	h m	h m	h m	h m	h m	h m	h m	h m	h m	h m	h m	h m	h m
Mar. 31	4 21	4 31	4 38	4 44	4 48	4 51	4 54	4 54	4 52	4 48	4 41	4 30	4 23	4 13
Apr. 4	4 29	4 38	4 44	4 48	4 51	4 53	4 55	4 54	4 51	4 45	4 37	4 25	4 16	4 06
8	4 37	4 44	4 49	4 52	4 54	4 55	4 56	4 54	4 49	4 43	4 33	4 19	4 10	3 59
12	4 44	4 50	4 54	4 56	4 57	4 57	4 56	4 53	4 48	4 40	4 30	4 14	4 04	3 51
16	4 52	4 56	4 58	5 00	5 00	5 00	4 57	4 53	4 47	4 38	4 26	4 09	3 58	3 44
20	4 59	5 02	5 03	5 03	5 03	5 02	4 58	4 53	4 45	4 36	4 22	4 04	3 52	3 37
24	5 06	5 07	5 07	5 07	5 06	5 04	4 59	4 53	4 44	4 33	4 19	3 59	3 46	3 29
28	5 12	5 12	5 12	5 10	5 08	5 06	5 00	4 53	4 43	4 31	4 15	3 54	3 40	3 22
May 2	5 19	5 18	5 16	5 14	5 11	5 08	5 01	4 53	4 42	4 29	4 12	3 49	3 34	3 15
6	5 25	5 23	5 20	5 17	5 14	5 10	5 02	4 53	4 41	4 27	4 09	3 45	3 29	3 09
10	5 31	5 27	5 24	5 20	5 16	5 12	5 03	4 53	4 41	4 26	4 07	3 41	3 24	3 02
14	5 36	5 32	5 28	5 23	5 19	5 14	5 04	4 53	4 40	4 24	4 04	3 37	3 19	2 56
18	5 42	5 36	5 31	5 26	5 21	5 16	5 06	4 54	4 40	4 23	4 02	3 34	3 15	2 50
22	5 46	5 41	5 35	5 29	5 24	5 18	5 07	4 54	4 40	4 22	4 00	3 31	3 11	2 45
26	5 51	5 44	5 38	5 32	5 26	5 20	5 08	4 55	4 40	4 22	3 59	3 28	3 07	2 40
30	5 55	5 48	5 41	5 35	5 28	5 22	5 09	4 55	4 40	4 21	3 58	3 26	3 04	2 36
June 3	5 59	5 51	5 44	5 37	5 30	5 24	5 10	4 56	4 40	4 21	3 57	3 24	3 02	2 33
7	6 02	5 54	5 46	5 39	5 32	5 25	5 12	4 57	4 40	4 21	3 56	3 23	3 00	2 30
11	6 05	5 56	5 48	5 41	5 34	5 27	5 13	4 58	4 41	4 21	3 56	3 22	2 59	2 29
15	6 07	5 58	5 50	5 43	5 35	5 28	5 14	4 59	4 42	4 22	3 56	3 22	2 59	2 28
19	6 08	5 59	5 51	5 44	5 36	5 29	5 15	5 00	4 42	4 22	3 57	3 22	2 59	2 27
23	6 09	6 00	5 52	5 45	5 37	5 30	5 16	5 00	4 43	4 23	3 58	3 23	3 00	2 28
27	6 10	6 01	5 53	5 45	5 38	5 31	5 17	5 01	4 44	4 24	3 59	3 24	3 01	2 30
July 1	6 09	6 01	5 53	5 45	5 38	5 31	5 17	5 02	4 45	4 25	4 00	3 26	3 03	2 32
5	6 08	6 00	5 52	5 45	5 38	5 31	5 17	5 03	4 46	4 27	4 02	3 28	3 06	2 36

ENDING ASTRONOMICAL TWILIGHT

Lat.	−55°	−50°	−45°	−40°	−35°	−30°	−20°	−10°	0°	+10°	+20°	+30°	+35°	+40°
	h m	h m	h m	h m	h m	h m	h m	h m	h m	h m	h m	h m	h m	h m
Mar. 31	19 46	19 36	19 29	19 24	19 20	19 17	19 14	19 14	19 16	19 21	19 28	19 39	19 46	19 56
Apr. 4	19 36	19 27	19 21	19 17	19 14	19 12	19 11	19 12	19 15	19 21	19 29	19 42	19 50	20 01
8	19 26	19 19	19 14	19 11	19 09	19 08	19 08	19 10	19 14	19 21	19 31	19 45	19 54	20 06
12	19 16	19 11	19 07	19 05	19 04	19 04	19 05	19 08	19 14	19 21	19 32	19 48	19 58	20 11
16	19 07	19 03	19 00	18 59	18 59	18 59	19 02	19 06	19 13	19 22	19 34	19 51	20 03	20 17
20	18 58	18 55	18 54	18 54	18 54	18 55	18 59	19 05	19 12	19 22	19 36	19 55	20 07	20 22
24	18 49	18 48	18 48	18 49	18 50	18 52	18 57	19 03	19 12	19 23	19 38	19 58	20 11	20 28
28	18 42	18 42	18 43	18 44	18 46	18 48	18 54	19 02	19 12	19 24	19 40	20 02	20 16	20 34
May 2	18 34	18 36	18 37	18 40	18 42	18 45	18 52	19 01	19 12	19 25	19 42	20 05	20 21	20 40
6	18 27	18 30	18 33	18 36	18 39	18 43	18 51	19 00	19 12	19 26	19 44	20 09	20 25	20 46
10	18 21	18 25	18 28	18 32	18 36	18 40	18 49	19 00	19 12	19 27	19 46	20 13	20 30	20 52
14	18 16	18 20	18 24	18 29	18 33	18 38	18 48	18 59	19 12	19 28	19 49	20 16	20 34	20 58
18	18 11	18 16	18 21	18 26	18 31	18 36	18 47	18 59	19 13	19 30	19 51	20 20	20 39	21 04
22	18 06	18 12	18 18	18 24	18 29	18 35	18 46	18 59	19 14	19 31	19 53	20 23	20 43	21 09
26	18 02	18 09	18 15	18 22	18 28	18 34	18 46	18 59	19 14	19 33	19 55	20 27	20 47	21 14
30	17 59	18 07	18 14	18 20	18 26	18 33	18 46	19 00	19 15	19 34	19 58	20 30	20 51	21 19
June 3	17 57	18 05	18 12	18 19	18 26	18 32	18 46	19 00	19 16	19 35	20 00	20 33	20 55	21 24
7	17 55	18 04	18 11	18 18	18 25	18 32	18 46	19 01	19 17	19 37	20 01	20 35	20 58	21 28
11	17 54	18 03	18 11	18 18	18 25	18 32	18 46	19 01	19 18	19 38	20 03	20 37	21 00	21 31
15	17 54	18 03	18 11	18 18	18 25	18 33	18 47	19 02	19 19	19 39	20 05	20 39	21 02	21 34
19	17 54	18 03	18 11	18 19	18 26	18 33	18 48	19 03	19 20	19 40	20 06	20 40	21 04	21 35
23	17 55	18 04	18 12	18 20	18 27	18 34	18 49	19 04	19 21	19 41	20 06	20 41	21 05	21 36
27	17 56	18 05	18 13	18 21	18 28	18 35	18 49	19 05	19 22	19 42	20 07	20 41	21 05	21 36
July 1	17 59	18 07	18 15	18 22	18 30	18 36	18 51	19 06	19 22	19 42	20 07	20 41	21 04	21 35
5	18 01	18 10	18 17	18 24	18 31	18 38	18 52	19 06	19 23	19 42	20 07	20 40	21 03	21 33

UNIVERSAL TIME FOR MERIDIAN OF GREENWICH
BEGINNING ASTRONOMICAL TWILIGHT

Lat.	+40°	+42°	+44°	+46°	+48°	+50°	+52°	+54°	+56°	+58°	+60°	+62°	+64°	+66°
	h m	h m	h m	h m	h m	h m	h m	h m	h m	h m	h m	h m	h m	h m
Mar. 31	4 13	4 09	4 04	3 59	3 53	3 46	3 38	3 29	3 19	3 07	2 52	2 34	2 10	1 35
Apr. 4	4 06	4 01	3 56	3 50	3 43	3 35	3 27	3 16	3 05	2 51	2 34	2 12	1 41	0 44
8	3 59	3 53	3 47	3 41	3 33	3 24	3 15	3 03	2 50	2 34	2 13	1 46	1 01	// //
12	3 51	3 45	3 39	3 31	3 23	3 13	3 02	2 50	2 34	2 15	1 51	1 13	// //	// //
16	3 44	3 37	3 30	3 22	3 13	3 02	2 50	2 35	2 18	1 55	1 23	// //	// //	// //
20	3 37	3 29	3 21	3 12	3 02	2 51	2 37	2 20	2 00	1 32	0 43	// //	// //	// //
24	3 29	3 22	3 13	3 03	2 52	2 39	2 23	2 04	1 40	1 02	// //	// //	// //	// //
28	3 22	3 14	3 04	2 54	2 41	2 27	2 09	1 47	1 16	// //	// //	// //	// //	// //
May 2	3 15	3 06	2 56	2 44	2 31	2 15	1 55	1 28	0 44	// //	// //	// //	// //	// //
6	3 09	2 59	2 48	2 35	2 20	2 02	1 39	1 05	// //	// //	// //	// //	// //	// //
10	3 02	2 52	2 40	2 26	2 09	1 49	1 21	0 33	// //	// //	// //	// //	// //	// //
14	2 56	2 45	2 32	2 17	1 59	1 35	1 01	// //	// //	// //	// //	// //	// //	// //
18	2 50	2 38	2 25	2 08	1 48	1 21	0 35	// //	// //	// //	// //	// //	// //	// //
22	2 45	2 32	2 18	2 00	1 38	1 06	// //	// //	// //	// //	// //	// //	// //	// //
26	2 40	2 27	2 11	1 52	1 27	0 48	// //	// //	// //	// //	// //	// //	// //	// //
30	2 36	2 22	2 06	1 45	1 17	0 25	// //	// //	// //	// //	// //	// //	// //	// //
June 3	2 33	2 18	2 01	1 39	1 07	// //	// //	// //	// //	// //	// //	// //	// //	// //
7	2 30	2 15	1 57	1 33	0 59	// //	// //	// //	// //	// //	// //	// //	// //	// //
11	2 29	2 13	1 54	1 29	0 51	// //	// //	// //	// //	// //	// //	// //	// //	// //
15	2 28	2 12	1 52	1 26	0 45	// //	// //	// //	// //	// //	// //	// //	// //	** **
19	2 27	2 11	1 51	1 25	0 42	// //	// //	// //	// //	// //	// //	// //	// //	** **
23	2 28	2 12	1 52	1 26	0 42	// //	// //	// //	// //	// //	// //	// //	// //	** **
27	2 30	2 14	1 54	1 28	0 46	// //	// //	// //	// //	// //	// //	// //	// //	** **
July 1	2 32	2 17	1 57	1 33	0 54	// //	// //	// //	// //	// //	// //	// //	// //	// //
5	2 36	2 20	2 02	1 38	1 03	// //	// //	// //	// //	// //	// //	// //	// //	// //

ENDING ASTRONOMICAL TWILIGHT

Lat.	+40°	+42°	+44°	+46°	+48°	+50°	+52°	+54°	+56°	+58°	+60°	+62°	+64°	+66°
	h m	h m	h m	h m	h m	h m	h m	h m	h m	h m	h m	h m	h m	h m
Mar. 31	19 56	20 00	20 05	20 11	20 17	20 24	20 32	20 41	20 52	21 04	21 20	21 39	22 04	22 42
Apr. 4	20 01	20 06	20 11	20 18	20 25	20 32	20 41	20 52	21 04	21 18	21 36	21 59	22 32	23 54
8	20 06	20 12	20 18	20 25	20 32	20 41	20 51	21 03	21 16	21 33	21 55	22 24	23 16	// //
12	20 11	20 17	20 24	20 32	20 40	20 50	21 01	21 14	21 30	21 50	22 16	22 58	// //	// //
16	20 17	20 23	20 31	20 39	20 49	20 59	21 12	21 27	21 45	22 09	22 44	// //	// //	// //
20	20 22	20 30	20 38	20 47	20 57	21 09	21 23	21 40	22 02	22 32	23 30	// //	// //	// //
24	20 28	20 36	20 45	20 55	21 06	21 20	21 35	21 55	22 21	23 03	// //	// //	// //	// //
28	20 34	20 42	20 52	21 03	21 16	21 30	21 48	22 12	22 45	// //	// //	// //	// //	// //
May 2	20 40	20 49	20 59	21 11	21 25	21 42	22 02	22 30	23 21	// //	// //	// //	// //	// //
6	20 46	20 56	21 07	21 20	21 35	21 54	22 18	22 54	// //	// //	// //	// //	// //	// //
10	20 52	21 02	21 15	21 29	21 46	22 07	22 35	23 32	// //	// //	// //	// //	// //	// //
14	20 58	21 09	21 22	21 37	21 56	22 20	22 56	// //	// //	// //	// //	// //	// //	// //
18	21 04	21 16	21 30	21 46	22 07	22 35	23 27	// //	// //	// //	// //	// //	// //	// //
22	21 09	21 22	21 37	21 55	22 18	22 51	// //	// //	// //	// //	// //	// //	// //	// //
26	21 14	21 28	21 44	22 04	22 29	23 10	// //	// //	// //	// //	// //	// //	// //	// //
30	21 19	21 34	21 51	22 12	22 40	23 39	// //	// //	// //	// //	// //	// //	// //	// //
June 3	21 24	21 39	21 57	22 19	22 51	// //	// //	// //	// //	// //	// //	// //	// //	// //
7	21 28	21 43	22 02	22 26	23 01	// //	// //	// //	// //	// //	// //	// //	// //	// //
11	21 31	21 47	22 06	22 31	23 10	// //	// //	// //	// //	// //	// //	// //	// //	// //
15	21 34	21 50	22 09	22 35	23 17	// //	// //	// //	// //	// //	// //	// //	// //	** **
19	21 35	21 51	22 11	22 37	23 21	// //	// //	// //	// //	// //	// //	// //	// //	** **
23	21 36	21 52	22 12	22 38	23 22	// //	// //	// //	// //	// //	// //	// //	// //	** **
27	21 36	21 52	22 11	22 37	23 18	// //	// //	// //	// //	// //	// //	// //	// //	** **
July 1	21 35	21 50	22 10	22 34	23 12	// //	// //	// //	// //	// //	// //	// //	// //	// //
5	21 33	21 48	22 07	22 30	23 04	// //	// //	// //	// //	// //	// //	// //	// //	// //

(** **) indicates Sun continuously above horizon.
(// //) indicates continuous twilight.

ASTRONOMICAL TWILIGHT, 1989

UNIVERSAL TIME FOR MERIDIAN OF GREENWICH
BEGINNING ASTRONOMICAL TWILIGHT

Lat.	−55°	−50°	−45°	−40°	−35°	−30°	−20°	−10°	0°	+10°	+20°	+30°	+35°	+40°
	h m	h m	h m	h m	h m	h m	h m	h m	h m	h m	h m	h m	h m	h m
July 1	6 09	6 01	5 53	5 45	5 38	5 31	5 17	5 02	4 45	4 25	4 00	3 26	3 03	2 32
5	6 08	6 00	5 52	5 45	5 38	5 31	5 17	5 03	4 46	4 27	4 02	3 28	3 06	2 36
9	6 06	5 58	5 51	5 44	5 38	5 31	5 18	5 03	4 47	4 28	4 04	3 31	3 09	2 39
13	6 04	5 56	5 50	5 43	5 37	5 30	5 18	5 04	4 48	4 29	4 06	3 34	3 12	2 44
17	6 01	5 54	5 48	5 41	5 36	5 30	5 17	5 04	4 49	4 31	4 08	3 37	3 16	2 49
21	5 57	5 51	5 45	5 39	5 34	5 28	5 17	5 04	4 49	4 32	4 10	3 40	3 20	2 54
25	5 52	5 47	5 42	5 37	5 32	5 27	5 16	5 04	4 50	4 33	4 12	3 43	3 24	2 59
29	5 47	5 43	5 38	5 34	5 29	5 25	5 15	5 03	4 50	4 34	4 14	3 47	3 28	3 05
Aug. 2	5 41	5 38	5 34	5 31	5 27	5 23	5 13	5 03	4 50	4 35	4 16	3 50	3 33	3 11
6	5 35	5 33	5 30	5 27	5 24	5 20	5 12	5 02	4 51	4 36	4 18	3 54	3 37	3 17
10	5 28	5 27	5 25	5 23	5 20	5 17	5 10	5 01	4 51	4 37	4 20	3 57	3 42	3 22
14	5 21	5 21	5 20	5 18	5 16	5 14	5 08	5 00	4 50	4 38	4 22	4 00	3 46	3 28
18	5 13	5 14	5 14	5 13	5 12	5 10	5 05	4 59	4 50	4 39	4 24	4 04	3 50	3 34
22	5 04	5 07	5 08	5 08	5 08	5 06	5 03	4 57	4 49	4 39	4 26	4 07	3 54	3 39
26	4 56	4 59	5 01	5 03	5 03	5 02	5 00	4 55	4 49	4 40	4 27	4 10	3 59	3 44
30	4 46	4 51	4 55	4 57	4 58	4 58	4 57	4 53	4 48	4 40	4 29	4 13	4 02	3 49
Sept. 3	4 37	4 43	4 48	4 51	4 53	4 54	4 54	4 51	4 47	4 40	4 30	4 16	4 06	3 54
7	4 26	4 35	4 40	4 44	4 47	4 49	4 50	4 49	4 46	4 40	4 31	4 19	4 10	3 59
11	4 16	4 26	4 33	4 38	4 41	4 44	4 47	4 47	4 44	4 40	4 33	4 21	4 14	4 04
15	4 05	4 16	4 25	4 31	4 36	4 39	4 43	4 44	4 43	4 40	4 34	4 24	4 17	4 09
19	3 54	4 07	4 17	4 24	4 30	4 34	4 39	4 42	4 42	4 40	4 35	4 26	4 21	4 13
23	3 42	3 57	4 09	4 17	4 24	4 29	4 36	4 39	4 40	4 39	4 36	4 29	4 24	4 17
27	3 30	3 47	4 00	4 10	4 18	4 23	4 32	4 37	4 39	4 39	4 37	4 31	4 27	4 22
Oct. 1	3 17	3 37	3 52	4 03	4 11	4 18	4 28	4 34	4 38	4 39	4 38	4 34	4 30	4 26
5	3 04	3 27	3 43	3 55	4 05	4 13	4 24	4 32	4 36	4 39	4 39	4 36	4 34	4 30

ENDING ASTRONOMICAL TWILIGHT

	−55°	−50°	−45°	−40°	−35°	−30°	−20°	−10°	0°	+10°	+20°	+30°	+35°	+40°
	h m	h m	h m	h m	h m	h m	h m	h m	h m	h m	h m	h m	h m	h m
July 1	17 59	18 07	18 15	18 22	18 30	18 36	18 51	19 06	19 22	19 42	20 07	20 41	21 04	21 35
5	18 01	18 10	18 17	18 24	18 31	18 38	18 52	19 06	19 23	19 42	20 07	20 40	21 03	21 33
9	18 04	18 12	18 20	18 26	18 33	18 39	18 53	19 07	19 23	19 42	20 06	20 39	21 01	21 30
13	18 08	18 15	18 22	18 29	18 35	18 41	18 54	19 08	19 23	19 42	20 06	20 37	20 59	21 27
17	18 12	18 19	18 25	18 31	18 37	18 43	18 55	19 08	19 24	19 42	20 04	20 35	20 56	21 23
21	18 17	18 22	18 28	18 34	18 39	18 45	18 56	19 09	19 23	19 41	20 03	20 32	20 52	21 18
25	18 21	18 26	18 31	18 36	18 41	18 46	18 57	19 09	19 23	19 40	20 01	20 29	20 48	21 12
29	18 26	18 31	18 35	18 39	18 44	18 48	18 58	19 09	19 23	19 38	19 58	20 26	20 44	21 07
Aug. 2	18 32	18 35	18 39	18 42	18 46	18 50	18 59	19 10	19 22	19 37	19 56	20 22	20 39	21 01
6	18 37	18 40	18 42	18 45	18 49	18 52	19 00	19 10	19 21	19 35	19 53	20 18	20 34	20 54
10	18 43	18 44	18 46	18 48	18 51	18 54	19 01	19 10	19 20	19 33	19 50	20 13	20 28	20 47
14	18 49	18 49	18 50	18 52	18 54	18 56	19 02	19 09	19 19	19 31	19 47	20 08	20 22	20 40
18	18 56	18 55	18 54	18 55	18 56	18 58	19 03	19 09	19 18	19 29	19 43	20 03	20 17	20 33
22	19 02	19 00	18 59	18 58	18 59	19 00	19 03	19 09	19 16	19 26	19 40	19 58	20 10	20 26
26	19 09	19 05	19 03	19 02	19 01	19 02	19 04	19 08	19 15	19 24	19 36	19 53	20 04	20 18
30	19 16	19 11	19 07	19 05	19 04	19 04	19 05	19 08	19 13	19 21	19 32	19 48	19 58	20 11
Sept. 3	19 23	19 17	19 12	19 09	19 07	19 06	19 05	19 08	19 12	19 19	19 28	19 42	19 51	20 03
7	19 31	19 23	19 17	19 12	19 09	19 08	19 06	19 07	19 10	19 16	19 24	19 37	19 45	19 56
11	19 39	19 29	19 21	19 16	19 12	19 10	19 07	19 07	19 09	19 13	19 20	19 31	19 39	19 48
15	19 47	19 35	19 27	19 20	19 15	19 12	19 08	19 06	19 07	19 10	19 16	19 26	19 32	19 41
19	19 56	19 42	19 32	19 24	19 19	19 14	19 09	19 06	19 06	19 08	19 12	19 20	19 26	19 33
23	20 05	19 49	19 37	19 28	19 22	19 17	19 09	19 06	19 04	19 05	19 09	19 15	19 20	19 26
27	20 14	19 56	19 43	19 33	19 25	19 19	19 11	19 05	19 03	19 03	19 05	19 10	19 14	19 19
Oct. 1	20 24	20 04	19 49	19 38	19 29	19 22	19 12	19 05	19 02	19 00	19 01	19 05	19 08	19 13
5	20 35	20 12	19 55	19 42	19 33	19 25	19 13	19 05	19 01	18 58	18 58	19 00	19 03	19 06

UNIVERSAL TIME FOR MERIDIAN OF GREENWICH
BEGINNING ASTRONOMICAL TWILIGHT

Lat.	+40°	+42°	+44°	+46°	+48°	+50°	+52°	+54°	+56°	+58°	+60°	+62°	+64°	+66°
	h m	h m	h m	h m	h m	h m	h m	h m	h m	h m	h m	h m	h m	h m
July 1	2 32	2 17	1 57	1 33	0 54	// //	// //	// //	// //	// //	// //	// //	// //	// //
5	2 36	2 20	2 02	1 38	1 03	// //	// //	// //	// //	// //	// //	// //	// //	// //
9	2 39	2 25	2 07	1 44	1 13	// //	// //	// //	// //	// //	// //	// //	// //	// //
13	2 44	2 30	2 13	1 52	1 23	0 26	// //	// //	// //	// //	// //	// //	// //	// //
17	2 49	2 35	2 19	2 00	1 34	0 53	// //	// //	// //	// //	// //	// //	// //	// //
21	2 54	2 41	2 26	2 08	1 45	1 12	// //	// //	// //	// //	// //	// //	// //	// //
25	2 59	2 47	2 33	2 17	1 56	1 28	0 36	// //	// //	// //	// //	// //	// //	// //
29	3 05	2 54	2 41	2 25	2 07	1 43	1 06	// //	// //	// //	// //	// //	// //	// //
Aug. 2	3 11	3 00	2 48	2 34	2 17	1 56	1 27	0 30	// //	// //	// //	// //	// //	// //
6	3 17	3 07	2 55	2 42	2 27	2 08	1 44	1 08	// //	// //	// //	// //	// //	// //
10	3 22	3 13	3 03	2 51	2 37	2 20	1 59	1 31	0 40	// //	// //	// //	// //	// //
14	3 28	3 19	3 10	2 59	2 46	2 31	2 13	1 50	1 16	// //	// //	// //	// //	// //
18	3 34	3 26	3 17	3 07	2 55	2 42	2 26	2 06	1 40	0 57	// //	// //	// //	// //
22	3 39	3 32	3 24	3 14	3 04	2 52	2 38	2 20	1 59	1 28	0 26	// //	// //	// //
26	3 44	3 38	3 30	3 22	3 12	3 01	2 49	2 34	2 15	1 51	1 15	// //	// //	// //
30	3 49	3 43	3 36	3 29	3 20	3 10	2 59	2 46	2 30	2 10	1 43	1 00	// //	// //
Sept. 3	3 54	3 49	3 43	3 36	3 28	3 19	3 09	2 57	2 43	2 26	2 04	1 34	0 38	// //
7	3 59	3 54	3 49	3 42	3 35	3 27	3 18	3 08	2 56	2 41	2 23	1 59	1 25	// //
11	4 04	4 00	3 54	3 49	3 43	3 35	3 27	3 18	3 07	2 55	2 39	2 20	1 54	1 14
15	4 09	4 05	4 00	3 55	3 49	3 43	3 36	3 28	3 18	3 07	2 54	2 37	2 16	1 48
19	4 13	4 10	4 06	4 01	3 56	3 51	3 44	3 37	3 29	3 19	3 07	2 53	2 36	2 13
23	4 17	4 14	4 11	4 07	4 03	3 58	3 52	3 46	3 39	3 30	3 20	3 08	2 53	2 35
27	4 22	4 19	4 16	4 13	4 09	4 05	4 00	3 54	3 48	3 41	3 32	3 22	3 09	2 54
Oct. 1	4 26	4 24	4 21	4 18	4 15	4 12	4 07	4 03	3 57	3 51	3 43	3 35	3 24	3 11
5	4 30	4 28	4 26	4 24	4 21	4 18	4 15	4 11	4 06	4 01	3 54	3 47	3 38	3 27

ENDING ASTRONOMICAL TWILIGHT

Lat.	+40°	+42°	+44°	+46°	+48°	+50°	+52°	+54°	+56°	+58°	+60°	+62°	+64°	+66°
	h m	h m	h m	h m	h m	h m	h m	h m	h m	h m	h m	h m	h m	h m
July 1	21 35	21 50	22 10	22 34	23 12	// //	// //	// //	// //	// //	// //	// //	// //	// //
5	21 33	21 48	22 07	22 30	23 04	// //	// //	// //	// //	// //	// //	// //	// //	// //
9	21 30	21 45	22 02	22 24	22 55	// //	// //	// //	// //	// //	// //	// //	// //	// //
13	21 27	21 41	21 57	22 18	22 46	23 37	// //	// //	// //	// //	// //	// //	// //	// //
17	21 23	21 36	21 52	22 11	22 36	23 14	// //	// //	// //	// //	// //	// //	// //	// //
21	21 18	21 30	21 45	22 03	22 25	22 57	// //	// //	// //	// //	// //	// //	// //	// //
25	21 12	21 24	21 38	21 55	22 15	22 42	23 28	// //	// //	// //	// //	// //	// //	// //
29	21 07	21 18	21 31	21 46	22 04	22 27	23 01	// //	// //	// //	// //	// //	// //	// //
Aug. 2	21 01	21 11	21 23	21 37	21 53	22 14	22 41	23 30	// //	// //	// //	// //	// //	// //
6	20 54	21 04	21 15	21 28	21 43	22 01	22 24	22 58	// //	// //	// //	// //	// //	// //
10	20 47	20 56	21 07	21 18	21 32	21 48	22 08	22 35	23 19	// //	// //	// //	// //	// //
14	20 40	20 49	20 58	21 09	21 21	21 36	21 53	22 16	22 47	// //	// //	// //	// //	// //
18	20 33	20 41	20 49	20 59	21 11	21 24	21 39	21 58	22 23	23 02	// //	// //	// //	// //
22	20 26	20 33	20 41	20 50	21 00	21 12	21 26	21 42	22 03	22 32	23 22	// //	// //	// //
26	20 18	20 25	20 32	20 40	20 50	21 00	21 13	21 27	21 45	22 08	22 41	// //	// //	// //
30	20 11	20 17	20 23	20 31	20 39	20 49	21 00	21 13	21 28	21 48	22 13	22 52	// //	// //
Sept. 3	20 03	20 09	20 15	20 21	20 29	20 38	20 48	20 59	21 13	21 29	21 50	22 18	23 06	// //
7	19 56	20 01	20 06	20 12	20 19	20 27	20 36	20 46	20 58	21 12	21 30	21 52	22 24	23 28
11	19 48	19 53	19 58	20 03	20 09	20 16	20 24	20 33	20 44	20 56	21 11	21 30	21 54	22 30
15	19 41	19 45	19 49	19 54	20 00	20 06	20 13	20 21	20 30	20 41	20 54	21 10	21 30	21 57
19	19 33	19 37	19 41	19 45	19 50	19 55	20 02	20 09	20 17	20 26	20 38	20 51	21 08	21 29
23	19 26	19 29	19 33	19 37	19 41	19 46	19 51	19 57	20 04	20 13	20 22	20 34	20 48	21 06
27	19 19	19 22	19 25	19 28	19 32	19 36	19 41	19 46	19 52	19 59	20 08	20 18	20 30	20 44
Oct. 1	19 13	19 15	19 17	19 20	19 23	19 27	19 31	19 35	19 40	19 47	19 54	20 02	20 12	20 25
5	19 06	19 08	19 10	19 12	19 15	19 17	19 21	19 25	19 29	19 34	19 40	19 48	19 56	20 07

(// //) indicates continuous twilight.

ASTRONOMICAL TWILIGHT, 1989

UNIVERSAL TIME FOR MERIDIAN OF GREENWICH

BEGINNING ASTRONOMICAL TWILIGHT

Lat.	−55°	−50°	−45°	−40°	−35°	−30°	−20°	−10°	0°	+10°	+20°	+30°	+35°	+40°
	h m	h m	h m	h m	h m	h m	h m	h m	h m	h m	h m	h m	h m	h m
Oct. 1	3 17	3 37	3 52	4 03	4 11	4 18	4 28	4 34	4 38	4 39	4 38	4 34	4 30	4 26
5	3 04	3 27	3 43	3 55	4 05	4 13	4 24	4 32	4 36	4 39	4 39	4 36	4 34	4 30
9	2 50	3 16	3 34	3 48	3 59	4 07	4 20	4 29	4 35	4 38	4 40	4 39	4 37	4 34
13	2 36	3 05	3 25	3 41	3 53	4 02	4 17	4 27	4 34	4 38	4 41	4 41	4 40	4 38
17	2 21	2 54	3 17	3 33	3 47	3 57	4 13	4 24	4 32	4 38	4 42	4 43	4 43	4 42
21	2 06	2 43	3 08	3 26	3 40	3 52	4 10	4 22	4 31	4 38	4 43	4 46	4 46	4 46
25	1 49	2 31	2 59	3 19	3 35	3 47	4 06	4 20	4 30	4 38	4 44	4 48	4 50	4 50
29	1 30	2 19	2 50	3 12	3 29	3 43	4 03	4 18	4 30	4 39	4 46	4 51	4 53	4 54
Nov. 2	1 09	2 07	2 41	3 05	3 23	3 38	4 00	4 17	4 29	4 39	4 47	4 53	4 56	4 58
6	0 42	1 55	2 33	2 59	3 18	3 34	3 58	4 15	4 29	4 40	4 49	4 56	4 59	5 02
10	// //	1 42	2 24	2 52	3 13	3 30	3 55	4 14	4 28	4 40	4 50	4 59	5 03	5 06
14	// //	1 29	2 16	2 47	3 09	3 27	3 53	4 13	4 28	4 41	4 52	5 02	5 06	5 10
18	// //	1 15	2 08	2 41	3 05	3 24	3 52	4 12	4 29	4 42	4 54	5 04	5 09	5 14
22	// //	1 00	2 01	2 36	3 01	3 21	3 50	4 12	4 29	4 44	4 56	5 07	5 13	5 18
26	// //	0 44	1 54	2 32	2 58	3 19	3 50	4 12	4 30	4 45	4 58	5 10	5 16	5 22
30	// //	0 22	1 48	2 28	2 56	3 17	3 49	4 12	4 31	4 46	5 00	5 13	5 19	5 25
Dec. 4	// //	// //	1 43	2 26	2 54	3 16	3 49	4 13	4 32	4 48	5 02	5 16	5 22	5 29
8	// //	// //	1 39	2 24	2 53	3 16	3 49	4 14	4 34	4 50	5 05	5 18	5 25	5 32
12	// //	// //	1 36	2 23	2 53	3 16	3 50	4 15	4 35	4 52	5 07	5 21	5 28	5 35
16	// //	// //	1 35	2 23	2 54	3 17	3 52	4 17	4 37	4 54	5 09	5 23	5 30	5 38
20	// //	// //	1 36	2 24	2 55	3 19	3 53	4 19	4 39	4 56	5 11	5 26	5 33	5 40
24	// //	// //	1 38	2 26	2 57	3 21	3 55	4 21	4 41	4 58	5 13	5 28	5 35	5 42
28	// //	// //	1 41	2 29	3 00	3 23	3 58	4 23	4 43	5 00	5 15	5 29	5 36	5 44
32	// //	// //	1 47	2 33	3 03	3 26	4 00	4 25	4 45	5 02	5 17	5 31	5 38	5 45
36	// //	// //	1 53	2 37	3 07	3 30	4 03	4 28	4 47	5 03	5 18	5 32	5 38	5 45

ENDING ASTRONOMICAL TWILIGHT

Lat.	−55°	−50°	−45°	−40°	−35°	−30°	−20°	−10°	0°	+10°	+20°	+30°	+35°	+40°
	h m	h m	h m	h m	h m	h m	h m	h m	h m	h m	h m	h m	h m	h m
Oct. 1	20 24	20 04	19 49	19 38	19 29	19 22	19 12	19 05	19 02	19 00	19 01	19 05	19 08	19 13
5	20 35	20 12	19 55	19 42	19 33	19 25	19 13	19 05	19 01	18 58	18 58	19 00	19 03	19 06
9	20 46	20 20	20 02	19 48	19 37	19 28	19 15	19 06	19 00	18 56	18 55	18 55	18 57	19 00
13	20 59	20 29	20 08	19 53	19 41	19 31	19 16	19 06	18 59	18 54	18 51	18 51	18 52	18 54
17	21 12	20 39	20 16	19 58	19 45	19 34	19 18	19 07	18 58	18 52	18 49	18 47	18 47	18 48
21	21 27	20 49	20 23	20 04	19 50	19 38	19 20	19 07	18 58	18 51	18 46	18 43	18 42	18 42
25	21 43	20 59	20 31	20 10	19 54	19 42	19 22	19 08	18 58	18 50	18 44	18 39	18 38	18 37
29	22 01	21 10	20 39	20 17	19 59	19 46	19 25	19 10	18 58	18 49	18 42	18 36	18 34	18 33
Nov. 2	22 23	21 22	20 48	20 23	20 05	19 50	19 27	19 11	18 58	18 48	18 40	18 33	18 31	18 28
6	22 53	21 35	20 56	20 30	20 10	19 54	19 30	19 12	18 59	18 48	18 39	18 31	18 27	18 24
10	// //	21 48	21 05	20 37	20 15	19 58	19 33	19 14	19 00	18 48	18 37	18 29	18 25	18 21
14	// //	22 03	21 14	20 44	20 21	20 03	19 36	19 16	19 01	18 48	18 37	18 27	18 22	18 18
18	// //	22 18	21 24	20 50	20 26	20 07	19 39	19 18	19 02	18 48	18 36	18 26	18 21	18 16
22	// //	22 36	21 33	20 57	20 32	20 12	19 42	19 20	19 03	18 49	18 36	18 25	18 19	18 14
26	// //	22 56	21 42	21 04	20 37	20 16	19 45	19 23	19 05	18 50	18 36	18 24	18 18	18 13
30	// //	23 23	21 50	21 10	20 42	20 20	19 49	19 25	19 07	18 51	18 37	18 24	18 18	18 12
Dec. 4	// //	// //	21 59	21 16	20 47	20 24	19 52	19 28	19 08	18 52	18 38	18 25	18 18	18 11
8	// //	// //	22 06	21 21	20 51	20 28	19 55	19 30	19 10	18 54	18 39	18 25	18 19	18 12
12	// //	// //	22 12	21 25	20 55	20 31	19 57	19 32	19 12	18 56	18 41	18 26	18 19	18 12
16	// //	// //	22 17	21 29	20 58	20 34	20 00	19 35	19 14	18 57	18 42	18 28	18 21	18 14
20	// //	// //	22 20	21 32	21 00	20 37	20 02	19 37	19 17	18 59	18 44	18 30	18 22	18 15
24	// //	// //	22 21	21 33	21 02	20 39	20 04	19 39	19 18	19 01	18 46	18 32	18 25	18 17
28	// //	// //	22 21	21 34	21 03	20 40	20 06	19 40	19 20	19 03	18 48	18 34	18 27	18 20
32	// //	// //	22 20	21 34	21 04	20 41	20 07	19 42	19 22	19 05	18 50	18 36	18 30	18 23
36	// //	// //	22 16	21 33	21 03	20 41	20 07	19 43	19 24	19 07	18 53	18 39	18 32	18 26

(// //) indicates continuous twilight.

UNIVERSAL TIME FOR MERIDIAN OF GREENWICH
BEGINNING ASTRONOMICAL TWILIGHT

Lat.	+40°	+42°	+44°	+46°	+48°	+50°	+52°	+54°	+56°	+58°	+60°	+62°	+64°	+66°
	h m	h m	h m	h m	h m	h m	h m	h m	h m	h m	h m	h m	h m	h m
Oct. 1	4 26	4 24	4 21	4 18	4 15	4 12	4 07	4 03	3 57	3 51	3 43	3 35	3 24	3 11
5	4 30	4 28	4 26	4 24	4 21	4 18	4 15	4 11	4 06	4 01	3 54	3 47	3 38	3 27
9	4 34	4 33	4 31	4 29	4 27	4 25	4 22	4 18	4 15	4 10	4 05	3 59	3 51	3 42
13	4 38	4 37	4 36	4 35	4 33	4 31	4 29	4 26	4 23	4 19	4 15	4 10	4 04	3 56
17	4 42	4 42	4 41	4 40	4 39	4 37	4 35	4 33	4 31	4 28	4 25	4 21	4 16	4 10
21	4 46	4 46	4 46	4 45	4 44	4 43	4 42	4 41	4 39	4 37	4 34	4 31	4 27	4 23
25	4 50	4 50	4 50	4 50	4 50	4 50	4 49	4 49	4 48	4 47	4 45	4 44	4 41	4 39
29	4 54	4 55	4 55	4 55	4 55	4 55	4 55	4 55	4 54	4 54	4 53	4 51	4 49	4 47
Nov. 2	4 58	4 59	5 00	5 00	5 01	5 01	5 02	5 02	5 02	5 02	5 01	5 01	5 00	4 59
6	5 02	5 03	5 04	5 05	5 06	5 07	5 08	5 08	5 09	5 09	5 10	5 10	5 10	5 10
10	5 06	5 08	5 09	5 10	5 12	5 13	5 14	5 15	5 16	5 17	5 18	5 19	5 20	5 20
14	5 10	5 12	5 14	5 15	5 17	5 18	5 20	5 21	5 23	5 24	5 26	5 27	5 29	5 31
18	5 14	5 16	5 18	5 20	5 22	5 24	5 26	5 28	5 29	5 31	5 34	5 36	5 38	5 40
22	5 18	5 20	5 22	5 24	5 27	5 29	5 31	5 33	5 36	5 38	5 41	5 43	5 46	5 49
26	5 22	5 24	5 26	5 29	5 31	5 34	5 36	5 39	5 42	5 44	5 47	5 51	5 54	5 58
30	5 25	5 28	5 30	5 33	5 36	5 38	5 41	5 44	5 47	5 50	5 54	5 57	6 01	6 06
Dec. 4	5 29	5 32	5 34	5 37	5 40	5 43	5 46	5 49	5 52	5 56	5 59	6 03	6 08	6 13
8	5 32	5 35	5 38	5 41	5 44	5 47	5 50	5 53	5 57	6 01	6 04	6 09	6 13	6 19
12	5 35	5 38	5 41	5 44	5 47	5 50	5 54	5 57	6 01	6 05	6 09	6 13	6 18	6 24
16	5 38	5 41	5 44	5 47	5 50	5 53	5 57	6 00	6 04	6 08	6 12	6 17	6 22	6 28
20	5 40	5 43	5 46	5 49	5 52	5 56	5 59	6 03	6 07	6 11	6 15	6 20	6 25	6 31
24	5 42	5 45	5 48	5 51	5 54	5 58	6 01	6 05	6 09	6 13	6 17	6 22	6 27	6 33
28	5 44	5 47	5 50	5 53	5 56	5 59	6 02	6 06	6 10	6 14	6 18	6 23	6 28	6 34
32	5 45	5 48	5 50	5 53	5 57	6 00	6 03	6 07	6 10	6 14	6 18	6 23	6 28	6 33
36	5 45	5 48	5 51	5 54	5 57	6 00	6 03	6 06	6 10	6 13	6 17	6 22	6 26	6 31

ENDING ASTRONOMICAL TWILIGHT

Lat.	+40°	+42°	+44°	+46°	+48°	+50°	+52°	+54°	+56°	+58°	+60°	+62°	+64°	+66°
	h m	h m	h m	h m	h m	h m	h m	h m	h m	h m	h m	h m	h m	h m
Oct. 1	19 13	19 15	19 17	19 20	19 23	19 27	19 31	19 35	19 40	19 47	19 54	20 02	20 12	20 25
5	19 06	19 08	19 10	19 12	19 15	19 17	19 21	19 25	19 29	19 34	19 40	19 48	19 56	20 07
9	19 00	19 01	19 03	19 04	19 06	19 09	19 12	19 15	19 18	19 23	19 28	19 34	19 41	19 50
13	18 54	18 54	18 56	18 57	18 59	19 00	19 03	19 05	19 08	19 12	19 16	19 21	19 27	19 34
17	18 48	18 48	18 49	18 50	18 51	18 52	18 54	18 56	18 58	19 01	19 04	19 08	19 13	19 19
21	18 42	18 43	18 43	18 43	18 44	18 45	18 46	18 47	18 49	18 51	18 53	18 56	19 00	19 04
25	18 37	18 37	18 37	18 37	18 37	18 38	18 38	18 39	18 40	18 42	18 43	18 45	18 48	18 51
29	18 33	18 32	18 32	18 31	18 31	18 31	18 31	18 31	18 32	18 32	18 33	18 34	18 35	18 36
Nov. 2	18 28	18 28	18 27	18 26	18 26	18 25	18 25	18 24	18 24	18 24	18 25	18 25	18 26	18 27
6	18 24	18 23	18 22	18 21	18 20	18 19	18 19	18 18	18 17	18 17	18 16	18 16	18 16	18 16
10	18 21	18 20	18 18	18 17	18 16	18 14	18 13	18 12	18 11	18 10	18 09	18 08	18 07	18 06
14	18 18	18 17	18 15	18 13	18 12	18 10	18 08	18 07	18 05	18 04	18 02	18 00	17 59	17 57
18	18 16	18 14	18 12	18 10	18 08	18 06	18 04	18 02	18 00	17 58	17 56	17 54	17 51	17 49
22	18 14	18 12	18 10	18 07	18 05	18 03	18 01	17 58	17 56	17 53	17 51	17 48	17 45	17 42
26	18 13	18 10	18 08	18 05	18 03	18 00	17 58	17 55	17 52	17 50	17 46	17 43	17 40	17 36
30	18 12	18 09	18 07	18 04	18 01	17 59	17 56	17 53	17 50	17 47	17 43	17 39	17 35	17 31
Dec. 4	18 11	18 09	18 06	18 03	18 00	17 57	17 54	17 51	17 48	17 44	17 41	17 37	17 32	17 27
8	18 12	18 09	18 06	18 03	18 00	17 57	17 54	17 50	17 47	17 43	17 39	17 35	17 30	17 25
12	18 12	18 09	18 06	18 03	18 00	17 57	17 54	17 50	17 47	17 43	17 38	17 34	17 29	17 23
16	18 14	18 11	18 08	18 04	18 01	17 58	17 54	17 51	17 47	17 43	17 39	17 34	17 29	17 23
20	18 15	18 12	18 09	18 06	18 03	17 59	17 56	17 52	17 48	17 44	17 40	17 35	17 30	17 24
24	18 17	18 14	18 11	18 08	18 05	18 02	17 58	17 54	17 51	17 47	17 42	17 37	17 32	17 26
28	18 20	18 17	18 14	18 11	18 08	18 04	18 01	17 57	17 54	17 50	17 45	17 41	17 36	17 30
32	18 23	18 20	18 17	18 14	18 11	18 07	18 04	18 01	17 57	17 53	17 49	17 45	17 40	17 34
36	18 26	18 23	18 20	18 17	18 14	18 11	18 08	18 05	18 01	17 58	17 54	17 50	17 45	17 40

MOONRISE AND MOONSET, 1989
UNIVERSAL TIME FOR MERIDIAN OF GREENWICH
MOONRISE

Lat.		−55°	−50°	−45°	−40°	−35°	−30°	−20°	−10°	0°	+10°	+20°	+30°	+35°	+40°
		h m	h m	h m	h m	h m	h m	h m	h m	h m	h m	h m	h m	h m	h m
Jan.	0	23 21	23 31	23 40	23 47	23 53	23 58	.. ..	.. ..	.. ..	.. ..	.. ..	.. ..	.. ..	0 03
	1	23 29	23 45	23 59	.. ..	.. ..	.. ..	0 08	0 16	0 24	0 32	0 41	0 50	0 56	1 03
	2	23 40	.. ..	.. ..	0 10	0 19	0 27	0 42	0 54	1 06	1 18	1 31	1 46	1 55	2 05
	3	23 57	0 04	0 22	0 37	0 49	1 00	1 19	1 36	1 52	2 08	2 25	2 45	2 56	3 10
	4	.. ..	0 28	0 51	1 10	1 25	1 39	2 03	2 23	2 42	3 01	3 22	3 46	4 00	4 17
	5	0 25	1 02	1 30	1 52	2 10	2 26	2 52	3 15	3 37	3 58	4 22	4 49	5 05	5 24
	6	1 09	1 51	2 21	2 44	3 04	3 20	3 49	4 13	4 35	4 58	5 22	5 51	6 07	6 27
	7	2 16	2 56	3 26	3 48	4 07	4 23	4 51	5 14	5 36	5 58	6 21	6 48	7 04	7 23
	8	3 43	4 16	4 41	5 01	5 18	5 32	5 56	6 17	6 36	6 55	7 16	7 40	7 54	8 10
	9	5 19	5 43	6 03	6 18	6 31	6 42	7 01	7 18	7 34	7 49	8 06	8 24	8 35	8 48
	10	6 56	7 12	7 25	7 35	7 44	7 52	8 05	8 17	8 28	8 39	8 50	9 03	9 11	9 19
	11	8 30	8 39	8 45	8 51	8 55	8 59	9 07	9 13	9 19	9 25	9 31	9 38	9 42	9 46
	12	10 02	10 03	10 04	10 04	10 05	10 05	10 06	10 07	10 08	10 08	10 09	10 10	10 11	10 11
	13	11 33	11 26	11 21	11 17	11 13	11 10	11 05	11 00	10 56	10 51	10 47	10 42	10 39	10 36
	14	13 04	12 50	12 39	12 30	12 22	12 16	12 04	11 54	11 45	11 35	11 26	11 15	11 08	11 01
	15	14 36	14 14	13 57	13 43	13 32	13 22	13 04	12 49	12 35	12 21	12 07	11 50	11 40	11 30
	16	16 09	15 38	15 15	14 57	14 42	14 28	14 06	13 47	13 29	13 11	12 52	12 30	12 17	12 03
	17	17 36	16 58	16 30	16 08	15 50	15 34	15 08	14 46	14 25	14 04	13 42	13 16	13 01	12 43
	18	18 51	18 08	17 37	17 13	16 54	16 37	16 09	15 45	15 22	15 00	14 36	14 08	13 52	13 32
	19	19 44	19 03	18 33	18 10	17 51	17 34	17 06	16 42	16 20	15 58	15 34	15 06	14 49	14 30
	20	20 19	19 43	19 17	18 56	18 39	18 24	17 58	17 36	17 16	16 55	16 33	16 07	15 52	15 34
	21	20 40	20 12	19 51	19 34	19 19	19 06	18 45	18 26	18 08	17 50	17 31	17 09	16 56	16 40
	22	20 54	20 33	20 17	20 04	19 52	19 42	19 25	19 10	18 56	18 42	18 26	18 09	17 58	17 47
	23	21 03	20 49	20 38	20 29	20 21	20 14	20 01	19 51	19 40	19 30	19 19	19 06	18 59	18 51
	24	21 11	21 03	20 56	20 51	20 46	20 42	20 34	20 28	20 22	20 16	20 09	20 02	19 57	19 52

MOONSET

		h m	h m	h m	h m	h m	h m	h m	h m	h m	h m	h m	h m	h m	h m
Jan.	0	12 52	12 44	12 37	12 31	12 27	12 22	12 15	12 09	12 03	11 57	11 51	11 44	11 40	11 35
	1	14 08	13 53	13 42	13 32	13 24	13 17	13 05	12 54	12 44	12 34	12 23	12 11	12 05	11 57
	2	15 28	15 06	14 49	14 36	14 24	14 14	13 57	13 42	13 28	13 14	12 59	12 42	12 32	12 21
	3	16 51	16 21	15 59	15 41	15 27	15 14	14 52	14 33	14 15	13 58	13 39	13 18	13 05	12 51
	4	18 14	17 37	17 10	16 49	16 31	16 16	15 50	15 28	15 08	14 47	14 25	14 00	13 45	13 28
	5	19 29	18 47	18 18	17 54	17 35	17 19	16 51	16 27	16 04	15 42	15 18	14 50	14 34	14 15
	6	20 28	19 47	19 17	18 54	18 35	18 19	17 51	17 27	17 04	16 42	16 18	15 49	15 33	15 13
	7	21 07	20 32	20 06	19 46	19 28	19 13	18 48	18 26	18 05	17 44	17 22	16 55	16 40	16 22
	8	21 31	21 05	20 44	20 28	20 14	20 01	19 40	19 21	19 04	18 46	18 27	18 05	17 52	17 37
	9	21 47	21 29	21 14	21 02	20 52	20 43	20 27	20 13	20 00	19 46	19 32	19 16	19 06	18 55
	10	21 59	21 48	21 39	21 31	21 25	21 19	21 09	21 01	20 52	20 44	20 35	20 24	20 18	20 11
	11	22 08	22 04	22 00	21 57	21 55	21 53	21 49	21 45	21 42	21 39	21 35	21 31	21 29	21 26
	12	22 16	22 18	22 20	22 22	22 23	22 24	22 27	22 29	22 30	22 32	22 34	22 36	22 38	22 39
	13	22 24	22 33	22 40	22 46	22 52	22 56	23 05	23 12	23 19	23 26	23 33	23 41	23 46	23 52
	14	22 34	22 50	23 02	23 13	23 22	23 30	23 44	23 57	.. ..	.. ..	.. ..	.. ..	.. ..	.. ..
	15	22 46	23 10	23 29	23 44	23 57	.. ..	.. ..	.. ..	0 08	0 20	0 33	0 47	0 55	1 05
	16	23 05	23 37	.. ..	.. ..	.. ..	0 08	0 27	0 44	1 00	1 16	1 34	1 53	2 05	2 18
	17	23 35	.. ..	0 01	0 20	0 37	0 51	1 15	1 36	1 55	2 15	2 36	3 00	3 14	3 31
	18	.. ..	0 14	0 43	1 05	1 24	1 40	2 07	2 30	2 52	3 14	3 38	4 05	4 21	4 40
	19	0 21	1 04	1 35	1 59	2 18	2 35	3 03	3 28	3 50	4 13	4 37	5 05	5 22	5 41
	20	1 27	2 08	2 37	3 00	3 19	3 35	4 02	4 25	4 47	5 09	5 32	5 59	6 15	6 33
	21	2 46	3 20	3 45	4 06	4 22	4 37	5 01	5 22	5 41	6 01	6 21	6 45	6 59	7 15
	22	4 10	4 36	4 56	5 12	5 26	5 38	5 58	6 15	6 31	6 47	7 05	7 24	7 35	7 48
	23	5 32	5 51	6 06	6 18	6 28	6 37	6 52	7 05	7 18	7 30	7 43	7 58	8 06	8 16
	24	6 51	7 03	7 13	7 21	7 27	7 33	7 44	7 52	8 01	8 09	8 17	8 27	8 33	8 39

(.. ..) indicates phenomenon will occur the next day.

MOONRISE AND MOONSET, 1989

UNIVERSAL TIME FOR MERIDIAN OF GREENWICH

MOONRISE

Lat.	+40°	+42°	+44°	+46°	+48°	+50°	+52°	+54°	+56°	+58°	+60°	+62°	+64°	+66°
	h m	h m	h m	h m	h m	h m	h m	h m	h m	h m	h m	h m	h m	h m
Jan. 0	0 03	0 04	0 05	0 07	0 09	0 11	0 13	0 15	0 17	0 20	0 23	0 27	0 31	0 35
1	1 03	1 05	1 09	1 12	1 15	1 19	1 24	1 28	1 34	1 40	1 46	1 54	2 03	2 13
2	2 05	2 09	2 14	2 19	2 25	2 31	2 37	2 45	2 53	3 03	3 14	3 27	3 42	4 01
3	3 10	3 16	3 22	3 29	3 37	3 45	3 54	4 05	4 17	4 31	4 47	5 08	5 33	6 10
4	4 17	4 24	4 32	4 41	4 51	5 01	5 13	5 27	5 43	6 03	6 27	7 00	7 56	-- --
5	5 24	5 32	5 41	5 52	6 03	6 15	6 30	6 47	7 07	7 32	8 06	9 10	-- --	-- --
6	6 27	6 36	6 46	6 56	7 08	7 21	7 37	7 54	8 16	8 43	9 22	-- --	-- --	-- --
7	7 23	7 31	7 41	7 51	8 02	8 14	8 28	8 44	9 03	9 26	9 57	10 45	-- --	-- --
8	8 10	8 17	8 25	8 33	8 42	8 52	9 04	9 17	9 31	9 49	10 09	10 36	11 13	12 28
9	8 48	8 53	8 59	9 06	9 13	9 20	9 29	9 38	9 48	10 00	10 14	10 30	10 50	11 14
10	9 19	9 23	9 27	9 31	9 36	9 41	9 47	9 53	9 59	10 07	10 15	10 25	10 36	10 49
11	9 46	9 48	9 51	9 53	9 55	9 58	10 01	10 04	10 07	10 11	10 16	10 20	10 26	10 32
12	10 11	10 12	10 12	10 12	10 12	10 13	10 13	10 14	10 14	10 15	10 15	10 16	10 17	10 17
13	10 36	10 34	10 33	10 31	10 29	10 27	10 25	10 23	10 21	10 18	10 15	10 11	10 08	10 03
14	11 01	10 58	10 55	10 51	10 47	10 43	10 38	10 33	10 28	10 22	10 15	10 07	9 58	9 47
15	11 30	11 25	11 19	11 14	11 08	11 01	10 54	10 46	10 37	10 27	10 16	10 03	9 47	9 28
16	12 03	11 56	11 50	11 42	11 34	11 25	11 15	11 04	10 51	10 36	10 19	9 58	9 31	8 53
17	12 43	12 36	12 27	12 18	12 08	11 56	11 44	11 29	11 12	10 52	10 27	9 53	8 52	** **
18	13 32	13 24	13 14	13 04	12 53	12 40	12 25	12 08	11 48	11 23	10 49	9 45	** **	** **
19	14 30	14 21	14 12	14 01	13 50	13 37	13 22	13 05	12 44	12 18	11 41	** **	** **	** **
20	15 34	15 26	15 17	15 08	14 57	14 45	14 32	14 16	13 58	13 36	13 07	12 24	** **	** **
21	16 40	16 34	16 26	16 18	16 10	16 00	15 49	15 37	15 23	15 06	14 46	14 20	13 44	12 29
22	17 47	17 41	17 36	17 29	17 23	17 15	17 07	16 58	16 48	16 36	16 22	16 06	15 46	15 20
23	18 51	18 47	18 43	18 39	18 34	18 29	18 23	18 17	18 10	18 03	17 54	17 43	17 31	17 17
24	19 52	19 50	19 48	19 45	19 43	19 40	19 37	19 33	19 29	19 25	19 20	19 14	19 08	19 00

MOONSET

Lat.	+40°	+42°	+44°	+46°	+48°	+50°	+52°	+54°	+56°	+58°	+60°	+62°	+64°	+66°
	h m	h m	h m	h m	h m	h m	h m	h m	h m	h m	h m	h m	h m	h m
Jan. 0	11 35	11 33	11 31	11 29	11 26	11 24	11 21	11 18	11 14	11 10	11 06	11 01	10 56	10 49
1	11 57	11 53	11 50	11 46	11 41	11 37	11 32	11 26	11 20	11 13	11 05	10 57	10 46	10 34
2	12 21	12 16	12 11	12 05	11 59	11 52	11 45	11 37	11 28	11 17	11 06	10 52	10 36	10 15
3	12 51	12 44	12 38	12 30	12 22	12 13	12 03	11 52	11 39	11 25	11 08	10 47	10 20	9 42
4	13 28	13 20	13 12	13 03	12 53	12 41	12 29	12 15	11 58	11 38	11 14	10 40	9 43	-- --
5	14 15	14 06	13 57	13 46	13 35	13 22	13 08	12 51	12 30	12 05	11 31	10 26	-- --	-- --
6	15 13	15 04	14 55	14 44	14 32	14 19	14 04	13 46	13 25	12 57	12 19	-- --	-- --	-- --
7	16 22	16 14	16 05	15 55	15 44	15 32	15 19	15 03	14 44	14 21	13 51	13 03	-- --	-- --
8	17 37	17 31	17 23	17 15	17 07	16 57	16 46	16 34	16 20	16 03	15 43	15 17	14 41	13 26
9	18 55	18 50	18 44	18 39	18 32	18 25	18 18	18 09	18 00	17 49	17 36	17 21	17 02	16 39
10	20 11	20 08	20 05	20 01	19 57	19 53	19 49	19 44	19 38	19 32	19 24	19 16	19 06	18 55
11	21 26	21 25	21 23	21 22	21 21	21 19	21 17	21 15	21 13	21 11	21 08	21 05	21 01	20 57
12	22 39	22 40	22 40	22 41	22 42	22 43	22 44	22 45	22 46	22 47	22 48	22 50	22 52	22 54
13	23 52	23 54	23 57	.. ..	.. ..	.. ..	.. ..	.. ..	.. ..	.. ..	.. ..	.. ..	.. ..	.. ..
14	.. ..	.. ..	.. ..	0 00	0 03	0 06	0 10	0 14	0 18	0 23	0 29	0 35	0 42	0 51
15	1 05	1 09	1 14	1 19	1 24	1 30	1 36	1 43	1 52	2 01	2 11	2 23	2 38	2 55
16	2 18	2 24	2 31	2 38	2 46	2 54	3 04	3 14	3 26	3 40	3 57	4 17	4 43	5 19
17	3 31	3 39	3 47	3 56	4 06	4 16	4 29	4 43	4 59	5 19	5 44	6 17	7 18	** **
18	4 40	4 48	4 58	5 08	5 19	5 32	5 46	6 03	6 23	6 48	7 22	8 25	** **	** **
19	5 41	5 50	6 00	6 10	6 22	6 35	6 50	7 07	7 28	7 54	8 31	** **	** **	** **
20	6 33	6 41	6 50	7 00	7 11	7 23	7 36	7 52	8 11	8 33	9 02	9 46	** **	** **
21	7 15	7 22	7 30	7 38	7 47	7 57	8 09	8 21	8 36	8 53	9 14	9 40	10 17	11 33
22	7 48	7 54	8 00	8 07	8 14	8 22	8 31	8 40	8 51	9 04	9 18	9 36	9 57	10 24
23	8 16	8 20	8 25	8 29	8 35	8 40	8 47	8 54	9 01	9 10	9 20	9 31	9 44	10 00
24	8 39	8 42	8 45	8 48	8 51	8 55	8 59	9 04	9 08	9 14	9 20	9 27	9 35	9 44

(.. ..) indicates phenomenon will occur the next day.
(-- --) indicates Moon continuously below horizon.
(** **) indicates Moon continuously above horizon.

MOONRISE AND MOONSET, 1989

UNIVERSAL TIME FOR MERIDIAN OF GREENWICH

MOONRISE

Lat.	−55°	−50°	−45°	−40°	−35°	−30°	−20°	−10°	0°	+10°	+20°	+30°	+35°	+40°
	h m	h m	h m	h m	h m	h m	h m	h m	h m	h m	h m	h m	h m	h m
Jan. 23	21 03	20 49	20 38	20 29	20 21	20 14	20 01	19 51	19 40	19 30	19 19	19 06	18 59	18 51
24	21 11	21 03	20 56	20 51	20 46	20 42	20 34	20 28	20 22	20 16	20 09	20 02	19 57	19 52
25	21 17	21 14	21 12	21 11	21 09	21 08	21 05	21 03	21 01	21 00	20 57	20 55	20 54	20 52
26	21 23	21 26	21 28	21 30	21 32	21 33	21 36	21 38	21 40	21 43	21 45	21 48	21 49	21 51
27	21 29	21 37	21 44	21 50	21 54	21 59	22 06	22 13	22 20	22 26	22 33	22 41	22 45	22 51
28	21 36	21 50	22 02	22 11	22 19	22 26	22 39	22 50	23 00	23 11	23 22	23 35	23 43	23 51
29	21 46	22 06	22 22	22 36	22 47	22 57	23 14	23 29	23 44	23 58	..	..	..	..
30	21 59	22 27	22 48	23 05	23 20	23 32	23 54	..	..	..	0 14	0 31	0 42	0 54
31	22 21	22 55	23 21	23 42	23 59	..	..	0 13	0 31	0 49	1 08	1 30	1 43	1 59
Feb. 1	22 55	23 36	..	..	..	0 14	0 40	1 02	1 22	1 43	2 05	2 31	2 47	3 05
2	23 50	..	0 05	0 28	0 48	1 04	1 32	1 56	2 18	2 41	3 05	3 33	3 49	4 09
3	..	0 32	1 03	1 26	1 46	2 02	2 31	2 55	3 17	3 40	4 04	4 32	4 49	5 08
4	1 08	1 46	2 13	2 35	2 53	3 08	3 34	3 57	4 18	4 38	5 01	5 26	5 42	5 59
5	2 41	3 11	3 33	3 51	4 06	4 18	4 40	4 59	5 17	5 34	5 53	6 15	6 27	6 41
6	4 21	4 41	4 57	5 10	5 20	5 30	5 46	6 01	6 14	6 27	6 41	6 57	7 06	7 16
7	5 59	6 11	6 20	6 28	6 35	6 41	6 51	6 59	7 08	7 16	7 24	7 34	7 40	7 46
8	7 36	7 40	7 43	7 45	7 48	7 50	7 53	7 56	7 59	8 02	8 05	8 08	8 10	8 13
9	9 10	9 07	9 04	9 01	8 59	8 58	8 54	8 52	8 49	8 47	8 44	8 41	8 40	8 38
10	10 45	10 33	10 24	10 17	10 11	10 05	9 55	9 47	9 39	9 32	9 24	9 15	9 10	9 04
11	12 19	12 00	11 45	11 32	11 22	11 13	10 57	10 43	10 31	10 18	10 05	9 50	9 42	9 32
12	13 54	13 26	13 05	12 47	12 33	12 21	11 59	11 41	11 24	11 08	10 50	10 29	10 18	10 04
13	15 25	14 48	14 21	14 00	13 43	13 28	13 02	12 40	12 20	12 00	11 38	11 14	10 59	10 42
14	16 44	16 01	15 31	15 08	14 48	14 32	14 04	13 40	13 17	12 55	12 31	12 04	11 48	11 29
15	17 43	17 01	16 30	16 06	15 47	15 30	15 02	14 37	14 15	13 52	13 28	13 00	12 43	12 23
16	18 22	17 45	17 17	16 55	16 37	16 21	15 55	15 32	15 10	14 49	14 26	13 59	13 43	13 25

MOONSET

Lat.	−55°	−50°	−45°	−40°	−35°	−30°	−20°	−10°	0°	+10°	+20°	+30°	+35°	+40°
	h m	h m	h m	h m	h m	h m	h m	h m	h m	h m	h m	h m	h m	h m
Jan. 23	5 32	5 51	6 06	6 18	6 28	6 37	6 52	7 05	7 18	7 30	7 43	7 58	8 06	8 16
24	6 51	7 03	7 13	7 21	7 27	7 33	7 44	7 52	8 01	8 09	8 17	8 27	8 33	8 39
25	8 07	8 13	8 18	8 22	8 25	8 28	8 33	8 37	8 41	8 45	8 49	8 54	8 57	9 00
26	9 21	9 21	9 21	9 21	9 21	9 21	9 20	9 20	9 20	9 20	9 20	9 20	9 19	9 19
27	10 35	10 29	10 24	10 20	10 16	10 13	10 08	10 03	9 59	9 55	9 50	9 45	9 42	9 39
28	11 49	11 37	11 28	11 20	11 13	11 07	10 56	10 47	10 39	10 30	10 22	10 11	10 06	9 59
29	13 07	12 48	12 33	12 21	12 11	12 02	11 47	11 33	11 21	11 08	10 55	10 40	10 32	10 22
30	14 27	14 01	13 41	13 25	13 11	12 59	12 39	12 22	12 06	11 50	11 33	11 13	11 01	10 48
31	15 49	15 15	14 50	14 30	14 14	13 59	13 35	13 14	12 55	12 36	12 15	11 51	11 37	11 21
Feb. 1	17 08	16 27	15 58	15 36	15 17	15 01	14 34	14 10	13 49	13 27	13 04	12 37	12 21	12 02
2	18 14	17 32	17 01	16 38	16 18	16 01	15 33	15 09	14 46	14 23	13 59	13 31	13 14	12 54
3	19 02	18 23	17 55	17 33	17 14	16 58	16 31	16 08	15 46	15 24	15 00	14 33	14 17	13 57
4	19 32	19 02	18 38	18 19	18 03	17 50	17 26	17 05	16 46	16 27	16 06	15 41	15 27	15 10
5	19 52	19 30	19 12	18 58	18 46	18 35	18 16	18 00	17 44	17 29	17 12	16 53	16 41	16 28
6	20 05	19 51	19 40	19 30	19 22	19 14	19 02	18 50	18 40	18 29	18 17	18 04	17 56	17 47
7	20 15	20 08	20 03	19 58	19 54	19 50	19 43	19 38	19 32	19 27	19 21	19 14	19 10	19 05
8	20 24	20 24	20 24	20 24	20 23	20 23	20 23	20 23	20 23	20 23	20 23	20 22	20 22	20 22
9	20 32	20 39	20 44	20 49	20 53	20 56	21 02	21 08	21 13	21 18	21 23	21 30	21 33	21 37
10	20 41	20 55	21 06	21 16	21 23	21 31	21 43	21 53	22 04	22 14	22 25	22 37	22 44	22 53
11	20 53	21 15	21 32	21 45	21 57	22 08	22 26	22 41	22 56	23 11	23 27	23 45	23 56	..
12	21 10	21 40	22 02	22 21	22 36	22 49	23 12	23 32	23 51	..	..	..	..	0 08
13	21 36	22 13	22 41	23 03	23 21	23 37	..	..	..	0 09	0 29	0 53	1 07	1 22
14	22 16	22 59	23 30	23 53	..	..	0 03	0 26	0 47	1 09	1 32	1 59	2 15	2 33
15	23 16	23 58	..	..	0 13	0 30	0 58	1 22	1 45	2 08	2 32	3 00	3 17	3 36
16	..	..	0 28	0 52	1 11	1 28	1 56	2 20	2 42	3 04	3 28	3 55	4 12	4 30

(.. ..) indicates phenomenon will occur the next day.

UNIVERSAL TIME FOR MERIDIAN OF GREENWICH

MOONRISE

Lat.	+40°	+42°	+44°	+46°	+48°	+50°	+52°	+54°	+56°	+58°	+60°	+62°	+64°	+66°
	h m	h m	h m	h m	h m	h m	h m	h m	h m	h m	h m	h m	h m	h m
Jan. 23	18 51	18 47	18 43	18 39	18 34	18 29	18 23	18 17	18 10	18 03	17 54	17 43	17 31	17 17
24	19 52	19 50	19 48	19 45	19 43	19 40	19 37	19 33	19 29	19 25	19 20	19 14	19 08	19 00
25	20 52	20 52	20 51	20 50	20 49	20 48	20 47	20 46	20 45	20 44	20 42	20 41	20 39	20 37
26	21 51	21 52	21 53	21 54	21 55	21 56	21 57	21 59	22 00	22 02	22 04	22 06	22 08	22 11
27	22 51	22 53	22 55	22 58	23 01	23 04	23 07	23 11	23 15	23 20	23 25	23 31	23 38	23 47
28	23 51	23 55	23 59	.. ..	.. ..	.. ..	.. ..	.. ..	.. ..	.. ..	.. ..	.. ..	.. ..	.. ..
29	.. ..	.. ..	.. ..	0 04	0 08	0 14	0 19	0 26	0 33	0 41	0 50	1 01	1 13	1 29
30	0 54	0 59	1 05	1 11	1 18	1 26	1 34	1 43	1 54	2 06	2 20	2 37	2 57	3 25
31	1 59	2 06	2 13	2 21	2 30	2 40	2 51	3 03	3 18	3 35	3 55	4 22	5 00	-- --
Feb. 1	3 05	3 13	3 22	3 31	3 42	3 54	4 07	4 23	4 42	5 04	5 34	6 21	-- --	-- --
2	4 09	4 18	4 28	4 38	4 50	5 03	5 18	5 36	5 58	6 25	7 04	-- --	-- --	-- --
3	5 08	5 17	5 26	5 37	5 49	6 02	6 17	6 34	6 55	7 21	7 57	9 23	-- --	-- --
4	5 59	6 07	6 16	6 25	6 35	6 47	6 59	7 14	7 31	7 52	8 17	8 53	10 00	-- --
5	6 41	6 48	6 55	7 02	7 10	7 19	7 29	7 40	7 53	8 07	8 24	8 45	9 11	9 47
6	7 16	7 21	7 26	7 31	7 37	7 43	7 50	7 58	8 06	8 16	8 27	8 39	8 54	9 12
7	7 46	7 49	7 52	7 55	7 59	8 02	8 06	8 11	8 16	8 21	8 27	8 34	8 42	8 51
8	8 13	8 14	8 15	8 16	8 17	8 18	8 20	8 21	8 23	8 25	8 27	8 29	8 32	8 35
9	8 38	8 37	8 36	8 35	8 34	8 33	8 32	8 31	8 30	8 28	8 26	8 25	8 22	8 20
10	9 04	9 01	8 58	8 55	8 52	8 49	8 45	8 41	8 37	8 32	8 26	8 20	8 13	8 05
11	9 32	9 27	9 23	9 18	9 12	9 07	9 00	8 53	8 45	8 37	8 27	8 15	8 02	7 43
12	10 04	9 58	9 51	9 44	9 37	9 29	9 19	9 09	8 58	8 44	8 29	8 10	7 48	7 18
13	10 42	10 35	10 27	10 18	10 08	9 58	9 46	9 32	9 16	8 58	8 35	8 05	7 20	** **
14	11 29	11 20	11 11	11 01	10 50	10 37	10 23	10 06	9 47	9 23	8 50	7 57	** **	** **
15	12 23	12 15	12 05	11 54	11 43	11 29	11 14	10 57	10 36	10 09	9 31	** **	** **	** **
16	13 25	13 16	13 07	12 57	12 46	12 34	12 20	12 04	11 44	11 20	10 48	9 54	** **	** **

MOONSET

Lat.	+40°	+42°	+44°	+46°	+48°	+50°	+52°	+54°	+56°	+58°	+60°	+62°	+64°	+66°
	h m	h m	h m	h m	h m	h m	h m	h m	h m	h m	h m	h m	h m	h m
Jan. 23	8 16	8 20	8 25	8 29	8 35	8 40	8 47	8 54	9 01	9 10	9 20	9 31	9 44	10 00
24	8 39	8 42	8 45	8 48	8 51	8 55	8 59	9 04	9 08	9 14	9 20	9 27	9 35	9 44
25	9 00	9 01	9 03	9 04	9 06	9 07	9 09	9 12	9 14	9 16	9 19	9 22	9 26	9 30
26	9 19	9 19	9 19	9 19	9 19	9 19	9 19	9 19	9 18	9 18	9 18	9 18	9 18	9 18
27	9 39	9 37	9 36	9 34	9 32	9 30	9 28	9 26	9 23	9 20	9 17	9 14	9 09	9 05
28	9 59	9 56	9 53	9 50	9 46	9 42	9 38	9 33	9 28	9 23	9 16	9 09	9 01	8 51
29	10 22	10 17	10 13	10 08	10 02	9 56	9 50	9 43	9 35	9 26	9 16	9 04	8 50	8 34
30	10 48	10 43	10 36	10 30	10 22	10 14	10 05	9 55	9 44	9 31	9 17	8 59	8 37	8 09
31	11 21	11 14	11 06	10 58	10 48	10 38	10 27	10 14	9 59	9 41	9 20	8 53	8 14	-- --
Feb. 1	12 02	11 54	11 45	11 35	11 24	11 12	10 58	10 42	10 23	10 00	9 30	8 43	-- --	-- --
2	12 54	12 45	12 35	12 25	12 13	12 00	11 44	11 27	11 05	10 38	9 58	-- --	-- --	-- --
3	13 57	13 49	13 39	13 29	13 17	13 05	12 50	12 33	12 12	11 46	11 10	9 45	-- --	-- --
4	15 10	15 03	14 54	14 45	14 35	14 24	14 12	13 58	13 41	13 21	12 56	12 21	11 15	-- --
5	16 28	16 22	16 16	16 09	16 01	15 53	15 44	15 33	15 22	15 08	14 52	14 32	14 07	13 32
6	17 47	17 43	17 39	17 34	17 29	17 24	17 18	17 11	17 04	16 55	16 45	16 34	16 21	16 05
7	19 05	19 03	19 01	18 59	18 56	18 53	18 50	18 47	18 43	18 39	18 35	18 29	18 23	18 16
8	20 22	20 22	20 21	20 21	20 21	20 21	20 21	20 21	20 21	20 20	20 20	20 20	20 20	20 19
9	21 37	21 39	21 41	21 43	21 45	21 48	21 50	21 53	21 57	22 00	22 04	22 09	22 14	22 21
10	22 53	22 56	23 00	23 05	23 09	23 14	23 20	23 26	23 33	23 41	23 49	.. ..	.. ..	.. ..
11	.. ..	.. ..	.. ..	.. ..	.. ..	.. ..	.. ..	.. ..	.. ..	.. ..	.. ..	0 00	0 12	0 26
12	0 08	0 14	0 20	0 26	0 33	0 41	0 49	0 59	1 10	1 22	1 37	1 54	2 16	2 45
13	1 22	1 30	1 37	1 46	1 55	2 05	2 17	2 30	2 45	3 03	3 26	3 55	4 39	** **
14	2 33	2 41	2 50	3 00	3 11	3 24	3 38	3 54	4 13	4 37	5 09	6 02	** **	** **
15	3 36	3 45	3 55	4 06	4 17	4 31	4 46	5 03	5 24	5 51	6 29	** **	** **	** **
16	4 30	4 39	4 48	4 58	5 10	5 22	5 37	5 53	6 13	6 37	7 09	8 04	** **	** **

(.. ..) indicates phenomenon will occur the next day.
(-- --) indicates Moon continuously below horizon.
(** **) indicates Moon continuously above horizon.

MOONRISE AND MOONSET, 1989

UNIVERSAL TIME FOR MERIDIAN OF GREENWICH

MOONRISE

Lat.	−55°	−50°	−45°	−40°	−35°	−30°	−20°	−10°	0°	+10°	+20°	+30°	+35°	+40°
	h m	h m	h m	h m	h m	h m	h m	h m	h m	h m	h m	h m	h m	h m
Feb. 15	17 43	17 01	16 30	16 06	15 47	15 30	15 02	14 37	14 15	13 52	13 28	13 00	12 43	12 23
16	18 22	17 45	17 17	16 55	16 37	16 21	15 55	15 32	15 10	14 49	14 26	13 59	13 43	13 25
17	18 47	18 16	17 53	17 35	17 19	17 05	16 42	16 22	16 03	15 44	15 24	15 00	14 46	14 30
18	19 02	18 39	18 21	18 06	17 54	17 43	17 24	17 07	16 52	16 36	16 19	16 00	15 49	15 36
19	19 13	18 56	18 43	18 33	18 23	18 15	18 01	17 49	17 37	17 25	17 13	16 58	16 50	16 40
20	19 21	19 10	19 02	18 55	18 49	18 44	18 35	18 27	18 19	18 12	18 03	17 54	17 49	17 42
21	19 27	19 22	19 19	19 16	19 13	19 11	19 06	19 03	18 59	18 56	18 52	18 48	18 45	18 43
22	19 33	19 34	19 34	19 35	19 35	19 36	19 37	19 38	19 38	19 39	19 40	19 41	19 41	19 42
23	19 39	19 45	19 50	19 54	19 58	20 01	20 07	20 12	20 17	20 22	20 28	20 34	20 37	20 41
24	19 45	19 57	20 07	20 15	20 22	20 28	20 39	20 48	20 57	21 06	21 16	21 27	21 34	21 41
25	19 54	20 12	20 26	20 38	20 48	20 57	21 13	21 26	21 39	21 52	22 06	22 22	22 32	22 42
26	20 05	20 30	20 49	21 05	21 18	21 30	21 50	22 08	22 24	22 41	22 59	23 19	23 32	23 46
27	20 23	20 54	21 19	21 38	21 54	22 08	22 32	22 53	23 13	23 33	23 54	.. ..	.. ..	.. ..
28	20 50	21 29	21 57	22 19	22 38	22 53	23 20	23 44	.. ..	.. ..	.. ..	0 19	0 33	0 50
Mar. 1	21 34	22 16	22 47	23 10	23 30	23 46	.. ..	.. ..	0 06	0 27	0 51	1 18	1 35	1 54
2	22 39	23 20	23 49	.. ..	.. ..	.. ..	0 15	0 39	1 02	1 24	1 49	2 17	2 34	2 54
3	.. ..	.. ..	.. ..	0 12	0 31	0 47	1 14	1 38	2 00	2 22	2 45	3 12	3 28	3 47
4	0 04	0 38	1 03	1 23	1 39	1 54	2 18	2 39	2 58	3 18	3 39	4 02	4 16	4 33
5	1 39	2 04	2 24	2 39	2 52	3 04	3 23	3 40	3 56	4 11	4 28	4 47	4 58	5 10
6	3 18	3 34	3 47	3 58	4 07	4 15	4 28	4 40	4 51	5 02	5 13	5 26	5 34	5 42
7	4 56	5 04	5 11	5 16	5 21	5 25	5 32	5 38	5 44	5 49	5 55	6 02	6 06	6 11
8	6 34	6 34	6 34	6 34	6 35	6 35	6 35	6 35	6 35	6 36	6 36	6 36	6 37	6 37
9	8 11	8 04	7 58	7 52	7 48	7 44	7 38	7 32	7 27	7 22	7 17	7 10	7 07	7 03
10	9 49	9 34	9 21	9 11	9 02	8 55	8 42	8 30	8 20	8 09	7 59	7 46	7 39	7 31
11	11 28	11 04	10 45	10 29	10 17	10 05	9 46	9 30	9 15	9 00	8 43	8 25	8 15	8 03

MOONSET

Lat.	−55°	−50°	−45°	−40°	−35°	−30°	−20°	−10°	0°	+10°	+20°	+30°	+35°	+40°
	h m	h m	h m	h m	h m	h m	h m	h m	h m	h m	h m	h m	h m	h m
Feb. 15	23 16	23 58	.. ..	.. ..	0 13	0 30	0 58	1 22	1 45	2 08	2 32	3 00	3 17	3 36
16	.. ..	.. ..	0 28	0 52	1 11	1 28	1 56	2 20	2 42	3 04	3 28	3 55	4 12	4 30
17	0 31	1 08	1 35	1 56	2 13	2 28	2 54	3 16	3 36	3 56	4 18	4 43	4 58	5 15
18	1 53	2 22	2 44	3 02	3 16	3 29	3 51	4 10	4 27	4 44	5 03	5 24	5 36	5 50
19	3 15	3 37	3 53	4 07	4 18	4 28	4 45	5 00	5 14	5 28	5 42	5 59	6 08	6 19
20	4 35	4 50	5 01	5 10	5 18	5 25	5 37	5 48	5 58	6 07	6 17	6 29	6 36	6 43
21	5 52	6 00	6 06	6 12	6 16	6 20	6 27	6 33	6 39	6 44	6 50	6 57	7 00	7 05
22	7 07	7 09	7 10	7 11	7 13	7 14	7 15	7 17	7 18	7 19	7 21	7 22	7 23	7 24
23	8 20	8 16	8 13	8 11	8 08	8 06	8 03	8 00	7 57	7 54	7 51	7 48	7 46	7 44
24	9 34	9 24	9 17	9 10	9 04	8 59	8 51	8 43	8 36	8 29	8 22	8 14	8 09	8 03
25	10 50	10 34	10 21	10 10	10 01	9 54	9 40	9 28	9 17	9 06	8 55	8 41	8 34	8 25
26	12 09	11 45	11 27	11 13	11 00	10 50	10 31	10 15	10 01	9 46	9 30	9 12	9 02	8 50
27	13 29	12 58	12 35	12 17	12 01	11 48	11 25	11 05	10 47	10 29	10 10	9 47	9 34	9 19
28	14 48	14 10	13 42	13 21	13 03	12 47	12 21	11 59	11 38	11 17	10 55	10 29	10 14	9 56
Mar. 1	15 59	15 17	14 46	14 23	14 03	13 47	13 19	12 55	12 32	12 10	11 46	11 18	11 01	10 42
2	16 54	16 13	15 43	15 20	15 00	14 44	14 16	13 52	13 29	13 07	12 43	12 14	11 58	11 38
3	17 31	16 56	16 30	16 09	15 52	15 37	15 11	14 49	14 28	14 07	13 45	13 18	13 03	12 45
4	17 55	17 28	17 07	16 50	16 36	16 24	16 02	15 43	15 26	15 08	14 49	14 27	14 14	13 59
5	18 10	17 52	17 37	17 25	17 15	17 05	16 49	16 35	16 22	16 09	15 54	15 37	15 28	15 16
6	18 22	18 11	18 02	17 55	17 49	17 43	17 33	17 24	17 16	17 08	16 58	16 48	16 42	16 35
7	18 31	18 28	18 24	18 22	18 20	18 18	18 14	18 11	18 08	18 05	18 02	17 58	17 56	17 53
8	18 40	18 43	18 46	18 48	18 50	18 52	18 55	18 57	19 00	19 02	19 05	19 08	19 10	19 11
9	18 49	18 59	19 08	19 15	19 21	19 26	19 36	19 44	19 52	20 00	20 08	20 18	20 23	20 30
10	19 00	19 18	19 32	19 44	19 54	20 03	20 19	20 33	20 46	20 58	21 12	21 28	21 38	21 48
11	19 15	19 41	20 02	20 18	20 32	20 45	21 06	21 24	21 42	21 59	22 17	22 39	22 52	23 06

(.. ..) indicates phenomenon will occur the next day.

UNIVERSAL TIME FOR MERIDIAN OF GREENWICH
MOONRISE

Lat.	+40°	+42°	+44°	+46°	+48°	+50°	+52°	+54°	+56°	+58°	+60°	+62°	+64°	+66°
	h m	h m	h m	h m	h m	h m	h m	h m	h m	h m	h m	h m	h m	h m
Feb. 15	12 23	12 15	12 05	11 54	11 43	11 29	11 14	10 57	10 36	10 09	9 31	** **	** **	** **
16	13 25	13 16	13 07	12 57	12 46	12 34	12 20	12 04	11 44	11 20	10 48	9 54	** **	** **
17	14 30	14 23	14 15	14 06	13 57	13 46	13 35	13 21	13 06	12 47	12 24	11 54	11 05	** **
18	15 36	15 30	15 24	15 17	15 09	15 01	14 52	14 42	14 30	14 17	14 01	13 42	13 18	12 44
19	16 40	16 36	16 31	16 26	16 21	16 15	16 08	16 01	15 53	15 44	15 34	15 21	15 07	14 49
20	17 42	17 40	17 37	17 34	17 30	17 26	17 22	17 18	17 13	17 07	17 01	16 54	16 46	16 36
21	18 43	18 42	18 40	18 39	18 37	18 36	18 34	18 32	18 30	18 27	18 25	18 22	18 18	18 14
22	19 42	19 42	19 43	19 43	19 43	19 44	19 44	19 45	19 45	19 46	19 46	19 47	19 48	19 49
23	20 41	20 43	20 45	20 47	20 49	20 51	20 54	20 57	21 00	21 04	21 08	21 12	21 17	21 24
24	21 41	21 44	21 48	21 52	21 56	22 00	22 05	22 11	22 17	22 23	22 31	22 40	22 50	23 03
25	22 42	22 47	22 52	22 58	23 04	23 11	23 18	23 26	23 36	23 46	23 58	.. ..	.. ..	.. ..
26	23 46	23 52	23 59	.. ..	.. ..	.. ..	.. ..	.. ..	.. ..	.. ..	.. ..	0 12	0 30	0 51
27	.. ..	.. ..	.. ..	0 06	0 14	0 23	0 33	0 44	0 57	1 12	1 30	1 52	2 22	3 07
28	0 50	0 58	1 06	1 15	1 25	1 36	1 49	2 03	2 20	2 41	3 07	3 43	5 06	-- --
Mar. 1	1 54	2 02	2 12	2 22	2 34	2 46	3 01	3 18	3 39	4 05	4 40	6 01	-- --	-- --
2	2 54	3 03	3 12	3 23	3 35	3 48	4 04	4 22	4 43	5 11	5 51	-- --	-- --	-- --
3	3 47	3 56	4 05	4 15	4 26	4 38	4 52	5 08	5 28	5 51	6 22	7 12	-- --	-- --
4	4 33	4 40	4 48	4 56	5 05	5 16	5 27	5 40	5 55	6 12	6 33	7 00	7 38	9 12
5	5 10	5 16	5 22	5 28	5 35	5 43	5 52	6 01	6 12	6 24	6 37	6 54	7 14	7 39
6	5 42	5 46	5 50	5 55	5 59	6 04	6 10	6 16	6 23	6 30	6 39	6 48	7 00	7 13
7	6 11	6 13	6 15	6 17	6 19	6 22	6 25	6 28	6 31	6 35	6 39	6 44	6 49	6 55
8	6 37	6 37	6 37	6 37	6 37	6 38	6 38	6 38	6 38	6 38	6 39	6 39	6 39	6 40
9	7 03	7 01	6 59	6 58	6 55	6 53	6 51	6 48	6 45	6 42	6 38	6 34	6 30	6 24
10	7 31	7 27	7 24	7 20	7 15	7 10	7 05	7 00	6 53	6 46	6 39	6 30	6 19	6 07
11	8 03	7 57	7 51	7 45	7 39	7 31	7 23	7 14	7 04	6 53	6 40	6 25	6 07	5 44

MOONSET

Lat.	+40°	+42°	+44°	+46°	+48°	+50°	+52°	+54°	+56°	+58°	+60°	+62°	+64°	+66°
	h m	h m	h m	h m	h m	h m	h m	h m	h m	h m	h m	h m	h m	h m
Feb. 15	3 36	3 45	3 55	4 06	4 17	4 31	4 46	5 03	5 24	5 51	6 29	** **	** **	** **
16	4 30	4 39	4 48	4 58	5 10	5 22	5 37	5 53	6 13	6 37	7 09	8 04	** **	** **
17	5 15	5 22	5 30	5 39	5 49	6 00	6 12	6 26	6 42	7 01	7 24	7 56	8 44	** **
18	5 50	5 56	6 03	6 10	6 18	6 27	6 37	6 47	7 00	7 14	7 30	7 50	8 15	8 50
19	6 19	6 24	6 29	6 34	6 40	6 47	6 54	7 02	7 11	7 21	7 32	7 45	8 01	8 20
20	6 43	6 47	6 50	6 54	6 58	7 02	7 07	7 13	7 18	7 25	7 32	7 41	7 50	8 02
21	7 05	7 06	7 08	7 11	7 13	7 15	7 18	7 21	7 24	7 28	7 32	7 36	7 41	7 47
22	7 24	7 25	7 25	7 26	7 26	7 27	7 28	7 28	7 29	7 30	7 31	7 32	7 33	7 34
23	7 44	7 43	7 42	7 40	7 39	7 38	7 37	7 35	7 33	7 32	7 30	7 27	7 25	7 22
24	8 03	8 01	7 59	7 56	7 53	7 50	7 46	7 42	7 38	7 34	7 29	7 23	7 16	7 08
25	8 25	8 21	8 17	8 13	8 08	8 03	7 57	7 51	7 44	7 37	7 28	7 18	7 06	6 53
26	8 50	8 44	8 39	8 33	8 26	8 19	8 11	8 02	7 52	7 41	7 28	7 13	6 55	6 32
27	9 19	9 13	9 05	8 58	8 49	8 40	8 29	8 18	8 04	7 49	7 30	7 07	6 37	5 51
28	9 56	9 48	9 39	9 30	9 20	9 08	8 55	8 40	8 23	8 02	7 36	6 59	5 35	-- --
Mar. 1	10 42	10 33	10 23	10 13	10 01	9 48	9 33	9 16	8 55	8 29	7 53	6 32	-- --	-- --
2	11 38	11 29	11 19	11 09	10 57	10 44	10 28	10 10	9 49	9 21	8 42	-- --	-- --	-- --
3	12 45	12 36	12 27	12 18	12 07	11 55	11 41	11 25	11 06	10 43	10 12	9 23	-- --	-- --
4	13 59	13 52	13 44	13 36	13 28	13 18	13 07	12 54	12 40	12 23	12 03	11 37	11 00	9 29
5	15 16	15 11	15 06	15 00	14 54	14 47	14 39	14 30	14 21	14 10	13 57	13 41	13 23	12 59
6	16 35	16 32	16 29	16 25	16 21	16 17	16 12	16 07	16 02	15 55	15 48	15 40	15 30	15 18
7	17 53	17 52	17 51	17 50	17 48	17 47	17 45	17 44	17 42	17 39	17 37	17 34	17 31	17 27
8	19 11	19 12	19 13	19 14	19 15	19 16	19 18	19 19	19 21	19 22	19 24	19 26	19 29	19 32
9	20 30	20 33	20 36	20 39	20 42	20 46	20 50	20 55	21 00	21 06	21 12	21 20	21 29	21 39
10	21 48	21 53	21 58	22 04	22 10	22 16	22 24	22 32	22 41	22 51	23 03	23 17	23 34	23 56
11	23 06	23 13	23 20	23 28	23 36	23 45	23 56	.. ..	.. ..	.. ..	.. ..	.. ..	.. ..	.. ..

(.. ..) indicates phenomenon will occur the next day.
(-- --) indicates Moon continuously below horizon.
(** **) indicates Moon continuously above horizon.

MOONRISE AND MOONSET, 1989

UNIVERSAL TIME FOR MERIDIAN OF GREENWICH
MOONRISE

Lat.	−55°	−50°	−45°	−40°	−35°	−30°	−20°	−10°	0°	+10°	+20°	+30°	+35°	+40°
	h m	h m	h m	h m	h m	h m	h m	h m	h m	h m	h m	h m	h m	h m
Mar. 9	8 11	8 04	7 58	7 52	7 48	7 44	7 38	7 32	7 27	7 22	7 17	7 10	7 07	7 03
10	9 49	9 34	9 21	9 11	9 02	8 55	8 42	8 30	8 20	8 09	7 59	7 46	7 39	7 31
11	11 28	11 04	10 45	10 29	10 17	10 05	9 46	9 30	9 15	9 00	8 43	8 25	8 15	8 03
12	13 05	12 31	12 06	11 46	11 30	11 16	10 52	10 31	10 12	9 53	9 32	9 09	8 55	8 40
13	14 32	13 50	13 21	12 58	12 39	12 23	11 56	11 32	11 10	10 49	10 26	9 59	9 43	9 25
14	15 39	14 56	14 25	14 01	13 41	13 25	12 56	12 32	12 09	11 46	11 22	10 54	10 37	10 18
15	16 25	15 45	15 16	14 54	14 35	14 19	13 52	13 28	13 06	12 44	12 21	11 53	11 37	11 18
16	16 53	16 20	15 56	15 36	15 19	15 05	14 41	14 20	14 00	13 40	13 19	12 54	12 39	12 22
17	17 10	16 45	16 26	16 10	15 56	15 44	15 24	15 06	14 50	14 33	14 15	13 54	13 42	13 28
18	17 22	17 04	16 49	16 37	16 27	16 18	16 02	15 48	15 35	15 22	15 08	14 52	14 43	14 32
19	17 31	17 19	17 09	17 01	16 54	16 47	16 37	16 27	16 18	16 09	16 00	15 48	15 42	15 35
20	17 37	17 31	17 26	17 21	17 18	17 14	17 09	17 03	16 59	16 54	16 49	16 43	16 39	16 35
21	17 43	17 42	17 42	17 41	17 40	17 40	17 39	17 38	17 38	17 37	17 36	17 36	17 35	17 35
22	17 49	17 54	17 57	18 00	18 03	18 05	18 09	18 13	18 17	18 20	18 24	18 28	18 31	18 34
23	17 56	18 06	18 14	18 21	18 26	18 32	18 41	18 49	18 56	19 04	19 12	19 22	19 27	19 33
24	18 04	18 19	18 32	18 43	18 52	19 00	19 14	19 26	19 38	19 49	20 02	20 16	20 25	20 34
25	18 14	18 36	18 54	19 08	19 21	19 31	19 50	20 06	20 21	20 37	20 53	21 13	21 24	21 37
26	18 29	18 58	19 21	19 39	19 54	20 08	20 30	20 50	21 09	21 27	21 47	22 11	22 25	22 40
27	18 52	19 29	19 55	20 17	20 34	20 50	21 16	21 38	21 59	22 20	22 43	23 10	23 25	23 44
28	19 29	20 10	20 40	21 03	21 22	21 39	22 07	22 31	22 53	23 16	23 40	.. ..	.. ..	.. ..
29	20 24	21 06	21 36	21 59	22 19	22 35	23 03	23 27	23 49	.. ..	.. ..	0 08	0 25	0 44
30	21 39	22 16	22 43	23 04	23 22	23 37	.. ..	.. ..	.. ..	0 11	0 35	1 03	1 19	1 39
31	23 08	23 37	23 58	.. ..	.. ..	.. ..	0 03	0 25	0 46	1 06	1 28	1 53	2 08	2 26
Apr. 1	.. ..	.. ..	.. ..	0 16	0 31	0 44	1 05	1 24	1 41	1 59	2 17	2 39	2 51	3 05
2	0 42	1 02	1 18	1 31	1 42	1 52	2 08	2 22	2 36	2 49	3 03	3 19	3 28	3 39

MOONSET

Lat.	−55°	−50°	−45°	−40°	−35°	−30°	−20°	−10°	0°	+10°	+20°	+30°	+35°	+40°
	h m	h m	h m	h m	h m	h m	h m	h m	h m	h m	h m	h m	h m	h m
Mar. 9	18 49	18 59	19 08	19 15	19 21	19 26	19 36	19 44	19 52	20 00	20 08	20 18	20 23	20 30
10	19 00	19 18	19 32	19 44	19 54	20 03	20 19	20 33	20 46	20 58	21 12	21 28	21 38	21 48
11	19 15	19 41	20 02	20 18	20 32	20 45	21 06	21 24	21 42	21 59	22 17	22 39	22 52	23 06
12	19 38	20 13	20 39	20 59	21 17	21 32	21 57	22 19	22 40	23 00	23 22	23 48	.. ..	.. ..
13	20 14	20 55	21 25	21 48	22 08	22 24	22 52	23 16	23 39	.. ..	.. ..	.. ..	0 03	0 21
14	21 08	21 51	22 22	22 45	23 05	23 22	23 50	.. ..	.. ..	0 01	0 25	0 53	1 10	1 29
15	22 19	22 58	23 26	23 48	.. ..	.. ..	.. ..	0 14	0 37	0 59	1 23	1 51	2 08	2 27
16	23 40	.. ..	.. ..	.. ..	0 07	0 22	0 49	1 11	1 32	1 53	2 16	2 42	2 57	3 14
17	.. ..	0 11	0 35	0 54	1 10	1 23	1 46	2 06	2 24	2 43	3 02	3 24	3 37	3 52
18	1 02	1 26	1 44	1 59	2 12	2 23	2 41	2 57	3 12	3 27	3 43	4 01	4 11	4 23
19	2 22	2 39	2 52	3 03	3 12	3 20	3 33	3 45	3 56	4 07	4 19	4 32	4 40	4 48
20	3 40	3 50	3 58	4 04	4 10	4 15	4 23	4 31	4 38	4 45	4 52	5 00	5 05	5 10
21	4 54	4 58	5 01	5 04	5 06	5 08	5 12	5 15	5 18	5 20	5 23	5 26	5 28	5 30
22	6 08	6 06	6 04	6 03	6 02	6 01	5 59	5 58	5 56	5 55	5 54	5 52	5 51	5 50
23	7 22	7 14	7 08	7 02	6 58	6 54	6 47	6 41	6 36	6 30	6 24	6 17	6 14	6 09
24	8 37	8 23	8 12	8 02	7 55	7 48	7 36	7 26	7 16	7 06	6 56	6 45	6 38	6 30
25	9 54	9 34	9 17	9 04	8 53	8 43	8 26	8 12	7 58	7 45	7 31	7 14	7 05	6 54
26	11 14	10 46	10 25	10 07	9 53	9 40	9 19	9 01	8 44	8 27	8 09	7 48	7 36	7 22
27	12 33	11 58	11 32	11 11	10 54	10 39	10 14	9 53	9 33	9 13	8 51	8 27	8 12	7 55
28	13 46	13 05	12 36	12 13	11 54	11 38	11 10	10 47	10 25	10 03	9 39	9 12	8 56	8 37
29	14 46	14 04	13 34	13 11	12 51	12 35	12 07	11 42	11 20	10 57	10 33	10 05	9 48	9 28
30	15 29	14 51	14 23	14 01	13 43	13 27	13 01	12 38	12 16	11 55	11 31	11 04	10 48	10 29
31	15 57	15 26	15 03	14 45	14 29	14 15	13 52	13 32	13 12	12 53	12 33	12 09	11 54	11 38
Apr. 1	16 15	15 53	15 35	15 21	15 09	14 58	14 39	14 23	14 07	13 52	13 35	13 16	13 05	12 51
2	16 28	16 13	16 02	15 52	15 43	15 36	15 23	15 11	15 01	14 50	14 38	14 24	14 16	14 07

(.. ..) indicates phenomenon will occur the next day.

UNIVERSAL TIME FOR MERIDIAN OF GREENWICH
MOONRISE

Lat.	+40°	+42°	+44°	+46°	+48°	+50°	+52°	+54°	+56°	+58°	+60°	+62°	+64°	+66°
	h m	h m	h m	h m	h m	h m	h m	h m	h m	h m	h m	h m	h m	h m
Mar. 9	7 03	7 01	6 59	6 58	6 55	6 53	6 51	6 48	6 45	6 42	6 38	6 34	6 30	6 24
10	7 31	7 27	7 24	7 20	7 15	7 10	7 05	7 00	6 53	6 46	6 39	6 30	6 19	6 07
11	8 03	7 57	7 51	7 45	7 39	7 31	7 23	7 14	7 04	6 53	6 40	6 25	6 07	5 44
12	8 40	8 33	8 25	8 17	8 08	7 58	7 47	7 35	7 21	7 04	6 45	6 20	5 47	4 51
13	9 25	9 16	9 07	8 58	8 47	8 35	8 21	8 06	7 47	7 25	6 56	6 14	** **	** **
14	10 18	10 09	9 59	9 49	9 37	9 24	9 09	8 51	8 30	8 04	7 27	** **	** **	** **
15	11 18	11 09	11 00	10 50	10 38	10 26	10 11	9 54	9 34	9 09	8 34	7 26	** **	** **
16	12 22	12 15	12 06	11 57	11 47	11 36	11 24	11 09	10 53	10 32	10 07	9 31	8 17	** **
17	13 28	13 22	13 15	13 07	12 59	12 50	12 41	12 29	12 17	12 02	11 44	11 22	10 53	10 09
18	14 32	14 28	14 22	14 17	14 11	14 04	13 57	13 49	13 40	13 29	13 17	13 03	12 46	12 25
19	15 35	15 31	15 28	15 24	15 20	15 16	15 11	15 06	15 00	14 53	14 46	14 37	14 27	14 15
20	16 35	16 34	16 32	16 30	16 28	16 25	16 23	16 20	16 17	16 13	16 10	16 05	16 00	15 54
21	17 35	17 34	17 34	17 34	17 34	17 33	17 33	17 33	17 32	17 32	17 31	17 31	17 30	17 29
22	18 34	18 35	18 36	18 38	18 39	18 41	18 43	18 45	18 47	18 50	18 52	18 56	18 59	19 04
23	19 33	19 36	19 39	19 42	19 46	19 49	19 53	19 58	20 03	20 09	20 15	20 22	20 31	20 41
24	20 34	20 38	20 43	20 48	20 53	20 59	21 06	21 13	21 21	21 30	21 41	21 53	22 07	22 25
25	21 37	21 43	21 49	21 56	22 03	22 11	22 20	22 30	22 42	22 55	23 11	23 30	23 54	.. ..
26	22 40	22 48	22 55	23 04	23 13	23 24	23 35	23 49	.. ..	.. ..	.. ..	.. ..	.. ..	0 27
27	23 44	23 52	.. ..	.. ..	.. ..	.. ..	.. ..	.. ..	0 04	0 22	0 45	1 15	2 01	-- --
28	.. ..	.. ..	0 01	0 11	0 22	0 34	0 48	1 04	1 23	1 47	2 19	3 12	-- --	-- --
29	0 44	0 53	1 03	1 13	1 25	1 38	1 53	2 11	2 32	3 00	3 39	-- --	-- --	-- --
30	1 39	1 47	1 57	2 07	2 18	2 31	2 46	3 03	3 23	3 48	4 23	5 28	-- --	-- --
31	2 26	2 33	2 42	2 51	3 01	3 12	3 25	3 39	3 56	4 15	4 40	5 14	6 11	-- --
Apr. 1	3 05	3 12	3 18	3 26	3 34	3 43	3 52	4 03	4 16	4 30	4 47	5 07	5 33	6 08
2	3 39	3 43	3 48	3 54	3 59	4 06	4 13	4 20	4 29	4 38	4 49	5 02	5 17	5 35

MOONSET

Lat.	+40°	+42°	+44°	+46°	+48°	+50°	+52°	+54°	+56°	+58°	+60°	+62°	+64°	+66°
	h m	h m	h m	h m	h m	h m	h m	h m	h m	h m	h m	h m	h m	h m
Mar. 9	20 30	20 33	20 36	20 39	20 42	20 46	20 50	20 55	21 00	21 06	21 12	21 20	21 29	21 39
10	21 48	21 53	21 58	22 04	22 10	22 16	22 24	22 32	22 41	22 51	23 03	23 17	23 34	23 56
11	23 06	23 13	23 20	23 28	23 36	23 45	23 56							
12	.. ..	.. ..	.. ..	.. ..	.. ..	.. ..	.. ..	0 08	0 21	0 37	0 56	1 20	1 52	2 47
13	0 21	0 29	0 38	0 47	0 58	1 10	1 23	1 38	1 56	2 18	2 47	3 29	** **	** **
14	1 29	1 38	1 47	1 58	2 10	2 23	2 37	2 55	3 16	3 42	4 19	** **	** **	** **
15	2 27	2 36	2 45	2 56	3 07	3 20	3 35	3 52	4 12	4 38	5 13	6 20	** **	** **
16	3 14	3 22	3 31	3 40	3 51	4 02	4 15	4 30	4 47	5 07	5 34	6 10	7 24	** **
17	3 52	3 59	4 06	4 14	4 23	4 32	4 42	4 54	5 07	5 23	5 41	6 04	6 34	7 18
18	4 23	4 28	4 34	4 40	4 46	4 54	5 02	5 10	5 20	5 31	5 44	5 59	6 17	6 40
19	4 48	4 52	4 56	5 01	5 05	5 10	5 16	5 22	5 29	5 36	5 45	5 55	6 06	6 19
20	5 10	5 13	5 15	5 18	5 21	5 24	5 27	5 31	5 35	5 39	5 45	5 50	5 57	6 04
21	5 30	5 31	5 32	5 33	5 34	5 36	5 37	5 38	5 40	5 42	5 44	5 46	5 48	5 51
22	5 50	5 49	5 49	5 48	5 48	5 47	5 46	5 45	5 45	5 44	5 43	5 41	5 40	5 39
23	6 09	6 07	6 05	6 03	6 01	5 58	5 56	5 53	5 49	5 46	5 42	5 37	5 32	5 26
24	6 30	6 27	6 23	6 20	6 15	6 11	6 06	6 01	5 55	5 48	5 41	5 33	5 23	5 11
25	6 54	6 49	6 44	6 39	6 33	6 26	6 19	6 11	6 02	5 52	5 41	5 28	5 12	4 53
26	7 22	7 16	7 09	7 02	6 54	6 45	6 36	6 25	6 13	5 59	5 43	5 23	4 58	4 24
27	7 55	7 48	7 40	7 31	7 21	7 11	6 59	6 45	6 29	6 10	5 47	5 17	4 30	-- --
28	8 37	8 29	8 19	8 09	7 58	7 46	7 32	7 15	6 56	6 32	6 00	5 07	-- --	-- --
29	9 28	9 19	9 10	8 59	8 47	8 34	8 19	8 01	7 40	7 13	6 34	-- --	-- --	-- --
30	10 29	10 21	10 11	10 01	9 50	9 37	9 23	9 06	8 46	8 21	7 47	6 42	-- --	-- --
31	11 38	11 30	11 22	11 14	11 04	10 53	10 41	10 27	10 11	9 51	9 27	8 54	7 57	-- --
Apr. 1	12 51	12 46	12 39	12 32	12 25	12 17	12 07	11 57	11 45	11 32	11 16	10 56	10 32	9 57
2	14 07	14 03	13 59	13 54	13 49	13 44	13 37	13 31	13 23	13 14	13 05	12 53	12 40	12 23

(.. ..) indicates phenomenon will occur the next day.
(-- --) indicates Moon continuously below horizon.
(** **) indicates Moon continuously above horizon.

UNIVERSAL TIME FOR MERIDIAN OF GREENWICH
MOONRISE

Lat.	−55°	−50°	−45°	−40°	−35°	−30°	−20°	−10°	0°	+10°	+20°	+30°	+35°	+40°
	h m	h m	h m	h m	h m	h m	h m	h m	h m	h m	h m	h m	h m	h m
Apr. 1	.. ..	.. ..	.. ..	0 16	0 31	0 44	1 05	1 24	1 41	1 59	2 17	2 39	2 51	3 05
2	0 42	1 02	1 18	1 31	1 42	1 52	2 08	2 22	2 36	2 49	3 03	3 19	3 28	3 39
3	2 18	2 30	2 39	2 47	2 54	3 00	3 11	3 20	3 28	3 36	3 45	3 55	4 01	4 08
4	3 53	3 58	4 01	4 04	4 07	4 09	4 13	4 16	4 19	4 22	4 26	4 30	4 32	4 34
5	5 30	5 27	5 24	5 22	5 20	5 18	5 15	5 13	5 11	5 08	5 06	5 04	5 02	5 00
6	7 08	6 57	6 48	6 41	6 34	6 29	6 19	6 11	6 03	5 56	5 48	5 39	5 33	5 28
7	8 49	8 29	8 14	8 01	7 50	7 41	7 25	7 11	6 58	6 45	6 32	6 17	6 08	5 58
8	10 30	10 01	9 39	9 21	9 06	8 54	8 32	8 13	7 56	7 39	7 20	6 59	6 47	6 33
9	12 06	11 28	11 00	10 38	10 21	10 05	9 39	9 17	8 56	8 36	8 14	7 48	7 33	7 16
10	13 25	12 42	12 12	11 48	11 29	11 12	10 44	10 20	9 57	9 35	9 11	8 43	8 27	8 08
11	14 21	13 39	13 10	12 47	12 28	12 11	11 43	11 19	10 57	10 35	10 11	9 43	9 27	9 07
12	14 55	14 20	13 54	13 34	13 16	13 02	12 36	12 14	11 54	11 33	11 11	10 45	10 30	10 12
13	15 17	14 49	14 28	14 11	13 56	13 44	13 22	13 03	12 46	12 28	12 09	11 47	11 34	11 19
14	15 30	15 10	14 54	14 41	14 29	14 19	14 02	13 47	13 33	13 19	13 04	12 46	12 36	12 24
15	15 40	15 26	15 15	15 05	14 57	14 50	14 38	14 27	14 17	14 07	13 56	13 43	13 36	13 28
16	15 47	15 39	15 33	15 27	15 22	15 18	15 11	15 04	14 58	14 52	14 45	14 38	14 33	14 28
17	15 54	15 51	15 49	15 47	15 45	15 44	15 42	15 39	15 37	15 35	15 33	15 31	15 29	15 28
18	16 00	16 02	16 04	16 06	16 08	16 09	16 12	16 14	16 16	16 18	16 21	16 23	16 25	16 27
19	16 06	16 14	16 21	16 26	16 31	16 35	16 43	16 49	16 56	17 02	17 09	17 16	17 21	17 26
20	16 14	16 27	16 39	16 48	16 56	17 03	17 15	17 26	17 36	17 47	17 58	18 11	18 18	18 26
21	16 23	16 43	16 59	17 13	17 24	17 34	17 51	18 06	18 20	18 34	18 49	19 07	19 17	19 29
22	16 37	17 04	17 25	17 42	17 56	18 08	18 30	18 48	19 06	19 24	19 43	20 05	20 18	20 32
23	16 58	17 32	17 57	18 17	18 34	18 49	19 14	19 36	19 56	20 16	20 38	21 04	21 19	21 36
24	17 30	18 10	18 38	19 01	19 20	19 36	20 03	20 27	20 49	21 11	21 34	22 02	22 18	22 38
25	18 19	19 01	19 31	19 54	20 13	20 30	20 57	21 21	21 44	22 06	22 30	22 58	23 14	23 34

MOONSET

Lat.	−55°	−50°	−45°	−40°	−35°	−30°	−20°	−10°	0°	+10°	+20°	+30°	+35°	+40°
	h m	h m	h m	h m	h m	h m	h m	h m	h m	h m	h m	h m	h m	h m
Apr. 1	16 15	15 53	15 35	15 21	15 09	14 58	14 39	14 23	14 07	13 52	13 35	13 16	13 05	12 51
2	16 28	16 13	16 02	15 52	15 43	15 36	15 23	15 11	15 01	14 50	14 38	14 24	14 16	14 07
3	16 38	16 31	16 25	16 19	16 15	16 11	16 04	15 58	15 52	15 46	15 40	15 33	15 29	15 24
4	16 47	16 46	16 46	16 46	16 45	16 45	16 44	16 44	16 43	16 43	16 42	16 42	16 41	16 41
5	16 56	17 02	17 07	17 12	17 16	17 19	17 25	17 30	17 35	17 40	17 45	17 51	17 55	17 59
6	17 06	17 20	17 31	17 40	17 48	17 55	18 08	18 19	18 29	18 39	18 50	19 03	19 10	19 19
7	17 19	17 41	17 59	18 13	18 25	18 36	18 54	19 10	19 25	19 40	19 57	20 15	20 26	20 39
8	17 39	18 09	18 33	18 52	19 07	19 21	19 45	20 05	20 24	20 43	21 04	21 28	21 42	21 58
9	18 09	18 48	19 17	19 39	19 57	20 13	20 40	21 04	21 25	21 47	22 10	22 38	22 54	23 12
10	18 58	19 41	20 11	20 35	20 54	21 11	21 39	22 04	22 26	22 49	23 13	23 41	23 58	.. ..
11	20 05	20 46	21 15	21 38	21 57	22 13	22 40	23 03	23 25	23 46	.. ..	.. ..	.. ..	0 17
12	21 25	21 59	22 24	22 44	23 01	23 15	23 39	.. ..	.. ..	.. ..	0 09	0 36	0 52	1 10
13	22 49	23 15	23 34	23 51	.. ..	.. ..	.. ..	0 00	0 19	0 38	0 59	1 22	1 36	1 52
14	.. ..	.. ..	.. ..	.. ..	0 04	0 16	0 36	0 53	1 09	1 25	1 42	2 01	2 12	2 25
15	0 10	0 29	0 43	0 55	1 05	1 14	1 29	1 42	1 55	2 07	2 20	2 34	2 43	2 52
16	1 28	1 40	1 49	1 57	2 04	2 10	2 20	2 29	2 37	2 45	2 54	3 04	3 09	3 15
17	2 43	2 49	2 53	2 57	3 01	3 04	3 09	3 13	3 17	3 21	3 25	3 30	3 33	3 36
18	3 56	3 56	3 56	3 56	3 56	3 56	3 56	3 56	3 56	3 56	3 56	3 56	3 56	3 56
19	5 10	5 04	4 59	4 55	4 52	4 49	4 44	4 39	4 35	4 31	4 26	4 21	4 18	4 15
20	6 24	6 12	6 03	5 55	5 48	5 42	5 32	5 23	5 15	5 07	4 58	4 48	4 42	4 36
21	7 41	7 23	7 08	6 56	6 46	6 37	6 22	6 09	5 57	5 45	5 32	5 17	5 08	4 59
22	9 00	8 35	8 15	7 59	7 46	7 34	7 15	6 58	6 42	6 26	6 09	5 49	5 38	5 25
23	10 20	9 47	9 23	9 03	8 47	8 33	8 09	7 49	7 30	7 11	6 50	6 27	6 13	5 57
24	11 36	10 56	10 28	10 06	9 48	9 32	9 05	8 42	8 21	8 00	7 37	7 10	6 55	6 37
25	12 40	11 58	11 28	11 05	10 46	10 29	10 01	9 37	9 15	8 53	8 29	8 01	7 44	7 25

(.. ..) indicates phenomenon will occur the next day.

UNIVERSAL TIME FOR MERIDIAN OF GREENWICH
MOONRISE

Lat.	+40°	+42°	+44°	+46°	+48°	+50°	+52°	+54°	+56°	+58°	+60°	+62°	+64°	+66°
	h m	h m	h m	h m	h m	h m	h m	h m	h m	h m	h m	h m	h m	h m
Apr. 1	3 05	3 12	3 18	3 26	3 34	3 43	3 52	4 03	4 16	4 30	4 47	5 07	5 33	6 08
2	3 39	3 43	3 48	3 54	3 59	4 06	4 13	4 20	4 29	4 38	4 49	5 02	5 17	5 35
3	4 08	4 11	4 14	4 17	4 21	4 24	4 29	4 33	4 38	4 44	4 50	4 57	5 05	5 15
4	4 34	4 35	4 37	4 38	4 39	4 41	4 42	4 44	4 46	4 48	4 50	4 53	4 56	4 59
5	5 00	5 00	4 59	4 58	4 57	4 56	4 55	4 54	4 53	4 52	4 50	4 48	4 47	4 44
6	5 28	5 25	5 22	5 19	5 16	5 13	5 09	5 05	5 01	4 56	4 50	4 44	4 37	4 29
7	5 58	5 53	5 49	5 44	5 38	5 32	5 26	5 19	5 11	5 02	4 52	4 40	4 26	4 10
8	6 33	6 27	6 20	6 13	6 05	5 57	5 47	5 37	5 25	5 11	4 55	4 36	4 12	3 40
9	7 16	7 08	7 00	6 51	6 41	6 30	6 18	6 04	5 47	5 28	5 04	4 32	3 40	** **
10	8 08	7 59	7 50	7 39	7 28	7 15	7 01	6 44	6 24	5 59	5 26	4 27	** **	** **
11	9 07	8 59	8 49	8 39	8 27	8 14	8 00	7 42	7 22	6 56	6 20	5 00	** **	** **
12	10 12	10 04	9 56	9 46	9 36	9 24	9 11	8 56	8 38	8 16	7 48	7 06	** **	** **
13	11 19	11 12	11 05	10 57	10 48	10 39	10 28	10 16	10 02	9 45	9 26	9 00	8 25	7 19
14	12 24	12 19	12 13	12 07	12 01	11 53	11 45	11 36	11 26	11 15	11 01	10 45	10 25	9 59
15	13 28	13 24	13 20	13 16	13 11	13 06	13 00	12 54	12 47	12 40	12 31	12 21	12 09	11 54
16	14 28	14 26	14 24	14 21	14 19	14 16	14 13	14 09	14 05	14 01	13 56	13 50	13 44	13 36
17	15 28	15 27	15 26	15 26	15 25	15 24	15 23	15 22	15 20	15 19	15 18	15 16	15 14	15 11
18	16 27	16 27	16 28	16 29	16 30	16 31	16 32	16 34	16 35	16 37	16 38	16 40	16 42	16 45
19	17 26	17 28	17 31	17 33	17 36	17 39	17 42	17 46	17 50	17 55	18 00	18 06	18 13	18 21
20	18 26	18 30	18 34	18 39	18 43	18 49	18 54	19 01	19 08	19 15	19 24	19 35	19 47	20 02
21	19 29	19 34	19 40	19 46	19 53	20 00	20 08	20 17	20 28	20 39	20 53	21 09	21 30	21 56
22	20 32	20 39	20 47	20 54	21 03	21 13	21 23	21 36	21 50	22 06	22 26	22 51	23 27	.. ..
23	21 36	21 44	21 53	22 02	22 13	22 24	22 37	22 53	23 10	23 32	.. ..	.. ..	-- --	0 36
24	22 38	22 46	22 56	23 06	23 18	23 31	23 45	.. ..	.. ..	.. ..	0 00	0 42	-- --	-- --
25	23 34	23 42	23 52	.. ..	.. ..	.. ..	.. ..	0 02	0 23	0 49	1 25	2 53	-- --	-- --

MOONSET

Lat.	+40°	+42°	+44°	+46°	+48°	+50°	+52°	+54°	+56°	+58°	+60°	+62°	+64°	+66°
	h m	h m	h m	h m	h m	h m	h m	h m	h m	h m	h m	h m	h m	h m
Apr. 1	12 51	12 46	12 39	12 32	12 25	12 17	12 07	11 57	11 45	11 32	11 16	10 56	10 32	9 57
2	14 07	14 03	13 59	13 54	13 49	13 44	13 37	13 31	13 23	13 14	13 05	12 53	12 40	12 23
3	15 24	15 22	15 19	15 17	15 14	15 11	15 08	15 05	15 01	14 56	14 52	14 46	14 40	14 32
4	16 41	16 41	16 40	16 40	16 40	16 40	16 39	16 39	16 39	16 38	16 38	16 37	16 37	16 36
5	17 59	18 01	18 03	18 05	18 07	18 09	18 12	18 15	18 18	18 21	18 25	18 30	18 35	18 41
6	19 19	19 22	19 26	19 31	19 35	19 40	19 46	19 52	19 59	20 07	20 16	20 26	20 38	20 53
7	20 39	20 45	20 51	20 58	21 05	21 13	21 22	21 31	21 43	21 56	22 11	22 29	22 52	23 23
8	21 58	22 06	22 14	22 23	22 32	22 43	22 55	23 08	23 24	23 43	.. ..	.. ..	.. ..	** **
9	23 12	23 21	23 30	23 40	23 52	.. ..	.. ..	.. ..	.. ..	.. ..	0 07	0 38	1 29	** **
10	.. ..	.. ..	.. ..	.. ..	.. ..	0 04	0 18	0 35	0 55	1 19	1 53	2 51	** **	** **
11	0 17	0 26	0 35	0 46	0 57	1 10	1 25	1 43	2 03	2 29	3 05	4 25	** **	** **
12	1 10	1 18	1 27	1 37	1 48	1 59	2 13	2 28	2 47	3 09	3 38	4 20	** **	** **
13	1 52	1 59	2 07	2 15	2 24	2 34	2 45	2 58	3 12	3 29	3 50	4 16	4 51	5 59
14	2 25	2 31	2 37	2 44	2 51	2 59	3 07	3 17	3 28	3 40	3 54	4 11	4 32	4 59
15	2 52	2 57	3 01	3 06	3 11	3 17	3 23	3 30	3 38	3 46	3 56	4 07	4 20	4 36
16	3 15	3 18	3 21	3 24	3 28	3 32	3 36	3 40	3 45	3 50	3 56	4 03	4 11	4 20
17	3 36	3 38	3 39	3 41	3 42	3 44	3 46	3 48	3 50	3 53	3 56	3 59	4 03	4 07
18	3 56	3 56	3 56	3 56	3 56	3 56	3 55	3 55	3 55	3 55	3 55	3 55	3 55	3 55
19	4 15	4 14	4 12	4 11	4 09	4 07	4 05	4 03	4 00	3 57	3 54	3 51	3 47	3 42
20	4 36	4 33	4 30	4 27	4 23	4 19	4 15	4 11	4 06	4 00	3 54	3 47	3 39	3 29
21	4 59	4 54	4 50	4 45	4 40	4 34	4 27	4 20	4 13	4 04	3 54	3 42	3 29	3 13
22	5 25	5 20	5 13	5 07	5 00	4 52	4 43	4 33	4 22	4 10	3 55	3 38	3 17	2 50
23	5 57	5 50	5 43	5 34	5 25	5 15	5 04	4 51	4 37	4 20	3 59	3 33	2 58	1 47
24	6 37	6 29	6 20	6 10	5 59	5 47	5 34	5 19	5 00	4 38	4 10	3 28	-- --	-- --
25	7 25	7 16	7 07	6 56	6 45	6 32	6 17	5 59	5 39	5 13	4 36	3 08	-- --	-- --

(.. ..) indicates phenomenon will occur the next day.
(-- --) indicates Moon continuously below horizon.
(** **) indicates Moon continuously above horizon.

MOONRISE AND MOONSET, 1989
UNIVERSAL TIME FOR MERIDIAN OF GREENWICH
MOONRISE

Lat.	−55°	−50°	−45°	−40°	−35°	−30°	−20°	−10°	0°	+10°	+20°	+30°	+35°	+40°
	h m	h m	h m	h m	h m	h m	h m	h m	h m	h m	h m	h m	h m	h m
Apr. 24	17 30	18 10	18 38	19 01	19 20	19 36	20 03	20 27	20 49	21 11	21 34	22 02	22 18	22 38
25	18 19	19 01	19 31	19 54	20 13	20 30	20 57	21 21	21 44	22 06	22 30	22 58	23 14	23 34
26	19 27	20 06	20 34	20 56	21 14	21 29	21 56	22 18	22 39	23 00	23 23	23 49	.. ..	.. ..
27	20 50	21 21	21 45	22 04	22 19	22 33	22 56	23 16	23 34	23 53	.. ..	.. ..	0 04	0 22
28	22 19	22 43	23 01	23 15	23 28	23 38	23 57	.. ..	.. ..	.. ..	0 12	0 35	0 48	1 03
29	23 51	.. ..	.. ..	.. ..	.. ..	.. ..	.. ..	0 12	0 27	0 42	0 58	1 15	1 26	1 38
30	.. ..	0 06	0 18	0 28	0 37	0 44	0 57	1 08	1 18	1 29	1 40	1 52	1 59	2 07
May 1	1 23	1 31	1 37	1 42	1 46	1 50	1 57	2 03	2 08	2 14	2 19	2 26	2 30	2 34
2	2 56	2 56	2 56	2 56	2 57	2 57	2 57	2 57	2 58	2 58	2 58	2 59	2 59	2 59
3	4 30	4 23	4 17	4 12	4 08	4 05	3 58	3 53	3 48	3 43	3 38	3 32	3 29	3 25
4	6 08	5 53	5 40	5 31	5 22	5 15	5 02	4 51	4 41	4 31	4 20	4 08	4 01	3 53
5	7 49	7 25	7 06	6 51	6 38	6 27	6 08	5 52	5 37	5 22	5 06	4 48	4 38	4 26
6	9 29	8 55	8 30	8 11	7 54	7 40	7 16	6 56	6 37	6 18	5 57	5 34	5 21	5 05
7	10 59	10 18	9 49	9 26	9 07	8 51	8 24	8 01	7 39	7 17	6 54	6 27	6 12	5 54
8	12 07	11 25	10 55	10 32	10 12	9 56	9 28	9 04	8 41	8 19	7 55	7 27	7 10	6 51
9	12 52	12 15	11 47	11 25	11 07	10 52	10 25	10 03	9 41	9 20	8 57	8 30	8 15	7 56
10	13 19	12 49	12 26	12 08	11 52	11 39	11 16	10 56	10 37	10 18	9 58	9 34	9 20	9 04
11	13 36	13 13	12 56	12 41	12 29	12 18	11 59	11 43	11 27	11 12	10 55	10 36	10 25	10 12
12	13 47	13 31	13 19	13 08	12 59	12 51	12 37	12 25	12 13	12 02	11 49	11 35	11 27	11 17
13	13 56	13 46	13 38	13 31	13 25	13 20	13 11	13 03	12 56	12 48	12 40	12 31	12 26	12 20
14	14 03	13 58	13 55	13 52	13 49	13 47	13 43	13 39	13 36	13 32	13 29	13 25	13 23	13 20
15	14 09	14 10	14 11	14 11	14 12	14 12	14 13	14 14	14 15	14 16	14 17	14 18	14 18	14 19
16	14 15	14 21	14 27	14 31	14 35	14 38	14 44	14 49	14 54	14 59	15 04	15 10	15 14	15 18
17	14 22	14 34	14 44	14 52	14 59	15 05	15 16	15 25	15 34	15 43	15 53	16 04	16 10	16 18
18	14 32	14 50	15 04	15 16	15 26	15 35	15 50	16 04	16 17	16 30	16 43	16 59	17 09	17 20

MOONSET

	−55°	−50°	−45°	−40°	−35°	−30°	−20°	−10°	0°	+10°	+20°	+30°	+35°	+40°
	h m	h m	h m	h m	h m	h m	h m	h m	h m	h m	h m	h m	h m	h m
Apr. 24	11 36	10 56	10 28	10 06	9 48	9 32	9 05	8 42	8 21	8 00	7 37	7 10	6 55	6 37
25	12 40	11 58	11 28	11 05	10 46	10 29	10 01	9 37	9 15	8 53	8 29	8 01	7 44	7 25
26	13 27	12 48	12 20	11 57	11 39	11 23	10 56	10 32	10 10	9 49	9 25	8 58	8 41	8 22
27	13 59	13 26	13 02	12 42	12 26	12 11	11 47	11 26	11 06	10 46	10 24	9 59	9 45	9 27
28	14 20	13 55	13 35	13 20	13 06	12 54	12 34	12 16	12 00	11 43	11 25	11 04	10 52	10 37
29	14 34	14 17	14 03	13 51	13 41	13 33	13 18	13 04	12 52	12 39	12 25	12 10	12 01	11 50
30	14 45	14 34	14 26	14 19	14 13	14 08	13 58	13 50	13 42	13 34	13 26	13 16	13 10	13 03
May 1	14 54	14 50	14 47	14 45	14 43	14 41	14 37	14 34	14 31	14 29	14 25	14 22	14 20	14 17
2	15 02	15 06	15 08	15 10	15 12	15 14	15 16	15 19	15 21	15 24	15 26	15 29	15 30	15 32
3	15 12	15 22	15 30	15 37	15 43	15 48	15 57	16 05	16 13	16 20	16 28	16 38	16 43	16 49
4	15 23	15 41	15 55	16 07	16 17	16 26	16 41	16 54	17 07	17 20	17 33	17 49	17 58	18 08
5	15 40	16 06	16 26	16 42	16 56	17 09	17 30	17 48	18 05	18 22	18 40	19 02	19 14	19 29
6	16 05	16 40	17 06	17 26	17 43	17 58	18 24	18 46	19 06	19 27	19 49	20 14	20 30	20 47
7	16 45	17 26	17 56	18 19	18 38	18 55	19 23	19 47	20 09	20 31	20 55	21 23	21 39	21 58
8	17 46	18 28	18 58	19 21	19 40	19 57	20 25	20 48	21 10	21 32	21 56	22 23	22 40	22 58
9	19 04	19 41	20 07	20 28	20 46	21 01	21 26	21 48	22 08	22 29	22 50	23 15	23 29	23 46
10	20 29	20 58	21 20	21 37	21 52	22 04	22 26	22 44	23 02	23 19	23 37	23 58	.. ..	.. ..
11	21 53	22 14	22 31	22 44	22 55	23 05	23 22	23 36	23 50	.. ..	.. ..	.. ..	0 10	0 24
12	23 13	23 27	23 39	23 48	23 56	.. ..	.. ..	.. ..	.. ..	0 03	0 18	0 34	0 43	0 54
13	.. ..	.. ..	.. ..	.. ..	.. ..	0 02	0 14	0 24	0 34	0 43	0 54	1 05	1 11	1 19
14	0 30	0 38	0 44	0 49	0 53	0 57	1 04	1 10	1 15	1 21	1 26	1 33	1 36	1 40
15	1 44	1 46	1 47	1 48	1 50	1 50	1 52	1 53	1 55	1 56	1 57	1 59	2 00	2 00
16	2 57	2 53	2 50	2 47	2 45	2 43	2 40	2 36	2 34	2 31	2 28	2 24	2 22	2 20
17	4 11	4 01	3 53	3 47	3 41	3 36	3 28	3 20	3 13	3 06	2 59	2 51	2 46	2 40
18	5 27	5 11	4 58	4 47	4 38	4 31	4 17	4 05	3 54	3 43	3 32	3 19	3 11	3 02

(.. ..) indicates phenomenon will occur the next day.

UNIVERSAL TIME FOR MERIDIAN OF GREENWICH

MOONRISE

Lat.	+40°	+42°	+44°	+46°	+48°	+50°	+52°	+54°	+56°	+58°	+60°	+62°	+64°	+66°
	h m	h m	h m	h m	h m	h m	h m	h m	h m	h m	h m	h m	h m	h m
Apr. 24	22 38	22 46	22 56	23 06	23 18	23 31	23 45	.. ..	.. ..	.. ..	0 00	0 42	-- --	-- --
25	23 34	23 42	23 52	.. ..	.. ..	.. ..	.. ..	0 02	0 23	0 49	1 25	2 53	-- --	-- --
26	.. ..	.. ..	.. ..	0 02	0 14	0 27	0 41	0 59	1 19	1 45	2 21	3 36	-- --	-- --
27	0 22	0 30	0 39	0 49	0 59	1 11	1 24	1 39	1 57	2 18	2 45	3 24	-- --	-- --
28	1 03	1 10	1 17	1 25	1 34	1 44	1 54	2 06	2 20	2 36	2 55	3 18	3 49	4 38
29	1 38	1 43	1 49	1 55	2 01	2 08	2 16	2 25	2 35	2 46	2 59	3 14	3 32	3 54
30	2 07	2 11	2 15	2 19	2 23	2 28	2 33	2 39	2 45	2 52	3 00	3 09	3 20	3 32
May 1	2 34	2 36	2 38	2 40	2 42	2 45	2 47	2 50	2 53	2 57	3 01	3 05	3 10	3 16
2	2 59	2 59	2 59	3 00	3 00	3 00	3 00	3 00	3 01	3 01	3 01	3 01	3 02	3 02
3	3 25	3 23	3 22	3 20	3 18	3 16	3 13	3 11	3 08	3 05	3 01	2 58	2 53	2 48
4	3 53	3 50	3 46	3 42	3 38	3 33	3 28	3 23	3 17	3 10	3 02	2 54	2 44	2 32
5	4 26	4 21	4 15	4 09	4 02	3 55	3 47	3 39	3 29	3 18	3 05	2 50	2 32	2 11
6	5 05	4 58	4 51	4 43	4 34	4 24	4 13	4 01	3 47	3 31	3 11	2 47	2 15	1 23
7	5 54	5 45	5 36	5 27	5 16	5 04	4 51	4 35	4 17	3 55	3 27	2 45	** **	** **
8	6 51	6 43	6 33	6 23	6 11	5 58	5 44	5 26	5 06	4 40	4 05	2 57	** **	** **
9	7 56	7 48	7 39	7 29	7 18	7 06	6 52	6 36	6 17	5 53	5 22	4 32	** **	** **
10	9 04	8 57	8 49	8 41	8 32	8 21	8 10	7 56	7 41	7 23	7 00	6 31	5 45	** **
11	10 12	10 06	10 00	9 53	9 46	9 38	9 29	9 19	9 08	8 55	8 39	8 20	7 57	7 25
12	11 17	11 13	11 09	11 04	10 59	10 53	10 46	10 39	10 31	10 23	10 12	10 00	9 46	9 29
13	12 20	12 17	12 14	12 11	12 08	12 04	12 00	11 56	11 51	11 46	11 40	11 33	11 24	11 15
14	13 20	13 19	13 17	13 16	13 15	13 13	13 11	13 09	13 07	13 05	13 03	13 00	12 56	12 52
15	14 19	14 19	14 19	14 20	14 20	14 21	14 21	14 22	14 22	14 23	14 23	14 24	14 25	14 26
16	15 18	15 20	15 21	15 24	15 26	15 28	15 31	15 34	15 37	15 40	15 44	15 49	15 54	16 00
17	16 18	16 21	16 25	16 28	16 32	16 37	16 42	16 47	16 53	17 00	17 07	17 16	17 27	17 39
18	17 20	17 24	17 29	17 35	17 41	17 48	17 55	18 03	18 12	18 23	18 35	18 49	19 06	19 27

MOONSET

Lat.	+40°	+42°	+44°	+46°	+48°	+50°	+52°	+54°	+56°	+58°	+60°	+62°	+64°	+66°
	h m	h m	h m	h m	h m	h m	h m	h m	h m	h m	h m	h m	h m	h m
Apr. 24	6 37	6 29	6 20	6 10	5 59	5 47	5 34	5 19	5 00	4 38	4 10	3 28	-- --	-- --
25	7 25	7 16	7 07	6 56	6 45	6 32	6 17	5 59	5 39	5 13	4 36	3 08	-- --	-- --
26	8 22	8 14	8 04	7 54	7 42	7 30	7 15	6 58	6 38	6 12	5 36	4 21	-- --	-- --
27	9 27	9 20	9 11	9 02	8 52	8 40	8 28	8 13	7 56	7 35	7 08	6 30	-- --	-- --
28	10 37	10 31	10 24	10 17	10 08	9 59	9 49	9 38	9 25	9 10	8 51	8 28	7 58	7 11
29	11 50	11 45	11 40	11 35	11 29	11 22	11 15	11 07	10 58	10 48	10 36	10 22	10 05	9 44
30	13 03	13 00	12 57	12 54	12 50	12 46	12 42	12 37	12 32	12 26	12 19	12 11	12 02	11 52
May 1	14 17	14 16	14 15	14 14	14 12	14 11	14 09	14 08	14 06	14 04	14 01	13 58	13 55	13 52
2	15 32	15 33	15 34	15 35	15 36	15 37	15 38	15 39	15 41	15 42	15 44	15 46	15 48	15 51
3	16 49	16 52	16 55	16 58	17 01	17 05	17 09	17 13	17 18	17 24	17 30	17 37	17 46	17 56
4	18 08	18 13	18 18	18 24	18 29	18 36	18 43	18 51	19 00	19 10	19 21	19 35	19 52	20 12
5	19 29	19 35	19 42	19 50	19 58	20 08	20 18	20 30	20 43	20 59	21 17	21 41	22 12	23 03
6	20 47	20 55	21 04	21 13	21 24	21 35	21 48	22 04	22 21	22 43	23 11	23 52	** **	** **
7	21 58	22 07	22 16	22 27	22 38	22 51	23 06	23 23	23 43	.. ..	.. ..	.. ..	** **	** **
8	22 58	23 07	23 16	23 26	23 37	23 50	.. ..	.. ..	.. ..	0 09	0 44	1 53	** **	** **
9	23 46	23 54	.. ..	.. ..	.. ..	.. ..	0 04	0 20	0 39	1 03	1 34	2 25	** **	** **
10	.. ..	.. ..	0 02	0 11	0 20	0 31	0 43	0 57	1 13	1 31	1 55	2 25	3 11	** **
11	0 24	0 30	0 37	0 44	0 52	1 00	1 10	1 20	1 32	1 46	2 02	2 22	2 46	3 19
12	0 54	0 59	1 04	1 09	1 15	1 21	1 28	1 36	1 45	1 55	2 06	2 19	2 34	2 52
13	1 19	1 22	1 25	1 29	1 33	1 38	1 42	1 47	1 53	2 00	2 07	2 15	2 24	2 35
14	1 40	1 42	1 44	1 46	1 49	1 51	1 54	1 56	1 59	2 03	2 07	2 11	2 16	2 22
15	2 00	2 01	2 01	2 02	2 02	2 03	2 03	2 04	2 05	2 06	2 06	2 07	2 08	2 10
16	2 20	2 19	2 18	2 17	2 16	2 14	2 13	2 11	2 10	2 08	2 06	2 03	2 01	1 58
17	2 40	2 38	2 35	2 33	2 30	2 27	2 23	2 19	2 15	2 11	2 05	2 00	1 53	1 45
18	3 02	2 59	2 55	2 50	2 46	2 40	2 35	2 29	2 22	2 14	2 06	1 56	1 44	1 31

(.. ..) indicates phenomenon will occur the next day.

(-- --) indicates Moon continuously below horizon.

(** **) indicates Moon continuously above horizon.

MOONRISE AND MOONSET, 1989
UNIVERSAL TIME FOR MERIDIAN OF GREENWICH
MOONRISE

Lat.	−55°	−50°	−45°	−40°	−35°	−30°	−20°	−10°	0°	+10°	+20°	+30°	+35°	+40°
	h m	h m	h m	h m	h m	h m	h m	h m	h m	h m	h m	h m	h m	h m
May 17	14 22	14 34	14 44	14 52	14 59	15 05	15 16	15 25	15 34	15 43	15 53	16 04	16 10	16 18
18	14 32	14 50	15 04	15 16	15 26	15 35	15 50	16 04	16 17	16 30	16 43	16 59	17 09	17 20
19	14 44	15 09	15 28	15 44	15 57	16 08	16 28	16 46	17 02	17 19	17 37	17 57	18 09	18 23
20	15 03	15 34	15 58	16 17	16 33	16 47	17 11	17 32	17 51	18 11	18 32	18 56	19 11	19 27
21	15 32	16 10	16 37	16 59	17 17	17 33	17 59	18 22	18 44	19 05	19 29	19 56	20 12	20 30
22	16 16	16 57	17 27	17 50	18 09	18 25	18 53	19 17	19 39	20 01	20 25	20 53	21 09	21 29
23	17 19	17 59	18 27	18 49	19 08	19 24	19 51	20 14	20 35	20 56	21 19	21 46	22 02	22 20
24	18 39	19 12	19 36	19 56	20 12	20 27	20 50	21 11	21 30	21 49	22 10	22 34	22 47	23 03
25	20 06	20 31	20 51	21 07	21 20	21 31	21 51	22 08	22 24	22 39	22 56	23 15	23 26	23 39
26	21 36	21 53	22 07	22 18	22 28	22 36	22 50	23 03	23 14	23 26	23 38	23 52	.. ..	.. ..
27	23 06	23 15	23 23	23 30	23 36	23 40	23 49	23 56	.. ..	.. ..	.. ..	.. ..	0 00	0 10
28	.. ..	.. ..	.. ..	.. ..	.. ..	.. ..	.. ..	.. ..	0 03	0 10	0 18	0 26	0 31	0 36
29	0 35	0 38	0 40	0 42	0 43	0 45	0 47	0 49	0 51	0 53	0 56	0 58	1 00	1 01
30	2 05	2 01	1 57	1 54	1 52	1 50	1 46	1 43	1 40	1 37	1 34	1 30	1 28	1 26
31	3 38	3 26	3 17	3 09	3 02	2 56	2 46	2 38	2 30	2 22	2 13	2 04	1 58	1 52
June 1	5 14	4 54	4 39	4 26	4 15	4 06	3 49	3 35	3 23	3 10	2 56	2 41	2 32	2 22
2	6 53	6 24	6 02	5 44	5 30	5 17	4 55	4 37	4 19	4 02	3 44	3 23	3 11	2 57
3	8 28	7 50	7 23	7 02	6 44	6 28	6 03	5 40	5 20	4 59	4 38	4 12	3 58	3 41
4	9 47	9 05	8 36	8 12	7 53	7 36	7 09	6 45	6 22	6 00	5 37	5 09	4 53	4 34
5	10 43	10 04	9 35	9 12	8 53	8 37	8 10	7 46	7 24	7 03	6 39	6 12	5 55	5 36
6	11 18	10 45	10 20	10 00	9 43	9 29	9 04	8 43	8 23	8 03	7 42	7 17	7 02	6 45
7	11 39	11 14	10 54	10 38	10 24	10 12	9 52	9 34	9 17	9 00	8 42	8 21	8 09	7 55
8	11 53	11 35	11 20	11 08	10 58	10 49	10 33	10 19	10 06	9 53	9 39	9 23	9 13	9 03
9	12 03	11 51	11 41	11 33	11 26	11 20	11 09	10 59	10 51	10 42	10 32	10 21	10 15	10 07
10	12 10	12 04	11 59	11 55	11 51	11 48	11 42	11 37	11 32	11 27	11 22	11 16	11 13	11 09

MOONSET

	−55°	−50°	−45°	−40°	−35°	−30°	−20°	−10°	0°	+10°	+20°	+30°	+35°	+40°
	h m	h m	h m	h m	h m	h m	h m	h m	h m	h m	h m	h m	h m	h m
May 17	4 11	4 01	3 53	3 47	3 41	3 36	3 28	3 20	3 13	3 06	2 59	2 51	2 46	2 40
18	5 27	5 11	4 58	4 47	4 38	4 31	4 17	4 05	3 54	3 43	3 32	3 19	3 11	3 02
19	6 45	6 22	6 04	5 50	5 38	5 27	5 09	4 53	4 38	4 24	4 08	3 50	3 40	3 28
20	8 06	7 35	7 12	6 54	6 39	6 25	6 03	5 44	5 25	5 07	4 48	4 26	4 13	3 58
21	9 23	8 46	8 19	7 58	7 40	7 25	6 59	6 37	6 16	5 56	5 34	5 08	4 53	4 36
22	10 32	9 51	9 22	8 59	8 40	8 23	7 56	7 32	7 10	6 48	6 24	5 57	5 41	5 22
23	11 25	10 45	10 16	9 54	9 35	9 19	8 52	8 28	8 06	7 44	7 20	6 53	6 36	6 17
24	12 01	11 27	11 01	10 41	10 24	10 09	9 44	9 22	9 02	8 41	8 19	7 53	7 38	7 20
25	12 25	11 58	11 37	11 20	11 06	10 54	10 32	10 14	9 56	9 38	9 19	8 57	8 44	8 29
26	12 41	12 21	12 06	11 53	11 42	11 33	11 16	11 02	10 48	10 34	10 19	10 02	9 52	9 41
27	12 52	12 40	12 30	12 22	12 14	12 08	11 57	11 47	11 38	11 29	11 19	11 07	11 00	10 52
28	13 02	12 56	12 51	12 47	12 44	12 41	12 35	12 31	12 26	12 22	12 17	12 11	12 08	12 04
29	13 10	13 11	13 11	13 12	13 12	13 13	13 13	13 14	13 14	13 15	13 15	13 15	13 16	13 16
30	13 19	13 26	13 32	13 37	13 41	13 45	13 52	13 57	14 03	14 08	14 14	14 21	14 25	14 29
31	13 29	13 43	13 55	14 04	14 13	14 20	14 33	14 44	14 54	15 05	15 16	15 29	15 36	15 45
June 1	13 43	14 05	14 22	14 37	14 49	14 59	15 18	15 34	15 49	16 04	16 20	16 39	16 50	17 03
2	14 03	14 34	14 57	15 16	15 33	15 45	16 08	16 29	16 48	17 07	17 27	17 51	18 05	18 21
3	14 35	15 14	15 42	16 04	16 22	16 38	17 05	17 28	17 50	18 11	18 34	19 01	19 17	19 36
4	15 27	16 09	16 39	17 02	17 21	17 38	18 06	18 30	18 52	19 15	19 38	20 06	20 23	20 42
5	16 39	17 18	17 46	18 08	18 27	18 42	19 09	19 32	19 53	20 14	20 37	21 03	21 18	21 36
6	18 03	18 35	18 59	19 18	19 34	19 48	20 11	20 31	20 50	21 08	21 28	21 50	22 03	22 19
7	19 30	19 54	20 13	20 28	20 40	20 51	21 10	21 26	21 41	21 56	22 12	22 30	22 40	22 52
8	20 54	21 10	21 23	21 34	21 43	21 51	22 05	22 17	22 28	22 39	22 50	23 04	23 11	23 20
9	22 13	22 23	22 31	22 37	22 43	22 48	22 56	23 04	23 11	23 18	23 25	23 33	23 38	23 43
10	23 29	23 32	23 36	23 38	23 40	23 42	23 46	23 49	23 51	23 54	23 57	.. ..	.. ..	.. ..

(.. ..) indicates phenomenon will occur the next day.

MOONRISE AND MOONSET, 1989

UNIVERSAL TIME FOR MERIDIAN OF GREENWICH

MOONRISE

Lat.		+40°	+42°	+44°	+46°	+48°	+50°	+52°	+54°	+56°	+58°	+60°	+62°	+64°	+66°
		h m	h m	h m	h m	h m	h m	h m	h m	h m	h m	h m	h m	h m	h m
May	17	16 18	16 21	16 25	16 28	16 32	16 37	16 42	16 47	16 53	17 00	17 07	17 16	17 27	17 39
	18	17 20	17 24	17 29	17 35	17 41	17 48	17 55	18 03	18 12	18 23	18 35	18 49	19 06	19 27
	19	18 23	18 29	18 36	18 43	18 51	19 00	19 10	19 21	19 34	19 49	20 06	20 28	20 57	21 39
	20	19 27	19 35	19 43	19 52	20 02	20 13	20 25	20 39	20 56	21 16	21 41	22 15	23 20	-- --
	21	20 30	20 39	20 48	20 58	21 09	21 22	21 36	21 53	22 12	22 37	23 10	.. ..	-- --	-- --
	22	21 29	21 37	21 47	21 57	22 09	22 22	22 37	22 54	23 14	23 40	.. ..	0 10	-- --	-- --
	23	22 20	22 28	22 37	22 47	22 58	23 10	23 23	23 39	23 57	.. ..	0 16	1 35	-- --	-- --
	24	23 03	23 10	23 18	23 26	23 36	23 46	23 57	.. ..	.. ..	0 20	0 49	1 32	-- --	-- --
	25	23 39	23 45	23 51	23 57	.. ..	.. ..	.. ..	0 10	0 24	0 41	1 02	1 28	2 05	3 19
	26	.. ..	.. ..	.. ..	.. ..	0 05	0 12	0 21	0 30	0 41	0 53	1 08	1 25	1 45	2 11
	27	0 10	0 14	0 18	0 23	0 28	0 33	0 39	0 46	0 53	1 01	1 10	1 21	1 33	1 48
	28	0 36	0 39	0 41	0 44	0 47	0 50	0 53	0 57	1 01	1 06	1 11	1 17	1 24	1 31
	29	1 01	1 02	1 03	1 03	1 04	1 05	1 06	1 07	1 09	1 10	1 11	1 13	1 15	1 17
	30	1 26	1 25	1 24	1 23	1 21	1 20	1 19	1 17	1 16	1 14	1 12	1 10	1 07	1 04
	31	1 52	1 49	1 46	1 43	1 40	1 36	1 33	1 28	1 24	1 18	1 13	1 06	0 58	0 50
June	1	2 22	2 17	2 12	2 07	2 02	1 56	1 49	1 42	1 34	1 25	1 15	1 03	0 49	0 32
	2	2 57	2 51	2 44	2 37	2 29	2 21	2 11	2 01	1 49	1 35	1 19	1 00	0 36	0 04
	3	3 41	3 33	3 25	3 16	3 06	2 55	2 43	2 29	2 12	1 53	1 29	0 58	0 09	** **
	4	4 34	4 25	4 16	4 06	3 55	3 42	3 28	3 11	2 52	2 28	1 55	1 02	** **	** **
	5	5 36	5 28	5 19	5 08	4 57	4 44	4 30	4 13	3 54	3 29	2 55	1 55	** **	** **
	6	6 45	6 37	6 29	6 20	6 10	5 58	5 46	5 31	5 14	4 54	4 28	3 51	2 30	** **
	7	7 55	7 48	7 41	7 34	7 26	7 17	7 07	6 55	6 42	6 27	6 09	5 47	5 17	4 32
	8	9 03	8 58	8 53	8 47	8 41	8 34	8 27	8 19	8 10	7 59	7 47	7 33	7 16	6 54
	9	10 07	10 04	10 01	9 57	9 53	9 48	9 44	9 38	9 32	9 26	9 18	9 10	8 59	8 47
	10	11 09	11 07	11 06	11 04	11 01	10 59	10 57	10 54	10 51	10 48	10 44	10 39	10 34	10 29

MOONSET

Lat.		+40°	+42°	+44°	+46°	+48°	+50°	+52°	+54°	+56°	+58°	+60°	+62°	+64°	+66°
		h m	h m	h m	h m	h m	h m	h m	h m	h m	h m	h m	h m	h m	h m
May	17	2 40	2 38	2 35	2 33	2 30	2 27	2 23	2 19	2 15	2 11	2 05	2 00	1 53	1 45
	18	3 02	2 59	2 55	2 50	2 46	2 40	2 35	2 29	2 22	2 14	2 06	1 56	1 44	1 31
	19	3 28	3 23	3 17	3 11	3 04	2 57	2 49	2 41	2 31	2 20	2 07	1 52	1 34	1 11
	20	3 58	3 52	3 45	3 37	3 28	3 19	3 09	2 57	2 44	2 29	2 10	1 48	1 19	0 35
	21	4 36	4 28	4 19	4 10	4 00	3 49	3 36	3 22	3 05	2 44	2 19	1 44	0 39	-- --
	22	5 22	5 13	5 04	4 54	4 42	4 30	4 15	3 58	3 39	3 14	2 40	1 40	-- --	-- --
	23	6 17	6 08	5 59	5 49	5 37	5 24	5 09	4 52	4 32	4 06	3 30	2 11	-- --	-- --
	24	7 20	7 12	7 04	6 54	6 44	6 32	6 19	6 03	5 45	5 23	4 54	4 11	-- --	-- --
	25	8 29	8 23	8 15	8 07	7 59	7 49	7 38	7 26	7 12	6 55	6 35	6 10	5 34	4 21
	26	9 41	9 36	9 30	9 24	9 17	9 10	9 02	8 53	8 43	8 32	8 19	8 03	7 43	7 18
	27	10 52	10 49	10 45	10 41	10 37	10 32	10 27	10 22	10 15	10 08	10 00	9 51	9 40	9 26
	28	12 04	12 02	12 01	11 59	11 57	11 54	11 52	11 49	11 46	11 43	11 39	11 35	11 30	11 24
	29	13 16	13 16	13 16	13 16	13 17	13 17	13 17	13 17	13 17	13 18	13 18	13 18	13 19	13 19
	30	14 29	14 31	14 33	14 36	14 38	14 41	14 44	14 47	14 50	14 54	14 59	15 04	15 10	15 16
	31	15 45	15 49	15 53	15 57	16 02	16 08	16 13	16 20	16 27	16 35	16 44	16 55	17 07	17 22
June	1	17 03	17 09	17 15	17 21	17 29	17 37	17 45	17 55	18 07	18 19	18 35	18 53	19 16	19 47
	2	18 21	18 29	18 37	18 45	18 55	19 05	19 17	19 31	19 46	20 05	20 28	20 59	21 48	** **
	3	19 36	19 44	19 53	20 03	20 15	20 27	20 41	20 57	21 17	21 41	22 13	23 06	** **	** **
	4	20 42	20 50	21 00	21 10	21 21	21 34	21 49	22 05	22 25	22 50	23 24	.. ..	** **	** **
	5	21 36	21 44	21 52	22 02	22 12	22 24	22 37	22 52	23 09	23 30	23 56	0 24	** **	** **
	6	22 19	22 25	22 33	22 40	22 49	22 59	23 09	23 21	23 34	23 50	.. ..	0 33	1 55	** **
	7	22 52	22 58	23 03	23 09	23 16	23 23	23 31	23 40	23 50	.. ..	0 09	0 32	1 02	1 49
	8	23 20	23 24	23 28	23 32	23 37	23 42	23 47	23 53	.. ..	0 01	0 14	0 29	0 48	1 10
	9	23 43	23 45	23 48	23 50	23 53	23 56	.. ..	.. ..	0 00	0 08	0 16	0 26	0 37	0 51
	10	.. ..	.. ..	.. ..	.. ..	.. ..	.. ..	0 00	0 03	0 07	0 12	0 17	0 23	0 29	0 37

(.. ..) indicates phenomenon will occur the next day.

(-- --) indicates Moon continuously below horizon.

(** **) indicates Moon continuously above horizon.

MOONRISE AND MOONSET, 1989
UNIVERSAL TIME FOR MERIDIAN OF GREENWICH
MOONRISE

Lat.	−55°	−50°	−45°	−40°	−35°	−30°	−20°	−10°	0°	+10°	+20°	+30°	+35°	+40°
	h m	h m	h m	h m	h m	h m	h m	h m	h m	h m	h m	h m	h m	h m
June 8	11 53	11 35	11 20	11 08	10 58	10 49	10 33	10 19	10 06	9 53	9 39	9 23	9 13	9 03
9	12 03	11 51	11 41	11 33	11 26	11 20	11 09	10 59	10 51	10 42	10 32	10 21	10 15	10 07
10	12 10	12 04	11 59	11 55	11 51	11 48	11 42	11 37	11 32	11 27	11 22	11 16	11 13	11 09
11	12 17	12 16	12 15	12 15	12 14	12 14	12 13	12 12	12 12	12 11	12 10	12 10	12 09	12 09
12	12 23	12 28	12 32	12 35	12 37	12 40	12 44	12 47	12 51	12 54	12 58	13 03	13 05	13 08
13	12 30	12 40	12 48	12 55	13 01	13 06	13 15	13 23	13 31	13 38	13 46	13 56	14 01	14 07
14	12 39	12 55	13 07	13 18	13 27	13 35	13 49	14 01	14 12	14 24	14 36	14 50	14 59	15 08
15	12 50	13 12	13 30	13 44	13 56	14 07	14 25	14 41	14 57	15 12	15 28	15 47	15 58	16 11
16	13 07	13 35	13 58	14 16	14 31	14 44	15 06	15 26	15 44	16 03	16 23	16 46	17 00	17 15
17	13 31	14 07	14 33	14 54	15 12	15 27	15 53	16 15	16 36	16 57	17 20	17 46	18 01	18 19
18	14 10	14 51	15 20	15 43	16 01	16 18	16 45	17 09	17 31	17 53	18 17	18 45	19 01	19 20
19	15 08	15 48	16 17	16 40	16 59	17 15	17 42	18 06	18 28	18 50	19 13	19 40	19 56	20 15
20	16 24	17 00	17 25	17 46	18 03	18 18	18 43	19 04	19 24	19 44	20 06	20 30	20 45	21 01
21	17 51	18 19	18 40	18 57	19 11	19 23	19 44	20 02	20 19	20 36	20 54	21 15	21 26	21 40
22	19 22	19 42	19 57	20 09	20 20	20 29	20 45	20 59	21 12	21 24	21 38	21 53	22 02	22 12
23	20 52	21 04	21 14	21 22	21 28	21 34	21 44	21 53	22 01	22 09	22 18	22 28	22 34	22 40
24	22 22	22 26	22 30	22 33	22 36	22 38	22 42	22 46	22 49	22 53	22 56	23 00	23 03	23 05
25	23 50	23 48	23 46	23 45	23 43	23 42	23 40	23 38	23 37	23 35	23 34	23 32	23 31	23 30
26	.. ..	.. ..	.. ..	.. ..	.. ..	.. ..	.. ..	.. ..	.. ..	.. ..	.. ..	.. ..	.. ..	23 55
27	1 20	1 11	1 03	0 57	0 51	0 47	0 39	0 32	0 25	0 19	0 12	0 04	0 00	.. ..
28	2 53	2 36	2 22	2 11	2 02	1 53	1 39	1 27	1 15	1 04	0 52	0 39	0 31	0 22
29	4 28	4 03	3 43	3 27	3 14	3 02	2 42	2 25	2 09	1 54	1 37	1 18	1 07	0 54
30	6 03	5 28	5 03	4 43	4 26	4 12	3 47	3 26	3 07	2 47	2 27	2 03	1 49	1 33
July 1	7 28	6 47	6 18	5 55	5 36	5 20	4 53	4 29	4 07	3 46	3 22	2 56	2 40	2 21
2	8 33	7 52	7 22	6 59	6 39	6 23	5 55	5 31	5 09	4 47	4 23	3 55	3 39	3 19

MOONSET

Lat.	−55°	−50°	−45°	−40°	−35°	−30°	−20°	−10°	0°	+10°	+20°	+30°	+35°	+40°
	h m	h m	h m	h m	h m	h m	h m	h m	h m	h m	h m	h m	h m	h m
June 8	20 54	21 10	21 23	21 34	21 43	21 51	22 05	22 17	22 28	22 39	22 50	23 04	23 11	23 20
9	22 13	22 23	22 31	22 37	22 43	22 48	22 56	23 04	23 11	23 18	23 25	23 33	23 38	23 43
10	23 29	23 32	23 36	23 38	23 40	23 42	23 46	23 49	23 51	23 54	23 57	.. ..	.. ..	.. ..
11	.. ..	.. ..	.. ..	.. ..	.. ..	.. ..	.. ..	.. ..	.. ..	.. ..	.. ..	0 00	0 02	0 04
12	0 42	0 40	0 39	0 37	0 36	0 35	0 34	0 32	0 31	0 29	0 28	0 26	0 25	0 24
13	1 56	1 48	1 42	1 37	1 32	1 28	1 21	1 15	1 10	1 04	0 59	0 52	0 48	0 44
14	3 11	2 57	2 46	2 37	2 29	2 22	2 10	2 00	1 50	1 41	1 31	1 19	1 13	1 05
15	4 28	4 08	3 51	3 38	3 27	3 18	3 01	2 47	2 33	2 20	2 06	1 49	1 40	1 29
16	5 48	5 20	4 59	4 42	4 28	4 15	3 54	3 36	3 19	3 02	2 44	2 24	2 12	1 58
17	7 07	6 32	6 07	5 46	5 29	5 15	4 50	4 29	4 09	3 49	3 28	3 03	2 49	2 33
18	8 20	7 40	7 12	6 49	6 30	6 14	5 47	5 24	5 02	4 40	4 17	3 50	3 34	3 16
19	9 20	8 39	8 10	7 47	7 28	7 12	6 44	6 20	5 58	5 36	5 12	4 44	4 28	4 09
20	10 02	9 26	8 59	8 38	8 20	8 05	7 39	7 16	6 55	6 34	6 11	5 45	5 29	5 11
21	10 29	10 00	9 38	9 20	9 05	8 52	8 29	8 09	7 51	7 32	7 12	6 49	6 35	6 19
22	10 47	10 26	10 09	9 55	9 43	9 33	9 15	8 59	8 45	8 30	8 14	7 55	7 44	7 31
23	11 00	10 46	10 35	10 25	10 17	10 10	9 57	9 46	9 35	9 25	9 13	9 00	8 53	8 44
24	11 10	11 03	10 57	10 51	10 47	10 43	10 36	10 30	10 24	10 18	10 12	10 05	10 01	9 56
25	11 19	11 18	11 17	11 16	11 15	11 15	11 14	11 13	11 12	11 11	11 10	11 09	11 08	11 07
26	11 27	11 32	11 37	11 40	11 43	11 46	11 51	11 55	11 59	12 03	12 08	12 13	12 16	12 19
27	11 36	11 48	11 58	12 06	12 12	12 19	12 30	12 40	12 49	12 58	13 07	13 18	13 25	13 32
28	11 48	12 08	12 23	12 36	12 47	12 56	13 13	13 27	13 41	13 54	14 09	14 26	14 36	14 47
29	12 05	12 33	12 54	13 11	13 25	13 38	14 00	14 19	14 36	14 54	15 13	15 35	15 48	16 03
30	12 31	13 07	13 33	13 54	14 12	14 27	14 52	15 15	15 35	15 56	16 19	16 44	17 00	17 18
July 1	13 13	13 55	14 24	14 47	15 06	15 23	15 51	16 15	16 37	16 59	17 23	17 51	18 07	18 26
2	14 16	14 57	15 27	15 50	16 09	16 25	16 53	17 16	17 38	18 00	18 23	18 50	19 06	19 25

(.. ..) indicates phenomenon will occur the next day.

UNIVERSAL TIME FOR MERIDIAN OF GREENWICH
MOONRISE

Lat.	+40°	+42°	+44°	+46°	+48°	+50°	+52°	+54°	+56°	+58°	+60°	+62°	+64°	+66°
	h m	h m	h m	h m	h m	h m	h m	h m	h m	h m	h m	h m	h m	h m
June 8	9 03	8 58	8 53	8 47	8 41	8 34	8 27	8 19	8 10	7 59	7 47	7 33	7 16	6 54
9	10 07	10 04	10 01	9 57	9 53	9 48	9 44	9 38	9 32	9 26	9 18	9 10	8 59	8 47
10	11 09	11 07	11 06	11 04	11 01	10 59	10 57	10 54	10 51	10 48	10 44	10 39	10 34	10 29
11	12 09	12 09	12 08	12 08	12 08	12 08	12 07	12 07	12 07	12 06	12 06	12 05	12 05	12 04
12	13 08	13 09	13 11	13 12	13 14	13 15	13 17	13 19	13 21	13 24	13 27	13 30	13 34	13 38
13	14 07	14 10	14 13	14 16	14 20	14 23	14 27	14 32	14 37	14 43	14 49	14 56	15 05	15 14
14	15 08	15 13	15 17	15 22	15 27	15 33	15 40	15 47	15 55	16 04	16 14	16 26	16 41	16 58
15	16 11	16 17	16 23	16 30	16 37	16 45	16 54	17 04	17 15	17 29	17 44	18 03	18 26	18 58
16	17 15	17 23	17 30	17 39	17 48	17 58	18 10	18 23	18 38	18 56	19 18	19 47	20 31	-- --
17	18 19	18 28	18 37	18 46	18 57	19 09	19 23	19 39	19 57	20 21	20 51	21 39	-- --	-- --
18	19 20	19 29	19 39	19 49	20 00	20 13	20 28	20 45	21 06	21 32	22 08	23 29	-- --	-- --
19	20 15	20 23	20 33	20 43	20 54	21 06	21 20	21 37	21 56	22 20	22 51	23 43	-- --	-- --
20	21 01	21 09	21 17	21 26	21 36	21 46	21 58	22 12	22 28	22 46	23 09	23 40	-- --	-- --
21	21 40	21 46	21 53	22 00	22 08	22 16	22 25	22 36	22 48	23 01	23 17	23 36	0 26	-- --
22	22 12	22 17	22 22	22 27	22 32	22 39	22 45	22 53	23 01	23 10	23 20	23 32	0 00	0 31
23	22 40	22 43	22 46	22 49	22 53	22 56	23 01	23 05	23 10	23 16	23 22	23 29	23 37	0 04
24	23 05	23 07	23 08	23 09	23 10	23 12	23 14	23 16	23 18	23 20	23 22	23 25	23 28	23 32
25	23 30	23 29	23 29	23 28	23 27	23 27	23 26	23 25	23 24	23 23	23 22	23 21	23 20	23 18
26	23 55	23 52	23 50	23 48	23 45	23 42	23 39	23 36	23 32	23 28	23 23	23 18	23 12	23 05
27	.. ..	.. ..	.. ..	.. ..	.. ..	.. ..	23 54	23 48	23 41	23 33	23 24	23 14	23 03	22 49
28	0 22	0 18	0 14	0 10	0 05	0 00	.. ..	.. ..	23 53	23 41	23 27	23 11	22 51	22 26
29	0 54	0 49	0 43	0 36	0 29	0 22	0 13	0 04	.. ..	23 55	23 35	23 09	22 33	21 25
30	1 33	1 26	1 18	1 10	1 01	0 51	0 40	0 27	0 12	.. ..	23 52	23 09	** **	** **
July 1	2 21	2 13	2 04	1 54	1 44	1 32	1 18	1 02	0 44	0 21	.. ..	23 30	** **	** **
2	3 19	3 11	3 01	2 51	2 40	2 27	2 12	1 55	1 35	1 10	0 35	.. ..	** **	** **

MOONSET

Lat.	+40°	+42°	+44°	+46°	+48°	+50°	+52°	+54°	+56°	+58°	+60°	+62°	+64°	+66°
	h m	h m	h m	h m	h m	h m	h m	h m	h m	h m	h m	h m	h m	h m
June 8	23 20	23 24	23 28	23 32	23 37	23 42	23 47	23 53	.. ..	0 01	0 14	0 29	0 48	1 10
9	23 43	23 45	23 48	23 50	23 53	23 56	.. ..	.. ..	0 00	0 08	0 16	0 26	0 37	0 51
10	.. ..	.. ..	.. ..	.. ..	.. ..	.. ..	0 00	0 03	0 07	0 12	0 17	0 23	0 29	0 37
11	0 04	0 05	0 06	0 07	0 08	0 09	0 10	0 12	0 13	0 15	0 17	0 19	0 21	0 24
12	0 24	0 23	0 23	0 22	0 22	0 21	0 20	0 19	0 18	0 18	0 16	0 15	0 14	0 12
13	0 44	0 42	0 40	0 38	0 35	0 33	0 30	0 27	0 24	0 20	0 16	0 12	0 06	0 00
14	1 05	1 02	0 58	0 54	0 50	0 46	0 41	0 36	0 30	0 24	0 16	0 08	23 49	23 30
15	1 29	1 25	1 19	1 14	1 08	1 02	0 55	0 47	0 38	0 28	0 17	0 04	23 36	23 03
16	1 58	1 52	1 45	1 38	1 30	1 22	1 12	1 02	0 50	0 36	0 20	0 00	23 12	-- --
17	2 33	2 25	2 17	2 08	1 59	1 48	1 36	1 23	1 07	0 49	0 26	23 54	-- --	-- --
18	3 16	3 07	2 58	2 48	2 37	2 25	2 11	1 55	1 36	1 13	0 42	23 59	-- --	-- --
19	4 09	4 00	3 50	3 40	3 28	3 15	3 01	2 44	2 23	1 57	1 21	.. ..	-- --	-- --
20	5 11	5 02	4 53	4 43	4 33	4 20	4 06	3 50	3 31	3 08	2 36	1 45	-- --	-- --
21	6 19	6 12	6 04	5 56	5 47	5 36	5 25	5 12	4 56	4 38	4 16	3 46	3 01	-- --
22	7 31	7 26	7 20	7 13	7 06	6 58	6 49	6 39	6 28	6 16	6 00	5 42	5 20	4 49
23	8 44	8 40	8 36	8 31	8 26	8 21	8 15	8 09	8 01	7 53	7 44	7 33	7 20	7 04
24	9 56	9 54	9 51	9 49	9 46	9 43	9 40	9 37	9 33	9 29	9 24	9 18	9 12	9 04
25	11 07	11 07	11 06	11 06	11 06	11 05	11 05	11 04	11 03	11 03	11 02	11 01	11 00	10 59
26	12 19	12 20	12 22	12 23	12 25	12 27	12 29	12 31	12 34	12 37	12 40	12 44	12 48	12 53
27	13 32	13 35	13 39	13 42	13 46	13 51	13 56	14 01	14 07	14 14	14 21	14 30	14 40	14 52
28	1 47	14 52	14 57	15 03	15 10	15 17	15 24	15 33	15 43	15 54	16 07	16 22	16 41	17 05
29	16 03	16 10	16 17	16 25	16 34	16 43	16 54	17 06	17 20	17 37	17 57	18 22	18 57	20 04
30	17 18	17 26	17 34	17 44	17 55	18 06	18 20	18 35	18 53	19 16	19 44	20 27	** **	** **
July 1	18 26	18 35	18 44	18 54	19 06	19 19	19 33	19 50	20 10	20 36	21 10	22 16	** **	** **
2	19 25	19 33	19 42	19 52	20 03	20 15	20 29	20 45	21 04	21 27	21 57	22 43	** **	** **

(.. ..) indicates phenomenon will occur the next day.
(-- --) indicates Moon continuously below horizon.
(** **) indicates Moon continuously above horizon.

MOONRISE AND MOONSET, 1989

UNIVERSAL TIME FOR MERIDIAN OF GREENWICH

MOONRISE

Lat.	−55°	−50°	−45°	−40°	−35°	−30°	−20°	−10°	0°	+10°	+20°	+30°	+35°	+40°
	h m	h m	h m	h m	h m	h m	h m	h m	h m	h m	h m	h m	h m	h m
July 1	7 28	6 47	6 18	5 55	5 36	5 20	4 53	4 29	4 07	3 46	3 22	2 56	2 40	2 21
2	8 33	7 52	7 22	6 59	6 39	6 23	5 55	5 31	5 09	4 47	4 23	3 55	3 39	3 19
3	9 16	8 39	8 13	7 51	7 34	7 18	6 52	6 30	6 09	5 48	5 25	4 59	4 43	4 25
4	9 42	9 13	8 51	8 33	8 18	8 05	7 43	7 23	7 05	6 47	6 27	6 04	5 51	5 35
5	9 59	9 37	9 20	9 07	8 55	8 44	8 27	8 11	7 56	7 42	7 26	7 08	6 57	6 45
6	10 10	9 55	9 44	9 34	9 25	9 18	9 05	8 54	8 43	8 33	8 21	8 08	8 00	7 52
7	10 18	10 10	10 03	9 57	9 52	9 48	9 40	9 33	9 27	9 20	9 13	9 05	9 01	8 55
8	10 25	10 22	10 20	10 18	10 16	10 15	10 12	10 10	10 07	10 05	10 03	10 00	9 58	9 57
9	10 32	10 34	10 36	10 38	10 39	10 41	10 43	10 45	10 47	10 49	10 51	10 53	10 55	10 56
10	10 38	10 46	10 53	10 58	11 03	11 07	11 14	11 20	11 26	11 32	11 39	11 47	11 51	11 56
11	10 46	11 00	11 10	11 20	11 27	11 34	11 46	11 57	12 07	12 17	12 28	12 40	12 48	12 56
12	10 56	11 16	11 31	11 44	11 55	12 05	12 21	12 36	12 50	13 04	13 19	13 36	13 46	13 58
13	11 10	11 36	11 56	12 13	12 27	12 39	13 00	13 19	13 36	13 53	14 12	14 34	14 46	15 01
14	11 30	12 04	12 29	12 49	13 05	13 20	13 44	14 06	14 26	14 46	15 08	15 33	15 48	16 05
15	12 03	12 42	13 10	13 33	13 51	14 07	14 34	14 58	15 19	15 41	16 05	16 32	16 49	17 08
16	12 53	13 34	14 04	14 27	14 46	15 02	15 30	15 54	16 16	16 38	17 02	17 30	17 46	18 05
17	14 03	14 41	15 08	15 30	15 48	16 04	16 30	16 52	17 13	17 34	17 57	18 23	18 38	18 56
18	15 28	15 59	16 22	16 41	16 56	17 09	17 32	17 52	18 10	18 28	18 48	19 10	19 23	19 38
19	17 00	17 23	17 40	17 54	18 06	18 17	18 35	18 50	19 04	19 19	19 34	19 51	20 01	20 13
20	18 34	18 48	18 59	19 09	19 17	19 24	19 36	19 46	19 56	20 06	20 16	20 28	20 35	20 43
21	20 05	20 12	20 18	20 22	20 26	20 30	20 36	20 41	20 46	20 51	20 56	21 02	21 05	21 09
22	21 36	21 35	21 35	21 35	21 35	21 35	21 35	21 34	21 34	21 34	21 34	21 34	21 34	21 34
23	23 06	22 59	22 53	22 48	22 44	22 40	22 33	22 28	22 23	22 18	22 12	22 06	22 03	21 59
24	.. ..	.. ..	.. ..	.. ..	23 53	23 46	23 33	23 23	23 13	23 03	22 52	22 40	22 33	22 25
25	0 38	0 23	0 11	0 02	.. ..	.. ..	.. ..	.. ..	.. ..	23 50	23 35	23 17	23 07	22 56

MOONSET

Lat.	−55°	−50°	−45°	−40°	−35°	−30°	−20°	−10°	0°	+10°	+20°	+30°	+35°	+40°
	h m	h m	h m	h m	h m	h m	h m	h m	h m	h m	h m	h m	h m	h m
July 1	13 13	13 55	14 24	14 47	15 06	15 23	15 51	16 15	16 37	16 59	17 23	17 51	18 07	18 26
2	14 16	14 57	15 27	15 50	16 09	16 25	16 53	17 16	17 38	18 00	18 23	18 50	19 06	19 25
3	15 36	16 12	16 38	16 58	17 15	17 30	17 55	18 16	18 36	18 56	19 17	19 41	19 55	20 12
4	17 04	17 31	17 52	18 09	18 23	18 35	18 56	19 14	19 30	19 47	20 04	20 24	20 36	20 49
5	18 30	18 49	19 05	19 17	19 28	19 37	19 53	20 07	20 19	20 32	20 45	21 01	21 09	21 19
6	19 52	20 04	20 14	20 23	20 30	20 36	20 47	20 56	21 04	21 13	21 22	21 32	21 38	21 45
7	21 10	21 16	21 21	21 25	21 29	21 32	21 37	21 42	21 46	21 51	21 55	22 00	22 03	22 07
8	22 25	22 25	22 25	22 26	22 26	22 26	22 26	22 26	22 26	22 26	22 27	22 27	22 27	22 27
9	23 39	23 33	23 29	23 25	23 22	23 19	23 14	23 10	23 06	23 02	22 58	22 53	22 50	22 47
10	.. ..	.. ..	.. ..	.. ..	.. ..	.. ..	.. ..	23 54	23 46	23 38	23 29	23 19	23 14	23 08
11	0 53	0 42	0 32	0 25	0 18	0 12	0 03	.. ..	.. ..	.. ..	.. ..	23 48	23 40	23 30
12	2 09	1 51	1 37	1 26	1 16	1 07	0 52	0 39	0 27	0 15	0 03	.. ..	.. ..	23 57
13	3 28	3 03	2 44	2 28	2 15	2 04	1 44	1 27	1 12	0 56	0 39	0 20	0 09	.. ..
14	4 47	4 15	3 51	3 32	3 16	3 02	2 39	2 18	2 00	1 41	1 21	0 58	0 44	0 29
15	6 04	5 25	4 57	4 35	4 17	4 02	3 35	3 12	2 51	2 30	2 07	1 41	1 26	1 08
16	7 10	6 28	5 59	5 36	5 17	5 00	4 32	4 09	3 46	3 24	3 00	2 32	2 16	1 57
17	7 59	7 20	6 52	6 30	6 11	5 55	5 28	5 05	4 43	4 22	3 58	3 31	3 15	2 56
18	8 31	7 59	7 35	7 16	7 00	6 45	6 21	6 00	5 41	5 21	5 00	4 35	4 20	4 03
19	8 53	8 29	8 10	7 54	7 41	7 30	7 10	6 53	6 36	6 20	6 02	5 42	5 30	5 16
20	9 08	8 51	8 38	8 27	8 17	8 09	7 54	7 42	7 29	7 17	7 04	6 49	6 40	6 30
21	9 18	9 09	9 01	8 55	8 49	8 44	8 35	8 27	8 20	8 13	8 05	7 55	7 50	7 44
22	9 27	9 25	9 22	9 20	9 18	9 17	9 14	9 11	9 09	9 06	9 04	9 01	8 59	8 57
23	9 36	9 39	9 42	9 45	9 47	9 49	9 52	9 55	9 57	10 00	10 03	10 06	10 08	10 10
24	9 45	9 55	10 03	10 10	10 16	10 21	10 30	10 39	10 46	10 54	11 02	11 11	11 17	11 23
25	9 56	10 13	10 27	10 38	10 48	10 57	11 12	11 25	11 37	11 49	12 03	12 18	12 27	12 37

(.. ..) indicates phenomenon will occur the next day.

UNIVERSAL TIME FOR MERIDIAN OF GREENWICH
MOONRISE

Lat.	+40°	+42°	+44°	+46°	+48°	+50°	+52°	+54°	+56°	+58°	+60°	+62°	+64°	+66°
	h m	h m	h m	h m	h m	h m	h m	h m	h m	h m	h m	h m	h m	h m
July 1	2 21	2 13	2 04	1 54	1 44	1 32	1 18	1 02	0 44	0 21	.. ..	23 30	** **	** **
2	3 19	3 11	3 01	2 51	2 40	2 27	2 12	1 55	1 35	1 10	0 35	.. ..	** **	** **
3	4 25	4 17	4 08	3 59	3 48	3 36	3 22	3 07	2 48	2 25	1 56	1 10	** **	** **
4	5 35	5 28	5 21	5 12	5 03	4 53	4 42	4 29	4 15	3 57	3 36	3 09	2 29	** **
5	6 45	6 39	6 33	6 27	6 20	6 12	6 04	5 54	5 44	5 31	5 17	5 00	4 38	4 10
6	7 52	7 48	7 44	7 39	7 34	7 29	7 23	7 17	7 10	7 01	6 52	6 41	6 29	6 13
7	8 55	8 53	8 51	8 48	8 45	8 42	8 39	8 35	8 31	8 26	8 21	8 15	8 08	8 00
8	9 57	9 56	9 55	9 54	9 53	9 52	9 51	9 50	9 48	9 47	9 45	9 43	9 41	9 38
9	10 56	10 57	10 58	10 59	11 00	11 01	11 02	11 03	11 04	11 05	11 07	11 09	11 11	11 13
10	11 56	11 58	12 00	12 03	12 06	12 09	12 12	12 15	12 19	12 24	12 29	12 34	12 41	12 49
11	12 56	13 00	13 04	13 08	13 13	13 18	13 23	13 29	13 36	13 44	13 53	14 03	14 15	14 29
12	13 58	14 03	14 09	14 15	14 21	14 28	14 36	14 45	14 55	15 07	15 20	15 36	15 56	16 21
13	15 01	15 08	15 15	15 23	15 31	15 41	15 51	16 03	16 17	16 33	16 52	17 17	17 50	18 49
14	16 05	16 13	16 22	16 31	16 41	16 53	17 06	17 20	17 38	17 59	18 27	19 06	-- --	-- --
15	17 08	17 16	17 26	17 36	17 47	18 00	18 15	18 32	18 52	19 18	19 53	21 04	-- --	-- --
16	18 05	18 14	18 23	18 34	18 45	18 58	19 13	19 30	19 50	20 15	20 50	21 58	-- --	-- --
17	18 56	19 04	19 12	19 22	19 32	19 43	19 56	20 11	20 29	20 50	21 16	21 53	23 27	-- --
18	19 38	19 44	19 52	19 59	20 08	20 17	20 28	20 39	20 53	21 08	21 27	21 49	22 19	23 03
19	20 13	20 18	20 23	20 29	20 36	20 43	20 50	20 59	21 08	21 19	21 31	21 45	22 02	22 23
20	20 43	20 46	20 50	20 54	20 58	21 02	21 07	21 13	21 19	21 25	21 33	21 41	21 51	22 03
21	21 09	21 11	21 13	21 15	21 17	21 19	21 21	21 24	21 27	21 30	21 34	21 38	21 42	21 48
22	21 34	21 34	21 34	21 34	21 34	21 34	21 34	21 34	21 34	21 34	21 34	21 34	21 34	21 34
23	21 59	21 57	21 55	21 53	21 51	21 49	21 47	21 44	21 41	21 38	21 34	21 30	21 25	21 20
24	22 25	22 22	22 18	22 14	22 10	22 06	22 01	21 55	21 49	21 43	21 35	21 26	21 17	21 05
25	22 56	22 51	22 45	22 39	22 33	22 26	22 18	22 10	22 00	21 50	21 37	21 23	21 06	20 45

MOONSET

Lat.	+40°	+42°	+44°	+46°	+48°	+50°	+52°	+54°	+56°	+58°	+60°	+62°	+64°	+66°
	h m	h m	h m	h m	h m	h m	h m	h m	h m	h m	h m	h m	h m	h m
July 1	18 26	18 35	18 44	18 54	19 06	19 19	19 33	19 50	20 10	20 36	21 10	22 16	** **	** **
2	19 25	19 33	19 42	19 52	20 03	20 15	20 29	20 45	21 04	21 27	21 57	22 43	** **	** **
3	20 12	20 19	20 27	20 36	20 45	20 56	21 07	21 20	21 36	21 53	22 15	22 43	23 24	** **
4	20 49	20 55	21 02	21 09	21 16	21 24	21 33	21 43	21 55	22 08	22 23	22 41	23 03	23 33
5	21 19	21 24	21 29	21 34	21 39	21 45	21 52	21 59	22 07	22 16	22 26	22 38	22 52	23 09
6	21 45	21 48	21 51	21 54	21 58	22 01	22 06	22 10	22 15	22 21	22 27	22 35	22 43	22 53
7	22 07	22 08	22 10	22 11	22 13	22 15	22 17	22 19	22 22	22 24	22 27	22 31	22 35	22 39
8	22 27	22 27	22 27	22 27	22 27	22 27	22 27	22 27	22 27	22 27	22 27	22 27	22 27	22 27
9	22 47	22 45	22 44	22 42	22 41	22 39	22 37	22 35	22 32	22 30	22 27	22 24	22 20	22 15
10	23 08	23 05	23 02	22 59	22 55	22 51	22 47	22 43	22 38	22 33	22 27	22 20	22 12	22 03
11	23 30	23 26	23 22	23 17	23 12	23 06	23 00	22 53	22 45	22 37	22 27	22 16	22 03	21 47
12	23 57	23 51	23 45	23 39	23 31	23 24	23 15	23 06	22 55	22 43	22 29	22 12	21 52	21 25
13	.. ..	.. ..	.. ..	.. ..	23 57	23 47	23 36	23 24	23 10	22 53	22 33	22 08	21 34	20 34
14	0 29	0 22	0 14	0 06	.. ..	.. ..	.. ..	23 51	23 33	23 11	22 44	22 04	-- --	-- --
15	1 08	1 00	0 51	0 42	0 31	0 19	0 06	.. ..	.. ..	23 46	23 11	21 59	-- --	-- --
16	1 57	1 48	1 39	1 28	1 17	1 04	0 49	0 32	0 12	.. ..	.. ..	23 04	-- --	-- --
17	2 56	2 47	2 38	2 27	2 16	2 03	1 49	1 32	1 12	0 46	0 12	.. ..	23 39	-- --
18	4 03	3 55	3 47	3 38	3 28	3 17	3 04	2 49	2 32	2 12	1 46	1 09	.. ..	-- --
19	5 16	5 09	5 03	4 55	4 47	4 38	4 29	4 17	4 05	3 50	3 32	3 10	2 42	1 59
20	6 30	6 25	6 21	6 15	6 10	6 03	5 56	5 49	5 40	5 30	5 19	5 06	4 50	4 30
21	7 44	7 41	7 38	7 35	7 32	7 28	7 24	7 20	7 15	7 09	7 03	6 56	6 47	6 37
22	8 57	8 56	8 55	8 54	8 53	8 52	8 51	8 49	8 47	8 46	8 44	8 41	8 39	8 36
23	10 10	10 11	10 12	10 13	10 14	10 15	10 16	10 18	10 19	10 21	10 23	10 26	10 28	10 31
24	11 23	11 26	11 29	11 32	11 35	11 39	11 43	11 47	11 52	11 58	12 04	12 11	12 20	12 30
25	12 37	12 42	12 47	12 52	12 58	13 04	13 11	13 18	13 27	13 37	13 48	14 01	14 17	14 37

(.. ..) indicates phenomenon will occur the next day.
(-- --) indicates Moon continuously below horizon.
(** **) indicates Moon continuously above horizon.

MOONRISE AND MOONSET, 1989
UNIVERSAL TIME FOR MERIDIAN OF GREENWICH
MOONRISE

Lat.		−55°	−50°	−45°	−40°	−35°	−30°	−20°	−10°	0°	+10°	+20°	+30°	+35°	+40°
		h m	h m	h m	h m	h m	h m	h m	h m	h m	h m	h m	h m	h m	h m
July	24	.. ..	.. ..	.. ..	.. ..	23 53	23 46	23 33	23 23	23 13	23 03	22 52	22 40	22 33	22 25
	25	0 38	0 23	0 11	0 02	.. ..	.. ..	.. ..	.. ..	.. ..	23 50	23 35	23 17	23 07	22 56
	26	2 13	1 49	1 31	1 17	1 04	0 54	0 35	0 20	0 05	.. ..	.. ..	.. ..	23 47	23 32
	27	3 47	3 14	2 51	2 32	2 16	2 02	1 39	1 19	1 00	0 42	0 22	0 00	.. ..	.. ..
	28	5 14	4 35	4 06	3 44	3 25	3 10	2 43	2 20	1 59	1 38	1 15	0 49	0 34	0 16
	29	6 25	5 43	5 13	4 49	4 30	4 13	3 45	3 21	2 59	2 37	2 13	1 45	1 28	1 09
	30	7 14	6 35	6 07	5 45	5 26	5 10	4 43	4 20	3 58	3 37	3 13	2 46	2 30	2 12
	31	7 45	7 13	6 49	6 30	6 14	6 00	5 36	5 15	4 55	4 36	4 15	3 50	3 36	3 19
Aug.	1	8 05	7 40	7 21	7 06	6 53	6 41	6 21	6 04	5 48	5 32	5 14	4 54	4 42	4 28
	2	8 17	8 00	7 46	7 35	7 25	7 17	7 02	6 49	6 36	6 24	6 11	5 55	5 46	5 36
	3	8 27	8 16	8 07	8 00	7 53	7 47	7 38	7 29	7 21	7 13	7 04	6 54	6 48	6 41
	4	8 34	8 29	8 25	8 21	8 18	8 15	8 11	8 07	8 03	7 59	7 55	7 50	7 47	7 44
	5	8 41	8 41	8 41	8 41	8 42	8 42	8 42	8 43	8 43	8 43	8 44	8 44	8 44	8 45
	6	8 47	8 53	8 58	9 01	9 05	9 08	9 13	9 18	9 22	9 27	9 32	9 37	9 41	9 44
	7	8 54	9 06	9 15	9 22	9 29	9 35	9 45	9 54	10 03	10 11	10 20	10 31	10 37	10 44
	8	9 03	9 20	9 34	9 45	9 55	10 04	10 19	10 32	10 44	10 57	11 10	11 26	11 35	11 45
	9	9 15	9 38	9 57	10 12	10 25	10 36	10 56	11 13	11 29	11 45	12 02	12 22	12 34	12 47
	10	9 32	10 02	10 26	10 44	11 00	11 14	11 37	11 57	12 16	12 35	12 56	13 20	13 34	13 50
	11	9 58	10 35	11 02	11 24	11 42	11 57	12 23	12 46	13 08	13 29	13 52	14 19	14 34	14 53
	12	10 39	11 20	11 49	12 13	12 32	12 48	13 16	13 40	14 02	14 24	14 48	15 16	15 33	15 52
	13	11 39	12 20	12 49	13 11	13 30	13 46	14 13	14 37	14 59	15 20	15 44	16 11	16 27	16 45
	14	12 59	13 33	13 59	14 19	14 36	14 50	15 15	15 36	15 56	16 15	16 36	17 01	17 15	17 31
	15	14 29	14 56	15 16	15 32	15 46	15 58	16 18	16 35	16 52	17 08	17 25	17 45	17 56	18 10
	16	16 04	16 22	16 36	16 47	16 57	17 06	17 21	17 33	17 45	17 57	18 10	18 24	18 33	18 42
	17	17 38	17 48	17 56	18 03	18 09	18 14	18 22	18 30	18 37	18 44	18 51	19 00	19 05	19 10

MOONSET

Lat.		−55°	−50°	−45°	−40°	−35°	−30°	−20°	−10°	0°	+10°	+20°	+30°	+35°	+40°
		h m	h m	h m	h m	h m	h m	h m	h m	h m	h m	h m	h m	h m	h m
July	24	9 45	9 55	10 03	10 10	10 16	10 21	10 30	10 39	10 46	10 54	11 02	11 11	11 17	11 23
	25	9 56	10 13	10 27	10 38	10 48	10 57	11 12	11 25	11 37	11 49	12 03	12 18	12 27	12 37
	26	10 11	10 36	10 55	11 11	11 25	11 36	11 57	12 14	12 31	12 48	13 05	13 26	13 38	13 52
	27	10 33	11 06	11 31	11 51	12 08	12 22	12 47	13 08	13 28	13 48	14 10	14 34	14 49	15 06
	28	11 08	11 48	12 17	12 40	12 58	13 15	13 42	14 06	14 28	14 49	15 13	15 41	15 57	16 16
	29	12 02	12 44	13 14	13 38	13 57	14 14	14 41	15 05	15 28	15 50	16 14	16 41	16 58	17 17
	30	13 15	13 54	14 21	14 43	15 01	15 17	15 43	16 05	16 26	16 47	17 09	17 35	17 50	18 07
	31	14 40	15 11	15 34	15 52	16 08	16 21	16 44	17 03	17 21	17 39	17 58	18 20	18 33	18 47
Aug.	1	16 07	16 29	16 47	17 01	17 13	17 24	17 42	17 57	18 12	18 26	18 41	18 58	19 08	19 20
	2	17 30	17 46	17 58	18 08	18 16	18 24	18 37	18 48	18 58	19 08	19 19	19 31	19 39	19 46
	3	18 50	18 59	19 06	19 12	19 17	19 21	19 29	19 35	19 41	19 47	19 54	20 01	20 05	20 10
	4	20 07	20 10	20 12	20 13	20 15	20 16	20 18	20 20	20 22	20 24	20 26	20 28	20 29	20 30
	5	21 22	21 18	21 16	21 13	21 11	21 10	21 07	21 04	21 02	20 59	20 57	20 54	20 52	20 50
	6	22 36	22 27	22 19	22 13	22 08	22 03	21 55	21 48	21 42	21 35	21 28	21 20	21 16	21 11
	7	23 51	23 36	23 23	23 13	23 05	22 57	22 44	22 33	22 22	22 12	22 01	21 48	21 41	21 33
	8	.. ..	.. ..	.. ..	.. ..	.. ..	23 53	23 35	23 20	23 05	22 51	22 36	22 19	22 09	21 57
	9	1 08	0 46	0 29	0 15	0 03	.. ..	.. ..	.. ..	23 51	23 34	23 15	22 53	22 41	22 26
	10	2 27	1 58	1 35	1 18	1 03	0 50	0 28	0 09	.. ..	.. ..	23 58	23 33	23 19	23 02
	11	3 44	3 08	2 42	2 21	2 03	1 48	1 23	1 01	0 40	0 20	.. ..	.. ..	.. ..	23 45
	12	4 55	4 14	3 45	3 22	3 03	2 46	2 19	1 55	1 33	1 11	0 48	0 20	0 04	.. ..
	13	5 51	5 10	4 41	4 18	3 59	3 43	3 15	2 51	2 29	2 07	1 43	1 15	0 58	0 39
	14	6 30	5 55	5 28	5 08	4 50	4 35	4 09	3 47	3 26	3 05	2 42	2 16	2 01	1 42
	15	6 56	6 28	6 07	5 49	5 35	5 22	5 00	4 41	4 23	4 04	3 45	3 22	3 09	2 53
	16	7 13	6 53	6 38	6 25	6 13	6 04	5 46	5 32	5 17	5 03	4 48	4 30	4 20	4 08
	17	7 26	7 13	7 03	6 55	6 47	6 41	6 30	6 20	6 10	6 00	5 50	5 38	5 31	5 23

(.. ..) indicates phenomenon will occur the next day.

UNIVERSAL TIME FOR MERIDIAN OF GREENWICH

MOONRISE

Lat.	+40°	+42°	+44°	+46°	+48°	+50°	+52°	+54°	+56°	+58°	+60°	+62°	+64°	+66°
	h m	h m	h m	h m	h m	h m	h m	h m	h m	h m	h m	h m	h m	h m
July 24	22 25	22 22	22 18	22 14	22 10	22 06	22 01	21 55	21 49	21 43	21 35	21 26	21 17	21 05
25	22 56	22 51	22 45	22 39	22 33	22 26	22 18	22 10	22 00	21 50	21 37	21 23	21 06	20 45
26	23 32	23 25	23 18	23 10	23 01	22 52	22 42	22 30	22 16	22 01	21 43	21 20	20 50	20 06
27	.. ..	.. ..	23 59	23 50	23 39	23 28	23 15	23 00	22 43	22 22	21 55	21 18	19 53	** **
28	0 16	0 08	.. ..	.. ..	.. ..	.. ..	.. ..	23 45	23 25	23 00	22 26	21 23	** **	** **
29	1 09	1 01	0 51	0 41	0 30	0 17	0 02	.. ..	.. ..	.. ..	23 32	22 35	** **	** **
30	2 12	2 03	1 54	1 44	1 33	1 20	1 06	0 49	0 30	0 05	.. ..	.. ..	23 34	** **
31	3 19	3 12	3 04	2 55	2 45	2 34	2 22	2 08	1 51	1 32	1 07	0 34	.. ..	** **
Aug. 1	4 28	4 22	4 16	4 09	4 01	3 52	3 43	3 32	3 19	3 05	2 48	2 27	2 00	1 22
2	5 36	5 32	5 27	5 22	5 16	5 10	5 03	4 55	4 47	4 37	4 26	4 12	3 57	3 37
3	6 41	6 38	6 35	6 32	6 28	6 24	6 20	6 15	6 10	6 04	5 57	5 49	5 40	5 29
4	7 44	7 43	7 41	7 39	7 38	7 36	7 34	7 32	7 29	7 26	7 23	7 20	7 16	7 11
5	8 45	8 45	8 45	8 45	8 45	8 45	8 45	8 46	8 46	8 46	8 46	8 47	8 47	8 48
6	9 44	9 46	9 48	9 49	9 51	9 54	9 56	9 59	10 02	10 05	10 08	10 13	10 17	10 23
7	10 44	10 47	10 51	10 54	10 58	11 02	11 07	11 12	11 18	11 24	11 31	11 40	11 49	12 01
8	11 45	11 50	11 55	12 00	12 06	12 12	12 19	12 27	12 36	12 46	12 57	13 10	13 27	13 47
9	12 47	12 53	13 00	13 07	13 15	13 23	13 33	13 43	13 56	14 10	14 27	14 47	15 14	15 52
10	13 50	13 58	14 06	14 15	14 24	14 35	14 47	15 01	15 17	15 36	16 00	16 32	17 26	-- --
11	14 53	15 01	15 10	15 20	15 31	15 44	15 58	16 14	16 34	16 58	17 30	18 26	-- --	-- --
12	15 52	16 01	16 10	16 21	16 33	16 46	17 01	17 18	17 39	18 05	18 42	-- --	-- --	-- --
13	16 45	16 54	17 03	17 13	17 24	17 36	17 50	18 06	18 25	18 49	19 20	20 09	-- --	-- --
14	17 31	17 38	17 46	17 55	18 05	18 15	18 27	18 40	18 55	19 13	19 35	20 04	20 45	-- --
15	18 10	18 15	18 22	18 28	18 36	18 44	18 53	19 03	19 14	19 27	19 42	19 59	20 21	20 49
16	18 42	18 46	18 51	18 55	19 00	19 06	19 12	19 19	19 26	19 35	19 44	19 55	20 08	20 23
17	19 10	19 13	19 15	19 18	19 21	19 24	19 28	19 31	19 36	19 40	19 45	19 51	19 58	20 06

MOONSET

Lat.	+40°	+42°	+44°	+46°	+48°	+50°	+52°	+54°	+56°	+58°	+60°	+62°	+64°	+66°
	h m	h m	h m	h m	h m	h m	h m	h m	h m	h m	h m	h m	h m	h m
July 24	11 23	11 26	11 29	11 32	11 35	11 39	11 43	11 47	11 52	11 58	12 04	12 11	12 20	12 30
25	12 37	12 42	12 47	12 52	12 58	13 04	13 11	13 18	13 27	13 37	13 48	14 01	14 17	14 37
26	13 52	13 59	14 05	14 13	14 21	14 30	14 40	14 51	15 04	15 18	15 36	15 58	16 27	17 10
27	15 06	15 14	15 23	15 32	15 42	15 53	16 06	16 20	16 37	16 58	17 24	18 00	19 25	** **
28	16 16	16 24	16 34	16 44	16 55	17 08	17 22	17 39	17 59	18 24	18 58	20 01	** **	** **
29	17 17	17 25	17 34	17 45	17 56	18 09	18 23	18 40	18 59	19 24	19 57	20 54	** **	** **
30	18 07	18 15	18 23	18 32	18 42	18 54	19 06	19 21	19 37	19 58	20 23	20 57	21 57	** **
31	18 47	18 54	19 01	19 08	19 17	19 26	19 36	19 47	20 00	20 15	20 33	20 54	21 22	22 02
Aug. 1	19 20	19 25	19 30	19 36	19 42	19 49	19 57	20 05	20 14	20 25	20 37	20 51	21 08	21 29
2	19 46	19 50	19 54	19 58	20 02	20 07	20 12	20 18	20 24	20 31	20 39	20 48	20 58	21 10
3	20 10	20 12	20 14	20 16	20 19	20 21	20 24	20 27	20 31	20 35	20 39	20 44	20 50	20 56
4	20 30	20 31	20 32	20 32	20 33	20 34	20 35	20 36	20 37	20 38	20 39	20 40	20 42	20 44
5	20 50	20 50	20 49	20 49	20 48	20 47	20 46	20 44	20 43	20 42	20 40	20 38	20 34	20 32
6	21 11	21 08	21 06	21 04	21 01	20 58	20 55	20 51	20 47	20 43	20 38	20 33	20 26	20 19
7	21 33	21 29	21 25	21 21	21 16	21 11	21 06	21 00	20 54	20 46	20 38	20 29	20 18	20 05
8	21 57	21 52	21 47	21 41	21 34	21 27	21 20	21 11	21 02	20 51	20 39	20 25	20 08	19 46
9	22 26	22 20	22 13	22 05	21 57	21 48	21 38	21 27	21 14	20 59	20 42	20 21	19 53	19 14
10	23 02	22 54	22 46	22 37	22 27	22 16	22 03	21 49	21 33	21 13	20 49	20 16	19 22	-- --
11	23 45	23 37	23 28	23 17	23 06	22 54	22 39	22 23	22 03	21 39	21 06	20 11	-- --	-- --
12	.. ..	.. ..	.. ..	.. ..	23 59	23 46	23 31	23 14	22 53	22 26	21 49	-- --	-- --	-- --
13	0 39	0 30	0 21	0 10	.. ..	.. ..	.. ..	.. ..	.. ..	23 41	23 10	22 22	-- --	-- --
14	1 42	1 34	1 25	1 16	1 05	0 53	0 39	0 23	0 04	.. ..	.. ..	.. ..	23 45	-- --
15	2 53	2 46	2 39	2 30	2 21	2 11	2 00	1 47	1 32	1 15	0 53	0 26	.. ..	-- --
16	4 08	4 02	3 57	3 50	3 44	3 36	3 28	3 19	3 08	2 56	2 42	2 25	2 05	1 38
17	5 23	5 20	5 16	5 12	5 08	5 03	4 58	4 52	4 45	4 38	4 30	4 20	4 08	3 55

(.. ..) indicates phenomenon will occur the next day.
(-- --) indicates Moon continuously below horizon.
(** **) indicates Moon continuously above horizon.

MOONRISE AND MOONSET, 1989
UNIVERSAL TIME FOR MERIDIAN OF GREENWICH
MOONRISE

Lat.	−55°	−50°	−45°	−40°	−35°	−30°	−20°	−10°	0°	+10°	+20°	+30°	+35°	+40°
	h m	h m	h m	h m	h m	h m	h m	h m	h m	h m	h m	h m	h m	h m
Aug. 16	16 04	16 22	16 36	16 47	16 57	17 06	17 21	17 33	17 45	17 57	18 10	18 24	18 33	18 42
17	17 38	17 48	17 56	18 03	18 09	18 14	18 22	18 30	18 37	18 44	18 51	19 00	19 05	19 10
18	19 12	19 14	19 17	19 18	19 20	19 21	19 23	19 25	19 27	19 29	19 31	19 33	19 35	19 36
19	20 45	20 40	20 36	20 33	20 31	20 28	20 24	20 20	20 17	20 14	20 10	20 06	20 04	20 02
20	22 20	22 07	21 57	21 49	21 42	21 36	21 25	21 16	21 08	20 59	20 50	20 40	20 35	20 28
21	23 55	23 35	23 18	23 05	22 54	22 45	22 28	22 14	22 00	21 47	21 33	21 17	21 08	20 58
22	.. ..	.. ..	.. ..	.. ..	.. ..	23 54	23 32	23 13	22 56	22 38	22 20	21 59	21 47	21 32
23	1 31	1 02	0 40	0 22	0 07	.. ..	.. ..	.. ..	23 54	23 33	23 11	22 46	22 31	22 14
24	3 02	2 24	1 57	1 36	1 18	1 02	0 37	0 14	.. ..	.. ..	.. ..	23 40	23 24	23 05
25	4 19	3 37	3 07	2 43	2 24	2 07	1 39	1 16	0 53	0 31	0 07	.. ..	.. ..	.. ..
26	5 14	4 33	4 04	3 41	3 22	3 06	2 38	2 15	1 53	1 30	1 07	0 39	0 23	0 04
27	5 49	5 15	4 49	4 29	4 12	3 57	3 32	3 10	2 49	2 29	2 07	1 42	1 27	1 09
28	6 11	5 44	5 24	5 07	4 52	4 40	4 19	4 00	3 43	3 25	3 06	2 45	2 32	2 17
29	6 26	6 06	5 50	5 38	5 27	5 17	5 00	4 46	4 32	4 18	4 03	3 46	3 36	3 25
30	6 36	6 23	6 12	6 03	5 56	5 49	5 37	5 27	5 17	5 07	4 57	4 45	4 38	4 30
31	6 44	6 37	6 31	6 26	6 21	6 18	6 11	6 05	6 00	5 54	5 48	5 41	5 37	5 33
Sept. 1	6 51	6 49	6 47	6 46	6 45	6 44	6 43	6 41	6 40	6 39	6 37	6 36	6 35	6 34
2	6 57	7 01	7 04	7 06	7 08	7 10	7 14	7 17	7 20	7 23	7 26	7 29	7 32	7 34
3	7 04	7 13	7 20	7 27	7 32	7 37	7 45	7 53	8 00	8 07	8 14	8 23	8 28	8 34
4	7 12	7 27	7 39	7 49	7 57	8 05	8 18	8 30	8 41	8 52	9 03	9 17	9 25	9 34
5	7 22	7 43	8 00	8 14	8 25	8 36	8 53	9 09	9 24	9 38	9 54	10 12	10 23	10 35
6	7 37	8 05	8 26	8 43	8 58	9 11	9 33	9 52	10 10	10 27	10 47	11 09	11 23	11 38
7	7 59	8 33	8 59	9 19	9 36	9 51	10 16	10 38	10 59	11 19	11 41	12 07	12 22	12 40
8	8 32	9 12	9 40	10 03	10 22	10 38	11 05	11 29	11 51	12 13	12 36	13 04	13 20	13 39
9	9 22	10 04	10 33	10 56	11 15	11 32	11 59	12 23	12 45	13 07	13 31	13 59	14 15	14 34

MOONSET

Lat.	−55°	−50°	−45°	−40°	−35°	−30°	−20°	−10°	0°	+10°	+20°	+30°	+35°	+40°
	h m	h m	h m	h m	h m	h m	h m	h m	h m	h m	h m	h m	h m	h m
Aug. 16	7 13	6 53	6 38	6 25	6 13	6 04	5 46	5 32	5 17	5 03	4 48	4 30	4 20	4 08
17	7 26	7 13	7 03	6 55	6 47	6 41	6 30	6 20	6 10	6 00	5 50	5 38	5 31	5 23
18	7 36	7 30	7 26	7 22	7 18	7 15	7 10	7 05	7 01	6 56	6 51	6 46	6 43	6 39
19	7 45	7 46	7 46	7 47	7 48	7 48	7 49	7 50	7 51	7 51	7 52	7 53	7 53	7 54
20	7 54	8 01	8 08	8 13	8 18	8 22	8 29	8 35	8 41	8 47	8 53	9 00	9 04	9 09
21	8 04	8 19	8 31	8 41	8 49	8 57	9 10	9 22	9 32	9 43	9 55	10 08	10 16	10 25
22	8 18	8 40	8 58	9 13	9 25	9 36	9 55	10 11	10 26	10 42	10 58	11 18	11 29	11 42
23	8 37	9 08	9 32	9 50	10 06	10 20	10 44	11 04	11 23	11 42	12 03	12 27	12 41	12 57
24	9 08	9 46	10 14	10 36	10 55	11 11	11 37	12 01	12 22	12 44	13 07	13 34	13 50	14 08
25	9 56	10 38	11 08	11 31	11 51	12 07	12 35	12 59	13 22	13 44	14 08	14 36	14 52	15 12
26	11 03	11 43	12 12	12 34	12 53	13 09	13 36	13 59	14 20	14 42	15 05	15 31	15 47	16 05
27	12 24	12 57	13 22	13 41	13 58	14 12	14 36	14 56	15 15	15 35	15 55	16 18	16 32	16 47
28	13 49	14 14	14 34	14 50	15 03	15 14	15 34	15 51	16 07	16 22	16 39	16 58	17 09	17 22
29	15 13	15 31	15 45	15 56	16 06	16 15	16 29	16 42	16 54	17 06	17 18	17 32	17 40	17 50
30	16 33	16 44	16 53	17 01	17 07	17 12	17 22	17 30	17 38	17 45	17 53	18 03	18 08	18 14
31	17 51	17 55	17 59	18 03	18 05	18 08	18 12	18 16	18 19	18 23	18 26	18 30	18 32	18 35
Sept. 1	19 06	19 05	19 04	19 03	19 02	19 02	19 01	19 00	18 59	18 58	18 57	18 56	18 56	18 55
2	20 20	20 13	20 07	20 03	19 59	19 55	19 49	19 44	19 39	19 34	19 29	19 23	19 19	19 15
3	21 35	21 22	21 11	21 03	20 55	20 49	20 38	20 28	20 19	20 10	20 01	19 50	19 44	19 36
4	22 51	22 31	22 16	22 04	21 53	21 44	21 28	21 14	21 01	20 48	20 35	20 19	20 10	20 00
5	.. ..	23 42	23 22	23 05	22 52	22 40	22 19	22 02	21 45	21 29	21 12	20 52	20 40	20 27
6	0 09	.. ..	.. ..	.. ..	23 51	23 37	23 13	22 52	22 33	22 13	22 13	21 29	21 15	20 59
7	1 26	0 52	0 28	0 08	.. ..	.. ..	.. ..	23 45	23 23	23 02	22 39	22 12	21 57	21 39
8	2 39	1 59	1 31	1 09	0 50	0 34	0 08	.. ..	.. ..	23 54	23 31	23 03	22 46	22 27
9	3 40	2 59	2 29	2 06	1 47	1 31	1 03	0 39	0 17	.. ..	.. ..	.. ..	23 44	23 25

(.. ..) indicates phenomenon will occur the next day.

UNIVERSAL TIME FOR MERIDIAN OF GREENWICH
MOONRISE

Lat.	+40°	+42°	+44°	+46°	+48°	+50°	+52°	+54°	+56°	+58°	+60°	+62°	+64°	+66°
	h m	h m	h m	h m	h m	h m	h m	h m	h m	h m	h m	h m	h m	h m
Aug. 16	18 42	18 46	18 51	18 55	19 00	19 06	19 12	19 19	19 26	19 35	19 44	19 55	20 08	20 23
17	19 10	19 13	19 15	19 18	19 21	19 24	19 28	19 31	19 36	19 40	19 45	19 51	19 58	20 06
18	19 36	19 37	19 38	19 38	19 39	19 40	19 41	19 42	19 43	19 44	19 46	19 47	19 49	19 51
19	20 02	20 01	19 59	19 58	19 57	19 55	19 54	19 52	19 50	19 48	19 46	19 44	19 41	19 37
20	20 28	20 25	20 22	20 19	20 16	20 12	20 08	20 03	19 58	19 53	19 47	19 40	19 32	19 23
21	20 58	20 53	20 48	20 43	20 37	20 31	20 24	20 17	20 09	19 59	19 49	19 36	19 22	19 04
22	21 32	21 26	21 19	21 12	21 04	20 56	20 46	20 35	20 23	20 09	19 53	19 33	19 08	18 34
23	22 14	22 07	21 58	21 49	21 39	21 28	21 16	21 02	20 46	20 26	20 02	19 30	18 39	** **
24	23 05	22 56	22 47	22 37	22 25	22 13	21 59	21 42	21 22	20 58	20 25	19 31	** **	** **
25	.. ..	23 55	23 46	23 35	23 24	23 11	22 57	22 40	22 20	21 54	21 20	20 13	** **	** **
26	0 04	.. ..	.. ..	.. ..	.. ..	.. ..	.. ..	23 53	23 36	23 14	22 47	22 07	** **	** **
27	1 09	1 01	0 53	0 43	0 33	0 21	0 08	.. ..	.. ..	.. ..	.. ..	.. ..	23 28	22 30
28	2 17	2 10	2 03	1 55	1 47	1 37	1 27	1 15	1 01	0 45	0 26	0 02	.. ..	.. ..
29	3 25	3 19	3 14	3 08	3 02	2 54	2 47	2 38	2 28	2 17	2 04	1 48	1 29	1 05
30	4 30	4 26	4 23	4 19	4 14	4 09	4 04	3 58	3 52	3 44	3 36	3 27	3 15	3 02
31	5 33	5 31	5 29	5 27	5 24	5 22	5 19	5 15	5 12	5 08	5 04	4 59	4 53	4 46
Sept. 1	6 34	6 34	6 33	6 33	6 32	6 31	6 31	6 30	6 29	6 28	6 27	6 26	6 25	6 24
2	7 34	7 35	7 36	7 37	7 39	7 40	7 42	7 43	7 45	7 47	7 50	7 52	7 55	7 59
3	8 34	8 36	8 39	8 42	8 45	8 48	8 52	8 56	9 01	9 06	9 12	9 19	9 26	9 35
4	9 34	9 38	9 42	9 47	9 52	9 58	10 04	10 11	10 18	10 27	10 36	10 48	11 01	11 17
5	10 35	10 41	10 47	10 53	11 00	11 08	11 17	11 26	11 37	11 49	12 04	12 21	12 43	13 12
6	11 38	11 45	11 52	12 00	12 09	12 19	12 30	12 43	12 57	13 14	13 35	14 01	14 40	-- --
7	12 40	12 48	12 57	13 06	13 17	13 28	13 42	13 57	14 15	14 37	15 06	15 49	-- --	-- --
8	13 39	13 48	13 58	14 08	14 19	14 32	14 47	15 04	15 25	15 50	16 26	17 46	-- --	-- --
9	14 34	14 43	14 52	15 03	15 14	15 27	15 41	15 58	16 18	16 44	17 18	18 22	-- --	-- --

MOONSET

Lat.	+40°	+42°	+44°	+46°	+48°	+50°	+52°	+54°	+56°	+58°	+60°	+62°	+64°	+66°
	h m	h m	h m	h m	h m	h m	h m	h m	h m	h m	h m	h m	h m	h m
Aug. 16	4 08	4 02	3 57	3 50	3 44	3 36	3 28	3 19	3 08	2 56	2 42	2 25	2 05	1 38
17	5 23	5 20	5 16	5 12	5 08	5 03	4 58	4 52	4 45	4 38	4 30	4 20	4 08	3 55
18	6 39	6 37	6 35	6 34	6 32	6 29	6 27	6 24	6 21	6 18	6 14	6 10	6 05	5 59
19	7 54	7 54	7 54	7 55	7 55	7 55	7 56	7 56	7 56	7 57	7 57	7 58	7 58	7 59
20	9 09	9 11	9 13	9 16	9 19	9 21	9 24	9 28	9 32	9 36	9 41	9 46	9 52	10 00
21	10 25	10 29	10 33	10 38	10 43	10 48	10 54	11 01	11 08	11 17	11 26	11 38	11 51	12 07
22	11 42	11 48	11 54	12 01	12 08	12 16	12 25	12 35	12 47	13 00	13 15	13 34	13 58	14 31
23	12 57	13 05	13 13	13 21	13 31	13 41	13 53	14 07	14 23	14 42	15 05	15 37	16 27	** **
24	14 08	14 17	14 26	14 36	14 47	15 00	15 14	15 30	15 50	16 14	16 46	17 40	** **	** **
25	15 12	15 20	15 30	15 40	15 52	16 04	16 19	16 36	16 56	17 22	17 57	19 03	** **	** **
26	16 05	16 13	16 22	16 31	16 42	16 54	17 07	17 22	17 40	18 02	18 30	19 10	** **	** **
27	16 47	16 54	17 02	17 10	17 19	17 29	17 40	17 52	18 07	18 23	18 43	19 08	19 42	20 41
28	17 22	17 27	17 33	17 40	17 47	17 54	18 03	18 12	18 23	18 35	18 49	19 05	19 25	19 50
29	17 50	17 54	17 58	18 03	18 08	18 13	18 19	18 26	18 33	18 42	18 51	19 02	19 14	19 29
30	18 14	18 16	18 19	18 22	18 25	18 29	18 32	18 36	18 41	18 46	18 52	18 58	19 05	19 14
31	18 35	18 36	18 37	18 39	18 40	18 42	18 43	18 45	18 47	18 49	18 51	18 54	18 57	19 01
Sept. 1	18 55	18 55	18 55	18 54	18 54	18 54	18 53	18 53	18 52	18 52	18 51	18 50	18 50	18 49
2	19 15	19 14	19 12	19 10	19 08	19 06	19 03	19 00	18 57	18 54	18 51	18 46	18 42	18 36
3	19 36	19 33	19 30	19 26	19 23	19 18	19 14	19 09	19 03	18 57	18 50	18 43	18 34	18 23
4	20 00	19 55	19 50	19 45	19 40	19 33	19 27	19 19	19 11	19 02	18 51	18 39	18 24	18 07
5	20 27	20 21	20 14	20 08	20 00	19 52	19 43	19 33	19 21	19 08	18 53	18 35	18 12	17 43
6	20 59	20 52	20 44	20 36	20 26	20 16	20 05	19 52	19 37	19 19	18 58	18 31	17 52	-- --
7	21 39	21 30	21 21	21 12	21 01	20 49	20 35	20 20	20 02	19 39	19 10	18 27	-- --	-- --
8	22 27	22 18	22 09	21 58	21 47	21 34	21 19	21 02	20 41	20 15	19 39	18 19	-- --	-- --
9	23 25	23 16	23 07	22 57	22 45	22 33	22 18	22 02	21 42	21 17	20 42	19 38	-- --	-- --

(.. ..) indicates phenomenon will occur the next day.
(-- --) indicates Moon continuously below horizon.
(** **) indicates Moon continuously above horizon.

MOONRISE AND MOONSET, 1989
UNIVERSAL TIME FOR MERIDIAN OF GREENWICH
MOONRISE

Lat.	−55°	−50°	−45°	−40°	−35°	−30°	−20°	−10°	0°	+10°	+20°	+30°	+35°	+40°
	h m	h m	h m	h m	h m	h m	h m	h m	h m	h m	h m	h m	h m	h m
Sept. 8	8 32	9 12	9 40	10 03	10 22	10 38	11 05	11 29	11 51	12 13	12 36	13 04	13 20	13 39
9	9 22	10 04	10 33	10 56	11 15	11 32	11 59	12 23	12 45	13 07	13 31	13 59	14 15	14 34
10	10 32	11 10	11 37	11 58	12 16	12 32	12 58	13 20	13 41	14 02	14 24	14 50	15 05	15 22
11	11 56	12 27	12 49	13 08	13 23	13 36	13 59	14 18	14 36	14 54	15 13	15 36	15 48	16 03
12	13 28	13 50	14 07	14 21	14 33	14 43	15 01	15 16	15 30	15 44	16 00	16 17	16 27	16 38
13	15 02	15 16	15 27	15 37	15 44	15 51	16 03	16 13	16 23	16 32	16 42	16 54	17 01	17 08
14	16 37	16 43	16 48	16 52	16 56	16 59	17 05	17 10	17 14	17 19	17 23	17 29	17 32	17 35
15	18 12	18 11	18 10	18 09	18 08	18 08	18 07	18 06	18 05	18 04	18 03	18 02	18 02	18 01
16	19 48	19 40	19 32	19 26	19 21	19 17	19 09	19 03	18 57	18 51	18 44	18 37	18 33	18 28
17	21 27	21 10	20 56	20 45	20 36	20 28	20 14	20 01	19 50	19 39	19 27	19 14	19 06	18 57
18	23 07	22 41	22 21	22 05	21 51	21 40	21 20	21 02	20 47	20 31	20 14	19 55	19 44	19 31
19	.. ..	.. ..	23 43	23 22	23 05	22 51	22 26	22 05	21 46	21 26	21 05	20 41	20 27	20 11
20	0 43	0 08	.. ..	.. ..	.. ..	23 59	23 32	23 08	22 46	22 25	22 01	21 34	21 19	21 00
21	2 08	1 27	0 57	0 34	0 15	.. ..	.. ..	.. ..	23 47	23 25	23 01	22 33	22 17	21 58
22	3 11	2 30	2 00	1 37	1 17	1 01	0 33	0 09	.. ..	.. ..	.. ..	23 35	23 20	23 02
23	3 52	3 16	2 49	2 28	2 10	1 55	1 29	1 06	0 45	0 24	0 02	.. ..	.. ..	.. ..
24	4 18	3 49	3 26	3 08	2 53	2 40	2 17	1 58	1 40	1 21	1 01	0 38	0 25	0 09
25	4 34	4 12	3 55	3 41	3 29	3 18	3 00	2 44	2 30	2 15	1 58	1 40	1 29	1 17
26	4 45	4 30	4 18	4 08	3 59	3 51	3 38	3 26	3 15	3 04	2 53	2 39	2 31	2 22
27	4 54	4 45	4 37	4 31	4 26	4 21	4 13	4 05	3 58	3 51	3 44	3 36	3 31	3 25
28	5 01	4 57	4 54	4 52	4 50	4 48	4 45	4 42	4 39	4 36	4 33	4 30	4 28	4 26
29	5 07	5 09	5 11	5 12	5 13	5 14	5 16	5 17	5 19	5 20	5 22	5 24	5 25	5 26
30	5 14	5 21	5 27	5 32	5 36	5 40	5 47	5 53	5 58	6 04	6 10	6 17	6 21	6 25
Oct. 1	5 22	5 35	5 45	5 54	6 01	6 08	6 19	6 29	6 39	6 48	6 59	7 11	7 18	7 25
2	5 32	5 50	6 05	6 18	6 28	6 38	6 54	7 08	7 21	7 35	7 49	8 06	8 15	8 26

MOONSET

	h m	h m	h m	h m	h m	h m	h m	h m	h m	h m	h m	h m	h m	h m
Sept. 8	2 39	1 59	1 31	1 09	0 50	0 34	0 08	.. ..	.. ..	23 54	23 31	23 03	22 46	22 27
9	3 40	2 59	2 29	2 06	1 47	1 31	1 03	0 39	0 17	.. ..	.. ..	.. ..	23 44	23 25
10	4 26	3 48	3 20	2 58	2 39	2 23	1 57	1 34	1 12	0 50	0 27	0 00	.. ..	.. ..
11	4 57	4 25	4 01	3 42	3 26	3 12	2 48	2 27	2 07	1 48	1 27	1 02	0 48	0 31
12	5 17	4 53	4 35	4 20	4 07	3 55	3 36	3 18	3 02	2 46	2 28	2 08	1 56	1 42
13	5 32	5 16	5 03	4 52	4 42	4 34	4 20	4 07	3 55	3 43	3 31	3 16	3 07	2 57
14	5 43	5 34	5 26	5 20	5 15	5 10	5 02	4 54	4 47	4 40	4 32	4 24	4 18	4 13
15	5 52	5 50	5 48	5 47	5 45	5 44	5 42	5 40	5 38	5 36	5 34	5 32	5 30	5 29
16	6 01	6 06	6 10	6 13	6 15	6 18	6 22	6 26	6 29	6 33	6 36	6 40	6 43	6 46
17	6 12	6 23	6 33	6 40	6 47	6 53	7 04	7 13	7 22	7 30	7 40	7 50	7 57	8 04
18	6 24	6 44	6 59	7 12	7 22	7 32	7 48	8 03	8 17	8 30	8 45	9 02	9 12	9 23
19	6 42	7 10	7 31	7 48	8 03	8 16	8 37	8 56	9 14	9 32	9 51	10 14	10 27	10 42
20	7 09	7 45	8 12	8 33	8 50	9 05	9 31	9 54	10 14	10 35	10 58	11 24	11 39	11 57
21	7 52	8 33	9 03	9 26	9 45	10 02	10 29	10 53	11 16	11 38	12 02	12 29	12 46	13 05
22	8 54	9 35	10 04	10 27	10 46	11 03	11 30	11 53	12 15	12 37	13 00	13 27	13 43	14 02
23	10 12	10 47	11 13	11 34	11 51	12 06	12 31	12 52	13 12	13 32	13 53	14 17	14 31	14 48
24	11 36	12 04	12 25	12 42	12 56	13 08	13 29	13 47	14 04	14 21	14 38	14 59	15 11	15 24
25	13 00	13 20	13 36	13 48	13 59	14 09	14 25	14 39	14 52	15 05	15 19	15 34	15 43	15 54
26	14 20	14 34	14 44	14 53	15 00	15 07	15 18	15 27	15 36	15 45	15 55	16 05	16 12	16 19
27	15 38	15 45	15 50	15 55	15 59	16 02	16 08	16 13	16 18	16 23	16 28	16 34	16 37	16 41
28	16 53	16 54	16 54	16 55	16 56	16 56	16 57	16 58	16 58	16 59	16 59	17 00	17 01	17 01
29	18 07	18 02	17 58	17 55	17 52	17 49	17 45	17 41	17 38	17 34	17 30	17 26	17 24	17 21
30	19 21	19 10	19 00	18 54	18 48	18 43	18 33	18 25	18 18	18 10	18 02	17 53	17 48	17 42
Oct. 1	20 37	20 19	20 06	19 55	19 45	19 37	19 23	19 11	18 59	18 48	18 35	18 21	18 13	18 04
2	21 54	21 30	21 11	20 56	20 44	20 33	20 14	19 58	19 42	19 27	19 11	18 53	18 42	18 30

(.. ..) indicates phenomenon will occur the next day.

UNIVERSAL TIME FOR MERIDIAN OF GREENWICH
MOONRISE

Lat.	+40°	+42°	+44°	+46°	+48°	+50°	+52°	+54°	+56°	+58°	+60°	+62°	+64°	+66°
	h m	h m	h m	h m	h m	h m	h m	h m	h m	h m	h m	h m	h m	h m
Sept. 8	13 39	13 48	13 58	14 08	14 19	14 32	14 47	15 04	15 25	15 50	16 26	17 46	-- --	-- --
9	14 34	14 43	14 52	15 03	15 14	15 27	15 41	15 58	16 18	16 44	17 18	18 22	-- --	-- --
10	15 22	15 30	15 39	15 48	15 58	16 10	16 23	16 37	16 54	17 15	17 41	18 17	19 30	-- --
11	16 03	16 10	16 17	16 25	16 33	16 42	16 53	17 04	17 17	17 33	17 51	18 13	18 42	19 24
12	16 38	16 43	16 48	16 54	17 00	17 07	17 15	17 23	17 32	17 43	17 55	18 09	18 26	18 46
13	17 08	17 11	17 15	17 19	17 23	17 27	17 32	17 37	17 43	17 50	17 57	18 05	18 15	18 26
14	17 35	17 37	17 39	17 40	17 42	17 44	17 46	17 49	17 51	17 54	17 58	18 01	18 06	18 10
15	18 01	18 01	18 01	18 01	18 00	18 00	18 00	17 59	17 59	17 59	17 58	17 58	17 57	17 56
16	18 28	18 26	18 24	18 22	18 19	18 17	18 14	18 10	18 07	18 03	17 59	17 54	17 48	17 42
17	18 57	18 54	18 49	18 45	18 40	18 35	18 30	18 23	18 17	18 09	18 00	17 51	17 39	17 26
18	19 31	19 25	19 19	19 13	19 06	18 58	18 50	18 40	18 30	18 18	18 04	17 47	17 28	17 02
19	20 11	20 04	19 56	19 48	19 39	19 29	19 17	19 04	18 50	18 32	18 11	17 45	17 08	15 53
20	21 00	20 52	20 43	20 33	20 22	20 10	19 56	19 40	19 22	18 59	18 30	17 45	** **	** **
21	21 58	21 49	21 40	21 29	21 18	21 05	20 50	20 33	20 13	19 48	19 13	18 07	** **	** **
22	23 02	22 54	22 45	22 35	22 24	22 12	21 59	21 43	21 25	21 02	20 32	19 47	** **	** **
23	.. ..	.. ..	23 55	23 46	23 37	23 27	23 16	23 03	22 48	22 31	22 09	21 41	21 01	** **
24	0 09	0 02	.. ..	.. ..	.. ..	.. ..	.. ..	.. ..	.. ..	.. ..	23 47	23 29	23 07	22 38
25	1 17	1 11	1 05	0 59	0 51	0 44	0 35	0 25	0 14	0 02	.. ..	.. ..	.. ..	.. ..
26	2 22	2 18	2 14	2 09	2 04	1 59	1 52	1 46	1 38	1 30	1 20	1 09	0 56	0 39
27	3 25	3 23	3 20	3 17	3 14	3 11	3 07	3 03	2 59	2 54	2 48	2 42	2 34	2 25
28	4 26	4 25	4 24	4 23	4 22	4 21	4 19	4 18	4 16	4 14	4 12	4 10	4 07	4 04
29	5 26	5 26	5 27	5 28	5 28	5 29	5 30	5 31	5 32	5 33	5 34	5 35	5 37	5 39
30	6 25	6 27	6 30	6 32	6 34	6 37	6 40	6 43	6 47	6 51	6 56	7 01	7 07	7 14
Oct. 1	7 25	7 29	7 33	7 37	7 41	7 46	7 51	7 57	8 03	8 11	8 19	8 28	8 40	8 53
2	8 26	8 31	8 37	8 43	8 49	8 56	9 03	9 12	9 21	9 32	9 45	10 00	10 18	10 41

MOONSET

Lat.	+40°	+42°	+44°	+46°	+48°	+50°	+52°	+54°	+56°	+58°	+60°	+62°	+64°	+66°
	h m	h m	h m	h m	h m	h m	h m	h m	h m	h m	h m	h m	h m	h m
Sept. 8	22 27	22 18	22 09	21 58	21 47	21 34	21 19	21 02	20 41	20 15	19 39	18 19	-- --	-- --
9	23 25	23 16	23 07	22 57	22 45	22 33	22 18	22 02	21 42	21 17	20 42	19 38	-- --	-- --
10	.. ..	.. ..	.. ..	.. ..	23 56	23 45	23 32	23 18	23 01	22 41	22 15	21 40	20 27	-- --
11	0 31	0 23	0 15	0 06	.. ..	.. ..	.. ..	.. ..	.. ..	.. ..	.. ..	23 39	23 11	22 30
12	1 42	1 36	1 29	1 22	1 14	1 06	0 56	0 45	0 32	0 18	0 00	.. ..	.. ..	.. ..
13	2 57	2 52	2 48	2 43	2 37	2 31	2 24	2 17	2 08	1 58	1 47	1 34	1 19	1 00
14	4 13	4 10	4 07	4 04	4 01	3 57	3 54	3 49	3 45	3 39	3 33	3 26	3 18	3 09
15	5 29	5 28	5 27	5 26	5 26	5 25	5 24	5 22	5 21	5 20	5 18	5 16	5 14	5 12
16	6 46	6 47	6 48	6 50	6 51	6 53	6 54	6 56	6 59	7 01	7 04	7 07	7 10	7 14
17	8 04	8 07	8 10	8 14	8 18	8 22	8 27	8 32	8 38	8 44	8 51	9 00	9 10	9 22
18	9 23	9 28	9 33	9 39	9 46	9 53	10 01	10 09	10 19	10 30	10 43	10 58	11 17	11 41
19	10 42	10 49	10 56	11 04	11 13	11 23	11 33	11 46	12 00	12 17	12 37	13 03	13 39	14 53
20	11 57	12 05	12 14	12 24	12 34	12 46	13 00	13 15	13 34	13 56	14 25	15 09	** **	** **
21	13 05	13 14	13 23	13 33	13 45	13 58	14 12	14 29	14 49	15 15	15 49	16 56	** **	** **
22	14 02	14 10	14 19	14 29	14 40	14 52	15 06	15 22	15 41	16 04	16 34	17 20	** **	** **
23	14 48	14 55	15 03	15 12	15 21	15 31	15 43	15 56	16 12	16 30	16 52	17 20	18 01	** **
24	15 24	15 30	15 37	15 44	15 51	15 59	16 09	16 19	16 30	16 44	16 59	17 18	17 41	18 11
25	15 54	15 58	16 03	16 08	16 14	16 20	16 27	16 34	16 43	16 52	17 02	17 15	17 29	17 47
26	16 19	16 22	16 25	16 28	16 32	16 36	16 41	16 46	16 51	16 57	17 04	17 11	17 20	17 30
27	16 41	16 42	16 44	16 46	16 48	16 50	16 52	16 55	16 57	17 01	17 04	17 08	17 12	17 17
28	17 01	17 01	17 01	17 02	17 02	17 02	17 02	17 03	17 03	17 03	17 04	17 04	17 05	17 05
29	17 21	17 20	17 19	17 17	17 16	17 14	17 12	17 10	17 08	17 06	17 03	17 01	16 57	16 54
30	17 42	17 39	17 36	17 33	17 30	17 27	17 23	17 19	17 14	17 09	17 03	16 57	16 50	16 41
Oct. 1	18 04	18 00	17 56	17 51	17 46	17 41	17 35	17 29	17 21	17 13	17 04	16 53	16 41	16 26
2	18 30	18 25	18 19	18 12	18 06	17 58	17 50	17 41	17 31	17 19	17 06	16 50	16 31	16 07

(.. ..) indicates phenomenon will occur the next day.
(-- --) indicates Moon continuously below horizon.
(** **) indicates Moon continuously above horizon.

MOONRISE AND MOONSET, 1989
UNIVERSAL TIME FOR MERIDIAN OF GREENWICH
MOONRISE

Lat.	−55°	−50°	−45°	−40°	−35°	−30°	−20°	−10°	0°	+10°	+20°	+30°	+35°	+40°
	h m	h m	h m	h m	h m	h m	h m	h m	h m	h m	h m	h m	h m	h m
Oct. 1	5 22	5 35	5 45	5 54	6 01	6 08	6 19	6 29	6 39	6 48	6 59	7 11	7 18	7 25
2	5 32	5 50	6 05	6 18	6 28	6 38	6 54	7 08	7 21	7 35	7 49	8 06	8 15	8 26
3	5 45	6 10	6 30	6 46	6 59	7 11	7 31	7 49	8 06	8 23	8 41	9 02	9 14	9 28
4	6 04	6 36	7 00	7 19	7 35	7 49	8 13	8 34	8 54	9 13	9 34	9 59	10 13	10 30
5	6 32	7 10	7 38	7 59	8 17	8 33	9 00	9 23	9 44	10 05	10 29	10 55	11 11	11 30
6	7 15	7 56	8 25	8 48	9 07	9 23	9 51	10 15	10 37	10 59	11 23	11 50	12 07	12 26
7	8 16	8 55	9 23	9 45	10 04	10 20	10 46	11 09	11 31	11 52	12 15	12 41	12 57	13 15
8	9 32	10 06	10 30	10 50	11 06	11 20	11 44	12 05	12 24	12 44	13 04	13 28	13 42	13 58
9	10 58	11 24	11 43	11 59	12 13	12 24	12 44	13 01	13 17	13 33	13 50	14 10	14 21	14 34
10	12 28	12 46	13 00	13 12	13 21	13 30	13 44	13 57	14 09	14 21	14 33	14 47	14 56	15 05
11	14 00	14 10	14 18	14 25	14 31	14 36	14 45	14 52	14 59	15 06	15 14	15 22	15 27	15 33
12	15 33	15 36	15 38	15 40	15 42	15 43	15 45	15 47	15 49	15 51	15 54	15 56	15 57	15 59
13	17 08	17 04	17 00	16 57	16 54	16 51	16 47	16 44	16 40	16 37	16 34	16 30	16 28	16 25
14	18 47	18 34	18 24	18 15	18 08	18 02	17 51	17 42	17 34	17 25	17 16	17 06	17 00	16 54
15	20 28	20 07	19 50	19 37	19 25	19 15	18 58	18 43	18 30	18 16	18 02	17 46	17 36	17 26
16	22 10	21 39	21 16	20 58	20 43	20 29	20 07	19 48	19 30	19 12	18 53	18 31	18 18	18 04
17	23 44	23 06	22 38	22 16	21 58	21 42	21 16	20 53	20 32	20 11	19 49	19 23	19 08	18 51
18	.. ..	.. ..	23 48	23 25	23 06	22 49	22 21	21 58	21 35	21 13	20 50	20 22	20 06	19 47
19	0 59	0 18	.. ..	.. ..	.. ..	23 48	23 21	22 58	22 37	22 15	21 52	21 25	21 10	20 51
20	1 50	1 12	0 44	0 22	0 04	.. ..	.. ..	23 53	23 34	23 15	22 54	22 30	22 16	22 00
21	2 21	1 50	1 26	1 07	0 51	0 37	0 14	.. ..	.. ..	.. ..	23 53	23 33	23 22	23 08
22	2 40	2 17	1 58	1 43	1 30	1 19	0 59	0 42	0 26	0 10	.. ..	.. ..	.. ..	.. ..
23	2 53	2 36	2 23	2 12	2 02	1 53	1 39	1 26	1 14	1 02	0 49	0 34	0 25	0 15
24	3 03	2 52	2 43	2 36	2 30	2 24	2 14	2 06	1 58	1 49	1 41	1 31	1 25	1 19
25	3 10	3 05	3 01	2 57	2 54	2 52	2 47	2 43	2 39	2 35	2 31	2 26	2 23	2 20

MOONSET

Lat.	−55°	−50°	−45°	−40°	−35°	−30°	−20°	−10°	0°	+10°	+20°	+30°	+35°	+40°
	h m	h m	h m	h m	h m	h m	h m	h m	h m	h m	h m	h m	h m	h m
Oct. 1	20 37	20 19	20 06	19 55	19 45	19 37	19 23	19 11	18 59	18 48	18 35	18 21	18 13	18 04
2	21 54	21 30	21 11	20 56	20 44	20 33	20 14	19 58	19 42	19 27	19 11	18 53	18 42	18 30
3	23 11	22 40	22 17	21 58	21 43	21 29	21 06	20 47	20 29	20 10	19 51	19 28	19 15	19 00
4	.. ..	23 48	23 21	22 59	22 41	22 26	22 00	21 38	21 18	20 57	20 35	20 09	19 54	19 37
5	0 25	.. ..	.. ..	23 57	23 38	23 22	22 55	22 31	22 09	21 47	21 24	20 56	20 40	20 21
6	1 30	0 49	0 20	.. ..	.. ..	.. ..	23 48	23 24	23 03	22 41	22 17	21 50	21 33	21 14
7	2 20	1 41	1 12	0 50	0 31	0 15	.. ..	.. ..	23 56	23 36	23 14	22 48	22 33	22 15
8	2 56	2 22	1 56	1 36	1 19	1 04	0 39	0 17	.. ..	.. ..	.. ..	23 51	23 38	23 23
9	3 20	2 53	2 32	2 15	2 00	1 48	1 26	1 08	0 50	0 32	0 13	.. ..	.. ..	.. ..
10	3 36	3 17	3 01	2 48	2 37	2 27	2 11	1 56	1 42	1 28	1 13	0 55	0 45	0 34
11	3 49	3 36	3 26	3 17	3 10	3 04	2 52	2 42	2 33	2 23	2 13	2 01	1 54	1 46
12	3 59	3 53	3 48	3 44	3 41	3 38	3 32	3 28	3 23	3 18	3 13	3 08	3 04	3 01
13	4 08	4 09	4 10	4 10	4 11	4 11	4 12	4 13	4 13	4 14	4 15	4 15	4 16	4 16
14	4 18	4 26	4 32	4 37	4 42	4 46	4 53	4 59	5 05	5 11	5 17	5 25	5 29	5 34
15	4 29	4 45	4 57	5 07	5 16	5 23	5 37	5 49	6 00	6 11	6 23	6 37	6 45	6 54
16	4 45	5 08	5 27	5 42	5 55	6 06	6 25	6 42	6 58	7 14	7 31	7 50	8 02	8 15
17	5 08	5 40	6 05	6 24	6 40	6 54	7 19	7 39	7 59	8 19	8 40	9 04	9 19	9 35
18	5 45	6 25	6 53	7 16	7 34	7 50	8 17	8 41	9 02	9 24	9 47	10 15	10 31	10 49
19	6 42	7 23	7 53	8 16	8 35	8 52	9 19	9 43	10 05	10 27	10 51	11 18	11 34	11 53
20	7 57	8 35	9 02	9 23	9 41	9 56	10 22	10 44	11 05	11 25	11 47	12 12	12 27	12 44
21	9 22	9 52	10 14	10 32	10 48	11 01	11 23	11 42	12 00	12 17	12 36	12 58	13 10	13 24
22	10 47	11 09	11 26	11 40	11 52	12 03	12 20	12 35	12 50	13 04	13 19	13 36	13 45	13 57
23	12 09	12 24	12 36	12 46	12 54	13 02	13 14	13 25	13 35	13 45	13 56	14 08	14 15	14 23
24	13 27	13 36	13 43	13 48	13 53	13 58	14 05	14 12	14 18	14 24	14 30	14 37	14 41	14 46
25	14 42	14 45	14 47	14 49	14 50	14 52	14 54	14 56	14 58	15 00	15 02	15 04	15 05	15 07

(.. ..) indicates phenomenon will occur the next day.

UNIVERSAL TIME FOR MERIDIAN OF GREENWICH
MOONRISE

Lat.	+40°	+42°	+44°	+46°	+48°	+50°	+52°	+54°	+56°	+58°	+60°	+62°	+64°	+66°
Oct.	h m	h m	h m	h m	h m	h m	h m	h m	h m	h m	h m	h m	h m	h m
1	7 25	7 29	7 33	7 37	7 41	7 46	7 51	7 57	8 03	8 11	8 19	8 28	8 40	8 53
2	8 26	8 31	8 37	8 43	8 49	8 56	9 03	9 12	9 21	9 32	9 45	10 00	10 18	10 41
3	9 28	9 35	9 42	9 49	9 57	10 06	10 16	10 28	10 41	10 56	11 14	11 37	12 07	12 54
4	10 30	10 38	10 46	10 55	11 05	11 16	11 28	11 43	11 59	12 19	12 45	13 20	14 29	-- --
5	11 30	11 38	11 48	11 58	12 09	12 21	12 35	12 52	13 11	13 36	14 09	15 06	-- --	-- --
6	12 26	12 34	12 44	12 54	13 05	13 18	13 33	13 50	14 10	14 36	15 11	16 20	-- --	-- --
7	13 15	13 23	13 32	13 42	13 53	14 05	14 18	14 34	14 52	15 14	15 43	16 26	-- --	-- --
8	13 58	14 05	14 12	14 21	14 30	14 40	14 52	15 04	15 19	15 36	15 57	16 24	17 01	18 23
9	14 34	14 39	14 46	14 52	14 59	15 07	15 16	15 26	15 37	15 49	16 04	16 21	16 42	17 09
10	15 05	15 09	15 13	15 18	15 23	15 29	15 35	15 42	15 49	15 57	16 07	16 18	16 30	16 45
11	15 33	15 35	15 38	15 41	15 44	15 47	15 50	15 54	15 58	16 03	16 08	16 14	16 21	16 29
12	15 59	16 00	16 01	16 01	16 02	16 03	16 04	16 05	16 06	16 08	16 09	16 11	16 13	16 15
13	16 25	16 24	16 23	16 22	16 21	16 19	16 18	16 16	16 14	16 12	16 10	16 08	16 05	16 02
14	16 54	16 51	16 48	16 44	16 41	16 37	16 33	16 28	16 23	16 18	16 12	16 04	15 56	15 47
15	17 26	17 21	17 16	17 11	17 05	16 58	16 51	16 44	16 35	16 25	16 14	16 02	15 47	15 29
16	18 04	17 58	17 51	17 43	17 35	17 26	17 16	17 05	16 52	16 38	16 21	16 00	15 34	14 57
17	18 51	18 43	18 34	18 25	18 15	18 04	17 51	17 37	17 20	17 00	16 35	16 00	15 01	** **
18	19 47	19 38	19 29	19 19	19 08	18 55	18 41	18 24	18 05	17 40	17 08	16 13	** **	** **
19	20 51	20 43	20 34	20 24	20 13	20 00	19 46	19 30	19 11	18 48	18 16	17 25	** **	** **
20	22 00	21 52	21 44	21 35	21 26	21 15	21 03	20 49	20 34	20 15	19 51	19 19	18 27	** **
21	23 08	23 02	22 56	22 49	22 41	22 33	22 23	22 13	22 01	21 47	21 30	21 10	20 45	20 09
22	.. ..	.. ..	.. ..	.. ..	23 55	23 49	23 42	23 34	23 26	23 16	23 06	22 53	22 37	22 18
23	0 15	0 10	0 06	0 00	.. ..	.. ..	.. ..	.. ..	.. ..	.. ..	.. ..	.. ..	.. ..	.. ..
24	1 19	1 16	1 13	1 09	1 06	1 02	0 57	0 53	0 47	0 41	0 35	0 27	0 18	0 07
25	2 20	2 18	2 17	2 15	2 14	2 12	2 10	2 07	2 05	2 02	1 59	1 56	1 51	1 47

MOONSET

Lat.	+40°	+42°	+44°	+46°	+48°	+50°	+52°	+54°	+56°	+58°	+60°	+62°	+64°	+66°
Oct.	h m	h m	h m	h m	h m	h m	h m	h m	h m	h m	h m	h m	h m	h m
1	18 04	18 00	17 56	17 51	17 46	17 41	17 35	17 29	17 21	17 13	17 04	16 53	16 41	16 26
2	18 30	18 25	18 19	18 12	18 06	17 58	17 50	17 41	17 31	17 19	17 06	16 50	16 31	16 07
3	19 00	18 54	18 46	18 38	18 30	18 20	18 10	17 58	17 44	17 29	17 10	16 47	16 16	15 28
4	19 37	19 29	19 21	19 11	19 01	18 50	18 37	18 23	18 06	17 45	17 19	16 44	15 34	-- --
5	20 21	20 13	20 03	19 53	19 42	19 29	19 15	18 59	18 39	18 14	17 41	16 44	-- --	-- --
6	21 14	21 06	20 56	20 46	20 35	20 22	20 07	19 50	19 30	19 05	18 30	17 20	-- --	-- --
7	22 15	22 07	21 59	21 49	21 39	21 27	21 14	20 58	20 40	20 18	19 50	19 07	-- --	-- --
8	23 23	23 16	23 08	23 00	22 52	22 42	22 31	22 19	22 04	21 48	21 27	21 01	20 25	19 03
9	.. ..	.. ..	.. ..	.. ..	.. ..	.. ..	23 54	23 45	23 35	23 23	23 10	22 54	22 34	22 08
10	0 34	0 28	0 23	0 16	0 10	0 03	.. ..	.. ..	.. ..	.. ..	.. ..	.. ..	.. ..	.. ..
11	1 46	1 43	1 39	1 35	1 31	1 26	1 21	1 15	1 08	1 01	0 53	0 43	0 32	0 18
12	3 01	2 59	2 57	2 55	2 53	2 51	2 48	2 46	2 43	2 39	2 35	2 31	2 26	2 20
13	4 16	4 16	4 17	4 17	4 17	4 17	4 18	4 18	4 18	4 18	4 18	4 19	4 19	4 20
14	5 34	5 36	5 38	5 41	5 43	5 46	5 49	5 53	5 56	6 01	6 05	6 11	6 17	6 25
15	6 54	6 58	7 02	7 07	7 12	7 18	7 24	7 30	7 38	7 47	7 56	8 08	8 22	8 38
16	8 15	8 21	8 28	8 35	8 42	8 51	9 00	9 10	9 22	9 36	9 52	10 12	10 38	11 13
17	9 35	9 43	9 51	10 00	10 10	10 21	10 33	10 47	11 04	11 23	11 48	12 21	13 21	** **
18	10 49	10 58	11 07	11 17	11 28	11 41	11 55	12 11	12 31	12 55	13 28	14 22	** **	** **
19	11 53	12 01	12 11	12 21	12 32	12 44	12 58	13 15	13 34	13 58	14 29	15 20	** **	** **
20	12 44	12 52	13 00	13 09	13 19	13 30	13 42	13 56	14 13	14 32	14 56	15 28	16 21	** **
21	13 24	13 31	13 38	13 45	13 53	14 02	14 12	14 23	14 36	14 50	15 07	15 28	15 55	16 32
22	13 57	14 02	14 07	14 13	14 19	14 25	14 33	14 41	14 50	15 01	15 12	15 26	15 43	16 03
23	14 23	14 26	14 30	14 34	14 38	14 43	14 48	14 54	15 00	15 07	15 15	15 23	15 34	15 46
24	14 46	14 48	14 50	14 52	14 55	14 58	15 00	15 04	15 07	15 11	15 15	15 20	15 26	15 32
25	15 07	15 07	15 08	15 09	15 09	15 10	15 11	15 12	15 13	15 14	15 16	15 17	15 19	15 21

(.. ..) indicates phenomenon will occur the next day.
(-- --) indicates Moon continuously below horizon.
(** **) indicates Moon continuously above horizon.

MOONRISE AND MOONSET, 1989
UNIVERSAL TIME FOR MERIDIAN OF GREENWICH
MOONRISE

Lat.	−55°	−50°	−45°	−40°	−35°	−30°	−20°	−10°	0°	+10°	+20°	+30°	+35°	+40°
	h m	h m	h m	h m	h m	h m	h m	h m	h m	h m	h m	h m	h m	h m
Oct. 24	3 03	2 52	2 43	2 36	2 30	2 24	2 14	2 06	1 58	1 49	1 41	1 31	1 25	1 19
25	3 10	3 05	3 01	2 57	2 54	2 52	2 47	2 43	2 39	2 35	2 31	2 26	2 23	2 20
26	3 17	3 17	3 18	3 18	3 18	3 18	3 18	3 18	3 18	3 19	3 19	3 19	3 19	3 20
27	3 24	3 30	3 34	3 38	3 41	3 44	3 49	3 54	3 58	4 02	4 07	4 12	4 15	4 19
28	3 32	3 43	3 52	3 59	4 05	4 11	4 21	4 30	4 38	4 46	4 55	5 05	5 11	5 18
29	3 41	3 58	4 11	4 22	4 32	4 40	4 55	5 08	5 20	5 32	5 45	6 00	6 09	6 19
30	3 53	4 16	4 34	4 49	5 02	5 13	5 32	5 48	6 04	6 19	6 36	6 56	7 07	7 21
31	4 10	4 40	5 03	5 21	5 36	5 49	6 12	6 32	6 51	7 09	7 29	7 53	8 07	8 23
Nov. 1	4 36	5 12	5 38	5 59	6 17	6 32	6 57	7 20	7 40	8 01	8 24	8 50	9 05	9 23
2	5 14	5 54	6 23	6 45	7 04	7 20	7 47	8 10	8 32	8 54	9 18	9 45	10 01	10 20
3	6 09	6 49	7 17	7 39	7 58	8 14	8 41	9 04	9 25	9 47	10 10	10 37	10 53	11 11
4	7 20	7 54	8 20	8 41	8 58	9 12	9 37	9 58	10 18	10 38	10 59	11 24	11 38	11 55
5	8 40	9 08	9 30	9 47	10 01	10 14	10 35	10 53	11 10	11 27	11 45	12 06	12 18	12 32
6	10 06	10 27	10 43	10 56	11 07	11 16	11 33	11 47	12 00	12 14	12 28	12 44	12 53	13 04
7	11 34	11 47	11 57	12 06	12 13	12 20	12 31	12 40	12 49	12 58	13 08	13 19	13 25	13 32
8	13 02	13 08	13 13	13 17	13 20	13 23	13 29	13 33	13 38	13 42	13 46	13 51	13 54	13 58
9	14 33	14 32	14 31	14 30	14 29	14 29	14 28	14 27	14 26	14 26	14 25	14 24	14 24	14 23
10	16 06	15 58	15 51	15 45	15 40	15 36	15 29	15 23	15 17	15 11	15 05	14 58	14 54	14 50
11	17 44	17 28	17 15	17 04	16 55	16 47	16 33	16 21	16 10	16 00	15 48	15 35	15 28	15 19
12	19 26	19 01	18 41	18 25	18 12	18 00	17 41	17 24	17 08	16 53	16 36	16 17	16 06	15 54
13	21 07	20 32	20 07	19 46	19 30	19 15	18 51	18 30	18 10	17 51	17 30	17 07	16 53	16 37
14	22 34	21 54	21 25	21 02	20 43	20 27	20 00	19 37	19 15	18 53	18 30	18 04	17 48	17 30
15	23 38	22 59	22 30	22 07	21 48	21 32	21 05	20 42	20 20	19 58	19 34	19 07	18 51	18 32
16	.. ..	23 45	23 20	22 59	22 42	22 28	22 03	21 41	21 21	21 01	20 39	20 14	19 59	19 42
17	0 19	.. ..	23 57	23 40	23 26	23 14	22 53	22 35	22 17	22 00	21 42	21 20	21 08	20 53

MOONSET

Lat.	−55°	−50°	−45°	−40°	−35°	−30°	−20°	−10°	0°	+10°	+20°	+30°	+35°	+40°
	h m	h m	h m	h m	h m	h m	h m	h m	h m	h m	h m	h m	h m	h m
Oct. 24	13 27	13 36	13 43	13 48	13 53	13 58	14 05	14 12	14 18	14 24	14 30	14 37	14 41	14 46
25	14 42	14 45	14 47	14 49	14 50	14 52	14 54	14 56	14 58	15 00	15 02	15 04	15 05	15 07
26	15 56	15 53	15 50	15 48	15 46	15 45	15 42	15 40	15 37	15 35	15 33	15 30	15 29	15 27
27	17 09	17 00	16 53	16 47	16 42	16 38	16 30	16 23	16 17	16 11	16 04	15 57	15 52	15 47
28	18 24	18 09	17 57	17 47	17 39	17 32	17 19	17 08	16 58	16 48	16 37	16 24	16 17	16 09
29	19 41	19 19	19 02	18 49	18 37	18 27	18 10	17 55	17 41	17 27	17 12	16 55	16 45	16 34
30	20 58	20 29	20 08	19 50	19 36	19 23	19 02	18 43	18 26	18 09	17 50	17 29	17 17	17 03
31	22 13	21 38	21 12	20 52	20 35	20 20	19 56	19 34	19 14	18 54	18 33	18 09	17 54	17 38
Nov. 1	23 21	22 42	22 13	21 51	21 32	21 17	20 50	20 27	20 05	19 44	19 21	18 54	18 38	18 20
2	.. ..	23 36	23 07	22 45	22 26	22 10	21 43	21 20	20 58	20 36	20 12	19 45	19 29	19 10
3	0 16	.. ..	23 53	23 32	23 15	23 00	22 34	22 12	21 51	21 30	21 07	20 41	20 26	20 08
4	0 55	0 20	.. ..	.. ..	23 58	23 44	23 22	23 02	22 43	22 25	22 05	21 41	21 28	21 12
5	1 22	0 53	0 31	0 13	.. ..	.. ..	.. ..	23 50	23 34	23 19	23 03	22 43	22 32	22 19
6	1 41	1 19	1 01	0 47	0 35	0 24	0 06	.. ..	.. ..	.. ..	.. ..	23 46	23 38	23 29
7	1 54	1 39	1 27	1 17	1 08	1 00	0 47	0 35	0 24	0 13	0 00	.. ..	.. ..	.. ..
8	2 05	1 56	1 49	1 43	1 38	1 34	1 26	1 19	1 12	1 05	0 58	0 50	0 45	0 40
9	2 14	2 12	2 10	2 09	2 07	2 06	2 04	2 02	2 00	1 59	1 57	1 54	1 53	1 51
10	2 24	2 28	2 31	2 34	2 37	2 39	2 43	2 47	2 50	2 53	2 57	3 01	3 03	3 05
11	2 34	2 45	2 54	3 02	3 08	3 14	3 24	3 33	3 42	3 50	3 59	4 09	4 15	4 22
12	2 47	3 06	3 21	3 34	3 44	3 54	4 10	4 24	4 37	4 51	5 05	5 22	5 31	5 42
13	3 07	3 34	3 55	4 12	4 27	4 39	5 01	5 20	5 37	5 55	6 14	6 36	6 49	7 04
14	3 37	4 12	4 39	5 00	5 17	5 32	5 58	6 20	6 41	7 02	7 24	7 50	8 05	8 23
15	4 25	5 06	5 35	5 58	6 17	6 33	7 00	7 24	7 46	8 08	8 32	8 59	9 15	9 34
16	5 35	6 14	6 42	7 05	7 23	7 39	8 05	8 28	8 50	9 11	9 33	10 00	10 15	10 33
17	6 59	7 32	7 56	8 16	8 32	8 46	9 10	9 30	9 49	10 07	10 27	10 50	11 04	11 19

(.. ..) indicates phenomenon will occur the next day.

UNIVERSAL TIME FOR MERIDIAN OF GREENWICH
MOONRISE

Lat.	+40°	+42°	+44°	+46°	+48°	+50°	+52°	+54°	+56°	+58°	+60°	+62°	+64°	+66°
	h m	h m	h m	h m	h m	h m	h m	h m	h m	h m	h m	h m	h m	h m
Oct. 24	1 19	1 16	1 13	1 09	1 06	1 02	0 57	0 53	0 47	0 41	0 35	0 27	0 18	0 07
25	2 20	2 18	2 17	2 15	2 14	2 12	2 10	2 07	2 05	2 02	1 59	1 56	1 51	1 47
26	3 20	3 20	3 20	3 20	3 20	3 20	3 20	3 20	3 20	3 21	3 21	3 21	3 21	3 22
27	4 19	4 20	4 22	4 24	4 26	4 28	4 30	4 32	4 35	4 38	4 42	4 46	4 50	4 56
28	5 18	5 21	5 25	5 28	5 32	5 36	5 40	5 45	5 51	5 57	6 04	6 12	6 21	6 32
29	6 19	6 23	6 28	6 33	6 39	6 45	6 52	7 00	7 08	7 18	7 29	7 42	7 57	8 16
30	7 21	7 26	7 33	7 40	7 47	7 56	8 05	8 15	8 27	8 41	8 57	9 16	9 41	10 16
31	8 23	8 30	8 37	8 46	8 55	9 06	9 17	9 30	9 46	10 04	10 27	10 56	11 42	-- --
Nov. 1	9 23	9 31	9 40	9 50	10 00	10 12	10 26	10 42	11 00	11 23	11 53	12 39	-- --	-- --
2	10 20	10 29	10 38	10 48	10 59	11 12	11 26	11 43	12 03	12 28	13 02	14 05	-- --	-- --
3	11 11	11 19	11 28	11 38	11 49	12 01	12 15	12 31	12 50	13 13	13 43	14 30	-- --	
4	11 55	12 02	12 10	12 19	12 29	12 39	12 51	13 05	13 21	13 39	14 02	14 32	15 18	-- --
5	12 32	12 38	12 45	12 52	13 00	13 09	13 18	13 29	13 41	13 55	14 11	14 31	14 55	15 29
6	13 04	13 09	13 14	13 19	13 25	13 31	13 38	13 46	13 55	14 04	14 15	14 28	14 43	15 02
7	13 32	13 35	13 38	13 42	13 46	13 50	13 54	13 59	14 05	14 11	14 18	14 25	14 34	14 45
8	13 58	13 59	14 01	14 03	14 04	14 06	14 08	14 11	14 13	14 16	14 19	14 23	14 27	14 31
9	14 23	14 23	14 23	14 22	14 22	14 22	14 22	14 21	14 21	14 21	14 20	14 20	14 19	14 18
10	14 50	14 48	14 46	14 43	14 41	14 38	14 36	14 33	14 29	14 26	14 22	14 17	14 12	14 06
11	15 19	15 15	15 11	15 07	15 03	14 58	14 52	14 46	14 40	14 32	14 24	14 14	14 03	13 51
12	15 54	15 48	15 43	15 36	15 29	15 22	15 13	15 04	14 54	14 42	14 29	14 13	13 54	13 29
13	16 37	16 30	16 22	16 14	16 05	15 54	15 43	15 31	15 16	14 59	14 39	14 13	13 38	12 34
14	17 30	17 21	17 12	17 03	16 52	16 40	16 26	16 11	15 53	15 30	15 02	14 20	** **	** **
15	18 32	18 24	18 15	18 05	17 53	17 41	17 27	17 10	16 51	16 27	15 54	15 01	** **	** **
16	19 42	19 34	19 26	19 16	19 06	18 55	18 42	18 27	18 10	17 49	17 23	16 45	** **	** **
17	20 53	20 47	20 40	20 32	20 24	20 14	20 04	19 53	19 39	19 24	19 05	18 42	18 10	17 19

MOONSET

Lat.	+40°	+42°	+44°	+46°	+48°	+50°	+52°	+54°	+56°	+58°	+60°	+62°	+64°	+66°
	h m	h m	h m	h m	h m	h m	h m	h m	h m	h m	h m	h m	h m	h m
Oct. 24	14 46	14 48	14 50	14 52	14 55	14 58	15 00	15 04	15 07	15 11	15 15	15 20	15 26	15 32
25	15 07	15 07	15 08	15 09	15 09	15 10	15 11	15 12	15 13	15 14	15 16	15 17	15 19	15 21
26	15 27	15 26	15 25	15 24	15 23	15 22	15 21	15 20	15 19	15 17	15 16	15 14	15 12	15 09
27	15 47	15 45	15 43	15 40	15 38	15 35	15 32	15 28	15 25	15 20	15 16	15 10	15 04	14 58
28	16 09	16 06	16 02	15 58	15 53	15 49	15 44	15 38	15 31	15 24	15 16	15 07	14 57	14 44
29	16 34	16 29	16 24	16 18	16 12	16 05	15 58	15 50	15 40	15 30	15 18	15 04	14 48	14 28
30	17 03	16 57	16 50	16 43	16 35	16 26	16 16	16 05	15 53	15 39	15 22	15 02	14 36	14 00
31	17 38	17 30	17 22	17 13	17 04	16 53	16 41	16 28	16 12	15 53	15 30	15 00	14 14	-- --
Nov. 1	18 20	18 11	18 02	17 53	17 42	17 30	17 16	17 00	16 41	16 18	15 48	15 02	-- --	-- --
2	19 10	19 01	18 52	18 42	18 31	18 18	18 03	17 47	17 27	17 02	16 28	15 25	-- --	-- --
3	20 08	20 00	19 51	19 41	19 30	19 18	19 05	18 49	18 30	18 08	17 38	16 51	-- --	-- --
4	21 12	21 05	20 57	20 48	20 39	20 29	20 17	20 04	19 49	19 30	19 08	18 39	17 54	-- --
5	22 19	22 14	22 07	22 01	21 53	21 45	21 36	21 26	21 15	21 01	20 46	20 27	20 03	19 31
6	23 29	23 25	23 20	23 16	23 10	23 05	22 58	22 51	22 44	22 35	22 25	22 13	21 59	21 42
7	.. ..	.. ..	.. ..	.. ..	.. ..	.. ..	.. ..	.. ..	.. ..	.. ..	.. ..	23 56	23 49	23 40
8	0 40	0 37	0 35	0 32	0 29	0 25	0 22	0 18	0 13	0 08	0 03	.. ..	.. ..	.. ..
9	1 51	1 51	1 50	1 49	1 48	1 48	1 47	1 45	1 44	1 43	1 41	1 40	1 38	1 35
10	3 05	3 07	3 08	3 09	3 10	3 12	3 14	3 16	3 18	3 20	3 22	3 25	3 29	3 32
11	4 22	4 25	4 29	4 32	4 36	4 40	4 44	4 49	4 55	5 01	5 08	5 16	5 26	5 37
12	5 42	5 47	5 53	5 58	6 05	6 11	6 19	6 27	6 37	6 48	7 00	7 15	7 33	7 56
13	7 04	7 11	7 18	7 26	7 34	7 44	7 55	8 07	8 21	8 37	8 57	9 22	9 56	11 00
14	8 23	8 31	8 40	8 49	9 00	9 12	9 25	9 40	9 58	10 20	10 49	11 30	** **	** **
15	9 34	9 42	9 52	10 02	10 13	10 26	10 40	10 56	11 16	11 40	12 12	13 06	** **	** **
16	10 33	10 41	10 50	10 59	11 09	11 21	11 34	11 49	12 07	12 28	12 55	13 33	** **	** **
17	11 19	11 26	11 34	11 42	11 50	12 00	12 11	12 23	12 37	12 53	13 12	13 37	14 09	15 00

(.. ..) indicates phenomenon will occur the next day.
(-- --) indicates Moon continuously below horizon.
(** **) indicates Moon continuously above horizon.

MOONRISE AND MOONSET, 1989
UNIVERSAL TIME FOR MERIDIAN OF GREENWICH
MOONRISE

Lat.	−55°	−50°	−45°	−40°	−35°	−30°	−20°	−10°	0°	+10°	+20°	+30°	+35°	+40°
	h m	h m	h m	h m	h m	h m	h m	h m	h m	h m	h m	h m	h m	h m
Nov. 16	.. ..	23 45	23 20	22 59	22 42	22 28	22 03	21 41	21 21	21 01	20 39	20 14	19 59	19 42
17	0 19	.. ..	23 57	23 40	23 26	23 14	22 53	22 35	22 17	22 00	21 42	21 20	21 08	20 53
18	0 43	0 17	.. ..	.. ..	.. ..	23 52	23 36	23 22	23 08	22 55	22 40	22 24	22 14	22 03
19	0 59	0 40	0 25	0 12	0 02	.. ..	.. ..	.. ..	23 54	23 45	23 35	23 23	23 17	23 09
20	1 10	0 58	0 47	0 39	0 31	0 25	0 14	0 04	.. ..	.. ..	.. ..	.. ..	.. ..	.. ..
21	1 19	1 12	1 06	1 02	0 58	0 54	0 48	0 42	0 37	0 32	0 26	0 20	0 16	0 12
22	1 26	1 25	1 23	1 22	1 22	1 21	1 20	1 18	1 17	1 16	1 15	1 14	1 13	1 12
23	1 33	1 37	1 40	1 43	1 45	1 47	1 51	1 54	1 57	2 00	2 03	2 07	2 09	2 12
24	1 40	1 50	1 57	2 04	2 09	2 14	2 22	2 30	2 37	2 44	2 51	3 00	3 05	3 11
25	1 49	2 04	2 16	2 26	2 35	2 42	2 55	3 07	3 18	3 29	3 41	3 54	4 02	4 11
26	2 01	2 22	2 38	2 52	3 03	3 14	3 31	3 47	4 01	4 16	4 31	4 50	5 00	5 12
27	2 16	2 44	3 05	3 22	3 36	3 49	4 11	4 30	4 47	5 05	5 24	5 46	5 59	6 14
28	2 40	3 13	3 38	3 59	4 15	4 30	4 55	5 16	5 36	5 57	6 18	6 44	6 59	7 16
29	3 14	3 53	4 21	4 43	5 01	5 17	5 43	6 07	6 28	6 50	7 13	7 40	7 56	8 15
30	4 05	4 44	5 13	5 35	5 54	6 10	6 37	7 00	7 21	7 43	8 06	8 33	8 49	9 08
Dec. 1	5 11	5 47	6 14	6 35	6 52	7 07	7 33	7 54	8 15	8 35	8 57	9 22	9 37	9 54
2	6 30	6 59	7 22	7 40	7 55	8 08	8 30	8 49	9 07	9 25	9 44	10 05	10 18	10 33
3	7 53	8 16	8 33	8 47	8 59	9 10	9 27	9 43	9 57	10 12	10 27	10 44	10 54	11 06
4	9 19	9 34	9 46	9 56	10 04	10 12	10 24	10 35	10 46	10 56	11 07	11 19	11 26	11 34
5	10 45	10 53	10 59	11 05	11 09	11 13	11 21	11 27	11 33	11 38	11 44	11 51	11 55	12 00
6	12 11	12 12	12 13	12 14	12 15	12 16	12 17	12 18	12 19	12 20	12 21	12 23	12 23	12 24
7	13 39	13 34	13 29	13 25	13 22	13 20	13 15	13 11	13 07	13 03	12 59	12 55	12 52	12 49
8	15 11	14 58	14 48	14 40	14 32	14 26	14 15	14 06	13 57	13 48	13 39	13 29	13 23	13 16
9	16 48	16 27	16 10	15 57	15 46	15 36	15 19	15 04	14 51	14 37	14 23	14 07	13 58	13 47
10	18 27	17 57	17 34	17 16	17 01	16 48	16 26	16 07	15 49	15 32	15 13	14 52	14 39	14 25

MOONSET

Lat.	−55°	−50°	−45°	−40°	−35°	−30°	−20°	−10°	0°	+10°	+20°	+30°	+35°	+40°
	h m	h m	h m	h m	h m	h m	h m	h m	h m	h m	h m	h m	h m	h m
Nov. 16	5 35	6 14	6 42	7 05	7 23	7 39	8 05	8 28	8 50	9 11	9 33	10 00	10 15	10 33
17	6 59	7 32	7 56	8 16	8 32	8 46	9 10	9 30	9 49	10 07	10 27	10 50	11 04	11 19
18	8 28	8 52	9 11	9 27	9 40	9 51	10 10	10 27	10 42	10 58	11 14	11 33	11 43	11 56
19	9 53	10 10	10 24	10 35	10 45	10 53	11 07	11 19	11 31	11 42	11 54	12 08	12 16	12 25
20	11 14	11 24	11 33	11 40	11 46	11 51	12 00	12 08	12 15	12 22	12 30	12 39	12 44	12 49
21	12 30	12 35	12 38	12 41	12 44	12 46	12 50	12 53	12 57	13 00	13 03	13 07	13 09	13 11
22	13 44	13 43	13 42	13 41	13 40	13 40	13 38	13 37	13 36	13 35	13 34	13 33	13 32	13 32
23	14 58	14 51	14 45	14 40	14 36	14 33	14 26	14 21	14 16	14 11	14 06	13 59	13 56	13 52
24	16 12	15 59	15 48	15 40	15 33	15 26	15 15	15 05	14 56	14 47	14 38	14 27	14 21	14 14
25	17 28	17 08	16 53	16 40	16 30	16 21	16 05	15 51	15 38	15 26	15 12	14 57	14 48	14 37
26	18 45	18 18	17 58	17 42	17 29	17 17	16 57	16 39	16 23	16 07	15 50	15 30	15 18	15 05
27	20 01	19 28	19 04	18 44	18 28	18 14	17 50	17 30	17 11	16 52	16 31	16 08	15 54	15 38
28	21 12	20 34	20 06	19 44	19 26	19 11	18 45	18 22	18 01	17 40	17 18	16 51	16 36	16 18
29	22 11	21 32	21 03	20 41	20 22	20 06	19 39	19 15	18 54	18 32	18 09	17 41	17 25	17 06
30	22 55	22 19	21 52	21 30	21 12	20 57	20 31	20 08	19 47	19 26	19 03	18 37	18 21	18 03
Dec. 1	23 26	22 55	22 32	22 13	21 57	21 43	21 20	20 59	20 40	20 21	20 00	19 36	19 22	19 05
2	23 46	23 22	23 04	22 49	22 36	22 24	22 05	21 47	21 31	21 15	20 58	20 37	20 26	20 12
3	.. ..	23 44	23 30	23 19	23 09	23 01	22 46	22 33	22 21	22 08	21 55	21 39	21 30	21 20
4	0 01	.. ..	23 53	23 46	23 40	23 34	23 25	23 16	23 08	23 00	22 51	22 41	22 35	22 29
5	0 12	0 02	.. ..	.. ..	.. ..	.. ..	.. ..	23 58	23 55	23 51	23 47	23 43	23 41	23 38
6	0 22	0 17	0 14	0 11	0 08	0 06	0 02	.. ..	.. ..	.. ..	.. ..	.. ..	.. ..	.. ..
7	0 30	0 32	0 34	0 35	0 36	0 37	0 39	0 40	0 42	0 43	0 44	0 46	0 47	0 48
8	0 40	0 48	0 55	1 01	1 05	1 10	1 17	1 24	1 30	1 36	1 43	1 51	1 55	2 00
9	0 51	1 07	1 19	1 29	1 38	1 46	1 59	2 11	2 22	2 33	2 45	2 59	3 07	3 16
10	1 07	1 30	1 48	2 03	2 16	2 27	2 46	3 02	3 18	3 34	3 50	4 10	4 21	4 34

(.. ..) indicates phenomenon will occur the next day.

UNIVERSAL TIME FOR MERIDIAN OF GREENWICH
MOONRISE

Lat.	+40°	+42°	+44°	+46°	+48°	+50°	+52°	+54°	+56°	+58°	+60°	+62°	+64°	+66°
	h m	h m	h m	h m	h m	h m	h m	h m	h m	h m	h m	h m	h m	h m
Nov. 16	19 42	19 34	19 26	19 16	19 06	18 55	18 42	18 27	18 10	17 49	17 23	16 45	** **	** **
17	20 53	20 47	20 40	20 32	20 24	20 14	20 04	19 53	19 39	19 24	19 05	18 42	18 10	17 19
18	22 03	21 58	21 53	21 47	21 40	21 34	21 26	21 18	21 08	20 57	20 45	20 30	20 11	19 49
19	23 09	23 06	23 02	22 58	22 54	22 49	22 44	22 39	22 32	22 25	22 17	22 08	21 58	21 45
20	.. ..	.. ..	.. ..	.. ..	.. ..	.. ..	23 58	23 55	23 52	23 48	23 44	23 40	23 34	23 28
21	0 12	0 10	0 08	0 06	0 04	0 01	.. ..	.. ..	.. ..	.. ..	.. ..	.. ..	.. ..	.. ..
22	1 12	1 12	1 12	1 11	1 11	1 10	1 10	1 09	1 09	1 08	1 07	1 06	1 05	1 04
23	2 12	2 13	2 14	2 15	2 17	2 18	2 20	2 22	2 24	2 26	2 28	2 31	2 34	2 38
24	3 11	3 14	3 16	3 19	3 22	3 26	3 30	3 34	3 38	3 44	3 50	3 56	4 04	4 13
25	4 11	4 15	4 19	4 24	4 29	4 35	4 41	4 47	4 55	5 03	5 13	5 24	5 38	5 54
26	5 12	5 18	5 24	5 30	5 37	5 45	5 53	6 02	6 13	6 25	6 40	6 57	7 18	7 46
27	6 14	6 21	6 29	6 37	6 45	6 55	7 06	7 18	7 32	7 49	8 09	8 35	9 11	10 27
28	7 16	7 24	7 32	7 42	7 52	8 03	8 16	8 31	8 49	9 10	9 37	10 16	-- --	-- --
29	8 15	8 23	8 32	8 42	8 53	9 06	9 20	9 36	9 56	10 20	10 53	11 49	-- --	-- --
30	9 08	9 16	9 25	9 35	9 46	9 58	10 12	10 29	10 48	11 11	11 43	12 33	-- --	-- --
Dec. 1	9 54	10 02	10 10	10 19	10 29	10 40	10 52	11 07	11 23	11 43	12 07	12 40	13 36	-- --
2	10 33	10 39	10 46	10 54	11 02	11 11	11 22	11 33	11 46	12 01	12 19	12 40	13 08	13 49
3	11 06	11 11	11 16	11 22	11 29	11 36	11 43	11 52	12 01	12 12	12 24	12 39	12 56	13 17
4	11 34	11 38	11 42	11 46	11 50	11 55	12 00	12 06	12 12	12 19	12 27	12 36	12 47	12 59
5	12 00	12 02	12 04	12 06	12 09	12 11	12 14	12 17	12 21	12 25	12 29	12 34	12 39	12 45
6	12 24	12 25	12 25	12 26	12 26	12 27	12 27	12 28	12 28	12 29	12 30	12 31	12 32	12 33
7	12 49	12 48	12 47	12 45	12 44	12 42	12 40	12 38	12 36	12 34	12 31	12 28	12 25	12 21
8	13 16	13 13	13 10	13 07	13 03	12 59	12 55	12 50	12 45	12 39	12 33	12 26	12 17	12 08
9	13 47	13 42	13 37	13 32	13 26	13 20	13 13	13 05	12 57	12 47	12 36	12 24	12 09	11 51
10	14 25	14 18	14 12	14 04	13 56	13 47	13 38	13 27	13 14	13 00	12 43	12 23	11 58	11 23

MOONSET

Lat.	+40°	+42°	+44°	+46°	+48°	+50°	+52°	+54°	+56°	+58°	+60°	+62°	+64°	+66°
	h m	h m	h m	h m	h m	h m	h m	h m	h m	h m	h m	h m	h m	h m
Nov. 16	10 33	10 41	10 50	10 59	11 09	11 21	11 34	11 49	12 07	12 28	12 55	13 33	** **	** **
17	11 19	11 26	11 34	11 42	11 50	12 00	12 11	12 23	12 37	12 53	13 12	13 37	14 09	15 00
18	11 56	12 01	12 07	12 13	12 20	12 28	12 36	12 45	12 55	13 07	13 20	13 36	13 55	14 19
19	12 25	12 29	12 33	12 38	12 42	12 48	12 53	13 00	13 07	13 15	13 24	13 34	13 46	14 00
20	12 49	12 52	12 54	12 57	13 00	13 04	13 07	13 11	13 15	13 20	13 25	13 31	13 38	13 46
21	13 11	13 12	13 13	13 14	13 16	13 17	13 19	13 20	13 22	13 24	13 26	13 29	13 31	13 35
22	13 32	13 31	13 31	13 30	13 30	13 30	13 29	13 28	13 28	13 27	13 26	13 26	13 25	13 24
23	13 52	13 50	13 48	13 46	13 44	13 42	13 40	13 37	13 34	13 30	13 27	13 23	13 18	13 12
24	14 14	14 10	14 07	14 04	14 00	13 56	13 51	13 46	13 41	13 34	13 27	13 20	13 11	13 00
25	14 37	14 33	14 28	14 23	14 17	14 11	14 05	13 57	13 49	13 40	13 29	13 17	13 03	12 45
26	15 05	14 59	14 53	14 46	14 39	14 31	14 22	14 12	14 00	13 48	13 33	13 15	12 52	12 24
27	15 38	15 31	15 23	15 15	15 06	14 56	14 45	14 32	14 17	14 00	13 40	13 13	12 37	11 20
28	16 18	16 10	16 02	15 52	15 42	15 30	15 17	15 02	14 44	14 22	13 55	13 15	-- --	-- --
29	17 06	16 58	16 49	16 39	16 27	16 15	16 01	15 44	15 25	15 00	14 27	13 31	-- --	-- --
30	18 03	17 54	17 45	17 36	17 25	17 12	16 59	16 43	16 24	16 00	15 29	14 39	-- --	-- --
Dec. 1	19 05	18 58	18 50	18 41	18 31	18 21	18 08	17 55	17 39	17 19	16 55	16 23	15 27	-- --
2	20 12	20 06	19 59	19 52	19 44	19 35	19 26	19 15	19 02	18 48	18 31	18 10	17 43	17 03
3	21 20	21 15	21 11	21 05	20 59	20 53	20 46	20 38	20 30	20 20	20 08	19 55	19 38	19 18
4	22 29	22 26	22 23	22 19	22 16	22 11	22 07	22 02	21 57	21 51	21 44	21 36	21 27	21 16
5	23 38	23 37	23 35	23 34	23 32	23 30	23 29	23 27	23 24	23 22	23 19	23 16	23 12	23 08
6	.. ..	.. ..	.. ..	.. ..	.. ..	.. ..	.. ..	.. ..	.. ..	.. ..	.. ..	.. ..	.. ..	.. ..
7	0 48	0 48	0 49	0 49	0 50	0 51	0 51	0 52	0 53	0 54	0 55	0 56	0 57	0 59
8	2 00	2 03	2 05	2 08	2 10	2 13	2 17	2 20	2 24	2 29	2 34	2 40	2 46	2 54
9	3 16	3 20	3 24	3 29	3 34	3 40	3 46	3 53	4 00	4 09	4 19	4 30	4 44	5 00
10	4 34	4 40	4 47	4 53	5 01	5 09	5 18	5 29	5 40	5 54	6 10	6 29	6 54	7 28

(.. ..) indicates phenomenon will occur the next day.
(-- --) indicates Moon continuously below horizon.
(** **) indicates Moon continuously above horizon.

MOONRISE AND MOONSET, 1989

UNIVERSAL TIME FOR MERIDIAN OF GREENWICH
MOONRISE

Lat.	−55°	−50°	−45°	−40°	−35°	−30°	−20°	−10°	0°	+10°	+20°	+30°	+35°	+40°
	h m	h m	h m	h m	h m	h m	h m	h m	h m	h m	h m	h m	h m	h m
Dec. 9	16 48	16 27	16 10	15 57	15 46	15 36	15 19	15 04	14 51	14 37	14 23	14 07	13 58	13 47
10	18 27	17 57	17 34	17 16	17 01	16 48	16 26	16 07	15 49	15 32	15 13	14 52	14 39	14 25
11	20 01	19 23	18 56	18 34	18 16	18 01	17 35	17 13	16 52	16 31	16 09	15 44	15 29	15 12
12	21 18	20 37	20 08	19 45	19 26	19 10	18 43	18 19	17 57	17 35	17 12	16 44	16 28	16 10
13	22 10	21 33	21 06	20 45	20 27	20 11	19 45	19 22	19 01	18 40	18 17	17 51	17 35	17 17
14	22 43	22 13	21 50	21 32	21 16	21 03	20 40	20 20	20 01	19 43	19 23	18 59	18 46	18 30
15	23 03	22 40	22 23	22 09	21 57	21 46	21 28	21 12	20 56	20 41	20 25	20 06	19 55	19 43
16	23 16	23 01	22 49	22 38	22 30	22 22	22 09	21 57	21 46	21 35	21 23	21 09	21 02	20 52
17	23 26	23 17	23 09	23 03	22 58	22 53	22 45	22 38	22 31	22 24	22 17	22 09	22 04	21 59
18	23 34	23 30	23 28	23 25	23 23	23 22	23 19	23 16	23 13	23 11	23 08	23 05	23 03	23 01
19	23 41	23 43	23 45	23 46	23 47	23 48	23 50	23 52	23 54	23 55	23 57	23 59	.. ..	.. ..
20	23 48	23 56	.. ..	.. ..	.. ..	.. ..	.. ..	.. ..	.. ..	.. ..	.. ..	.. ..	0 01	0 02
21	23 57	.. ..	0 02	0 07	0 11	0 15	0 22	0 28	0 34	0 40	0 46	0 53	0 57	1 02
22	.. ..	0 10	0 20	0 29	0 36	0 43	0 55	1 05	1 14	1 24	1 35	1 47	1 54	2 01
23	0 07	0 26	0 41	0 53	1 04	1 13	1 29	1 44	1 57	2 10	2 25	2 41	2 51	3 02
24	0 21	0 46	1 06	1 22	1 35	1 47	2 07	2 25	2 42	2 59	3 17	3 38	3 50	4 04
25	0 41	1 13	1 37	1 56	2 12	2 26	2 50	3 11	3 30	3 50	4 11	4 35	4 49	5 06
26	1 12	1 49	2 16	2 38	2 56	3 11	3 37	4 00	4 21	4 42	5 05	5 32	5 48	6 06
27	1 57	2 37	3 05	3 28	3 46	4 02	4 29	4 53	5 15	5 36	6 00	6 27	6 43	7 02
28	2 59	3 37	4 04	4 26	4 44	4 59	5 25	5 48	6 09	6 30	6 52	7 18	7 33	7 51
29	4 16	4 48	5 12	5 31	5 46	6 00	6 23	6 44	7 02	7 21	7 41	8 04	8 17	8 33
30	5 40	6 05	6 23	6 39	6 52	7 03	7 22	7 39	7 54	8 09	8 26	8 45	8 55	9 08
31	7 06	7 23	7 37	7 48	7 57	8 06	8 20	8 32	8 43	8 55	9 07	9 21	9 29	9 38
32	8 33	8 43	8 51	8 57	9 03	9 08	9 16	9 24	9 31	9 38	9 45	9 54	9 59	10 04
33	9 58	10 01	10 04	10 06	10 08	10 10	10 13	10 15	10 17	10 20	10 22	10 25	10 27	10 29

MOONSET

Lat.	−55°	−50°	−45°	−40°	−35°	−30°	−20°	−10°	0°	+10°	+20°	+30°	+35°	+40°
	h m	h m	h m	h m	h m	h m	h m	h m	h m	h m	h m	h m	h m	h m
Dec. 9	0 51	1 07	1 19	1 29	1 38	1 46	1 59	2 11	2 22	2 33	2 45	2 59	3 07	3 16
10	1 07	1 30	1 48	2 03	2 16	2 27	2 46	3 02	3 18	3 34	3 50	4 10	4 21	4 34
11	1 31	2 02	2 26	2 45	3 01	3 15	3 39	3 59	4 19	4 38	4 59	5 23	5 37	5 54
12	2 09	2 47	3 15	3 37	3 56	4 11	4 38	5 01	5 23	5 44	6 07	6 34	6 50	7 09
13	3 08	3 48	4 17	4 40	4 59	5 15	5 43	6 06	6 28	6 50	7 13	7 40	7 56	8 14
14	4 27	5 04	5 30	5 51	6 08	6 23	6 49	7 10	7 31	7 51	8 12	8 37	8 51	9 08
15	5 57	6 26	6 47	7 05	7 19	7 32	7 53	8 11	8 28	8 45	9 03	9 24	9 36	9 50
16	7 27	7 48	8 03	8 16	8 27	8 37	8 53	9 08	9 21	9 34	9 48	10 03	10 13	10 23
17	8 52	9 06	9 16	9 25	9 32	9 38	9 50	9 59	10 08	10 17	10 26	10 37	10 43	10 50
18	10 13	10 19	10 25	10 29	10 33	10 36	10 42	10 47	10 52	10 56	11 01	11 07	11 10	11 13
19	11 29	11 30	11 30	11 31	11 31	11 31	11 32	11 32	11 33	11 33	11 34	11 34	11 34	11 35
20	12 43	12 38	12 34	12 31	12 28	12 25	12 21	12 17	12 13	12 09	12 05	12 01	11 58	11 55
21	13 58	13 47	13 38	13 30	13 24	13 19	13 09	13 01	12 53	12 45	12 37	12 28	12 23	12 17
22	15 13	14 55	14 42	14 31	14 21	14 13	13 59	13 46	13 35	13 23	13 11	12 57	12 49	12 40
23	16 29	16 05	15 47	15 32	15 19	15 08	14 50	14 33	14 18	14 03	13 47	13 29	13 18	13 06
24	17 46	17 15	16 52	16 34	16 19	16 05	15 43	15 23	15 05	14 47	14 27	14 05	13 52	13 37
25	19 00	18 23	17 56	17 35	17 18	17 02	16 37	16 15	15 54	15 34	15 12	14 47	14 32	14 15
26	20 04	19 24	18 56	18 33	18 15	17 59	17 32	17 08	16 47	16 25	16 02	15 35	15 19	15 00
27	20 54	20 16	19 48	19 26	19 08	18 52	18 25	18 02	17 41	17 19	16 56	16 29	16 13	15 54
28	21 28	20 56	20 31	20 11	19 55	19 40	19 16	18 55	18 35	18 15	17 53	17 28	17 13	16 56
29	21 52	21 26	21 06	20 50	20 36	20 24	20 03	19 44	19 27	19 10	18 52	18 30	18 17	18 03
30	22 08	21 49	21 34	21 22	21 11	21 02	20 46	20 31	20 18	20 04	19 50	19 33	19 23	19 12
31	22 20	22 08	21 58	21 50	21 43	21 36	21 25	21 16	21 06	20 57	20 47	20 35	20 29	20 21
32	22 30	22 24	22 19	22 15	22 12	22 08	22 03	21 58	21 53	21 48	21 43	21 37	21 34	21 30
33	22 39	22 39	22 39	22 39	22 39	22 39	22 39	22 39	22 39	22 39	22 39	22 39	22 39	22 39

(.. ..) indicates phenomenon will occur the next day.

UNIVERSAL TIME FOR MERIDIAN OF GREENWICH
MOONRISE

Lat.	+40°	+42°	+44°	+46°	+48°	+50°	+52°	+54°	+56°	+58°	+60°	+62°	+64°	+66°
	h m	h m	h m	h m	h m	h m	h m	h m	h m	h m	h m	h m	h m	h m
Dec. 9	13 47	13 42	13 37	13 32	13 26	13 20	13 13	13 05	12 57	12 47	12 36	12 24	12 09	11 51
10	14 25	14 18	14 12	14 04	13 56	13 47	13 38	13 27	13 14	13 00	12 43	12 23	11 58	11 23
11	15 12	15 04	14 56	14 47	14 37	14 26	14 13	13 59	13 42	13 23	12 59	12 26	11 33	** **
12	16 10	16 01	15 52	15 42	15 31	15 19	15 05	14 48	14 29	14 05	13 34	12 45	** **	** **
13	17 17	17 09	17 00	16 50	16 39	16 27	16 14	15 58	15 40	15 17	14 47	14 01	** **	** **
14	18 30	18 23	18 15	18 06	17 57	17 47	17 35	17 22	17 07	16 49	16 27	15 58	15 15	** **
15	19 43	19 37	19 31	19 24	19 17	19 09	19 00	18 51	18 39	18 27	18 12	17 53	17 31	17 00
16	20 52	20 48	20 44	20 39	20 34	20 29	20 23	20 16	20 09	20 00	19 50	19 39	19 26	19 10
17	21 59	21 56	21 53	21 51	21 48	21 44	21 41	21 37	21 33	21 28	21 22	21 16	21 08	21 00
18	23 01	23 00	22 59	22 58	22 57	22 56	22 55	22 53	22 52	22 50	22 48	22 46	22 43	22 40
19	.. ..	.. ..	.. ..	.. ..	.. ..	.. ..	.. ..	.. ..	.. ..	.. ..	.. ..	.. ..	.. ..	.. ..
20	0 02	0 02	0 03	0 04	0 05	0 05	0 06	0 07	0 08	0 10	0 11	0 12	0 14	0 16
21	1 02	1 04	1 06	1 08	1 11	1 14	1 17	1 20	1 24	1 28	1 33	1 38	1 44	1 51
22	2 01	2 05	2 09	2 13	2 17	2 22	2 27	2 33	2 40	2 47	2 55	3 05	3 16	3 30
23	3 02	3 07	3 13	3 18	3 25	3 32	3 39	3 48	3 57	4 08	4 21	4 36	4 54	5 17
24	4 04	4 10	4 17	4 25	4 33	4 42	4 52	5 03	5 16	5 31	5 49	6 12	6 42	7 27
25	5 06	5 14	5 22	5 31	5 40	5 51	6 04	6 18	6 34	6 54	7 19	7 53	8 55	-- --
26	6 06	6 14	6 23	6 33	6 44	6 57	7 10	7 27	7 46	8 09	8 41	9 32	-- --	-- --
27	7 02	7 10	7 19	7 30	7 41	7 53	8 07	8 24	8 43	9 08	9 40	10 36	-- --	-- --
28	7 51	7 59	8 07	8 17	8 27	8 39	8 52	9 07	9 24	9 45	10 12	10 50	-- --	-- --
29	8 33	8 40	8 47	8 55	9 04	9 14	9 25	9 37	9 51	10 07	10 27	10 51	11 25	12 20
30	9 08	9 13	9 19	9 26	9 33	9 40	9 49	9 58	10 08	10 20	10 34	10 50	11 10	11 35
31	9 38	9 42	9 46	9 51	9 56	10 01	10 07	10 13	10 20	10 28	10 38	10 48	11 00	11 15
32	10 04	10 07	10 09	10 12	10 15	10 18	10 22	10 25	10 30	10 34	10 39	10 45	10 52	11 00
33	10 29	10 30	10 30	10 31	10 32	10 33	10 35	10 36	10 37	10 39	10 41	10 43	10 45	10 47

MOONSET

Lat.	+40°	+42°	+44°	+46°	+48°	+50°	+52°	+54°	+56°	+58°	+60°	+62°	+64°	+66°
	h m	h m	h m	h m	h m	h m	h m	h m	h m	h m	h m	h m	h m	h m
Dec. 9	3 16	3 20	3 24	3 29	3 34	3 40	3 46	3 53	4 00	4 09	4 19	4 30	4 44	5 00
10	4 34	4 40	4 47	4 53	5 01	5 09	5 18	5 29	5 40	5 54	6 10	6 29	6 54	7 28
11	5 54	6 01	6 09	6 18	6 28	6 38	6 50	7 04	7 20	7 39	8 03	8 35	9 27	** **
12	7 09	7 17	7 26	7 36	7 47	7 59	8 13	8 29	8 48	9 12	9 43	10 33	** **	** **
13	8 14	8 23	8 32	8 42	8 53	9 05	9 19	9 34	9 53	10 16	10 46	11 32	** **	** **
14	9 08	9 15	9 23	9 32	9 42	9 52	10 04	10 18	10 33	10 52	11 15	11 44	12 28	** **
15	9 50	9 56	10 02	10 09	10 17	10 26	10 35	10 45	10 57	11 11	11 27	11 46	12 09	12 41
16	10 23	10 27	10 32	10 38	10 43	10 49	10 56	11 04	11 12	11 21	11 32	11 44	11 59	12 16
17	10 50	10 53	10 56	11 00	11 04	11 08	11 12	11 17	11 22	11 28	11 35	11 42	11 51	12 01
18	11 13	11 15	11 17	11 18	11 20	11 22	11 25	11 27	11 30	11 33	11 36	11 40	11 44	11 49
19	11 35	11 35	11 35	11 35	11 35	11 36	11 36	11 36	11 36	11 36	11 37	11 37	11 37	11 38
20	11 55	11 54	11 53	11 51	11 50	11 48	11 46	11 44	11 42	11 40	11 37	11 34	11 31	11 27
21	12 17	12 14	12 11	12 08	12 05	12 01	11 57	11 53	11 49	11 43	11 38	11 31	11 24	11 15
22	12 40	12 36	12 31	12 27	12 22	12 16	12 10	12 04	11 56	11 48	11 39	11 28	11 16	11 01
23	13 06	13 00	12 55	12 48	12 42	12 34	12 26	12 17	12 07	11 55	11 42	11 26	11 07	10 43
24	13 37	13 30	13 23	13 15	13 07	12 57	12 47	12 35	12 22	12 06	11 47	11 24	10 54	10 07
25	14 15	14 07	13 58	13 49	13 39	13 28	13 15	13 01	12 44	12 24	11 59	11 25	10 22	-- --
26	15 00	14 52	14 43	14 33	14 22	14 09	13 55	13 39	13 20	12 56	12 24	11 33	-- --	-- --
27	15 54	15 46	15 37	15 27	15 16	15 03	14 49	14 33	14 13	13 49	13 16	12 21	-- --	-- --
28	16 56	16 48	16 40	16 31	16 21	16 09	15 57	15 42	15 25	15 04	14 37	14 00	-- --	-- --
29	18 03	17 56	17 49	17 42	17 33	17 24	17 13	17 02	16 48	16 32	16 13	15 49	15 17	14 22
30	19 12	19 07	19 01	18 55	18 49	18 42	18 34	18 26	18 16	18 05	17 52	17 37	17 18	16 54
31	20 21	20 18	20 14	20 10	20 06	20 01	19 56	19 51	19 44	19 37	19 29	19 20	19 09	18 56
32	21 30	21 28	21 27	21 25	21 22	21 20	21 18	21 15	21 12	21 08	21 04	21 00	20 55	20 49
33	22 39	22 39	22 39	22 39	22 39	22 39	22 39	22 39	22 39	22 39	22 39	22 39	22 39	22 39

(.. ..) indicates phenomenon will occur the next day.
(-- --) indicates Moon continuously below horizon.
(** **) indicates Moon continuously above horizon.

There are four eclipses, two of the Sun and two of the Moon.

I	February 20	Total eclipse of the Moon
II	March 7	Partial eclipse of the Sun
III	August 17	Total eclipse of the Moon
IV	August 31	Partial eclipse of the Sun

A standard correction of $+0''\!.5$ has been applied to the tabular longitude of the Moon, and of $-0''\!.25$ has been applied to the tabular latitude of the Moon, to help correct for the difference between the center of figure and the center of mass when using the DE200 lunar ephemeris.

The arguments are given provisionally in Universal Time, using $\Delta T(A) = +57^s$.

Define $\delta T = \Delta T - \Delta T(A)$. Once the value of δT is known, the data on these pages may be expressed in Universal Time as follows:

Convert all arguments in provisional Universal Time by subtracting δT.

Apply the correction $1.0027\ \delta T$ to μ and the longitudes in such a way that if δT is positive, μ decreases and the longitudes shift to the east.

Leave all other quantities unchanged.

I.—*Total Eclipse of the Moon,* February 20; the beginning of the umbral phase visible in the western half of North America, the Pacific Ocean, Australia, New Zealand, and Asia; the end visible in the western Pacific Ocean, New Zealand, Australia, Asia, Europe except the Iberian peninsula, Africa except the West, and the Indian Ocean.

ELEMENTS OF THE ECLIPSE

U.T. of geocentric opposition in right ascension, February $20^d 15^h 17^m 52^s\!.752$
Julian Day No. $= 2447578.13742$

	h m s		s
R.A. of Sun	22 15 52.540	Hourly motion	9.576
R.A. of Moon	10 15 52.540	Hourly motion	110.156
	° ′ ″		′ ″
Declination of Sun	−10 46 28.60	Hourly motion	+ 0 54.01
Declination of Moon	+11 04 21.20	Hourly motion	−13 19.01
Equatorial hor. par. of Sun	8.89	True semidiameter of Sun	16 10.4
Equatorial hor. par. of Moon	54 26.07	True semidiameter of Moon	14 50.0

CIRCUMSTANCES OF THE ECLIPSE

		d h m
Moon enters penumbra	February	20 12 29.8
Moon enters umbra		20 13 43.4
Moon enters totality		20 14 55.7
Middle of eclipse		20 15 35.3
Moon leaves totality		20 16 15.0
Moon leaves umbra		20 17 27.2
Moon leaves penumbra		20 18 41.0

Contacts of Umbra with Limb of Moon	Position Angles from the North Point	The Moon being in the Zenith in Longitude	Latitude
	°	° ′	° ′
First	134 to East	+156 55	+11 25
Last	81 to West	+102 32	+10 36

Magnitude of the eclipse 1.279

II.—*Partial Eclipse of the Sun,* March 7.

ELEMENTS OF THE ECLIPSE

U.T. of geocentric conjunction in right ascension, March $7^d19^h09^m01\overset{s}{.}696$
Julian Day No. = 2447593.29794

	h m s		
R.A. of Sun and Moon	23 12 52.752	Hourly motions	$9\overset{s}{.}252$ and $134\overset{s}{.}607$
	° ′ ″		′ ″
Declination of Sun	− 5 03 32.51	Hourly motion	+ 0 58.46
Declination of Moon	− 3 47 12.44	Hourly motion	+17 54.67
Equatorial hor. par. of Sun	8.86	True semidiameter of Sun	16 06.8
Equatorial hor. par. of Moon	61 16.92	True semidiameter of Moon	16 41.9

CIRCUMSTANCES OF THE ECLIPSE

	U.T.	Longitude	Latitude
	d h m	° ′	° ′
Eclipse begins	March 7 16 16.8	− 149 52.1	+17 13.2
Greatest eclipse	7 18 07.7	− 169 50.1	+61 19.0
Eclipse ends	7 19 58.2	− 44 08.0	+73 28.8

Magnitude of greatest eclipse 0.827

III.—*Total Eclipse of the Moon,* August 17; the beginning of the umbral phase visible in Europe, the Middle East, Africa, Antarctica, the Atlantic Ocean, South and Central America, eastern half of North America, and the eastern half of the South Pacific Ocean; the end visible in West Africa, western Europe, Antarctica, the Atlantic Ocean, South, Central, and North America except Alaska, and the eastern half of the Pacific Ocean.

ELEMENTS OF THE ECLIPSE

U.T. of geocentric opposition in right ascension, August $17^d03^h00^m45\overset{s}{.}653$
Julian Day No. = 2447755.62553

	h m s		s
R.A. of Sun	9 46 00.798	Hourly motion	9.323
R.A. of Moon	21 46 00.798	Hourly motion	135.022
	° ′ ″		′ ″
Declination of Sun	+13 27 30.32	Hourly motion	− 0 47.82
Declination of Moon	−13 37 19.39	Hourly motion	+15 03.57
Equatorial hor. par. of Sun	8.69	True semidiameter of Sun	15 47.9
Equatorial hor. par. of Moon	59 39.10	True semidiameter of Moon	16 15.3

CIRCUMSTANCES OF THE ECLIPSE

	d h m
Moon enters penumbra	August 17 00 22.8
Moon enters umbra	17 01 20.7
Moon enters totality	17 02 19.9
Middle of the eclipse	17 03 08.2
Moon leaves totality	17 03 56.4
Moon leaves umbra	17 04 55.7
Moon leaves penumbra	17 05 53.4

Contacts of Umbra with Limb of Moon	Position Angles from the North Point	The Moon being in the Zenith in Longitude	Latitude
	°	° ′	° ′
First	57 to East	− 20 01	−14 02
Last	107 to West	− 71 53	−13 08

Magnitude of the eclipse 1.604

IV.—*Partial Eclipse of the Sun,* August 31.

ELEMENTS OF THE ECLIPSE

U.T. of geocentric conjunction in right ascension, August $31^d06^h43^m02\overset{s}{.}977$
Julian Day No. $= 2447769.77990$

	h m s		
R.A. of Sun and Moon	10 38 03.726	Hourly motions	$9\overset{s}{.}082$ and $110\overset{s}{.}192$

	° ′ ″		′ ″
Declination of Sun	+ 8 37 43.03	Hourly motion	− 0 54.10
Declination of Moon	+ 7 24 01.99	Hourly motion	−13 56.26
Equatorial hor. par. of Sun	8.71	True semidiameter of Sun	15 50.7
Equatorial hor. par. of Moon	54 55.82	True semidiameter of Moon	14 58.1

CIRCUMSTANCES OF THE ECLIPSE

	U.T.		Longitude	Latitude
	d h m		° ′	° ′
Eclipse begins	August 31 03 33.6		+ 40 15.9	−22 09.5
Greatest eclipse	31 05 30.8		+ 23 36.1	−61 24.6
Eclipse ends	31 07 27.6		+124 08.0	−74 51.0

Magnitude of greatest eclipse 0.635

PARTIAL SOLAR ECLIPSE OF 1989 MARCH 7

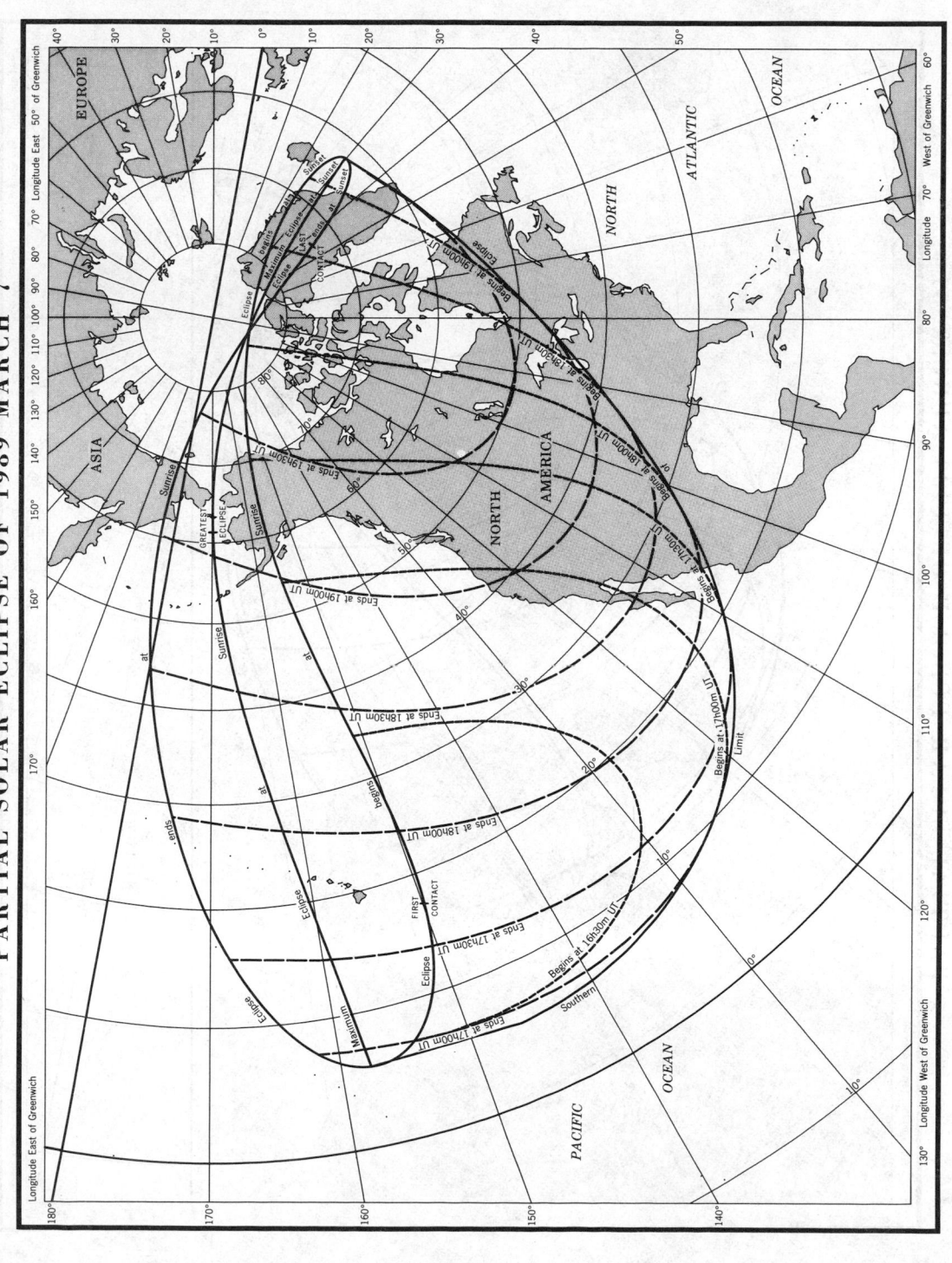

PARTIAL SOLAR ECLIPSE OF 1989 AUGUST 31

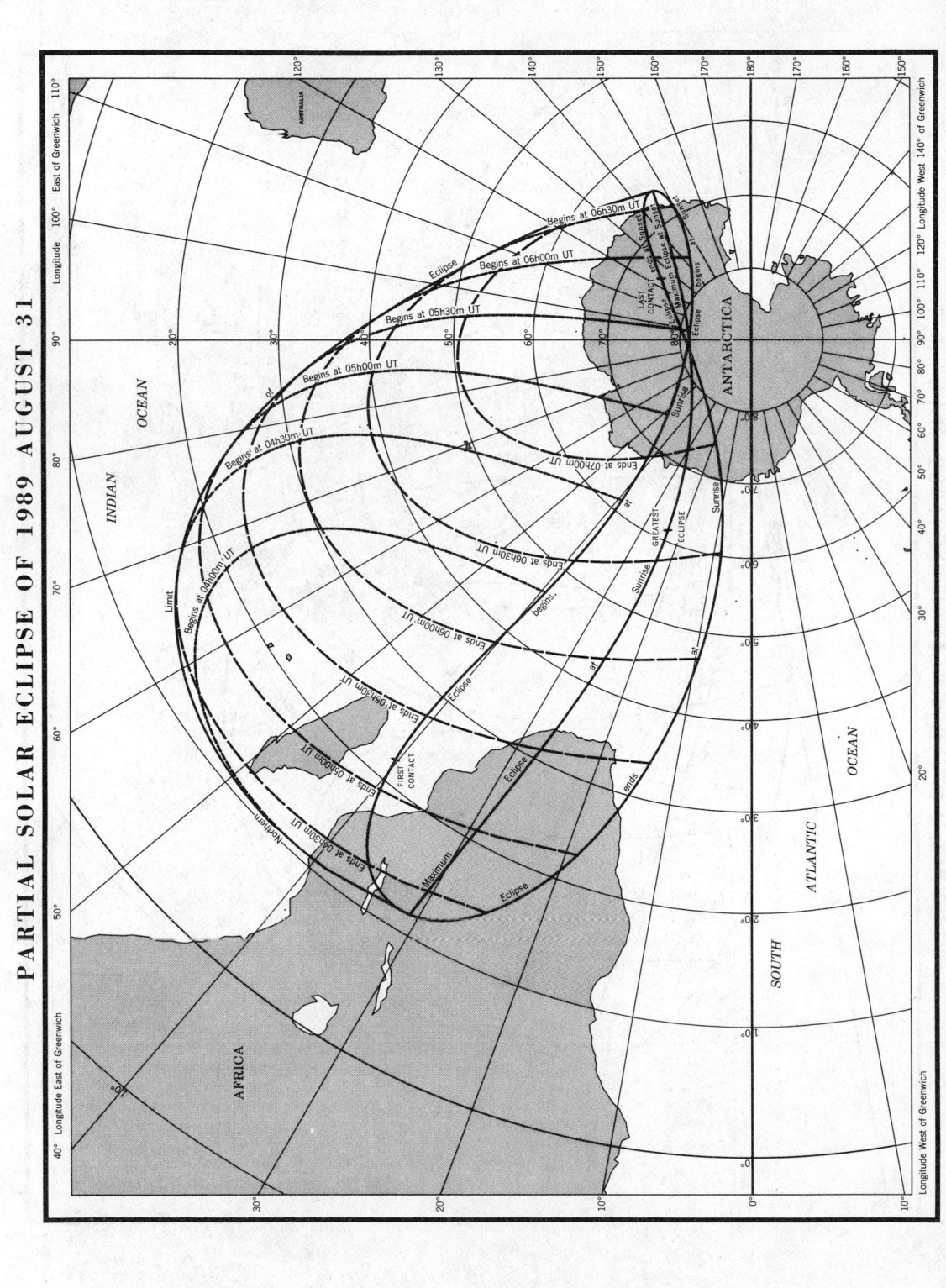

BESSELIAN ELEMENTS OF THE PARTIAL ECLIPSE OF THE SUN, MARCH 7

U.T.	Intersection of Axis of Shadow with Fundamental Plane		Direction of Axis of Shadow			Radius of Shadow on Fundamental Plane
	x	y	$\sin d$	$\cos d$	μ	Penumbra
h m					°	
16 00	− 1.611369	+0.376197	−0.089087	0.996024	57.24630	0.536756
10	1.526147	0.422353	.089042	.996028	59.74693	.536758
20	1.440921	0.468510	.088997	.996032	62.24756	.536760
30	1.355691	0.514667	.088952	.996036	64.74819	.536761
40	1.270458	0.560823	.088907	.996040	67.24882	.536762
50	1.185222	0.606980	.088862	.996044	69.74944	.536762
17 00	− 1.099982	+0.653136	−0.088817	0.996048	72.25007	0.536761
10	1.014741	0.699292	.088772	.996052	74.75070	.536759
20	0.929496	0.745447	.088727	.996056	77.25133	.536757
30	0.844250	0.791602	.088682	.996060	79.75196	.536753
40	0.759001	0.837756	.088637	.996064	82.25259	.536749
50	0.673751	0.883909	.088592	.996068	84.75322	.536745
18 00	− 0.588499	+0.930061	−0.088547	0.996072	87.25385	0.536740
10	0.503246	0.976211	.088502	.996076	89.75448	.536734
20	0.417992	1.022360	.088456	.996080	92.25511	.536727
30	0.332738	1.068508	.088411	.996084	94.75574	.536719
40	0.247482	1.114654	.088366	.996088	97.25637	.536711
50	0.162227	1.160799	.088321	.996092	99.75700	.536702
19 00	− 0.076971	+1.206941	−0.088276	0.996096	102.25763	0.536693
10	+0.008285	1.253081	.088231	.996100	104.75826	.536682
20	0.093540	1.299220	.088186	.996104	107.25889	.536671
30	0.178794	1.345356	.088141	.996108	109.75952	.536659
40	0.264048	1.391489	.088096	.996112	112.26015	.536647
50	0.349300	1.437620	.088051	.996116	114.76078	.536633
20 00	+0.434551	+1.483749	−0.088006	0.996120	117.26141	0.536620
10	.519801	1.529874	.087961	.996124	119.76204	.536605
20	.605049	1.575996	.087915	.996128	122.26267	.536589
30	+0.690294	+1.622116	−0.087870	0.996132	124.76330	0.536573

$$\tan f_1 \qquad 0.004710$$
$$\mu' \qquad 0.261865 \text{ radians per hour}$$
$$d' \qquad +0.000272 \text{ radians per hour}$$

ECLIPSES, 1989

BESSELIAN ELEMENTS OF THE PARTIAL ECLIPSE OF THE SUN, AUGUST 31

U.T.		Intersection of Axis of Shadow with Fundamental Plane		Direction of Axis of Shadow			Radius of Shadow on Fundamental Plane
		x	y	sin d	cos d	μ	Penumbra
h	m					°	
3	00	−1.701192	−0.458995	+0.151012	0.988532	224.89346	0.562023
	10	1.624927	0.498710	.150970	.988538	227.39418	.562046
	20	1.548660	0.538426	.150929	.988545	229.89491	.562068
	30	1.472392	0.578142	.150887	.988551	232.39563	.562090
	40	1.396123	0.617859	.150846	.988557	234.89635	.562111
	50	1.319853	0.657577	.150804	.988564	237.39708	.562132
4	00	−1.243582	−0.697296	+0.150763	0.988570	239.89780	0.562152
	10	1.167311	0.737015	.150721	.988576	242.39852	.562171
	20	1.091039	0.776734	.150680	.988583	244.89925	.562190
	30	1.014766	0.816454	.150638	.988589	247.39997	.562208
	40	0.938494	0.856174	.150597	.988595	249.90070	.562226
	50	0.862221	0.895894	.150555	.988602	252.40142	.562243
5	00	−0.785948	−0.935614	+0.150513	0.988608	254.90214	0.562260
	10	0.709676	0.975334	.150472	.988614	257.40287	.562276
	20	0.633404	1.015054	.150430	.988621	259.90359	.562291
	30	0.557132	1.054774	.150389	.988627	262.40432	.562306
	40	0.480861	1.094493	.150347	.988633	264.90504	.562321
	50	0.404591	1.134213	.150306	.988640	267.40576	.562334
6	00	−0.328322	−1.173932	+0.150264	0.988646	269.90649	0.562348
	10	0.252053	1.213650	.150223	.988652	272.40721	.562360
	20	0.175787	1.253368	.150181	.988658	274.90794	.562372
	30	0.099521	1.293085	.150140	.988665	277.40866	.562384
	40	−0.023257	1.332802	.150098	.988671	279.90939	.562395
	50	+0.053005	1.372517	.150056	.988677	282.41011	.562405
7	00	+0.129265	−1.412232	+0.150015	0.988684	284.91083	0.562415
	10	0.205524	1.451946	.149973	.988690	287.41156	.562424
	20	0.281780	1.491659	.149932	.988696	289.91228	.562433
	30	0.358034	1.531370	.149890	.988703	292.41301	.562441
	40	0.434285	1.571081	.149849	.988709	294.91373	.562449
	50	+0.510534	−1.610790	+0.149807	0.988715	297.41446	0.562456

$$\tan f_1 \qquad 0.004633$$
$$\mu' \qquad 0.261875 \text{ radians per hour}$$
$$d' \qquad -0.000252 \text{ radians per hour}$$

CONTENTS OF SECTION B

Calendar   PAGE
   Days of week, month and year; chronological cycles; religious calendars   ...   B2
Time-scales
   Julian date; notation for time-scales B4
   Relationships between time-scales B5
   Relationships between universal time, sidereal time, and hour angle B6
   Examples of conversions between universal and sidereal times B7
   Universal and sidereal times—daily ephemeris B8
Reduction of celestial coordinates
   Purpose and arrangement; notation and units B16
   Approximate reduction for proper motion and annual parallax B16
   Approximate reduction for annual aberration and light-deflection B17
   Classical reduction for planetary aberration B17
   Reduction for precession—rigorous formulae B18
   Reduction for precession—approximate formulae B19
   Approximate reduction for nutation, and for precession and nutation B20
   Differential precession, nutation and aberration; astrometric positions B21
   Formulae and examples using day numbers B22
   Nutation, obliquity and Besselian day numbers—daily ephemeris B24
   Second-order day numbers B32
   Planetary reduction; rigorous formulae, method and example...   ...   .   B36
   Solar reduction; rigorous formulae and method B39
   Stellar reduction; rigorous formulae, method and example B39
   Conversion of stellar position from B1950·0 to J2000·0   ...   .   B42
   Conversion of stellar position from J2000·0 to B1950·0   ...   .   B43
   Rectangular coordinates and velocity components of the Earth B44
   Matrix coefficients for reduction of direction cosines—daily ephemeris B45
   Reduction for polar motion B60
   Reduction for diurnal parallax and diurnal aberration B61
   Conversion to altitude and azimuth B61
   Correction for refraction B62
Pole star table and formulae
   Use of Polaris table B62
   Pole star formulae B63
   Polaris table B64

NOTE

The tables and formulae in this section were revised in 1984 to bring them into accordance with the recommendations of the International Astronomical Union at its General Assemblies in 1976, 1979 and 1982. They are intended for use with the new dynamical time-scales, the new FK5 celestial reference system and the new standard epoch of J2000·0, and formulae are given for the computation of relativistic effects in the reduction from mean to apparent place. Except when the highest precision is required it is possible, however, to continue to use the classical methods (e.g. to use day numbers), but the catalogue position should be reduced to the FK5 system and to the standard equinox of J2000·0 as explained in the Supplement to the Almanac for 1984, and precession should be applied to give the mean place for the *middle* of the year as the starting point for the reduction from mean to apparent place when day numbers are to be used.

Background information about the new time and coordinate reference systems, and about the changes in the procedures, are given in the Explanation and in the Supplement to the Almanac for 1984.

CALENDAR, 1989

Day of Month	JANUARY Day of Week	Day of Year	FEBRUARY Day of Week	Day of Year	MARCH Day of Week	Day of Year	APRIL Day of Week	Day of Year	MAY Day of Week	Day of Year	JUNE Day of Week	Day of Year
1	Sun.	1	Wed.	32	Wed.	60	Sat.	91	Mon.	121	Thu.	152
2	Mon.	2	Thu.	33	Thu.	61	Sun.	92	Tue.	122	Fri.	153
3	Tue.	3	Fri.	34	Fri.	62	Mon.	93	Wed.	123	Sat.	154
4	Wed.	4	Sat.	35	Sat.	63	Tue.	94	Thu.	124	Sun.	155
5	Thu.	5	Sun.	36	Sun.	64	Wed.	95	Fri.	125	Mon.	156
6	Fri.	6	Mon.	37	Mon.	65	Thu.	96	Sat.	126	Tue.	157
7	Sat.	7	Tue.	38	Tue.	66	Fri.	97	Sun.	127	Wed.	158
8	Sun.	8	Wed.	39	Wed.	67	Sat.	98	Mon.	128	Thu.	159
9	Mon.	9	Thu.	40	Thu.	68	Sun.	99	Tue.	129	Fri.	160
10	Tue.	10	Fri.	41	Fri.	69	Mon.	100	Wed.	130	Sat.	161
11	Wed.	11	Sat.	42	Sat.	70	Tue.	101	Thu.	131	Sun.	162
12	Thu.	12	Sun.	43	Sun.	71	Wed.	102	Fri.	132	Mon.	163
13	Fri.	13	Mon.	44	Mon.	72	Thu.	103	Sat.	133	Tue.	164
14	Sat.	14	Tue.	45	Tue.	73	Fri.	104	Sun.	134	Wed.	165
15	Sun.	15	Wed.	46	Wed.	74	Sat.	105	Mon.	135	Thu.	166
16	Mon.	16	Thu.	47	Thu.	75	Sun.	106	Tue.	136	Fri.	167
17	Tue.	17	Fri.	48	Fri.	76	Mon.	107	Wed.	137	Sat.	168
18	Wed.	18	Sat.	49	Sat.	77	Tue.	108	Thu.	138	Sun.	169
19	Thu.	19	Sun.	50	Sun.	78	Wed.	109	Fri.	139	Mon.	170
20	Fri.	20	Mon.	51	Mon.	79	Thu.	110	Sat.	140	Tue.	171
21	Sat.	21	Tue.	52	Tue.	80	Fri.	111	Sun.	141	Wed.	172
22	Sun.	22	Wed.	53	Wed.	81	Sat.	112	Mon.	142	Thu.	173
23	Mon.	23	Thu.	54	Thu.	82	Sun.	113	Tue.	143	Fri.	174
24	Tue.	24	Fri.	55	Fri.	83	Mon.	114	Wed.	144	Sat.	175
25	Wed.	25	Sat.	56	Sat.	84	Tue.	115	Thu.	145	Sun.	176
26	Thu.	26	Sun.	57	Sun.	85	Wed.	116	Fri.	146	Mon.	177
27	Fri.	27	Mon.	58	Mon.	86	Thu.	117	Sat.	147	Tue.	178
28	Sat.	28	Tue.	59	Tue.	87	Fri.	118	Sun.	148	Wed.	179
29	Sun.	29			Wed.	88	Sat.	119	Mon.	149	Thu.	180
30	Mon.	30			Thu.	89	Sun.	120	Tue.	150	Fri.	181
31	Tue.	31			Fri.	90			Wed.	151		

CHRONOLOGICAL CYCLES AND ERAS

Dominical Letter	A	Julian Period (year of)	6702
Epact	22	Roman Indiction	12
Golden Number (Lunar Cycle) ...	XIV	Solar Cycle	10

All dates are given in terms of the Gregorian calendar in which
1989 January 14 corresponds to 1989 January 1 of the Julian calendar.

ERA	YEAR	BEGINS	ERA	YEAR	BEGINS
Byzantine	7498	Sept. 14	Japanese	2649	Jan. 1
Jewish (A.M.)*	5750	Sept. 29	Grecian (Seleucidæ) ...	2301	Sept. 14
Chinese	(4626)	Feb. 6			(or Oct. 14)
Roman (A.U.C.)	2742	Jan. 14	Indian (Saka)	1911	Mar. 22
Nabonassar	2738	Apr. 26	Diocletian	1706	Sept. 11
			Islamic (Hegira)*	1410	Aug. 3

*Year begins at sunset.

Day of Month	JULY		AUGUST		SEPTEMBER		OCTOBER		NOVEMBER		DECEMBER	
	Day of Week	Day of Year	Day of Week	Day of Year	Day of Week	Day of Year	Day of Week	Day of Year	Day of Week	Day of Year	Day of Week	Day of Year
1	Sat.	182	Tue.	213	Fri.	244	Sun.	274	Wed.	305	Fri.	335
2	Sun.	183	Wed.	214	Sat.	245	Mon.	275	Thu.	306	Sat.	336
3	Mon.	184	Thu.	215	Sun.	246	Tue.	276	Fri.	307	Sun.	337
4	Tue.	185	Fri.	216	Mon.	247	Wed.	277	Sat.	308	Mon.	338
5	Wed.	186	Sat.	217	Tue.	248	Thu.	278	Sun.	309	Tue.	339
6	Thu.	187	Sun.	218	Wed.	249	Fri.	279	Mon.	310	Wed.	340
7	Fri.	188	Mon.	219	Thu.	250	Sat.	280	Tue.	311	Thu.	341
8	Sat.	189	Tue.	220	Fri.	251	Sun.	281	Wed.	312	Fri.	342
9	Sun.	190	Wed.	221	Sat.	252	Mon.	282	Thu.	313	Sat.	343
10	Mon.	191	Thu.	222	Sun.	253	Tue.	283	Fri.	314	Sun.	344
11	Tue.	192	Fri.	223	Mon.	254	Wed.	284	Sat.	315	Mon.	345
12	Wed.	193	Sat.	224	Tue.	255	Thu.	285	Sun.	316	Tue.	346
13	Thu.	194	Sun.	225	Wed.	256	Fri.	286	Mon.	317	Wed.	347
14	Fri.	195	Mon.	226	Thu.	257	Sat.	287	Tue.	318	Thu.	348
15	Sat.	196	Tue.	227	Fri.	258	Sun.	288	Wed.	319	Fri.	349
16	Sun.	197	Wed.	228	Sat.	259	Mon.	289	Thu.	320	Sat.	350
17	Mon.	198	Thu.	229	Sun.	260	Tue.	290	Fri.	321	Sun.	351
18	Tue.	199	Fri.	230	Mon.	261	Wed.	291	Sat.	322	Mon.	352
19	Wed.	200	Sat.	231	Tue.	262	Thu.	292	Sun.	323	Tue.	353
20	Thu.	201	Sun.	232	Wed.	263	Fri.	293	Mon.	324	Wed.	354
21	Fri.	202	Mon.	233	Thu.	264	Sat.	294	Tue.	325	Thu.	355
22	Sat.	203	Tue.	234	Fri.	265	Sun.	295	Wed.	326	Fri.	356
23	Sun.	204	Wed.	235	Sat.	266	Mon.	296	Thu.	327	Sat.	357
24	Mon.	205	Thu.	236	Sun.	267	Tue.	297	Fri.	328	Sun.	358
25	Tue.	206	Fri.	237	Mon.	268	Wed.	298	Sat.	329	Mon.	359
26	Wed.	207	Sat.	238	Tue.	269	Thu.	299	Sun.	330	Tue.	360
27	Thu.	208	Sun.	239	Wed.	270	Fri.	300	Mon.	331	Wed.	361
28	Fri.	209	Mon.	240	Thu.	271	Sat.	301	Tue.	332	Thu.	362
29	Sat.	210	Tue.	241	Fri.	272	Sun.	302	Wed.	333	Fri.	363
30	Sun.	211	Wed.	242	Sat.	273	Mon.	303	Thu.	334	Sat.	364
31	Mon.	212	Thu.	243			Tue.	304			Sun.	365

RELIGIOUS CALENDARS

Epiphany	...	...	... Jan. 6	Ascension Day	... ...	... May 4
Ash Wednesday	...	...	... Feb. 8	Whit Sunday—Pentecost ...		... May 14
Palm Sunday	...	...	... Mar. 19	Trinity Sunday	... ...	... May 21
Good Friday	...	...	... Mar. 24	First Sunday in Advent	...	... Dec. 3
Easter Day ...	...	...	... Mar. 26	Christmas Day (Monday) ...		... Dec. 25

First Day of Passover (Pesach)   ... Apr. 20   Day of Atonement
Feast of Weeks (Shavuot) ...   ... June 9   (Yom Kippur)   ...   . Oct. 9
Jewish New Year (tabular)   First Day of Tabernacles
  (Rosh Hashanah)   ...   ... Sept. 30   (Succoth) ...   . Oct. 14

Islamic New Year ...   . Aug. 4   First day of Ramadân   ...   ... Apr. 7
  (tabular)   (tabular)

The Jewish and Islamic dates above are tabular dates, which begin at sunset on the previous evening and end at sunset on the date tabulated. In practice, the dates of Islamic fasts and festivals are determined by an actual sighting of the appropriate new moon.

Julian date

A tabulation of Julian date (JD) at 0^h UT against calendar date is given with the ephemeris of universal and sidereal times on pages B8–B15. The following relationship holds during 1989:

$$\text{Julian date} = 244\ 7526\cdot5 + \text{day of year} + \text{fraction of day from } 0^h \text{ UT}$$

where the day of the year for the current year of the Gregorian calendar is given on pages B2–B3. The following table gives the Julian dates at day 0 of each month of 1989:

0^h UT	JD	0^h UT	JD	0^h UT	JD	0^h UT	JD
Jan. 0	244 7526·5	Apr. 0	244 7616·5	July 0	244 7707·5	Oct. 0	244 7799·5
Feb. 0	244 7557·5	May 0	244 7646·5	Aug. 0	244 7738·5	Nov. 0	244 7830·5
Mar. 0	244 7585·5	June 0	244 7677·5	Sept. 0	244 7769·5	Dec. 0	244 7860·5

Tabulations of Julian date against calendar date for other years are given on pages K2–K4. Other relevant dates are:

$$\text{400-day date, JD } 244\ 7600\cdot5 = 1989 \text{ March } 15\cdot0$$

$$\begin{aligned}
\text{Standard epoch, 1900 January 0, } 12^h \text{ UT} &= \text{JD } 241\ 5020\cdot000 \\
\text{B}1950\cdot0 = 1950 \text{ Jan. } 0\cdot923 &= \text{JD } 243\ 3282\cdot423 \\
\text{B}1989\cdot0 = 1989 \text{ Jan. } 0\cdot369 &= \text{JD } 244\ 7526\cdot869 \\
\text{J}1989\cdot5 = 1989 \text{ July } 2\cdot375 &= \text{JD } 244\ 7709\cdot875 \\
\text{J}2000\cdot0 = 2000 \text{ Jan. } 1\cdot5 &= \text{JD } 245\ 1545\cdot0
\end{aligned}$$

The fraction of the year from 1989·5 is tabulated with the Besselian day numbers on pages B24–B31.

The "*modified Julian date*" (MJD) is the Julian date minus 240 0000·5 and in 1989 is given by: MJD = 47526·0 + day of year + fraction of day from 0^h UT.

A date may also be expressed in years as a Julian epoch, or for some purposes as a Besselian epoch using:

$$\text{Julian epoch} = \text{J}[2000\cdot0 + (\text{JD} - 245\ 1545\cdot0)/365\cdot25]$$
$$\text{Besselian epoch} = \text{B}[1900\cdot0 + (\text{JD} - 241\ 5020\cdot313\ 52)/365\cdot242\ 198\ 781]$$

where JD is the Julian date; the prefixes J and B may be omitted only where the context, or precision, make them superfluous.

Notation for time-scales

A summary of the notation for time-scales and related quantities used in this Almanac is given below. Additional information is given in the Glossary, in the Explanation and in the Supplement to the Almanac for 1984.

UT   = UT1; universal time; counted from 0^h at midnight; unit is mean solar day
UT0   local approximation to universal time; not corrected for polar motion
GMST   Greenwich mean sidereal time; GHA of mean equinox of date
GAST   Greenwich apparent sidereal time; GHA of true equinox of date
TAI   international atomic time; unit is the SI second
UTC   coordinated universal time; differs from TAI by an integral number of seconds, and is the basis of most radio time signals and legal time systems
$\varDelta$UT   = UT − UTC; increment to be applied to UTC to give UT
DUT   = predicted value of $\varDelta$UT, rounded to $0^s\cdot1$, given in some radio time signals

Notation for time-scales (continued)

ET   ephemeris time; was used in dynamical theories and in the Almanac from 1960–1983; but is now replaced by TDT and TDB

TDT   terrestrial dynamical time; used as time-scale of ephemerides for observations from the Earth's surface. $TDT = TAI + 32^s \cdot 184$

TDB   barycentric dynamical time; used as time-scale of ephemerides referred to the barycentre of the solar system

ΔT $= ET - UT$ (prior to 1984); increment to be applied to UT to give ET

ΔT $= TDT - UT$ (1984 onwards); increment to be applied to UT to give TDT

ΔT $= TAI + 32^s \cdot 184 - UT$

ΔAT $= TAI - UTC$; increment to be applied to UTC to give TAI

ΔET $= ET - UTC$; increment to be applied to UTC to give ET

ΔTT $= TDT - UTC$; increment to be applied to UTC to give TDT

For most purposes, ET up to 1983 December 31 and TDT from 1984 January 1 can be regarded as a continuous time-scale. Values of ΔT for the years 1620 onwards are given on pages K8–K9.

The name Greenwich mean time (GMT) is not used in this Almanac since it is ambiguous and is now used, although not in astronomy, in the sense of UTC in addition to the earlier sense of UT; prior to 1925 it was reckoned for astronomical purposes from Greenwich mean noon (12^h UT).

Relationships between time-scales

The relationships between universal and sidereal times are described on page B6 and a daily ephemeris is given on pages B8–B15; examples of the use of the ephemeris are given on page B7.

The scale of coordinated universal time (UTC) contains step adjustments of exactly one second (leap seconds) so that universal time (UT) may be obtained directly from it with an accuracy of 1 second or better and so that international atomic time (TAI) may be obtained by the addition of an integral number of seconds. The step adjustments are usually inserted after the 60th second of the last minute of December 31 or June 30. Values of the differences ΔAT for 1972 onwards are given on page K9. Accurate values of the increment ΔUT to be applied to UTC to give UT are derived from observations, but predicted values are transmitted in code in some time signals.

The differences between the terrestrial and barycentric dynamical time-scales (due to the variations in gravitational potential around the Earth's orbit) are given by:

$$TDB = TDT + 0^s \cdot 001\ 658 \sin g + 0^s \cdot 000\ 014 \sin 2g$$
$$g = 357° \cdot 53 + 0° \cdot 985\ 600\ 28\ (JD - 245\ 1545 \cdot 0)$$

where higher-order terms are neglected and g is the mean anomaly of the Earth in its orbit around the Sun. For the current year

$$g = 356° \cdot 89 + 0° \cdot 985\ 600\ 28\ d$$

where d is the day of the year tabulated on pages B2–B3.

Relationships between universal and sidereal time

The ephemeris of universal and sidereal times on pages B8–B15 is primarily intended to facilitate the conversion of universal time to local apparent sidereal time, and vice versa, for use in the computation and reduction of quantities dependent on local hour angle. Numerical examples of such conversions using the ephemeris and other tables are given opposite on page B7. Alternatively, such conversions may be carried out using the basic formulae and numerical coefficients given below.

Universal time is defined in terms of Greenwich mean sidereal time, (i.e. the Greenwich hour angle (GHA) of the mean equinox of date), by:

$$\text{GMST at } 0^h \text{ UT} = 24\,110^s \cdot 548\,41 + 8640\,184^s \cdot 812\,866\ T_U$$
$$+ 0^s \cdot 093\,104\ T_U^2 - 6^s \cdot 2 \times 10^{-6}\ T_U^3$$

where
$$T_U = (\text{JD} - 245\,1545 \cdot 0)/36\,525$$

T_U is the interval of time, measured in Julian centuries of 36 525 days of universal time (mean solar days), elapsed since the epoch 2000 January $1^d\ 12^h$ UT.

The following relationship holds during 1989:

on day of year d at t^h UT, $\text{GMST} = 6^h \cdot 642\,4454 + 0^h \cdot 065\,709\,8243\ d + 1^h \cdot 002\,737\,91\ t$

where the day of year d is tabulated on pages B2–B3. Add or subtract multiples of 24^h as necessary.

In 1989:   1 mean solar day $= 1 \cdot 002\,737\,909\,34$ mean sidereal days
                                $= 24^h\,03^m\,56^s \cdot 555\,37$ of mean sidereal time
            1 mean sidereal day $= 0 \cdot 997\,269\,566\,34$ mean solar days
                                $= 23^h\,56^m\,04^s \cdot 090\,53$ of mean solar time

Greenwich apparent sidereal time (i.e. the Greenwich hour angle of the true equinox of date) is given by:

$$\text{GAST} = \text{GMST} + \text{equation of equinoxes}$$

The equation of the equinoxes is tabulated on pages B8–B15 at 0^h UT for each day and should be interpolated to the required time if full precision is required; it is equal to the total nutation in longitude multiplied by the cosine of the true obliquity of the ecliptic.

Relationships with local time and hour angle

The following general relationships are used:

local mean solar time   = universal time + east longitude
local mean sidereal time   = Greenwich mean sidereal time + east longitude
local apparent sidereal time   = local mean sidereal time + equation of equinoxes
                              = Greenwich apparent sidereal time + east longitude
local hour angle   = local apparent sidereal time − apparent right ascension
                              = local mean sidereal time
                                − (apparent right ascension − equation of equinoxes)

A further small correction for the effect of polar motion is required in the reduction of very precise observations; for details see page B60.

Examples of the use of the ephemeris of universal and sidereal times

1. *Conversion of universal time to local sidereal time*

To find the local apparent sidereal time at $09^h\ 44^m\ 30^s$ UT on 1989 July 8 in longitude $80°\ 22'\ 55''\!\cdot\!79$ west.

	h	m	s
Greenwich mean sidereal time on July 8 at 0^h UT is (page B12)	19	03	41·7680
Add the equivalent mean sidereal time interval from 0^h to $09^h\ 44^m\ 30^s$ UT (multiply UT interval by 1·002 737 9093)	9	46	06·0185
Greenwich mean sidereal time at required UT:	4	49	47·7865
Add equation of equinoxes, interpolated using second-order differences to approximate UT $= 0^d\!\cdot\!41$			+0·5979
Greenwich apparent sidereal time:	4	49	48·3844
Subtract west longitude (add east longitude)	5	21	31·7193
Local apparent sidereal time:	23	28	16·6651

The calculation for local mean sidereal time is similar, but omit the step which allows for the equation of the equinoxes.

2. *Conversion of local sidereal time to universal time*

To find the universal time at $23^h\ 28^m\ 16^s\!\cdot\!6651$ local apparent sidereal time on 1989 July 8 in longitude $80°\ 22'\ 55''\!\cdot\!79$ west.

	h	m	s
Local apparent sidereal time:	23	28	16·6651
Add west longitude (subtract east longitude)	5	21	31·7193
Greenwich apparent sidereal time:	4	49	48·3844
Subtract equation of equinoxes, interpolated using second-order differences to approximate UT $= 0^d\!\cdot\!41$			+0·5979
Greenwich mean sidereal time:	4	49	47·7865
Subtract Greenwich mean sidereal time at 0^h UT	19	03	41·7680
Mean sidereal time interval from 0^h UT:	9	46	06·0185
Equivalent UT interval (multiply mean sidereal time interval by 0·997 269 5663)	9	44	30·0000

The conversion of mean sidereal time to universal time is carried out by a similar procedure; omit the step which allows for the equation of the equinoxes.

Date 0ʰ UT	Julian Date	G. SIDEREAL TIME (GHA of the Equinox) Apparent	Mean	Equation of Equinoxes at 0ʰ UT	GSD at 0ʰ GMST	UT at 0ʰ GMST (Greenwich Transit of the Mean Equinox)
	244	h m s	s	s	245	h m s
Jan. 0	7526·5	6 38 33·2117	32·8036	+0·4081	4229·0	Jan. 0 17 18 36·5793
1	7527·5	6 42 29·7644	29·3590	·4054	4230·0	1 17 14 40·6698
2	7528·5	6 46 26·3188	25·9143	·4044	4231·0	2 17 10 44·7603
3	7529·5	6 50 22·8757	22·4697	·4060	4232·0	3 17 06 48·8509
4	7530·5	6 54 19·4357	19·0251	·4107	4233·0	4 17 02 52·9414
5	7531·5	6 58 15·9989	15·5804	+0·4184	4234·0	5 16 58 57·0319
6	7532·5	7 02 12·5645	12·1358	·4287	4235·0	6 16 55 01·1224
7	7533·5	7 06 09·1315	08·6912	·4403	4236·0	7 16 51 05·2130
8	7534·5	7 10 05·6979	05·2465	·4514	4237·0	8 16 47 09·3035
9	7535·5	7 14 02·2619	01·8019	·4600	4238·0	9 16 43 13·3940
10	7536·5	7 17 58·8222	58·3573	+0·4649	4239·0	10 16 39 17·4846
11	7537·5	7 21 55·3782	54·9126	·4656	4240·0	11 16 35 21·5751
12	7538·5	7 25 51·9309	51·4680	·4629	4241·0	12 16 31 25·6656
13	7539·5	7 29 48·4819	48·0234	·4586	4242·0	13 16 27 29·7562
14	7540·5	7 33 45·0335	44·5787	·4547	4243·0	14 16 23 33·8467
15	7541·5	7 37 41·5872	41·1341	+0·4531	4244·0	15 16 19 37·9372
16	7542·5	7 41 38·1443	37·6895	·4548	4245·0	16 16 15 42·0278
17	7543·5	7 45 34·7049	34·2448	·4600	4246·0	17 16 11 46·1183
18	7544·5	7 49 31·2683	30·8002	·4680	4247·0	18 16 07 50·2088
19	7545·5	7 53 27·8332	27·3556	·4776	4248·0	19 16 03 54·2994
20	7546·5	7 57 24·3981	23·9109	+0·4871	4249·0	20 15 59 58·3899
21	7547·5	8 01 20·9615	20·4663	·4952	4250·0	21 15 56 02·4804
22	7548·5	8 05 17·5225	17·0217	·5008	4251·0	22 15 52 06·5709
23	7549·5	8 09 14·0805	13·5770	·5034	4252·0	23 15 48 10·6615
24	7550·5	8 13 10·6353	10·1324	·5029	4253·0	24 15 44 14·7520
25	7551·5	8 17 07·1877	06·6878	+0·4999	4254·0	25 15 40 18·8425
26	7552·5	8 21 03·7383	03·2431	·4952	4255·0	26 15 36 22·9331
27	7553·5	8 24 60·2883	59·7985	·4897	4256·0	27 15 32 27·0236
28	7554·5	8 28 56·8386	56·3539	·4847	4257·0	28 15 28 31·1141
29	7555·5	8 32 53·3902	52·9092	·4809	4258·0	29 15 24 35·2047
30	7556·5	8 36 49·9440	49·4646	+0·4794	4259·0	30 15 20 39·2952
31	7557·5	8 40 46·5005	46·0200	·4805	4260·0	31 15 16 43·3857
Feb. 1	7558·5	8 44 43·0600	42·5754	·4847	4261·0	Feb. 1 15 12 47·4763
2	7559·5	8 48 39·6222	39·1307	·4915	4262·0	2 15 08 51·5668
3	7560·5	8 52 36·1863	35·6861	·5002	4263·0	3 15 04 55·6573
4	7561·5	8 56 32·7507	32·2415	+0·5093	4264·0	4 15 00 59·7479
5	7562·5	9 00 29·3137	28·7968	·5169	4265·0	5 14 57 03·8384
6	7563·5	9 04 25·8734	25·3522	·5212	4266·0	6 14 53 07·9289
7	7564·5	9 08 22·4287	21·9076	·5211	4267·0	7 14 49 12·0195
8	7565·5	9 12 18·9800	18·4629	·5171	4268·0	8 14 45 16·1100
9	7566·5	9 16 15·5287	15·0183	+0·5104	4269·0	9 14 41 20·2005
10	7567·5	9 20 12·0772	11·5737	·5036	4270·0	10 14 37 24·2910
11	7568·5	9 24 08·6277	08·1290	·4987	4271·0	11 14 33 28·3816
12	7569·5	9 28 05·1814	04·6844	·4970	4272·0	12 14 29 32·4721
13	7570·5	9 32 01·7388	01·2398	·4990	4273·0	13 14 25 36·5626
14	7571·5	9 35 58·2990	57·7951	+0·5039	4274·0	14 14 21 40·6532
15	7572·5	9 39 54·8610	54·3505	+0·5105	4275·0	15 14 17 44·7437

Date 0ʰ UT	Julian Date	G. SIDEREAL TIME (GHA of the Equinox) Apparent	Mean	Equation of Equinoxes at 0ʰ UT	GSD at 0ʰ GMST	UT at 0ʰ GMST (Greenwich Transit of the Mean Equinox)
	244	h m s	s	s	**245**	h m s
Feb. 15	7572·5	9 39 54·8610	54·3505	+0·5105	4275·0	Feb. 15 14 17 44·7437
16	7573·5	9 43 51·4232	50·9059	·5174	4276·0	16 14 13 48·8342
17	7574·5	9 47 47·9843	47·4612	·5231	4277·0	17 14 09 52·9248
18	7575·5	9 51 44·5431	44·0166	·5265	4278·0	18 14 05 57·0153
19	7576·5	9 55 41·0991	40·5720	·5271	4279·0	19 14 02 01·1058
20	7577·5	9 59 37·6520	37·1273	+0·5247	4280·0	20 13 58 05·1964
21	7578·5	10 03 34·2023	33·6827	·5196	4281·0	21 13 54 09·2869
22	7579·5	10 07 30·7507	30·2381	·5126	4282·0	22 13 50 13·3774
23	7580·5	10 11 27·2980	26·7934	·5046	4283·0	23 13 46 17·4680
24	7581·5	10 15 23·8455	23·3488	·4967	4284·0	24 13 42 21·5585
25	7582·5	10 19 20·3940	19·9042	+0·4898	4285·0	25 13 38 25·6490
26	7583·5	10 23 16·9444	16·4595	·4849	4286·0	26 13 34 29·7395
27	7584·5	10 27 13·4974	13·0149	·4825	4287·0	27 13 30 33·8301
28	7585·5	10 31 10·0531	09·5703	·4829	4288·0	28 13 26 37·9206
Mar. 1	7586·5	10 35 06·6116	06·1256	·4859	4289·0	Mar. 1 13 22 42·0111
2	7587·5	10 39 03·1721	02·6810	+0·4911	4290·0	2 13 18 46·1017
3	7588·5	10 42 59·7336	59·2364	·4973	4291·0	3 13 14 50·1922
4	7589·5	10 46 56·2947	55·7917	·5029	4292·0	4 13 10 54·2827
5	7590·5	10 50 52·8534	52·3471	·5063	4293·0	5 13 06 58·3733
6	7591·5	10 54 49·4085	48·9025	·5060	4294·0	6 13 03 02·4638
7	7592·5	10 58 45·9593	45·4578	+0·5015	4295·0	7 12 59 06·5543
8	7593·5	11 02 42·5068	42·0132	·4936	4296·0	8 12 55 10·6449
9	7594·5	11 06 39·0529	38·5686	·4844	4297·0	9 12 51 14·7354
10	7595·5	11 10 35·6004	35·1239	·4764	4298·0	10 12 47 18·8259
11	7596·5	11 14 32·1510	31·6793	·4717	4299·0	11 12 43 22·9165
12	7597·5	11 18 28·7057	28·2347	+0·4710	4300·0	12 12 39 27·0070
13	7598·5	11 22 25·2639	24·7900	·4739	4301·0	13 12 35 31·0975
14	7599·5	11 26 21·8244	21·3454	·4789	4302·0	14 12 31 35·1880
15	7600·5	11 30 18·3853	17·9008	·4845	4303·0	15 12 27 39·2786
16	7601·5	11 34 14·9454	14·4561	·4892	4304·0	16 12 23 43·3691
17	7602·5	11 38 11·5033	11·0115	+0·4918	4305·0	17 12 19 47·4596
18	7603·5	11 42 08·0585	07·5669	·4916	4306·0	18 12 15 51·5502
19	7604·5	11 46 04·6108	04·1222	·4885	4307·0	19 12 11 55·6407
20	7605·5	11 50 01·1604	00·6776	·4828	4308·0	20 12 07 59·7312
21	7606·5	11 53 57·7079	57·2330	·4749	4309·0	21 12 04 03·8218
22	7607·5	11 57 54·2543	53·7884	+0·4659	4310·0	22 12 00 07·9123
23	7608·5	12 01 50·8005	50·3437	·4568	4311·0	23 11 56 12·0028
24	7609·5	12 05 47·3477	46·8991	·4486	4312·0	24 11 52 16·0934
25	7610·5	12 09 43·8967	43·4545	·4422	4313·0	25 11 48 20·1839
26	7611·5	12 13 40·4481	40·0098	·4383	4314·0	26 11 44 24·2744
27	7612·5	12 17 37·0023	36·5652	+0·4371	4315·0	27 11 40 28·3650
28	7613·5	12 21 33·5592	33·1206	·4386	4316·0	28 11 36 32·4555
29	7614·5	12 25 30·1182	29·6759	·4423	4317·0	29 11 32 36·5460
30	7615·5	12 29 26·6786	26·2313	·4473	4318·0	30 11 28 40·6366
31	7616·5	12 33 23·2389	22·7867	·4523	4319·0	31 11 24 44·7271
Apr. 1	7617·5	12 37 19·7978	19·3420	+0·4558	4320·0	Apr. 1 11 20 48·8176
2	7618·5	12 41 16·3539	15·8974	+0·4565	4321·0	2 11 16 52·9081

Date 0ʰ UT	Julian Date	G. SIDEREAL TIME (GHA of the Equinox) Apparent	Mean	Equation of Equinoxes at 0ʰ UT	GSD at 0ʰ GMST	UT at 0ʰ GMST (Greenwich Transit of the Mean Equinox)
	244	h m s	s	s	**245**	h m s
Apr. 1	**7617·5**	12 37 19·7978	19·3420	+0·4558	**4320·0**	Apr. 1 11 20 48·8176
2	**7618·5**	12 41 16·3539	15·8974	·4565	**4321·0**	2 11 16 52·9081
3	**7619·5**	12 45 12·9062	12·4528	·4534	**4322·0**	3 11 12 56·9987
4	**7620·5**	12 49 09·4550	09·0081	·4468	**4323·0**	4 11 09 01·0892
5	**7621·5**	12 53 06·0015	05·5635	·4380	**4324·0**	5 11 05 05·1797
6	**7622·5**	12 57 02·5482	02·1189	+0·4293	**4325·0**	6 11 01 09·2703
7	**7623·5**	13 00 59·0975	58·6742	·4233	**4326·0**	7 10 57 13·3608
8	**7624·5**	13 04 55·6510	55·2296	·4214	**4327·0**	8 10 53 17·4513
9	**7625·5**	13 08 52·2088	51·7850	·4238	**4328·0**	9 10 49 21·5419
10	**7626·5**	13 12 48·7697	48·3403	·4294	**4329·0**	10 10 45 25·6324
11	**7627·5**	13 16 45·3319	44·8957	+0·4362	**4330·0**	11 10 41 29·7229
12	**7628·5**	13 20 41·8936	41·4511	·4425	**4331·0**	12 10 37 33·8135
13	**7629·5**	13 24 38·4534	38·0064	·4469	**4332·0**	13 10 33 37·9040
14	**7630·5**	13 28 35·0104	34·5618	·4486	**4333·0**	14 10 29 41·9945
15	**7631·5**	13 32 31·5644	31·1172	·4472	**4334·0**	15 10 25 46·0851
16	**7632·5**	13 36 28·1156	27·6725	+0·4431	**4335·0**	16 10 21 50·1756
17	**7633·5**	13 40 24·6647	24·2279	·4368	**4336·0**	17 10 17 54·2661
18	**7634·5**	13 44 21·2124	20·7833	·4291	**4337·0**	18 10 13 58·3566
19	**7635·5**	13 48 17·7598	17·3386	·4212	**4338·0**	19 10 10 02·4472
20	**7636·5**	13 52 14·3080	13·8940	·4140	**4339·0**	20 10 06 06·5377
21	**7637·5**	13 56 10·8578	10·4494	+0·4084	**4340·0**	21 10 02 10·6282
22	**7638·5**	14 00 07·4100	07·0047	·4053	**4341·0**	22 9 58 14·7188
23	**7639·5**	14 04 03·9650	03·5601	·4049	**4342·0**	23 9 54 18·8093
24	**7640·5**	14 08 00·5228	00·1155	·4073	**4343·0**	24 9 50 22·8998
25	**7641·5**	14 11 57·0829	56·6708	·4121	**4344·0**	25 9 46 26·9904
26	**7642·5**	14 15 53·6445	53·2262	+0·4183	**4345·0**	26 9 42 31·0809
27	**7643·5**	14 19 50·2063	49·7816	·4247	**4346·0**	27 9 38 35·1714
28	**7644·5**	14 23 46·7670	46·3369	·4301	**4347·0**	28 9 34 39·2620
29	**7645·5**	14 27 43·3254	42·8923	·4331	**4348·0**	29 9 30 43·3525
30	**7646·5**	14 31 39·8805	39·4477	·4328	**4349·0**	30 9 26 47·4430
May 1	**7647·5**	14 35 36·4322	36·0030	+0·4291	**4350·0**	May 1 9 22 51·5336
2	**7648·5**	14 39 32·9813	32·5584	·4229	**4351·0**	2 9 18 55·6241
3	**7649·5**	14 43 29·5297	29·1138	·4160	**4352·0**	3 9 14 59·7146
4	**7650·5**	14 47 26·0797	25·6691	·4105	**4353·0**	4 9 11 03·8051
5	**7651·5**	14 51 22·6333	22·2245	·4087	**4354·0**	5 9 07 07·8957
6	**7652·5**	14 55 19·1914	18·7799	+0·4115	**4355·0**	6 9 03 11·9862
7	**7653·5**	14 59 15·7535	15·3353	·4182	**4356·0**	7 8 59 16·0767
8	**7654·5**	15 03 12·3180	11·8906	·4274	**4357·0**	8 8 55 20·1673
9	**7655·5**	15 07 08·8828	08·4460	·4369	**4358·0**	9 8 51 24·2578
10	**7656·5**	15 11 05·4461	05·0014	·4448	**4359·0**	10 8 47 28·3483
11	**7657·5**	15 15 02·0067	01·5567	+0·4500	**4360·0**	11 8 43 32·4389
12	**7658·5**	15 18 58·5642	58·1121	·4521	**4361·0**	12 8 39 36·5294
13	**7659·5**	15 22 55·1186	54·6675	·4511	**4362·0**	13 8 35 40·6199
14	**7660·5**	15 26 51·6705	51·2228	·4477	**4363·0**	14 8 31 44·7105
15	**7661·5**	15 30 48·2208	47·7782	·4426	**4364·0**	15 8 27 48·8010
16	**7662·5**	15 34 44·7705	44·3336	+0·4370	**4365·0**	16 8 23 52·8915
17	**7663·5**	15 38 41·3207	40·8889	+0·4318	**4366·0**	17 8 19 56·9821

Date 0ʰ UT	Julian Date	G. SIDEREAL TIME (GHA of the Equinox) Apparent	Mean	Equation of Equinoxes at 0ʰ UT	GSD at 0ʰ GMST	UT at 0ʰ GMST (Greenwich Transit of the Mean Equinox)
	244	h m s	s	s	245	h m s
May 17	7663·5	15 38 41·3207	40·8889	+0·4318	4366·0	May 17 8 19 56·9821
18	7664·5	15 42 37·8723	37·4443	·4281	4367·0	18 8 16 01·0726
19	7665·5	15 46 34·4262	33·9997	·4266	4368·0	19 8 12 05·1631
20	7666·5	15 50 30·9829	30·5550	·4279	4369·0	20 8 08 09·2537
21	7667·5	15 54 27·5424	27·1104	·4320	4370·0	21 8 04 13·3442
22	7668·5	15 58 24·1045	23·6658	+0·4387	4371·0	22 8 00 17·4347
23	7669·5	16 02 20·6682	20·2211	·4471	4372·0	23 7 56 21·5252
24	7670·5	16 06 17·2324	16·7765	·4559	4373·0	24 7 52 25·6158
25	7671·5	16 10 13·7956	13·3319	·4638	4374·0	25 7 48 29·7063
26	7672·5	16 14 10·3567	09·8872	·4695	4375·0	26 7 44 33·7968
27	7673·5	16 18 06·9146	06·4426	+0·4720	4376·0	27 7 40 37·8874
28	7674·5	16 22 03·4692	02·9980	·4712	4377·0	28 7 36 41·9779
29	7675·5	16 25 60·0210	59·5533	·4677	4378·0	29 7 32 46·0684
30	7676·5	16 29 56·5716	56·1087	·4629	4379·0	30 7 28 50·1590
31	7677·5	16 33 53·1229	52·6641	·4589	4380·0	31 7 24 54·2495
June 1	7678·5	16 37 49·6770	49·2194	+0·4576	4381·0	June 1 7 20 58·3400
2	7679·5	16 41 46·2352	45·7748	·4604	4382·0	2 7 17 02·4306
3	7680·5	16 45 42·7976	42·3302	·4674	4383·0	3 7 13 06·5211
4	7681·5	16 49 39·3632	38·8855	·4777	4384·0	4 7 09 10·6116
5	7682·5	16 53 35·9302	35·4409	·4893	4385·0	5 7 05 14·7022
6	7683·5	16 57 32·4964	31·9963	+0·5001	4386·0	6 7 01 18·7927
7	7684·5	17 01 29·0602	28·5516	·5086	4387·0	7 6 57 22·8832
8	7685·5	17 05 25·6208	25·1070	·5138	4388·0	8 6 53 26·9737
9	7686·5	17 09 22·1780	21·6624	·5157	4389·0	9 6 49 31·0643
10	7687·5	17 13 18·7325	18·2177	·5147	4390·0	10 6 45 35·1548
11	7688·5	17 17 15·2848	14·7731	+0·5117	4391·0	11 6 41 39·2453
12	7689·5	17 21 11·8362	11·3285	·5078	4392·0	12 6 37 43·3359
13	7690·5	17 25 08·3877	07·8838	·5039	4393·0	13 6 33 47·4264
14	7691·5	17 29 04·9403	04·4392	·5011	4394·0	14 6 29 51·5169
15	7692·5	17 33 01·4949	00·9946	·5003	4395·0	15 6 25 55·6075
16	7693·5	17 36 58·0521	57·5499	+0·5022	4396·0	16 6 21 59·6980
17	7694·5	17 40 54·6122	54·1053	·5068	4397·0	17 6 18 03·7885
18	7695·5	17 44 51·1749	50·6607	·5142	4398·0	18 6 14 07·8791
19	7696·5	17 48 47·7396	47·2160	·5236	4399·0	19 6 10 11·9696
20	7697·5	17 52 44·3052	43·7714	·5338	4400·0	20 6 06 16·0601
21	7698·5	17 56 40·8701	40·3268	+0·5433	4401·0	21 6 02 20·1507
22	7699·5	18 00 37·4329	36·8821	·5508	4402·0	22 5 58 24·2412
23	7700·5	18 04 33·9926	33·4375	·5550	4403·0	23 5 54 28·3317
24	7701·5	18 08 30·5487	29·9929	·5558	4404·0	24 5 50 32·4223
25	7702·5	18 12 27·1017	26·5483	·5535	4405·0	25 5 46 36·5128
26	7703·5	18 16 23·6531	23·1036	+0·5495	4406·0	26 5 42 40·6033
27	7704·5	18 20 20·2047	19·6590	·5457	4407·0	27 5 38 44·6938
28	7705·5	18 24 16·7584	16·2144	·5440	4408·0	28 5 34 48·7844
29	7706·5	18 28 13·3155	12·7697	·5458	4409·0	29 5 30 52·8749
30	7707·5	18 32 09·8767	09·3251	·5516	4410·0	30 5 26 56·9654
July 1	7708·5	18 36 06·4413	05·8805	+0·5609	4411·0	July 1 5 23 01·0560
2	7709·5	18 40 03·0079	02·4358	+0·5721	4412·0	2 5 19 05·1465

Date 0ʰ UT	Julian Date	G. SIDEREAL TIME (GHA of the Equinox) Apparent	Mean	Equation of Equinoxes at 0ʰ UT	GSD at 0ʰ GMST	UT at 0ʰ GMST (Greenwich Transit of the Mean Equinox)
	244	h m s	s	s	**245**	h m s
July 2	**7709·5**	18 40 03·0079	02·4358	+0·5721	**4412·0**	July 2 5 19 05·1465
3	**7710·5**	18 43 59·5746	58·9912	·5834	**4413·0**	3 5 15 09·2370
4	**7711·5**	18 47 56·1394	55·5466	·5929	**4414·0**	4 5 11 13·3276
5	**7712·5**	18 51 52·7013	52·1019	·5994	**4415·0**	5 5 07 17·4181
6	**7713·5**	18 55 49·2597	48·6573	·6024	**4416·0**	6 5 03 21·5086
7	**7714·5**	18 59 45·8149	45·2127	+0·6023	**4417·0**	7 4 59 25·5992
8	**7715·5**	19 03 42·3677	41·7680	·5997	**4418·0**	8 4 55 29·6897
9	**7716·5**	19 07 38·9190	38·3234	·5956	**4419·0**	9 4 51 33·7802
10	**7717·5**	19 11 35·4700	34·8788	·5912	**4420·0**	10 4 47 37·8708
11	**7718·5**	19 15 32·0217	31·4341	·5876	**4421·0**	11 4 43 41·9613
12	**7719·5**	19 19 28·5751	27·9895	+0·5856	**4422·0**	12 4 39 46·0518
13	**7720·5**	19 23 25·1308	24·5449	·5859	**4423·0**	13 4 35 50·1423
14	**7721·5**	19 27 21·6892	21·1002	·5890	**4424·0**	14 4 31 54·2329
15	**7722·5**	19 31 18·2504	17·6556	·5948	**4425·0**	15 4 27 58·3234
16	**7723·5**	19 35 14·8138	14·2110	·6028	**4426·0**	16 4 24 02·4139
17	**7724·5**	19 39 11·3785	10·7663	+0·6122	**4427·0**	17 4 20 06·5045
18	**7725·5**	19 43 07·9431	07·3217	·6214	**4428·0**	18 4 16 10·5950
19	**7726·5**	19 47 04·5061	03·8771	·6290	**4429·0**	19 4 12 14·6855
20	**7727·5**	19 51 01·0659	00·4324	·6335	**4430·0**	20 4 08 18·7761
21	**7728·5**	19 54 57·6220	56·9878	·6342	**4431·0**	21 4 04 22·8666
22	**7729·5**	19 58 54·1746	53·5432	+0·6314	**4432·0**	22 4 00 26·9571
23	**7730·5**	20 02 50·7250	50·0985	·6264	**4433·0**	23 3 56 31·0477
24	**7731·5**	20 06 47·2750	46·6539	·6211	**4434·0**	24 3 52 35·1382
25	**7732·5**	20 10 43·8267	43·2093	·6174	**4435·0**	25 3 48 39·2287
26	**7733·5**	20 14 40·3815	39·7646	·6169	**4436·0**	26 3 44 43·3193
27	**7734·5**	20 18 36·9402	36·3200	+0·6202	**4437·0**	27 3 40 47·4098
28	**7735·5**	20 22 33·5022	32·8754	·6268	**4438·0**	28 3 36 51·5003
29	**7736·5**	20 26 30·0664	29·4307	·6357	**4439·0**	29 3 32 55·5908
30	**7737·5**	20 30 26·6312	25·9861	·6451	**4440·0**	30 3 28 59·6814
31	**7738·5**	20 34 23·1947	22·5415	·6533	**4441·0**	31 3 25 03·7719
Aug. 1	**7739·5**	20 38 19·7557	19·0968	+0·6589	**4442·0**	Aug. 1 3 21 07·8624
2	**7740·5**	20 42 16·3134	15·6522	·6612	**4443·0**	2 3 17 11·9530
3	**7741·5**	20 46 12·8677	12·2076	·6601	**4444·0**	3 3 13 16·0435
4	**7742·5**	20 50 09·4193	08·7629	·6563	**4445·0**	4 3 09 20·1340
5	**7743·5**	20 54 05·9690	05·3183	·6507	**4446·0**	5 3 05 24·2246
6	**7744·5**	20 58 02·5180	01·8737	+0·6443	**4447·0**	6 3 01 28·3151
7	**7745·5**	21 01 59·0674	58·4290	·6383	**4448·0**	7 2 57 32·4056
8	**7746·5**	21 05 55·6180	54·9844	·6336	**4449·0**	8 2 53 36·4962
9	**7747·5**	21 09 52·1708	51·5398	·6310	**4450·0**	9 2 49 40·5867
10	**7748·5**	21 13 48·7261	48·0952	·6309	**4451·0**	10 2 45 44·6772
11	**7749·5**	21 17 45·2840	44·6505	+0·6335	**4452·0**	11 2 41 48·7678
12	**7750·5**	21 21 41·8444	41·2059	·6385	**4453·0**	12 2 37 52·8583
13	**7751·5**	21 25 38·4064	37·7613	·6451	**4454·0**	13 2 33 56·9488
14	**7752·5**	21 29 34·9689	34·3166	·6523	**4455·0**	14 2 30 01·0394
15	**7753·5**	21 33 31·5305	30·8720	·6585	**4456·0**	15 2 26 05·1299
16	**7754·5**	21 37 28·0896	27·4274	+0·6622	**4457·0**	16 2 22 09·2204
17	**7755·5**	21 41 24·6450	23·9827	+0·6623	**4458·0**	17 2 18 13·3109

Date 0ʰ UT	Julian Date	G. SIDEREAL TIME (GHA of the Equinox) Apparent	Mean	Equation of Equinoxes at 0ʰ UT	GSD at 0ʰ GMST	UT at 0ʰ GMST (Greenwich Transit of the Mean Equinox)
	244	h m s	s	s	**245**	h m s
Aug. 17	**7755·5**	21 41 24·6450	23·9827	+0·6623	**4458·0**	Aug. 17 2 18 13·3109
18	**7756·5**	21 45 21·1966	20·5381	·6585	**4459·0**	18 2 14 17·4015
19	**7757·5**	21 49 17·7452	17·0935	·6518	**4460·0**	19 2 10 21·4920
20	**7758·5**	21 53 14·2928	13·6488	·6440	**4461·0**	20 2 06 25·5825
21	**7759·5**	21 57 10·8416	10·2042	·6374	**4462·0**	21 2 02 29·6731
22	**7760·5**	22 01 07·3934	06·7596	+0·6338	**4463·0**	22 1 58 33·7636
23	**7761·5**	22 05 03·9490	03·3149	·6340	**4464·0**	23 1 54 37·8541
24	**7762·5**	22 08 60·5081	59·8703	·6378	**4465·0**	24 1 50 41·9447
25	**7763·5**	22 12 57·0697	56·4257	·6441	**4466·0**	25 1 46 46·0352
26	**7764·5**	22 16 53·6321	52·9810	·6511	**4467·0**	26 1 42 50·1257
27	**7765·5**	22 20 50·1936	49·5364	+0·6572	**4468·0**	27 1 38 54·2163
28	**7766·5**	22 24 46·7528	46·0918	·6611	**4469·0**	28 1 34 58·3068
29	**7767·5**	22 28 43·3090	42·6471	·6619	**4470·0**	29 1 31 02·3973
30	**7768·5**	22 32 39·8620	39·2025	·6595	**4471·0**	30 1 27 06·4879
31	**7769·5**	22 36 36·4120	35·7579	·6542	**4472·0**	31 1 23 10·5784
Sept. 1	**7770·5**	22 40 32·9600	32·3132	+0·6468	**4473·0**	Sept. 1 1 19 14·6689
2	**7771·5**	22 44 29·5069	28·8686	·6383	**4474·0**	2 1 15 18·7594
3	**7772·5**	22 48 26·0539	25·4240	·6300	**4475·0**	3 1 11 22·8500
4	**7773·5**	22 52 22·6020	21·9793	·6227	**4476·0**	4 1 07 26·9405
5	**7774·5**	22 56 19·1520	18·5347	·6173	**4477·0**	5 1 03 31·0310
6	**7775·5**	23 00 15·7043	15·0901	+0·6143	**4478·0**	6 0 59 35·1216
7	**7776·5**	23 04 12·2593	11·6454	·6138	**4479·0**	7 0 55 39·2121
8	**7777·5**	23 08 08·8167	08·2008	·6159	**4480·0**	8 0 51 43·3026
9	**7778·5**	23 12 05·3759	04·7562	·6197	**4481·0**	9 0 47 47·3932
10	**7779·5**	23 16 01·9361	01·3115	·6246	**4482·0**	10 0 43 51·4837
11	**7780·5**	23 19 58·4961	57·8669	+0·6292	**4483·0**	11 0 39 55·5742
12	**7781·5**	23 23 55·0544	54·4223	·6321	**4484·0**	12 0 35 59·6648
13	**7782·5**	23 27 51·6096	50·9776	·6320	**4485·0**	13 0 32 03·7553
14	**7783·5**	23 31 48·1612	47·5330	·6282	**4486·0**	14 0 28 07·8458
15	**7784·5**	23 35 44·7093	44·0884	·6209	**4487·0**	15 0 24 11·9364
16	**7785·5**	23 39 41·2554	40·6437	+0·6117	**4488·0**	16 0 20 16·0269
17	**7786·5**	23 43 37·8019	37·1991	·6028	**4489·0**	17 0 16 20·1174
18	**7787·5**	23 47 34·3511	33·7545	·5967	**4490·0**	18 0 12 24·2079
19	**7788·5**	23 51 30·9044	30·3098	·5946	**4491·0**	19 0 08 28·2985
20	**7789·5**	23 55 27·4618	26·8652	·5966	**4492·0**	20 0 04 32·3890
21	**7790·5**	23 59 24·0221	23·4206	+0·6015	**4493·0**	21 0 00 36·4795
					4494·0	21 23 56 40·5701
22	**7791·5**	0 03 20·5837	19·9759	+0·6077	**4495·0**	22 23 52 44·6606
23	**7792·5**	0 07 17·1446	16·5313	·6133	**4496·0**	23 23 48 48·7511
24	**7793·5**	0 11 13·7035	13·0867	·6168	**4497·0**	24 23 44 52·8417
25	**7794·5**	0 15 10·2594	09·6420	+0·6174	**4498·0**	25 23 40 56·9322
26	**7795·5**	0 19 06·8122	06·1974	·6148	**4499·0**	26 23 37 01·0227
27	**7796·5**	0 23 03·3620	02·7528	·6093	**4500·0**	27 23 33 05·1133
28	**7797·5**	0 26 59·9097	59·3082	·6015	**4501·0**	28 23 29 09·2038
29	**7798·5**	0 30 56·4561	55·8635	·5926	**4502·0**	29 23 25 13·2943
30	**7799·5**	0 34 53·0024	52·4189	+0·5835	**4503·0**	30 23 21 17·3849
Oct. 1	**7800·5**	0 38 49·5496	48·9743	+0·5754	**4504·0**	Oct. 1 23 17 21·4754

Date 0ʰ UT	Julian Date	G. SIDEREAL TIME (GHA of the Equinox)		Equation of Equinoxes at 0ʰ UT	GSD at 0ʰ GMST	UT at 0ʰ GMST (Greenwich Transit of the Mean Equinox)		
		Apparent	Mean					
	244	h m s	s	s	**245**		h m s	
Oct. 1	**7800·5**	0 38 49·5496	48·9743	+0·5754	**4504·0**	Oct.	1 23 17 21·4754	
2	**7801·5**	0 42 46·0986	45·5296	·5690	**4505·0**		2 23 13 25·5659	
3	**7802·5**	0 46 42·6499	42·0850	·5649	**4506·0**		3 23 09 29·6564	
4	**7803·5**	0 50 39·2038	38·6404	·5634	**4507·0**		4 23 05 33·7470	
5	**7804·5**	0 54 35·7601	35·1957	·5644	**4508·0**		5 23 01 37·8375	
6	**7805·5**	0 58 32·3185	31·7511	+0·5674	**4509·0**		6 22 57 41·9280	
7	**7806·5**	1 02 28·8781	28·3065	·5716	**4510·0**		7 22 53 46·0186	
8	**7807·5**	1 06 25·4378	24·8618	·5760	**4511·0**		8 22 49 50·1091	
9	**7808·5**	1 10 21·9965	21·4172	·5793	**4512·0**		9 22 45 54·1996	
10	**7809·5**	1 14 18·5529	17·9726	·5803	**4513·0**		10 22 41 58·2902	
11	**7810·5**	1 18 15·1061	14·5279	+0·5781	**4514·0**		11 22 38 02·3807	
12	**7811·5**	1 22 11·6559	11·0833	·5726	**4515·0**		12 22 34 06·4712	
13	**7812·5**	1 26 08·2032	07·6387	·5645	**4516·0**		13 22 30 10·5618	
14	**7813·5**	1 30 04·7498	04·1940	·5558	**4517·0**		14 22 26 14·6523	
15	**7814·5**	1 34 01·2982	00·7494	·5488	**4518·0**		15 22 22 18·7428	
16	**7815·5**	1 37 57·8505	57·3048	+0·5457	**4519·0**		16 22 18 22·8334	
17	**7816·5**	1 41 54·4075	53·8601	·5473	**4520·0**		17 22 14 26·9239	
18	**7817·5**	1 45 50·9684	50·4155	·5529	**4521·0**		18 22 10 31·0144	
19	**7818·5**	1 49 47·5315	46·9709	·5606	**4522·0**		19 22 06 35·1049	
20	**7819·5**	1 53 44·0945	43·5262	·5683	**4523·0**		20 22 02 39·1955	
21	**7820·5**	1 57 40·6557	40·0816	+0·5741	**4524·0**		21 21 58 43·2860	
22	**7821·5**	2 01 37·2139	36·6370	·5770	**4525·0**		22 21 54 47·3765	
23	**7822·5**	2 05 33·7689	33·1923	·5765	**4526·0**		23 21 50 51·4671	
24	**7823·5**	2 09 30·3208	29·7477	·5731	**4527·0**		24 21 46 55·5576	
25	**7824·5**	2 13 26·8703	26·3031	·5673	**4528·0**		25 21 42 59·6481	
26	**7825·5**	2 17 23·4185	22·8584	+0·5601	**4529·0**		26 21 39 03·7387	
27	**7826·5**	2 21 19·9663	19·4138	·5525	**4530·0**		27 21 35 07·8292	
28	**7827·5**	2 25 16·5149	15·9692	·5457	**4531·0**		28 21 31 11·9197	
29	**7828·5**	2 29 13·0651	12·5245	·5406	**4532·0**		29 21 27 16·0103	
30	**7829·5**	2 33 09·6176	09·0799	·5377	**4533·0**		30 21 23 20·1008	
31	**7830·5**	2 37 06·1728	05·6353	+0·5375	**4534·0**		31 21 19 24·1913	
Nov. 1	**7831·5**	2 41 02·7305	02·1906	·5398	**4535·0**	Nov.	1 21 15 28·2819	
2	**7832·5**	2 44 59·2903	58·7460	·5443	**4536·0**		2 21 11 32·3724	
3	**7833·5**	2 48 55·8515	55·3014	·5501	**4537·0**		3 21 07 36·4629	
4	**7834·5**	2 52 52·4131	51·8567	5563	**4538·0**		4 21 03 40·5535	
5	**7835·5**	2 56 48·9738	48·4121	+0·5617	**4539·0**		5 20 59 44·6440	
6	**7836·5**	3 00 45·5327	44·9675	·5653	**4540·0**		6 20 55 48·7345	
7	**7837·5**	3 04 42·0889	41·5228	·5661	**4541·0**		7 20 51 52·8250	
8	**7838·5**	3 08 38·6420	38·0782	·5638	**4542·0**		8 20 47 56·9156	
9	**7839·5**	3 12 35·1924	34·6336	·5588	**4543·0**		9 20 44 01·0061	
10	**7840·5**	3 16 31·7415	31·1889	+0·5526	**4544·0**		10 20 40 05·0966	
11	**7841·5**	3 20 28·2913	27·7443	·5470	**4545·0**		11 20 36 09·1872	
12	**7842·5**	3 24 24·8441	24·2997	·5444	**4546·0**		12 20 32 13·2777	
13	**7843·5**	3 28 21·4014	20·8551	·5463	**4547·0**		13 20 28 17·3682	
14	**7844·5**	3 32 17·9634	17·4104	·5530	**4548·0**		14 20 24 21·4588	
15	**7845·5**	3 36 14·5288	13·9658	+0·5630	**4549·0**		15 20 20 25·5493	
16	**7846·5**	3 40 11·0953	10·5212	+0·5741	**4550·0**		16 20 16 29·6398	

Date 0^h UT	Julian Date	G. SIDEREAL TIME (GHA of the Equinox) Apparent	Mean	Equation of Equinoxes at 0^h UT	GSD at 0^h GMST	UT at 0^h GMST (Greenwich Transit of the Mean Equinox)
	244	h m s	s	s	**245**	h m s
Nov. 16	**7846·5**	3 40 11·0953	10·5212	+0·5741	**4550·0**	Nov. 16 20 16 29·6398
17	**7847·5**	3 44 07·6606	07·0765	·5841	**4551·0**	17 20 12 33·7304
18	**7848·5**	3 48 04·2230	03·6319	·5912	**4552·0**	18 20 08 37·8209
19	**7849·5**	3 52 00·7820	00·1873	·5947	**4553·0**	19 20 04 41·9114
20	**7850·5**	3 55 57·3375	56·7426	·5949	**4554·0**	20 20 00 46·0020
21	**7851·5**	3 59 53·8903	53·2980	+0·5923	**4555·0**	21 19 56 50·0925
22	**7852·5**	4 03 50·4414	49·8534	·5880	**4556·0**	22 19 52 54·1830
23	**7853·5**	4 07 46·9919	46·4087	·5832	**4557·0**	23 19 48 58·2735
24	**7854·5**	4 11 43·5429	42·9641	·5788	**4558·0**	24 19 45 02·3641
25	**7855·5**	4 15 40·0953	39·5195	·5758	**4559·0**	25 19 41 06·4546
26	**7856·5**	4 19 36·6498	36·0748	+0·5750	**4560·0**	26 19 37 10·5451
27	**7857·5**	4 23 33·2069	32·6302	·5767	**4561·0**	27 19 33 14·6357
28	**7858·5**	4 27 29·7667	29·1856	·5811	**4562·0**	28 19 29 18·7262
29	**7859·5**	4 31 26·3287	25·7409	·5878	**4563·0**	29 19 25 22·8167
30	**7860·5**	4 35 22·8923	22·2963	·5960	**4564·0**	30 19 21 26·9073
Dec. 1	**7861·5**	4 39 19·4565	18·8517	+0·6048	**4565·0**	Dec. 1 19 17 30·9978
2	**7862·5**	4 43 16·0199	15·4070	·6129	**4566·0**	2 19 13 35·0883
3	**7863·5**	4 47 12·5817	11·9624	·6193	**4567·0**	3 19 09 39·1789
4	**7864·5**	4 51 09·1407	08·5178	·6230	**4568·0**	4 19 05 43·2694
5	**7865·5**	4 55 05·6968	05·0731	·6237	**4569·0**	5 19 01 47·3599
6	**7866·5**	4 59 02·2502	01·6285	+0·6217	**4570·0**	6 18 57 51·4505
7	**7867·5**	5 02 58·8018	58·1839	·6179	**4571·0**	7 18 53 55·5410
8	**7868·5**	5 06 55·3534	54·7392	·6142	**4572·0**	8 18 49 59·6315
9	**7869·5**	5 10 51·9071	51·2946	·6125	**4573·0**	9 18 46 03·7220
10	**7870·5**	5 14 48·4644	47·8500	·6144	**4574·0**	10 18 42 07·8126
11	**7871·5**	5 18 45·0263	44·4053	+0·6209	**4575·0**	11 18 38 11·9031
12	**7872·5**	5 22 41·5922	40·9607	·6315	**4576·0**	12 18 34 15·9936
13	**7873·5**	5 26 38·1605	37·5161	·6444	**4577·0**	13 18 30 20·0842
14	**7874·5**	5 30 34·7288	34·0714	·6573	**4578·0**	14 18 26 24·1747
15	**7875·5**	5 34 31·2948	30·6268	·6680	**4579·0**	15 18 22 28·2652
16	**7876·5**	5 38 27·8573	27·1822	+0·6751	**4580·0**	16 18 18 32·3558
17	**7877·5**	5 42 24·4160	23·7375	·6784	**4581·0**	17 18 14 36·4463
18	**7878·5**	5 46 20·9714	20·2929	·6785	**4582·0**	18 18 10 40·5368
19	**7879·5**	5 50 17·5245	16·8483	·6762	**4583·0**	19 18 06 44·6274
20	**7880·5**	5 54 14·0766	13·4036	·6729	**4584·0**	20 18 02 48·7179
21	**7881·5**	5 58 10·6287	09·9590	+0·6697	**4585·0**	21 17 58 52·8084
22	**7882·5**	6 02 07·1820	06·5144	·6676	**4586·0**	22 17 54 56·8990
23	**7883·5**	6 06 03·7371	03·0697	·6674	**4587·0**	23 17 51 00·9895
24	**7884·5**	6 09 60·2947	59·6251	·6696	**4588·0**	24 17 47 05·0800
25	**7885·5**	6 13 56·8548	56·1805	·6744	**4589·0**	25 17 43 09·1705
26	**7886·5**	6 17 53·4174	52·7358	+0·6815	**4590·0**	26 17 39 13·2611
27	**7887·5**	6 21 49·9817	49·2912	·6904	**4591·0**	27 17 35 17·3516
28	**7888·5**	6 25 46·5468	45·8466	·7002	**4592·0**	28 17 31 21·4421
29	**7889·5**	6 29 43·1115	42·4020	·7095	**4593·0**	29 17 27 25·5327
30	**7890·5**	6 33 39·6745	38·9573	·7171	**4594·0**	30 17 23 29·6232
31	**7891·5**	6 37 36·2348	35·5127	+0·7221	**4595·0**	31 17 19 33·7137
32	**7892·5**	6 41 32·7920	32·0681	+0·7239	**4596·0**	32 17 15 37·8043

Purpose and arrangement

The formulae, tables and ephemerides in the remainder of this section are mainly intended to provide for the reduction of celestial coordinates (especially of right ascension and declination) from one reference system to another (especially for stars from catalogue (barycentric) place to apparent (geocentric) place) but some of the data may be used for other purposes. Formulae and numerical values are given on pages B16–B21 for the separate steps in such reductions (i.e. for proper motion, aberration, light-deflection, parallax, precession and nutation). Formulae, examples and ephemerides are given for approximate reductions using the day-number technique on pages B22–B35 and for full-precision reductions using vectors and the rotation-matrix technique on pages B36–B59. Finally, formulae and numerical values are given for the reduction from geocentric to topocentric place on pages B60 and B61. Background information is given in the Glossary and the Explanation.

Notation and units

t an epoch expressed in terms of the Julian year (see page B4); the difference between two epochs represents a time-interval expressed in Julian years; subscripts zero and one are used to indicate the epoch of a catalogue place, usually the standard epoch of J2000·0, and the epoch of the middle of a Julian year (here shortened to "epoch of year"), respectively.

τ fraction of year measured from the epoch of year; $\tau = t - t_1$

T an interval of time expressed in Julian centuries of 36 525 days; usually measured from J2000·0, i.e. from JD 245 1545·0.

α, δ, π right ascension, declination and annual parallax; in the formulae for computation, right ascension and related quantities are expressed in time-measure ($1^h = 15°$, etc.), while declination and related quantities, including annual parallax, are expressed in sexagesimal angular measure, unless the contrary is indicated.

μ_α, μ_δ components of *centennial* proper motion in right ascension and declination.

λ, β ecliptic longitude and latitude.

Ω, i, ω orbital elements referred to the ecliptic; longitude of ascending node, inclination, argument of perihelion.

X, Y, Z rectangular coordinates of the Earth with respect to the barycentre of the solar system, referred to the mean equinox and equator of J2000·0, and expressed in astronomical units (au).

$\dot{X}, \dot{Y}, \dot{Z}$ first derivatives of X, Y, Z with respect to time expressed in days.

Approximate reduction for proper motion

In its simplest form the reduction for the proper motion is given by:
$$\alpha = \alpha_0 + (t - t_0)\,\mu_\alpha/100 \qquad \delta = \delta_0 + (t - t_0)\,\mu_\delta/100$$
In some cases it is necessary to allow also for second-order terms, radial velocity and orbital motion, but appropriate formulae are usually given in the catalogue.

Approximate reduction for annual parallax

The reduction for annual parallax from the catalogue place (α_0, δ_0) to the geocentric place (α, δ) is given by:
$$\alpha = \alpha_0 + (\pi/15 \cos \delta_0)\,(X \sin \alpha_0 - Y \cos \alpha_0)$$
$$\delta = \delta_0 + \pi(X \cos \alpha_0 \sin \delta_0 + Y \sin \alpha_0 \sin \delta_0 - Z \cos \delta_0)$$
where X, Y, Z are the coordinates of the Earth tabulated on pages B44 onwards. Expressions for X, Y, Z may be obtained from page C24, since $X = -x$, $Y = -y$, $Z = -z$. The correction may be applied with the correction for annual aberration using the C and D day numbers, (see page B22).

The times of reception of periodic phenomena, such as pulsar signals, may be reduced to a common origin at the barycentre by adding the light-time corresponding to the component of the Earth's position vector along the direction to the object; that is by adding to the observed times $(X \cos \alpha \cos \delta + Y \sin \alpha \cos \delta + Z \sin \delta)/c$, where the velocity of light, $c = 173·14$ au/d, and the light time for 1 au, $1/c = 0^d·005\ 7755$.

Approximate reduction for annual aberration

The reduction for annual aberration from a geometric geocentric place (α_0, δ_0) to an apparent geocentric place (α, δ) is given by:

$$\alpha = \alpha_0 + (-\dot{X} \sin \alpha_0 + \dot{Y} \cos \alpha_0)/(c \cos \delta_0)$$

$$\delta = \delta_0 + (-\dot{X} \cos \alpha_0 \sin \delta_0 - \dot{Y} \sin \alpha_0 \sin \delta_0 + \dot{Z} \cos \delta_0)/c$$

where $c = 173 \cdot 14$ au/d, and $\dot{X}$, $\dot{Y}$, $\dot{Z}$ are the velocity components of the Earth given on pages B44 onwards. Alternatively, but to lower precision, it is possible to use the expressions

$$\dot{X} = +0 \cdot 0172 \sin \lambda \qquad \dot{Y} = -0 \cdot 0158 \cos \lambda \qquad \dot{Z} = -0 \cdot 0068 \cos \lambda$$

where the apparent longitude of the Sun λ is given by the expression on page C24. The reduction may also be carried out by using the day-number technique (see page B22) or the rotation-matrix technique (see page B39) when full precision is required.

Measurements of radial velocity may be reduced to a common origin at the barycentre by adding the component of the Earth's velocity in the direction of the object; that is by adding

$$\dot{X} \cos \alpha_0 \cos \delta_0 + \dot{Y} \sin \alpha_0 \cos \delta_0 + \dot{Z} \sin \delta_0$$

Classical reduction for planetary aberration

In the case of a body in the solar system the apparent direction at the instant of observation (t) differs from the geometric direction at that instant because of (a) the motion of the body during the light-time and (b) the relative motion of the Earth and the light. The reduction may be carried out in two stages: (i) by combining the barycentric position of the body at time $t - \Delta t$, where Δt is the light-time, with the barycentric position of the Earth at time t, and then (ii) by applying the correction for annual aberration as described above. Alternatively it is possible to interpolate the geometric (geocentric) ephemeris of the body to the time $t - \Delta t$; it is usually sufficient to subtract the product of the light-time and the first derivative of the coordinate. The light-time Δt in days is given by the distance in au between the body and the Earth, multiplied by $0 \cdot 005\ 7755$; strictly, the light-time corresponds to the distance from the position of the Earth at time t to the position of the body at time $t - \Delta t$, but it is usually sufficient to use the geocentric distance at time t.

Approximate reduction for light-deflection

The apparent direction of a star or of a body in the solar system may be significantly affected by the deflection of light in the gravitational field of the Sun. The elongation (E) from the centre of the Sun is increased by an amount (ΔE) that, for a star, depends on the elongation in the following manner:

$$\Delta E = 0'' \cdot 00407/\tan (E/2)$$

E	$0° \cdot 25$	$0° \cdot 5$	$1°$	$2°$	$5°$	$10°$	$20°$	$50°$	$90°$
ΔE	$1'' \cdot 866$	$0'' \cdot 933$	$0'' \cdot 466$	$0'' \cdot 233$	$0'' \cdot 093$	$0'' \cdot 047$	$0'' \cdot 023$	$0'' \cdot 009$	$0'' \cdot 004$

The body disappears behind the Sun when E is less than the limiting grazing value of about $0° \cdot 25$. The effects in right ascension and declination may be calculated approximately from:

$$\cos E = \sin \delta \sin \delta_0 + \cos \delta \cos \delta_0 \cos (\alpha - \alpha_0)$$

$$\Delta \alpha = 0^s \cdot 000\ 271 \cos \delta_0 \sin (\alpha - \alpha_0)/(1 - \cos E) \cos \delta$$

$$\Delta \delta = 0'' \cdot 004\ 07 \left[\sin \delta \cos \delta_0 \cos (\alpha - \alpha_0) - \cos \delta \sin \delta_0\right]/(1 - \cos E)$$

where α, δ refer to the star, and α_0, δ_0 to the Sun. See also page B39.

Reduction for precession—rigorous formulae

Rigorous formulae for the reduction of mean equatorial positions from an initial epoch t_0 to epoch of date t, and vice versa, are as follows:

For right ascension and declination:

$$\sin(\alpha - z_A)\cos\delta = \sin(\alpha_0 + \zeta_A)\cos\delta_0$$
$$\cos(\alpha - z_A)\cos\delta = \cos(\alpha_0 + \zeta_A)\cos\theta_A\cos\delta_0 - \sin\theta_A\sin\delta_0$$
$$\sin\delta = \cos(\alpha_0 + \zeta_A)\sin\theta_A\cos\delta_0 + \cos\theta_A\sin\delta_0$$

$$\sin(\alpha_0 + \zeta_A)\cos\delta_0 = \sin(\alpha - z_A)\cos\delta$$
$$\cos(\alpha_0 + \zeta_A)\cos\delta_0 = \cos(\alpha - z_A)\cos\theta_A\cos\delta + \sin\theta_A\sin\delta$$
$$\sin\delta_0 = -\cos(\alpha - z_A)\sin\theta_A\cos\delta + \cos\theta_A\sin\delta$$

where ζ_A, z_A, θ_A are angles that serve to specify the position of the mean equinox and equator of date with respect to the mean equinox and equator of the initial epoch.

For reduction with respect to the standard epoch $t_0 = \text{J}2000\cdot0$

$$\zeta_A = 0°\cdot640\,6161\ T + 0°\cdot000\,0839\ T^2 + 0°\cdot000\,0050\ T^3$$
$$z_A = 0°\cdot640\,6161\ T + 0°\cdot000\,3041\ T^2 + 0°\cdot000\,0051\ T^3$$
$$\theta_A = 0°\cdot556\,7530\ T - 0°\cdot000\,1185\ T^2 - 0°\cdot000\,0116\ T^3$$

where $T = (t - 2000\cdot0)/100 = (\text{JD} - 245\,1545\cdot0)/36\,525$

For equatorial rectangular coordinates (or direction cosines):

$$\mathbf{r} = \mathbf{P}\,\mathbf{r}_0 \qquad \mathbf{r}_0 = \mathbf{P}^{-1}\mathbf{r} = \mathbf{P}'\mathbf{r} \qquad \text{where } \mathbf{r} \text{ is the position vector } (x, y, z).$$

The inverse of the rotation matrix $\mathbf{P}$ is equal to its transpose, i.e. $\mathbf{P}^{-1} = \mathbf{P}'$. The elements of $\mathbf{P}$ may be expressed in terms of ζ_A, z_A, θ_A as follows:

$\cos\zeta_A\cos\theta_A\cos z_A - \sin\zeta_A\sin z_A$	$-\sin\zeta_A\cos\theta_A\cos z_A - \cos\zeta_A\sin z_A$	$-\sin\theta_A\cos z_A$
$\cos\zeta_A\cos\theta_A\sin z_A + \sin\zeta_A\cos z_A$	$-\sin\zeta_A\cos\theta_A\sin z_A + \cos\zeta_A\cos z_A$	$-\sin\theta_A\sin z_A$
$\cos\zeta_A\sin\theta_A$	$-\sin\zeta_A\sin\theta_A$	$\cos\theta_A$

Values of the angles ζ_A, z_A, θ_A and of the elements of $\mathbf{P}$ for reduction from the standard epoch J2000·0 to epoch of year are as follows:

Epoch J1989·5	Rotation matrix $\mathbf{P}$ for reduction to epoch J1989·5		
$\zeta_A = -242''\cdot15 = -0°\cdot067\,264$	$+0\cdot999\,996\,72$	$+0\cdot002\,347\,90$	$+0\cdot001\,020\,32$
$z_A = -242''\cdot14 = -0°\cdot067\,261$	$-0\cdot002\,347\,90$	$+0\cdot999\,997\,24$	$-0\cdot000\,001\,20$
$\theta_A = -210''\cdot46 = -0°\cdot058\,460$	$-0\cdot001\,020\,32$	$-0\cdot000\,001\,20$	$+0\cdot999\,999\,48$

The obliquity of the ecliptic of date (with respect to the mean equator of date) is given by:

$$\varepsilon = 23°\,26'\,21''\cdot45 - 46''\cdot815\ T - 0''\cdot0006\ T^2 + 0''\cdot001\,81\ T^3$$
$$\varepsilon = 23°\cdot439\,291 - 0°\cdot013\,0042\ T - 0°\cdot000\,000\,16\ T^2 + 0°\cdot000\,000\,504\ T^3$$

The precessional motion of the ecliptic is specified by the inclination (π_A) and longitude of the node (Π_A) of the ecliptic of date with respect to the ecliptic and equinox of J2000·0; they are given by:

$$\pi_A\sin\Pi_A = +\ 4''\cdot198\ T + 0''\cdot1945\ T^2 - 0''\cdot000\,18\ T^3$$
$$\pi_A\cos\Pi_A = -46''\cdot815\ T + 0''\cdot0506\ T^2 + 0''\cdot000\,34\ T^3$$

For epoch J1989·5

$$\varepsilon = 23°26'26''\cdot36 = 23°\cdot440\,657$$
$$\pi_A = \qquad -4''\cdot936 = -0°\cdot001\,3710$$
$$\Pi_A = \qquad 174°54'\cdot1 = 174°\cdot902$$

Reduction for precession—approximate formulae

Approximate formulae for the reduction of coordinates and orbital elements referred to the mean equinox and equator or ecliptic of date (t) are as follows:

For reduction to J2000·0

$$\alpha_0 = \alpha - M - N \sin \alpha_m \tan \delta_m$$
$$\delta_0 = \delta - N \cos \alpha_m$$
$$\lambda_0 = \lambda - a + b \cos (\lambda + c') \tan \beta_0$$
$$\beta_0 = \beta - b \sin (\lambda + c')$$
$$\Omega_0 = \Omega - a + b \sin (\Omega + c') \cot i_0$$
$$i_0 = i - b \cos (\Omega + c')$$
$$\omega_0 = \omega - b \sin (\Omega + c') \operatorname{cosec} i_0$$

For reduction from J2000·0

$$\alpha = \alpha_0 + M + N \sin \alpha_m \tan \delta_m$$
$$\delta = \delta_0 + N \cos \alpha_m$$
$$\lambda = \lambda_0 + a - b \cos (\lambda_0 + c) \tan \beta$$
$$\beta = \beta_0 + b \sin (\lambda_0 + c)$$
$$\Omega = \Omega_0 + a - b \sin (\Omega_0 + c) \cot i$$
$$i = i_0 + b \cos (\Omega_0 + c)$$
$$\omega = \omega_0 + b \sin (\Omega_0 + c) \operatorname{cosec} i$$

where the subscript zero refers to epoch J2000·0 and α_m, δ_m refer to the mean epoch; with sufficient accuracy:

$$\alpha_m = \alpha - \tfrac{1}{2}(M + N \sin \alpha \tan \delta)$$
$$\delta_m = \delta - \tfrac{1}{2}N \cos \alpha_m$$

or

$$\alpha_m = \alpha_0 + \tfrac{1}{2}(M + N \sin \alpha_0 \tan \delta_0)$$
$$\delta_m = \delta_0 + \tfrac{1}{2}N \cos \alpha_m$$

The precessional constants M, N, etc., are given by:

$$M = 1°\!\cdot\!281\,2323\,T + 0°\!\cdot\!000\,3879\,T^2 + 0°\!\cdot\!000\,0101\,T^3$$
$$N = 0°\!\cdot\!556\,7530\,T - 0°\!\cdot\!000\,1185\,T^2 - 0°\!\cdot\!000\,0116\,T^3$$
$$a = 1°\!\cdot\!396\,971\,T + 0°\!\cdot\!000\,3086\,T^2$$
$$b = 0°\!\cdot\!013\,056\,T - 0°\!\cdot\!000\,0092\,T^2$$
$$c = 5°\!\cdot\!123\,62 + 0°\!\cdot\!241\,614\,T + 0°\!\cdot\!000\,1122\,T^2$$
$$c' = 5°\!\cdot\!123\,62 - 1°\!\cdot\!155\,358\,T - 0°\!\cdot\!000\,1964\,T^2$$

where $T = (t - 2000·0)/100 = (\text{JD} - 245\,1545·0)/36\,525$

Formulae for the reduction from the mean equinox and equator or ecliptic of the middle of year (t_1) to date (t) are as follows:

$$\alpha = \alpha_1 + \tau\,(m + n \sin \alpha_1 \tan \delta_1)$$
$$\lambda = \lambda_1 + \tau\,(p - \pi \cos (\lambda_1 + 6°) \tan \beta)$$
$$\Omega = \Omega_1 + \tau\,(p - \pi \sin (\Omega_1 + 6°) \cot i)$$
$$\omega = \omega_1 + \tau\,\pi \sin (\Omega_1 + 6°) \operatorname{cosec} i$$

$$\delta = \delta_1 + \tau\,n \cos \alpha_1$$
$$\beta = \beta_1 + \tau\,\pi \sin (\lambda_1 + 6°)$$
$$i = i_1 + \tau\,\pi \cos (\Omega_1 + 6°)$$

where $\tau = t - t_1$ and π is the annual rate of rotation of the ecliptic. The precessional constants p, m, etc. are as follows:

Epoch J1989·5

Annual general precession	$p =$	$+0°\!\cdot\!013\,9691$
Annual precession in R.A.	$m =$	$+0°\!\cdot\!012\,8115$
Annual precession in Dec.	$n =$	$+0°\!\cdot\!005\,5678$
Annual rate of rotation	$\pi =$	$+0°\!\cdot\!000\,1306$
Longitude of axis	$\Pi =$	$+174°\!\cdot\!7804$

$$\gamma = 180° - \Pi = +5°\!\cdot\!2196$$

where Π is the longitude of the instantaneous rotation axis of the ecliptic, measured from the mean equinox of date.

Approximate reduction for nutation

To first order, the contributions of the nutations in longitude $(\Delta\psi)$ and in obliquity $(\Delta\varepsilon)$ to the reduction from mean place to true place are given by:

$$\Delta\alpha = (\cos\varepsilon + \sin\varepsilon \sin\alpha \tan\delta)\,\Delta\psi - \cos\alpha \tan\delta\,\Delta\varepsilon \qquad \Delta\lambda = \Delta\psi$$
$$\Delta\delta = \sin\varepsilon \cos\alpha\,\Delta\psi + \sin\alpha\,\Delta\varepsilon \qquad\qquad\qquad \Delta\beta = 0$$

Daily values of $\Delta\psi$ and $\Delta\varepsilon$ during 1989 are tabulated on pages B24–B31. The following formulae may be used to compute $\Delta\psi$ and $\Delta\varepsilon$ to a precision of about $0°\cdot0002$ $(1'')$ during 1989.

$$\Delta\psi = -0°\cdot0048 \sin(337°\cdot8 - 0\cdot053\,d) \qquad \Delta\varepsilon = +0°\cdot0026 \cos(337°\cdot8 - 0\cdot053\,d)$$
$$\quad -0°\cdot0004 \sin(199°\cdot3 + 1\cdot971\,d) \qquad\qquad +0°\cdot0002 \cos(199°\cdot3 + 1\cdot971\,d)$$

where $d = \mathrm{JD} - 244\,7526\cdot5$; for this precision

$$\varepsilon = 23°\cdot44 \qquad \cos\varepsilon = 0\cdot917 \qquad \sin\varepsilon = 0\cdot398$$

The corrections to be added to the mean rectangular coordinates (x, y, z) to produce the true rectangular coordinates are given by:

$$\Delta x = -(y\cos\varepsilon + z\sin\varepsilon)\,\Delta\psi \qquad \Delta y = +x\cos\varepsilon\,\Delta\psi - z\,\Delta\varepsilon \qquad \Delta z = +x\sin\varepsilon\,\Delta\psi + y\,\Delta\varepsilon$$

where $\Delta\psi$ and $\Delta\varepsilon$ are expressed in radians.

The elements of the corresponding rotation matrix are:

$$\begin{array}{ccc} 1 & -\Delta\psi \cos\varepsilon & -\Delta\psi \sin\varepsilon \\ +\Delta\psi \cos\varepsilon & 1 & -\Delta\varepsilon \\ +\Delta\psi \sin\varepsilon & +\Delta\varepsilon & 1 \end{array}$$

The full series for nutation in $\Delta\psi$ and $\Delta\varepsilon$ are given in *The Astronomical Almanac 1984* on pages S23–S26.

Approximate reduction for precession and nutation

The following formulae and table may be used for the approximate reduction from the standard equinox and equator of J2000·0 to the true equinox and equator of date during 1989:

$$\alpha = \alpha_0 + f + g\sin(G + \alpha_0)\tan\delta_0$$
$$\delta = \delta_0 + g\cos(G + \alpha_0)$$

where the units of the correction to α_0 and δ_0 are seconds of time and minutes of arc, respectively.

Date 1989	f	g	g	G	Date 1989	f	g	g	G
	s	s	′	h m		s	s	′	h m
Jan. −6*	− 33·5	14·6	3·64	12 08	July 3	− 31·7	13·8	3·45	12 08
4	33·4	14·5	3·63	12 08	13*	31·6	13·7	3·44	12 08
14	33·3	14·5	3·62	12 08	23	31·5	13·7	3·42	12 08
24	33·1	14·4	3·60	12 08	Aug. 2	31·4	13·6	3·41	12 08
Feb. 3*	33·0	14·4	3·59	12 08	12	31·3	13·6	3·40	12 08
13	− 33·0	14·3	3·58	12 09	22*	− 31·2	13·6	3·40	12 09
23	32·9	14·3	3·57	12 09	Sept. 1	31·1	13·5	3·38	12 09
Mar. 5	32·8	14·3	3·56	12 09	11	31·1	13·5	3·38	12 09
15*†	32·7	14·2	3·56	12 09	21	31·0	13·5	3·37	12 09
25	32·7	14·2	3·55	12 09	Oct. 1*	30·9	13·5	3·36	12 09
Apr. 4	− 32·6	14·2	3·54	12 09	11	− 30·9	13·4	3·36	12 09
14	32·5	14·1	3·53	12 09	21	30·8	13·4	3·35	12 08
24*	32·5	14·1	3·53	12 09	31	30·7	13·4	3·34	12 08
May 4	32·4	14·1	3·52	12 09	Nov. 10*	30·6	13·3	3·33	12 08
14	32·3	14·0	3·51	12 08	20	30·5	13·3	3·32	12 08
24	− 32·2	14·0	3·50	12 08	30	− 30·4	13·2	3·31	12 07
June 3*	32·1	13·9	3·49	12 08	Dec. 10	30·3	13·2	3·30	12 07
13	31·9	13·9	3·47	12 08	20*	30·2	13·1	3·28	12 07
23	31·8	13·8	3·46	12 08	30	30·0	13·1	3·27	12 07
July 3	31·7	13·8	3·45	12 08	40	29·9	13·0	3·25	12 07

* 40-day date   † 400-day date for osculation epoch

Differential precession and nutation

The corrections for differential precession and nutation are given below. These are to be added to the observed differences of the right ascension and declination, $\Delta\alpha$ and $\Delta\delta$, of an object relative to a comparison star to obtain the differences in the mean place for a standard epoch (e.g. J2000·0 or the beginning of the year). The differences $\Delta\alpha$ and $\Delta\delta$ are measured in the sense "object − comparison star", and the corrections are in the same units as $\Delta\alpha$ and $\Delta\delta$. In the correction to right ascension the same units must be used for $\Delta\alpha$ and $\Delta\delta$.

> correction to right ascension $e \tan\delta \, \Delta\alpha - f \sec^2\delta \, \Delta\delta$
> correction to declination $f \, \Delta\alpha$

where $e = -\cos\alpha \, (nt + \sin\varepsilon \, \Delta\psi) - \sin\alpha \, \Delta\varepsilon$
       $f = +\sin\alpha \, (nt + \sin\varepsilon \, \Delta\psi) - \cos\alpha \, \Delta\varepsilon$
and $\varepsilon = 23°\!\cdot\!44, \qquad \sin\varepsilon = 0\!\cdot\!3978$
       $n = 0\!\cdot\!000\,0972$ radians for epoch J1989·5
       t is the time in years *from* the standard epoch *to* the time of observation.
       $\Delta\psi$, $\Delta\varepsilon$ are nutations in longitude and obliquity at the time of observation, *expressed in radians*. $(1'' = 0\!\cdot\!000\,004\,8481$ rad).

The errors in arc units caused by using these formulae are of order $10^{-8} \, t^2 \sec^2\delta$ multiplied by the displacement in arc from the comparison star.

Differential aberration

The corrections for differential annual aberration to be added to the observed differences (in the sense moving object minus star) of right ascension and declination to give the true differences are:

in right ascension $a \, \Delta\alpha + b \, \Delta\delta$ in units of $0^s\!\cdot\!001$
in declination $c \, \Delta\alpha + d \, \Delta\delta$ in units of $0''\!\cdot\!01$

where $\Delta\alpha$, $\Delta\delta$ are the observed differences in units of 1^m and $1'$ respectively, and where a, b, c, d are coefficients defined by:

$a = -5\!\cdot\!701 \cos(H + \alpha) \sec\delta$ $b = -0\!\cdot\!380 \sin(H + \alpha) \sec\delta \tan\delta$
$c = +8\!\cdot\!552 \sin(H + \alpha) \sin\delta$ $d = -0\!\cdot\!570 \cos(H + \alpha) \cos\delta$
$H^h = 23\!\cdot\!4 - (\text{day of year} / 15\!\cdot\!2)$

The day of year is tabulated on pages B2–B3.

Astrometric positions

An astrometric position of a body in the solar system is formed by applying the correction for the barycentric motion of the body during the light-time to the geometric geocentric position referred to the equator and equinox of the standard epoch of J2000·0. Such a position is then directly comparable with the astrometric positions of stars formed by applying the corrections for proper motion and annual parallax to the catalogue positions for the standard epoch of J2000·0. The deflection of light has been ignored.

Formulae using day numbers

For stars and other objects outside the solar system the usual procedure for the computation of apparent positions from catalogue data is as follows, but the techniques described on pages B39–B41 should be used if full precision is required.

From	To	Step	Correction
Catalogue epoch	current epoch	i	proper motion
catalogue equinox	mean equinox of year	ii	precession
mean equinox of year	mean equinox of date	iii	precession
mean equinox of date	true equinox of date	iv	nutation
true (heliocentric) position	apparent (geocentric) position $\begin{cases} v \\ vi \end{cases}$		aberration (annual) / parallax (annual)

Star catalogues usually provide coefficients for steps i and ii for the reduction from catalogue position (α_0, δ_0) to the position for the mean equinox of another epoch. Besselian day numbers (A to E), which provide for steps iii to v for the reductions from the position (α_1, δ_1) for the mean equinox of the middle of the year to the apparent geocentric position (α, δ), are given on pages B24–B31; for high declinations, the second-order day numbers (J, J') given on pages B32–B35 may be required. The formulae to be used are:

$$\alpha = \alpha_1 + Aa + Bb + Cc + Dd + E + J \tan^2 \delta_1$$
$$\delta = \delta_1 + Aa' + Bb' + Cc' + Dd' + J' \tan \delta_1$$

where the Besselian star constants are given by:

$$a = (m/n) + \sin \alpha_1 \tan \delta_1 \qquad a' = \cos \alpha_1$$
$$b = \cos \alpha_1 \tan \delta_1 \qquad b' = -\sin \alpha_1$$
$$c = \cos \alpha_1 \sec \delta_1 \qquad c' = \tan \varepsilon \cos \delta_1 - \sin \alpha_1 \sin \delta_1$$
$$d = \sin \alpha_1 \sec \delta_1 \qquad d' = \cos \alpha_1 \sin \delta_1$$

where α and δ are in arc units. For 1989·5, $m/n = 2\cdot301\,01$ and $\tan \varepsilon = 0\cdot433\,58$.

The additional corrections for the proper motion (centennial components μ_α, μ_δ) during the fraction of year (τ) and for annual parallax (π) are given by:

$$\Delta\alpha = \tau\mu_\alpha/100 + \pi(dX - cY) \qquad \Delta\delta = \tau\mu_\delta/100 + \pi(d'X - c'Y)$$

where X, Y are the coordinates of the Earth with respect to the solar-system barycentre given on pages B44–B59. Strictly, this parallax correction should be computed using the coordinates of the Earth referred to the mean equinox of the middle of the year, or using star constants computed for the standard epoch of J2000·0.

The corrections for annual parallax may be included with the corrections for annual aberration by substituting $C - \pi Y$ for C and $D + \pi X$ for D in the formulae given above. Alternatively if the annual parallax is small enough it is possible to make the substitutions

$$c + 0\cdot0532\,d\pi \text{ for } c \qquad\qquad d - 0\cdot0448\,c\pi \text{ for } d$$
$$c' + 0\cdot0532\,d'\pi \text{ for } c' \qquad\qquad d' - 0\cdot0448\,c'\pi \text{ for } d'$$

The error in this approximate method is negligible if the parallax of the star is less than about $0''\cdot2$.

A further correction to allow for the deflection of the light in the gravitational field of the Sun may also be required—appropriate formulae are given on page B17.

The day-number technique may also be used for objects within the solar system but steps i and vi are omitted and step v is replaced by forming the geocentric position by combining the barycentric position of the body at time $t - \Delta t$, where Δt is the light-time, with the barycentric position of the Earth at time t.

Example of day-number technique

To calculate the apparent place of a star at 0^h TDT at Greenwich on 1989 January 1 from the mean place for J1989·5 using day numbers.

Step 1. From a fundamental star catalogue, such as the FK5, calculate for epoch and equinox J1989·5 the mean right ascension and declination (α_1, δ_1), the centennial proper motion (μ_α, μ_δ) and the parallax (π).

Assume the following fictitious values for the calculation:

$$\alpha_1 = 14^h\ 38^m\ 52^s{\cdot}910 \qquad\qquad \delta_1 = -60°\ 47'\ 32''{\cdot}80 \qquad\qquad \pi = 0''{\cdot}752$$
$$\mu_\alpha = -49^s{\cdot}393 \text{ per century} \qquad \mu_\delta = +69''{\cdot}94 \text{ per century}$$

Step 2. Form the star constants as follows:

$$
\begin{aligned}
a &= \tfrac{1}{15}\left((m/n) + \sin\alpha_1 \tan\delta_1\right) & a' &= \cos\alpha_1 = -0{\cdot}769\ 17\\
&= +0{\cdot}229\ 61 \\
b &= \tfrac{1}{15}\cos\alpha_1 \tan\delta_1 = +0{\cdot}091\ 72 & b' &= -\sin\alpha_1 = +0{\cdot}639\ 04\\
c &= \tfrac{1}{15}\cos\alpha_1 \sec\delta_1 = -0{\cdot}105\ 08 & c' &= \tan\varepsilon\cos\delta_1 - \sin\alpha_1 \sin\delta_1\\
& & &= -0{\cdot}346\ 22\\
d &= \tfrac{1}{15}\sin\alpha_1 \sec\delta_1 = -0{\cdot}087\ 31 & d' &= \cos\alpha_1 \sin\delta_1 = +0{\cdot}671\ 38
\end{aligned}
$$

Step 3. Extract the day numbers for pages B24, B34 and B35. In general, linear interpolation is required and second differences may be significant for A and B. The values for 1989 January 1 at 0^h TDT are:

$$
\begin{aligned}
A &= -7''{\cdot}372 & C &= -3''{\cdot}513 & E &= +0^s{\cdot}0009 & J &= +0^s{\cdot}000\ 13\\
B &= -7''{\cdot}998 & D &= +20''{\cdot}480 & \tau &= -0{\cdot}4993 & J' &= -0''{\cdot}0011
\end{aligned}
$$

Step 4. Extract the values of the Earth's rectangular coordinates from page B44 (the values for J2000·0 are of sufficient accuracy for computing the parallax correction). The values are:

$$X = -0{\cdot}185 \qquad\qquad Y = +0{\cdot}887$$

Step 5. Calculate the corrections for light-deflection, $\Delta\alpha$ and $\Delta\delta$.

For the Sun for 1989 January 1 at 0^h TDT, $\alpha_0 = 18^h\ 45^m{\cdot}9$, $\delta_0 = -23°\ 01'$. Using the formulae on page B17, cos (elongation) $= +0{\cdot}5539$ and the corrections for light-deflection are $\Delta\alpha = -0^s{\cdot}001$ and $\Delta\delta = 0''{\cdot}00$.

Step 6. Compute the apparent position as follows:

Mean position 1989·5, $\alpha_1 =$	$14^h\ 38^m\ 52^s{\cdot}910$	$\delta_1 = -60°\ 47'\ 32''{\cdot}80$	
$Aa + Bb + Cc + Dd + E$	$= -3^s{\cdot}844$	$Aa' + Bb' + Cc' + Dd'$	$= +15''{\cdot}52$
$J \tan^2 \delta_1$	$= 0^s{\cdot}000$	$J' \tan\delta_1$	$= 0''{\cdot}00$
$\tau\mu_\alpha/100$	$= +0^s{\cdot}247$	$\tau\mu_\delta/100$	$= -0''{\cdot}35$
$\pi(dX - cY)$	$= +0^s{\cdot}082$	$\pi(d'X - c'Y)$	$= +0''{\cdot}14$
$\Delta\alpha$	$= -0^s{\cdot}001$	$\Delta\delta$	$= 0''{\cdot}00$

Apparent position $\alpha = 14^h\ 38^m\ 49^s{\cdot}394$ $\delta = -60°\ 47'\ 17''{\cdot}49$

FOR 0^h DYNAMICAL TIME

Date 0^h TDT	Nutation in Long.	Nutation in Obl.	Obl. of Ecliptic 23° 26′	A	B	C	D	E (0˙0001)	Fraction of Year τ
					Besselian Day Numbers for Mean Equinox J1989·5				
	″	″	″	″	″	″	″		
Jan. 0	+ 6·672	+ 8·018	34·616	− 7·409	− 8·018	− 3·183	+ 20·541	+ 10	− 0·5021
1	6·628	7·998	34·596	7·372	7·998	3·513	20·480	9	·4993
2	6·612	7·965	34·561	7·323	7·965	3·842	20·411	9	·4966
3	6·638	7·923	34·518	7·258	7·923	4·170	20·336	9	·4938
4	6·714	7·881	34·474	7·173	7·881	4·497	20·255	10	·4911
5	+ 6·841	+ 7·847	34·439	− 7·067	− 7·847	− 4·822	+ 20·167	+ 10	− 0·4884
6	7·009	7·831	34·422	6·946	7·831	5·147	20·072	10	·4856
7	7·199	7·841	34·430	6·815	7·841	5·470	19·970	10	·4829
8	7·380	7·878	34·466	6·688	7·878	5·791	19·862	11	·4802
9	7·521	7·937	34·524	6·577	7·937	6·111	19·747	11	·4774
10	+ 7·601	+ 8·007	34·593	− 6·491	− 8·007	− 6·428	+ 19·626	+ 11	− 0·4747
11	7·612	8·072	34·657	6·432	8·072	6·743	19·498	11	·4719
12	7·568	8·118	34·701	6·394	8·118	7·055	19·364	11	·4692
13	7·497	8·135	34·717	6·367	8·135	7·364	19·223	11	·4665
14	7·435	8·123	34·704	6·337	8·123	7·671	19·077	11	·4637
15	+ 7·408	+ 8·089	34·669	− 6·293	− 8·089	− 7·975	+ 18·925	+ 11	− 0·4610
16	7·436	8·045	34·623	6·227	8·045	8·276	18·768	11	·4582
17	7·521	8·003	34·580	6·138	8·003	8·574	18·605	11	·4555
18	7·652	7·976	34·552	6·031	7·976	8·869	18·436	11	·4528
19	7·808	7·972	34·546	5·914	7·972	9·162	18·263	11	·4500
20	+ 7·964	+ 7·992	34·565	− 5·797	− 7·992	− 9·451	+ 18·084	+ 11	− 0·4473
21	8·097	8·034	34·606	5·690	8·034	9·737	17·900	12	·4446
22	8·189	8·091	34·662	5·598	8·091	10·021	17·711	12	·4418
23	8·231	8·155	34·724	5·527	8·155	10·301	17·517	12	·4391
24	8·223	8·216	34·784	5·475	8·216	10·578	17·317	12	·4363
25	+ 8·173	+ 8·267	34·834	− 5·440	− 8·267	− 10·853	+ 17·113	+ 12	− 0·4336
26	8·096	8·303	34·868	5·416	8·303	11·124	16·904	12	·4309
27	8·007	8·320	34·884	5·396	8·320	11·392	16·689	11	·4281
28	7·924	8·319	34·882	5·374	8·319	11·656	16·469	11	·4254
29	7·863	8·303	34·864	5·344	8·303	11·918	16·244	11	·4227
30	+ 7·838	+ 8·276	34·836	− 5·299	− 8·276	− 12·175	+ 16·014	+ 11	− 0·4199
31	7·857	8·245	34·804	5·237	8·245	12·430	15·779	11	·4172
Feb. 1	7·924	8·219	34·776	5·155	8·219	12·680	15·539	11	·4144
2	8·036	8·205	34·762	5·056	8·205	12·927	15·294	11	·4117
3	8·178	8·213	34·768	4·944	8·213	13·169	15·044	12	·4090
4	+ 8·326	+ 8·247	34·801	− 4·830	− 8·247	− 13·408	+ 14·789	+ 12	− 0·4062
5	8·450	8·307	34·860	4·726	8·307	13·642	14·528	12	·4035
6	8·521	8·384	34·935	4·643	8·384	13·872	14·263	12	·4008
7	8·521	8·462	35·012	4·588	8·462	14·097	13·994	12	·3980
8	8·454	8·524	35·073	4·560	8·524	14·317	13·720	12	·3953
9	+ 8·346	+ 8·557	35·105	− 4·548	− 8·557	− 14·532	+ 13·441	+ 12	− 0·3925
10	8·234	8·558	35·104	4·538	8·558	14·742	13·159	12	·3898
11	8·153	8·531	35·076	4·515	8·531	14·947	12·872	12	·3871
12	8·126	8·490	35·033	4·471	8·490	15·147	12·583	12	·3843
13	8·158	8·448	34·990	4·403	8·448	15·342	12·289	12	·3816
14	+ 8·239	+ 8·419	34·960	− 4·316	− 8·419	− 15·532	+ 11·993	+ 12	− 0·3789
15	+ 8·347	+ 8·411	34·951	− 4·218	− 8·411	− 15·717	+ 11·694	+ 12	− 0·3761

FOR 0ʰ DYNAMICAL TIME

Date 0ʰ TDT	Nutation in Long.	in Obl.	Obl. of Ecliptic 23° 26′	Besselian Day Numbers for Mean Equinox J1989·5 A	B	C	D	E (0˙0001)	Fraction of Year τ
	″	″	″	″	″	″	″		
Feb. 15	+ 8·347	+ 8·411	34·951	− 4·218	− 8·411	− 15·717	+ 11·694	+ 12	− 0·3761
16	8·459	8·427	34·965	4·119	8·427	15·896	11·391	12	·3734
17	8·552	8·464	35·001	4·027	8·464	16·071	11·086	12	·3706
18	8·609	8·517	35·053	3·950	8·517	16·241	10·778	12	·3679
19	8·618	8·579	35·113	3·891	8·579	16·406	10·467	12	·3652
20	+ 8·579	+ 8·639	35·172	− 3·852	− 8·639	− 16·566	+ 10·154	+ 12	− 0·3624
21	8·496	8·691	35·223	3·830	8·691	16·721	9·837	12	·3597
22	8·381	8·728	35·259	3·821	8·728	16·872	9·519	12	·3569
23	8·250	8·747	35·277	3·818	8·747	17·017	9·197	12	·3542
24	8·120	8·747	35·276	3·815	8·747	17·158	8·873	12	·3515
25	+ 8·008	+ 8·730	35·257	− 3·804	− 8·730	− 17·293	+ 8·546	+ 11	− 0·3487
26	7·927	8·701	35·226	3·782	8·701	17·423	8·217	11	·3460
27	7·888	8·665	35·190	3·742	8·665	17·549	7·885	11	·3433
28	7·895	8·631	35·154	3·685	8·631	17·669	7·551	11	·3405
Mar. 1	7·945	8·606	35·128	3·610	8·606	17·784	7·215	11	·3378
2	+ 8·029	+ 8·598	35·119	− 3·522	− 8·598	− 17·893	+ 6·876	+ 11	− 0·3350
3	8·130	8·613	35·132	3·427	8·613	17·997	6·535	12	·3323
4	8·222	8·652	35·170	3·335	8·652	18·096	6·192	12	·3296
5	8·278	8·712	35·228	3·258	8·712	18·188	5·846	12	·3268
6	8·273	8·781	35·296	3·205	8·781	18·275	5·499	12	·3241
7	+ 8·199	+ 8·842	35·356	− 3·180	− 8·842	− 18·356	+ 5·150	+ 12	− 0·3214
8	8·070	8·878	35·391	3·176	8·878	18·431	4·799	12	·3186
9	7·919	8·880	35·392	3·181	8·880	18·500	4·447	11	·3159
10	7·789	8·849	35·359	3·178	8·849	18·563	4·094	11	·3131
11	7·713	8·795	35·304	3·154	8·795	18·620	3·740	11	·3104
12	+ 7·701	+ 8·735	35·243	− 3·103	− 8·735	− 18·670	+ 3·386	+ 11	− 0·3077
13	7·748	8·685	35·192	3·030	8·685	18·715	3·032	11	·3049
14	7·830	8·656	35·161	2·942	8·656	18·753	2·677	11	·3022
15	7·922	8·651	35·155	2·851	8·651	18·786	2·322	11	·2995
16	7·998	8·669	35·172	2·766	8·669	18·814	1·968	11	·2967
17	+ 8·041	+ 8·704	35·206	− 2·694	− 8·704	− 18·836	+ 1·613	+ 11	− 0·2940
18	8·038	8·749	35·249	2·640	8·749	18·852	1·259	11	·2912
19	7·987	8·794	35·293	2·605	8·794	18·863	0·905	11	·2885
20	7·893	8·832	35·330	2·588	8·832	18·869	0·551	11	·2858
21	7·765	8·857	35·353	2·584	8·857	18·869	+ 0·197	11	·2830
22	+ 7·618	+ 8·864	35·359	− 2·588	− 8·864	− 18·864	− 0·156	+ 11	− 0·2803
23	7·469	8·852	35·345	2·592	8·852	18·853	0·509	11	·2775
24	7·335	8·822	35·314	2·591	8·822	18·837	0·862	10	·2748
25	7·230	8·778	35·269	2·577	8·778	18·816	1·214	10	·2721
26	7·165	8·726	35·216	2·548	8·726	18·790	1·566	10	·2693
27	+ 7·146	+ 8·674	35·162	− 2·501	− 8·674	− 18·758	− 1·917	+ 10	− 0·2666
28	7·171	8·629	35·116	2·436	8·629	18·721	2·268	10	·2639
29	7·232	8·599	35·085	2·357	8·599	18·679	2·618	10	·2611
30	7·313	8·588	35·073	2·270	8·588	18·631	2·967	10	·2584
31	7·394	8·600	35·084	2·183	8·600	18·578	3·316	11	·2556
Apr. 1	+ 7·452	+ 8·633	35·115	− 2·105	− 8·633	− 18·519	− 3·663	+ 11	− 0·2529
2	+ 7·463	+ 8·679	35·160	− 2·046	− 8·679	− 18·455	− 4·010	+ 11	− 0·2502

FOR 0ʰ DYNAMICAL TIME

Date 0ʰ TDT	Nutation in Long.	Nutation in Obl.	Obl. of Ecliptic 23° 26′	A	B	C	D	E (0″·0001)	Fraction of Year τ
	"	"	"	"	"	"	"		
Apr. 1	+ 7·452	+ 8·633	35·115	− 2·105	− 8·633	− 18·519	− 3·663	+ 11	− 0·2529
2	7·463	8·679	35·160	2·046	8·679	18·455	4·010	11	·2502
3	7·414	8·725	35·204	2·010	8·725	18·384	4·356	11	·2474
4	7·305	8·755	35·233	1·999	8·755	18·309	4·700	10	·2447
5	7·161	8·755	35·232	2·001	8·755	18·227	5·043	10	·2420
6	+ 7·020	+ 8·720	35·196	− 2·003	− 8·720	− 18·139	− 5·385	+ 10	− 0·2392
7	6·921	8·655	35·130	1·987	8·655	18·046	5·724	10	·2365
8	6·890	8·576	35·049	1·944	8·576	17·947	6·061	10	·2337
9	6·929	8·500	34·972	1·874	8·500	17·843	6·395	10	·2310
10	7·020	8·443	34·913	1·783	8·443	17·733	6·727	10	·2283
11	+ 7·132	+ 8·412	34·881	− 1·683	− 8·412	− 17·617	− 7·056	+ 10	− 0·2255
12	7·235	8·407	34·874	1·587	8·407	17·497	7·382	10	·2228
13	7·307	8·422	34·888	1·504	8·422	17·372	7·705	10	·2201
14	7·334	8·448	34·914	1·438	8·448	17·242	8·026	10	·2173
15	7·312	8·478	34·942	1·392	8·478	17·108	8·343	10	·2146
16	+ 7·245	+ 8·503	34·966	− 1·364	− 8·503	− 16·968	− 8·658	+ 10	− 0·2118
17	7·141	8·516	34·977	1·350	8·516	16·825	8·969	10	·2091
18	7·016	8·512	34·972	1·345	8·512	16·676	9·278	10	·2064
19	6·886	8·489	34·948	1·342	8·489	16·523	9·584	10	·2036
20	6·768	8·448	34·906	1·334	8·448	16·366	9·886	10	·2009
21	+ 6·677	+ 8·393	34·850	− 1·316	− 8·393	− 16·205	− 10·186	+ 10	− 0·1982
22	6·626	8·329	34·784	1·281	8·329	16·039	10·482	9	·1954
23	6·620	8·262	34·716	1·229	8·262	15·869	10·776	9	·1927
24	6·660	8·202	34·654	1·158	8·202	15·695	11·066	10	·1899
25	6·737	8·155	34·606	1·072	8·155	15·516	11·353	10	·1872
26	+ 6·839	+ 8·127	34·577	− 0·977	− 8·127	− 15·334	− 11·638	+ 10	− 0·1845
27	6·944	8·121	34·570	0·880	8·121	15·147	11·919	10	·1817
28	7·032	8·136	34·583	0·790	8·136	14·955	12·196	10	·1790
29	7·080	8·166	34·612	0·716	8·166	14·760	12·471	10	·1762
30	7·076	8·200	34·645	0·663	8·200	14·560	12·742	10	·1735
May 1	+ 7·016	+ 8·224	34·668	− 0·632	− 8·224	− 14·355	− 13·009	+ 10	− 0·1708
2	6·915	8·226	34·669	0·617	8·226	14·146	13·273	10	·1680
3	6·801	8·197	34·638	0·608	8·197	13·933	13·533	10	·1653
4	6·712	8·136	34·575	0·588	8·136	13·716	13·788	10	·1626
5	6·683	8·053	34·491	0·545	8·053	13·494	14·040	10	·1598
6	+ 6·727	+ 7·966	34·403	− 0·472	− 7·966	− 13·268	− 14·286	+ 10	− 0·1571
7	6·838	7·891	34·327	0·374	7·891	13·038	14·528	10	·1543
8	6·988	7·841	34·275	0·259	7·841	12·804	14·765	10	·1516
9	7·142	7·820	34·253	0·143	7·820	12·567	14·997	10	·1489
10	7·272	7·824	34·256	− 0·036	7·824	12·326	15·225	10	·1461
11	+ 7·357	+ 7·844	34·275	+ 0·053	− 7·844	− 12·082	− 15·447	+ 11	− 0·1434
12	7·391	7·871	34·301	0·121	7·871	11·835	15·664	11	·1407
13	7·375	7·895	34·323	0·169	7·895	11·586	15·877	11	·1379
14	7·319	7·909	34·336	0·202	7·909	11·333	16·084	10	·1352
15	7·236	7·907	34·333	0·224	7·907	11·077	16·287	10	·1324
16	+ 7·144	+ 7·888	34·312	+ 0·242	− 7·888	− 10·819	− 16·485	+ 10	− 0·1297
17	+ 7·060	+ 7·850	34·273	+ 0·263	− 7·850	− 10·558	− 16·678	+ 10	− 0·1270

FOR 0ʰ DYNAMICAL TIME

Date 0ʰ TDT	Nutation in Long.	Nutation in Obl.	Obl. of Ecliptic 23° 26′	A	B	C	D	E (0″0001)	Fraction of Year τ
	″	″	″	″	″	″	″		
May 17	+ 7·060	+ 7·850	34·273	+ 0·263	− 7·850	− 10·558	− 16·678	+ 10	− 0·1270
18	6·999	7·797	34·219	0·294	7·797	10·295	16·866	10	·1242
19	6·974	7·734	34·155	0·339	7·734	10·029	17·049	10	·1215
20	6·995	7·668	34·087	0·402	7·668	9·761	17·228	10	·1188
21	7·063	7·605	34·023	0·484	7·605	9·490	17·402	10	·1160
22	+ 7·172	+ 7·556	33·972	+ 0·583	− 7·556	− 9·217	− 17·571	+ 10	− 0·1133
23	7·309	7·525	33·940	0·692	7·525	8·942	17·736	10	·1105
24	7·453	7·517	33·931	0·804	7·517	8·664	17·896	11	·1078
25	7·583	7·530	33·943	0·910	7·530	8·384	18·051	11	·1051
26	7·675	7·561	33·972	1·002	7·561	8·102	18·201	11	·1023
27	+ 7·717	+ 7·597	34·008	+ 1·074	− 7·597	− 7·817	− 18·346	+ 11	− 0·0996
28	7·704	7·629	34·037	1·123	7·629	7·530	18·487	11	·0969
29	7·647	7·642	34·049	1·155	7·642	7·241	18·622	11	·0941
30	7·568	7·628	34·034	1·179	7·628	6·949	18·752	11	·0914
31	7·502	7·584	33·989	1·208	7·584	6·655	18·877	11	·0886
June 1	+ 7·481	+ 7·517	33·920	+ 1·254	− 7·517	− 6·358	− 18·996	+ 11	− 0·0859
2	7·527	7·438	33·841	1·327	7·438	6·060	19·110	11	·0832
3	7·642	7·365	33·767	1·428	7·365	5·759	19·217	11	·0804
4	7·810	7·313	33·713	1·550	7·313	5·457	19·319	11	·0777
5	7·999	7·289	33·687	1·680	7·289	5·154	19·414	11	·0749
6	+ 8·176	+ 7·293	33·690	+ 1·805	− 7·293	− 4·849	− 19·504	+ 12	− 0·0722
7	8·315	7·319	33·715	1·915	7·319	4·543	19·587	12	·0695
8	8·400	7·355	33·750	2·004	7·355	4·236	19·665	12	·0667
9	8·431	7·393	33·786	2·071	7·393	3·928	19·737	12	·0640
10	8·415	7·422	33·815	2·120	7·422	3·619	19·803	12	·0613
11	+ 8·367	+ 7·437	33·828	+ 2·155	− 7·437	− 3·310	− 19·863	+ 12	− 0·0585
12	8·302	7·435	33·825	2·184	7·435	3·000	19·917	12	·0558
13	8·238	7·414	33·803	2·214	7·414	2·690	19·966	12	·0530
14	8·193	7·378	33·765	2·251	7·378	2·380	20·009	12	·0503
15	8·180	7·329	33·715	2·301	7·329	2·069	20·047	12	·0476
16	+ 8·210	+ 7·276	33·660	+ 2·367	− 7·276	− 1·758	− 20·079	+ 12	− 0·0448
17	8·287	7·224	33·608	2·453	7·224	1·447	20·106	12	·0421
18	8·407	7·184	33·566	2·555	7·184	1·136	20·127	12	·0394
19	8·560	7·161	33·542	2·671	7·161	0·825	20·143	12	·0366
20	8·727	7·161	33·540	2·792	7·161	0·513	20·154	12	·0339
21	+ 8·883	+ 7·184	33·562	+ 2·909	− 7·184	− 0·202	− 20·160	+ 13	− 0·0311
22	9·005	7·226	33·603	3·013	7·226	+ 0·110	20·160	13	·0284
23	9·075	7·278	33·654	3·095	7·278	0·421	20·155	13	·0257
24	9·087	7·327	33·701	3·155	7·327	0·733	20·145	13	·0229
25	9·049	7·360	33·733	3·195	7·360	1·045	20·130	13	·0202
26	+ 8·984	+ 7·367	33·739	+ 3·224	− 7·367	+ 1·357	− 20·108	+ 13	− 0·0175
27	8·922	7·347	33·717	3·254	7·347	1·669	20·082	13	·0147
28	8·894	7·302	33·671	3·298	7·302	1·981	20·049	13	·0120
29	8·924	7·243	33·611	3·365	7·243	2·293	20·011	13	·0092
30	9·019	7·185	33·552	3·457	7·185	2·604	19·966	13	·0065
July 1	+ 9·170	+ 7·142	33·508	+ 3·572	− 7·142	+ 2·915	− 19·916	+ 13	− 0·0038
2	+ 9·354	+ 7·125	33·489	+ 3·700	− 7·125	+ 3·226	− 19·859	+ 13	− 0·0010

FOR 0ʰ DYNAMICAL TIME

Date 0ʰ TDT	Nutation in Long.	Nutation in Obl.	Obl. of Ecliptic 23° 26′	A	B	C	D	E	Fraction of Year τ
	″	″	″	″	″	″	″	(0ˢ0001)	
July 1	+ 9·170	+ 7·142	33·508	+ 3·572	− 7·142	+ 2·915	− 19·916	+ 13	− 0·0038
2	9·354	7·125	33·489	3·700	7·125	3·226	19·859	13	− ·0010
3	9·538	7·135	33·498	3·828	7·135	3·535	19·797	14	+ ·0017
4	9·693	7·170	33·531	3·945	7·170	3·843	19·728	14	·0044
5	9·799	7·220	33·580	4·042	7·220	4·150	19·653	14	·0072
6	+ 9·849	+ 7·275	33·634	+ 4·117	− 7·275	+ 4·456	− 19·573	+ 14	+ 0·0099
7	9·847	7·325	33·682	4·171	7·325	4·760	19·486	14	·0127
8	9·804	7·362	33·718	4·209	7·362	5·063	19·394	14	·0154
9	9·738	7·382	33·737	4·237	7·382	5·363	19·297	14	·0181
10	9·667	7·383	33·737	4·264	7·383	5·662	19·194	14	·0209
11	+ 9·607	+ 7·367	33·719	+ 4·295	− 7·367	+ 5·959	− 19·086	+ 14	+ 0·0236
12	9·574	7·337	33·688	4·337	7·337	6·254	18·972	14	·0264
13	9·580	7·300	33·650	4·394	7·300	6·547	18·853	14	·0291
14	9·630	7·263	33·612	4·469	7·263	6·838	18·730	14	·0318
15	9·724	7·233	33·581	4·561	7·233	7·127	18·601	14	·0346
16	+ 9·856	+ 7·219	33·565	+ 4·668	− 7·219	+ 7·413	− 18·467	+ 14	+ 0·0373
17	10·008	7·226	33·571	4·784	7·226	7·698	18·328	14	·0400
18	10·160	7·257	33·600	4·899	7·257	7·980	18·185	15	·0428
19	10·284	7·310	33·652	5·003	7·310	8·260	18·037	15	·0455
20	10·357	7·376	33·717	5·087	7·376	8·539	17·885	15	·0483
21	+ 10·369	+ 7·442	33·782	+ 5·147	− 7·442	+ 8·815	− 17·727	+ 15	+ 0·0510
22	10·324	7·495	33·833	5·184	7·495	9·089	17·565	15	·0537
23	10·242	7·523	33·860	5·206	7·523	9·360	17·398	15	·0565
24	10·155	7·522	33·857	5·226	7·522	9·630	17·226	15	·0592
25	10·095	7·494	33·829	5·257	7·494	9·898	17·050	14	·0619
26	+ 10·086	+ 7·450	33·783	+ 5·309	− 7·450	+ 10·163	− 16·868	+ 14	+ 0·0647
27	10·139	7·404	33·736	5·385	7·404	10·426	16·681	14	·0674
28	10·248	7·369	33·700	5·483	7·369	10·686	16·488	15	·0702
29	10·393	7·357	33·686	5·596	7·357	10·944	16·291	15	·0729
30	10·547	7·370	33·699	5·711	7·370	11·198	16·089	15	·0756
31	+ 10·680	+ 7·409	33·736	+ 5·820	− 7·409	+ 11·450	− 15·881	+ 15	+ 0·0784
Aug. 1	10·772	7·465	33·791	5·911	7·465	11·698	15·668	15	·0811
2	10·810	7·529	33·854	5·981	7·529	11·943	15·451	15	·0838
3	10·793	7·591	33·914	6·029	7·591	12·184	15·228	15	·0866
4	10·731	7·642	33·964	6·059	7·642	12·421	15·002	15	·0893
5	+ 10·639	+ 7·677	33·997	+ 6·077	− 7·677	+ 12·655	− 14·770	+ 15	+ 0·0921
6	10·534	7·692	34·011	6·091	7·692	12·885	14·535	15	·0948
7	10·436	7·689	34·007	6·106	7·689	13·111	14·295	15	·0975
8	10·360	7·671	33·988	6·131	7·671	13·333	14·051	15	·1003
9	10·317	7·643	33·958	6·169	7·643	13·551	13·803	15	·1030
10	+ 10·315	+ 7·612	33·926	+ 6·223	− 7·612	+ 13·765	− 13·552	+ 15	+ 0·1057
11	10·358	7·585	33·898	6·295	7·585	13·975	13·296	15	·1085
12	10·439	7·570	33·882	6·382	7·570	14·181	13·037	15	·1112
13	10·548	7·574	33·884	6·480	7·574	14·383	12·775	15	·1140
14	10·665	7·600	33·909	6·582	7·600	14·580	12·509	15	·1167
15	+ 10·767	+ 7·649	33·957	+ 6·677	− 7·649	+ 14·774	− 12·240	+ 15	+ 0·1194
16	+ 10·827	+ 7·715	34·021	+ 6·756	− 7·715	+ 14·964	− 11·968	+ 15	+ 0·1222

FOR 0^h DYNAMICAL TIME

Date 0^h TDT	Nutation in Long.	in Obl.	Obl. of Ecliptic 23° 26′	A	B	C	D	E	Fraction of Year τ
	″	″	″	″	″	″	″	(0″.0001)	
Aug. 16	+10·827	+7·715	34·021	+ 6·756	−7·715	+14·964	−11·968	+15	+0·1222
17	10·829	7·787	34·092	6·811	7·787	15·150	11·693	15	·1249
18	10·767	7·850	34·154	6·842	7·850	15·332	11·414	15	·1277
19	10·656	7·890	34·192	6·853	7·890	15·510	11·133	15	·1304
20	10·529	7·898	34·199	6·857	7·898	15·685	10·848	15	·1331
21	+10·421	+7·876	34·176	+ 6·869	−7·876	+15·855	−10·560	+15	+0·1359
22	10·362	7·833	34·132	6·900	7·833	16·022	10·268	15	·1386
23	10·366	7·784	34·082	6·957	7·784	16·184	9·973	15	·1413
24	10·428	7·744	34·040	7·036	7·744	16·342	9·675	15	·1441
25	10·530	7·724	34·019	7·132	7·724	16·496	9·373	15	·1468
26	+10·645	+7·730	34·023	+ 7·232	−7·730	+16·645	− 9·068	+15	+0·1496
27	10·745	7·760	34·052	7·327	7·760	16·789	8·759	15	·1523
28	10·808	7·808	34·099	7·407	7·808	16·929	8·448	15	·1550
29	10·822	7·867	34·157	7·467	7·867	17·064	8·133	15	·1578
30	10·782	7·926	34·214	7·506	7·926	17·193	7·816	15	·1605
31	+10·695	+7·975	34·262	+ 7·527	−7·975	+17·318	− 7·495	+15	+0·1632
Sept. 1	10·574	8·009	34·295	7·533	8·009	17·437	7·173	15	·1660
2	10·436	8·024	34·309	7·533	8·024	17·551	6·848	15	·1687
3	10·300	8·020	34·304	7·534	8·020	17·659	6·521	15	·1715
4	10·181	8·000	34·282	7·541	8·000	17·763	6·191	15	·1742
5	+10·092	+7·967	34·248	+ 7·561	−7·967	+17·861	− 5·860	+14	+0·1769
6	10·043	7·929	34·208	7·596	7·929	17·953	5·527	14	·1797
7	10·036	7·893	34·171	7·649	7·893	18·040	5·193	14	·1824
8	10·069	7·865	34·142	7·716	7·865	18·122	4·857	14	·1851
9	10·133	7·853	34·128	7·797	7·853	18·199	4·520	14	·1879
10	+10·212	+7·860	34·135	+ 7·883	−7·860	+18·270	− 4·181	+15	+0·1906
11	10·287	7·889	34·162	7·968	7·889	18·336	3·842	15	·1934
12	10·334	7·937	34·209	8·042	7·937	18·397	3·502	15	·1961
13	10·333	7·997	34·267	8·096	7·997	18·452	3·160	15	·1988
14	10·270	8·054	34·323	8·126	8·054	18·503	2·818	15	·2016
15	+10·151	+8·093	34·361	+ 8·133	−8·093	+18·549	− 2·476	+15	+0·2043
16	10·001	8·102	34·369	8·128	8·102	18·589	2·132	14	·2070
17	9·856	8·077	34·342	8·126	8·077	18·625	1·788	14	·2098
18	9·755	8·024	34·288	8·140	8·024	18·656	1·442	14	·2125
19	9·721	7·959	34·221	8·182	7·959	18·682	1·096	14	·2153
20	+ 9·753	+7·898	34·160	+ 8·250	−7·898	+18·703	− 0·748	+14	+0·2180
21	9·835	7·856	34·116	8·337	7·856	18·719	0·400	14	·2207
22	9·936	7·840	34·099	8·432	7·840	18·729	− 0·050	14	·2235
23	10·027	7·850	34·108	8·523	7·850	18·734	+ 0·300	14	·2262
24	10·084	7·880	34·137	8·601	7·880	18·734	0·651	14	·2290
25	+10·094	+7·921	34·177	+ 8·659	−7·921	+18·727	+ 1·002	+14	+0·2317
26	10·051	7·965	34·218	8·697	7·965	18·715	1·353	14	·2344
27	9·961	8·001	34·253	8·716	8·001	18·697	1·705	14	·2372
28	9·835	8·022	34·274	8·721	8·022	18·673	2·057	14	·2399
29	9·689	8·026	34·276	8·718	8·026	18·644	2·408	14	·2426
30	+ 9·541	+8·010	34·259	+ 8·714	−8·010	+18·608	+ 2·759	+14	+0·2454
Oct. 1	+ 9·407	+7·977	34·224	+ 8·715	−7·977	+18·567	+ 3·110	+13	+0·2481

FOR 0ʰ DYNAMICAL TIME

Date 0ʰ TDT	Nutation in Long.	Nutation in Obl.	Obl. of Ecliptic 23° 26′	A	B	C	D	E	Fraction of Year τ
	″	″	″	″	″	″	″	(0ˢ.0001)	
Oct. 1	+ 9·407	+ 7·977	34·224	+ 8·715	− 7·977	+ 18·567	+ 3·110	+ 13	+ 0·2481
2	9·302	7·931	34·177	8·729	7·931	18·520	3·459	13	·2509
3	9·236	7·877	34·122	8·757	7·877	18·467	3·808	13	·2536
4	9·212	7·823	34·067	8·802	7·823	18·408	4·156	13	·2563
5	9·228	7·776	34·018	8·864	7·776	18·344	4·502	13	·2591
6	+ 9·277	+ 7·742	33·983	+ 8·938	− 7·742	+ 18·274	+ 4·847	+ 13	+ 0·2618
7	9·346	7·726	33·966	9·020	7·726	18·198	5·191	13	·2645
8	9·417	7·730	33·968	9·104	7·730	18·117	5·533	13	·2673
9	9·471	7·753	33·990	9·180	7·753	18·030	5·873	14	·2700
10	9·488	7·789	34·025	9·241	7·789	17·939	6·211	14	·2728
11	+ 9·452	+ 7·829	34·063	+ 9·282	− 7·829	+ 17·842	+ 6·548	+ 14	+ 0·2755
12	9·362	7·859	34·092	9·301	7·859	17·739	6·882	13	·2782
13	9·230	7·864	34·097	9·303	7·864	17·632	7·214	13	·2810
14	9·087	7·837	34·068	9·301	7·837	17·521	7·545	13	·2837
15	8·973	7·778	34·007	9·311	7·778	17·404	7·873	13	·2864
16	+ 8·922	+ 7·697	33·925	+ 9·346	− 7·697	+ 17·283	+ 8·200	+ 13	+ 0·2892
17	8·949	7·612	33·839	9·411	7·612	17·156	8·525	13	·2919
18	9·040	7·543	33·768	9·502	7·543	17·025	8·848	13	·2947
19	9·166	7·500	33·724	9·607	7·500	16·889	9·169	13	·2974
20	9·291	7·486	33·709	9·712	7·486	16·747	9·488	13	·3001
21	+ 9·386	+ 7·496	33·718	+ 9·805	− 7·496	+ 16·600	+ 9·805	+ 13	+ 0·3029
22	9·433	7·521	33·741	9·878	7·521	16·448	10·120	13	·3056
23	9·426	7·549	33·768	9·930	7·549	16·291	10·433	13	·3084
24	9·370	7·572	33·790	9·963	7·572	16·128	10·742	13	·3111
25	9·275	7·583	33·800	9·980	7·583	15·961	11·049	13	·3138
26	+ 9·157	+ 7·576	33·792	+ 9·988	− 7·576	+ 15·787	+ 11·353	+ 13	+ 0·3166
27	9·034	7·551	33·765	9·994	7·551	15·609	11·654	13	·3193
28	8·923	7·508	33·721	10·004	7·508	15·425	11·952	13	·3220
29	8·838	7·451	33·662	10·026	7·451	15·237	12·246	13	·3248
30	8·792	7·385	33·596	10·062	7·385	15·043	12·536	13	·3275
31	+ 8·788	+ 7·318	33·527	+ 10·115	− 7·318	+ 14·844	+ 12·823	+ 13	+ 0·3303
Nov. 1	8·826	7·257	33·465	10·185	7·257	14·641	13·106	13	·3330
2	8·899	7·208	33·414	10·269	7·208	14·432	13·384	13	·3357
3	8·994	7·176	33·381	10·362	7·176	14·219	13·658	13	·3385
4	9·095	7·164	33·368	10·457	7·164	14·002	13·929	13	·3412
5	+ 9·184	+ 7·171	33·373	+ 10·547	− 7·171	+ 13·780	+ 14·194	+ 13	+ 0·3439
6	9·242	7·192	33·393	10·625	7·192	13·554	14·455	13	·3467
7	9·255	7·220	33·420	10·685	7·220	13·323	14·712	13	·3494
8	9·218	7·243	33·442	10·725	7·243	13·089	14·964	13	·3522
9	9·137	7·250	33·447	10·748	7·250	12·851	15·211	13	·3549
10	+ 9·034	+ 7·229	33·425	+ 10·762	− 7·229	+ 12·610	+ 15·454	+ 13	+ 0·3576
11	8·943	7·176	33·371	10·781	7·176	12·364	15·692	13	·3604
12	8·900	7·097	33·291	10·819	7·097	12·116	15·925	13	·3631
13	8·932	7·006	33·199	10·886	7·006	11·864	16·155	13	·3658
14	9·040	6·922	33·113	10·984	6·922	11·608	16·379	13	·3686
15	+ 9·205	+ 6·861	33·050	+ 11·104	− 6·861	+ 11·350	+ 16·600	+ 13	+ 0·3713
16	+ 9·387	+ 6·830	33·019	+ 11·232	− 6·830	+ 11·087	+ 16·816	+ 13	+ 0·3741

FOR 0ʰ DYNAMICAL TIME

Date 0ʰ TDT	Nutation in Long.	Nutation in Obl.	Obl. of Ecliptic 23° 26′	Besselian Day Numbers for Mean Equinox J1989·5 A	B	C	D	E (0ˢ0001)	Fraction of Year τ
	″	″	″	″	″	″	″		
Nov. 16	+ 9·387	+ 6·830	33·019	+ 11·232	− 6·830	+ 11·087	+ 16·816	+ 13	+ 0·3741
17	9·549	6·829	33·017	11·351	6·829	10·821	17·028	14	·3768
18	9·665	6·849	33·035	11·452	6·849	10·551	17·235	14	·3795
19	9·723	6·877	33·061	11·530	6·877	10·278	17·437	14	·3823
20	9·726	6·902	33·085	11·586	6·902	10·001	17·635	14	·3850
21	+ 9·684	+ 6·916	33·098	+ 11·624	− 6·916	+ 9·720	+ 17·827	+ 14	+ 0·3877
22	9·614	6·914	33·095	11·651	6·914	9·436	18·014	14	·3905
23	9·535	6·893	33·073	11·675	6·893	9·149	18·196	14	·3932
24	9·463	6·855	33·033	11·701	6·855	8·858	18·372	14	·3960
25	9·414	6·802	32·979	11·736	6·802	8·564	18·542	13	·3987
26	+ 9·401	+ 6·741	32·916	+ 11·786	− 6·741	+ 8·267	+ 18·707	+ 13	+ 0·4014
27	9·429	6·676	32·850	11·852	6·676	7·967	18·866	13	·4042
28	9·501	6·616	32·789	11·936	6·616	7·664	19·018	14	·4069
29	9·610	6·568	32·740	12·034	6·568	7·358	19·165	14	·4097
30	9·745	6·537	32·707	12·142	6·537	7·050	19·305	14	·4124
Dec. 1	+ 9·888	+ 6·526	32·695	+ 12·254	− 6·526	+ 6·740	+ 19·440	+ 14	+ 0·4151
2	10·021	6·535	32·702	12·362	6·535	6·427	19·567	14	·4179
3	10·124	6·560	32·726	12·458	6·560	6·112	19·689	14	·4206
4	10·185	6·593	32·758	12·537	6·593	5·795	19·804	15	·4233
5	10·197	6·625	32·789	12·597	6·625	5·477	19·913	15	·4261
6	+ 10·164	+ 6·644	32·807	+ 12·638	− 6·644	+ 5·157	+ 20·015	+ 15	+ 0·4288
7	10·103	6·640	32·802	12·669	6·640	4·836	20·111	14	·4316
8	10·042	6·609	32·769	12·700	6·609	4·514	20·201	14	·4343
9	10·013	6·551	32·710	12·743	6·551	4·190	20·284	14	·4370
10	10·045	6·477	32·634	12·811	6·477	3·866	20·362	14	·4398
11	+ 10·152	+ 6·401	32·557	+ 12·908	− 6·401	+ 3·541	+ 20·433	+ 14	+ 0·4425
12	10·325	6·341	32·496	13·032	6·341	3·214	20·499	15	·4452
13	10·536	6·309	32·462	13·171	6·309	2·887	20·559	15	·4480
14	10·747	6·308	32·461	13·309	6·308	2·559	20·613	15	·4507
15	10·921	6·334	32·486	13·433	6·334	2·230	20·661	16	·4535
16	+ 11·038	+ 6·376	32·526	+ 13·535	− 6·376	+ 1·900	+ 20·703	+ 16	+ 0·4562
17	11·092	6·419	32·568	13·611	6·419	1·569	20·740	16	·4589
18	11·092	6·454	32·602	13·666	6·454	1·237	20·770	16	·4617
19	11·056	6·473	32·619	13·707	6·473	0·904	20·793	16	·4644
20	11·002	6·474	32·619	13·740	6·474	0·570	20·811	16	·4671
21	+ 10·949	+ 6·456	32·600	+ 13·774	− 6·456	+ 0·236	+ 20·822	+ 16	+ 0·4699
22	10·915	6·423	32·566	13·815	6·423	− 0·098	20·826	16	·4726
23	10·911	6·380	32·521	13·869	6·380	0·433	20·823	16	·4754
24	10·947	6·332	32·471	13·938	6·332	0·768	20·814	16	·4781
25	11·025	6·287	32·425	14·024	6·287	1·104	20·799	16	·4808
26	+ 11·142	+ 6·252	32·389	+ 14·125	− 6·252	− 1·439	+ 20·776	+ 16	+ 0·4836
27	11·288	6·233	32·369	14·238	6·233	1·773	20·747	16	·4863
28	11·448	6·235	32·369	14·356	6·235	2·108	20·710	16	·4890
29	11·600	6·257	32·391	14·472	6·257	2·442	20·667	17	·4918
30	11·725	6·298	32·430	14·576	6·298	2·774	20·617	17	·4945
31	+ 11·806	+ 6·349	32·480	+ 14·664	− 6·349	− 3·106	+ 20·561	+ 17	+ 0·4973
32	+ 11·836	+ 6·401	32·531	+ 14·730	− 6·401	− 3·437	+ 20·497	+ 17	+ 0·5000

J for NORTHERN DECLINATIONS
FOR 0ʰ TDT AND EQUINOX J1989·5

Right Ascension

Date	0ʰ / 12ʰ	1ʰ / 13ʰ	2ʰ / 14ʰ	3ʰ / 15ʰ	4ʰ / 16ʰ	5ʰ / 17ʰ	6ʰ / 18ʰ	7ʰ / 19ʰ	8ʰ / 20ʰ	9ʰ / 21ʰ	10ʰ / 22ʰ	11ʰ / 23ʰ	12ʰ / 24ʰ
Jan. −6	− 4	− 3	− 1	+ 1	+ 3	+ 4	+ 4	+ 3	+ 1	− 1	− 3	− 4	− 4
4	− 5	− 4	− 2	0	+ 3	+ 5	+ 5	+ 4	+ 2	0	− 3	− 5	− 5
14	− 7	− 6	− 4	− 1	+ 2	+ 5	+ 7	+ 6	+ 4	+ 1	− 2	− 5	− 7
24	− 7	− 8	− 7	− 3	+ 1	+ 5	+ 7	+ 8	+ 7	+ 3	− 1	− 5	− 7
Feb. 3	− 7	− 9	− 8	− 6	− 1	+ 3	+ 7	+ 9	+ 8	+ 6	+ 1	− 3	− 7
13	− 6	− 9	−10	− 8	− 4	+ 1	+ 6	+ 9	+10	+ 8	+ 4	− 1	− 6
23	− 4	− 9	−11	−10	− 7	− 1	+ 4	+ 9	+11	+10	+ 7	+ 1	− 4
Mar. 5	− 2	− 8	−11	−12	− 9	− 4	+ 2	+ 8	+11	+12	+ 9	+ 4	− 2
15	0	− 6	−10	−12	−11	− 6	0	+ 6	+10	+12	+11	+ 6	0
25	+ 3	− 3	− 9	−12	−12	− 9	− 3	+ 3	+ 9	+12	+12	+ 9	+ 3
Apr. 4	+ 6	0	− 7	−11	−13	−11	− 6	0	+ 7	+11	+13	+11	+ 6
14	+ 8	+ 2	− 4	− 9	−12	−11	− 8	− 2	+ 4	+ 9	+12	+11	+ 8
24	+ 9	+ 5	− 1	− 7	−11	−12	− 9	− 5	+ 1	+ 7	+11	+12	+ 9
May 4	+10	+ 7	+ 1	− 4	− 9	−11	−10	− 7	− 1	+ 4	+ 9	+11	+10
14	+10	+ 8	+ 3	− 2	− 7	−10	−10	− 8	− 3	+ 2	+ 7	+10	+10
24	+ 9	+ 8	+ 5	0	− 4	− 7	− 9	− 8	− 5	0	+ 4	+ 7	+ 9
June 3	+ 8	+ 8	+ 6	+ 2	− 2	− 5	− 8	− 8	− 6	− 2	+ 2	+ 5	+ 8
13	+ 6	+ 7	+ 6	+ 3	0	− 3	− 6	− 7	− 6	− 3	0	+ 3	+ 6
23	+ 4	+ 5	+ 5	+ 4	+ 2	− 1	− 4	− 5	− 5	− 4	− 2	+ 1	+ 4
July 3	+ 2	+ 4	+ 4	+ 4	+ 2	0	− 2	− 4	− 4	− 4	− 2	0	+ 2
13	0	+ 2	+ 3	+ 3	+ 3	+ 1	0	− 2	− 3	− 3	− 3	− 1	0
23	− 1	+ 1	+ 2	+ 2	+ 2	+ 2	+ 1	− 1	− 2	− 2	− 2	− 2	− 1
Aug. 2	− 1	− 1	0	+ 1	+ 2	+ 2	+ 1	+ 1	0	− 1	− 2	− 2	− 1
12	− 1	− 1	− 1	0	+ 1	+ 1	+ 1	+ 1	+ 1	0	− 1	− 1	− 1
22	− 1	− 1	− 1	− 1	0	0	+ 1	+ 1	+ 1	+ 1	0	0	− 1
Sept. 1	0	− 1	− 1	− 1	− 1	− 1	0	+ 1	+ 1	+ 1	+ 1	+ 1	0
11	+ 1	0	− 1	− 1	− 2	− 2	− 1	0	+ 1	+ 1	+ 2	+ 2	+ 1
21	+ 3	+ 2	+ 1	− 1	− 2	− 3	− 3	− 2	− 1	+ 1	+ 2	+ 3	+ 3
Oct. 1	+ 4	+ 4	+ 2	0	− 2	− 3	− 4	− 4	− 2	0	+ 2	+ 3	+ 4
11	+ 5	+ 6	+ 5	+ 2	0	− 3	− 5	− 6	− 5	− 2	0	+ 3	+ 5
21	+ 6	+ 7	+ 7	+ 5	+ 1	− 3	− 6	− 7	− 7	− 5	− 1	+ 3	+ 6
31	+ 6	+ 9	+ 9	+ 8	+ 4	− 1	− 6	− 9	− 9	− 8	− 4	+ 1	+ 6
Nov. 10	+ 5	+ 9	+11	+11	+ 7	+ 1	− 5	− 9	−11	−11	− 7	− 1	+ 5
20	+ 3	+ 9	+13	+14	+10	+ 4	− 3	− 9	−13	−14	−10	− 4	+ 3
30	+ 1	+ 8	+14	+16	+14	+ 8	− 1	− 8	−14	−16	−14	− 8	+ 1
Dec. 10	− 3	+ 6	+14	+18	+17	+11	+ 3	− 6	−14	−18	−17	−11	− 3
20	− 7	+ 4	+13	+19	+20	+15	+ 7	− 4	−13	−19	−20	−15	− 7
30	−10	0	+11	+19	+21	+18	+10	0	−11	−19	−21	−18	−10
40	−14	− 3	+ 8	+17	+22	+21	+14	+ 3	− 8	−17	−22	−21	−14

The second-order day number J is given in this table in units of $0\overset{s}{.}000\ 01$.
The apparent right ascension of a star is given by:

$$\alpha = \alpha_1 + \tau\mu_\alpha / 100 + Aa + Bb + Cc + Dd + E + J\tan^2\delta_1$$

where the position (α_1, δ_1) and centennial proper motion in right ascension (μ_α) are referred to the mean equator and equinox of J1989·5

J' for NORTHERN DECLINATIONS
FOR 0^h TDT AND EQUINOX J1989·5

Right Ascension

Date		0^h 12^h	1^h 13^h	2^h 14^h	3^h 15^h	4^h 16^h	5^h 17^h	6^h 18^h	7^h 19^h	8^h 20^h	9^h 21^h	10^h 22^h	11^h 23^h	12^h 24^h
Jan.	−6	− 2	− 1	0	0	− 1	− 3	− 4	− 5	− 6	− 6	− 5	− 4	− 2
	4	− 4	− 2	0	0	− 1	− 2	− 4	− 6	− 7	− 8	− 7	− 6	− 4
	14	− 6	− 3	− 1	0	0	− 2	− 4	− 7	− 9	−10	−10	− 8	− 6
	24	− 9	− 6	− 3	− 1	0	− 1	− 3	− 6	− 9	−11	−12	−11	− 9
Feb.	3	−11	− 8	− 4	− 2	0	0	− 2	− 6	− 9	−12	−13	−13	−11
	13	−14	−11	− 7	− 3	− 1	0	− 2	− 5	− 8	−12	−15	−15	−14
	23	−16	−13	− 9	− 5	− 2	0	− 1	− 3	− 7	−12	−15	−17	−16
Mar.	5	−18	−16	−12	− 7	− 3	0	0	− 2	− 6	−11	−15	−17	−18
	15	−18	−17	−14	− 9	− 5	− 1	0	− 1	− 4	− 9	−13	−17	−18
	25	−18	−19	−16	−12	− 7	− 3	0	0	− 3	− 7	−12	−16	−18
Apr.	4	−18	−19	−17	−14	− 9	− 4	− 1	0	− 1	− 5	−10	−14	−18
	14	−16	−18	−18	−15	−11	− 6	− 2	0	− 1	− 3	− 7	−12	−16
	24	−14	−17	−17	−16	−12	− 8	− 4	− 1	0	− 2	− 5	−10	−14
May	4	−12	−15	−17	−16	−13	− 9	− 5	− 2	0	− 1	− 3	− 7	−12
	14	− 9	−12	−15	−15	−13	−10	− 6	− 3	0	0	− 2	− 5	− 9
	24	− 6	−10	−12	−13	−13	−10	− 7	− 4	− 1	0	− 1	− 3	− 6
June	3	− 4	− 7	−10	−12	−12	−10	− 8	− 5	− 2	0	0	− 2	− 4
	13	− 2	− 5	− 8	− 9	−10	− 9	− 8	− 5	− 3	− 1	0	− 1	− 2
	23	− 1	− 3	− 5	− 7	− 8	− 8	− 7	− 5	− 3	− 1	0	0	− 1
July	3	0	− 1	− 3	− 5	− 6	− 6	− 6	− 5	− 4	− 2	− 1	0	0
	13	0	0	− 2	− 3	− 4	− 5	− 5	− 5	− 4	− 2	− 1	0	0
	23	0	0	0	− 1	− 2	− 3	− 4	− 4	− 3	− 2	− 1	− 1	0
Aug.	2	0	0	0	0	− 1	− 2	− 2	− 3	− 3	− 2	− 2	− 1	0
	12	− 1	− 1	0	0	0	− 1	− 1	− 2	− 2	− 2	− 2	− 2	− 1
	22	− 2	− 1	− 1	0	0	0	0	− 1	− 1	− 2	− 2	− 2	− 2
Sept.	1	− 2	− 2	− 2	− 1	− 1	0	0	0	0	− 1	− 2	− 2	− 2
	11	− 3	− 3	− 3	− 3	− 2	− 1	0	0	0	0	− 1	− 2	− 3
	21	− 3	− 4	− 4	− 4	− 4	− 3	− 2	− 1	0	0	− 1	− 2	− 3
Oct.	1	− 3	− 4	− 6	− 6	− 6	− 5	− 3	− 2	− 1	0	0	− 1	− 3
	11	− 2	− 5	− 7	− 8	− 8	− 8	− 6	− 4	− 2	0	0	− 1	− 2
	21	− 2	− 5	− 8	−10	−11	−11	− 9	− 7	− 4	− 1	0	0	− 2
	31	− 1	− 4	− 8	−11	−14	−14	−13	−10	− 6	− 3	− 1	0	− 1
Nov.	10	− 1	− 3	− 8	−12	−16	−17	−17	−14	−10	− 5	− 2	0	− 1
	20	0	− 3	− 7	−13	−17	−20	−21	−18	−14	− 8	− 3	− 1	0
	30	0	− 2	− 6	−12	−18	−23	−24	−22	−18	−12	− 6	− 1	0
Dec.	10	0	− 1	− 5	−11	−18	−24	−27	−26	−22	−16	− 9	− 3	0
	20	− 1	0	− 4	−10	−18	−25	−29	−30	−26	−20	−12	− 5	− 1
	30	− 2	0	− 2	− 8	−16	−24	−30	−32	−30	−24	−16	− 8	− 2
	40	− 4	0	− 1	− 6	−14	−23	−30	−33	−32	−27	−19	−11	− 4

The second-order day number J' is given in this table in units of $0''\!\!.0001$.
The apparent declination of a star is given by:

$$\delta = \delta_1 + \tau\mu_\delta / 100 + Aa' + Bb' + Cc' + J' \tan \delta_1$$

where the declination (δ_1) and centennial proper motion in declination (μ_δ) are referred to the mean equator and equinox of J1989·5

SECOND-ORDER DAY NUMBERS, 1989

J for SOUTHERN DECLINATIONS
FOR 0^h TDT AND EQUINOX J1989·5

Right Ascension

Date	0^h 12^h	1^h 13^h	2^h 14^h	3^h 15^h	4^h 16^h	5^h 17^h	6^h 18^h	7^h 19^h	8^h 20^h	9^h 21^h	10^h 22^h	11^h 23^h	12^h 24^h
Jan. −6	+ 6	+12	+14	+12	+ 8	+ 1	− 6	−12	−14	−12	− 8	− 1	+ 6
4	+ 3	+ 9	+12	+12	+ 9	+ 3	− 3	− 9	−12	−12	− 9	− 3	+ 3
14	0	+ 6	+ 9	+10	+ 9	+ 5	0	− 6	− 9	−10	− 9	− 5	0
24	− 2	+ 3	+ 6	+ 8	+ 8	+ 6	+ 2	− 3	− 6	− 8	− 8	− 6	− 2
Feb. 3	− 3	0	+ 4	+ 6	+ 7	+ 6	+ 3	0	− 4	− 6	− 7	− 6	− 3
13	− 4	− 1	+ 1	+ 4	+ 5	+ 5	+ 4	+ 1	− 1	− 4	− 5	− 5	− 4
23	− 3	− 2	0	+ 2	+ 3	+ 4	+ 3	+ 2	0	− 2	− 3	− 4	− 3
Mar. 5	− 3	− 2	− 1	0	+ 1	+ 2	+ 3	+ 2	+ 1	0	− 1	− 2	− 3
15	− 2	− 2	− 2	− 1	0	+ 1	+ 2	+ 2	+ 2	+ 1	0	− 1	− 2
25	0	− 1	− 2	− 2	− 1	0	0	+ 1	+ 2	+ 2	+ 1	0	0
Apr. 4	+ 1	0	− 1	− 1	− 2	− 1	− 1	0	+ 1	+ 1	+ 2	+ 1	+ 1
14	+ 2	+ 1	0	− 1	− 1	− 2	− 2	− 1	0	+ 1	+ 1	+ 2	+ 2
24	+ 2	+ 2	+ 2	+ 1	− 1	− 2	− 2	− 2	− 2	− 1	+ 1	+ 2	+ 2
May 4	+ 2	+ 3	+ 3	+ 2	+ 1	− 1	− 2	− 3	− 3	− 2	− 1	+ 1	+ 2
14	+ 2	+ 4	+ 4	+ 4	+ 3	0	− 2	− 4	− 4	− 4	− 3	0	+ 2
24	+ 1	+ 3	+ 5	+ 6	+ 5	+ 2	− 1	− 3	− 5	− 6	− 5	− 2	+ 1
June 3	− 1	+ 2	+ 5	+ 7	+ 6	+ 4	+ 1	− 2	− 5	− 7	− 6	− 4	− 1
13	− 3	+ 1	+ 5	+ 8	+ 8	+ 7	+ 3	− 1	− 5	− 8	− 8	− 7	− 3
23	− 6	− 1	+ 4	+ 8	+10	+ 9	+ 6	+ 1	− 4	− 8	−10	− 9	− 6
July 3	− 8	− 3	+ 2	+ 7	+10	+11	+ 8	+ 3	− 2	− 7	−10	−11	− 8
13	−10	− 6	0	+ 6	+10	+12	+10	+ 6	0	− 6	−10	−12	−10
23	−12	− 9	− 3	+ 4	+ 9	+13	+12	+ 9	+ 3	− 4	− 9	−13	−12
Aug. 2	−13	−11	− 6	+ 1	+ 8	+12	+13	+11	+ 6	− 1	− 8	−12	−13
12	−14	−13	− 8	− 2	+ 5	+11	+14	+13	+ 8	+ 2	− 5	−11	−14
22	−13	−14	−10	− 4	+ 3	+ 9	+13	+14	+10	+ 4	− 3	− 9	−13
Sept. 1	−12	−14	−12	− 7	0	+ 7	+12	+14	+12	+ 7	0	− 7	−12
11	−10	−13	−13	− 9	− 3	+ 4	+10	+13	+13	+ 9	+ 3	− 4	−10
21	− 8	−12	−13	−10	− 5	+ 1	+ 8	+12	+13	+10	+ 5	− 1	− 8
Oct. 1	− 5	−10	−12	−11	− 7	− 1	+ 5	+10	+12	+11	+ 7	+ 1	− 5
11	− 2	− 7	−10	−11	− 8	− 3	+ 2	+ 7	+10	+11	+ 8	+ 3	− 2
21	0	− 5	− 8	− 9	− 8	− 5	0	+ 5	+ 8	+ 9	+ 8	+ 5	0
31	+ 2	− 2	− 6	− 8	− 8	− 6	− 2	+ 2	+ 6	+ 8	+ 8	+ 6	+ 2
Nov. 10	+ 3	0	− 4	− 6	− 7	− 6	− 3	0	+ 4	+ 6	+ 7	+ 6	+ 3
20	+ 3	+ 1	− 2	− 4	− 5	− 5	− 3	− 1	+ 2	+ 4	+ 5	+ 5	+ 3
30	+ 3	+ 2	0	− 2	− 3	− 4	− 3	− 2	0	+ 2	+ 3	+ 4	+ 3
Dec. 10	+ 3	+ 2	+ 1	− 1	− 2	− 3	− 3	− 2	− 1	+ 1	+ 2	+ 3	+ 3
20	+ 2	+ 1	+ 1	0	− 1	− 1	− 2	− 1	− 1	0	+ 1	+ 1	+ 2
30	+ 1	+ 1	+ 1	0	0	0	− 1	− 1	− 1	0	0	0	+ 1
40	0	0	0	0	0	0	0	0	0	0	0	0	0

The second-order day number J is given in this table in units of 0^s·000 01. The apparent right ascension of a star is given by:

$$\alpha = \alpha_1 + \tau\mu_\alpha / 100 + Aa + Bb + Cc + Dd + E + J \tan^2 \delta_1$$

where the position (α_1, δ_1) and centennial proper motion in right ascension (μ_α) are referred to the mean equator and equinox of J1989·5

J' for SOUTHERN DECLINATIONS
FOR 0ʰ TDT AND EQUINOX J1989·5

Right Ascension

Date		0^h 12^h	1^h 13^h	2^h 14^h	3^h 15^h	4^h 16^h	5^h 17^h	6^h 18^h	7^h 19^h	8^h 20^h	9^h 21^h	10^h 22^h	11^h 23^h	12^h 24^h
Jan.	−6	− 1	− 5	−10	−15	−19	−21	−20	−16	−11	− 6	− 2	0	− 1
	4	0	− 3	− 7	−12	−16	−18	−18	−16	−12	− 7	− 3	0	0
	14	0	− 1	− 4	− 8	−12	−15	−16	−14	−12	− 8	− 4	− 1	0
	24	0	0	− 2	− 5	− 8	−11	−13	−12	−11	− 8	− 4	− 2	0
Feb.	3	− 1	0	− 1	− 3	− 5	− 8	−10	−10	− 9	− 8	− 5	− 2	− 1
	13	− 1	0	0	− 1	− 3	− 5	− 7	− 8	− 8	− 7	− 5	− 3	− 1
	23	− 2	− 1	0	0	− 1	− 3	− 4	− 5	− 6	− 5	− 5	− 3	− 2
Mar.	5	− 2	− 1	0	0	0	− 1	− 2	− 3	− 4	− 4	− 4	− 3	− 2
	15	− 2	− 2	− 1	0	0	0	− 1	− 1	− 2	− 3	− 3	− 3	− 2
	25	− 2	− 2	− 2	− 1	0	0	0	0	− 1	− 2	− 2	− 2	− 2
Apr.	4	− 2	− 2	− 2	− 2	− 1	− 1	0	0	0	− 1	− 1	− 2	− 2
	14	− 2	− 3	− 3	− 3	− 2	− 2	− 1	0	0	0	0	− 1	− 2
	24	− 1	− 2	− 3	− 4	− 4	− 3	− 2	− 1	− 1	0	0	− 1	− 1
May	4	− 1	− 2	− 3	− 4	− 5	− 5	− 4	− 3	− 2	− 1	0	0	− 1
	14	0	− 1	− 3	− 5	− 6	− 7	− 6	− 5	− 4	− 2	− 1	0	0
	24	0	− 1	− 3	− 5	− 7	− 8	− 8	− 8	− 6	− 4	− 2	0	0
June	3	0	0	− 2	− 4	− 7	− 9	−10	−10	− 8	− 6	− 3	− 1	0
	13	− 1	0	− 1	− 4	− 7	−10	−12	−12	−11	− 9	− 6	− 3	− 1
	23	− 1	0	− 1	− 3	− 6	−10	−13	−14	−14	−12	− 8	− 4	− 1
July	3	− 3	0	0	− 2	− 6	−10	−14	−16	−16	−14	−11	− 7	− 3
	13	− 5	− 1	0	− 1	− 4	− 9	−13	−16	−18	−17	−14	− 9	− 5
	23	− 7	− 3	0	0	− 3	− 7	−12	−17	−19	−19	−16	−12	− 7
Aug.	2	− 9	− 4	− 1	0	− 2	− 6	−11	−16	−19	−20	−18	−14	− 9
	12	−11	− 6	− 2	0	− 1	− 4	− 9	−14	−19	−21	−20	−16	−11
	22	−14	− 8	− 4	− 1	0	− 3	− 7	−13	−17	−20	−21	−18	−14
Sept.	1	−16	−10	− 5	− 1	0	− 1	− 5	−10	−16	−20	−21	−20	−16
	11	−17	−12	− 7	− 3	0	− 1	− 3	− 8	−13	−18	−20	−20	−17
	21	−17	−13	− 8	− 4	− 1	0	− 2	− 6	−11	−15	−18	−19	−17
Oct.	1	−17	−14	−10	− 5	− 2	0	− 1	− 4	− 8	−13	−16	−18	−17
	11	−16	−14	−11	− 6	− 3	0	0	− 2	− 6	−10	−13	−16	−16
	21	−14	−13	−11	− 7	− 4	− 1	0	− 1	− 4	− 7	−11	−13	−14
	31	−12	−12	−10	− 7	− 4	− 2	0	0	− 2	− 5	− 8	−10	−12
Nov.	10	−10	−10	− 9	− 7	− 5	− 2	− 1	0	− 1	− 3	− 5	− 8	−10
	20	− 7	− 8	− 8	− 6	− 5	− 3	− 1	0	0	− 1	− 3	− 5	− 7
	30	− 4	− 5	− 6	− 5	− 4	− 3	− 1	0	0	− 1	− 2	− 3	− 4
Dec.	10	− 3	− 3	− 4	− 4	− 3	− 2	− 1	− 1	0	0	− 1	− 2	− 3
	20	− 1	− 2	− 2	− 2	− 2	− 2	− 1	− 1	0	0	0	− 1	− 1
	30	0	− 1	− 1	− 1	− 1	− 1	− 1	− 1	0	0	0	0	0
	40	0	0	0	0	0	0	0	0	0	0	0	0	0

The second-order day number J' is given in this table in units of $0''\!\!.0001$.
The apparent declination of a star is given by:

$$\delta = \delta_1 + \tau\mu_\delta / 100 + Aa' + Bb' + Cc' + J' \tan \delta_1$$

where the declination (δ_1) and centennial proper motion in declination
(μ_δ) are referred to the mean equator and equinox of J1989·5

Planetary reduction

Data and formulae are provided for the precise computation for an object within the solar system of apparent geocentric right ascension and declination at an epoch in terrestrial dynamical time, from a barycentric ephemeris in rectangular coordinates and barycentric dynamical time referred to the standard equator and equinox of J2000·0. The stages in the reduction may be summarised as follows:

1. Convert from terrestrial dynamical time TDT (proper time) to barycentric dynamical time TDB (coordinate time).

2. Calculate the geocentric rectangular coordinates of the planet from barycentric ephemerides of the planet and the Earth for the standard equator and equinox of J2000·0 and coordinate time argument TDB, allowing for light time calculated from heliocentric coordinates.

3. Calculate the direction of the planet relative to the natural frame (i.e. the geocentric inertial frame that is instantaneously stationary in the space time reference frame of the solar system), allowing for light deflection due to solar gravitation.

4. Calculate the direction of the planet relative to the geocentric proper frame by applying the correction for the Earth's orbital velocity about the barycentre (i.e. annual aberration). The resulting direction is for the standard equator and equinox of J2000·0.

5. Apply precession and nutation to convert to the true equator and equinox of date.

6. Convert to spherical coordinates.

Formulae and method for planetary reduction

Step 1. The apparent place is required for a time in TDT whilst the barycentric ephemeris is referred to TDB. For calculating an apparent place the following approximate formulae are sufficient for converting from TDT to TDB:

$$\text{TDB} = \text{TDT} + 0^s\cdot001\,658 \sin g + 0^s\cdot000\,014 \sin 2g$$

where $g = 357°\cdot53 + 0°\cdot985\,6003\,(\text{JD} - 245\,1545\cdot0)$
and JD = Julian date to two decimals of a day.

Step 2. Obtain the Earth's barycentric position $\mathbf{E_B}(t)$ in au and velocity $\mathbf{\dot{E}_B}(t)$ in au/d, at coordinate time $t = $ TDB referred to the equator and equinox of J2000·0.

Using an ephemeris, obtain the barycentric position of the planet $\mathbf{Q_B}$ in au at time $(t - \tau)$ for the equator and equinox of J2000·0 where τ is the light time, so that light emitted by the planet at the event $\mathbf{Q_B}(t - \tau)$ arrives at the Earth at the event $\mathbf{E_B}(t)$.

The light time equation is solved iteratively using the heliocentric position of the Earth (**E**) and the planet (**Q**), starting with the approximation $\tau = 0$, as follows:

Form **P**, the vector from the Earth to the planet from the equation:

$$\mathbf{P} = \mathbf{Q_B}(t - \tau) - \mathbf{E_B}(t)$$

Form **E** and **Q** from the equations: $\mathbf{E} = \mathbf{E_B}(t) - \mathbf{S_B}(t)$
$$\mathbf{Q} = \mathbf{Q_B}(t - \tau) - \mathbf{S_B}(t - \tau)$$

where $\mathbf{S_B}$ is the barycentric position of the Sun.

Calculate τ from: $\quad c\tau = P + (2\mu/c^2) \ln\,[(E + P + Q)/(E - P + Q)]$

where the light time (τ) includes the effect of gravitational retardation due to the Sun, and

$\mu = GM_0$ $c = $ velocity of light $= 173\cdot1446$ au/d
$G = $ the gravitational constant $\mu/c^2 = 9\cdot87 \times 10^{-9}$ au
$M_0 = $ mass of Sun $P = |\mathbf{P}|, \quad Q = |\mathbf{Q}|, \quad E = |\mathbf{E}|$

where | | means calculate the square root of the sum of the squares of the components.

Formulae and method for planetary reduction (continued)

After convergence, form unit vectors $\mathbf{p}$, $\mathbf{q}$, $\mathbf{e}$ by dividing $\mathbf{P}$, $\mathbf{Q}$, $\mathbf{E}$ by P, Q, E respectively.

Step 3. Calculate the geocentric direction $(\mathbf{p}_1)$ of the planet, corrected for light deflection in the natural frame, from:

$$\mathbf{p}_1 = \mathbf{p} + (2\mu/c^2 E)\,((\mathbf{p}\cdot\mathbf{q})\,\mathbf{e} - (\mathbf{e}\cdot\mathbf{p})\,\mathbf{q})/(1 + \mathbf{q}\cdot\mathbf{e})$$

where the dot indicates a scalar product. (The scalar product of two vectors is the sum of the products of their corresponding components in the same reference frame.)

The vector $\mathbf{p}_1$ is a unit vector to order μ/c^2.

Step 4. Calculate the proper direction of the planet $(\mathbf{p}_2)$ in the geocentric inertial frame that is moving with the instantaneous velocity $(\mathbf{V})$ of the Earth relative to the natural frame from:

$$\mathbf{p}_2 = (\beta^{-1}\mathbf{p}_1 + (1 + (\mathbf{p}_2\cdot\mathbf{V})/(1 + \beta^{-1}))\,\mathbf{V})/(1 + \mathbf{p}_1\cdot\mathbf{V})$$

where $\mathbf{V} = \dot{\mathbf{E}}_B/c = 0.005\,7755\,\dot{\mathbf{E}}_B$ and $\beta = (1 - V^2)^{-1/2}$; the velocity $(\mathbf{V})$ is expressed in units of the velocity of light and is equal to the Earth's velocity in the barycentric frame to order V^2.

Step 5. Apply precession and nutation to the proper direction $(\mathbf{p}_2)$ by multiplying by the rotation matrix $\mathbf{R}$ given on the odd pages B45 to B59 to obtain the apparent direction $\mathbf{p}_3$ from:

$$\mathbf{p}_3 = \mathbf{R}\,\mathbf{p}_2$$

using row by column multiplication.

Step 6. Convert to spherical coordinates α, δ using: $\alpha = \tan^{-1}(\eta/\xi)$, $\delta = \sin^{-1}\zeta$ where $\mathbf{p}_3 = (\xi, \eta, \zeta)$ and the quadrant of α is determined by the signs of ξ and η.

Example of planetary reduction

Calculate the apparent place of Venus on 1989 April 4 at 0^h TDT:

Step 1. From page B10, JD $= 244\,7620\cdot5$,
hence $g = 89°\cdot54$ and TDB $-$ TDT $= 1\cdot9 \times 10^{-8}$ days.
The difference between TDB and TDT may be neglected in this example.

Step 2. Tabular values, taken from the JPL DE200/LE200 barycentric ephemeris, referred to J2000·0, which are required for the calculation, are as follows:

Vector	Julian date (TDB)	Rectangular components x	y	z
$\mathbf{E}_B$	244 7620·5	$-0\cdot971\,113\,416$	$-0\cdot226\,915\,189$	$-0\cdot098\,395\,173$
$\dot{\mathbf{E}}_B$	244 7620·5	$+0\cdot003\,988\,445$	$-0\cdot015\,359\,422$	$-0\cdot006\,660\,363$
$\mathbf{Q}_B$	244 7618·5	$+0\cdot710\,301\,642$	$+0\cdot138\,365\,761$	$+0\cdot017\,132\,358$
	244 7619·5	$+0\cdot706\,240\,452$	$+0\cdot156\,269\,971$	$+0\cdot025\,443\,887$
	244 7620·5	$+0\cdot701\,630\,910$	$+0\cdot174\,053\,657$	$+0\cdot033\,735\,909$
	244 7621·5	$+0\cdot696\,476\,313$	$+0\cdot191\,702\,983$	$+0\cdot042\,001\,991$
	244 7622·5	$+0\cdot690\,780\,388$	$+0\cdot209\,204\,206$	$+0\cdot050\,235\,714$
$\mathbf{S}_B$	244 7619·5	$-0\cdot002\,152\,091$	$+0\cdot000\,558\,451$	$+0\cdot000\,237\,872$
	244 7620·5	$-0\cdot002\,146\,929$	$+0\cdot000\,555\,993$	$+0\cdot000\,236\,720$
	244 7621·5	$-0\cdot002\,141\,764$	$+0\cdot000\,553\,543$	$+0\cdot000\,235\,573$

Example of planetary reduction (continued)

Hence on JD 244 7620·5
$$\mathbf{E} = (-0.968\,966\,487, \quad -0.227\,471\,182, \quad -0.098\,631\,893) \qquad\qquad E = 1.000\,183\,704$$

The first iteration, with $\tau = 0$, gives:

$$\mathbf{P} = (+1.672\,744\,326, \quad +0.400\,968\,847, \quad +0.132\,131\,082) \qquad P = 1.725\,198\,023$$
$$\mathbf{Q} = (+0.703\,777\,839, \quad +0.173\,497\,664, \quad +0.033\,499\,189) \qquad Q = 0.725\,621\,721$$
$$\tau = +0^\mathrm{d}.009\,963\,91$$

The second iteration, with $\tau = 0^\mathrm{d}.009\,963\,91$, using Stirling's central-difference formula up to δ^4 to interpolate $\mathbf{Q_B}$, and up to δ^2 to interpolate $\mathbf{S_B}$, gives:

$$\mathbf{P} = (+1.672\,792\,949, \quad +0.400\,792\,291, \quad +0.132\,048\,579) \qquad P = 1.725\,197\,826$$
$$\mathbf{Q} = (+0.703\,826\,514, \quad +0.173\,321\,085, \quad +0.033\,416\,674) \qquad Q = 0.725\,622\,928$$
$$\tau = +0.009\,963\,91$$

A third and final iteration yields no change.

Hence the unit vectors are:

$$\mathbf{p} = (+0.969\,623\,845, \quad +0.232\,316\,715, \quad +0.076\,541\,123)$$
$$\mathbf{q} = (+0.969\,961\,789, \quad +0.238\,858\,335, \quad +0.046\,052\,395)$$
$$\mathbf{e} = (-0.968\,788\,517, \quad -0.227\,429\,403, \quad -0.098\,613\,777)$$

Step 3. Calculate the scalar products:

$$\mathbf{p.q} = +0.999\,513\,765, \quad \mathbf{e.p} = -0.999\,744\,107, \quad \mathbf{q.e} = -0.998\,552\,652 \qquad \text{then}$$
$$(2\mu/c^2 E)((\mathbf{p.q})\mathbf{e}-(\mathbf{e.p})\mathbf{q})/(1+\mathbf{q.e}) = (+0.000\,000\,019, \quad +0.000\,000\,157, \quad -0.000\,000\,716)$$
and $\mathbf{p_1} = (+0.969\,623\,864, \quad +0.232\,316\,871, \quad +0.076\,540\,407)$

Step 4. Take $\dot{\mathbf{E}}_\mathrm{B}$ from the table in *Step* 2 and calculate:

$$\mathbf{V} = 0.005\,7755\,\dot{\mathbf{E}}_\mathrm{B} = (+0.000\,023\,035, \quad -0.000\,088\,709, \quad -0.000\,038\,467)$$

Then $V = 0.000\,099\,396$, $\beta = 1.000\,000\,005$ and $\beta^{-1} = 0.999\,999\,995$

Calculate the scalar product $\mathbf{p_1.V} = -0.000\,001\,217$

Then $1+(\mathbf{p_1.V})/(1+\beta^{-1}) = 0.999\,999\,391$

Hence $\mathbf{p_2} = (+0.969\,648\,075, \quad +0.232\,228\,444, \quad +0.076\,502\,032)$

Step 5. From page B49, the precession and nutation matrix $\mathbf{R}$ is given by :

$$\mathbf{R} = \begin{bmatrix} +0.999\,996\,66 & +0.002\,370\,12 & +0.001\,030\,01 \\ -0.002\,370\,08 & +0.999\,997\,19 & -0.000\,043\,67 \\ -0.001\,030\,11 & +0.000\,041\,23 & +0.999\,999\,47 \end{bmatrix}$$

Hence $\qquad \mathbf{p_3} = \mathbf{R\,p_2} = (+0.970\,274\,04, \quad +0.229\,926\,31, \quad +0.075\,512\,72)$

Step 6. Converting to spherical coordinates
$$\alpha = 0^\mathrm{h}\,53^\mathrm{m}\,19^\mathrm{s}.56 \qquad\qquad \delta = +4^\circ\,19'\,50''.5$$

The geometric distance between the Earth and Venus at time $t = $ JD 244 7620·5 is the value of $P = 1.725\,198\,023$ au in the first iteration in *Step* 2, where $\tau = 0$. The light path distance between the Earth at time t and Venus at time $(t - \tau)$ is the value of $P = 1.725\,197\,826$ au in the final iteration in *Step* 2, where $\tau = 0^\mathrm{d}.009\,963\,91$.

Solar reduction

The method for solar reduction is identical to the method for planetary reduction, except for the following differences:

In *Step* 2 set $\mathbf{Q_B} = \mathbf{S_B}$ and hence $\mathbf{P} = \mathbf{S_B}(t - \tau) - \mathbf{E_B}(t)$. Calculate the light time (τ) by iteration from $\tau = P/c$ and form the unit vector $\mathbf{p}$ only.

In *Step* 3 set $\mathbf{p_1} = \mathbf{p}$ since there is no light deflection from the centre of the Sun's disk.

Stellar reduction

The method for planetary reduction may be applied with some modification to the calculation of the apparent places of stars.

The barycentric direction of a star at epoch TDB is calculated from its right ascension, declination and space motion for the standard equator and equinox of J2000·0 on the FK5 system. A concise method of conversion from B1950·0 on the FK4 system to J2000·0 on the FK5 system is given on page B42.

The main modifications to the planetary reduction in the stellar case are: in *Step* 1, the distinction between TDB and TDT is not significant; in *Step* 2, the space motion of the star is included but light time is ignored; in *Step* 3, the relativity term for light deflection is modified to the asymptotic case where the star is assumed to be at infinity.

Formulae and method for stellar reduction

The steps in the stellar reduction are as follows:

Step 1. Set TDB = TDT

Step 2. Obtain the Earth's barycentric position $\mathbf{E_B}$ in au and velocity $\dot{\mathbf{E}}_B$ in au/d, at coordinate time $t = \text{TDB}$ referred to the equator and equinox of J2000·0.

The barycentric direction ($\mathbf{q}$) of a star at epoch J2000·0, referred to the standard equator and equinox of J2000·0, is given by:

$$\mathbf{q} = (\cos \alpha_0 \cos \delta_0, \sin \alpha_0 \cos \delta_0, \sin \delta_0)$$

where α_0 and δ_0 are the right ascension and declination for the equator, equinox and epoch of J2000·0.

The space motion vector $\mathbf{m} = (m_x, m_y, m_z)$ of the star expressed in radians per century, is given by:

$$
\begin{aligned}
m_x &= -\mu_\alpha \cos \delta_0 \sin \alpha_0 - \mu_\delta \sin \delta_0 \cos \alpha_0 + v\pi \cos \delta_0 \cos \alpha_0 \\
m_y &= \mu_\alpha \cos \delta_0 \cos \alpha_0 - \mu_\delta \sin \delta_0 \sin \alpha_0 + v\pi \cos \delta_0 \sin \alpha_0 \\
m_z &= \phantom{-\mu_\alpha \cos \delta_0 \cos \alpha_0 - {}}\mu_\delta \cos \delta_0 \phantom{\sin \alpha_0 + {}} + v\pi \sin \delta_0
\end{aligned}
$$

where these expressions take into account radial velocity (v) in au/century (1 km/s = 21·095 au/century), measured positively away from the Earth, as well as proper motion (μ_α, μ_δ) in right ascension and declination in radians/century, and π is the parallax in radians.

Calculate $\mathbf{P}$, the geocentric vector of the star at the required epoch, from:

$$\mathbf{P} = \mathbf{q} + T\mathbf{m} - \pi \mathbf{E_B}$$

where $T = (\text{JD} - 245\,1545·0)/36\,525$, which is the interval in Julian centuries from J2000·0, and JD is the Julian date to one decimal of a day.

Form the heliocentric position of the Earth ($\mathbf{E}$) from:

$$\mathbf{E} = \mathbf{E_B} - \mathbf{S_B}$$

where $\mathbf{S_B}$ is the barycentric position of the Sun at time t.

Form the geocentric direction ($\mathbf{p}$) of the star and the unit vector ($\mathbf{e}$) from $\mathbf{p} = \mathbf{P}/|\mathbf{P}|$ and $\mathbf{e} = \mathbf{E}/|\mathbf{E}|$.

Formulae and method for stellar reduction (continued)

Step 3. Calculate the geocentric direction (p_1) of the star, corrected for light deflection in the natural frame, from:

$$p_1 = p + (2\mu/c^2 E)(e - (p.e)p)/(1 + p.e)$$

where the dot indicates a scalar product, $\mu/c^2 = 9.87 \times 10^{-9}$ au and $E = |E|$. Note that the expression is derived from the planetary case by substituting $q = p$ in the small term which allows for light deflection.

The vector p_1 is a unit vector to order μ/c^2.

Step 4. Calculate the proper direction (p_2) in the geocentric inertial frame, that is moving with the instantaneous velocity (V) of the Earth relative to the natural frame, from:

$$p_2 = (\beta^{-1}p_1 + (1 + (p_1.V)/(1 + \beta^{-1}))V)/(1 + p_1.V)$$

where $V = \dot{E}_B/c = 0.005\,7755\,\dot{E}_B$ and $\beta = (1 - V^2)^{-1/2}$; the velocity (V) is expressed in units of velocity of light and is equal to the Earth's velocity in the barycentric frame to order V^2.

Step 5. Apply precession and nutation to the proper direction (p_2) by multiplying by the rotation matrix (R), given on the odd pages B45 to B59, to obtain the apparent direction (p_3) from:

$$p_3 = R\,p_2$$

using row by column multiplication.

Step 6. Convert to spherical coordinates (α, δ) using: $\alpha = \tan^{-1}(\eta/\xi)$, $\delta = \sin^{-1}\zeta$ where $p_3 = (\xi, \eta, \zeta)$ and the quadrant of α is determined by the signs of ξ and η.

Example of stellar reduction

Calculate the apparent position of a fictitious star on 1989 January 1 at 0^h TDT. The mean right ascension (α_0), declination (δ_0), centennial proper motions (μ_α, μ_δ), parallax (π) and radial velocity (v) of the star at the standard equator and equinox of J2000·0 are given by:

$\alpha = 14^h\,39^m\,36^s\!\cdot\!087$ $\delta_0 = -60° 50' 07''\!\cdot\!14$ $\pi = 0''\!\cdot\!752 = 3.6458 \times 10^{-6}$ rad
$\mu_\alpha = -49.486$ s/cy $\mu_\delta = +69.60''$/cy $v = -22.2$ km/s
 $= -0.003\,598\,723$ rad/cy, $= +0.000\,337\,430$ rad/cy, $v\pi = -0.001\,707\,357$ rad/cy

Step 1. TDB = TDT = JD244 7527·5

Step 2. Tabular values of E_B, $\dot{E}_B$ and S_B, taken from the JPL DE200/LE200 barycentric ephemeris referred to J2000·0, are:

Vector	Julian date (TDB)	Rectangular components		
		x	y	z
E_B	244 7527·5	$-0.185\,288\,028$	$+0.887\,274\,910$	$+0.384\,710\,000$
$\dot{E}_B$	244 7527·5	$-0.017\,182\,854$	$-0.002\,988\,975$	$-0.001\,295\,631$
S_B	244 7527·5	$-0.002\,609\,664$	$+0.000\,820\,513$	$+0.000\,358\,460$

From the positional data, calculate:

$$q = (-0.373\,854\,098, -0.312\,594\,565, -0.873\,222\,624)$$
$$m = (-0.000\,712\,685, +0.001\,690\,102, +0.001\,655\,339)$$

Form $P = q + Tm - \pi E_B = (-0.373\,775\,032, -0.312\,783\,699, -0.873\,406\,103)$
where $T = (244\,7527\!\cdot\!5 - 245\,1545\!\cdot\!0)/36\,525 = -0.109\,993\,155$, and form
$E = E_B - S_B = (-0.182\,678\,364, +0.886\,454\,397, +0.384\,351\,540)$, $E = 0.983\,310\,169$

Example of stellar reduction (continued)

Hence the unit vectors are:

$$\mathbf{p} = (-0.373\ 704\ 103,\ -0.312\ 724\ 344,\ -0.873\ 240\ 361)$$
$$\mathbf{e} = (-0.185\ 778\ 984,\ +0.901\ 500\ 284,\ +0.390\ 875\ 181)$$

Step 3. Calculate the scalar product $\mathbf{p} \cdot \mathbf{e} = -0.553\ 822\ 700$

then

$$(2\mu/c^2 E)(\mathbf{e} - (\mathbf{p} \cdot \mathbf{e})\,\mathbf{p})/(1 + \mathbf{p} \cdot \mathbf{e}) = (-0.000\ 000\ 018,\ +0.000\ 000\ 033,\ -0.000\ 000\ 004)$$
and $\mathbf{p}_1 = (-0.373\ 704\ 120,\ -0.312\ 724\ 311,\ -0.873\ 240\ 365)$

Step 4.

Calculate $\mathbf{V} = 0.005\ 7755\ \dot{\mathbf{E}}_B = (-0.000\ 099\ 240,\ -0.000\ 017\ 263,\ -0.000\ 007\ 483)$

where $\dot{\mathbf{E}}_B$ is taken from the table in *Step* 2.

Then $V = 0.000\ 101\ 008$, $\beta = 1.000\ 000\ 005$ and $\beta^{-1} = 0.999\ 999\ 995$

Calculate the scalar product $\mathbf{p}_1 \cdot \mathbf{V} = +0.000\ 049\ 019$

Then $1 + (\mathbf{p}_1 \cdot \mathbf{V})/(1 + \beta^{-1}) = 1.000\ 024\ 510$

Hence $\mathbf{p}_2 = (-0.373\ 785\ 038,\ -0.312\ 726\ 243,\ -0.873\ 205\ 040)$

Step 5. From page B45, the precession and nutation matrix **R** is given by:

$$\mathbf{R} = \begin{bmatrix} +0.999\ 996\ 49 & +0.002\ 430\ 07 & +0.001\ 056\ 06 \\ -0.002\ 430\ 03 & +0.999\ 997\ 05 & -0.000\ 040\ 06 \\ -0.001\ 056\ 16 & +0.000\ 037\ 49 & +0.999\ 999\ 44 \end{bmatrix}$$

Hence $\mathbf{p}_3 = \mathbf{R}\,\mathbf{p}_2 = (-0.375\ 465\ 83,\ -0.311\ 782\ 03,\ -0.872\ 821\ 50)$

Step 6. Converting to spherical coordinates:

$$\alpha = 14^h\ 38^m\ 49^s.394 \qquad \delta = -60° 47' 17''.49$$

Conversion of stellar positions and proper motions from the standard epoch B1950·0 to J2000·0

A matrix method for calculating the mean place of a star at J2000·0 on the FK5 system from the mean place at B1950·0 on the FK4 system, ignoring the systematic corrections FK5–FK4 and individual star corrections to the FK5, is as follows:

1. From a star catalogue obtain the FK4 position (α_0, δ_0), proper motion $(\mu_{\alpha 0}, \mu_{\delta 0})$ in seconds of arc per tropical century, parallax (π_0) in seconds of arc and radial velocity (v_0) in km/s for B1950·0. If π_0 or v_0 are unspecified, set them both equal to zero.

2. Calculate the rectangular components of the position vector $\mathbf{r}_0$ and velocity vector $\dot{\mathbf{r}}_0$ from:

$$\mathbf{r}_0 = \begin{bmatrix} \cos\alpha_0 \cos\delta_0 \\ \sin\alpha_0 \cos\delta_0 \\ \sin\delta_0 \end{bmatrix} \quad \dot{\mathbf{r}}_0 = \begin{bmatrix} -\mu_{\alpha 0}\sin\alpha_0 \cos\delta_0 - \mu_{\delta 0}\cos\alpha_0 \sin\delta_0 \\ \mu_{\alpha 0}\cos\alpha_0 \cos\delta_0 - \mu_{\delta 0}\sin\alpha_0 \sin\delta_0 \\ \mu_{\delta 0}\cos\delta_0 \end{bmatrix} + 21\cdot095\, v_0\, \pi_0\, \mathbf{r}_0$$

3. Remove the effects of the E-terms of aberration to form $\mathbf{r}_1$ and $\dot{\mathbf{r}}_1$ from:

$$\mathbf{r}_1 = \mathbf{r}_0 - \mathbf{A} + (\mathbf{r}_0'\, \mathbf{A})\, \mathbf{r}_0$$

$$\dot{\mathbf{r}}_1 = \dot{\mathbf{r}}_0 - \dot{\mathbf{A}} + (\mathbf{r}_0'\, \dot{\mathbf{A}})\, \mathbf{r}_0$$

where $$\mathbf{A} = 10^{-6}\begin{bmatrix} -1\cdot625\,57 \\ -0\cdot319\,19 \\ -0\cdot138\,43 \end{bmatrix} \qquad \dot{\mathbf{A}} = 10^{-3}\begin{bmatrix} +1\cdot244 \\ -1\cdot579 \\ -0\cdot660 \end{bmatrix}$$

and $\mathbf{r}_0'$ is the transpose of $\mathbf{r}_0$. (The terms $\mathbf{r}_0'\,\mathbf{A}$ and $\mathbf{r}_0'\,\dot{\mathbf{A}}$ are scalar products).

4. Form the vector $\mathbf{R}_1 = \begin{bmatrix} \mathbf{r}_1 \\ \dot{\mathbf{r}}_1 \end{bmatrix}$ and calculate the vector $\mathbf{R} = \begin{bmatrix} \mathbf{r} \\ \dot{\mathbf{r}} \end{bmatrix}$ from:

$$\mathbf{R} = \mathbf{M}\,\mathbf{R}_1$$

where $\mathbf{M}$ is a constant 6×6 matrix given by:

$$\begin{bmatrix}
+0\cdot999\,925\,6782 & -0\cdot011\,182\,0611 & -0\cdot004\,857\,9477 & +0\cdot000\,002\,423\,950\,18 & -0\cdot000\,000\,027\,106\,63 & -0\cdot000\,000\,011\,776\,56 \\
+0\cdot011\,182\,0610 & +0\cdot999\,937\,4784 & -0\cdot000\,027\,1765 & +0\cdot000\,000\,027\,106\,63 & +0\cdot000\,002\,423\,978\,78 & -0\cdot000\,000\,000\,065\,87 \\
+0\cdot004\,857\,9479 & -0\cdot000\,027\,1474 & +0\cdot999\,988\,1997 & +0\cdot000\,000\,011\,776\,56 & -0\cdot000\,000\,000\,065\,82 & +0\cdot000\,002\,424\,101\,73 \\
-0\cdot000\,551 & -0\cdot238\,565 & +0\cdot435\,739 & +0\cdot999\,947\,04 & -0\cdot011\,182\,51 & -0\cdot004\,857\,67 \\
+0\cdot238\,514 & -0\cdot002\,667 & -0\cdot008\,541 & +0\cdot011\,182\,51 & +0\cdot999\,958\,83 & -0\cdot000\,027\,18 \\
-0\cdot435\,623 & +0\cdot012\,254 & +0\cdot002\,117 & +0\cdot004\,857\,67 & -0\cdot000\,027\,14 & +1\cdot000\,009\,56
\end{bmatrix}$$

and set $(x, y, z, \dot{x}, \dot{y}, \dot{z}) = \mathbf{R}'$

5. Calculate the FK5 mean position (α_1, δ_1), proper motion $(\mu_{\alpha 1}, \mu_{\delta 1})$ in seconds of arc per Julian century, parallax (π_1) in seconds of arc and radial velocity (v_1) in km/s for J2000·0 from:

$$\cos\alpha_1 \cos\delta_1 = x/r \qquad \sin\alpha_1 \cos\delta_1 = y/r \qquad \sin\delta_1 = z/r$$

$$\mu_{\alpha 1} = (x\dot{y} - y\dot{x})/(x^2 + y^2) \qquad \mu_{\delta 1} = [\dot{z}(x^2 + y^2) - z(x\dot{x} + y\dot{y})]/[r^2(x^2 + y^2)^{1/2}]$$

$$v_1 = (x\dot{x} + y\dot{y} + z\dot{z})/(21\cdot095\,\pi_0\, r) \qquad \pi_1 = \pi_0/r$$

where $r = (x^2 + y^2 + z^2)^{1/2}$

If π_0 is zero, set $v_1 = v_0$

References.

Standish, E. M., (1982) *Astron. Astrophys.*, **115**, 20–22.
Aoki, S., Sôma, M., Kinoshita, H., Inoue, K., (1983) *Astron. Astrophys.*, **128**, 263–267.

Conversion of stellar positions and proper motions from the standard epoch J2000·0 to the standard epoch B1950·0

A matrix method for calculating the mean place of a star at B1950·0 on the FK4 system from the mean place at J2000·0 on the FK5 system, ignoring the systematic corrections FK4–FK5 and individual star corrections to the FK4, is as follows:

1. From a star catalogue obtain the FK5 position (α_0, δ_0), proper motion $(\mu_{\alpha 0}, \mu_{\delta 0})$ in seconds of arc per Julian century, parallax (π_0) in seconds of arc and radial velocity (v_0) in km/s for J2000·0. If π_0 or v_0 are unspecified, set them both equal to zero.

2. Calculate the rectangular components of the position vector $\mathbf{r}_0$ and velocity vector $\dot{\mathbf{r}}_0$ from:

$$\mathbf{r}_0 = \begin{bmatrix} \cos\alpha_0 \cos\delta_0 \\ \sin\alpha_0 \cos\delta_0 \\ \sin\delta_0 \end{bmatrix} \quad \dot{\mathbf{r}}_0 = \begin{bmatrix} -\mu_{\alpha 0}\sin\alpha_0\cos\delta_0 - \mu_{\delta 0}\cos\alpha_0\sin\delta_0 \\ \mu_{\alpha 0}\cos\alpha_0\cos\delta_0 - \mu_{\delta 0}\sin\alpha_0\sin\delta_0 \\ \mu_{\delta 0}\cos\delta_0 \end{bmatrix} + 21{\cdot}095\, v_0\, \pi_0\, \mathbf{r}_0$$

3. Form the vector $\mathbf{R}_0 = \begin{bmatrix} \mathbf{r}_0 \\ \dot{\mathbf{r}}_0 \end{bmatrix}$ and calculate the vector $\mathbf{R}_1 = \begin{bmatrix} \mathbf{r}_1 \\ \dot{\mathbf{r}}_1 \end{bmatrix}$ from:

$$\mathbf{R}_1 = \mathbf{M}^{-1}\, \mathbf{R}_0$$

where $\mathbf{M}^{-1}$ is a constant 6×6 matrix given by:

$$\begin{bmatrix}
+0{\cdot}999\,925\,6795 & +0{\cdot}011\,181\,4828 & +0{\cdot}004\,859\,0039 & -0{\cdot}000\,002\,423\,898\,40 & -0{\cdot}000\,000\,027\,105\,44 & -0{\cdot}000\,000\,011\,777\,42 \\
-0{\cdot}011\,181\,4828 & +0{\cdot}999\,937\,4849 & -0{\cdot}000\,027\,1771 & +0{\cdot}000\,000\,027\,105\,44 & -0{\cdot}000\,002\,423\,927\,02 & +0{\cdot}000\,000\,000\,065\,85 \\
-0{\cdot}004\,859\,0040 & -0{\cdot}000\,027\,1557 & +0{\cdot}999\,988\,1946 & +0{\cdot}000\,000\,011\,777\,42 & +0{\cdot}000\,000\,000\,065\,85 & -0{\cdot}000\,002\,424\,049\,95 \\
-0{\cdot}000\,551 & +0{\cdot}238\,509 & -0{\cdot}435\,614 & +0{\cdot}999\,904\,32 & +0{\cdot}011\,181\,45 & +0{\cdot}004\,858\,52 \\
-0{\cdot}238\,560 & -0{\cdot}002\,667 & +0{\cdot}012\,254 & -0{\cdot}011\,181\,45 & +0{\cdot}999\,916\,13 & -0{\cdot}000\,027\,17 \\
+0{\cdot}435\,730 & -0{\cdot}008\,541 & +0{\cdot}002\,117 & -0{\cdot}004\,858\,52 & -0{\cdot}000\,027\,16 & +0{\cdot}999\,966\,84
\end{bmatrix}$$

4. Include the effects of the E-terms of aberration as follows:

Form $\mathbf{s}_1 = \mathbf{r}_1/r_1$ and $\dot{\mathbf{s}}_1 = \dot{\mathbf{r}}_1/r_1$ where $r_1 = (x_1^2 + y_1^2 + z_1^2)^{1/2}$

Set $\mathbf{s} = \mathbf{s}_1$ and calculate $\mathbf{r}$ from $\mathbf{r} = \mathbf{s}_1 + \mathbf{A} - (\mathbf{s}'\,\mathbf{A})\,\mathbf{s}$

where
$$\mathbf{A} = 10^{-6} \begin{bmatrix} -1{\cdot}625\,57 \\ -0{\cdot}319\,19 \\ -0{\cdot}138\,43 \end{bmatrix}$$

($\mathbf{s}'$ is the transpose of $\mathbf{s}$, so that $\mathbf{s}'\mathbf{A}$ is a scalar product.)

Set $\mathbf{s} = \mathbf{r}/r$ and iterate the expression for $\mathbf{r}$ once or twice until a consistent value for $\mathbf{r}$ is obtained, then calculate:

$$\dot{\mathbf{r}} = \dot{\mathbf{s}}_1 + \dot{\mathbf{A}} - (\mathbf{s}'\dot{\mathbf{A}})\,\mathbf{s} \qquad \text{where} \quad \dot{\mathbf{A}} = 10^{-3} \begin{bmatrix} +1{\cdot}244 \\ -1{\cdot}579 \\ -0.660 \end{bmatrix}$$

5. Calculate the FK4 mean position (α_1, δ_1), proper motion $(\mu_{\alpha 1}, \mu_{\delta 1})$ in seconds of arc per tropical century, parallax (π_1) in seconds of arc and radial velocity (v_1) in km/s for B1950·0, as follows:

Set $\quad (x, y, z) = \mathbf{r}' \quad (\dot{x}, \dot{y}, \dot{z}) = \dot{\mathbf{r}}' \quad$ and $\quad r = (x^2 + y^2 + z^2)^{1/2}$

Then $\quad \cos\alpha_1 \cos\delta_1 = x/r \quad \sin\alpha_1 \cos\delta_1 = y/r \quad \sin\delta_1 = z/r$

$$\mu_{\alpha 1} = (x\dot{y} - y\dot{x})/(x^2 + y^2) \qquad \mu_{\delta 1} = [\dot{z}(x^2 + y^2) - z(x\dot{x} + y\dot{y})]/[r^2(x^2 + y^2)^{1/2}]$$

In step 4 set

$$(x_1, y_1, z_1) = \mathbf{r}'_1 \quad (\dot{x}_1, \dot{y}_1, \dot{z}_1) = \dot{\mathbf{r}}'_1 \quad \text{and} \quad r_1 = (x_1^2 + y_1^2 + z_1^2)^{1/2}$$

then $\quad v_1 = (x_1\dot{x}_1 + y_1\dot{y}_1 + z_1\dot{z}_1)/(21{\cdot}095\,\pi_0\, r_1) \qquad \pi_1 = \pi_0/r_1$

If π_0 is zero, set $v_1 = v_0$

ORIGIN AT SOLAR SYSTEM BARYCENTRE

MEAN EQUATOR AND EQUINOX J2000·0

Date 0^h TDB	X	Y	Z	$\dot{X}$	$\dot{Y}$	$\dot{Z}$
Jan. 0	−0·168 078 359	+0·890 125 625	+0·385 945 638	−1723 5581	− 271 2355	− 117 5605
1	·185 288 028	·887 274 910	·384 710 000	1718 2854	298 8975	129 5631
2	·202 442 254	·884 147 893	·383 354 463	1712 4688	326 4939	141 5395
3	·219 535 578	·880 745 283	·381 879 312	1706 1043	354 0147	153 4852
4	·236 562 501	·877 067 888	·380 284 878	1699 1879	381 4489	165 3950
5	−0·253 517 482	+0·873 116 634	+0·378 571 550	−1691 7152	− 408 7845	− 177 2630
6	·270 394 939	·868 892 573	·376 739 779	1683 6826	436 0076	189 0825
7	·287 189 259	·864 396 908	·374 790 087	1675 0876	463 1027	200 8458
8	·303 894 815	·859 631 005	·372 723 080	1665 9299	490 0521	212 5442
9	·320 505 992	·854 596 413	·370 539 450	1656 2126	516 8372	224 1686
10	−0·337 017 225	+0·849 294 872	+0·368 239 986	−1645 9426	− 543 4390	− 235 7098
11	·353 423 037	·843 728 302	·365 825 558	1635 1307	569 8402	247 1598
12	·369 718 078	·837 898 788	·363 297 116	1623 7908	596 0255	258 5118
13	·385 897 145	·831 808 551	·360 655 666	1611 9386	621 9832	269 7606
14	·401 955 196	·825 459 912	·357 902 258	1599 5901	647 7047	280 9032
15	−0·417 887 344	+0·818 855 264	+0·355 037 963	−1586 7605	− 673 1845	− 291 9378
16	·433 688 847	·811 997 040	·352 063 863	1573 4632	698 4193	302 8640
17	·449 355 087	·804 887 700	·348 981 043	1559 7097	723 4076	313 6820
18	·464 881 553	·797 529 711	·345 790 580	1545 5096	748 1490	324 3927
19	·480 263 813	·789 925 543	·342 493 544	1530 8698	772 6434	334 9969
20	−0·495 497 501	+0·782 077 667	+0·339 090 994	−1515 7955	− 796 8907	− 345 4955
21	·510 578 287	·773 988 553	·335 583 983	1500 2900	820 8907	355 8890
22	·525 501 868	·765 660 682	·331 973 564	1484 3548	844 6419	366 1773
23	·540 263 952	·757 096 552	·328 260 790	1467 9906	868 1420	376 3597
24	·554 860 250	·748 298 690	·324 446 727	1451 1974	891 3875	386 4349
25	−0·569 286 470	+0·739 269 666	+0·320 532 455	−1433 9750	− 914 3737	− 396 4009
26	·583 538 318	·730 012 099	·316 519 081	1416 3232	937 0949	406 2551
27	·597 611 503	·720 528 674	·312 407 736	1398 2422	959 5445	415 9945
28	·611 501 734	·710 822 139	·308 199 585	1379 7328	981 7154	425 6158
29	·625 204 733	·700 895 319	·303 895 826	1360 7958	1003 6003	435 1154
30	−0·638 716 228	+0·690 751 114	+0·299 497 695	−1341 4322	−1025 1910	− 444 4896
31	·652 031 960	·680 392 506	·295 006 465	1321 6432	1046 4794	453 7344
Feb. 1	·665 147 678	·669 822 564	·290 423 453	1301 4298	1067 4563	462 8452
2	·678 059 144	·659 044 453	·285 750 023	1280 7929	1088 1115	471 8171
3	·690 762 128	·648 061 446	·280 987 593	1259 7339	1108 4334	480 6442
4	−0·703 252 422	+0·636 876 941	+0·276 137 645	−1238 2553	−1128 4086	− 489 3197
5	·715 525 851	·625 494 481	·271 201 730	1216 3620	1148 0218	497 8359
6	·727 578 305	·613 917 768	·266 181 484	1194 0620	1167 2564	506 1846
7	·739 405 778	·602 150 670	·261 078 623	1171 3682	1186 0960	514 3578
8	·751 004 413	·590 197 214	·255 894 937	1148 2975	1204 5258	522 3485
9	−0·762 370 540	+0·578 061 557	+0·250 632 278	−1124 8702	−1222 5345	− 530 1518
10	·773 500 702	·565 747 950	·245 292 535	1101 1082	1240 1152	537 7650
11	·784 391 657	·553 260 691	·239 877 613	1077 0323	1257 2649	545 1878
12	·795 040 365	·540 604 087	·234 389 409	1052 6615	1273 9843	552 4215
13	·805 443 956	·527 782 430	·228 829 805	1028 0114	1290 2761	559 4684
14	−0·815 599 704	+0·514 799 978	+0·223 200 655	−1003 0948	−1306 1438	− 566 3311
15	−0·825 504 998	+0·501 660 955	+0·217 503 788	− 977 9220	−1321 5911	− 573 0121

$\dot{X}, \dot{Y}, \dot{Z}$ are in units of 10^{-9} au / d.

MATRIX ELEMENTS FOR CONVERSION FROM
MEAN EQUINOX OF J2000·0 TO TRUE EQUINOX OF DATE

Julian Date	$R_{11}-1$	R_{12}	R_{13}	R_{21}	$R_{22}-1$	R_{23}	R_{31}	R_{32}	$R_{33}-1$
244									
7526·5	− 351	+243 049	+105 624	−243 044	− 295	−4015	−105 634	+3759	− 56
7527·5	351	243 007	105 606	243 003	295	4006	105 616	3749	56
7528·5	351	242 953	105 583	242 949	295	3990	105 592	3733	56
7529·5	351	242 880	105 551	242 876	295	3970	105 561	3713	56
7530·5	350	242 785	105 510	242 781	295	3949	105 519	3693	56
7531·5	− 350	+242 667	+105 459	−242 663	− 295	−3932	−105 468	+3676	− 56
7532·5	350	242 531	105 400	242 527	294	3924	105 409	3669	56
7533·5	349	242 386	105 337	242 382	294	3929	105 346	3674	56
7534·5	349	242 244	105 275	242 240	293	3947	105 284	3692	55
7535·5	348	242 120	105 221	242 116	293	3975	105 231	3721	55
7536·5	− 348	+242 023	+105 179	−242 019	− 293	−4009	−105 189	+3755	− 55
7537·5	348	241 957	105 151	241 953	293	4041	105 160	3786	55
7538·5	348	241 916	105 132	241 911	293	4063	105 142	3808	55
7539·5	348	241 886	105 119	241 881	293	4071	105 129	3817	55
7540·5	348	241 852	105 105	241 848	293	4065	105 114	3811	55
7541·5	− 348	+241 803	+105 083	−241 799	− 292	−4049	−105 093	+3795	− 55
7542·5	347	241 729	105 051	241 725	292	4027	105 061	3773	55
7543·5	347	241 630	105 008	241 626	292	4007	105 018	3753	55
7544·5	347	241 511	104 957	241 507	292	3994	104 966	3740	55
7545·5	346	241 380	104 900	241 376	291	3991	104 909	3738	55
7546·5	− 346	+241 250	+104 843	−241 245	− 291	−4001	−104 853	+3748	− 55
7547·5	346	241 129	104 791	241 125	291	4021	104 800	3769	55
7548·5	345	241 027	104 747	241 023	291	4049	104 756	3797	55
7549·5	345	240 947	104 712	240 943	290	4080	104 722	3828	55
7550·5	345	240 890	104 687	240 885	290	4109	104 696	3857	55
7551·5	− 345	+240 850	+104 670	−240 846	− 290	−4134	−104 679	+3882	− 55
7552·5	345	240 824	104 658	240 819	290	4151	104 668	3899	55
7553·5	345	240 802	104 649	240 798	290	4160	104 658	3908	55
7554·5	345	240 778	104 638	240 773	290	4159	104 648	3907	55
7555·5	345	240 743	104 623	240 739	290	4151	104 633	3899	55
7556·5	− 344	+240 694	+104 602	−240 689	− 290	−4138	−104 611	+3886	− 55
7557·5	344	240 624	104 571	240 620	290	4123	104 581	3872	55
7558·5	344	240 533	104 532	240 529	289	4110	104 541	3859	55
7559·5	344	240 422	104 484	240 418	289	4104	104 493	3852	55
7560·5	343	240 298	104 430	240 293	289	4107	104 439	3856	55
7561·5	− 343	+240 170	+104 374	−240 166	− 288	−4124	−104 384	+3873	− 55
7562·5	343	240 054	104 324	240 050	288	4153	104 333	3902	55
7563·5	342	239 961	104 284	239 957	288	4190	104 293	3939	54
7564·5	342	239 900	104 257	239 896	288	4227	104 267	3977	54
7565·5	342	239 869	104 243	239 864	288	4258	104 253	4007	54
7566·5	− 342	+239 856	+104 238	−239 851	− 288	−4274	−104 247	+4024	− 54
7567·5	342	239 844	104 233	239 840	288	4274	104 242	4024	54
7568·5	342	239 819	104 221	239 814	288	4261	104 231	4011	54
7569·5	342	239 769	104 200	239 765	288	4241	104 210	3991	54
7570·5	342	239 694	104 167	239 690	287	4221	104 177	3971	54
7571·5	− 341	+239 597	+104 125	−239 593	− 287	−4206	−104 135	+3957	− 54
7572·5	− 341	+239 488	+104 078	−239 483	− 287	−4202	−104 087	+3953	− 54

Values are in units of 10^{-8}.

ORIGIN AT SOLAR SYSTEM BARYCENTRE
MEAN EQUATOR AND EQUINOX J2000·0

Date 0ʰ TDB	X	Y	Z	$\dot{X}$	$\dot{Y}$	$\dot{Z}$
Feb. 15	−0·825 504 998	+0·501 660 955	+0·217 503 788	− 977 9220	−1321 5911	− 573 0121
16	·835 157 318	·488 369 547	·211 741 011	952 5011	1336 6212	579 5137
17	·844 554 216	·474 929 911	·205 914 106	926 8387	1351 2371	585 8377
18	·853 693 305	·461 346 179	·200 024 845	900 9400	1365 4406	591 9854
19	·862 572 243	·447 622 469	·194 074 982	874 8094	1379 2330	597 9579
20	−0·871 188 731	+0·433 762 888	+0·188 066 270	− 848 4503	−1392 6146	− 603 7553
21	·879 540 499	·419 771 548	·182 000 460	821 8661	1405 5849	609 3776
22	·887 625 311	·405 652 567	·175 879 304	795 0595	1418 1423	614 8241
23	·895 440 958	·391 410 085	·169 704 567	768 0335	1430 2847	620 0937
24	·902 985 260	·377 048 266	·163 478 025	740 7911	1442 0091	625 1848
25	−0·910 256 069	+0·362 571 308	+0·157 201 472	− 713 3356	−1453 3117	− 630 0956
26	·917 251 273	·347 983 450	·150 876 722	685 6705	1464 1886	634 8238
27	·923 968 794	·333 288 971	·144 505 612	657 7997	1474 6350	639 3671
28	·930 406 593	·318 492 201	·138 090 004	629 7269	1484 6459	643 7229
Mar. 1	·936 562 673	·303 597 523	·131 631 790	601 4562	1494 2157	647 8879
2	−0·942 435 073	+0·288 609 381	+0·125 132 893	− 572 9918	−1503 3375	− 651 8587
3	·948 021 878	·273 532 292	·118 595 277	544 3382	1512 0037	655 6312
4	·953 321 226	·258 370 858	·112 020 948	515 5012	1520 2047	659 2002
5	·958 331 317	·243 129 784	·105 411 970	486 4886	1527 9297	662 5600
6	·963 050 448	·227 813 891	·098 770 466	457 3114	1535 1665	665 7044
7	−0·967 477 046	+0·212 428 121	+0·092 098 620	− 427 9849	−1541 9032	− 668 6275
8	·971 609 715	·196 977 527	·085 398 671	398 5290	1548 1298	671 3243
9	·975 447 273	·181 467 248	·078 672 898	368 9669	1553 8398	673 7922
10	·978 988 781	·165 902 458	·071 923 589	339 3230	1559 0320	676 0314
11	·982 233 537	·150 288 323	·065 153 023	309 6203	1563 7099	678 0445
12	−0·985 181 056	+0·134 629 951	+0·058 363 439	− 279 8785	−1567 8807	− 679 8357
13	·987 831 028	·118 932 369	·051 557 030	250 1130	1571 5535	681 4104
14	·990 183 278	·103 200 511	·044 735 936	220 3357	1574 7375	682 7737
15	·992 237 732	·087 439 219	·037 902 246	190 5553	1577 4415	683 9302
16	·993 994 395	·071 653 255	·031 058 007	160 7783	1579 6731	684 8840
17	−0·995 453 328	+0·055 847 311	+0·024 205 232	− 131 0103	−1581 4385	− 685 6382
18	·996 614 646	·040 026 021	·017 345 901	101 2558	1582 7431	686 1955
19	·997 478 504	·024 193 969	·010 481 972	71 5190	1583 5914	686 5579
20	·998 045 098	+ ·008 355 702	+ ·003 615 386	41 8037	1583 9869	686 7273
21	·998 314 661	− ·007 484 270	− ·003 251 934	− 12 1134	1583 9326	686 7047
22	−0·998 287 460	−0·023 321 459	−0·010 118 072	+ 17 5486	−1583 4308	− 686 4911
23	·997 963 793	·039 151 399	·016 981 122	47 1792	1582 4829	686 0870
24	·997 343 991	·054 969 634	·023 839 177	76 7752	1581 0899	685 4924
25	·996 428 416	·070 771 714	·030 690 334	106 3332	1579 2520	684 7070
26	·995 217 465	·086 553 188	·037 532 680	135 8498	1576 9685	683 7303
27	−0·993 711 571	−0·102 309 597	−0·044 364 298	+ 165 3213	−1574 2386	− 682 5611
28	·991 911 204	·118 036 466	·051 183 257	194 7436	1571 0604	681 1983
29	·989 816 877	·133 729 303	·057 987 612	224 1125	1567 4315	679 6401
30	·987 429 149	·149 383 584	·064 775 401	253 4230	1563 3488	677 8845
31	·984 748 630	·164 994 751	·071 544 635	282 6695	1558 8078	675 9288
Apr. 1	−0·981 775 994	−0·180 558 196	−0·078 293 298	+ 311 8453	−1553 8034	− 673 7698
2	−0·978 511 989	−0·196 069 252	−0·085 019 341	+ 340 9415	−1548 3290	− 671 4040

$\dot{X}$, $\dot{Y}$, $\dot{Z}$ are in units of 10^{-9} au / d.

MATRIX ELEMENTS FOR CONVERSION FROM
MEAN EQUINOX OF J2000·0 TO TRUE EQUINOX OF DATE

Julian Date	$R_{11}-1$	R_{12}	R_{13}	R_{21}	$R_{22}-1$	R_{23}	R_{31}	R_{32}	$R_{33}-1$
244									
7572·5	− 341	+239 488	+104 078	−239 483	− 287	−4202	−104 087	+3953	− 54
7573·5	341	239 377	104 029	239 372	287	4210	104 039	3961	54
7574·5	340	239 274	103 985	239 270	286	4228	103 995	3979	54
7575·5	340	239 188	103 947	239 183	286	4254	103 957	4005	54
7576·5	340	239 122	103 919	239 118	286	4283	103 929	4035	54
7577·5	− 340	+239 078	+103 900	−239 074	− 286	−4313	−103 910	+4064	− 54
7578·5	340	239 054	103 889	239 050	286	4338	103 899	4089	54
7579·5	340	239 044	103 885	239 040	286	4356	103 895	4107	54
7580·5	340	239 041	103 883	239 037	286	4365	103 894	4117	54
7581·5	340	239 037	103 882	239 033	286	4365	103 892	4117	54
7582·5	− 340	+239 026	+103 877	−239 022	− 286	−4357	−103 887	+4108	− 54
7583·5	340	239 001	103 866	238 996	286	4342	103 876	4094	54
7584·5	339	238 957	103 847	238 953	286	4325	103 857	4077	54
7585·5	339	238 893	103 819	238 889	285	4308	103 829	4060	54
7586·5	339	238 809	103 783	238 805	285	4296	103 793	4049	54
7587·5	− 339	+238 711	+103 740	−238 706	− 285	−4292	−103 750	+4045	− 54
7588·5	338	238 605	103 694	238 600	285	4299	103 704	4052	54
7589·5	338	238 502	103 649	238 498	285	4318	103 659	4071	54
7590·5	338	238 416	103 612	238 412	284	4347	103 622	4100	54
7591·5	338	238 357	103 586	238 353	284	4380	103 597	4133	54
7592·5	− 338	+238 329	+103 574	−238 325	− 284	−4410	−103 584	+4163	− 54
7593·5	338	238 325	103 572	238 321	284	4428	103 583	4181	54
7594·5	338	238 331	103 575	238 327	284	4429	103 585	4182	54
7595·5	338	238 328	103 573	238 323	284	4413	103 583	4167	54
7596·5	338	238 301	103 561	238 296	284	4387	103 572	4141	54
7597·5	− 337	+238 244	+103 537	−238 240	− 284	−4358	−103 547	+4112	− 54
7598·5	337	238 162	103 501	238 158	284	4334	103 511	4088	54
7599·5	337	238 064	103 459	238 060	283	4320	103 469	4073	54
7600·5	337	237 962	103 415	237 958	283	4317	103 425	4071	54
7601·5	336	237 867	103 373	237 863	283	4326	103 383	4080	54
7602·5	− 336	+237 787	+103 338	−237 783	− 283	−4343	−103 349	+4097	− 53
7603·5	336	237 727	103 312	237 723	283	4364	103 322	4119	53
7604·5	336	237 688	103 296	237 684	283	4386	103 306	4141	53
7605·5	336	237 669	103 287	237 665	283	4405	103 297	4159	53
7606·5	336	237 665	103 285	237 661	283	4417	103 296	4171	53
7607·5	− 336	+237 669	+103 287	−237 665	− 283	−4420	−103 297	+4175	− 53
7608·5	336	237 674	103 289	237 670	283	4414	103 299	4169	53
7609·5	336	237 673	103 288	237 668	283	4400	103 299	4154	53
7610·5	336	237 658	103 282	237 654	282	4379	103 292	4133	53
7611·5	336	237 626	103 268	237 621	282	4353	103 278	4108	53
7612·5	− 335	+237 573	+103 245	−237 569	− 282	−4328	−103 255	+4083	− 53
7613·5	335	237 501	103 214	237 496	282	4306	103 224	4061	53
7614·5	335	237 413	103 175	237 408	282	4291	103 185	4046	53
7615·5	335	237 315	103 133	237 311	282	4286	103 143	4041	53
7616·5	335	237 218	103 091	237 213	281	4292	103 101	4047	53
7617·5	− 334	+237 131	+103 053	−237 126	− 281	−4308	−103 063	+4063	− 53
7618·5	− 334	+237 065	+103 024	−237 060	− 281	−4330	−103 034	+4086	− 53

Values are in units of 10^{-8}.

POSITION AND VELOCITY OF THE EARTH, 1989

ORIGIN AT SOLAR SYSTEM BARYCENTRE

MEAN EQUATOR AND EQUINOX J2000·0

Date 0^h TDB	X	Y	Z	$\dot{X}$	$\dot{Y}$	$\dot{Z}$
Apr. 1	−0·981 775 994	−0·180 558 196	−0·078 293 298	+ 311 8453	−1553 8034	− 673 7698
2	·978 511 989	·196 069 252	·085 019 341	340 9415	1548 3290	671 4040
3	·974 957 468	·211 523 185	·091 720 675	369 9464	1542 3775	668 8273
4	·971 113 416	·226 915 189	·098 395 173	398 8445	1535 9422	666 0363
5	·966 980 997	·242 240 400	·105 040 678	427 6165	1529 0182	663 0286
6	−0·962 561 581	−0·257 493 920	−0·111 655 021	+ 456 2399	−1521 6045	− 659 8040
7	·957 856 771	·272 670 869	·118 236 042	484 6915	1513 7048	656 3648
8	·952 868 396	·287 766 424	·124 781 619	512 9495	1505 3278	652 7162
9	·947 598 485	·302 775 874	·131 289 690	540 9962	1496 4859	648 8647
10	·942 049 221	·317 694 641	·137 758 263	568 8184	1487 1935	644 8180
11	−0·936 222 895	−0·332 518 288	−0·144 185 422	+ 596 4074	−1477 4644	− 640 5832
12	·930 121 868	·347 242 517	·150 569 321	623 7580	1467 3117	636 1668
13	·923 748 541	·361 863 147	·156 908 170	650 8669	1456 7464	631 5740
14	·917 105 344	·376 376 101	·163 200 229	677 7317	1445 7778	626 8094
15	·910 194 727	·390 777 386	·169 443 798	704 3506	1434 4141	621 8766
16	−0·903 019 157	−0·405 063 088	−0·175 637 210	+ 730 7220	−1422 6621	− 616 7786
17	·895 581 118	·419 229 356	·181 778 828	756 8441	1410 5282	611 5180
18	·887 883 111	·433 272 398	·187 867 037	782 7153	1398 0180	606 0973
19	·879 927 652	·447 188 478	·193 900 247	808 3342	1385 1364	600 5184
20	·871 717 273	·460 973 903	·199 876 882	833 6993	1371 8878	594 7828
21	−0·863 254 516	−0·474 625 024	−0·205 795 386	+ 858 8095	−1358 2761	− 588 8920
22	·854 541 937	·488 138 225	·211 654 209	883 6634	1344 3043	582 8469
23	·845 582 106	·501 509 916	·217 451 810	908 2598	1329 9745	576 6477
24	·836 377 606	·514 736 526	·223 186 651	932 5969	1315 2881	570 2947
25	·826 931 040	·527 814 491	·228 857 189	956 6725	1300 2456	563 7873
26	−0·817 245 037	−0·540 740 250	−0·234 461 880	+ 980 4838	−1284 8467	− 557 1248
27	·807 322 258	·553 510 234	·239 999 164	1004 0270	1269 0904	550 3059
28	·797 165 407	·566 120 860	·245 467 471	1027 2971	1252 9748	543 3292
29	·786 777 247	·578 568 523	·250 865 215	1050 2876	1236 4974	536 1927
30	·776 160 615	·590 849 591	·256 190 787	1072 9899	1219 6552	528 8946
May 1	−0·765 318 447	−0·602 960 401	−0·261 442 561	+1095 3928	−1202 4453	− 521 4330
2	·754 253 805	·614 897 264	·266 618 897	1117 4822	1184 8657	513 8067
3	·742 969 906	·626 656 482	·271 718 146	1139 2409	1166 9165	506 0158
4	·731 470 151	·638 234 372	·276 738 671	1160 6500	1148 6012	498 0622
5	·719 758 136	·649 627 310	·281 678 863	1181 6899	1129 9276	489 9503
6	−0·707 837 644	−0·660 831 769	−0·286 537 170	+1202 3429	−1110 9079	− 481 6865
7	·695 712 615	·671 844 365	·291 312 113	1222 5951	1091 5576	473 2789
8	·683 387 108	·682 661 877	·296 002 297	1242 4375	1071 8939	464 7362
9	·670 865 248	·693 281 254	·300 606 414	1261 8653	1051 9334	456 0667
10	·658 151 189	·703 699 608	·305 123 233	1280 8773	1031 6915	447 2778
11	−0·645 249 085	−0·713 914 191	−0·309 551 593	+1299 4744	−1011 1813	− 438 3756
12	·632 163 079	·723 922 378	·313 890 385	1317 6582	990 4140	429 3652
13	·618 897 292	·733 721 645	·318 138 550	1335 4308	969 3990	420 2507
14	·605 455 828	·743 309 560	·322 295 063	1352 7939	948 1447	411 0355
15	·591 842 775	·752 683 766	·326 358 935	1369 7490	926 6586	401 7228
16	−0·578 062 204	−0·761 841 982	−0·330 329 204	+1386 2976	− 904 9476	− 392 3154
17	−0·564 118 173	−0·770 781 990	−0·334 204 937	+1402 4411	− 883 0181	− 382 8158

$\dot{X}, \dot{Y}, \dot{Z}$ are in units of 10^{-9} au / d.

MATRIX ELEMENTS FOR CONVERSION FROM
MEAN EQUINOX OF J2000·0 TO TRUE EQUINOX OF DATE

Julian Date	$R_{11}-1$	R_{12}	R_{13}	R_{21}	$R_{22}-1$	R_{23}	R_{31}	R_{32}	$R_{33}-1$
244									
7617·5	− 334	+237 131	+103 053	−237 126	− 281	−4308	− 103 063	+4063	− 53
7618·5	334	237 065	103 024	237 060	281	4330	103 034	4086	53
7619·5	334	237 025	103 007	237 021	281	4352	103 017	4108	53
7620·5	334	237 012	103 001	237 008	281	4367	103 011	4123	53
7621·5	334	237 015	103 003	237 011	281	4367	103 013	4123	53
7622·5	− 334	+237 017	+103 003	−237 013	− 281	−4350	− 103 013	+4106	− 53
7623·5	334	237 000	102 996	236 996	281	4318	103 006	4074	53
7624·5	334	236 952	102 975	236 948	281	4280	102 985	4036	53
7625·5	334	236 874	102 941	236 869	281	4243	102 951	3999	53
7626·5	333	236 772	102 897	236 768	280	4215	102 907	3971	53
7627·5	− 333	+236 661	+102 849	−236 657	− 280	−4200	− 102 858	+3956	− 53
7628·5	333	236 554	102 802	236 550	280	4197	102 812	3954	53
7629·5	332	236 461	102 762	236 456	280	4204	102 771	3961	53
7630·5	332	236 387	102 730	236 383	279	4217	102 739	3974	53
7631·5	332	236 336	102 707	236 332	279	4232	102 717	3989	53
7632·5	− 332	+236 305	+102 694	−236 300	− 279	−4244	− 102 704	+4001	− 53
7633·5	332	236 289	102 687	236 285	279	4250	102 697	4007	53
7634·5	332	236 284	102 685	236 280	279	4248	102 694	4005	53
7635·5	332	236 280	102 683	236 276	279	4237	102 693	3994	53
7636·5	332	236 272	102 679	236 268	279	4217	102 689	3975	53
7637·5	− 332	+236 251	+102 670	−236 247	− 279	−4190	− 102 680	+3948	− 53
7638·5	332	236 213	102 654	236 209	279	4159	102 663	3917	53
7639·5	332	236 154	102 628	236 150	279	4127	102 638	3885	53
7640·5	331	236 075	102 594	236 071	279	4097	102 603	3855	53
7641·5	331	235 979	102 552	235 975	279	4074	102 562	3832	53
7642·5	− 331	+235 873	+102 506	−235 869	− 278	−4061	− 102 515	+3819	− 53
7643·5	330	235 765	102 459	235 761	278	4058	102 468	3816	53
7644·5	330	235 665	102 416	235 661	278	4065	102 425	3824	53
7645·5	330	235 582	102 380	235 578	278	4079	102 389	3838	52
7646·5	330	235 523	102 354	235 519	277	4096	102 363	3855	52
7647·5	− 330	+235 488	+102 339	−235 484	− 277	−4108	− 102 348	+3867	− 52
7648·5	330	235 472	102 332	235 468	277	4109	102 341	3868	52
7649·5	330	235 461	102 327	235 457	277	4094	102 337	3853	52
7650·5	330	235 440	102 318	235 436	277	4065	102 327	3824	52
7651·5	329	235 392	102 297	235 388	277	4025	102 306	3784	52
7652·5	− 329	+235 310	+102 262	−235 307	− 277	−3982	− 102 271	+3741	− 52
7653·5	329	235 200	102 214	235 196	277	3946	102 223	3705	52
7654·5	328	235 072	102 158	235 068	276	3921	102 167	3681	52
7655·5	328	234 942	102 102	234 938	276	3911	102 111	3671	52
7656·5	328	234 823	102 050	234 819	276	3913	102 059	3673	52
7657·5	− 327	+234 724	+102 007	−234 720	− 276	−3923	− 102 016	+3683	− 52
7658·5	327	234 648	101 974	234 644	275	3936	101 983	3696	52
7659·5	327	234 594	101 950	234 590	275	3947	101 959	3708	52
7660·5	327	234 558	101 935	234 554	275	3954	101 944	3715	52
7661·5	327	234 533	101 924	234 529	275	3953	101 933	3714	52
7662·5	− 327	+234 513	+101 915	−234 509	− 275	−3944	− 101 924	+3705	− 52
7663·5	− 327	+234 489	+101 905	−234 485	− 275	−3925	− 101 914	+3686	− 52

Values are in units of 10^{-8}.

ORIGIN AT SOLAR SYSTEM BARYCENTRE

MEAN EQUATOR AND EQUINOX J2000·0

Date 0ʰ TDB	X	Y	Z	$\dot{X}$	$\dot{Y}$	$\dot{Z}$
May 17	−0·564 118 173	−0·770 781 990	−0·334 204 937	+1402 4411	− 883 0181	− 382 8158
18	·550 014 727	·779 501 635	·337 985 221	1418 1810	860 8759	373 2262
19	·535 755 892	·787 998 817	·341 669 166	1433 5192	838 5264	363 5484
20	·521 345 678	·796 271 486	·345 255 899	1448 4572	815 9739	353 7839
21	·506 788 076	·804 317 629	·348 744 558	1462 9969	793 2218	343 9336
22	−0·492 087 063	−0·812 135 264	−0·352 134 286	+1477 1395	− 770 2725	− 333 9979
23	·477 246 608	·819 722 427	·355 424 231	1490 8856	747 1274	323 9767
24	·462 270 676	·827 077 160	·358 613 532	1504 2345	723 7867	313 8693
25	·447 163 247	·834 197 508	·361 701 326	1517 1844	700 2501	303 6748
26	·431 928 329	·841 081 507	·364 686 735	1529 7315	676 5167	293 3922
27	−0·416 569 979	−0·847 727 182	−0·367 568 874	+1541 8700	− 652 5853	− 283 0204
28	·401 092 318	·854 132 550	·370 346 844	1553 5920	628 4553	272 5587
29	·385 499 561	·860 295 626	·373 019 746	1564 8874	604 1269	262 0067
30	·369 796 033	·866 214 432	·375 586 681	1575 7439	579 6018	251 3655
31	·353 986 193	·871 887 020	·378 046 765	1586 1475	554 8842	240 6370
June 1	−0·338 074 641	−0·877 311 499	−0·380 399 143	+1596 0836	− 529 9815	− 229 8252
2	·322 066 128	·882 486 067	·382 643 009	1605 5377	504 9043	218 9356
3	·305 965 533	·887 409 051	·384 777 621	1614 4979	479 6670	207 9757
4	·289 777 845	·892 078 929	·386 802 318	1622 9555	454 2861	196 9540
5	·273 508 113	·896 494 354	·388 716 525	1630 9061	428 7795	185 8793
6	−0·257 161 414	−0·900 654 156	−0·390 519 755	+1638 3493	− 403 1643	− 174 7599
7	·240 742 808	·904 557 331	·392 211 600	1645 2880	377 4564	163 6034
8	·224 257 320	·908 203 021	·393 791 720	1651 7269	351 6694	152 4160
9	·207 709 918	·911 590 493	·395 259 833	1657 6716	325 8148	141 2027
10	·191 105 516	·914 719 123	·396 615 701	1663 1278	299 9023	129 9676
11	−0·174 448 972	−0·917 588 375	−0·397 859 124	+1668 1009	− 273 9405	− 118 7142
12	·157 745 091	·920 197 795	·398 989 935	1672 5960	247 9370	107 4456
13	·140 998 630	·922 546 998	·400 007 995	1676 6178	221 8986	96 1645
14	·124 214 297	·924 635 671	·400 913 191	1680 1709	195 8318	84 8732
15	·107 396 758	·926 463 560	·401 705 433	1683 2600	169 7427	73 5741
16	−0·090 550 627	−0·928 030 469	−0·402 384 653	+1685 8899	− 143 6367	− 62 2690
17	·073 680 473	·929 336 252	·402 950 797	1688 0656	117 5182	50 9593
18	·056 790 813	·930 380 803	·403 403 827	1689 7920	91 3907	39 6459
19	·039 886 117	·931 164 043	·403 743 704	1691 0734	65 2563	28 3290
20	·022 970 817	·931 685 910	·403 970 395	1691 9133	39 1160	17 0083
21	−0·006 049 315	−0·931 946 343	−0·404 083 854	+1692 3138	− 12 9695	− 5 6827
22	+ ·010 873 993	·931 945 275	·404 084 029	1692 2745	+ 13 1844	+ 5 6489
23	·027 794 702	·931 682 627	·403 970 853	1691 7932	39 3467	16 9876
24	·044 708 367	·931 158 310	·403 744 249	1690 8647	65 5183	28 3343
25	·061 610 481	·930 372 233	·403 404 139	1689 4818	91 6985	39 6889
26	+0·078 496 457	−0·929 324 319	−0·402 950 448	+1687 6354	+ 117 8851	+ 51 0503
27	·095 361 611	·928 014 525	·402 383 118	1685 3155	144 0733	62 4161
28	·112 201 154	·926 442 871	·401 702 123	1682 5114	170 2559	73 7825
29	·129 010 192	·924 609 460	·400 907 484	1679 2132	196 4226	85 1441
30	·145 783 741	·922 514 513	·399 999 279	1675 4122	222 5608	96 4944
July 1	+0·162 516 741	−0·920 158 389	−0·398 977 660	+1671 1026	+ 248 6555	+ 107 8257
2	+0·179 204 088	−0·917 541 603	−0·397 842 856	+1666 2815	+ 274 6903	+ 119 1299

$\dot{X}, \dot{Y}, \dot{Z}$ are in units of 10^{-9} au / d.

MATRIX ELEMENTS FOR CONVERSION FROM
MEAN EQUINOX OF J2000·0 TO TRUE EQUINOX OF DATE

Julian Date	$R_{11}-1$	R_{12}	R_{13}	R_{21}	$R_{22}-1$	R_{23}	R_{31}	R_{32}	$R_{33}-1$
244									
7663·5	− 327	+234 489	+101 905	−234 485	− 275	−3925	−101 914	+3686	− 52
7664·5	327	234 455	101 890	234 451	275	3900	101 899	3661	52
7665·5	327	234 405	101 868	234 401	275	3869	101 877	3630	52
7666·5	326	234 334	101 837	234 330	275	3837	101 846	3598	52
7667·5	326	234 243	101 798	234 239	274	3806	101 806	3568	52
7668·5	− 326	+234 133	+101 750	−234 129	− 274	−3782	−101 759	+3544	− 52
7669·5	326	234 011	101 697	234 007	274	3767	101 706	3529	52
7670·5	325	233 886	101 643	233 882	274	3763	101 651	3525	52
7671·5	325	233 767	101 591	233 763	273	3770	101 600	3532	52
7672·5	325	233 664	101 547	233 661	273	3784	101 555	3547	52
7673·5	− 324	+233 585	+101 512	−233 581	− 273	−3802	−101 521	+3565	− 52
7674·5	324	233 529	101 488	233 525	273	3817	101 496	3580	52
7675·5	324	233 494	101 472	233 490	273	3823	101 481	3586	52
7676·5	324	233 467	101 461	233 463	273	3816	101 469	3580	52
7677·5	324	233 435	101 447	233 432	273	3795	101 456	3558	52
7678·5	− 324	+233 383	+101 424	−233 380	− 272	−3762	−101 433	+3526	− 52
7679·5	324	233 302	101 389	233 298	272	3724	101 397	3488	51
7680·5	323	233 189	101 340	233 186	272	3689	101 349	3453	51
7681·5	323	233 054	101 281	233 050	272	3663	101 289	3427	51
7682·5	322	232 908	101 218	232 904	271	3652	101 226	3416	51
7683·5	− 322	+232 768	+101 157	−232 765	− 271	−3653	−101 166	+3418	− 51
7684·5	322	232 645	101 104	232 642	271	3666	101 112	3431	51
7685·5	321	232 546	101 061	232 543	270	3683	101 069	3448	51
7686·5	321	232 471	101 028	232 468	270	3702	101 037	3467	51
7687·5	321	232 417	101 005	232 413	270	3716	101 013	3481	51
7688·5	− 321	+232 377	+100 988	−232 374	− 270	−3723	−100 996	+3488	− 51
7689·5	321	232 345	100 974	232 341	270	3722	100 982	3487	51
7690·5	321	232 312	100 959	232 308	270	3712	100 968	3477	51
7691·5	321	232 271	100 941	232 267	270	3694	100 950	3460	51
7692·5	321	232 215	100 917	232 212	270	3671	100 925	3436	51
7693·5	− 320	+232 141	+100 885	−232 137	− 270	−3644	−100 893	+3410	− 51
7694·5	320	232 046	100 843	232 042	269	3620	100 852	3386	51
7695·5	320	231 931	100 794	231 927	269	3600	100 802	3366	51
7696·5	319	231 802	100 737	231 798	269	3588	100 746	3355	51
7697·5	319	231 666	100 679	231 663	268	3588	100 687	3355	51
7698·5	− 319	+231 536	+100 622	−231 532	− 268	−3599	−100 630	+3366	− 51
7699·5	318	231 420	100 572	231 417	268	3620	100 580	3387	51
7700·5	318	231 328	100 532	231 324	268	3645	100 540	3412	51
7701·5	318	231 261	100 503	231 258	267	3668	100 511	3436	51
7702·5	318	231 217	100 484	231 213	267	3684	100 492	3452	51
7703·5	− 318	+231 184	+100 469	−231 181	− 267	−3688	−100 478	+3456	− 51
7704·5	318	231 151	100 455	231 147	267	3678	100 463	3446	51
7705·5	317	231 102	100 434	231 099	267	3656	100 442	3424	50
7706·5	317	231 028	100 401	231 024	267	3627	100 409	3396	50
7707·5	317	230 924	100 356	230 921	267	3599	100 364	3368	50
7708·5	− 317	+230 796	+100 301	−230 792	− 266	−3578	−100 309	+3347	− 50
7709·5	− 316	+230 653	+100 239	−230 649	− 266	−3570	−100 247	+3338	− 50

Values are in units of 10^{-8}.

ORIGIN AT SOLAR SYSTEM BARYCENTRE
MEAN EQUATOR AND EQUINOX J2000·0

Date 0^h TDB	X	Y	Z	$\dot{X}$	$\dot{Y}$	$\dot{Z}$
July 1	+0·162 516 741	−0·920 158 389	−0·398 977 660	+1671 1026	+ 248 6555	+ 107 8257
2	·179 204 088	·917 541 603	·397 842 856	1666 2815	274 6903	119 1299
3	·195 840 667	·914 664 838	·396 595 180	1660 9495	300 6484	130 3987
4	·212 421 387	·911 528 943	·395 235 025	1655 1106	326 5139	141 6244
5	·228 941 210	·908 134 919	·393 762 858	1648 7712	352 2720	152 8002
6	+0·245 395 171	−0·904 483 904	−0·392 179 206	+1641 9397	+ 377 9100	+ 163 9205
7	·261 778 393	·900 577 154	·390 484 649	1634 6248	403 4174	174 9806
8	·278 086 087	·896 416 022	·388 679 808	1626 8357	428 7851	185 9768
9	·294 313 556	·892 001 943	·386 765 337	1618 5811	454 0055	196 9061
10	·310 456 185	·887 336 425	·384 741 918	1609 8692	479 0720	207 7659
11	+0·326 509 442	−0·882 421 037	−0·382 610 257	+1600 7079	+ 503 9785	+ 218 5541
12	·342 468 870	·877 257 407	·380 371 081	1591 1047	528 7194	229 2687
13	·358 330 089	·871 847 216	·378 025 135	1581 0675	553 2899	239 9079
14	·374 088 798	·866 192 193	·375 573 180	1570 6038	577 6853	250 4702
15	·389 740 769	·860 294 105	·373 015 990	1559 7214	601 9022	260 9548
16	+0·405 281 857	−0·854 154 752	−0·370 354 345	+1548 4283	+ 625 9381	+ 271 3612
17	·420 707 991	·847 775 950	·367 589 026	1536 7317	649 7919	281 6897
18	·436 015 166	·841 159 519	·364 720 808	1524 6377	673 4641	291 9414
19	·451 199 435	·834 307 268	·361 750 450	1512 1507	696 9565	302 1179
20	·466 256 876	·827 220 981	·358 678 695	1499 2723	720 2716	312 2211
21	+0·481 183 572	−0·819 902 418	−0·355 506 267	+1486 0012	+ 743 4120	+ 322 2526
22	·495 975 576	·812 353 318	·352 233 879	1472 3329	766 3790	332 2133
23	·510 628 884	·804 575 419	·348 862 239	1458 2608	789 1717	342 1027
24	·525 139 420	·796 570 478	·345 392 070	1443 7769	811 7863	351 9188
25	·539 503 023	·788 340 308	·341 824 120	1428 8732	834 2162	361 6579
26	+0·553 715 461	−0·779 886 802	−0·338 159 184	+1413 5427	+ 856 4518	+ 371 3150
27	·567 772 437	·771 211 960	·334 398 113	1397 7802	878 4812	380 8839
28	·581 669 617	·762 317 911	·330 541 824	1381 5831	900 2909	390 3575
29	·595 402 651	·753 206 924	·326 591 304	1364 9514	921 8662	399 7286
30	·608 967 206	·743 881 418	·322 547 619	1347 8881	943 1923	408 9896
31	+0·622 358 993	−0·734 343 958	−0·318 411 902	+1330 3988	+ 964 2545	+ 418 1336
Aug. 1	·635 573 788	·724 597 253	·314 185 358	1312 4914	985 0393	427 1541
2	·648 607 461	·714 644 137	·309 869 250	1294 1760	1005 5346	436 0456
3	·661 455 985	·704 487 561	·305 464 892	1275 4637	1025 7298	444 8034
4	·674 115 450	·694 130 570	·300 973 640	1256 3661	1045 6162	453 4239
5	+0·686 582 062	−0·683 576 289	−0·296 396 882	+1236 8951	+1065 1867	+ 461 9042
6	·698 852 145	·672 827 908	·291 736 031	1217 0621	1084 4354	470 2421
7	·710 922 135	·661 888 670	·286 992 520	1196 8783	1103 3574	478 4359
8	·722 788 578	·650 761 862	·282 167 797	1176 3543	1121 9486	486 4843
9	·734 448 122	·639 450 813	·277 263 322	1155 5003	1140 2053	494 3861
10	+0·745 897 518	−0·627 958 881	−0·272 280 565	+1134 3266	+1158 1245	+ 502 1406
11	·757 133 622	·616 289 456	·267 221 004	1112 8433	1175 7037	509 7470
12	·768 153 388	·604 445 947	·262 086 119	1091 0607	1192 9412	517 2054
13	·778 953 872	·592 431 774	·256 877 388	1068 9889	1209 8364	524 5162
14	·789 532 233	·580 250 356	·251 596 283	1046 6373	1226 3904	531 6806
15	+0·799 885 715	−0·567 905 095	−0·246 244 258	+1024 0146	+1242 6056	+ 538 7005
16	+0·810 011 642	−0·555 399 361	−0·240 822 747	+1001 1270	+1258 4858	+ 545 5784

$$\dot{X},\ \dot{Y},\ \dot{Z} \text{ are in units of } 10^{-9}\ \text{au}\,/\,\text{d}.$$

MATRIX ELEMENTS FOR CONVERSION FROM
MEAN EQUINOX OF J2000·0 TO TRUE EQUINOX OF DATE

Julian Date	$R_{11}-1$	R_{12}	R_{13}	R_{21}	$R_{22}-1$	R_{23}	R_{31}	R_{32}	$R_{33}-1$
244									
7708·5	− 317	+230 796	+100 301	−230 792	− 266	−3578	−100 309	+3347	− 50
7709·5	316	230 653	100 239	230 649	266	3570	100 247	3338	50
7710·5	316	230 510	100 176	230 506	266	3575	100 184	3344	50
7711·5	315	230 379	100 120	230 376	265	3591	100 128	3361	50
7712·5	315	230 271	100 073	230 267	265	3616	100 081	3385	50
7713·5	− 315	+230 187	+100 037	−230 184	− 265	−3642	−100 045	+3412	− 50
7714·5	315	230 127	100 010	230 124	265	3666	100 019	3436	50
7715·5	315	230 085	99 992	230 081	265	3684	100 000	3454	50
7716·5	315	230 053	99 978	230 050	265	3694	99 986	3464	50
7717·5	315	230 024	99 965	230 020	265	3694	99 974	3464	50
7718·5	− 314	+229 989	+ 99 950	−229 986	− 265	−3686	− 99 958	+3457	− 50
7719·5	314	229 943	99 930	229 939	264	3672	99 938	3442	50
7720·5	314	229 879	99 902	229 875	264	3654	99 910	3424	50
7721·5	314	229 795	99 866	229 792	264	3636	99 874	3406	50
7722·5	314	229 692	99 821	229 689	264	3621	99 829	3392	50
7723·5	− 313	+229 572	+ 99 769	−229 569	− 264	−3614	− 99 777	+3385	− 50
7724·5	313	229 443	99 713	229 440	263	3618	99 721	3389	50
7725·5	313	229 315	99 657	229 311	263	3632	99 665	3404	50
7726·5	312	229 198	99 607	229 195	263	3658	99 615	3430	50
7727·5	312	229 104	99 566	229 101	263	3690	99 574	3462	50
7728·5	− 312	+229 038	+ 99 537	−229 034	− 262	−3722	− 99 545	+3494	− 50
7729·5	312	228 997	99 519	228 993	262	3748	99 528	3520	50
7730·5	312	228 972	99 508	228 968	262	3761	99 517	3533	50
7731·5	312	228 950	99 499	228 946	262	3760	99 507	3533	50
7732·5	311	228 915	99 484	228 911	262	3747	99 492	3519	50
7733·5	− 311	+228 858	+ 99 459	−228 854	− 262	−3726	− 99 467	+3498	− 50
7734·5	311	228 773	99 422	228 769	262	3703	99 430	3476	49
7735·5	311	228 663	99 374	228 660	261	3686	99 382	3459	49
7736·5	310	228 537	99 320	228 534	261	3680	99 328	3453	49
7737·5	310	228 408	99 264	228 404	261	3687	99 272	3460	49
7738·5	− 310	+228 287	+ 99 211	−228 284	− 261	−3705	− 99 219	+3479	− 49
7739·5	310	228 185	99 167	228 182	260	3732	99 175	3506	49
7740·5	309	228 107	99 133	228 104	260	3763	99 141	3537	49
7741·5	309	228 054	99 110	228 050	260	3793	99 118	3567	49
7742·5	309	228 020	99 095	228 016	260	3818	99 103	3592	49
7743·5	− 309	+228 000	+ 99 086	−227 996	− 260	−3835	− 99 095	+3609	− 49
7744·5	309	227 985	99 080	227 981	260	3842	99 088	3616	49
7745·5	309	227 967	99 072	227 964	260	3841	99 080	3615	49
7746·5	309	227 940	99 060	227 937	260	3832	99 069	3606	49
7747·5	309	227 898	99 042	227 894	260	3818	99 050	3593	49
7748·5	− 309	+227 837	+ 99 015	−227 834	− 260	−3803	− 99 024	+3578	− 49
7749·5	308	227 757	98 981	227 754	259	3790	98 989	3565	49
7750·5	308	227 660	98 938	227 656	259	3783	98 947	3558	49
7751·5	308	227 551	98 891	227 547	259	3784	98 899	3559	49
7752·5	307	227 437	98 842	227 433	259	3797	98 850	3572	49
7753·5	− 307	+227 331	+ 98 795	−227 327	− 258	−3821	− 98 804	+3596	− 49
7754·5	− 307	+227 242	+ 98 757	−227 239	− 258	−3853	− 98 766	+3628	− 49

Values are in units of 10^{-8}.

POSITION AND VELOCITY OF THE EARTH, 1989
ORIGIN AT SOLAR SYSTEM BARYCENTRE
MEAN EQUATOR AND EQUINOX J2000·0

Date 0^h TDB	X	Y	Z	$\dot{X}$	$\dot{Y}$	$\dot{Z}$
Aug. 16	+0·810 011 642	−0·555 399 361	−0·240 822 747	+1001 1270	+1258 4858	+ 545 5784
17	·819 907 383	·542 736 478	·235 333 153	977 9777	1274 0361	552 3173
18	·829 570 324	·529 919 724	·229 776 856	954 5665	1289 2609	558 9196
19	·838 997 829	·516 952 336	·224 155 213	930 8897	1304 1630	565 3866
20	·848 187 211	·503 837 540	·218 469 576	906 9408	1318 7422	571 7179
21	+0·857 135 716	−0·490 578 581	−0·212 721 315	+ 882 7131	+1332 9945	+ 577 9110
22	·865 840 522	·477 178 765	·206 911 831	858 2004	1346 9121	583 9616
23	·874 298 761	·463 641 489	·201 042 577	833 3993	1360 4845	589 8639
24	·882 507 544	·449 970 266	·195 115 070	808 3092	1373 6993	595 6112
25	·890 463 992	·436 168 738	·189 130 892	782 9331	1386 5434	601 1969
26	+0·898 165 271	−0·422 240 678	−0·183 091 692	+ 757 2765	+1399 0037	+ 606 6144
27	·905 608 615	·408 189 985	·176 999 184	731 3477	1411 0680	611 8577
28	·912 791 351	·394 020 676	·170 855 137	705 1567	1422 7249	616 9213
29	·919 710 914	·379 736 877	·164 661 372	678 7153	1433 9646	621 8006
30	·926 364 864	·365 342 804	·158 419 752	652 0362	1444 7784	626 4918
31	+0·932 750 890	−0·350 842 753	−0·152 132 173	+ 625 1329	+1455 1592	+ 630 9918
Sept. 1	·938 866 822	·336 241 083	·145 800 560	598 0195	1465 1014	635 2984
2	·944 710 625	·321 542 203	·139 426 855	570 7096	1474 6006	639 4100
3	·950 280 404	·306 750 557	·133 013 012	543 2169	1483 6540	643 3257
4	·955 574 399	·291 870 617	·126 560 995	515 5548	1492 2592	647 0450
5	+0·960 590 977	−0·276 906 871	−0·120 072 767	+ 487 7358	+1500 4151	+ 650 5678
6	·965 328 633	·261 863 816	·113 550 293	459 7724	1508 1209	653 8944
7	·969 785 985	·246 745 952	·106 995 533	431 6768	1515 3768	657 0252
8	·973 961 768	·231 557 779	·100 410 440	403 4607	1522 1831	659 9610
9	·977 854 837	·216 303 784	·093 796 959	375 1360	1528 5414	662 7031
10	+0·981 464 164	−0·200 988 438	−0·087 157 018	+ 346 7141	+1534 4540	+ 665 2533
11	·984 788 832	·185 616 178	·080 492 526	318 2059	1539 9247	667 6138
12	·987 828 026	·170 191 400	·073 805 364	289 6210	1544 9587	669 7877
13	·990 581 022	·154 718 437	·067 097 380	260 9671	1549 5629	671 7789
14	·993 047 152	·139 201 549	·060 370 383	232 2483	1553 7448	673 5912
15	+0·995 225 774	−0·123 644 925	−0·053 626 141	+ 203 4653	+1557 5115	+ 675 2281
16	·997 116 233	·108 052 685	·046 866 397	174 6148	1560 8683	676 6920
17	0·998 717 825	·092 428 919	·040 092 877	145 6908	1563 8168	677 9830
18	1·000 029 784	·076 777 719	·033 307 321	116 6871	1566 3541	679 0987
19	1·001 051 287	·061 103 231	·026 511 501	87 5993	1568 4729	680 0349
20	+1·001 781 485	−0·045 409 689	−0·019 707 241	+ 58 4264	+1570 1631	+ 680 7857
21	1·002 219 542	·029 701 436	·012 896 425	+ 29 1718	1571 4132	681 3450
22	1·002 364 674	− ·013 982 930	− ·006 081 000	− 1571	1572 2119	681 7067
23	1·002 216 185	+ ·001 741 263	+ ·000 737 033	29 5503	1572 5490	681 8658
24	1·001 773 494	·017 466 483	·007 555 626	58 9955	1572 4161	681 8180
25	+1·001 036 147	+0·033 187 994	+0·014 372 693	− 88 4791	+1571 8062	+ 681 5602
26	1·000 003 831	·048 900 999	·021 186 120	117 9868	1570 7140	681 0898
27	0·998 676 378	·064 600 653	·027 993 774	147 5040	1569 1355	680 4052
28	·997 053 769	·080 282 080	·034 793 507	177 0157	1567 0682	679 5054
29	·995 136 133	·095 940 382	·041 583 164	206 5069	1564 5105	678 3902
30	+0·992 923 749	+0·111 570 654	+0·048 360 592	− 235 9628	+1561 4621	+ 677 0596
Oct. 1	+0·990 417 042	+0·127 167 992	+0·055 123 640	− 265 3689	+1557 9240	+ 675 5144

$\dot{X}$, $\dot{Y}$, $\dot{Z}$ are in units of 10^{-9} au / d.

MATRIX ELEMENTS FOR CONVERSION FROM
MEAN EQUINOX OF J2000·0 TO TRUE EQUINOX OF DATE

Julian Date	$R_{11}-1$	R_{12}	R_{13}	R_{21}	$R_{22}-1$	R_{23}	R_{31}	R_{32}	$R_{33}-1$
244									
7754·5	− 307	+227 242	+ 98 757	−227 239	− 258	−3853	− 98 766	+3628	− 49
7755·5	307	227 181	98 730	227 177	258	3887	98 739	3663	49
7756·5	307	227 147	98 716	227 143	258	3918	98 724	3694	49
7757·5	307	227 135	98 710	227 131	258	3937	98 719	3713	49
7758·5	307	227 130	98 708	227 126	258	3941	98 717	3717	49
7759·5	− 307	+227 117	+ 98 702	−227 113	− 258	−3930	− 98 711	+3706	− 49
7760·5	307	227 082	98 687	227 078	258	3910	98 696	3685	49
7761·5	306	227 019	98 660	227 015	258	3886	98 668	3662	49
7762·5	306	226 930	98 621	226 926	258	3866	98 630	3643	49
7763·5	306	226 824	98 575	226 820	257	3857	98 583	3633	49
7764·5	− 306	+226 712	+ 98 526	−226 708	− 257	−3859	− 98 535	+3636	− 49
7765·5	305	226 606	98 480	226 602	257	3874	98 489	3650	49
7766·5	305	226 516	98 442	226 513	257	3897	98 450	3674	49
7767·5	305	226 449	98 412	226 445	256	3925	98 421	3703	48
7768·5	305	226 405	98 393	226 402	256	3954	98 402	3731	48
7769·5	− 305	+226 383	+ 98 383	−226 379	− 256	−3978	− 98 392	+3755	− 48
7770·5	305	226 375	98 380	226 372	256	3994	98 389	3772	48
7771·5	305	226 376	98 380	226 372	256	4002	98 389	3779	48
7772·5	305	226 375	98 380	226 371	256	4000	98 389	3777	48
7773·5	305	226 367	98 376	226 363	256	3990	98 385	3767	48
7774·5	− 305	+226 345	+ 98 367	−226 341	− 256	−3974	− 98 375	+3751	− 48
7775·5	304	226 306	98 350	226 302	256	3955	98 358	3733	48
7776·5	304	226 248	98 324	226 244	256	3938	98 333	3715	48
7777·5	304	226 172	98 291	226 168	256	3924	98 300	3702	48
7778·5	304	226 082	98 253	226 079	256	3918	98 261	3696	48
7779·5	− 304	+225 986	+ 98 211	−225 982	− 255	−3922	− 98 219	+3700	− 48
7780·5	303	225 891	98 170	225 887	255	3936	98 178	3714	48
7781·5	303	225 809	98 134	225 805	255	3959	98 143	3737	48
7782·5	303	225 748	98 108	225 744	255	3988	98 116	3766	48
7783·5	303	225 715	98 093	225 711	255	4015	98 102	3794	48
7784·5	− 303	+225 707	+ 98 089	−225 703	− 255	−4034	− 98 098	+3813	− 48
7785·5	303	225 712	98 092	225 709	255	4039	98 101	3817	48
7786·5	303	225 715	98 093	225 712	255	4026	98 102	3805	48
7787·5	303	225 699	98 086	225 695	255	4001	98 095	3779	48
7788·5	303	225 653	98 066	225 649	255	3969	98 075	3748	48
7789·5	− 302	+225 577	+ 98 033	−225 574	− 255	−3940	− 98 042	+3718	− 48
7790·5	302	225 480	97 991	225 476	254	3919	97 999	3698	48
7791·5	302	225 374	97 945	225 370	254	3911	97 953	3691	48
7792·5	302	225 272	97 901	225 269	254	3916	97 909	3696	48
7793·5	301	225 186	97 863	225 182	254	3931	97 871	3710	48
7794·5	− 301	+225 120	+ 97 834	−225 116	− 253	−3951	− 97 843	+3730	− 48
7795·5	301	225 078	97 816	225 074	253	3971	97 825	3751	48
7796·5	301	225 056	97 807	225 053	253	3989	97 815	3769	48
7797·5	301	225 051	97 804	225 048	253	3999	97 813	3779	48
7798·5	301	225 055	97 806	225 051	253	4001	97 815	3781	48
7799·5	− 301	+225 060	+ 97 808	−225 056	− 253	−3994	− 97 817	+3773	− 48
7800·5	− 301	+225 058	+ 97 807	−225 054	− 253	−3977	− 97 816	+3757	− 48

Values are in units of 10^{-8}.

POSITION AND VELOCITY OF THE EARTH, 1989

ORIGIN AT SOLAR SYSTEM BARYCENTRE

MEAN EQUATOR AND EQUINOX J2000·0

Date 0ʰ TDB	X	Y	Z	$\dot{X}$	$\dot{Y}$	$\dot{Z}$
Oct. 1	+0·990 417 042	+0·127 167 992	+0·055 123 640	− 265 3689	+1557 9240	+ 675 5144
2	·987 616 584	·142 727 506	·061 870 169	294 7109	1553 8976	673 7559
3	·984 523 083	·158 244 326	·068 598 052	323 9751	1549 3858	671 7856
4	·981 137 385	·173 713 614	·075 305 183	353 1482	1544 3918	669 6057
5	·977 460 465	·189 130 567	·081 989 475	382 2175	1538 9196	667 2183
6	+0·973 493 423	+0·204 490 428	+0·088 648 867	− 411 1706	+1532 9741	+ 664 6262
7	·969 237 480	·219 788 489	·095 281 326	439 9957	1526 5607	661 8323
8	·964 693 973	·235 020 104	·101 884 852	468 6815	1519 6859	658 8401
9	·959 864 349	·250 180 695	·108 457 481	497 2176	1512 3574	655 6535
10	·954 750 151	·265 265 768	·114 997 290	525 5949	1504 5838	652 2771
11	+0·949 353 005	+0·280 270 920	+0·121 502 406	− 553 8063	+1496 3751	+ 648 7157
12	·943 674 591	·295 191 854	·127 971 005	581 8480	1487 7418	644 9745
13	·937 716 612	·310 024 375	·134 401 313	609 7196	1478 6941	641 0581
14	·931 480 755	·324 764 383	·140 791 595	637 4244	1469 2401	636 9698
15	·924 968 660	·339 407 837	·147 140 141	664 9684	1459 3840	632 7109
16	+0·918 181 901	+0·353 950 721	+0·153 445 239	− 692 3580	+1449 1254	+ 628 2799
17	·911 122 001	·368 388 988	·159 705 154	719 5972	1438 4593	623 6733
18	·903 790 460	·382 718 521	·165 918 104	746 6857	1427 3774	618 8862
19	·896 188 807	·396 935 120	·172 082 258	773 6183	1415 8707	613 9131
20	·888 318 645	·411 034 491	·178 195 732	800 3855	1403 9308	608 7497
21	+0·880 181 691	+0·425 012 271	+0·184 256 606	− 826 9746	+1391 5514	+ 603 3926
22	·871 779 795	·438 864 042	·190 262 932	853 3712	1378 7286	597 8399
23	·863 114 957	·452 585 358	·196 212 748	879 5605	1365 4604	592 0905
24	·854 189 327	·466 171 765	·202 104 088	905 5273	1351 7468	586 1447
25	·845 005 203	·479 618 814	·207 934 989	931 2568	1337 5892	580 0032
26	+0·835 565 031	+0·492 922 077	+0·213 703 503	− 956 7345	+1322 9901	+ 573 6673
27	·825 871 400	·506 077 155	·219 407 694	981 9462	1307 9529	567 1390
28	·815 927 040	·519 079 689	·225 045 648	1006 8779	1292 4820	560 4205
29	·805 734 820	·531 925 367	·230 615 478	1031 5161	1276 5827	553 5145
30	·795 297 741	·544 609 936	·236 115 324	1055 8474	1260 2612	546 4242
31	+0·784 618 936	+0·557 129 206	+0·241 543 360	−1079 8592	+1243 5244	+ 539 1532
Nov. 1	·773 701 662	·569 479 065	·246 897 799	1103 5393	1226 3803	531 7056
2	·762 549 294	·581 655 483	·252 176 897	1126 8762	1208 8376	524 0856
3	·751 165 318	·593 654 520	·257 378 952	1149 8592	1190 9058	516 2979
4	·739 553 322	·605 472 337	·262 502 313	1172 4786	1172 5952	508 3477
5	+0·727 716 988	+0·617 105 198	+0·267 545 382	−1194 7255	+1153 9167	+ 500 2403
6	·715 660 079	·628 549 484	·272 506 613	1216 5925	1134 8821	491 9813
7	·703 386 424	·639 801 695	·277 384 522	1238 0736	1115 5040	483 5767
8	·690 899 905	·650 858 462	·282 177 682	1259 1650	1095 7953	475 0326
9	·678 204 427	·661 716 544	·286 884 729	1279 8655	1075 7693	466 3550
10	+0·665 303 892	+0·672 372 832	+0·291 504 355	−1300 1770	+1055 4384	+ 457 5493
11	·652 202 167	·682 824 331	·296 035 302	1320 1046	1034 8130	448 6196
12	·638 903 057	·693 068 132	·300 476 342	1339 6553	1013 8998	439 5681
13	·625 410 291	·703 101 376	·304 826 257	1358 8366	992 7013	430 3945
14	·611 727 538	·712 921 201	·309 083 819	1377 6536	971 2155	421 0967
15	+0·597 858 430	+0·722 524 713	+0·313 247 765	−1396 1071	+ 949 4374	+ 411 6709
16	+0·583 806 622	+0·731 908 956	+0·317 316 798	−1414 1928	+ 927 3610	+ 402 1135

$\dot{X}, \dot{Y}, \dot{Z}$ are in units of 10^{-9} au / d.

MATRIX ELEMENTS FOR CONVERSION FROM
MEAN EQUINOX OF J2000·0 TO TRUE EQUINOX OF DATE

Julian Date	$R_{11}-1$	R_{12}	R_{13}	R_{21}	$R_{22}-1$	R_{23}	R_{31}	R_{32}	$R_{33}-1$
244									
7800·5	− 301	+225 058	+ 97 807	−225 054	− 253	−3977	− 97 816	+3757	− 48
7801·5	301	225 043	97 801	225 040	253	3955	97 809	3735	48
7802·5	301	225 012	97 787	225 008	253	3929	97 796	3709	48
7803·5	301	224 961	97 765	224 958	253	3903	97 774	3683	48
7804·5	301	224 893	97 735	224 889	253	3880	97 744	3660	48
7805·5	− 300	+224 810	+ 97 699	−224 806	− 253	−3863	− 97 708	+3644	− 48
7806·5	300	224 718	97 659	224 714	253	3855	97 668	3636	48
7807·5	300	224 625	97 619	224 621	252	3857	97 627	3638	48
7808·5	300	224 540	97 582	224 536	252	3868	97 590	3649	48
7809·5	300	224 471	97 552	224 468	252	3886	97 561	3667	48
7810·5	− 299	+224 426	+ 97 532	−224 422	− 252	−3905	− 97 541	+3686	− 48
7811·5	299	224 405	97 523	224 401	252	3919	97 532	3701	48
7812·5	299	224 402	97 522	224 399	252	3922	97 531	3703	48
7813·5	299	224 405	97 523	224 401	252	3909	97 532	3690	48
7814·5	299	224 394	97 518	224 390	252	3880	97 527	3661	48
7815·5	− 299	+224 355	+ 97 502	−224 352	− 252	−3841	− 97 510	+3622	− 48
7816·5	299	224 282	97 470	224 279	252	3800	97 478	3581	48
7817·5	299	224 181	97 426	224 177	251	3766	97 434	3548	48
7818·5	298	224 063	97 375	224 060	251	3745	97 383	3527	47
7819·5	298	223 946	97 324	223 943	251	3738	97 332	3520	47
7820·5	− 298	+223 843	+ 97 279	−223 840	− 251	−3743	− 97 287	+3525	− 47
7821·5	298	223 761	97 243	223 757	250	3755	97 252	3537	47
7822·5	297	223 703	97 218	223 699	250	3769	97 226	3551	47
7823·5	297	223 667	97 202	223 663	250	3780	97 211	3562	47
7824·5	297	223 648	97 194	223 644	250	3785	97 202	3568	47
7825·5	− 297	+223 639	+ 97 190	−223 635	− 250	−3782	− 97 198	+3564	− 47
7826·5	297	223 632	97 187	223 629	250	3769	97 196	3552	47
7827·5	297	223 621	97 182	223 617	250	3749	97 190	3531	47
7828·5	297	223 597	97 172	223 593	250	3721	97 180	3504	47
7829·5	297	223 556	97 154	223 553	250	3689	97 162	3472	47
7830·5	− 297	+223 497	+ 97 128	−223 494	− 250	−3657	− 97 136	+3440	− 47
7831·5	297	223 419	97 094	223 415	250	3627	97 102	3410	47
7832·5	296	223 325	97 054	223 322	249	3603	97 062	3386	47
7833·5	296	223 222	97 009	223 218	249	3587	97 017	3371	47
7834·5	296	223 115	96 963	223 112	249	3581	96 970	3365	47
7835·5	− 296	+223 015	+ 96 919	−223 011	− 249	−3585	− 96 927	+3368	− 47
7836·5	295	222 928	96 881	222 924	249	3595	96 889	3379	47
7837·5	295	222 861	96 852	222 857	248	3608	96 860	3392	47
7838·5	295	222 816	96 833	222 813	248	3620	96 841	3404	47
7839·5	295	222 791	96 822	222 787	248	3623	96 830	3407	47
7840·5	− 295	+222 775	+ 96 815	−222 772	− 248	−3612	− 96 823	+3397	− 47
7841·5	295	222 755	96 806	222 751	248	3587	96 814	3371	47
7842·5	295	222 712	96 787	222 709	248	3549	96 795	3333	47
7843·5	295	222 637	96 755	222 634	248	3505	96 762	3289	47
7844·5	294	222 528	96 707	222 524	248	3463	96 715	3248	47
7845·5	− 294	+222 393	+ 96 649	−222 390	− 247	−3434	− 96 656	+3219	− 47
7846·5	− 294	+222 251	+ 96 587	−222 248	− 247	−3419	− 96 595	+3204	− 47

Values are in units of 10^{-8}.

ORIGIN AT SOLAR SYSTEM BARYCENTRE

MEAN EQUATOR AND EQUINOX J2000·0

Date 0ʰ TDB	X	Y	Z	$\dot{X}$	$\dot{Y}$	$\dot{Z}$
Nov. 16	+0·583 806 622	+0·731 908 956	+0·317 316 798	−1414 1928	+ 927 3610	+ 402 1135
17	·569 575 831	·741 070 922	·321 289 585	1431 9018	904 9814	392 4213
18	·555 169 882	·750 007 565	·325 164 770	1449 2221	882 2961	382 5930
19	·540 592 730	·758 715 827	·328 940 991	1466 1402	859 3055	372 6286
20	·525 848 464	·767 192 666	·332 616 893	1482 6424	836 0123	362 5294
21	+0·510 941 312	+0·775 435 080	+0·336 191 139	−1498 7155	+ 812 4213	+ 352 2979
22	·495 875 627	·783 440 121	·339 662 419	1514 3468	788 5389	341 9370
23	·480 655 886	·791 204 910	·343 029 458	1529 5248	764 3722	331 4502
24	·465 286 680	·798 726 644	·346 291 017	1544 2382	739 9291	320 8416
25	·449 772 706	·806 002 601	·349 445 897	1558 4766	715 2184	310 1152
26	+0·434 118 766	+0·813 030 150	+0·352 492 943	−1572 2296	+ 690 2493	+ 299 2755
27	·418 329 765	·819 806 758	·355 431 046	1585 4875	665 0318	288 3275
28	·402 410 699	·826 329 994	·358 259 149	1598 2409	639 5769	277 2764
29	·386 366 657	·832 597 543	·360 976 249	1610 4813	613 8963	266 1279
30	·370 202 810	·838 607 210	·363 581 403	1622 2008	588 0028	254 8882
Dec. 1	+0·353 924 400	+0·844 356 934	+0·366 073 731	−1633 3928	+ 561 9098	+ 243 5638
2	·337 536 730	·849 844 789	·368 452 419	1644 0521	535 6317	232 1614
3	·321 045 147	·855 068 999	·370 716 723	1654 1749	509 1832	220 6880
4	·304 455 027	·860 027 936	·372 865 967	1663 7593	482 5794	209 1506
5	·287 771 756	·864 720 121	·374 899 545	1672 8052	455 8356	197 5561
6	+0·271 000 710	+0·869 144 231	+0·376 816 921	−1681 3147	+ 428 9668	+ 185 9113
7	·254 147 235	·873 299 087	·378 617 623	1689 2921	401 9871	174 2222
8	·237 216 619	·877 183 647	·380 301 235	1696 7441	374 9096	162 4942
9	·220 214 076	·880 796 989	·381 867 391	1703 6793	347 7449	150 7313
10	·203 144 723	·884 138 281	·383 315 754	1710 1076	320 5006	138 9359
11	+0·186 013 582	+0·887 206 748	+0·384 646 002	−1716 0384	+ 293 1804	+ 127 1084
12	·168 825 588	·890 001 637	·385 857 811	1721 4792	265 7847	115 2476
13	·151 585 618	·892 522 182	·386 950 835	1726 4337	238 3110	103 3510
14	·134 298 539	·894 767 586	·387 924 704	1730 9006	210 7561	91 4163
15	·116 969 248	·896 737 027	·388 779 028	1734 8749	183 1180	79 4418
16	+0·099 602 712	+0·898 429 669	+0·389 513 406	−1738 3481	+ 155 3967	+ 67 4273
17	·082 203 988	·899 844 694	·390 127 445	1741 3106	127 5952	55 3741
18	·064 778 235	·900 981 324	·390 620 768	1743 7525	99 7191	43 2849
19	·047 330 704	·901 838 851	·390 993 036	1745 6648	71 7759	31 1635
20	·029 866 732	·902 416 650	·391 243 946	1747 0393	43 7749	19 0143
21	+0·012 391 733	+0·902 714 190	+0·391 373 245	−1747 8692	+ 15 7260	+ 6 8420
22	− ·005 088 817	·902 731 045	·391 380 727	1748 1486	− 12 3604	− 5 3482
23	·022 569 385	·902 466 895	·391 266 239	1747 8720	40 4731	17 5511
24	·040 044 387	·901 921 532	·391 029 681	1747 0346	68 6009	29 7612
25	·057 508 193	·901 094 866	·390 671 009	1745 6320	96 7319	41 9729
26	−0·074 955 131	+0·899 986 927	+0·390 190 237	−1743 6603	− 124 8533	− 54 1801
27	·092 379 491	·898 597 876	·389 587 443	1741 1161	152 9518	66 3763
28	·109 775 536	·896 928 015	·388 862 771	1737 9970	181 0128	78 5546
29	·127 137 512	·894 977 795	·388 016 436	1734 3022	209 0211	90 7076
30	·144 459 663	·892 747 822	·387 048 728	1730 0323	236 9606	102 8279
31	−0·161 736 251	+0·890 238 866	+0·385 960 013	−1725 1904	− 264 8150	− 114 9078
32	−0·178 961 581	+0·887 451 861	+0·384 750 730	−1719 7816	− 292 5679	− 126 9401

$\dot{X}, \dot{Y}, \dot{Z}$ are in units of 10^{-9} au / d.

MATRIX ELEMENTS FOR CONVERSION FROM
MEAN EQUINOX OF J2000·0 TO TRUE EQUINOX OF DATE

Julian Date	$R_{11}-1$	R_{12}	R_{13}	R_{21}	$R_{22}-1$	R_{23}	R_{31}	R_{32}	$R_{33}-1$
244									
7846·5	− 294	+222 251	+ 96 587	−222 248	− 247	−3419	− 96 595	+3204	− 47
7847·5	293	222 118	96 529	222 114	247	3418	96 537	3204	47
7848·5	293	222 005	96 480	222 002	246	3428	96 488	3213	47
7849·5	293	221 918	96 443	221 915	246	3441	96 450	3227	47
7850·5	293	221 855	96 415	221 852	246	3453	96 423	3239	47
7851·5	− 292	+221 813	+ 96 397	−221 810	− 246	−3460	− 96 404	+3246	− 47
7852·5	292	221 783	96 384	221 779	246	3459	96 391	3245	47
7853·5	292	221 757	96 373	221 754	246	3449	96 380	3235	47
7854·5	292	221 728	96 360	221 724	246	3430	96 367	3217	46
7855·5	292	221 688	96 343	221 685	246	3405	96 350	3191	46
7856·5	− 292	+221 633	+ 96 319	−221 630	− 246	−3375	− 96 326	+3161	− 46
7857·5	292	221 559	96 286	221 556	245	3343	96 294	3130	46
7858·5	292	221 466	96 246	221 462	245	3314	96 253	3101	46
7859·5	291	221 356	96 198	221 353	245	3291	96 205	3078	46
7860·5	291	221 235	96 146	221 232	245	3275	96 153	3063	46
7861·5	− 291	+221 110	+ 96 092	−221 107	− 244	−3270	− 96 098	+3057	− 46
7862·5	290	220 990	96 039	220 987	244	3274	96 046	3062	46
7863·5	290	220 882	95 993	220 879	244	3286	96 000	3074	46
7864·5	290	220 794	95 954	220 791	244	3302	95 961	3090	46
7865·5	290	220 728	95 926	220 724	244	3318	95 933	3106	46
7866·5	− 289	+220 681	+ 95 905	−220 678	− 244	−3327	− 95 912	+3115	− 46
7867·5	289	220 647	95 890	220 644	243	3325	95 897	3114	46
7868·5	289	220 613	95 876	220 610	243	3310	95 883	3098	46
7869·5	289	220 564	95 855	220 561	243	3282	95 862	3070	46
7870·5	289	220 489	95 822	220 486	243	3246	95 829	3034	46
7871·5	− 289	+220 380	+ 95 775	−220 377	− 243	−3209	− 95 781	+2998	− 46
7872·5	288	220 242	95 715	220 239	243	3179	95 721	2969	46
7873·5	288	220 087	95 647	220 084	242	3164	95 654	2953	46
7874·5	288	219 932	95 580	219 929	242	3163	95 587	2953	46
7875·5	287	219 793	95 520	219 790	242	3176	95 527	2966	46
7876·5	− 287	+219 680	+ 95 471	−219 677	− 241	−3196	− 95 477	+2986	− 46
7877·5	287	219 595	95 434	219 592	241	3217	95 440	3007	46
7878·5	286	219 533	95 407	219 530	241	3234	95 414	3024	46
7879·5	286	219 488	95 387	219 485	241	3243	95 394	3034	46
7880·5	286	219 451	95 371	219 448	241	3243	95 378	3034	46
7881·5	− 286	+219 413	+ 95 355	−219 410	− 241	−3235	− 95 362	+3026	− 46
7882·5	286	219 367	95 335	219 364	241	3219	95 342	3010	45
7883·5	286	219 308	95 309	219 305	241	3197	95 316	2988	45
7884·5	286	219 231	95 275	219 228	240	3174	95 282	2965	45
7885·5	285	219 135	95 234	219 132	240	3152	95 240	2944	45
7886·5	− 285	+219 021	+ 95 184	−219 019	− 240	−3135	− 95 191	+2927	− 45
7887·5	285	218 895	95 130	218 892	240	3126	95 136	2918	45
7888·5	284	218 763	95 072	218 760	239	3127	95 079	2919	45
7889·5	284	218 634	95 016	218 631	239	3137	95 023	2930	45
7890·5	284	218 517	94 966	218 515	239	3157	94 972	2950	45
7891·5	− 284	+218 420	+ 94 923	−218 417	− 239	−3182	− 94 930	+2975	− 45
7892·5	− 283	+218 346	+ 94 891	−218 343	− 238	−3207	− 94 898	+3000	− 45

Values are in units of 10^{-8}.

Reduction for polar motion

The rotation of the Earth is represented by a diurnal rotation around a reference axis whose motion with respect to the inertial reference frame is represented by the theories of precession and nutation. This reference axis does not coincide with the axis of figure (maximum moment of inertia) of the Earth, but moves slowly (in a terrestrial reference frame) in a quasi-circular path around it. The reference axis is the celestial ephemeris pole (normal to the true equator) and its motion with respect to the terrestrial reference frame is known as polar motion. The maximum amplitude of the polar motion is typically about $0''\cdot3$ (corresponding to a displacement of about 9 m on the surface of the Earth) and the principal periods are about 365 and 428 days. The motion is affected by unpredictable geophysical forces and is determined from observations of stars, of radio sources and of appropriate satellites of the Earth.

The pole and zero (Greenwich) meridian of the terrestrial reference frame are defined implicitly by the adoption of a set of coordinates for the instruments that are used to determine UT and polar motion from astronomical observations. (The pole of this system is known as the conventional international origin.) The position of the terrestrial reference frame with respect to the true equator and equinox of date is defined by successive rotations through two small angles x, y and the Greenwich apparent sidereal time θ. The angles x, y correspond to the coordinates of the celestial ephemeris pole with respect to the terrestrial pole measured along the meridians at longitudes $0°$ and $270°$ ($90°$ west). Current values of the coordinates of the pole for use in the reduction of observations are published by the Bureau International de l'Heure, while values from 1970 January 1 to 1984 April 1 are given on page K10. An 80-year long series of values on a consistent basis has been published by the International Polar Motion Service. The coordinates x and y are usually measured in seconds of arc.

Polar motion causes variations in the zenith distance and azimuth of the celestial ephemeris pole and hence in the values of terrestrial latitude (ϕ) and longitude (λ) that are determined from direct astronomical observations of latitude and time. To first order, the departures from the mean values ϕ_m, λ_m are given by:

$$\Delta\phi = x \cos \lambda_m - y \sin \lambda_m \quad \text{and} \quad \Delta\lambda = (x \sin \lambda_m + y \cos \lambda_m) \tan \phi_m$$

The variation in longitude must be taken into account in the determination of GMST, and hence of UT, from observations.

The rigorous transformation of a vector $\mathbf{p}_3$ with respect to the celestial frame of the true equator and equinox of date to the corresponding vector $\mathbf{p}_4$ with respect to the terrestrial frame is given by the formula:

$$\mathbf{p}_4 = \mathbf{R}_2(-x)\,\mathbf{R}_1(-y)\,\mathbf{R}_3(\theta)\,\mathbf{p}_3$$

and conversely,

$$\mathbf{p}_3 = \mathbf{R}_3(-\theta)\,\mathbf{R}_1(y)\,\mathbf{R}_2(x)\,\mathbf{p}_4$$

where $\mathbf{R}_1(\alpha)$, $\mathbf{R}_2(\alpha)$, $\mathbf{R}_3(\alpha)$ are, respectively, the matrices:

$$\begin{bmatrix} 1 & 0 & 0 \\ 0 & \cos\alpha & \sin\alpha \\ 0 & -\sin\alpha & \cos\alpha \end{bmatrix} \quad \begin{bmatrix} \cos\alpha & 0 & -\sin\alpha \\ 0 & 1 & 0 \\ \sin\alpha & 0 & \cos\alpha \end{bmatrix} \quad \begin{bmatrix} \cos\alpha & \sin\alpha & 0 \\ -\sin\alpha & \cos\alpha & 0 \\ 0 & 0 & 1 \end{bmatrix}$$

corresponding to rotations α about the x, y and z axes. The vector $\mathbf{p}$ could represent, for example, the coordinates of a point on the Earth's surface or of a satellite in orbit around the Earth.

Reduction for diurnal parallax and diurnal aberration

The computation of diurnal parallax and aberration due to the displacement of the observer from the centre of the Earth requires a knowledge of the geocentric coordinates (ρ, geocentric distance in units of the Earth's equatorial radius, and ϕ', geocentric latitude, see page K5) of the place of observation and the local sidereal time (θ_0) of the observation (see page B6).

For bodies whose equatorial horizontal parallax (π) normally amounts to only a few seconds of arc the corrections for diurnal parallax in right ascension and declination (in the sense geocentric place *minus* topocentric place) are given by:

$$\Delta\alpha = \pi(\rho \cos \phi' \sin h \sec \delta)$$
$$\Delta\delta = \pi(\rho \sin \phi' \cos \delta - \rho \cos \phi' \cos h \sin \delta)$$

where h is the local hour angle ($\theta_0 - \alpha$) and π may be calculated from $8''{\cdot}794$ divided by the geocentric distance of the body (in au). For the Moon (and other very close bodies) more precise formulae are required (see page D3).

The corrections for diurnal aberration in right ascension and declination (in the sense apparent place *minus* mean place) are given by:

$$\Delta\alpha = 0^{s}{\cdot}0213 \ \rho \cos \phi' \cos h \sec \delta \qquad \Delta\delta = 0''{\cdot}319 \ \rho \cos \phi' \sin h \sin \delta$$

For a body at transit the local hour angle (h) is zero and so $\Delta\delta$ is zero, but

$$\Delta\alpha = \pm 0^{s}{\cdot}0213 \ \rho \cos \phi' \sec \delta$$

where the plus and minus signs are used for the upper and lower transits, respectively; this may be regarded as a correction to the time of transit.

Alternatively, the effects may be computed in rectangular coordinates using the following expressions for the geocentric coordinates and velocity components of the observer with respect to the celestial equatorial reference frame:

$$\text{position:} \quad (a\rho \cos \phi' \cos \theta_0, \ a\rho \cos \phi' \sin \theta_0, \ a\rho \sin \phi')$$
$$\text{velocity:} \quad (-a\omega\rho \cos \phi' \sin \theta_0, \ a\omega\rho \cos \phi' \cos \theta_0, \ 0)$$

where θ_0 is the local sidereal time (mean or apparent as appropriate), a is the equatorial radius of the Earth and ω the angular velocity of the Earth.

$$\theta_0 = \text{Greenwich sidereal time} + \text{east longitude}$$
$$a\omega = 0{\cdot}464 \text{ km/s} = 0{\cdot}268 \times 10^{-3} \text{ au/d} \qquad c = 2{\cdot}998 \times 10^{5} \text{ km/s} = 173{\cdot}14 \text{ au/d}$$
$$a\omega/c = 1{\cdot}55 \times 10^{-6} \text{ rad} = 0''{\cdot}319 = 0^{s}{\cdot}0213$$

These geocentric position and velocity vectors of the observer are added to the barycentric position and velocity of the Earth's centre, respectively, to obtain the corresponding barycentric vectors of the observer.

Conversion to altitude and azimuth

It is convenient to use the local hour angle (h) as an intermediary in the conversion from the apparent right ascension (α) and declination (δ) to the azimuth (A) and altitude (a). The local apparent sidereal time (θ_0) corresponding to the UT of the observation must be determined first (see page B6). The formulae are:

$$\theta_0 = \text{GMST} + \lambda + \text{equation of equinoxes}$$
$$h = \theta_0 - \alpha$$
$$\cos a \sin A = -\cos \delta \sin h$$
$$\cos a \cos A = \ \ \sin \delta \cos \phi - \cos \delta \cos h \sin \phi$$
$$\sin a \qquad\quad = \ \ \sin \delta \sin \phi + \cos \delta \cos h \cos \phi$$

where azimuth (A) is measured from the north through east in the plane of the horizon, altitude (a) is measured perpendicular to the horizon, and λ, ϕ are the astronomical values of the east longitude and latitude of the place of observation. The plane of

Conversion to altitude and azimuth (continued)

the horizon is defined to be perpendicular to the apparent direction of gravity. Zenith distance is given by $z = 90° - a$.

For most purposes the values of the geodetic longitude and latitude may be used but in some cases the effects of local gravity anomalies and polar motion must be included. For full precision, the values of α, δ must be corrected for diurnal parallax and diurnal aberration. The inverse formulae are:

$$\cos \delta \sin h = -\cos a \sin A$$
$$\cos \delta \cos h = \sin a \cos \phi - \cos a \cos A \sin \phi$$
$$\sin \delta = \sin a \sin \phi + \cos a \cos A \cos \phi$$

Correction for refraction

For most astronomical purposes the effect of refraction in the Earth's atmosphere is to decrease the zenith distance (computed by the formulae of the previous section) by an amount R that depends on the zenith distance and on the meteorological conditions at the site. A simple expression for R for zenith distances less than 75° (altitudes greater than 15°) is:

$$R = 0°{\cdot}004\ 52\ P \tan z / (273 + T)$$
$$= 0°{\cdot}004\ 52\ P / ((273 + T) \tan a)$$

where T is the temperature (°C) and P is the barometric pressure (millibars). This formula is usually accurate to about $0'{\cdot}1$ for altitudes above 15°, but the error increases rapidly at lower altitudes, especially in abnormal meteorological conditions. For altitudes below 15° use the approximate formula:

$$R = P(0{\cdot}1594 + 0{\cdot}0196\ a + 0{\cdot}000\ 02\ a^2) / [(273 + T)(1 + 0{\cdot}505\ a + 0{\cdot}0845\ a^2)]$$

where the altitude (a) is in degrees.

DETERMINATION OF LATITUDE AND AZIMUTH

Use of the Polaris Table

The table on pages B64–B67 gives data for obtaining latitude from an observed altitude of Polaris (suitably corrected for instrumental errors and refraction) and the azimuth of this star (measured from north, positive to the east and negative to the west), for all hour angles and northern latitudes. The six tabulated quantities, each given to a precision of $0'{\cdot}1$, are a_0, a_1, a_2, referring to the correction to altitude, and b_0, b_1, b_2, to the azimuth.

$$\text{latitude} = \text{corrected observed altitude} + a_0 + a_1 + a_2$$
$$\text{azimuth} = (b_0 + b_1 + b_2)/\cos(\text{latitude})$$

The table is to be entered with the local sidereal time of observation (LST), and gives the values of a_0, b_0 directly; interpolation, with maximum differences of $0'{\cdot}7$, can be done mentally. In the same vertical column, the values of a_1, b_1 are found with the latitude, and those of a_2, b_2 with the date, as argument. Thus all six quantities can, if desired, be extracted together. The errors due to the adoption of a mean value of the local sidereal time for each of the subsidiary tables have been reduced to a minimum, and the total error is not likely to exceed $0'{\cdot}2$. Interpolation between columns should not be attempted.

The observed altitude must be corrected for refraction before being used to determine the astronomical latitude of the place of observation. Both the latitude and the azimuth so obtained are affected by local gravity anomalies.

Pole Star formulae

The formulae below provide a method for obtaining latitude from the observed altitude of one of the pole stars, *Polaris* or σ Octantis, and an assumed *east* longitude of the observer λ. In addition, the azimuth of a pole star may be calculated from an assumed *east* longitude λ and the observed altitude a, or from λ and an assumed latitude ϕ. An error of $0°\!\cdot\!002$ in a or $0°\!\cdot\!1$ in λ will produce an error of about $0°\!\cdot\!002$ in the calculated latitude. Likewise an error of $0°\!\cdot\!03$ in λ, a or ϕ will produce an error of about $0°\!\cdot\!002$ in the calculated azimuth for latitudes below $70°$.

Step 1. Calculate the Greenwich hour angle GHA and polar distance p, in degrees, from expressions of the form:

$$\text{GHA} = a_0 + a_1 L + a_2 \sin L + a_3 \cos L + 15\,t$$
$$p = a_0 + a_1 L + a_2 \sin L + a_3 \cos L$$

where
$$L = 0°\!\cdot\!985\,65\,d$$
$$d = \text{day of year (from pages B2–B3)} + t/24$$

and where the coefficients a_0, a_1, a_2, a_3 are given in the table below, t is the universal time in hours, d is the interval in days from 1989 January 0 at 0^h UT to the time of observation, and the quantity L is in degrees. In the above formulae d is required to two decimals of a day, L to two decimals of a degree and t to three decimals of an hour.

Step 2. Calculate the local hour angle LHA from:

$$\text{LHA} = \text{GHA} + \lambda \quad \text{(add or subtract multiples of } 360°)$$

where λ is the assumed longitude measured east from the Greenwich meridian.

Form the quantities: $\qquad S = p \sin(\text{LHA}) \qquad C = p \cos(\text{LHA})$

Step 3. The latitude of the place of observation, in degrees, is given by:

$$\text{latitude} = a - C + 0\!\cdot\!0087\,S^2 \tan a$$

where a is the observed altitude of the pole star after correction for instrument error and atmospheric refraction.

Step 4. The azimuth of the pole star, in degrees, is given by:

$$\text{azimuth of } Polaris = -S/\cos a$$
$$\text{azimuth of } \sigma \text{ Octantis} = 180° + S/\cos a$$

where azimuth is measured eastwards around the horizon from north.

In step 4, if a has not been observed, use the quantity:

$$a = \phi + C - 0\!\cdot\!0087\,S^2 \tan \phi$$

where ϕ is an assumed latitude, taken to be positive in either hemisphere.

POLE STAR COEFFICIENTS FOR 1989

	Polaris		σ Octantis	
	GHA	p	GHA	p
	°	°	°	°
a_0	64·69	0·7830	144·85	0·9984
a_1	0·999 14	$-0\cdot0000\,118$	0·999 35	0·0000 119
a_2	0·34	$-0\cdot0020$	0·17	0·0042
a_3	$-0\cdot18$	$-0\cdot0051$	0·26	$-0\cdot0033$

POLARIS TABLE, 1989

LST	0ʰ a_0	0ʰ b_0	1ʰ a_0	1ʰ b_0	2ʰ a_0	2ʰ b_0	3ʰ a_0	3ʰ b_0	4ʰ a_0	4ʰ b_0	5ʰ a_0	5ʰ b_0
m												
0	−38·2	+27·3	−43·9	+16·3	−46·6	+ 4·2	−46·1	− 8·2	−42·4	−20·0	−35·8	−30·4
3	38·5	26·8	44·1	15·8	46·7	3·6	46·0	8·8	42·1	20·5	35·4	30·9
6	38·9	26·3	44·3	15·2	46·7	3·0	45·9	9·4	41·9	21·1	34·9	31·3
9	39·2	25·7	44·5	14·6	46·7	2·4	45·7	10·0	41·6	21·7	34·5	31·8
12	39·5	25·2	44·7	14·0	46·8	1·8	45·6	10·6	41·3	22·2	34·1	32·2
15	−39·9	+24·7	−44·9	+13·4	−46·8	+ 1·1	−45·5	−11·2	−41·0	−22·7	−33·7	−32·7
18	40·2	24·2	45·0	12·8	46·8	+ 0·5	45·3	11·8	40·7	23·3	33·3	33·1
21	40·5	23·6	45·2	12·2	46·8	− 0·1	45·2	12·4	40·4	23·8	32·8	33·5
24	40·8	23·1	45·4	11·6	46·8	0·7	45·0	13·0	40·1	24·4	32·4	34·0
27	41·1	22·6	45·5	11·0	46·8	1·4	44·8	13·6	39·7	24·9	31·9	34·4
30	−41·4	+22·0	−45·7	+10·4	−46·8	− 2·0	−44·6	−14·2	−39·4	−25·4	−31·5	−34·8
33	41·7	21·5	45·8	9·8	46·7	2·6	44·4	14·8	39·1	25·9	31·0	35·2
36	41·9	20·9	45·9	9·2	46·7	3·2	44·2	15·4	38·7	26·4	30·6	35·6
39	42·2	20·3	46·0	8·6	46·6	3·8	44·0	16·0	38·4	27·0	30·1	36·0
42	42·5	19·8	46·1	7·9	46·6	4·5	43·8	16·5	38·0	27·5	29·6	36·4
45	−42·7	+19·2	−46·2	+ 7·3	−46·5	− 5·1	−43·6	−17·1	−37·7	−28·0	−29·1	−36·8
48	43·0	18·6	46·3	6·7	46·5	5·7	43·4	17·7	37·3	28·5	28·7	37·2
51	43·2	18·1	46·4	6·1	46·4	6·3	43·1	18·3	36·9	28·9	28·2	37·6
54	43·5	17·5	46·5	5·5	46·3	6·9	42·9	18·8	36·5	29·4	27·7	37·9
57	43·7	16·9	46·6	4·9	46·2	7·5	42·6	19·4	36·2	29·9	27·2	38·3
60	−43·9	+16·3	−46·6	+ 4·2	−46·1	− 8·2	−42·4	−20·0	−35·8	−30·4	−26·7	−38·6

Lat.	a_1	b_1	a_1	b_1	a_1	b_1	a_1	b_1	a_1	b_1	a_1	b_1
°												
0	−·1	−·3	·0	−·2	·0	·0	·0	+·2	−·1	+·3	−·2	+·4
10	−·1	−·3	·0	−·1	·0	·0	·0	+·2	−·1	+·3	−·2	+·3
20	−·1	−·2	·0	−·1	·0	·0	·0	+·2	−·1	+·2	−·1	+·3
30	·0	−·2	·0	−·1	·0	·0	·0	+·1	−·1	+·2	−·1	+·2
40	·0	−·1	·0	·0	·0	·0	·0	+·1	·0	+·1	−·1	+·1
45	·0	−·1	·0	·0	·0	·0	·0	·0	·0	+·1	·0	+·1
50	·0	·0	·0	·0	·0	·0	·0	·0	·0	·0	·0	·0
55	·0	+·1	·0	·0	·0	·0	·0	·0	·0	−·1	·0	−·1
60	·0	+·1	·0	+·1	·0	·0	·0	−·1	·0	−·2	+·1	−·2
62	·0	+·2	·0	+·1	·0	·0	·0	−·1	+·1	−·2	+·1	−·2
64	+·1	+·2	·0	+·1	·0	·0	·0	−·2	+·1	−·2	+·1	−·3
66	+·1	+·3	·0	+·1	·0	·0	·0	−·2	+·1	−·3	+·2	−·3

Month	a_2	b_2	a_2	b_2	a_2	b_2	a_2	b_2	a_2	b_2	a_2	b_2
Jan.	+·1	−·1	+·1	−·1	+·1	−·1	+·2	·0	+·2	·0	+·1	+·1
Feb.	·0	−·2	+·1	−·2	+·2	−·2	+·2	−·1	+·2	−·1	+·3	·0
Mar.	−·1	−·3	·0	−·3	+·1	−·3	+·2	−·3	+·2	−·2	+·3	−·2
Apr.	−·2	−·3	−·1	−·4	−·1	−·4	·0	−·4	+·1	−·4	+·2	−·3
May	−·3	−·2	−·3	−·3	−·2	−·4	−·1	−·4	·0	−·4	+·1	−·4
June	−·4	−·1	−·4	−·2	−·3	−·2	−·2	−·3	−·1	−·4	·0	−·4
July	−·3	+·1	−·4	·0	−·3	−·1	−·3	−·2	−·3	−·2	−·2	−·3
Aug.	−·2	+·2	−·3	+·2	−·3	+·1	−·3	·0	−·3	−·1	−·3	−·1
Sept.	·0	+·3	−·1	+·3	−·2	+·2	−·3	+·2	−·3	+·1	−·3	·0
Oct.	+·1	+·3	+·1	+·3	·0	+·4	−·1	+·3	−·2	+·3	−·3	+·2
Nov.	+·3	+·3	+·2	+·3	+·2	+·4	·0	+·4	−·1	+·4	−·2	+·4
Dec.	+·4	+·1	+·4	+·2	+·3	+·3	+·2	+·4	+·1	+·4	·0	+·5

Latitude = Corrected observed altitude of *Polaris* + $a_0 + a_1 + a_2$

Azimuth of *Polaris* = $(b_0 + b_1 + b_2) / \cos(\text{latitude})$

LST	6ʰ a_0	6ʰ b_0	7ʰ a_0	7ʰ b_0	8ʰ a_0	8ʰ b_0	9ʰ a_0	9ʰ b_0	10ʰ a_0	10ʰ b_0	11ʰ a_0	11ʰ b_0
m												
0	−26·7	−38·6	−15·8	−44·2	−3·8	−46·7	+8·4	−46·0	+20·0	−42·2	+30·2	−35·5
3	26·2	39·0	15·2	44·4	3·2	46·7	9·0	45·9	20·6	41·9	30·7	35·1
6	25·6	39·3	14·6	44·6	2·6	46·8	9·6	45·7	21·1	41·6	31·2	34·7
9	25·1	39·7	14·0	44·8	2·0	46·8	10·2	45·6	21·6	41·3	31·6	34·3
12	24·6	40·0	13·4	44·9	1·4	46·8	10·8	45·5	22·2	41·1	32·1	33·9
15	−24·1	−40·3	−12·8	−45·1	−0·7	−46·8	+11·4	−45·3	+22·7	−40·8	+32·5	−33·5
18	23·6	40·6	12·2	45·3	−0·1	46·8	12·0	45·2	23·2	40·5	32·9	33·1
21	23·0	40·9	11·7	45·4	+0·5	46·8	12·6	45·0	23·8	40·1	33·4	32·6
24	22·5	41·2	11·1	45·6	1·1	46·8	13·2	44·8	24·3	39·8	33·8	32·2
27	21·9	41·5	10·5	45·7	1·7	46·8	13·7	44·6	24·8	39·5	34·2	31·8
30	−21·4	−41·8	−9·9	−45·8	+2·3	−46·7	+14·3	−44·4	+25·3	−39·2	+34·6	−31·3
33	20·8	42·1	9·3	46·0	2·9	46·7	14·9	44·3	25·8	38·8	35·0	30·9
36	20·3	42·3	8·7	46·1	3·5	46·6	15·5	44·0	26·4	38·5	35·4	30·4
39	19·7	42·6	8·1	46·2	4·2	46·6	16·1	43·8	26·9	38·2	35·8	29·9
42	19·2	42·8	7·5	46·3	4·8	46·5	16·6	43·6	27·4	37·8	36·2	29·5
45	−18·6	−43·1	−6·8	−46·4	+5·4	−46·5	+17·2	−43·4	+27·8	−37·4	+36·6	−29·0
48	18·1	43·3	6·2	46·4	6·0	46·4	17·8	43·2	28·3	37·1	37·0	28·5
51	17·5	43·5	5·6	46·5	6·6	46·3	18·3	42·9	28·8	36·7	37·3	28·0
54	16·9	43·8	5·0	46·6	7·2	46·2	18·9	42·7	29·3	36·3	37·7	27·6
57	16·3	44·0	4·4	46·6	7·8	46·1	19·5	42·4	29·8	35·9	38·1	27·1
60	−15·8	−44·2	−3·8	−46·7	+8·4	−46·0	+20·0	−42·2	+30·2	−35·5	+38·4	−26·6

Lat.	a_1	b_1	a_1	b_1	a_1	b_1	a_1	b_1	a_1	b_1	a_1	b_1
°												
0	−·3	+·3	−·4	+·2	−·4	·0	−·3	−·2	−·3	−·3	−·2	−·4
10	−·3	+·3	−·3	+·1	−·3	·0	−·3	−·2	−·2	−·3	−·1	−·3
20	−·2	+·2	−·3	+·1	−·3	·0	−·2	−·2	−·2	−·2	−·1	−·3
30	−·2	+·2	−·2	+·1	−·2	·0	−·2	−·1	−·1	−·2	−·1	−·2
40	−·1	+·1	−·1	·0	−·1	·0	−·1	−·1	−·1	−·1	−·1	−·1
45	·0	+·1	−·1	·0	−·1	·0	−·1	·0	·0	−·1	·0	−·1
50	·0	·0	·0	·0	·0	·0	·0	·0	·0	·0	·0	·0
55	+·1	−·1	+·1	·0	+·1	·0	+·1	·0	+·1	+·1	·0	+·1
60	+·1	−·1	+·2	−·1	+·2	·0	+·2	+·1	+·1	+·2	+·1	+·2
62	+·2	−·2	+·2	−·1	+·2	·0	+·2	+·1	+·2	+·2	+·1	+·2
64	+·2	−·2	+·3	−·1	+·3	·0	+·2	+·2	+·2	+·2	+·1	+·3
66	+·3	−·3	+·3	−·1	+·3	·0	+·3	+·2	+·2	+·3	+·2	+·3

Month	a_2	b_2	a_2	b_2	a_2	b_2	a_2	b_2	a_2	b_2	a_2	b_2
Jan.	+·1	+·1	+·1	+·1	+·1	+·1	·0	+·2	·0	+·2	−·1	+·1
Feb.	+·2	·0	+·2	+·1	+·2	+·2	+·1	+·2	+·1	+·2	·0	+·3
Mar.	+·3	−·1	+·3	·0	+·3	+·1	+·3	+·2	+·2	+·2	+·2	+·3
Apr.	+·3	−·2	+·4	−·1	+·4	−·1	+·4	·0	+·4	+·1	+·3	+·2
May	+·2	−·3	+·3	−·3	+·4	−·2	+·4	−·1	+·4	·0	+·4	+·1
June	+·1	−·4	+·2	−·4	+·2	−·3	+·3	−·2	+·4	−·1	+·4	·0
July	−·1	−·3	·0	−·4	+·1	−·3	+·2	−·3	+·2	−·3	+·3	−·2
Aug.	−·2	−·2	−·2	−·3	−·1	−·3	·0	−·3	+·1	−·3	+·1	−·3
Sept.	−·3	·0	−·3	−·1	−·2	−·2	−·2	−·3	−·1	−·3	·0	−·3
Oct.	−·3	+·1	−·3	+·1	−·4	·0	−·3	−·1	−·3	−·2	−·2	−·3
Nov.	−·3	+·3	−·3	+·2	−·4	+·2	−·4	·0	−·4	−·1	−·4	−·2
Dec.	−·1	+·4	−·2	+·4	−·3	+·3	−·4	+·2	−·4	+·1	−·5	·0

Latitude = Corrected observed altitude of *Polaris* + a_0 + a_1 + a_2

Azimuth of *Polaris* = $(b_0 + b_1 + b_2)$ / cos (latitude)

LST	12^h		13^h		14^h		15^h		16^h		17^h	
	a_0	b_0	a_0	b_0	a_0	b_0	a_0	b_0	a_0	b_0	a_0	b_0
m	′	′	′	′	′	′	′	′	′	′	′	′
0	+38·4	−26·6	+44·0	−15·9	+46·6	−4·1	+46·1	+7·9	+42·5	+19·4	+36·1	+29·6
3	38·8	26·1	44·2	15·3	46·7	3·5	46·0	8·5	42·3	19·9	35·7	30·1
6	39·1	25·6	44·4	14·7	46·7	2·9	45·9	9·1	42·0	20·5	35·3	30·6
9	39·4	25·1	44·6	14·1	46·7	2·3	45·8	9·7	41·7	21·0	34·9	31·0
12	39·7	24·5	44·8	13·6	46·8	1·7	45·6	10·3	41·5	21·6	34·5	31·5
15	+40·1	−24·0	+44·9	−13·0	+46·8	−1·1	+45·5	+10·9	+41·2	+22·1	+34·1	+31·9
18	40·4	23·5	45·1	12·4	46·8	−0·5	45·4	11·4	40·9	22·6	33·6	32·4
21	40·7	23·0	45·3	11·8	46·8	+0·1	45·2	12·0	40·6	23·2	33·2	32·8
24	41·0	22·5	45·4	11·2	46·8	0·7	45·0	12·6	40·3	23·7	32·8	33·2
27	41·3	21·9	45·6	10·6	46·8	1·3	44·9	13·2	40·0	24·2	32·3	33·6
30	+41·5	−21·4	+45·7	−10·1	+46·8	+1·9	+44·7	+13·8	+39·6	+24·7	+31·9	+34·1
33	41·8	20·8	45·8	9·5	46·7	2·5	44·5	14·3	39·3	25·2	31·4	34·5
36	42·1	20·3	45·9	8·9	46·7	3·1	44·3	14·9	39·0	25·7	31·0	34·9
39	42·4	19·8	46·0	8·3	46·6	3·7	44·1	15·5	38·6	26·2	30·5	35·3
42	42·6	19·2	46·2	7·7	46·6	4·3	43·9	16·1	38·3	26·7	30·1	35·7
45	+42·9	−18·7	+46·2	−7·1	+46·5	+4·9	+43·7	+16·6	+37·9	+27·2	+29·6	+36·1
48	43·1	18·1	46·3	6·5	46·5	5·5	43·5	17·2	37·6	27·7	29·1	36·5
51	43·3	17·5	46·4	5·9	46·4	6·1	43·3	17·7	37·2	28·2	28·6	36·8
54	43·6	17·0	46·5	5·3	46·3	6·7	43·0	18·3	36·8	28·7	28·2	37·2
57	43·8	16·4	46·6	4·7	46·2	7·3	42·8	18·9	36·5	29·2	27·7	37·6
60	+44·0	−15·9	+46·6	−4·1	+46·1	+7·9	+42·5	+19·4	+36·1	+29·6	+27·2	+37·9

Lat.	a_1	b_1	a_1	b_1	a_1	b_1	a_1	b_1	a_1	b_1	a_1	b_1
°												
0	−·1	−·3	·0	−·2	·0	·0	·0	+·2	−·1	+·3	−·2	+·4
10	−·1	−·3	·0	−·1	·0	·0	·0	+·2	−·1	+·3	−·2	+·3
20	−·1	−·2	·0	−·1	·0	·0	·0	+·2	−·1	+·2	−·1	+·3
30	·0	−·2	·0	−·1	·0	·0	·0	+·1	−·1	+·2	−·1	+·2
40	·0	−·1	·0	·0	·0	·0	·0	+·1	·0	+·1	−·1	+·1
45	·0	−·1	·0	·0	·0	·0	·0	·0	·0	+·1	·0	+·1
50	·0	·0	·0	·0	·0	·0	·0	·0	·0	·0	·0	·0
55	·0	+·1	·0	·0	·0	·0	·0	·0	·0	−·1	·0	−·1
60	·0	+·1	·0	+·1	·0	·0	·0	−·1	·0	−·2	+·1	−·2
62	·0	+·2	·0	+·1	·0	·0	·0	−·1	+·1	−·2	+·1	−·2
64	+·1	+·2	·0	+·1	·0	·0	·0	−·2	+·1	−·2	+·1	−·3
66	+·1	+·3	·0	+·1	·0	·0	·0	−·2	+·1	−·3	+·2	−·3

Month	a_2	b_2	a_2	b_2	a_2	b_2	a_2	b_2	a_2	b_2	a_2	b_2
Jan.	−·1	+·1	−·1	+·1	−·1	+·1	−·2	·0	−·2	·0	−·1	−·1
Feb.	·0	+·2	−·1	+·2	−·2	+·2	−·2	+·1	−·2	+·1	−·3	·0
Mar.	+·1	+·3	·0	+·3	−·1	+·3	−·2	+·3	−·2	+·2	−·3	+·2
Apr.	+·2	+·3	+·1	+·4	+·1	+·4	·0	+·4	−·1	+·4	−·2	+·3
May	+·3	+·2	+·3	+·3	+·2	+·4	+·1	+·4	·0	+·4	−·1	+·4
June	+·4	+·1	+·4	+·2	+·3	+·2	+·2	+·3	+·1	+·4	·0	+·4
July	+·3	−·1	+·4	·0	+·3	+·1	+·3	+·2	+·3	+·2	+·2	+·3
Aug.	+·2	−·2	+·3	−·2	+·3	−·1	+·3	·0	+·3	+·1	+·3	+·1
Sept.	·0	−·3	+·1	−·3	+·2	−·2	+·3	−·2	+·3	−·1	+·3	·0
Oct.	−·1	−·3	−·1	−·3	·0	−·4	+·1	−·3	+·2	−·3	+·3	−·2
Nov.	−·3	−·3	−·2	−·3	−·2	−·4	·0	−·4	+·1	−·4	+·2	−·4
Dec.	−·4	−·1	−·4	−·2	−·3	−·3	−·2	−·4	−·1	−·4	·0	−·5

Latitude = Corrected observed altitude of *Polaris* + $a_0 + a_1 + a_2$

Azimuth of *Polaris* = $(b_0 + b_1 + b_2) / \cos(\text{latitude})$

LST	18^h a_0	b_0	19^h a_0	b_0	20^h a_0	b_0	21^h a_0	b_0	22^h a_0	b_0	23^h a_0	b_0
m												
0	+27·2	+37·9	+16·4	+43·7	+ 4·6	+46·5	− 7·7	+46·2	−19·4	+42·7	−29·8	+36·3
3	26·7	38·3	15·9	43·9	3·9	46·6	8·3	46·1	19·9	42·5	30·3	35·9
6	26·2	38·6	15·3	44·1	3·3	46·7	8·9	46·0	20·5	42·2	30·7	35·5
9	25·7	39·0	14·7	44·3	2·7	46·7	9·5	45·9	21·0	42·0	31·2	35·1
12	25·2	39·3	14·1	44·5	2·1	46·7	10·1	45·8	21·6	41·7	31·6	34·7
15	+24·6	+39·6	+13·5	+44·7	+ 1·5	+46·8	−10·7	+45·7	−22·1	+41·4	−32·1	+34·3
18	24·1	39·9	13·0	44·9	0·9	46·8	11·3	45·5	22·7	41·1	32·5	33·8
21	23·6	40·3	12·4	45·0	+ 0·3	46·8	11·9	45·4	23·2	40·8	33·0	33·4
24	23·1	40·6	11·8	45·2	− 0·3	46·8	12·5	45·2	23·7	40·5	33·4	33·0
27	22·5	40·9	11·2	45·4	1·0	46·8	13·0	45·1	24·3	40·2	33·8	32·5
30	+22·0	+41·2	+10·6	+45·5	− 1·6	+46·8	−13·6	+44·9	−24·8	+39·9	−34·3	+32·1
33	21·5	41·4	10·0	45·6	2·2	46·8	14·2	44·7	25·3	39·5	34·7	31·6
36	20·9	41·7	9·4	45·8	2·8	46·7	14·8	44·5	25·8	39·2	35·1	31·2
39	20·4	42·0	8·8	45·9	3·4	46·7	15·4	44·3	26·3	38·9	35·5	30·7
42	19·8	42·3	8·2	46·0	4·0	46·7	16·0	44·1	26·8	38·5	35·9	30·2
45	+19·3	+42·5	+ 7·6	+46·1	− 4·6	+46·6	−16·5	+43·9	−27·3	+38·2	−36·3	+29·7
48	18·7	42·8	7·0	46·2	5·2	46·6	17·1	43·7	27·8	37·8	36·7	29·3
51	18·1	43·0	6·4	46·3	5·8	46·5	17·7	43·5	28·3	37·4	37·1	28·8
54	17·6	43·2	5·8	46·4	6·5	46·4	18·3	43·2	28·8	37·1	37·4	28·3
57	17·0	43·5	5·2	46·5	7·1	46·3	18·8	43·0	29·3	36·7	37·8	27·8
60	+16·4	+43·7	+ 4·6	+46·5	− 7·7	+46·2	−19·4	+42·7	−29·8	+36·3	−38·2	+27·3

Lat.	a_1	b_1	a_1	b_1	a_1	b_1	a_1	b_1	a_1	b_1	a_1	b_1
°												
0	−·3	+·3	−·4	+·2	−·4	·0	−·3	−·2	−·3	−·3	−·2	−·4
10	−·3	+·3	−·3	+·1	−·3	·0	−·3	−·2	−·2	−·3	−·1	−·3
20	−·2	+·2	−·3	+·1	−·3	·0	−·2	−·2	−·2	−·2	−·1	−·3
30	−·2	+·2	−·2	+·1	−·2	·0	−·2	−·1	−·1	−·2	−·1	−·2
40	−·1	+·1	−·1	·0	−·1	·0	−·1	−·1	−·1	−·1	−·1	−·1
45	·0	+·1	−·1	·0	−·1	·0	−·1	·0	·0	−·1	·0	−·1
50	·0	·0	·0	·0	·0	·0	·0	·0	·0	·0	·0	·0
55	+·1	−·1	+·1	·0	+·1	·0	+·1	·0	+·1	+·1	·0	+·1
60	+·1	−·1	+·2	−·1	+·2	·0	+·2	+·1	+·1	+·2	+·1	+·2
62	+·2	−·2	+·2	−·1	+·2	·0	+·2	+·1	+·2	+·2	+·1	+·2
64	+·2	−·2	+·3	−·1	+·3	·0	+·2	+·2	+·2	+·2	+·1	+·3
66	+·3	−·3	+·3	−·1	+·3	·0	+·3	+·2	+·2	+·3	+·2	+·3

Month	a_2	b_2	a_2	b_2	a_2	b_2	a_2	b_2	a_2	b_2	a_2	b_2
Jan.	−·1	−·1	−·1	−·1	−·1	−·1	·0	−·2	·0	−·2	+·1	−·1
Feb.	−·2	·0	−·2	−·1	−·2	−·2	−·1	−·2	−·1	−·2	·0	−·3
Mar.	−·3	+·1	−·3	·0	−·3	−·1	−·3	−·2	−·2	−·2	−·2	−·3
Apr.	−·3	+·2	−·4	+·1	−·4	+·1	−·4	·0	−·4	−·1	−·3	−·2
May	−·2	+·3	−·3	+·3	−·4	+·2	−·4	+·1	−·4	·0	−·4	−·1
June	−·1	+·4	−·2	+·4	−·2	+·3	−·3	+·2	−·4	+·1	−·4	·0
July	+·1	+·3	·0	+·4	−·1	+·3	−·2	+·3	−·2	+·3	−·3	+·2
Aug.	+·2	+·2	+·2	+·3	+·1	+·3	·0	+·3	−·1	+·3	−·1	+·3
Sept.	+·3	·0	+·3	+·1	+·2	+·2	+·2	+·3	+·1	+·3	·0	+·3
Oct.	+·3	−·1	+·3	−·1	+·4	·0	+·3	+·1	+·3	+·2	+·2	+·3
Nov.	+·3	−·3	+·3	−·2	+·4	−·2	+·4	·0	+·4	+·1	+·4	+·2
Dec.	+·1	−·4	+·2	−·4	+·3	−·3	+·4	−·2	+·4	−·1	+·5	·0

Latitude = Corrected observed altitude of *Polaris* + a_0 + a_1 + a_2

Azimuth of *Polaris* = $(b_0 + b_1 + b_2) / \cos(\text{latitude})$

CONTENTS OF SECTION C

Notes and formulas
    Mean orbital elements of the Sun... C1
    Lengths of principal years.. C1
    Apparent ecliptic coordinates of the Sun C2
    Time of transit of the Sun.. C2
    Equation of time C2
    Geocentric rectangular coordinates of the Sun.................................... C2
    Elements of rotation of the Sun C3
    Heliographic coordinates... C3
Synodic rotation numbers C3
Ecliptic and equatorial coordinates of the Sun—daily ephemeris............ C4
Heliographic coordinates, horizontal parallax, semidiameter and time of
    ephemeris transit—daily ephemeris... C5
Geocentric rectangular coordinates of the Sun—daily ephemeris............ C20
Low-precision formulas for the Sun's coordinates and the equation of time................. C24

See also
Phenomena A1
Sunrise, sunset and twilight A12
Solar eclipses A79
Position and velocity of the Earth with respect to the solar system barycenter............. B42

NOTES AND FORMULAS

Mean orbital elements of the Sun

Mean elements of the orbit of the Sun, referred to the mean equinox and ecliptic of date, are given by the following expressions. The time argument d is the interval in days from 1989 January 0, 0^h TDT. These expressions are intended for use only during the year of this volume.

d = JD – 244 7526.5 = day of year (from B2–B3) + fraction of day from 0^h TDT.

Geometric mean longitude: $279°.642\ 160 + 0.985\ 647\ 36\ d$

Mean longitude of perigee: $282°.749\ 176 + 0.000\ 047\ 07\ d$

Mean anomaly: $356°.892\ 984 + 0.985\ 600\ 28\ d$

Eccentricity: $0.016\ 712\ 96 – 0.000\ 000\ 0012\ d$

Mean obliquity of the ecliptic with respect to the mean equator of date:
$$23°.440\ 722 – 0.000\ 000\ 36\ d$$

The position of the ecliptic of date with respect to the ecliptic of the standard epoch is given by formulas on page B18.

Accurate osculating elements of the Earth/Moon barycenter are given on pages E3 and E4.

Lengths of principal years

The lengths of the principal years at 1989.0 as derived from the Sun's mean motion are:

		d	d h m s
tropical year	(equinox to equinox)	365.242 191	365 05 48 45.3
sidereal year	(fixed star to fixed star)	365.256 363	365 06 09 09.8
anomalistic year	(perigee to perigee)	365.259 635	365 06 13 52.5
eclipse year	(node to node)	346.620 072	346 14 52 54.2

NOTES AND FORMULAS

Apparent ecliptic coordinates of the Sun

The apparent longitude may be computed from the geometric longitude tabulated on pages C4 – C18 using:

apparent longitude = tabulated longitude + nutation in longitude $(\Delta\psi) - 20''.496 / R$

where $\Delta\psi$ is tabulated on pages B24–B31 and R is the true distance; the tabulated longitude is the geometric longitude with respect to the mean equinox of date. The apparent latitude is equal to the geometric latitude to the precision of tabulation.

Time of transit of the Sun

The quantity tabulated as "Ephemeris Transit" on pages C5–C19 is the TDT of transit of the Sun over the ephemeris meridian, which is at the longitude 1.002 738 ΔT east of the prime (Greenwich) meridian; in this expression ΔT is the difference TDT – UT. The TDT of transit of the Sun over a local meridian is obtained by interpolation where the first differences are about 24 hours. The interpolation factor p is given by:

$$p = -\lambda + 1.002\ 738\ \Delta T$$

where λ is the east longitude and the right-hand side is expressed in days. (Divide longitude in degrees by 360 and ΔT in seconds by 86 400). During 1989 it is expected that ΔT will be about 57 seconds, so that the second term is about +0.000 66 days.

The UT of transit is obtained by subtracting ΔT from the TDT of transit obtained by interpolation.

Equation of time

The equation of time is defined so that:

local mean solar time = local apparent solar – equation of time.

To obtain the equation of time to a precision of about 1 second it is sufficient to use:

equation of time at 12^h UT = 12^h – tabulated value of TDT of ephemeris transit.

Alternatively it may be calculated for any instant during 1989 in seconds of time to a precision of about 3 seconds directly from the expression:

equation of time = $- 105.8 \sin L + 596.2 \sin 2L + 4.4 \sin 3L - 12.7 \sin 4L$
$$- 429.0 \cos L - 2.1 \cos 2L + 19.3 \cos 3L$$

where L is the mean longitude of the Sun, given by:

$$L = 279°.642 + 0.985\ 647\ d$$

and where d is the interval in days from 1989 January 0 at 0^h UT, given by:

$$d = \text{day of year (from B2–B3)} + \text{fraction of day from } 0^h \text{ UT}$$

Geocentric rectangular coordinates of the Sun

The geocentric equatorial rectangular coordinates of the Sun are given, in au, on pages C20 – C23 and are referred to the mean equator and equinox of J2000.0. The x-axis is directed towards the equinox, the y-axis towards the point on the equator at right ascension 6^h, and the z-axis towards the north pole of the equator.

These geocentric rectangular coordinates (x, y, z) may be used to convert an object's heliocentric rectangular coordinates (x_0, y_0, z_0) to the corresponding geometric geocentric rectangular coordinates (ξ_0, η_0, ζ_0) by means of the formulas:

$$\xi_0 = x_0 + x \qquad\qquad \eta_0 = y_0 + y \qquad\qquad \zeta_0 = z_0 + z$$

See pages B36 – B39 for a rigorous method of forming an apparent place of an object in the solar system.

NOTES AND FORMULAS

Elements of the rotation of Sun

The mean elements of the rotation of the Sun during 1989 are given by:

Longitude of the ascending node of the solar equator:

on the ecliptic of date, 75°.61   on the mean equator of date, 16°.10

Inclination of the solar equator:

on the ecliptic of date, 7°.25   on the mean equator of date, 26°.15

The mean position of the pole of the solar equator is at:

right ascension, 286°.10   declination, 63°.85

Sidereal period of rotation of the prime meridian is 25.38 days.
Mean synodic period of rotation of the prime meridian is 27.2753 days.

These data are derived from elements given by R. C. Carrington (*Observations of the Spots on the Sun*, p. 244, 1863).

Heliographic coordinates

The values of P (position angle of the northern extremity of the axis of rotation, measured eastwards from the north point of the disk), B_0 and L_0 (the heliographic latitude and longitude of the central point of the disk) are for 0^h UT; they may be interpolated linearly. The H.P. and semidiameter are given for 0^h TDT, but may be regarded as being for 0^h UT.

If ρ_1, θ are the observed angular distance and position angle of a sunspot from the center of the disk of the Sun as seen from the Earth, and ρ is the heliocentric angular distance of the spot on the solar surface from the center of the Sun's disk, then

$$\sin (\rho + \rho_1) = \rho_1 / S$$

where S is the semidiameter of the Sun. The position angle is measured from the north point of the disk towards the east.

The formulas for the computation of the heliographic coordinates (L, B) of a sunspot (or other feature on the surface of the Sun) from (ρ, θ) are as follows:

$$\sin B = \sin B_0 \cos \rho + \cos B_0 \sin \rho \cos (P - \theta)$$
$$\cos B \sin (L - L_0) = \sin \rho \sin (P - \theta)$$
$$\cos B \cos (L - L_0) = \cos \rho \cos B_0 - \sin B_0 \sin \rho \cos (P - \theta)$$

where B is measured positive to the north of the solar equator and L is measured from 0° to 360° in the direction of rotation of the Sun, i.e., westwards on the apparent disk as seen from the Earth.

SYNODIC ROTATION NUMBERS, 1989

Number	Date of Commencement			Number	Date of Commencement			Number	Date of Commencement		
1810	1988	Dec.	12.84	1815	1989	Apr.	28.42	1820	1989	Sept.	11.52
1811	1989	Jan.	9.17	1816		May	25.64	1821		Oct.	8.79
1812		Feb.	5.51	1817		June	21.85	1822		Nov.	5.09
1813		Mar.	4.85	1818		July	19.05	1823		Dec.	2.40
1814		Apr.	1.16	1819		Aug.	15.27	1824		Dec.	29.73

At the date of commencement of each synodic rotation period the value of L_0 is zero; that is, the prime meridian passes through the central point of the disk.

SUN, 1989

FOR 0ʰ DYNAMICAL TIME

Date		Julian Date	Ecliptic Long. for Mean Equinox of Date	Ecliptic Lat.	Apparent Right Ascension	Apparent Declination	True Geocentric Distance
		244	° ′ ″	″	h m s	° ′ ″	
Jan.	0	7526.5	279 32 01.05	−0.03	18 41 28.61	−23 06 01.9	0.983 3171
	1	7527.5	280 33 10.44	−0.13	18 45 53.73	23 01 25.4	.983 3102
	2	7528.5	281 34 20.17	−0.21	18 50 18.55	22 56 21.3	.983 3082
	3	7529.5	282 35 30.20	−0.26	18 54 43.06	22 50 49.7	.983 3109
	4	7530.5	283 36 40.47	−0.29	18 59 07.21	22 44 50.7	.983 3181
	5	7531.5	284 37 50.92	−0.28	19 03 30.98	−22 38 24.6	0.983 3295
	6	7532.5	285 39 01.47	−0.25	· 19 07 54.33	22 31 31.6	.983 3449
	7	7533.5	286 40 12.02	−0.19	19 12 17.24	22 24 11.8	.983 3641
	8	7534.5	287 41 22.48	−0.09	19 16 39.66	22 16 25.5	.983 3870
	9	7535.5	288 42 32.74	+0.02	19 21 01.56	22 08 13.0	.983 4135
	10	7536.5	289 43 42.69	+0.15	19 25 22.92	−21 59 34.4	0.983 4436
	11	7537.5	290 44 52.21	+0.30	19 29 43.70	21 50 30.1	.983 4775
	12	7538.5	291 46 01.20	+0.44	19 34 03.87	21 41 00.3	.983 5153
	13	7539.5	292 47 09.59	+0.58	19 38 23.41	21 31 05.3	.983 5572
	14	7540.5	293 48 17.29	+0.70	19 42 42.31	21 20 45.3	.983 6037
	15	7541.5	294 49 24.26	+0.80	19 47 00.53	−21 10 00.8	0.983 6550
	16	7542.5	295 50 30.46	+0.87	19 51 18.07	20 58 52.0	.983 7114
	17	7543.5	296 51 35.87	+0.92	19 55 34.91	20 47 19.2	.983 7732
	18	7544.5	297 52 40.51	+0.93	19 59 51.03	20 35 22.8	.983 8407
	19	7545.5	298 53 44.36	+0.90	20 04 06.42	20 23 03.1	.983 9142
	20	7546.5	299 54 47.44	+0.85	20 08 21.07	−20 10 20.5	0.983 9936
	21	7547.5	300 55 49.79	+0.78	20 12 34.97	19 57 15.2	.984 0792
	22	7548.5	301 56 51.41	+0.68	20 16 48.10	19 43 47.6	.984 1710
	23	7549.5	302 57 52.33	+0.56	20 21 00.46	19 29 58.1	.984 2688
	24	7550.5	303 58 52.57	+0.44	20 25 12.05	19 15 47.0	.984 3727
	25	7551.5	304 59 52.14	+0.31	20 29 22.85	−19 01 14.6	0.984 4825
	26	7552.5	306 00 51.06	+0.18	20 33 32.86	18 46 21.3	.984 5980
	27	7553.5	307 01 49.31	+0.07	20 37 42.09	18 31 07.4	.984 7191
	28	7554.5	308 02 46.91	−0.04	20 41 50.53	18 15 33.3	.984 8455
	29	7555.5	309 03 43.83	−0.12	20 45 58.17	17 59 39.3	.984 9770
	30	7556.5	310 04 40.07	−0.19	20 50 05.01	−17 43 26.0	0.985 1133
	31	7557.5	311 05 35.60	−0.22	20 54 11.06	17 26 53.5	.985 2541
Feb.	1	7558.5	312 06 30.38	−0.23	20 58 16.32	17 10 02.4	.985 3992
	2	7559.5	313 07 24.39	−0.21	21 02 20.77	16 52 53.1	.985 5483
	3	7560.5	314 08 17.55	−0.15	21 06 24.43	16 35 25.9	.985 7009
	4	7561.5	315 09 09.82	−0.07	21 10 27.28	−16 17 41.2	0.985 8569
	5	7562.5	316 10 01.11	+0.04	21 14 29.33	15 59 39.6	.986 0159
	6	7563.5	317 10 51.33	+0.17	21 18 30.57	15 41 21.5	.986 1777
	7	7564.5	318 11 40.36	+0.31	21 22 31.01	15 22 47.3	.986 3422
	8	7565.5	319 12 28.11	+0.46	21 26 30.63	15 03 57.3	.986 5091
	9	7566.5	320 13 14.46	+0.61	21 30 29.45	−14 44 52.2	0.986 6788
	10	7567.5	321 13 59.31	+0.73	21 34 27.48	14 25 32.2	.986 8511
	11	7568.5	322 14 42.57	+0.84	21 38 24.70	14 05 57.9	.987 0265
	12	7569.5	323 15 24.20	+0.92	21 42 21.15	13 46 09.7	.987 2051
	13	7570.5	324 16 04.13	+0.97	21 46 16.82	13 26 08.0	.987 3872
	14	7571.5	325 16 42.35	+0.99	21 50 11.72	−13 05 53.2	0.987 5731
	15	7572.5	326 17 18.85	+0.97	21 54 05.87	−12 45 25.8	0.987 7631

FOR 0ʰ DYNAMICAL TIME

Date		Position Angle of Axis P	Heliographic		H. P.	Semi-Diameter	Ephemeris Transit
			Latitude B_0	Longitude L_0			
		°	°	°	″	′ ″	h m s
Jan.	0	+ 2.51	−2.92	120.78	8.94	16 15.93	12 03 09.78
	1	2.03	3.04	107.61	8.94	16 15.93	12 03 38.21
	2	1.54	3.16	94.44	8.94	16 15.94	12 04 06.33
	3	1.06	3.27	81.27	8.94	16 15.93	12 04 34.12
	4	0.57	3.39	68.10	8.94	16 15.93	12 05 01.53
	5	+ 0.09	−3.50	54.93	8.94	16 15.91	12 05 28.54
	6	0.40	3.61	41.76	8.94	16 15.90	12 05 55.11
	7	0.88	3.72	28.59	8.94	16 15.88	12 06 21.22
	8	1.37	3.83	15.42	8.94	16 15.86	12 06 46.82
	9	1.85	3.94	2.25	8.94	16 15.83	12 07 11.90
	10	− 2.33	−4.05	349.08	8.94	16 15.80	12 07 36.41
	11	2.80	4.15	335.92	8.94	16 15.77	12 08 00.34
	12	3.28	4.26	322.75	8.94	16 15.73	12 08 23.65
	13	3.76	4.36	309.58	8.94	16 15.69	12 08 46.32
	14	4.23	4.46	296.41	8.94	16 15.64	12 09 08.33
	15	− 4.70	−4.56	283.25	8.94	16 15.59	12 09 29.66
	16	5.17	4.66	270.08	8.94	16 15.54	12 09 50.30
	17	5.63	4.76	256.91	8.94	16 15.47	12 10 10.22
	18	6.09	4.86	243.74	8.94	16 15.41	12 10 29.41
	19	6.55	4.95	230.58	8.94	16 15.33	12 10 47.87
	20	− 7.01	−5.04	217.41	8.94	16 15.26	12 11 05.57
	21	7.46	5.14	204.24	8.94	16 15.17	12 11 22.52
	22	7.91	5.22	191.07	8.94	16 15.08	12 11 38.71
	23	8.36	5.31	177.91	8.93	16 14.98	12 11 54.12
	24	8.80	5.40	164.74	8.93	16 14.88	12 12 08.75
	25	− 9.24	−5.48	151.57	8.93	16 14.77	12 12 22.61
	26	9.68	5.57	138.41	8.93	16 14.66	12 12 35.67
	27	10.11	5.65	125.24	8.93	16 14.54	12 12 47.95
	28	10.53	5.73	112.07	8.93	16 14.41	12 12 59.43
	29	10.96	5.80	98.91	8.93	16 14.28	12 13 10.12
	30	−11.38	−5.88	85.74	8.93	16 14.15	12 13 20.00
	31	11.79	5.95	72.57	8.93	16 14.01	12 13 29.09
Feb.	1	12.20	6.03	59.41	8.92	16 13.86	12 13 37.38
	2	12.61	6.10	46.24	8.92	16 13.72	12 13 44.87
	3	13.01	6.16	33.08	8.92	16 13.57	12 13 51.55
	4	−13.40	−6.23	19.91	8.92	16 13.41	12 13 57.43
	5	13.80	6.29	6.74	8.92	16 13.25	12 14 02.51
	6	14.18	6.36	353.58	8.92	16 13.10	12 14 06.78
	7	14.56	6.42	340.41	8.92	16 12.93	12 14 10.24
	8	14.94	6.48	327.24	8.91	16 12.77	12 14 12.91
	9	−15.31	−6.53	314.08	8.91	16 12.60	12 14 14.77
	10	15.68	6.59	300.91	8.91	16 12.43	12 14 15.84
	11	16.04	6.64	287.74	8.91	16 12.26	12 14 16.12
	12	16.39	6.69	274.58	8.91	16 12.08	12 14 15.61
	13	16.74	6.74	261.41	8.91	16 11.90	12 14 14.33
	14	−17.09	−6.78	248.24	8.90	16 11.72	12 14 12.29
	15	−17.43	−6.82	235.07	8.90	16 11.53	12 14 09.50

SUN, 1989

FOR 0ʰ DYNAMICAL TIME

Date	Julian Date	Ecliptic Long. for Mean Equinox of Date	Ecliptic Lat.	Apparent Right Ascension	Apparent Declination	True Geocentric Distance
	244	° ′ ″	″	h m s	° ′ ″	
Feb. 15	7572.5	326 17 18.85	+0.97	21 54 05.87	−12 45 25.8	0.987 7631
16	7573.5	327 17 53.62	+0.92	21 57 59.28	12 24 46.2	.987 9573
17	7574.5	328 18 26.68	+0.85	22 01 51.96	12 03 54.7	.988 1560
18	7575.5	329 18 58.04	+0.75	22 05 43.92	11 42 51.9	.988 3592
19	7576.5	330 19 27.74	+0.64	22 09 35.18	11 21 38.0	.988 5670
20	7577.5	331 19 55.79	+0.51	22 13 25.76	−11 00 13.6	0.988 7794
21	7578.5	332 20 22.23	+0.38	22 17 15.68	10 38 38.8	.988 9964
22	7579.5	333 20 47.08	+0.25	22 21 04.94	10 16 54.3	.989 2179
23	7580.5	334 21 10.37	+0.13	22 24 53.59	9 55 00.2	.989 4437
24	7581.5	335 21 32.12	+0.02	22 28 41.62	9 32 57.0	.989 6739
25	7582.5	336 21 52.36	−0.08	22 32 29.06	− 9 10 45.1	0.989 9080
26	7583.5	337 22 11.10	−0.15	22 36 15.94	8 48 24.8	.990 1460
27	7584.5	338 22 28.35	−0.20	22 40 02.27	8 25 56.6	.990 3876
28	7585.5	339 22 44.12	−0.22	22 43 48.07	8 03 20.8	.990 6324
Mar. 1	7586.5	340 22 58.40	−0.21	22 47 33.35	7 40 37.8	.990 8803
2	7587.5	341 23 11.20	−0.17	22 51 18.15	− 7 17 48.1	0.991 1308
3	7588.5	342 23 22.50	−0.10	22 55 02.47	6 54 51.9	.991 3836
4	7589.5	343 23 32.26	+0.00	22 58 46.32	6 31 49.8	.991 6383
5	7590.5	344 23 40.45	+0.12	23 02 29.74	6 08 42.1	.991 8945
6	7591.5	345 23 47.00	+0.25	23 06 12.72	5 45 29.3	.992 1519
7	7592.5	346 23 51.83	+0.40	23 09 55.29	− 5 22 11.7	0.992 4102
8	7593.5	347 23 54.86	+0.54	23 13 37.47	4 58 49.8	.992 6691
9	7594.5	348 23 55.99	+0.68	23 17 19.26	4 35 24.1	.992 9286
10	7595.5	349 23 55.11	+0.79	23 21 00.68	4 11 54.8	.993 1885
11	7596.5	350 23 52.15	+0.88	23 24 41.76	3 48 22.5	.993 4491
12	7597.5	351 23 47.03	+0.94	23 28 22.51	− 3 24 47.5	0.993 7104
13	7598.5	352 23 39.69	+0.96	23 32 02.95	3 01 10.2	.993 9729
14	7599.5	353 23 30.11	+0.95	23 35 43.09	2 37 31.0	.994 2365
15	7600.5	354 23 18.28	+0.91	23 39 22.96	2 13 50.4	.994 5018
16	7601.5	355 23 04.19	+0.84	23 43 02.57	1 50 08.6	.994 7687
17	7602.5	356 22 47.86	+0.75	23 46 41.95	− 1 26 26.1	0.995 0376
18	7603.5	357 22 29.31	+0.64	23 50 21.11	1 02 43.1	.995 3086
19	7604.5	358 22 08.56	+0.52	23 54 00.08	0 39 00.2	.995 5817
20	7605.5	359 21 45.65	+0.39	23 57 38.88	− 0 15 17.5	.995 8571
21	7606.5	0 21 20.62	+0.26	0 01 17.54	+ 0 08 24.6	.996 1348
22	7607.5	1 20 53.51	+0.13	0 04 56.07	+ 0 32 05.7	0.996 4147
23	7608.5	2 20 24.35	+0.01	0 08 34.51	0 55 45.6	.996 6968
24	7609.5	3 19 53.21	−0.09	0 12 12.87	1 19 23.8	.996 9810
25	7610.5	4 19 20.11	−0.17	0 15 51.19	1 43 00.0	.997 2672
26	7611.5	5 18 45.11	−0.22	0 19 29.48	2 06 34.0	.997 5552
27	7612.5	6 18 08.24	−0.25	0 23 07.77	+ 2 30 05.4	0.997 8448
28	7613.5	7 17 29.53	−0.26	0 26 46.08	2 53 33.8	.998 1358
29	7614.5	8 16 49.03	−0.23	0 30 24.43	3 16 58.9	.998 4279
30	7615.5	9 16 06.76	−0.17	0 34 02.84	3 40 20.4	.998 7208
31	7616.5	10 15 22.73	−0.09	0 37 41.33	4 03 38.0	.999 0141
Apr. 1	7617.5	11 14 36.96	+0.02	0 41 19.93	+ 4 26 51.1	0.999 3074
2	7618.5	12 13 49.44	+0.14	0 44 58.64	+ 4 49 59.6	0.999 6004

FOR 0ʰ DYNAMICAL TIME

Date		Position Angle of Axis P	Heliographic		H. P.	Semi-Diameter	Ephemeris Transit
			Latitude B_0	Longitude L_0			
		°	°	°	″	′ ″	h m s
Feb.	15	−17.43	−6.82	235.07	8.90	16 11.53	12 14 09.50
	16	17.76	6.87	221.91	8.90	16 11.34	12 14 05.97
	17	18.09	6.91	208.74	8.90	16 11.15	12 14 01.72
	18	18.41	6.94	195.57	8.90	16 10.95	12 13 56.77
	19	18.72	6.98	182.40	8.90	16 10.74	12 13 51.12
	20	−19.03	−7.01	169.23	8.89	16 10.53	12 13 44.81
	21	19.34	7.04	156.06	8.89	16 10.32	12 13 37.84
	22	19.64	7.07	142.89	8.89	16 10.10	12 13 30.24
	23	19.93	7.09	129.72	8.89	16 09.88	12 13 22.02
	24	20.21	7.12	116.55	8.89	16 09.66	12 13 13.21
	25	−20.49	−7.14	103.38	8.88	16 09.43	12 13 03.81
	26	20.77	7.16	90.20	8.88	16 09.20	12 12 53.86
	27	21.03	7.18	77.03	8.88	16 08.96	12 12 43.36
	28	21.30	7.19	63.86	8.88	16 08.72	12 12 32.34
Mar.	1	21.55	7.20	50.69	8.88	16 08.48	12 12 20.82
	2	−21.80	−7.21	37.51	8.87	16 08.23	12 12 08.81
	3	22.04	7.22	24.34	8.87	16 07.99	12 11 56.34
	4	22.28	7.23	11.17	8.87	16 07.74	12 11 43.41
	5	22.51	7.23	357.99	8.87	16 07.49	12 11 30.05
	6	22.73	7.24	344.82	8.86	16 07.24	12 11 16.27
	7	−22.95	−7.23	331.64	8.86	16 06.98	12 11 02.08
	8	23.16	7.23	318.47	8.86	16 06.73	12 10 47.51
	9	23.36	7.23	305.29	8.86	16 06.48	12 10 32.57
	10	23.56	7.22	292.12	8.85	16 06.23	12 10 17.28
	11	23.75	7.21	278.94	8.85	16 05.97	12 10 01.64
	12	−23.94	−7.20	265.76	8.85	16 05.72	12 09 45.68
	13	24.11	7.18	252.58	8.85	16 05.46	12 09 29.41
	14	24.28	7.17	239.40	8.85	16 05.21	12 09 12.85
	15	24.45	7.15	226.22	8.84	16 04.95	12 08 56.03
	16	24.61	7.13	213.04	8.84	16 04.69	12 08 38.97
	17	−24.76	−7.11	199.86	8.84	16 04.43	12 08 21.68
	18	24.90	7.08	186.68	8.84	16 04.17	12 08 04.19
	19	25.04	7.06	173.49	8.83	16 03.90	12 07 46.52
	20	25.17	7.03	160.31	8.83	16 03.64	12 07 28.70
	21	25.29	7.00	147.13	8.83	16 03.37	12 07 10.74
	22	−25.41	−6.96	133.94	8.83	16 03.10	12 06 52.68
	23	25.51	6.93	120.76	8.82	16 02.83	12 06 34.54
	24	25.62	6.89	107.57	8.82	16 02.55	12 06 16.33
	25	25.71	6.85	94.38	8.82	16 02.27	12 05 58.09
	26	25.80	6.81	81.19	8.82	16 02.00	12 05 39.83
	27	−25.88	−6.77	68.01	8.81	16 01.72	12 05 21.57
	28	25.95	6.72	54.82	8.81	16 01.44	12 05 03.35
	29	26.02	6.68	41.63	8.81	16 01.16	12 04 45.17
	30	26.08	6.63	28.44	8.81	16 00.87	12 04 27.06
	31	26.13	6.57	15.24	8.80	16 00.59	12 04 09.05
Apr.	1	−26.18	−6.52	2.05	8.80	16 00.31	12 03 51.15
	2	−26.22	−6.47	348.86	8.80	16 00.03	12 03 33.37

SUN, 1989

FOR 0ʰ DYNAMICAL TIME

Date	Julian Date	Ecliptic Long. for Mean Equinox of Date	Ecliptic Lat.	Apparent Right Ascension	Apparent Declination	True Geocentric Distance
	244	° ′ ″	″	h m s	° ′ ″	
Apr. 1	7617.5	11 14 36.96	+0.02	0 41 19.93	+ 4 26 51.1	0.999 3074
2	7618.5	12 13 49.44	+0.14	0 44 58.64	4 49 59.6	.999 6004
3	7619.5	13 13 00.15	+0.27	0 48 37.49	5 13 02.9	0.999 8926
4	7620.5	14 12 09.05	+0.41	0 52 16.49	5 36 00.8	1.000 1837
5	7621.5	15 11 16.09	+0.54	0 55 55.66	5 58 52.9	.000 4733
6	7622.5	16 10 21.20	+0.66	0 59 35.02	+ 6 21 38.7	1.000 7610
7	7623.5	17 09 24.29	+0.75	1 03 14.57	6 44 18.0	.001 0469
8	7624.5	18 08 25.28	+0.82	1 06 54.35	7 06 50.4	.001 3308
9	7625.5	19 07 24.10	+0.85	1 10 34.35	7 29 15.4	.001 6128
10	7626.5	20 06 20.70	+0.85	1 14 14.60	7 51 32.8	.001 8930
11	7627.5	21 05 15.04	+0.82	1 17 55.10	+ 8 13 42.1	1.002 1718
12	7628.5	22 04 07.10	+0.75	1 21 35.87	8 35 43.0	.002 4492
13	7629.5	23 02 56.88	+0.67	1 25 16.92	8 57 35.2	.002 7256
14	7630.5	24 01 44.39	+0.56	1 28 58.26	9 19 18.3	.003 0012
15	7631.5	25 00 29.65	+0.44	1 32 39.92	9 40 51.9	.003 2760
16	7632.5	25 59 12.69	+0.31	1 36 21.91	+10 02 15.9	1.003 5504
17	7633.5	26 57 53.56	+0.18	1 40 04.25	10 23 29.8	.003 8243
18	7634.5	27 56 32.29	+0.06	1 43 46.96	10 44 33.3	.004 0979
19	7635.5	28 55 08.93	−0.06	1 47 30.05	11 05 26.2	.004 3712
20	7636.5	29 53 43.54	−0.16	1 51 13.54	11 26 08.1	.004 6443
21	7637.5	30 52 16.18	−0.24	1 54 57.44	+11 46 38.6	1.004 9172
22	7638.5	31 50 46.90	−0.30	1 58 41.79	12 06 57.7	.005 1898
23	7639.5	32 49 15.77	−0.34	2 02 26.58	12 27 04.8	.005 4620
24	7640.5	33 47 42.86	−0.35	2 06 11.84	12 46 59.7	.005 7337
25	7641.5	34 46 08.22	−0.33	2 09 57.58	13 06 42.1	.006 0048
26	7642.5	35 44 31.92	−0.28	2 13 43.81	+13 26 11.7	1.006 2750
27	7643.5	36 42 54.00	−0.21	2 17 30.55	13 45 28.1	.006 5441
28	7644.5	37 41 14.53	−0.11	2 21 17.81	14 04 31.1	.006 8117
29	7645.5	38 39 33.55	+0.00	2 25 05.59	14 23 20.3	.007 0775
30	7646.5	39 37 51.07	+0.13	2 28 53.91	14 41 55.3	.007 3412
May 1	7647.5	40 36 07.12	+0.26	2 32 42.77	+15 00 15.9	1.007 6024
2	7648.5	41 34 21.70	+0.38	2 36 32.19	15 18 21.6	.007 8605
3	7649.5	42 32 34.78	+0.50	2 40 22.16	15 36 12.2	.008 1153
4	7650.5	43 30 46.34	+0.59	2 44 12.70	15 53 47.4	.008 3663
5	7651.5	44 28 56.30	+0.66	2 48 03.80	16 11 06.7	.008 6134
6	7652.5	45 27 04.62	+0.70	2 51 55.47	+16 28 09.9	1.008 8563
7	7653.5	46 25 11.22	+0.70	2 55 47.71	16 44 56.6	.009 0950
8	7654.5	47 23 16.06	+0.67	2 59 40.51	17 01 26.5	.009 3296
9	7655.5	48 21 19.09	+0.62	3 03 33.87	17 17 39.4	.009 5602
10	7656.5	49 19 20.30	+0.53	3 07 27.79	17 33 34.8	.009 7870
11	7657.5	50 17 19.65	+0.43	3 11 22.26	+17 49 12.5	1.010 0103
12	7658.5	51 15 17.18	+0.31	3 15 17.28	18 04 32.1	.010 2301
13	7659.5	52 13 12.88	+0.19	3 19 12.85	18 19 33.5	.010 4468
14	7660.5	53 11 06.79	+0.06	3 23 08.97	18 34 16.2	.010 6606
15	7661.5	54 08 58.95	−0.07	3 27 05.65	18 48 40.1	.010 8715
16	7662.5	55 06 49.39	−0.18	3 31 02.88	+19 02 44.9	1.011 0799
17	7663.5	56 04 38.17	−0.28	3 35 00.65	+19 16 30.3	1.011 2857

FOR 0ʰ DYNAMICAL TIME

Date		Position Angle of Axis P	Heliographic		H. P.	Semi-Diameter	Ephemeris Transit
			Latitude B_0	Longitude L_0			
		°	°	°	″	′ ″	h m s
Apr.	1	−26.18	−6.52	2.05	8.80	16 00.31	12 03 51.15
	2	26.22	6.47	348.86	8.80	16 00.03	12 03 33.37
	3	26.25	6.41	335.67	8.80	15 59.75	12 03 15.75
	4	26.27	6.35	322.47	8.79	15 59.47	12 02 58.28
	5	26.29	6.29	309.28	8.79	15 59.19	12 02 41.00
	6	−26.30	−6.23	296.08	8.79	15 58.92	12 02 23.91
	7	26.30	6.16	282.88	8.78	15 58.64	12 02 07.03
	8	26.30	6.10	269.69	8.78	15 58.37	12 01 50.37
	9	26.28	6.03	256.49	8.78	15 58.10	12 01 33.94
	10	26.26	5.96	243.29	8.78	15 57.83	12 01 17.75
	11	−26.24	−5.89	230.09	8.78	15 57.57	12 01 01.83
	12	26.20	5.82	216.89	8.77	15 57.30	12 00 46.18
	13	26.16	5.74	203.69	8.77	15 57.04	12 00 30.81
	14	26.11	5.67	190.48	8.77	15 56.77	12 00 15.76
	15	26.06	5.59	177.28	8.77	15 56.51	12 00 01.03
	16	−25.99	−5.51	164.08	8.76	15 56.25	11 59 46.65
	17	25.92	5.43	150.87	8.76	15 55.99	11 59 32.62
	18	25.84	5.35	137.66	8.76	15 55.73	11 59 18.97
	19	25.76	5.26	124.46	8.76	15 55.47	11 59 05.71
	20	25.66	5.18	111.25	8.75	15 55.21	11 58 52.86
	21	−25.56	−5.09	98.04	8.75	15 54.95	11 58 40.44
	22	25.46	5.00	84.83	8.75	15 54.69	11 58 28.45
	23	25.34	4.91	71.62	8.75	15 54.43	11 58 16.92
	24	25.22	4.82	58.41	8.74	15 54.17	11 58 05.86
	25	25.09	4.73	45.20	8.74	15 53.92	11 57 55.29
	26	−24.95	−4.63	31.99	8.74	15 53.66	11 57 45.21
	27	24.81	4.54	18.77	8.74	15 53.41	11 57 35.65
	28	24.66	4.44	5.56	8.73	15 53.15	11 57 26.61
	29	24.50	4.35	352.34	8.73	15 52.90	11 57 18.10
	30	24.33	4.25	339.13	8.73	15 52.65	11 57 10.13
May	1	−24.16	−4.15	325.91	8.73	15 52.40	11 57 02.71
	2	23.98	4.05	312.70	8.73	15 52.16	11 56 55.86
	3	23.79	3.94	299.48	8.72	15 51.92	11 56 49.56
	4	23.59	3.84	286.26	8.72	15 51.68	11 56 43.83
	5	23.39	3.74	273.04	8.72	15 51.45	11 56 38.67
	6	−23.18	−3.63	259.82	8.72	15 51.22	11 56 34.06
	7	22.96	3.53	246.60	8.71	15 51.00	11 56 30.02
	8	22.74	3.42	233.38	8.71	15 50.77	11 56 26.54
	9	22.51	3.31	220.16	8.71	15 50.56	11 56 23.61
	10	22.27	3.20	206.94	8.71	15 50.34	11 56 21.24
	11	−22.03	−3.09	193.72	8.71	15 50.13	11 56 19.42
	12	21.78	2.98	180.49	8.71	15 49.93	11 56 18.16
	13	21.52	2.87	167.27	8.70	15 49.72	11 56 17.45
	14	21.26	2.76	154.04	8.70	15 49.52	11 56 17.30
	15	20.99	2.65	140.82	8.70	15 49.32	11 56 17.69
	16	−20.71	−2.53	127.59	8.70	15 49.13	11 56 18.65
	17	−20.42	−2.42	114.37	8.70	15 48.94	11 56 20.15

SUN, 1989

FOR 0ʰ DYNAMICAL TIME

Date	Julian Date	Ecliptic Long. for Mean Equinox of Date	Ecliptic Lat.	Apparent Right Ascension	Apparent Declination	True Geocentric Distance
	244	° ′ ″	″	h m s	° ′ ″	
May 17	7663.5	56 04 38.17	−0.28	3 35 00.65	+19 16 30.3	1.011 2857
18	7664.5	57 02 25.35	−0.37	3 38 58.98	19 29 56.0	.011 4891
19	7665.5	58 00 10.99	−0.43	3 42 57.86	19 43 01.9	.011 6903
20	7666.5	58 57 55.15	−0.46	3 46 57.28	19 55 47.7	.011 8892
21	7667.5	59 55 37.91	−0.47	3 50 57.24	20 08 13.1	.012 0859
22	7668.5	60 53 19.35	−0.46	3 54 57.74	+20 20 18.0	1.012 2803
23	7669.5	61 50 59.55	−0.41	3 58 58.78	20 32 02.0	.012 4725
24	7670.5	62 48 38.59	−0.34	4 03 00.34	20 43 25.0	.012 6622
25	7671.5	63 46 16.54	−0.25	4 07 02.42	20 54 26.7	.012 8493
26	7672.5	64 43 53.48	−0.14	4 11 05.01	21 05 06.8	.013 0336
27	7673.5	65 41 29.49	−0.02	4 15 08.10	+21 15 25.2	1.013 2147
28	7674.5	66 39 04.60	+0.11	4 19 11.68	21 25 21.7	.013 3925
29	7675.5	67 36 38.88	+0.23	4 23 15.75	21 34 55.9	.013 5664
30	7676.5	68 34 12.34	+0.34	4 27 20.28	21 44 07.6	.013 7361
31	7677.5	69 31 44.99	+0.43	4 31 25.27	21 52 56.8	.013 9011
June 1	7678.5	70 29 16.83	+0.50	4 35 30.70	+22 01 23.0	1.014 0613
2	7679.5	71 26 47.83	+0.55	4 39 36.55	22 09 26.3	.014 2161
3	7680.5	72 24 17.95	+0.56	4 43 42.80	22 17 06.3	.014 3655
4	7681.5	73 21 47.15	+0.53	4 47 49.43	22 24 23.0	.014 5091
5	7682.5	74 19 15.37	+0.48	4 51 56.41	22 31 16.1	.014 6471
6	7683.5	75 16 42.59	+0.40	4 56 03.71	+22 37 45.5	1.014 7794
7	7684.5	76 14 08.76	+0.30	5 00 11.32	22 43 51.1	.014 9063
8	7685.5	77 11 33.87	+0.18	5 04 19.20	22 49 32.8	.015 0277
9	7686.5	78 08 57.91	+0.05	5 08 27.33	22 54 50.3	.015 1441
10	7687.5	79 06 20.89	−0.08	5 12 35.70	22 59 43.6	.015 2555
11	7688.5	80 03 42.83	−0.20	5 16 44.27	+23 04 12.5	1.015 3622
12	7689.5	81 01 03.76	−0.32	5 20 53.04	23 08 17.1	.015 4645
13	7690.5	81 58 23.71	−0.43	5 25 01.97	23 11 57.2	.015 5625
14	7691.5	82 55 42.72	−0.51	5 29 11.05	23 15 12.8	.015 6564
15	7692.5	83 53 00.85	−0.58	5 33 20.26	23 18 03.7	.015 7464
16	7693.5	84 50 18.14	−0.61	5 37 29.58	+23 20 30.0	1.015 8327
17	7694.5	85 47 34.68	−0.63	5 41 38.98	23 22 31.7	.015 9155
18	7695.5	86 44 50.52	−0.61	5 45 48.46	23 24 08.6	.015 9948
19	7696.5	87 42 05.76	−0.57	5 49 57.98	23 25 20.8	.016 0708
20	7697.5	88 39 20.47	−0.50	5 54 07.52	23 26 08.3	.016 1436
21	7698.5	89 36 34.75	−0.41	5 58 17.07	+23 26 31.0	1.016 2131
22	7699.5	90 33 48.69	−0.30	6 02 26.60	23 26 29.0	.016 2793
23	7700.5	91 31 02.39	−0.17	6 06 36.10	23 26 02.2	.016 3420
24	7701.5	92 28 15.93	−0.05	6 10 45.54	23 25 10.7	.016 4011
25	7702.5	93 25 29.38	+0.08	6 14 54.90	23 23 54.4	.016 4563
26	7703.5	94 22 42.82	+0.19	6 19 04.17	+23 22 13.3	1.016 5072
27	7704.5	95 19 56.28	+0.29	6 23 13.32	23 20 07.6	.016 5535
28	7705.5	96 17 09.81	+0.37	6 27 22.33	23 17 37.1	.016 5949
29	7706.5	97 14 23.41	+0.41	6 31 31.19	23 14 42.1	.016 6309
30	7707.5	98 11 37.09	+0.43	6 35 39.86	23 11 22.5	.016 6614
July 1	7708.5	99 08 50.81	+0.41	6 39 48.32	+23 07 38.6	1.016 6859
2	7709.5	100 06 04.57	+0.36	6 43 56.54	+23 03 30.3	1.016 7044

FOR 0ʰ DYNAMICAL TIME

Date		Position Angle of Axis P	Heliographic		H. P.	Semi-Diameter	Ephemeris Transit
			Latitude B_0	Longitude L_0			
		°	°	°	″		h m s
May	17	−20.42	−2.42	114.37	8.70	15 48.94	11 56 20.15
	18	20.13	2.30	101.14	8.69	15 48.74	11 56 22.19
	19	19.84	2.19	87.91	8.69	15 48.56	11 56 24.79
	20	19.53	2.07	74.68	8.69	15 48.37	11 56 27.92
	21	19.23	1.96	61.45	8.69	15 48.19	11 56 31.59
	22	−18.91	−1.84	48.22	8.69	15 48.00	11 56 35.80
	23	18.59	1.72	34.99	8.69	15 47.82	11 56 40.54
	24	18.26	1.60	21.76	8.68	15 47.65	11 56 45.79
	25	17.93	1.49	8.53	8.68	15 47.47	11 56 51.56
	26	17.59	1.37	355.30	8.68	15 47.30	11 56 57.85
	27	−17.25	−1.25	342.07	8.68	15 47.13	11 57 04.63
	28	16.90	1.13	328.84	8.68	15 46.96	11 57 11.90
	29	16.54	1.01	315.61	8.68	15 46.80	11 57 19.64
	30	16.18	0.89	302.37	8.67	15 46.64	11 57 27.86
	31	15.82	0.77	289.14	8.67	15 46.49	11 57 36.52
June	1	−15.45	−0.65	275.91	8.67	15 46.34	11 57 45.60
	2	15.07	0.53	262.67	8.67	15 46.19	11 57 55.10
	3	14.69	0.41	249.44	8.67	15 46.05	11 58 04.98
	4	14.31	0.29	236.21	8.67	15 45.92	11 58 15.22
	5	13.92	0.17	222.97	8.67	15 45.79	11 58 25.80
	6	−13.52	−0.05	209.74	8.67	15 45.67	11 58 36.70
	7	13.12	+0.07	196.50	8.66	15 45.55	11 58 47.88
	8	12.72	0.19	183.27	8.66	15 45.44	11 58 59.33
	9	12.32	0.31	170.03	8.66	15 45.33	11 59 11.03
	10	11.91	0.44	156.80	8.66	15 45.22	11 59 22.95
	11	−11.49	+0.56	143.56	8.66	15 45.13	11 59 35.07
	12	11.08	0.68	130.32	8.66	15 45.03	11 59 47.37
	13	10.66	0.80	117.09	8.66	15 44.94	11 59 59.83
	14	10.23	0.91	103.85	8.66	15 44.85	12 00 12.43
	15	9.81	1.03	90.62	8.66	15 44.77	12 00 25.14
	16	− 9.38	+1.15	77.38	8.66	15 44.69	12 00 37.95
	17	8.94	1.27	64.14	8.66	15 44.61	12 00 50.83
	18	8.51	1.39	50.90	8.66	15 44.54	12 01 03.77
	19	8.07	1.51	37.67	8.66	15 44.47	12 01 16.74
	20	7.63	1.62	24.43	8.65	15 44.40	12 01 29.73
	21	− 7.19	+1.74	11.19	8.65	15 44.33	12 01 42.71
	22	6.75	1.86	357.96	8.65	15 44.27	12 01 55.66
	23	6.30	1.97	344.72	8.65	15 44.21	12 02 08.58
	24	5.86	2.09	331.48	8.65	15 44.16	12 02 21.43
	25	5.41	2.20	318.24	8.65	15 44.11	12 02 34.19
	26	− 4.96	+2.32	305.01	8.65	15 44.06	12 02 46.85
	27	4.51	2.43	291.77	8.65	15 44.02	12 02 59.39
	28	4.06	2.54	278.53	8.65	15 43.98	12 03 11.77
	29	3.60	2.66	265.30	8.65	15 43.95	12 03 23.98
	30	3.15	2.77	252.06	8.65	15 43.92	12 03 35.99
July	1	− 2.70	+2.88	238.83	8.65	15 43.89	12 03 47.77
	2	− 2.24	+2.99	225.59	8.65	15 43.88	12 03 59.29

SUN, 1989

FOR 0ʰ DYNAMICAL TIME

Date	Julian Date	Ecliptic Long. for Mean Equinox of Date	Ecliptic Lat.	Apparent Right Ascension	Apparent Declination	True Geocentric Distance
	244	° ′ ″	″	h m s	° ′ ″	
July 1	7708.5	99 08 50.81	+0.41	6 39 48.32	+23 07 38.6	1.016 6859
2	7709.5	100 06 04.57	+0.36	6 43 56.54	23 03 30.3	.016 7044
3	7710.5	101 03 18.31	+0.28	6 48 04.49	22 58 57.8	.016 7167
4	7711.5	102 00 32.00	+0.18	6 52 12.15	22 54 01.2	.016 7228
5	7712.5	102 57 45.62	+0.06	6 56 19.48	22 48 40.8	.016 7227
6	7713.5	103 54 59.14	−0.06	7 00 26.47	+22 42 56.5	1.016 7165
7	7714.5	104 52 12.53	−0.20	7 04 33.09	22 36 48.5	.016 7045
8	7715.5	105 49 25.80	−0.33	7 08 39.32	22 30 17.0	.016 6867
9	7716.5	106 46 38.95	−0.45	7 12 45.14	22 23 22.2	.016 6635
10	7717.5	107 43 51.99	−0.56	7 16 50.54	22 16 04.3	.016 6351
11	7718.5	108 41 04.94	−0.65	7 20 55.49	+22 08 23.3	1.016 6017
12	7719.5	109 38 17.83	−0.72	7 24 59.98	22 00 19.6	.016 5635
13	7720.5	110 35 30.69	−0.76	7 29 04.00	21 51 53.3	.016 5208
14	7721.5	111 32 43.58	−0.78	7 33 07.54	21 43 04.5	.016 4738
15	7722.5	112 29 56.53	−0.77	7 37 10.57	21 33 53.6	.016 4228
16	7723.5	113 27 09.61	−0.73	7 41 13.10	+21 24 20.8	1.016 3681
17	7724.5	114 24 22.90	−0.66	7 45 15.10	21 14 26.2	.016 3097
18	7725.5	115 21 36.47	−0.57	7 49 16.58	21 04 10.0	.016 2480
19	7726.5	116 18 50.41	−0.46	7 53 17.51	20 53 32.6	.016 1830
20	7727.5	117 16 04.82	−0.34	7 57 17.90	20 42 34.0	.016 1148
21	7728.5	118 13 19.81	−0.20	8 01 17.73	+20 31 14.6	1.016 0435
22	7729.5	119 10 35.46	−0.07	8 05 17.00	20 19 34.4	.015 9688
23	7730.5	120 07 51.88	+0.05	8 09 15.72	20 07 33.8	.015 8907
24	7731.5	121 05 09.13	+0.16	8 13 13.87	19 55 13.0	.015 8089
25	7732.5	122 02 27.30	+0.24	8 17 11.46	19 42 32.1	.015 7231
26	7733.5	122 59 46.41	+0.29	8 21 08.49	+19 29 31.4	1.015 6330
27	7734.5	123 57 06.51	+0.32	8 25 04.94	19 16 11.3	.015 5382
28	7735.5	124 54 27.60	+0.31	8 29 00.82	19 02 31.9	.015 4385
29	7736.5	125 51 49.69	+0.27	8 32 56.11	18 48 33.6	.015 3336
30	7737.5	126 49 12.75	+0.20	8 36 50.81	18 34 16.6	.015 2232
31	7738.5	127 46 36.76	+0.10	8 40 44.92	+18 19 41.3	1.015 1072
Aug. 1	7739.5	128 44 01.69	−0.01	8 44 38.41	18 04 48.0	.014 9856
2	7740.5	129 41 27.52	−0.14	8 48 31.31	17 49 37.0	.014 8583
3	7741.5	130 38 54.20	−0.27	8 52 23.58	17 34 08.5	.014 7254
4	7742.5	131 36 21.72	−0.41	8 56 15.25	17 18 23.0	.014 5870
5	7743.5	132 33 50.06	−0.53	9 00 06.30	+17 02 20.6	1.014 4432
6	7744.5	133 31 19.21	−0.65	9 03 56.73	16 46 01.7	.014 2942
7	7745.5	134 28 49.15	−0.75	9 07 46.56	16 29 26.6	.014 1403
8	7746.5	135 26 19.90	−0.82	9 11 35.78	16 12 35.7	.013 9817
9	7747.5	136 23 51.45	−0.88	9 15 24.40	15 55 29.2	.013 8186
10	7748.5	137 21 23.83	−0.90	9 19 12.43	+15 38 07.5	1.013 6514
11	7749.5	138 18 57.05	−0.90	9 22 59.86	15 20 30.8	.013 4803
12	7750.5	139 16 31.15	−0.87	9 26 46.71	15 02 39.6	.013 3055
13	7751.5	140 14 06.16	−0.81	9 30 32.99	14 44 34.0	.013 1275
14	7752.5	141 11 42.14	−0.72	9 34 18.71	14 26 14.5	.012 9464
15	7753.5	142 09 19.14	−0.61	9 38 03.87	+14 07 41.3	1.012 7627
16	7754.5	143 06 57.24	−0.48	9 41 48.48	+13 48 54.7	1.012 5765

FOR 0ʰ DYNAMICAL TIME

Date	Position Angle of Axis P	Heliographic		H. P.	Semi-Diameter	Ephemeris Transit
		Latitude B_0	Longitude L_0			
	°	°	°	″	′ ″	h m s
July 1	−2.70	+2.88	238.83	8.65	15 43.89	12 03 47.77
2	−2.24	2.99	225.59	8.65	15 43.88	12 03 59.29
3	−1.79	3.10	212.35	8.65	15 43.87	12 04 10.54
4	−1.33	3.21	199.12	8.65	15 43.86	12 04 21.47
5	−0.88	3.31	185.88	8.65	15 43.86	12 04 32.08
6	−0.42	+3.42	172.65	8.65	15 43.87	12 04 42.32
7	+0.03	3.52	159.41	8.65	15 43.88	12 04 52.20
8	+0.48	3.63	146.18	8.65	15 43.89	12 05 01.67
9	+0.93	3.73	132.94	8.65	15 43.92	12 05 10.73
10	+1.38	3.84	119.71	8.65	15 43.94	12 05 19.35
11	+1.83	+3.94	106.48	8.65	15 43.97	12 05 27.53
12	+2.28	4.04	93.24	8.65	15 44.01	12 05 35.23
13	+2.73	4.14	80.01	8.65	15 44.05	12 05 42.45
14	+3.18	4.23	66.78	8.65	15 44.09	12 05 49.18
15	+3.62	4.33	53.54	8.65	15 44.14	12 05 55.40
16	+4.06	+4.43	40.31	8.65	15 44.19	12 06 01.10
17	+4.51	4.52	27.08	8.65	15 44.24	12 06 06.27
18	+4.94	4.62	13.84	8.65	15 44.30	12 06 10.91
19	+5.38	4.71	0.61	8.65	15 44.36	12 06 15.01
20	+5.82	4.80	347.38	8.65	15 44.43	12 06 18.55
21	+6.25	+4.89	334.15	8.66	15 44.49	12 06 21.55
22	+6.68	4.98	320.92	8.66	15 44.56	12 06 23.99
23	+7.11	5.06	307.69	8.66	15 44.63	12 06 25.87
24	+7.53	5.15	294.46	8.66	15 44.71	12 06 27.19
25	+7.95	5.23	281.23	8.66	15 44.79	12 06 27.95
26	+8.37	+5.31	268.00	8.66	15 44.87	12 06 28.13
27	+8.79	5.40	254.77	8.66	15 44.96	12 06 27.73
28	+9.20	5.48	241.55	8.66	15 45.05	12 06 26.75
29	+9.61	5.55	228.32	8.66	15 45.15	12 06 25.18
30	+10.02	5.63	215.09	8.66	15 45.25	12 06 23.02
31	+10.42	+5.71	201.87	8.66	15 45.36	12 06 20.26
Aug. 1	10.82	5.78	188.64	8.66	15 45.48	12 06 16.89
2	11.22	5.85	175.42	8.67	15 45.59	12 06 12.91
3	11.61	5.92	162.19	8.67	15 45.72	12 06 08.33
4	12.00	5.99	148.97	8.67	15 45.85	12 06 03.13
5	+12.38	+6.06	135.74	8.67	15 45.98	12 05 57.32
6	12.76	6.12	122.52	8.67	15 46.12	12 05 50.90
7	13.14	6.19	109.30	8.67	15 46.26	12 05 43.87
8	13.51	6.25	96.08	8.67	15 46.41	12 05 36.24
9	13.88	6.31	82.85	8.67	15 46.56	12 05 28.01
10	+14.25	+6.37	69.63	8.68	15 46.72	12 05 19.18
11	14.61	6.42	56.41	8.68	15 46.88	12 05 09.76
12	14.96	6.48	43.19	8.68	15 47.04	12 04 59.77
13	15.32	6.53	29.97	8.68	15 47.21	12 04 49.20
14	15.66	6.58	16.75	8.68	15 47.38	12 04 38.07
15	+16.01	+6.63	3.53	8.68	15 47.55	12 04 26.40
16	+16.34	+6.68	350.31	8.68	15 47.73	12 04 14.18

SUN, 1989

FOR 0ʰ DYNAMICAL TIME

Date	Julian Date	Ecliptic Long. for Mean Equinox of Date	Ecliptic Lat.	Apparent Right Ascension	Apparent Declination	True Geocentric Distance
	244	° ′ ″	″	h m s	° ′ ″	
Aug. 16	7754.5	143 06 57.24	−0.48	9 41 48.48	+13 48 54.7	1.012 5765
17	7755.5	144 04 36.53	−0.35	9 45 32.56	13 29 55.0	.012 3881
18	7756.5	145 02 17.10	−0.21	9 49 16.12	13 10 42.6	.012 1976
19	7757.5	145 59 59.06	−0.08	9 52 59.18	12 51 17.5	.012 0051
20	7758.5	146 57 42.51	+0.04	9 56 41.76	12 31 40.2	.011 8104
21	7759.5	147 55 27.53	+0.13	10 00 23.87	+12 11 51.0	1.011 6136
22	7760.5	148 53 14.20	+0.20	10 04 05.53	11 51 49.9	.011 4143
23	7761.5	149 51 02.58	+0.23	10 07 46.76	11 31 37.5	.011 2122
24	7762.5	150 48 52.72	+0.23	10 11 27.58	11 11 14.0	.011 0071
25	7763.5	151 46 44.63	+0.20	10 15 07.99	10 50 39.7	.010 7987
26	7764.5	152 44 38.32	+0.14	10 18 48.00	+10 29 55.0	1.010 5867
27	7765.5	153 42 33.78	+0.05	10 22 27.63	10 09 00.2	.010 3709
28	7766.5	154 40 30.99	−0.06	10 26 06.89	9 47 55.7	.010 1512
29	7767.5	155 38 29.93	−0.18	10 29 45.79	9 26 41.7	.009 9274
30	7768.5	156 36 30.56	−0.31	10 33 24.34	9 05 18.7	.009 6994
31	7769.5	157 34 32.86	−0.44	10 37 02.56	+ 8 43 46.9	1.009 4673
Sept. 1	7770.5	158 32 36.80	−0.57	10 40 40.46	8 22 06.8	.009 2311
2	7771.5	159 30 42.33	−0.69	10 44 18.05	8 00 18.7	.008 9910
3	7772.5	160 28 49.43	−0.79	10 47 55.35	7 38 22.8	.008 7469
4	7773.5	161 26 58.07	−0.88	10 51 32.37	7 16 19.6	.008 4992
5	7774.5	162 25 08.24	−0.94	10 55 09.14	+ 6 54 09.4	1.008 2481
6	7775.5	163 23 19.93	−0.97	10 58 45.66	6 31 52.5	.007 9937
7	7776.5	164 21 33.11	−0.97	11 02 21.96	6 09 29.3	.007 7364
8	7777.5	165 19 47.79	−0.95	11 05 58.05	5 47 00.1	.007 4764
9	7778.5	166 18 03.97	−0.90	11 09 33.95	5 24 25.2	.007 2140
10	7779.5	167 16 21.67	−0.82	11 13 09.67	+ 5 01 45.0	1.006 9496
11	7780.5	168 14 40.89	−0.72	11 16 45.24	4 38 59.7	.006 6836
12	7781.5	169 13 01.67	−0.60	11 20 20.67	4 16 09.8	.006 4162
13	7782.5	170 11 24.06	−0.47	11 23 55.98	3 53 15.6	.006 1478
14	7783.5	171 09 48.11	−0.33	11 27 31.20	3 30 17.3	.005 8788
15	7784.5	172 08 13.91	−0.19	11 31 06.34	+ 3 07 15.2	1.005 6095
16	7785.5	173 06 41.54	−0.07	11 34 41.44	2 44 09.7	.005 3401
17	7786.5	174 05 11.11	+0.04	11 38 16.52	2 21 01.0	.005 0705
18	7787.5	175 03 42.69	+0.12	11 41 51.60	1 57 49.4	.004 8010
19	7788.5	176 02 16.38	+0.16	11 45 26.71	1 34 35.1	.004 5312
20	7789.5	177 00 52.25	+0.17	11 49 01.89	+ 1 11 18.6	1.004 2610
21	7790.5	177 59 30.33	+0.15	11 52 37.13	0 48 00.1	.003 9902
22	7791.5	178 58 10.67	+0.10	11 56 12.48	0 24 39.9	.003 7185
23	7792.5	179 56 53.27	+0.02	11 59 47.94	+ 0 01 18.4	.003 4456
24	7793.5	180 55 38.12	−0.08	12 03 23.54	− 0 22 03.9	.003 1713
25	7794.5	181 54 25.21	−0.20	12 06 59.29	− 0 45 26.9	1.002 8955
26	7795.5	182 53 14.52	−0.32	12 10 35.21	1 08 50.0	.002 6180
27	7796.5	183 52 06.01	−0.45	12 14 11.32	1 32 12.9	.002 3386
28	7797.5	184 50 59.64	−0.58	12 17 47.64	1 55 35.4	.002 0574
29	7798.5	185 49 55.37	−0.70	12 21 24.18	2 18 56.9	.001 7743
30	7799.5	186 48 53.16	−0.80	12 25 00.97	− 2 42 17.2	1.001 4894
Oct. 1	7800.5	187 47 52.97	−0.89	12 28 38.02	− 3 05 35.8	1.001 2028

FOR 0ʰ DYNAMICAL TIME

Date		Position Angle of Axis P	Heliographic		H. P.	Semi-Diameter	Ephemeris Transit
			Latitude B_0	Longitude L_0			
		°	°	°	"	′ "	h m s
Aug.	16	+16.34	+6.68	350.31	8.68	15 47.73	12 04 14.18
	17	16.68	6.73	337.10	8.69	15 47.90	12 04 01.45
	18	17.01	6.77	323.88	8.69	15 48.08	12 03 48.20
	19	17.33	6.81	310.66	8.69	15 48.26	12 03 34.47
	20	17.65	6.85	297.45	8.69	15 48.44	12 03 20.27
	21	+17.96	+6.89	284.23	8.69	15 48.63	12 03 05.60
	22	18.27	6.93	271.01	8.69	15 48.81	12 02 50.50
	23	18.58	6.96	257.80	8.70	15 49.00	12 02 34.97
	24	18.87	6.99	244.59	8.70	15 49.20	12 02 19.02
	25	19.17	7.02	231.37	8.70	15 49.39	12 02 02.67
	26	+19.46	+7.05	218.16	8.70	15 49.59	12 01 45.93
	27	19.74	7.08	204.95	8.70	15 49.79	12 01 28.82
	28	20.02	7.10	191.74	8.71	15 50.00	12 01 11.34
	29	20.29	7.12	178.53	8.71	15 50.21	12 00 53.51
	30	20.56	7.14	165.32	8.71	15 50.43	12 00 35.35
	31	+20.82	+7.16	152.11	8.71	15 50.64	12 00 16.86
Sept.	1	21.08	7.18	138.90	8.71	15 50.87	11 59 58.05
	2	21.33	7.19	125.69	8.72	15 51.09	11 59 38.95
	3	21.57	7.21	112.48	8.72	15 51.32	11 59 19.57
	4	21.81	7.22	99.27	8.72	15 51.56	11 58 59.92
	5	+22.05	+7.22	86.07	8.72	15 51.79	11 58 40.02
	6	22.28	7.23	72.86	8.72	15 52.03	11 58 19.88
	7	22.50	7.23	59.65	8.73	15 52.28	11 57 59.52
	8	22.72	7.24	46.45	8.73	15 52.52	11 57 38.96
	9	22.93	7.23	33.24	8.73	15 52.77	11 57 18.22
	10	+23.13	+7.23	20.04	8.73	15 53.02	11 56 57.31
	11	23.33	7.23	6.83	8.74	15 53.27	11 56 36.25
	12	23.53	7.22	353.63	8.74	15 53.53	11 56 15.06
	13	23.71	7.21	340.42	8.74	15 53.78	11 55 53.78
	14	23.89	7.20	327.22	8.74	15 54.04	11 55 32.41
	15	+24.07	+7.19	314.02	8.75	15 54.29	11 55 10.98
	16	24.24	7.17	300.81	8.75	15 54.55	11 54 49.52
	17	24.40	7.16	287.61	8.75	15 54.80	11 54 28.06
	18	24.55	7.14	274.41	8.75	15 55.06	11 54 06.61
	19	24.70	7.12	261.21	8.75	15 55.32	11 53 45.20
	20	+24.85	+7.09	248.01	8.76	15 55.57	11 53 23.86
	21	24.98	7.07	234.81	8.76	15 55.83	11 53 02.60
	22	25.11	7.04	221.61	8.76	15 56.09	11 52 41.44
	23	25.24	7.01	208.41	8.76	15 56.35	11 52 20.41
	24	25.36	6.98	195.21	8.77	15 56.61	11 51 59.53
	25	+25.47	+6.94	182.01	8.77	15 56.87	11 51 38.81
	26	25.57	6.91	168.82	8.77	15 57.14	11 51 18.27
	27	25.67	6.87	155.62	8.77	15 57.41	11 50 57.94
	28	25.76	6.83	142.42	8.78	15 57.67	11 50 37.82
	29	25.84	6.79	129.23	8.78	15 57.95	11 50 17.94
	30	+25.92	+6.75	116.03	8.78	15 58.22	11 49 58.32
Oct.	1	+25.99	+6.70	102.84	8.78	15 58.49	11 49 38.97

SUN, 1989

FOR 0ʰ DYNAMICAL TIME

Date		Julian Date	Ecliptic Long. for Mean Equinox of Date	Ecliptic Lat.	Apparent Right Ascension	Apparent Declination	True Geocentric Distance
		244	° ′ ″	″	h m s	° ′ ″	
Oct.	1	7800.5	187 47 52.97	−0.89	12 28 38.02	− 3 05 35.8	1.001 2028
	2	7801.5	188 46 54.75	−0.95	12 32 15.36	3 28 52.4	.000 9145
	3	7802.5	189 45 58.45	−0.99	12 35 53.00	3 52 06.7	.000 6247
	4	7803.5	190 45 04.05	−1.00	12 39 30.95	4 15 18.1	.000 3336
	5	7804.5	191 44 11.50	−0.98	12 43 09.24	4 38 26.5	1.000 0415
	6	7805.5	192 43 20.77	−0.93	12 46 47.88	− 5 01 31.4	0.999 7485
	7	7806.5	193 42 31.84	−0.86	12 50 26.90	5 24 32.4	.999 4550
	8	7807.5	194 41 44.67	−0.77	12 54 06.30	5 47 29.1	.999 1614
	9	7808.5	195 40 59.26	−0.66	12 57 46.11	6 10 21.3	.998 8678
	10	7809.5	196 40 15.61	−0.53	13 01 26.34	6 33 08.4	.998 5748
	11	7810.5	197 39 33.72	−0.39	13 05 07.01	− 6 55 50.2	0.998 2827
	12	7811.5	198 38 53.61	−0.26	13 08 48.14	7 18 26.2	.997 9918
	13	7812.5	199 38 15.33	−0.13	13 12 29.75	7 40 56.2	.997 7027
	14	7813.5	200 37 38.94	−0.02	13 16 11.88	8 03 19.8	.997 4156
	15	7814.5	201 37 04.51	+0.07	13 19 54.53	8 25 36.7	.997 1307
	16	7815.5	202 36 32.13	+0.12	13 23 37.74	− 8 47 46.5	0.996 8483
	17	7816.5	203 36 01.86	+0.15	13 27 21.54	9 09 48.9	.996 5682
	18	7817.5	204 35 33.80	+0.14	13 31 05.94	9 31 43.6	.996 2905
	19	7818.5	205 35 07.98	+0.09	13 34 50.96	9 53 30.2	.996 0148
	20	7819.5	206 34 44.45	+0.02	13 38 36.62	10 15 08.2	.995 7411
	21	7820.5	207 34 23.21	−0.08	13 42 22.93	−10 36 37.4	0.995 4690
	22	7821.5	208 34 04.27	−0.19	13 46 09.91	10 57 57.2	.995 1983
	23	7822.5	209 33 47.60	−0.31	13 49 57.58	11 19 07.4	.994 9288
	24	7823.5	210 33 33.19	−0.44	13 53 45.95	11 40 07.4	.994 6604
	25	7824.5	211 33 21.00	−0.56	13 57 35.04	12 00 56.8	.994 3929
	26	7825.5	212 33 10.97	−0.67	14 01 24.85	−12 21 35.3	0.994 1262
	27	7826.5	213 33 03.07	−0.77	14 05 15.40	12 42 02.4	.993 8602
	28	7827.5	214 32 57.24	−0.86	14 09 06.70	13 02 17.6	.993 5949
	29	7828.5	215 32 53.42	−0.92	14 12 58.76	13 22 20.7	.993 3303
	30	7829.5	216 32 51.55	−0.95	14 16 51.59	13 42 11.2	.993 0664
	31	7830.5	217 32 51.57	−0.97	14 20 45.20	−14 01 48.6	0.992 8033
Nov.	1	7831.5	218 32 53.42	−0.95	14 24 39.60	14 21 12.5	.992 5411
	2	7832.5	219 32 57.04	−0.90	14 28 34.79	14 40 22.6	.992 2799
	3	7833.5	220 33 02.36	−0.84	14 32 30.77	14 59 18.4	.992 0200
	4	7834.5	221 33 09.32	−0.74	14 36 27.56	15 17 59.4	.991 7616
	5	7835.5	222 33 17.89	--0.63	14 40 25.15	−15 36 25.3	0.991 5050
	6	7836.5	223 33 27.99	−0.51	14 44 23.55	15 54 35.7	.991 2503
	7	7837.5	224 33 39.61	−0.37	14 48 22.76	16 12 30.0	.990 9981
	8	7838.5	225 33 52.70	−0.24	14 52 22.78	16 30 08.1	.990 7486
	9	7839.5	226 34 07.26	−0.11	14 56 23.63	16 47 29.3	.990 5023
	10	7840.5	227 34 23.28	+0.00	15 00 25.30	−17 04 33.4	0.990 2596
	11	7841.5	228 34 40.79	+0.09	15 04 27.80	17 21 20.0	.990 0208
	12	7842.5	229 34 59.82	+0.16	15 08 31.14	17 37 48.7	.989 7864
	13	7843.5	230 35 20.42	+0.19	15 12 35.33	17 53 59.1	.989 5565
	14	7844.5	231 35 42.67	+0.19	15 16 40.37	18 09 50.9	.989 3313
	15	7845.5	232 36 06.63	+0.15	15 20 46.26	−18 25 23.8	0.989 1108
	16	7846.5	233 36 32.34	+0.08	15 24 53.01	−18 40 37.4	0.988 8950

FOR 0^h DYNAMICAL TIME

Date		Position Angle of Axis P	Heliographic		H. P.	Semi-Diameter	Ephemeris Transit
			Latitude B_0	Longitude L_0			
		°	°	°	"	′ "	h m s
Oct.	1	+25.99	+6.70	102.84	8.78	15 58.49	11 49 38.97
	2	26.05	6.65	89.64	8.79	15 58.77	11 49 19.90
	3	26.11	6.60	76.45	8.79	15 59.05	11 49 01.15
	4	26.16	6.55	63.25	8.79	15 59.32	11 48 42.72
	5	26.20	6.50	50.06	8.79	15 59.61	11 48 24.62
	6	+26.23	+6.44	36.86	8.80	15 59.89	11 48 06.89
	7	26.26	6.38	23.67	8.80	16 00.17	11 47 49.54
	8	26.28	6.32	10.48	8.80	16 00.45	11 47 32.58
	9	26.29	6.26	357.28	8.80	16 00.73	11 47 16.04
	10	26.30	6.20	344.09	8.81	16 01.01	11 46 59.93
	11	+26.30	+6.13	330.90	8.81	16 01.30	11 46 44.27
	12	26.29	6.06	317.71	8.81	16 01.58	11 46 29.09
	13	26.27	5.99	304.51	8.81	16 01.85	11 46 14.41
	14	26.25	5.92	291.32	8.82	16 02.13	11 46 00.24
	15	26.22	5.85	278.13	8.82	16 02.41	11 45 46.62
	16	+26.18	+5.78	264.94	8.82	16 02.68	11 45 33.57
	17	26.13	5.70	251.75	8.82	16 02.95	11 45 21.10
	18	26.08	5.62	238.56	8.83	16 03.22	11 45 09.24
	19	26.02	5.54	225.37	8.83	16 03.48	11 44 58.01
	20	25.95	5.46	212.18	8.83	16 03.75	11 44 47.43
	21	+25.87	+5.38	198.99	8.83	16 04.01	11 44 37.51
	22	25.79	5.29	185.80	8.84	16 04.28	11 44 28.27
	23	25.70	5.21	172.61	8.84	16 04.54	11 44 19.73
	24	25.60	5.12	159.42	8.84	16 04.80	11 44 11.89
	25	25.49	5.03	146.24	8.84	16 05.06	11 44 04.78
	26	+25.37	+4.94	133.05	8.85	16 05.31	11 43 58.40
	27	25.25	4.84	119.86	8.85	16 05.57	11 43 52.77
	28	25.12	4.75	106.67	8.85	16 05.83	11 43 47.89
	29	24.98	4.65	93.49	8.85	16 06.09	11 43 43.78
	30	24.83	4.56	80.30	8.86	16 06.35	11 43 40.44
	31	+24.68	+4.46	67.11	8.86	16 06.60	11 43 37.88
Nov.	1	24.51	4.36	53.93	8.86	16 06.86	11 43 36.10
	2	24.34	4.26	40.74	8.86	16 07.11	11 43 35.12
	3	24.17	4.15	27.56	8.86	16 07.36	11 43 34.94
	4	23.98	4.05	14.37	8.87	16 07.62	11 43 35.55
	5	+23.78	+3.94	1.19	8.87	16 07.87	11 43 36.98
	6	23.58	3.84	348.00	8.87	16 08.12	11 43 39.21
	7	23.37	3.73	334.82	8.87	16 08.36	11 43 42.26
	8	23.16	3.62	321.63	8.88	16 08.61	11 43 46.14
	9	22.93	3.51	308.45	8.88	16 08.85	11 43 50.83
	10	+22.70	+3.40	295.26	8.88	16 09.08	11 43 56.36
	11	22.46	3.29	282.08	8.88	16 09.32	11 44 02.72
	12	22.21	3.17	268.89	8.88	16 09.55	11 44 09.92
	13	21.95	3.06	255.71	8.89	16 09.77	11 44 17.97
	14	21.69	2.94	242.53	8.89	16 09.99	11 44 26.87
	15	+21.42	+2.83	229.34	8.89	16 10.21	11 44 36.62
	16	+21.14	+2.71	216.16	8.89	16 10.42	11 44 47.22

SUN, 1989

FOR 0^h DYNAMICAL TIME

Date	Julian Date	Ecliptic Long. for Mean Equinox of Date	Ecliptic Lat.	Apparent Right Ascension	Apparent Declination	True Geocentric Distance
	244	° ′ ″	″	h m s	° ′ ″	
Nov. 16	7846.5	233 36 32.34	+0.08	15 24 53.01	−18 40 37.4	0.988 8950
17	7847.5	234 36 59.86	−0.01	15 29 00.61	18 55 31.2	.988 6837
18	7848.5	235 37 29.19	−0.12	15 33 09.06	19 10 04.9	.988 4767
19	7849.5	236 38 00.34	−0.24	15 37 18.36	19 24 18.0	.988 2737
20	7850.5	237 38 33.30	−0.36	15 41 28.49	19 38 10.3	.988 0746
21	7851.5	238 39 08.05	−0.48	15 45 39.46	−19 51 41.3	0.987 8791
22	7852.5	239 39 44.54	−0.60	15 49 51.25	20 04 50.6	.987 6870
23	7853.5	240 40 22.73	−0.70	15 54 03.85	20 17 37.9	.987 4981
24	7854.5	241 41 02.56	−0.78	15 58 17.26	20 30 02.7	.987 3124
25	7855.5	242 41 43.99	−0.84	16 02 31.45	20 42 04.8	.987 1297
26	7856.5	243 42 26.94	−0.87	16 06 46.41	−20 53 43.8	0.986 9499
27	7857.5	244 43 11.35	−0.88	16 11 02.13	21 04 59.4	.986 7729
28	7858.5	245 43 57.14	−0.86	16 15 18.59	21 15 51.2	.986 5988
29	7859.5	246 44 44.23	−0.82	16 19 35.76	21 26 18.8	.986 4275
30	7860.5	247 45 32.53	−0.75	16 23 53.62	21 36 22.1	.986 2590
Dec. 1	7861.5	248 46 21.98	−0.65	16 28 12.15	−21 46 00.7	0.986 0935
2	7862.5	249 47 12.48	−0.54	16 32 31.32	21 55 14.2	.985 9310
3	7863.5	250 48 03.96	−0.41	16 36 51.10	22 04 02.5	.985 7719
4	7864.5	251 48 56.33	−0.27	16 41 11.47	22 12 25.2	.985 6162
5	7865.5	252 49 49.53	−0.14	16 45 32.41	22 20 22.0	.985 4643
6	7866.5	253 50 43.50	−0.01	16 49 53.88	−22 27 52.8	0.985 3164
7	7867.5	254 51 38.19	+0.11	16 54 15.85	22 34 57.3	.985 1730
8	7868.5	255 52 33.57	+0.21	16 58 38.31	22 41 35.2	.985 0344
9	7869.5	256 53 29.61	+0.28	17 03 01.23	22 47 46.4	.984 9010
10	7870.5	257 54 26.32	+0.32	17 07 24.59	22 53 30.8	.984 7731
11	7871.5	258 55 23.73	+0.33	17 11 48.36	−22 58 48.0	0.984 6511
12	7872.5	259 56 21.87	+0.30	17 16 12.52	23 03 38.1	.984 5353
13	7873.5	260 57 20.78	+0.24	17 20 37.03	23 08 00.8	.984 4257
14	7874.5	261 58 20.51	+0.15	17 25 01.88	23 11 56.1	.984 3224
15	7875.5	262 59 21.10	+0.04	17 29 27.03	23 15 23.7	.984 2252
16	7876.5	264 00 22.58	−0.08	17 33 52.45	−23 18 23.5	0.984 1342
17	7877.5	265 01 24.95	−0.21	17 38 18.12	23 20 55.4	.984 0490
18	7878.5	266 02 28.23	−0.33	17 42 44.01	23 22 59.3	.983 9695
19	7879.5	267 03 32.38	−0.45	17 47 10.07	23 24 35.1	.983 8953
20	7880.5	268 04 37.38	−0.55	17 51 36.29	23 25 42.7	.983 8263
21	7881.5	269 05 43.20	−0.64	17 56 02.63	−23 26 22.0	0.983 7622
22	7882.5	270 06 49.78	−0.70	18 00 29.06	23 26 33.1	.983 7029
23	7883.5	271 07 57.08	−0.74	18 04 55.53	23 26 15.9	.983 6481
24	7884.5	272 09 05.04	−0.75	18 09 22.02	23 25 30.3	.983 5976
25	7885.5	273 10 13.58	−0.73	18 13 48.49	23 24 16.5	.983 5513
26	7886.5	274 11 22.63	−0.68	18 18 14.90	−23 22 34.4	0.983 5091
27	7887.5	275 12 32.11	−0.61	18 22 41.21	23 20 24.1	.983 4707
28	7888.5	276 13 41.94	−0.51	18 27 07.39	23 17 45.7	.983 4362
29	7889.5	277 14 52.02	−0.40	18 31 33.40	23 14 39.2	.983 4054
30	7890.5	278 16 02.25	−0.26	18 35 59.19	23 11 04.7	.983 3784
31	7891.5	279 17 12.54	−0.12	18 40 24.73	−23 07 02.4	0.983 3553
32	7892.5	280 18 22.80	+0.02	18 44 49.99	−23 02 32.3	0.983 3361

FOR 0^h DYNAMICAL TIME

Date	Position Angle of Axis P	Heliographic		H. P.	Semi-Diameter	Ephemeris Transit
		Latitude B_0	Longitude L_0			
	°	°	°	"	′ "	h m s
Nov. 16	+21.14	+2.71	216.16	8.89	16 10.42	11 44 47.22
17	20.85	2.59	202.98	8.89	16 10.63	11 44 58.67
18	20.56	2.47	189.80	8.90	16 10.83	11 45 10.97
19	20.26	2.35	176.61	8.90	16 11.03	11 45 24.12
20	19.95	2.23	163.43	8.90	16 11.23	11 45 38.11
21	+19.63	+2.11	150.25	8.90	16 11.42	11 45 52.93
22	19.31	1.99	137.07	8.90	16 11.61	11 46 08.58
23	18.98	1.87	123.89	8.91	16 11.79	11 46 25.03
24	18.64	1.74	110.71	8.91	16 11.98	11 46 42.27
25	18.30	1.62	97.53	8.91	16 12.16	11 47 00.30
26	+17.95	+1.49	84.35	8.91	16 12.33	11 47 19.08
27	17.60	1.37	71.17	8.91	16 12.51	11 47 38.62
28	17.23	1.24	57.99	8.91	16 12.68	11 47 58.87
29	16.86	1.12	44.81	8.92	16 12.85	11 48 19.83
30	16.49	0.99	31.63	8.92	16 13.02	11 48 41.46
Dec. 1	+16.11	+0.86	18.45	8.92	16 13.18	11 49 03.75
2	15.72	0.74	5.27	8.92	16 13.34	11 49 26.67
3	15.32	0.61	352.10	8.92	16 13.50	11 49 50.19
4	14.92	0.48	338.92	8.92	16 13.65	11 50 14.29
5	14.52	0.36	325.74	8.92	16 13.80	11 50 38.94
6	+14.11	+0.23	312.56	8.93	16 13.95	11 51 04.12
7	13.69	+0.10	299.39	8.93	16 14.09	11 51 29.79
8	13.27	−0.03	286.21	8.93	16 14.22	11 51 55.94
9	12.85	0.16	273.03	8.93	16 14.36	11 52 22.53
10	12.42	0.28	259.86	8.93	16 14.48	11 52 49.55
11	+11.98	−0.41	246.68	8.93	16 14.60	11 53 16.96
12	11.55	0.54	233.50	8.93	16 14.72	11 53 44.74
13	11.10	0.67	220.33	8.93	16 14.83	11 54 12.86
14	10.66	0.79	207.15	8.93	16 14.93	11 54 41.31
15	10.20	0.92	193.98	8.94	16 15.03	11 55 10.04
16	+ 9.75	−1.05	180.80	8.94	16 15.12	11 55 39.04
17	9.29	1.17	167.63	8.94	16 15.20	11 56 08.27
18	8.83	1.30	154.45	8.94	16 15.28	11 56 37.70
19	8.37	1.43	141.28	8.94	16 15.35	11 57 07.31
20	7.90	1.55	128.10	8.94	16 15.42	11 57 37.05
21	+ 7.43	−1.68	114.93	8.94	16 15.48	11 58 06.89
22	6.96	1.80	101.76	8.94	16 15.54	11 58 36.80
23	6.48	1.93	88.58	8.94	16 15.60	11 59 06.74
24	6.01	2.05	75.41	8.94	16 15.65	11 59 36.68
25	5.53	2.17	62.24	8.94	16 15.69	12 00 06.57
26	+ 5.05	−2.29	49.07	8.94	16 15.74	12 00 36.39
27	4.57	2.42	35.90	8.94	16 15.77	12 01 06.09
28	4.08	2.54	22.72	8.94	16 15.81	12 01 35.63
29	3.60	2.66	9.55	8.94	16 15.84	12 02 04.98
30	3.12	2.78	356.38	8.94	16 15.87	12 02 34.10
31	+ 2.63	−2.89	343.21	8.94	16 15.89	12 03 02.95
32	+ 2.14	−3.01	330.04	8.94	16 15.91	12 03 31.50

SUN, 1989

GEOCENTRIC RECTANGULAR COORDINATES
MEAN EQUATOR AND EQUINOX OF J2000.0

Date 0ʰTDT	x	y	z	Date 0ʰTDT	x	y	z
Jan. 0	+0.165 4639	−0.889 3019	−0.385 5857	Feb. 15	+0.823 1151	−0.500 9773	−0.217 2079
1	0.182 6784	0.886 4544	0.384 3515	16	0.832 7723	0.487 6888	0.211 4464
2	0.199 8374	0.883 3306	0.382 9975	17	0.842 1742	0.474 2520	0.205 6208
3	0.216 9355	0.879 9312	0.381 5238	18	0.851 3183	0.460 6711	0.199 7329
4	0.233 9672	0.876 2570	0.379 9308	19	0.860 2022	0.446 9502	0.193 7843
5	+0.250 9270	−0.872 3090	−0.378 2189	20	+0.868 8237	−0.433 0934	−0.187 7769
6	0.267 8093	0.868 0881	0.376 3886	21	0.877 1804	0.419 1049	0.181 7124
7	0.284 6084	0.863 5956	0.374 4404	22	0.885 2702	0.404 9887	0.175 5925
8	0.301 3188	0.858 8329	0.372 3748	23	0.893 0909	0.390 7490	0.169 4191
9	0.317 9348	0.853 8015	0.370 1926	24	0.900 6402	0.376 3900	0.163 1938
10	+0.334 4509	−0.848 5031	−0.367 8946	25	+0.907 9160	−0.361 9158	−0.156 9185
11	0.350 8615	0.842 9397	0.365 4816	26	0.914 9162	0.347 3307	0.150 5951
12	0.367 1614	0.837 1133	0.362 9546	27	0.921 6387	0.332 6390	0.144 2252
13	0.383 3453	0.831 0262	0.360 3146	28	0.928 0815	0.317 8450	0.137 8109
14	0.399 4082	0.824 6807	0.357 5626	Mar. 1	0.934 2426	0.302 9531	0.131 3540
15	+0.415 3452	−0.818 0792	−0.354 6997	2	+0.940 1201	−0.287 9677	−0.124 8563
16	0.431 1516	0.811 2240	0.351 7271	3	0.945 7119	0.272 8933	0.118 3200
17	0.446 8227	0.804 1178	0.348 6457	4	0.951 0163	0.257 7346	0.111 7469
18	0.462 3540	0.796 7629	0.345 4566	5	0.956 0314	0.242 4963	0.105 1392
19	0.477 7411	0.789 1618	0.342 1610	6	0.960 7556	0.227 1831	0.098 4989
20	+0.492 9797	−0.781 3170	−0.338 7598	7	+0.965 1872	−0.211 8000	−0.091 8283
21	0.508 0653	0.773 2310	0.335 2542	8	0.969 3249	0.196 3521	0.085 1296
22	0.522 9938	0.764 9062	0.331 6452	9	0.973 1675	0.180 8445	0.078 4051
23	0.537 7608	0.756 3451	0.327 9338	10	0.976 7141	0.165 2824	0.071 6570
24	0.552 3619	0.747 5503	0.324 1211	11	0.979 9639	0.149 6709	0.064 8877
25	+0.566 7931	−0.738 5243	−0.320 2083	12	+0.982 9165	−0.134 0152	−0.058 0993
26	0.581 0498	0.729 2697	0.316 1963	13	0.985 5715	0.118 3203	0.051 2942
27	0.595 1279	0.719 7893	0.312 0863	14	0.987 9289	0.102 5910	0.044 4743
28	0.609 0230	0.710 0858	0.307 8795	15	0.989 9884	0.086 8324	0.037 6418
29	0.622 7309	0.700 1620	0.303 5771	16	0.991 7501	0.071 0490	0.030 7988
30	+0.636 2473	−0.690 0207	−0.299 1804	17	+0.993 2141	−0.055 2457	−0.023 9472
31	0.649 5679	0.679 6651	0.294 6905	18	0.994 3806	0.039 4270	0.017 0891
Feb. 1	0.662 6886	0.669 0981	0.290 1089	19	0.995 2495	0.023 5976	0.010 2264
2	0.675 6050	0.658 3230	0.285 4368	20	0.995 8212	−0.007 7619	−0.003 3610
3	0.688 3129	0.647 3430	0.280 6757	21	0.996 0959	+0.008 0755	+0.003 5051
4	+0.700 8081	−0.636 1614	−0.275 8271	22	+0.996 0738	+0.023 9101	+0.010 3700
5	0.713 0864	0.624 7819	0.270 8925	23	0.995 7552	0.039 7375	0.017 2319
6	0.725 1438	0.613 2081	0.265 8736	24	0.995 1405	0.055 5532	0.024 0888
7	0.736 9762	0.601 4439	0.260 7721	25	0.994 2301	0.071 3527	0.030 9387
8	0.748 5798	0.589 4934	0.255 5898	26	0.993 0242	0.087 1316	0.037 7799
9	+0.759 9509	−0.577 3606	−0.250 3284	27	+0.991 5235	+0.102 8855	+0.044 6103
10	0.771 0860	0.565 0499	0.244 9900	28	0.989 7282	0.118 6099	0.051 4281
11	0.781 9819	0.552 5656	0.239 5764	29	0.987 6390	0.134 3002	0.058 2313
12	0.792 6355	0.539 9118	0.234 0896	30	0.985 2565	0.149 9520	0.065 0179
13	0.803 0441	0.527 0931	0.228 5313	31	0.982 5811	0.165 5606	0.071 7860
14	+0.813 2048	−0.514 1135	−0.222 9034	Apr. 1	+0.979 6136	+0.181 1216	+0.078 5335
15	+0.823 1151	−0.500 9773	−0.217 2079	2	+0.976 3547	+0.196 6302	+0.085 2584

GEOCENTRIC RECTANGULAR COORDINATES
MEAN EQUATOR AND EQUINOX OF J2000.0

Date 0^{h}TDT	x	y	z	Date 0^{h}TDT	x	y	z
Apr. 1	+0.979 6136	+0.181 1216	+0.078 5335	May 17	+0.562 1965	+0.771 2414	+0.334 3960
2	0.976 3547	0.196 6302	0.085 2584	18	0.548 0983	0.779 9590	0.338 1753
3	0.972 8054	0.212 0816	0.091 9585	19	0.533 8448	0.788 4541	0.341 8582
4	0.968 9665	0.227 4712	0.098 6319	20	0.519 4399	0.796 7248	0.345 4440
5	0.964 8392	0.242 7939	0.105 2763	21	0.504 8876	0.804 7689	0.348 9317
6	+0.960 4250	+0.258 0450	+0.111 8895	22	+0.490 1919	+0.812 5846	+0.352 3205
7	0.955 7254	0.273 2195	0.118 4693	23	0.475 3567	0.820 1697	0.355 6095
8	0.950 7422	0.288 3127	0.125 0138	24	0.460 3861	0.827 5225	0.358 7978
9	0.945 4774	0.303 3197	0.131 5207	25	0.445 2840	0.834 6409	0.361 8847
10	0.939 9333	0.318 2361	0.137 9882	26	0.430 0544	0.841 5229	0.364 8691
11	+0.934 1122	+0.333 0573	+0.144 4142	27	+0.414 7013	+0.848 1666	+0.367 7503
12	0.928 0164	0.347 7792	0.150 7970	28	0.399 2290	0.854 5701	0.370 5274
13	0.921 6482	0.362 3974	0.157 1347	29	0.383 6415	0.860 7312	0.373 1994
14	0.915 0103	0.376 9080	0.163 4256	30	0.367 9433	0.866 6481	0.375 7654
15	0.908 1048	0.391 3070	0.169 6681	31	0.352 1388	0.872 3188	0.378 2245
16	+0.900 9345	+0.405 5903	+0.175 8604	June 1	+0.336 2326	+0.877 7413	+0.380 5760
17	0.893 5017	0.419 7542	0.182 0009	2	0.320 2294	0.882 9140	0.382 8189
18	0.885 8089	0.433 7950	0.188 0880	3	0.304 1341	0.887 8351	0.384 9526
19	0.877 8586	0.447 7087	0.194 1202	4	0.287 9518	0.892 5031	0.386 9764
20	0.869 6535	0.461 4918	0.200 0957	5	0.271 6874	0.896 9167	0.388 8897
21	+0.861 1959	+0.475 1407	+0.206 0131	6	+0.255 3460	+0.901 0746	+0.390 6921
22	0.852 4886	0.488 6516	0.211 8709	7	0.238 9327	0.904 9759	0.392 3830
23	0.843 5340	0.502 0210	0.217 6674	8	0.222 4526	0.908 6198	0.393 9623
24	0.834 3347	0.515 2454	0.223 4012	9	0.205 9105	0.912 0054	0.395 4295
25	0.824 8934	0.528 3211	0.229 0706	10	0.189 3114	0.915 1322	0.396 7845
26	+0.815 2126	+0.541 2446	+0.234 6743	11	+0.172 6602	+0.917 9997	+0.398 0270
27	0.805 2951	0.554 0123	0.240 2105	12	0.155 9617	0.920 6073	0.399 1570
28	0.795 1435	0.566 6207	0.245 6778	13	0.139 2206	0.922 9547	0.400 1741
29	0.784 7606	0.579 0662	0.251 0744	14	0.122 4416	0.925 0416	0.401 0785
30	0.774 1492	0.591 3450	0.256 3990	15	0.105 6294	0.926 8677	0.401 8699
May 1	+0.763 3123	+0.603 4536	+0.261 6497	16	+0.088 7886	+0.928 4329	+0.402 5482
2	0.752 2529	0.615 3883	0.266 8250	17	0.071 9238	0.929 7369	0.403 1135
3	0.740 9743	0.627 1454	0.271 9232	18	0.055 0395	0.930 7797	0.403 5657
4	0.729 4798	0.638 7211	0.276 9427	19	0.038 1401	0.931 5612	0.403 9047
5	0.717 7730	0.650 1118	0.281 8819	20	0.021 2302	0.932 0813	0.404 1306
6	+0.705 8578	+0.661 3142	+0.286 7392	21	+0.004 3141	+0.932 3400	+0.404 2432
7	0.693 7381	0.672 3246	0.291 5131	22	−0.012 6039	0.932 3373	0.404 2425
8	0.681 4178	0.683 1400	0.296 2023	23	0.029 5193	0.932 0729	0.404 1285
9	0.668 9012	0.693 7573	0.300 8054	24	0.046 4276	0.931 5469	0.403 9011
10	0.656 1925	0.704 1735	0.305 3212	25	0.063 3243	0.930 7591	0.403 5602
11	+0.643 2956	+0.714 3860	+0.309 7485	26	−0.080 2049	+0.929 7096	+0.403 1056
12	0.630 2149	0.724 3921	0.314 0863	27	0.097 0647	0.928 3981	0.402 5375
13	0.616 9544	0.734 1893	0.318 3335	28	0.113 8989	0.926 8248	0.401 8557
14	0.603 5182	0.743 7751	0.322 4890	29	0.130 7026	0.924 9897	0.401 0602
15	0.589 9105	0.753 1472	0.326 5519	30	0.147 4708	0.922 8931	0.400 1512
16	+0.576 1352	+0.762 3034	+0.330 5212	July 1	−0.164 1984	+0.920 5354	+0.399 1288
17	+0.562 1965	+0.771 2414	+0.334 3960	2	−0.180 8804	+0.917 9170	+0.397 9932

SUN, 1989

GEOCENTRIC RECTANGULAR COORDINATES
MEAN EQUATOR AND EQUINOX OF J2000.0

Date 0ʰTDT	x	y	z	Date 0ʰTDT	x	y	z
July 1	−0.164 1984	+0.920 5354	+0.399 1288	Aug. 16	−0.811 4457	+0.555 7107	+0.240 9412
2	0.180 8804	0.917 9170	0.397 9932	17	0.821 3361	0.543 0465	0.235 4509
3	0.197 5116	0.915 0386	0.396 7447	18	0.830 9936	0.530 2286	0.229 8940
4	0.214 0870	0.911 9011	0.395 3838	19	0.840 4157	0.517 2600	0.224 2717
5	0.230 6014	0.908 5055	0.393 9108	20	0.849 5997	0.504 1439	0.218 5855
6	−0.247 0500	+0.904 8529	+0.392 3264	21	−0.858 5428	+0.490 8838	+0.212 8366
7	0.263 4278	0.900 9445	0.390 6311	22	0.867 2422	0.477 4827	0.207 0265
8	0.279 7302	0.896 7818	0.388 8255	23	0.875 6951	0.463 9443	0.201 1567
9	0.295 9523	0.892 3662	0.386 9102	24	0.883 8984	0.450 2719	0.195 2285
10	0.312 0895	0.887 6991	0.384 8860	25	0.891 8495	0.436 4692	0.189 2438
11	−0.328 1374	+0.882 7822	+0.382 7536	26	−0.899 5454	+0.422 5399	+0.183 2040
12	0.344 0914	0.877 6171	0.380 5137	27	0.906 9833	0.408 4881	0.177 1108
13	0.359 9473	0.872 2053	0.378 1670	28	0.914 1606	0.394 3176	0.170 9662
14	0.375 7006	0.866 5488	0.375 7143	29	0.921 0748	0.380 0327	0.164 7719
15	0.391 3472	0.860 6492	0.373 1563	30	0.927 7233	0.365 6374	0.158 5296
16	−0.406 8829	+0.854 5084	+0.370 4940	31	−0.934 1039	+0.351 1363	+0.152 2415
17	0.422 3037	0.848 1281	0.367 7279	Sept. 1	0.940 2145	0.336 5335	0.145 9093
18	0.437 6055	0.841 5102	0.364 8590	2	0.946 0528	0.321 8335	0.139 5350
19	0.452 7844	0.834 6564	0.361 8879	3	0.951 6172	0.307 0407	0.133 1206
20	0.467 8364	0.827 5687	0.358 8154	4	0.956 9058	0.292 1596	0.126 6680
21	−0.482 7577	+0.820 2487	+0.355 6422	5	−0.961 9169	+0.277 1948	+0.120 1792
22	0.497 5443	0.812 6981	0.352 3691	6	0.966 6492	0.262 1507	0.113 6562
23	0.512 1923	0.804 9188	0.348 9968	7	0.971 1011	0.247 0317	0.107 1008
24	0.526 6974	0.796 9124	0.345 5259	8	0.975 2715	0.231 8425	0.100 5152
25	0.541 0556	0.788 6808	0.341 9572	9	0.979 1591	0.216 5874	0.093 9011
26	−0.555 2627	+0.780 2259	+0.338 2916	10	−0.982 7630	+0.201 2710	+0.087 2606
27	0.569 3143	0.771 5497	0.334 5298	11	0.986 0823	0.185 8977	0.080 5956
28	0.583 2061	0.762 6542	0.330 6728	12	0.989 1160	0.170 4718	0.073 9079
29	0.596 9337	0.753 5419	0.326 7216	13	0.991 8636	0.154 9978	0.067 1994
30	0.610 4929	0.744 2150	0.322 6772	14	0.994 3243	0.139 4799	0.060 4718
31	−0.623 8793	+0.734 6761	+0.318 5408	15	−0.996 4975	+0.123 9223	+0.053 7270
Aug. 1	0.637 0887	0.724 9281	0.314 3136	16	0.998 3825	0.108 3290	0.046 9668
2	0.650 1170	0.714 9736	0.309 9968	17	0.999 9786	0.092 7043	0.040 1927
3	0.662 9601	0.704 8157	0.305 5918	18	1.001 2851	0.077 0521	0.033 4066
4	0.675 6142	0.694 4573	0.301 0999	19	1.002 3012	0.061 3766	0.026 6103
5	−0.688 0754	+0.683 9017	+0.296 5224	20	−1.003 0260	+0.045 6820	+0.019 8055
6	0.700 3401	0.673 1520	0.291 8609	21	1.003 4586	0.029 9728	0.012 9942
7	0.712 4047	0.662 2115	0.287 1167	22	1.003 5982	+0.014 2533	+0.006 1782
8	0.724 2658	0.651 0834	0.282 2914	23	1.003 4443	−0.001 4718	−0.000 6403
9	0.735 9199	0.639 7710	0.277 3862	24	1.002 9962	0.017 1980	0.007 4594
10	−0.747 3640	+0.628 2778	+0.272 4028	25	−1.002 2534	−0.032 9204	−0.014 2770
11	0.758 5947	0.616 6071	0.267 3426	26	1.001 2156	0.048 6344	0.021 0909
12	0.769 6090	0.604 7623	0.262 2071	27	0.999 8827	0.064 3350	0.027 8991
13	0.780 4041	0.592 7468	0.256 9977	28	0.998 2546	0.080 0173	0.034 6993
14	0.790 9771	0.580 5642	0.251 7160	29	0.996 3315	0.095 6765	0.041 4895
15	−0.801 3252	+0.568 2177	+0.246 3633	30	−0.994 1136	−0.111 3077	−0.048 2674
16	−0.811 4457	+0.555 7107	+0.240 9412	Oct. 1	−0.991 6015	−0.126 9059	−0.055 0309

GEOCENTRIC RECTANGULAR COORDINATES
MEAN EQUATOR AND EQUINOX OF J2000.0

Date 0ʰTDT	x	y	z	Date 0ʰTDT	x	y	z
Oct. 1	−0.991 6015	−0.126 9059	−0.055 0309	Nov. 16	−0.584 7371	−0.731 6784	−0.317 2423
2	0.988 7955	0.142 4663	0.061 7779	17	0.570 5007	0.740 8408	0.321 2153
3	0.985 6965	0.157 9840	0.068 5063	18	0.556 0892	0.749 7779	0.325 0908
4	0.982 3054	0.173 4542	0.075 2139	19	0.541 5065	0.758 4866	0.328 8673
5	0.978 6230	0.188 8720	0.081 8986	20	0.526 7567	0.766 9639	0.332 5435
6	−0.974 6504	−0.204 2327	−0.088 5585	21	−0.511 8439	−0.775 2067	−0.336 1181
7	0.970 3890	0.219 5316	0.095 1914	22	0.496 7727	0.783 2122	0.339 5896
8	0.965 8400	0.234 7641	0.101 7954	23	0.481 5474	0.790 9774	0.342 9569
9	0.961 0049	0.249 9255	0.108 3685	24	0.466 1726	0.798 4995	0.346 2188
10	0.955 8852	0.265 0114	0.114 9088	25	0.450 6531	0.805 7759	0.349 3739
11	−0.950 4826	−0.280 0174	−0.121 4143	26	−0.434 9935	−0.812 8038	−0.352 4212
12	0.944 7986	0.294 9391	0.127 8834	27	0.419 1990	0.819 5807	0.355 3596
13	0.938 8352	0.309 7724	0.134 3141	28	0.403 2743	0.826 1043	0.358 1879
14	0.932 5938	0.324 5132	0.140 7048	29	0.387 2247	0.832 3722	0.360 9053
15	0.926 0762	0.339 1574	0.147 0538	30	0.371 0553	0.838 3822	0.363 5107
16	−0.919 2839	−0.353 7011	−0.153 3593	Dec. 1	−0.354 7713	−0.844 1323	−0.366 0033
17	0.912 2185	0.368 1401	0.159 6197	2	0.338 3780	0.849 6204	0.368 3822
18	0.904 8815	0.382 4704	0.165 8330	3	0.321 8809	0.854 8449	0.370 6467
19	0.897 2743	0.396 6877	0.171 9976	4	0.305 2852	0.859 8042	0.372 7962
20	0.889 3986	0.410 7878	0.178 1115	5	0.288 5963	0.864 4966	0.374 8300
21	−0.881 2562	−0.424 7663	−0.184 1728	6	−0.271 8197	−0.868 9210	−0.376 7476
22	0.872 8488	0.438 6188	0.190 1795	7	0.254 9606	0.873 0761	0.378 5485
23	0.864 1784	0.452 3408	0.196 1297	8	0.238 0244	0.876 9609	0.380 2323
24	0.855 2473	0.465 9279	0.202 0215	9	0.221 0163	0.880 5745	0.381 7987
25	0.846 0576	0.479 3756	0.207 8528	10	0.203 9414	0.883 9160	0.383 2473
26	−0.836 6119	−0.492 6796	−0.213 6217	11	−0.186 8046	−0.886 9847	−0.384 5777
27	0.826 9128	0.505 8353	0.219 3263	12	0.169 6110	0.889 7798	0.385 7897
28	0.816 9629	0.518 8385	0.224 9646	13	0.152 3655	0.892 3005	0.386 8829
29	0.806 7651	0.531 6848	0.230 5348	14	0.135 0728	0.894 5461	0.387 8570
30	0.796 3225	0.544 3700	0.236 0350	15	0.117 7379	0.896 5157	0.388 7115
31	−0.785 6382	−0.556 8899	−0.241 4634	16	−0.100 3658	−0.898 2086	−0.389 4460
Nov. 1	0.774 7154	0.569 2404	0.246 8182	17	0.082 9615	0.899 6237	0.390 0602
2	0.763 5574	0.581 4174	0.252 0977	18	0.065 5302	0.900 7605	0.390 5537
3	0.752 1679	0.593 4171	0.257 3001	19	0.048 0770	0.901 6182	0.390 9262
4	0.740 5504	0.605 2355	0.262 4238	20	0.030 6075	0.902 1961	0.391 1772
5	−0.728 7085	−0.616 8689	−0.267 4672	21	−0.013 1269	−0.902 4937	−0.391 3067
6	0.716 6461	0.628 3138	0.272 4288	22	+0.004 3593	0.902 5107	0.391 3143
7	0.704 3669	0.639 5665	0.277 3071	23	0.021 8454	0.902 2466	0.391 2000
8	0.691 8748	0.650 6238	0.282 1006	24	0.039 3260	0.901 7013	0.390 9635
9	0.679 1738	0.661 4825	0.286 8080	25	0.056 7954	0.900 8747	0.390 6050
10	−0.666 2677	−0.672 1393	−0.291 4279	26	+0.074 2479	−0.899 7668	−0.390 1243
11	0.653 1604	0.682 5913	0.295 9592	27	0.091 6779	0.898 3778	0.389 5217
12	0.639 8557	0.692 8356	0.300 4005	28	0.109 0795	0.896 7080	0.388 7971
13	0.626 3574	0.702 8694	0.304 7508	29	0.126 4471	0.894 7578	0.387 9509
14	0.612 6691	0.712 6897	0.309 0087	30	0.143 7748	0.892 5278	0.386 9833
15	−0.598 7944	−0.722 2937	−0.313 1729	31	+0.161 0570	−0.890 0189	−0.385 8947
16	−0.584 7371	−0.731 6784	−0.317 2423	32	+0.178 2879	−0.887 2318	−0.384 6855

SUN, 1989

NOTES AND FORMULAS

Low precision formulas for the Sun's coordinates and the equation of time

The following formulas give the apparent coordinates of the Sun to a precision of $0°.01$ and the equation of time to a precision of $0^m.1$ between 1950 and 2050; on this page the time argument, n, is the number of days from J2000.0.

$n = \text{JD} - 2451545.0 = -4018.5 + \text{day of year (B2–B3)} + \text{fraction of day from } 0^h \text{ UT}$

Mean longitude of Sun, corrected for aberration: $L = 280°.460 + 0°.985\,6474\,n$

Mean anomaly: $g = 357°.528 + 0°.985\,6003\,n$

Put L and g in the range $0°$ to $360°$ by adding multiples of $360°$.

Ecliptic longitude: $\lambda = L + 1°.915 \sin g + 0°.020 \sin 2g$

Ecliptic latitude: $\beta = 0°$

Obliquity of ecliptic: $\varepsilon = 23°.439 - 0°.000\,0004\,n$

Right ascension (in same quadrant as λ): $\alpha = \tan^{-1}(\cos \varepsilon \tan \lambda)$

Declination: $\delta = \sin^{-1}(\sin \varepsilon \sin \lambda)$

Distance of Sun from Earth, in au: $R = 1.000\,14 - 0.016\,71 \cos g - 0.000\,14 \cos 2g$

Equatorial rectangular coordinates of the Sun, in au:

$$x = R \cos \lambda, \qquad y = R \cos \varepsilon \sin \lambda, \qquad z = R \sin \varepsilon \sin \lambda$$

Equation of time (apparent time minus mean time):

$$E, \text{ in minutes of time} = (L - \alpha), \text{ in degrees, multiplied by 4.}$$

Horizontal parallax: $0°.0024$

Semidiameter: $0°.2666 / R$

Light time: $0^d.0058$

CONTENTS OF SECTION D

PAGE

Phases of the Moon. Perigee and Apogee D1
Mean elements of the orbit of the Moon D2
Mean elements of the rotation of the Moon D2
Lengths of mean months D2
Use of the orbital ephemerides D3
Appearance of the Moon; selenographic coordinates D4
Formulae for libration D5
Ecliptic and equatorial coordinates of the Moon—daily ephemeris D6
Physical ephemeris of the Moon—daily ephemeris D7
Use of the polynomial coefficients for lunar coordinates D22
Daily polynomial coefficients for R.A., Dec. and H.P. of Moon D23
Low-precision formulae for geocentric and topocentric coordinates of the Moon D46

See also

Occultations by the Moon A2
Moonrise and moonset A46
Eclipses of the Moon A79
Physical and photometric data E88

PHASES OF THE MOON

Lunation	New Moon	First Quarter	Full Moon	Last Quarter
	d h m	d h m	d h m	d h m
817	Jan. 7 19 22	Jan. 14 13 58	Jan. 21 21 33	Jan. 30 02 02
818	Feb. 6 07 37	Feb. 12 23 15	Feb. 20 15 32	Feb. 28 20 08
819	Mar. 7 18 19	Mar. 14 10 11	Mar. 22 09 58	Mar. 30 10 21
820	Apr. 6 03 33	Apr. 12 23 13	Apr. 21 03 13	Apr. 28 20 46
821	May 5 11 46	May 12 14 19	May 20 18 16	May 28 04 01
822	June 3 19 53	June 11 06 59	June 19 06 57	June 26 09 09
823	July 3 04 59	July 11 00 19	July 18 17 42	July 25 13 31
824	Aug. 1 16 06	Aug. 9 17 28	Aug. 17 03 07	Aug. 23 18 40
825	Aug. 31 05 44	Sept. 8 09 49	Sept. 15 11 51	Sept. 22 02 10
826	Sept. 29 21 47	Oct. 8 00 52	Oct. 14 20 32	Oct. 21 13 19
827	Oct. 29 15 27	Nov. 6 14 11	Nov. 13 05 51	Nov. 20 04 44
828	Nov. 28 09 41	Dec. 6 01 26	Dec. 12 16 30	Dec. 19 23 54
829	Dec. 28 03 20			

MOON AT PERIGEE   MOON AT APOGEE

d h	d h	d h	d h	d h	d h
Jan. 10 23	June 1 05	Oct. 15 01	Jan. 27 00	June 13 02	Oct. 28 22
Feb. 7 22	June 28 04	Nov. 12 13	Feb. 23 14	July 10 21	Nov. 25 04
Mar. 8 08	July 23 07	Dec. 10 23	Mar. 22 18	Aug. 7 15	Dec. 22 19
Apr. 5 20	Aug. 19 12		Apr. 18 21	Sept. 4 08	
May 4 05	Sept. 16 15		May 16 09	Oct. 1 20	

NOTES AND FORMULAE

Mean elements of the orbit of the Moon

The following expressions for the mean elements of the Moon are based on the fundamental arguments used in the IAU (1980) Theory of Nutation which are given in *The Astronomical Almanac 1984* on page S26. The angular elements are referred to the mean equinox and ecliptic of date. The time argument (d) is the interval in days from 1989 January 0 at 0^h TDT. These expressions are intended for use during 1989 only.

$$d = \text{JD} - 244\,7526 \cdot 5 = \text{day of year (from B2–B3)} + \text{fraction of day from } 0^h \text{ TDT}$$

Mean longitude of the Moon, measured in the ecliptic to the mean ascending node and then along the mean orbit:

$$L' = 188° \cdot 967\,175 + 13 \cdot 176\,396\,49\,d$$

Mean longitude of the lunar perigee, measured as for L':

$$\Gamma' = 355° \cdot 678\,247 + 0 \cdot 111\,403\,59\,d$$

Mean longitude of the mean ascending node of the lunar orbit on the ecliptic:

$$\Omega = 337° \cdot 839\,251 - 0 \cdot 052\,953\,78\,d$$

Mean elongation of the Moon from the Sun:

$$D = L' - L = 269° \cdot 325\,015 + 12 \cdot 190\,749\,13\,d$$

Mean inclination of the lunar orbit to the ecliptic: $5° \cdot 145\,3964$.

Mean elements of the rotation of the Moon

The following expressions give the mean elements of the mean equator of the Moon, referred to the true equator of the Earth, during 1989 to a precision of about $0° \cdot 001$; the time-argument d is as defined above for the orbital elements.

Inclination of the mean equator of the Moon to the true equator of the Earth:

$$i = 22° \cdot 0215 + 0 \cdot 000\,580\,d + 0 \cdot 000\,000\,573\,d^2$$

Arc of the mean equator of the Moon from its ascending node on the true equator of the Earth to its ascending node on the ecliptic of date:

$$\Delta = 156° \cdot 4112 - 0 \cdot 056\,199\,d + 0 \cdot 000\,001\,004\,d^2$$

Arc of the true equator of the Earth from the true equinox of date to the ascending node of the mean equator of the Moon:

$$\Omega' = +1° \cdot 5503 + 0 \cdot 003\,524\,d - 0 \cdot 000\,001\,075\,d^2$$

The inclination (I) of the mean lunar equator to the ecliptic: $1° \, 32' \, 32'' \cdot 7$

The ascending node of the mean lunar equator on the ecliptic is at the descending node of the mean lunar orbit on the ecliptic, that is at longitude $\Omega + 180°$.

Lengths of mean months

The lengths of the mean months at 1989·0, as derived from the mean orbital elements are:

		d	d	h	m	s
synodic month	(new moon to new moon)	29·530 589	29	12	44	02·9
tropical month	(equinox to equinox)	27·321 582	27	07	43	04·7
sidereal month	(fixed star to fixed star)	27·321 662	27	07	43	11·6
anomalistic month	(perigee to perigee)	27·554 550	27	13	18	33·1
draconic month	(node to node)	27·212 221	27	05	05	35·9

NOTES AND FORMULAE

Geocentric coordinates

The apparent longitude (λ) and latitude (β) of the Moon given on pages D6–D20 are referred to the ecliptic of date: the apparent right ascension (α) and declination (δ) are referred to the true equator of date. These coordinates are primarily intended for planning purposes. The true distance (r) is expressed in Earth-radii and is derived, as is the semi-diameter (s), from the horizontal parallax (π).

The maximum errors which may result if Bessel's second-order interpolation formula is used are as follows:

λ	β	α	δ	r	π	s
$\pm 0°\cdot02$	$\pm 0°\cdot02$	$\pm 2^s\cdot4$	$\pm 24''$	$\pm 0\cdot002$	$\pm 0''\cdot07$	$\pm 0''\cdot02$

More precise values of right ascension, declination and horizontal parallax may be obtained by using the polynomial coefficients given on pages D23–D45. Precise values of true distance and semi-diameter may be obtained from the parallax using:

$$r = 6\,378\cdot137 \,/ \sin \pi \text{ km} \qquad \sin s = 0\cdot272\,493 \sin \pi$$

The tabulated values are all referred to the centre of the Earth, and may differ from the topocentric values by up to about 1 degree in angle and 2 per cent in distance.

Time of transit of the Moon

The TDT of upper (or lower) transit of the Moon over a local meridian may be obtained by interpolation in the tabulation of the time of upper (or lower) transit over the ephemeris meridian given on pages D6–D20, where the first differences are about 25 hours. The interpolation factor p is given by:

$$p = -\lambda + 1\cdot002\,738 \,\Delta T$$

where λ is the *east* longitude and the right-hand side is expressed in days. (Divide longitude in degrees by 360 and ΔT in seconds by 86 400). During 1989 it is expected that ΔT will be about 57 seconds, so that the second term is about $+0\cdot000\,66$ days. In general, second-order differences are sufficient to give times to a few seconds, but higher-order differences must be taken into account if a precision of better than 1 second is required. The UT of transit is obtained by subtracting ΔT from the TDT of transit, which is obtained by interpolation.

Topocentric coordinates

The topocentric equatorial rectangular coordinates of the Moon (x', y', z'), referred to the true equinox of date, are equal to the geocentric equatorial rectangular coordinates of the Moon *minus* the geocentric equatorial rectangular coordinates of the observer. Hence, the topocentric right ascension (α'), declination (δ') and distance (r') of the Moon may be calculated from the formulae:

$$x' = r' \cos \delta' \cos \alpha' = r \cos \delta \cos \alpha - \rho \cos \phi' \cos \theta_0$$
$$y' = r' \cos \delta' \sin \alpha' = r \cos \delta \sin \alpha - \rho \cos \phi' \sin \theta_0$$
$$z' = r' \sin \delta' \qquad\quad = r \sin \delta \qquad - \rho \sin \phi'$$

where θ_0 is the local apparent sidereal time (see pages B6, B7) and ρ and ϕ' are the geocentric distance and latitude of the observer.

Then $\qquad r'^2 = x'^2 + y'^2 + z'^2, \qquad \alpha' = \tan^{-1}(y'/x'), \qquad \delta' = \sin^{-1}(z'/r')$

The topocentric hour angle (h') may be calculated from $h' = \theta_0 - \alpha'$.

Physical ephemeris

See page D4 for notes on the physical ephemeris of the Moon on pages D7–D21.

NOTES AND FORMULAE

Appearance of the Moon

The quantities tabulated in the ephemeris for physical observations of the Moon on odd pages D7–D21 represent the geocentric aspect and illumination of the Moon's disk. For most purposes it is sufficient to regard the instant of tabulation as 0^h universal time. The age is the number of days elapsed since the previous new Moon; the fraction illuminated (or phase) is the ratio of the illuminated area to the total area of the lunar disk; it is also the fraction of the diameter illuminated perpendicular to the line of cusps. These quantities indicate the general aspect of the Moon, while the precise times of the four principal phases are given on pages A1 and D1; they are the times when the apparent longitudes of the Moon and Sun differ by 0°, 90°, 180° and 270°.

The position angle of the bright limb is measured anticlockwise around the disk from the north point (of the hour circle through the centre of the apparent disk) to the mid-point of the bright limb. Before full moon the morning terminator is visible and the position angle of the northern cusp is 90° greater than the position angle of the bright limb; after full moon the evening terminator is visible and the position angle of the northern cusp is 90° less than the position angle of the bright limb.

The brightness of the Moon is determined largely by the fraction illuminated, but it also depends on the distance of the Moon, on the nature of the part of the lunar surface that is illuminated, and on other factors. The integrated visual magnitude of the full Moon at mean distance is about $-12 \cdot 7$. The crescent Moon is not normally visible to the naked eye when the phase is less than $0 \cdot 01$, but much depends on the conditions of observation.

Selenographic coordinates

The positions of points on the Moon's surface are specified by a system of seleno-graphic coordinates, in which latitude is measured positively to the north from the equator of the pole of rotation, and longitude is measured positively to the east on the selenocentric celestial sphere from the lunar meridian through the mean centre of the apparent disk. Selenographic longitudes are measured positive to the west (towards Mare Crisium) on the apparent disk; this sign convention implies that the longitudes of the Sun and of the terminators are decreasing functions of time, and so for some purposes it is convenient to use colongitude which is 90° (or 450°) minus longitude.

The tabulated values of the Earth's selenographic longitude and latitude specify the sub-terrestrial point on the Moon's surface (that is, the centre of the apparent disk). The position angle of the axis of rotation is measured anticlockwise from the north point, and specifies the orientation of the lunar meridian through the sub-terrestrial point, which is the pole of the great circle that corresponds to the limb of the Moon.

The tabulated values of the Sun's selenographic colongitude and latitude specify the sub-solar point of the Moon's surface (that is at the pole of the great circle that bounds the illuminated hemisphere). The following relations hold approximately:

longitude of morning terminator = 360° − colongitude of Sun
longitude of evening terminator = 180° (or 540°) − colongitude of Sun

The altitude (a) of the Sun above the lunar horizon at a point at selenographic longitude and latitude (l, b) may be calculated from:

$$\sin a = \sin b_0 \sin b + \cos b_0 \cos b \sin (c_0 + l)$$

where (c_0, b_0) are the Sun's colongitude and latitude at the time.

NOTES AND FORMULAE

Librations of the Moon

On average the same hemisphere of the Moon is always turned to the Earth but there is a periodic oscillation or libration of the apparent position of the lunar surface that allows about 59 per cent of the surface to be seen from the Earth. The libration is due partly to a physical libration, which is an oscillation of the actual rotational motion about its mean rotation, but mainly to the much larger geocentric optical libration, which results from the non-uniformity of the revolution of the Moon around the centre of the Earth. Both of these effects are taken into account in the computation of the Earth's selenographic longitude (l) and latitude (b) and of the position angle (C) of the axis of rotation. The contributions due to the physical libration are tabulated separately. There is a further contribution to the optical libration due to the difference between the viewpoints of the observer on the surface of the Earth and of the hypothetical observer at the centre of the Earth. These topocentric optical librations may be as much as 1° and have important effects on the apparent contour of the limb.

When the libration in longitude, that is the selenographic longitude of the Earth, is positive the mean centre of the disk is displaced eastwards on the celestial sphere, exposing to view a region on the west limb. When the libration in latitude, or selenographic latitude of the Earth, is positive the mean centre of the disk is displaced towards the south, and a region on the north limb is exposed to view. In a similar way the selenographic co-ordinates of the Sun show which regions of the lunar surface are illuminated.

Differential corrections to be applied to the tabular geocentric librations to form the topocentric librations may be computed from the following formulae:

$$\Delta l = -\pi' \sin (Q - C) \sec b$$
$$\Delta b = +\pi' \cos (Q - C)$$
$$\Delta C = +\sin (b + \Delta b) \, \Delta l - \pi' \sin Q \tan \delta$$

where Q is the geocentric parallactic angle of the Moon and π' is the topocentric horizontal parallax. The latter is obtained from the geocentric horizontal parallax (π), which is tabulated on even pages D6–D20 by using:

$$\pi' = \pi (\sin z + 0.0084 \sin 2z)$$

where z is the geocentric zenith distance of the Moon. The values of z and Q may be calculated from the geocentric right ascension (α) and declination (δ) of the Moon by using:

$$\sin z \sin Q = \cos \phi \sin h$$
$$\sin z \cos Q = \cos \delta \sin \phi - \sin \delta \cos \phi \cos h$$
$$\cos z = \sin \delta \sin \phi + \cos \delta \cos \phi \cos h$$

where ϕ is the geocentric latitude of the observer and h is the local hour angle of the Moon, given by:

$$h = \text{local apparent sidereal time} - \alpha$$

Second differences must be taken into account in the interpolation of the tabular geocentric librations to the time of observation.

MOON, 1989

FOR 0ʰ DYNAMICAL TIME

Date 0ʰ TDT	Apparent Long.	Lat.	R.A.	Dec.	True Dist.	Horiz. Parallax	Semi-diameter	Ephemeris Transit for date Upper	Lower
	°	°	h m s	° ′ ″		′ ″	′ ″	h	h
Jan. 0	187·29	−2·62	12 22 38·4	− 5 17 59	63·328	54 17·20	14 47·53	05·8915	18·2240
1	199·18	−3·47	13 05 26·2	−10 42 58	63·055	54 31·33	14 51·38	06·5647	18·9161
2	211·23	−4·18	13 50 17·9	−15 48 53	62·590	54 55·64	14 58·00	07·2807	19·6608
3	223·53	−4·71	14 38 15·3	−20 23 19	61·962	55 29·02	15 07·10	08·0583	20·4749
4	236·14	−5·03	15 30 07·1	−24 10 30	61·217	56 09·57	15 18·15	08·9111	21·3669
5	249·12	−5·10	16 26 11·8	−26 51 43	60·409	56 54·63	15 30·42	09·8406	22·3295
6	262·47	−4·91	17 25 57·3	−28 07 35	59·603	57 40·81	15 43·01	10·8294	23·3352
7	276·18	−4·42	18 27 52·7	−27 43 03	58·862	58 24·36	15 54·87	11·8414	. . .
8	290·21	−3·67	19 29 50·5	−25 32 56	58·244	59 01·56	16 05·01	12·8349	00·3428
9	304·46	−2·67	20 29 55·1	−21 44 31	57·791	59 29·35	16 12·58	13·7801	01·3146
10	318·85	−1·49	21 27 03·1	−16 35 39	57·524	59 45·92	16 17·09	14·6679	02·2310
11	333·29	−0·21	22 21 11·9	−10 29 52	57·444	59 50·91	16 18·45	15·5072	03·0926
12	347·70	+1·08	23 13 03·5	− 3 51 54	57·532	59 45·39	16 16·95	16·3170	03·9144
13	2·02	+2·30	0 03 44·1	+ 2 54 49	57·758	59 31·35	16 13·13	17·1203	04·7180
14	16·20	+3·37	0 54 26·9	+ 9 28 48	58·086	59 11·19	16 07·63	17·9398	05·5267
15	30·23	+4·22	1 46 21·7	+15 30 04	58·483	58 47·09	16 01·06	18·7945	06·3618
16	44·08	+4·81	2 40 22·6	+20 39 33	58·923	58 20·73	15 53·88	19·6952	07·2389
17	57·76	+5·13	3 36 54·1	+24 39 14	59·390	57 53·20	15 46·38	20·6386	08·1624
18	71·25	+5·15	4 35 36·0	+27 13 43	59·876	57 25·04	15 38·71	21·6047	09·1206
19	84·54	+4·89	5 35 18·6	+28 13 06	60·376	56 56·47	15 30·93	22·5613	10·0864
20	97·62	+4·38	6 34 20·0	+27 35 54	60·889	56 27·69	15 23·09	23·4760	11·0255
21	110·48	+3·66	7 31 01·7	+25 29 45	61·408	55 59·05	15 15·28	. . .	11·9107
22	123·11	+2·76	8 24 21·5	+22 09 06	61·922	55 31·20	15 07·69	00·3286	12·7297
23	135·51	+1·75	9 14 03·9	+17 51 27	62·410	55 05·16	15 00·60	01·1145	13·4845
24	147·71	+0·67	10 00 31·0	+12 53 55	62·845	54 42·26	14 54·36	01·8414	14·1872
25	159·73	−0·43	10 44 27·5	+ 7 31 37	63·196	54 24·01	14 49·39	02·5239	14·8540
26	171·61	−1·50	11 26 49·1	+ 1 57 07	63·430	54 12·00	14 46·11	03·1796	15·5032
27	183·42	−2·49	12 08 35·1	− 3 38 58	63·514	54 07·69	14 44·94	03·8271	16·1536
28	195·22	−3·39	12 50 46·9	− 9 07 10	63·423	54 12·33	14 46·20	04·4853	16·8244
29	207·10	−4·14	13 34 26·3	−14 17 56	63·142	54 26·80	14 50·15	05·1733	17·5345
30	219·12	−4·72	14 20 33·7	−19 00 30	62·669	54 51·49	14 56·87	05·9100	18·3019
31	231·38	−5·10	15 10 02·6	−23 01 46	62·015	55 26·17	15 06·32	06·7116	19·1401
Feb. 1	243·96	−5·25	16 03 28·4	−26 05 51	61·213	56 09·77	15 18·20	07·5873	20·0524
2	256·91	−5·14	17 00 50·0	−27 54 50	60·310	57 00·24	15 31·95	08·5329	21·0256
3	270·28	−4·75	18 01 15·3	−28 11 47	59·369	57 54·44	15 46·72	09·5261	22·0294
4	284·08	−4·08	19 03 03·9	−26 45 33	58·465	58 48·16	16 01·36	10·5307	23·0256
5	298·28	−3·15	20 04 19·0	−23 35 19	57·675	59 36·49	16 14·52	11·5108	23·9842
6	312·82	−1·98	21 03 31·2	−18 52 05	57·070	60 14·45	16 24·87	12·4451	. . .
7	327·60	−0·67	22 00 05·6	−12 56 21	56·700	60 38·04	16 31·29	13·3316	00·8938
8	342·48	+0·70	22 54 18·9	− 6 13 56	56·590	60 45·07	16 33·21	14·1822	01·7602
9	357·34	+2·02	23 47 02·0	+ 0 47 52	56·736	60 35·70	16 30·66	15·0170	02·6002
10	12·07	+3·20	0 39 21·1	+ 7 42 44	57·104	60 12·27	16 24·27	15·8573	03·4351
11	26·56	+4·15	1 32 22·5	+14 06 38	57·642	59 38·53	16 15·08	16·7222	04·2857
12	40·77	+4·82	2 26 59·6	+19 38 05	58·292	58 58·67	16 04·22	17·6236	05·1680
13	54·66	+5·20	3 23 39·1	+23 58 32	58·995	58 16·48	15 52·73	18·5613	06·0885
14	68·22	+5·28	4 22 07·8	+26 53 20	59·705	57 34·89	15 41·39	19·5202	07·0396
15	81·49	+5·07	5 21 27·8	+28 13 35	60·388	56 55·82	15 30·75	20·4729	07·9992

EPHEMERIS FOR PHYSICAL OBSERVATIONS
FOR 0ʰ DYNAMICAL TIME

Date 0ʰ TDT	Age	The Earth's Selenographic Long.	Lat.	Physical Libration Lg.	Lt.	P.A.	The Sun's Selenographic Colong.	Lat.	Position Angle Axis	Bright Limb	Fraction Illum.
	d	°	°	(0°001)			°	°	°	°	
Jan. 0	21·8	− 1·744	+ 3·406	+ 1 +31	+31	−21	179·27	− 1·32	21·981	113·45	0·52
1	22·8	3·051	4·519	− 1 31	31	23	191·43	1·31	21·301	111·96	0·43
2	23·8	4·175	5·449	2 32	32	24	203·60	1·30	19·761	109·22	0·33
3	24·8	5·036	6·150	4 33	33	26	215·77	1·29	17·262	105·11	0·24
4	25·8	5·569	6·575	4 34	34	27	227·95	1·28	13·725	99·46	0·16
5	26·8	− 5·733	+ 6·680	− 5 +35	+35	−27	240·13	− 1·26	9·160	92·04	0·10
6	27·8	5·521	6·432	5 36	36	28	252·32	1·24	3·761	82·09	0·04
7	28·8	4·958	5·813	5 37	37	27	264·50	1·22	357·942	64·59	0·01
8	0·2	4·101	4·837	4 37	37	27	276·69	1·20	352·264	316·71	0·00
9	1·2	3·032	3·546	3 38	38	25	288·88	1·18	347·247	265·36	0·02
10	2·2	− 1·840	+ 2·018	− 2 +38	+38	−24	301·07	− 1·16	343·225	254·46	0·06
11	3·2	− 0·612	+ 0·356	− 1 37	37	22	313·25	1·13	340·328	249·04	0·13
12	4·2	+ 0·582	− 1·326	0 37	37	21	325·43	1·11	338·568	246·34	0·22
13	5·2	1·690	2·914	+ 1 36	36	19	337·60	1·08	337·923	245·67	0·32
14	6·2	2·682	4·306	2 35	35	17	349·77	1·06	338·394	246·76	0·44
15	7·2	+ 3·535	− 5·421	+ 2 +34	+34	−16	1·93	− 1·03	340·013	249·50	0·55
16	8·2	4·236	6·203	3 33	33	15	14·08	1·01	342·806	253·80	0·66
17	9·2	4·771	6·617	3 32	32	14	26·23	0·98	346·730	259·56	0·76
18	10·2	5·123	6·655	2 31	31	13	38·37	0·96	351·601	266·58	0·84
19	11·2	5·271	6·331	2 31	31	13	50·50	0·93	357·055	274·65	0·91
20	12·2	+ 5·197	− 5·676	+ 1 +31	+31	−13	62·63	− 0·91	2·607	283·98	0·96
21	13·2	4·884	4·740	0 31	31	13	74·76	0·88	7·788	297·95	0·99
22	14·2	4·328	3·583	− 1 31	31	13	86·89	0·86	12·268	36·42	1·00
23	15·2	3·533	2·272	2 31	31	14	99·02	0·83	15·894	99·54	0·99
24	16·2	2·521	− 0·874	4 31	31	15	111·16	0·81	18·643	108·66	0·96
25	17·2	+ 1·328	+ 0·546	− 5 +31	+31	−16	123·29	− 0·79	20·556	112·73	0·91
26	18·2	+ 0·004	1·931	7 32	32	18	135·43	0·77	21·684	114·66	0·85
27	19·2	− 1·388	3·227	9 32	32	20	147·57	0·75	22·053	115·11	0·78
28	20·2	2·776	4·387	10 33	33	22	159·72	0·73	21·653	114·30	0·69
29	21·2	4·080	5·368	12 34	34	24	171·87	0·71	20·435	112·31	0·60
30	22·2	− 5·218	+ 6·129	−13 +34	+34	−25	184·03	− 0·69	18·320	109·13	0·51
31	23·2	6·108	6·628	15 35	35	27	196·20	0·67	15·228	104·73	0·41
Feb. 1	24·2	6·678	6·828	15 36	36	28	208·37	0·65	11·128	99·11	0·32
2	25·2	6·868	6·693	16 37	37	29	220·55	0·63	6·116	92·42	0·22
3	26·2	6·645	6·197	16 38	38	29	232·74	0·61	0·483	84·95	0·14
4	27·2	− 6·003	+ 5·335	−15 +38	+38	−28	244·93	− 0·58	354·706	77·04	0·07
5	28·2	4·976	4·126	14 39	39	27	257·12	0·56	349·328	68·48	0·02
6	29·2	3·631	2·626	13 39	39	26	269·31	0·53	344·790	48·95	0·00
7	0·7	2·067	+ 0·930	12 39	39	24	281·51	0·50	341·343	253·88	0·01
8	1·7	− 0·401	− 0·840	10 39	39	22	293·71	0·47	339·075	245·94	0·04
9	2·7	+ 1·250	− 2·550	− 9 +38	+38	−20	305·90	− 0·44	337·997	243·91	0·10
10	3·7	2·778	4·073	8 38	38	18	318·09	0·41	338·110	244·28	0·19
11	4·7	4·096	5·308	7 37	37	16	330·27	0·37	339·434	246·48	0·28
12	5·7	5·144	6·188	6 36	36	15	342·45	0·34	341·978	250·28	0·39
13	6·7	5·889	6·680	6 36	36	14	354·62	0·30	345·690	255·45	0·50
14	7·7	+ 6·319	− 6·782	− 6 +35	+35	−13	6·78	− 0·27	350·387	261·69	0·61
15	8·7	+ 6·440	− 6·515	− 7 +35	+35	−12	18·94	− 0·24	355·725	268·55	0·71

MOON, 1989

FOR 0ʰ DYNAMICAL TIME

Date 0ʰ TDT	Apparent Long.	Apparent Lat.	Apparent R.A.	Dec.	True Dist.	Horiz. Parallax	Semi-diameter	Ephemeris Transit Upper	Ephemeris Transit Lower
	°	°	h m s	° ′ ″		′ ″	′ ″	h	h
Feb. 15	81·49	+5·07	5 21 27·8	+28 13 35	60·388	56 55·82	15 30·75	20·4729	07·9992
16	94·47	+4·60	6 20 10·8	+27 57 59	61·023	56 20·29	15 21·07	21·3901	08·9375
17	107·20	+3·92	7 16 47·8	+26 13 10	61·599	55 48·67	15 12·45	22·2512	09·8284
18	119·71	+3·05	8 10 18·6	+23 11 52	62·112	55 20·97	15 04·91	23·0491	10·6580
19	132·03	+2·06	9 00 23·7	+19 09 55	62·563	54 57·06	14 58·39	23·7886	11·4255
20	144·18	+0·98	9 47 18·7	+14 23 28	62·948	54 36·90	14 52·90	. . .	12·1401
21	156·20	−0·12	10 31 41·8	+ 9 07 25	63·261	54 20·67	14 48·48	00·4820	12·8161
22	168·11	−1·22	11 14 22·5	+ 3 34 51	63·492	54 08·83	14 45·25	01·1447	13·4699
23	179·95	−2·25	11 56 15·0	− 2 02 44	63·623	54 02·12	14 43·42	01·7937	14·1184
24	191·76	−3·18	12 38 14·7	− 7 34 53	63·636	54 01·47	14 43·25	02·4461	14·7790
25	203·59	−3·98	13 21 17·4	−12 51 30	63·509	54 07·93	14 45·00	03·1193	15·4689
26	215·48	−4·62	14 06 17·4	−17 41 55	63·226	54 22·47	14 48·97	03·8300	16·2043
27	227·51	−5·05	14 54 04·1	−21 54 14	62·775	54 45·91	14 55·35	04·5934	16·9986
28	239·74	−5·27	15 45 13·7	−25 14 43	62·156	55 18·63	15 04·27	05·4204	17·8587
Mar. 1	252·25	−5·25	16 39 57·1	−27 28 03	61·383	56 00·45	15 15·66	06·3125	18·7799
2	265·09	−4·97	17 37 46·9	−28 19 01	60·486	56 50·30	15 29·24	07·2580	19·7432
3	278·34	−4·42	18 37 34·1	−27 35 25	59·513	57 46·02	15 44·43	08·2316	20·7193
4	292·03	−3·60	19 37 45·0	−25 11 51	58·532	58 44·15	16 00·26	09·2027	21·6792
5	306·17	−2·55	20 36 54·0	−21 12 04	57·619	59 39·95	16 15·47	10·1471	22·6055
6	320·73	−1·30	21 34 12·0	−15 49 03	56·859	60 27·84	16 28·51	11·0549	23·4963
7	335·62	+0·07	22 29 36·6	− 9 23 19	56·326	61 02·20	16 37·88	11·9315	. . .
8	350·75	+1·45	23 23 42·7	− 2 20 22	56·074	61 18·65	16 42·36	12·7921	00·3626
9	5·93	+2·73	0 17 27·3	+ 4 51 40	56·126	61 15·24	16 41·43	13·6564	01·2225
10	21·03	+3·81	1 11 52·9	+11 44 12	56·469	60 52·91	16 35·34	14·5434	02·0960
11	35·89	+4·62	2 07 52·9	+17 50 10	57·057	60 15·23	16 25·08	15·4661	02·9999
12	50·39	+5·11	3 05 54·7	+22 45 52	57·824	59 27·28	16 12·02	16·4256	03·9418
13	64·48	+5·27	4 05 44·6	+26 13 04	58·693	58 34·45	15 57·62	17·4073	04·9152
14	78·14	+5·13	5 06 21·8	+28 01 14	59·593	57 41·40	15 43·17	18·3831	05·8979
15	91·38	+4·71	6 06 13·5	+28 08 59	60·462	56 51·62	15 29·61	19·3221	06·8589
16	104·24	+4·07	7 03 47·1	+26 43 49	61·257	56 07·36	15 17·54	20·2019	07·7702
17	116·79	+3·25	7 58 01·3	+23 59 22	61·949	55 29·74	15 07·29	21·0148	08·6166
18	129·08	+2·29	8 48 38·0	+20 11 50	62·525	54 59·08	14 58·94	21·7656	09·3973
19	141·18	+1·25	9 35 55·3	+15 37 15	62·981	54 35·18	14 52·43	22·4667	10·1214
20	153·14	+0·16	10 20 33·4	+10 30 02	63·321	54 17·56	14 47·63	23·1339	10·8035
21	165·02	−0·93	11 03 22·7	+ 5 02 52	63·553	54 05·70	14 44·40	23·7841	11·4601
22	176·84	−1·97	11 45 17·4	− 0 32 58	63·681	53 59·18	14 42·62	. . .	12·1080
23	188·66	−2·92	12 27 11·7	− 6 06 54	63·707	53 57·82	14 42·25	00·4340	12·7640
24	200·50	−3·74	13 09 58·7	−11 28 24	63·631	54 01·69	14 43·31	01·1001	13·4441
25	212·39	−4·41	13 54 29·0	−16 26 27	63·446	54 11·16	14 45·88	01·7980	14·1634
26	224·37	−4·89	14 41 27·2	−20 48 56	63·143	54 26·75	14 50·13	02·5418	14·9342
27	236·48	−5·15	15 31 25·7	−24 22 35	62·714	54 49·12	14 56·23	03·3412	15·7630
28	248·76	−5·19	16 24 34·5	−26 53 15	62·153	55 18·79	15 04·31	04·1989	16·6473
29	261·27	−4·98	17 20 31·5	−28 07 18	61·464	55 56·02	15 14·46	05·1061	17·5725
30	274·06	−4·52	18 18 20·0	−27 53 52	60·660	56 40·51	15 26·58	06·0432	18·5149
31	287·19	−3·82	19 16 41·8	−26 07 19	59·770	57 31·12	15 40·37	06·9844	19·4492
Apr. 1	300·71	−2·88	20 14 22·4	−22 48 59	58·841	58 25·60	15 55·21	07·9075	20·3583
2	314·65	−1·75	21 10 35·8	−18 07 13	57·936	59 20·42	16 10·15	08·8015	21·2380

EPHEMERIS FOR PHYSICAL OBSERVATIONS
FOR 0ʰ DYNAMICAL TIME

Date 0ʰ TDT	Age	The Earth's Selenographic Long.	Lat.	Physical Libration Lg.	Lt.	P.A.	The Sun's Selenographic Colong.	Lat.	Position Angle Axis	Bright Limb	Fraction Illum.
	d	°	°	(0°.001)			°	°	°	°	
Feb. 15	8·7	+ 6·440	− 6·515	− 7	+35	−12	18·94	−0·24	355·725	268·55	0·71
16	9·7	6·271	5·914	7	34	12	31·09	0·20	1·245	275·49	0·80
17	10·7	5·836	5·029	8	34	12	43·24	0·17	6·490	282·01	0·88
18	11·7	5·165	3·914	9	34	12	55·38	0·13	11·117	287·74	0·93
19	12·7	4·287	2·631	10	34	13	67·53	0·10	14·946	292·58	0·97
20	13·7	+ 3·235	− 1·242	−12	+35	−13	79·67	−0·07	17·926	297·26	1·00
21	14·7	2·041	+ 0·188	13	35	15	91·81	0·04	20·077	113·46	1·00
22	15·7	+ 0·743	1·600	15	35	16	103·95	−0·01	21·440	117·56	0·98
23	16·7	− 0·621	2·936	17	36	18	116·09	+0·02	22·041	118·14	0·95
24	17·7	2·006	4·144	19	36	20	128·24	0·04	21·879	117·44	0·90
25	18·7	− 3·362	+ 5·178	−21	+37	−22	140·39	+0·06	20·918	115·64	0·84
26	19·7	4·634	5·997	22	37	24	152·55	0·08	19·097	112·75	0·76
27	20·7	5·759	6·565	24	38	25	164·71	0·10	16·350	108·76	0·68
28	21·7	6·673	6·847	25	38	27	176·87	0·12	12·643	103·70	0·58
Mar. 1	22·7	7·311	6·817	26	39	28	189·05	0·14	8·035	97·69	0·49
2	23·7	− 7·608	+ 6·452	−26	+39	−29	201·23	+0·16	2·730	91·00	0·38
3	24·7	7·515	5·740	25	40	29	213·41	0·18	357·099	84·12	0·28
4	25·7	6·996	4·685	25	40	28	225·61	0·20	351·621	77·63	0·19
5	26·7	6·046	3·319	24	40	27	237·81	0·23	346·747	72·18	0·11
6	27·7	4·693	+ 1·703	22	40	26	250·01	0·25	342·805	68·51	0·05
7	28·7	− 3·010	− 0·060	−20	+40	−24	262·22	+0·28	339·969	68·80	0·01
8	0·2	− 1·105	1·842	19	40	22	274·42	0·31	338·318	223·55	0·00
9	1·2	+ 0·881	3·497	17	40	19	286·63	0·34	337·896	238·04	0·02
10	2·2	2·793	4·895	16	39	17	298·84	0·37	338·753	241·56	0·08
11	3·2	4·487	5·936	15	39	15	311·04	0·40	340·927	245·69	0·15
12	4·2	+ 5·847	− 6·566	−14	+38	−14	323·24	+0·44	344·388	250·97	0·24
13	5·2	6·801	6·774	14	38	12	335·44	0·47	348·962	257·29	0·35
14	6·2	7·317	6·585	14	38	11	347·62	0·50	354·294	264·21	0·46
15	7·2	7·407	6·045	14	38	11	359·81	0·54	359·895	271·20	0·56
16	8·2	7·108	5·209	15	38	11	11·98	0·57	5·277	277·68	0·66
17	9·2	+ 6·477	− 4·139	−15	+38	−11	24·15	+0·61	10·073	283·22	0·75
18	10·2	5·577	2·896	16	38	11	36·32	0·64	14·085	287·54	0·83
19	11·2	4·472	1·541	18	39	12	48·48	0·68	17·257	290·42	0·90
20	12·2	3·224	− 0·132	19	39	13	60·64	0·71	19·604	291·48	0·95
21	13·2	1·887	+ 1·272	21	39	15	72·80	0·74	21·167	289·32	0·98
22	14·2	+ 0·508	+ 2·615	−22	+40	−16	84·96	+0·77	21·972	269·85	1·00
23	15·2	− 0·872	3·845	24	40	18	97·11	0·79	22·019	137·97	1·00
24	16·2	2·217	4·912	26	41	20	109·27	0·81	21·275	124·28	0·98
25	17·2	3·494	5·772	27	41	22	121·43	0·83	19·683	118·71	0·94
26	18·2	4·669	6·387	29	42	23	133·59	0·85	17·185	113·70	0·89
27	19·2	− 5·707	+ 6·726	−30	+42	−25	145·76	+0·86	13·748	108·24	0·82
28	20·2	6·567	6·764	31	42	26	157·93	0·88	9·421	102·11	0·74
29	21·2	7·203	6·486	31	43	27	170·11	0·89	4·379	95·44	0·65
30	22·2	7·565	5·885	31	43	28	182·30	0·90	358·942	88·58	0·55
31	23·2	7·603	4·966	31	43	28	194·49	0·91	353·525	82·01	0·44
Apr. 1	24·2	− 7·269	+ 3·750	−30	+43	−27	206·68	+0·92	348·547	76·25	0·33
2	25·2	− 6·530	+ 2·282	−29	+43	−26	218·89	+0·94	344·333	71·78	0·23

MOON, 1989

FOR 0ʰ DYNAMICAL TIME

Date 0ʰ TDT	Apparent Long.	Lat.	Apparent R.A.	Dec.	True Dist.	Horiz. Parallax	Semi-diameter	Ephemeris Transit for date Upper	Lower
	°	°	h m s	° ′ ″		′ ″	′ ″	h	h
Apr. 1	300·71	−2·88	20 14 22·4	−22 48 59	58·841	58 25·60	15 55·21	07·9075	20·3583
2	314·65	−1·75	21 10 35·8	−18 07 13	57·936	59 20·42	16 10·15	08·8015	21·2380
3	329·01	−0·48	22 05 15·7	−12 16 26	57·127	60 10·82	16 23·88	09·6689	22·0963
4	343·76	+0·85	22 58 51·2	− 5 36 04	56·494	60 51·31	16 34·91	10·5224	22·9497
5	358·82	+2·15	23 52 15·4	+ 1 30 16	56·105	61 16·63	16 41·81	11·3809	23·8185
6	14·05	+3·31	0 46 32·3	+ 8 35 32	56·008	61 22·98	16 43·54	12·2649	. . .
7	29·28	+4·23	1 42 41·9	+15 10 29	56·218	61 09·19	16 39·78	13·1912	00·7220
8	44·34	+4·85	2 41 22·6	+20 46 11	56·715	60 37·05	16 31·02	14·1658	01·6727
9	59·07	+5·13	3 42 30·4	+24 57 20	57·445	59 50·80	16 18·42	15·1775	02·6685
10	73·38	+5·08	4 45 04·9	+27 26 39	58·336	58 56·01	16 03·49	16·1961	03·6883
11	87·19	+4·73	5 47 18·9	+28 08 16	59·304	57 58·27	15 47·76	17·1832	04·6959
12	100·53	+4·13	6 47 16·5	+27 08 21	60·273	57 02·34	15 32·53	18·1079	05·6546
13	113·42	+3·34	7 43 35·7	+24 41 49	61·178	56 11·71	15 18·73	18·9568	06·5419
14	125·94	+2·40	8 35 47·7	+21 07 10	61·971	55 28·58	15 06·98	19·7332	07·3534
15	138·16	+1·38	9 24 10·0	+16 42 24	62·620	54 54·03	14 57·57	20·4505	08·0982
16	150·16	+0·32	10 09 27·1	+11 42 59	63·113	54 28·31	14 50·56	21·1262	08·7924
17	162·04	−0·74	10 52 35·7	+ 6 21 44	63·447	54 11·09	14 45·87	21·7788	09·4542
18	173·84	−1·77	11 34 34·9	+ 0 49 34	63·632	54 01·67	14 43·30	22·4266	10·1022
19	185·64	−2·71	12 16 23·2	− 4 43 32	63·680	53 59·20	14 42·63	23·0868	10·7541
20	197·47	−3·54	12 58 56·5	−10 07 33	63·609	54 02·84	14 43·62	23·7760	11·4268
21	209·38	−4·21	13 43 07·4	−15 11 36	63·433	54 11·84	14 46·07	. . .	12·1360
22	221·40	−4·71	14 29 41·6	−19 43 30	63·164	54 25·69	14 49·84	00·5084	12·8943
23	233·54	−4·99	15 19 11·6	−23 29 34	62·809	54 44·14	14 54·87	01·2946	13·7092
24	245·83	−5·05	16 11 47·2	−26 15 20	62·372	55 07·15	15 01·14	02·1376	14·5784
25	258·28	−4·88	17 07 05·6	−27 47 02	61·853	55 34·88	15 08·70	03·0296	15·4883
26	270·92	−4·46	18 04 09·1	−27 54 03	61·255	56 07·46	15 17·57	03·9513	16·4153
27	283·79	−3·81	19 01 38·5	−26 31 18	60·582	56 44·87	15 27·77	04·8770	17·3337
28	296·91	−2·95	19 58 18·4	−23 40 27	59·848	57 26·62	15 39·14	05·7835	18·2252
29	310·35	−1·91	20 53 22·3	−19 29 24	59·079	58 11·49	15 51·37	06·6586	19·0842
30	324·12	−0·73	21 46 42·5	−14 10 39	58·314	58 57·34	16 03·86	07·5032	19·9175
May 1	338·25	+0·52	22 38 47·3	− 7 59 58	57·603	59 40·97	16 15·74	08·3291	20·7408
2	352·73	+1·76	23 30 30·2	− 1 16 00	57·010	60 18·26	16 25·90	09·1552	21·5752
3	7·51	+2·92	0 22 58·4	+ 5 39 36	56·595	60 44·75	16 33·12	10·0035	22·4429
4	22·51	+3·88	1 17 21·5	+12 21 38	56·414	60 56·46	16 36·31	10·8955	23·3629
5	37·58	+4·58	2 14 36·5	+18 22 04	56·499	60 50·96	16 34·81	11·8457	. . .
6	52·55	+4·96	3 15 05·5	+23 12 16	56·855	60 28·10	16 28·59	12·8537	00·3434
7	67·28	+5·00	4 18 12·3	+26 27 41	57·455	59 50·20	16 18·26	13·8962	01·3729
8	81·64	+4·73	5 22 15·0	+27 53 43	58·246	59 01·46	16 04·98	14·9315	02·4177
9	95·54	+4·17	6 24 55·2	+27 29 45	59·156	58 06·97	15 50·13	15·9157	03·4322
10	108·96	+3·40	7 24 12·6	+25 28 16	60·108	57 11·73	15 35·08	16·8217	04·3793
11	121·92	+2·48	8 19 05·8	+22 09 06	61·028	56 19·97	15 20·98	17·6446	05·2432
12	134·48	+1·46	9 09 34·7	+17 53 17	61·855	55 34·80	15 08·67	18·3950	06·0278
13	146·72	+0·40	9 56 20·3	+12 59 08	62·541	54 58·20	14 58·70	19·0914	06·7487
14	158·73	−0·66	10 40 22·5	+ 7 41 18	63·058	54 31·20	14 51·34	19·7540	07·4256
15	170·59	−1·68	11 22 46·6	+ 2 11 21	63·391	54 13·99	14 46·66	20·4031	08·0790
16	182·39	−2·61	12 04 37·0	− 3 20 57	63·543	54 06·21	14 44·54	21·0579	08·7286
17	194·21	−3·44	12 46 55·6	− 8 46 19	63·526	54 07·04	14 44·76	21·7367	09·3933

EPHEMERIS FOR PHYSICAL OBSERVATIONS
FOR 0ʰ DYNAMICAL TIME

Date 0ʰ TDT	Age	The Earth's Selenographic Long.	Lat.	Physical Libration Lg.	Lt.	P.A.	The Sun's Selenographic Colong.	Lat.	Position Angle Axis	Bright Limb	Fraction Illum.
	d	°	°	(0°.001)			°	°	°	°	
Apr. 1	24·2	−7·269	+3·750	−30	+43	−27	206·68	+0·92	348·547	76·25	0·33
2	25·2	6·530	2·282	29	43	26	218·89	0·94	344·333	71·78	0·23
3	26·2	5·377	+0·631	27	42	24	231·10	0·95	341·087	69·07	0·14
4	27·2	3·838	−1·100	25	42	22	243·32	0·97	338·923	68·88	0·07
5	28·2	−1·988	2·785	24	41	20	255·54	0·99	337·921	73·84	0·02
6	29·2	+0·049	−4·286	−22	+41	−18	267·76	+1·01	338·170	124·39	0·00
7	0·9	2·109	5·479	21	41	16	279·99	1·03	339·766	229·98	0·01
8	1·9	4·018	6·273	19	40	14	292·21	1·06	342·757	242·54	0·05
9	2·9	5·614	6·628	19	40	12	304·43	1·08	347·050	250·88	0·12
10	3·9	6·779	6·551	18	40	11	316·65	1·11	352·329	258·86	0·20
11	4·9	+7·453	−6·087	−18	+40	−10	328·86	+1·14	358·076	266·65	0·30
12	5·9	7·629	5·300	18	40	10	341·07	1·16	3·721	273·84	0·40
13	6·9	7·346	4·264	18	40	9	353·27	1·19	8·812	280·05	0·50
14	7·9	6·672	3·049	18	41	10	5·46	1·22	13·103	285·00	0·60
15	8·9	5·690	1·719	19	41	10	17·65	1·25	16·519	288·62	0·70
16	9·9	+4·487	−0·335	−20	+42	−12	29·84	+1·27	19·084	290·86	0·78
17	10·9	3·147	+1·048	21	42	13	42·02	1·30	20·850	291·64	0·85
18	11·9	1·745	2·378	22	43	14	54·20	1·32	21·854	290·70	0·91
19	12·9	+0·345	3·605	24	44	16	66·37	1·34	22·104	287·14	0·96
20	13·9	−1·003	4·679	25	44	18	78·55	1·36	21·571	277·03	0·99
21	14·9	−2·261	+5·557	−27	+45	−20	90·72	+1·38	20·198	220·46	1·00
22	15·9	3·404	6·197	28	45	21	102·89	1·39	17·918	134·47	0·99
23	16·9	4·411	6·566	29	46	23	115·07	1·40	14·691	117·90	0·97
24	17·9	5·269	6·639	30	46	24	127·24	1·40	10·551	108·48	0·92
25	18·9	5·964	6·403	30	46	25	139·42	1·40	5·658	100·36	0·86
26	19·9	−6·474	+5·853	−30	+47	−26	151·61	+1·41	0·317	92·68	0·79
27	20·9	6·772	5·003	30	46	26	163·80	1·40	354·931	85·53	0·70
28	21·9	6·824	3·876	29	46	25	175·99	1·40	349·906	79·22	0·59
29	22·9	6·588	2·514	28	46	25	188·20	1·40	345·559	74·09	0·49
30	23·9	6·025	+0·977	27	45	23	200·41	1·40	342·089	70·39	0·38
May 1	24·9	−5·109	−0·655	−25	+44	−22	212·62	+1·40	339·601	68·36	0·27
2	25·9	3·836	2·281	23	44	20	224·85	1·40	338·169	68·29	0·17
3	26·9	2·247	3·783	22	43	18	237·08	1·41	337·879	70·80	0·09
4	27·9	−0·429	5·042	20	42	16	249·31	1·42	338·852	77·90	0·03
5	28·9	+1·482	5·953	19	42	14	261·55	1·42	341·204	104·01	0·01
6	0·5	+3·318	−6·445	−17	+41	−12	273·79	+1·43	344·962	219·99	0·01
7	1·5	4·913	6·496	16	41	10	286·03	1·44	349·942	247·23	0·03
8	2·5	6·127	6·129	16	41	9	298·26	1·46	355·693	259·35	0·09
9	3·5	6·873	5·402	15	41	8	310·50	1·47	1·594	268·62	0·16
10	4·5	7·121	4·393	15	42	8	322·73	1·49	7·073	276·24	0·25
11	5·5	+6·896	−3·185	−15	+42	−8	334·95	+1·50	11·768	282·30	0·34
12	6·5	6·256	1·853	15	43	9	347·17	1·52	15·543	286·86	0·44
13	7·5	5·288	−0·467	15	43	10	359·38	1·54	18·409	289·99	0·54
14	8·5	4·084	+0·917	16	44	11	11·59	1·55	20·429	291·78	0·64
15	9·5	2·740	2·245	17	45	13	23·79	1·57	21·663	292·29	0·72
16	10·5	+1·346	+3·470	−18	+45	−15	35·99	+1·58	22·135	291·48	0·80
17	11·5	−0·022	+4·548	−19	+46	−16	48·18	+1·59	21·832	289·14	0·87

MOON, 1989

FOR 0ʰ DYNAMICAL TIME

Date 0ʰ TDT	Apparent Long.	Lat.	Apparent R.A.	Dec.	True Dist.	Horiz. Parallax	Semi-diameter	Ephemeris Transit for date Upper	Lower
	°	°	h m s	° ′ ″		′ ″	′ ″	h	h
May 17	194·21	−3·44	12 46 55·6	− 8 46 19	63·526	54 07·04	14 44·76	21·7367	09·3933
18	206·10	−4·12	13 30 40·5	−13 54 51	63·363	54 15·40	14 47·04	22·4560	10·0904
19	218·12	−4·62	14 16 43·7	−18 35 03	63·080	54 30·04	14 51·03	23·2289	10·8352
20	230·30	−4·92	15 05 45·1	−22 33 29	62·703	54 49·69	14 56·38	. . .	11·6378
21	242·65	−4·99	15 58 02·0	−25 35 07	62·258	55 13·19	15 02·79	00·0617	12·4995
22	255·19	−4·83	16 53 17·2	−27 24 58	61·767	55 39·54	15 09·97	00·9494	13·4086
23	267·91	−4·42	17 50 33·7	−27 50 50	61·245	56 08·02	15 17·73	01·8738	14·3411
24	280·81	−3·78	18 48 25·3	−26 46 28	60·702	56 38·15	15 25·94	02·8068	15·2676
25	293·91	−2·94	19 45 24·4	−24 13 15	60·145	57 09·60	15 34·50	03·7208	16·1648
26	307·21	−1·92	20 40 31·8	−20 19 45	59·582	57 42·05	15 43·34	04·5986	17·0225
27	320·73	−0·78	21 33 30·7	−15 19 23	59·021	58 14·94	15 52·30	05·4373	17·8446
28	334·48	+0·43	22 24 44·2	− 9 28 04	58·480	58 47·27	16 01·11	06·2466	18·6456
29	348·48	+1·64	23 15 03·6	− 3 03 03	57·984	59 17·44	16 09·33	07·0444	19·4458
30	2·73	+2·76	0 05 36·7	+ 3 37 05	57·568	59 43·17	16 16·34	07·8529	20·2686
31	17·20	+3·73	0 57 37·3	+10 11 42	57·271	60 01·71	16 21·40	08·6957	21·1367
June 1	31·83	+4·46	1 52 14·6	+16 17 21	57·136	60 10·27	16 23·73	09·5933	22·0667
2	46·53	+4·90	2 50 15·5	+21 28 08	57·193	60 06·66	16 22·74	10·5565	23·0610
3	61·18	+5·01	3 51 40·5	+25 18 12	57·460	59 49·90	16 18·18	11·5769	. . .
4	75·65	+4·81	4 55 22·5	+27 26 53	57·932	59 20·66	16 10·21	12·6227	00·0995
5	89·83	+4·31	5 59 13·1	+27 44 52	58·580	58 41·26	15 59·48	13·6468	01·1404
6	103·62	+3·56	7 00 48·1	+26 17 15	59·356	57 55·18	15 46·92	14·6077	02·1370
7	117·00	+2·64	7 58 24·9	+23 20 52	60·200	57 06·51	15 33·66	15·4856	03·0573
8	129·97	+1·60	8 51 28·0	+19 17 44	61·043	56 19·18	15 20·77	16·2819	03·8932
9	142·55	+0·51	9 40 18·7	+14 29 07	61·822	55 36·60	15 09·16	17·0116	04·6539
10	154·82	−0·57	10 25 50·0	+ 9 12 41	62·482	55 01·33	14 59·55	17·6948	05·3577
11	166·86	−1·61	11 09 07·7	+ 3 42 08	62·982	54 35·11	14 52·41	18·3527	06·0256
12	178·75	−2·57	11 51 19·2	− 1 51 47	63·296	54 18·88	14 47·99	19·0060	06·6787
13	190·58	−3·42	12 33 30·6	− 7 19 50	63·413	54 12·86	14 46·35	19·6744	07·3371
14	202·44	−4·11	13 16 44·9	−12 32 56	63·338	54 16·70	14 47·40	20·3764	08·0201
15	214·40	−4·64	14 02 00·8	−17 20 52	63·090	54 29·51	14 50·89	21·1284	08·7453
16	226·52	−4·96	14 50 07·7	−21 31 24	62·697	54 49·98	14 56·46	21·9414	09·5269
17	238·85	−5·06	15 41 36·6	−24 50 04	62·197	55 16·45	15 03·67	22·8168	10·3718
18	251·41	−4·92	16 36 26·5	−27 01 11	61·629	55 47·01	15 12·00	23·7418	11·2745
19	264·21	−4·53	17 33 53·2	−27 50 19	61·034	56 19·67	15 20·90	. . .	12·2149
20	277·25	−3·90	18 32 32·5	−27 08 05	60·446	56 52·54	15 29·86	00·6896	13·1620
21	290·51	−3·05	19 30 45·0	−24 53 14	59·893	57 24·03	15 38·43	01·6283	14·0858
22	303·97	−2·01	20 27 10·9	−21 13 13	59·395	57 52·91	15 46·30	02·5327	14·9682
23	317·59	−0·85	21 21 13·9	−16 22 13	58·961	58 18·47	15 53·27	03·3926	15·8069
24	331·37	+0·38	22 13 03·1	−10 37 55	58·595	58 40·33	15 59·22	04·2127	16·6124
25	345·30	+1·60	23 03 22·0	− 4 19 11	58·298	58 58·31	16 04·12	05·0083	17·4033
26	359·34	+2·74	23 53 14·3	+ 2 14 57	58·069	59 12·22	16 07·91	05·8002	18·2021
27	13·51	+3·71	0 43 52·6	+ 8 45 04	57·916	59 21·61	16 10·47	06·6117	19·0319
28	27·76	+4·47	1 36 28·8	+14 50 38	57·849	59 25·73	16 11·59	07·4650	19·9129
29	42·06	+4·95	2 32 00·8	+20 09 30	57·884	59 23·60	16 11·01	08·3765	20·8559
30	56·35	+5·12	3 30 54·0	+24 18 41	58·037	59 14·21	16 08·45	09·3496	21·8546
July 1	70·56	+4·97	4 32 37·9	+26 57 17	58·320	58 56·93	16 03·75	10·3668	22·8807
2	84·60	+4·53	5 35 38·6	+27 51 36	58·738	58 31·78	15 56·89	11·3906	23·8909

EPHEMERIS FOR PHYSICAL OBSERVATIONS
FOR 0ʰ DYNAMICAL TIME

Date 0ʰ TDT	Age	The Earth's Selenographic Long.	The Earth's Selenographic Lat.	Physical Libration Lg.	Physical Libration Lt.	Physical Libration P.A.	The Sun's Selenographic Colong.	The Sun's Selenographic Lat.	Position Angle Axis	Bright Limb	Fraction Illum.
	d	°	°	(0°.001)			°	°	°	°	
May 17	11·5	−0·022	+4·548	−19	+46	−16	48·18	+1·59	21·832	289·14	0·87
18	12·5	1·299	5·436	20	47	18	60·37	1·60	20·702	284·76	0·93
19	13·5	2·439	6·093	21	48	20	72·56	1·60	18·670	276·72	0·97
20	14·5	3·413	6·484	21	48	21	84·75	1·61	15·678	256·60	0·99
21	15·5	4·205	6·582	22	49	22	96·93	1·60	11·730	162·99	1·00
22	16·5	−4·814	+6·367	−22	+49	−23	109·12	+1·60	6·954	114·85	0·98
23	17·5	5·245	5·837	22	49	24	121·30	1·59	1·637	99·90	0·95
24	18·5	5·501	5·005	22	50	24	133·49	1·57	356·187	90·03	0·89
25	19·5	5·582	3·900	21	49	24	145·69	1·56	351·038	82·27	0·82
26	20·5	5·477	2·569	20	49	23	157·89	1·54	346·533	76·13	0·73
27	21·5	−5·169	+1·075	−19	+48	−22	170·09	+1·53	342·879	71·59	0·63
28	22·5	4·630	−0·505	17	47	20	182·30	1·51	340·174	68·64	0·52
29	23·5	3·839	2·080	16	46	19	194·52	1·50	338·467	67·34	0·41
30	24·5	2·788	3·552	14	45	17	206·75	1·48	337·818	67·77	0·30
31	25·5	1·498	4·815	13	44	15	218·98	1·47	338·319	70·16	0·20
June 1	26·5	−0·025	−5·775	−11	+43	−13	231·22	+1·46	340·096	74·93	0·11
2	27·5	+1·531	6·355	10	43	11	243·46	1·45	343·241	83·31	0·05
3	28·5	3·045	6·513	9	42	10	255·71	1·45	347·704	101·53	0·01
4	0·2	4·375	6·247	8	42	8	267·96	1·45	353·185	199·16	0·00
5	1·2	5·400	5·595	7	42	7	280·21	1·44	359·134	254·78	0·02
6	2·2	+6·031	−4·626	− 6	+42	− 7	292·46	+1·44	4·915	269·43	0·06
7	3·2	6·226	3·423	6	42	7	304·70	1·44	10·036	278·29	0·12
8	4·2	5·991	2·072	6	43	7	316·94	1·45	14·246	284·49	0·20
9	5·2	5·369	−0·654	6	44	8	329·18	1·45	17·499	288·79	0·29
10	6·2	4·430	+0·764	6	44	9	341·41	1·45	19·847	291·54	0·38
11	7·2	+3·260	+2·125	− 6	+45	−11	353·64	+1·46	21·362	292·93	0·47
12	8·2	1·952	3·378	7	46	13	5·86	1·46	22·093	293·10	0·57
13	9·2	+0·598	4·482	7	47	15	18·07	1·46	22·047	292·07	0·66
14	10·2	−0·718	5·397	8	48	17	30·28	1·46	21·188	289·80	0·75
15	11·2	1·920	6·085	9	48	19	42·48	1·46	19·449	286·16	0·82
16	12·2	−2·949	+6·512	− 9	+49	−20	54·68	+1·45	16·758	280·87	0·89
17	13·2	3·766	6·649	10	50	22	66·88	1·44	13·083	273·27	0·94
18	14·2	4·349	6·471	10	50	23	79·07	1·43	8·499	260·83	0·98
19	15·2	4·694	5·971	10	51	23	91·27	1·41	3·242	220·26	1·00
20	16·2	4·815	5·155	9	51	23	103·46	1·39	357·705	110·96	0·99
21	17·2	−4·733	+4·051	− 8	+51	−23	115·65	+1·37	352·353	89·08	0·97
22	18·2	4·471	2·707	7	51	22	127·85	1·34	347·587	79·25	0·92
23	19·2	4·049	+1·194	6	51	20	140·04	1·32	343·666	72·99	0·85
24	20·2	3·480	−0·406	4	50	19	152·25	1·29	340·710	68·96	0·76
25	21·2	2·770	1·996	3	49	17	164·46	1·26	338·761	66·78	0·66
26	22·2	−1·921	−3·479	− 1	+48	−15	176·67	+1·23	337·851	66·30	0·55
27	23·2	−0·942	4·758	0	47	14	188·89	1·20	338·038	67·49	0·43
28	24·2	+0·144	5·749	+ 2	46	12	201·12	1·18	339·419	70·40	0·32
29	25·2	1·296	6·382	3	45	10	213·36	1·15	342·084	75·09	0·22
30	26·2	2·449	6·616	4	44	8	225·60	1·13	346·044	81·69	0·13
July 1	27·2	+3·520	−6·437	+ 5	+44	− 7	237·85	+1·11	351·117	90·50	0·06
2	28·2	+4·420	−5·869	+ 6	+43	− 6	250·10	+1·09	356·877	103·48	0·02

MOON, 1989

FOR 0ʰ DYNAMICAL TIME

Date 0ʰ TDT	Apparent Long.	Lat.	Apparent R.A.	Dec.	True Dist.	Horiz. Parallax	Semi-diameter	Ephemeris Transit for date Upper	Lower
	°	°	h m s	° ′ ″		′ ″	′ ″	h	h
July 1	70·56	+4·97	4 32 37·9	+26 57 17	58·320	58 56·93	16 03·75	10·3668	22·8807
2	84·60	+4·53	5 35 38·6	+27 51 36	58·738	58 31·78	15 56·89	11·3906	23·8909
3	98·41	+3·83	6 37 42·3	+26 59 48	59·279	57 59·71	15 48·16	12·3770	. . .
4	111·92	+2·92	7 36 47·4	+24 32 33	59·919	57 22·53	15 38·03	13·2944	00·8454
5	125·10	+1·88	8 31 46·1	+20 48 58	60·620	56 42·76	15 27·19	14·1323	01·7231
6	137·95	+0·76	9 22 30·9	+16 10 45	61·331	56 03·26	15 16·43	14·8977	02·5232
7	150·47	−0·37	10 09 37·7	+10 57 44	62·002	55 26·87	15 06·51	15·6072	03·2583
8	162·72	−1·46	10 54 03·5	+ 5 26 09	62·581	54 56·13	14 58·14	16·2806	03·9471
9	174·77	−2·47	11 36 52·9	− 0 11 12	63·021	54 33·08	14 51·86	16·9383	04·6101
10	186·68	−3·36	12 19 11·0	− 5 44 01	63·289	54 19·22	14 48·08	17·6002	05·2675
11	198·53	−4·10	13 02 01·8	−11 03 06	63·363	54 15·41	14 47·04	18·2855	05·9387
12	210·41	−4·67	13 46 25·8	−15 59 05	63·236	54 21·94	14 48·82	19·0120	06·6426
13	222·41	−5·04	14 33 18·3	−20 21 11	62·917	54 38·48	14 53·33	19·7944	07·3955
14	234·58	−5·19	15 23 21·5	−23 56 35	62·430	55 04·08	15 00·31	20·6406	08·2095
15	247·00	−5·10	16 16 53·2	−26 30 26	61·811	55 37·20	15 09·33	21·5465	09·0869
16	259·70	−4·76	17 13 32·5	−27 47 30	61·107	56 15·64	15 19·80	22·4930	10·0164
17	272·72	−4·18	18 12 14·3	−27 35 21	60·372	56 56·72	15 30·99	23·4498	10·9722
18	286·04	−3·35	19 11 22·7	−25 48 12	59·661	57 37·44	15 42·09	. . .	11·9221
19	299·66	−2·32	20 09 23·6	−22 29 21	59·024	58 14·78	15 52·26	00·3862	12·8401
20	313·51	−1·13	21 05 16·9	−17 50 51	58·499	58 46·13	16 00·80	01·2829	13·7147
21	327·57	+0·15	21 58 49·8	−12 10 44	58·112	59 09·62	16 07·20	02·1364	14·5496
22	341·76	+1·43	22 50 30·2	− 5 49 58	57·871	59 24·41	16 11·23	02·9565	15·3595
23	356·02	+2·63	23 41 12·5	+ 0 49 45	57·770	59 30·64	16 12·93	03·7613	16·1646
24	10·30	+3·67	0 32 04·2	+ 7 27 00	57·793	59 29·19	16 12·53	04·5722	16·9869
25	24·56	+4·48	1 24 14·2	+13 40 37	57·921	59 21·31	16 10·39	05·4111	17·8469
26	38·76	+5·01	2 18 41·9	+19 09 27	58·134	59 08·28	16 06·84	06·2957	18·7582
27	52·85	+5·23	3 16 00·9	+23 32 40	58·417	58 51·06	16 02·15	07·2341	19·7217
28	66·81	+5·15	4 16 00·7	+26 31 20	58·763	58 30·27	15 56·48	08·2182	20·7196
29	80·60	+4·77	5 17 35·1	+27 51 49	59·168	58 06·28	15 49·95	09·2212	21·7179
30	94·20	+4·12	6 18 54·3	+27 29 36	59·629	57 39·32	15 42·60	10·2050	22·6787
31	107·58	+3·26	7 18 03·9	+25 30 56	60·142	57 09·79	15 34·55	11·1361	23·5756
Aug. 1	120·71	+2·23	8 13 44·8	+22 10 56	60·698	56 38·38	15 26·00	11·9968	. . .
2	133·58	+1·11	9 05 31·2	+17 49 06	61·277	56 06·24	15 17·24	12·7871	00·4002
3	146·20	−0·04	9 53 41·9	+12 45 04	61·854	55 34·84	15 08·69	13·5182	01·1590
4	158·57	−1·17	10 39 02·0	+ 7 16 15	62·394	55 05·98	15 00·82	14·2071	01·8667
5	170·74	−2·23	11 22 28·5	+ 1 37 07	62·859	54 41·53	14 54·16	14·8724	02·5415
6	182·75	−3·18	12 05 01·6	− 4 00 27	63·210	54 23·30	14 49·19	15·5328	03·2020
7	194·64	−3·98	12 47 41·2	− 9 26 13	63·412	54 12·89	14 46·36	16·2066	03·8669
8	206·49	−4·60	13 31 25·3	−14 30 38	63·438	54 11·56	14 46·00	16·9112	04·5541
9	218·37	−5·04	14 17 08·2	−19 03 39	63·271	54 20·16	14 48·34	17·6621	05·2801
10	230·36	−5·26	15 05 35·6	−22 53 56	62·908	54 38·99	14 53·47	18·4703	06·0586
11	242·53	−5·24	15 57 15·9	−25 48 27	62·360	55 07·79	15 01·32	19·3387	06·8973
12	254·95	−4·99	16 52 08·5	−27 33 05	61·657	55 45·53	15 11·60	20·2577	07·7930
13	267·69	−4·49	17 49 33·9	−27 54 38	60·841	56 30·37	15 23·82	21·2051	08·7296
14	280·79	−3·74	18 48 17·1	−26 44 02	59·971	57 19·56	15 37·22	22·1522	09·6804
15	294·27	−2·77	19 46 49·3	−23 59 22	59·113	58 09·50	15 50·82	23·0748	10·6176
16	308·13	−1·61	20 43 58·3	−19 47 21	58·335	58 56·04	16 03·50	23·9615	11·5228

EPHEMERIS FOR PHYSICAL OBSERVATIONS
FOR 0ʰ DYNAMICAL TIME

Date 0ʰ TDT	Age	The Earth's Selenographic Long.	Lat.	Physical Libration Lg.	Lt.	P.A.	The Sun's Selenographic Colong.	Lat.	Position Angle Axis	Bright Limb	Fraction Illum.
	d	°	°	(0°.001)			°	°	°	°	
July 1	27·2	+3·520	−6·437	+ 5	+44	− 7	237·85	+1·11	351·117	90·50	0·06
2	28·2	4·420	5·869	6	43	6	250·10	1·09	356·877	103·48	0·02
3	29·2	5·067	4·961	6	43	5	262·35	1·08	2·737	149·10	0·00
4	0·8	5·399	3·788	7	44	5	274·61	1·06	8·143	263·14	0·01
5	1·8	5·384	2·434	7	44	5	286·86	1·05	12·739	279·56	0·04
6	2·8	+5·020	−0·984	+ 7	+44	− 6	299·11	+1·04	16·388	286·79	0·09
7	3·8	4·335	+0·483	7	45	7	311·35	1·03	19·098	291·01	0·15
8	4·8	3·380	1·901	7	46	9	323·60	1·02	20·933	293·38	0·23
9	5·8	2·222	3·213	6	46	11	335·83	1·01	21·952	294·34	0·31
10	6·8	+0·940	4·373	6	47	13	348·06	1·01	22·183	294·05	0·41
11	7·8	−0·382	+5·343	+ 5	+48	−15	0·29	+1·00	21·610	292·61	0·50
12	8·8	1·661	6·087	5	49	17	12·51	0·99	20·183	290·02	0·59
13	9·8	2·820	6·574	4	49	19	24·72	0·98	17·834	286·25	0·69
14	10·8	3·789	6·777	4	50	21	36·93	0·97	14·511	281·25	0·77
15	11·8	4·513	6·671	4	51	22	49·14	0·95	10·238	275·01	0·85
16	12·8	−4·955	+6·241	+ 4	+51	−23	61·34	+0·93	5·176	267·52	0·91
17	13·8	5·098	5·485	4	52	23	73·53	0·91	359·654	258·40	0·96
18	14·8	4·947	4·418	5	52	23	85·72	0·88	354·126	243·38	0·99
19	15·8	4·524	3·081	7	52	22	97·91	0·85	349·046	112·37	1·00
20	16·8	3·869	+1·543	8	52	20	110·10	0·82	344·754	77·13	0·98
21	17·8	−3·029	−0·109	+10	+52	−19	122·30	+0·78	341·433	69·64	0·94
22	18·8	2·054	1·768	11	51	17	134·49	0·74	339·155	66·12	0·87
23	19·8	−0·995	3·325	13	50	15	146·69	0·70	337·951	64·84	0·78
24	20·8	+0·102	4·674	14	49	13	158·90	0·67	337·863	65·36	0·68
25	21·8	1·194	5·729	15	48	11	171·11	0·63	338·956	67·55	0·57
26	22·8	+2·239	−6·426	+17	+47	− 9	183·33	+0·60	341·300	71·33	0·45
27	23·8	3·195	6·726	17	47	7	195·56	0·56	344·907	76·60	0·34
28	24·8	4·019	6·621	18	46	6	207·79	0·53	349·640	83·11	0·24
29	25·8	4·670	6·131	19	46	5	220·03	0·50	355·154	90·49	0·15
30	26·8	5·110	5·296	19	46	4	232·27	0·47	0·936	98·29	0·08
31	27·8	+5·308	−4·181	+20	+46	− 4	244·52	+0·44	6·445	106·43	0·03
Aug. 1	28·8	5·245	2·860	20	46	4	256·77	0·42	11·279	118·12	0·01
2	0·3	4·912	−1·413	20	46	4	269·02	0·40	15·234	270·77	0·00
3	1·3	4·319	+0·078	20	47	5	281·26	0·38	18·264	289·95	0·02
4	2·3	3·487	1·542	19	47	7	293·51	0·36	20·407	294·22	0·05
5	3·3	+2·452	+2·914	+19	+48	− 9	305·76	+0·34	21·714	295·96	0·11
6	4·3	+1·263	4·141	18	48	11	318·00	0·33	22·221	296·21	0·17
7	5·3	−0·022	5·179	17	49	13	330·23	0·32	21·926	295·24	0·25
8	6·3	1·338	5·994	17	50	15	342·46	0·30	20·796	293·16	0·34
9	7·3	2·612	6·556	16	50	17	354·69	0·29	18·777	289·98	0·43
10	8·3	−3·772	+6·841	+15	+51	−19	6·91	+0·27	15·819	285·72	0·53
11	9·3	4·747	6·828	15	51	21	19·12	0·26	11·918	280·44	0·62
12	10·3	5·469	6·501	15	52	22	31·32	0·24	7·174	274·30	0·72
13	11·3	5·884	5·852	15	52	23	43·52	0·22	1·834	267·61	0·80
14	12·3	5·951	4·886	16	53	23	55·72	0·19	356·287	260·83	0·88
15	13·3	−5·651	+3·628	+17	+53	−22	67·91	+0·16	350·983	254·47	0·94
16	14·3	−4·992	+2·128	+18	+53	−21	80·09	+0·13	346·316	248·88	0·98

MOON, 1989

FOR 0ʰ DYNAMICAL TIME

Date 0ʰ TDT	Apparent Long.	Lat.	Apparent R.A.	Dec.	True Dist.	Horiz. Parallax	Semi-diameter	Ephemeris Transit for date Upper	Lower
	°	°	h m s	° ′ ″		′ ″	′ ″	h	h
Aug. 16	308·13	−1·61	20 43 58·3	−19 47 21	58·335	58 56·04	16 03·50	23·9615	11·5228
17	322·33	−0·32	21 39 11·0	−14 22 31	57·701	59 34·93	16 14·10	. . .	12·3918
18	336·79	+1·01	22 32 35·9	− 8 04 53	57·257	60 02·60	16 21·64	00·8150	13·2331
19	351·43	+2·29	23 24 53·9	− 1 17 38	57·032	60 16·83	16 25·52	01·6484	14·0634
20	6·13	+3·42	0 17 03·7	+ 5 34 44	57·027	60 17·18	16 25·61	02·4807	14·9028
21	20·79	+4·33	1 10 09·6	+12 07 39	57·220	60 04·94	16 22·28	03·3322	15·7709
22	35·31	+4·95	2 05 08·2	+17 57 20	57·576	59 42·66	16 16·20	04·2206	16·6819
23	49·63	+5·25	3 02 33·4	+22 41 39	58·049	59 13·43	16 08·24	05·1550	17·6387
24	63·69	+5·23	4 02 19·1	+26 01 44	58·597	58 40·24	15 59·20	06·1308	18·6280
25	77·48	+4·91	5 03 29·0	+27 44 33	59·181	58 05·49	15 49·73	07·1261	19·6207
26	90·99	+4·32	6 04 26·4	+27 45 41	59·775	57 30·86	15 40·30	08·1074	20·5823
27	104·22	+3·51	7 03 26·5	+26 10 30	60·361	56 57·35	15 31·17	09·0426	21·4865
28	117·21	+2·53	7 59 13·4	+23 12 20	60·929	56 25·47	15 22·48	09·9129	22·3222
29	129·97	+1·45	8 51 18·0	+19 08 46	61·473	55 55·49	15 14·31	10·7152	23·0932
30	142·51	+0·31	9 39 53·0	+14 18 09	61·988	55 27·66	15 06·73	11·4580	23·8116
31	154·87	−0·83	10 25 37·5	+ 8 57 23	62·462	55 02·38	14 59·84	12·1562	. . .
Sept. 1	167·05	−1·91	11 09 23·0	+ 3 21 11	62·883	54 40·29	14 53·82	12·8271	00·4940
2	179·10	−2·89	11 52 05·3	− 2 17 47	63·230	54 22·29	14 48·92	13·4878	01·1576
3	191·03	−3·74	12 34 39·9	− 7 48 23	63·479	54 09·49	14 45·43	14·1553	01·8197
4	202·90	−4·42	13 18 00·2	−13 00 15	63·604	54 03·11	14 43·69	14·8457	02·4967
5	214·74	−4·91	14 02 56·2	−17 43 06	63·579	54 04·36	14 44·03	15·5735	03·2042
6	226·60	−5·19	14 50 10·5	−21 46 02	63·385	54 14·31	14 46·74	16·3499	03·9552
7	238·57	−5·25	15 40 12·7	−24 57 17	63·009	54 33·73	14 52·04	17·1801	04·7583
8	250·69	−5·07	16 33 09·9	−27 04 19	62·451	55 02·98	15 00·00	18·0601	05·6145
9	263·05	−4·66	17 28 38·5	−27 55 07	61·726	55 41·78	15 10·58	18·9751	06·5145
10	275·73	−4·02	18 25 44·6	−27 20 13	60·865	56 29·04	15 23·45	19·9028	07·4388
11	288·78	−3·16	19 23 15·9	−25 15 06	59·918	57 22·63	15 38·05	20·8208	08·3641
12	302·25	−2·09	20 20 06·3	−21 41 50	58·948	58 19·26	15 53·48	21·7150	09·2713
13	316·17	−0·87	21 15 36·3	−16 49 19	58·032	59 14·47	16 08·53	22·5830	10·1519
14	330·52	+0·44	22 09 42·8	−10 52 41	57·250	60 03·08	16 21·77	23·4336	11·0096
15	345·24	+1·75	23 02 55·2	− 4 12 03	56·672	60 39·83	16 31·78	. . .	11·8572
16	0·22	+2·97	23 56 04·7	+ 2 48 32	56·351	61 00·55	16 37·43	00·2829	12·7131
17	15·32	+3·98	0 50 12·1	+ 9 42 17	56·311	61 03·12	16 38·13	01·1503	13·5966
18	30·38	+4·72	1 46 13·9	+16 01 17	56·545	60 48·01	16 34·01	02·0538	14·5230
19	45·26	+5·13	2 44 45·6	+21 18 37	57·013	60 18·05	16 25·85	03·0043	15·4969
20	59·83	+5·19	3 45 42·0	+25 11 10	57·658	59 37·54	16 14·81	03·9986	16·5061
21	74·03	+4·93	4 48 04·5	+27 23 10	58·415	58 51·22	16 02·19	05·0153	17·5212
22	87·82	+4·40	5 50 10·9	+27 49 17	59·218	58 03·28	15 49·13	06·0193	18·5054
23	101·22	+3·63	6 50 10·3	+26 35 13	60·016	57 16·98	15 36·51	06·9762	19·4296
24	114·26	+2·70	7 46 43·3	+23 55 07	60·768	56 34·43	15 24·92	07·8646	20·2813
25	126·99	+1·65	8 39 20·4	+20 07 09	61·450	55 56·78	15 14·66	08·6806	21·0639
26	139·47	+0·54	9 28 16·4	+15 29 39	62·048	55 24·44	15 05·85	09·4329	21·7899
27	151·75	−0·57	10 14 12·8	+10 19 03	62·557	54 57·37	14 58·48	10·1369	22·4761
28	163·88	−1·64	10 58 03·2	+ 4 49 33	62·978	54 35·35	14 52·48	10·8098	23·1402
29	175·89	−2·63	11 40 43·9	− 0 46 34	63·310	54 18·15	14 47·79	11·4694	23·7994
30	187·81	−3·49	12 23 10·1	− 6 18 09	63·552	54 05·75	14 44·41	12·1322	. . .
Oct. 1	199·69	−4·19	13 06 13·8	−11 34 35	63·698	53 58·32	14 42·39	12·8137	00·4697

EPHEMERIS FOR PHYSICAL OBSERVATIONS
FOR 0^h DYNAMICAL TIME

Date 0^h TDT	Age	The Earth's Selenographic Long.	Lat.	Physical Libration Lg.	Lt.	P.A.	The Sun's Selenographic Colong.	Lat.	Position Angle Axis	Bright Limb	Fraction Illum.
	d	°	°	(0°001)			°	°	°	°	
Aug. 16	14·3	−4·992	+2·128	+18	+53	−21	80·09	+0·13	346·316	248·88	0·98
17	15·3	4·007	+0·465	20	52	19	92·27	0·10	342·550	240·59	1·00
18	16·3	2·758	−1·255	21	52	17	104·46	0·06	339·823	63·49	0·99
19	17·3	−1·330	2·910	23	52	15	116·64	+0·02	338·203	62·02	0·95
20	18·3	+0·179	4·376	24	51	13	128·83	−0·02	337·744	62·39	0·89
21	19·3	+1·667	−5·549	+26	+50	−11	141·02	−0·06	338·512	64·37	0·80
22	20·3	3·038	6·350	27	49	8	153·21	0·10	340·572	67·89	0·70
23	21·3	4·215	6·739	28	49	6	165·41	0·13	343·930	72·83	0·59
24	22·3	5·142	6·712	28	48	5	177·62	0·17	348·453	78·95	0·48
25	23·3	5·787	6·292	29	48	4	189·84	0·21	353·817	85·79	0·37
26	24·3	+6·140	−5·526	+29	+48	−3	202·06	−0·24	359·535	92·76	0·27
27	25·3	6·208	4·474	30	48	2	214·29	0·27	5·083	99·25	0·18
28	26·3	6·006	3·208	30	48	2	226·52	0·30	10·049	104·72	0·10
29	27·3	5·559	1·800	29	49	3	238·75	0·33	14·203	108·70	0·05
30	28·3	4·893	−0·326	29	49	4	250·99	0·36	17·468	110·24	0·02
31	29·3	+4·036	+1·143	+28	+50	−5	263·23	−0·38	19·859	94·37	0·00
Sept. 1	0·8	3·016	2·541	28	50	6	275·47	0·41	21·418	305·41	0·01
2	1·8	1·865	3·811	27	51	8	287·71	0·43	22·174	301·53	0·03
3	2·8	+0·616	4·904	26	52	10	299·94	0·44	22·131	299·52	0·07
4	3·8	−0·690	5·781	24	52	12	312·18	0·46	21·264	297·08	0·13
5	4·8	−2·009	+6·409	+23	+53	−15	324·40	−0·47	19·528	293·85	0·20
6	5·8	3·289	6·767	22	53	17	336·63	0·49	16·882	289·73	0·28
7	6·8	4·471	6·838	21	53	19	348·84	0·50	13·318	284·71	0·37
8	7·8	5·490	6·608	21	54	20	1·05	0·51	8·907	278·91	0·46
9	8·8	6·278	6·073	20	54	22	13·26	0·53	3·841	272·57	0·56
10	9·8	−6·767	+5·234	+21	+54	−22	25·45	−0·55	358·437	266·10	0·66
11	10·8	6·896	4·107	21	54	22	37·64	0·57	353·095	260·00	0·75
12	11·8	6·618	2·724	22	54	21	49·83	0·59	348·201	254·84	0·84
13	12·8	5·907	+1·141	23	53	20	62·00	0·61	344·060	251·26	0·91
14	13·8	4·773	−0·556	25	53	18	74·18	0·64	340·865	250·52	0·97
15	14·8	−3·267	−2·254	+26	+53	−16	86·35	−0·67	338·735	261·51	1·00
16	15·8	−1·485	3·823	28	52	13	98·51	0·70	337·763	43·99	1·00
17	16·8	+0·438	5·133	29	51	11	110·68	0·74	338·050	56·96	0·97
18	17·8	2·345	6·080	30	51	8	122·85	0·77	339·694	62·46	0·91
19	18·8	4·081	6·600	31	50	6	135·02	0·81	342·737	68·10	0·83
20	19·8	+5·520	−6·676	+32	+50	−4	147·20	−0·84	347·073	74·58	0·73
21	20·8	6·577	6·333	33	50	2	159·39	0·87	352·382	81·69	0·62
22	21·8	7·217	5·625	33	50	1	171·58	0·90	358·153	88·93	0·51
23	22·8	7·446	4·623	33	50	−1	183·78	0·93	3·826	95·69	0·40
24	23·8	7·299	3·402	33	50	0	195·98	0·96	8·956	101·46	0·30
25	24·8	+6·831	−2·037	+33	+51	−1	208·19	−0·99	13·291	105·93	0·21
26	25·8	6·102	−0·599	32	51	1	220·41	1·02	16·749	108·86	0·14
27	26·8	5·170	+0·845	32	52	3	232·63	1·04	19·339	109·96	0·08
28	27·8	4·087	2·232	31	53	4	244·85	1·07	21·103	108·28	0·03
29	28·8	2·898	3·507	29	54	6	257·07	1·09	22·071	98·73	0·01
30	0·1	+1·638	+4·620	+28	+54	−8	269·30	−1·10	22·249	7·31	0·00
Oct. 1	1·1	+0·338	+5·527	+27	+55	−10	281·52	−1·12	21·612	311·61	0·01

MOON, 1989

FOR 0ʰ DYNAMICAL TIME

Date 0ʰ TDT	Apparent Long.	Lat.	Apparent R.A.	Dec.	True Dist.	Horiz. Parallax	Semi-diameter	Ephemeris Transit for date Upper	Lower
	°	°	h m s	° ′ ″		′ ″	′ ″	h	h
Oct. 1	199·69	−4·19	13 06 13·8	−11 34 35	63·698	53 58·32	14 42·39	12·8137	00·4697
2	211·53	−4·71	13 50 42·4	−16 25 07	63·736	53 56·36	14 41·85	13·5278	01·1659
3	223·38	−5·02	14 37 15·7	−20 38 34	63·654	54 00·54	14 42·99	14·2849	01·9005
4	235·27	−5·12	15 26 20·2	−24 03 12	63·436	54 11·70	14 46·03	15·0903	02·6815
5	247·25	−5·00	16 18 02·3	−26 27 07	63·068	54 30·66	14 51·20	15·9412	03·5106
6	259·36	−4·65	17 12 01·7	−27 39 19	62·543	54 58·10	14 58·68	16·8256	04·3803
7	271·67	−4·09	18 07 31·6	−27 31 15	61·864	55 34·32	15 08·54	17·7247	05·2746
8	284·26	−3·32	19 03 29·7	−25 58 33	61·046	56 19·01	15 20·72	18·6188	06·1734
9	297·19	−2·35	19 58 57·8	−23 02 01	60·121	57 10·99	15 34·88	19·4942	07·0593
10	310·53	−1·24	20 53 19·9	−18 47 33	59·139	58 07·96	15 50·40	20·3474	07·9234
11	324·32	−0·01	21 46 31·8	−13 25 44	58·167	59 06·26	16 06·29	21·1854	08·7675
12	338·60	+1·25	22 38 59·5	− 7 11 19	57·283	60 00·96	16 21·19	22·0228	09·6030
13	353·31	+2·47	23 31 32·1	− 0 23 19	56·571	60 46·34	16 33·56	22·8792	10·4473
14	8·39	+3·54	0 25 11·7	+ 6 34 49	56·102	61 16·81	16 41·86	23·7752	11·3211
15	23·68	+4·38	1 21 02·1	+13 15 27	55·928	61 28·24	16 44·97	. . .	12·2434
16	39·01	+4·90	2 19 50·9	+19 08 14	56·067	61 19·10	16 42·48	00·7266	13·2247
17	54·18	+5·07	3 21 47·0	+23 43 41	56·500	60 50·90	16 34·80	01·7363	14·2583
18	69·03	+4·89	4 25 57·8	+26 38 28	57·176	60 07·75	16 23·04	02·7862	15·3147
19	83·45	+4·41	5 30 29·8	+27 40 59	58·022	59 15·13	16 08·71	03·8378	16·3501
20	97·39	+3·67	6 33 06·0	+26 54 08	58·958	58 18·65	15 53·32	04·8467	17·3245
21	110·84	+2·75	7 31 59·9	+24 32 48	59·910	57 23·08	15 38·18	05·7817	18·2177
22	123·86	+1·72	8 26 26·3	+20 57 38	60·813	56 31·92	15 24·24	06·6333	19·0299
23	136·50	+0·63	9 16 36·9	+16 29 30	61·623	55 47·36	15 12·10	07·4096	19·7745
24	148·85	−0·47	10 03 17·4	+11 26 19	62·309	55 10·47	15 02·05	08·1273	20·4703
25	160·98	−1·52	10 47 28·2	+ 6 02 42	62·859	54 41·50	14 54·15	08·8061	21·1371
26	172·96	−2·49	11 30 12·0	+ 0 30 36	63·271	54 20·14	14 48·33	09·4655	21·7937
27	184·85	−3·34	12 12 29·2	− 4 59 28	63·551	54 05·79	14 44·42	10·1237	22·4576
28	196·70	−4·04	12 55 15·6	−10 17 30	63·709	53 57·75	14 42·23	10·7974	23·1447
29	208·54	−4·56	13 39 21·7	−15 13 04	63·755	53 55·41	14 41·59	11·5012	23·8681
30	220·41	−4·89	14 25 29·0	−19 34 56	63·697	53 58·38	14 42·40	12·2465	. . .
31	232·33	−5·00	15 14 05·4	−23 11 01	63·537	54 06·49	14 44·61	13·0392	00·6368
Nov. 1	244·31	−4·90	16 05 17·3	−25 48 58	63·276	54 19·90	14 48·27	13·8772	01·4530
2	256·38	−4·57	16 58 43·4	−27 17 26	62·908	54 38·97	14 53·46	14·7487	02·3098
3	268·57	−4·03	17 53 34·8	−27 28 00	62·428	55 04·18	15 00·33	15·6344	03·1911
4	280·93	−3·30	18 48 46·3	−26 16 44	61·833	55 35·97	15 08·99	16·5136	04·0760
5	293·52	−2·39	19 43 17·0	−23 44 59	61·127	56 14·50	15 19·49	17·3711	04·9456
6	306·38	−1·34	20 36 28·9	−19 58 49	60·325	56 59·40	15 31·72	18·2021	05·7898
7	319·59	−0·19	21 28 16·4	−15 07 49	59·454	57 49·45	15 45·36	19·0124	06·6091
8	333·20	+1·00	22 19 04·7	− 9 24 08	58·562	58 42·36	15 59·78	19·8158	07·4138
9	347·25	+2·17	23 09 42·6	− 3 02 24	57·707	59 34·54	16 13·99	20·6324	08·2211
10	1·74	+3·23	0 01 14·9	+ 3 39 35	56·962	60 21·28	16 26·73	21·4846	09·0526
11	16·63	+4·11	0 54 53·5	+10 19 42	56·402	60 57·22	16 36·52	22·3945	09·9312
12	31·80	+4·71	1 51 44·3	+16 31 00	56·093	61 17·41	16 42·02	23·3759	10·8760
13	47·09	+4·98	2 52 26·2	+21 42 58	56·076	61 18·49	16 42·32	. . .	11·8931
14	62·32	+4·90	3 56 40·7	+25 25 51	56·363	60 59·76	16 37·21	00·4245	12·9653
15	77·30	+4·48	5 02 52·1	+27 17 52	56·928	60 23·43	16 27·31	01·5092	14·0492
16	91·88	+3·78	6 08 25·7	+27 12 24	57·715	59 34·02	16 13·85	02·5785	15·0916

EPHEMERIS FOR PHYSICAL OBSERVATIONS
FOR 0ʰ DYNAMICAL TIME

Date 0ʰ TDT	Age	The Earth's Selenographic Long.	Lat.	Physical Libration Lg.	Lt.	P.A.	The Sun's Selenographic Colong.	Lat.	Position Angle Axis	Bright Limb	Fraction Illum.
	d	°	°	(0°.001)			°	°	°	°	
Oct. 1	1·1	+0·338	+5·527	+27	+55	−10	281·52	−1·12	21·612	311·61	0·01
2	2·1	−0·976	6·195	25	55	12	293·74	1·13	20·115	301·77	0·04
3	3·1	2·276	6·599	24	56	14	305·96	1·14	17·718	295·50	0·09
4	4·1	3·531	6·721	22	56	16	318·18	1·15	14·411	289·56	0·15
5	5·1	4·703	6·553	21	56	18	330·39	1·16	10·257	283·32	0·22
6	6·1	−5·741	+6·093	+21	+57	−19	342·59	−1·17	5·425	276·76	0·30
7	7·1	6·589	5·349	20	56	20	354·79	1·17	0·197	270·12	0·40
8	8·1	7·178	4·336	20	56	21	6·98	1·18	354·929	263·77	0·50
9	9·1	7·440	3·079	20	56	20	19·17	1·19	349·979	258·13	0·60
10	10·1	7·305	1·622	21	55	20	31·34	1·20	345·641	253·61	0·70
11	11·1	−6·721	+0·027	+22	+55	−18	43·51	−1·21	342·118	250·58	0·80
12	12·1	5·662	−1·617	23	54	16	55·68	1·23	339·547	249·57	0·88
13	13·1	4·149	3·200	24	53	14	67·83	1·24	338·041	251·70	0·95
14	14·1	2·260	4·593	25	53	11	79·99	1·26	337·729	262·56	0·99
15	15·1	−0·132	5·675	26	52	8	92·14	1·28	338·759	3·30	1·00
16	16·1	+2·049	−6·347	+27	+51	− 6	104·29	−1·30	341·257	54·72	0·98
17	17·1	4·086	6·561	28	51	3	116·44	1·32	345·217	66·76	0·93
18	18·1	5·803	6·321	29	51	− 1	128·59	1·34	350·391	75·86	0·86
19	19·1	7·075	5·678	29	50	0	140·75	1·36	356·264	84·30	0·77
20	20·1	7·846	4·710	30	51	+ 1	152·92	1·38	2·195	92·01	0·67
21	21·1	+8·116	−3·505	+30	+51	+ 2	165·09	−1·40	7·636	98·63	0·56
22	22·1	7·932	2·152	30	52	2	177·27	1·42	12·267	103·89	0·46
23	23·1	7·366	−0·727	29	52	+ 1	189·46	1·44	15·982	107·71	0·36
24	24·1	6·502	+0·701	29	53	0	201·65	1·46	18·794	110·07	0·26
25	25·1	5·423	2·073	28	54	− 1	213·84	1·48	20·761	110·97	0·18
26	26·1	+4·205	+3·336	+26	+55	− 3	226·04	−1·49	21·928	110·25	0·12
27	27·1	2·909	4·444	25	56	5	238·25	1·51	22·310	107·38	0·06
28	28·1	1·585	5·356	23	57	7	250·45	1·52	21·886	100·45	0·03
29	29·1	+0·269	6·037	22	57	9	262·66	1·53	20·611	78·30	0·01
30	0·4	−1·015	6·459	20	58	11	274·87	1·53	18·436	340·32	0·00
31	1·4	−2·248	+6·603	+18	+58	−13	287·08	−1·53	15·340	303·62	0·02
Nov. 1	2·4	3·415	6·460	17	59	15	299·28	1·53	11·371	291·08	0·05
2	3·4	4·495	6·029	16	59	16	311·48	1·53	6·685	282·12	0·10
3	4·4	5·461	5·322	15	59	17	323·68	1·53	1·554	274·26	0·17
4	5·4	6·273	4·360	14	59	18	335·87	1·52	356·329	267·12	0·25
5	6·4	−6·880	+3·172	+14	+58	−18	348·06	−1·52	351·359	260·84	0·34
6	7·4	7·218	1·800	14	58	18	0·24	1·51	346·931	255·63	0·44
7	8·4	7·220	+0·299	14	57	17	12·41	1·51	343·237	251·70	0·55
8	9·4	6·821	−1·259	15	56	15	24·57	1·51	340·398	249·22	0·65
9	10·4	5·976	2·788	16	55	13	36·73	1·50	338·509	248·42	0·76
10	11·4	−4·675	−4·181	+16	+54	−11	48·88	−1·50	337·683	249·65	0·85
11	12·4	2·961	5·326	17	53	9	61·02	1·50	338·072	253·76	0·92
12	13·4	−0·942	6·115	18	52	6	73·16	1·50	339·857	263·72	0·97
13	14·4	+1·213	6·472	18	51	3	85·29	1·50	343·154	307·96	1·00
14	15·4	3·305	6·364	19	51	− 1	97·43	1·50	347·886	53·91	0·99
15	16·4	+5·138	−5·814	+20	+51	+ 1	109·56	−1·51	353·663	74·70	0·95
16	17·4	+6·558	−4·891	+20	+51	+ 3	121·70	−1·51	359·827	86·07	0·89

MOON, 1989

FOR 0ʰ DYNAMICAL TIME

Date 0ʰ TDT	Apparent Long.	Lat.	R.A. h m s	Dec. ° ′ ″	True Dist.	Horiz. Parallax ′ ″	Semi-diameter ′ ″	Ephemeris Transit for date Upper h	Lower h
Nov. 16	91·88	+3·78	6 08 25·7	+27 12 24	57·715	59 34·02	16 13·85	02·5785	15·0916
17	105·98	+2·86	7 10 49·6	+25 19 31	58·648	58 37·19	15 58·37	03·5841	16·0540
18	119·57	+1·81	8 08 34·0	+22 00 34	59·642	57 38·53	15 42·38	04·5005	16·9243
19	132·68	+0·69	9 01 24·4	+17 40 03	60·621	56 42·70	15 27·17	05·3273	17·7116
20	145·37	−0·43	9 49 59·4	+12 39 49	61·517	55 53·10	15 13·66	06·0798	18·4349
21	157·73	−1·49	10 35 22·7	+ 7 17 11	62·283	55 11·86	15 02·42	06·7795	19·1164
22	169·83	−2·47	11 18 44·0	+ 1 45 21	62·889	54 39·98	14 53·74	07·4482	19·7774
23	181·77	−3·32	12 01 11·2	− 3 45 07	63·320	54 17·65	14 47·65	08·1066	20·4379
24	193·62	−4·03	12 43 47·2	− 9 04 53	63·578	54 04·43	14 44·05	08·7737	21·1159
25	205·44	−4·55	13 27 29·2	−14 04 31	63·675	53 59·50	14 42·71	09·4664	21·8270
26	217·30	−4·88	14 13 05·8	−18 33 38	63·629	54 01·80	14 43·34	10·1988	22·5829
27	229·23	−5·00	15 01 12·8	−22 20 30	63·464	54 10·26	14 45·64	10·9798	23·3892
28	241·25	−4·90	15 52 04·5	−25 12 23	63·200	54 23·84	14 49·34	11·8103	. . .
29	253·39	−4·58	16 45 25·1	−26 56 56	62·855	54 41·72	14 54·21	12·6805	00·2415
30	265·65	−4·04	17 40 26·6	−27 24 17	62·444	55 03·35	15 00·11	13·5707	01·1246
Dec. 1	278·05	−3·30	18 35 57·3	−26 29 24	61·973	55 28·46	15 06·95	14·4569	02·0158
2	290·61	−2·39	19 30 45·0	−24 13 25	61·446	55 57·01	15 14·72	15·3192	02·8919
3	303·36	−1·35	20 23 58·9	−20 43 04	60·865	56 29·05	15 23·46	16·1483	03·7380
4	316·32	−0·21	21 15 23·2	−16 09 05	60·234	57 04·56	15 33·13	16·9466	04·5508
5	329·55	+0·95	22 05 16·5	−10 44 20	59·563	57 43·11	15 43·63	17·7261	05·3377
6	343·08	+2·10	22 54 23·7	− 4 42 47	58·874	58 23·66	15 54·68	18·5053	06·1144
7	356·95	+3·14	23 43 47·6	+ 1 40 13	58·199	59 04·30	16 05·76	19·3067	06·9018
8	11·16	+4·03	0 34 41·1	+ 8 07 09	57·584	59 42·15	16 16·07	20·1543	07·7233
9	25·71	+4·67	1 28 18·8	+14 16 53	57·084	60 13·53	16 24·62	21·0692	08·6023
10	40·51	+5·02	2 25 42·6	+19 44 03	56·756	60 34·42	16 30·31	22·0620	09·5559
11	55·47	+5·03	3 27 16·1	+24 00 23	56·648	60 41·33	16 32·19	23·1212	10·5851
12	70·42	+4·69	4 32 14·3	+26 39 22	56·791	60 32·16	16 29·69	. . .	11·6643
13	85·23	+4·05	5 38 32·8	+27 24 02	57·188	60 06·96	16 22·83	00·2075	12·7435
14	99·74	+3·15	6 43 24·2	+26 13 30	57·813	59 28·00	16 12·21	01·2658	13·7694
15	113·85	+2·08	7 44 28·3	+23 22 56	58·613	58 39·29	15 58·94	02·2511	14·7095
16	127·51	+0·91	8 40 40·2	+19 16 42	59·519	57 45·69	15 44·34	03·1448	15·5583
17	140·72	−0·26	9 32 07·3	+14 20 15	60·455	56 52·01	15 29·71	03·9523	16·3291
18	153·51	−1·39	10 19 41·0	+ 8 55 16	61·348	56 02·34	15 16·18	04·6917	17·0429
19	165·95	−2·43	11 04 30·2	+ 3 18 22	62·135	55 19·75	15 04·57	05·3855	17·7222
20	178·11	−3·33	11 47 46·1	− 2 17 57	62·769	54 46·25	14 55·45	06·0558	18·3887
21	190·08	−4·06	12 30 37·0	− 7 43 45	63·218	54 22·88	14 49·08	06·7235	19·0623
22	201·95	−4·62	13 14 05·5	−12 50 05	63·471	54 09·89	14 45·54	07·4075	19·7609
23	213·79	−4·98	13 59 07·5	−17 27 41	63·529	54 06·89	14 44·72	08·1244	20·4995
24	225·68	−5·12	14 46 28·4	−21 26 04	63·410	54 13·00	14 46·39	08·8872	21·2880
25	237·67	−5·05	15 36 35·5	−24 33 18	63·140	54 26·91	14 50·18	09·7019	22·1279
26	249·80	−4·74	16 29 28·4	−26 36 44	62·752	54 47·10	14 55·68	10·5645	23·0093
27	262·11	−4·22	17 24 31·8	−27 24 54	62·283	55 11·89	15 02·43	11·4593	23·9112
28	274·61	−3·48	18 20 38·5	−26 50 15	61·766	55 39·63	15 09·99	12·3618	. . .
29	287·31	−2·56	19 16 28·2	−24 51 26	61·230	56 08·84	15 17·95	13·2474	00·8080
30	300·19	−1·49	20 10 53·8	−21 33 57	60·698	56 38·37	15 25·99	14·0997	01·6782
31	313·27	−0·32	21 03 21·1	−17 08 53	60·183	57 07·44	15 33·92	14·9151	02·5118
32	326·55	+0·88	21 53 53·7	−11 50 37	59·692	57 35·64	15 41·60	15·7010	03·3109

EPHEMERIS FOR PHYSICAL OBSERVATIONS
FOR 0ʰ DYNAMICAL TIME

Date 0ʰ TDT	Age	The Earth's Selenographic Long.	Lat.	Physical Libration Lg.	Lt.	P.A.	The Sun's Selenographic Colong.	Lat.	Position Angle Axis	Bright Limb	Fraction Illum.
	d	°	°	(0°.001)			°	°	°	°	
Nov. 16	17·4	+6·558	−4·891	+20	+51	+3	121·70	−1·51	359·827	86·07	0·89
17	18·4	7·478	3·690	20	51	3	133·84	1·51	5·694	94·67	0·81
18	19·4	7·873	2·313	21	51	4	145·99	1·52	10·790	101·34	0·72
19	20·4	7·777	−0·854	20	52	3	158·15	1·52	14·918	106·27	0·62
20	21·4	7·258	+0·605	20	53	3	170·31	1·52	18·070	109·62	0·52
21	22·4	+6·403	+2·000	+19	+54	+1	182·47	−1·53	20·312	111·55	0·42
22	23·4	5·305	3·278	18	55	0	194·65	1·53	21·716	112·16	0·33
23	24·4	4·054	4·396	17	56	−2	206·83	1·54	22·319	111·48	0·24
24	25·4	2·728	5·317	15	57	4	219·01	1·54	22·118	109·44	0·17
25	26·4	1·393	6·008	14	58	7	231·20	1·54	21·077	105·78	0·10
26	27·4	+0·099	+6·444	+12	+58	−9	243·39	−1·54	19·141	99·77	0·05
27	28·4	−1·121	6·603	10	59	11	255·58	1·54	16·273	88·85	0·02
28	29·4	2·244	6·474	9	60	13	267·78	1·53	12·492	54·73	0·00
29	0·6	3·259	6·053	8	60	14	279·97	1·52	7·927	311·73	0·00
30	1·6	4·157	5·351	6	60	15	292·16	1·51	2·832	284·24	0·03
Dec. 1	2·6	−4·929	+4·391	+6	+60	−16	304·36	−1·50	357·563	272·29	0·06
2	3·6	5·557	3·207	5	60	16	316·54	1·48	352·495	263·93	0·12
3	4·6	6·013	1·848	5	59	15	328·73	1·46	347·938	257·51	0·20
4	5·6	6·258	+0·371	5	59	15	340·90	1·44	344·094	252·67	0·29
5	6·6	6·244	−1·154	5	58	13	353·07	1·42	341·077	249·34	0·39
6	7·6	−5·921	−2·647	+5	+57	−12	5·24	−1·40	338·956	247·52	0·49
7	8·6	5·248	4·019	5	56	10	17·39	1·39	337·805	247·26	0·61
8	9·6	4·207	5·176	6	54	8	29·54	1·37	337·738	248·68	0·71
9	10·6	2·820	6·025	6	53	5	41·68	1·35	338·916	252·04	0·81
10	11·6	−1·156	6·486	6	52	3	53·82	1·33	341·500	257·78	0·90
11	12·6	+0·663	−6·508	+7	+52	−1	65·95	−1·31	345·547	267·12	0·96
12	13·6	2·481	6·082	7	51	+1	78·07	1·29	350·871	287·45	0·99
13	14·6	4·130	5·247	8	51	3	90·20	1·27	356·962	44·51	1·00
14	15·6	5·465	4·082	8	51	4	102·32	1·26	3·116	84·57	0·98
15	16·6	6·384	2·689	8	51	5	114·45	1·24	8·704	96·62	0·93
16	17·6	+6·840	−1·177	+8	+51	+5	126·58	−1·23	13·366	103·91	0·86
17	18·6	6·836	+0·355	8	52	5	138·72	1·22	16·995	108·71	0·78
18	19·6	6·417	1·827	8	53	4	150·86	1·20	19·635	111·70	0·69
19	20·6	5·650	3·175	7	54	+2	163·01	1·20	21·364	113·22	0·60
20	21·6	4·621	4·351	6	55	0	175·17	1·19	22·247	113·45	0·50
21	22·6	+3·415	+5·319	+5	+56	−2	187·33	−1·18	22·307	112·49	0·41
22	23·6	2·119	6·052	3	57	4	199·50	1·17	21·528	110·39	0·32
23	24·6	+0·808	6·526	+2	58	6	211·67	1·16	19·867	107·09	0·23
24	25·6	−0·450	6·723	0	58	9	223·85	1·15	17·278	102·52	0·16
25	26·6	1·604	6·630	−1	59	10	236·03	1·14	13·756	96·50	0·09
26	27·6	−2·618	+6·242	−3	+60	−12	248·21	−1·13	9·381	88·50	0·05
27	28·6	3·468	5·563	4	60	13	260·40	1·11	4·365	75·99	0·01
28	29·6	4·141	4·610	5	60	14	272·59	1·09	359·044	22·86	0·00
29	0·9	4·634	3·417	5	60	14	284·78	1·07	353·812	276·62	0·01
30	1·9	4·947	2·034	6	60	14	296·97	1·05	349·028	261·27	0·04
31	2·9	−5·076	+0·525	−6	+59	−13	309·15	−1·02	344·941	253·90	0·09
32	3·9	−5·015	−1·034	−6	+59	−12	321·33	−0·99	341·691	249·34	0·15

NOTES AND FORMULAE

Use of the polynomial coefficients for the lunar coordinates

On pages D23–D45 for each day of the year, the apparent right ascension (α) and declination (δ) of the Moon are represented by economised polynomials of the fifth degree, and the horizontal parallax (π) is represented by an economised polynomial of the fourth degree. The formulae to be evaluated are of the form:

$$a_0 + a_1 p + a_2 p^2 + a_3 p^3 + a_4 p^4 + a_5 p^5$$

where a_5 is zero for the parallax.

The time-interval from 0^h TDT is expressed as a fraction of a day to form the interpolation factor p, where $0 \leqslant p < 1$, and the polynomial is evaluated directly, or by re-expressing it in the nested form:

$$((((a_5 p + a_4)p + a_3)p + a_2)p + a_1)p + a_0$$

to avoid the separate formation of the powers of p. Alternatively this nested form for α and δ may be written as:

$$b_{n+1} = b_n p + a_{5-n}, \text{ for } n = 1 \text{ to } 5,$$

where $b_1 = a_5$ and b_6 is the required value. For the parallax a_5 is zero, so that:

$$b_{n+1} = b_n p + a_{4-n}, \text{ for } n = 1 \text{ to } 4,$$

where $b_1 = a_4$ and b_5 is the required value.

The polynomial coefficients are expressed in decimals of a degree, even for α, and the signs are given on the right-hand sides of the coefficients to facilitate their use with small calculators. Subtract 360° from α if it exceeds 360°. In order to obtain the full precision of the ephemeris the interpolating factor p must be evaluated to 8 decimal places (10^{-3} s); estimates of the precision of unrounded interpolated values are:

RA	Dec	HP
$\pm 0^s \cdot 0003$	$\pm 0'' \cdot 003$	$\pm 0'' \cdot \dot{0}003$

Particular care must be taken to ensure that the coefficients are entered with the correct signs.

Example. To calculate the apparent right ascension (α) the declination (δ) and the horizontal parallax (π) for the Moon on 1989 January 21^d 13^h 23^m $48^s \cdot 32$ UT, using an assumed value of $\Delta T = 57^s$.

$$\text{TDT} = 13^h\ 24^m\ 45^s \cdot 32, \text{ hence } p = 0 \cdot 558\ 857\ 87$$

	right ascension	declination	horizontal parallax
b_1	$-0 \cdot 000\ 4264$	$-0 \cdot 000\ 4864$	$+0 \cdot 000\ 004\ 11$
b_2	$+0 \cdot 008\ 7952$	$+0 \cdot 001\ 6091$	$+0 \cdot 000\ 041\ 44$
b_3	$-0 \cdot 021\ 8904$	$+0 \cdot 048\ 0793$	$+0 \cdot 000\ 129\ 15$
b_4	$-0 \cdot 441\ 4422$	$-0 \cdot 595\ 9019$	$-0 \cdot 007\ 813\ 32$
b_5	$+13 \cdot 533\ 2727$	$-3 \cdot 102\ 8752$	$\pi = +0 \cdot 928\ 702\ 36$
b_6	$\alpha = 120 \cdot 320\ 3466$	$\delta = +23 \cdot 761\ 7545$	
	$= 08^h\ 01^m\ 16^s \cdot 883$	$= +23° 45' 42'' \cdot 32$	$= 55' 43'' \cdot 329$

DAILY POLYNOMIAL COEFFICIENTS

	Apparent Right Ascension	Apparent Declination	Horizontal Parallax		Apparent Right Ascension	Apparent Declination	Horizontal Parallax
	January 0				**January 8**		
	°	°	°		°	°	°
a_0	185·6600 880+	5·2996 483−	0·9047 7831+		292·4604 925+	25·5488 953−	0·9837 6540+
a_1	10·5313 269+	5·5171 910−	0·0024 5795+		15·3208 731+	3·0250 500+	0·0091 4405+
a_2	1216 904+	744 587+	14 7670+		2457 659−	8266 660+	13 1885+
a_3	458 650+	253 754+	236−		671 469−	378 138−	1 2017−
a_4	874+	7 699+	786−		110 286+	77 826−	1681+
a_5	983−	1 913+			2 001+	7 780+	
	January 1				**January 9**		
a_0	196·3589 594+	10·7160 440−	0·9087 0275+		307·4796 814+	21·7419 977−	0·9914 8724+
a_1	10·9121 585+	5·2881 119−	0·0053 7284+		14·6730 051+	4·5376 991+	0·0062 1318+
a_2	2588 330+	1571 220+	14 2221+		3790 923−	6743 325+	15 7811−
a_3	451 139+	303 384+	3379−		215 663−	612 191−	5135−
a_4	3 580−	17 558+	870−		116 300+	37 286−	1804−
a_5	3 006−	1 430+			7 203−	6 668+	
	January 2				**January 10**		
a_0	207·5744 063+	15·8147 966−	0·9154 5530+		321·7629 375+	16·5942 471−	0·9960 8901+
a_1	11·5622 281+	4·8751 161−	0·0080 8107+		13·8930 387+	5·6911 224+	0·0029 7518+
a_2	3890 229+	2601 110+	12 6845+		3812 535−	4749 726+	16 2497−
a_3	405 015+	387 023+	6876−		176 904+	696 506−	2222+
a_4	18 429−	25 294+	931−		77 690+	3 822−	1449+
a_5	6 078−	68−			7 947−	3 394+	
	January 3				**January 11**		
a_0	219·5637 082+	20·3885 768+	0·9247 2676+		335·2993 875+	10·4978 455−	0·9974 7593+
a_1	12·4513 659+	4·2287 071−	0·0103 7444+		13·2107 083+	6·4322 808+	0·0001 5010−
a_2	4933 735+	3913 372+	10 0641+		2895 208−	2671 139+	14 7342−
a_3	269 391+	485 707+	1 0642−		409 571−	679 448−	8078+
a_4	50 037−	25 673+	903−		37 639+	12 647+	776+
a_5	8 254−	3 189−			5 435−	638+	
	January 4				**January 12**		
a_0	232·5295 574+	24·1751 276−	0·9359 9215+		348·2647 524+	3·8650 670−	0·9959 4095+
a_1	13·4947 926+	3·2916 504−	0·0120 3184+		12·7668 780+	6·7680 505+	0·0028 2355−
a_2	5358 609+	5492 633+	6 3362+		1494 935−	714 973+	11 8670−
a_3	11 029−	554 210−	1 4323−		506 798+	623 346−	1 1155+
a_4	94 921−	9 667+	700−		11 077+	15 277+	58+
a_5	4 596−	7 279−			3 640−	847−	
	January 5				**January 13**		
a_0	246·5491 562+	26·8618 550−	0·9485 0738+		0·9335 604+	2·9135 891+	0·9920 4284+
a_1	14·5229 530+	2·0266 352−	0·0128 4133+		12·6225 412+	6·7297 285+	0·0048 6000−
a_2	4709 602+	7140 190+	1 6328+		55 611+	1071 951−	8 5020−
a_3	429 594−	519 266+	1 7205−		514 688+	570 831−	1 1306+
a_4	120 884−	28 703−	259−		6 447−	10 508+	477−
a_5	7 953+	8 898−			3 684−	1 064−	
	January 6				**January 14**		
a_0	261·4888 170+	28·1263 048−	0·9613 3736+		13·6121 183+	9·4799 838+	0·9864 4093+
a_1	15·2916 310+	0·4587 427−	0·0126 4136+		12·7836 475+	6·3477 613+	0·0062 4034−
a_2	2775 596+	8436 418+	3 6635−		1524 177+	2732 123−	5 4041−
a_3	827 209+	318 026+	1 8295−		451 277+	538 841−	9306+
a_4	77 224−	75 784−	404+		24 635−	4 644+	728−
a_5	19 762+	4 403−			5 100−	31−	
	January 7				**January 15**		
a_0	276·9695 407+	27·7176 217−	0·9734 3345+		26·5903 378+	15·5011 099+	0·9797 4596+
a_1	15·5775 754+	1·2914 427+	0·0113 7596+		13·2114 617+	5·6415 288+	0·0070 7113−
a_2	29 258+	8891 781+	8 8873−		2679 059+	4321 153−	3 0486−
a_3	940 416−	24 752−	1 6665−		301 336+	519 332−	6319−
a_4	28 743+	97 678−	1136+		51 055−	4 096+	711−
a_5	16 178+	3 486+			5 957−	2 134+	

Formula: Quantity in degrees $= a_0 + a_1 p + a_2 p^2 + a_3 p^3 + a_4 p^4 + a_5 p^5$

where p is the fraction of a day from 0^{h} TDT.

MOON, 1989

DAILY POLYNOMIAL COEFFICIENTS

January 16

	Apparent Right Ascension	Apparent Declination	Horizontal Parallax
a_0	40·0941 379+	20·6592 133+	0·9724 2606+
a_1	13·8142 779+	4·6242 066+	0·0075 1975−
a_2	3216 807+	5833 195−	1 5734−
a_3	39 482+	480 305−	3429+
a_4	83 279−	15 045+	507−
a_5	2 773−	4 470+	

January 24

	Apparent Right Ascension	Apparent Declination	Horizontal Parallax
a_0	150·1290 295+	12·8987 024+	0·9117 3822+
a_1	11·2632 167+	5·2035 668−	0·0057 8747−
a_2	3152 687−	2047 415−	6 4604+
a_3	364 309+	383 394+	7406+
a_4	15 659+	18 655−	29−
a_5	2 103−	768+	

January 17

	Apparent Right Ascension	Apparent Declination	Horizontal Parallax
a_0	54·2254 395+	24·6540 214+	0·9647 7820+
a_1	14·4347 957+	3·3217 292+	0·0077 5183−
a_2	2807 579+	7138 946−	8396−
a_3	316 340−	375 328−	1388+
a_4	98 993−	38 746+	211−
a_5	6 092+	4 726+	

January 25

	Apparent Right Ascension	Apparent Declination	Horizontal Parallax
a_0	161·1147 641+	7·5269 448+	0·9066 7057+
a_1	10·7471 859+	5·5051 089−	0·0042 7437−
a_2	1986 796−	1001 451−	8 6597+
a_3	406 740+	316 779+	7286+
a_4	5 444+	14 618−	193−
a_5	712−	1 323+	

January 18

	Apparent Right Ascension	Apparent Declination	Horizontal Parallax
a_0	68·9000 690+	27·2286 705+	0·9569 5417+
a_1	14·8648 675+	1·7991 993+	0·0078 8656−
a_2	1325 859+	7984 991−	5409−
a_3	646 826−	175 029−	555+
a_4	66 132−	63 775+	84+
a_5	14 422+	1 283+	

January 26

	Apparent Right Ascension	Apparent Declination	Horizontal Parallax
a_0	171·7044 177+	1·9520 393+	0·9033 3309+
a_1	10·4736 708+	5·6155 507−	0·0023 3159−
a_2	741 000−	125 574−	10 7248+
a_3	421 714+	271 692+	6508+
a_4	2 168+	7 903−	343−
a_5	179−	1 590+	

January 19

	Apparent Right Ascension	Apparent Declination	Horizontal Parallax
a_0	83·8276 688+	28·2183 737+	0·9490 1992+
a_1	14·9167 481+	0·1758 387+	0·0079 7470−
a_2	866 518−	8114 636−	3169−
a_3	767 970−	90 140+	923+
a_4	10 733+	69 885+	309+
a_5	12 870+	3 672−	

January 27

	Apparent Right Ascension	Apparent Declination	Horizontal Parallax
a_0	182·1463 587+	3·6495 310−	0·9021 3563+
a_1	10·4527 622+	5·5615 240−	0·0000 0510−
a_2	535 392+	658 000+	12 4670+
a_3	428 424+	256 046+	5139+
a_4	1 565+	132−	488−
a_5	469−	1 707+	

January 20

	Apparent Right Ascension	Apparent Declination	Horizontal Parallax
a_0	98·5833 284+	27·5983 840+	0·9410 2585+
a_1	14·5237 710+	1·3939 312−	0·0079 9801−
a_2	2977 180−	7461 852−	1488+
a_3	601 615−	331 612+	2197+
a_4	76 194+	49 934+	420+
a_5	3 313+	6 015−	

January 28

	Apparent Right Ascension	Apparent Declination	Horizontal Parallax
a_0	192·6956 121+	9·1194 664−	0·9034 2374+
a_1	10·6887 576+	5·3522 040−	0·0026 2294+
a_2	1825 403+	1444 030+	13 7108+
a_3	429 268+	273 576+	3195+
a_4	419−	8 833+	647−
a_5	1 695−	1 601+	

January 21

	Apparent Right Ascension	Apparent Declination	Horizontal Parallax
a_0	112·7571 706+	25·4958 207+	0·9330 6890+
a_1	13·7799 762+	2·7698 507−	0·0078 8550−
a_2	4292 086−	6227 714−	1 0599+
a_3	268 057−	471 801+	3914+
a_4	90 335+	18 809+	411+
a_5	4 264−	4 864−	

January 29

	Apparent Right Ascension	Apparent Declination	Horizontal Parallax
a_0	203·6096 254+	14·2988 664−	0·9074 4324+
a_1	11·1816 009+	4·9769 925−	0·0054 3507+
a_2	3093 783+	2333 819+	14 2750+
a_3	409 332+	324 508+	616+
a_4	8 563−	17 196−	835−
a_5	3 960−	929+	

January 22

	Apparent Right Ascension	Apparent Declination	Horizontal Parallax
a_0	126·0897 395+	22·1517 732+	0·9253 3264+
a_1	12·8751 415+	3·8687 589−	0·0075 3963−
a_2	4597 216−	4748 103−	2 4777+
a_3	49 595+	499 793+	5584+
a_4	66 834+	5 545−	306+
a_5	5 906−	2 387−	

January 30

	Apparent Right Ascension	Apparent Declination	Horizontal Parallax
a_0	215·1402 856+	19·0082 136−	0·9143 0362+
a_1	11·9177 494+	4·4055 352−	0·0082 7515+
a_2	4230 753+	3419 904+	13 9522+
a_3	334 026+	401 518+	2721−
a_4	28 649−	22 442+	1047−
a_5	6 572−	878−	

January 23

	Apparent Right Ascension	Apparent Declination	Horizontal Parallax
a_0	138·5162 116+	17·8573 902+	0·9180 9968+
a_1	11·9943 588+	4·6718 504−	0·0068 6431−
a_2	4106 602−	3305 801−	4 3319+
a_3	258 796+	454 906+	6821+
a_4	36 613+	17 100−	146+
a_5	4 216−	378−	

January 31

	Apparent Right Ascension	Apparent Declination	Horizontal Parallax
a_0	227·5109 908+	23·0294 503+	0·9239 3632+
a_1	12·8493 624+	3·5925 651+	0·0109 4210+
a_2	4994 914+	4750 399+	12 5020+
a_3	153 776+	480 651+	6926−
a_4	63 502−	18 549+	1241−
a_5	6 680−	4 096−	

Formula: Quantity in degrees $= a_0 + a_1 p + a_2 p^2 + a_3 p^3 + a_4 p^4 + a_5 p^5$

where p is the fraction of a day from 0^h TDT.

DAILY POLYNOMIAL COEFFICIENTS

February 1

	Apparent Right Ascension	Apparent Declination	Horizontal Parallax
	°	°	°
a_0	240·8682 039+	26·0974 651−	0·9360 4695+
a_1	13·8657 447+	2·4929 223−	0·0131 8506+
a_2	5007 924+	6262 599+	9 6776+
a_3	163 095−	512 068+	1 1946−
a_4	100 330−	2 492−	1321−
a_5	60+	7 371−	

February 9

	Apparent Right Ascension	Apparent Declination	Horizontal Parallax
	°	°	°
a_0	356·7582 492+	0·7976 497+	1·0099 1574+
a_1	13·0818 157+	7·0424 848+	0·0047 0437−
a_2	500 362−	592 089−	19 7118−
a_3	482 767+	703 974−	1 5734+
a_4	364−	16 838+	1073+
a_5	4 270−	325+	

February 2

	Apparent Right Ascension	Apparent Declination	Horizontal Parallax
a_0	255·2084 044+	27·9139 071−	0·9500 6711+
a_1	14·7783 123+	1·0914 643−	0·0147 0931+
a_2	3917 185+	7709 843+	5 3072+
a_3	557 025−	428 494+	1 7339−
a_4	100 510−	41 408−	1140−
a_5	12 317+	7 302−	

February 10

	Apparent Right Ascension	Apparent Declination	Horizontal Parallax
a_0	9·8378 422+	7·7122 444+	1·0034 0826+
a_1	13·1242 927+	6·7197 724+	0·0081 3181−
a_2	903 087+	2599 813−	14 3829−
a_3	438 302+	633 432−	1 9953+
a_4	21 457+	17 934+	71−
a_5	4 858−	218+	

February 3

	Apparent Right Ascension	Apparent Declination	Horizontal Parallax
a_0	270·3139 136+	28·1964 088−	0·9651 2236+
a_1	15·3606 027+	0·5588 439+	0·0152 0491+
a_2	1766 982+	8673 624+	5600−
a_3	832 808−	192 677+	2 2044−
a_4	33 529−	79 546−	553−
a_5	18 036+	2 247−	

February 11

	Apparent Right Ascension	Apparent Declination	Horizontal Parallax
a_0	23·0936 423+	14·1105 075+	0·9940 3697+
a_1	13·4253 889+	6·0170 639+	0·0104 1270−
a_2	2040 560+	4390 394−	8 4637−
a_3	303 781−	558 910−	1 9525+
a_4	46 442−	18 578+	854−
a_5	5 183−	1 284+	

February 4

	Apparent Right Ascension	Apparent Declination	Horizontal Parallax
a_0	285·7663 844+	26·7591 141−	0·9800 4531+
a_1	15·4597 542+	2·3184 367+	0·0144 0942+
a_2	751 619−	8752 014+	7 4735−
a_3	790 940−	144 526−	2 4374−
a_4	61 154+	90 014−	464+
a_5	9 938+	3 902+	

February 12

	Apparent Right Ascension	Apparent Declination	Horizontal Parallax
a_0	36·7483 029+	19·6346 271+	0·9829 6461+
a_1	13·9034 702+	4·9793 869+	0·0115 5393−
a_2	2621 133+	5942 805−	3 1292−
a_3	67 848+	470 910−	1 5971+
a_4	74 256−	25 078+	1185−
a_5	2 419−	2 813+	

February 5

	Apparent Right Ascension	Apparent Declination	Horizontal Parallax
a_0	301·0789 919+	23·5885 398−	0·9934 6829+
a_1	15·1015 655+	3·9914 303+	0·0122 0207+
a_2	2658 357−	7817 628+	14 4698−
a_3	453 609−	464 024−	2 2515−
a_4	109 355+	68 725−	1682+
a_5	1 992−	6 498+	

February 13

	Apparent Right Ascension	Apparent Declination	Horizontal Parallax
a_0	50·9130 037+	23·9754 317+	0·9712 4561+
a_1	14·4171 478+	3·6609 909+	0·0117 4812−
a_2	2354 729+	7176 809−	9514+
a_3	249 256−	342 361−	1 1138+
a_4	87 874−	40 040+	1157−
a_5	4 815+	3 073+	

February 6

	Apparent Right Ascension	Apparent Declination	Horizontal Parallax
a_0	315·8800 970+	18·8679 717−	1·0040 1506+
a_1	14·4765 512+	5·3915 068+	0·0087 0004+
a_2	3383 456−	6078 318+	20 1861−
a_3	39 286−	674 411−	1 5613−
a_4	96 108+	35 314−	2629+
a_5	7 345−	5 579+	

February 14

	Apparent Right Ascension	Apparent Declination	Horizontal Parallax
a_0	65·5323 930+	26·8888 169+	0·9596 9243+
a_1	14·7805 827+	2·1404 708+	0·0112 7003−
a_2	1128 101+	7932 774−	3 6057+
a_3	548 660−	152 797−	6465+
a_4	62 133−	56 426+	919−
a_5	11 964+	736+	

February 7

	Apparent Right Ascension	Apparent Declination	Horizontal Parallax
a_0	330·0232 503+	12·9390 478+	1·0105 6666+
a_1	13·8228 450+	6·3935 086+	0·0042 9976+
a_2	2998 345−	3898 998+	23 2859−
a_3	271 877+	761 086−	4816−
a_4	57 919+	7 347−	2843+
a_5	6 820−	3 450+	

February 15

	Apparent Right Ascension	Apparent Declination	Horizontal Parallax
a_0	80·3659 030+	28·2264 468+	0·9488 3843+
a_1	14·8227 337+	0·5310 113+	0·0103 9172−
a_2	770 494−	8045 267−	5 0036+
a_3	677 761−	78 258+	2777+
a_4	1 505+	59 985+	597−
a_5	11 568+	2 858−	

February 8

	Apparent Right Ascension	Apparent Declination	Horizontal Parallax
a_0	343·5785 583+	6·2321 377−	1·0125 1809+
a_1	13·3244 983+	6·9437 665+	0·0003 8804−
a_2	1903 402−	1606 121+	23 0440−
a_3	436 368+	757 086−	6795+
a_4	23 931+	9 655+	2214+
a_5	4 973−	1 518+	

February 16

	Apparent Right Ascension	Apparent Declination	Horizontal Parallax
a_0	95·0451 184+	27·9664 700+	0·9389 6887+
a_1	14·4716 842+	1·0320 016−	0·0093 3157−
a_2	2678 881−	7479 320−	5 4884+
a_3	560 202−	288 536+	397+
a_4	60 706+	44 575+	275−
a_5	4 076+	4 751−	

Formula: Quantity in degrees $= a_0 + a_1 p + a_2 p^2 + a_3 p^3 + a_4 p^4 + a_5 p^5$

where p is the fraction of a day from 0^h TDT.

MOON, 1989

DAILY POLYNOMIAL COEFFICIENTS

	Apparent Right Ascension	Apparent Declination	Horizontal Parallax		Apparent Right Ascension	Apparent Declination	Horizontal Parallax
	February 17				**February 25**		
a_0	109·1993 725+	26·2193 723+	0·9301 8738+		200·3223 247+	12·8581 975−	0·9022 0198+
a_1	13·7941 601+	2·4258 494−	0·0082 3294−		10·9690 502+	5·0895 925−	0·0028 7356+
a_2	3954 745+	6393 888+	5 4514+		2453 154+	2172 382+	11 2602+
a_3	280 556−	419 696+	680−		368 677+	308 117+	4428+
a_4	79 370+	19 985+	1+		6 676−	9 615+	331−
a_5	2 834−	4 039−			2 644−	828+	
	February 18				**February 26**		
a_0	122·5776 561+	23·1976 982+	0·9224 9277+		211·5726 259+	17·6986 958−	0·9062 4253+
a_1	12·9493 726+	3·5727 419−	0·0071 6304−		11·5662 894+	4·5584 224−	0·0052 4522+
a_2	4348 824−	5055 295−	5 2539+		3492 664+	3162 759+	12 3828+
a_3	7 240+	460 290+	651−		314 470+	354 265+	3116+
a_4	63 272+	295−	201+		19 990−	14 125+	564−
a_5	5 038−	2 178−			4 527−	174−	
	February 19				**February 27**		
a_0	135·0986 938+	19·1652 085+	0·9158 5062+		223·5171 770+	21·9040 206−	0·9127 5155+
a_1	12·1045 710+	4·4469 191−	0·0061 2375−		12·3489 030+	3·8140 301−	0·0077 9271+
a_2	3997 972+	3697 930−	5 1826+		4270 699+	4308 624+	12 9708+
a_3	210 477+	438 253+	181+		188 891+	407 905+	875+
a_4	37 301+	10 907−	314+		43 675−	13 646+	838−
a_5	4 012−	588−			5 259−	2 109−	
	February 20				**February 28**		
a_0	146·8278 442+	14·3911 723+	0·9102 5007+		236·3071 456+	25·2452 441−	0·9218 4171+
a_1	11·3810 363+	5·0596 850+	0·0050 6923−		13·2396 146+	2·8255 323−	0·0103 7961+
a_2	3182 863−	2454 453−	5 4262+		4522 403+	5593 123+	12 7211+
a_3	320 557+	389 295+	1464+		36 470−	440 048+	2470−
a_4	17 228+	13 577−	340+		72 184−	3 048+	1143−
a_5	2 239−	343+			2 033−	4 510−	
	February 21				**March 1**		
a_0	157·9241 489+	9·1236 480+	0·9057 4151+		249·9879 317+	27·4676 055−	0·9334 5729+
a_1	10·8464 041+	5·4390 462−	0·0039 2643−		14·1032 730+	1·5759 303−	0·0128 0397+
a_2	2140 190−	1364 578−	6 0682+		3959 346+	6886 315+	11 2851+
a_3	367 835+	338 688+	2847+		340 993−	406 537+	7065−
a_4	6 246+	11 699−	291+		83 784−	20 473−	1430−
a_5	926−	803+			6 015+	5 638−	
	February 22				**March 2**		
a_0	168·5938 494+	3·5809 232+	0·9024 5329+		264·4452 633+	28·3168 616−	0·9473 0482+
a_1	10·5307 526+	5·6146 334−	0·0026 1570−		14·7623 464+	0·0877 121−	0·0147 9179+
a_2	1008 446−	410 666−	7 0940+		2494 134+	7926 526+	8 3031+
a_3	383 917+	300 056+	4028+		612 101−	269 327+	1 2859−
a_4	1 839+	7 601−	185+		51 448−	49 947−	1577−
a_5	316−	1 037+			13 080+	3 778−	
	February 23				**March 3**		
a_0	179·0623 015+	2·0454 275−	0·9005 8912+		279·3919 762+	27·5903 609−	0·9627 8256+
a_1	10·4448 161+	5·6092 712−	0·0010 6866−		15·0635 017+	1·5565 277+	0·0160 0347+
a_2	151 203+	454 283+	8 4090+		480 510+	8397 014+	3 5052+
a_3	388 082+	280 095+	4779+		687 996−	33 910+	1 9312−
a_4	473+	2 350−	40+		18 004+	69 040−	1390−
a_5	381−	1 166+			11 425+	63+	
	February 24				**March 4**		
a_0	189·5610 553+	7·5813 793−	0·9004 0955+		294·4376 723+	25·1976 385−	0·9789 2955+
a_1	10·5914 791+	5·4347 431+	0·0007 5812+		14·9661 096+	3·2185 222+	0·0160 6947+
a_2	1314 506+	1292 150+	9 8614+		1361 079−	8085 254+	3 0993−
a_3	385 728+	282 348+	4948+		506 412−	239 987−	2 5065−
a_4	1 187−	3 590+	132+		76 060+	67 864+	663−
a_5	1 144−	1 161+			2 958+	2 905+	

Formula: Quantity in degrees $= a_0 + a_1 p + a_2 p^2 + a_3 p^3 + a_4 p^4 + a_5 p^5$

where p is the fraction of a day from 0^h TDT.

DAILY POLYNOMIAL COEFFICIENTS

	Apparent Right Ascension	Apparent Declination	Horizontal Parallax		Apparent Right Ascension	Apparent Declination	Horizontal Parallax
	March 5				**March 13**		
a_0	309·2249 345+	21·2010 855−	0·9944 3181+		61·4357 330+	26·2178 459+	0·9762 3562+
a_1	14·5738 653+	4·7378 846+	0·0146 7104+		15·1134 573+	2·6450 978+	0·0148 9818−
a_2	2394 673−	6987 252−	10 9764−		1047 476+	8320 094−	1575−
a_3	176 544−	481 935−	2 7878−		577 840−	172 501−	1 9256+
a_4	88 850+	52 655−	643+		65 648−	68 640+	1526−
a_5	3 941−	3 626+			13 002+	422−	
	March 6				**March 14**		
a_0	323·5501 690+	15·8175 721+	1·0077 3288+		76·5908 894+	28·0205 060+	0·9614 9899+
a_1	14·0755 346+	5·9715 053+	0·0116 6516+		15·1298 419+	0·9565 696+	0·0144 1308−
a_2	2430 880−	5261 790+	18 9058−		949 306−	8430 036−	4 7069+
a_3	138 180+	656 435−	2 5295−		710 787−	95 757+	1 3061+
a_4	67 376+	34 422−	2210+		3 633+	66 109+	1418−
a_5	5 982−	3 342+			12 301+	4 149−	
	March 7				**March 15**		
a_0	337·4025 729+	9·3886 393−	1·0172 7661+		91·5563 154+	28·1498 437+	0·9476 7304+
a_1	13·6547 723+	6·8148 346+	0·0072 1365+		14·7343 387+	0·6763 431−	0·0131 3659−
a_2	1671 981−	3119 359+	25 1334−		2936 678−	7787 795−	7 7837+
a_3	348 090+	760 895−	1 6208−		577 876−	317 910+	7356+
a_4	37 019+	17 784−	3370+		66 477+	44 032+	1120−
a_5	5 481−	3 008+			3 901+	5 512−	
	March 8				**March 16**		
a_0	350·9281 098+	2·3394 359−	1·0218 4855+		105·9462 365+	26·7303 641+	0·9353 7717+
a_1	13·4368 700+	7·2048 280+	0·0018 3576+		14·0021 733+	2·1236 707−	0·0114 0401−
a_2	460 380−	760 041+	27 9694−		4232 734−	6625 106−	9 3289+
a_3	441 547+	802 114−	2344−		277 146−	439 695+	2873+
a_4	9 922+	2 779−	3507+		83 967+	15 680+	773−
a_5	5 129−	2 717+			3 443−	4 075−	
	March 9				**March 17**		
a_0	4·3635 758+	4·8611 786+	1·0208 9900+		119·5054 742+	23·9893 128+	0·9249 2705+
a_1	13·4786 615+	7·1164 485+	0·0036 8800−		13·1043 453+	3·3125 465−	0·0094 8295−
a_2	872 519+	1635 834−	26 5977−		4595 114−	5252 682−	9 7373+
a_3	429 629+	786 152−	1 1977+		23 025+	462 965+	205−
a_4	15 508−	10 658+	2543+		64 679+	4 619−	446−
a_5	5 736−	2 538+			5 502−	1 774−	
	March 10				**March 18**		
a_0	17·9703 277+	11·7367 480+	1·0146 9641+		132·1585 284+	20·1971 553+	0·9164 1132+
a_1	13·7729 828+	6·5589 685+	0·0085 4648−		12·2153 521+	4·2269 260−	0·0075 5945−
a_2	2010 881+	3905 007−	21 5257−		4193 104−	3909 181−	9 4172+
a_3	310 175+	717 982−	2 2211+		227 411+	427 717+	1970−
a_4	44 924−	23 087+	1012+		36 409+	13 089−	167−
a_5	6 007−	2 810+			4 212−	106−	
	March 11				**March 19**		
a_0	31·9703 230+	17·8360 073+	1·0042 2958+		143·9805 308+	15·6207 634+	0·9097 7221+
a_1	14·2472 424+	5·5732 128+	0·0121 4487−		11·4574 143+	4·8857 348−	0·0057 4181−
a_2	2611 486+	5892 319−	14 2982−		3334 542−	2705 574−	8 7326+
a_3	72 291+	597 274−	2 6127+		332 016+	374 771+	2620−
a_4	77 038−	37 225+	386−		15 392+	13 293−	53+
a_5	2 912−	3 318+			2 293−	686+	
	March 12				**March 20**		
a_0	46·4779 481+	22·7643 152+	0·9909 1230+		155·1390 025+	10·5006 875+	0·9048 7800+
a_1	14·7589 647+	4·2321 151+	0·0142 3625−		10·8951 227+	5·3193 924+	0·0040 7175−
a_2	2336 760+	7427 489+	6 7185−		2269 041−	1654 132−	7 9835+
a_3	260 414−	415 637−	2 4385+		371 436+	328 605+	2387−
a_4	93 283−	54 657+	1242+		4 184+	9 690−	212−
a_5	5 139+	2 624+			942−	923+	

Formula: Quantity in degrees $= a_0 + a_1 p + a_2 p^2 + a_3 p^3 + a_4 p^4 + a_5 p^5$

where p is the fraction of a day from 0^h TDT.

MOON, 1989

DAILY POLYNOMIAL COEFFICIENTS

	Apparent Right Ascension	Apparent Declination	Horizontal Parallax

March 21

	Apparent Right Ascension	Apparent Declination	Horizontal Parallax
a_0	165·8446 890+	5·0478 658+	0·9015 8285+
a_1	10·5539 490+	5·5550 516+	0·0025 3815−
a_2	1139 019−	717 210−	7 3977+
a_3	379 105+	299 083+	1516−
a_4	295−	4 997−	306+
a_5	335−	926+	

March 29

	Apparent Right Ascension	Apparent Declination	Horizontal Parallax
a_0	260·1310 851+	28·1217 940−	0·9322 2834+
a_1	14·2696 592+	0·5293 686−	0·0113 8122+
a_2	2365 722+	7328 806+	10 1712+
a_3	504 534−	246 210+	2846−
a_4	44 603−	38 934−	1139−
a_5	10 082+	2 523−	

March 22

	Apparent Right Ascension	Apparent Declination	Horizontal Parallax
a_0	176·3225 835+	0·5494 057+	0·8997 7237+
a_1	10·4395 911+	5·6103 049−	0·0010 9184−
a_2	6 803−	159 323+	7 1272+
a_3	374 547+	288 310+	271−
a_4	1 776−	322−	330+
a_5	379−	853+	

March 30

	Apparent Right Ascension	Apparent Declination	Horizontal Parallax
a_0	274·5834 109+	27·8978 068−	0·9445 8683+
a_1	14·5786 426+	0·9934 232+	0·0132 8451+
a_2	685 728+	7808 590+	8 6249+
a_3	582 342−	66 666+	7433−
a_4	8 719+	51 615−	1438−
a_5	9 683+	18+	

March 23

	Apparent Right Ascension	Apparent Declination	Horizontal Parallax
a_0	186·7987 335+	6·1148 942−	0·8993 9385+
a_1	10·5496 939+	5·4916 495−	0·0003 3870+
a_2	1102 409+	1030 873+	7 2428+
a_3	363 274+	295 471+	1072+
a_4	3 489−	4 023+	287+
a_5	1 022−	707+	

March 31

	Apparent Right Ascension	Apparent Declination	Horizontal Parallax
a_0	289·1742 323+	26·1220 177−	0·9586 4513+
a_1	14·5494 079−	2·5545 060+	0·0147 2894+
a_2	912 009−	7699 177+	5 5289+
a_3	453 918−	138 661−	1 3272−
a_4	58 234+	50 840−	1557−
a_5	3 762+	1 678+	

March 24

	Apparent Right Ascension	Apparent Declination	Horizontal Parallax
a_0	197·4945 446+	11·4734 364−	0·9004 7042+
a_1	10·8772 498+	5·1948 715−	0·0018 3092+
a_2	2161 086+	1948 518+	7 7333+
a_3	338 406+	318 418+	2239+
a_4	8 465−	7 712+	179+
a_5	2 217−	350+	

April 1

	Apparent Right Ascension	Apparent Declination	Horizontal Parallax
a_0	303·5932 471+	22·8163 762−	0·9737 7867+
a_1	14·2559 988+	4·0332 465+	0·0153 7421+
a_2	1886 918−	6995 015+	6219+
a_3	186 641−	325 218−	1 9658−
a_4	75 852+	41 905−	1291−
a_5	2 005−	1 652+	

March 25

	Apparent Right Ascension	Apparent Declination	Horizontal Parallax
a_0	208·6206 753+	16·4408 081−	0·9030 9885+
a_1	11·4064 925+	4·7063 835−	0·0034 5194+
a_2	3103 311+	2953 583+	8 5076+
a_3	281 598+	352 297+	2975+
a_4	19 697−	9 708+	14+
a_5	3 606−	443−	

April 2

	Apparent Right Ascension	Apparent Declination	Horizontal Parallax
a_0	317·6492 748+	18·1201 751−	0·9890 0560+
a_1	13·8519 585+	5·3187 478+	0·0148 5712+
a_2	2011 992−	5784 443+	6 0237−
a_3	95 276+	476 679−	2 5021−
a_4	64 407+	33 706−	451−
a_5	4 420−	968+	

March 26

	Apparent Right Ascension	Apparent Declination	Horizontal Parallax
a_0	220·3633 283+	20·8156 770−	0·9074 3143+
a_1	12·1019 518+	4·0063 176−	0·0052 4325+
a_2	3793 731+	4064 327+	9 4013+
a_3	166 586+	385 914+	3046+
a_4	38 566−	7 720+	206−
a_5	4 006−	1 796−	

April 3

	Apparent Right Ascension	Apparent Declination	Horizontal Parallax
a_0	331·3155 604+	12·2739 246−	1·0030 0564+
a_1	13·5016 952+	6·3196 344+	0·0128 8362+
a_2	1384 005−	4161 786+	13 7577−
a_3	308 538+	601 873−	2 6968−
a_4	41 827+	29 281−	948−
a_5	4 606−	866+	

March 27

	Apparent Right Ascension	Apparent Declination	Horizontal Parallax
a_0	232·8570 547+	24·3763 781−	0·9136 4322+
a_1	12·8932 475+	3·0754 898−	0·0072 0668+
a_2	4021 792+	5250 415+	10 1831+
a_3	26 219−	397 969+	2238+
a_4	60 200−	1 357−	478−
a_5	1 472−	3 326−	

April 4

	Apparent Right Ascension	Apparent Declination	Horizontal Parallax
a_0	344·7134 311+	5·6011 404−	1·0142 5331+
a_1	13·3318 835+	6·9601 514+	0·0093 6103+
a_2	253 451−	2189 082+	21 2311−
a_3	429 646+	709 850−	2 3121−
a_4	19 090+	25 332−	2510+
a_5	4 797−	1 717+	

March 28

	Apparent Right Ascension	Apparent Declination	Horizontal Parallax
a_0	246·1436 922+	26·8874 978−	0·9218 8580+
a_1	13·6649 309+	1·9082 225−	0·0092 9133+
a_2	3567 056+	6402 826+	10 5578+
a_3	278 335−	358 981+	340+
a_4	68 624−	18 647−	797−
a_5	4 522+	3 897−	

April 5

	Apparent Right Ascension	Apparent Declination	Horizontal Parallax
a_0	358·0643 634+	1·5045 728+	1·0212 8513+
a_1	13·4153 233+	7·1757 401+	0·0045 2174+
a_2	1102 110+	75 328−	26 6304−
a_3	457 255+	793 153−	1 2790−
a_4	4 474−	16 953−	3528+
a_5	6 150−	3 212+	

Formula: Quantity in degrees $= a_0 + a_1 p + a_2 p^2 + a_3 p^3 + a_4 p^4 + a_5 p^5$

where p is the fraction of a day from 0^h TDT.

DAILY POLYNOMIAL COEFFICIENTS

	Apparent Right Ascension	Apparent Declination	Horizontal Parallax		Apparent Right Ascension	Apparent Declination	Horizontal Parallax
	April 6				**April 14**		
a_0	11·6345 608+	8·5920 907+	1·0230 5119+		128·9488 402+	21·1194 900+	0·9246 0508+
a_1	13·7680 554+	6·9175 554+	0·0010 4675−		12·5473 850+	4·0420 304−	0·0108 1731−
a_2	2385 451+	2524 397−	28 3536−		4834 261+	4158 325−	12 0263+
a_3	376 958+	827 845−	1709+		248 968+	471 029+	2636+
a_4	35 678−	948−	3441+		44 703+	20 602−	817−
a_5	7 843−	4 943+			5 602−	55+	
	April 7				**April 15**		
a_0	25·6745 050+	15·1748 214+	1·0192 2056+		141·0416 061+	16·7066 753+	0·9150 0859+
a_1	14·3400 425+	6·1664 164+	0·0065 2844−		11·6703 067+	4·7405 986−	0·0083 6564−
a_2	3223 461+	4964 140−	25 8113−		3875 147−	2868 220−	12 3360+
a_3	156 885+	781 447−	1 5733+		373 290+	389 856+	618−
a_4	77 332−	24 116+	2298+		16 815+	19 817−	529−
a_5	6 261−	6 307+			2 922+	1 198+	
	April 8				**April 16**		
a_0	40·3442 227+	20·7697 216+	1·0102 9130+		152·3631 164+	11·7163 785+	0·9078 6509+
a_1	14·9977 470+	4·9519 536+	0·0111 2677−		11·0125 314+	5·2046 131−	0·0059 3814−
a_2	3167 034+	7100 525−	19 7610−		2683 559+	1805 529−	11 8407+
a_3	209 876−	622 367−	2 4944+		412 390+	322 736+	2720−
a_4	111 912−	56 948+	716+		2 589+	13 565−	286−
a_5	2 730+	5 627+			1 104−	1 460+	
	April 9				**April 17**		
a_0	55·6267 673+	24·9556 436+	0·9974 4503+		163·1486 795+	6·3622 757+	0·9030 8095+
a_1	15·5248 050+	3·3707 262+	0·0143 0207−		10·6000 211+	5·4735 938−	0·0036 6305−
a_2	1893 386+	8569 448−	11 8894−		1441 860−	904 084−	10 8591−
a_3	623 436−	340 901−	2 7650+		412 182−	283 020+	3853−
a_4	97 193−	86 644+	622−		2 626−	6 148−	84−
a_5	15 081+	1 102+			306−	1 350+	
	April 10				**April 18**		
a_0	71·2703 562+	27·4441 095+	0·9822 2430+		173·6454 396+	0·8260 956+	0·9004 6444+
a_1	15·6851 173+	1·5897 680+	0·0158 7541−		10·4341 003+	5·5712 892−	0·0016 1018−
a_2	408 391−	9061 319−	3 9909−		224 102−	78 402−	9 6579+
a_3	860 117−	13 178+	2 4965+		398 636+	271 779+	4178−
a_4	15 550−	91 793+	1376−		3 924−	663+	81+
a_5	17 455+	5 206−			304−	1 107+	
	April 11				**April 19**		
a_0	86·8288 131+	28·1377 220+	0·9661 8568+		184·0965 705+	4·7256 788−	0·8997 7908+
a_1	15·3478 994+	0·1844 315−	0·0159 7976−		10·5071 483+	5·5046 172−	0·0001 9931+
a_2	2907 059−	8523 401−	2 6664+		945 243+	752 006+	8 4572+
a_3	753 546−	326 650+	1 9313+		379 525+	285 300+	3839−
a_4	74 842+	63 576+	1578−		5 238−	6 280+	208+
a_5	6 841+	8 069−			958−	763+	
	April 12				**April 20**		
a_0	101·8188 203+	27·1391 660+	0·9506 4991+		194·7355 760+	10·1258 610−	0·9007 8780+
a_1	14·5737 690+	1·7697 191−	0·0149 3026−		10·8074 787+	5·2657 330−	0·0017 8391+
a_2	4650 612−	7242 901−	7 5178+		2042 819+	1653 245+	7 4330+
a_3	391 954−	501 299+	1 2925+		348 285+	317 721+	2988−
a_4	106 445+	21 783+	1432−		9 889−	10 246+	288+
a_5	4 102−	6 108−			2 178−	202+	
	April 13				**April 21**		
a_0	115·8985 670+	24·6968 543+	0·9365 8637+		205·7809 584+	15·1934 526−	0·9032 8801+
a_1	13·5665 834+	3·0622 463−	0·0130 9622−		11·3154 818+	4·8355 695−	0·0031 9239+
a_2	5229 288−	5669 372−	10 5454+		3006 528+	2669 939+	6 7098+
a_3	9 225−	529 380+	7176+		286 158+	360 161+	1816−
a_4	82 811+	8 672+	1136−		20 931+	11 478+	306+
a_5	7 399−	2 516−			3 579−	762−	

Formula: Quantity in degrees $= a_0 + a_1 p + a_2 p^2 + a_3 p^3 + a_4 p^4 + a_5 p^5$

where p is the fraction of a day from 0^h TDT.

DAILY POLYNOMIAL COEFFICIENTS

	Apparent Right Ascension	Apparent Declination	Horizontal Parallax		Apparent Right Ascension	Apparent Declination	Horizontal Parallax
	April 22 °	°			**April 30** °	°	
a_0	217·4232 578+	19·7249 405−	0·9071 3628+		326·6770 015+	14·1773 854−	0·9825 9524+
a_1	11·9924 728+	4·1893 247−	0·0044 9215+		13·1472 318+	5·7929 552+	0·0125 9900+
a_2	3703 493+	3811 698+	6 3473+		1614 173−	4344 827+	2 9768−
a_3	166 484+	397 635+	565−		303 878+	477 517−	1 7515−
a_4	39 685−	7 836+	253+		43 335+	18 078−	867−
a_5	3 958−	2 183−			3 925−	617−	
	April 23				**May 1**		
a_0	229·7983 640+	23·4927 666−	0·9122 6004+		339·6971 448+	7·9995 687−	0·9947 1275+
a_1	12·7652 667+	3·3056 531−	0·0057 5479+		12·9309 322+	6·5111 257+	0·0114 4347+
a_2	3925 014+	5029 765+	6 3256+		481 748−	2797 555+	8 7249−
a_3	30 292−	406 370+	473+		438 047+	556 060−	2 1133−
a_4	61 084−	3 274−	122+		24 007+	21 703−	26−
a_5	1 375−	3 576−			3 711−	729−	
	April 24				**May 2**		
a_0	242·9468 570+	26·2554 912−	0·9186 5333+		352·6257 365+	1·2665 367−	1·0050 7215+
a_1	13·5160 675+	2·1808 867−	0·0070 3898+		12·9737 427+	6·8947 744+	0·0090 6342+
a_2	3453 724+	6193 369+	6 5341+		939 415+	991 775+	15 0429−
a_3	284 978−	357 444+	984+		496 236+	649 453−	2 1308−
a_4	68 991−	21 904−	85−		6 127+	25 941−	1187+
a_5	4 634+	3 756−			4 931−	492+	
	April 25				**May 3**		
a_0	256·7733 635+	27·7838 626−	0·9263 5471+		5·7431 639+	5·6599 249+	1·0124 3007+
a_1	14·0960 457+	0·8456 174−	0·0083 7193+		13·3104 788+	6·8881 661+	0·0054 6312+
a_2	2231 385+	7096 599+	6 7697+		2415 615+	1107 397+	20 6869−
a_3	511 574−	233 337+	661+		469 839+	746 800−	1 6466−
a_4	44 374−	41 480−	358−		18 182−	24 047−	2375+
a_5	10 111+	1 873−			7 747−	3 077+	
	April 26				**May 4**		
a_0	271·0379 640+	27·9008 218−	0·9354 0664+		19·3395 951+	12·3605 744+	1·0156 8360+
a_1	14·3761 558+	0·6261 783+	0·0097 3138+		13·9234 054+	6·4345 707+	0·0009 2691+
a_2	531 930+	7529 012+	6 7433+		3638 342+	3461 336−	24 1828−
a_3	588 239−	50 303+	763−		318 700+	810 189−	6707−
a_4	9 067+	50 775−	674−		58 386−	8 862−	2995+
a_5	9 599+	1 002+			9 658−	6 614+	
	April 27				**May 5**		
a_0	285·4103 556+	26·5216 894−	0·9457 9797+		33·6519 003+	18·3677 678+	1·0141 5511+
a_1	14·3144 900+	2·1272 642−	0·0110 3016+		14·7185 068+	5·4990 115+	0·0039 9089−
a_2	1082 254−	7385 412+	6 0999+		4146 910+	5878 781−	24 4062−
a_3	459 256−	141 863−	3472−		8 237−	778 117−	5569+
a_4	58 102+	44 905−	989−		111 030−	25 283+	2716+
a_5	3 690+	2 604+			4 472−	9 161+	
	April 28				**May 6**		
a_0	299·5768 737+	23·6743 004−	0·9573 9350+		48·7727 240+	23·2045 340+	1·0078 0643+
a_1	13·9853 417+	3·5451 271+	0·0121 0637+		15·4987 861+	4·1045 112+	0·0085 9636−
a_2	2074 699−	6716 530+	4 4577+		3410 872+	7969 434−	21 1378−
a_3	193 148−	295 703−	7474−		488 540−	586 794−	1 6603+
a_4	75 312+	31 180−	1219−		136 333−	73 809+	1683+
a_5	1 919−	2 103+			10 757+	6 833+	
	April 29				**May 7**		
a_0	313·3427 700+	19·4899 983−	0·9698 5871+		64·5511 859+	26·4614 867+	0·9972 7914+
a_1	13·5416 203+	4·7883 001+	0·0127 2489+		15·9852 570+	2·3675 172+	0·0122 5854−
a_2	2221 680−	5663 382+	1 4840+		1235 628+	9218 400−	15 1867−
a_3	87 609+	400 245−	1 2445−		919 811−	227 898−	2 3322+
a_4	64 264+	20 585−	1231−		76 858−	109 598+	402+
a_5	4 082−	574+			22 816+	1 515−	

Formula: Quantity in degrees $= a_0 + a_1 p + a_2 p^2 + a_3 p^3 + a_4 p^4 + a_5 p^5$
where p is the fraction of a day from 0^h TDT.

DAILY POLYNOMIAL COEFFICIENTS

May 8

	Apparent Right Ascension	Apparent Declination	Horizontal Parallax
a_0	80·5626 206+	27·8951 823+	0·9837 3916+
a_1	15·9370 966+	0·4985 410+	0·0145 8022−
a_2	1755 683−	9259 964−	7 9813−
a_3	1002 783−	191 067−	2 4797+
a_4	45 067+	99 844+	636−
a_5	15 866+	9 194−	

May 16

	Apparent Right Ascension	Apparent Declination	Horizontal Parallax
a_0	181·1541 754+	3·3490 541−	0·9017 2497+
a_1	10·4769 572+	5·5066 573−	0·0009 1971−
a_2	592 751+	571 523+	12 0006+
a_3	418 465+	259 147+	4622−
a_4	5 456−	5 171+	249−
a_5	715−	1 273+	

May 9

	Apparent Right Ascension	Apparent Declination	Horizontal Parallax
a_0	96·2299 640+	27·4958 985+	0·9686 0241+
a_1	15·3110 672+	1·2607 920+	0·0154 5810−
a_2	4335 068−	8180 084−	9419−
a_3	672 892−	498 115+	2 2099+
a_4	123 674+	50 804+	1210−
a_5	538−	9 692−	

May 17

	Apparent Right Ascension	Apparent Declination	Horizontal Parallax
a_0	191·7316 371+	8·7720 001−	0·9019 5661+
a_1	10·7185 056+	5·3119 046−	0·0013 3179+
a_2	1808 284+	1392 747+	10 4693+
a_3	388 747+	292 205+	5616−
a_4	8 815−	11 706+	100−
a_5	1 988−	668+	

May 10

	Apparent Right Ascension	Apparent Declination	Horizontal Parallax
a_0	111·0525 487+	25·4710 208+	0·9532 5902+
a_1	14·2913 771+	2·7318 937+	0·0150 3196−
a_2	5617 777−	6477 949−	4 9569+
a_3	188 523+	606 847+	1 7147+
a_4	116 186+	1 560+	1362−
a_5	8 952−	5 270−	

May 18

	Apparent Right Ascension	Apparent Declination	Horizontal Parallax
a_0	202·6687 655+	13·9141 720−	0·9042 7816+
a_1	11·1922 647+	4·9406 787−	0·0032 5314+
a_2	2901 746+	2346 321+	8 7286+
a_3	332 630+	345 067+	6016−
a_4	18 772−	15 324+	44+
a_5	3 707−	426−	

May 11

	Apparent Right Ascension	Apparent Declination	Horizontal Parallax
a_0	124·7740 192+	22·1516 458+	0·9388 8061+
a_1	13·1532 637+	3·8474 358−	0·0135 8068−
a_2	5576 120−	4700 641−	9 2870+
a_3	186 974+	562 823+	1 1641+
a_4	68 968+	24 041−	1252−
a_5	8 164−	1 031−	

May 19

	Apparent Right Ascension	Apparent Declination	Horizontal Parallax
a_0	214·1822 199+	18·5842 221−	0·9083 4444+
a_1	11·8630 397+	4·3619 799−	0·0048 2015+
a_2	3749 816+	3469 244+	6 9543+
a_3	219 932+	401 090+	5834−
a_4	38 046−	13 460+	176+
a_5	4 742−	2 169−	

May 12

	Apparent Right Ascension	Apparent Declination	Horizontal Parallax
a_0	137·3944 487+	17·8879 210+	0·9263 3251+
a_1	12·1176 410+	4·6288 464−	0·0114 2415−
a_2	4683 064−	3166 607−	12 0347+
a_3	383 213+	457 654+	6616+
a_4	28 002+	28 378−	1031−
a_5	4 582−	1 177+	

May 20

	Apparent Right Ascension	Apparent Declination	Horizontal Parallax
a_0	226·4379 556+	22·5580 395−	0·9138 0343+
a_1	12·6613 955+	3·5435 069−	0·0060 4302+
a_2	4133 646+	4731 565+	5 3125+
a_3	21 529+	432 132+	5116−
a_4	63 550−	2 497+	274+
a_5	2 776−	4 127−	

May 13

	Apparent Right Ascension	Apparent Declination	Horizontal Parallax
a_0	149·0844 465+	12·9854 591+	0·9161 6768+
a_1	11·3049 050+	5·1356 337+	0·0088 5997−
a_2	3411 167−	1952 077−	13 4082+
a_3	451 005+	356 335+	2496+
a_4	5 616+	22 043−	795−
a_5	1 811−	1 869+	

May 21

	Apparent Right Ascension	Apparent Declination	Horizontal Parallax
a_0	239·5082 359+	25·5853 398−	0·9203 2928+
a_1	13·4677 827+	2·4686 199−	0·0069 6300+
a_2	3788 925+	6001 543+	3 9431+
a_3	256 771−	400 476+	3996−
a_4	79 094−	19 018−	310+
a_5	3 655+	4 845−	

May 14

	Apparent Right Ascension	Apparent Declination	Horizontal Parallax
a_0	160·0937 158+	7·6882 337+	0·9086 6555+
a_1	10·7593 159+	5·4270 316+	0·0061 3522−
a_2	2042 502+	996 613−	13 6868+
a_3	456 166−	286 862+	672−
a_4	2 977−	12 514−	585−
a_5	444−	1 869+	

May 22

	Apparent Right Ascension	Apparent Declination	Horizontal Parallax
a_0	253·3216 901+	27·4161 442−	0·9276 4973+
a_1	14·1187 344+	1·1581 961−	0·0076 4416+
a_2	2580 754+	7040 243−	2 9288+
a_3	532 599−	277 105+	2724−
a_4	59 690−	44 422−	261+
a_5	10 893+	2 840−	

May 15

	Apparent Right Ascension	Apparent Declination	Horizontal Parallax
a_0	170·6940 560+	2·1891 625+	0·9038 8645+
a_1	10·4862 528+	5·5443 671+	0·0034 4140−
a_2	696 269−	192 405−	13 1400+
a_3	439 983+	255 363+	3002−
a_4	4 882−	3 087−	406−
a_5	167−	1 634+	

May 23

	Apparent Right Ascension	Apparent Declination	Horizontal Parallax
a_0	267·6403 603+	27·8473 316−	0·9355 6214+
a_1	14·4566 767+	0·3137 998−	0·0081 5863+
a_2	734 242+	7576 605+	2 2632+
a_3	661 994−	73 187+	1652−
a_4	1 671−	58 804−	114+
a_5	11 697+	1 023+	

Formula: Quantity in degrees $= a_0 + a_1 p + a_2 p^2 + a_3 p^3 + a_4 p^4 + a_5 p^5$

where p is the fraction of a day from 0^h TDT.

MOON, 1989

DAILY POLYNOMIAL COEFFICIENTS

May 24 / June 1

	Apparent Right Ascension	Apparent Declination	Horizontal Parallax	Apparent Right Ascension	Apparent Declination	Horizontal Parallax
	°	°	°	°	°	°
a_0	282·1052 644+	26·7743 308−	0·9439 3172+	28·0609 056+	16·2890 873+	1·0028 5405+
a_1	14·4100 997+	1·8280 698+	0·0085 6630+	14·0594 682+	5·7110 051+	0·0007 6609+
a_2	1144 554−	7453 722+	1 8290+	4322 597−	4569 683−	17 0510−
a_3	555 301−	150 276−	1173−	212 756+	744 423−	8267−
a_4	58 570+	52 644−	116−	82 126−	5 683−	1779+
a_5	5 171+	3 702+		9 297−	7 555+	

May 25 / June 2

	Apparent Right Ascension	Apparent Declination	Horizontal Parallax	Apparent Right Ascension	Apparent Declination	Horizontal Parallax
a_0	296·3517 526+	24·2208 107−	0·9526 6803+	42·5647 667+	21·4688 689+	1·0018 5016+
a_1	14·0406 039+	3·2545 243+	0·0088 9228+	14·9503 269+	4·5752 479+	0·0028 2087−
a_2	2407 532−	6724 192+	1 3990+	4374 393+	6761 239−	18 4557−
a_3	273 288−	323 876−	1631−	202 877−	690 408−	980−
a_4	83 093+	33 088−	392−	133 767−	33 932+	2046+
a_5	1 830−	3 574+		706−	9 875+	

May 26 / June 3

	Apparent Right Ascension	Apparent Declination	Horizontal Parallax	Apparent Right Ascension	Apparent Declination	Horizontal Parallax
a_0	310·1324 007+	20·3292 062−	0·9616 7998+	57·9189 391+	25·3033 328+	0·9971 9438+
a_1	13·5094 298+	4·4907 497+	0·0091 0745+	15·7112 079+	3·0343 825+	0·0064 5947−
a_2	2747 424−	5589 817+	6665+	2970 231−	8529 657−	17 5308−
a_3	39 097+	421 524−	3218−	721 247−	458 546−	7376+
a_4	72 056+	14 927−	649−	130 187−	86 610+	1759+
a_5	4 632−	1 722+		18 270+	5 385+	

May 27 / June 4

	Apparent Right Ascension	Apparent Declination	Horizontal Parallax	Apparent Right Ascension	Apparent Declination	Horizontal Parallax
a_0	323·3777 402+	15·3229 476−	0·9708 1541+	73·8438 539+	27·4480 945+	0·9890 7319+
a_1	12·9981 809+	5·4771 443+	0·0091 1824+	16·0459 462+	1·2282 128+	0·0096 7391−
a_2	2244 241−	4252 868−	6926−	209 338+	9331 708−	14 2841−
a_3	281 178+	465 097−	5863−	1056 423−	63 753−	1 4505+
a_4	48 094+	6 567−	798−	29 860−	114 076+	1049+
a_5	4 210−	177−		23 642+	4 543−	

May 28 / June 5

	Apparent Right Ascension	Apparent Declination	Horizontal Parallax	Apparent Right Ascension	Apparent Declination	Horizontal Parallax
a_0	336·1840 032+	9·4677 006−	0·9797 9778+	89·8044 699+	27·7477 143+	0·9781 2640+
a_1	12·6508 197+	6·1854 722+	0·0087 7187+	15·7707 483+	0·6139 030−	0·0120 5363−
a_2	1154 231−	2816 336+	2 9281−	2901 946−	8884 415−	9 3287−
a_3	431 976+	493 765−	9137−	947 176−	343 666+	1 8691+
a_4	27 205+	7 888−	736−	93 458+	88 068+	217+
a_5	3 240−	1 266−		9 283+	10 648−	

May 29 / June 6

	Apparent Right Ascension	Apparent Declination	Horizontal Parallax	Apparent Right Ascension	Apparent Declination	Horizontal Parallax
a_0	348·7649 939+	3·0508 867+	0·9881 7809+	105·2005 801+	26·2874 784+	0·9653 2898+
a_1	12·5588 278+	6·5968 219+	0·0078 8261+	14·9482 145+	2·2577 812−	0·0133 5000−
a_2	272 611+	1274 977+	6 1001−	5090 451−	7431 866−	3 6123−
a_3	508 222+	537 960−	1 2185−	489 122−	590 363+	1 9480+
a_4	11 659+	14 737−	381−	135 966+	32 236+	464−
a_5	3 502−	1 256−		5 967−	8 814−	

May 30 / June 7

	Apparent Right Ascension	Apparent Declination	Horizontal Parallax	Apparent Right Ascension	Apparent Declination	Horizontal Parallax
a_0	1·4027 207+	3·6180 376+	0·9953 2504+	119·6038 370+	23·3478 892+	0·9518 0790+
a_1	12·7687 268+	6·6839 083+	0·0062 8176+	13·8347 855+	3·5585 524−	0·0135 0668−
a_2	1832 311+	439 984−	9 9638−	5802 351−	5555 509−	1 9406+
a_3	518 552+	608 646−	1 3791−	7 406−	633 986+	1 7531+
a_4	5 112−	21 684−	274+	101 676+	11 883−	866−
a_5	5 722−	134+		9 891−	3 785−	

May 31 / June 8

	Apparent Right Ascension	Apparent Declination	Horizontal Parallax	Apparent Right Ascension	Apparent Declination	Horizontal Parallax
a_0	14·4054 503+	10·1949 279+	1·0004 7525+	132·8668 252+	19·2956 177+	0·9386 6192+
a_1	13·2858 451+	6·4047 149+	0·0038 8620+	12·7078 213+	4·4860 997−	0·0126 2732−
a_2	3300 040+	2394 797−	13 9120−	5313 624−	3762 562−	6 6756+
a_3	439 003+	692 236−	1 2709−	301 965+	550 770+	1 3995+
a_4	33 847−	21 766−	1087+	50 936+	29 886−	1008−
a_5	9 094−	3 244+		6 931−	53−	

Formula: Quantity in degrees $= a_0 + a_1 p + a_2 p^2 + a_3 p^3 + a_4 p^4 + a_5 p^5$

where p is the fraction of a day from 0^h TDT.

DAILY POLYNOMIAL COEFFICIENTS

	Apparent Right Ascension	Apparent Declination	Horizontal Parallax	Apparent Right Ascension	Apparent Declination	Horizontal Parallax
	June 9			**June 17**		
a_0	145·0778 810+	14·4853 449+	0·9268 3204+	235·4026 228+	24·8345 444−	0·9212 3560+
a_1	11·7525 988+	5·0853 602−	0·0109 1269−	13·3039 577+	2·7918 802−	0·0080 1139+
a_2	4171 384−	2289 993−	10 2702+	4265 054+	5638 960+	5 6973+
a_3	438 493+	431 692+	9925+	142 511−	441 371+	9295−
a_4	16 636+	29 434−	978−	83 456−	6 709−	0+
a_5	3 275−	1 622+			403+	5 662−
	June 10			**June 18**		
a_0	156·4585 268+	9·2113 734+	0·9170 3585+	249·1105 294+	27·0196 287−	0·9297 2377+
a_1	11·0548 895+	5·4248 133−	0·0086 0000−	14·0810 437+	1·5371 908−	0·0088 7200+
a_2	2788 759−	1155 248−	12 6645+	3340 750+	6865 984+	2 9158+
a_3	473 599+	330 447+	6002+	467 265−	358 339+	9297−
a_4	844+	20 977−	869−	81 804−	36 507−	225+
a_5	1 041−	2 059+		9 419+	4 981−	
	June 11			**June 19**		
a_0	167·2818 806+	3·7021 884+	0·9097 5362+	263·4716 832+	27·8385 361−	0·9387 9662+
a_1	10·6390 355+	5·5640 898−	0·0059 2180−	14·5810 074+	0·0735 812−	0·0091 8525+
a_2	1373 256−	269 149−	13 9475+	1542 834+	7672 005+	2678+
a_3	467 065+	267 105+	2528+	697 717−	164 770+	8380−
a_4	3 939−	10 543−	746−	31 094−	62 410−	426+
a_5	196−	1 998+		14 089+	943−	
	June 12			**June 20**		
a_0	177·8298 836+	1·8629 603−	0·9052 4438+	278·1355 020+	27·1347 751−	0·9479 2910+
a_1	10·5028 303+	5·5410 068−	0·0030 8633−	14·6748 605+	1·4848 204+	0·0090 0445+
a_2	2 388+	488 900+	14 2613+	595 505−	7782 530+	1 9873−
a_3	449 249+	244 770+	451−	683 977−	91 825−	6640−
a_4	4 601−	474−	639−	42 807+	66 408−	540+
a_5	378−	1 759+		8 986+	3 458+	
	June 13			**June 21**		
a_0	188·3773 798+	7·3304 715−	0·9035 7328+	292·6875 935+	24·8871 791−	0·9566 7382+
a_1	10·6360 520+	5·3691 063−	0·0002 7318−	14·3721 722+	2·9889 464+	0·0084 2943+
a_2	1318 783+	1237 979+	13 7451+	2300 818−	7143 393+	3 6557−
a_3	426 446+	260 206+	3005−	427 887−	322 018−	4431−
a_4	6 200−	8 458+	550−	87 194+	47 676−	520+
a_5	1 432−	1 327+		40+	4 906+	
	June 14			**June 22**		
a_0	199·1871 915+	12·5487 808−	0·9046 3906+	306·7956 185+	21·2203 723−	0·9646 9856+
a_1	11·0245 444+	5·0394 027−	0·0023 6371+	13·8185 341+	4·3044 003+	0·0075 8616+
a_2	2546 621+	2082 667+	12 5167+	3061 273−	5940 442+	4 6783−
a_3	386 281+	306 797+	5206−	81 624−	464 430−	2311−
a_4	13 177−	15 376+	462−	85 020+	22 407−	356+
a_5	3 247−	451+		4 915−	3 501+	
	June 15			**June 23**		
a_0	210·5033 837+	17·3476 543−	0·9081 9777+	320·3078 734+	16·3702 615−	0·9717 9734+
a_1	11·6428 567+	4·5244 560−	0·0046 9239+	13·2133 426+	5·3459 448+	0·0065 9543+
a_2	3593 873+	3099 890+	10 6813+	2845 386−	4447 709+	5 1659−
a_3	300 072+	371 843+	7063−	209 070+	520 324+	867−
a_4	29 758−	18 028+	352−	59 042+	4 959−	95+
a_5	5 106−	1 216−		5 150−	1 262+	
	June 16			**June 24**		
a_0	222·5321 484+	21·5232 557−	0·9138 8414+	333·2629 737+	10·6319 480−	0·9778 6846+
a_1	12·4371 972+	3·7863 246−	0·0066 0268+	12·7280 299+	6·0780 347+	0·0055 4005+
a_2	4264 242+	4311 458+	8 3562+	1915 452−	2869 543−	5 3771−
a_3	130 217+	430 402+	8485−	394 498+	528 537−	498−
a_4	56 850−	12 153+	199−	33 161+	981−	177−
a_5	4 839−	3 654−		3 739−	454−	

Formula: Quantity in degrees $= a_0 + a_1 p + a_2 p^2 + a_3 p^3 + a_4 p^4 + a_5 p^5$

where p is the fraction of a day from 0^{h} TDT.

MOON, 1989

DAILY POLYNOMIAL COEFFICIENTS

	Apparent Right Ascension	Apparent Declination	Horizontal Parallax	Apparent Right Ascension	Apparent Declination	Horizontal Parallax
	June 25			**July 3**		
a_0	345·8418 505+	4·3197 600−	0·9828 6405+	99·4261 772+	26·9966 552+	0·9665 8502+
a_1	12·4746 845+	6·4935 467+	0·0044 4259+	15·2128 927+	1·7035 791+	0·0097 2144−
a_2	570 316−	1285 212+	5 6383+	3821 968−	8014 411−	7 1733−
a_3	490 124+	529 611−	1249−	707 302−	456 052+	1 0574+
a_4	14 981+	1 720−	362−	114 119+	60 703+	619+
a_5	3 062−	1 246−		1 267+	9 315−	
	June 26			**July 4**		
a_0	358·3097 078+	2·2490 502+	0·9867 2669+	114·1976 814+	24·5423 790+	0·9562 5817+
a_1	12·5121 190+	6·5903 950+	0·0032 6293+	14·2825 788+	3·1500 184−	0·0108 1413−
a_2	959 422+	326 487−	6 2308−	5247 140−	6375 372−	3 6434−
a_3	518 813+	548 779−	2761−	243 537−	607 368+	1 3054+
a_4	387+	8 475−	378−	116 023+	12 812+	179+
a_5	4 127−	959−		7 968−	6 255−	
	June 27			**July 5**		
a_0	10·9692 763+	8·7509 752+	0·9893 3514+	127·9419 979+	20·8162 160+	0·9452 1202+
a_1	12·8577 356+	6·3565 965+	0·0019 1876+	13·2025 143+	4·2408 804−	0·0111 4407−
a_2	2476 955+	2033 368−	7 2802−	5361 697−	4538 892−	3677+
a_3	477 559+	591 263−	4340−	140 625+	598 392+	1 3738+
a_4	19 871−	13 961−	188−	73 507+	18 097−	216−
a_5	6 831−	749+		8 081−	2 172−	
	June 28			**July 6**		
a_0	24·1197 931+	14·8437 875+	0·9904 8061+	140·6289 476+	16·1792 585+	0·9342 3994+
a_1	13·4850 284+	5·7673 380+	0·0003 2498+	12·1977 283+	4·9774 634−	0·0106 6706−
a_2	3721 906+	3883 525−	8 6836−	4579 653−	2873 914−	4 3507+
a_3	328 687+	637 698−	5135−	355 653+	505 814+	1 2829+
a_4	55 238−	10 829−	179+	32 745+	28 225−	492−
a_5	8 928−	4 081+		4 813−	444+	
	June 29			**July 7**		
a_0	38·0034 642+	20·1583 284+	0·9898 8767+	152·4070 691+	10·9622 071+	0·9241 3132+
a_1	14·3014 615+	4·7970 364+	0·0015 5864−	11·3991 883+	5·4115 686−	0·0094 3175−
a_2	4286 683+	5820 718−	10 1033−	3364 298−	1521 305−	7 8996+
a_3	20 974+	638 181−	4419−	440 112+	398 034+	1 0823+
a_4	103 779−	10 041+	618+	9 132+	25 512−	640−
a_5	4 865−	7 730+		2 024−	1 579+	
	June 30			**July 8**		
a_0	52·7248 269+	24·3112 520+	0·9872 8069+	163·5145 496+	5·4359 181+	0·9155 9137+
a_1	15·1211 613+	3·4493 197+	0·0036 8712−	10·8610 046+	5·6058 339+	0·0075 5273−
a_2	3677 828+	7597 368−	11 0472−	2009 356−	464 440−	10 7611+
a_3	435 098−	520 809−	1895−	457 247+	311 980+	8242+
a_4	131 273−	51 109+	976+	524−	17 377−	693−
a_5	8 772−	7 749+		570−	1 898+	
	July 1			**July 9**		
a_0	68·1580 112+	26·9546 400+	0·9824 7966+	174·2202 338+	0·1867 096−	0·9091 9025+
a_1	15·6780 880+	1·7979 147+	0·0059 1434−	10·5958 130+	5·6111 296−	0·0051 8095−
a_2	1673 250+	8775 317−	11 0262−	646 422−	386 242+	12 8180+
a_3	865 758−	242 493−	2093+	449 637+	261 447+	5464+
a_4	82 937−	92 169+	1112+	3 033+	7 772−	698−
a_5	21 195+	1 324+		246−	1 876+	
	July 2			**July 10**		
a_0	83·9106 745+	27·8601 231+	0·9754 9476+	184·7960 405+	5·7336 599−	0·9053 3877+
a_1	15·7304 286+	0·0076 242+	0·0080 1224−	10·6000 829+	5·4576 182−	0·0024 8133−
a_2	1208 607−	8936 698−	9 7351−	681 870+	1142 728+	14 0386+
a_3	988 009−	134 910+	6628+	434 703+	248 993+	2675+
a_4	30 736+	97 672+	974+	3 964−	1 714+	694−
a_5	16 621+	6 806−		837−	1 668+	

Formula: Quantity in degrees = $a_0 + a_1 p + a_2 p^2 + a_3 p^3 + a_4 p^4 + a_5 p^5$

where p is the fraction of a day from 0^h TDT.

DAILY POLYNOMIAL COEFFICIENTS

	Apparent Right Ascension	Apparent Declination	Horizontal Parallax		Apparent Right Ascension	Apparent Declination	Horizontal Parallax
	July 11				**July 19**		
a_0	195·5073 005+	11·0517 678−	0·9042 8110+		302·3483 072+	22·4892 291−	0·9707 7308+
a_1	10·8648 619+	5·1528 556−	0·0003 7887+		14·2633 888+	4·0215 356+	0·0096 4604+
a_2	1953 854+	1916 708+	14 4243+		2744 247−	6680 679+	8 4159−
a_3	409 635+	272 228+	97−		256 935−	441 192−	1 0872−
a_4	7 875−	10 259+	702−		91 542+	41 845−	1089+
a_5	2 284−	1 157+			3 224−	4 730+	
	July 12				**July 20**		
a_0	206·6074 955+	15·9845 882−	0·9060 9441+		316·3204 095+	17·8474 563−	0·9794 7970+
a_1	11·3742 290+	4·6831 647−	0·0032 3274+		13·6724 604+	5·2109 389+	0·0076 8031+
a_2	3112 663+	2806 577+	13 9734+		2998 362−	5153 382+	11 0198−
a_3	354 150+	324 163+	2904−		75 503+	562 176−	6422−
a_4	19 277−	16 408+	721−		73 321+	17 818−	1235+
a_5	4 296−	10+			5 642−	3 107+	
	July 13				**July 21**		
a_0	218·3260 485+	20·3530 370−	0·9106 8824+		329·7073 518+	12·1788 678−	0·9860 0616+
a_1	12·0931 468+	4·0180 347−	0·0059 1144+		13·1219 470+	6·0673 868+	0·0053 3313+
a_2	4016 357+	3877 675+	12 6692+		2388 462−	3390 991+	12 2104−
a_3	233 441+	388 683+	5799−		312 810+	603 461−	1388−
a_4	41 627−	16 870+	728−		44 409+	2 444−	1075+
a_5	5 520−	2 083−			4 742−	1 218+	
	July 14				**July 22**		
a_0	230·8394 604+	23·9429 572−	0·9178 0132+		342·6257 003+	5·8328 506−	0·9901 1511+
a_1	12·9470 429+	3·1201 911−	0·0082 4216+		12·7534 912+	6·5641 765+	0·0028 9242+
a_2	4411 394+	5124 113+	10 4942+		1230 974−	1578 069+	11 9943−
a_3	13 216+	433 849+	8737−		443 663+	601 822−	2966+
a_4	71 417−	6 432+	680−		20 961+	3 309+	673+
a_5	3 091−	4 714−			3 582−	102−	
	July 15				**July 23**		
a_0	244·2215 136+	26·5071 803−	0·9269 9874+		355·3021 983+	0·8292 713+	0·9918 4448+
a_1	13·8031 832+	1·9649 995−	0·0100 5167+		12·6469 885+	6·7005 157+	0·0006 0946+
a_2	3991 351+	6416 959+	7 4700+		190 039+	208 632−	10 7156−
a_3	298 943−	411 736+	1 1499−		491 597+	589 870−	5657+
a_4	88 776−	18 187−	524−		3 648+	2 372+	189+
a_5	4 705+	6 034−			3 738−	568−	
	July 16				**July 24**		
a_0	258·3855 304+	27·7917 325−	0·9376 7718+		8·0173 414+	7·4501 171+	0·9914 4084+
a_1	14·4786 219+	0·5683 766−	0·0111 7971+		12·8320 635+	6·4824 937+	0·0013 5643+
a_2	2609 157+	7482 477+	3 7152+		1649 384+	1969 779−	8 9177−
a_3	602 483−	279 864+	1 3645−		467 862+	585 668−	6363−
a_4	63 541−	49 915−	224−		14 619−	1 026−	213−
a_5	12 941+	3 918−			5 413−	95+	
	July 17				**July 25**		
a_0	273·0597 598+	27·5892 583−	0·9490 8971+		21·0591 264+	13·6769 731+	0·9892 5414+
a_1	14·8007 623+	0·9901 585−	0·0115 0441+		13·2937 432+	5·9124 770+	0·0029 5763−
a_2	550 482+	7983 352+	4993−		2911 031+	3732 075−	7 1430−
a_3	727 319−	43 665+	1 4576−		354 304+	587 641−	5442+
a_4	5 521+	69 862−	212+		42 274−	1 128−	423−
a_5	12 803+	789+			7 213−	2 133+	
	July 18				**July 26**		
a_0	287·8446 709+	25·8033 054−	0·9604 0056+		34·6744 543+	19·1575 790+	0·9856 3239+
a_1	14·7012 640+	2·5723 820+	0·0109 7576+		13·9617 266+	4·9903 882+	0·0042 3994−
a_2	1470 093+	7703 227+	4 7299−		3647 782+	5480 438−	5 7643−
a_3	581 783−	225 870−	1 3724−		114 278+	569 227−	3683+
a_4	71 129+	64 759−	699+		80 893−	9 522+	418−
a_5	4 471+	4 345+			5 360−	4 972+	

Formula: Quantity in degrees $= a_0 + a_1 p + a_2 p^2 + a_3 p^3 + a_4 p^4 + a_5 p^5$

where p is the fraction of a day from 0^h TDT.

MOON, 1989

DAILY POLYNOMIAL COEFFICIENTS

July 27

	Apparent Right Ascension	Apparent Declination	Horizontal Parallax
	°	°	°
a_0	49·0037 615+	23·5444 501+	0·9808 4866+
a_1	14·6905 392+	3·7298 284+	0·0052 9907−
a_2	3451 209+	7081 077−	4 9050−
a_3	257 657−	480 799−	1966+
a_4	110 742−	35 718+	240−
a_5	3 792+	6 195+	

July 28

	Apparent Right Ascension	Apparent Declination	Horizontal Parallax
a_0	64·0029 609+	26·5222 822+	0·9750 7635+
a_1	15·2610 956+	2·1867 541+	0·0062 3070−
a_2	2051 911+	8246 938−	4 4510−
a_3	656 355−	277 831−	993+
a_4	90 281−	68 681+	28+
a_5	15 370+	2 975+	

July 29

	Apparent Right Ascension	Apparent Declination	Horizontal Parallax
a_0	79·3961 211+	27·8637 251+	0·9684 1077+
a_1	15·4461 452+	0·4829 700+	0·0070 8997−
a_2	304 286−	8638 575−	4 1283−
a_3	863 124−	23 170+	1122+
a_4	7 372−	83 727+	289+
a_5	16 571+	3 259−	

July 30

	Apparent Right Ascension	Apparent Declination	Horizontal Parallax
a_0	94·7264 451+	27·4932 013+	0·9609 2208+
a_1	15·1316 754+	1·2059 373−	0·0078 7041−
a_2	2771 823−	8099 569−	3 6133−
a_3	732 756−	323 314+	2315+
a_4	78 051+	65 521+	460+
a_5	5 846+	7 079−	

July 31

	Apparent Right Ascension	Apparent Declination	Horizontal Parallax
a_0	109·5160 523+	25·5154 826+	0·9527 1809+
a_1	14·3916 164+	2·7061 873−	0·0085 0521−
a_2	4443 711+	6807 515−	2 6420−
a_3	367 887−	515 003+	4198+
a_4	104 602+	28 573+	497+
a_5	4 359−	6 259−	

August 1

	Apparent Right Ascension	Apparent Declination	Horizontal Parallax
a_0	123·4365 332+	22·1822 756+	0·9439 9562+
a_1	13·4321 660+	3·9048 863−	0·0088 8778−
a_2	4963 786−	5153 681−	1 0875−
a_3	5 181+	568 374+	6221+
a_4	79 892−	2 902−	404−
a_5	7 151−	3 292−	

August 2

	Apparent Right Ascension	Apparent Declination	Horizontal Parallax
a_0	136·3801 127+	17·8182 392+	0·9350 6534+
a_1	12·4693 461+	4·7679 142−	0·0089 0249−
a_2	4540 559−	3498 822−	1 0156+
a_3	254 209+	525 315+	7855+
a_4	43 156+	18 905−	225+
a_5	5 293−	756−	

August 3

	Apparent Right Ascension	Apparent Declination	Horizontal Parallax
a_0	148·4246 101+	12·7510 081+	0·9263 4519+
a_1	11·6521 157+	5·3180 226−	0·0084 5474−
a_2	3571 919−	2043 801−	3 5005+
a_3	375 356+	442 979+	8755+
a_4	16 826+	22 244−	17+
a_5	2 727−	673+	

August 4

	Apparent Right Ascension	Apparent Declination	Horizontal Parallax
	°	°	°
a_0	159·7584 795+	7·2707 463+	0·9183 2822+
a_1	11·0557 079+	5·6024 492−	0·0074 9133−
a_2	2372 114−	841 550−	6 1311+
a_3	416 380+	361 113+	8811+
a_4	3 564+	18 612−	174−
a_5	1 038−	1 303+	

August 5

	Apparent Right Ascension	Apparent Declination	Horizontal Parallax
a_0	170·6188 667+	1·6185 225+	0·9115 3636+
a_1	10·7071 069+	5·6692 183−	0·0060 0777−
a_2	1111 924−	143 169+	8 6650+
a_3	420 664+	299 820+	8101+
a_4	1 300−	11 960−	327−
a_5	365−	1 519+	

August 6

	Apparent Right Ascension	Apparent Declination	Horizontal Parallax
a_0	181·2566 810+	4·0074 410−	0·9064 7283+
a_1	10·6102 184+	5·5546 632−	0·0040 4482−
a_2	138 644+	986 076+	10 8955+
a_3	411 711+	267 167+	6785+
a_4	2 862−	4 265−	443−
a_5	537−	1 518+	

August 7

	Apparent Right Ascension	Apparent Declination	Horizontal Parallax
a_0	191·9215 951+	9·4370 546−	0·9035 8098+
a_1	10·7600 463+	5·2782 451−	0·0016 7989−
a_2	1351 264+	1777 193+	12 6620+
a_3	394 354+	265 153+	5011+
a_4	5 305−	3 470+	542−
a_5	1 467−	1 293+	

August 8

	Apparent Right Ascension	Apparent Declination	Horizontal Parallax
a_0	202·8555 259+	14·5105 889−	0·9032 1197+
a_1	11·1457 479+	4·8412 269−	0·0009 8115+
a_2	2487 837+	2606 443+	13 8366+
a_3	357 571+	291 582+	2846+
a_4	12 509−	10 189−	646−
a_5	3 028−	650+	

August 9

	Apparent Right Ascension	Apparent Declination	Horizontal Parallax
a_0	214·2842 610+	19·0609 294−	0·9055 9877+
a_1	11·7440 676+	4·2280 648−	0·0038 0799+
a_2	3455 156+	3548 878+	14 2987+
a_3	276 424+	338 047+	268+
a_4	28 006−	13 798+	770−
a_5	4 535−	703−	

August 10

	Apparent Right Ascension	Apparent Declination	Horizontal Parallax
a_0	226·3982 325+	22·8989 922−	0·9108 3161+
a_1	12·5045 567+	3·4117 100−	0·0066 4497+
a_2	4070 833+	4638 810+	13 9128+
a_3	119 363+	385 000+	2810−
a_4	52 050+	10 520+	909−
a_5	4 117−	2 806−	

August 11

	Apparent Right Ascension	Apparent Declination	Horizontal Parallax
a_0	239·3161 920+	25·8075 498−	0·9188 3067+
a_1	13·3316 588+	2·3656 453−	0·0093 0686+
a_2	4075 152+	5828 817+	12 5207+
a_3	127 324+	397 915+	6461−
a_4	74 637−	3 875−	1030−
a_5	504+	4 792−	

Formula: Quantity in degrees $= a_0 + a_1 p + a_2 p^2 + a_3 p^3 + a_4 p^4 + a_5 p^5$

where p is the fraction of a day from 0^h TDT.

DAILY POLYNOMIAL COEFFICIENTS

	Apparent Right Ascension	Apparent Declination	Horizontal Parallax		Apparent Right Ascension	Apparent Declination	Horizontal Parallax
	August 12				**August 20**		
a_0	253·0352 203+	27·5513 887−	0·9293 1468+		4·2653 639+	5·5787 535+	1·0047 7232+
a_1	14·0788 976+	1·0844 537−	0·0115 7593+		13·1138 196+	6·7782 978+	0·0017 4728−
a_2	3250 347+	6951 227+	9 9634+		1180 643+	1625 520−	17 6486−
a_3	416 528−	334 487+	1 0626−		442 895+	676 513−	1 0059+
a_4	72 403−	28 965−	1062−		11 449−	5 094+	1069+
a_5	8 213+	4 860−			5 278−	1 055+	
	August 13				**August 21**		
a_0	267·3910 807+	27·9106 535−	0·9417 7008+		17·5398 647+	12·1274 629+	1·0013 7145+
a_1	14·5791 583+	0·3921 248+	0·0132 0731+		13·4755 972+	6·2528 062+	0·0049 3250−
a_2	1648 882+	7732 159+	6 1436+		2387 774+	3614 013−	14 0168−
a_3	621 746−	171 560+	1 4954−		343 700+	644 988−	1 4308+
a_4	28 403−	54 221−	901−		38 322−	9 904+	189+
a_5	12 359+	2 144−			6 489−	2 076+	
	August 14				**August 22**		
a_0	282·0713 484+	26·7337 933−	0·9554 3320+		31·2841 281+	17·9555 670+	0·9951 8224+
a_1	14·7172 251+	1·9672 682+	0·0139 5131+		14·0376 911+	5·3415 090+	0·0072 9910−
a_2	262 763−	7900 102+	1 1307+		3123 742+	5468 802−	9 6318−
a_3	613 974−	64 714−	1 8662−		126 644+	583 640−	1 4969+
a_4	36 364+	64 707−	451−		72 842−	20 207+	488−
a_5	8 314+	1 499+			4 739−	3 810+	
	August 15				**August 23**		
a_0	296·7053 676+	23·9893 071−	0·9693 0646+		45·6390 996+	22·6942 335+	0·9870 6477+
a_1	14·4991 743+	3·5027 434+	0·0135 9951+		14·6689 350+	4·0826 451+	0·0087 9598−
a_2	1803 400−	7332 838+	4 7153−		3018 862+	7060 246−	5 4450−
a_3	389 694−	307 383−	2 0551−		207 706−	464 378−	1 2907+
a_4	77 708+	56 289−	301+		99 056−	40 185+	835−
a_5	569+	3 504+			2 943+	4 497+	
	August 16				**August 24**		
a_0	310·9930 602+	19·7892 967−	0·9822 3195+		60·5795 389+	26·0288 844+	0·9778 4500+
a_1	14·0529 479+	4·8563 323+	0·0120 5197+		15·1722 559+	2·5496 021+	0·0095 3122+
a_2	2500 839−	6108 073+	10 6721−		1830 978+	8167 096−	2 0754−
a_3	75 968−	497 474−	1 9352−		569 004−	260 115−	9481+
a_4	78 615+	38 178−	1205+		83 352−	64 120+	874−
a_5	4 249−	3 487+			12 904+	1 995+	
	August 17				**August 25**		
a_0	324·7957 639+	14·3753 735−	0·9930 3525+		75·8709 475+	27·7423 770+	0·9681 9231+
a_1	13·5593 099+	5·9151 762+	0·0093 8525+		15·3408 636+	0·8647 888+	0·0096 9687+
a_2	2299 739−	4421 467+	15 7320−		246 419−	8542 743−	2496+
a_3	195 457+	615 814−	1 4423−		772 327−	13 651+	5935+
a_4	56 104+	20 643−	1947+		13 942−	74 271+	703−
a_5	5 067+	2 588+			14 835+	2 784−	
	August 18				**August 26**		
a_0	338·1497 494+	8·0814 375−	1·0007 2254+		91·1100 259+	27·7614 052+	0·9585 7272+
a_1	13·1779 079+	6·6077 611+	0·0058 8415+		15·0617 132+	0·8113 516−	0·0094 9702−
a_2	1427 448−	2476 024+	18 8828−		2498 336−	8084 211−	1 6169+
a_3	369 580+	673 038−	6442−		684 369−	281 154+	3107+
a_4	30 609+	7 812−	2204+		62 844+	58 922+	429−
a_5	4 352−	1 660+			6 378+	5 846−	
	August 19				**August 27**		
a_0	351·2244 961+	1·2939 931−	1·0046 7602+		105·8603 908+	26·1750 554+	0·9492 6416+
a_1	13·0133 595+	6·8987 588+	0·0020 0258+		14·3850 515+	2·3232 016−	0·0090 9761−
a_2	178 532−	426 599+	19 5037−		4110 875−	6945 864−	2 3004+
a_3	448 570+	688 038−	2557+		374 431−	458 630+	1398+
a_4	9 256+	277+	1854+		92 858+	28 432+	141−
a_5	4 211−	1 039+			2 864−	5 305−	

Formula: Quantity in degrees $= a_0 + a_1 p + a_2 p^2 + a_3 p^3 + a_4 p^4 + a_5 p^5$

where p is the fraction of a day from 0^h TDT.

MOON, 1989

DAILY POLYNOMIAL COEFFICIENTS

August 28

	Apparent Right Ascension	Apparent Declination	Horizontal Parallax
a_0	119·8059 111+	23·2054 431+	0·9404 0917+
a_1	13·4862 545+	3·5660 629−	0·0086 0119−
a_2	4706 045−	5452 466−	2 6430+
a_3	33 640−	520 621+	858+
a_4	75 954+	1 712+	100+
a_5	6 181−	2 947−	

August 29

	Apparent Right Ascension	Apparent Declination	Horizontal Parallax
a_0	132·8251 744+	19·1460 722+	0·9320 8187+
a_1	12·5622 460+	4·5011 562−	0·0080 4282−
a_2	4413 217−	3909 746−	2 9654+
a_3	208 934+	499 200+	1289+
a_4	43 966+	12 657−	256+
a_5	5 046−	869−	

August 30

	Apparent Right Ascension	Apparent Declination	Horizontal Parallax
a_0	144·9708 841+	14·3025 088+	0·9243 5105+
a_1	11·7573 486+	5·1388 415−	0·0074 0078−
a_2	3573 093−	2496 723−	3 5079+
a_3	335 575+	440 574+	2345+
a_4	18 720+	16 632−	316+
a_5	2 847−	305+	

August 31

	Apparent Right Ascension	Apparent Declination	Horizontal Parallax
a_0	156·4060 682+	8·9564 197+	0·9173 2767+
a_1	11·1494 689+	5·5125 133−	0·0066 1621+
a_2	2482 483−	1271 701−	4 4000+
a_3	382 919+	377 409+	3633+
a_4	4 780+	14 888−	287+
a_5	1 233−	818+	

September 1

	Apparent Right Ascension	Apparent Declination	Horizontal Parallax
a_0	167·3459 354+	3·3530 702+	0·9111 9065+
a_1	10·7691 445+	5·6591 767−	0·0056 1574−
a_2	1317 341−	220 600−	5 6591+
a_3	390 150+	326 154+	4797+
a_4	1 109−	10 687−	193+
a_5	482−	1 007+	

September 2

	Apparent Right Ascension	Apparent Declination	Horizontal Parallax
a_0	178·0222 018+	2·2965 192−	0·9061 9073+
a_1	10·6220 370+	5·6092 220−	0·0043 3228−
a_2	158 339−	703 822+	7 2101+
a_3	380 906+	293 498+	5578+
a_4	3 308−	5 575−	62+
a_5	469−	1 048+	

September 3

	Apparent Right Ascension	Apparent Declination	Horizontal Parallax
a_0	188·6661 179+	7·8064 620−	0·9026 3586+
a_1	10·7030 829+	5·3821 147−	0·0027 2044−
a_2	959 865+	1561 357+	8 9161+
a_3	362 643+	281 608+	5829+
a_4	5 475−	236−	86−
a_5	1 072−	945+	

September 4

	Apparent Right Ascension	Apparent Declination	Horizontal Parallax
a_0	199·5007 969+	13·0042 092−	0·9008 6446+
a_1	11·0011 216+	4·9849 829−	0·0007 6578−
a_2	2004 229+	2414 251+	10 6085+
a_3	329 399+	289 899+	5488+
a_4	10 743−	4 662+	242−
a_5	2 165−	577+	

September 5

	Apparent Right Ascension	Apparent Declination	Horizontal Parallax
a_0	210·7339 905+	17·7182 532−	0·9012 1200+
a_1	11·4954 060+	4·4130 107−	0·0015 1091+
a_2	2906 277+	3317 727+	12 1047+
a_3	264 141+	313 831+	4527+
a_4	21 776−	7 787+	410−
a_5	3 307−	248−	

September 6

	Apparent Right Ascension	Apparent Declination	Horizontal Parallax
a_0	222·5439 301+	21·7673 542−	0·9039 7455+
a_1	12·1455 402+	3·6523 269−	0·0040 5129+
a_2	3534 846+	4303 489+	13 2111+
a_3	143 997+	341 716+	2899+
a_4	39 155−	6 745+	602−
a_5	3 344−	1 599−	

September 7

	Apparent Right Ascension	Apparent Declination	Horizontal Parallax
a_0	235·0531 047+	24·9546 460−	0·9093 6992+
a_1	12·8783 776+	2·6872 176−	0·0067 5641+
a_2	3698 255+	5353 101+	13 7127+
a_3	44 488−	351 875+	504+
a_4	57 278−	1 361−	827−
a_5	671−	3 069−	

September 8

	Apparent Right Ascension	Apparent Declination	Horizontal Parallax
a_0	248·2910 642+	27·0718 090−	0·9174 9437+
a_1	13·5814 419+	1·5131 144−	0·0094 8098+
a_2	3214 306+	6369 786+	13 3597+
a_3	277 252−	315 439+	2802−
a_4	61 349−	17 302−	1079−
a_5	4 731−	3 636−	

September 9

	Apparent Right Ascension	Apparent Declination	Horizontal Parallax
a_0	262·1605 497+	27·9184 947−	0·9282 7251+
a_1	14·1189 584+	0·1532 630−	0·0120 2568+
a_2	2061 960+	7175 830+	11 8644+
a_3	472 869−	210 521+	7139−
a_4	36 287−	36 177−	1312−
a_5	9 192+	2 494−	

September 10

	Apparent Right Ascension	Apparent Declination	Horizontal Parallax
a_0	276·4357 077+	27·3369 897−	0·9414 0012+
a_1	14·3795 701+	1·3293 441+	0·0141 3190+
a_2	517 892−	7565 379+	8 9327+
a_3	526 552−	42 101+	1 2449−
a_4	12 096+	48 739−	1418−
a_5	8 357+	312−	

September 11

	Apparent Right Ascension	Apparent Declination	Horizontal Parallax
a_0	290·8164 571+	25·2518 028−	0·9562 8662+
a_1	14·3341 936+	2·8354 002+	0·0154 8819+
a_2	905 518−	7396 192+	4 3533+
a_3	397 536−	155 066+	1 8244−
a_4	54 680+	49 813−	1234−
a_5	3 090+	1 278+	

September 12

	Apparent Right Ascension	Apparent Declination	Horizontal Parallax
a_0	305·0261 224+	21·6971 434−	0·9720 1537+
a_1	14·0572 409+	4·2488 333+	0·0157 6208+
a_2	1739 301+	6644 954+	1 8402−
a_3	150 740+	341 295+	2 3344−
a_4	69 085+	43 031−	593−
a_5	1 853−	1 644+	

Formula: Quantity in degrees $= a_0 + a_1 p + a_2 p^2 + a_3 p^3 + a_4 p^4 + a_5 p^5$
where p is the fraction of a day from 0^h TDT.

DAILY POLYNOMIAL COEFFICIENTS

	Apparent Right Ascension	Apparent Declination	Horizontal Parallax		Apparent Right Ascension	Apparent Declination	Horizontal Parallax
	September 13				September 21		
a_0	318·9010 824+	16·8220 829−	0·9873 5407+	a_0	72·0187 396+	27·3862 356+	0·9808 9324+
a_1	13·6908 636+	5·4590 454+	0·0146 6993+	a_1	15·6404 241+	1·3166 918+	0·0132 6710−
a_2	1795 723−	5379 322+	9 1642−	a_2	318 553−	8905 183−	2 1095−
a_3	105 808+	497 034−	2 5850−	a_3	819 348−	10 361+	1 7661+
a_4	58 620+	34 834−	536+	a_4	15 251−	84 351+	1319−
a_5	3 977−	1 498+		a_5	16 233+	4 153−	
	September 14				September 22		
a_0	332·4284 188+	10·8781 422−	1·0008 5444+	a_0	87·5454 720+	27·8214 649+	0·9675 7861+
a_1	13·3849 204+	6·3726 151+	0·0120 8301+	a_1	15·3329 150+	0·4295 761−	0·0132 1198−
a_2	1166 416−	3694 158+	16 5564−	a_2	2705 357−	8409 789−	2 3988+
a_3	300 323+	621 315−	2 3704−	a_3	723 224−	304 597+	1 2293+
a_4	38 331+	27 559−	1889+	a_4	68 830+	61 770+	1268−
a_5	4 263−	1 617+		a_5	6 686+	7 021−	
	September 15				September 23		
a_0	345·7301 366+	4·2008 371−	1·0110 6368+	a_0	102·5430 805+	26·5868 444+	0·9547 1677+
a_1	13·2549 343+	6·9148 376+	0·0081 3629+	a_1	14·6057 402+	1·9989 561−	0·0124 1414−
a_2	78 068−	1681 001+	22 5026−	a_2	4395 511−	7195 786−	5 3342+
a_3	410 816+	715 080−	1 5948−	a_3	386 793−	482 163+	7182+
a_4	17 265+	19 629−	2925+	a_4	100 029+	25 321+	1011−
a_5	4 580−	2 134+		a_5	3 494−	5 680−	
	September 16				September 24		
a_0	359·0196 143+	2·8088 430+	1·0168 1948+	a_0	116·6802 437+	23·9184 902+	0·9428 9777+
a_1	13·3671 802+	7·0297 300+	0·0032 7450+	a_1	13·6488 607+	3·2861 725−	0·0111 7228−
a_2	1212 209+	560 698−	25 5260−	a_2	4991 083−	5654 172−	6 8923+
a_3	433 338+	771 806−	3929−	a_3	23 665−	528 350+	3130+
a_4	5 304−	9 086−	3121+	a_4	79 677+	3 107−	682−
a_5	5 883−	2 899+		a_5	6 859−	2 657−	
	September 17				September 25		
a_0	12·5502 304+	9·7047 039+	1·0175 3328+	a_0	129·8349 114+	20·1191 590+	0·9324 3920+
a_1	13·7345 586+	6·6838 651+	0·0018 2361−	a_1	12·6719 871+	4·2610 708−	0·0097 2719−
a_2	2421 482+	2901 667−	24 8551−	a_2	4652 782−	4114 257−	7 4321+
a_3	352 519+	778 534−	8816+	a_3	227 206+	490 685+	412+
a_4	35 199−	5 237+	2373+	a_4	44 268+	15 858−	359−
a_5	7 344−	3 963+		a_5	5 404−	351−	
	September 18				September 26		
a_0	26·5579 347+	16·0214 690+	1·0133 3605+	a_0	142·0682 273+	15·4941 102+	0·9234 5575+
a_1	14·3068 610+	5·8740 490+	0·0064 3516−	a_1	11·8246 004+	4·9432 338−	0·0082 4276−
a_2	3194 058+	5166 205−	20 8257−	a_2	3759 599−	2740 787−	7 3488+
a_3	139 374+	717 312+	1 8388+	a_3	351 629+	424 389+	1006−
a_4	74 190−	25 158+	1083+	a_4	17 307+	17 157−	83−
a_5	5 660−	5 135+		a_5	2 961−	734+	
	September 19				September 27		
a_0	41·1901 538+	21·3101 956+	1·0050 1302+	a_0	153·5534 654+	10·3175 942+	0·9159 3699+
a_1	14·9549 880+	4·6382 446+	0·0100 0541−	a_1	11·1836 137−	5·3705 700−	0·0068 0647−
a_2	3110 008+	7115 699−	14 6984−	a_2	2630 438−	1563 181−	7 0040+
a_3	209 171−	565 535−	2 2625+	a_3	392 244+	363 281+	1314−
a_4	105 409−	51 861+	169−	a_4	2 846+	13 244−	127+
a_5	2 726+	4 901+		a_5	1 247−	1 022+	
	September 20				September 28		
a_0	56·4249 573+	25·1859 930+	0·9937 6233+	a_0	164·5134 195+	4·8258 121+	0·9098 1906+
a_1	15·4734 506+	3·0686 350+	0·0122 7319−	a_1	10·7757 149+	5·5790 085−	0·0054 3997−
a_2	1877 448+	8451 927−	8 0380−	a_2	1449 069−	542 565−	6 6906+
a_3	597 352−	311 137−	2 1784+	a_3	391 609+	320 496+	779−
a_4	90 764−	77 807+	994−	a_4	3 102−	8 033−	262+
a_5	13 985+	1 333+		a_5	475−	966+	

Formula: Quantity in degrees $= a_0 + a_1 p + a_2 p^2 + a_3 p^3 + a_4 p^4 + a_5 p^5$

where p is the fraction of a day from 0^h TDT.

MOON, 1989

DAILY POLYNOMIAL COEFFICIENTS

September 29

	Apparent Right Ascension	Apparent Declination	Horizontal Parallax
a_0	175·1830 307+	0·7761 100−	0·9050 4298+
a_1	10·6019 057+	5·5941 031−	0·0041 1473−
a_2	297 580−	380 396+	6 6158+
a_3	374 481+	297 925+	293+
a_4	5 279−	3 150−	318+
a_5	440−	799+	

September 30

	Apparent Right Ascension	Apparent Declination	Horizontal Parallax
a_0	185·7920 546+	6·3026 160−	0·9015 9595+
a_1	10·6524 019+	5·4295 067−	0·0027 7002−
a_2	789 806+	1263 282+	6 8943+
a_3	348 678+	293 178+	1589+
a_4	7 340−	914+	301+
a_5	961−	564+	

October 1

	Apparent Right Ascension	Apparent Declination	Horizontal Parallax
a_0	196·5574 748+	11·5763 289−	0·8995 3425+
a_1	10·9115 489+	5·0882 499−	0·0013 3144−
a_2	1782 189+	2153 958+	7 5493+
a_3	309 210+	302 237+	2813+
a_4	12 104−	3 849+	222+
a_5	1 859−	173+	

October 2

	Apparent Right Ascension	Apparent Declination	Horizontal Parallax
a_0	207·6767 675+	16·4185 571−	0·8989 8809+
a_1	11·3549 779+	4·5651 619−	0·0002 7167+
a_2	2618 568+	3085 519+	8 5220+
a_3	241 749+	318 967+	3713+
a_4	21 619−	4 872+	91+
a_5	2 712−	500−	

October 3

	Apparent Right Ascension	Apparent Declination	Horizontal Parallax
a_0	219·3153 440+	20·6428 333−	0·9001 5000+
a_1	11·9412 129+	3·8506 704−	0·0020 9111+
a_2	3186 870+	4066 670+	9 6852+
a_3	128 276+	332 900+	4089+
a_4	35 890−	2 476+	81−
a_5	2 586−	1 465−	

October 4

	Apparent Right Ascension	Apparent Declination	Horizontal Parallax
a_0	231·5842 240+	24·0534 456−	0·9032 4970+
a_1	12·6014 234+	2·9372 096−	0·0041 4758+
a_2	3330 334+	5065 557+	10 8565+
a_3	39 802−	327 639+	3777+
a_4	49 905−	4 983−	293−
a_5	326−	2 379−	

October 5

	Apparent Right Ascension	Apparent Declination	Horizontal Parallax
a_0	244·5096 774+	26·4520 716−	0·9085 1777+
a_1	13·2354 291+	1·8289 888−	0·0064 2047+
a_2	2908 148+	5994 729+	11 8058+
a_3	240 246−	283 847+	2619+
a_4	52 064−	17 324−	548−
a_5	3 957+	2 533−	

October 6

	Apparent Right Ascension	Apparent Declination	Horizontal Parallax
a_0	258·0070 860+	27·6551 885−	0·9161 3953+
a_1	13·7261 417+	0·5530 841+	0·0088 3830+
a_2	1914 734+	6716 927+	12 2535+
a_3	406 938+	189 807+	442+
a_4	31 255−	30 438−	848−
a_5	7 528+	1 495−	

October 7

	Apparent Right Ascension	Apparent Declination	Horizontal Parallax
a_0	271·8816 347+	27·5207 926−	0·9261 9912+
a_1	13·9782 687+	0·8343 222+	0·0112 6835+
a_2	581 920+	7088 768+	11 8670+
a_3	456 884−	53 997+	2948−
a_4	8 208+	37 883−	1178−
a_5	7 152+	101+	

October 8

	Apparent Right Ascension	Apparent Declination	Horizontal Parallax
a_0	285·8739 432+	25·9759 721−	0·9386 1290+
a_1	13·9644 429+	2·2531 729+	0·0135 0616+
a_2	667 859−	7024 534+	10 2665+
a_3	354 717−	96 016−	7688−
a_4	44 711+	36 905−	1477−
a_5	3 223+	996+	

October 9

	Apparent Right Ascension	Apparent Declination	Horizontal Parallax
a_0	299·7409 219+	23·0335 383−	0·9530 5406+
a_1	13·7439 473+	3·6150 106+	0·0152 6969+
a_2	1431 623−	6525 071+	7 0699+
a_3	145 960−	233 826−	1 3681−
a_4	60 143+	31 527−	1610−
a_5	834−	702+	

October 10

	Apparent Right Ascension	Apparent Declination	Horizontal Parallax
a_0	313·3330 417+	18·7924 859−	0·9688 7784+
a_1	13·4374 726+	4·8376 160+	0·0162 0878+
a_2	1517 131−	5641 442+	2 0078+
a_3	85 067+	353 376−	2 0277−
a_4	55 026+	28 032−	1366−
a_5	2 853−	130−	

October 11

	Apparent Right Ascension	Apparent Declination	Horizontal Parallax
a_0	326·6325 252+	13·4288 794−	0·9850 7097+
a_1	13·1801 501+	5·8486 136+	0·0159 4725+
a_2	960 363−	4411 767+	4 8695−
a_3	276 309+	467 017−	2 5949−
a_4	40 384+	29 052−	543−
a_5	3 340−	522−	

October 12

	Apparent Right Ascension	Apparent Declination	Horizontal Parallax
a_0	339·7479 743+	7·1887 483−	1·0002 6637+
a_1	13·0854 531+	6·5789 807+	0·0141 7309+
a_2	77 495 |	2831 100+	12 9363−
a_3	404 091+	588 062−	2 8274−
a_4	23 940−	32 183−	870+
a_5	3 881−	137+	

October 13

	Apparent Right Ascension	Apparent Declination	Horizontal Parallax
a_0	352·8835 920+	0·3886 683−	1·0128 7179+
a_1	13·2298 131+	6·9559 798+	0·0107 7241+
a_2	1394 674+	875 113+	20 8474−
a_3	459 988+	714 354−	2 4756−
a_4	5 096+	31 986−	2486+
a_5	5 692−	1 975+	

October 14

	Apparent Right Ascension	Apparent Declination	Horizontal Parallax
a_0	6·2988 117+	6·5803 864+	1·0213 3676+
a_1	13·6459 337+	6·9048 925+	0·0059 5982+
a_2	2748 286+	1440 170−	26 7494−
a_3	421 833+	820 935−	1 4525−
a_4	23 337−	22 443−	3584+
a_5	8 591−	4 769+	

Formula: Quantity in degrees $= a_0 + a_1 p + a_2 p^2 + a_3 p^3 + a_4 p^4 + a_5 p^5$
where p is the fraction of a day from 0^h TDT.

DAILY POLYNOMIAL COEFFICIENTS

October 15

	Apparent Right Ascension	Apparent Declination	Horizontal Parallax
	°	°	°
a_0	20·2585 644+	13·2574 010+	1·0245 1223+
a_1	14·3085 101+	6·3639 887+	0·0003 1775+
a_2	3787 521+	3989 923−	28 9574−
a_3	242 335+	861 304−	212+
a_4	68 450−	1 561+	3561+
a_5	9 277−	7 801+	

October 23

	Apparent Right Ascension	Apparent Declination	Horizontal Parallax
	°	°	°
a_0	139·1535 622+	16·4915 853+	0·9298 2256+
a_1	12·0672 423+	4·8060 348−	0·0113 3986−
a_2	4397 247−	2894 769−	10 7601+
a_3	397 374+	449 611+	2556+
a_4	20 106+	25 383−	792−
a_5	3 839−	1 302+	

October 16

	Apparent Right Ascension	Apparent Declination	Horizontal Parallax
a_0	34·9622 873+	19·1372 032+	1·0219 7195+
a_1	15·1067 054+	5·3121 387+	0·0053 2479−
a_2	4010 385+	6486 249−	26 7917−
a_3	119 634−	776 532−	1 4735+
a_4	119 433−	42 037+	2431+
a_5	1 469−	8 876+	

October 24

	Apparent Right Ascension	Apparent Declination	Horizontal Parallax
a_0	150·8224 438+	11·4386 267+	0·9195 7635+
a_1	11·3131 307+	5·2596 069−	0·0091 4282−
a_2	3122 812−	1685 155−	11 0616+
a_3	440 780+	361 328+	598−
a_4	1 434+	18 506−	476−
a_5	1 484−	1 664+	

October 17

	Apparent Right Ascension	Apparent Declination	Horizontal Parallax
a_0	50·4459 775+	23·7281 551+	1·0141 3964+
a_1	15·8244 019+	3·8031 769+	0·0101 4383−
a_2	2920 025+	8474 503−	20 9621−
a_3	603 214−	522 111−	2 4489+
a_4	127 938−	88 992+	813+
a_5	14 524+	4 633+	

October 25

	Apparent Right Ascension	Apparent Declination	Horizontal Parallax
a_0	161·8673 664+	6·0449 529+	0·9115 2896+
a_1	10·8206 352+	5·4948 102−	0·0069 6745−
a_2	1806 656−	695 543−	10 6052+
a_3	432 291+	303 848+	2485−
a_4	5 581−	10 039−	207−
a_5	443−	1 485+	

October 18

	Apparent Right Ascension	Apparent Declination	Horizontal Parallax
a_0	66·4907 192+	26·6410 332+	1·0021 5260+
a_1	16·1835 381+	1·9895 468+	0·0135 1705−
a_2	489 024+	9460 472−	13 1705−
a_3	965 475−	124 673−	2 7583+
a_4	48 027−	112 736+	579−
a_5	22 463+	4 091−	

October 26

	Apparent Right Ascension	Apparent Declination	Horizontal Parallax
a_0	172·5499 626+	0·5101 179+	0·9055 9511+
a_1	10·5865 373+	5·5460 376−	0·0049 2923−
a_2	547 674−	170 635+	9 7423+
a_3	405 595+	278 341+	3298−
a_4	7 543−	2 545−	11+
a_5	344−	1 130+	

October 19

	Apparent Right Ascension	Apparent Declination	Horizontal Parallax
a_0	82·6240 559+	27·6829 300+	0·9875 3646+
a_1	15·9837 090+	0·1030 931+	0·0153 9900−
a_2	2470 082−	9199 375−	5 2678−
a_3	938 757−	282 104+	2 5062+
a_4	70 336+	89 529+	1376−
a_5	11 669+	9 884+	

October 27

	Apparent Right Ascension	Apparent Declination	Horizontal Parallax
a_0	183·1215 035+	4·9911 637−	0·9016 0725+
a_1	10·5954 915+	5·4288 620−	0·0030 7926−
a_2	620 433+	1001 699+	8 7647+
a_3	371 672+	279 196+	3238−
a_4	9 100−	3 175+	178+
a_5	889−	682+	

October 20

	Apparent Right Ascension	Apparent Declination	Horizontal Parallax
a_0	98·2750 814+	26·9022 606+	0·9718 4753+
a_1	15·2420 175+	1·6212 795−	0·0157 5583−
a_2	4748 002−	7915 084−	1 4178+
a_3	549 212−	542 008+	1 9401+
a_4	126 220+	37 616+	1598−
a_5	3 528−	8 585−	

October 28

	Apparent Right Ascension	Apparent Declination	Horizontal Parallax
a_0	193·8152 067+	10·2915 505−	0·8993 7386+
a_1	10·8269 944+	5·1431 530−	0·0014 1634−
a_2	1671 961+	1865 180+	7 9033+
a_3	325 833+	298 363+	2508−
a_4	13 493−	6 698+	288+
a_5	1 852−	78+	

October 21

	Apparent Right Ascension	Apparent Declination	Horizontal Parallax
a_0	112·9996 466+	24·5465 767+	0·9564 1152+
a_1	14·1763 708+	3·0309 344−	0·0149 5420−
a_2	5674 249−	6149 237−	6 2837+
a_3	83 040−	609 214+	1 2926+
a_4	104 155+	5 510−	1450−
a_5	9 197−	3 955−	

October 29

	Apparent Right Ascension	Apparent Declination	Horizontal Parallax
a_0	204·8404 460+	15·2176 716−	0·8987 2564+
a_1	11·2528 125+	4·6778 908−	0·0001 0061+
a_2	2549 942+	2801 265+	7 3252+
a_3	252 826+	325 437+	1334−
a_4	22 978−	7 229+	336+
a_5	2 777−	784−	

October 22

	Apparent Right Ascension	Apparent Declination	Horizontal Parallax
a_0	126·6097 843+	20·9606 935+	0·9422 0046+
a_1	13·0536 743+	4·0821 951−	0·0133 6768−
a_2	5390 675−	4394 081−	9 3013+
a_3	242 556+	549 720+	7101+
a_4	56 445+	24 436−	1137−
a_5	7 292−	334−	

October 30

	Apparent Right Ascension	Apparent Declination	Horizontal Parallax
a_0	216·3709 598+	19·5822 477−	0·8995 4879+
a_1	11·8280 691+	4·0175 084−	0·0015 3906+
a_2	3142 663+	3813 119+	7 1257+
a_3	133 232+	345 893+	31+
a_4	37 605−	3 365+	314+
a_5	2 679−	1 863−	

Formula: Quantity in degrees $= a_0 + a_1 p + a_2 p^2 + a_3 p^3 + a_4 p^4 + a_5 p^5$
where p is the fraction of a day from 0^h TDT.

MOON, 1989

DAILY POLYNOMIAL COEFFICIENTS

October 31

	Apparent Right Ascension	Apparent Declination	Horizontal Parallax
a_0	228·5225 901+	23·1837 047+	0·9018 0387+
a_1	12·4801 927+	3·1507 034-	0·0029 7770+
a_2	3289 766+	4852 324+	7 3204+
a_3	42 606-	340 238+	1309+
a_4	52 141-	6 170-	221+
a_5	326-	2 730-	

November 1

	Apparent Right Ascension	Apparent Declination	Horizontal Parallax
a_0	241·3222 521+	25·8160 420-	0·9055 2891+
a_1	13·1043 500+	2·0820 001-	0·0044 8990+
a_2	2845 758+	5808 640+	7 8404+
a_3	251 892-	288 349+	2213+
a_4	54 321-	20 366-	58+
a_5	4 157+	2 600-	

November 2

	Apparent Right Ascension	Apparent Declination	Horizontal Parallax
a_0	254·6809 723+	27·2906 399-	0·9108 2556+
a_1	13·5782 880+	0·8432 124-	0·0061 2670+
a_2	1805 871+	6525 417+	8 5320+
a_3	425 564-	181 739+	2465+
a_4	32 434-	33 852-	169-
a_5	7 840+	1 092-	

November 3

	Apparent Right Ascension	Apparent Declination	Horizontal Parallax
a_0	268·3948 316+	27·4666 311-	0·9178 2842+
a_1	13·8027 390+	0·5023 080+	0·0079 0031+
a_2	413 244+	6856 615+	9 1612+
a_3	477 178-	36 546+	1807+
a_4	8 686+	39 206-	455-
a_5	7 336+	930+	

November 4

	Apparent Right Ascension	Apparent Declination	Horizontal Parallax
a_0	282·1927 794+	26·2788 346-	0·9266 5836+
a_1	13·7493 720+	1·8693 785+	0·0097 6853+
a_2	892 724-	6740 402-	9 4195+
a_3	371 396-	110 380-	3-
a_4	46 080+	33 944-	789-
a_5	3 184+	1 980+	

November 5

	Apparent Right Ascension	Apparent Declination	Horizontal Parallax
a_0	295·8206 657+	23·7496 504-	0·9373 6092+
a_1	13·4794 276+	3·1717 565+	0·0116 2078+
a_2	1698 718-	6225 467+	8 9343+
a_3	157 583-	226 621-	3164-
a_4	61 209+	23 513-	1139-
a_5	924-	1 499+	

November 6

	Apparent Right Ascension	Apparent Declination	Horizontal Parallax
a_0	309·1204 916+	19·9802 107-	0·9498 3210+
a_1	13·1164 283+	4·3402 066+	0·0132 6716+
a_2	1813 615-	5419 539+	7 2932+
a_3	76 929+	306 446-	7756-
a_4	55 544+	15 883-	1427-
a_5	2 745-	137+	

November 7

	Apparent Right Ascension	Apparent Declination	Horizontal Parallax
a_0	322·0685 312+	15·1302 693-	0·9637 3676+
a_1	12·7976 289+	5·3258 946+	0·0144 3600+
a_2	1277 091-	4406 243-	4 1080+
a_3	271 567+	369 351-	1 3560-
a_4	41 365+	15 403-	1510-
a_5	2 821-	1 171-	

November 8

	Apparent Right Ascension	Apparent Declination	Horizontal Parallax
a_0	334·7694 621+	9·4023 428-	0·9784 3285+
a_1	12·6388 163+	6·0895 909+	0·0147 9031+
a_2	242 391-	3193 999+	8554-
a_3	408 808+	442 999-	1 9763-
a_4	27 466+	21 687-	1184-
a_5	2 767-	1 752-	

November 9

	Apparent Right Ascension	Apparent Declination	Horizontal Parallax
a_0	347·4273 900+	3·0399 958-	0·9929 2815+
a_1	12·7225 820+	6·5859 410+	0·0139 7886+
a_2	1121 250+	1717 258+	7 4668-
a_3	490 247+	546 872-	2 4695-
a_4	14 320+	31 093-	283-
a_5	4 012-	1 089-	

November 10

	Apparent Right Ascension	Apparent Declination	Horizontal Parallax
a_0	0·3121 525+	3·6597 656+	1·0059 1056+
a_1	13·0976 242+	6·7523 522+	0·0117 3326+
a_2	2637 889+	120 936-	15 0015-
a_3	505 482+	680 697-	2 5948-
a_4	4 980-	37 402-	1136+
a_5	7 341-	1 359+	

November 11

	Apparent Right Ascension	Apparent Declination	Horizontal Parallax
a_0	13·7228 817+	10·3283 502+	1·0158 9557+
a_1	13·7711 800+	6·5096 799+	0·0080 0002+
a_2	4050 944+	2373 967-	22 0583-
a_3	409 926+	814 110-	2 1322-
a_4	42 267-	31 400-	2637+
a_5	11 418-	5 864+	

November 12

	Apparent Right Ascension	Apparent Declination	Horizontal Parallax
a_0	27·9347 801+	16·5166 688+	1·0215 0292+
a_1	14·6817 332+	5·7810 312+	0·0030 5433+
a_2	4912 285+	4945 992-	26 8461-
a_3	127 887+	878 197-	1 0470-
a_4	103 746-	1 644-	3520+
a_5	9 826+	10 999+	

November 13

	Apparent Right Ascension	Apparent Declination	Horizontal Parallax
a_0	43·1091 733+	21·7162 166-	1·0218 0314+
a_1	15·6561 622+	4·5332 158+	0·0024 8797-
a_2	4574 342+	7479 999-	27 8817-
a_3	376 492-	774 561-	3988+
a_4	158 951-	56 548+	3297+
a_5	5 620+	11 680+	

November 14

	Apparent Right Ascension	Apparent Declination	Horizontal Parallax
a_0	59·1697 874+	25·4307 992+	1·0165 9984+
a_1	16·3973 343+	2·8332 968+	0·0078 1268-
a_2	2547 862+	9347 070-	24 7441-
a_3	945 272-	436 507-	1 7405+
a_4	127 336-	118 681+	2090+
a_5	25 680+	2 962+	

November 15

	Apparent Right Ascension	Apparent Declination	Horizontal Parallax
a_0	75·7172 155+	27·2979 026+	1·0065 0768+
a_1	16·5852 296+	0·8818 703+	0·0121 5577-
a_2	793 489+	9915 083-	18 3164-
a_3	1198 562-	61 103+	2 5759+
a_4	12 945+	132 124+	535+
a_5	24 242+	9 238-	

Formula: Quantity in degrees $= a_0 + a_1 p + a_2 p^2 + a_3 p^3 + a_4 p^4 + a_5 p^5$
where p is the fraction of a day from 0^h TDT.

DAILY POLYNOMIAL COEFFICIENTS

November 16

	Apparent Right Ascension	Apparent Declination	Horizontal Parallax
	°	°	
a_0	92·1069 587+	27·2066 634+	0·9927 8319+
a_1	16·0842 395+	1·0345 889−	0·0150 2499−
a_2	4068 779−	9032 070−	10 3070−
a_3	915 616−	494 973+	2 7733+
a_4	136 263+	81 289+	727−
a_5	3 463+	13 041−	

November 24

	Apparent Right Ascension	Apparent Declination	Horizontal Parallax
	°	°	
a_0	190·9468 447+	9·0815 075−	0·9012 3090+
a_1	10·7501 737+	5·1888 141−	0·0024 7706−
a_2	1386 537+	1670 723+	11 5339+
a_3	373 096+	270 243+	4597−
a_4	12 742−	7 702+	151−
a_5	1 689−	591+	

November 17

	Apparent Right Ascension	Apparent Declination	Horizontal Parallax
a_0	107·7067 312+	25·3251 895+	0·9769 9755+
a_1	15·0520 203+	2·6665 107+	0·0162 8362−
a_2	5964 333−	7190 109−	2 4451−
a_3	343 967+	692 331+	2 4631+
a_4	147 216+	14 139+	1409−
a_5	10 431−	8 171−	

November 25

	Apparent Right Ascension	Apparent Declination	Horizontal Parallax
a_0	201·8715 386+	14·0753 957−	0·8998 5975+
a_1	11·1334 674+	4·7702 215−	0·0003 1423−
a_2	2412 460+	2533 604+	10 0695+
a_3	304 522+	306 365+	5195−
a_4	21 289−	10 845+	20+
a_5	2 946−	428−	

November 18

	Apparent Right Ascension	Apparent Declination	Horizontal Parallax
a_0	122·1416 000+	22·0094 980+	0·9607 0163+
a_1	13·8096 336+	3·8952 562−	0·0160 9015−
a_2	6217 839−	5109 878−	4 0934+
a_3	140 098+	670 578+	1 8857+
a_4	91 080+	25 922−	1569−
a_5	10 798−	2 202−	

November 26

	Apparent Right Ascension	Apparent Declination	Horizontal Parallax
a_0	213·2742 807+	18·5605 787−	0·9005 0071+
a_1	11·6973 270+	4·1674 691−	0·0015 4460+
a_2	3168 725+	3513 510+	8 5274+
a_3	189 656+	344 650+	5107−
a_4	36 694−	8 852+	169+
a_5	3 438−	1 841−	

November 19

	Apparent Right Ascension	Apparent Declination	Horizontal Parallax
a_0	135·3514 877+	17·6674 995+	0·9451 9371+
a_1	12·6391 329+	4·7275 237−	0·0147 6855−
a_2	5359 121−	3275 512−	8 8138+
a_3	398 963+	546 831+	1 2514+
a_4	36 681+	35 747−	1412−
a_5	6 241−	1 110+	

November 27

	Apparent Right Ascension	Apparent Declination	Horizontal Parallax
a_0	225·3034 327+	22·3415 306−	0·9028 4867+
a_1	12·3715 748+	3·3587 531−	0·0031 0362+
a_2	3482 952+	4582 147+	7 0999+
a_3	9 626+	360 865+	4419−
a_4	55 219−	507−	283+
a_5	1 563−	3 240−	

November 20

	Apparent Right Ascension	Apparent Declination	Horizontal Parallax
a_0	147·4976 488+	12·6636 440+	0·9314 1756+
a_1	11·6985 540+	5·2323 194−	0·0126 8688−
a_2	4004 458−	1838 299−	11 7292+
a_3	485 434+	415 584+	6846+
a_4	6 185+	29 519−	1128−
a_5	2 521−	2 156+	

November 28

	Apparent Right Ascension	Apparent Declination	Horizontal Parallax
a_0	238·0185 871+	25·2063 572−	0·9066 2091+
a_1	13·0481 892+	2·3358 874−	0·0044 0233+
a_2	3164 722+	5629 204+	5 9455+
a_3	224 098−	326 257+	3267−
a_4	64 081−	17 369−	342+
a_5	3 337+	3 596−	

November 21

	Apparent Right Ascension	Apparent Declination	Horizontal Parallax
a_0	158·8446 668+	7·2863 170+	0·9199 6079+
a_1	11·0445 082+	5·4860 330−	0·0101 8076−
a_2	2536 175−	747 050−	13 1155+
a_3	486 049+	319 080+	2341+
a_4	5 794−	18 467−	831−
a_5	679−	2 138+	

November 29

	Apparent Right Ascension	Apparent Declination	Horizontal Parallax
a_0	251·3547 643+	26·9487 952−	0·9115 8853+
a_1	13·5899 461+	1·1209 137−	0·0055 0709+
a_2	2141 429+	6467 681+	5 1698+
a_3	444 201−	221 718+	1873−
a_4	46 531−	36 147−	325+
a_5	8 478+	2 025−	

November 22

	Apparent Right Ascension	Apparent Declination	Horizontal Parallax
a_0	169·6835 152+	1·7558 541+	0·9111 0667+
a_1	10·6804 319+	5·5460 372−	0·0075 2068−
a_2	1119 526−	120 785+	13 3273+
a_3	456 369+	266 379+	970−
a_4	8 803−	7 680−	568−
a_5	217−	1 767+	

November 30

	Apparent Right Ascension	Apparent Declination	Horizontal Parallax
a_0	265·1106 279+	27·4045 863−	0·9175 9713+
a_1	13·8705 985+	0·2236 695+	0·0064 9788+
a_2	614 748+	6895 684+	4 7994+
a_3	545 209−	58 459+	544−
a_4	1 738−	46 389+	217+
a_5	9 093+	782+	

November 23

	Apparent Right Ascension	Apparent Declination	Horizontal Parallax
a_0	180·2967 294+	3·7520 580−	0·9049 0335+
a_1	10·5898 073+	5·4441 556−	0·0049 0701−
a_2	194 625+	891 526+	12 7028+
a_3	418 747+	253 036+	3228−
a_4	9 644−	1 230+	344−
a_5	647−	1 269+	

December 1

	Apparent Right Ascension	Apparent Declination	Horizontal Parallax
a_0	278·9889 157+	26·4900 633−	0·9245 7168+
a_1	13·8338 313+	1·6021 812+	0·0074 5015+
a_2	940 204−	6800 640+	4 7604+
a_3	463 732−	118 144−	353+
a_4	45 031+	41 776−	18+
a_5	4 565+	2 784+	

Formula: Quantity in degrees $= a_0 + a_1 p + a_2 p^2 + a_3 p^3 + a_4 p^4 + a_5 p^5$
where p is the fraction of a day from 0^h TDT.

MOON, 1989

DAILY POLYNOMIAL COEFFICIENTS

	Apparent Right Ascension	Apparent Declination	Horizontal Parallax
December 2	°	°	
a_0	292·6873 130+	24·2235 317−	0·9325 0158+
a_1	13·5269 597+	2·9115 476+	0·0084 1355+
a_2	2015 687−	6223 500+	4 8684+
a_3	240 924−	257 379−	445+
a_4	67 080+	27 081−	259−
a_5	679−	2 802+	
December 3			
a_0	305·9952 517+	20·7177 999−	0·9414 0383+
a_1	13·0780 347+	4·0696 011+	0·0093 9024+
a_2	2342 977−	5316 939+	4 8367+
a_3	19 133+	338 463−	582−
a_4	62 317+	12 767−	582−
a_5	3 175−	1 413+	
December 4			
a_0	318·8468 162+	16·1514 867−	0·9512 6609+
a_1	12·6385 181+	5·0270 477+	0·0103 1681+
a_2	1943 548−	4239 061+	4 3029+
a_3	236 606+	376 355−	2925−
a_4	45 712+	5 796−	898−
a_5	3 157−	252−	
December 5			
a_0	331·3188 956+	10·7387 732−	0·9619 7497+
a_1	12·3374 977+	5·7595 075+	0·0110 5371+
a_2	991 029−	3072 657+	2 8798+
a_3	388 267+	402 782−	6565−
a_4	29 942−	7 329−	1121−
a_5	2 442−	1 505−	
December 6			
a_0	343·5988 670+	4·7131 617−	0·9732 3980+
a_1	12·2665 271+	6·2495 196+	0·0113 8784+
a_2	329 065+	1805 225+	2379+
a_3	483 503+	447 431−	1 1141−
a_4	18 254+	15 254−	1125−
a_5	2 583−	2 013−	
December 7			
a_0	355·9482 179+	1·6704 107+	0·9845 2878+
a_1	12·4833 982+	6·4692 282+	0·0110 5613+
a_2	1863 377+	351 181+	3 7680−
a_3	529 480+	528 155−	1 5774−
a_4	6 195−	25 968−	771−
a_5	4 633−	1 334−	
December 8			
a_0	8·6710 581+	8·1192 113+	0·9950 4267+
a_1	13·0150 742+	6·3699 670+	0·0097 9841+
a_2	3442 730+	1402 582−	8 9382−
a_3	505 532+	643 792−	1 8992−
a_4	16 365−	33 654−	16+
a_5	8 842−	1 323+	
December 9			
a_0	22·0784 377+	14·2813 078+	1·0037 5750+
a_1	13·8443 089+	5·8835 186+	0·0074 4160+
a_2	4772 453+	3522 795−	14 5923−
a_3	349 804+	762 201−	1 8988−
a_4	62 208−	27 991−	1124+
a_5	12 399−	6 485+	

	Apparent Right Ascension	Apparent Declination	Horizontal Parallax
December 10	°	°	
a_0	36·4275 115+	19·7341 762+	1·0095 6123+
a_1	14·8726 650+	4·9423 511+	0·0039 9848+
a_2	5323 750+	5912 364−	19 5819−
a_3	19 442−	806 266−	1 4403−
a_4	130 198−	5 325+	2192+
a_5	6 716−	12 018+	
December 11			
a_0	51·8169 158+	24·0063 987+	1·0114 7942+
a_1	15·8761 674+	3·5261 365+	0·0002 6217−
a_2	4416 433+	8178 427−	22 5707−
a_3	596 025−	665 448−	5401−
a_4	168 315−	69 604+	2743+
a_5	13 632+	11 157+	
December 12			
a_0	68·0596 558+	26·6562 239+	1·0089 3360+
a_1	16·5201 541+	1·7242 245+	0·0048 2849−
a_2	1755 971+	9645 119−	22 5531−
a_3	1124 409−	281 667−	5833+
a_4	91 787−	128 623+	2490+
a_5	29 752+	14+	
December 13			
a_0	84·6367 628+	27·4006 334+	1·0019 3301+
a_1	16·5121 745+	0·2378 562−	0·0090 6447−
a_2	1868 935−	9718 668−	19 3379−
a_3	1199 904−	226 548+	1 5946+
a_4	67 750+	125 718+	1562+
a_5	18 657+	11 565−	
December 14			
a_0	100·8506 939+	26·2249 805+	0·9911 0981+
a_1	15·8148 205+	2·0691 220−	0·0123 9121−
a_2	4875 912−	8401 016−	13 6528−
a_3	754 459−	612 966+	2 2188+
a_4	158 653+	63 348+	401+
a_5	3 325−	12 687−	
December 15			
a_0	116·1180 101+	23·3821 195+	0·9775 7919+
a_1	14·6750 890+	3·5464 333−	0·0144 4018−
a_2	6221 591−	6309 053−	6 7858−
a_3	158 461−	742 773+	2 3676+
a_4	135 348+	1 123+	557−
a_5	12 242−	6 695−	
December 16			
a_0	130·1674 044+	19·2782 764+	0·9626 9161+
a_1	13·4312 530+	4·5892 025−	0·0151 0943−
a_2	6007 695−	4154 266−	345−
a_3	261 788+	674 526+	2 1311+
a_4	71 582+	33 507−	1106−
a_5	9 626−	1 137−	
December 17			
a_0	143·0302 623+	14·3376 355+	0·9477 8076+
a_1	12·3320 752+	5·2316 661−	0·0145 2134−
a_2	4889 078−	2342 941−	5 6893+
a_3	454 588+	530 745+	1 6782+
a_4	23 729+	38 107−	1275−
a_5	4 803−	1 593+	

Formula: Quantity in degrees = $a_0 + a_1 p + a_2 p^2 + a_3 p^3 + a_4 p^4 + a_5 p^5$
where p is the fraction of a day from 0^h TDT.

DAILY POLYNOMIAL COEFFICIENTS

	Apparent Right Ascension	Apparent Declination	Horizontal Parallax		Apparent Right Ascension	Apparent Declination	Horizontal Parallax
	December 18				December 26		
a_0	154·9207 812+	8·9210 986+	0·9339 8343+	a_0	247·3683 092+	26·6121 771−	0·9130 8424+
a_1	11·4977 301+	5·5554 756+	0·0129 3104−	a_1	13·5294 620+	1·4580 144−	0·0063 2548+
a_2	3430 859−	963 324−	9 9610+	a_2	2776 186+	6298 940+	6 3873+
a_3	503 306+	394 720+	1 1628+	a_3	373 314−	284 434+	7967−
a_4	504+	29 575−	1201−	a_4	63 706−	28 188−	119+
a_5	1 678−	2 349+		a_5	6 990+	3 658−	
	December 19				December 27		
a_0	166·1256 386+	3·3060 400+	0·9221 5276+	a_0	261·1323 868+	27·4150 386−	0·9199 6997+
a_1	10·9619 142+	5·6403 796+	0·0106 3804−	a_1	13·9507 213+	0·1259 973−	0·0073 6870+
a_2	1934 624−	66 920+	12 7344+	a_2	1344 221+	6946 435+	4 0743+
a_3	489 302+	299 869+	6809+	a_3	556 337−	136 617+	7482−
a_4	7 320−	17 607−	1021−	a_4	26 492−	47 170−	300+
a_5	406−	2 247+		a_5	10 462+	978−	
	December 20				December 28		
a_0	176·9422 480+	2·2991 968+	0·9128 4604+	a_0	275·1602 936+	26·8375 456−	0·9276 7429+
a_1	10·7186 493+	5·5429 549−	0·0079 2774−	a_1	14·0472 955+	1·2849 211+	0·0079 7114+
a_2	514 650−	883 370+	14 1702+	a_2	378 786−	7063 533+	2 0140+
a_3	455 992+	251 682+	2727+	a_3	559 323−	60 084−	6256−
a_4	8 998−	6 279−	827−	a_4	28 214+	51 708−	431+
a_5	380−	1 854+		a_5	7 490+	2 146+	
	December 21				December 29		
a_0	187·6540 937+	7·7290 889+	0·9063 5432+	a_0	289·1173 485+	24·8572 359−	0·9357 8858+
a_1	10·7487 267+	5·2923 613+	0·0050 4495−	a_1	13·8187 651+	2·6599 934+	0·0082 0352−
a_2	795 560+	1619 307+	14 4977+	a_2	1812 579−	6594 620+	3966+
a_3	415 727+	244 781+	570−	a_3	375 054−	244 667−	4495−
a_4	10 668−	3 103+	655−	a_4	65 662+	40 044−	462−
a_5	1 195−	1 293+		a_5	1 256+	3 510+	
	December 22				December 30		
a_0	198·5227 629+	12·8346 019+	0·9027 4689+	a_0	302·7240 421+	21·5659 006−	0·9439 9143+
a_1	11·0276 907+	4·8931 791+	0·0021 8873−	a_1	13·3706 210+	3·8912 539+	0·0081 6651+
a_2	1966 785+	2385 228+	13 9380+	a_2	2531 441−	5655 543+	6776−
a_3	360 330+	269 612+	3185−	a_3	102 281+	370 109−	2603−
a_4	16 572−	9 762+	511−	a_4	70 414+	21 871−	365−
a_5	2 546−	425+		a_5	2 951−	2 819+	
	December 23				December 31		
a_0	209·7812 532+	17·4612 783−	0·9019 1500+	a_0	315·8380 372+	17·1480 086−	0·9520 6780+
a_1	11·5212 435+	4·3311 342−	0·0004 8288+	a_1	12·8603 379+	4·9039 890+	0·0079 6750+
a_2	2922 817+	3256 925+	12 6801+	a_2	2445 485−	4442 188+	1 2465−
a_3	267 925+	312 110+	5229−	a_3	149 325+	430 315−	1110−
a_4	29 673−	12 137+	378−	a_4	54 486+	7 683−	144+
a_5	3 734−	949−		a_5	3 790−	1 215+	
	December 24				December 32		
a_0	221·6182 302+	21·4343 902+	0·9036 0983+	a_0	328·4738 288+	11·8434 792−	0·9599 0099+
a_1	12·1724 489+	3·5817 380−	0·0028 4692+	a_1	12·4359 387+	5·6608 643+	0·0076 9068+
a_2	3511 033+	4256 601+	10 8892+	a_2	1708 548+	3117 258+	1 5022−
a_3	112 250+	350 144+	6746−	a_3	329 790+	449 774−	519−
a_4	49 511−	7 479+	235−	a_4	35 236+	1 799−	154−
a_5	3 205−	2 740−		a_5	2 978−	293−	
	December 25						
a_0	234·1477 357+	24·5549 798−	0·9074 7586+				
a_1	12·8869 277+	2·6237 546+	0·0048 1299+				
a_2	3518 424+	5324 444+	8 7299+				
a_3	115 572−	351 900+	7693−				
a_4	67 116−	6 658−	68−				
a_5	721+	4 111−					

Formula: Quantity in degrees $= a_0 + a_1 p + a_2 p^2 + a_3 p^3 + a_4 p^4 + a_5 p^5$
where p is the fraction of a day from 0^h TDT.

NOTES AND FORMULAE

Low-precision formulae for geocentric coordinates of the Moon

The following formulae give approximate geocentric coordinates of the Moon. The errors will rarely exceed $0°\cdot3$ in ecliptic longitude (λ), $0°\cdot2$ in ecliptic latitude (β), $0°\cdot003$ in horizontal parallax (π), $0°\cdot001$ in semidiameter (SD), $0\cdot2$ Earth radii in distance (r), $0°\cdot3$ in right ascension (α) and $0°\cdot2$ in declination (δ).

On this page the time argument T is the number of Julian centuries from J2000·0.

$$T = (\text{JD} - 245\ 1545\cdot0)/36\ 525 = (-4018\cdot5 + \text{day of year} + \text{UT}/24)/36\ 525$$

where day of year is given on pages B2–B3 and UT is the universal time in hours.

$$\begin{aligned}
\lambda = \ & 218°\cdot32 + 481\ 267°\cdot883\ T \\
& +6°\cdot29 \sin(134°\cdot9 + 477\ 198°\cdot85\ T) - 1°\cdot27 \sin(259°\cdot2 - 413\ 335°\cdot38\ T) \\
& +0°\cdot66 \sin(235°\cdot7 + 890\ 534°\cdot23\ T) + 0°\cdot21 \sin(269°\cdot9 + 954\ 397°\cdot70\ T) \\
& -0°\cdot19 \sin(357°\cdot5 + 35\ 999°\cdot05\ T) - 0°\cdot11 \sin(186°\cdot6 + 966\ 404°\cdot05\ T)
\end{aligned}$$

$$\begin{aligned}
\beta = \ & +5°\cdot13 \sin(93°\cdot3 + 483\ 202°\cdot03\ T) + 0°\cdot28 \sin(228°\cdot2 + 960\ 400°\cdot87\ T) \\
& -0°\cdot28 \sin(318°\cdot3 + 6\ 003°\cdot18\ T) - 0°\cdot17 \sin(217°\cdot6 - 407\ 332°\cdot20\ T)
\end{aligned}$$

$$\begin{aligned}
\pi = \ & +0°\cdot9508 \\
& +0°\cdot0518 \cos(134°\cdot9 + 477\ 198°\cdot85\ T) + 0°\cdot0095 \cos(259°\cdot2 - 413\ 335°\cdot38\ T) \\
& +0°\cdot0078 \cos(235°\cdot7 + 890\ 534°\cdot23\ T) + 0°\cdot0028 \cos(269°\cdot9 + 954\ 397°\cdot70\ T)
\end{aligned}$$

$$\text{SD} = 0\cdot2725\ \pi$$
$$r = 1/\sin \pi$$

Form the geocentric direction cosines (l, m, n) from:

$$\begin{aligned}
l &= \cos \beta \cos \lambda \\
m &= +0\cdot9175 \cos \beta \sin \lambda - 0\cdot3978 \sin \beta \\
n &= +0\cdot3978 \cos \beta \sin \lambda + 0\cdot9175 \sin \beta
\end{aligned}$$

where $\quad l = \cos \delta \cos \alpha \qquad m = \cos \delta \sin \alpha \qquad n = \sin \delta$

Then $\quad \alpha = \tan^{-1}(m/l)$ and $\delta = \sin^{-1}(n)$

where the quadrant of α is determined by the signs of l and m, and where α, δ are referred to the mean equator and equinox of date.

Low-precision formulae for topocentric coordinates of the Moon

The following formulae give approximate topocentric values of right ascension (α'), declination (δ'), distance (r'), parallax (π') and semi-diameter (SD').

Form the geocentric rectangular coordinates (x, y, z) from:

$$\begin{aligned}
x &= rl = r \cos \delta \cos \alpha \\
y &= rm = r \cos \delta \sin \alpha \\
z &= rn = r \sin \delta
\end{aligned}$$

Form the topocentric rectangular coordinates (x', y', z') from:

$$\begin{aligned}
x' &= x - \cos \phi' \cos \theta_0 \\
y' &= y - \cos \phi' \sin \theta_0 \\
z' &= z - \sin \phi'
\end{aligned}$$

where ϕ' is the observer's geocentric latitude and θ_0 is the local sidereal time.

$$\theta_0 = 100°\cdot46 + 36\ 000°\cdot77\ T + \lambda' + 15\ \text{UT}$$

where λ' is the observer's east longitude.

Then $\quad r' = (x'^2 + y'^2 + z'^2)^{1/2} \qquad \alpha' = \tan^{-1}(y'/x') \qquad \delta' = \sin^{-1}(z'/r')$
$$\pi' = \sin^{-1}(1/r') \qquad\qquad \text{SD}' = 0\cdot2725\ \pi'$$

CONTENTS OF SECTION E

	Mercury	Venus	Earth	Mars	Jupiter	Saturn	Uranus	Neptune	Pluto
Orbital elements: J2000.0....	E3	E3	E3	E3	E3	E3	E3	E3	E3
Date.........	E4	E4	E4	E4	E5	E5	E5	E5	E5
Heliocentric ecliptic coordinates	E6	E10	—	E12	E13	E13	E13	E13	E42
Geocentric equatorial coordinates	E14	E18	—	E22	E26	E30	E34	E38	E42
Time of ephemeris transit.....	E44	E44	—	E44	E44	E44	E44	E44	E44
Physical ephemeris..............	E52	E60	—	E64	E68	E72	E76	E77	E78
Central meridian	—	—	—	E79	E79	E79	—	—	—

NOTES

1. Other data, explanatory notes and formulas are given on the following pages:

Orbital elements E2
Heliocentric and geocentric coordinates E2
Semidiameter and horizontal parallax.. E43
Times of transit, rising and setting E43
Rotation elements, definitions and formulas E87
Physical and photometric data... E88

2. Other data on the planets are given on the following pages:

Occultations of planets by the Moon........................... A2
Geocentric and heliocentric phenomena...................................... A3
Elongations and magnitudes at 0^h UT...................................... A4
Visibility of planets A6
Diary of phenomena A9

NOTES AND FORMULAS

Orbital elements

The heliocentric osculating orbital elements for the Earth given on pages E3–E4 refer to the Earth / Moon barycentre. In ecliptic rectangular coordinates, the correction from the Earth / Moon barycentre to the Earth's centre is given by:

(Earth's centre) = (Earth / Moon barycentre) − (0·000 0312 cos L, 0·000 0312 sin L, 0·0)

where $L = 218° + 481\,268° \, T$

with T in Julian centuries from JD 245 1545·0 to 5 decimal places; the coordinates are in au and are referred to the mean equinox and ecliptic of date.

Linear interpolation in the heliocentric osculating orbital elements usually leads to errors of about 1″ or 2″ in the geocentric positions of the Sun and planets; the errors may, however, reach about 7″ for Venus at inferior conjunction and about 3″ for Mars at opposition.

Heliocentric coordinates

The heliocentric ecliptic coordinates of the Earth may be obtained from the geocentric ecliptic coordinates of the Sun given on pages C4–C18 by adding ±180° to the longitude, and reversing the sign of the latitude.

Geocentric coordinates

Precise values of apparent semi-diameter and horizontal parallax may be computed from the formulae and values given on page E43. Values of apparent diameter are tabulated in the ephemerides for physical observations on pages E52 onwards.

Times of transit, rising and setting

Formulae for obtaining the universal times of transit, rising and setting of the planets are given on page E43.

Ephemerides for physical observations

Full descriptions of the quantities tabulated in the ephemerides for physical observations of the planets are given in the Explanation.

The rotation elements and other physical and photometric parameters are tabulated on pages E87 and E88.

Invariable plane of solar system

Approximate coordinates of the north pole of the invariable plane for J2000·0 are:

$$\alpha_0 = 273°\!\cdot\!85 \qquad \delta_0 = 66°\!\cdot\!99$$

HELIOCENTRIC OSCULATING ORBITAL ELEMENTS
REFERRED TO THE MEAN ECLIPTIC AND EQUINOX OF J2000.0

Julian Date 244	Inclin-ation i	Longitude Asc. Node Ω	Longitude Perihelion $\widetilde{\omega}$	Mean Distance a	Daily Motion n	Eccen-tricity e	Mean Longitude L
MERCURY	°	°	°		°		°
7560.5	7.005 63	48.3446	77.4382	0.387 0980	4.092 349	0.205 6341	146.326 30
7760.5	7.005 57	48.3442	77.4417	0.387 1003	4.092 312	0.205 6315	244.791 84
VENUS							
7560.5	3.394 86	76.7110	131.906	0.723 3306	1.602 136	0.006 7897	278.291 21
7760.5	3.394 85	76.7108	131.859	0.723 3284	1.602 143	0.006 7757	238.718 87
EARTH*							
7560.5	0.001 39	350.5	102.7901	0.999 9849	0.985 631 5	0.016 6911	133.303 00
7760.5	0.001 36	350.5	102.9288	0.999 9980	0.985 612 1	0.016 6939	330.424 10
MARS							
7560.5	1.850 56	49.5932	336.0679	1.523 7891	0.523 982 6	0.093 3657	67.430 90
7760.5	1.850 47	49.5883	336.0048	1.523 5848	0.524 088 0	0.093 4981	172.238 84
JUPITER							
7560.5	1.304 65	100.4697	15.6690	5.203 127	0.083 083 47	0.048 1822	63.322 23
7760.5	1.304 64	100.4694	15.6558	5.203 119	0.083 083 68	0.048 1970	79.936 91
SATURN							
7560.5	2.486 68	113.6817	92.1478	9.520 449	0.033 556 76	0.055 0246	276.715 34
7760.5	2.487 03	113.6796	92.5041	9.517 979	0.033 569 82	0.055 2538	283.390 70
URANUS							
7560.5	0.772 65	74.0262	168.9501	19.160 93	0.011 751 37	0.046 7213	266.591 43
7760.5	0.772 32	74.0181	168.7449	19.156 42	0.011 755 52	0.047 1808	268.894 28
NEPTUNE							
7560.5	1.769 64	131.7952	48.684	30.024 81	0.005 990 940	0.010 4928	281.189 39
7760.5	1.770 16	131.7851	52.790	30.008 77	0.005 995 743	0.010 4215	282.326 75
PLUTO							
7560.5	17.147 27	110.2539	223.9760	39.360 53	0.003 991 284	0.246 5612	223.043 00
7760.5	17.149 21	110.2382	223.8475	39.400 77	0.003 985 171	0.247 3254	223.787 84

HELIOCENTRIC COORDINATES AND VELOCITY COMPONENTS
REFERRED TO THE MEAN EQUATOR AND EQUINOX OF J2000.0

	x	y	z	$\dot{x}$	$\dot{y}$	$\dot{z}$
MERCURY						
7560.5	− 0.366 3466	+ 0.043 5165	+ 0.061 2507	− 0.010 700 98	− 0.023 842 16	− 0.011 624 93
7760.5	− 0.168 3769	− 0.389 6877	− 0.190 6806	+ 0.020 569 70	− 0.007 034 46	− 0.005 891 38
VENUS						
7560.5	+ 0.109 8036	− 0.653 1702	− 0.300 7779	+ 0.019 858 79	+ 0.003 175 72	+ 0.000 171 55
7760.5	− 0.367 9216	− 0.577 8671	− 0.236 6635	+ 0.017 285 80	− 0.009 053 45	− 0.005 166 85
EARTH*						
7560.5	− 0.688 3126	+ 0.647 3158	+ 0.280 6612	− 0.012 595 00	− 0.011 081 04	− 0.004 804 59
7760.5	+ 0.867 2664	− 0.477 4680	− 0.207 0173	+ 0.008 572 42	+ 0.013 475 91	+ 0.005 842 94
MARS						
7560.5	+ 0.319 5881	+ 1.372 8767	+ 0.621 0368	− 0.013 157 37	+ 0.003 591 05	+ 0.002 003 12
7760.5	− 1.633 1350	+ 0.257 5775	+ 0.162 3301	− 0.002 009 80	− 0.011 445 40	− 0.005 195 20
JUPITER						
7560.5	+ 1.922 687	+ 4.299 998	+ 1.796 327	− 0.007 078 992	+ 0.002 908 239	+ 0.001 419 088
7760.5	+ 0.441 035	+ 4.677 902	+ 1.994 416	− 0.007 621 825	+ 0.000 854 983	+ 0.000 552 195
SATURN						
7560.5	+ 1.095 143	− 9.210 304	− 3.850 850	+ 0.005 239 805	+ 0.000 632 086	+ 0.000 035 614
7760.5	+ 2.134 603	− 9.030 494	− 3.821 314	+ 0.005 144 768	+ 0.001 164 461	+ 0.000 259 530
URANUS						
7560.5	+ 0.623 03	− 17.685 23	− 7.754 40	+ 0.003 896 598	− 0.000 028 762	− 0.000 067 750
7760.5	+ 1.401 57	− 17.676 65	− 7.761 66	+ 0.003 887 859	+ 0.000 114 432	− 0.000 004 886
NEPTUNE						
7560.5	+ 5.379 20	− 27.472 81	− 11.378 69	+ 0.003 063 885	+ 0.000 564 220	+ 0.000 154 700
7760.5	+ 5.990 71	− 27.354 25	− 11.345 38	+ 0.003 051 187	+ 0.000 621 374	+ 0.000 178 374
PLUTO						
7560.5	− 20.761 29	− 21.176 46	− 0.352 71	+ 0.002 335 377	− 0.002 239 062	− 0.001 403 416
7760.5	− 20.289 60	− 21.619 61	− 0.633 36	+ 0.002 381 533	− 0.002 192 213	− 0.001 403 040

*Values labelled for the Earth are actually for the Earth/Moon barycenter (see note on page E2).
The velocity components are expressed in astronomical units per day.

HELIOCENTRIC OSCULATING ORBITAL ELEMENTS
REFERRED TO THE MEAN ECLIPTIC AND EQUINOX OF DATE

Date	Julian Date 244	Inclination i	Longitude Asc. Node Ω	Longitude Perihelion ϖ	Mean Distance a	Daily Motion n	Eccentricity e	Mean Longitude L
MERCURY		°	°	°		°		°
Jan. − 6	7520.5	7.0048	48.200	77.285	0.387 098	4.092 35	0.205 634	342.4786
Feb. 3	7560.5	7.0048	48.202	77.286	0.387 098	4.092 35	0.205 634	146.1738
Mar. 15	7600.5	7.0048	48.203	77.287	0.387 098	4.092 34	0.205 633	309.8692
Apr. 24	7640.5	7.0048	48.204	77.288	0.387 098	4.092 34	0.205 630	113.5640
June 3	7680.5	7.0048	48.206	77.291	0.387 100	4.092 32	0.205 628	277.2584
July 13	7720.5	7.0048	48.207	77.293	0.387 099	4.092 34	0.205 630	80.9531
Aug. 22	7760.5	7.0048	48.208	77.297	0.387 100	4.092 31	0.205 631	244.6470
Oct. 1	7800.5	7.0047	48.209	77.300	0.387 098	4.092 35	0.205 636	48.3417
Nov. 10	7840.5	7.0047	48.211	77.301	0.387 098	4.092 34	0.205 637	212.0370
Dec. 20	7880.5	7.0047	48.212	77.304	0.387 097	4.092 36	0.205 638	15.7322
Dec. 60	7920.5	7.0047	48.213	77.304	0.387 097	4.092 37	0.205 640	179.4278
VENUS								
Jan. − 6	7520.5	3.3947	76.581	131.71	0.723 329	1.602 14	0.006 784	214.0525
Feb. 3	7560.5	3.3947	76.582	131.75	0.723 331	1.602 14	0.006 790	278.1388
Mar. 15	7600.5	3.3947	76.584	131.76	0.723 327	1.602 15	0.006 795	342.2259
Apr. 24	7640.5	3.3947	76.585	131.70	0.723 332	1.602 13	0.006 793	46.3132
June 3	7680.5	3.3947	76.586	131.67	0.723 330	1.602 14	0.006 784	110.3989
July 13	7720.5	3.3947	76.587	131.67	0.723 325	1.602 16	0.006 776	174.4864
Aug. 22	7760.5	3.3947	76.589	131.71	0.723 328	1.602 14	0.006 776	238.5741
Oct. 1	7800.5	3.3947	76.590	131.73	0.723 327	1.602 15	0.006 780	302.6610
Nov. 10	7840.5	3.3947	76.591	131.72	0.723 324	1.602 16	0.006 784	6.7489
Dec. 20	7880.5	3.3947	76.592	131.55	0.723 339	1.602 11	0.006 785	70.8358
Dec. 60	7920.5	3.3945	76.592	131.31	0.723 345	1.602 09	0.006 780	134.9182
EARTH*								
Jan. − 6	7520.5	0.0	—	102.655	1.000 005	0.985 601	0.016 711	93.7246
Feb. 3	7560.5	0.0	—	102.638	0.999 985	0.985 631	0.016 691	133.1506
Mar. 15	7600.5	0.0	—	102.638	0.999 981	0.985 637	0.016 686	172.5779
Apr. 24	7640.5	0.0	—	102.681	0.999 993	0.985 619	0.016 688	212.0043
June 3	7680.5	0.0	—	102.731	1.000 004	0.985 603	0.016 687	251.4293
July 13	7720.5	0.0	—	102.763	1.000 004	0.985 603	0.016 689	290.8539
Aug. 22	7760.5	0.0	—	102.784	0.999 998	0.985 612	0.016 694	330.2794
Oct. 1	7800.5	0.0	—	102.782	0.999 997	0.985 614	0.016 701	9.7062
Nov. 10	7840.5	0.0	—	102.752	1.000 008	0.985 597	0.016 710	49.1327
Dec. 20	7880.5	0.0	—	102.730	1.000 017	0.985 583	0.016 717	88.5577
Dec. 60	7920.5	0.0	—	102.764	1.000 003	0.985 605	0.016 701	127.9842
MARS								
Jan. − 6	7520.5	1.8498	49.476	335.916	1.523 786	0.523 984	0.093 333	46.3214
Feb. 3	7560.5	1.8497	49.477	335.916	1.523 789	0.523 983	0.093 366	67.2785
Mar. 15	7600.5	1.8497	49.477	335.904	1.523 746	0.524 005	0.093 402	88.2365
Apr. 24	7640.5	1.8497	49.477	335.889	1.523 689	0.524 034	0.093 436	109.1975
June 3	7680.5	1.8497	49.477	335.876	1.523 635	0.524 062	0.093 465	130.1616
July 13	7720.5	1.8497	49.477	335.866	1.523 601	0.524 080	0.093 486	151.1276
Aug. 22	7760.5	1.8497	49.478	335.860	1.523 585	0.524 088	0.093 498	172.0941
Oct. 1	7800.5	1.8497	49.479	335.858	1.523 586	0.524 087	0.093 500	193.0599
Nov. 10	7840.5	1.8497	49.480	335.853	1.523 608	0.524 076	0.093 489	214.0247
Dec. 20	7880.5	1.8497	49.482	335.843	1.523 641	0.524 059	0.093 473	234.9883
Dec. 60	7920.5	1.8497	49.483	335.827	1.523 684	0.524 037	0.093 460	255.9505

*Values labelled for the Earth are actually for the Earth/Moon barycenter (see note on page E2).

FORMULAS

Mean anomaly, $M = L - \varpi$

Argument of perihelion, measured from node, $\omega = \varpi - \Omega$

True anomaly, $v = M + (2e - e^3/4) \sin M + (5e^2/4) \sin 2M + (13e^3/12) \sin 3M + \dots$ (in radians)

True distance, $r = a(1 - e^2)/(1 + e \cos v)$

Heliocentric rectangular coordinates, referred to the ecliptic of date, may be computed from these elements by:

$$x = r \{\cos (v + \omega) \cos \Omega - \sin (v + \omega) \cos i \sin \Omega \}$$
$$y = r \{\cos (v + \omega) \sin \Omega + \sin (v + \omega) \cos i \cos \Omega \}$$
$$z = r \sin (v + \omega) \sin i$$

HELIOCENTRIC OSCULATING ORBITAL ELEMENTS
REFERRED TO THE MEAN ECLIPTIC AND EQUINOX OF DATE

Date	Julian Date 244	Inclination i	Longitude Asc. Node Ω	Longitude Perihelion ϖ	Mean Distance a	Daily Motion n	Eccentricity e	Mean Longitude L
JUPITER		°	°	°		°		°
Jan. − 6	7520.5	1.3050	100.377	15.521	5.203 15	0.083 083 0	0.048 182	59.8454
Feb. 3	7560.5	1.3050	100.378	15.517	5.203 13	0.083 083 5	0.048 182	63.1698
Mar. 15	7600.5	1.3050	100.378	15.519	5.203 15	0.083 082 8	0.048 189	66.4941
Apr. 24	7640.5	1.3051	100.379	15.528	5.203 20	0.083 081 8	0.048 194	69.8189
June 3	7680.5	1.3050	100.380	15.526	5.203 18	0.083 082 3	0.048 191	73.1438
July 13	7720.5	1.3050	100.381	15.520	5.203 15	0.083 083 0	0.048 191	76.4683
Aug. 22	7760.5	1.3050	100.382	15.511	5.203 12	0.083 083 7	0.048 197	79.7922
Oct. 1	7800.5	1.3050	100.383	15.524	5.203 20	0.083 081 8	0.048 211	83.1158
Nov. 10	7840.5	1.3050	100.384	15.548	5.203 30	0.083 079 3	0.048 219	86.4404
Dec. 20	7880.5	1.3050	100.385	15.570	5.203 39	0.083 077 2	0.048 218	89.7656
Dec. 60	7920.5	1.3050	100.386	15.571	5.203 37	0.083 077 6	0.048 207	93.0915
SATURN								
Jan. − 6	7520.5	2.4873	113.557	91.927	9.521 04	0.033 553 6	0.054 963	275.2264
Feb. 3	7560.5	2.4874	113.558	91.995	9.520 45	0.033 556 8	0.055 025	276.5629
Mar. 15	7600.5	2.4874	113.559	92.062	9.519 83	0.033 560 0	0.055 088	277.9000
Apr. 24	7640.5	2.4875	113.560	92.138	9.519 15	0.033 563 6	0.055 155	279.2363
June 3	7680.5	2.4875	113.561	92.217	9.518 66	0.033 566 2	0.055 200	280.5723
July 13	7720.5	2.4876	113.561	92.292	9.518 28	0.033 568 3	0.055 232	281.9086
Aug. 22	7760.5	2.4877	113.562	92.359	9.517 98	0.033 569 8	0.055 254	283.2459
Oct. 1	7800.5	2.4877	113.563	92.425	9.517 51	0.033 572 3	0.055 294	284.5840
Nov. 10	7840.5	2.4878	113.564	92.504	9.516 95	0.033 575 3	0.055 341	285.9209
Dec. 20	7880.5	2.4878	113.565	92.593	9.516 43	0.033 578 0	0.055 379	287.2566
Dec. 60	7920.5	2.4879	113.566	92.686	9.516 18	0.033 579 4	0.055 384	288.5912
URANUS								
Jan. − 6	7520.5	0.7724	73.979	168.872	19.162 3	0.011 750 1	0.046 629	265.9766
Feb. 3	7560.5	0.7724	73.978	168.798	19.160 9	0.011 751 4	0.046 721	266.4390
Mar. 15	7600.5	0.7723	73.976	168.721	19.159 5	0.011 752 7	0.046 811	266.9020
Apr. 24	7640.5	0.7722	73.973	168.644	19.158 0	0.011 754 1	0.046 912	267.3636
June 3	7680.5	0.7721	73.972	168.610	19.157 2	0.011 754 8	0.047 012	267.8248
July 13	7720.5	0.7721	73.972	168.598	19.156 9	0.011 755 3	0.047 103	268.2865
Aug. 22	7760.5	0.7721	73.972	168.600	19.156 4	0.011 755 5	0.047 181	268.7495
Oct. 1	7800.5	0.7720	73.970	168.571	19.155 7	0.011 756 2	0.047 260	269.2131
Nov. 10	7840.5	0.7719	73.969	168.540	19.154 8	0.011 757 0	0.047 356	269.6749
Dec. 20	7880.5	0.7719	73.967	168.533	19.154 3	0.011 757 5	0.047 462	270.1350
Dec. 60	7920.5	0.7718	73.967	168.590	19.154 8	0.011 757 0	0.047 565	270.5940
NEPTUNE								
Jan. − 6	7520.5	1.7706	131.675	47.60	30.029 0	0.005 989 69	0.010 486	280.8073
Feb. 3	7560.5	1.7707	131.674	48.53	30.024 8	0.005 990 94	0.010 493	281.0370
Mar. 15	7600.5	1.7707	131.674	49.45	30.020 6	0.005 992 19	0.010 506	281.2674
Apr. 24	7640.5	1.7708	131.674	50.44	30.016 2	0.005 993 51	0.010 515	281.4962
June 3	7680.5	1.7709	131.673	51.30	30.013 0	0.005 994 48	0.010 493	281.7240
July 13	7720.5	1.7710	131.672	52.04	30.010 5	0.005 995 21	0.010 460	281.9523
Aug. 22	7760.5	1.7712	131.670	52.64	30.008 8	0.005 995 74	0.010 422	282.1820
Oct. 1	7800.5	1.7712	131.670	53.35	30.006 1	0.005 996 54	0.010 411	282.4127
Nov. 10	7840.5	1.7713	131.669	54.17	30.003 1	0.005 997 46	0.010 395	282.6413
Dec. 20	7880.5	1.7714	131.669	55.01	30.000 5	0.005 998 22	0.010 355	282.8677
Dec. 60	7920.5	1.7716	131.667	55.67	29.999 7	0.005 998 45	0.010 263	283.0921
PLUTO								
Jan. − 6	7520.5	17.1474	110.108	223.850	39.354 2	0.003 992 24	0.246 443	222.7408
Feb. 3	7560.5	17.1479	110.106	223.823	39.360 5	0.003 991 28	0.246 561	222.8904
Mar. 15	7600.5	17.1483	110.103	223.797	39.366 3	0.003 990 40	0.246 670	223.0403
Apr. 24	7640.5	17.1488	110.101	223.769	39.373 3	0.003 989 35	0.246 802	223.1889
June 3	7680.5	17.1492	110.099	223.743	39.382 4	0.003 987 97	0.246 974	223.3388
July 13	7720.5	17.1495	110.098	223.721	39.391 8	0.003 986 53	0.247 155	223.4900
Aug. 22	7760.5	17.1498	110.097	223.703	39.400 8	0.003 985 17	0.247 325	223.6429
Oct. 1	7800.5	17.1501	110.096	223.683	39.407 9	0.003 984 08	0.247 463	223.7948
Nov. 10	7840.5	17.1505	110.095	223.659	39.416 7	0.003 982 76	0.247 630	223.9451
Dec. 20	7880.5	17.1508	110.094	223.635	39.427 8	0.003 981 08	0.247 842	224.0949
Dec. 60	7920.5	17.1510	110.094	223.615	39.442 4	0.003 978 86	0.248 122	224.2464

MERCURY, 1989

HELIOCENTRIC POSITIONS FOR 0ʰ DYNAMICAL TIME
MEAN EQUINOX AND ECLIPTIC OF DATE

Date		Longitude	Latitude	Radius Vector	Date		Longitude	Latitude	Radius Vector
		° ′ ″	° ′ ″				° ′ ″	° ′ ″	
Jan.	0	343 36 41.4	− 6 19 58.4	0.375 9059	Feb.	15	213 38 17.9	+ 1 46 10.8	0.435 4023
	1	347 56 37.1	6 05 21.9	.370 1002		16	216 45 16.2	1 23 48.9	.439 3027
	2	352 24 34.0	5 48 07.3	.364 2984		17	219 48 59.5	1 01 35.5	.442 9639
	3	357 00 51.6	5 28 07.4	.358 5363		18	222 49 45.5	0 39 32.9	.446 3791
	4	1 45 46.8	5 05 16.3	.352 8527		19	225 47 51.2	+ 0 17 43.3	.449 5428
	5	6 39 33.9	− 4 39 29.8	0.347 2898		20	228 43 32.8	− 0 03 51.6	0.452 4498
	6	11 42 23.0	4 10 46.2	.341 8927		21	231 37 05.9	0 25 10.2	.455 0958
	7	16 54 19.6	3 39 06.8	.336 7093		22	234 28 45.6	0 46 10.8	.457 4769
	8	22 15 23.0	3 04 37.1	.331 7898		23	237 18 46.1	1 06 52.4	.459 5900
	9	27 45 25.6	2 27 26.7	.327 1858		24	240 07 21.6	1 27 13.7	.461 4322
	10	33 24 11.4	− 1 47 50.8	0.322 9496		25	242 54 45.5	− 1 47 13.5	0.463 0013
	11	39 11 15.3	1 06 09.9	.319 1331		26	245 41 11.1	2 06 50.8	.464 2953
	12	45 06 02.1	− 0 22 50.6	.315 7860		27	248 26 51.2	2 26 04.6	.465 3128
	13	51 07 46.1	+ 0 21 34.8	.312 9548		28	251 11 58.5	2 44 53.8	.466 0524
	14	57 15 30.9	1 06 29.3	.310 6808	Mar.	1	253 56 45.4	3 03 17.4	.466 5135
	15	63 28 09.9	+ 1 51 11.7	0.308 9987		2	256 41 24.2	− 3 21 14.3	0.466 6954
	16	69 44 27.3	2 34 58.6	.307 9349		3	259 26 07.3	3 38 43.4	.466 5979
	17	76 02 60.0	3 17 06.1	.307 5067		4	262 11 06.7	3 55 43.4	.466 2212
	18	82 22 19.6	3 56 52.1	.307 7210		5	264 56 34.7	4 12 13.1	.465 5657
	19	88 40 55.0	4 33 38.2	.308 5743		6	267 42 43.6	4 28 11.1	.464 6322
	20	94 57 16.0	+ 5 06 51.5	0.310 0528		7	270 29 45.8	− 4 43 35.7	0.463 4216
	21	101 09 55.3	5 36 06.3	.312 1329		8	273 17 53.7	4 58 25.4	.461 9355
	22	107 17 32.3	6 01 04.4	.314 7827		9	276 07 20.4	5 12 38.3	.460 1756
	23	113 18 54.4	6 21 35.9	.317 9627		10	278 58 18.7	5 26 12.3	.458 1442
	24	119 12 59.5	6 37 38.1	.321 6282		11	281 51 02.1	5 39 05.2	.455 8438
	25	124 58 56.8	+ 6 49 15.4	0.325 7301		12	284 45 44.3	− 5 51 14.6	0.453 2775
	26	130 36 06.9	6 56 37.9	.330 2173		13	287 42 39.5	6 02 37.6	.450 4490
	27	136 04 01.9	6 59 59.9	.335 0375		14	290 42 02.3	6 13 11.2	.447 3624
	28	141 22 24.5	6 59 39.0	.340 1386		15	293 44 08.0	6 22 52.2	.444 0226
	29	146 31 07.0	6 55 54.6	.345 4699		16	296 49 12.1	6 31 36.9	.440 4352
	30	151 30 10.1	+ 6 49 07.2	0.350 9827		17	299 57 31.1	− 6 39 21.2	0.436 6064
	31	156 19 41.5	6 39 37.2	.356 6309		18	303 09 21.9	6 46 00.8	.432 5434
Feb.	1	160 59 54.3	6 27 44.7	.362 3713		19	306 25 02.1	6 51 30.7	.428 2546
	2	165 31 06.4	6 13 48.5	.368 1640		20	309 44 50.1	6 55 45.8	.423 7491
	3	169 53 38.5	5 58 06.3	.373 9722		21	313 09 04.9	6 58 40.2	.419 0375
	4	174 07 54.1	+ 5 40 54.3	0.379 7623		22	316 38 06.3	− 7 00 07.9	0.414 1318
	5	178 14 18.0	5 22 27.0	.385 5038		23	320 12 14.8	7 00 02.0	.409 0454
	6	182 13 15.6	5 02 57.5	.391 1692		24	323 51 51.4	6 58 15.5	.403 7934
	7	186 05 13.0	4 42 37.6	.396 7338		25	327 37 17.8	6 54 40.6	.398 3931
	8	189 50 36.1	4 21 37.3	.402 1754		26	331 28 56.3	6 49 09.4	.392 8635
	9	193 29 50.2	+ 4 00 05.8	0.407 4741		27	335 27 09.1	− 6 41 33.6	0.387 2261
	10	197 03 20.1	3 38 10.7	.412 6123		28	339 32 19.0	6 31 44.5	.381 5049
	11	200 31 30.0	3 15 58.9	.417 5741		29	343 44 48.1	6 19 33.5	.375 7264
	12	203 54 42.9	2 53 36.3	.422 3457		30	348 04 58.4	6 04 52.2	.369 9204
	13	207 13 21.2	2 31 08.0	.426 9147		31	352 33 10.6	5 47 32.6	.364 1194
	14	210 27 46.1	+ 2 08 38.2	0.431 2701	Apr.	1	357 09 43.9	− 5 27 27.5	0.358 3591
	15	213 38 17.9	+ 1 46 10.8	0.435 4023		2	1 54 55.4	− 5 04 31.0	0.352 6787

HELIOCENTRIC POSITIONS FOR 0ʰ DYNAMICAL TIME

MEAN EQUINOX AND ECLIPTIC OF DATE

Date		Longitude	Latitude	Radius Vector	Date		Longitude	Latitude	Radius Vector
		° ′ ″	° ′ ″				° ′ ″	° ′ ″	
Apr.	1	357 09 43.9	− 5 27 27.5	0.358 3591	May	17	222 55 26.8	+ 0 38 52.5	0.446 4801
	2	1 54 55.4	5 04 31.0	.352 6787		18	225 53 27.9	+ 0 17 03.3	.449 6358
	3	6 48 59.2	4 38 39.0	.347 1203		19	228 49 05.4	− 0 04 31.2	.452 5348
	4	11 52 05.2	4 09 49.9	.341 7292		20	231 42 34.9	0 25 49.2	.455 1727
	5	17 04 18.7	3 38 05.2	.336 5533		21	234 34 11.3	0 46 49.3	.457 5456
	6	22 25 38.9	− 3 03 30.4	0.331 6429		22	237 24 09.0	− 1 07 30.3	0.459 6504
	7	27 55 57.9	2 26 15.2	.327 0496		23	240 12 42.1	1 27 50.9	.461 4843
	8	33 34 59.5	1 46 35.1	.322 8258		24	243 00 04.1	1 47 50.0	.463 0450
	9	39 22 18.3	1 04 50.7	.319 0231		25	245 46 28.1	2 07 26.6	.464 3305
	10	45 17 18.6	− 0 21 28.9	.315 6915		26	248 32 07.1	2 26 39.7	.465 3395
	11	51 19 14.6	+ 0 22 58.0	0.312 8770		27	251 17 13.6	− 2 45 28.1	0.466 0706
	12	57 27 09.4	1 07 52.7	.310 6210		28	254 02 00.1	3 03 50.9	.466 5232
	13	63 39 56.1	1 52 34.1	.308 9578		29	256 46 39.0	3 21 47.0	.466 6965
	14	69 56 18.8	2 36 18.5	.307 9136		30	259 31 22.4	3 39 15.2	.466 5906
	15	76 14 54.1	3 18 22.3	.307 5053		31	262 16 22.5	3 56 14.3	.466 2054
	16	82 34 13.4	+ 3 58 03.2	0.307 7395	June	1	265 01 51.6	− 4 12 43.1	0.465 5415
	17	88 52 45.9	4 34 43.1	.308 6124		2	267 48 02.0	4 28 40.0	.464 5995
	18	95 09 01.0	5 07 49.4	.310 1099		3	270 35 06.0	4 44 03.6	.463 3806
	19	101 21 32.0	5 36 56.5	.312 2082		4	273 23 16.2	4 58 52.2	.461 8862
	20	107 28 58.1	6 01 46.5	.314 8750		5	276 12 45.4	5 13 03.9	.460 1180
	21	113 30 07.4	+ 6 22 09.6	0.318 0707		6	279 03 46.8	− 5 26 36.7	0.458 0784
	22	119 23 57.9	6 38 03.6	.321 7504		7	281 56 33.6	5 39 28.3	.455 7699
	23	125 09 39.2	6 49 32.9	.325 8649		8	284 51 19.6	5 51 36.3	.453 1957
	24	130 46 32.3	6 56 47.7	.330 3631		9	287 48 19.1	6 02 57.8	.450 3594
	25	136 14 09.7	7 00 02.5	.335 1926		10	290 47 46.7	6 13 29.9	.447 2652
	26	141 32 14.3	+ 6 59 35.0	0.340 3015		11	293 49 57.5	− 6 23 09.2	0.443 9179
	27	146 40 38.8	6 55 44.7	.345 6390		12	296 55 07.3	6 31 52.1	.440 3231
	28	151 39 24.0	6 48 52.0	.351 1565		13	300 03 32.5	6 39 34.5	.436 4872
	29	156 28 37.8	6 39 17.4	.356 8081		14	303 15 29.9	6 46 12.0	.432 4173
	30	161 08 33.5	6 27 20.8	.362 5506		15	306 31 17.4	6 51 39.7	.428 1219
May	1	165 39 29.1	+ 6 13 21.1	0.368 3442		16	309 51 13.1	− 6 55 52.3	0.423 6101
	2	170 01 45.6	5 57 35.9	.374 1521		17	313 15 36.3	6 58 44.2	.418 8925
	3	174 15 46.2	5 40 21.3	.379 9410		18	316 44 46.7	7 00 09.1	.413 9812
	4	178 21 55.8	5 21 51.9	.385 6805		19	320 19 04.7	7 00 00.2	.408 8897
	5	182 20 40.1	5 02 20.7	.391 3430		20	323 58 51.6	6 58 10.5	.403 6332
	6	186 12 25.0	+ 4 41 59.4	0.396 9040		21	327 44 28.9	− 6 54 32.2	0.398 2287
	7	189 57 36.3	4 20 58.1	.402 3414		22	331 36 18.9	6 48 57.3	.392 6956
	8	193 36 39.4	3 59 25.7	.407 6353		23	335 34 43.9	6 41 17.5	.387 0554
	9	197 09 59.1	3 37 30.0	.412 7681		24	339 40 06.6	6 31 24.2	.381 3322
	10	200 37 59.5	3 15 17.9	.417 7242		25	343 52 49.3	6 19 08.8	.375 5525
	11	204 01 03.7	+ 2 52 55.0	0.422 4896		26	348 13 13.7	− 6 04 22.8	0.369 7462
	12	207 19 33.9	2 30 26.5	.427 0521		27	352 41 40.7	5 46 58.3	.363 9460
	13	210 33 51.3	2 07 56.7	.431 4007		28	357 18 29.3	5 26 48.0	.358 1876
	14	213 44 16.3	1 45 29.5	.435 5258		29	2 03 56.5	5 03 46.3	.352 5103
	15	216 51 08.4	1 23 07.9	.439 4189		30	6 58 16.4	4 37 48.9	.346 9563
	16	219 54 46.0	+ 1 00 54.7	0.443 0725	July	1	12 01 38.7	− 4 08 54.5	0.341 5710
	17	222 55 26.8	+ 0 38 52.5	0.446 4801		2	17 14 08.6	− 3 37 04.5	0.336 4024

MERCURY, 1989

HELIOCENTRIC POSITIONS FOR 0ʰ DYNAMICAL TIME
MEAN EQUINOX AND ECLIPTIC OF DATE

Date	Longitude	Latitude	Radius Vector	Date	Longitude	Latitude	Radius Vector
	° ′ ″	° ′ ″			° ′ ″	° ′ ″	
July 1	12 01 38.7	− 4 08 54.5	0.341 5710	Aug. 16	231 48 04.1	− 0 26 28.2	0.455 2484
2	17 14 08.6	3 37 04.5	.336 4024	17	234 39 37.3	0 47 27.8	.457 6134
3	22 35 45.1	3 02 24.6	.331 5008	18	237 29 32.3	1 08 08.1	.459 7103
4	28 06 19.9	2 25 04.9	.326 9179	19	240 18 03.0	1 28 28.1	.461 5361
5	33 45 36.8	1 45 20.6	.322 7060	20	243 05 23.0	1 48 26.6	.463 0887
6	39 33 09.8	− 1 03 32.9	0.318 9168	21	245 51 45.5	− 2 08 02.5	0.464 3661
7	45 28 23.3	− 0 20 08.7	.315 6000	22	248 37 23.2	2 27 14.8	.465 3669
8	51 30 30.8	+ 0 24 19.7	.312 8017	23	251 22 28.9	2 46 02.4	.466 0898
9	57 38 35.3	1 09 14.6	.310 5630	24	254 07 14.9	3 04 24.4	.466 5341
10	63 51 29.6	1 53 54.8	.308 9179	25	256 51 53.7	3 22 19.6	.466 6992
11	70 07 57.4	+ 2 37 36.8	0.307 8926	26	259 36 37.3	− 3 39 46.9	0.466 5850
12	76 26 35.3	3 19 36.8	.307 5034	27	262 21 38.1	3 56 45.1	.466 1916
13	82 45 54.5	3 59 12.8	.307 7569	28	265 07 08.1	4 13 12.9	.465 5195
14	89 04 24.1	4 35 46.7	.308 6488	29	267 53 19.8	4 29 08.8	.464 5693
15	95 20 33.7	5 08 46.0	.310 1646	30	270 40 25.5	4 44 31.4	.463 3422
16	101 32 56.6	+ 5 37 45.5	0.312 2804	31	273 28 37.8	− 4 59 18.8	0.461 8397
17	107 40 12.5	6 02 27.5	.314 9636	Sept. 1	276 18 09.4	5 13 29.4	.460 0635
18	113 41 09.4	6 22 42.5	.318 1744	2	279 09 13.6	5 27 00.9	.458 0158
19	119 34 46.0	6 38 28.3	.321 8678	3	282 02 03.7	5 39 51.2	.455 6994
20	125 20 11.9	6 49 49.7	.325 9946	4	284 56·53.4	5 51 57.7	.453 1174
21	130 56 48.7	+ 6 56 57.0	0.330 5034	5	287 53 56.9	− 6 03 17.8	0.450 2733
22	136 24 09.1	7 00 04.8	.335 3420	6	290 53 29.0	6 13 48.3	.447 1715
23	141 41 56.4	6 59 30.9	.340 4584	7	293 55 44.8	6 23 25.9	.443 8168
24	146 50 03.4	6 55 34.7	.345 8020	8	297 00 60.0	6 32 07.0	.440 2147
25	151 48 31.4	6 48 36.7	.351 3242	9	300 09 31.1	6 39 47.5	.436 3717
26	156 37 28.2	+ 6 38 57.5	0.356 9791	10	303 21 35.0	− 6 46 22.9	0.432 2950
27	161 17 07.6	6 26 56.9	.362 7237	11	306 37 29.4	6 51 48.4	.427 9929
28	165 47 47.3	6 12 53.7	.368 5182	12	309 57 32.7	6 55 58.7	.423 4748
29	170 09 48.5	5 57 05.5	.374 3260	13	313 22 04.0	6 58 48.0	.418 7512
30	174 23 34.7	5 39 48.4	.380 1139	14	316 51 23.1	7 00 10.1	.413 8343
31	178 29 30.6	+ 5 21 16.9	0.385 8514	15	320 25 50.5	− 6 59 58.3	0.408 7375
Aug. 1	182 28 01.9	5 01 44.1	.391 5113	16	324 05 47.3	6 58 05.3	.403 4762
2	186 19 34.6	4 41 21.4	.397 0689	17	327 51 35.2	6 54 23.6	.398 0675
3	190 04 34.5	4 20 18.9	.402 5022	18	331 43 36.4	6 48 45.1	.392 5308
4	193 43 27.0	3 58 45.7	.407 7915	19	335 42 13.5	6 41 01.4	.386 8876
5	197 16 36.8	+ 3 36 49.4	0.412 9193	20	339 47 48.8	− 6 31 04.0	0.381 1621
6	200 44 28.0	3 14 36.8	.417 8699	21	344 00 44.7	6 18 44.1	.375 3810
7	204 07 23.7	2 52 13.7	.422 6295	22	348 21 23.1	6 03 53.5	.369 5742
8	207 25 46.0	2 29 45.1	.427 1858	23	352 50 04.6	5 46 24.1	.363 7745
9	210 39 56.1	2 07 15.3	.431 5278	24	357 27 08.3	5 26 08.8	.358 0177
10	213 50 14.5	+ 1 44 48.1	0.435 6461	25	2 12 51.2	− 5 03 01.8	0.352 3432
11	216 57 00.4	1 22 26.7	.439 5322	26	7 07 26.9	4 36 59.1	.346 7933
12	220 00 32.5	1 00 13.9	.443 1786	27	12 11 05.5	4 07 59.4	.341 4135
13	223 01 08.3	0 38 12.0	.446 5788	28	17 23 51.7	3 36 04.2	.336 2518
14	225 59 04.8	0 16 23.2	.449 7270	29	22 45 44.4	3 01 19.4	.331 3586
15	228 54 38.2	− 0 05 10.7	0.452 6183	30	28 16 35.2	− 2 23 55.0	0.326 7857
16	231 48 04.1	− 0 26 28.2	0.455 2484	Oct. 1	33 56 07.3	− 1 44 06.8	0.322 5853

HELIOCENTRIC POSITIONS FOR 0ʰ DYNAMICAL TIME
MEAN EQUINOX AND ECLIPTIC OF DATE

Date		Longitude	Latitude	Radius Vector	Date		Longitude	Latitude	Radius Vector
		° ′ ″	° ′ ″				° ′ ″	° ′ ″	
Oct.	1	33 56 07.3	− 1 44 06.8	0.322 5853	Nov.	16	243 10 44.5	− 1 49 03.5	0.463 1311
	2	39 43 54.8	1 02 15.8	.318 8092		17	245 57 05.4	2 08 38.7	.464 4003
	3	45 39 21.5	− 0 18 49.1	.315 5069		18	248 42 41.9	2 27 50.2	.465 3927
	4	51 41 40.8	+ 0 25 40.6	.312 7244		19	251 27 46.8	2 46 37.1	.466 1072
	5	57 49 55.2	1 10 35.7	.310 5026		20	254 12 32.4	3 04 58.3	.466 5430
	6	64 02 57.4	+ 1 55 14.8	0.308 8755		21	256 57 11.1	− 3 22 52.6	0.466 6997
	7	70 19 30.7	2 38 54.4	.307 8687		22	259 41 55.1	3 40 19.1	.466 5770
	8	76 38 11.5	3 20 50.7	.307 4985		23	262 26 56.5	3 57 16.3	.466 1752
	9	82 57 31.0	4 00 21.8	.307 7709		24	265 12 27.7	4 13 43.1	.465 4945
	10	89 15 58.2	4 36 49.7	.308 6815		25	267 58 40.8	4 29 38.0	.464 5359
	11	95 32 02.8	+ 5 09 42.2	0.310 2155		26	270 45 48.3	− 4 44 59.5	0.463 3004
	12	101 44 18.2	5 38 34.1	.312 3487		27	273 34 02.8	4 59 45.8	.461 7895
	13	107 51 24.2	6 03 08.2	.315 0482		28	276 23 37.1	5 13 55.2	.460 0050
	14	113 52 09.3	6 23 15.0	.318 2741		29	279 14 44.3	5 27 25.5	.457 9491
	15	119 45 32.3	6 38 52.7	.321 9812		30	282 07 37.7	5 40 14.4	.455 6245
	16	125 30 43.5	+ 6 50 06.2	0.326 1202	Dec.	1	285 02 31.3	− 5 52 19.6	0.453 0344
	17	131 07 04.4	6 57 06.0	.330 6398		2	287 59 39.2	6 03 38.1	.450 1824
	18	136 34 08.2	7 00 06.8	.335 4875		3	290 59 16.0	6 14 07.0	.447 0727
	19	141 51 38.6	6 59 26.4	.340 6116		4	294 01 37.0	6 23 43.0	.443 7103
	20	146 59 28.6	6 55 24.4	.345 9614		5	297 06 58.0	6 32 22.2	.440 1008
	21	151 57 39.6	+ 6 48 21.2	0.351 4884		6	300 15 35.3	− 6 40 00.7	0.436 2505
	22	156 46 19.8	6 38 37.3	.357 1467		7	303 27 46.0	6 46 34.0	.432 1667
	23	161 25 43.0	6 26 32.6	.362 8936		8	306 43 47.7	6 51 57.3	.427 8579
	24	165 56 07.0	6 12 25.9	.368 6892		9	310 03 58.9	6 56 05.2	.423 3332
	25	170 17 53.3	5 56 34.8	.374 4972		10	313 28 38.7	6 58 51.9	.418 6036
	26	174 31 25.1	+ 5 39 15.2	0.380 2841		11	316 58 06.9	− 7 00 11.2	0.413 6809
	27	178 37 07.5	5 20 41.6	.386 0200		12	320 32 44.0	6 59 56.4	.408 5788
	28	182 35 26.0	5 01 07.0	.391 6773		13	324 12 51.2	6 58 00.2	.403 3127
	29	186 26 46.7	4 40 42.9	.397 2318		14	327 58 50.2	6 54 15.0	.397 8997
	30	190 11 35.2	4 19 39.3	.402 6613		15	331 51 03.3	6 48 32.7	.392 3594
	31	193 50 17.1	+ 3 58 05.2	0.407 9462		16	335 49 52.7	− 6 40 45.0	0.386 7132
Nov.	1	197 23 17.1	3 36 08.3	.413 0691		17	339 55 41.2	6 30 43.3	.380 9855
	2	200 50 59.1	3 13 55.3	.418 0144		18	344 08 51.0	6 18 19.0	.375 2032
	3	204 13 46.3	2 51 31.9	.422 7682		19	348 29 43.9	6 03 23.6	.369 3960
	4	207 32 00.7	2 29 03.2	.427 3184		20	352 58 40.5	5 45 49.1	.363 5969
	5	210 46 03.6	+ 2 06 33.4	0.431 6541		21	357 35 59.9	− 5 25 28.6	0.357 8420
	6	213 56 15.3	1 44 06.4	.435 7657		22	2 21 58.9	5 02 16.2	.352 1706
	7	217 02 55.1	1 21 45.2	.439 6448		23	7 16 51.2	4 36 08.2	.346 6252
	8	220 06 21.6	0 59 32.6	.443 2840		24	12 20 46.5	4 07 03.0	.341 2512
	9	223 06 52.4	0 37 31.1	.446 6768		25	17 33 49.6	3 35 02.5	.336 0969
	10	226 04 44.3	+ 0 15 42.7	0.449 8175		26	22 55 59.0	− 3 00 12.5	0.331 2126
	11	229 00 13.6	− 0 05 50.7	.452 7011		27	28 27 06.1	2 22 43.5	.326 6502
	12	231 53 35.8	0 27 07.7	.455 3233		28	34 06 53.9	1 42 51.1	.322 4620
	13	234 45 05.8	0 48 06.7	.457 6804		29	39 54 56.2	1 00 56.7	.318 6996
	14	237 34 58.1	1 08 46.4	.459 7691		30	45 50 36.4	0 17 27.6	.315 4125
	15	240 23 26.4	− 1 29 05.7	0.461 5868		31	51 53 07.6	+ 0 27 03.5	0.312 6466
	16	243 10 44.5	− 1 49 03.5	0.463 1311		32	58 01 32.1	+ 1 11 58.8	0.310 4425

VENUS, 1989

HELIOCENTRIC POSITIONS FOR 0ʰ DYNAMICAL TIME

MEAN EQUINOX AND ECLIPTIC OF DATE

Date		Longitude	Latitude	Radius Vector	Date		Longitude	Latitude	Radius Vector
		° ′ ″	° ′ ″				° ′ ″	° ′ ″	
Jan.	0	224 29 15.4	+ 1 48 18.4	0.723 5296	Apr.	2	10 26 08.8	− 3 06 19.2	0.725 8603
	2	227 41 10.3	1 38 30.5	.723 8033		4	13 37 20.4	3 01 27.7	.725 6217
	4	230 52 54.6	1 28 24.6	.724 0754		6	16 48 37.8	2 56 02.4	.725 3759
	6	234 04 28.5	1 18 02.7	.724 3451		8	20 00 01.1	2 50 04.2	.725 1236
	8	237 15 52.4	1 07 26.8	.724 6115		10	23 11 30.5	2 43 34.2	.724 8657
	10	240 27 06.4	+ 0 56 38.8	0.724 8739		12	26 23 06.0	− 2 36 33.4	0.724 6028
	12	243 38 11.1	0 45 40.7	.725 1313		14	29 34 47.7	2 29 03.2	.724 3360
	14	246 49 06.7	0 34 34.7	.725 3831		16	32 46 35.7	2 21 04.9	.724 0658
	16	249 59 53.7	0 23 22.7	.725 6285		18	35 58 30.0	2 12 39.9	.723 7933
	18	253 10 32.6	0 12 06.9	.725 8666		20	39 10 30.9	2 03 49.7	.723 5193
	20	256 21 03.8	+ 0 00 49.3	0.726 0968		22	42 22 38.2	− 1 54 35.9	0.723 2445
	22	259 31 27.9	− 0 10 28.1	.726 3184		24	45 34 52.3	1 45 00.2	.722 9700
	24	262 41 45.4	0 21 43.1	.726 5307		26	48 47 13.1	1 35 04.4	.722 6965
	26	265 51 56.9	0 32 53.7	.726 7330		28	51 59 40.7	1 24 50.3	.722 4248
	28	269 02 02.9	0 43 58.0	.726 9247		30	55 12 15.3	1 14 19.8	.722 1560
	30	272 12 03.9	− 0 54 53.9	0.727 1052	May	2	58 24 56.9	− 1 03 34.8	0.721 8907
Feb.	1	275 22 00.7	1 05 39.3	.727 2741		4	61 37 45.5	0 52 37.3	.721 6299
	3	278 31 53.7	1 16 12.5	.727 4307		6	64 50 41.3	0 41 29.4	.721 3744
	5	281 41 43.5	1 26 31.5	.727 5746		8	68 03 44.3	0 30 13.3	.721 1250
	7	284 51 30.7	1 36 34.5	.727 7054		10	71 16 54.6	0 18 50.9	.720 8824
	9	288 01 15.9	− 1 46 19.6	0.727 8227		12	74 30 12.1	− 0 07 24.5	0.720 6475
	11	291 10 59.5	1 55 45.1	.727 9260		14	77 43 36.8	+ 0 04 03.7	.720 4210
	13	294 20 42.3	2 04 49.3	.728 0152		16	80 57 08.8	0 15 31.6	.720 2036
	15	297 30 24.6	2 13 30.7	.728 0899		18	84 10 48.0	0 26 56.9	.719 9961
	17	300 40 06.9	2 21 47.5	.728 1500		20	87 24 34.4	0 38 17.5	.719 7991
	19	303 49 49.9	− 2 29 38.5	0.728 1951		22	90 38 27.7	+ 0 49 31.2	0.719 6131
	21	306 59 33.8	2 37 02.1	.728 2252		24	93 52 28.0	1 00 35.7	.719 4389
	23	310 09 19.2	2 43 57.0	.728 2403		26	97 06 35.1	1 11 29.0	.719 2770
	25	313 19 06.5	2 50 21.9	.728 2401		28	100 20 48.7	1 22 08.8	.719 1279
	27	316 28 56.0	2 56 15.8	.728 2249		30	103 35 08.6	1 32 33.2	.718 9921
Mar.	1	319 38 48.2	− 3 01 37.5	0.728 1945	June	1	106 49 34.5	+ 1 42 40.1	0.718 8700
	3	322 48 43.3	3 06 26.1	.728 1491		3	110 04 06.3	1 52 27.4	.718 7620
	5	325 58 41.7	3 10 40.6	.728 0888		5	113 18 43.4	2 01 53.4	.718 6685
	7	329 08 43.7	3 14 20.3	.728 0138		7	116 33 25.5	2 10 56.0	.718 5897
	9	332 18 49.5	3 17 24.5	.727 9244		9	119 48 12.3	2 19 33.5	.718 5260
	11	335 28 59.4	− 3 19 52.6	0.727 8207		11	123 03 03.2	+ 2 27 44.3	0.718 4774
	13	338 39 13.6	3 21 44.2	.727 7031		13	126 17 57.7	2 35 26.7	.718 4443
	15	341 49 32.3	3 22 58.7	.727 5720		15	129 32 55.4	2 42 39.2	.718 4266
	17	344 59 55.7	3 23 36.1	.727 4277		17	132 47 55.6	2 49 20.4	.718 4245
	19	348 10 24.0	3 23 36.1	.727 2707		19	136 02 57.8	2 55 28.9	.718 4379
	21	351 20 57.2	− 3 22 58.6	0.727 1015		21	139 18 01.3	+ 3 01 03.6	0.718 4668
	23	354 31 35.7	3 21 43.8	.726 9206		23	142 33 05.5	3 06 03.3	.718 5111
	25	357 42 19.3	3 19 51.8	.726 7285		25	145 48 09.8	3 10 27.2	.718 5707
	27	0 53 08.4	3 17 22.9	.726 5257		27	149 03 13.4	3 14 14.2	.718 6453
	29	4 04 02.9	3 14 17.4	.726 3130		29	152 18 15.7	3 17 23.9	.718 7347
	31	7 15 03.0	− 3 10 36.0	0.726 0910	July	1	155 33 15.9	+ 3 19 55.4	0.718 8387
Apr.	2	10 26 08.8	− 3 06 19.2	0.725 8603		3	158 48 13.4	+ 3 21 48.4	0.718 9568

VENUS, 1989

HELIOCENTRIC POSITIONS FOR 0ʰ DYNAMICAL TIME
MEAN EQUINOX AND ECLIPTIC OF DATE

Date		Longitude	Latitude	Radius Vector	Date		Longitude	Latitude	Radius Vector
		° ′ ″	° ′ ″				° ′ ″	° ′ ″	
July	1	155 33 15.9	+ 3 19 55.4	0.718 8387	Oct.	1	302 43 55.9	− 2 26 56.9	0.728 1705
	3	158 48 13.4	3 21 48.4	.718 9568		3	305 53 39.7	2 34 30.2	.728 2056
	5	162 03 07.4	3 23 02.6	.719 0888		5	309 03 24.9	2 41 35.3	.728 2258
	7	165 17 57.3	3 23 37.7	.719 2341		7	312 13 11.8	2 48 10.9	.728 2308
	9	168 32 42.4	3 23 33.6	.719 3923		9	315 23 00.8	2 54 15.8	.728 2206
	11	171 47 22.0	+ 3 22 50.5	0.719 5629		11	318 32 52.4	− 2 59 48.8	0.728 1954
	13	175 01 55.4	3 21 28.6	.719 7453		13	321 42 46.7	3 04 49.1	.728 1552
	15	178 16 22.1	3 19 28.0	.719 9390		15	324 52 44.3	3 09 15.6	.728 1000
	17	181 30 41.4	3 16 49.4	.720 1433		17	328 02 45.4	3 13 07.6	.728 0301
	19	184 44 52.7	3 13 33.3	.720 3576		19	331 12 50.1	3 16 24.3	.727 9457
	21	187 58 55.7	+ 3 09 40.4	0.720 5812		21	334 22 58.9	− 3 19 05.0	0.727 8470
	23	191 12 49.7	3 05 11.5	.720 8133		23	337 33 11.9	3 21 09.4	.727 7343
	25	194 26 34.3	3 00 07.5	.721 0532		25	340 43 29.4	3 22 36.9	.727 6080
	27	197 40 09.2	2 54 29.5	.721 3003		27	343 53 51.5	3 23 27.3	.727 4684
	29	200 53 34.0	2 48 18.7	.721 5536		29	347 04 18.3	3 23 40.3	.727 3159
	31	204 06 48.5	+ 2 41 36.3	0.721 8123		31	350 14 50.2	− 3 23 15.9	0.727 1511
Aug.	2	207 19 52.3	2 34 23.6	.722 0758	Nov.	2	353 25 27.1	3 22 14.1	.726 9743
	4	210 32 45.5	2 26 42.1	.722 3430		4	356 36 09.2	3 20 35.1	.726 7863
	6	213 45 27.7	2 18 33.3	.722 6133		6	359 46 56.7	3 18 19.0	.726 5874
	8	216 57 58.9	2 09 58.8	.722 8856		8	2 57 49.6	3 15 26.3	.726 3784
	10	220 10 19.3	+ 2 01 00.3	0.723 1593		10	6 08 48.0	− 3 11 57.3	0.726 1598
	12	223 22 28.7	1 51 39.6	.723 4333		12	9 19 52.1	3 07 52.8	.725 9323
	14	226 34 27.3	1 41 58.4	.723 7070		14	12 31 01.9	3 03 13.3	.725 6967
	16	229 46 15.3	1 31 58.5	.723 9793		16	15 42 17.5	2 57 59.7	.725 4536
	18	232 57 52.9	1 21 42.0	.724 2495		18	18 53 39.0	2 52 12.9	.725 2038
	20	236 09 20.2	+ 1 11 10.8	0.724 5168		20	22 05 06.5	− 2 45 53.8	0.724 9481
	22	239 20 37.7	1 00 26.8	.724 7802		22	25 16 40.1	2 39 03.6	.724 6872
	24	242 31 45.7	0 49 32.0	.725 0390		24	28 28 19.8	2 31 43.6	.724 4220
	26	245 42 44.5	0 38 28.6	.725 2924		26	31 40 05.8	2 23 54.9	.724 1533
	28	248 53 34.6	0 27 18.4	.725 5397		28	34 51 58.1	2 15 39.0	.723 8819
	30	252 04 16.3	+ 0 16 03.7	0.725 7799		30	38 03 56.9	− 2 06 57.4	0.723 6086
Sept.	1	255 14 50.3	+ 0 04 46.5	.726 0125	Dec.	2	41 16 02.2	1 57 51.6	.723 3344
	3	258 25 17.0	− 0 06 31.2	.726 2367		4	44 28 14.1	1 48 23.4	.723 0601
	5	261 35 36.9	0 17 47.3	.726 4519		6	47 40 32.7	1 38 34.4	.722 7865
	7	264 45 50.6	0 28 59.7	.726 6573		8	50 52 58.1	1 28 26.4	.722 5145
	9	267 55 58.6	− 0 40 06.5	0.726 8523		10	54 05 30.4	− 1 18 01.4	0.722 2450
	11	271 06 01.5	0 51 05.5	.727 0364		12	57 18 09.6	1 07 21.2	.721 9788
	13	274 15 59.9	1 01 54.9	.727 2089		14	60 30 56.0	0 56 27.9	.721 7168
	15	277 25 54.4	1 12 32.6	.727 3695		16	63 43 49.4	0 45 23.4	.721 4598
	17	280 35 45.5	1 22 56.8	.727 5175		18	66 56 50.0	0 34 09.8	.721 2087
	19	283 45 33.8	− 1 33 05.5	0.727 6525		20	70 09 57.8	− 0 22 49.4	0.720 9641
	21	286 55 19.9	1 42 57.1	.727 7742		22	73 23 12.9	− 0 11 24.1	.720 7270
	23	290 05 04.3	1 52 29.7	.727 8821		24	76 36 35.2	+ 0 00 03.7	.720 4980
	25	293 14 47.6	2 01 41.5	.727 9760		26	79 50 04.8	0 11 32.0	.720 2780
	27	296 24 30.3	2 10 31.1	.728 0555		28	83 03 41.6	0 22 58.4	.720 0676
	29	299 34 12.9	− 2 18 56.7	0.728 1204		30	86 17 25.5	+ 0 34 20.9	0.719 8675
Oct.	1	302 43 55.9	− 2 26 56.9	0.728 1705		32	89 31 16.5	+ 0 45 37.2	0.719 6784

MARS, 1989

HELIOCENTRIC POSITIONS FOR 0ʰ DYNAMICAL TIME
MEAN EQUINOX AND ECLIPTIC OF DATE

Date	Longitude	Latitude	Radius Vector	Date	Longitude	Latitude	Radius Vector
	° ′ ″	° ′ ″			° ′ ″	° ′ ″	
Jan. −2	58 55 25.1	+ 0 18 13.4	1.493 5540	July 1	146 40 44.6	+ 1 50 06.3	1.663 8326
2	61 05 14.4	0 22 20.7	.498 7516	5	148 25 45.9	1 49 37.8	.664 5898
6	63 14 09.9	0 26 24.4	.503 9659	9	150 10 42.0	1 49 03.1	.665 1885
10	65 22 12.0	0 30 24.2	.509 1895	13	151 55 34.1	1 48 22.4	.665 6282
14	67 29 21.3	0 34 19.8	.514 4151	17	153 40 23.3	1 47 35.6	.665 9088
18	69 35 38.3	+ 0 38 11.1	1.519 6356	21	155 25 11.0	+ 1 46 42.9	1.666 0299
22	71 41 03.7	0 41 57.7	.524 8440	25	157 09 58.2	1 45 44.2	.665 9915
26	73 45 38.1	0 45 39.4	.530 0335	29	158 54 46.2	1 44 39.7	.665 7935
30	75 49 22.4	0 49 16.1	.535 1973	Aug. 2	160 39 36.2	1 43 29.2	.665 4362
Feb. 3	77 52 17.2	0 52 47.5	.540 3290	6	162 24 29.3	1 42 13.0	.664 9198
7	79 54 23.4	+ 0 56 13.5	1.545 4223	10	164 09 26.8	+ 1 40 51.0	1.664 2447
11	81 55 41.9	0 59 34.0	.550 4710	14	165 54 29.8	1 39 23.3	.663 4114
15	83 56 13.7	1 02 48.8	.555 4691	18	167 39 39.6	1 37 49.9	.662 4205
19	85 55 59.6	1 05 57.7	.560 4108	22	169 24 57.4	1 36 10.9	.661 2727
23	87 55 00.6	1 09 00.7	.565 2905	26	171 10 24.3	1 34 26.3	.659 9690
27	89 53 17.9	+ 1 11 57.7	1.570 1027	30	172 56 01.5	+ 1 32 36.2	1.658 5102
Mar. 3	91 50 52.3	1 14 48.5	.574 8421	Sept. 3	174 41 50.3	1 30 40.6	.656 8976
7	93 47 44.9	1 17 33.1	.579 5036	7	176 27 51.9	1 28 39.7	.655 1323
11	95 43 56.9	1 20 11.4	.584 0823	11	178 14 07.5	1 26 33.4	.653 2157
15	97 39 29.3	1 22 43.4	.588 5734	15	180 00 38.2	1 24 21.8	.651 1493
19	99 34 23.2	+ 1 25 08.9	1.592 9725	19	181 47 25.3	+ 1 22 05.0	1.648 9347
23	101 28 39.8	1 27 28.0	.597 2749	23	183 34 30.0	1 19 43.0	.646 5736
27	103 22 20.2	1 29 40.6	.601 4766	27	185 21 53.5	1 17 16.0	.644 0679
31	105 15 25.6	1 31 46.7	.605 5734	Oct. 1	187 09 37.1	1 14 44.0	.641 4197
Apr. 4	107 07 57.1	1 33 46.3	.609 5615	5	188 57 41.8	1 12 07.0	.638 6311
8	108 59 55.8	+ 1 35 39.3	1.613 4371	9	190 46 09.1	+ 1 09 25.2	1.635 7043
12	110 51 23.1	1 37 25.7	.617 1966	13	192 34 60.0	1 06 38.7	.632 6419
16	112 42 19.9	1 39 05.5	.620 8366	17	194 24 15.8	1 03 47.4	.629 4463
20	114 32 47.6	1 40 38.7	.624 3538	21	196 13 57.6	1 00 51.6	.626 1203
24	116 22 47.4	1 42 05.4	.627 7452	25	198 04 06.8	0 57 51.4	.622 6668
28	118 12 20.3	+ 1 43 25.5	1.631 0077	29	199 54 44.5	+ 0 54 46.7	1.619 0887
May 2	120 01 27.7	1 44 39.0	.634 1386	Nov. 2	201 45 51.9	0 51 37.8	.615 3893
6	121 50 10.7	1 45 45.9	.637 1353	6	203 37 30.2	0 48 24.8	.611 5718
10	123 38 30.5	1 46 46.3	.639 9951	10	205 29 40.6	0 45 07.7	.607 6398
14	125 26 28.3	1 47 40.1	.642 7158	14	207 22 24.3	0 41 46.7	.603 5969
18	127 14 05.3	+ 1 48 27.5	1.645 2951	18	209 15 42.6	+ 0 38 22.1	1.599 4469
22	129 01 22.8	1 49 08.4	.647 7309	22	211 09 36.5	0 34 53.8	.595 1938
26	130 48 21.9	1 49 42.8	.650 0213	26	213 04 07.2	0 31 22.1	.590 8417
30	132 35 03.8	1 50 10.7	.652 1645	30	214 59 15.9	0 27 47.0	.586 3950
June 3	134 21 29.7	1 50 32.3	.654 1586	Dec. 4	216 55 03.7	0 24 08.9	.581 8580
7	136 07 40.8	+ 1 50 47.4	1.656 0023	8	218 51 31.8	+ 0 20 27.9	1.577 2355
11	137 53 38.4	1 50 56.3	.657 6941	12	220 48 41.3	0 16 44.1	.572 5324
15	139 39 23.6	1 50 58.8	.659 2326	16	222 46 33.2	0 12 57.8	.567 7535
19	141 24 57.6	1 50 55.0	.660 6167	20	224 45 08.6	0 09 09.2	.562 9041
23	143 10 21.7	1 50 45.0	.661 8453	24	226 44 28.6	0 05 18.5	.557 9896
27	144 55 36.9	+ 1 50 28.7	1.662 9176	28	228 44 34.2	+ 0 01 25.9	1.553 0155
July 1	146 40 44.6	+ 1 50 06.3	1.663 8326	32	230 45 26.3	− 0 02 28.2	1.547 9875

HELIOCENTRIC POSITIONS FOR 0ʰ DYNAMICAL TIME
MEAN EQUINOX AND ECLIPTIC OF DATE

Date	Longitude	Latitude	Radius Vector	Date	Longitude	Latitude	Radius Vector
	JUPITER				**SATURN**		
	° ′ ″	° ′ ″			° ′ ″	° ′ ″	
Jan. −6	63 52 49.1	− 0 46 34.6	5.030 009	Jan. −6	274 54 12.9	+ 0 47 45.6	10.043 568
4	64 46 05.2	0 45 35.8	.032 747	4	275 12 17.3	0 47 01.0	.043 402
14	65 39 17.7	0 44 36.3	.035 522	14	275 30 21.8	0 46 16.3	.043 221
24	66 32 26.8	0 43 36.3	.038 333	24	275 48 26.3	0 45 31.5	.043 024
Feb. 3	67 25 32.2	0 42 35.8	.041 180	Feb. 3	276 06 30.8	0 44 46.7	.042 812
13	68 18 34.0	− 0 41 34.7	5.044 062	13	276 24 35.3	+ 0 44 01.7	10.042 585
23	69 11 32.1	0 40 33.0	.046 977	23	276 42 39.9	0 43 16.7	.042 342
Mar. 5	70 04 26.4	0 39 30.9	.049 926	Mar. 5	277 00 44.6	0 42 31.7	.042 085
15	70 57 17.1	0 38 28.3	.052 907	15	277 18 49.2	0 41 46.5	.041 811
25	71 50 04.0	0 37 25.2	.055 920	25	277 36 53.9	0 41 01.3	.041 523
Apr. 4	72 42 47.0	− 0 36 21.7	5.058 964	Apr. 4	277 54 58.7	+ 0 40 16.0	10.041 219
14	73 35 26.3	0 35 17.7	.062 039	14	278 13 03.5	0 39 30.6	.040 900
24	74 28 01.6	0 34 13.3	.065 143	24	278 31 08.4	0 38 45.2	.040 566
May 4	75 20 33.1	0 33 08.5	.068 275	May 4	278 49 13.3	0 37 59.7	.040 217
14	76 13 00.6	0 32 03.3	.071 435	14	279 07 18.3	0 37 14.1	.039 853
24	77 05 24.2	− 0 30 57.8	5.074 623	24	279 25 23.3	+ 0 36 28.5	10.039 473
June 3	77 57 43.8	0 29 51.9	.077 837	June 3	279 43 28.5	0 35 42.8	.039 079
13	78 49 59.3	0 28 45.7	.081 076	13	280 01 33.7	0 34 57.1	.038 669
23	79 42 10.9	0 27 39.2	.084 341	23	280 19 38.9	0 34 11.3	.038 244
July 3	80 34 18.4	0 26 32.3	.087 629	July 3	280 37 44.3	0 33 25.4	.037 804
13	81 26 21.8	− 0 25 25.2	5.090 941	13	280 55 49.8	+ 0 32 39.4	10.037 349
23	82 18 21.2	0 24 17.9	.094 276	23	281 13 55.3	0 31 53.4	.036 879
Aug. 2	83 10 16.4	0 23 10.3	.097 632	Aug. 2	281 32 00.9	0 31 07.4	.036 394
12	84 02 07.5	0 22 02.4	.101 009	12	281 50 06.7	0 30 21.3	.035 893
22	84 53 54.5	0 20 54.4	.104 407	22	282 08 12.5	0 29 35.1	.035 377
Sept. 1	85 45 37.3	− 0 19 46.1	5.107 824	Sept. 1	282 26 18.4	+ 0 28 48.9	10.034 846
11	86 37 15.9	0 18 37.7	.111 260	11	282 44 24.5	0 28 02.6	.034 299
21	87 28 50.4	0 17 29.2	.114 714	21	283 02 30.6	0 27 16.3	.033 738
Oct. 1	88 20 20.7	0 16 20.4	.118 185	Oct. 1	283 20 36.9	0 26 29.9	.033 161
11	89 11 46.8	0 15 11.6	.121 672	- 11	283 38 43.3	0 25 43.5	.032 569
21	90 03 08.6	− 0 14 02.6	5.125 174	21	283 56 49.7	+ 0 24 57.0	10.031 962
31	90 54 26.3	0 12 53.6	.128 691	31	284 14 56.4	0 24 10.5	.031 340
Nov. 10	91 45 39.7	0 11 44.5	.132 222	Nov. 10	284 33 03.1	0 23 24.0	.030 702
20	92 36 48.9	0 10 35.3	.135 766	20	284 51 10.0	0 22 37.3	.030 050
30	93 27 53.9	0 09 26.1	.139 321	30	285 09 17.0	0 21 50.7	.029 383
Dec. 10	94 18 54.6	− 0 08 16.8	5.142 888	Dec. 10	285 27 24.1	+ 0 21 04.0	10.028 701
20	95 09 51.1	0 07 07.5	.146 466	20	285 45 31.4	0 20 17.3	.028 004
30	96 00 43.3	0 05 58.3	.150 052	30	286 03 38.8	0 19 30.5	.027 293
40	96 51 31.3	− 0 04 49.0	5.153 648	40	286 21 46.3	+ 0 18 43.7	10.026 567
	URANUS				**NEPTUNE**		
Jan. −6	271 13 55.4	− 0 13 44.8	19.313 46	Jan. −6	279 51 53.2	+ 0 56 00.6	30.219 67
Feb. 3	271 41 44.0	0 14 06.3	19.320 62	Feb. 3	280 06 10.1	0 55 38.2	30.218 63
Mar. 15	272 09 31.3	0 14 27.6	19.327 79	Mar. 15	280 20 27.0	0 55 15.7	30.217 60
Apr. 24	272 37 17.2	0 14 48.9	19.334 95	Apr. 24	280 34 44.0	0 54 53.1	30.216 58
June 3	273 05 01.9	0 15 10.1	19.342 12	June 3	280 49 00.9	0 54 30.5	30.215 57
July 13	273 32 45.3	− 0 15 31.2	19.349 28	July 13	281 03 17.8	+ 0 54 07.9	30.214 58
Aug. 22	274 00 27.4	0 15 52.3	19.356 44	Aug. 22	281 17 34.8	0 53 45.1	30.213 59
Oct. 1	274 28 08.3	0 16 13.3	19.363 60	Oct. 1	281 31 51.8	0 53 22.3	30.212 61
Nov. 10	274 55 48.0	0 16 34.2	19.370 75	Nov. 10	281 46 08.8	0 52 59.5	30.211 64
Dec. 20	275 23 26.4	0 16 55.0	19.377 90	Dec. 20	282 00 25.8	0 52 36.6	30.210 68
Dec. 60	275 51 03.5	− 0 17 15.7	19.385 05	Dec. 60	282 14 42.9	+ 0 52 13.6	30.209 74

MERCURY, 1989

GEOCENTRIC COORDINATES FOR 0ʰ DYNAMICAL TIME

Date	Apparent Right Ascension	Apparent Declination	True Geocentric Distance	Date	Apparent Right Ascension	Apparent Declination	True Geocentric Distance
	h m s	° ′ ″			h m s	° ′ ″	
Jan. 0	19 52 59.442	−22 55 49.57	1.195 5821	Feb. 15	20 08 46.852	−19 17 11.06	0.913 3245
1	19 59 16.677	22 34 11.92	.175 6322	16	20 12 27.411	19 17 01.41	.929 8001
2	20 05 24.909	22 11 18.82	.154 8057	17	20 16 21.304	19 15 35.91	.946 0795
3	20 11 22.727	21 47 15.76	.133 1089	18	20 20 27.365	19 12 53.94	.962 1403
4	20 17 08.538	21 22 09.43	.110 5569	19	20 24 44.531	19 08 55.01	.977 9643
5	20 22 40.548	−20 56 07.87	1.087 1762	20	20 29 11.837	−19 03 38.70	0.993 5368
6	20 27 56.745	20 29 20.69	.063 0068	21	20 33 48.409	18 57 04.71	1.008 8462
7	20 32 54.886	20 01 59.16	.038 1053	22	20 38 33.453	18 49 12.79	.023 8831
8	20 37 32.491	19 34 16.44	1.012 5472	23	20 43 26.253	18 40 02.79	.038 6406
9	20 41 46.841	19 06 27.62	0.986 4303	24	20 48 26.159	18 29 34.61	.053 1132
10	20 45 35.000	−18 38 49.79	0.959 8771	25	20 53 32.587	−18 17 48.20	1.067 2968
11	20 48 53.850	18 11 42.03	.933 0371	26	20 58 45.007	18 04 43.57	.081 1885
12	20 51 40.148	17 45 25.22	.906 0887	27	21 04 02.942	17 50 20.79	.094 7862
13	20 53 50.621	17 20 21.76	.879 2399	28	21 09 25.962	17 34 39.95	.108 0886
14	20 55 22.091	16 56 55.06	.852 7272	Mar. 1	21 14 53.682	17 17 41.20	.121 0945
15	20 56 11.649	−16 35 28.81	0.826 8135	2	21 20 25.757	−16 59 24.70	1.133 8032
16	20 56 16.857	16 16 26.09	.801 7832	3	21 26 01.875	16 39 50.66	.146 2142
17	20 55 36.003	16 00 08.18	.777 9357	4	21 31 41.763	16 18 59.32	.158 3268
18	20 54 08.363	15 46 53.29	.755 5765	5	21 37 25.175	15 56 50.92	.170 1403
19	20 51 54.474	15 36 55.25	.735 0060	6	21 43 11.897	15 33 25.75	.181 6537
20	20 48 56.362	−15 30 22.26	0.716 5071	7	21 49 01.744	−15 08 44.08	1.192 8656
21	20 45 17.699	15 27 15.98	.700 3320	8	21 54 54.559	14 42 46.23	.203 7744
22	20 41 03.829	15 27 31.04	.686 6897	9	22 00 50.210	14 15 32.51	.214 3778
23	20 36 21.652	15 30 55.25	.675 7347	10	22 06 48.590	13 47 03.24	.224 6728
24	20 31 19.321	15 37 10.37	.667 5591	11	22 12 49.616	13 17 18.77	.234 6558
25	20 26 05.807	−15 45 53.51	0.662 1889	12	22 18 53.225	−12 46 19.46	1.244 3220
26	20 20 50.357	15 56 38.91	.659 5847	13	22 24 59.373	12 14 05.68	.253 6656
27	20 15 41.929	16 08 59.77	.659 6466	14	22 31 08.037	11 40 37.85	.262 6797
28	20 10 48.688	16 22 29.91	.662 2239	15	22 37 19.211	11 05 56.36	.271 3558
29	20 06 17.615	16 36 45.11	.667 1264	16	22 43 32.907	10 30 01.66	.279 6837
30	20 02 14.278	−16 51 23.82	0.674 1371	17	22 49 49.155	− 9 52 54.23	1.287 6517
31	19 58 42.757	17 06 07.57	.683 0242	18	22 56 08.001	9 14 34.56	.295 2461
Feb. 1	19 55 45.701	17 20 40.95	.693 5523	19	23 02 29.506	8 35 03.22	.302 4511
2	19 53 24.482	17 34 51.32	.705 4908	20	23 08 53.748	7 54 20.84	.309 2485
3	19 51 39.406	17 48 28.47	.718 6208	21	23 15 20.816	7 12 28.12	.315 6181
4	19 50 29.933	−18 01 24.17	0.732 7392	22	23 21 50.812	− 6 29 25.87	1.321 5364
5	19 49 54.897	18 13 31.80	.747 6612	23	23 28 23.849	5 45 15.02	.326 9777
6	19 49 52.696	18 24 46.03	.763 2214	24	23 35 00.049	4 59 56.62	.331 9127
7	19 50 21.458	18 35 02.51	.779 2739	25	23 41 39.540	4 13 31.93	.336 3092
8	19 51 19.162	18 44 17.68	.795 6911	26	23 48 22.454	3 26 02.39	.340 1316
9	19 52 43.740	−18 52 28.57	0.812 3628	27	23 55 08.925	− 2 37 29.70	1.343 3404
10	19 54 33.142	18 59 32.73	.829 1943	28	0 01 59.085	1 47 55.87	.345 8927
11	19 56 45.388	19 05 28.11	.846 1049	29	0 08 53.059	0 57 23.23	.347 7420
12	19 59 18.592	19 10 12.98	.863 0263	30	0 15 50.958	− 0 05 54.53	.348 8377
13	20 02 10.981	19 13 45.88	.879 9009	31	0 22 52.877	+ 0 46 27.01	.349 1261
14	20 05 20.909	−19 16 05.59	0.896 6803	Apr. 1	0 29 58.888	+ 1 39 37.64	1.348 5501
15	20 08 46.852	−19 17 11.06	0.913 3245	2	0 37 09.026	+ 2 33 32.97	1.347 0500

GEOCENTRIC COORDINATES FOR 0ʰ DYNAMICAL TIME

Date	Apparent Right Ascension	Apparent Declination	True Geocentric Distance	Date	Apparent Right Ascension	Apparent Declination	True Geocentric Distance
	h m s	° ′ ″			h m s	° ′ ″	
Apr. 1	0 29 58.888	+ 1 39 37.64	1.348 5501	May 17	4 16 23.763	+21 48 42.32	0.585 4507
2	0 37 09.026	2 33 32.97	.347 0500	18	4 15 03.864	21 28 47.71	.576 9379
3	0 44 23.288	3 28 07.95	.344 5640	19	4 13 30.606	21 07 43.92	.569 5574
4	0 51 41.619	4 23 16.72	.341 0294	20	4 11 45.932	20 45 42.63	.563 3252
5	0 59 03.904	5 18 52.73	.336 3839	21	4 09 51.950	20 22 56.83	.558 2528
6	1 06 29.936	+ 6 14 48.41	1.330 5670	22	4 07 50.899	+19 59 40.66	0.554 3474
7	1 13 59.441	7 10 55.17	.323 5223	23	4 05 45.105	19 36 09.18	.551 6112
8	1 21 32.042	8 07 03.64	.315 1995	24	4 03 36.937	19 12 38.15	.550 0415
9	1 29 07.247	9 03 03.48	.305 5567	25	4 01 28.759	18 49 23.62	.549 6304
10	1 36 44.452	9 58 43.46	.294 5634	26	3 59 22.884	18 26 41.65	.550 3651
11	1 44 22.933	+10 53 51.63	1.282 2026	27	3 57 21.530	+18 04 47.83	0.552 2280
12	1 52 01.846	11 48 15.47	.268 4730	28	3 55 26.780	17 43 57.00	.555 1971
13	1 59 40.240	12 41 42.10	.253 3914	29	3 53 40.551	17 24 22.88	.559 2468
14	2 07 17.058	13 33 58.54	.236 9932	30	3 52 04.572	17 06 17.83	.564 3480
15	2 14 51.162	14 24 52.02	.219 3330	31	3 50 40.367	16 49 52.59	.570 4689
16	2 22 21.348	+15 14 10.26	1.200 4841	June 1	3 49 29.249	+16 35 16.20	0.577 5760
17	2 29 46.369	16 01 41.76	.180 5369	2	3 48 32.321	16 22 35.92	.585 6343
18	2 37 04.962	16 47 16.06	.159 5965	3	3 47 50.484	16 11 57.22	.594 6083
19	2 44 15.866	17 30 43.91	.137 7798	4	3 47 24.451	16 03 23.83	.604 4621
20	2 51 17.849	18 11 57.44	.115 2120	5	3 47 14.764	15 56 57.87	.615 1603
21	2 58 09.719	+18 50 50.21	1.092 0232	6	3 47 21.816	+15 52 39.96	0.626 6680
22	3 04 50.341	19 27 17.21	.068 3450	7	3 47 45.871	15 50 29.39	.638 9513
23	3 11 18.642	20 01 14.80	.044 3074	8	3 48 27.085	15 50 24.27	.651 9774
24	3 17 33.620	20 32 40.60	1.020 0364	9	3 49 25.527	15 52 21.70	.665 7146
25	3 23 34.336	21 01 33.36	0.995 6521	10	3 50 41.192	15 56 17.92	.680 1325
26	3 29 19.921	+21 27 52.82	0.971 2671	11	3 52 14.025	+16 02 08.45	0.695 2019
27	3 34 49.565	21 51 39.48	.946 9861	12	3 54 03.932	16 09 48.20	.710 8946
28	3 40 02.515	22 12 54.51	.922 9052	13	3 56 10.793	16 19 11.61	.727 1834
29	3 44 58.071	22 31 39.56	.899 1120	14	3 58 34.474	16 30 12.71	.744 0420
30	3 49 35.580	22 47 56.64	.875 6862	15	4 01 14.839	16 42 45.19	.761 4446
May 1	3 53 54.435	+23 01 48.00	0.852 7000	16	4 04 11.757	+16 56 42.50	0.779 3654
2	3 57 54.073	23 13 16.02	.830 2186	17	4 07 25.105	17 11 57.85	.797 7788
3	4 01 33.975	23 22 23.18	.808 3015	18	4 10 54.779	17 28 24.21	.816 6585
4	4 04 53.671	23 29 11.95	.787 0028	19	4 14 40.694	17 45 54.42	.835 9776
5	4 07 52.738	23 33 44.84	.766 3722	20	4 18 42.786	18 04 21.07	.855 7073
6	4 10 30.815	+23 36 04.28	0.746 4557	21	4 23 01.013	+18 23 36.59	0.875 8175
7	4 12 47.611	23 36 12.73	.727 2964	22	4 27 35.355	18 43 33.15	.896 2753
8	4 14 42.915	23 34 12.67	.708 9348	23	4 32 25.814	19 04 02.73	.917 0449
9	4 16 16.621	23 30 06.63	.691 4096	24	4 37 32.406	19 24 56.99	.938 0868
10	4 17 28.740	23 23 57.34	.674 7577	25	4 42 55.161	19 46 07.33	.959 3573
11	4 18 19.422	+23 15 47.78	0.659 0146	26	4 48 34.112	+20 07 24.78	0.980 8077
12	4 18 48.974	23 05 41.36	.644 2144	27	4 54 29.288	20 28 40.05	1.002 3839
13	4 18 57.881	22 53 42.01	.630 3900	28	5 00 40.701	20 49 43.42	.024 0255
14	4 18 46.819	22 39 54.39	.617 5726	29	5 07 08.334	21 10 24.80	.045 6652
15	4 18 16.674	22 24 24.01	.605 7922	30	5 13 52.127	21 30 33.63	.067 2290
16	4 17 28.547	+22 07 17.42	0.595 0764	July 1	5 20 51.954	+21 49 58.96	1.088 6349
17	4 16 23.763	+21 48 42.32	0.585 4507	2	5 28 07.613	+22 08 29.45	1.109 7937

MERCURY, 1989

GEOCENTRIC COORDINATES FOR 0ʰ DYNAMICAL TIME

Date	Apparent Right Ascension	Apparent Declination	True Geocentric Distance	Date	Apparent Right Ascension	Apparent Declination	True Geocentric Distance
	h m s	° ′ ″			h m s	° ′ ″	
July 1	5 20 51.954	+21 49 58.96	1.088 6349	Aug.16	11 12 13.648	+ 4 56 01.90	1.119 6945
2	5 28 07.613	22 08 29.45	.109 7937	17	11 17 09.718	4 15 09.24	.106 7538
3	5 35 38.799	22 25 53.41	.130 6090	18	11 21 58.766	3 34 40.26	.093 6337
4	5 43 25.088	22 41 58.94	.150 9776	19	11 26 40.789	2 54 37.92	.080 3395
5	5 51 25.918	22 56 34.02	.170 7909	20	11 31 15.757	2 15 05.21	.066 8765
6	5 59 40.571	+23 09 26.75	1.189 9364	21	11 35 43.611	+ 1 36 05.17	1.053 2492
7	6 08 08.162	23 20 25.48	.208 2999	22	11 40 04.256	0 57 40.94	.039 4624
8	6 16 47.628	23 29 19.17	.225 7679	23	11 44 17.560	+ 0 19 55.77	.025 5206
9	6 25 37.732	23 35 57.59	.242 2307	24	11 48 23.352	− 0 17 06.91	1.011 4287
10	6 34 37.071	23 40 11.62	.257 5860	25	11 52 21.420	0 53 23.51	0.997 1921
11	6 43 44.097	+23 41 53.57	1.271 7417	26	11 56 11.508	− 1 28 50.22	0.982 8169
12	6 52 57.146	23 40 57.37	.284 6192	27	11 59 53.311	2 03 22.99	.968 3099
13	7 02 14.476	23 37 18.75	.296 1560	28	12 03 26.477	2 36 57.46	.953 6795
14	7 11 34.309	23 30 55.39	.306 3073	29	12 06 50.601	3 09 28.99	.938 9352
15	7 20 54.877	23 21 46.94	.315 0475	30	12 10 05.224	3 40 52.54	.924 0884
16	7 30 14.469	+23 09 54.94	1.322 3693	31	12 13 09.827	− 4 11 02.68	0.909 1528
17	7 39 31.467	22 55 22.69	.328 2840	Sept. 1	12 16 03.831	4 39 53.50	.894 1442
18	7 48 44.384	22 38 15.05	.332 8186	2	12 18 46.593	5 07 18.59	.879 0815
19	7 57 51.884	22 18 38.16	.336 0147	3	12 21 17.403	5 33 10.94	.863 9872
20	8 06 52.797	21 56 39.32	.337 9251	4	12 23 35.486	5 57 22.93	.848 8872
21	8 15 46.135	+21 32 26.57	1.338 6116	5	12 25 39.998	− 6 19 46.27	0.833 8123
22	8 24 31.085	21 06 08.49	.338 1418	6	12 27 30.032	6 40 11.89	.818 7981
23	8 33 07.001	20 37 53.95	.336 5872	7	12 29 04.623	6 58 30.00	.803 8861
24	8 41 33.392	20 07 51.92	.334 0208	8	12 30 22.754	7 14 29.98	.789 1245
25	8 49 49.906	19 36 11.37	.330 5154	9	12 31 23.373	7 28 00.43	.774 5688
26	8 57 56.316	+19 03 01.04	1.326 1420	10	12 32 05.410	− 7 38 49.21	0.760 2826
27	9 05 52.497	18 28 29.43	.320 9687	11	12 32 27.808	7 46 43.53	.746 3390
28	9 13 38.413	17 52 44.68	.315 0604	12	12 32 29.555	7 51 30.15	.732 8210
29	9 21 14.099	17 15 54.56	.308 4776	13	12 32 09.735	7 52 55.61	.719 8223
30	9 28 39.649	16 38 06.40	.301 2767	14	12 31 27.585	7 50 46.69	.707 4483
31	9 35 55.203	+15 59 27.11	1.293 5096	15	12 30 22.564	− 7 44 50.92	0.695 8161
Aug. 1	9 43 00.937	15 20 03.21	.285 2237	16	12 28 54.439	7 34 57.33	.685 0548
2	9 49 57.050	14 40 00.76	.276 4621	17	12 27 03.372	7 20 57.31	.675 3048
3	9 56 43.762	13 59 25.47	.267 2639	18	12 24 50.018	7 02 45.73	.666 7171
4	10 03 21.300	13 18 22.66	.257 6640	19	12 22 15.613	6 40 22.07	.659 4509
5	10 09 49.899	+12 36 57.32	1.247 6938	20	12 19 22.061	− 6 13 51.71	0.653 6711
6	10 16 09.791	11 55 14.13	.237 3815	21	12 16 11.992	5 43 27.13	.649 5444
7	10 22 21.203	11 13 17.48	.226 7518	22	12 12 48.788	5 09 28.82	.647 2341
8	10 28 24.355	10 31 11.51	.215 8267	23	12 09 16.562	4 32 25.89	.646 8951
9	10 34 19.454	9 49 00.13	.204 6258	24	12 05 40.077	3 52 55.96	.648 6665
10	10 40 06.693	+ 9 06 47.05	1.193 1660	25	12 02 04.607	− 3 11 44.45	0.652 6656
11	10 45 46.250	8 24 35.81	.181 4624	26	11 58 35.752	2 29 42.97	.658 9812
12	10 51 18.283	7 42 29.80	.169 5282	27	11 55 19.196	1 47 47.20	.667 6682
13	10 56 42.932	7 00 32.29	.157 3748	28	11 52 20.467	1 06 54.21	.678 7428
14	11 02 00.316	6 18 46.42	.145 0124	29	11 49 44.683	0 27 59.71	.692 1805
15	11 07 10.530	+ 5 37 15.28	1.132 4497	30	11 47 36.343	+ 0 08 04.58	0.707 9149
16	11 12 13.648	+ 4 56 01.90	1.119 6945	Oct. 1	11 45 59.155	+ 0 40 33.08	0.725 8385

GEOCENTRIC COORDINATES FOR 0ʰ DYNAMICAL TIME

Date	Apparent Right Ascension	Apparent Declination	True Geocentric Distance	Date	Apparent Right Ascension	Apparent Declination	True Geocentric Distance
	h m s	° ′ ″			h m s	° ′ ″	
Oct. 1	11 45 59.155	+ 0 40 33.08	0.725 8385	Nov.16	15 36 47.919	−19 58 23.93	1.447 4730
2	11 44 55.931	1 08 47.95	.745 8062	17	15 43 13.810	20 26 11.42	.446 6899
3	11 44 28.535	1 32 19.90	.767 6386	18	15 49 41.005	20 52 58.43	.445 3414
4	11 44 37.898	1 50 48.47	.791 1277	19	15 56 09.542	21 18 43.61	.443 4304
5	11 45 24.074	2 04 01.71	.816 0430	20	16 02 39.450	21 43 25.59	.440 9591
6	11 46 46.334	+ 2 11 55.54	0.842 1381	21	16 09 10.745	−22 07 03.01	1.437 9281
7	11 48 43.292	2 14 32.80	.869 1576	22	16 15 43.437	22 29 34.52	.434 3373
8	11 51 13.029	2 12 02.21	.896 8444	23	16 22 17.519	22 50 58.74	.430 1856
9	11 54 13.234	2 04 37.26	.924 9460	24	16 28 52.974	23 11 14.30	.425 4705
10	11 57 41.333	1 52 35.12	.953 2209	25	16 35 29.767	23 30 19.84	.420 1890
11	12 01 34.611	+ 1 36 15.63	0.981 4438	26	16 42 07.850	−23 48 13.97	1.414 3366
12	12 05 50.315	1 16 00.36	1.009 4097	27	16 48 47.156	24 04 55.31	.407 9083
13	12 10 25.745	0 52 11.82	.036 9370	28	16 55 27.599	24 20 22.49	.400 8978
14	12 15 18.321	+ 0 25 12.72	.063 8687	29	17 02 09.075	24 34 34.13	.393 2981
15	12 20 25.633	− 0 04 34.57	.090 0737	30	17 08 51.454	24 47 28.88	.385 1011
16	12 25 45.474	− 0 36 48.47	1.115 4451	Dec. 1	17 15 34.585	−24 59 05.38	1.376 2980
17	12 31 15.855	1 11 08.51	.139 8997	2	17 22 18.289	25 09 22.32	.366 8789
18	12 36 55.012	1 47 15.56	.163 3757	3	17 29 02.360	25 18 18.39	.356 8334
19	12 42 41.403	2 24 51.93	.185 8300	4	17 35 46.560	25 25 52.37	.346 1501
20	12 48 33.699	3 03 41.47	.207 2359	5	17 42 30.618	25 32 03.05	.334 8171
21	12 54 30.766	− 3 43 29.54	1.227 5807	6	17 49 14.227	−25 36 49.32	1.322 8217
22	13 00 31.651	4 24 02.98	.246 8630	7	17 55 57.037	25 40 10.17	.310 1509
23	13 06 35.564	5 05 10.03	.265 0902	8	18 02 38.653	25 42 04.69	.296 7911
24	13 12 41.855	5 46 40.22	.282 2771	9	18 09 18.627	25 42 32.14	.282 7288
25	13 18 50.000	6 28 24.27	.298 4438	10	18 15 56.455	25 41 31.92	.267 9503
26	13 24 59.580	− 7 10 13.97	1.313 6140	11	18 22 31.562	−25 39 03.67	1.252 4423
27	13 31 10.267	7 52 02.07	.327 8141	12	18 29 03.300	25 35 07.25	.236 1920
28	13 37 21.812	8 33 42.18	.341 0722	13	18 35 30.935	25 29 42.83	.219 1877
29	13 43 34.028	9 15 08.65	.353 4171	14	18 41 53.635	25 22 50.90	.201 4192
30	13 49 46.784	9 56 16.48	.364 8776	15	18 48 10.458	25 14 32.36	.182 8787
31	13 55 59.993	−10 37 01.24	1.375 4823	16	18 54 20.341	−25 04 48.58	1.163 5614
Nov. 1	14 02 13.604	11 17 19.01	.385 2589	17	19 00 22.080	24 53 41.51	.143 4667
2	14 08 27.597	11 57 06.29	.394 2344	18	19 06 14.314	24 41 13.76	.122 5994
3	14 14 41.976	12 36 19.95	.402 4343	19	19 11 55.506	24 27 28.70	.100 9712
4	14 20 56.763	13 14 57.15	.409 8828	20	19 17 23.921	24 12 30.61	.078 6023
5	14 27 11.998	−13 52 55.35	1.416 6028	21	19 22 37.607	−23 56 24.76	1.055 5237
6	14 33 27.731	14 30 12.23	.422 6156	22	19 27 34.375	23 39 17.58	.031 7794
7	14 39 44.023	15 06 45.65	.427 9410	23	19 32 11.782	23 21 16.75	1.007 4289
8	14 46 00.940	15 42 33.65	.432 5973	24	19 36 27.125	23 02 31.30	0.982 5500
9	14 52 18.556	16 17 34.39	.436 6015	25	19 40 17.437	22 43 11.74	.957 2420
10	14 58 36.939	−16 51 46.13	1.439 9687	26	19 43 39.506	−22 23 30.03	0.931 6287
11	15 04 56.278	17 25 08.08	.442 7129	27	19 46 29.909	22 03 39.60	.905 8611
12	15 11 16.404	17 57 36.79	.444 8465	28	19 48 45.082	21 43 55.19	.880 1200
13	15 17 37.592	18 29 12.38	.446 3805	29	19 50 21.430	21 24 32.58	.854 6173
14	15 23 59.866	18 59 53.04	.447 3244	30	19 51 15.479	21 05 48.22	.829 5965
15	15 30 23.289	−19 29 37.35	1.447 6863	31	19 51 24.098	−20 47 58.65	0.805 3310
16	15 36 47.919	−19 58 23.93	1.447 4730	32	19 50 44.764	−20 31 19.78	0.782 1202

VENUS, 1989

GEOCENTRIC COORDINATES FOR 0ʰ DYNAMICAL TIME

Date	Apparent Right Ascension	Apparent Declination	True Geocentric Distance	Date	Apparent Right Ascension	Apparent Declination	True Geocentric Distance
	h m s	° ′ ″			h m s	° ′ ″	
Jan. 0	17 01 54.140	−21 54 23.27	1.518 2948	Feb. 15	21 07 31.027	−17 31 38.72	1.662 9810
1	17 07 15.223	22 03 57.54	.522 2865	16	21 12 33.778	17 11 18.70	.665 2375
2	17 12 37.072	22 12 52.67	.526 2401	17	21 17 35.343	16 50 29.58	.667 4564
3	17 17 59.640	22 21 08.23	.530 1556	18	21 22 35.725	16 29 12.07	.669 6377
4	17 23 22.879	22 28 43.80	.534 0326	19	21 27 34.927	16 07 26.88	.671 7814
5	17 28 46.737	−22 35 39.01	1.537 8711	20	21 32 32.957	−15 45 14.72	1.673 8874
6	17 34 11.160	22 41 53.49	.541 6710	21	21 37 29.825	15 22 36.28	.675 9556
7	17 39 36.090	22 47 26.92	.545 4322	22	21 42 25.542	14 59 32.30	.677 9857
8	17 45 01.468	22 52 19.02	.549 1547	23	21 47 20.124	14 36 03.49	.679 9776
9	17 50 27.234	22 56 29.51	.552 8385	24	21 52 13.585	14 12 10.57	.681 9310
10	17 55 53.325	−22 59 58.15	1.556 4839	25	21 57 05.945	−13 47 54.27	1.683 8457
11	18 01 19.681	23 02 44.74	.560 0910	26	22 01 57.221	13 23 15.34	.685 7212
12	18 06 46.243	23 04 49.11	.563 6602	27	22 06 47.435	12 58 14.51	.687 5573
13	18 12 12.952	23 06 11.12	.567 1918	28	22 11 36.609	12 32 52.53	.689 3535
14	18 17 39.751	23 06 50.68	.570 6861	Mar. 1	22 16 24.764	12 07 10.15	.691 1095
15	18 23 06.582	−23 06 47.74	1.574 1435	2	22 21 11.924	−11 41 08.11	1.692 8249
16	18 28 33.388	23 06 02.26	.577 5643	3	22 25 58.112	11 14 47.20	.694 4993
17	18 34 00.111	23 04 34.27	.580 9487	4	22 30 43.354	10 48 08.16	.696 1321
18	18 39 26.691	23 02 23.81	.584 2969	5	22 35 27.674	10 21 11.76	.697 7229
19	18 44 53.072	22 59 30.95	.587 6091	6	22 40 11.098	9 53 58.79	.699 2713
20	18 50 19.195	−22 55 55.78	1.590 8854	7	22 44 53.653	− 9 26 29.99	1.700 7769
21	18 55 45.002	22 51 38.43	.594 1257	8	22 49 35.369	8 58 46.13	.702 2395
22	19 01 10.438	22 46 39.04	.597 3300	9	22 54 16.277	8 30 47.98	.703 6588
23	19 06 35.447	22 40 57.79	.600 4983	10	22 58 56.412	8 02 36.27	.705 0347
24	19 11 59.978	22 34 34.88	.603 6304	11	23 03 35.806	7 34 11.77	.706 3672
25	19 17 23.977	−22 27 30.57	1.606 7261	12	23 08 14.496	− 7 05 35.22	1.707 6565
26	19 22 47.395	22 19 45.10	.609 7853	13	23 12 52.515	6 36 47.40	.708 9025
27	19 28 10.184	22 11 18.79	.612 8077	14	23 17 29.898	6 07 49.04	.710 1055
28	19 33 32.296	22 02 11.96	.615 7932	15	23 22 06.682	5 38 40.89	.711 2654
29	19 38 53.687	21 52 24.97	.618 7414	16	23 26 42.904	5 09 23.69	.712 3823
30	19 44 14.312	−21 41 58.22	1.621 6521	17	23 31 18.601	− 4 39 58.18	1.713 4562
31	19 49 34.128	21 30 52.13	.624 5252	18	23 35 53.814	4 10 25.06	.714 4871
Feb. 1	19 54 53.096	21 19 07.14	.627 3602	19	23 40 28.582	3 40 45.07	.715 4749
2	20 00 11.175	21 06 43.73	.630 1571	20	23 45 02.949	3 10 58.92	.716 4195
3	20 05 28.328	20 53 42.40	.632 9153	21	23 49 36.956	2 41 07.31	.717 3206
4	20 10 44.517	−20 40 03.69	1.635 6349	22	23 54 10.646	− 2 11 10.96	1.718 1781
5	20 15 59.706	20 25 48.13	.638 3154	23	23 58 44.063	1 41 10.56	.718 9917
6	20 21 13.862	20 10 56.31	.640 9568	24	0 03 17.252	1 11 06.83	.719 7612
7	20 26 26.954	19 55 28.79	.643 5590	25	0 07 50.256	0 41 00.47	.720 4863
8	20 31 38.957	19 39 26.18	.646 1220	26	0 12 23.119	− 0 10 52.19	.721 1666
9	20 36 49.847	−19 22 49.09	1.648 6459	27	0 16 55.884	+ 0 19 17.30	1.721 8016
10	20 41 59.608	19 05 38.14	.651 1309	28	0 21 28.595	0 49 27.29	.722 3911
11	20 47 08.224	18 47 53.98	.653 5772	29	0 26 01.295	1 19 37.07	.722 9345
12	20 52 15.682	18 29 37.28	.655 9852	30	0 30 34.024	1 49 45.90	.723 4313
13	20 57 21.974	18 10 48.71	.658 3550	31	0 35 06.825	2 19 53.07	.723 8811
14	21 02 27.091	−17 51 28.96	1.660 6869	Apr. 1	0 39 39.739	+ 2 49 57.85	1.724 2832
15	21 07 31.027	−17 31 38.72	1.662 9810	2	0 44 12.806	+ 3 19 59.50	1.724 6371

GEOCENTRIC COORDINATES FOR 0ʰ DYNAMICAL TIME

Date	Apparent Right Ascension	Apparent Declination	True Geocentric Distance	Date	Apparent Right Ascension	Apparent Declination	True Geocentric Distance
	h m s	° ′ ″			h m s	° ′ ″	
Apr. 1	0 39 39.739	+ 2 49 57.85	1.724 2832	May 17	4 20 46.082	+21 38 16.95	1.686 6451
2	0 44 12.806	3 19 59.50	.724 6371	18	4 25 57.568	21 52 41.81	.684 5275
3	0 48 46.066	3 49 57.28	.724 9423	19	4 31 10.006	22 06 29.96	.682 3533
4	0 53 19.559	4 19 50.46	.725 1980	20	4 36 23.366	22 19 40.87	.680 1226
5	0 57 53.326	4 49 38.30	.725 4039	21	4 41 37.618	22 32 13.99	.677 8354
6	1 02 27.408	+ 5 19 20.07	1.725 5595	22	4 46 52.728	+22 44 08.84	1.675 4919
7	1 07 01.844	5 48 55.04	.725 6643	23	4 52 08.659	22 55 24.91	.673 0920
8	1 11 36.673	6 18 22.47	.725 7183	24	4 57 25.372	23 06 01.75	.670 6357
9	1 16 11.933	6 47 41.60	.725 7212	25	5 02 42.826	23 15 58.90	.668 1230
10	1 20 47.658	7 16 51.70	.725 6730	26	5 08 00.976	23 25 15.92	.665 5537
11	1 25 23.884	+ 7 45 52.01	1.725 5738	27	5 13 19.777	+23 33 52.40	1.662 9278
12	1 30 00.647	8 14 41.80	.725 4235	28	5 18 39.182	23 41 47.95	.660 2450
13	1 34 37.982	8 43 20.33	.725 2221	29	5 23 59.142	23 49 02.20	.657 5050
14	1 39 15.924	9 11 46.85	.724 9697	30	5 29 19.608	23 55 34.82	.654 7077
15	1 43 54.509	9 40 00.65	.724 6662	31	5 34 40.527	24 01 25.51	.651 8527
16	1 48 33.774	+10 08 00.98	1.724 3116	June 1	5 40 01.845	+24 06 34.00	1.648 9398
17	1 53 13.753	10 35 47.12	.723 9057	2	5 45 23.506	24 11 00.06	.645 9688
18	1 57 54.481	11 03 18.34	.723 4486	3	5 50 45.449	24 14 43.50	.642 9394
19	2 02 35.994	11 30 33.92	.722 9401	4	5 56 07.610	24 17 44.15	.639 8516
20	2 07 18.325	11 57 33.13	.722 3800	5	6 01 29.925	24 20 01.89	.636 7055
21	2 12 01.506	+12 24 15.23	1.721 7682	6	6 06 52.325	+24 21 36.60	1.633 5011
22	2 16 45.568	12 50 39.52	.721 1044	7	6 12 14.746	24 22 28.20	.630 2387
23	2 21 30.540	13 16 45.24	.720 3885	8	6 17 37.121	24 22 36.64	.626 9185
24	2 26 16.452	13 42 31.68	.719 6202	9	6 22 59.388	24 22 01.92	.623 5408
25	2 31 03.328	14 07 58.09	.718 7992	10	6 28 21.481	24 20 44.04	.620 1061
26	2 35 51.194	+14 33 03.74	1.717 9251	11	6 33 43.341	+24 18 43.07	1.616 6146
27	2 40 40.070	14 57 47.88	.716 9976	12	6 39 04.904	24 15 59.08	.613 0669
28	2 45 29.978	15 22 09.76	.716 0162	13	6 44 26.113	24 12 32.21	.609 4633
29	2 50 20.936	15 46 08.63	.714 9805	14	6 49 46.907	24 08 22.59	.605 8043
30	2 55 12.961	16 09 43.73	.713 8901	15	6 55 07.229	24 03 30.42	.602 0903
May 1	3 00 06.068	+16 32 54.31	1.712 7443	16	7 00 27.022	+23 57 55.91	1.598 3216
2	3 05 00.271	16 55 39.61	.711 5428	17	7 05 46.230	23 51 39.31	.594 4989
3	3 09 55.582	17 17 58.90	.710 2849	18	7 11 04.798	23 44 40.90	.590 6225
4	3 14 52.012	17 39 51.43	.708 9701	19	7 16 22.675	23 37 00.96	.586 6929
5	3 19 49.566	18 01 16.48	.707 5982	20	7 21 39.808	23 28 39.85	.582 7105
6	3 24 48.247	+18 22 13.32	1.706 1688	21	7 26 56.148	+23 19 37.88	1.578 6756
7	3 29 48.054	18 42 41.25	.704 6816	22	7 32 11.647	23 09 55.45	.574 5887
8	3 34 48.982	19 02 39.53	.703 1367	23	7 37 26.259	22 59 32.93	.570 4500
9	3 39 51.023	19 22 07.47	.701 5340	24	7 42 39.943	22 48 30.72	.566 2597
10	3 44 54.169	19 41 04.36	.699 8736	25	7 47 52.660	22 36 49.26	.562 0181
11	3 49 58.409	+19 59 29.51	1.698 1556	26	7 53 04.373	+22 24 28.98	1.557 7252
12	3 55 03.732	20 17 22.24	.696 3801	27	7 58 15.049	22 11 30.37	.553 3810
13	4 00 10.125	20 34 41.88	.694 5472	28	8 03 24.655	21 57 53.92	.548 9857
14	4 05 17.574	20 51 27.80	.692 6572	29	8 08 33.161	21 43 40.17	.544 5392
15	4 10 26.063	21 07 39.35	.690 7101	30	8 13 40.538	21 28 49.67	.540 0416
16	4 15 35.572	+21 23 15.93	1.688 7060	July 1	8 18 46.755	+21 13 23.00	1.535 4928
17	4 20 46.082	+21 38 16.95	1.686 6451	2	8 23 51.785	+20 57 20.77	1.530 8930

VENUS, 1989

GEOCENTRIC COORDINATES FOR 0ʰ DYNAMICAL TIME

Date	Apparent Right Ascension	Apparent Declination	True Geocentric Distance	Date	Apparent Right Ascension	Apparent Declination	True Geocentric Distance
	h m s	° ′ ″			h m s	° ′ ″	
July 1	8 18 46.755	+21 13 23.00	1.535 4928	Aug. 16	11 52 16.572	+ 1 46 59.47	1.278 6611
2	8 23 51.785	20 57 20.77	.530 8930	17	11 56 34.861	1 16 08.53	.272 2173
3	8 28 55.600	20 40 43.60	.526 2424	18	12 00 52.806	0 45 14.73	.265 7456
4	8 33 58.176	20 23 32.10	.521 5411	19	12 05 10.451	+ 0 14 18.70	.259 2466
5	8 38 59.491	20 05 46.93	.516 7895	20	12 09 27.838	− 0 16 38.91	.252 7208
6	8 43 59.527	+19 47 28.73	1.511 9880	21	12 13 45.012	− 0 47 37.49	1.246 1687
7	8 48 58.269	19 28 38.16	.507 1370	22	12 18 02.018	1 18 36.40	.239 5907
8	8 53 55.706	19 09 15.88	.502 2371	23	12 22 18.897	1 49 35.00	.232 9870
9	8 58 51.830	18 49 22.58	.497 2887	24	12 26 35.691	2 20 32.65	.226 3578
10	9 03 46.635	18 28 58.95	.492 2925	25	12 30 52.439	2 51 28.69	.219 7032
11	9 08 40.118	+18 08 05.67	1.487 2491	26	12 35 09.178	− 3 22 22.43	1.213 0234
12	9 13 32.280	17 46 43.45	.482 1590	27	12 39 25.945	3 53 13.22	.206 3185
13	9 18 23.122	17 24 52.99	.477 0228	28	12 43 42.777	4 24 00.36	.199 5886
14	9 23 12.647	17 02 35.03	.471 8414	29	12 47 59.710	4 54 43.17	.192 8339
15	9 28 00.863	16 39 50.25	.466 6153	30	12 52 16.778	5 25 20.98	.186 0544
16	9 32 47.776	+16 16 39.40	1.461 3452	31	12 56 34.018	− 5 55 53.09	1.179 2505
17	9 37 33.397	15 53 03.20	.456 0318	Sept. 1	13 00 51.465	6 26 18.82	.172 4222
18	9 42 17.737	15 29 02.35	.450 6758	2	13 05 09.154	6 56 37.49	.165 5699
19	9 47 00.810	15 04 37.58	.445 2779	3	13 09 27.117	7 26 48.42	.158 6939
20	9 51 42.632	14 39 49.60	.439 8387	4	13 13 45.388	7 56 50.91	.151 7945
21	9 56 23.222	+14 14 39.11	1.434 3588	5	13 18 03.999	− 8 26 44.28	1.144 8721
22	10 01 02.601	13 49 06.80	.428 8388	6	13 22 22.980	8 56 27.85	.137 9270
23	10 05 40.795	13 23 13.37	.423 2791	7	13 26 42.363	9 26 00.93	.130 9598
24	10 10 17.829	12 56 59.50	.417 6799	8	13 31 02.174	9 55 22.83	.123 9708
25	10 14 53.732	12 30 25.88	.412 0417	9	13 35 22.442	10 24 32.85	.116 9605
26	10 19 28.531	+12 03 33.22	1.406 3646	10	13 39 43.193	−10 53 30.31	1.109 9295
27	10 24 02.256	11 36 22.23	.400 6487	11	13 44 04.451	11 22 14.51	.102 8783
28	10 28 34.932	11 08 53.62	.394 8943	12	13 48 26.241	11 50 44.75	.095 8075
29	10 33 06.588	10 41 08.11	.389 1015	13	13 52 48.585	12 19 00.36	.088 7178
30	10 37 37.250	10 13 06.45	.383 2705	14	13 57 11.509	12 47 00.63	.081 6099
31	10 42 06.946	+ 9 44 49.34	1.377 4014	15	14 01 35.037	−13 14 44.90	1.074 4843
Aug. 1	10 46 35.703	9 16 17.53	.371 4946	16	14 05 59.195	13 42 12.50	.067 3418
2	10 51 03.551	8 47 31.74	.365 5502	17	14 10 24.009	14 09 22.79	.060 1830
3	10 55 30.519	8 18 32.68	.359 5687	18	14 14 49.507	14 36 15.12	.053 0083
4	10 59 56.640	7 49 21.07	.353 5504	19	14 19 15.711	15 02 48.87	.045 8182
5	11 04 21.947	+ 7 19 57.63	1.347 4958	20	14 23 42.643	−15 29 03.37	1.038 6130
6	11 08 46.474	6 50 23.06	.341 4054	21	14 28 10.322	15 54 57.97	.031 3928
7	11 13 10.254	6 20 38.07	.335 2797	22	14 32 38.762	16 20 32.00	.024 1578
8	11 17 33.323	5 50 43.36	.329 1193	23	14 37 07.977	16 45 44.78	.016 9080
9	11 21 55.717	5 20 39.63	.322 9248	24	14 41 37.976	17 10 35.64	.009 6436
10	11 26 17.471	+ 4 50 27.59	1.316 6967	25	14 46 08.768	−17 35 03.88	1.002 3645
11	11 30 38.620	4 20 07.92	.310 4357	26	14 50 40.360	17 59 08.83	0.995 0709
12	11 34 59.202	3 49 41.33	.304 1424	27	14 55 12.755	18 22 49.80	.987 7627
13	11 39 19.251	3 19 08.50	.297 8176	28	14 59 45.955	18 46 06.13	.980 4400
14	11 43 38.805	2 48 30.13	.291 4620	29	15 04 19.959	19 08 57.13	.973 1029
15	11 47 57.899	+ 2 17 46.89	1.285 0762	30	15 08 54.763	−19 31 22.15	0.965 7516
16	11 52 16.572	+ 1 46 59.47	1.278 6611	Oct. 1	15 13 30.360	−19 53 20.53	0.958 3861

GEOCENTRIC COORDINATES FOR 0ʰ DYNAMICAL TIME

Date	Apparent Right Ascension	Apparent Declination	True Geocentric Distance	Date	Apparent Right Ascension	Apparent Declination	True Geocentric Distance
	h m s	o ′ ″			h m s	o ′ ″	
Oct. 1	15 13 30.360	−19 53 20.53	0.958 3861	Nov. 16	18 46 43.796	−26 32 27.55	0.611 2307
2	15 18 06.741	20 14 51.63	.951 0067	17	18 50 55.663	26 26 54.42	.603 6882
3	15 22 43.890	20 35 54.80	.943 6136	18	18 55 04.748	26 20 48.83	.596 1585
4	15 27 21.793	20 56 29.40	.936 2069	19	18 59 10.934	26 14 11.39	.588 6429
5	15 32 00.427	21 16 34.83	.928 7871	20	19 03 14.100	26 07 02.77	.581 1421
6	15 36 39.769	−21 36 10.47	0.921 3543	21	19 07 14.126	−25 59 23.67	0.573 6573
7	15 41 19.791	21 55 15.71	.913 9090	22	19 11 10.886	25 51 14.81	.566 1895
8	15 46 00.463	22 13 49.98	.906 4515	23	19 15 04.253	25 42 36.96	.558 7397
9	15 50 41.751	22 31 52.68	.898 9824	24	19 18 54.098	25 33 30.91	.551 3091
10	15 55 23.616	22 49 23.27	.891 5020	25	19 22 40.287	25 23 57.51	.543 8989
11	16 00 06.021	−23 06 21.20	0.884 0111	26	19 26 22.683	−25 13 57.62	0.536 5104
12	16 04 48.923	23 22 45.94	.876 5101	27	19 30 01.145	25 03 32.13	.529 1449
13	16 09 32.280	23 38 36.99	.868 9998	28	19 33 35.527	24 52 41.99	.521 8039
14	16 14 16.051	23 53 53.89	.861 4810	29	19 37 05.679	24 41 28.15	.514 4890
15	16 19 00.191	24 08 36.18	.853 9542	30	19 40 31.445	24 29 51.63	.507 2017
16	16 23 44.657	−24 22 43.46	0.846 4203	Dec. 1	19 43 52.666	−24 17 53.44	0.499 9440
17	16 28 29.399	24 36 15.36	.838 8797	2	19 47 09.176	24 05 34.66	.492 7176
18	16 33 14.367	24 49 11.49	.831 3330	3	19 50 20.804	23 52 56.37	.485 5248
19	16 37 59.505	25 01 31.51	.823 7805	4	19 53 27.375	23 39 59.70	.478 3677
20	16 42 44.753	25 13 15.08	.816 2227	5	19 56 28.708	23 26 45.78	.471 2488
21	16 47 30.048	−25 24 21.87	0.808 6596	6	19 59 24.619	−23 13 15.80	0.464 1707
22	16 52 15.325	25 34 51.57	.801 0915	7	20 02 14.919	22 59 30.94	.457 1363
23	16 57 00.514	25 44 43.90	.793 5186	8	20 04 59.417	22 45 32.43	.450 1487
24	17 01 45.544	25 53 58.61	.785 9410	9	20 07 37.916	22 31 21.51	.443 2111
25	17 06 30.339	26 02 35.49	.778 3589	10	20 10 10.220	22 16 59.45	.436 3271
26	17 11 14.821	−26 10 34.33	0.770 7726	11	20 12 36.127	−22 02 27.53	0.429 5003
27	17 15 58.908	26 17 54.98	.763 1823	12	20 14 55.433	21 47 47.05	.422 7347
28	17 20 42.513	26 24 37.33	.755 5881	13	20 17 07.931	21 32 59.31	.416 0343
29	17 25 25.549	26 30 41.28	.747 9903	14	20 19 13.412	21 18 05.59	.409 4031
30	17 30 07.922	26 36 06.79	.740 3893	15	20 21 11.665	21 03 07.22	.402 8456
31	17 34 49.537	−26 40 53.83	0.732 7854	16	20 23 02.476	−20 48 05.48	0.396 3661
Nov. 1	17 39 30.294	26 45 02.44	.725 1789	17	20 24 45.630	20 33 01.70	.389 9689
2	17 44 10.090	26 48 32.67	.717 5704	18	20 26 20.907	20 17 57.21	.383 6589
3	17 48 48.820	26 51 24.62	.709 9602	19	20 27 48.087	20 02 53.37	.377 4409
4	17 53 26.374	26 53 38.43	.702 3489	20	20 29 06.947	19 47 51.56	.371 3199
5	17 58 02.642	−26 55 14.25	0.694 7372	21	20 30 17.265	−19 32 53.19	0.365 3012
6	18 02 37.510	26 56 12.30	.687 1256	22	20 31 18.817	19 17 59.66	.359 3904
7	18 07 10.863	26 56 32.82	.679 5151	23	20 32 11.384	19 03 12.42	.353 5934
8	18 11 42.584	26 56 16.09	.671 9063	24	20 32 54.751	18 48 32.93	.347 9161
9	18 16 12.558	26 55 22.43	.664 3003	25	20 33 28.709	18 34 02.65	.342 3650
10	18 20 40.668	−26 53 52.19	0.656 6981	26	20 33 53.063	−18 19 43.07	0.336 9467
11	18 25 06.799	26 51 45.77	.649 1008	27	20 34 07.625	18 05 35.67	.331 6682
12	18 29 30.838	26 49 03.60	.641 5097	28	20 34 12.228	17 51 41.96	.326 5366
13	18 33 52.671	26 45 46.18	.633 9259	29	20 34 06.725	17 38 03.42	.321 5594
14	18 38 12.185	26 41 53.99	.626 3507	30	20 33 50.994	17 24 41.55	.316 7446
15	18 42 29.265	−26 37 27.60	0.618 7853	31	20 33 24.944	−17 11 37.82	0.312 1001
16	18 46 43.796	−26 32 27.55	0.611 2307	32	20 32 48.522	−16 58 53.70	0.307 6344

MARS, 1989

GEOCENTRIC COORDINATES FOR 0ʰ DYNAMICAL TIME

Date	Apparent Right Ascension	Apparent Declination	True Geocentric Distance	Date	Apparent Right Ascension	Apparent Declination	True Geocentric Distance
	h m s	° ′ ″			h m s	° ′ ″	
Jan. 0	1 11 55.589	+ 8 11 22.43	0.967 4001	Feb. 15	2 50 08.098	+17 33 07.42	1.403 3682
1	1 13 47.417	8 24 04.91	.976 4892	16	2 52 30.301	17 43 56.33	.412 9951
2	1 15 40.129	8 36 48.37	.985 6076	17	2 54 52.997	17 54 39.47	.422 6171
3	1 17 33.713	8 49 32.67	0.994 7544	18	2 57 16.177	18 05 16.71	.432 2339
4	1 19 28.158	9 02 17.67	1.003 9290	19	2 59 39.837	18 15 47.92	.441 8451
5	1 21 23.455	+ 9 15 03.23	1.013 1304	20	3 02 03.971	+18 26 12.98	1.451 4504
6	1 23 19.591	9 27 49.20	.022 3577	21	3 04 28.576	18 36 31.77	.461 0494
7	1 25 16.554	9 40 35.42	.031 6098	22	3 06 53.647	18 46 44.18	.470 6420
8	1 27 14.332	9 53 21.74	.040 8856	23	3 09 19.183	18 56 50.11	.480 2275
9	1 29 12.912	10 06 07.97	.050 1842	24	3 11 45.182	19 06 49.46	.489 8058
10	1 31 12.279	+10 18 53.94	1.059 5043	25	3 14 11.642	+19 16 42.12	1.499 3763
11	1 33 12.421	10 31 39.47	.068 8448	26	3 16 38.561	19 26 28.01	.508 9387
12	1 35 13.324	10 44 24.36	.078 2046	27	3 19 05.936	19 36 07.03	.518 4923
13	1 37 14.976	10 57 08.44	.087 5828	28	3 21 33.767	19 45 39.08	.528 0368
14	1 39 17.366	11 09 51.53	.096 9783	Mar. 1	3 24 02.049	19 55 04.07	.537 5715
15	1 41 20.479	+11 22 33.46	1.106 3903	2	3 26 30.780	+20 04 21.90	1.547 0959
16	1 43 24.303	11 35 14.06	.115 8182	3	3 28 59.957	20 13 32.48	.556 6092
17	1 45 28.824	11 47 53.16	.125 2613	4	3 31 29.575	20 22 35.70	.566 1108
18	1 47 34.029	12 00 30.58	.134 7191	5	3 33 59.630	20 31 31.44	.575 5998
19	1 49 39.905	12 13 06.16	.144 1911	6	3 36 30.116	20 40 19.61	.585 0753
20	1 51 46.439	+12 25 39.73	1.153 6768	7	3 39 01.029	+20 49 00.06	1.594 5364
21	1 53 53.620	12 38 11.13	.163 1759	8	3 41 32.366	20 57 32.69	.603 9821
22	1 56 01.439	12 50 40.21	.172 6879	9	3 44 04.122	21 05 57.38	.613 4113
23	1 58 09.888	13 03 06.82	.182 2125	10	3 46 36.293	21 14 14.04	.622 8232
24	2 00 18.960	13 15 30.83	.191 7493	11	3 49 08.872	21 22 22.56	.632 2169
25	2 02 28.649	+13 27 52.11	1.201 2978	12	3 51 41.850	+21 30 22.85	1.641 5916
26	2 04 38.952	13 40 10.52	.210 8576	13	3 54 15.219	21 38 14.81	.650 9467
27	2 06 49.865	13 52 25.94	.220 4282	14	3 56 48.967	21 45 58.36	.660 2817
28	2 09 01.385	14 04 38.27	.230 0091	15	3 59 23.083	21 53 33.37	.669 5962
29	2 11 13.508	14 16 47.37	.239 5997	16	4 01 57.557	22 00 59.77	.678 8897
30	2 13 26.232	+14 28 53.14	1.249 1994	17	4 04 32.381	+22 08 17.44	1.688 1620
31	2 15 39.554	14 40 55.46	.258 8076	18	4 07 07.545	22 15 26.30	.697 4128
Feb. 1	2 17 53.472	14 52 54.21	.268 4235	19	4 09 43.043	22 22 26.25	.706 6418
2	2 20 07.980	15 04 49.28	.278 0466	20	4 12 18.868	22 29 17.21	.715 8487
3	2 22 23.077	15 16 40.54	.287 6759	21	4 14 55.014	22 35 59.09	.725 0334
4	2 24 38.757	+15 28 27.86	1.297 3106	22	4 17 31.477	+22 42 31.83	1.734 1954
5	2 26 55.014	15 40 11.12	.306 9498	23	4 20 08.251	22 48 55.34	.743 3346
6	2 29 11.844	15 51 50.15	.316 5924	24	4 22 45.332	22 55 09.57	.752 4507
7	2 31 29.241	16 03 24.81	.326 2374	25	4 25 22.716	23 01 14.45	.761 5433
8	2 33 47.198	16 14 54.95	.335 8837	26	4 28 00.399	23 07 09.92	.770 6123
9	2 36 05.712	+16 26 20.42	1.345 5303	27	4 30 38.375	+23 12 55.92	1.779 6571
10	2 38 24.776	16 37 41.08	.355 1762	28	4 33 16.640	23 18 32.39	.788 6775
11	2 40 44.384	16 48 56.79	.364 8205	29	4 35 55.187	23 23 59.28	.797 6729
12	2 43 04.530	17 00 07.42	.374 4625	30	4 38 34.012	23 29 16.53	.806 6430
13	2 45 25.203	17 11 12.83	.384 1015	31	4 41 13.107	23 34 24.07	.815 5871
14	2 47 46.396	+17 22 12.87	1.393 7369	Apr. 1	4 43 52.466	+23 39 21.84	1.824 5046
15	2 50 08.098	+17 33 07.42	1.403 3682	2	4 46 32.083	+23 44 09.77	1.833 3950

GEOCENTRIC COORDINATES FOR 0ʰ DYNAMICAL TIME

Date	Apparent Right Ascension	Apparent Declination	True Geocentric Distance	Date	Apparent Right Ascension	Apparent Declination	True Geocentric Distance
	h m s	° ′ ″			h m s	° ′ ″	
Apr. 1	4 43 52.466	+23 39 21.84	1.824 5046	May 17	6 48 25.542	+24 19 54.11	2.196 8119
2	4 46 32.083	23 44 09.77	.833 3950	18	6 51 07.961	24 16 37.42	.203 9290
3	4 49 11.951	23 48 47.78	.842 2575	19	6 53 50.250	24 13 10.33	.210 9995
4	4 51 52.063	23 53 15.81	.851 0911	20	6 56 32.402	24 09 32.87	.218 0232
5	4 54 32.416	23 57 33.78	.859 8951	21	6 59 14.414	24 05 45.09	.225 0000
6	4 57 13.003	+24 01 41.63	1.868 6685	22	7 01 56.279	+24 01 47.04	2.231 9300
7	4 59 53.817	24 05 39.31	.877 4105	23	7 04 37.991	23 57 38.76	.238 8130
8	5 02 34.851	24 09 26.78	.886 1202	24	7 07 19.546	23 53 20.30	.245 6488
9	5 05 16.094	24 13 04.00	.894 7969	25	7 10 00.937	23 48 51.70	.252 4372
10	5 07 57.533	24 16 30.95	.903 4401	26	7 12 42.159	23 44 13.00	.259 1779
11	5 10 39.154	+24 19 47.57	1.912 0492	27	7 15 23.207	+23 39 24.23	2.265 8706
12	5 13 20.945	24 22 53.81	.920 6239	28	7 18 04.078	23 34 25.42	.272 5149
13	5 16 02.892	24 25 49.65	.929 1638	29	7 20 44.768	23 29 16.60	.279 1102
14	5 18 44.986	24 28 35.02	.937 6687	30	7 23 25.276	23 23 57.81	.285 6561
15	5 21 27.216	24 31 09.89	.946 1385	31	7 26 05.599	23 18 29.08	.292 1517
16	5 24 09.573	+24 33 34.23	1.954 5728	June 1	7 28 45.735	+23 12 50.47	2.298 5966
17	5 26 52.048	24 35 48.00	.962 9715	2	7 31 25.681	23 07 02.03	.304 9900
18	5 29 34.634	24 37 51.17	.971 3344	3	7 34 05.432	23 01 03.85	.311 3313
19	5 32 17.323	24 39 43.72	.979 6615	4	7 36 44.980	22 54 55.98	.317 6198
20	5 35 00.110	24 41 25.64	.987 9524	5	7 39 24.318	22 48 38.52	.323 8550
21	5 37 42.986	+24 42 56.90	1.996 2071	6	7 42 03.436	+22 42 11.53	2.330 0365
22	5 40 25.947	24 44 17.50	2.004 4254	7	7 44 42.325	22 35 35.08	.336 1640
23	5 43 08.984	24 45 27.43	.012 6071	8	7 47 20.980	22 28 49.23	.342 2372
24	5 45 52.091	24 46 26.69	.020 7519	9	7 49 59.395	22 21 54.05	.348 2559
25	5 48 35.262	24 47 15.26	.028 8597	10	7 52 37.564	22 14 49.60	.354 2202
26	5 51 18.487	+24 47 53.15	2.036 9300	11	7 55 15.485	+22 07 35.95	2.360 1298
27	5 54 01.761	24 48 20.34	.044 9626	12	7 57 53.154	22 00 13.16	.365 9847
28	5 56 45.075	24 48 36.82	.052 9571	13	8 00 30.569	21 52 41.30	.371 7850
29	5 59 28.422	24 48 42.59	.060 9130	14	8 03 07.727	21 45 00.45	.377 5305
30	6 02 11.794	24 48 37.63	.068 8298	15	8 05 44.628	21 37 10.67	.383 2214
May 1	6 04 55.185	+24 48 21.91	2.076 7068	16	8 08 21.270	+21 29 12.05	2.388 8577
2	6 07 38.589	24 47 55.43	.084 5433	17	8 10 57.651	21 21 04.67	.394 4393
3	6 10 22.001	24 47 18.16	.092 3387	18	8 13 33.769	21 12 48.59	.399 9664
4	6 13 05.416	24 46 30.12	.100 0921	19	8 16 09.624	21 04 23.90	.405 4389
5	6 15 48.826	24 45 31.31	.107 8027	20	8 18 45.213	20 55 50.67	.410 8569
6	6 18 32.225	+24 44 21.75	2.115 4698	21	8 21 20.534	+20 47 08.99	2.416 2203
7	6 21 15.600	24 43 01.48	.123 0927	22	8 23 55.587	20 38 18.91	.421 5291
8	6 23 58.940	24 41 30.52	.130 6709	23	8 26 30.371	20 29 20.51	.426 7831
9	6 26 42.231	24 39 48.89	.138 2038	24	8 29 04.885	20 20 13.83	.431 9820
10	6 29 25.461	24 37 56.61	.145 6913	25	8 31 39.133	20 10 58.95	.437 1255
11	6 32 08.618	+24 35 53.70	2.153 1329	26	8 34 13.115	+20 01 35.90	2.442 2133
12	6 34 51.693	24 33 40.17	.160 5285	27	8 36 46.836	19 52 04.76	.447 2449
13	6 37 34.675	24 31 16.05	.167 8780	28	8 39 20.297	19 42 25.58	.452 2197
14	6 40 17.559	24 28 41.35	.175 1811	29	8 41 53.501	19 32 38.45	.457 1372
15	6 43 00.335	24 25 56.11	.182 4379	30	8 44 26.449	19 22 43.45	.461 9968
16	6 45 42.998	+24 23 00.35	2.189 6482	July 1	8 46 59.139	+19 12 40.68	2.466 7979
17	6 48 25.542	+24 19 54.11	2.196 8119	2	8 49 31.569	+19 02 30.23	2.471 5400

MARS, 1989

GEOCENTRIC COORDINATES FOR 0ʰ DYNAMICAL TIME

Date	Apparent Right Ascension	Apparent Declination	True Geocentric Distance	Date	Apparent Right Ascension	Apparent Declination	True Geocentric Distance
	h m s	° ′ ″			h m s	° ′ ″	
July 1	8 46 59.139	+19 12 40.68	2.466 7979	Aug.16	10 39 41.098	+ 9 35 28.53	2.621 7965
2	8 49 31.569	19 02 30.23	.471 5400	17	10 42 03.600	9 20 57.66	.623 6917
3	8 52 03.736	18 52 12.20	.476 2226	18	10 44 25.976	9 06 23.17	.625 5244
4	8 54 35.637	18 41 46.69	.480 8453	19	10 46 48.234	8 51 45.10	.627 2945
5	8 57 07.270	18 31 13.78	.485 4079	20	10 49 10.385	8 37 03.52	.629 0019
6	8 59 38.631	+18 20 33.57	2.489 9101	21	10 51 32.436	+ 8 22 18.49	2.630 6465
7	9 02 09.722	18 09 46.13	.494 3517	22	10 53 54.399	8 07 30.08	.632 2280
8	9 04 40.542	17 58 51.55	.498 7327	23	10 56 16.279	7 52 38.35	.633 7460
9	9 07 11.093	17 47 49.91	.503 0531	24	10 58 38.083	7 37 43.40	.635 2001
10	9 09 41.375	17 36 41.30	.507 3127	25	11 00 59.817	7 22 45.33	.636 5900
11	9 12 11.392	+17 25 25.81	2.511 5118	26	11 03 21.485	+ 7 07 44.23	2.637 9153
12	9 14 41.145	17 14 03.52	.515 6503	27	11 05 43.089	6 52 40.20	.639 1756
13	9 17 10.635	17 02 34.52	.519 7282	28	11 08 04.634	6 37 33.34	.640 3705
14	9 19 39.867	16 50 58.90	.523 7458	29	11 10 26.124	6 22 23.75	.641 4999
15	9 22 08.841	16 39 16.74	.527 7030	30	11 12 47.563	6 07 11.53	.642 5635
16	9 24 37.560	+16 27 28.15	2.531 6001	31	11 15 08.956	+ 5 51 56.77	2.643 5612
17	9 27 06.026	16 15 33.20	.535 4372	Sept. 1	11 17 30.309	5 36 39.56	.644 4929
18	9 29 34.241	16 03 31.99	.539 2144	2	11 19 51.628	5 21 20.00	.645 3586
19	9 32 02.206	15 51 24.60	.542 9317	3	11 22 12.918	5 05 58.17	.646 1583
20	9 34 29.925	15 39 11.11	.546 5893	4	11 24 34.186	4 50 34.17	.646 8920
21	9 36 57.402	+15 26 51.58	2.550 1871	5	11 26 55.437	+ 4 35 08.09	2.647 5600
22	9 39 24.640	15 14 26.08	.553 7250	6	11 29 16.678	4 19 40.02	.648 1624
23	9 41 51.647	15 01 54.67	.557 2028	7	11 31 37.914	4 04 10.06	.648 6994
24	9 44 18.430	14 49 17.40	.560 6202	8	11 33 59.150	3 48 38.31	.649 1712
25	9 46 44.994	14 36 34.36	.563 9768	9	11 36 20.393	3 33 04.84	.649 5780
26	9 49 11.347	+14 23 45.61	2.567 2722	10	11 38 41.646	+ 3 17 29.78	2.649 9203
27	9 51 37.493	14 10 51.23	.570 5058	11	11 41 02.915	3 01 53.20	.650 1982
28	9 54 03.436	13 57 51.32	.573 6773	12	11 43 24.205	2 46 15.21	.650 4122
29	9 56 29.179	13 44 45.98	.576 7861	13	11 45 45.522	2 30 35.90	.650 5626
30	9 58 54.721	13 31 35.30	.579 8317	14	11 48 06.872	2 14 55.35	.650 6497
31	10 01 20.066	+13 18 19.40	2.582 8138	15	11 50 28.264	+ 1 59 13.64	2.650 6739
Aug. 1	10 03 45.213	13 04 58.36	.585 7321	16	11 52 49.706	1 43 30.83	.650 6352
2	10 06 10.164	12 51 32.28	.588 5862	17	11 55 11.211	1 27 46.98	.650 5339
3	10 08 34.922	12 38 01.26	.591 3760	18	11 57 32.789	1 12 02.17	.650 3700
4	10 10 59.490	12 24 25.38	.594 1014	19	11 59 54.449	0 56 16.45	.650 1432
5	10 13 23.873	+12 10 44.73	2.596 7622	20	12 02 16.200	+ 0 40 29.91	2.649 8533
6	10 15 48.074	11 56 59.41	.599 3585	21	12 04 38.048	0 24 42.65	.649 5002
7	10 18 12.097	11 43 09.49	.601 8904	22	12 06 59.999	+ 0 08 54.76	.649 0834
8	10 20 35.949	11 29 15.07	.604 3578	23	12 09 22.058	− 0 06 53.65	.648 6028
9	10 22 59.632	11 15 16.23	.606 7609	24	12 11 44.230	0 22 42.46	.648 0580
10	10 25 23.153	+11 01 13.08	2.609 0998	25	12 14 06.520	− 0 38 31.58	2.647 4488
11	10 27 46.515	10 47 05.70	.611 3748	26	12 16 28.934	0 54 20.89	.646 7752
12	10 30 09.723	10 32 54.17	.613 5859	27	12 18 51.477	1 10 10.27	.646 0369
13	10 32 32.781	10 18 38.60	.615 7334	28	12 21 14.157	1 25 59.62	.645 2339
14	10 34 55.694	10 04 19.08	.617 8175	29	12 23 36.975	1 41 48.82	.644 3662
15	10 37 18.464	+ 9 49 55.70	2.619 8384	30	12 25 59.937	− 1 57 37.84	2.643 4338
16	10 39 41.098	+ 9 35 28.53	2.621 7965	Oct. 1	12 28 23.052	− 2 13 26.67	2.642 4370

GEOCENTRIC COORDINATES FOR 0ʰ DYNAMICAL TIME

Date	Apparent Right Ascension	Apparent Declination	True Geocentric Distance	Date	Apparent Right Ascension	Apparent Declination	True Geocentric Distance
	h m s	° ′ ″			h m s	° ′ ″	
Oct. 1	12 28 23.052	− 2 13 26.67	2.642 4370	Nov. 16	14 22 46.565	−13 45 03.72	2.531 1046
2	12 30 46.335	2 29 15.14	.641 3757	17	14 25 24.186	13 58 36.80	.527 3544
3	12 33 09.789	2 45 03.09	.640 2502	18	14 28 02.257	14 12 04.18	.523 5527
4	12 35 33.419	3 00 50.41	.639 0608	19	14 30 40.781	14 25 25.72	.519 6993
5	12 37 57.228	3 16 36.99	.637 8077	20	14 33 19.763	14 38 41.29	.515 7944
6	12 40 21.224	− 3 32 22.74	2.636 4912	21	14 35 59.207	−14 51 50.73	2.511 8379
7	12 42 45.409	3 48 07.54	.635 1118	22	14 38 39.118	15 04 53.93	.507 8301
8	12 45 09.790	4 03 51.30	.633 6698	23	14 41 19.499	15 17 50.73	.503 7710
9	12 47 34.371	4 19 33.90	.632 1656	24	14 44 00.355	15 30 41.01	.499 6610
10	12 49 59.157	4 35 15.24	.630 5998	25	14 46 41.688	15 43 24.63	.495 5002
11	12 52 24.156	− 4 50 55.20	2.628 9728	26	14 49 23.502	−15 56 01.45	2.491 2890
12	12 54 49.374	5 06 33.70	.627 2850	27	14 52 05.799	16 08 31.35	.487 0276
13	12 57 14.819	5 22 10.64	.625 5370	28	14 54 48.579	16 20 54.18	.482 7165
14	12 59 40.502	5 37 45.93	.623 7292	29	14 57 31.845	16 33 09.81	.478 3562
15	13 02 06.434	5 53 19.51	.621 8618	30	15 00 15.595	16 45 18.10	.473 9470
16	13 04 32.626	− 6 08 51.29	2.619 9351	Dec. 1	15 02 59.830	−16 57 18.90	2.469 4896
17	13 06 59.086	6 24 21.19	.617 9491	2	15 05 44.549	17 09 12.07	.464 9845
18	13 09 25.824	6 39 49.12	.615 9038	3	15 08 29.753	17 20 57.46	.460 4324
19	13 11 52.844	6 55 14.97	.613 7991	4	15 11 15.440	17 32 34.94	.455 8340
20	13 14 20.151	7 10 38.62	.611 6348	5	15 14 01.612	17 44 04.36	.451 1900
21	13 16 47.752	− 7 25 59.94	2.609 4107	6	15 16 48.270	−17 55 25.57	2.446 5012
22	13 19 15.651	7 41 18.82	.607 1268	7	15 19 35.417	18 06 38.46	.441 7683
23	13 21 43.854	7 56 35.14	.604 7829	8	15 22 23.055	18 17 42.88	.436 9922
24	13 24 12.368	8 11 48.77	.602 3789	9	15 25 11.190	18 28 38.72	.432 1736
25	13 26 41.198	8 26 59.59	.599 9150	10	15 27 59.825	18 39 25.86	.427 3132
26	13 29 10.352	− 8 42 07.49	2.597 3911	11	15 30 48.963	−18 50 04.20	2.422 4116
27	13 31 39.835	8 57 12.35	.594 8073	12	15 33 38.606	19 00 33.62	.417 4693
28	13 34 09.653	9 12 14.05	.592 1639	13	15 36 28.754	19 10 54.00	.412 4868
29	13 36 39.813	9 27 12.47	.589 4608	14	15 39 19.407	19 21 05.19	.407 4643
30	13 39 10.320	9 42 07.50	.586 6986	15	15 42 10.562	19 31 07.06	.402 4020
31	13 41 41.179	− 9 56 59.01	2.583 8773	16	15 45 02.220	−19 40 59.45	2.397 3001
Nov. 1	13 44 12.394	10 11 46.89	.580 9974	17	15 47 54.379	19 50 42.23	.392 1588
2	13 46 43.970	10 26 30.99	.578 0592	18	15 50 47.040	20 00 15.24	.386 9783
3	13 49 15.910	10 41 11.21	.575 0632	19	15 53 40.201	20 09 38.35	.381 7586
4	13 51 48.219	10 55 47.42	.572 0099	20	15 56 33.863	20 18 51.43	.376 5001
5	13 54 20.899	−11 10 19.47	2.568 8998	21	15 59 28.022	−20 27 54.33	2.371 2029
6	13 56 53.955	11 24 47.25	.565 7334	22	16 02 22.678	20 36 46.93	.365 8674
7	13 59 27.392	11 39 10.62	.562 5113	23	16 05 17.826	20 45 29.10	.360 4940
8	14 02 01.213	11 53 29.46	.559 2343	24	16 08 13.464	20 54 00.71	.355 0829
9	14 04 35.427	12 07 43.65	.555 9028	25	16 11 09.587	21 02 21.65	.349 6346
10	14 07 10.039	−12 21 53.07	2.552 5176	26	16 14 06.189	−21 10 31.77	2.344 1495
11	14 09 45.059	12 35 57.62	.549 0793	27	16 17 03.264	21 18 30.95	.338 6281
12	14 12 20.496	12 49 57.20	.545 5883	28	16 20 00.805	21 26 19.08	.333 0710
13	14 14 56.359	13 03 51.70	.542 0451	29	16 22 58.804	21 33 56.02	.327 4788
14	14 17 32.655	13 17 41.04	.538 4499	30	16 25 57.253	21 41 21.64	.321 8521
15	14 20 09.389	−13 31 25.09	2.534 8031	31	16 28 56.146	−21 48 35.81	2.316 1916
16	14 22 46.565	−13 45 03.72	2.531 1046	32	16 31 55.474	−21 55 38.42	2.310 4982

JUPITER, 1989

GEOCENTRIC COORDINATES FOR 0ʰ DYNAMICAL TIME

Date	Apparent Right Ascension	Apparent Declination	True Geocentric Distance	Date	Apparent Right Ascension	Apparent Declination	True Geocentric Distance
	h m s	o ′ ″			h m s	o ′ ″	
Jan. 0	3 38 51.708	+18 33 47.22	4.265 1172	Feb. 15	3 40 19.089	+18 50 54.91	4.931 3932
1	3 38 35.022	18 33 06.81	.276 3417	16	3 40 39.905	18 52 18.75	.947 5603
2	3 38 19.114	18 32 29.01	.287 7820	17	3 41 01.445	18 53 44.75	.963 7260
3	3 38 03.996	18 31 53.87	.299 4339	18	3 41 23.700	18 55 12.83	.979 8864
4	3 37 49.675	18 31 21.42	.311 2929	19	3 41 46.662	18 56 42.96	4.996 0379
5	3 37 36.162	+18 30 51.72	4.323 3544	20	3 42 10.325	+18 58 15.08	5.012 1767
6	3 37 23.463	18 30 24.81	.335 6137	21	3 42 34.680	18 59 49.14	.028 2993
7	3 37 11.583	18 30 00.70	.348 0659	22	3 42 59.723	19 01 25.10	.044 4022
8	3 37 00.529	18 29 39.44	.360 7063	23	3 43 25.447	19 03 02.92	.060 4817
9	3 36 50.303	18 29 21.02	.373 5296	24	3 43 51.846	19 04 42.55	.076 5343
10	3 36 40.910	+18 29 05.45	4.386 5308	25	3 44 18.915	+19 06 23.97	5.092 5566
11	3 36 32.354	18 28 52.74	.399 7044	26	3 44 46.648	19 08 07.13	.108 5450
12	3 36 24.639	18 28 42.89	.413 0453	27	3 45 15.039	19 09 52.00	.124 4961
13	3 36 17.771	18 28 35.91	.426 5481	28	3 45 44.081	19 11 38.55	.140 4063
14	3 36 11.753	18 28 31.81	.440 2076	Mar. 1	3 46 13.768	19 13 26.73	.156 2722
15	3 36 06.588	+18 28 30.60	4.454 0184	2	3 46 44.092	+19 15 16.51	5.172 0902
16	3 36 02.278	18 28 32.29	.467 9756	3	3 47 15.045	19 17 07.85	.187 8569
17	3 35 58.823	18 28 36.90	.482 0741	4	3 47 46.620	19 19 00.69	.203 5686
18	3 35 56.220	18 28 44.43	.496 3089	5	3 48 18.806	19 20 54.98	.219 2218
19	3 35 54.468	18 28 54.87	.510 6753	6	3 48 51.597	19 22 50.67	.234 8127
20	3 35 53.564	+18 29 08.22	4.525 1685	7	3 49 24.985	+19 24 47.69	5.250 3378
21	3 35 53.504	18 29 24.46	.539 7838	8	3 49 58.963	19 26 45.97	.265 7933
22	3 35 54.285	18 29 43.56	.554 5166	9	3 50 33.526	19 28 45.47	.281 1756
23	3 35 55.906	18 30 05.51	.569 3624	10	3 51 08.669	19 30 46.16	.296 4811
24	3 35 58.365	18 30 30.29	.584 3166	11	3 51 44.386	19 32 47.98	.311 7063
25	3 36 01.659	+18 30 57.89	4.599 3746	12	3 52 20.668	+19 34 50.91	5.326 8482
26	3 36 05.789	18 31 28.29	.614 5320	13	3 52 57.506	19 36 54.91	.341 9036
27	3 36 10.752	18 32 01.48	.629 7841	14	3 53 34.891	19 38 59.94	.356 8695
28	3 36 16.548	18 32 37.45	.645 1265	15	3 54 12.811	19 41 05.93	.371 7433
29	3 36 23.175	18 33 16.17	.660 5545	16	3 54 51.257	19 43 12.85	.386 5223
30	3 36 30.630	+18 33 57.66	4.676 0637	17	3 55 30.220	+19 45 20.63	5.401 2038
31	3 36 38.911	18 34 41.88	.691 6493	18	3 56 09.691	19 47 29.23	.415 7855
Feb. 1	3 36 48.016	18 35 28.83	.707 3069	19	3 56 49.662	19 49 38.58	.430 2649
2	3 36 57.941	18 36 18.49	.723 0317	20	3 57 30.126	19 51 48.64	.444 6397
3	3 37 08.680	18 37 10.84	.738 8191	21	3 58 11.077	19 53 59.36	.458 9075
4	3 37 20.228	+18 38 05.85	4.754 6642	22	3 58 52.509	+19 56 10.70	5.473 0660
5	3 37 32.580	18 39 03.49	.770 5624	23	3 59 34.416	19 58 22.62	.487 1131
6	3 37 45.729	18 40 03.70	.786 5087	24	4 00 16.792	20 00 35.07	.501 0464
7	3 37 59.669	18 41 06.45	.802 4982	25	4 00 59.632	20 02 48.04	.514 8637
8	3 38 14.395	18 42 11.69	.818 5260	26	4 01 42.931	20 05 01.48	.528 5629
9	3 38 29.903	+18 43 19.37	4.834 5871	27	4 02 26.681	+20 07 15.36	5.542 1416
10	3 38 46.190	18 44 29.45	.850 6767	28	4 03 10.876	20 09 29.65	.555 5977
11	3 39 03.250	18 45 41.91	.866 7902	29	4 03 55.510	20 11 44.31	.568 9289
12	3 39 21.078	18 46 56.72	.882 9229	30	4 04 40.576	20 13 59.30	.582 1330
13	3 39 39.667	18 48 13.84	.899 0705	31	4 05 26.065	20 16 14.58	.595 2077
14	3 39 59.007	+18 49 33.25	4.915 2286	Apr. 1	4 06 11.971	+20 18 30.12	5.608 1506
15	3 40 19.089	+18 50 54.91	4.931 3932	2	4 06 58.286	+20 20 45.85	5.620 9594

GEOCENTRIC COORDINATES FOR 0ʰ DYNAMICAL TIME

Date	Apparent Right Ascension	Apparent Declination	True Geocentric Distance	Date	Apparent Right Ascension	Apparent Declination	True Geocentric Distance
	h m s	o ′ ″			h m s	o ′ ″	
Apr. 1	4 06 11.971	+20 18 30.12	5.608 1506	May 17	4 47 02.478	+21 56 07.60	6.030 5176
2	4 06 58.286	20 20 45.85	.620 9594	18	4 48 00.848	21 57 55.55	.035 4681
3	4 07 45.002	20 23 01.72	.633 6316	19	4 48 59.345	21 59 42.30	.040 2260
4	4 08 32.113	20 25 17.68	.646 1649	20	4 49 57.966	22 01 27.83	.044 7909
5	4 09 19.615	20 27 33.68	.658 5568	21	4 50 56.707	22 03 12.15	.049 1625
6	4 10 07.503	+20 29 49.68	5.670 8049	22	4 51 55.561	+22 04 55.23	6.053 3404
7	4 10 55.774	20 32 05.65	.682 9069	23	4 52 54.523	22 06 37.08	.057 3244
8	4 11 44.420	20 34 21.57	.694 8605	24	4 53 53.588	22 08 17.68	.061 1139
9	4 12 33.435	20 36 37.41	.706 6639	25	4 54 52.7⁵	22 09 57.00	.064 7085
10	4 13 22.809	20 38 53.14	.718 3150	26	4 55 52.0〇	22 11 35.04	.068 1078
11	4 14 12.532	+20 41 08.72	5.729 8123	27	4 56 51.339	+22 13 11.75	6.071 3110
12	4 15 02.595	20 43 24.11	.741 1542	28	4 57 50.756	22 14 47.13	.074 3178
13	4 15 52.990	20 45 39.27	.752 3392	29	4 58 50.249	22 16 21.14	.077 1273
14	4 16 43.708	20 47 54.14	.763 3659	30	4 59 49.815	22 17 53.76	.079 7390
15	4 17 34.743	20 50 08.69	.774 2331	31	5 00 49.451	22 19 24.99	.082 1522
16	4 18 26.088	+20 52 22.88	5.784 9394	June 1	5 01 49.153	+22 20 54.81	6.084 3664
17	4 19 17.738	20 54 36.66	.795 4837	2	5 02 48.918	22 22 23.22	.086 3809
18	4 20 09.688	20 56 50.01	.805 8646	3	5 03 4⁸.⁷39	22 23 50.24	.088 1955
19	4 21 01.933	20 59 02.90	.816 0812	4	5 04 48.609	22 25 15.86	.089 8098
20	4 21 54.468	21 01 15.29	.826 1321	5	5 05 48.519	22 26 40.07	.091 2236
21	4 22 47.288	+21 03 27.16	5.836 0163	6	5 06 48.462	+22 28 02.86	6.092 4371
22	4 23 40.390	21 05 38.49	.845 7326	7	5 07 48.430	22 29 24.21	.093 4502
23	4 24 33.768	21 07 49.27	.855 2798	8	5 08 48.420	22 30 44.05	.094 2633
24	4 25 27.416	21 09 59.45	.864 6568	9	5 09 48.423	22 32 01.99	.094 8766
25	4 26 21.329	21 12 09.04	.873 8624	10	5 10 48.353	22 33 19.09	.095 2903
26	4 27 15.500	+21 14 17.99	5.882 8954	11	5 11 48.363	+22 34 34.90	6.095 5050
27	4 28 09.924	21 16 26.28	.891 7546	12	5 12 48.366	22 35 48.93	.095 5208
28	4 29 04.593	21 18 33.89	.900 4386	13	5 13 48.360	22 37 01.42	.095 3383
29	4 29 59.501	21 20 40.76	.908 9461	14	5 14 48.343	22 38 12.39	.094 9578
30	4 30 54.642	21 22 46.87	.917 2758	15	5 15 48.310	22 39 21.85	.094 3798
May 1	4 31 50.010	+21 24 52.18	5.925 4262	16	5 16 48.259	+22 40 29.82	6.093 6045
2	4 32 45.602	21 26 56.64	.933 3960	17	5 17 48.185	22 41 36.29	.092 6325
3	4 33 41.413	21 29 00.23	.941 1837	18	5 18 48.084	22 42 41.28	.091 4640
4	4 34 37.440	21 31 02.91	.948 7879	19	5 19 47.950	22 43 44.78	.090 0995
5	4 35 33.680	21 33 04.69	.956 2072	20	5 20 47.777	22 44 46.80	.088 5393
6	4 36 30.127	+21 35 05.54	5.963 4406	21	5 21 47.560	+22 45 47.34	6.086 7836
7	4 37 26.772	21 37 05.46	.970 4868	22	5 22 47.292	22 46 46.39	.084 8326
8	4 38 23.609	21 39 04.43	.977 3451	23	5 23 46.967	22 47 43.94	.082 6864
9	4 39 20.627	21 41 02.42	.984 0146	24	5 24 46.581	22 48 39.98	.080 3452
10	4 40 17.818	21 42 59.41	.990 4949	25	5 25 46.129	22 49 34.49	.077 8090
11	4 41 15.175	+21 44 55.35	5.996 7852	26	5 26 45.609	+22 50 27.47	6.075 0778
12	4 42 12.690	21 46 50.22	6.002 8853	27	5 27 45.016	22 51 18.91	.072 1517
13	4 43 10.359	21 48 43.99	.008 7946	28	5 28 44.348	22 52 08.82	.069 0306
14	4 44 08.177	21 50 36.63	.014 5128	29	5 29 43.601	22 52 57.22	.065 7147
15	4 45 06.139	21 52 28.12	.020 0396	30	5 30 42.768	22 53 44.11	.062 2043
16	4 46 04.240	+21 54 18.45	6.025 3746	July 1	5 31 41.844	+22 54 29.52	6.058 4995
17	4 47 02.478	+21 56 07.60	6.030 5176	2	5 32 40.820	+22 55 13.45	6.054 6009

JUPITER, 1989

GEOCENTRIC COORDINATES FOR 0ʰ DYNAMICAL TIME

Date	Apparent Right Ascension	Apparent Declination	True Geocentric Distance	Date	Apparent Right Ascension	Apparent Declination	True Geocentric Distance
	h m s	° ′ ″			h m s	° ′ ″	
July 1	5 31 41.844	+22 54 29.52	6.058 4995	Aug. 16	6 13 34.304	+23 05 00.85	5.694 0460
2	5 32 40.820	22 55 13.45	.054 6009	17	6 14 22.209	23 04 48.56	.682 3569
3	5 33 39.686	22 55 55.92	.050 5090	18	6 15 09.725	23 04 35.48	.670 5329
4	5 34 38.436	22 56 36.92	.046 2245	19	6 15 56.846	23 04 21.62	.658 5757
5	5 35 37.061	22 57 16.45	.041 7481	20	6 16 43.568	23 04 06.99	.646 4869
6	5 36 35.554	+22 57 54.50	6.037 0807	21	6 17 29.887	+23 03 51.61	5.634 2679
7	5 37 33.909	22 58 31.07	.032 2234	22	6 18 15.797	23 03 35.53	.621 9205
8	5 38 32.122	22 59 06.17	.027 1771	23	6 19 01.292	23 03 18.77	.609 4463
9	5 39 30.189	22 59 39.79	.021 9428	24	6 19 46.365	23 03 01.39	.596 8470
10	5 40 28.104	23 00 11.96	.016 5215	25	6 20 31.004	23 02 43.41	.584 1247
11	5 41 25.863	+23 00 42.67	6.010 9144	26	6 21 15.202	+23 02 24.88	5.571 2814
12	5 42 23.463	23 01 11.94	6.005 1226	27	6 21 58.946	23 02 05.82	.558 3192
13	5 43 20.899	23 01 39.79	5.999 1470	28	6 22 42.227	23 01 46.27	.545 2406
14	5 44 18.165	23 02 06.24	.992 9888	29	6 23 25.037	23 01 26.23	.532 0479
15	5 45 15.258	23 02 31.30	.986 6490	30	6 24 07.366	23 01 05.74	.518 7436
16	5 46 12.170	+23 02 54.99	5.980 1288	31	6 24 49.207	+23 00 44.81	5.505 3305
17	5 47 08.897	23 03 17.33	.973 4292	Sept. 1	6 25 30.553	23 00 23.46	.491 8111
18	5 48 05.432	23 03 38.33	.966 5511	2	6 26 .11.397	23 00 01.74	.478 1883
19	5 49 01.767	23 03 58.01	.959 4956	3	6 26 51.733	22 59 39.65	.464 4648
20	5 49 57.896	23 04 16.36	.952 2634	4	6 27 31.554	22 59 17.25	.450 6436
21	5 50 53.814	+23 04 33.38	5.944 8554	5	6 28 10.855	+22 58 54.56	5.436 7274
22	5 51 49.516	23 04 49.08	.937 2724	6	6 28 49.628	22 58 31.62	.422 7193
23	5 52 44.997	23 05 03.45	.929 5151	7	6 29 27.866	22 58 08.47	.408 6220
24	5 53 40.254	23 05 16.50	.921 5841	8	6 30 05.563	22 57 45.14	.394 4386
25	5 54 35.285	23 05 28.25	.913 4803	9	6 30 42.709	22 57 21.68	.380 1721
26	5 55 30.083	+23 05 38.72	5.905 2043	10	6 31 19.298	+22 56 58.11	5.365 8253
27	5 56 24.643	23 05 47.94	.896 7571	11	6 31 55.322	22 56 34.48	.351 4011
28	5 57 18.958	23 05 55.94	.888 1396	12	6 32 30.771	22 56 10.80	.336 9026
29	5 58 13.019	23 06 02.75	.879 3529	13	6 33 05.637	22 55 47.11	.322 3326
30	5 59 06.817	23 06 08.39	.870 3981	14	6 33 39.914	22 55 23.41	.307 6938
31	6 00 00.344	+23 06 12.88	5.861 2768	15	6 34 13.593	+22 54 59.73	5.292 9891
Aug. 1	6 00 53.589	23 06 16.22	.851 9902	16	6 34 46.671	22 54 36.08	.278 2210
2	6 01 46.546	23 06 18.43	.842 5399	17	6 35 19.142	22 54 12.47	.263 3923
3	6 02 39.208	23 06 19.51	.832 9276	18	6 35 51.001	22 53 48.95	.248 5057
4	6 03 31.567	23 06 19.49	.823 1550	19	0 36 22.243	22 53 25.56	.233 5638
5	6 04 23.619	+23 06 18.37	5.813 2239	20	6 36 52.858	+22 53 02.34	5.218 5696
6	6 05 15.358	23 06 16.17	.803 1360	21	6 37 22.836	22 52 39.34	.203 5261
7	6 06 06.779	23 06 12.93	.792 8932	22	6 37 52.168	22 52 16.61	.188 4363
8	6 06 57.877	23 06 08.65	.782 4974	23	6 38 20.841	22 51 54.17	.173 3036
9	6 07 48.646	23 06 03.37	.771 9503	24	6 38 48.846	22 51 32.06	.158 1315
10	6 08 39.081	+23 05 57.12	5.761 2540	25	6 39 16.172	+22 51 10.30	5.142 9235
11	6 09 29.175	23 05 49.93	.750 4102	26	6 39 42.811	22 50 48.92	.127 6833
12	6 10 18.923	23 05 41.83	.739 4210	27	6 40 08.755	22 50 27.93	.112 4147
13	6 11 08.317	23 05 32.84	.728 2881	28	6 40 33.995	22 50 07.36	.097 1215
14	6 11 57.350	23 05 23.00	.717 0134	29	6 40 58.527	22 49 47.24	.081 8077
15	6 12 46.015	+23 05 12.33	5.705 5988	30	6 41 22.342	+22 49 27.59	5.066 4774
16	6 13 34.304	+23 05 00.85	5.694 0460	Oct. 1	6 41 45.434	+22 49 08.45	5.051 1345

GEOCENTRIC COORDINATES FOR 0ʰ DYNAMICAL TIME

Date	Apparent Right Ascension	Apparent Declination	True Geocentric Distance	Date	Apparent Right Ascension	Apparent Declination	True Geocentric Distance
	h m s	° ′ ″			h m s	° ′ ″	
Oct. 1	6 41 45.434	+22 49 08.45	5.051 1345	Nov.16	6 44 54.531	+22 49 32.84	4.405 7287
2	6 42 07.798	22 48 49.85	.035 7831	17	6 44 38.791	22 49 55.79	.394 7387
3	6 42 29.427	22 48 31.82	.020 4275	18	6 44 22.238	22 50 19.59	.383 9526
4	6 42 50.315	22 48 14.40	5.005 0717	19	6 44 04.878	22 50 44.20	.373 3752
5	6 43 10.455	22 47 57.61	4.989 7199	20	6 43 46.719	22 51 09.60	.363 0113
6	6 43 29.840	+22 47 41.50	4.974 3763	21	6 43 27.772	+22 51 35.74	4.352 8657
7	6 43 48.462	22 47 26.08	.959 0452	22	6 43 08.046	22 52 02.59	.342 9432
8	6 44 06.316	22 47 11.40	.943 7306	23	6 42 47.555	22 52 30.13	.333 2485
9	6 44 23.394	22 46 57.47	.928 4368	24	6 42 26.311	22 52 58.32	.323 7862
10	6 44 39.689	22 46 44.31	.913 1679	25	6 42 04.326	22 53 27.14	.314 5610
11	6 44 55.194	+22 46 31.93	4.897 9280	26	6 41 41.617	+22 53 56.55	4.305 5775
12	6 45 09.905	22 46 20.33	.882 7211	27	6 41 18.197	22 54 26.53	.296 8400
13	6 45 23.817	22 46 09.53	.867 5512	28	6 40 54.081	22 54 57.06	.288 3529
14	6 45 36.927	22 45 59.53	.852 4222	29	6 40 29.284	22 55 28.09	.280 1204
15	6 45 49.233	22 45 50.35	.837 3381	30	6 40 03.823	22 55 59.62	.272 1467
16	6 46 00.731	+22 45 42.00	4.822 3026	Dec. 1	6 39 37.714	+22 56 31.59	4.264 4357
17	6 46 11.418	22 45 34.53	.807 3198	2	6 39 10.973	22 57 03.97	.256 9913
18	6 46 21.286	22 45 27.97	.792 3937	3	6 38 43.617	22 57 36.73	.249 8170
19	6 46 30.327	22 45 22.35	.777 5287	4	6 38 15.666	22 58 09.81	.242 9163
20	6 46 38.532	22 45 17.70	.762 7290	5	6 37 47.139	22 58 43.17	.236 2926
21	6 46 45.895	+22 45 14.02	4.747 9993	6	6 37 18.056	+22 59 16.75	4.229 9488
22	6 46 52.407	22 45 11.34	.733 3443	7	6 36 48.440	22 59 50.50	.223 8879
23	6 46 58.064	22 45 09.64	.718 7686	8	6 36 18.315	23 00 24.38	.218 1126
24	6 47 02.862	22 45 08.94	.704 2773	9	6 35 47.702	23 00 58.34	.212 6254
25	6 47 06.797	22 45 09.24	.689 8752	10	6 35 16.628	23 01 32.36	.207 4287
26	6 47 09.867	+22 45 10.54	4.675 5673	11	6 34 45.113	+23 02 06.41	4.202 5248
27	6 47 12.070	22 45 12.86	.661 3587	12	6 34 13.180	23 02 40.48	.197 9159
28	6 47 13.405	22 45 16.19	.647 2544	13	6 33 40.849	23 03 14.54	.193 6042
29	6 47 13.871	22 45 20.54	.633 2596	14	6 33 08.137	23 03 48.57	.189 5920
30	6 47 13.467	22 45 25.93	.619 3793	15	6 32 35.066	23 04 22.53	.185 8813
31	6 47 12.194	+22 45 32.36	4.605 6187	16	6 32 01.658	+23 04 56.38	4.182 4743
Nov. 1	6 47 10.050	22 45 39.83	.591 9829	17	6 31 27.934	23 05 30.08	.179 3732
2	6 47 07.036	22 45 48.36	.578 4769	18	6 30 53.920	23 06 03.58	.176 5800
3	6 47 03.151	22 45 57.95	.565 1057	19	6 30 19.643	23 06 36.85	.174 0966
4	6 46 58.396	22 46 08.59	.551 8744	20	6 29 45.129	23 07 09.86	.171 9248
5	6 46 52.772	+22 46 20.28	4.538 7880	21	6 29 10.405	+23 07 42.57	4.170 0662
6	6 46 46.280	22 46 33.01	.525 8512	22	6 28 35.501	23 08 14.96	.168 5223
7	6 46 38.921	22 46 46.75	.513 0689	23	6 28 00.442	23 08 47.01	.167 2944
8	6 46 30.699	22 47 01.50	.500 4458	24	6 27 25.258	23 09 18.69	.166 3837
9	6 46 21.618	22 47 17.21	.487 9864	25	6 26 49.977	23 09 50.00	.165 7910
10	6 46 11.683	+22 47 33.87	4.475 6954	26	6 26 14.626	+23 10 20.91	4.165 5171
11	6 46 00.903	22 47 51.44	.463 5772	27	6 25 39.233	23 10 51.41	.165 5625
12	6 45 49.284	22 48 09.92	.451 6359	28	6 25 03.826	23 11 21.47	.165 9277
13	6 45 36.833	22 48 29.30	.439 8761	29	6 24 28.431	23 11 51.09	.166 6126
14	6 45 23.555	22 48 49.59	.428 3020	30	6 23 53.075	23 12 20.25	.167 6172
15	6 45 09.453	+22 49 10.77	4.416 9180	31	6 23 17.787	+23 12 48.91	4.168 9411
16	6 44 54.531	+22 49 32.84	4.405 7287	32	6 22 42.595	+23 13 17.04	4.170 5836

SATURN, 1989

GEOCENTRIC COORDINATES FOR 0ʰ DYNAMICAL TIME

Date	Apparent Right Ascension	Apparent Declination	True Geocentric Distance	Date	Apparent Right Ascension	Apparent Declination	True Geocentric Distance
	h m s	o ′ ″			h m s	o ′ ″	
Jan. 0	18 23 43.713	−22 36 42.32	11.024 0036	Feb. 15	18 45 29.253	−22 20 35.05	10.706 4341
1	18 24 14.396	22 36 28.40	.022 6473	16	18 45 53.455	22 20 09.97	.694 3493
2	18 24 45.054	22 36 14.05	.021 0297	17	18 46 17.402	22 19 44.93	.682 0835
3	18 25 15.682	22 35 59.26	.019 1507	18	18 46 41.090	22 19 19.93	.669 6394
4	18 25 46.277	22 35 44.05	.017 0105	19	18 47 04.512	22 18 54.98	.657 0202
5	18 26 16.832	−22 35 28.45	11.014 6093	20	18 47 27.667	−22 18 30.09	10.644 2288
6	18 26 47.342	22 35 12.45	.011 9474	21	18 47 50.548	22 18 05.24	.631 2681
7	18 27 17.799	22 34 56.08	.009 0252	22	18 48 13.154	22 17 40.46	.618 1412
8	18 27 48.197	22 34 39.35	.005 8434	23	18 48 35.481	22 17 15.75	.604 8510
9	18 28 18.527	22 34 22.25	11.002 4026	24	18 48 57.527	22 16 51.11	.591 4005
10	18 28 48.782	−22 34 04.80	10.998 7038	25	18 49 19.288	−22 16 26.57	10.577 7928
11	18 29 18.956	22 33 46.97	.994 7480	26	18 49 40.761	22 16 02.13	.564 0310
12	18 29 49.044	22 33 28.76	.990 5365	27	18 50 01.943	22 15 37.82	.550 1183
13	18 30 19.043	22 33 10.17	.986 0706	28	18 50 22.829	22 15 13.65	.536 0579
14	18 30 48.950	22 32 51.21	.981 3519	Mar. 1	18 50 43.416	22 14 49.66	.521 8531
15	18 31 18.763	−22 32 31.88	10.976 3818	2	18 51 03.699	−22 14 25.84	10.507 5072
16	18 31 48.478	22 32 12.21	.971 1618	3	18 51 23.671	22 14 02.24	.493 0236
17	18 32 18.091	22 31 52.23	.965 6936	4	18 51 43.326	22 13 38.87	.478 4060
18	18 32 47.595	22 31 31.93	.959 9787	5	18 52 02.659	22 13 15.73	.463 6580
19	18 33 16.986	22 31 11.36	.954 0185	6	18 52 21.662	22 12 52.84	.448 7834
20	18 33 46.257	−22 30 50.51	10.947 8146	7	18 52 40.330	−22 12 30.20	10.433 7862
21	18 34 15.401	22 30 29.39	.941 3684	8	18 52 58.661	22 12 07.80	.418 6706
22	18 34 44.413	22 30 08.01	.934 6815	9	18 53 16.653	22 11 45.63	.403 4409
23	18 35 13.288	22 29 46.37	.927 7552	10	18 53 34.304	22 11 23.73	.388 1014
24	18 35 42.021	22 29 24.46	.920 5911	11	18 53 51.614	22 11 02.10	.372 6566
25	18 36 10.608	−22 29 02.29	10.913 1905	12	18 54 08.580	−22 10 40.77	10.357 1109
26	18 36 39.046	22 28 39.86	.905 5549	13	18 54 25.198	22 10 19.77	.341 4687
27	18 37 07.330	22 28 17.18	.897 6860	14	18 54 41.465	22 09 59.13	.325 7343
28	18 37 35.457	22 27 54.24	.889 5852	15	18 54 57.375	22 09 38.87	.309 9119
29	18 38 03.423	22 27 31.08	.881 2543	16	18 55 12.924	22 09 18.98	.294 0058
30	18 38 31.226	−22 27 07.69	10.872 6948	17	18 55 28.107	−22 08 59.49	10.278 0201
31	18 38 58.859	22 26 44.09	.863 9087	18	18 55 42.922	22 08 40.40	.261 9590
Feb. 1	18 39 26.319	22 26 20.31	.854 8976	19	18 55 57.364	22 08 21.71	.245 8264
2	18 39 53.600	22 25 56.36	.845 6636	20	18 56 11.433	22 08 03.42	.229 6265
3	18 40 20.696	22 25 32.27	.836 2086	21	18 56 25.125	22 07 45.53	.213 3633
4	18 40 47.601	−22 25 07.05	10.826 5347	22	18 56 38.439	−22 07 28.06	10.197 0408
5	18 41 14.305	22 24 43.71	.816 6443	23	18 56 51.373	22 07 11.00	.180 6632
6	18 41 40.803	22 24 19.26	.806 5397	24	18 57 03.927	22 06 54.36	.164 2345
7	18 42 07.087	22 23 54.71	.796 2235	25	18 57 16.098	22 06 38.17	.147 7587
8	18 42 33.153	22 23 30.04	.785 6986	26	18 57 27.885	22 06 22.42	.131 2400
9	18 42 58.997	−22 23 05.26	10.774 9678	27	18 57 39.285	−22 06 07.15	10.114 6826
10	18 43 24.617	22 22 40.37	.764 0343	28	18 57 50.295	22 05 52.36	.098 0906
11	18 43 50.011	22 22 15.39	.752 9010	29	18 58 00.913	22 05 38.08	.081 4684
12	18 44 15.175	22 21 50.34	.741 5713	30	18 58 11.134	22 05 24.32	.064 8201
13	18 44 40.107	22 21 25.25	.730 0481	31	18 58 20.955	22 05 11.09	.048 1502
14	18 45 04.802	−22 21 00.15	10.718 3347	Apr. 1	18 58 30.371	−22 04 58.41	10.031 4632
15	18 45 29.253	−22 20 35.05	10.706 4341	2	18 58 39.377	−22 04 46.29	10.014 7637

GEOCENTRIC COORDINATES FOR 0ʰ DYNAMICAL TIME

Date	Apparent Right Ascension	Apparent Declination	True Geocentric Distance	Date	Apparent Right Ascension	Apparent Declination	True Geocentric Distance
	h m s	o ′ ″			h m s	o ′ ″	
Apr. 1	18 58 30.371	−22 04 58.41	10.031 4632	May 17	18 58 13.751	−22 06 02.99	9.327 4679
2	18 58 39.377	22 04 46.29	10.014 7637	18	18 58 03.953	22 06 18.41	.315 2700
3	18 58 47.971	22 04 34.71	9.998 0564	19	18 57 53.802	22 06 34.33	.303 2725
4	18 58 56.150	22 04 23.67	.981 3461	20	18 57 43.303	22 06 50.75	.291 4792
5	18 59 03.912	22 04 13.17	.964 6378	21	18 57 32.461	22 07 07.65	.279 8935
6	18 59 11.260	−22 04 03.21	9.947 9365	22	18 57 21.280	−22 07 25.04	9.268 5188
7	18 59 18.193	22 03 53.79	.931 2474	23	18 57 09.764	22 07 42.92	.257 3587
8	18 59 24.713	22 03 44.94	.914 5757	24	18 56 57.916	22 08 01.28	.246 4165
9	18 59 30.820	22 03 36.68	.897 9264	25	18 56 45.741	22 08 20.12	.235 6959
10	18 59 36.510	22 03 29.02	.881 3046	26	18 56 33.240	22 08 39.41	.225 2003
11	18 59 41.781	−22 03 22.00	9.864 7151	27	18 56 20.420	−22 08 59.14	9.214 9331
12	18 59 46.632	22 03 15.61	.848 1628	28	18 56 07.284	22 09 19.29	.204 8981
13	18 59 51.059	22 03 09.85	.831 6524	29	18 55 53.839	22 09 39.84	.195 0986
14	18 59 55.062	22 03 04.72	.815 1885	30	18 55 40.093	22 10 00.75	.185 5383
15	18 59 58.639	22 03 00.21	.798 7756	31	18 55 26.055	22 10 22.03	.176 2208
16	19 00 01.792	−22 02 56.33	9.782 4184	June 1	18 55 11.732	−22 10 43.65	9.167 1497
17	19 00 04.521	22 02 53.05	.766 1213	2	18 54 57.135	22 11 05.61	.158 3283
18	19 00 06.826	22 02 50.39	.749 8887	3	18 54 42.270	22 11 27.92	.149 7601
19	19 00 08.710	22 02 48.34	.733 7251	4	18 54 27.145	22 11 50.57	.141 4482
20	19 00 10.172	22 02 46.89	.717 6349	5	18 54 11.764	22 12 13.57	.133 3957
21	19 00 11.216	−22 02 46.06	9.701 6224	6	18 53 56.135	−22 12 36.90	9.125 6053
22	19 00 11.841	22 02 45.84	.685 6920	7	18 53 40.262	22 13 00.55	.118 0798
23	19 00 12.048	22 02 46.24	.669 8481	8	18 53 24.153	22 13 24.48	.110 8214
24	19 00 11.839	22 02 47.27	.654 0952	9	18 53 07.817	22 13 48.68	.103 8326
25	19 00 11.212	22 02 48.95	.638 4375	10	18 52 51.262	22 14 13.11	.097 1154
26	19 00 10.167	−22 02 51.27	9.622 8796	11	18 52 34.497	−22 14 37.76	9.090 6718
27	19 00 08.704	22 02 54.25	.607 4260	12	18 52 17.534	22 15 02.61	.084 5037
28	19 00 06.820	22 02 57.87	.592 0811	13	18 52 00.380	22 15 27.64	.078 6130
29	19 00 04.517	22 03 02.15	.576 8496	14	18 51 43.047	22 15 52.83	.073 0013
30	19 00 01.792	22 03 07.07	.561 7361	15	18 51 25.543	22 16 18.17	.067 6701
May 1	18 59 58.648	−22 03 12.61	9.546 7455	16	18 51 07.877	−22 16 43.66	9.062 6211
2	18 59 55.085	22 03 18.77	.531 8824	17	18 50 50.060	22 17 09.28	.057 8557
3	18 59 51.108	22 03 25.52	.517 1519	18	18 50 32.099	22 17 35.04	.053 3751
4	18 59 46.721	22 03 32.87	.502 5588	19	18 50 14.002	22 18 00.92	.049 1808
5	18 59 41.929	22 03 40.81	.488 1081	20	18 49 55.776	22 18 26.93	.045 2739
6	18 59 36.736	−22 03 49.35	9.473 8048	21	18 49 37.428	−22 18 53.04	9.041 6556
7	18 59 31.143	22 03 58.51	.459 6536	22	18 49 18.965	22 19 19.25	.038 3273
8	18 59 25.153	22 04 08.30	.445 6592	23	18 49 00.394	22 19 45.54	.035 2900
9	18 59 18.767	22 04 18.72	.431 8261	24	18 48 41.723	22 20 11.87	.032 5451
10	18 59 11.985	22 04 29.76	.418 1586	25	18 48 22.963	22 20 38.24	.030 0936
11	18 59 04.811	−22 04 41.40	9.404 6611	26	18 48 04.122	−22 21 04.60	9.027 9369
12	18 58 57.247	22 04 53.62	.391 3376	27	18 47 45.214	22 21 30.96	.026 0759
13	18 58 49.299	22 05 06.42	.378 1922	28	18 47 26.249	22 21 57.29	.024 5118
14	18 58 40.969	22 05 19.77	.365 2287	29	18 47 07.240	22 22 23.60	.023 2455
15	18 58 32.265	22 05 33.66	.352 4509	30	18 46 48.196	22 22 49.88	.022 2779
16	18 58 23.190	−22 05 48.06	9.339 8628	July 1	18 46 29.127	−22 23 16.14	9.021 6096
17	18 58 13.751	−22 06 02.99	9.327 4679	2	18 46 10.042	−22 23 42.37	9.021 2410

SATURN, 1989

GEOCENTRIC COORDINATES FOR 0ʰ DYNAMICAL TIME

Date	Apparent Right Ascension	Apparent Declination	True Geocentric Distance	Date	Apparent Right Ascension	Apparent Declination	True Geocentric Distance
	h m s	° ′ ″			h m s	° ′ ″	
July 1	18 46 29.127	−22 23 16.14	9.021 6096	Aug.16	18 34 02.852	−22 40 13.59	9.297 2941
2	18 46 10.042	22 23 42.37	.021 2410	17	18 33 52.561	22 40 29.50	.309 1589
3	18 45 50.949	22 24 08.57	.021 1724	18	18 33 42.622	22 40 45.10	.321 2234
4	18 45 31.855	22 24 34.73	.021 4039	19	18 33 33.040	22 41 00.38	.333 4840
5	18 45 12.771	22 25 00.83	.021 9352	20	18 33 23.822	22 41 15.31	.345 9373
6	18 44 53.706	−22 25 26.84	9.022 7660	21	18 33 14.973	−22 41 29.91	9.358 5796
7	18 44 34.669	22 25 52.74	.023 8958	22	18 33 06.502	22 41 44.18	.371 4075
8	18 44 15.673	22 26 18.51	.025 3239	23	18 32 58.412	22 41 58.13	.384 4172
9	18 43 56.727	22 26 44.14	.027 0495	24	18 32 50.708	22 42 11.78	.397 6050
10	18 43 37.843	22 27 09.61	.029 0717	25	18 32 43.394	22 42 25.14	.410 9669
11	18 43 19.033	−22 27 34.91	9.031 3893	26	18 32 36.471	−22 42 38.21	9.424 4990
12	18 43 00.306	22 28 00.04	.034 0014	27	18 32 29.941	22 42 50.99	.438 1969
13	18 42 41.672	22 28 24.99	.036 9065	28	18 32 23.806	22 43 03.49	.452 0565
14	18 42 23.142	22 28 49.76	.040 1035	29	18 32 18.069	22 43 15.67	.466 0732
15	18 42 04.725	22 29 14.35	.043 5909	30	18 32 12.733	22 43 27.55	.480 2425
16	18 41 46.429	−22 29 38.76	9.047 3673	31	18 32 07.801	−22 43 39.10	9.494 5598
17	18 41 28.261	22 30 02.99	.051 4311	Sept. 1	18 32 03.277	22 43 50.31	.509 0204
18	18 41 10.229	22 30 27.03	.055 7808	2	18 31 59.165	22 44 01.18	.523 6196
19	18 40 52.338	22 30 50.89	.060 4148	3	18 31 55.469	22 44 11.71	.538 3525
20	18 40 34.597	22 31 14.55	.065 3316	4	18 31 52.191	22 44 21.90	.553 2144
21	18 40 17.012	−22 31 37.99	9.070 5295	5	18 31 49.334	−22 44 31.75	9.568 2005
22	18 39 59.591	22 32 01.19	.076 0072	6	18 31 46.900	22 44 41.26	.583 3059
23	18 39 42.345	22 32 24.14	.081 7629	7	18 31 44.891	22 44 50.45	.598 5258
24	18 39 25.283	22 32 46.83	.087 7952	8	18 31 43.308	22 44 59.31	.613 8554
25	18 39 08.417	22 33 09.25	.094 1023	9	18 31 42.150	22 45 07.85	.629 2899
26	18 38 51.758	−22 33 31.40	9.100 6826	10	18 31 41.418	−22 45 16.08	9.644 8245
27	18 38 35.313	22 33 53.30	.107 5342	11	18 31 41.111	22 45 24.00	.660 4546
28	18 38 19.092	22 34 14.95	.114 6550	12	18 31 41.226	22 45 31.61	.676 1755
29	18 38 03.102	22 34 36.36	.122 0429	13	18 31 41.762	22 45 38.90	.691 9826
30	18 37 47.349	22 34 57.53	.129 6955	14	18 31 42.718	22 45 45.86	.707 8714
31	18 37 31.839	−22 35 18.46	9.137 6102	15	18 31 44.095	−22 45 52.47	9.723 8376
Aug. 1	18 37 16.580	22 35 39.14	.145 7843	16	18 31 45.893	22 45 58.71	.739 8769
2	18 37 01.578	22 35 59.55	.154 2149	17	18 31 48.115	22 46 04.59	.755 9851
3	18 36 46.841	22 36 19.68	.162 8989	18	18 31 50.765	22 46 10.10	.772 1580
4	18 36 32.378	22 36 39.51	.171 8332	19	18 31 53.843	22 46 15.26	.788 3913
5	18 36 18.196	−22 36 59.04	9.181 0145	20	18 31 57.349	−22 46 20.08	9.804 6809
6	18 36 04.304	22 37 18.26	.190 4393	21	18 32 01.284	22 46 24.58	.821 0222
7	18 35 50.710	22 37 37.16	.200 1042	22	18 32 05.643	22 46 28.75	.837 4109
8	18 35 37.422	22 37 55.75	.210 0057	23	18 32 10.426	22 46 32.60	.853 8423
9	18 35 24.447	22 38 14.02	.220 1401	24	18 32 15.629	22 46 36.12	.870 3118
10	18 35 11.792	−22 38 31.99	9.230 5039	25	18 32 21.252	−22 46 39.30	9.886 8144
11	18 34 59.462	22 38 49.65	.241 0933	26	18 32 27.294	22 46 42.12	.903 3455
12	18 34 47.463	22 39 07.01	.251 9047	27	18 32 33.754	22 46 44.57	.919 9002
13	18 34 35.799	22 39 24.09	.262 9342	28	18 32 40.631	22 46 46.65	.936 4734
14	18 34 24.473	22 39 40.87	.274 1780	29	18 32 47.926	22 46 48.34	.953 0604
15	18 34 13.490	−22 39 57.37	9.285 6326	30	18 32 55.638	−22 46 49.63	9.969 6562
16	18 34 02.852	−22 40 13.59	9.297 2941	Oct. 1	18 33 03.767	−22 46 50.53	9.986 2559

GEOCENTRIC COORDINATES FOR 0ʰ DYNAMICAL TIME

Date	Apparent Right Ascension	Apparent Declination	True Geocentric Distance	Date	Apparent Right Ascension	Apparent Declination	True Geocentric Distance
	h m s	° ′ ″			h m s	° ′ ″	
Oct. 1	18 33 03.767	−22 46 50.53	9.986 2559	Nov.16	18 45 58.182	−22 39 41.97	10.678 7662
2	18 33 12.313	22 46 51.03	10.002 8545	17	18 46 22.376	22 39 21.09	.690 7977
3	18 33 21.273	22 46 51.13	.019 4472	18	18 46 46.814	22 38 59.69	.702 6465
4	18 33 30.646	22 46 50.85	.036 0293	19	18 47 11.490	22 38 37.76	.714 3096
5	18 33 40.429	22 46 50.17	.052 5958	20	18 47 36.401	22 38 15.28	.725 7840
6	18 33 50.620	−22 46 49.12	10.069 1422	21	18 48 01.541	−22 37 52.24	10.737 0666
7	18 34 01.215	22 46 47.68	.085 6636	22	18 48 26.910	22 37 28.64	.748 1542
8	18 34 12.209	22 46 45.85	.102 1556	23	18 48 52.502	22 37 04.47	.759 0440
9	18 34 23.599	22 46 43.65	.118 6135	24	18 49 18.315	22 36 39.72	.769 7329
10	18 34 35.379	22 46 41.05	.135 0331	25	18 49 44.345	22 36 14.40	.780 2180
11	18 34 47.546	−22 46 38.04	10.151 4100	26	18 50 10.588	−22 35 48.50	10.790 4965
12	18 35 00.096	22 46 34.62	.167 7400	27	18 50 37.040	22 35 22.04	.800 5655
13	18 35 13.027	22 46 30.76	.184 0190	28	18 51 03.696	22 34 55.03	.810 4223
14	18 35 26.338	22 46 26.45	.200 2433	29	18 51 30.549	22 34 27.46	.820 0644
15	18 35 40.027	22 46 21.69	.216 4088	30	18 51 57.595	22 33 59.34	.829 4892
16	18 35 54.096	−22 46 16.48	10.232 5118	Dec. 1	18 52 24.827	−22 33 30.69	10.838 6941
17	18 36 08.543	22 46 10.83	.248 5484	2	18 52 52.238	22 33 01.50	.847 6770
18	18 36 23.363	22 46 04.76	.264 5150	3	18 53 19.821	22 32 31.77	.856 4357
19	18 36 38.552	22 45 58.27	.280 4073	4	18 53 47.571	22 32 01.50	.864 9679
20	18 36 54.105	22 45 51.38	.296 2215	5	18 54 15.480	22 31 30.68	.873 2719
21	18 37 10.017	−22 45 44.06	10.311 9534	6	18 54 43.545	−22 30 59.31	10.881 3457
22	18 37 26.284	22 45 36.30	.327 5988	7	18 55 11.760	22 30 27.37	.889 1878
23	18 37 42.902	22 45 28.10	.343 1534	8	18 55 40.123	22 29 54.86	.896 7966
24	18 37 59.868	22 45 19.43	.358 6129	9	18 56 08.631	22 29 21.77	.904 1707
25	18 38 17.181	22 45 10.28	.373 9733	10	18 56 37.281	22 28 48.13	.911 3087
26	18 38 34.836	−22 45 00.65	10.389 2300	11	18 57 06.069	−22 28 13.95	10.918 2094
27	18 38 52.833	22 44 50.52	.404 3790	12	18 57 34.990	22 27 39.23	.924 8715
28	18 39 11.168	22 44 39.89	.419 4161	13	18 58 04.038	22 27 04.01	.931 2936
29	18 39 29.839	22 44 28.76	.434 3370	14	18 58 33.206	22 26 28.29	.937 4745
30	18 39 48.842	22 44 17.12	.449 1376	15	18 59 02.486	22 25 52.07	.943 4126
31	18 40 08.175	−22 44 05.00	10.463 8140	16	18 59 31.873	−22 25 15.34	10.949 1065
Nov. 1	18 40 27.832	22 43 52.37	.478 3620	17	19 00 01.361	22 24 38.10	.954 5546
2	18 40 47.809	22 43 39.26	.492 7779	18	19 00 30.947	22 24 00.33	.959 7555
3	18 41 08.100	22 43 25.65	.507 0577	19	19 01 00.627	22 23 22.04	.964 7075
4	18 41 28.700	22 43 11.56	.521 1977	20	19 01 30.397	22 22 43.21	.969 4093
5	18 41 49.603	−22 42 56.98	10.535 1943	21	19 02 00.254	−22 22 03.85	10.973 8593
6	18 42 10.802	22 42 41.90	.549 0439	22	19 02 30.193	22 21 23.96	.978 0563
7	18 42 32.293	22 42 26.32	.562 7432	23	19 03 00.212	22 20 43.57	.981 9988
8	18 42 54.069	22 42 10.22	.576 2888	24	19 03 30.306	22 20 02.66	.985 6858
9	18 43 16.127	22 41 53.59	.589 6776	25	19 04 00.468	22 19 21.26	.989 1160
10	18 43 38.464	−22 41 36.41	10.602 9065	26	19 04 30.695	−22 18 39.38	10.992 2884
11	18 44 01.076	22 41 18.68	.615 9728	27	19 05 00.980	22 17 57.04	.995 2020
12	18 44 23.963	22 41 00.40	.628 8735	28	19 05 31.316	22 17 14.24	10.997 8559
13	18 44 47.121	22 40 41.57	.641 6060	29	19 06 01.697	22 16 30.99	11.000 2495
14	18 45 10.548	22 40 22.22	.654 1675	30	19 06 32.116	22 15 47.31	.002 3819
15	18 45 34.237	−22 40 02.35	10.666 5552	31	19 07 02.566	−22 15 03.19	11.004 2528
16	18 45 58.182	−22 39 41.97	10.678 7662	32	19 07 33.040	−22 14 18.64	11.005 8619

URANUS, 1989

GEOCENTRIC COORDINATES FOR 0ʰ DYNAMICAL TIME

Date	Apparent Right Ascension	Apparent Declination	True Geocentric Distance	Date	Apparent Right Ascension	Apparent Declination	True Geocentric Distance
	h m s	∘ ′ ″			h m s	∘ ′ ″	
Jan. 0	18 07 23.862	−23 39 03.70	20.288 197	Feb. 15	18 18 05.850	−23 36 27.86	19.913 234
1	18 07 39.559	23 39 01.47	.285 868	16	18 18 16.894	23 36 24.17	.899 857
2	18 07 55.229	23 38 59.15	.283 258	17	18 18 27.769	23 36 20.53	.886 308
3	18 08 10.869	23 38 56.73	.280 368	18	18 18 38.471	23 36 16.96	.872 593
4	18 08 26.476	23 38 54.24	.277 196	19	18 18 48.997	23 36 13.43	.858 715
5	18 08 42.047	−23 38 51.67	20.273 744	20	18 18 59.346	−23 36 09.95	19.844 677
6	18 08 57.578	23 38 49.04	.270 014	21	18 19 09.516	23 36 06.50	.830 484
7	18 09 13.063	23 38 46.37	.266 005	22	18 19 19.504	23 36 03.09	.816 139
8	18 09 28.498	23 38 43.64	.261 718	23	18 19 29.311	23 35 59.72	.801 646
9	18 09 43.875	23 38 40.87	.257 156	24	18 19 38.936	23 35 56.38	.787 009
10	18 09 59.191	−23 38 38.04	20.252 319	25	18 19 48.377	−23 35 53.08	19.772 233
11	18 10 14.440	23 38 35.14	.247 209	26	18 19 57.634	23 35 49.83	.757 319
12	18 10 29.621	23 38 32.15	.241 828	27	18 20 06.705	23 35 46.63	.742 274
13	18 10 44.731	23 38 29.07	.236 177	28	18 20 15.588	23 35 43.50	.727 101
14	18 10 59.771	23 38 25.90	.230 260	Mar. 1	18 20 24.282	23 35 40.44	.711 803
15	18 11 14.739	−23 38 22.66	20.224 077	2	18 20 32.783	−23 35 37.47	19.696 386
16	18 11 29.633	23 38 19.34	.217 631	3	18 20 41.088	23 35 34.60	.680 853
17	18 11 44.451	23 38 15.97	.210 924	4	18 20 49.193	23 35 31.82	.665 209
18	18 11 59.189	23 38 12.57	.203 958	5	18 20 57.095	23 35 29.15	.649 459
19	18 12 13.842	23 38 09.14	.196 736	6	18 21 04.789	23 35 26.58	.633 606
20	18 12 28.406	−23 38 05.69	20.189 259	7	18 21 12.273	−23 35 24.08	19.617 657
21	18 12 42.876	23 38 02.21	.181 529	8	18 21 19.545	23 35 21.65	.601 615
22	18 12 57.249	23 37 58.71	.173 549	9	18 21 26.608	23 35 19.28	.585 486
23	18 13 11.519	23 37 55.18	.165 321	10	18 21 33.461	23 35 16.97	.569 276
24	18 13 25.686	23 37 51.60	.156 846	11	18 21 40.107	23 35 14.73	.552 988
25	18 13 39.745	−23 37 47.99	20.148 127	12	18 21 46.545	−23 35 12.58	19.536 630
26	18 13 53.696	23 37 44.32	.139 166	13	18 21 52.773	23 35 10.55	.520 204
27	18 14 07.537	23 37 40.61	.129 965	14	18 21 58.789	23 35 08.63	.503 717
28	18 14 21.265	23 37 36.85	.120 527	15	18 22 04.590	23 35 06.85	.487 174
29	18 14 34.880	23 37 33.05	.110 854	16	18 22 10.174	23 35 05.19	.470 579
30	18 14 48.379	−23 37 29.21	20.100 948	17	18 22 15.537	−23 35 03.67	19.453 936
31	18 15 01.759	23 37 25.35	.090 812	18	18 22 20.679	23 35 02.26	.437 252
Feb. 1	18 15 15.018	23 37 21.48	.080 449	19	18 22 25.598	23 35 00.97	.420 530
2	18 15 28.153	23 37 17.61	.069 861	20	18 22 30.295	23 34 59.78	.403 775
3	18 15 41.160	23 37 13.74	.059 050	21	18 22 34.768	23 34 58.70	.386 991
4	18 15 54.033	−23 37 09.89	20.048 021	22	18 22 39.019	−23 34 57.71	19.370 184
5	18 16 06.768	23 37 06.06	.036 776	23	18 22 43.048	23 34 56.82	.353 358
6	18 16 19.359	23 37 02.25	.025 317	24	18 22 46.855	23 34 56.03	.336 517
7	18 16 31.802	23 36 58.45	.013 650	25	18 22 50.442	23 34 55.34	.319 667
8	18 16 44.094	23 36 54.64	20.001 777	26	18 22 53.807	23 34 54.76	.302 811
9	18 16 56.234	−23 36 50.81	19.989 702	27	18 22 56.952	−23 34 54.30	19.285 955
10	18 17 08.222	23 36 46.96	.977 430	28	18 22 59.874	23 34 53.96	.269 103
11	18 17 20.058	23 36 43.10	.964 963	29	18 23 02.574	23 34 53.76	.252 260
12	18 17 31.742	23 36 39.24	.952 306	30	18 23 05.049	23 34 53.70	.235 431
13	18 17 43.270	23 36 35.40	.939 463	31	18 23 07.298	23 34 53.78	.218 621
14	18 17 54.641	−23 36 31.61	19.926 438	Apr. 1	18 23 09.318	−23 34 54.01	19.201 834
15	18 18 05.850	−23 36 27.86	19.913 234	2	18 23 11.108	−23 34 54.37	19.185 076

GEOCENTRIC COORDINATES FOR 0ʰ DYNAMICAL TIME

Date	Apparent Right Ascension	Apparent Declination	True Geocentric Distance	Date	Apparent Right Ascension	Apparent Declination	True Geocentric Distance
	h m s	° ′ ″			h m s	° ′ ″	
Apr. 1	18 23 09.318	−23 34 54.01	19.201 834	May 17	18 20 48.508	−23 37 04.46	18.539 324
2	18 23 11.108	23 34 54.37	.185 076	18	18 20 40.961	23 37 09.24	.528 959
3	18 23 12.665	23 34 54.87	.168 351	19	18 20 33.267	23 37 14.04	.518 826
4	18 23 13.990	23 34 55.47	.151 666	20	18 20 25.427	23 37 18.87	.508 929
5	18 23 15.084	23 34 56.17	.135 025	21	18 20 17.447	23 37 23.74	.499 270
6	18 23 15.950	−23 34 56.97	19.118 433	22	18 20 09.328	−23 37 28.65	18.489 851
7	18 23 16.591	23 34 57.86	.101 897	23	18 20 01.072	23 37 33.60	.480 676
8	18 23 17.010	23 34 58.86	.085 421	24	18 19 52.682	23 37 38.60	.471 747
9	18 23 17.208	23 34 59.99	.069 011	25	18 19 44.158	23 37 43.64	.463 067
10	18 23 17.182	23 35 01.26	.052 672	26	18 19 35.504	23 37 48.72	.454 638
11	18 23 16.934	−23 35 02.68	19.036 409	27	18 19 2ₒ.720	−23 37 53.82	18.446 464
12	18 23 16.460	23 35 04.25	.020 227	28	18 19 17.810	23 37 58.94	.438 548
13	18 23 15.761	23 35 05.97	19.004 131	29	18 19 08.778	23 38 04.04	.430 891
14	18 23 14.836	23 35 07.82	18.988 125	30	18 18 59.630	23 38 09.13	.423 497
15	18 23 13.687	23 35 09.80	.972 214	31	18 18 50.371	23 38 14.19	.416 368
16	18 23 12.314	−23 35 11.89	18.956 402	June 1	18 18 41.008	−23 38 19.23	18.409 507
17	18 23 10.719	23 35 14.09	.940 695	2	18 18 31.546	23 38 24.25	.402 917
18	18 23 08.904	23 35 16.39	.925 096	3	18 18 21.990	23 38 29.27	.396 600
19	18 23 06.873	23 35 18.79	.909 610	4	18 18 12.343	23 38 34.31	.390 559
20	18 23 04.626	23 35 21.28	.894 241	5	18 18 02.607	23 38 39.36	.384 795
21	18 23 02.167	−23 35 23.87	18.878 993	6	18 17 52.783	−23 38 44.43	18.379 310
22	18 22 59.498	23 35 26.56	.863 871	7	18 17 42.876	23 38 49.50	.374 106
23	18 22 56.620	23 35 29.34	.848 880	8	18 17 32.886	23 38 54.57	.369 184
24	18 22 53.535	23 35 32.24	.834 022	9	18 17 22.820	23 38 59.61	.364 546
25	18 22 50.244	23 35 35.26	.819 304	10	18 17 12.6̄2	23 39 04.62	.360 193
26	18 22 46.746	−23 35 38.39	18.804 728	11	18 17 02.477	−23 39 09.59	18.356 126
27	18 22 43.042	23 35 41.65	.790 299	12	18 16 52.211	23 39 14.51	.352 345
28	18 22 39.132	23 35 45.03	.776 022	13	18 16 41.889	23 39 19.38	.348 853
29	18 22 35.016	23 35 48.52	.761 900	14	18 16 31.518	23 39 24.19	.345 649
30	18 22 30.694	23 35 52.11	.747 939	15	18 16 2ꞏ 101	23 39 28.95	.342 734
May 1	18 22 26.168	−23 35 55.79	18.734 143	16	18 16 10.644	−23 39 33.66	18.340 110
2	18 22 21.440	23 35 59.53	.720 516	17	18 16 00.153	23 39 38.32	.337 775
3	18 22 16.515	23 36 03.34	.707 063	18	18 15 49.629	23 39 42.95	.335 732
4	18 22 11.398	23 36 07.20	.693 788	19	18 15 39.078	23 39 47.54	.333 980
5	18 22 06.092	23 36 11.12	.680 697	20	18 15 28.502	23 39 52.10	.332 520
6	18 22 00.602	−23 36 15.12	18.667 792	21	18 15 17.902	−23 39 56.64	18.331 353
7	18 21 54.931	23 36 19.20	.655 080	22	18 15 07.282	23 40 01.14	.330 478
8	18 21 49.077	23 36 23.39	.642 563	23	18 14 56.645	23 40 05.59	.329 896
9	18 21 43.044	23 36 27.68	.630 246	24	18 14 45.993	23 40 09.99	.329 608
10	18 21 36.830	23 36 32.06	.618 132	25	18 14 35.331	23 40 14.31	.329 613
11	18 21 30.437	−23 36 36.53	18.606 226	26	18 14 24.667	−23 40 18.55	18.329 913
12	18 21 23.868	23 36 41.07	.594 530	27	18 14 14.005	23 40 22.70	.330 508
13	18 21 17.127	23 36 45.67	.583 048	28	18 14 03.353	23 40 26.76	.331 397
14	18 21 10.216	23 36 50.32	.571 783	29	18 13 52.717	23 40 30.75	.332 582
15	18 21 03.139	23 36 55.00	.560 739	30	18 13 42 102	23 40 34.67	.334 062
16	18 20 55.902	−23 36 59.72	18.549 918	July 1	18 13 3ꞏ.512	−23 40 38.53	18.335 837
17	18 20 48.508	−23 37 04.46	18.539 324	2	18 13 20.950	−23 40 42.36	18.337 906

URANUS, 1989

GEOCENTRIC COORDINATES FOR 0ʰ DYNAMICAL TIME

Date	Apparent Right Ascension	Apparent Declination	True Geocentric Distance	Date	Apparent Right Ascension	Apparent Declination	True Geocentric Distance
	h m s	° ′ ″			h m s	° ′ ″	
July 1	18 13 31.512	−23 40 38.53	18.335 837	Aug. 16	18 06 58.411	−23 42 21.22	18.709 134
2	18 13 20.950	23 40 42.36	.337 906	17	18 06 53.256	23 42 21.98	.722 651
3	18 13 10.419	23 40 46.14	.340 270	18	18 06 48.286	23 42 22.68	.736 345
4	18 12 59.921	23 40 49.88	.342 926	19	18 06 43.504	23 42 23.31	.750 210
5	18 12 49.459	23 40 53.57	.345 876	20	18 06 38.914	23 42 23.86	.764 244
6	18 12 39.037	−23 40 57.19	18.349 116	21	18 06 34.521	−23 42 24.33	18.778 443
7	18 12 28.661	23 41 00.73	.352 647	22	18 06 30.330	23 42 24.74	.792 804
8	18 12 18.335	23 41 04.19	.356 467	23	18 06 26.342	23 42 25.10	.807 322
9	18 12 08.064	23 41 07.55	.360 574	24	18 06 22.560	23 42 25.42	.821 993
10	18 11 57.856	23 41 10.82	.364 966	25	18 06 18.985	23 42 25.72	.836 813
11	18 11 47.714	−23 41 14.00	18.369 643	26	18 06 15.616	−23 42 26.00	18.851 779
12	18 11 37.645	23 41 17.09	.374 602	27	18 06 12.453	23 42 26.27	.866 886
13	18 11 27.653	23 41 20.09	.379 842	28	18 06 09.497	23 42 26.51	.882 129
14	18 11 17.743	23 41 23.01	.385 360	29	18 06 06.749	23 42 26.73	.897 504
15	18 11 07.918	23 41 25.86	.391 156	30	18 06 04.208	23 42 26.91	.913 006
16	18 10 58.182	−23 41 28.65	18.397 226	31	18 06 01.879	−23 42 27.04	18.928 630
17	18 10 48.537	23 41 31.38	.403 568	Sept. 1	18 05 59.762	23 42 27.11	.944 372
18	18 10 38.986	23 41 34.06	.410 182	2	18 05 57.861	23 42 27.13	.960 227
19	18 10 29.531	23 41 36.69	.417 065	3	18 05 56.177	23 42 27.09	.976 189
20	18 10 20.172	23 41 39.25	.424 214	4	18 05 54.713	23 42 27.00	18.992 254
21	18 10 10.913	−23 41 41.74	18.431 629	5	18 05 53.471	−23 42 26.86	19.008 417
22	18 10 01.757	23 41 44.15	.439 306	6	18 05 52.452	23 42 26.67	.024 672
23	18 09 52.711	23 41 46.46	.447 244	7	18 05 51.657	23 42 26.45	.041 016
24	18 09 43.779	23 41 48.66	.455 442	8	18 05 51.086	23 42 26.20	.057 443
25	18 09 34.967	23 41 50.77	.463 896	9	18 05 50.740	23 42 25.93	.073 948
26	18 09 26.282	−23 41 52.79	18.472 606	10	18 05 50.616	−23 42 25.64	19.090 526
27	18 09 17.728	23 41 54.74	.481 568	11	18 05 50.716	23 42 25.34	.107 173
28	18 09 09.307	23 41 56.62	.490 780	12	18 05 51.035	23 42 25.02	.123 883
29	18 09 01.022	23 41 58.46	.500 240	13	18 05 51.574	23 42 24.68	.140 653
30	18 08 52.876	23 42 00.26	.509 945	14	18 05 52.332	23 42 24.31	.157 477
31	18 08 44.869	−23 42 02.02	18.519 892	15	18 05 53.307	−23 42 23.88	19.174 352
Aug. 1	18 08 37.004	23 42 03.73	.530 078	16	18 05 54.504	23 42 23.40	.191 271
2	18 08 29.283	23 42 05.38	.540 499	17	18 05 55.923	23 42 22.84	.208 233
3	18 08 21.710	23 42 06.97	.551 153	18	18 05 57.569	23 42 22.23	.225 231
4	18 08 14.288	23 42 08.47	.562 036	19	18 05 59.443	23 42 21.56	.242 261
5	18 08 07.022	−23 42 09.90	18.573 145	20	18 06 01.544	−23 42 20.87	19.259 320
6	18 07 59.917	23 42 11.25	.584 474	21	18 06 03.873	23 42 20.17	.276 402
7	18 07 52.975	23 42 12.51	.596 022	22	18 06 06.426	23 42 19.46	.293 503
8	18 07 46.202	23 42 13.69	.607 785	23	18 06 09.203	23 42 18.74	.310 618
9	18 07 39.602	23 42 14.81	.619 757	24	18 06 12.200	23 42 18.00	.327 742
10	18 07 33.176	−23 42 15.85	18.631 936	25	18 06 15.417	−23 42 17.24	19.344 870
11	18 07 26.928	23 42 16.85	.644 318	26	18 06 18.854	23 42 16.45	.361 998
12	18 07 20.861	23 42 17.79	.656 899	27	18 06 22.509	23 42 15.61	.379 119
13	18 07 14.974	23 42 18.70	.669 675	28	18 06 26.385	23 42 14.72	.396 229
14	18 07 09.271	23 42 19.57	.682 642	29	18 06 30.481	23 42 13.78	.413 322
15	18 07 03.749	−23 42 20.41	18.695 796	30	18 06 34.797	−23 42 12.77	19.430 394
16	18 06 58.411	−23 42 21.22	18.709 134	Oct. 1	18 06 39.336	−23 42 11.71	19.447 440

GEOCENTRIC COORDINATES FOR 0ʰ DYNAMICAL TIME

Date	Apparent Right Ascension	Apparent Declination	True Geocentric Distance	Date	Apparent Right Ascension	Apparent Declination	True Geocentric Distance
	h m s	° ′ ″			h m s	° ′ ″	
Oct. 1	18 06 39.336	−23 42 11.71	19.447 440	Nov. 16	18 13 41.350	−23 40 19.00	20.124 333
2	18 06 44.095	23 42 10.58	.464 454	17	18 13 54.422	23 40 14.69	.135 177
3	18 06 49.076	23 42 09.41	.481 431	18	18 14 07.618	23 40 10.31	.145 801
4	18 06 54.278	23 42 08.19	.498 367	19	18 14 20.934	23 40 05.83	.156 201
5	18 06 59.699	23 42 06.93	.515 256	20	18 14 34.368	23 40 01.26	.166 375
6	18 07 05.337	−23 42 05.64	19.532 094	21	18 14 47.918	−23 39 56.57	20.176 320
7	18 07 11.191	23 42 04.32	.548 875	22	18 15 01.582	23 39 51.76	.186 031
8	18 07 17.257	23 42 02.97	.565 594	23	18 15 15.359	23 39 46.82	.195 507
9	18 07 23.532	23 42 01.59	.582 249	24	18 15 29.247	23 39 41.77	.204 745
10	18 07 30.015	23 42 00.18	.598 832	25	18 15 43.244	23 39 36.59	.213 741
11	18 07 36.701	−23 41 58.72	19.615 341	26	18 15 57.348	−23 39 31.29	20.222 493
12	18 07 43.590	23 41 57.20	.631 770	27	18 16 11.557	23 39 25.88	.230 998
13	18 07 50.680	23 41 55.60	.648 116	28	18 16 25.867	23 39 20.37	.239 254
14	18 07 57.972	23 41 53.92	.664 375	29	18 16 40.275	23 39 14.76	.247 257
15	18 08 05.467	23 41 52.14	.680 542	30	18 16 54.777	23 39 09.06	.255 007
16	18 08 13.167	−23 41 50.30	19.696 613	Dec. 1	18 17 09.368	−23 39 03.26	20.262 500
17	18 08 21.072	23 41 48.39	.712 584	2	18 17 24.043	23 38 57.38	.269 735
18	18 08 29.178	23 41 46.44	.728 452	3	18 17 38.798	23 38 51.41	.276 709
19	18 08 37.482	23 41 44.45	.744 211	4	18 17 53.629	23 38 45.34	.283 421
20	18 08 45.981	23 41 42.44	.759 859	5	18 18 08.530	23 38 39.16	.289 869
21	18 08 54.670	−23 41 40.38	19.775 389	6	18 18 23.501	−23 38 32.87	20.296 052
22	18 09 03.547	23 41 38.28	.790 799	7	18 18 38.537	23 38 26.44	.301 968
23	18 09 12.610	23 41 36.11	.806 083	8	18 18 53.638	23 38 19.88	.307 615
24	18 09 21.857	23 41 33.88	.821 237	9	18 19 08.804	23 38 13.19	.312 994
25	18 09 31.288	23 41 31.56	.836 256	10	18 19 24.032	23 38 06.38	.318 102
26	18 09 40.900	−23 41 29.15	19.851 136	11	18 19 39.322	−23 37 59.46	20.322 939
27	18 09 50.695	23 41 26.65	.865 873	12	18 19 54.668	23 37 52.45	.327 504
28	18 10 00.671	23 41 24.06	.880 462	13	18 20 10.068	23 37 45.36	.331 796
29	18 10 10.826	23 41 21.38	.894 899	14	18 20 25.514	23 37 38.20	.335 814
30	18 10 21.160	23 41 18.61	.909 180	15	18 20 41.001	23 37 30.97	.339 556
31	18 10 31.670	−23 41 15.76	19.923 300	16	18 20 56.524	−23 37 23.65	20.343 022
Nov. 1	18 10 42.354	23 41 12.84	.937 255	17	18 21 12.081	23 37 16.24	.346 210
2	18 10 53.209	23 41 09.84	.951 041	18	18 21 27.669	23 37 08.71	.349 119
3	18 11 04.232	23 41 06.78	.964 655	19	18 21 43.286	23 37 01.08	.351 748
4	18 11 15.418	23 41 03.65	.978 092	20	18 21 58.929	23 36 53.32	.354 096
5	18 11 26.765	−23 41 00.46	19.991 349	21	18 22 14.598	−23 36 45.45	20.356 163
6	18 11 38.267	23 40 57.19	20.004 422	22	18 22 30.290	23 36 37.47	.357 947
7	18 11 49.921	23 40 53.84	.017 308	23	18 22 46.002	23 36 29.38	.359 447
8	18 12 01.723	23 40 50.41	.030 002	24	18 23 01.734	23 36 21.20	.360 663
9	18 12 13.673	23 40 46.86	.042 503	25	18 23 17.482	23 36 12.93	.361 594
10	18 12 25.768	−23 40 43.20	20.054 807	26	18 23 33.247	−23 36 04.61	20.362 240
11	18 12 38.008	23 40 39.42	.066 911	27	18 23 49.045	23 35 56.98	.362 601
12	18 12 50.393	23 40 35.52	.078 813	28	18 24 04.704	23 35 47.84	.362 676
13	18 13 02.923	23 40 31.51	.090 508	29	18 24 20.485	23 35 39.09	.362 465
14	18 13 15.595	23 40 27.41	.101 995	30	18 24 36.242	23 35 30.43	.361 968
15	18 13 28.406	−23 40 23.24	20.113 271	31	18 24 51.984	−23 35 21.72	20.361 185
16	18 13 41.350	−23 40 19.00	20.124 333	32	18 25 07.706	−23 35 12.95	20.360 118

NEPTUNE, 1989

GEOCENTRIC COORDINATES FOR 0ʰ DYNAMICAL TIME

Date	Apparent Right Ascension	Apparent Declination	True Geocentric Distance	Date	Apparent Right Ascension	Apparent Declination	True Geocentric Distance
	h m s	° ′ ″			h m s	° ′ ″	
Jan. 0	18 42 43.424	−22 10 25.78	31.202 681	Feb. 15	18 49 38.375	−22 02 40.76	30.911 170
1	18 42 53.186	22 10 16.36	.202 607	16	18 49 45.821	22 02 31.15	.898 985
2	18 43 02.980	22 10 06.95	.202 241	17	18 49 53.168	22 02 21.64	.886 598
3	18 43 12.777	22 09 57.30	.201 581	18	18 50 00.412	22 02 12.22	.874 012
4	18 43 22.569	22 09 47.54	.200 627	19	18 50 07.551	22 02 02.90	.861 231
5	18 43 32.356	−22 09 37.72	31.199 381	20	18 50 14.585	−22 01 53.66	30.848 257
6	18 43 42.136	22 09 27.84	.197 841	21	18 50 21.510	22 01 44.50	.835 096
7	18 43 51.903	22 09 17.93	.196 008	22	18 50 28.328	22 01 35.42	.821 750
8	18 44 01.655	22 09 08.00	.193 883	23	18 50 35.037	22 01 26.42	.808 224
9	18 44 11.387	22 08 58.03	.191 466	24	18 50 41.637	22 01 17.49	.794 520
10	18 44 21.093	−22 08 48.04	31.188 758	25	18 50 48.128	−22 01 08.64	30.780 643
11	18 44 30.772	22 08 38.00	.185 759	26	18 50 54.510	22 00 59.87	.766 596
12	18 44 40.421	22 08 27.90	.182 472	27	18 51 00.781	22 00 51.20	.752 383
13	18 44 50.041	22 08 17.75	.178 897	28	18 51 06.941	22 00 42.63	.738 008
14	18 44 59.631	22 08 07.52	.175 035	Mar. 1	18 51 12.988	22 00 34.18	.723 475
15	18 45 09.192	−22 07 57.25	31.170 889	2	18 51 18.919	−22 00 25.85	30.708 788
16	18 45 18.722	22 07 46.93	.166 460	3	18 51 24.733	22 00 17.66	.693 951
17	18 45 28.219	22 07 36.58	.161 750	4	18 51 30.426	22 00 09.61	.678 969
18	18 45 37.682	22 07 26.23	.156 760	5	18 51 35.995	22 00 01.71	.663 845
19	18 45 47.105	22 07 15.87	.151 492	6	18 51 41.436	21 59 53.94	.648 584
20	18 45 56.486	−22 07 05.52	31.145 947	7	18 51 46.747	−21 59 46.30	30.633 191
21	18 46 05.821	22 06 55.18	.140 128	8	18 51 51.927	21 59 38.77	.617 671
22	18 46 15.106	22 06 44.85	.134 036	9	18 51 56.979	21 59 31.35	.602 028
23	18 46 24.339	22 06 34.52	.127 672	10	18 52 01.903	21 59 24.03	.586 268
24	18 46 33.517	22 06 24.19	.121 038	11	18 52 06.701	21 59 16.82	.570 396
25	18 46 42.640	−22 06 13.85	31.114 136	12	18 52 11.374	−21 59 09.74	30.554 416
26	18 46 51.705	22 06 03.50	.106 968	13	18 52 15.919	21 59 02.81	.538 334
27	18 47 00.713	22 05 53.13	.099 536	14	18 52 20.334	21 58 56.05	.522 155
28	18 47 09.661	22 05 42.75	.091 841	15	18 52 24.618	21 58 49.46	.505 884
29	18 47 18.550	22 05 32.36	.083 885	16	18 52 28.767	21 58 43.04	.489 526
30	18 47 27.379	−22 05 21.98	31.075 671	17	18 52 32.779	−21 58 36.80	30.473 084
31	18 47 36.145	22 05 11.60	.067 200	18	18 52 36.652	21 58 30.73	.456 565
Feb. 1	18 47 44.847	22 05 01.24	.058 475	19	18 52 40.387	21 58 24.81	.439 973
2	18 47 53.483	22 04 50.91	.049 498	20	18 52 43.982	21 58 19.06	.423 311
3	18 48 02.049	22 04 40.62	.040 271	21	18 52 47.439	21 58 13.45	.406 586
4	18 48 10.543	−22 04 30.39	31.030 797	22	18 52 50.756	−21 58 07.99	30.389 802
5	18 48 18.958	22 04 20.22	.021 079	23	18 52 53.935	21 58 02.67	.372 962
6	18 48 27.291	22 04 10.11	.011 119	24	18 52 56.976	21 57 57.50	.356 073
7	18 48 35.539	22 04 00.04	31.000 921	25	18 52 59.880	21 57 52.48	.339 138
8	18 48 43.700	22 03 50.01	30.990 488	26	18 53 02.648	21 57 47.62	.322 162
9	18 48 51.773	−22 03 40.00	30.979 823	27	18 53 05.278	−21 57 42.92	30.305 150
10	18 48 59.759	22 03 30.01	.968 930	28	18 53 07.771	21 57 38.40	.288 106
11	18 49 07.658	22 03 20.05	.957 812	29	18 53 10.126	21 57 34.06	.271 036
12	18 49 15.472	22 03 10.13	.946 473	30	18 53 12.341	21 57 29.91	.253 944
13	18 49 23.197	22 03 00.26	.934 918	31	18 53 14.413	21 57 25.95	.236 834
14	18 49 30.833	−22 02 50.47	30.923 149	Apr. 1	18 53 16.342	−21 57 22.20	30.219 713
15	18 49 38.375	−22 02 40.76	30.911 170	2	18 53 18.124	−21 57 18.65	30.202 584

GEOCENTRIC COORDINATES FOR 0ʰ DYNAMICAL TIME

Date	Apparent Right Ascension	Apparent Declination	True Geocentric Distance	Date	Apparent Right Ascension	Apparent Declination	True Geocentric Distance
	h m s	o ′ ″			h m s	o ′ ″	
Apr. 1	18 53 16.342	−21 57 22.20	30.219 713	May 17	18 52 14.864	−21 57 45.70	29.505 067
2	18 53 18.124	21 57 18.65	.202 584	18	18 52 10.554	21 57 50.24	.492 845
3	18 53 19.759	21 57 15.27	.185 453	19	18 52 06.140	21 57 54.92	.480 828
4	18 53 21.246	21 57 12.08	.168 326	20	18 52 01.625	21 57 59.73	.469 021
5	18 53 22.586	21 57 09.03	.151 207	21	18 51 57.012	21 58 04.69	.457 427
6	18 53 23.782	−21 57 06.14	30.134 102	22	18 51 52.301	−21 58 09.79	29.446 048
7	18 53 24.837	21 57 03.40	.117 016	23	18 51 47.494	21 58 15.05	.434 888
8	18 53 25.752	21 57 00.83	.099 956	24	18 51 42.590	21 58 20.47	.423 951
9	18 53 26.529	21 56 58.44	.082 926	25	18 51 37.590	21 58 26.04	.413 238
10	18 53 27.166	21 56 56.26	.065 932	26	18 51 32.493	21 58 31.76	.402 754
11	18 53 27.661	−21 56 54.28	30.048 978	27	18 51 27.301	−21 58 37.62	29.392 501
12	18 53 28.013	21 56 52.52	.032 071	28	18 51 22.016	21 58 43.61	.382 483
13	18 53 28.220	21 56 50.97	30.015 214	29	18 51 16.638	21 58 49.71	.372 702
14	18 53 28.282	21 56 49.62	29.998 414	30	18 51 11.173	21 58 55.91	.363 162
15	18 53 28.199	21 56 48.47	.981 673	31	18 51 05.625	21 59 02.19	.353 867
16	18 53 27.971	−21 56 47.51	29.964 998	June 1	18 50 59.997	−21 59 08.57	29.344 819
17	18 53 27.600	21 56 46.72	.948 393	2	18 50 54.294	21 59 15.05	.336 021
18	18 53 27.088	21 56 46.10	.931 862	3	18 50 48.518	21 59 21.63	.327 477
19	18 53 26.436	21 56 45.66	.915 410	4	18 50 42.671	21 59 28.34	.319 189
20	18 53 25.645	21 56 45.38	.899 041	5	18 50 36.753	21 59 35.19	.311 160
21	18 53 24.718	−21 56 45.27	29.882 760	6	18 50 30.764	−21 59 42.16	29.303 393
22	18 53 23.656	21 56 45.33	.866 572	7	18 50 24.704	21 59 49.26	.295 889
23	18 53 22.460	21 56 45.57	.850 480	8	18 50 18.574	21 59 56.46	.288 651
24	18 53 21.131	21 56 46.00	.834 490	9	18 50 12.378	22 00 03.77	.281 680
25	18 53 19.669	21 56 46.62	.818 606	10	18 50 06.118	22 00 11.16	.274 979
26	18 53 18.073	−21 56 47.43	29.802 831	11	18 49 59.798	−22 00 18.62	29.268 549
27	18 53 16.344	21 56 48.45	.787 171	12	18 49 53.420	22 00 26.15	.262 391
28	18 53 14.479	21 56 49.68	.771 630	13	18 49 46.990	22 00 33.74	.256 508
29	18 53 12.478	21 56 51.10	.756 213	14	18 49 40.510	22 00 41.39	.250 901
30	18 53 10.342	21 56 52.71	.740 924	15	18 49 33.984	22 00 49.10	.245 570
May 1	18 53 08.069	−21 56 54.50	29.725 767	16	18 49 27.415	−22 00 56.87	29.240 518
2	18 53 05.663	21 56 56.45	.710 749	17	18 49 20.807	22 01 04.70	.235 745
3	18 53 03.126	21 56 58.54	.695 872	18	18 49 14.160	22 01 12.60	.231 253
4	18 53 00.462	21 57 00.78	.681 143	19	18 49 07.477	22 01 20.57	.227 042
5	18 52 57.675	21 57 03.18	.666 566	20	18 49 00.759	22 01 28.63	.223 114
6	18 52 54.766	−21 57 05.73	29.652 145	21	18 48 54.006	−22 01 36.76	29.219 470
7	18 52 51.738	21 57 08.47	.637 886	22	18 48 47.220	22 01 44.96	.216 111
8	18 52 48.589	21 57 11.40	.623 793	23	18 48 40.400	22 01 53.22	.213 037
9	18 52 45.318	21 57 14.52	.609 869	24	18 48 33.550	22 02 01.54	.210 250
10	18 52 41.926	21 57 17.84	.596 120	25	18 48 26.672	22 02 09.88	.207 751
11	18 52 38.412	−21 57 21.35	29.582 548	26	18 48 19.769	−22 02 18.24	29.205 541
12	18 52 34.777	21 57 25.03	.569 159	27	18 48 12.847	22 02 26.62	.203 622
13	18 52 31.022	21 57 28.87	.555 955	28	18 48 05.910	22 02 35.00	.201 993
14	18 52 27.151	21 57 32.87	.542 940	29	18 47 58.963	22 02 43.39	.200 656
15	18 52 23.166	21 57 37.01	.530 119	30	18 47 52.010	22 02 51.81	.199 612
16	18 52 19.070	−21 57 41.29	29.517 493	July 1	18 47 45.051	−22 03 00.26	29.198 861
17	18 52 14.864	−21 57 45.70	29.505 067	2	18 47 38.089	−22 03 08.76	29.198 404

NEPTUNE, 1989

GEOCENTRIC COORDINATES FOR 0ʰ DYNAMICAL TIME

Date	Apparent Right Ascension	Apparent Declination	True Geocentric Distance	Date	Apparent Right Ascension	Apparent Declination	True Geocentric Distance
	h m s	° ′ ″			h m s	° ′ ″	
July 1	18 47 45.051	−22 03 00.26	29.198 861	Aug.16	18 42 59.973	−22 09 09.38	29.467 420
2	18 47 38.089	22 03 08.76	.198 404	17	18 42 55.437	22 09 16.03	.479 181
3	18 47 31.124	22 03 17.31	.198 241	18	18 42 50.999	22 09 22.60	.491 150
4	18 47 24.157	22 03 25.90	.198 372	19	18 42 46.663	22 09 29.04	.503 324
5	18 47 17.188	22 03 34.52	.198 797	20	18 42 42.433	22 09 35.37	.515 700
6	18 47 10.221	−22 03 43.16	29.199 516	21	18 42 38.313	−22 09 41.56	29.528 274
7	18 47 03.258	22 03 51.80	.200 528	22	18 42 34.306	22 09 47.63	.541 044
8	18 46 56.303	22 04 00.44	.201 833	23	18 42 30.415	22 09 53.60	.554 006
9	18 46 49.359	22 04 09.05	.203 430	24	18 42 26.642	22 09 59.46	.567 157
10	18 46 42.432	22 04 17.65	.205 318	25	18 42 22.988	22 10 05.24	.580 493
11	18 46 35.523	−22 04 26.23	29.207 496	26	18 42 19.451	−22 10 10.94	29.594 010
12	18 46 28.638	22 04 34.77	.209 964	27	18 42 16.032	22 10 16.55	.607 705
13	18 46 21.779	22 04 43.30	.212 720	28	18 42 12.730	22 10 22.08	.621 573
14	18 46 14.950	22 04 51.80	.215 764	29	18 42 09.547	22 10 27.51	.635 611
15	18 46 08.153	22 05 00.29	.219 093	30	18 42 06.483	22 10 32.84	.649 813
16	18 46 01.390	−22 05 08.77	29.222 708	31	18 42 03.540	−22 10 38.04	29.664 177
17	18 45 54.663	22 05 17.24	.226 606	Sept. 1	18 42 00.720	22 10 43.12	.678 696
18	18 45 47.971	22 05 25.71	.230 786	2	18 41 58.027	22 10 48.06	.693 367
19	18 45 41.317	22 05 34.18	.235 247	3	18 41 55.462	22 10 52.86	.708 185
20	18 45 34.699	22 05 42.63	.239 989	4	18 41 53.027	22 10 57.53	.723 146
21	18 45 28.120	−22 05 51.05	29.245 008	5	18 41 50.726	−22 11 02.06	29.738 244
22	18 45 21.582	22 05 59.43	.250 305	6	18 41 48.558	22 11 06.46	.753 475
23	18 45 15.089	22 06 07.76	.255 878	7	18 41 46.527	22 11 10.73	.768 835
24	18 45 08.645	22 06 16.01	.261 725	8	18 41 44.632	22 11 14.89	.784 318
25	18 45 02.256	22 06 24.19	.267 847	9	18 41 42.873	22 11 18.93	.799 920
26	18 44 55.925	−22 06 32.31	29.274 240	10	18 41 41.251	−22 11 22.86	29.815 636
27	18 44 49.656	22 06 40.38	.280 904	11	18 41 39.764	22 11 26.69	.831 462
28	18 44 43.451	22 06 48.40	.287 837	12	18 41 38.411	22 11 30.41	.847 392
29	18 44 37.311	22 06 56.39	.295 037	13	18 41 37.192	22 11 34.01	.863 423
30	18 44 31.236	22 07 04.36	.302 502	14	18 41 36.106	22 11 37.48	.879 549
31	18 44 25.228	−22 07 12.29	29.310 231	15	18 41 35.153	−22 11 40.81	29.895 767
Aug. 1	18 44 19.286	22 07 20.19	.318 220	16	18 41 34.337	22 11 43.99	.912 072
2	18 44 13.413	22 07 28.03	.326 468	17	18 41 33.659	22 11 46.99	.928 459
3	18 44 07.611	22 07 35.81	.334 971	18	18 41 33.124	22 11 49.84	.944 924
4	18 44 01.882	22 07 43.52	.343 727	19	18 41 32.733	22 11 52.53	.961 463
5	18 43 56.230	−22 07 51.14	29.352 734	20	18 41 32.488	−22 11 55.09	29.978 072
6	18 43 50.659	22 07 58.68	.361 987	21	18 41 32.387	22 11 57.52	29.994 746
7	18 43 45.172	22 08 06.12	.371 485	22	18 41 32.429	22 11 59.85	30.011 481
8	18 43 39.772	22 08 13.47	.381 224	23	18 41 32.613	22 12 02.07	.028 271
9	18 43 34.463	22 08 20.73	.391 200	24	18 41 32.937	22 12 04.16	.045 111
10	18 43 29.246	−22 08 27.90	29.401 411	25	18 41 33.401	−22 12 06.14	30.061 997
11	18 43 24.124	22 08 34.99	.411 854	26	18 41 34.004	22 12 07.97	.078 924
12	18 43 19.098	22 08 42.00	.422 524	27	18 41 34.748	22 12 09.66	.095 886
13	18 43 14.170	22 08 48.94	.433 419	28	18 41 35.633	22 12 11.20	.112 879
14	18 43 09.340	22 08 55.82	.444 536	29	18 41 36.660	22 12 12.58	.129 896
15	18 43 04.608	−22 09 02.63	29.455 871	30	18 41 37.831	−22 12 13.79	30.146 933
16	18 42 59.973	−22 09 09.38	29.467 420	Oct. 1	18 41 39.147	−22 12 14.83	30.163 985

GEOCENTRIC COORDINATES FOR 0ʰ DYNAMICAL TIME

Date	Apparent Right Ascension	Apparent Declination	True Geocentric Distance	Date	Apparent Right Ascension	Apparent Declination	True Geocentric Distance
	h m s	° ′ ″			h m s	° ′ ″	
Oct. 1	18 41 39.147	−22 12 14.83	30.163 985	Nov.16	18 45 06.415	−22 10 18.01	30.879 406
2	18 41 40.609	22 12 15.72	.181 045	17	18 45 13.750	22 10 11.86	.891 740
3	18 41 42.218	22 12 16.44	.198 110	18	18 45 21.179	22 10 05.58	.903 873
4	18 41 43.973	22 12 17.02	.215 173	19	18 45 28.701	22 09 59.17	.915 800
5	18 41 45.875	22 12 17.44	.232 230	20	18 45 36.315	22 09 52.61	.927 518
6	18 41 47.922	−22 12 17.73	30.249 274	21	18 45 44.018	−22 09 45.90	30.939 023
7	18 41 50.113	22 12 17.89	.266 302	22	18 45 51.812	22 09 39.02	.950 311
8	18 41 52.447	22 12 17.91	.283 308	23	18 45 59.694	22 09 31.98	.961 379
9	18 41 54.921	22 12 17.80	.300 287	24	18 46 07.666	22 09 24.77	.972 224
10	18 41 57.534	22 12 17.56	.317 234	25	18 46 15.725	22 09 17.41	.982 841
11	18 42 00.284	−22 12 17.17	30.334 145	26	18 46 23.871	−22 09 09.88	30.993 228
12	18 42 03.170	22 12 16.63	.351 013	27	18 46 32.103	22 09 02.21	31.003 381
13	18 42 06.191	22 12 15.91	.367 836	28	18 46 40.418	22 08 54.39	.013 296
14	18 42 09.351	22 12 15.01	.384 608	29	18 46 48.815	22 08 46.44	.022 972
15	18 42 12.650	22 12 13.93	.401 325	30	18 46 57.290	22 08 38.36	.032 403
16	18 42 16.091	−22 12 12.67	30.417 983	Dec. 1	18 47 05.840	−22 08 30.17	31.041 589
17	18 42 19.674	22 12 11.25	.434 576	2	18 47 14.461	22 08 21.86	.050 525
18	18 42 23.399	22 12 09.68	.451 102	3	18 47 23.151	22 08 13.43	.059 209
19	18 42 27.261	22 12 07.99	.467 555	4	18 47 31.905	22 08 04.88	.067 640
20	18 42 31.259	22 12 06.17	.483 930	5	18 47 40.721	22 07 56.20	.075 813
21	18 42 35.389	−22 12 04.22	30.500 223	6	18 47 49.597	−22 07 47.38	31.083 728
22	18 42 39.649	22 12 02.14	.516 428	7	18 47 58.532	22 07 38.41	.091 382
23	18 42 44.039	22 11 59.91	.532 542	8	18 48 07.526	22 07 29.29	.098 773
24	18 42 48.558	22 11 57.52	.548 559	9	18 48 16.579	22 07 20.01	.105 899
25	18 42 53.205	22 11 54.96	.564 474	10	18 48 25.690	22 07 10.60	.112 760
26	18 42 57.981	−22 11 52.23	30.580 282	11	18 48 34.860	−22 07 01.05	31.119 353
27	18 43 02.886	22 11 49.33	.595 979	12	18 48 44.085	22 06 51.40	.125 676
28	18 43 07.920	22 11 46.25	.611 559	13	18 48 53.361	22 06 41.65	.131 728
29	18 43 13.084	22 11 43.00	.627 017	14	18 49 02.684	22 06 31.82	.137 508
30	18 43 18.377	22 11 39.58	.642 349	15	18 49 12.049	22 06 21.90	.143 014
31	18 43 23.797	−22 11 36.00	30.657 550	16	18 49 21.453	−22 06 11.89	31.148 243
Nov. 1	18 43 29.345	22 11 32.26	.672 616	17	18 49 30.892	22 06 01.78	.153 195
2	18 43 35.017	22 11 28.37	.687 541	18	18 49 40.367	22 05 51.55	.157 868
3	18 43 40.813	22 11 24.34	.702 321	19	18 49 49.875	22 05 41.20	.162 260
4	18 43 46.728	22 11 20.17	.716 952	20	18 49 59.415	22 05 30.74	.166 368
5	18 43 52.761	−22 11 15.87	30.731 429	21	18 50 08.988	−22 05 20.14	31.170 193
6	18 43 58.908	22 11 11.42	.745 748	22	18 50 18.592	22 05 09.44	.173 732
7	18 44 05.167	22 11 06.83	.759 905	23	18 50 28.225	22 04 58.62	.176 984
8	18 44 11.537	22 11 02.09	.773 895	24	18 50 37.886	22 04 47.69	.179 948
9	18 44 18.014	22 10 57.17	.787 716	25	18 50 47.573	22 04 36.67	.182 623
10	18 44 24.600	−22 10 52.08	30.801 364	26	18 50 57.283	−22 04 25.56	31.185 007
11	18 44 31.296	22 10 46.81	.814 834	27	18 51 07.014	22 04 14.38	.187 099
12	18 44 38.102	22 10 41.35	.828 123	28	18 51 16.762	22 04 03.12	.188 900
13	18 44 45.019	22 10 35.72	.841 229	29	18 51 26.522	22 03 51.80	.190 407
14	18 44 52.046	22 10 29.95	.854 147	30	18 51 36.292	22 03 40.42	.191 622
15	18 44 59.179	−22 10 24.04	30.866 874	31	18 51 46.068	−22 03 28.96	31.192 543
16	18 45 06.415	−22 10 18.01	30.879 406	32	18 51 55.848	−22 03 17.39	31.193 170

PLUTO, 1989

GEOCENTRIC POSITIONS FOR 0ʰ DYNAMICAL TIME

Date	Astrometric Right Ascension J2000.0	Astrometric Declination J2000.0	True Geocentric Distance	Date	Astrometric Right Ascension J2000.0	Astrometric Declination J2000.0	True Geocentric Distance
	h m s	° ′ ″			h m s	° ′ ″	
Jan. − 1	15 06 56.847	− 1 18 32.69	30.204 289	July 8	14 59 42.319	− 0 21 19.50	29.204 238
4	15 07 27.854	1 18 45.32	.134 441	13	14 59 31.479	0 23 20.79	.277 891
9	15 07 56.267	1 18 38.21	30.060 899	18	14 59 23.571	0 25 39.97	.354 084
14	15 08 21.901	1 18 11.66	29.984 227	23	14 59 18.670	0 28 16.21	.432 290
19	15 08 44.607	1 17 26.25	.905 031	28	14 59 16.843	0 31 08.73	.511 995
24	15 09 04.269	− 1 16 22.64	29.823 894	Aug. 2	14 59 18.156	− 0 34 16.66	29.592 643
29	15 09 20.782	1 15 01.52	.741 392	7	14 59 22.642	0 37 38.86	.673 637
Feb. 3	15 09 34.048	1 13 23.67	.658 121	12	14 59 30.296	0 41 14.05	.754 382
8	15 09 43.986	1 11 30.05	.574 720	17	14 59 41.084	0 45 00.92	.834 318
13	15 09 50.550	1 09 21.91	.491 865	22	14 59 54.958	0 48 58.22	.912 925
18	15 09 53.748	− 1 07 00.68	29.410 205	27	15 00 11.871	− 0 53 04.72	29.989 690
23	15 09 53.606	1 04 27.77	.330 337	Sept. 1	15 00 31.765	0 57 19.07	30.064 060
28	15 09 50.167	1 01 44.60	.252 841	6	15 00 54.542	1 01 39.73	.135 485
Mar. 5	15 09 43.485	0 58 52.68	.178 300	11	15 01 20.079	1 06 05.13	.203 457
10	15 09 33.646	0 55 53.73	.107 311	16	15 01 48.232	1 10 33.76	.267 519
15	15 09 20.782	− 0 52 49.68	29.040 453	21	15 02 18.856	− 1 15 04.25	30.327 265
20	15 09 05.064	0 49 42.40	28.978 224	26	15 02 51.812	1 19 35.18	.382 277
25	15 08 46.675	0 46 33.70	.921 059	Oct. 1	15 03 26.937	1 24 05.02	.432 131
30	15 08 25.804	0 43 25.33	.869 367	6	15 04 04.034	1 28 32.15	.476 442
Apr. 4	15 08 02.655	0 40 19.13	.823 540	11	15 04 42.891	1 32 55.05	.514 891
9	15 07 37.468	− 0 37 17.05	28.783 957	16	15 05 23.291	− 1 37 12.31	30.547 228
14	15 07 10.518	0 34 21.06	.750 918	21	15 06 05.026	1 41 22.66	.573 237
19	15 06 42.094	0 31 32.92	.724 628	26	15 06 47.886	1 45 24.74	.592 693
24	15 06 12.478	0 28 54.21	.705 236	31	15 07 31.633	1 49 17.14	.605 403
29	15 05 41.949	0 26 26.46	.692 860	Nov. 5	15 08 16.011	1 52 58.48	.611 242
May 4	15 05 10.796	− 0 24 11.20	28.687 599	10	15 09 00.757	− 1 56 27.56	30.610 162
9	15 04 39.334	0 22 09.98	.689 503	15	15 09 45.620	1 59 43.33	.602 184
14	15 04 07.888	0 20 24.15	.698 519	20	15 10 30.363	2 02 44.85	.587 343
19	15 03 36.767	0 18 54.73	.714 517	25	15 11 14.737	2 05 31.08	.565 681
24	15 03 06.255	0 17 42.60	.737 331	30	15 11 58.475	2 08 01.04	.537 305
29	15 02 36.626	− 0 16 48.56	28.766 782	Dec. 5	15 12 41.306	− 2 10 13.89	30.502 398
June 3	15 02 08.159	0 16 13.38	.802 664	10	15 13 22.967	2 12 09.02	.461 223
8	15 01 41.140	0 15 57.70	.844 702	15	15 14 03.225	2 13 46.00	.414 084
13	15 01 15.833	0 16 01.86	.892 531	20	15 14 41.853	2 15 04.41	.361 282
18	15 00 52.469	0 16 25.91	28.945 752	25	15 15 18.617	2 16 03.84	.303 151
23	15 00 31.248	− 0 17 09.83	29.003 958	30	15 15 53.280	− 2 16 44.02	30.240 090
28	15 00 12.360	0 18 13.52	.066 743	35	15 16 25.616	− 2 17 04.92	30.172 576
July 3	14 59 55.991	− 0 19 36.86	29.133 672				

HELIOCENTRIC POSITIONS FOR 0ʰ DYNAMICAL TIME

MEAN EQUINOX AND ECLIPTIC OF DATE

Date	Longitude	Latitude	Radius Vector	Date	Longitude	Latitude	Radius Vector
	h m s	° ′ ″			h m s	° ′ ″	
Jan. − 6	222 52 17.4	+ 15 52 54.4	29.658 87	Aug. 22	224 34 05.8	+ 15 41 18.7	29.655 97
Feb. 3	223 09 16.0	15 51 01.8	.658 02	Oct. 1	224 51 03.0	15 39 18.1	.655 99
Mar. 15	223 26 14.5	15 49 07.8	.657 32	Nov. 10	225 08 00.0	15 37 16.2	.656 16
Apr. 24	223 43 12.6	15 47 12.6	.656 76	Dec. 20	225 24 56.6	15 35 13.0	.656 47
June 3	224 00 10.6	15 45 15.9	.656 35	Dec. 60	225 41 53.0	+ 15 33 08.5	29.656 93
July 13	224 17 08.3	+ 15 43 18.0	29.656 09				

NOTES AND FORMULAS

Semi-diameter and parallax

The apparent angular semi-diameter of a planet is given by:

$$\text{apparent S.D.} = \text{S.D. at unit distance} / \text{true distance}$$

where the true distance is given in the daily geocentric ephemeris and the adopted semi-diameter at unit distance is given by:

Mercury	3″·36	Jupiter: equatorial	98″·44	Uranus	35″·02
Venus	8″·34	polar	92″·06	Neptune	33″·50
Mars	4″·68	Saturn: equatorial	82″·73	Pluto	2″·07
		polar	73″·82		

The difference in transit times of the limb and centre of a planet in seconds of time is given approximately by:

$$\text{difference in transit time} = (\text{apparent S.D. in seconds of arc}) / 15 \cos \delta$$

where the sidereal motion of the planet is ignored.

The equatorial horizontal parallax of a planet is given by 8″·794 148 divided by its true geocentric distance; formulae for the corrections for diurnal parallax are given on page B61.

Time of transit of a planet

The times of transit of the planets that are tabulated on pages E44–E51 are expressed in dynamical time (TDT) and refer to the transits over the ephemeris meridian; for most purposes this may be regarded as giving the universal time (UT) of transit over the Greenwich meridian.

The UT of transit over a local meridian is given by:

$$\text{time of ephemeris transit} - (\lambda / 24) \times \text{first difference}$$

with an error that is usually less than 1 second, where λ is the *east* longitude in hours and the first difference is about 24 hours.

Times of rising and setting

Approximate times of the rising and setting of a planet at a place with latitude φ may be obtained from the time of transit by applying the value of the hour angle h of the point on the horizon at the same declination as the planet; h is given by:

$$\cos h = -\tan \varphi \tan \delta$$

This ignores the sidereal motion of the planet during the interval between transit and rising or setting. Similarly, the time at which a planet reaches a zenith distance z may be obtained by determining the corresponding hour angle h from:

$$\cos h = -\tan \varphi \tan \delta + \sec \varphi \sec \delta \cos z$$

and applying h to the time of transit.

Date	Mercury	Venus	Mars	Jupiter	Saturn	Uranus	Neptune	Pluto
	h m s	h m s	h m s	h m s	h m s	h m s	h m s	h m
Jan. 0	13 15 45	10 23 57	18 31 46	20 56 37	11 43 30	11 27 05	12 02 16	8 27
1	13 18 01	10 25 22	18 29 42	20 52 26	11 40 05	11 23 25	11 58 30	8 23
2	13 20 07	10 26 48	18 27 39	20 48 15	11 36 39	11 19 45	11 54 44	8 19
3	13 22 02	10 28 15	18 25 37	20 44 04	11 33 14	11 16 04	11 50 58	8 15
4	13 23 44	10 29 42	18 23 36	20 39 55	11 29 48	11 12 24	11 47 12	8 11
5	13 25 11	10 31 09	18 21 35	20 35 46	11 26 23	11 08 43	11 43 26	8 07
6	13 26 21	10 32 37	18 19 36	20 31 38	11 22 57	11 05 03	11 39 39	8 04
7	13 27 11	10 34 06	18 17 37	20 27 31	11 19 31	11 01 22	11 35 53	8 00
8	13 27 40	10 35 35	18 15 39	20 23 25	11 16 06	10 57 42	11 32 07	7 56
9	13 27 43	10 37 05	18 13 42	20 19 20	11 12 40	10 54 01	11 28 21	7 52
10	13 27 19	10 38 34	18 11 45	20 15 15	11 09 14	10 50 20	11 24 34	7 48
11	13 26 23	10 40 04	18 09 49	20 11 11	11 05 48	10 46 40	11 20 48	7 44
12	13 24 54	10 41 34	18 07 55	20 07 09	11 02 22	10 42 59	11 17 02	7 41
13	13 22 46	10 43 05	18 06 00	20 03 07	10 58 56	10 39 18	11 13 15	7 37
14	13 19 59	10 44 35	18 04 07	19 59 05	10 55 30	10 35 37	11 09 29	7 33
15	13 16 28	10 46 05	18 02 14	19 55 05	10 52 04	10 31 56	11 05 43	7 29
16	13 12 12	10 47 36	18 00 22	19 51 06	10 48 37	10 28 15	11 01 56	7 25
17	13 07 10	10 49 06	17 58 31	19 47 07	10 45 11	10 24 34	10 58 10	7 21
18	13 01 22	10 50 36	17 56 40	19 43 09	10 41 44	10 20 52	10 54 23	7 17
19	12 54 49	10 52 06	17 54 50	19 39 12	10 38 17	10 17 11	10 50 37	7 14
20	12 47 34	10 53 35	17 53 00	19 35 16	10 34 50	10 13 29	10 46 50	7 10
21	12 39 42	10 55 05	17 51 12	19 31 21	10 31 23	10 09 48	10 43 03	7 06
22	12 31 19	10 56 33	17 49 24	19 27 26	10 27 56	10 06 06	10 39 17	7 02
23	12 22 32	10 58 02	17 47 36	19 23 33	10 24 29	10 02 24	10 35 30	6 58
24	12 13 29	10 59 29	17 45 49	19 19 40	10 21 02	9 58 43	10 31 43	6 54
25	12 04 21	11 00 57	17 44 03	19 15 48	10 17 34	9 55 01	10 27 56	6 50
26	11 55 15	11 02 23	17 42 17	19 11 57	10 14 07	9 51 19	10 24 09	6 46
27	11 46 19	11 03 49	17 40 32	19 08 06	10 10 39	9 47 36	10 20 22	6 43
28	11 37 43	11 05 15	17 38 48	19 04 17	10 07 11	9 43 54	10 16 35	6 39
29	11 29 31	11 06 39	17 37 04	19 00 28	10 03 43	9 40 12	10 12 48	6 35
30	11 21 48	11 08 03	17 35 21	18 56 40	10 00 14	9 36 29	10 09 01	6 31
31	11 14 38	11 09 26	17 33 38	18 52 53	9 56 46	9 32 46	10 05 14	6 27
Feb. 1	11 08 03	11 10 48	17 31 56	18 49 07	9 53 17	9 29 04	10 01 27	6 23
2	11 02 03	11 12 09	17 30 14	18 45 22	9 49 48	9 25 21	9 57 39	6 19
3	10 56 39	11 13 30	17 28 33	18 41 37	9 46 19	9 21 38	9 53 52	6 15
4	10 51 50	11 14 49	17 26 53	18 37 53	9 42 50	9 17 55	9 50 04	6 11
5	10 47 34	11 16 07	17 25 13	18 34 10	9 39 21	9 14 11	9 46 17	6 08
6	10 43 50	11 17 24	17 23 34	18 30 28	9 35 51	9 10 28	9 42 29	6 04
7	10 40 36	11 18 40	17 21 55	18 26 47	9 32 21	9 06 44	9 38 41	6 00
8	10 37 50	11 19 55	17 20 17	18 23 06	9 28 51	9 03 01	9 34 54	5 56
9	10 35 29	11 21 09	17 18 40	18 19 26	9 25 21	8 59 17	9 31 06	5 52
10	10 33 32	11 22 22	17 17 03	18 15 47	9 21 50	8 55 33	9 27 18	5 48
11	10 31 58	11 23 33	17 15 26	18 12 09	9 18 19	8 51 48	9 23 30	5 44
12	10 30 43	11 24 44	17 13 50	18 08 31	9 14 48	8 48 04	9 19 41	5 40
13	10 29 47	11 25 53	17 12 15	18 04 54	9 11 17	8 44 20	9 15 53	5 36
14	10 29 07	11 27 01	17 10 40	18 01 18	9 07 46	8 40 35	9 12 05	5 32
15	10 28 43	11 28 08	17 09 06	17 57 43	9 04 14	8 36 50	9 08 16	5 29

Date	Mercury	Venus	Mars	Jupiter	Saturn	Uranus	Neptune	Pluto
	h m s	h m s	h m s	h m s	h m s	h m s	h m s	h m
Feb. 15	10 28 43	11 28 08	17 09 06	17 57 43	9 04 14	8 36 50	9 08 16	5 29
16	10 28 33	11 29 14	17 07 32	17 54 08	9 00 42	8 33 05	9 04 28	5 25
17	10 28 36	11 30 18	17 05 58	17 50 34	8 57 10	8 29 20	9 00 39	5 21
18	10 28 51	11 31 21	17 04 25	17 47 01	8 53 38	8 25 35	8 56 50	5 17
19	10 29 16	11 32 24	17 02 53	17 43 28	8 50 05	8 21 49	8 53 02	5 13
20	10 29 51	11 33 24	17 01 21	17 39 56	8 46 32	8 18 03	8 49 13	5 09
21	10 30 34	11 34 24	16 59 50	17 36 25	8 42 59	8 14 18	8 45 24	5 05
22	10 31 26	11 35 23	16 58 18	17 32 55	8 39 25	8 10 32	8 41 34	5 01
23	10 32 26	11 36 20	16 56 48	17 29 25	8 35 51	8 06 45	8 37 45	4 57
24	10 33 32	11 37 17	16 55 18	17 25 56	8 32 17	8 02 59	8 33 56	4 53
25	10 34 45	11 38 12	16 53 48	17 22 27	8 28 43	7 59 12	8 30 06	4 49
26	10 36 03	11 39 06	16 52 19	17 18 59	8 25 08	7 55 26	8 26 17	4 45
27	10 37 27	11 40 00	16 50 50	17 15 32	8 21 33	7 51 39	8 22 27	4 41
28	10 38 56	11 40 52	16 49 22	17 12 06	8 17 58	7 47 52	8 18 37	4 37
Mar. 1	10 40 29	11 41 43	16 47 54	17 08 40	8 14 23	7 44 04	8 14 47	4 33
2	10 42 06	11 42 33	16 46 26	17 05 14	8 10 47	7 40 17	8 10 57	4 29
3	10 43 48	11 43 22	16 44 59	17 01 50	8 07 11	7 36 29	8 07 07	4 26
4	10 45 33	11 44 11	16 43 33	16 58 26	8 03 34	7 32 41	8 03 17	4 22
5	10 47 21	11 44 58	16 42 07	16 55 02	7 59 57	7 28 53	7 59 26	4 18
6	10 49 13	11 45 44	16 40 41	16 51 39	7 56 20	7 25 05	7 55 36	4 14
7	10 51 08	11 46 30	16 39 16	16 48 17	7 52 43	7 21 16	7 51 45	4 10
8	10 53 06	11 47 15	16 37 51	16 44 55	7 49 05	7 17 27	7 47 54	4 06
9	10 55 06	11 47 59	16 36 27	16 41 34	7 45 27	7 13 38	7 44 03	4 02
10	10 57 09	11 48 42	16 35 03	16 38 14	7 41 48	7 09 49	7 40 12	3 58
11	10 59 15	11 49 24	16 33 39	16 34 54	7 38 10	7 06 00	7 36 21	3 54
12	11 01 24	11 50 06	16 32 16	16 31 34	7 34 30	7 02 10	7 32 30	3 50
13	11 03 35	11 50 47	16 30 53	16 28 15	7 30 51	6 58 21	7 28 38	3 46
14	11 05 48	11 51 28	16 29 30	16 24 57	7 27 11	6 54 31	7 24 47	3 42
15	11 08 04	11 52 08	16 28 08	16 21 39	7 23 31	6 50 40	7 20 55	3 38
16	11 10 23	11 52 47	16 26 47	16 18 22	7 19 50	6 46 50	7 17 03	3 34
17	11 12 44	11 53 26	16 25 25	16 15 05	7 16 09	6 42 59	7 13 11	3 30
18	11 15 08	11 54 05	16 24 04	16 11 49	7 12 28	6 39 08	7 09 19	3 26
19	11 17 34	11 54 43	16 22 43	16 08 33	7 08 47	6 35 17	7 05 27	3 22
20	11 20 03	11 55 20	16 21 23	16 05 18	7 05 05	6 31 26	7 01 35	3 18
21	11 22 35	11 55 58	16 20 03	16 02 03	7 01 22	6 27 35	6 57 42	3 14
22	11 25 11	11 56 35	16 18 43	15 58 49	6 57 39	6 23 43	6 53 49	3 10
23	11 27 49	11 57 12	16 17 23	15 55 35	6 53 56	6 19 51	6 49 57	3 06
24	11 30 30	11 57 48	16 16 04	15 52 21	6 50 13	6 15 59	6 46 04	3 02
25	11 33 15	11 58 24	16 14 45	15 49 08	6 46 29	6 12 06	6 42 11	2 58
26	11 36 04	11 59 01	16 13 27	15 45 56	6 42 45	6 08 14	6 38 18	2 54
27	11 38 56	11 59 37	16 12 08	15 42 44	6 39 00	6 04 21	6 34 24	2 50
28	11 41 52	12 00 13	16 10 50	15 39 32	6 35 15	6 00 28	6 30 31	2 46
29	11 44 51	12 00 49	16 09 33	15 36 21	6 31 29	5 56 35	6 26 37	2 42
30	11 47 55	12 01 25	16 08 15	15 33 10	6 27 43	5 52 41	6 22 43	2 38
31	11 51 03	12 02 02	16 06 58	15 30 00	6 23 57	5 48 47	6 18 49	2 34
Apr. 1	11 54 15	12 02 38	16 05 41	15 26 50	6 20 11	5 44 53	6 14 55	2 30
2	11 57 31	12 03 15	16 04 24	15 23 40	6 16 23	5 40 59	6 11 01	2 26

Date	Mercury	Venus	Mars	Jupiter	Saturn	Uranus	Neptune	Pluto
	h m s	h m s	h m s	h m s	h m s	h m s	h m s	h m
Apr. 1	11 54 15	12 02 38	16 05 41	15 26 50	6 20 11	5 44 53	6 14 55	2 30
2	11 57 31	12 03 15	16 04 24	15 23 40	6 16 23	5 40 59	6 11 01	2 26
3	12 00 51	12 03 52	16 03 08	15 20 31	6 12 36	5 37 05	6 07 07	2 22
4	12 04 15	12 04 29	16 01 52	15 17 22	6 08 48	5 33 10	6 03 12	2 18
5	12 07 43	12 05 06	16 00 36	15 14 14	6 05 00	5 29 15	5 59 18	2 14
6	12 11 15	12 05 44	15 59 20	15 11 06	6 01 11	5 25 20	5 55 23	2 10
7	12 14 50	12 06 22	15 58 04	15 07 58	5 57 22	5 21 25	5 51 28	2 06
8	12 18 28	12 07 01	15 56 49	15 04 51	5 53 33	5 17 29	5 47 33	2 02
9	12 22 09	12 07 39	15 55 34	15 01 44	5 49 43	5 13 34	5 43 38	1 58
10	12 25 51	12 08 19	15 54 19	14 58 37	5 45 52	5 09 38	5 39 43	1 54
11	12 29 33	12 08 59	15 53 04	14 55 31	5 42 01	5 05 41	5 35 47	1 50
12	12 33 16	12 09 39	15 51 50	14 52 25	5 38 10	5 01 45	5 31 52	1 46
13	12 36 58	12 10 20	15 50 35	14 49 20	5 34 19	4 57 48	5 27 56	1 42
14	12 40 37	12 11 02	15 49 21	14 46 14	5 30 27	4 53 51	5 24 00	1 38
15	12 44 14	12 11 45	15 48 07	14 43 10	5 26 34	4 49 54	5 20 04	1 34
16	12 47 45	12 12 28	15 46 53	14 40 05	5 22 41	4 45 57	5 16 08	1 30
17	12 51 11	12 13 11	15 45 39	14 37 01	5 18 48	4 41 59	5 12 12	1 26
18	12 54 29	12 13 56	15 44 25	14 33 57	5 14 54	4 38 02	5 08 15	1 22
19	12 57 39	12 14 41	15 43 11	14 30 53	5 11 00	4 34 04	5 04 19	1 18
20	13 00 40	12 15 28	15 41 58	14 27 49	5 07 06	4 30 06	5 00 22	1 14
21	13 03 30	12 16 15	15 40 44	14 24 46	5 03 11	4 26 07	4 56 25	1 10
22	13 06 07	12 17 03	15 39 31	14 21 43	4 59 15	4 22 09	4 52 28	1 06
23	13 08 32	12 17 52	15 38 17	14 18 41	4 55 20	4 18 10	4 48 31	1 02
24	13 10 43	12 18 42	15 37 04	14 15 38	4 51 23	4 14 11	4 44 34	0 58
25	13 12 39	12 19 32	15 35 51	14 12 36	4 47 27	4 10 11	4 40 36	0 53
26	13 14 20	12 20 24	15 34 37	14 09 34	4 43 30	4 06 12	4 36 39	0 49
27	13 15 44	12 21 17	15 33 24	14 06 33	4 39 32	4 02 12	4 32 41	0 45
28	13 16 51	12 22 11	15 32 11	14 03 31	4 35 34	3 58 13	4 28 43	0 41
29	13 17 40	12 23 06	15 30 58	14 00 30	4 31 36	3 54 13	4 24 45	0 37
30	13 18 10	12 24 02	15 29 45	13 57 29	4 27 37	3 50 12	4 20 47	0 33
May 1	13 18 22	12 24 59	15 28 32	13 54 29	4 23 38	3 46 12	4 16 49	0 29
2	13 18 14	12 25 58	15 27 19	13 51 28	4 19 39	3 42 11	4 12 51	0 25
3	13 17 47	12 26 57	15 26 05	13 48 28	4 15 39	3 38 10	4 08 52	0 21
4	13 16 58	12 27 57	15 24 52	13 45 28	4 11 38	3 34 09	4 04 54	0 17
5	13 15 49	12 28 59	15 23 39	13 42 28	4 07 38	3 30 08	4 00 55	0 13
6	13 14 19	12 30 02	15 22 26	13 39 29	4 03 37	3 26 07	3 56 56	0 09
7	13 12 28	12 31 06	15 21 13	13 36 29	3 59 35	3 22 05	3 52 57	0 05
8	13 10 15	12 32 11	15 20 00	13 33 30	3 55 33	3 18 03	3 48 58	0 01
9	13 07 40	12 33 17	15 18 47	13 30 31	3 51 31	3 14 01	3 44 59	23 53
10	13 04 45	12 34 24	15 17 33	13 27 32	3 47 28	3 09 59	3 41 00	23 49
11	13 01 28	12 35 32	15 16 20	13 24 33	3 43 25	3 05 57	3 37 00	23 45
12	12 57 50	12 36 42	15 15 06	13 21 35	3 39 21	3 01 55	3 33 01	23 41
13	12 53 52	12 37 52	15 13 53	13 18 36	3 35 18	2 57 52	3 29 01	23 37
14	12 49 35	12 39 04	15 12 39	13 15 38	3 31 13	2 53 49	3 25 01	23 33
15	12 44 59	12 40 16	15 11 25	13 12 40	3 27 09	2 49 46	3 21 01	23 29
16	12 40 07	12 41 30	15 10 11	13 09 42	3 23 04	2 45 43	3 17 01	23 25
17	12 34 58	12 42 44	15 08 57	13 06 44	3 18 58	2 41 40	3 13 01	23 21

Second transit: Pluto, May 8^{d}23^{h}57^d.

Date	Mercury	Venus	Mars	Jupiter	Saturn	Uranus	Neptune	Pluto
	h m s	h m s	h m s	h m s	h m s	h m s	h m s	h m
May 17	12 34 58	12 42 44	15 08 57	13 06 44	3 18 58	2 41 40	3 13 01	23 21
18	12 29 36	12 44 00	15 07 43	13 03 46	3 14 53	2 37 36	3 09 01	23 17
19	12 24 01	12 45 16	15 06 29	13 00 48	3 10 47	2 33 33	3 05 01	23 13
20	12 18 16	12 46 34	15 05 15	12 57 51	3 06 40	2 29 29	3 01 00	23 09
21	12 12 23	12 47 52	15 04 00	12 54 54	3 02 34	2 25 25	2 57 00	23 05
22	12 06 24	12 49 11	15 02 45	12 51 56	2 58 26	2 21 21	2 52 59	23 01
23	12 00 22	12 50 31	15 01 30	12 48 59	2 54 19	2 17 17	2 48 58	22 56
24	11 54 19	12 51 51	15 00 15	12 46 02	2 50 11	2 13 13	2 44 58	22 52
25	11 48 16	12 53 13	14 59 00	12 43 05	2 46 03	2 09 08	2 40 57	22 48
26	11 42 17	12 54 35	14 57 45	12 40 08	2 41 55	2 05 04	2 36 56	22 44
27	11 36 24	12 55 57	14 56 29	12 37 11	2 37 46	2 00 59	2 32 55	22 40
28	11 30 38	12 57 21	14 55 13	12 34 15	2 33 37	1 56 54	2 28 54	22 36
29	11 25 01	12 58 44	14 53 58	12 31 18	2 29 28	1 52 50	2 24 52	22 32
30	11 19 35	13 00 09	14 52 41	12 28 21	2 25 18	1 48 44	2 20 51	22 28
31	11 14 21	13 01 33	14 51 25	12 25 25	2 21 08	1 44 39	2 16 49	22 24
June 1	11 09 21	13 02 58	14 50 09	12 22 28	2 16 58	1 40 34	2 12 48	22 20
2	11 04 36	13 04 24	14 48 52	12 19 32	2 12 48	1 36 29	2 08 46	22 16
3	11 00 05	13 05 49	14 47 35	12 16 36	2 08 37	1 32 23	2 04 45	22 12
4	10 55 51	13 07 15	14 46 18	12 13 39	2 04 26	1 28 18	2 00 43	22 08
5	10 51 53	13 08 41	14 45 01	12 10 43	2 00 15	1 24 12	1 56 41	22 04
6	10 48 12	13 10 07	14 43 43	12 07 47	1 56 03	1 20 07	1 52 39	22 00
7	10 44 47	13 11 33	14 42 26	12 04 50	1 51 52	1 16 01	1 48 37	21 56
8	10 41 40	13 12 59	14 41 08	12 01 54	1 47 40	1 11 55	1 44 35	21 52
9	10 38 50	13 14 24	14 39 49	11 58 58	1 43 27	1 07 49	1 40 33	21 48
10	10 36 17	13 15 50	14 38 31	11 56 02	1 39 15	1 03 43	1 36 31	21 44
11	10 34 01	13 17 15	14 37 12	11 53 06	1 35 02	0 59 37	1 32 29	21 40
12	10 32 02	13 18 40	14 35 53	11 50 09	1 30 50	0 55 31	1 28 27	21 36
13	10 30 20	13 20 05	14 34 34	11 47 13	1 26 37	0 51 25	1 24 24	21 32
14	10 28 54	13 21 29	14 33 15	11 44 17	1 22 24	0 47 18	1 20 22	21 28
15	10 27 45	13 22 52	14 31 55	11 41 21	1 18 10	0 43 12	1 16 20	21 24
16	10 26 53	13 24 15	14 30 35	11 38 25	1 13 57	0 39 06	1 12 17	21 20
17	10 26 17	13 25 38	14 29 15	11 35 28	1 09 43	0 35 00	1 08 15	21 16
18	10 25 57	13 26 59	14 27 54	11 32 32	1 05 29	0 30 53	1 04 12	21 12
19	10 25 53	13 28 20	14 26 33	11 29 36	1 01 15	0 26 47	1 00 10	21 08
20	10 26 06	13 29 40	14 25 12	11 26 39	0 57 01	0 22 40	0 56 07	21 04
21	10 26 35	13 31 00	14 23 51	11 23 43	0 52 47	0 18 34	0 52 04	21 00
22	10 27 19	13 32 18	14 22 29	11 20 46	0 48 33	0 14 27	0 48 02	20 56
23	10 28 20	13 33 36	14 21 07	11 17 50	0 44 19	0 10 21	0 43 59	20 52
24	10 29 38	13 34 53	14 19 45	11 14 53	0 40 04	0 06 14	0 39 56	20 48
25	10 31 11	13 36 08	14 18 23	11 11 56	0 35 50	0 02 08	0 35 54	20 44
26	10 33 01	13 37 23	14 17 00	11 09 00	0 31 35	23 53 55	0 31 51	20 40
27	10 35 07	13 38 37	14 15 37	11 06 03	0 27 20	23 49 48	0 27 48	20 36
28	10 37 29	13 39 49	14 14 14	11 03 06	0 23 05	23 45 42	0 23 45	20 32
29	10 40 07	13 41 00	14 12 51	11 00 09	0 18 51	23 41 35	0 19 42	20 28
30	10 43 02	13 42 11	14 11 27	10 57 12	0 14 36	23 37 29	0 15 39	20 24
July 1	10 46 13	13 43 20	14 10 03	10 54 15	0 10 21	23 33 23	0 11 37	20 20
2	10 49 40	13 44 27	14 08 39	10 51 17	0 06 06	23 29 16	0 07 34	20 16

Second transit: Uranus, June 25^{d}23^{h}58^{d}01^s.

Date	Mercury	Venus	Mars	Jupiter	Saturn	Uranus	Neptune	Pluto
	h m s	h m s	h m s	h m s	h m s	h m s	h m s	h m
July 1	10 46 13	13 43 20	14 10 03	10 54 15	0 10 21	23 33 23	0 11 37	20 20
2	10 49 40	13 44 27	14 08 39	10 51 17	0 06 06	23 29 16	0 07 34	20 16
3	10 53 22	13 45 34	14 07 14	10 48 20	0 01 51	23 25 10	0 03 31	20 12
4	10 57 19	13 46 39	14 05 50	10 45 23	23 53 21	23 21 03	23 55 25	20 08
5	11 01 30	13 47 43	14 04 25	10 42 25	23 49 06	23 16 57	23 51 22	20 04
6	11 05 55	13 48 46	14 02 59	10 39 27	23 44 52	23 12 51	23 47 20	20 00
7	11 10 33	13 49 48	14 01 34	10 36 29	23 40 37	23 08 45	23 43 17	19 56
8	11 15 22	13 50 48	14 00 08	10 33 31	23 36 22	23 04 39	23 39 14	19 52
9	11 20 21	13 51 47	13 58 42	10 30 33	23 32 07	23 00 33	23 35 11	19 48
10	11 25 29	13 52 44	13 57 16	10 27 35	23 27 53	22 56 27	23 31 08	19 44
11	11 30 43	13 53 40	13 55 49	10 24 36	23 23 38	22 52 21	23 27 06	19 40
12	11 36 03	13 54 35	13 54 22	10 21 38	23 19 24	22 48 15	23 23 03	19 36
13	11 41 27	13 55 29	13 52 55	10 18 39	23 15 09	22 44 09	23 19 00	19 32
14	11 46 52	13 56 21	13 51 28	10 15 40	23 10 55	22 40 03	23 14 58	19 28
15	11 52 17	13 57 12	13 50 00	10 12 41	23 06 41	22 35 58	23 10 55	19 24
16	11 57 40	13 58 02	13 48 32	10 09 41	23 02 27	22 31 52	23 06 52	19 20
17	12 03 00	13 58 50	13 47 04	10 06 42	22 58 13	22 27 47	23 02 50	19 17
18	12 08 14	13 59 37	13 45 36	10 03 42	22 53 59	22 23 41	22 58 47	19 13
19	12 13 23	14 00 23	13 44 07	10 00 42	22 49 46	22 19 36	22 54 45	19 09
20	12 18 25	14 01 07	13 42 38	9 57 42	22 45 33	22 15 31	22 50 42	19 05
21	12 23 18	14 01 51	13 41 09	9 54 42	22 41 19	22 11 26	22 46 40	19 01
22	12 28 03	14 02 33	13 39 40	9 51 41	22 37 06	22 07 21	22 42 37	18 57
23	12 32 39	14 03 14	13 38 10	9 48 40	22 32 53	22 03 16	22 38 35	18 53
24	12 37 04	14 03 54	13 36 40	9 45 39	22 28 41	21 59 12	22 34 33	18 49
25	12 41 19	14 04 32	13 35 10	9 42 38	22 24 28	21 55 07	22 30 31	18 45
26	12 45 25	14 05 10	13 33 40	9 39 36	22 20 16	21 51 03	22 26 28	18 41
27	12 49 19	14 05 47	13 32 09	9 36 35	22 16 04	21 46 58	22 22 26	18 37
28	12 53 04	14 06 22	13 30 39	9 33 33	22 11 52	21 42 54	22 18 24	18 33
29	12 56 38	14 06 57	13 29 08	9 30 31	22 07 40	21 38 50	22 14 22	18 29
30	13 00 02	14 07 30	13 27 37	9 27 28	22 03 29	21 34 46	22 10 21	18 25
31	13 03 16	14 08 03	13 26 06	9 24 25	21 59 18	21 30 43	22 06 19	18 21
Aug. 1	13 06 20	14 08 34	13 24 34	9 21 22	21 55 07	21 26 39	22 02 17	18 17
2	13 09 15	14 09 05	13 23 03	9 18 19	21 50 56	21 22 36	21 58 15	18 14
3	13 12 01	14 09 35	13 21 31	9 15 15	21 46 46	21 18 32	21 54 14	18 10
4	13 14 37	14 10 04	13 19 59	9 12 11	21 42 36	21 14 29	21 50 12	18 06
5	13 17 04	14 10 33	13 18 27	9 09 07	21 38 26	21 10 26	21 46 11	18 02
6	13 19 23	14 11 00	13 16 54	9 06 03	21 34 17	21 06 23	21 42 09	17 58
7	13 21 34	14 11 27	13 15 22	9 02 58	21 30 08	21 02 21	21 38 08	17 54
8	13 23 36	14 11 53	13 13 49	8 59 53	21 25 59	20 58 18	21 34 07	17 50
9	13 25 30	14 12 19	13 12 16	8 56 47	21 21 50	20 54 16	21 30 06	17 46
10	13 27 17	14 12 43	13 10 43	8 53 41	21 17 42	20 50 14	21 26 05	17 42
11	13 28 56	14 13 08	13 09 10	8 50 35	21 13 34	20 46 12	21 22 04	17 38
12	13 30 27	14 13 31	13 07 37	8 47 29	21 09 27	20 42 10	21 18 03	17 34
13	13 31 51	14 13 55	13 06 03	8 44 22	21 05 20	20 38 08	21 14 02	17 31
14	13 33 08	14 14 17	13 04 30	8 41 14	21 01 13	20 34 07	21 10 02	17 27
15	13 34 18	14 14 40	13 02 56	8 38 07	20 57 06	20 30 06	21 06 01	17 23
16	13 35 20	14 15 01	13 01 22	8 34 59	20 53 00	20 26 05	21 02 01	17 19

Second transits: Saturn, July 3^{d}23^{h}57^{d}36^s, Neptune, July 3^{d}23^{h}59^{d}28^s.

Date	Mercury	Venus	Mars	Jupiter	Saturn	Uranus	Neptune	Pluto
	h m s	h m s	h m s	h m s	h m s	h m s	h m s	h m
Aug. 16	13 35 20	14 15 01	13 01 22	8 34 59	20 53 00	20 26 05	21 02 01	17 19
17	13 36 16	14 15 23	12 59 48	8 31 50	20 48 54	20 22 04	20 58 00	17 15
18	13 37 04	14 15 44	12 58 14	8 28 42	20 44 49	20 18 03	20 54 00	17 11
19	13 37 46	14 16 05	12 56 40	8 25 33	20 40 44	20 14 02	20 50 00	17 07
20	13 38 20	14 16 26	12 55 05	8 22 23	20 36 39	20 10 02	20 46 00	17 03
21	13 38 47	14 16 46	12 53 31	8 19 13	20 32 34	20 06 02	20 42 00	16 59
22	13 39 07	14 17 07	12 51 56	8 16 03	20 28 30	20 02 02	20 38 00	16 56
23	13 39 20	14 17 27	12 50 22	8 12 52	20 24 27	19 58 02	20 34 01	16 52
24	13 39 25	14 17 47	12 48 47	8 09 41	20 20 23	19 54 03	20 30 01	16 48
25	13 39 22	14 18 07	12 47 12	8 06 29	20 16 21	19 50 04	20 26 01	16 44
26	13 39 11	14 18 28	12 45 37	8 03 17	20 12 18	19 46 05	20 22 02	16 40
27	13 38 51	14 18 48	12 44 02	8 00 04	20 08 16	19 42 06	20 18 03	16 36
28	13 38 22	14 19 08	12 42 28	7 56 51	20 04 14	19 38 07	20 14 04	16 32
29	13 37 45	14 19 29	12 40 53	7 53 38	20 00 13	19 34 08	20 10 05	16 28
30	13 36 57	14 19 49	12 39 18	7 50 24	19 56 12	19 30 10	20 06 06	16 25
31	13 35 59	14 20 10	12 37 42	7 47 10	19 52 12	19 26 12	20 02 07	16 21
Sept. 1	13 34 51	14 20 31	12 36 07	7 43 55	19 48 12	19 22 14	19 58 09	16 17
2	13 33 30	14 20 52	12 34 32	7 40 39	19 44 12	19 18 17	19 54 10	16 13
3	13 31 57	14 21 14	12 32 57	7 37 23	19 40 13	19 14 19	19 50 12	16 09
4	13 30 12	14 21 36	12 31 22	7 34 07	19 36 14	19 10 22	19 46 14	16 05
5	13 28 12	14 21 58	12 29 47	7 30 50	19 32 16	19 06 25	19 42 16	16 01
6	13 25 57	14 22 21	12 28 11	7 27 32	19 28 18	19 02 28	19 38 18	15 58
7	13 23 26	14 22 44	12 26 36	7 24 14	19 24 20	18 58 32	19 34 20	15 54
8	13 20 38	14 23 08	12 25 01	7 20 56	19 20 23	18 54 36	19 30 22	15 50
9	13 17 33	14 23 32	12 23 26	7 17 37	19 16 26	18 50 40	19 26 25	15 46
10	13 14 08	14 23 56	12 21 51	7 14 17	19 12 30	18 46 44	19 22 27	15 42
11	13 10 23	14 24 21	12 20 15	7 10 57	19 08 34	18 42 48	19 18 30	15 38
12	13 06 17	14 24 47	12 18 40	7 07 36	19 04 39	18 38 53	19 14 33	15 34
13	13 01 50	14 25 13	12 17 05	7 04 14	19 00 43	18 34 57	19 10 36	15 31
14	12 57 00	14 25 39	12 15 30	7 00 53	18 56 49	18 31 02	19 06 39	15 27
15	12 51 47	14 26 07	12 13 55	6 57 30	18 52 55	18 27 08	19 02 42	15 23
16	12 46 11	14 26 35	12 12 20	6 54 07	18 49 01	18 23 13	18 58 45	15 19
17	12 40 13	14 27 04	12 10 45	6 50 43	18 45 08	18 19 19	18 54 49	15 15
18	12 33 53	14 27 33	12 09 10	6 47 19	18 41 15	18 15 25	18 50 53	15 11
19	12 27 14	14 28 03	12 07 36	6 43 54	18 37 22	18 11 31	18 46 56	15 08
20	12 20 17	14 28 34	12 06 01	6 40 28	18 33 30	18 07 37	18 43 00	15 04
21	12 13 05	14 29 05	12 04 26	6 37 02	18 29 38	18 03 44	18 39 05	15 00
22	12 05 43	14 29 38	12 02 52	6 33 35	18 25 47	17 59 51	18 35 09	14 56
23	11 58 14	14 30 11	12 01 18	6 30 07	18 21 56	17 55 58	18 31 13	14 52
24	11 50 43	14 30 45	11 59 43	6 26 39	18 18 06	17 52 05	18 27 18	14 49
25	11 43 16	14 31 20	11 58 09	6 23 10	18 14 16	17 48 12	18 23 22	14 45
26	11 35 58	14 31 55	11 56 35	6 19 41	18 10 26	17 44 20	18 19 27	14 41
27	11 28 55	14 32 32	11 55 01	6 16 10	18 06 37	17 40 28	18 15 32	14 37
28	11 22 12	14 33 09	11 53 28	6 12 39	18 02 48	17 36 36	18 11 37	14 33
29	11 15 53	14 33 47	11 51 54	6 09 08	17 59 00	17 32 44	18 07 42	14 29
30	11 10 04	14 34 25	11 50 21	6 05 35	17 55 12	17 28 53	18 03 48	14 26
Oct. 1	11 04 47	14 35 05	11 48 48	6 02 02	17 51 25	17 25 02	17 59 53	14 22

Date	Mercury	Venus	Mars	Jupiter	Saturn	Uranus	Neptune	Pluto
	h m s	h m s	h m s	h m s	h m s	h m s	h m s	h m
Oct. 1	11 04 47	14 35 05	11 48 48	6 02 02	17 51 25	17 25 02	17 59 53	14 22
2	11 00 04	14 35 45	11 47 14	5 58 28	17 47 37	17 21 11	17 55 59	14 18
3	10 55 58	14 36 26	11 45 42	5 54 54	17 43 51	17 17 20	17 52 05	14 14
4	10 52 28	14 37 08	11 44 09	5 51 18	17 40 04	17 13 29	17 48 11	14 10
5	10 49 34	14 37 51	11 42 36	5 47 42	17 36 19	17 09 39	17 44 17	14 07
6	10 47 16	14 38 34	11 41 04	5 44 06	17 32 33	17 05 49	17 40 23	14 03
7	10 45 32	14 39 18	11 39 32	5 40 28	17 28 48	17 01 59	17 36 29	13 59
8	10 44 19	14 40 02	11 38 00	5 36 50	17 25 03	16 58 09	17 32 36	13 55
9	10 43 35	14 40 47	11 36 28	5 33 11	17 21 19	16 54 19	17 28 43	13 51
10	10 43 18	14 41 33	11 34 56	5 29 31	17 17 35	16 50 30	17 24 49	13 48
11	10 43 25	14 42 19	11 33 25	5 25 50	17 13 52	16 46 41	17 20 56	13 44
12	10 43 54	14 43 06	11 31 54	5 22 09	17 10 08	16 42 52	17 17 03	13 40
13	10 44 41	14 43 53	11 30 23	5 18 26	17 06 26	16 39 03	17 13 11	13 36
14	10 45 44	14 44 40	11 28 52	5 14 43	17 02 43	16 35 15	17 09 18	13 32
15	10 47 00	14 45 28	11 27 22	5 10 59	16 59 01	16 31 27	17 05 25	13 29
16	10 48 29	14 46 16	11 25 52	5 07 15	16 55 20	16 27 38	17 01 33	13 25
17	10 50 07	14 47 05	11 24 22	5 03 29	16 51 38	16 23 51	16 57 41	13 21
18	10 51 53	14 47 53	11 22 52	4 59 43	16 47 57	16 20 03	16 53 49	13 17
19	10 53 46	14 48 42	11 21 23	4 55 56	16 44 17	16 16 15	16 49 57	13 13
20	10 55 44	14 49 31	11 19 54	4 52 08	16 40 37	16 12 28	16 46 05	13 10
21	10 57 46	14 50 20	11 18 25	4 48 19	16 36 57	16 08 41	16 42 13	13 06
22	10 59 52	14 51 08	11 16 57	4 44 30	16 33 17	16 04 54	16 38 21	13 02
23	11 02 01	14 51 57	11 15 29	4 40 39	16 29 38	16 01 07	16 34 30	12 58
24	11 04 12	14 52 45	11 14 01	4 36 48	16 25 59	15 57 21	16 30 39	12 54
25	11 06 25	14 53 33	11 12 33	4 32 56	16 22 21	15 53 34	16 26 47	12 51
26	11 08 38	14 54 21	11 11 06	4 29 03	16 18 43	15 49 48	16 22 56	12 47
27	11 10 53	14 55 08	11 09 39	4 25 09	16 15 05	15 46 02	16 19 05	12 43
28	11 13 09	14 55 55	11 08 13	4 21 14	16 11 28	15 42 16	16 15 15	12 39
29	11 15 25	14 56 41	11 06 47	4 17 19	16 07 51	15 38 30	16 11 24	12 35
30	11 17 41	14 57 26	11 05 21	4 13 22	16 04 14	15 34 45	16 07 33	12 32
31	11 19 58	14 58 11	11 03 56	4 09 25	16 00 37	15 30 59	16 03 43	12 28
Nov. 1	11 22 16	14 58 55	11 02 31	4 05 27	15 57 01	15 27 14	15 59 53	12 24
2	11 24 34	14 59 37	11 01 06	4 01 27	15 53 25	15 23 29	15 56 03	12 20
3	11 26 52	15 00 19	10 59 41	3 57 28	15 49 50	15 19 44	15 52 12	12 17
4	11 29 11	15 00 59	10 58 17	3 53 27	15 46 15	15 16 00	15 48 22	12 13
5	11 31 30	15 01 38	10 56 54	3 49 25	15 42 40	15 12 15	15 44 33	12 09
6	11 33 49	15 02 15	10 55 31	3 45 23	15 39 05	15 08 31	15 40 43	12 05
7	11 36 10	15 02 51	10 54 08	3 41 19	15 35 31	15 04 47	15 36 53	12 01
8	11 38 31	15 03 25	10 52 45	3 37 15	15 31 57	15 01 03	15 33 04	11 58
9	11 40 52	15 03 57	10 51 23	3 33 10	15 28 23	14 57 19	15 29 14	11 54
10	11 43 15	15 04 28	10 50 01	3 29 04	15 24 49	14 53 35	15 25 25	11 50
11	11 45 38	15 04 56	10 48 40	3 24 57	15 21 16	14 49 51	15 21 36	11 46
12	11 48 03	15 05 22	10 47 19	3 20 50	15 17 43	14 46 08	15 17 47	11 43
13	11 50 28	15 05 46	10 45 59	3 16 41	15 14 10	14 42 24	15 13 58	11 39
14	11 52 54	15 06 07	10 44 39	3 12 32	15 10 38	14 38 41	15 10 09	11 35
15	11 55 22	15 06 26	10 43 19	3 08 22	15 07 06	14 34 58	15 06 20	11 31
16	11 57 51	15 06 43	10 42 00	3 04 11	15 03 34	14 31 15	15 02 32	11 27

Date	Mercury	Venus	Mars	Jupiter	Saturn	Uranus	Neptune	Pluto
	h m s	h m s	h m s	h m s	h m s	h m s	h m s	h m
Nov. 16	11 57 51	15 06 43	10 42 00	3 04 11	15 03 34	14 31 15	15 02 32	11 27
17	12 00 21	15 06 56	10 40 42	3 00 00	15 00 02	14 27 32	14 58 43	11 24
18	12 02 53	15 07 07	10 39 23	2 55 47	14 56 31	14 23 49	14 54 55	11 20
19	12 05 26	15 07 15	10 38 06	2 51 34	14 52 59	14 20 07	14 51 06	11 16
20	12 08 00	15 07 19	10 36 48	2 47 20	14 49 28	14 16 24	14 47 18	11 12
21	12 10 36	15 07 21	10 35 31	2 43 05	14 45 58	14 12 42	14 43 30	11 08
22	12 13 13	15 07 19	10 34 15	2 38 49	14 42 27	14 09 00	14 39 42	11 05
23	12 15 52	15 07 13	10 32 59	2 34 33	14 38 57	14 05 18	14 35 54	11 01
24	12 18 31	15 07 04	10 31 44	2 30 16	14 35 27	14 01 36	14 32 06	10 57
25	12 21 13	15 06 52	10 30 29	2 25 58	14 31 57	13 57 54	14 28 18	10 53
26	12 23 55	15 06 35	10 29 14	2 21 39	14 28 27	13 54 12	14 24 30	10 50
27	12 26 39	15 06 14	10 28 00	2 17 20	14 24 58	13 50 30	14 20 42	10 46
28	12 29 24	15 05 50	10 26 47	2 13 00	14 21 28	13 46 49	14 16 55	10 42
29	12 32 09	15 05 21	10 25 34	2 08 40	14 17 59	13 43 07	14 13 07	10 38
30	12 34 56	15 04 47	10 24 21	2 04 18	14 14 30	13 39 26	14 09 20	10 34
Dec. 1	12 37 43	15 04 09	10 23 09	1 59 56	14 11 02	13 35 44	14 05 33	10 31
2	12 40 31	15 03 26	10 21 58	1 55 34	14 07 33	13 32 03	14 01 45	10 27
3	12 43 19	15 02 37	10 20 47	1 51 11	14 04 05	13 28 22	13 57 58	10 23
4	12 46 07	15 01 44	10 19 36	1 46 47	14 00 37	13 24 41	13 54 11	10 19
5	12 48 54	15 00 46	10 18 26	1 42 23	13 57 09	13 21 00	13 50 24	10 15
6	12 51 41	14 59 42	10 17 16	1 37 58	13 53 41	13 17 19	13 46 37	10 12
7	12 54 27	14 58 32	10 16 07	1 33 32	13 50 13	13 13 38	13 42 50	10 08
8	12 57 12	14 57 16	10 14 58	1 29 06	13 46 45	13 09 57	13 39 03	10 04
9	12 59 54	14 55 54	10 13 50	1 24 40	13 43 18	13 06 16	13 35 16	10 00
10	13 02 35	14 54 26	10 12 43	1 20 13	13 39 51	13 02 35	13 31 29	9 56
11	13 05 12	14 52 52	10 11 35	1 15 46	13 36 23	12 58 55	13 27 42	9 53
12	13 07 45	14 51 10	10 10 29	1 11 18	13 32 56	12 55 14	13 23 56	9 49
13	13 10 14	14 49 22	10 09 23	1 06 50	13 29 29	12 51 33	13 20 09	9 45
14	13 12 37	14 47 27	10 08 17	1 02 22	13 26 02	12 47 53	13 16 22	9 41
15	13 14 54	14 45 24	10 07 12	0 57 53	13 22 36	12 44 12	13 12 36	9 37
16	13 17 03	14 43 14	10 06 07	0 53 24	13 19 09	12 40 32	13 08 49	9 34
17	13 19 03	14 40 56	10 05 03	0 48 54	13 15 43	12 36 52	13 05 03	9 30
18	13 20 53	14 38 30	10 03 59	0 44 25	13 12 16	12 33 11	13 01 16	9 26
19	13 22 31	14 35 56	10 02 56	0 39 55	13 08 50	12 29 31	12 57 30	9 22
20	13 23 55	14 33 13	10 01 54	0 35 24	13 05 24	12 25 50	12 53 43	9 18
21	13 25 03	14 30 22	10 00 52	0 30 54	13 01 57	12 22 10	12 49 57	9 15
22	13 25 53	14 27 22	9 59 50	0 26 23	12 58 31	12 18 30	12 46 11	9 11
23	13 26 21	14 24 13	9 58 49	0 21 53	12 55 05	12 14 50	12 42 24	9 07
24	13 26 27	14 20 54	9 57 48	0 17 22	12 51 39	12 11 09	12 38 38	9 03
25	13 26 05	14 17 27	9 56 48	0 12 51	12 48 14	12 07 29	12 34 52	8 59
26	13 25 13	14 13 49	9 55 48	0 08 20	12 44 48	12 03 49	12 31 06	8 56
27	13 23 48	14 10 02	9 54 49	0 03 49	12 41 22	12 00 09	12 27 19	8 52
28	13 21 45	14 06 05	9 53 50	23 54 46	12 37 56	11 56 28	12 23 33	8 48
29	13 19 02	14 01 57	9 52 52	23 50 15	12 34 31	11 52 48	12 19 47	8 44
30	13 15 36	13 57 40	9 51 54	23 45 44	12 31 05	11 49 08	12 16 01	8 40
31	13 11 22	13 53 12	9 50 56	23 41 13	12 27 39	11 45 28	12 12 15	8 36
32	13 06 20	13 48 34	9 49 59	23 36 43	12 24 14	11 41 47	12 08 28	8 33

Second transit: Jupiter, Dec. $27^d 23^h 59^d 17^s$.

MERCURY, 1989

EPHEMERIS FOR PHYSICAL OBSERVATIONS
FOR 0ʰ DYNAMICAL TIME

Date		Light-time	Magnitude	Surface Brightness	Diameter	Phase	Phase Angle	Defect of Illumination
		m			"		°	"
Jan.	0	9.94	− 0.7	+2.5	5.62	0.836	47.8	0.92
	2	9.61	0.7	2.6	5.82	0.797	53.6	1.18
	4	9.24	0.7	2.6	6.06	0.750	60.1	1.52
	6	8.84	0.7	2.7	6.33	0.693	67.3	1.94
	8	8.42	0.6	2.7	6.64	0.625	75.5	2.49
	10	7.98	− 0.5	+2.8	7.01	0.547	84.6	3.17
	12	7.54	− 0.3	3.0	7.42	0.460	94.6	4.01
	14	7.09	0.0	3.2	7.89	0.365	105.7	5.01
	16	6.67	+ 0.5	3.4	8.39	0.267	117.7	6.14
	18	6.28	1.2	3.8	8.90	0.175	130.5	7.34
	20	5.96	+ 2.1	+4.1	9.39	0.096	143.8	8.48
	22	5.71	3.2	4.4	9.79	0.040	157.0	9.40
	24	5.55	4.4	4.3	10.07	0.011	167.9	9.96
	26	5.49	4.4	4.3	10.20	0.012	167.5	10.08
	28	5.51	3.4	4.6	10.16	0.039	157.4	9.77
	30	5.61	+ 2.4	+4.5	9.98	0.085	146.1	9.13
Feb.	1	5.77	1.7	4.3	9.70	0.143	135.6	8.31
	3	5.98	1.2	4.1	9.36	0.206	125.9	7.43
	5	6.22	0.8	3.9	9.00	0.270	117.3	6.56
	7	6.48	0.6	3.8	8.63	0.331	109.7	5.77
	9	6.76	+ 0.4	+3.7	8.28	0.388	102.9	5.06
	11	7.04	0.3	3.6	7.95	0.440	96.8	4.45
	13	7.32	0.2	3.5	7.64	0.488	91.4	3.92
	15	7.59	0.1	3.5	7.37	0.530	86.6	3.46
	17	7.87	0.1	3.5	7.11	0.568	82.1	3.07
	19	8.13	+ 0.1	+3.4	6.88	0.603	78.1	2.73
	21	8.39	0.0	3.4	6.67	0.634	74.4	2.44
	23	8.64	0.0	3.4	6.48	0.663	71.0	2.18
	25	8.88	0.0	3.3	6.30	0.689	67.8	1.96
	27	9.10	0.0	3.3	6.14	0.713	64.8	1.76
Mar.	1	9.32	0.0	+3.2	6.00	0.735	61.9	1.59
	3	9.53	− 0.1	3.2	5.87	0.756	59.2	1.43
	5	9.73	0.1	3.2	5.75	0.776	56.5	1.29
	7	9.92	0.1	3.1	5.64	0.795	53.8	1.16
	9	10.10	0.2	3.0	5.54	0.813	51.2	1.03
	11	10.27	− 0.2	+3.0	5.45	0.831	48.6	0.92
	13	10.43	0.3	2.9	5.37	0.848	45.9	0.81
	15	10.57	0.4	2.8	5.29	0.865	43.1	0.71
	17	10.71	0.5	2.7	5.22	0.882	40.2	0.62
	19	10.83	0.5	2.6	5.16	0.898	37.2	0.53
	21	10.94	− 0.7	+2.5	5.11	0.914	34.0	0.44
	23	11.04	0.8	2.4	5.07	0.930	30.6	0.35
	25	11.11	0.9	2.3	5.03	0.946	26.9	0.27
	27	11.17	1.1	2.1	5.01	0.961	22.9	0.20
	29	11.21	1.3	1.9	4.99	0.974	18.5	0.13
	31	11.22	− 1.5	+1.7	4.99	0.986	13.7	0.07
Apr.	2	11.20	− 1.7	+1.5	4.99	0.994	8.5	0.03

EPHEMERIS FOR PHYSICAL OBSERVATIONS
FOR 0ʰ DYNAMICAL TIME

Date		Sub-Earth Point		Sub-Solar Point			North Pole	
		Long.	Lat.	Long.	Dist.	P.A.	Dist.	P.A.
		°	°	°	″	°	″	°
Jan.	0	36.07	− 4.49	348.45	+ 2.08	265.89	− 2.80	351.82
	2	45.39	4.78	351.97	2.34	263.91	2.90	350.39
	4	54.83	5.10	354.91	2.62	261.99	3.02	349.06
	6	64.45	5.46	357.24	2.92	260.12	3.15	347.85
	8	74.32	5.86	358.93	3.21	258.29	3.30	346.79
	10	84.52	− 6.31	360.00	+ 3.49	256.50	− 3.48	345.91
	12	95.17	6.81	0.50	− 3.70	254.68	3.68	345.25
	14	106.38	7.37	0.53	3.80	252.74	3.91	344.84
	16	118.26	7.96	0.24	3.71	250.50	4.15	344.72
	18	130.92	8.57	359.84	3.38	247.51	4.40	344.92
	20	144.35	− 9.16	359.52	− 2.77	242.72	− 4.63	345.45
	22	158.48	9.66	359.48	1.92	232.66	4.83	346.28
	24	173.11	10.04	359.89	1.06	201.61	4.96	347.34
	26	187.96	10.25	0.85	1.10	133.47	5.02	348.50
	28	202.73	10.29	2.44	1.96	105.41	5.00	349.64
	30	217.14	−10.16	4.66	− 2.78	96.11	− 4.91	350.64
Feb.	1	231.05	9.92	7.49	3.40	91.65	4.78	351.40
	3	244.38	9.61	10.91	3.79	88.92	4.61	351.88
	5	257.13	9.25	14.86	4.00	86.91	4.44	352.10
	7	269.35	8.88	19.29	4.06	85.24	4.26	352.05
	9	281.10	− 8.52	24.15	− 4.04	83.73	− 4.09	351.78
	11	292.46	8.16	29.37	3.95	82.29	3.93	351.32
	13	303.48	7.83	34.92	− 3.82	80.88	3.79	350.70
	15	314.22	7.51	40.74	+ 3.68	79.48	3.65	349.95
	17	324.71	7.21	46.79	3.52	78.09	3.53	349.10
	19	335.01	− 6.93	53.04	+ 3.37	76.69	− 3.41	348.17
	21	345.14	6.66	59.45	3.21	75.29	3.31	347.17
	23	355.12	6.41	65.99	3.06	73.90	3.22	346.14
	25	4.96	6.18	72.63	2.92	72.53	3.13	345.07
	27	14.70	5.95	79.34	2.78	71.16	3.06	343.99
Mar.	1	24.33	− 5.74	86.09	+ 2.65	69.81	− 2.98	342.90
	3	33.86	5.53	92.85	2.52	68.49	2.92	341.82
	5	43.31	5.33	99.61	2.40	67.19	2.86	340.75
	7	52.67	5.14	106.32	2.28	65.93	2.81	339.70
	9	61.95	4.96	112.97	2.16	64.69	2.76	338.69
	11	71.15	− 4.77	119.53	+ 2.04	63.48	− 2.71	337.72
	13	80.27	4.60	125.97	1.93	62.31	2.67	336.79
	15	89.32	4.43	132.24	1.81	61.17	2.64	335.91
	17	98.29	4.26	138.33	1.69	60.04	2.60	335.09
	19	107.17	4.10	144.19	1.56	58.93	2.58	334.33
	21	115.98	− 3.94	149.79	+ 1.43	57.80	− 2.55	333.65
	23	124.69	3.78	155.06	1.29	56.63	2.53	333.04
	25	133.33	3.63	159.98	1.14	55.35	2.51	332.52
	27	141.87	3.48	164.48	0.97	53.81	2.50	332.08
	29	150.33	3.34	168.51	0.79	51.73	2.49	331.75
	31	158.70	− 3.20	172.02	+ 0.59	48.31	− 2.49	331.52
Apr.	2	166.99	− 3.06	174.95	+ 0.37	40.59	− 2.49	331.41

MERCURY, 1989

EPHEMERIS FOR PHYSICAL OBSERVATIONS
FOR 0ʰ DYNAMICAL TIME

Date		Light-time	Magnitude	Surface Brightness	Diameter	Phase	Phase Angle	Defect of Illumination
		m			"		°	"
Apr.	2	11.20	− 1.7	+1.5	4.99	0.994	8.5	0.03
	4	11.15	2.0	1.3	5.02	0.999	3.6	0.00
	6	11.07	2.0	1.2	5.05	0.998	5.2	0.01
	8	10.94	1.9	1.4	5.11	0.990	11.7	0.05
	10	10.77	1.7	1.6	5.19	0.972	19.2	0.14
	12	10.55	− 1.6	+1.7	5.30	0.945	27.2	0.29
	14	10.29	1.4	1.9	5.44	0.906	35.6	0.51
	16	9.99	1.3	2.1	5.60	0.858	44.3	0.80
	18	9.65	1.1	2.2	5.80	0.801	53.0	1.15
	20	9.28	0.9	2.4	6.03	0.738	61.6	1.58
	22	8.89	− 0.7	+2.6	6.29	0.671	70.0	2.07
	24	8.48	0.5	2.8	6.59	0.603	78.1	2.62
	26	8.08	0.3	3.0	6.92	0.535	85.9	3.22
	28	7.68	− 0.1	3.2	7.29	0.470	93.4	3.86
	30	7.28	+ 0.2	3.4	7.68	0.408	100.5	4.54
May	2	6.91	+ 0.5	+3.6	8.10	0.350	107.5	5.26
	4	6.55	0.7	3.8	8.54	0.295	114.2	6.02
	6	6.21	1.1	4.0	9.01	0.244	120.7	6.81
	8	5.90	1.4	4.3	9.49	0.197	127.2	7.61
	10	5.61	1.8	4.5	9.97	0.154	133.7	8.43
	12	5.36	+ 2.3	+4.7	10.44	0.116	140.3	9.23
	14	5.14	2.8	5.0	10.89	0.081	146.8	10.00
	16	4.95	3.3	5.1	11.30	0.053	153.5	10.71
	18	4.80	3.9	5.2	11.66	0.030	160.2	11.31
	20	4.69	4.7	5.1	11.94	0.013	166.8	11.78
	22	4.61	+ 5.4	+4.4	12.13	0.003	173.3	12.09
	24	4.57	5.8	3.3	12.23	0.001	176.7	12.22
	26	4.58	5.2	4.7	12.22	0.005	171.7	12.16
	28	4.62	4.5	5.2	12.11	0.016	165.3	11.92
	30	4.69	3.9	5.3	11.92	0.033	159.0	11.52
June	1	4.80	+ 3.3	+5.2	11.65	0.056	152.7	11.00
	3	4.94	2.8	5.1	11.31	0.082	146.7	10.39
	5	5.12	2.4	4.9	10.93	0.112	140.9	9.71
	7	5.31	2.0	4.7	10.53	0.144	135.3	9.01
	9	5.54	1.7	4.6	10.10	0.179	129.9	8.29
	11	5.78	+ 1.4	+4.4	9.68	0.216	124.6	7.59
	13	6.05	1.1	4.2	9.25	0.254	119.5	6.90
	15	6.33	0.9	4.1	8.83	0.294	114.4	6.24
	17	6.63	0.7	3.9	8.43	0.335	109.2	5.61
	19	6.95	0.5	3.7	8.05	0.378	104.1	5.00
	21	7.28	+ 0.3	+3.5	7.68	0.423	98.8	4.43
	23	7.63	+ 0.1	3.4	7.34	0.470	93.4	3.89
	25	7.98	− 0.1	3.2	7.01	0.519	87.8	3.37
	27	8.34	0.2	3.0	6.71	0.571	81.8	2.88
	29	8.70	0.4	2.9	6.43	0.625	75.6	2.41
July	1	9.05	− 0.6	+2.7	6.18	0.680	68.9	1.98
	3	9.40	− 0.8	+2.5	5.95	0.736	61.8	1.57

EPHEMERIS FOR PHYSICAL OBSERVATIONS
FOR 0ʰ DYNAMICAL TIME

Date		Sub-Earth Point		Sub-Solar Point			North Pole	
		Long.	Lat.	Long.	Dist.	P.A.	Dist.	P.A.
		°	°	°	″	°	″	°
Apr.	2	166.99	− 3.06	174.95	+ 0.37	40.59	− 2.49	331.41
	4	175.20	2.93	177.26	0.16	6.80	2.50	331.41
	6	183.34	2.81	178.95	0.23	273.89	2.52	331.55
	8	191.44	2.68	180.01	0.52	254.77	2.55	331.82
	10	199.53	2.56	180.50	0.85	249.57	2.59	332.23
	12	207.63	− 2.45	180.52	+ 1.21	247.51	− 2.65	332.77
	14	215.79	2.34	180.24	1.58	246.68	2.72	333.43
	16	224.05	2.22	179.83	1.96	246.48	2.80	334.21
	18	232.47	2.11	179.51	2.32	246.67	2.90	335.08
	20	241.08	1.99	179.48	2.65	247.09	3.01	336.02
	22	249.91	− 1.87	179.90	+ 2.96	247.68	− 3.15	337.00
	24	259.01	1.73	180.87	3.23	248.35	3.29	337.98
	26	268.40	1.58	182.47	+ 3.45	249.08	3.46	338.96
	28	278.08	1.40	184.69	− 3.64	249.81	3.64	339.88
	30	288.09	1.21	187.54	3.77	250.53	3.84	340.75
May	2	298.42	− 0.99	190.97	− 3.86	251.22	− 4.05	341.52
	4	309.09	0.74	194.93	3.90	251.87	4.27	342.19
	6	320.11	0.47	199.37	3.87	252.48	4.50	342.74
	8	331.48	− 0.15	204.23	3.78	253.06	− 4.74	343.15
	10	343.20	+ 0.19	209.46	3.60	253.64	+ 4.98	343.43
	12	355.27	+ 0.57	215.01	− 3.34	254.28	+ 5.22	343.56
	14	7.67	0.98	220.83	2.98	255.09	5.44	343.56
	16	20.39	1.42	226.89	2.52	256.30	5.65	343.42
	18	33.39	1.87	233.15	1.98	258.42	5.83	343.18
	20	46.62	2.33	239.56	1.36	262.95	5.96	342.85
	22	60.00	+ 2.79	246.10	− 0.71	277.04	+ 6.06	342.46
	24	73.47	3.23	252.74	0.35	354.62	6.10	342.04
	26	86.94	3.65	259.45	0.88	45.71	6.10	341.63
	28	100.33	4.03	266.20	1.54	55.62	6.04	341.25
	30	113.57	4.36	272.97	2.14	59.47	5.94	340.92
June	1	126.61	+ 4.64	279.72	− 2.67	61.59	+ 5.80	340.68
	3	139.39	4.88	286.44	3.10	63.03	5.64	340.52
	5	151.88	5.07	293.09	3.45	64.18	5.45	340.46
	7	164.08	5.21	299.64	3.70	65.21	5.24	340.50
	9	175.97	5.31	306.07	3.88	66.19	5.03	340.65
	11	187.55	+ 5.38	312.35	− 3.98	67.18	+ 4.82	340.91
	13	198.83	5.42	318.43	4.03	68.21	4.60	341.28
	15	209.82	5.43	324.29	4.02	69.30	4.40	341.76
	17	220.54	5.42	329.88	3.98	70.46	4.20	342.35
	19	230.99	5.40	335.15	3.90	71.72	4.01	343.07
	21	241.17	+ 5.36	340.06	− 3.79	73.09	+ 3.82	343.92
	23	251.11	5.31	344.55	− 3.66	74.58	3.65	344.89
	25	260.81	5.25	348.57	+ 3.50	76.22	3.49	346.00
	27	270.26	5.19	352.07	3.32	78.01	3.34	347.25
	29	279.49	5.13	354.99	3.11	79.99	3.20	348.65
July	1	288.49	+ 5.07	357.30	+ 2.88	82.18	+ 3.08	350.20
	3	297.28	+ 5.01	358.97	+ 2.62	84.61	+ 2.96	351.90

MERCURY, 1989

EPHEMERIS FOR PHYSICAL OBSERVATIONS
FOR 0ʰ DYNAMICAL TIME

Date		Light-time	Magnitude	Surface Brightness	Diameter	Phase	Phase Angle	Defect of Illumination
		m			″		°	″
July	1	9.05	− 0.6	+2.7	6.18	0.680	68.9	1.98
	3	9.40	0.8	2.5	5.95	0.736	61.8	1.57
	5	9.74	1.0	2.3	5.75	0.792	54.3	1.20
	7	10.05	1.1	2.1	5.57	0.845	46.4	0.87
	9	10.33	1.3	2.0	5.41	0.892	38.3	0.58
	11	10.58	− 1.5	+1.8	5.29	0.933	30.0	0.35
	13	10.78	1.7	1.6	5.19	0.965	21.7	0.18
	15	10.94	1.9	1.4	5.11	0.986	13.8	0.07
	17	11.05	2.1	1.2	5.06	0.996	6.9	0.02
	19	11.11	2.0	1.2	5.03	0.998	5.6	0.01
	21	11.13	− 1.8	+1.4	5.02	0.991	10.9	0.05
	23	11.12	1.6	1.7	5.03	0.978	17.0	0.11
	25	11.07	1.3	1.9	5.05	0.961	22.7	0.20
	27	10.99	1.1	2.1	5.09	0.941	28.1	0.30
	29	10.88	0.9	2.3	5.14	0.919	33.0	0.41
	31	10.76	− 0.8	+2.4	5.20	0.897	37.5	0.54
Aug.	2	10.62	0.6	2.6	5.27	0.874	41.7	0.67
	4	10.46	0.5	2.7	5.35	0.850	45.5	0.80
	6	10.29	0.4	2.8	5.43	0.827	49.1	0.94
	8	10.11	0.3	2.9	5.53	0.805	52.5	1.08
	10	9.92	− 0.2	+3.0	5.64	0.782	55.7	1.23
	12	9.73	0.2	3.1	5.75	0.759	58.8	1.38
	14	9.52	− 0.1	3.2	5.87	0.737	61.7	1.55
	16	9.31	0.0	3.2	6.01	0.714	64.7	1.72
	18	9.10	0.0	3.3	6.15	0.690	67.6	1.90
	20	8.87	+ 0.1	+3.4	6.30	0.667	70.5	2.10
	22	8.65	0.1	3.4	6.47	0.642	73.5	2.32
	24	8.41	0.2	3.5	6.65	0.616	76.6	2.55
	26	8.17	0.2	3.5	6.84	0.589	79.8	2.81
	28	7.93	0.2	3.6	7.05	0.560	83.1	3.10
	30	7.69	+ 0.3	+3.6	7.28	0.529	86.7	3.43
Sept.	1	7.44	0.3	3.7	7.52	0.496	90.5	3.79
	3	7.19	0.4	3.8	7.78	0.460	94.6	4.20
	5	6.94	0.5	3.8	8.07	0.421	99.1	4.67
	7	6.69	0.6	3.9	8.37	0.379	104.0	5.19
	9	6.44	+ 0.7	+4.0	8.68	0.334	109.3	5.78
	11	6.21	0.9	4.1	9.01	0.286	115.3	6.43
	13	5.99	1.2	4.2	9.34	0.236	121.9	7.14
	15	5.79	1.5	4.3	9.67	0.184	129.2	7.89
	17	5.62	2.0	4.5	9.96	0.132	137.4	8.64
	19	5.48	+ 2.6	+4.7	10.20	0.084	146.3	9.34
	21	5.40	3.4	4.8	10.35	0.044	155.9	9.90
	23	5.38	4.3	4.6	10.40	0.016	165.7	10.24
	25	5.43	5.1	4.0	10.31	0.005	172.2	10.26
	27	5.55	4.3	4.5	10.07	0.015	166.0	9.92
	29	5.76	+ 3.1	+4.5	9.72	0.048	154.7	9.25
Oct.	1	6.04	+ 2.1	+4.2	9.27	0.103	142.5	8.31

EPHEMERIS FOR PHYSICAL OBSERVATIONS
FOR 0ʰ DYNAMICAL TIME

Date		Sub-Earth Point		Sub-Solar Point			North Pole	
		Long.	Lat.	Long.	Dist.	P.A.	Dist.	P.A.
		°	°	°	″	°	″	°
July	1	288.49	+ 5.07	357.30	+ 2.88	82.18	+ 3.08	350.20
	3	297.28	5.01	358.97	2.62	84.61	2.96	351.90
	5	305.87	4.96	0.02	2.33	87.33	2.86	353.74
	7	314.27	4.91	0.50	2.02	90.43	2.77	355.72
	9	322.51	4.88	0.52	1.68	94.04	2.70	357.80
	11	330.62	+ 4.86	0.23	+ 1.32	98.48	+ 2.64	359.97
	13	338.65	4.86	359.82	0.96	104.55	2.59	2.19
	15	346.62	4.87	359.51	0.61	114.79	2.55	4.42
	17	354.58	4.90	359.49	0.31	141.47	2.52	6.61
	19	2.56	4.94	359.91	0.25	217.07	2.51	8.75
	21	10.60	+ 4.99	0.89	+ 0.48	253.85	+ 2.50	10.79
	23	18.72	5.06	2.49	0.73	265.88	2.51	12.71
	25	26.92	5.14	4.73	0.98	272.16	2.52	14.51
	27	35.23	5.22	7.59	1.20	276.35	2.54	16.18
	29	43.64	5.31	11.02	1.40	279.51	2.56	17.71
	31	52.16	+ 5.41	14.99	+ 1.58	282.05	+ 2.59	19.11
Aug.	2	60.79	5.51	19.43	1.75	284.19	2.62	20.39
	4	69.53	5.62	24.30	1.91	286.02	2.66	21.54
	6	78.38	5.73	29.53	2.05	287.62	2.70	22.58
	8	87.33	5.84	35.08	2.19	289.03	2.75	23.51
	10	96.38	+ 5.96	40.91	+ 2.33	290.28	+ 2.80	24.34
	12	105.54	6.08	46.98	2.46	291.39	2.86	25.08
	14	114.80	6.20	53.23	2.59	292.40	2.92	25.73
	16	124.17	6.32	59.65	2.71	293.31	2.98	26.30
	18	133.65	6.45	66.20	2.84	294.13	3.06	26.79
	20	143.25	+ 6.58	72.84	+ 2.97	294.89	+ 3.13	27.21
	22	152.96	6.71	79.55	3.10	295.59	3.21	27.57
	24	162.80	6.85	86.30	3.23	296.24	3.30	27.87
	26	172.78	6.99	93.06	3.37	296.86	3.40	28.12
	28	182.91	7.13	99.82	3.50	297.46	3.50	28.32
	30	193.20	+ 7.28	106.53	+ 3.63	298.06	+ 3.61	28.47
Sept.	1	203.69	7.43	113.18	− 3.76	298.66	3.73	28.59
	3	214.38	7.59	119.74	3.88	299.30	3.86	28.68
	5	225.32	7.75	126.17	3.98	299.99	4.00	28.75
	7	236.54	7.90	132.44	4.06	300.77	4.14	28.79
	9	248.07	+ 8.06	138.53	− 4.10	301.67	+ 4.30	28.83
	11	259.96	8.20	144.38	4.07	302.75	4.46	28.84
	13	272.25	8.33	149.96	3.97	304.08	4.62	28.85
	15	284.99	8.42	155.23	3.74	305.79	4.78	28.85
	17	298.19	8.47	160.13	3.37	308.12	4.93	28.82
	19	311.85	+ 8.45	164.62	− 2.83	311.61	+ 5.04	28.76
	21	325.92	8.34	168.64	2.12	317.76	5.12	28.66
	23	340.30	8.13	172.12	1.28	332.52	5.15	28.52
	25	354.82	7.80	175.04	0.70	26.74	5.11	28.33
	27	9.27	7.37	177.33	1.22	86.92	5.00	28.12
	29	23.41	+ 6.85	179.00	− 2.08	103.23	+ 4.82	27.91
Oct.	1	37.06	+ 6.28	180.04	− 2.82	109.53	+ 4.61	27.75

MERCURY, 1989

EPHEMERIS FOR PHYSICAL OBSERVATIONS
FOR 0ʰ DYNAMICAL TIME

Date		Light-time	Magnitude	Surface Brightness	Diameter	Phase	Phase Angle	Defect of Illumination
		m			″		°	″
Oct.	1	6.04	+ 2.1	+4.2	9.27	0.103	142.5	8.31
	3	6.38	1.2	3.8	8.76	0.177	130.2	7.21
	5	6.79	0.6	3.4	8.24	0.265	118.0	6.06
	7	7.23	+ 0.1	3.1	7.74	0.361	106.2	4.95
	9	7.69	− 0.3	2.9	7.27	0.458	94.8	3.94
	11	8.16	− 0.5	+2.7	6.85	0.551	84.1	3.08
	13	8.62	0.7	2.6	6.49	0.637	74.1	2.36
	15	9.06	0.8	2.5	6.17	0.712	64.9	1.78
	17	9.48	0.9	2.4	5.90	0.775	56.6	1.33
	19	9.86	0.9	2.4	5.67	0.828	49.0	0.98
	21	10.21	− 1.0	+2.3	5.48	0.870	42.2	0.71
	23	10.52	1.0	2.3	5.32	0.904	36.1	0.51
	25	10.80	1.0	2.2	5.18	0.930	30.6	0.36
	27	11.04	1.0	2.2	5.07	0.951	25.6	0.25
	29	11.26	1.1	2.1	4.97	0.966	21.2	0.17
	31	11.44	− 1.1	+2.1	4.89	0.978	17.1	0.11
Nov.	2	11.59	1.1	2.0	4.82	0.986	13.4	0.07
	4	11.73	1.2	2.0	4.77	0.992	10.0	0.04
	6	11.83	1.2	1.9	4.73	0.996	6.8	0.02
	8	11.91	1.3	1.8	4.69	0.999	3.9	0.01
	10	11.98	− 1.3	+1.8	4.67	1.000	1.1	0.00
	12	12.02	1.3	1.8	4.66	1.000	1.6	0.00
	14	12.04	1.2	1.9	4.65	0.999	4.1	0.01
	16	12.04	1.0	2.0	4.65	0.997	6.6	0.02
	18	12.02	1.0	2.1	4.65	0.994	9.0	0.03
	20	11.98	− 0.9	+2.2	4.67	0.990	11.4	0.05
	22	11.93	0.8	2.3	4.69	0.985	13.8	0.07
	24	11.86	0.8	2.3	4.72	0.980	16.3	0.09
	26	11.76	0.7	2.4	4.76	0.973	18.7	0.13
	28	11.65	0.7	2.4	4.80	0.966	21.3	0.16
	30	11.52	− 0.6	+2.5	4.86	0.957	23.9	0.21
Dec.	2	11.37	0.6	2.5	4.92	0.947	26.7	0.26
	4	11.20	0.6	2.6	5.00	0.934	29.7	0.33
	6	11.00	0.6	2.6	5.08	0.920	32.9	0.41
	8	10.79	0.6	2.6	5.19	0.903	36.3	0.50
	10	10.55	− 0.6	+2.6	5.30	0.883	40.0	0.62
	12	10.28	0.6	2.7	5.44	0.859	44.0	0.77
	14	9.99	0.6	2.7	5.60	0.831	48.5	0.95
	16	9.68	0.6	2.7	5.78	0.797	53.5	1.17
	18	9.34	0.6	2.7	5.99	0.757	59.1	1.46
	20	8.97	− 0.6	+2.8	6.23	0.709	65.3	1.81
	22	8.58	0.5	2.8	6.52	0.652	72.3	2.27
	24	8.17	0.5	2.9	6.84	0.586	80.1	2.84
	26	7.75	0.3	3.0	7.22	0.509	89.0	3.55
	28	7.32	0.1	3.1	7.64	0.422	98.9	4.41
	30	6.90	+ 0.2	+3.3	8.11	0.329	110.0	5.44
	32	6.51	+ 0.7	+3.6	8.60	0.234	122.2	6.59

EPHEMERIS FOR PHYSICAL OBSERVATIONS
FOR 0ʰ DYNAMICAL TIME

Date		Sub-Earth Point		Sub-Solar Point			North Pole	
		Long.	Lat.	Long.	Dist.	P.A.	Dist.	P.A.
		°	°	°	″	°	″	°
Oct.	1	37.06	+ 6.28	180.04	− 2.82	109.53	+ 4.61	27.75
	3	50.08	5.69	180.51	3.35	112.86	4.36	27.67
	5	62.39	5.11	180.52	3.64	114.96	4.11	27.67
	7	74.01	4.57	180.23	3.72	116.44	3.86	27.76
	9	84.99	4.08	179.82	− 3.62	117.57	3.63	27.91
	11	95.42	+ 3.63	179.51	+ 3.41	118.47	+ 3.42	28.09
	13	105.39	3.23	179.49	3.12	119.20	3.24	28.28
	15	115.01	2.88	179.92	2.80	119.78	3.08	28.44
	17	124.37	2.56	180.91	2.46	120.23	2.95	28.54
	19	133.55	2.28	182.53	2.14	120.55	2.83	28.59
	21	142.61	+ 2.01	184.77	+ 1.84	120.75	+ 2.74	28.55
	23	151.59	1.77	187.64	1.57	120.84	2.66	28.42
	25	160.52	1.55	191.08	1.32	120.81	2.59	28.21
	27	169.44	1.34	195.05	1.10	120.67	2.53	27.91
	29	178.36	1.14	199.50	0.90	120.43	2.48	27.52
	31	187.29	+ 0.95	204.37	+ 0.72	120.08	+ 2.44	27.05
Nov.	2	196.24	0.77	209.61	0.56	119.63	2.41	26.49
	4	205.21	0.59	215.17	0.41	119.08	2.39	25.85
	6	214.20	0.41	221.00	0.28	118.43	2.36	25.12
	8	223.22	0.24	227.07	0.16	117.63	2.35	24.32
	10	232.27	+ 0.07	233.32	+ 0.04	116.33	+ 2.34	23.45
	12	241.33	− 0.10	239.74	0.06	296.61	− 2.33	22.50
	14	250.43	0.27	246.29	0.17	295:37	2.32	21.48
	16	259.54	0.44	252.93	0.27	294.26	2.32	20.39
	18	268.67	0.60	259.64	0.37	293.11	2.33	19.24
	20	277.81	− 0.77	266.39	+ 0.46	291.89	− 2.33	18.02
	22	286.97	0.94	273.16	0.56	290.62	2.34	16.75
	24	296.14	1.12	279.91	0.66	289.27	2.36	15.42
	26	305.32	1.29	286.63	0.76	287.86	2.38	14.03
	28	314.52	1.47	293.27	0.87	286.39	2.40	12.60
	30	323.72	− 1.66	299.83	+ 0.99	284.86	− 2.43	11.12
Dec.	2	332.93	1.85	306.26	1.11	283.27	2.46	9.61
	4	342.16	2.04	312.53	1.24	281.64	2.50	8.06
	6	351.40	2.25	318.61	1.38	279.97	2.54	6.50
	8	0.66	2.46	324.46	1.53	278.27	2.59	4.92
	10	9.95	− 2.68	330.04	+ 1.70	276.54	− 2.65	3.35
	12	19.27	2.92	335.30	1.89	274.80	2.72	1.78
	14	28.65	3.18	340.20	2.10	273.05	2.79	0.25
	16	38.11	3.46	344.68	2.32	271.30	2.88	358.76
	18	47.67	3.76	348.69	2.57	269.58	2.99	357.34
	20	57.38	− 4.09	352.17	+ 2.83	267.87	− 3.11	356.01
	22	67.29	4.45	355.07	3.10	266.21	3.25	354.80
	24	77.48	4.86	357.36	3.37	264.58	3.41	353.75
	26	88.02	5.31	359.02	+ 3.61	262.97	3.59	352.90
	28	99.04	5.81	0.05	− 3.77	261.36	3.80	352.30
	30	110.65	− 6.36	0.51	− 3.81	259.65	− 4.03	352.00
	32	122.97	− 6.95	0.52	− 3.64	257.63	− 4.27	352.05

VENUS, 1989

EPHEMERIS FOR PHYSICAL OBSERVATIONS
FOR 0^h DYNAMICAL TIME

Date		Light-time	Magnitude	Surface Brightness	Diameter	Phase	Phase Angle	Defect of Illumination
		m			″		°	″
Jan.	−2	12.56	− 3.9	+0.9	11.05	0.920	32.8	0.88
	2	12.69	3.9	0.9	10.93	0.927	31.4	0.80
	6	12.82	3.9	0.9	10.82	0.933	30.0	0.72
	10	12.94	3.9	0.9	10.72	0.939	28.6	0.66
	14	13.06	3.9	0.9	10.62	0.944	27.3	0.59
	18	13.18	− 3.9	+0.9	10.53	0.950	25.9	0.53
	22	13.28	3.9	0.9	10.45	0.955	24.6	0.47
	26	13.39	3.9	0.9	10.37	0.959	23.2	0.42
	30	13.49	3.9	0.8	10.29	0.964	21.9	0.37
Feb.	3	13.58	3.9	0.8	10.22	0.968	20.6	0.33
	7	13.67	− 3.9	+0.8	10.15	0.972	19.3	0.28
	11	13.75	3.9	0.8	10.09	0.976	18.0	0.25
	15	13.83	3.9	0.8	10.03	0.979	16.7	0.21
	19	13.90	3.9	0.8	9.98	0.982	15.4	0.18
	23	13.97	3.9	0.8	9.93	0.985	14.1	0.15
	27	14.03	− 3.9	+0.8	9.89	0.988	12.8	0.12
Mar.	3	14.09	3.9	0.8	9.85	0.990	11.4	0.10
	7	14.14	3.9	0.8	9.81	0.992	10.1	0.08
	11	14.19	3.9	0.8	9.78	0.994	8.8	0.06
	15	14.23	3.9	0.8	9.75	0.996	7.5	0.04
	19	14.27	− 3.9	+0.8	9.73	0.997	6.2	0.03
	23	14.30	3.9	0.8	9.71	0.998	4.9	0.02
	27	14.32	3.9	0.8	9.69	0.999	3.7	0.01
	31	14.34	3.9	0.8	9.68	1.000	2.5	0.00
Apr.	4	14.35	3.9	0.8	9.67	1.000	1.8	0.00
	8	14.35	− 3.9	+0.8	9.67	1.000	2.0	0.00
	12	14.35	3.9	0.8	9.67	0.999	2.9	0.01
	16	14.34	3.9	0.8	9.68	0.999	4.2	0.01
	20	14.32	3.9	0.8	9.69	0.998	5.5	0.02
	24	14.30	3.9	0.8	9.70	0.996	6.9	0.04
	28	14.27	− 3.9	+0.8	9.72	0.995	8.4	0.05
May	2	14.23	3.9	0.8	9.75	0.993	9.8	0.07
	6	14.19	3.9	0.8	9.78	0.990	11.3	0.10
	10	14.14	3.9	0.8	9.82	0.988	12.8	0.12
	14	14.08	3.9	0.8	9.86	0.984	14.4	0.15
	18	14.01	− 3.9	+0.8	9.91	0.981	15.9	0.19
	22	13.94	3.9	0.8	9.96	0.977	17.4	0.23
	26	13.85	3.9	0.8	10.02	0.973	19.0	0.27
	30	13.76	3.9	0.8	10.08	0.968	20.6	0.32
June	3	13.66	3.9	0.8	10.16	0.963	22.2	0.38
	7	13.56	− 3.9	+0.8	10.23	0.958	23.8	0.43
	11	13.45	3.9	0.8	10.32	0.952	25.4	0.50
	15	13.32	3.9	0.9	10.41	0.946	27.0	0.57
	19	13.20	3.9	0.9	10.52	0.939	28.6	0.64
	23	13.06	3.9	0.9	10.62	0.932	30.2	0.72
	27	12.92	− 3.9	+0.9	10.74	0.925	31.9	0.81
July	1	12.77	− 3.9	+0.9	10.87	0.917	33.5	0.90

EPHEMERIS FOR PHYSICAL OBSERVATIONS
FOR 0ʰ DYNAMICAL TIME

Date		L_s	Sub-Earth Point		Sub-Solar Point				North Pole	
			Long.	Lat.	Long.	Lat.	Dist.	P.A.	Dist.	P.A.
		°	°	°	°	°	"	°	"	°
Jan.	−2	344.57	75.67	+ 0.01	42.90	− 0.71	+ 2.99	98.92	+ 5.52	7.60
	2	350.98	86.60	0.09	55.22	0.42	2.85	96.56	5.47	5.61
	6	357.37	97.53	0.17	67.53	− 0.12	2.71	94.10	5.41	3.56
	10	3.76	108.46	0.25	79.84	+ 0.17	2.57	91.57	5.36	1.47
	14	10.13	119.39	0.33	92.13	0.47	2.43	88.98	5.31	359.37
	18	16.50	130.33	+ 0.40	104.42	+ 0.76	+ 2.30	86.36	+ 5.27	357.26
	22	22.86	141.26	0.47	116.70	1.03	2.17	83.73	5.22	355.18
	26	29.21	152.20	0.53	128.97	1.30	2.04	81.10	5.18	353.15
	30	35.56	163.14	0.59	141.24	1.55	1.92	78.50	5.14	351.19
Feb.	3	41.90	174.07	0.63	153.50	1.78	1.80	75.94	5.11	349.32
	7	48.23	185.01	+ 0.67	165.76	+ 1.99	+ 1.68	73.43	+ 5.08	347.54
	11	54.56	195.94	0.69	178.02	2.17	1.56	70.99	5.05	345.89
	15	60.89	206.87	0.71	190.27	2.33	1.44	68.61	5.02	344.36
	19	67.21	217.80	0.71	202.53	2.45	1.32	66.29	4.99	342.97
	23	73.53	228.72	0.71	214.78	2.55	1.21	64.01	4.97	341.72
	27	79.85	239.65	+ 0.69	227.04	+ 2.62	+ 1.09	61.76	+ 4.94	340.62
Mar.	3	86.18	250.57	0.66	239.29	2.66	0.98	59.50	4.92	339.67
	7	92.50	261.49	0.62	251.55	2.66	0.86	57.16	4.91	338.88
	11	98.83	272.40	0.57	263.81	2.63	0.75	54.64	4.89	338.24
	15	105.16	283.31	0.51	276.07	2.57	0.64	51.77	4.88	337.75
	19	111.50	294.21	+ 0.44	288.34	+ 2.48	+ 0.53	48.20	+ 4.86	337.42
	23	117.84	305.12	0.35	300.61	2.35	0.42	43.26	4.85	337.24
	27	124.19	316.01	0.27	312.89	2.20	0.31	35.38	4.85	337.22
	31	130.55	326.91	0.17	325.17	2.02	0.21	20.38	4.84	337.34
Apr.	4	136.91	337.80	+ 0.06	337.46	1.82	0.15	348.36	+ 4.84	337.61
	8	143.28	348.68	− 0.05	349.76	+ 1.59	+ 0.17	304.73	− 4.83	338.04
	12	149.66	359.56	0.16	2.06	1.34	0.25	279.71	4.84	338.61
	16	156.05	10.44	0.28	14.38	1.08	0.35	268.44	4.84	339.34
	20	162.45	21.31	0.40	26.70	0.80	0.47	262.83	4.84	340.20
	24	168.86	32.18	0.53	39.03	0.51	0.59	259.86	4.85	341.22
	28	175.28	43.04	− 0.65	51.36	+ 0.22	+ 0.71	258.31	− 4.86	342.38
May	2	181.71	53.90	0.77	63.71	− 0.08	0.83	257.66	4.87	343.67
	6	188.15	64.76	0.89	76.07	0.38	0.96	257.63	4.89	345.10
	10	194.60	75.61	1.01	88.44	0.67	1.09	258.06	4.91	346.66
	14	201.05	86.46	1.12	100.81	0.96	1.22	258.84	4.93	348.34
	18	207.52	97.31	− 1.22	113.20	− 1.23	+ 1.36	259.91	− 4.95	350.12
	22	213.99	108.15	1.31	125.59	1.49	1.49	261.21	4.98	352.00
	26	220.47	118.98	1.40	137.99	1.73	1.63	262.71	5.01	353.95
	30	226.95	129.81	1.47	150.40	1.94	1.77	264.36	5.04	355.97
June	3	233.44	140.64	1.53	162.82	2.14	1.92	266.13	5.08	358.03
	7	239.93	151.46	− 1.58	175.24	− 2.30	+ 2.06	267.99	− 5.12	0.11
	11	246.43	162.28	1.62	187.66	2.44	2.21	269.91	5.16	2.19
	15	252.92	173.10	1.64	200.09	2.54	2.36	271.85	5.21	4.24
	19	259.42	183.91	1.64	212.52	2.62	2.52	273.80	5.26	6.25
	23	265.91	194.71	1.63	224.95	2.66	2.67	275.72	5.31	8.20
	27	272.41	205.51	− 1.60	237.37	− 2.66	+ 2.84	277.60	− 5.37	10.06
July	1	278.90	216.30	− 1.56	249.80	− 2.63	+ 3.00	279.41	− 5.43	11.82

VENUS, 1989

EPHEMERIS FOR PHYSICAL OBSERVATIONS
FOR 0ʰ DYNAMICAL TIME

Date		Light-time	Magnitude	Surface Brightness	Diameter	Phase	Phase Angle	Defect of Illumination
		m			"		°	"
July	1	12.77	− 3.9	+0.9	10.87	0.917	33.5	0.90
	5	12.62	3.9	0.9	11.00	0.909	35.1	1.00
	9	12.45	3.9	0.9	11.14	0.901	36.8	1.11
	13	12.28	3.9	1.0	11.30	0.892	38.4	1.22
	17	12.11	3.9	1.0	11.46	0.883	40.0	1.34
	21	11.93	− 3.9	+1.0	11.63	0.874	41.7	1.47
	25	11.74	3.9	1.0	11.82	0.864	43.3	1.61
	29	11.55	3.9	1.0	12.01	0.854	44.9	1.75
Aug.	2	11.36	3.9	1.1	12.22	0.844	46.5	1.91
	6	11.16	3.9	1.1	12.44	0.833	48.2	2.07
	10	10.95	− 3.9	+1.1	12.67	0.823	49.8	2.25
	14	10.74	4.0	1.1	12.92	0.812	51.4	2.43
	18	10.53	4.0	1.1	13.18	0.801	53.0	2.63
	22	10.31	4.0	1.2	13.46	0.789	54.7	2.84
	26	10.09	4.0	1.2	13.75	0.777	56.3	3.06
	30	9.87	− 4.0	+1.2	14.07	0.765	57.9	3.30
Sept.	3	9.64	4.0	1.2	14.40	0.753	59.6	3.55
	7	9.41	4.0	1.2	14.75	0.741	61.2	3.82
	11	9.17	4.0	1.3	15.13	0.728	62.9	4.11
	15	8.94	4.1	1.3	15.53	0.715	64.5	4.42
	19	8.70	− 4.1	+1.3	15.95	0.702	66.2	4.76
	23	8.46	4.1	1.3	16.41	0.688	67.9	5.12
	27	8.22	4.1	1.3	16.89	0.674	69.6	5.50
Oct.	1	7.97	4.1	1.4	17.41	0.660	71.3	5.92
	5	7.73	4.2	1.4	17.96	0.645	73.1	6.37
	9	7.48	− 4.2	+1.4	18.56	0.630	74.9	6.86
	13	7.23	4.2	1.4	19.20	0.615	76.7	7.40
	17	6.98	4.2	1.4	19.89	0.599	78.6	7.98
	21	6.73	4.3	1.5	20.63	0.582	80.6	8.63
	25	6.47	4.3	1.5	21.44	0.565	82.6	9.33
	29	6.22	− 4.3	+1.5	22.31	0.547	84.6	10.11
Nov.	2	5.97	4.4	1.5	23.25	0.528	86.8	10.97
	6	5.72	4.4	1.5	24.28	0.509	89.0	11.93
	10	5.46	4.4	1.6	25.41	0.488	91.3	13.00
	14	5.21	4.5	1.6	26.64	0.467	93.8	14.19
	18	4.96	− 4.5	+1.6	27.99	0.445	96.4	15.54
	22	4.71	4.5	1.6	29.47	0.421	99.1	17.06
	26	4.46	4.6	1.6	31.10	0.396	102.0	18.79
	30	4.22	4.6	1.6	32.89	0.369	105.1	20.74
Dec.	4	3.98	4.6	1.7	34.88	0.341	108.5	22.98
	8	3.74	− 4.6	+1.7	37.06	0.311	112.2	25.53
	12	3.52	4.7	1.7	39.47	0.279	116.2	28.44
	16	3.30	4.7	1.7	42.09	0.246	120.6	31.75
	20	3.09	4.7	1.6	44.93	0.210	125.4	35.48
	24	2.89	4.7	1.6	47.96	0.174	130.7	39.63
	28	2.72	− 4.6	+1.5	51.10	0.136	136.7	44.13
	32	2.56	− 4.6	+1.4	54.24	0.100	143.2	48.82

EPHEMERIS FOR PHYSICAL OBSERVATIONS
FOR 0ʰ DYNAMICAL TIME

Date		L_s	Sub-Earth Point		Sub-Solar Point				North Pole	
			Long.	Lat.	Long.	Lat.	Dist.	P.A.	Dist.	P.A.
		°	°	°	°	°	″	°	″	°
July	1	278.90	216.30	− 1.56	249.80	− 2.63	+ 3.00	279.41	− 5.43	11.82
	5	285.39	227.09	1.50	262.22	2.57	3.16	281.14	5.50	13.48
	9	291.87	237.87	1.41	274.63	2.47	3.33	282.77	5.57	15.01
	13	298.34	248.64	1.32	287.04	2.34	3.51	284.30	5.65	16.41
	17	304.81	259.40	1.20	299.43	2.19	3.68	285.71	5.73	17.68
	21	311.27	270.16	− 1.07	311.82	− 2.00	+ 3.87	287.00	− 5.82	18.81
	25	317.73	280.91	0.91	324.20	1.79	4.05	288.16	5.91	19.80
	29	324.17	291.65	0.75	336.57	1.56	4.24	289.19	6.01	20.64
Aug.	2	330.61	302.38	0.57	348.93	1.31	4.43	290.08	6.11	21.35
	6	337.03	313.11	0.37	1.28	1.04	4.63	290.85	6.22	21.91
	10	343.45	323.82	− 0.16	13.61	− 0.76	+ 4.84	291.47	− 6.34	22.33
	14	349.86	334.53	+ 0.06	25.94	0.47	5.05	291.97	+ 6.46	22.62
	18	356.25	345.22	0.30	38.26	− 0.17	5.27	292.33	6.59	22.77
	22	2.64	355.90	0.54	50.56	+ 0.12	5.49	292.55	6.73	22.78
	26	9.02	6.56	0.79	62.86	0.42	5.72	292.64	6.88	22.66
	30	15.39	17.22	+ 1.05	75.15	+ 0.71	+ 5.96	292.59	+ 7.03	22.41
Sept.	3	21.75	27.86	1.31	87.43	0.99	6.21	292.40	7.20	22.02
	7	28.11	38.49	1.57	99.71	1.25	6.46	292.08	7.37	21.51
	11	34.45	49.09	1.83	111.98	1.51	6.73	291.62	7.56	20.86
	15	40.79	59.69	2.09	124.24	1.74	7.01	291.02	7.76	20.09
	19	47.13	70.26	+ 2.35	136.50	+ 1.95	+ 7.30	290.29	+ 7.97	19.19
	23	53.46	80.81	2.59	148.76	2.14	7.60	289.42	8.20	18.16
	27	59.79	91.33	2.83	161.02	2.30	7.92	288.42	8.44	17.01
Oct.	1	66.11	101.84	3.06	173.27	2.43	8.25	287.29	8.69	15.75
	5	72.43	112.31	3.27	185.53	2.54	8.59	286.03	8.97	14.37
	9	78.76	122.75	+ 3.47	197.78	+ 2.61	+ 8.96	284.67	+ 9.26	12.90
	13	85.08	133.16	3.65	210.04	2.65	9.34	283.19	9.58	11.33
	17	91.40	143.52	3.81	222.29	2.66	9.75	281.63	9.92	9.68
	21	97.73	153.83	3.94	234.55	2.64	10.18	279.99	10.29	7.96
	25	104.06	164.09	4.04	246.82	2.58	10.63	278.28	10.69	6.20
	29	110.40	174.30	+ 4.11	259.09	+ 2.49	+11.10	276.54	+11.12	4.41
Nov.	2	116.74	184.43	4.15	271.36	2.38	11.61	274.76	11.60	2.61
	6	123.09	194.49	4.16	283.64	2.23	+12.14	272.99	12.11	0.82
	10	129.44	204.45	4.12	295.92	2.06	−12.70	271.23	12.67	359.07
	14	135.81	214.30	4.05	308.21	1.86	13.29	269.51	13.29	357.38
	18	142.18	224.02	+ 3.92	320.50	+ 1.63	−13.91	267.84	+13.96	355.75
	22	148.56	233.60	3.75	332.81	1.39	14.55	266.24	14.70	354.23
	26	154.95	243.01	3.52	345.12	1.13	15.21	264.71	15.52	352.81
	30	161.35	252.22	3.22	357.44	0.85	15.88	263.27	16.42	351.51
Dec.	4	167.75	261.19	2.87	9.77	0.56	16.54	261.92	17.42	350.36
	8	174.17	269.89	+ 2.44	22.10	+ 0.27	−17.16	260.64	+18.52	349.35
	12	180.60	278.26	1.94	34.45	− 0.03	17.71	259.42	19.72	348.50
	16	187.04	286.24	1.35	46.81	0.33	18.12	258.24	21.04	347.82
	20	193.48	293.77	+ 0.68	59.17	0.62	18.31	257.05	+22.47	347.32
	24	199.94	300.79	− 0.09	71.55	0.91	18.16	255.75	−23.98	347.02
	28	206.40	307.23	− 0.94	83.93	− 1.18	−17.53	254.19	−25.54	346.91
	32	212.87	313.03	− 1.87	96.33	− 1.44	−16.26	252.10	−27.10	347.02

MARS, 1989

EPHEMERIS FOR PHYSICAL OBSERVATIONS
FOR 0ʰ DYNAMICAL TIME

Date		Light-time	Magnitude	Surface Brightness	Diameter		Phase	Phase Angle	Defect of Illumination
					Eq.	Pol.			
		m			"	"		°	"
Jan.	−2	7.90	− 0.1	+4.4	9.86	9.81	0.882	40.2	1.17
	2	8.20	0.0	4.5	9.49	9.45	0.881	40.4	1.13
	6	8.50	+ 0.1	4.5	9.15	9.11	0.880	40.4	1.09
	10	8.81	0.1	4.5	8.83	8.79	0.880	40.5	1.06
	14	9.12	0.2	4.5	8.53	8.49	0.881	40.4	1.02
	18	9.44	+ 0.3	+4.5	8.25	8.21	0.881	40.3	0.98
	22	9.75	0.4	4.5	7.98	7.94	0.882	40.2	0.94
	26	10.07	0.5	4.5	7.73	7.69	0.883	40.0	0.90
	30	10.39	0.5	4.5	7.49	7.46	0.884	39.8	0.87
Feb.	3	10.71	0.6	4.5	7.27	7.23	0.886	39.5	0.83
	7	11.03	+ 0.7	+4.5	7.06	7.02	0.887	39.3	0.80
	11	11.35	0.7	4.5	6.86	6.82	0.889	38.9	0.76
	15	11.67	0.8	4.5	6.67	6.64	0.891	38.6	0.73
	19	11.99	0.9	4.5	6,49	6.46	0.893	38.2	0.69
	23	12.31	0.9	4.5	6.32	6.29	0.895	37.8	0.66
	27	12.63	+ 1.0	+4.5	6.16	6.13	0.897	37.4	0.63
Mar.	3	12.95	1.0	4.5	6.01	5.98	0.900	36.9	0.60
	7	13.26	1.1	4.5	5.87	5.84	0.902	36.4	0.57
	11	13.58	1.1	4.5	5.73	5.70	0.905	35.9	0.55
	15	13.89	1.2	4.5	5.60	5.58	0.907	35.4	0.52
	19	14.19	+ 1.2	+4.5	5.48	5.46	0.910	34.9	0.49
	23	14.50	1.3	4.5	5.37	5.34	0.913	34.4	0.47
	27	14.80	1.3	4.5	5.26	5.23	0.915	33.8	0.44
	31	15.10	1.3	4.5	5.15	5.13	0.918	33.2	0.42
Apr.	4	15.40	1.4	4.5	5.06	5.03	0.921	32.7	0.40
	8	15.69	+ 1.4	+4.5	4.96	4.94	0.924	32.1	0.38
	12	15.97	1.4	4.5	4.87	4.85	0.927	31.5	0.36
	16	16.26	1.5	4.5	4.79	4.76	0.929	30.8	0.34
	20	16.53	1.5	4.5	4.71	4.68	0.932	30.2	0.32
	24	16.81	1.5	4.5	4.63	4.61	0.935	29.6	0.30
	28	17.07	+ 1.6	+4.5	4.56	4.53	0.938	28.9	0.28
May	2	17.34	1.6	4.5	4.49	4.47	0.940	28.3	0.27
	6	17.59	1.6	4.5	4.42	4.40	0.943	27.6	0.25
	10	17.85	1.6	4.5	4.36	4.34	0.946	26.9	0.24
	14	18.09	1.7	4.5	4.30	4.28	0.948	26.3	0.22
	18	18.33	+ 1.7	+4.5	4.25	4.22	0.951	25.6	0.21
	22	18.56	1.7	4.5	4.19	4.17	0.954	24.9	0.19
	26	18.79	1.7	4.5	4.14	4.12	0.956	24.2	0.18
	30	19.01	1.7	4.5	4.09	4.07	0.959	23.5	0.17
June	3	19.22	1.8	4.5	4.05	4.03	0.961	22.8	0.16
	7	19.43	+ 1.8	+4.5	4.01	3.99	0.963	22.1	0.15
	11	19.63	1.8	4.5	3.96	3.95	0.966	21.4	0.14
	15	19.82	1.8	4.5	3.93	3.91	0.968	20.6	0.13
	19	20.01	1.8	4.5	3.89	3.87	0.970	19.9	0.12
	23	20.18	1.8	4.4	3.86	3.84	0.972	19.2	0.11
	27	20.35	+ 1.8	+4.4	3.82	3.81	0.974	18.4	0.10
July	1	20.52	+ 1.8	+4.4	3.79	3.78	0.976	17.7	0.09

EPHEMERIS FOR PHYSICAL OBSERVATIONS
FOR 0ʰ DYNAMICAL TIME

Date	L_s	Sub-Earth Point		Sub-Solar Point				North Pole	
		Long.	Lat.	Long.	Lat.	Dist.	P.A.	Dist.	P.A.
	°	°	°	°	°	″	°	″	°
Jan. −2	334.00	93.98	−24.54	54.06	−10.86	3.18	247.74	− 4.47	325.19
2	336.17	55.30	24.18	15.53	10.00	3.07	247.98	4.32	324.57
6	338.32	16.57	23.76	337.03	9.14	2.97	248.25	4.17	323.97
10	340.45	337.81	23.29	298.55	8.27	2.87	248.55	4.04	323.42
14	342.57	299.03	22.78	260.08	7.40	2.77	248.88	3.92	322.91
18	344.68	260.22	−22.22	221.64	− 6.53	2.67	249.24	− 3.80	322.46
22	346.77	221.41	21.61	183.22	5.65	2.57	249.63	3.70	322.06
26	348.84	182.58	20.96	144.82	4.77	2.48	250.06	3.59	321.72
30	350.91	143.75	20.27	106.43	3.90	2.40	250.52	3.50	321.45
Feb. 3	352.96	104.92	19.53	68.06	3.02	2.31	251.02	3.41	321.24
7	354.99	66.09	−18.76	29.70	− 2.15	2.23	251.55	− 3.33	321.10
11	357.01	27.26	17.95	351.36	1.28	2.15	252.12	3.25	321.03
15	359.02	348.44	17.10	313.03	− 0.42	2.08	252.73	3.17	321.03
19	1.02	309.62	16.22	274.72	+ 0.44	2.01	253.37	3.10	321.11
23	3.00	270.82	15.31	236.41	1.29	1.94	254.05	3.03	321.26
27	4.97	232.02	−14.37	198.12	+ 2.14	1.87	254.76	− 2.97	321.49
Mar. 3	6.93	193.23	13.41	159.83	2.98	1.80	255.50	2.91	321.79
7	8.88	154.46	12.42	121.55	3.81	1.74	256.28	2.85	322.17
11	10.82	115.69	11.41	83.28	4.63	1.68	257.09	2.80	322.62
15	12.74	76.93	10.38	45.02	5.44	1.62	257.94	2.74	323.14
19	14.66	38.18	− 9.33	6.76	+ 6.25	1.57	258.81	− 2.69	323.74
23	16.56	359.45	8.27	328.51	7.04	1.51	259.70	2.64	324.40
27	18.46	320.72	7.19	290.26	7.82	1.46	260.62	2.60	325.13
31	20.34	281.99	6.10	252.02	8.60	1.41	261.57	2.55	325.93
Apr. 4	22.21	243.28	5.00	213.77	9.36	1.36	262.53	2.51	326.79
8	24.08	204.56	− 3.89	175.53	+10.10	1.32	263.51	− 2.46	327.71
12	25.94	165.85	2.77	137.29	10.84	1.27	264.51	2.42	328.69
16	27.79	127.15	1.66	99.06	11.56	1.23	265.52	2.38	329.72
20	29.63	88.44	− 0.54	60.82	12.27	1.18	266.54	− 2.34	330.81
24	31.46	49.74	+ 0.58	22.58	12.96	1.14	267.56	+ 2.30	331.95
28	33.28	11.03	+ 1.70	344.34	+13.64	1.10	268.59	+ 2.27	333.13
May 2	35.10	332.32	2.82	306.10	14.31	1.06	269.62	2.23	334.36
6	36.91	293.61	3.93	267.86	14.96	1.02	270.65	2.20	335.63
10	38.72	254.89	5.03	229.61	15.59	0.99	271.67	2.16	336.94
14	40.52	216.16	6.13	191.36	16.21	0.95	272.68	2.13	338.29
18	42.31	177.42	+ 7.21	153.11	+16.81	0.92	273.69	+ 2.10	339.66
22	44.09	138.67	8.28	114.86	17.40	0.88	274.67	2.06	341.07
26	45.88	99.91	9.34	76.60	17.96	0.85	275.64	2.03	342.50
30	47.65	61.14	10.38	38.33	18.51	0.82	276.59	2.00	343.96
June 3	49.43	22.35	11.41	0.06	19.05	0.78	277.52	1.97	345.45
7	51.20	343.55	+12.41	321.79	+19.56	0.75	278.43	+ 1.95	346.95
11	52.96	304.72	13.40	283.51	20.05	0.72	279.30	1.92	348.47
15	54..2	265.88	14.36	245.22	20.53	0.69	280.15	1.89	350.01
19	56.48	227.02	15.30	206.93	20.98	0.66	280.97	1.87	351.56
23	58.24	188.14	16.20	168.63	21.42	0.63	281.75	1.84	353.13
27	59.99	149.23	+17.09	130.32	+21.83	0.60	282.50	+ 1.82	354.70
July 1	61.74	110.31	+17.94	92.01	+22.23	0.58	283.21	+ 1.80	356.29

MARS, 1989

EPHEMERIS FOR PHYSICAL OBSERVATIONS
FOR 0ʰ DYNAMICAL TIME

Date		Light-time	Magnitude	Surface Brightness	Diameter		Phase	Phase Angle	Defect of Illumination
					Eq.	Pol.			
		m			"	"		°	"
July	1	20.52	+ 1.8	+4.4	3.79	3.78	0.976	17.7	0.09
	5	20.67	1.8	4.4	3.76	3.75	0.978	17.0	0.08
	9	20.82	1.8	4.4	3.74	3.72	0.980	16.2	0.07
	13	20.96	1.8	4.4	3.71	3.70	0.982	15.5	0.07
	17	21.09	1.8	4.4	3.69	3.67	0.984	14.7	0.06
	21	21.21	+ 1.8	+4.4	3.67	3.65	0.985	13.9	0.05
	25	21.32	1.8	4.4	3.65	3.63	0.987	13.2	0.05
	29	21.43	1.8	4.4	3.63	3.62	0.988	12.4	0.04
Aug.	2	21.53	1.8	4.4	3.61	3.60	0.990	11.7	0.04
	6	21.62	1.8	4.3	3.60	3.58	0.991	10.9	0.03
	10	21.70	+ 1.8	+4.3	3.59	3.57	0.992	10.1	0.03
	14	21.77	1.8	4.3	3.57	3.56	0.993	9.3	0.02
	18	21.84	1.8	4.3	3.56	3.55	0.994	8.5	0.02
	22	21.89	1.8	4.3	3.55	3.54	0.995	7.8	0.02
	26	21.94	1.8	4.3	3.55	3.53	0.996	7.0	0.01
	30	21.98	+ 1.8	+4.3	3.54	3.53	0.997	6.2	0.01
Sept.	3	22.01	1.8	4.2	3.54	3.52	0.998	5.4	0.01
	7	22.03	1.8	4.2	3.53	3.52	0.998	4.6	0.01
	11	22.04	1.7	4.2	3.53	3.52	0.999	3.8	0.00
	15	22.05	1.7	4.2	3.53	3.52	0.999	3.0	0.00
	19	22.04	+ 1.7	+4.2	3.53	3.52	1.000	2.2	0.00
	23	22.03	1.7	4.2	3.53	3.52	1.000	1.5	0.00
	27	22.01	1.7	4.2	3.54	3.52	1.000	0.7	0.00
Oct.	1	21.98	1.7	4.2	3.54	3.53	1.000	0.5	0.00
	5	21.94	1.7	4.2	3.55	3.53	1.000	1.1	0.00
	9	21.89	+ 1.7	+4.2	3.56	3.54	1.000	1.9	0.00
	13	21.84	1.7	4.2	3.56	3.55	0.999	2.7	0.00
	17	21.77	1.7	4.2	3.57	3.56	0.999	3.5	0.00
	21	21.70	1.7	4.2	3.59	3.57	0.999	4.3	0.01
	25	21.62	1.7	4.2	3.60	3.58	0.998	5.1	0.01
	29	21.54	+ 1.7	+4.2	3.61	3.60	0.997	5.9	0.01
Nov.	2	21.44	1.7	4.2	3.63	3.61	0.997	6.8	0.01
	6	21.34	1.7	4.2	3.65	3.63	0.996	7.6	0.02
	10	21.23	1.7	4.2	3.67	3.65	0.995	8.4	0.02
	14	21.11	1.7	4.2	3.69	3.67	0.994	9.2	0.02
	18	20.99	+ 1.7	+4.2	3.71	3.69	0.992	10.0	0.03
	22	20.86	1.7	4.2	3.73	3.71	0.991	10.8	0.03
	26	20.72	1.7	4.3	3.76	3.74	0.990	11.7	0.04
	30	20.57	1.6	4.3	3.78	3.76	0.988	12.5	0.04
Dec.	4	20.42	1.6	4.3	3.81	3.79	0.987	13.3	0.05
	8	20.27	+ 1.6	+4.3	3.84	3.82	0.985	14.1	0.06
	12	20.11	1.6	4.3	3.87	3.85	0.983	14.9	0.06
	16	19.94	1.6	4.3	3.90	3.88	0.981	15.7	0.07
	20	19.76	1.6	4.3	3.94	3.92	0.979	16.5	0.08
	24	19.59	1.6	4.3	3.97	3.95	0.977	17.3	0.09
	28	19.40	+ 1.6	+4.3	4.01	3.99	0.975	18.1	0.10
	32	19.22	+ 1.5	+4.3	4.05	4.03	0.973	18.9	0.11

EPHEMERIS FOR PHYSICAL OBSERVATIONS
FOR 0ʰ DYNAMICAL TIME

Date	L_s	Sub-Earth Point		Sub-Solar Point				North Pole	
		Long.	Lat.	Long.	Lat.	Dist.	P.A.	Dist.	P.A.
	°	°	°	°	°	″	°	″	°
July 1	61.74	110.31	+17.94	92.01	+22.23	0.58	283.21	+ 1.80	356.29
5	63.49	71.35	18.75	53.70	22.60	0.55	283.88	1.78	357.88
9	65.24	32.38	19.54	15.38	22.95	0.52	284.51	1.75	359.48
13	66.98	353.37	20.29	337.05	23.28	0.49	285.10	1.73	1.09
17	68.73	314.35	21.00	298.71	23.59	0.47	285.64	1.72	2.69
21	70.48	275.30	+21.67	260.37	+23.87	0.44	286.14	+ 1.70	4.30
25	72.22	236.22	22.30	222.03	24.13	0.42	286.58	1.68	5.91
29	73.97	197.12	22.88	183.67	24.37	0.39	286.98	1.67	7.51
Aug. 2	75.71	157.99	23.43	145.32	24.58	0.36	287.32	1.65	9.11
6	77.46	118.84	23.92	106.95	24.78	0.34	287.60	1.64	10.70
10	79.21	79.67	+24.37	68.59	+24.94	0.31	287.81	+ 1.63	12.28
14	80.96	40.48	24.76	30.22	25.08	0.29	287.95	1.62	13.84
18	82.71	1.27	25.11	351.84	25.20	0.26	288.01	1.61	15.40
22	84.47	322.04	25.40	313.46	25.29	0.24	287.97	1.60	16.93
26	86.22	282.79	25.64	275.08	25.36	0.22	287.82	1.59	18.44
30	87.98	243.53	+25.82	236.69	+25.40	0.19	287.53	+ 1.59	19.92
Sept. 3	89.75	204.26	25.95	198.31	25.42	0.17	287.05	1.58	21.38
7	91.51	164.98	26.03	159.92	25.41	0.14	286.30	1.58	22.81
11	93.28	125.69	26.04	121.53	25.38	0.12	285.14	1.58	24.19
15	95.06	86.40	26.00	83.13	25.32	0.09	283.29	1.58	25.54
19	96.84	47.10	+25.90	44.74	+25.23	0.07	280.05	+ 1.58	26.84
23	98.62	7.81	25.74	6.35	25.12	0.04	273.27	1.59	28.10
27	100.41	328.52	25.52	327.96	24.98	0.02	252.51	1.59	29.30
Oct. 1	102.21	289.23	25.25	289.56	24.81	0.02	175.90	1.60	30.44
5	104.01	249.95	24.92	251.17	24.62	0.04	136.48	1.60	31.53
9	105.82	210.69	+24.53	212.78	+24.40	0.06	126.15	+ 1.61	32.55
13	107.63	171.43	24.09	174.40	24.15	0.08	121.61	1.62	33.50
17	109.45	132.19	23.60	136.01	23.88	0.11	118.98	1.63	34.39
21	111.28	92.97	23.05	97.63	23.58	0.14	117.17	1.64	35.19
25	113.12	53.76	22.44	59.25	23.26	0.16	115.78	1.66	35.92
29	114.96	14.56	+21.79	20.87	+22.91	0.19	114.62	+ 1.67	36.57
Nov. 2	116.81	335.39	21.09	342.50	22.54	0.21	113.59	1.69	37.14
6	118.67	296.24	20.34	304.13	22.14	0.24	112.63	1.70	37.62
10	120.54	257.10	19.54	265.76	21.71	0.27	111.71	1.72	38.01
14	122.42	217.99	18.71	227.40	21.26	0.29	110.80	1.74	38.32
18	124.31	178.90	+17.82	189.04	+20.78	0.32	109.90	+ 1.76	38.53
22	126.21	139.82	16.90	150.69	20.28	0.35	108.99	1.78	38.65
26	128.12	100.76	15.94	112.34	19.75	0.38	108.07	1.80	38.68
30	130.04	61.72	14.95	73.99	19.20	0.41	107.12	1.82	38.61
Dec. 4	131.97	22.70	13.92	35.65	18.63	0.44	106.15	1.84	38.45
8	133.91	343.70	+12.86	357.31	+18.03	0.47	105.15	+ 1.86	38.19
12	135.87	304.70	11.77	318.97	17.41	0.50	104.12	1.89	37.84
16	137.83	265.73	10.65	280.64	16.77	0.53	103.06	1.91	37.39
20	139.81	226.76	9.51	242.30	16.10	0.56	101.97	1.93	36.85
24	141.80	187.80	8.34	203.97	15.41	0.59	100.85	1.96	36.22
28	143.80	148.84	+ 7.16	165.65	+14.70	0.62	99.70	+ 1.98	35.50
32	145.82	109.90	+ 5.95	127.32	+13.98	0.66	98.53	+ 2.00	34.69

JUPITER, 1989

EPHEMERIS FOR PHYSICAL OBSERVATIONS
FOR 0^h DYNAMICAL TIME

Date		Light-time	Magnitude	Surface Brightness	Diameter		Phase Angle	Defect of Illumination
					Eq.	Pol.		
		m			"	"	°	"
Jan.	−2	35.29	− 2.7	5.3	46.40	43.40	7.3	0.19
	2	35.66	2.7	5.3	45.92	42.95	7.9	0.22
	6	36.06	2.7	5.3	45.41	42.48	8.5	0.25
	10	36.48	2.6	5.3	44.88	41.98	9.0	0.28
	14	36.93	2.6	5.3	44.34	41.48	9.5	0.30
	18	37.39	− 2.6	5.3	43.79	40.96	9.9	0.33
	22	37.88	2.5	5.3	43.23	40.43	10.3	0.35
	26	38.38	2.5	5.3	42.67	39.91	10.6	0.36
	30	38.89	2.5	5.3	42.10	39.38	10.8	0.37
Feb.	3	39.41	2.5	5.3	41.55	38.86	11.0	0.38
	7	39.94	− 2.4	5.3	41.00	38.35	11.2	0.39
	11	40.48	2.4	5.3	40.45	37.84	11.2	0.39
	15	41.01	2.4	5.3	39.92	37.34	11.3	0.39
	19	41.55	2.3	5.3	39.41	36.86	11.3	0.38
	23	42.09	2.3	5.3	38.91	36.39	11.2	0.37
	27	42.62	− 2.3	5.3	38.42	35.94	11.1	0.36
Mar.	3	43.15	2.3	5.3	37.95	35.50	11.0	0.35
	7	43.67	2.2	5.3	37.50	35.08	10.8	0.33
	11	44.18	2.2	5.3	37.07	34.67	10.6	0.32
	15	44.68	2.2	5.3	36.65	34.28	10.4	0.30
	19	45.16	− 2.2	5.3	36.26	33.91	10.1	0.28
	23	45.64	2.1	5.3	35.88	33.56	9.8	0.26
	27	46.09	2.1	5.3	35.53	33.23	9.4	0.24
	31	46.53	2.1	5.3	35.19	32.91	9.1	0.22
Apr.	4	46.96	2.1	5.3	34.87	32.62	8.7	0.20
	8	47.36	− 2.1	5.3	34.57	32.34	8.3	0.18
	12	47.75	2.0	5.3	34.29	32.08	7.8	0.16
	16	48.11	2.0	5.3	34.03	31.83	7.4	0.14
	20	48.45	2.0	5.3	33.79	31.61	6.9	0.12
	24	48.78	2.0	5.3	33.57	31.40	6.4	0.11
	28	49.07	− 2.0	5.3	33.37	31.21	5.9	0.09
May	2	49.35	2.0	5.3	33.18	31.04	5.4	0.07
	6	49.60	2.0	5.3	33.02	30.88	4.9	0.06
	10	49.82	2.0	5.3	32.87	30.74	4.3	0.05
	14	50.02	2.0	5.3	32.74	30.62	3.8	0.04
	18	50.20	− 2.0	5.3	32.62	30.51	3.2	0.03
	22	50.34	2.0	5.3	32.53	30.42	2.6	0.02
	26	50.47	1.9	5.3	32.45	30.35	2.1	0.01
	30	50.56	1.9	5.3	32.38	30.29	1.5	0.01
June	3	50.63	1.9	5.3	32.34	30.25	0.9	0.00
	7	50.68	− 1.9	5.3	32.31	30.22	0.4	0.00
	11	50.69	1.9	5.3	32.30	30.21	0.2	0.00
	15	50.69	1.9	5.3	32.31	30.22	0.8	0.00
	19	50.65	1.9	5.3	32.33	30.24	1.4	0.00
	23	50.59	1.9	5.3	32.37	30.27	2.0	0.01
	27	50.50	− 1.9	5.3	32.42	30.33	2.5	0.02
July	1	50.39	− 1.9	5.3	32.50	30.40	3.1	0.02

EPHEMERIS FOR PHYSICAL OBSERVATIONS
FOR 0ʰ DYNAMICAL TIME

Date	L_s	Sub-Earth Point		Sub-Solar Point				North Pole	
		Long.	Lat.	Long.	Lat.	Dist.	P.A.	Dist.	P.A.
	°	°	°	°	°	″	°	″	°
Jan. −2	107.13	314.78	+ 3.54	307.47	+ 3.41	2.95	255.69	+21.66	346.35
2	107.49	196.98	3.51	189.03	3.41	3.17	255.77	21.44	346.24
6	107.84	79.10	3.49	70.58	3.40	3.36	255.83	21.20	346.16
10	108.20	321.16	3.47	312.12	3.39	3.52	255.89	20.96	346.09
14	108.55	203.15	3.45	193.64	3.38	3.66	255.96	20.71	346.05
18	108.90	85.07	+ 3.43	75.14	+ 3.38	3.77	256.03	+20.45	346.02
22	109.26	326.92	3.41	316.64	3.37	3.85	256.10	20.19	346.02
26	109.61	208.71	3.39	198.13	3.36	3.91	256.19	19.92	346.04
30	109.97	90.44	3.37	79.61	3.36	3.95	256.29	19.66	346.08
Feb. 3	110.32	332.11	3.35	321.08	3.35	3.97	256.41	19.40	346.14
7	110.67	213.72	+ 3.33	202.55	+ 3.34	3.97	256.53	+19.14	346.22
11	111.03	95.28	3.32	84.02	3.33	3.95	256.67	18.89	346.31
15	111.38	336.79	3.30	325.48	3.32	3.91	256.82	18.65	346.43
19	111.73	218.25	3.29	206.95	3.32	3.86	256.99	18.40	346.57
23	112.09	99.67	3.27	88.42	3.31	3.79	257.17	18.17	346.72
27	112.44	341.04	+ 3.26	329.89	+ 3.30	3.71	257.37	+17.94	346.89
Mar. 3	112.79	222.38	3.24	211.36	3.29	3.62	257.58	17.72	347.08
7	113.14	103.68	3.23	92.84	3.28	3.52	257.80	17.51	347.29
11	113.50	344.95	3.22	334.32	3.27	3.42	258.04	17.31	347.51
15	113.85	226.19	3.21	215.81	3.27	3.30	258.29	17.12	347.75
19	114.20	107.41	+ 3.20	97.31	+ 3.26	3.18	258.55	+16.93	348.00
23	114.55	348.61	3.18	338.81	3.25	3.05	258.83	16.76	348.26
27	114.90	229.78	3.17	220.33	3.24	2.91	259.12	16.59	348.54
31	115.25	110.94	3.16	101.85	3.23	2.78	259.42	16.43	348.84
Apr. 4	115.61	352.09	3.15	343.39	3.22	2.63	259.74	16.29	349.14
8	115.96	233.22	+ 3.14	224.94	+ 3.21	2.49	260.07	+16.15	349.46
12	116.31	114.34	3.13	106.50	3.20	2.34	260.42	16.02	349.79
16	116.66	355.46	3.12	348.07	3.19	2.19	260.78	15.90	350.13
20	117.01	236.57	3.11	229.66	3.18	2.03	261.16	15.78	350.48
24	117.36	117.68	3.10	111.26	3.17	1.88	261.55	15.68	350.84
28	117.71	358.79	+ 3.09	352.87	+ 3.16	1.72	261.96	+15.59	351.21
May 2	118.06	239.90	3.08	234.50	3.15	1.56	262.39	15.50	351.58
6	118.41	121.01	3.07	116.14	3.14	1.40	262.84	15.42	351.97
10	118.76	2.12	3.05	357.80	3.13	1.24	263.33	15.35	352.36
14	119.11	243.24	3.04	239.47	3.12	1.08	263.86	15.29	352.76
18	119.46	124.38	+ 3.03	121.16	+ 3.11	0.91	264.45	+15.24	353.16
22	119.81	5.51	3.02	2.87	3.10	0.75	265.15	15.19	353.57
26	120.16	246.66	3.00	244.59	3.09	0.59	266.02	15.16	353.98
30	120.51	127.83	2.99	126.32	3.08	0.42	267.26	15.13	354.40
June 3	120.85	9.00	2.98	8.07	3.06	0.26	269.58	15.11	354.82
7	121.20	250.19	+ 2.96	249.84	+ 3.05	0.10	278.17	+15.09	355.25
11	121.55	131.40	2.95	131.63	3.04	0.07	66.28	15.09	355.67
15	121.90	12.62	2.93	13.43	3.03	0.23	80.07	15.09	356.10
19	122.25	253.86	2.92	255.25	3.02	0.39	82.82	15.10	356.52
23	122.59	135.12	2.90	137.08	3.01	0.55	84.20	15.12	356.95
27	122.94	16.40	+ 2.89	18.93	+ 3.00	0.72	85.13	+15.15	357.37
July 1	123.29	257.70	+ 2.87	260.80	+ 2.98	0.88	85.86	+15.18	357.80

JUPITER, 1989

EPHEMERIS FOR PHYSICAL OBSERVATIONS
FOR 0^h DYNAMICAL TIME

Date		Light-time	Magnitude	Surface Brightness	Diameter		Phase Angle	Defect of Illumination
					Eq.	Pol.		
		m			$''$	$''$	$\circ$	$''$
July	1	50.39	− 1.9	5.3	32.50	30.40	3.1	0.02
	5	50.25	1.9	5.3	32.59	30.48	3.6	0.03
	9	50.08	1.9	5.3	32.70	30.58	4.2	0.04
	13	49.89	2.0	5.3	32.82	30.70	4.7	0.06
	17	49.68	2.0	5.3	32.96	30.83	5.3	0.07
	21	49.44	− 2.0	5.3	33.12	30.98	5.8	0.08
	25	49.18	2.0	5.3	33.29	31.14	6.3	0.10
	29	48.90	2.0	5.3	33.49	31.32	6.8	0.12
Aug.	2	48.59	2.0	5.3	33.70	31.52	7.2	0.13
	6	48.26	2.0	5.3	33.93	31.73	7.7	0.15
	10	47.91	− 2.0	5.3	34.17	31.96	8.1	0.17
	14	47.55	2.0	5.3	34.44	32.21	8.5	0.19
	18	47.16	2.0	5.3	34.72	32.47	8.9	0.21
	22	46.76	2.1	5.3	35.02	32.76	9.3	0.23
	26	46.33	2.1	5.3	35.34	33.05	9.6	0.25
	30	45.90	− 2.1	5.3	35.68	33.37	10.0	0.27
Sept.	3	45.45	2.1	5.3	36.03	33.70	10.2	0.29
	7	44.98	2.1	5.3	36.40	34.05	10.5	0.31
	11	44.51	2.2	5.3	36.79	34.41	10.7	0.32
	15	44.02	2.2	5.3	37.20	34.79	10.9	0.34
	19	43.53	− 2.2	5.3	37.62	35.19	11.1	0.35
	23	43.02	2.2	5.3	38.06	35.60	11.2	0.36
	27	42.52	2.3	5.3	38.51	36.02	11.2	0.37
Oct.	1	42.01	2.3	5.3	38.98	36.46	11.3	0.38
	5	41.50	2.3	5.3	39.46	36.91	11.3	0.38
	9	40.99	− 2.3	5.3	39.95	37.36	11.2	0.38
	13	40.48	2.4	5.3	40.45	37.83	11.1	0.38
	17	39.98	2.4	5.3	40.96	38.31	10.9	0.37
	21	39.49	2.4	5.3	41.47	38.78	10.7	0.36
	25	39.00	2.4	5.3	41.98	39.26	10.5	0.35
	29	38.53	− 2.5	5.3	42.49	39.74	10.1	0.33
Nov.	2	38.08	2.5	5.3	43.00	40.22	9.8	0.31
	6	37.64	2.5	5.3	43.50	40.69	9.3	0.29
	10	37.22	2.5	5.3	43.99	41.14	8.9	0.26
	14	36.83	2.6	5.3	44.46	41.58	8.3	0.24
	18	36.46	− 2.6	5.3	44.91	42.00	7.8	0.21
	22	36.12	2.6	5.3	45.34	42.40	7.1	0.18
	26	35.81	2.6	5.3	45.73	42.77	6.5	0.15
	30	35.53	2.7	5.3	46.09	43.10	5.7	0.12
Dec.	4	35.29	2.7	5.3	46.40	43.40	5.0	0.09
	8	35.08	− 2.7	5.3	46.68	43.66	4.2	0.06
	12	34.91	2.7	5.3	46.90	43.87	3.4	0.04
	16	34.78	2.7	5.3	47.07	44.03	2.5	0.02
	20	34.70	2.7	5.3	47.19	44.14	1.7	0.01
	24	34.65	2.7	5.3	47.26	44.20	0.8	0.00
	28	34.65	− 2.7	5.3	47.26	44.20	0.1	0.00
	32	34.69	− 2.7	5.3	47.21	44.15	1.0	0.00

EPHEMERIS FOR PHYSICAL OBSERVATIONS
FOR 0ʰ DYNAMICAL TIME

Date		L_s	Sub-Earth Point		Sub-Solar Point				North Pole	
			Long.	Lat.	Long.	Lat.	Dist.	P.A.	Dist.	P.A.
		°	°	°	°	°	"	°	"	°
July	1	123.29	257.70	+ 2.87	260.80	+ 2.98	0.88	85.86	+15.18	357.80
	5	123.64	139.02	2.85	142.68	2.97	1.04	86.48	15.22	358.22
	9	123.98	20.37	2.83	24.57	2.96	1.20	87.04	15.27	358.64
	13	124.33	261.75	2.82	266.48	2.95	1.35	87.56	15.33	359.05
	17	124.68	143.14	2.80	148.41	2.94	1.51	88.04	15.40	359.46
	21	125.02	24.57	+ 2.78	30.35	+ 2.92	1.67	88.50	+15.47	359.86
	25	125.37	266.02	2.76	272.31	2.91	1.82	88.94	15.55	0.26
	29	125.72	147.50	2.74	154.28	2.90	1.97	89.36	15.65	0.65
Aug.	2	126.06	29.01	2.72	36.26	2.89	2.12	89.77	15.74	1.04
	6	126.41	270.55	2.71	278.26	2.87	2.27	90.16	15.85	1.41
	10	126.75	152.13	+ 2.69	160.26	+ 2.86	2.42	90.54	+15.97	1.78
	14	127.10	33.73	2.67	42.29	2.85	2.56	90.90	16.09	2.13
	18	127.44	275.37	2.65	284.32	2.83	2.70	91.25	16.22	2.48
	22	127.79	157.05	2.63	166.36	2.82	2.83	91.59	16.36	2.81
	26	128.13	38.76	2.61	48.41	2.81	2.96	91.92	16.51	3.13
	30	128.48	280.51	+ 2.59	290.48	+ 2.79	3.09	92.23	+16.67	3.43
Sept.	3	128.82	162.29	2.58	172.55	2.78	3.21	92.52	16.83	3.73
	7	129.17	44.12	2.56	54.63	2.77	3.32	92.80	17.01	4.00
	11	129.51	285.98	2.54	296.72	2.75	3.42	93.06	17.19	4.27
	15	129.85	167.89	2.53	178.81	2.74	3.52	93.31	17.38	4.51
	19	130.20	49.84	+ 2.51	60.91	+ 2.73	3.61	93.54	+17.58	4.74
	23	130.54	291.83	2.50	303.01	2.71	3.69	93.75	17.78	4.95
	27	130.89	173.87	2.48	185.12	2.70	3.76	93.95	18.00	5.14
Oct.	1	131.23	55.95	2.47	67.23	2.68	3.81	94.13	18.21	5.31
	5	131.57	298.07	2.46	309.34	2.67	3.85	94.28	18.44	5.46
	9	131.91	180.25	+ 2.44	191.45	+ 2.66	3.88	94.42	+18.67	5.59
	13	132.26	62.46	2.43	73.56	2.64	3.89	94.53	18.90	5.69
	17	132.60	304.73	2.42	315.66	2.63	3.88	94.63	19.14	5.78
	21	132.94	187.04	2.41	197.76	2.61	3.86	94.70	19.38	5.84
	25	133.28	69.39	2.41	79.85	2.60	3.81	94.75	19.62	5.87
	29	133.63	311.80	+ 2.40	321.94	+ 2.58	3.74	94.78	+19.86	5.88
Nov.	2	133.97	194.24	2.39	204.02	2.57	3.65	94.79	20.09	5.87
	6	134.31	76.73	2.39	86.09	2.55	3.53	94.77	20.33	5.84
	10	134.65	319.26	2.39	328.14	2.54	3.39	94.74	20.56	5.77
	14	134.99	201.83	2.38	210.18	2.52	3.23	94.68	20.78	5.69
	18	135.33	84.44	+ 2.38	92.21	+ 2.51	3.03	94.60	+20.99	5.58
	22	135.67	327.07	2.38	334.22	2.49	2.82	94.51	21.18	5.45
	26	136.01	209.74	2.38	216.21	2.48	2.57	94.40	21.37	5.30
	30	136.35	92.43	2.38	98.18	2.46	2.31	94.28	21.54	5.13
Dec.	4	136.69	335.14	2.38	340.13	2.45	2.02	94.14	21.68	4.94
	8	137.03	217.86	+ 2.38	222.06	+ 2.43	1.71	94.01	+21.81	4.73
	12	137.37	100.59	2.38	103.97	2.42	1.38	93.90	21.92	4.51
	16	137.71	343.32	2.38	345.85	2.40	1.04	93.83	22.00	4.27
	20	138.05	226.04	2.38	227.71	2.39	0.69	93.90	22.05	4.03
	24	138.39	108.75	2.38	109.54	2.37	0.33	94.62	22.08	3.78
	28	138.73	351.44	+ 2.38	351.35	+ 2.35	0.04	257.54	+22.08	3.53
	32	139.07	234.10	+ 2.38	233.13	+ 2.34	0.40	270.93	+22.06	3.28

SATURN, 1989

EPHEMERIS FOR PHYSICAL OBSERVATIONS
FOR 0ʰ DYNAMICAL TIME

Date		Light-time	Magnitude	Surface Brightness	Diameter		Phase Angle	Defect of Illumination
					Eq.	Pol.		
		m			″	″	°	″
Jan.	−2	91.70	+ 0.4	6.9	15.01	13.71	0.2	0.00
	2	91.66	0.5	6.9	15.01	13.71	0.6	0.00
	6	91.58	0.5	6.9	15.03	13.72	0.9	0.00
	10	91.47	0.5	6.9	15.04	13.74	1.3	0.00
	14	91.33	0.5	6.9	15.07	13.76	1.6	0.00
	18	91.15	+ 0.5	6.9	15.10	13.78	1.9	0.00
	22	90.94	0.5	7.0	15.13	13.81	2.3	0.01
	26	90.70	0.5	7.0	15.17	13.85	2.6	0.01
	30	90.43	0.5	7.0	15.22	13.89	2.9	0.01
Feb.	3	90.12	0.6	7.0	15.27	13.93	3.2	0.01
	7	89.79	+ 0.6	7.0	15.33	13.98	3.5	0.01
	11	89.43	0.6	7.0	15.39	14.04	3.8	0.02
	15	89.04	0.6	7.0	15.45	14.10	4.0	0.02
	19	88.63	0.6	7.0	15.53	14.16	4.3	0.02
	23	88.20	0.6	7.1	15.60	14.23	4.5	0.02
	27	87.74	+ 0.6	7.1	15.68	14.30	4.7	0.03
Mar.	3	87.27	0.6	7.1	15.77	14.38	4.9	0.03
	7	86.77	0.6	7.1	15.86	14.46	5.1	0.03
	11	86.27	0.6	7.1	15.95	14.54	5.3	0.03
	15	85.74	0.6	7.1	16.05	14.63	5.4	0.04
	19	85.21	+ 0.5	7.1	16.15	14.72	5.5	0.04
	23	84.67	0.5	7.1	16.25	14.81	5.6	0.04
	27	84.12	0.5	7.1	16.36	14.91	5.7	0.04
	31	83.57	0.5	7.1	16.47	15.01	5.7	0.04
Apr.	4	83.01	0.5	7.1	16.58	15.11	5.7	0.04
	8	82.46	+ 0.5	7.1	16.69	15.21	5.7	0.04
	12	81.90	0.5	7.1	16.80	15.31	5.7	0.04
	16	81.36	0.5	7.1	16.91	15.41	5.6	0.04
	20	80.82	0.4	7.1	17.03	15.51	5.5	0.04
	24	80.29	0.4	7.1	17.14	15.62	5.4	0.04
	28	79.77	+ 0.4	7.1	17.25	15.72	5.3	0.04
May	2	79.27	0.4	7.1	17.36	15.82	5.1	0.03
	6	78.79	0.4	7.1	17.46	15.91	4.9	0.03
	10	78.33	0.3	7.1	17.57	16.01	4.7	0.03
	14	77.89	0.3	7.0	17.67	16.10	4.4	0.03
	18	77.47	+ 0.3	7.0	17.76	16.19	4.2	0.02
	22	77.08	0.3	7.0	17.85	16.27	3.9	0.02
	26	76.72	0.2	7.0	17.94	16.35	3.6	0.02
	30	76.39	0.2	7.0	18.01	16.42	3.3	0.01
June	3	76.10	0.2	7.0	18.08	16.48	2.9	0.01
	7	75.83	+ 0.2	7.0	18.15	16.54	2.6	0.01
	11	75.60	0.1	7.0	18.20	16.59	2.2	0.01
	15	75.41	0.1	6.9	18.25	16.64	1.8	0.00
	19	75.26	0.1	6.9	18.28	16.67	1.4	0.00
	23	75.14	0.1	6.9	18.31	16.70	1.0	0.00
	27	75.07	+ 0.0	6.9	18.33	16.72	0.6	0.00
July	1	75.03	+ 0.0	6.9	18.34	16.73	0.2	0.00

EPHEMERIS FOR PHYSICAL OBSERVATIONS
FOR 0^h DYNAMICAL TIME

Date	L_s	Sub-Earth Point		Sub-Solar Point				North Pole	
		Long.	Lat.	Long.	Lat.	Dist.	P.A.	Dist.	P.A.
	°	°	°	°	°	''	°	''	°
Jan. −2	101.57	22.75	+31.71	23.01	+31.67	0.03	105.47	+ 6.01	5.99
2	101.69	25.43	31.64	26.07	31.65	0.07	94.49	6.01	6.02
6	101.82	28.13	31.56	29.16	31.64	0.12	91.60	6.02	6.05
10	101.94	30.85	31.48	32.26	31.62	0.16	90.19	6.03	6.09
14	102.06	33.60	31.41	35.38	31.61	0.21	89.29	6.05	6.12
18	102.18	36.38	+31.33	38.53	+31.60	0.25	88.64	+ 6.06	6.15
22	102.30	39.18	31.25	41.69	31.58	0.29	88.13	6.08	6.18
26	102.42	42.00	31.16	44.87	31.57	0.34	87.70	6.10	6.20
30	102.54	44.86	31.08	48.06	31.55	0.38	87.33	6.12	6.23
Feb. 3	102.66	47.75	31.00	51.28	31.54	0.42	87.00	6.15	6.25
7	102.78	50.66	+30.92	54.51	+31.52	0.46	86.70	+ 6.17	6.28
11	102.90	53.61	30.84	57.75	31.51	0.50	86.42	6.20	6.30
15	103.02	56.58	30.76	61.01	31.49	0.53	86.17	6.23	6.32
19	103.14	59.59	30.68	64.28	31.48	0.57	85.93	6.26	6.34
23	103.26	62.63	30.61	67.57	31.46	0.60	85.71	6.30	6.36
27	103.38	65.70	+30.53	70.87	+31.45	0.63	85.50	+ 6.33	6.38
Mar. 3	103.50	68.80	30.46	74.18	31.43	0.66	85.31	6.37	6.40
7	103.62	71.93	30.40	77.50	31.41	0.69	85.13	6.41	6.41
11	103.74	75.09	30.34	80.83	31.40	0.72	84.96	6.45	6.43
15	103.86	78.29	30.28	84.17	31.38	0.74	84.80	6.49	6.44
19	103.98	81.51	+30.22	87.51	+31.36	0.76	84.66	+ 6.54	6.45
23	104.10	84.77	30.17	90.86	31.35	0.78	84.52	6.58	6.46
27	104.22	88.05	30.13	94.21	31.33	0.79	84.40	6.63	6.47
31	104.34	91.37	30.09	97.56	31.31	0.80	84.29	6.67	6.48
Apr. 4	104.47	94.71	30.06	100.92	31.30	0.81	84.19	6.72	6.48
8	104.59	98.08	+30.03	104.27	+31.28	0.81	84.09	+ 6.76	6.49
12	104.71	101.48	30.01	107.63	31.26	0.81	84.01	6.81	6.49
16	104.83	104.90	30.00	110.98	31.25	0.81	83.94	6.86	6.49
20	104.95	108.34	29.99	114.32	31.23	0.80	83.88	6.90	6.50
24	105.07	111.81	29.99	117.66	31.21	0.79	83.83	6.95	6.50
28	105.19	115.29	+30.00	121.00	+31.19	0.78	83.78	+ 6.99	6.50
May 2	105.31	118.80	30.01	124.32	31.17	0.76	83.75	7.04	6.49
6	105.43	122.33	30.03	127.64	31.16	0.73	83.72	7.08	6.49
10	105.55	125.87	30.06	130.94	31.14	0.70	83.69	7.12	6.49
14	105.67	129.42	30.09	134.23	31.12	0.67	83.67	7.16	6.48
18	105.79	132.98	+30.12	137.51	+31.10	0.63	83.65	+ 7.19	6.47
22	105.91	136.56	30.17	140.77	31.08	0.59	83.62	7.23	6.47
26	106.03	140.14	30.21	144.02	31.06	0.55	83.59	7.26	6.46
30	106.15	143.72	30.27	147.25	31.05	0.50	83.55	7.29	6.45
June 3	106.27	147.30	30.32	150.46	31.03	0.45	83.48	7.31	6.44
7	106.39	150.89	+30.38	153.65	+31.01	0.40	83.38	+ 7.34	6.42
11	106.51	154.47	30.44	156.82	30.99	0.34	83.22	7.36	6.41
15	106.63	158.04	30.51	159.97	30.97	0.28	82.95	7.37	6.40
19	106.75	161.60	30.58	163.10	30.95	0.22	82.46	7.38	6.38
23	106.88	165.15	30.65	166.21	30.93	0.15	81.50	7.39	6.37
27	107.00	168.68	+30.71	169.30	+30.91	0.09	79.00	+ 7.39	6.35
July 1	107.12	172.20	+30.78	172.36	+30.89	0.03	63.89	+ 7.39	6.34

SATURN, 1989

EPHEMERIS FOR PHYSICAL OBSERVATIONS
FOR 0ʰ DYNAMICAL TIME

Date		Light-time	Magnitude	Surface Brightness	Diameter		Phase Angle	Defect of Illumination
					Eq.	Pol.		
		m			″	″	°	″
July	1	75.03	+ 0.0	6.9	18.34	16.73	0.2	0.00
	5	75.03	0.0	6.9	18.34	16.73	0.3	0.00
	9	75.08	0.0	6.9	18.33	16.72	0.7	0.00
	13	75.16	0.1	6.9	18.31	16.71	1.1	0.00
	17	75.28	0.1	6.9	18.28	16.68	1.5	0.00
	21	75.44	+ 0.1	6.9	18.24	16.65	1.9	0.00
	25	75.63	0.1	7.0	18.19	16.60	2.3	0.01
	29	75.87	0.1	7.0	18.14	16.56	2.6	0.01
Aug.	2	76.13	0.2	7.0	18.07	16.50	3.0	0.01
	6	76.43	0.2	7.0	18.00	16.43	3.3	0.02
	10	76.77	+ 0.2	7.0	17.92	16.36	3.7	0.02
	14	77.13	0.2	7.0	17.84	16.29	4.0	0.02
	18	77.52	0.3	7.0	17.75	16.21	4.2	0.02
	22	77.94	0.3	7.1	17.66	16.12	4.5	0.03
	26	78.38	0.3	7.1	17.56	16.03	4.7	0.03
	30	78.85	+ 0.3	7.1	17.45	15.94	5.0	0.03
Sept.	3	79.33	0.3	7.1	17.35	15.84	5.1	0.03
	7	79.83	0.4	7.1	17.24	15.74	5.3	0.04
	11	80.34	0.4	7.1	17.13	15.64	5.4	0.04
	15	80.87	0.4	7.1	17.02	15.54	5.6	0.04
	19	81.41	+ 0.4	7.1	16.90	15.44	5.6	0.04
	23	81.95	0.4	7.1	16.79	15.33	5.7	0.04
	27	82.50	0.5	7.1	16.68	15.23	5.7	0.04
Oct.	1	83.05	0.5	7.1	16.57	15.13	5.7	0.04
	5	83.61	0.5	7.1	16.46	15.03	5.7	0.04
	9	84.15	+ 0.5	7.1	16.35	14.93	5.7	0.04
	13	84.70	0.5	7.1	16.25	14.84	5.6	0.04
	17	85.23	0.5	7.1	16.14	14.74	5.5	0.04
	21	85.76	0.5	7.1	16.04	14.65	5.4	0.04
	25	86.28	0.5	7.1	15.95	14.56	5.2	0.03
	29	86.78	+ 0.5	7.1	15.86	14.48	5.1	0.03
Nov.	2	87.27	0.5	7.1	15.77	14.39	4.9	0.03
	6	87.73	0.6	7.1	15.68	14.32	4.7	0.03
	10	88.18	0.6	7.1	15.60	14.24	4.5	0.02
	14	88.61	0.6	7.0	15.53	14.17	4.3	0.02
	18	89.01	+ 0.6	7.0	15.46	14.11	4.0	0.02
	22	89.39	0.6	7.0	15.39	14.05	3.7	0.02
	26	89.74	0.6	7.0	15.33	13.99	3.5	0.01
	30	90.07	0.6	7.0	15.28	13.94	3.2	0.01
Dec.	4	90.36	0.5	7.0	15.23	13.89	2.9	0.01
	8	90.63	+ 0.5	7.0	15.18	13.85	2.6	0.01
	12	90.86	0.5	7.0	15.14	13.81	2.2	0.01
	16	91.06	0.5	6.9	15.11	13.78	1.9	0.00
	20	91.23	0.5	6.9	15.08	13.75	1.6	0.00
	24	91.37	0.5	6.9	15.06	13.73	1.2	0.00
	28	91.47	+ 0.5	6.9	15.04	13.71	0.9	0.00
	32	91.53	+ 0.5	6.9	15.03	13.70	0.5	0.00

EPHEMERIS FOR PHYSICAL OBSERVATIONS
FOR 0ʰ DYNAMICAL TIME

Date		L_s	Sub-Earth Point		Sub-Solar Point				North Pole	
			Long.	Lat.	Long.	Lat.	Dist.	P.A.	Dist.	P.A.
		°	°	°	°	°	"	°	"	°
July	1	107.12	172.20	+30.78	172.36	+30.89	0.03	63.89	+ 7.39	6.34
	5	107.24	175.69	30.85	175.40	30.87	0.04	279.22	7.39	6.32
	9	107.36	179.17	30.92	178.42	30.85	0.11	270.89	7.38	6.30
	13	107.48	182.61	30.99	181.42	30.83	0.17	268.96	7.37	6.29
	17	107.60	186.03	31.06	184.40	30.81	0.23	268.15	7.35	6.27
	21	107.72	189.41	+31.12	187.35	+30.79	0.29	267.74	+ 7.34	6.26
	25	107.84	192.76	31.18	190.28	30.77	0.35	267.50	7.31	6.24
	29	107.96	196.08	31.24	193.20	30.75	0.41	267.36	7.29	6.22
Aug.	2	108.08	199.37	31.29	196.09	30.72	0.46	267.27	7.26	6.21
	6	108.20	202.61	31.35	198.96	30.70	0.51	267.22	7.23	6.20
	10	108.32	205.82	+31.39	201.82	+30.68	0.56	267.19	+ 7.19	6.18
	14	108.44	208.99	31.44	204.66	30.66	0.61	267.17	7.16	6.17
	18	108.56	212.12	31.48	207.48	30.64	0.64	267.15	7.12	6.16
	22	108.68	215.22	31.51	210.29	30.62	0.68	267.14	7.08	6.16
	26	108.80	218.27	31.54	213.09	30.60	0.71	267.13	7.04	6.15
	30	108.92	221.28	+31.57	215.87	+30.57	0.74	267.11	+ 6.99	6.14
Sept.	3	109.05	224.26	31.59	218.64	30.55	0.76	267.09	6.95	6.14
	7	109.17	227.19	31.61	221.40	30.53	0.78	267.06	6.91	6.14
	11	109.29	230.09	31.62	224.16	30.51	0.80	267.03	6.86	6.14
	15	109.41	232.96	31.63	226.91	30.48	0.81	266.98	6.82	6.14
	19	109.53	235.79	+31.63	229.65	+30.46	0.81	266.93	+ 6.77	6.14
	23	109.65	238.59	31.63	232.39	30.44	0.82	266.87	6.73	6.14
	27	109.77	241.35	31.62	235.12	30.41	0.82	266.80	6.68	6.15
Oct.	1	109.89	244.09	31.61	237.85	30.39	0.81	266.72	6.64	6.16
	5	110.01	246.80	31.59	240.59	30.37	0.80	266.63	6.60	6.17
	9	110.13	249.48	+31.57	243.32	+30.35	0.79	266.53	+ 6.55	6.18
	13	110.25	252.14	31.54	246.06	30.32	0.78	266.42	6.51	6.19
	17	110.37	254.78	31.51	248.80	30.30	0.76	266.30	6.47	6.21
	21	110.49	257.40	31.47	251.55	30.27	0.74	266.18	6.44	6.22
	25	110.61	260.00	31.43	254.31	30.25	0.72	266.04	6.40	6.24
	29	110.73	262.58	+31.38	257.07	+30.23	0.69	265.89	+ 6.36	6.25
Nov.	2	110.85	265.16	31.33	259.84	30.20	0.66	265.74	6.33	6.27
	6	110.98	267.72	31.27	262.62	30.18	0.63	265.57	6.30	6.29
	10	111.10	270.27	31.21	265.41	30.15	0.60	265.40	6.27	6.31
	14	111.22	272.82	31.14	268.22	30.13	0.57	265.21	6.24	6.33
	18	111.34	275.36	+31.07	271.03	+30.10	0.53	265.02	+ 6.22	6.35
	22	111.46	277.90	30.99	273.87	30.08	0.49	264.81	6.20	6.37
	26	111.58	280.45	30.91	276.71	30.05	0.45	264.60	6.18	6.40
	30	111.70	282.99	30.83	279.58	30.03	0.41	264.37	6.16	6.42
Dec.	4	111.82	285.54	30.74	282.45	30.00	0.37	264.13	6.14	6.44
	8	111.94	288.09	+30.64	285.35	+29.98	0.33	263.87	+ 6.13	6.46
	12	112.06	290.66	30.54	288.26	29.95	0.29	263.58	6.12	6.48
	16	112.18	293.23	30.44	291.20	29.93	0.25	263.26	6.11	6.50
	20	112.30	295.81	30.33	294.15	29.90	0.20	262.87	6.10	6.53
	24	112.42	298.41	30.22	297.11	29.87	0.16	262.38	6.10	6.55
	28	112.55	301.03	+30.11	300.10	+29.85	0.11	261.65	+ 6.09	6.57
	32	112.67	303.66	+29.99	303.11	+29.82	0.07	260.19	+ 6.09	6.59

URANUS, 1989

EPHEMERIS FOR PHYSICAL OBSERVATIONS
FOR 0^h DYNAMICAL TIME

Date		Light-time	Magnitude	Equatorial Diameter	Phase Angle	L_s	Sub-Earth Lat.	North Pole	
								Dist.	P.A.
		m		"	°	°	°	"	°
Jan.	−6	168.80	+ 5.8	3.45	0.1	283.73	−75.03	− 0.46	300.09
	4	168.64	5.8	3.45	0.6	283.85	74.53	0.47	298.79
	14	168.25	5.8	3.46	1.1	283.96	74.05	0.49	297.59
	24	167.64	5.8	3.47	1.5	284.08	73.58	0.50	296.50
Feb.	3	166.83	5.8	3.49	1.9	284.19	73.14	0.52	295.53
	13	165.83	+ 5.7	3.51	2.3	284.31	−72.75	− 0.53	294.69
	23	164.68	5.7	3.54	2.5	284.43	72.40	0.55	293.99
Mar.	5	163.42	5.7	3.56	2.8	284.54	72.11	0.56	293.42
	15	162.07	5.7	3.59	2.9	284.66	71.89	0.57	293.00
	25	160.68	5.7	3.63	3.0	284.77	71.74	0.58	292.73
Apr.	4	159.28	+ 5.7	3.66	2.9	284.89	−71.66	− 0.59	292.59
	14	157.92	5.6	3.69	2.8	285.00	71.66	0.59	292.60
	24	156.64	5.6	3.72	2.6	285.12	71.73	0.60	292.74
May	4	155.47	5.6	3.75	2.3	285.23	71.87	0.60	293.02
	14	154.46	5.6	3.77	2.0	285.35	72.07	0.59	293.42
	24	153.62	+ 5.6	3.79	1.6	285.46	−72.32	− 0.59	293.93
June	3	153.00	5.6	3.81	1.1	285.58	72.62	0.58	294.55
	13	152.60	5.6	3.82	0.6	285.69	72.94	0.57	295.24
	23	152.44	5.6	3.82	0.1	285.81	73.28	0.56	296.00
July	3	152.53	5.6	3.82	0.4	285.92	73.62	0.55	296.78
	13	152.86	+ 5.6	3.81	0.9	286.04	−73.95	− 0.54	297.56
	23	153.42	5.6	3.80	1.4	286.15	74.25	0.53	298.30
Aug.	2	154.20	5.6	3.78	1.8	286.27	74.52	0.52	298.96
	12	155.16	5.6	3.75	2.2	286.38	74.73	0.51	299.52
	22	156.29	5.6	3.73	2.5	286.50	74.89	0.50	299.95
Sept.	1	157.56	+ 5.6	3.70	2.8	286.61	−74.98	− 0.49	300.20
	11	158.91	5.7	3.67	2.9	286.73	75.01	0.49	300.27
	21	160.32	5.7	3.63	3.0	286.84	74.97	0.48	300.16
Oct.	1	161.74	5.7	3.60	2.9	286.96	74.86	0.48	299.85
	11	163.14	5.7	3.57	2.8	287.07	74.68	0.48	299.37
	21	164.47	+ 5.7	3.54	2.7	287.19	−74.44	− 0.49	298.73
	31	165.70	5.7	3.52	2.4	287.30	74.13	0.49	297.96
Nov.	10	166.79	5.8	3.49	2.1	287.42	73.77	0.50	297.09
	20	167.72	5.8	3.47	1.7	287.53	73.35	0.51	296.14
	30	168.46	5.8	3.46	1.3	287.65	72.90	0.52	295.14
Dec.	10	168.98	+ 5.8	3.45	0.8	287.76	−72.41	− 0.53	294.13
	20	169.28	5.8	3.44	0.4	287.88	71.91	0.55	293.12
	30	169.35	5.8	3.44	0.1	287.99	71.39	0.56	292.15
	40	169.17	+ 5.8	3.44	0.6	288.11	−70.87	− 0.58	291.21

EPHEMERIS FOR PHYSICAL OBSERVATIONS
FOR 0ʰ DYNAMICAL TIME

Date		Light-time	Magnitude	Equatorial Diameter	Phase Angle	L_s	Sub-Earth Lat.	North Pole	
								Dist.	P.A.
		m		″	°	°	°	″	°
Jan.	−6	259.46	+ 8.0	2.15	0.2	241.87	−26.89	− 0.94	12.43
	4	259.49	8.0	2.15	0.1	241.93	27.00	0.94	12.10
	14	259.27	8.0	2.15	0.4	241.98	27.11	0.94	11.77
	24	258.83	8.0	2.15	0.7	242.04	27.21	0.94	11.45
Feb.	3	258.15	8.0	2.16	1.0	242.10	27.31	0.94	11.15
	13	257.28	+ 8.0	2.17	1.3	242.16	−27.40	− 0.95	10.88
	23	256.22	8.0	2.18	1.5	242.22	27.48	0.95	10.64
Mar.	5	255.02	8.0	2.19	1.7	242.28	27.55	0.95	10.43
	15	253.71	8.0	2.20	1.8	242.34	27.60	0.96	10.26
	25	252.32	7.9	2.21	1.9	242.40	27.64	0.96	10.14
Apr.	4	250.90	+ 7.9	2.22	1.9	242.46	−27.67	− 0.97	10.07
	14	249.49	7.9	2.23	1.9	242.52	27.68	0.97	10.05
	24	248.13	7.9	2.25	1.8	242.58	27.68	0.98	10.08
May	4	246.85	7.9	2.26	1.6	242.64	27.66	0.98	10.15
	14	245.70	7.9	2.27	1.4	242.69	27.63	0.99	10.26
	24	244.71	+ 7.9	2.28	1.2	242.75	−27.58	− 0.99	10.42
June	3	243.91	7.9	2.28	0.9	242.81	27.52	1.00	10.60
	13	243.32	7.9	2.29	0.6	242.87	27.46	1.00	10.81
	23	242.96	7.9	2.29	0.3	242.93	27.38	1.00	11.04
July	3	242.83	7.9	2.29	0.0	242.99	27.31	1.00	11.27
	13	242.95	+ 7.9	2.29	0.3	243.05	−27.23	− 1.00	11.51
	23	243.31	7.9	2.29	0.6	243.11	27.15	1.00	11.73
Aug.	2	243.90	7.9	2.28	0.9	243.17	27.08	1.00	11.94
	12	244.70	7.9	2.28	1.2	243.23	27.01	1.00	12.12
	22	245.69	7.9	2.27	1.4	243.29	26.96	1.00	12.27
Sept.	1	246.83	+ 7.9	2.26	1.6	243.35	−26.91	− 0.99	12.38
	11	248.10	7.9	2.25	1.8	243.41	26.88	0.99	12.45
	21	249.46	7.9	2.23	1.9	243.46	26.87	0.98	12.48
Oct.	1	250.87	7.9	2.22	1.9	243.52	26.87	0.98	12.45
	11	252.28	7.9	2.21	1.9	243.58	26.89	0.97	12.38
	21	253.66	+ 8.0	2.20	1.8	243.64	−26.92	− 0.96	12.26
	31	254.97	8.0	2.19	1.7	243.70	26.97	0.96	12.10
Nov.	10	256.17	8.0	2.18	1.5	243.76	27.03	0.95	11.89
	20	257.22	8.0	2.17	1.3	243.82	27.11	0.95	11.65
	30	258.09	8.0	2.16	1.0	243.88	27.19	0.95	11.37
Dec.	10	258.76	+ 8.0	2.15	0.7	243.94	−27.28	− 0.94	11.07
	20	259.20	8.0	2.15	0.4	244.00	27.38	0.94	10.75
	30	259.41	8.0	2.15	0.1	244.06	27.48	0.94	10.43
	40	259.38	+ 8.0	2.15	0.2	244.12	−27.59	− 0.94	10.09

PLUTO, 1989

EPHEMERIS FOR PHYSICAL OBSERVATIONS
FOR 0ʰ DYNAMICAL TIME

Date		Light-time	Magnitude	Phase Angle	L_s	Sub-Earth Point		North Pole P.A.
						Long.	Lat.	
		m	°	°	°	°	°	°
Jan.	−6	251.75	+13.8	1.5	184.11	62.23	− 4.86	85.73
	4	250.62	13.8	1.6	184.18	265.95	5.13	85.73
	14	249.37	13.7	1.8	184.24	109.65	5.35	85.72
	24	248.04	13.7	1.9	184.31	313.32	5.53	85.72
Feb.	3	246.66	13.7	1.9	184.38	156.98	5.66	85.72
	13	245.28	+13.7	1.9	184.45	0.61	− 5.73	85.72
	23	243.93	13.7	1.8	184.52	204.22	5.75	85.73
Mar.	5	242.67	13.7	1.7	184.58	47.81	5.72	85.74
	15	241.52	13.7	1.5	184.65	251.39	5.63	85.75
	25	240.53	13.7	1.3	184.72	94.95	5.50	85.77
Apr.	4	239.72	+13.7	1.1	184.79	298.51	− 5.32	85.78
	14	239.11	13.7	0.8	184.86	142.05	5.11	85.79
	24	238.73	13.7	0.6	184.93	345.60	4.88	85.80
May	4	238.59	13.6	0.5	184.99	189.15	4.63	85.81
	14	238.68	13.6	0.6	185.06	32.70	4.37	85.82
	24	239.00	+13.7	0.8	185.13	236.27	− 4.12	85.83
June	3	239.54	13.7	1.1	185.20	79.84	3.88	85.83
	13	240.29	13.7	1.3	185.27	283.43	3.66	85.83
	23	241.22	13.7	1.5	185.33	127.04	3.47	85.83
July	3	242.30	13.7	1.7	185.40	330.67	3.32	85.83
	13	243.50	+13.7	1.8	185.47	174.32	− 3.22	85.83
	23	244.78	13.7	1.9	185.54	17.99	3.16	85.83
Aug.	2	246.11	13.7	2.0	185.61	221.67	3.15	85.82
	12	247.46	13.7	1.9	185.67	65.38	3.19	85.81
	22	248.78	13.7	1.9	185.74	269.11	3.28	85.80
Sept.	1	250.04	+13.8	1.8	185.81	112.85	− 3.43	85.79
	11	251.19	13.8	1.6	185.88	316.60	3.62	85.78
	21	252.22	13.8	1.4	185.95	160.37	3.85	85.76
Oct.	1	253.10	13.8	1.2	186.02	4.15	4.12	85.74
	11	253.78	13.8	1.0	186.08	207.93	4.43	85.72
	21	254.27	+13.8	0.7	186.15	51.72	− 4.76	85.70
	31	254.54	13.8	0.6	186.22	255.51	5.11	85.68
Nov.	10	254.58	13.8	0.5	186.29	99.29	5.47	85.65
	20	254.39	13.8	0.6	186.36	303.08	5.83	85.62
	30	253.97	13.8	0.8	186.42	146.85	6.19	85.60
Dec.	10	253.34	+13.8	1.1	186.49	350.61	− 6.54	85.57
	20	252.51	13.8	1.3	186.56	194.36	6.86	85.55
	30	251.50	13.8	1.5	186.63	38.09	7.15	85.54
	40	250.34	+13.8	1.7	186.70	241.80	− 7.41	85.52

FOR 0ʰ DYNAMICAL TIME

Date		Mars	Jupiter			Saturn	
			System I	System II	System III	System I	System III
Jan.	0	74.65	325.62	3.19	255.89	26.00	204.09
	1	64.97	123.53	153.47	46.43	150.18	294.76
	2	55.30	281.44	303.75	196.98	274.36	25.43
	3	45.62	79.34	94.02	347.51	38.54	116.10
	4	35.94	237.24	244.29	138.05	162.72	206.78
	5	26.26	35.13	34.55	288.58	286.90	297.45
	6	16.57	193.02	184.81	79.10	51.08	28.13
	7	6.89	350.90	335.06	229.62	175.27	118.81
	8	357.20	148.78	125.31	20.14	299.46	209.49
	9	347.51	306.66	275.56	170.65	63.64	300.17
	10	337.81	104.53	65.80	321.16	187.83	30.85
	11	328.12	262.39	216.04	111.66	312.03	121.54
	12	318.42	60.26	6.27	262.16	76.22	212.22
	13	308.73	218.12	156.50	52.66	200.41	302.91
	14	299.03	15.97	306.73	203.15	324.61	33.60
	15	289.33	173.82	96.95	353.63	88.81	124.29
	16	279.63	331.67	247.16	144.12	213.01	214.98
	17	269.93	129.51	37.37	294.59	337.21	305.68
	18	260.22	287.34	187.58	85.07	101.41	36.38
	19	250.52	85.18	337.79	235.54	225.62	127.07
	20	240.82	243.01	127.99	26.00	349.82	217.77
	21	231.11	40.83	278.18	176.46	114.03	308.47
	22	221.41	198.65	68.37	326.92	238.24	39.18
	23	211.70	356.47	218.56	117.38	2.45	129.88
	24	202.00	154.28	8.74	267.83	126.67	220.59
	25	192.29	312.09	158.92	58.27	250.88	311.29
	26	182.58	109.90	309.10	208.71	15.10	42.00
	27	172.88	267.70	99.27	359.15	139.32	132.72
	28	163.17	65.50	249.44	149.58	263.54	223.43
	29	153.46	223.29	39.60	300.02	27.76	314.14
	30	143.75	21.08	189.76	90.44	151.99	44.86
	31	134.05	178.87	339.92	240.86	276.21	135.58
Feb.	1	124.34	336.65	130.08	31.28	40.44	226.30
	2	114.63	134.43	280.22	181.70	164.67	317.02
	3	104.92	292.20	70.37	332.11	288.90	47.75
	4	95.21	89.97	220.51	122.52	53.14	138.47
	5	85.51	247.74	10.65	272.92	177.37	229.20
	6	75.80	45.51	160.79	63.33	301.61	319.93
	7	66.09	203.27	310.92	213.72	65.85	50.66
	8	56.38	1.03	101.05	4.12	190.09	141.39
	9	46.68	158.78	251.17	154.51	314.34	232.13
	10	36.97	316.53	41.29	304.90	78.58	322.87
	11	27.26	114.28	191.41	95.28	202.83	53.61
	12	17.55	272.02	341.53	245.66	327.08	144.35
	13	7.85	69.77	131.64	36.04	91.33	235.09
	14	358.14	227.50	281.75	186.42	215.58	325.84
	15	348.44	25.24	71.86	336.79	339.84	56.58

FOR 0ʰ DYNAMICAL TIME

Date		Mars	Jupiter			Saturn	
			System I	System II	System III	System I	System III
Feb.	15	348.44	25.24	71.86	336.79	339.84	56.58
	16	338.73	182.97	221.96	127.16	104.10	147.33
	17	329.03	340.70	12.06	277.52	228.36	238.08
	18	319.33	138.43	162.16	67.89	352.62	328.84
	19	309.62	296.15	312.25	218.25	116.88	59.59
	20	299.92	93.87	102.35	8.61	241.15	150.35
	21	290.22	251.59	252.43	158.96	5.41	241.11
	22	280.52	49.31	42.52	309.32	129.68	331.87
	23	270.82	207.02	192.61	99.67	253.95	62.63
	24	261.12	4.73	342.69	250.01	18.23	153.39
	25	251.42	162.44	132.77	40.36	142.50	244.16
	26	241.72	320.15	282.84	190.70	266.78	334.93
	27	232.02	117.85	72.92	341.04	31.06	65.70
	28	222.32	275.55	222.99	131.38	155.34	156.47
Mar.	1	212.63	73.25	13.06	281.71	279.62	247.24
	2	202.93	230.95	163.13	72.05	43.91	338.02
	3	193.23	28.64	313.19	222.38	168.19	68.80
	4	183.54	186.33	103.25	12.71	292.48	159.58
	5	173.85	344.02	253.31	163.03	56.78	250.36
	6	164.15	141.71	43.37	313.36	181.07	341.14
	7	154.46	299.40	193.43	103.68	305.36	71.93
	8	144.76	97.08	343.48	254.00	69.66	162.72
	9	135.07	254.76	133.54	44.32	193.96	253.51
	10	125.38	52.44	283.59	194.64	318.26	344.30
	11	115.69	210.12	73.64	344.95	82.56	75.09
	12	106.00	7.80	223.68	135.26	206.87	165.89
	13	96.31	165.47	13.73	285.58	331.17	256.69
	14	86.62	323.15	163.77	75.89	95.48	347.49
	15	76.93	120.82	313.81	226.19	219.79	78.29
	16	67.24	278.49	103.86	16.50	344.11	169.09
	17	57.56	76.16	253.89	166.81	108.42	259.90
	18	47.87	233.82	43.93	317.11	232.74	350.71
	19	38.18	31.49	193.97	107.41	357.06	81.51
	20	28.50	189.15	344.00	257.71	121.38	172.33
	21	18.81	346.82	134.04	48.01	245.70	263.14
	22	9.13	144.48	284.07	198.31	10.02	353.95
	23	359.45	302.14	74.10	348.61	134.35	84.77
	24	349.76	99.80	224.13	138.90	258.68	175.59
	25	340.08	257.46	14.16	289.20	23.01	266.41
	26	330.40	55.11	164.19	79.49	147.34	357.23
	27	320.72	212.77	314.21	229.78	271.67	88.05
	28	311.03	10.42	104.24	20.07	36.01	178.88
	29	301.35	168.08	254.26	170.37	160.34	269.71
	30	291.67	325.73	44.28	320.65	284.68	0.54
	31	281.99	123.38	194.31	110.94	49.02	91.37
Apr.	1	272.31	281.03	344.33	261.23	173.36	182.20
	2	262.63	78.68	134.35	51.52	297.71	273.04

FOR 0ʰ DYNAMICAL TIME

Date		Mars	Jupiter			Saturn	
			System I	System II	System III	System I	System III
		°	°	°	°	°	° ′
Apr.	1	272.31	281.03	344.33	261.23	173.36	182.20
	2	262.63	78.68	134.35	51.52	297.71	273.04
	3	252.95	236.33	284.37	201.80	62.05	3.87
	4	243.28	33.98	74.39	352.09	186.40	94.71
	5	233.60	191.63	224.41	142.37	310.75	185.55
	6	223.92	349.27	14.42	292.65	75.10	276.39
	7	214.24	146.92	164.44	82.94	199.45	7.23
	8	204.56	304.57	314.46	233.22	323.81	98.08
	9	194.88	102.21	104.47	23.50	88.16	188.93
	10	185.21	259.86	254.49	173.78	212.52	279.77
	11	175.53	57.50	44.50	324.06	336.88	10.62
	12	165.85	215.14	194.52	114.34	101.24	101.48
	13	156.18	12.79	344.53	264.62	225.60	192.33
	14	146.50	170.43	134.54	54.90	349.97	283.18
	15	136.82	328.07	284.56	205.18	114.33	14.04
	16	127.15	125.71	74.57	355.46	238.70	104.90
	17	117.47	283.35	224.58	145.74	3.07	195.76
	18	107.79	81.00	14.59	296.02	127.44	286.62
	19	98.12	238.64	164.60	86.29	251.81	17.48
	20	88.44	36.28	314.62	236.57	16.18	108.34
	21	78.77	193.92	104.63	26.85	140.55	199.21
	22	69.09	351.56	254.64	177.13	264.93	290.07
	23	59.41	149.20	44.65	327.40	29.30	20.94
	24	49.74	306.84	194.66	117.68	153.68	111.81
	25	40.06	104.48	344.67	267.96	278.06	202.68
	26	30.38	262.12	134.68	58.23	42.44	293.55
	27	20.71	59.76	284.69	208.51	166.82	24.42
	28	11.03	217.40	74.70	358.79	291.21	115.29
	29	1.35	15.05	224.72	149.06	55.59	206.17
	30	351.68	172.69	14.73	299.34	179.98	297.05
May	1	342.00	330.33	164.74	89.62	304.36	27.92
	2	332.32	127.97	314.75	239.90	68.75	118.80
	3	322.64	285.61	104.76	30.17	193.14	209.68
	4	312.97	83.25	254.77	180.45	317.53	300.56
	5	303.29	240.89	44.78	330.73	81.92	31.44
	6	293.61	38.53	194.80	121.01	206.31	122.33
	7	283.93	196.18	344.81	271.29	330.70	213.21
	8	274.25	353.82	134.82	61.56	95.10	304.09
	9	264.57	151.46	284.83	211.84	219.49	34.98
	10	254.89	309.10	74.85	2.12	343.88	125.87
	11	245.21	106.75	224.86	152.40	108.28	216.75
	12	235.52	264.39	14.88	302.68	232.68	307.64
	13	225.84	62.04	164.89	92.96	357.07	38.53
	14	216.16	219.68	314.91	243.24	121.47	129.42
	15	206.47	17.33	104.92	33.53	245.87	220.31
	16	196.79	174.97	254.94	183.81	10.27	311.20
	17	187.11	332.62	44.95	334.09	134.67	42.09

FOR 0^h DYNAMICAL TIME

Date		Mars	Jupiter			Saturn	
			System I	System II	System III	System I	System III
May	17	187.11	332.62	44.95	334.09	134.67	42.09
	18	177.42	130.27	194.97	124.38	259.07	132.98
	19	167.74	287.91	344.99	274.66	23.47	223.88
	20	158.05	85.56	135.01	64.94	147.87	314.77
	21	148.36	243.21	285.03	215.23	272.28	45.66
	22	138.67	40.86	75.05	5.51	36.68	136.56
	23	128.99	198.51	225.07	155.80	161.08	227.45
	24	119.30	356.16	15.09	306.09	285.48	318.35
	25	109.61	153.81	165.11	96.38	49.89	49.24
	26	99.91	311.47	315.13	246.66	174.29	140.14
	27	90.22	109.12	105.16	36.95	298.69	231.03
	28	80.53	266.77	255.18	187.24	63.10	321.93
	29	70.84	64.43	45.21	337.53	187.50	52.82
	30	61.14	222.08	195.23	127.83	311.91	143.72
	31	51.45	19.74	345.26	278.12	76.31	234.62
June	1	41.75	177.40	135.28	68.41	200.71	325.51
	2	32.05	335.05	285.31	218.71	325.12	56.41
	3	22.35	132.71	75.34	9.00	89.52	147.30
	4	12.65	290.37	225.37	159.30	213.93	238.20
	5	2.95	88.03	15.40	309.59	338.33	329.10
	6	353.25	245.70	165.43	99.89	102.73	59.99
	7	343.55	43.36	315.47	250.19	227.14	150.89
	8	333.84	201.02	105.50	40.49	351.54	241.78
	9	324.14	358.69	255.54	190.79	115.94	332.68
	10	314.43	156.35	45.57	341.09	240.34	63.57
	11	304.72	314.02	195.61	131.40	4.74	154.47
	12	295.02	111.69	345.65	281.70	129.15	245.36
	13	285.31	269.36	135.69	72.00	253.55	336.25
	14	275.59	67.03	285.73	222.31	17.95	67.15
	15	265.88	224.70	75.77	12.62	142.35	158.04
	16	256.17	22.37	225.81	162.93	266.74	248.93
	17	246.45	180.04	15.85	313.24	31.14	339.82
	18	236.74	337.72	165.90	103.55	155.54	70.71
	19	227.02	135.40	315.94	253.86	279.94	161.60
	20	217.30	293.07	105.99	44.17	44.33	252.49
	21	207.58	90.75	256.04	194.49	168.73	343.38
	22	197.86	248.43	46.09	344.80	293.12	74.26
	23	188.14	46.11	196.14	135.12	57.51	165.15
	24	178.41	203.79	346.19	285.44	181.90	256.04
	25	168.69	1.48	136.25	75.76	306.29	346.92
	26	158.96	159.16	286.30	226.08	70.68	77.80
	27	149.23	316.85	76.36	16.40	195.07	168.68
	28	139.50	114.54	226.41	166.72	319.46	259.57
	29	129.77	272.23	16.47	317.05	83.84	350.44
	30	120.04	69.92	166.53	107.37	208.23	81.32
July	1	110.31	227.61	316.59	257.70	332.61	172.20
	2	100.57	25.30	106.66	48.03	96.99	263.08

FOR 0ʰ DYNAMICAL TIME

Date		Mars	Jupiter			Saturn	
			System I	System II	System III	System I	System III
		°	°	°	°	°	°
July	1	110.31	227.61	316.59	257.70	332.61	172.20
	2	100.57	25.30	106.66	48.03	96.99	263.08
	3	90.83	182.99	256.72	198.36	221.38	353.95
	4	81.09	340.69	46.79	348.69	345.75	84.82
	5	71.35	138.39	196.85	139.02	110.13	175.69
	6	61.61	296.09	346.92	289.36	234.51	266.56
	7	51.87	93.79	136.99	79.70	358.88	357.43
	8	42.12	251.49	287.06	230.03	123.25	88.30
	9	32.38	49.19	77.14	20.37	247.63	179.17
	10	22.63	206.90	227.21	170.71	12.00	270.03
	11	12.88	4.60	17.29	321.06	136.36	0.89
	12	3.13	162.31	167.37	111.40	260.73	91.75
	13	353.37	320.02	317.45	261.75	25.09	182.61
	14	343.62	117.73	107.53	52.09	149.45	273.47
	15	333.86	275.45	257.61	202.44	273.82	4.32
	16	324.11	73.16	47.69	352.79	38.17	95.17
	17	314.35	230.88	197.78	143.14	162.53	186.03
	18	304.59	28.60	347.87	293.50	286.88	276.87
	19	294.82	186.32	137.96	83.85	51.24	7.72
	20	285.06	344.04	288.05	234.21	175.59	98.57
	21	275.30	141.76	78.14	24.57	299.94	189.41
	22	265.53	299.48	228.24	174.93	64.28	280.25
	23	255.76	97.21	18.33	325.29	188.63	11.09
	24	245.99	254.94	168.43	115.66	312.97	101.93
	25	236.22	52.67	318.53	266.02	77.31	192.76
	26	226.45	210.40	108.63	56.39	201.65	283.60
	27	216.67	8.14	258.73	206.76	325.98	14.43
	28	206.90	165.87	48.84	357.13	90.32	105.26
	29	197.12	323.61	198.95	147.50	214.65	196.08
	30	187.34	121.35	349.06	297.88	338.98	286.91
	31	177.56	279.09	139.17	88.25	103.30	17.73
Aug.	1	167.77	76.83	289.28	238.63	227.63	108.55
	2	157.99	234.58	79.39	29.01	351.95	199.37
	3	148.21	32.32	229.51	179.40	116.27	290.18
	4	138.42	190.07	19.63	329.78	240.59	21.00
	5	128.63	347.82	169.75	120.17	4.90	111.81
	6	118.84	145.58	319.87	270.55	129.21	202.61
	7	109.05	303.33	110.00	60.94	253.52	293.42
	8	99.26	101.09	260.12	211.34	17.83	24.22
	9	89.46	258.85	50.25	1.73	142.14	115.02
	10	79.67	56.61	200.38	152.13	266.44	205.82
	11	69.87	214.37	350.51	302.53	30.74	296.62
	12	60.08	12.13	140.65	92.93	155.04	27.41
	13	50.28	169.90	290.78	243.33	279.33	118.20
	14	40.48	327.67	80.92	33.73	43.62	208.99
	15	30.68	125.44	231.06	184.14	167.91	299.78
	16	20.87	283.22	21.21	334.55	292.20	30.56

FOR 0^h DYNAMICAL TIME

Date		Mars	Jupiter			Saturn	
			System I	System II	System III	System I	System III
Aug.	16	20.87	283.22	21.21	334.55	292.20	30.56
	17	11.07	80.99	171.35	124.96	56.49	121.34
	18	1.27	238.77	321.50	275.37	180.77	212.12
	19	351.46	36.55	111.65	65.79	305.05	302.90
	20	341.65	194.33	261.80	216.21	69.33	33.67
	21	331.85	352.12	51.95	6.63	193.60	124.45
	22	322.04	149.90	202.11	157.05	317.88	215.22
	23	312.23	307.69	352.27	307.47	82.15	305.98
	24	302.42	105.48	142.43	97.90	206.42	36.75
	25	292.60	263.28	292.59	248.33	330.68	127.51
	26	282.79	61.07	82.76	38.76	94.94	218.27
	27	272.98	218.87	232.92	189.19	219.20	309.03
	28	263.16	16.67	23.09	339.63	343.46	39.78
	29	253.35	174.47	173.27	130.07	107.72	130.53
	30	243.53	332.28	323.44	280.51	231.97	221.28
	31	233.71	130.08	113.62	70.95	356.22	312.03
Sept.	1	223.90	287.89	263.80	221.40	120.47	42.77
	2	214.08	85.71	53.98	11.84	244.72	133.52
	3	204.26	243.52	204.16	162.29	8.96	224.26
	4	194.44	41.34	354.35	312.75	133.20	314.99
	5	184.62	199.16	144.54	103.20	257.44	45.73
	6	174.80	356.98	294.73	253.66	21.68	136.46
	7	164.98	154.81	84.92	44.12	145.91	227.19
	8	155.16	312.63	235.12	194.58	270.14	317.92
	9	145.33	110.46	25.32	345.05	34.37	48.65
	10	135.51	268.29	175.52	135.51	158.60	139.37
	11	125.69	66.13	325.73	285.98	282.82	230.09
	12	115.87	223.97	115.93	76.46	47.05	320.81
	13	106.04	21.81	266.14	226.93	171.27	51.53
	14	96.22	179.65	56.35	17.41	295.48	142.25
	15	86.40	337.49	206.57	167.89	59.70	232.96
	16	76.57	135.34	356.78	318.37	183.91	323.67
	17	66.75	293.19	147.00	108.86	308.13	54.38
	18	56.93	91.05	297.23	259.35	72.34	145.09
	19	47.10	248.90	87.45	49.84	196.54	235.79
	20	37.28	46.76	237.68	200.33	320.75	326.49
	21	27.46	204.62	27.91	350.83	84.95	57.19
	22	17.63	2.48	178.14	141.33	209.15	147.89
	23	7.81	160.35	328.38	291.83	333.35	238.59
	24	357.99	318.22	118.62	82.34	97.55	329.28
	25	348.16	116.09	268.86	232.84	221.74	59.98
	26	338.34	273.97	59.10	23.35	345.94	150.67
	27	328.52	71.85	209.35	173.87	110.13	241.35
	28	318.70	229.73	359.60	324.38	234.32	332.04
	29	308.87	27.61	149.85	114.90	358.51	62.73
	30	299.05	185.50	300.11	265.42	122.69	153.41
Oct.	1	289.23	343.38	90.37	55.95	246.88	244.09

FOR 0^h DYNAMICAL TIME

Date		Mars	Jupiter			Saturn	
			System I	System II	System III	System I	System III
Oct.	1	289.23	343.38	90.37	55.95	246.88	244.09
	2	279.41	141.28	240.63	206.47	11.06	334.77
	3	269.59	299.17	30.89	357.00	135.24	65.45
	4	259.77	97.07	181.16	147.54	259.42	156.13
	5	249.95	254.97	331.43	298.07	23.60	246.80
	6	240.14	52.87	121.70	88.61	147.77	337.47
	7	230.32	210.78	271.98	239.15	271.95	68.14
	8	220.50	8.69	62.26	29.70	36.12	158.81
	9	210.69	166.60	212.54	180.25	160.29	249.48
	10	200.87	324.51	2.82	330.80	284.46	340.15
	11	191.06	122.43	153.11	121.35	48.63	70.82
	12	181.25	280.35	303.40	271.90	172.80	161.48
	13	171.43	78.28	93.69	62.46	296.96	252.14
	14	161.62	236.20	243.99	213.03	61.13	342.80
	15	151.81	34.13	34.29	3.59	185.29	73.46
	16	142.00	192.06	184.59	154.16	309.45	164.12
	17	132.19	350.00	334.89	304.73	73.61	254.78
	18	122.38	147.94	125.20	95.30	197.77	345.44
	19	112.58	305.88	275.51	245.88	321.93	76.09
	20	102.77	103.82	65.82	36.46	86.09	166.75
	21	92.97	261.77	216.14	187.04	210.24	257.40
	22	83.16	59.72	6.46	337.62	334.40	348.05
	23	73.36	217.67	156.78	128.21	98.55	78.70
	24	63.56	15.63	307.10	278.80	222.71	169.35
	25	53.76	173.58	97.43	69.39	346.86	260.00
	26	43.96	331.54	247.76	219.99	111.01	350.65
	27	34.16	129.51	38.09	10.59	235.16	81.29
	28	24.36	287.47	188.43	161.19	359.31	171.94
	29	14.56	85.44	338.77	311.80	123.46	262.58
	30	4.77	243.42	129.11	102.40	247.60	353.23
	31	354.98	41.39	279.45	253.01	11.75	83.87
Nov.	1	345.18	199.37	69.80	43.63	135.90	174.51
	2	335.39	357.35	220.15	194.24	260.04	265.16
	3	325.60	155.33	10.50	344.86	24.19	355.80
	4	315.81	313.32	160.86	135.48	148.33	86.44
	5	306.02	111.31	311.22	286.11	272.47	177.08
	6	296.24	269.30	101.58	76.73	36.62	267.72
	7	286.45	67.29	251.94	227.36	160.76	358.36
	8	276.67	225.29	42.30	17.99	284.90	89.00
	9	266.89	23.29	192.67	168.63	49.04	179.63
	10	257.10	181.29	343.04	319.26	173.18	270.27
	11	247.32	339.29	133.42	109.90	297.32	0.91
	12	237.55	137.29	283.79	260.54	61.46	91.55
	13	227.77	295.30	74.17	51.19	185.61	182.18
	14	217.99	93.31	224.55	201.83	309.75	272.82
	15	208.22	251.33	14.93	352.48	73.89	3.46
	16	198.44	49.34	165.31	143.13	198.02	94.09

FOR 0ʰ DYNAMICAL TIME

Date		Mars	Jupiter			Saturn	
			System I	System II	System III	System I	System III
Nov.	16	198.44	49.34	165.31	143.13	198.02	94.09
	17	188.67	207.36	315.70	293.78	322.16	184.73
	18	178.90	5.38	106.09	84.44	86.30	275.36
	19	169.13	163.40	256.48	235.09	210.44	6.00
	20	159.36	321.42	46.87	25.75	334.58	96.63
	21	149.59	119.44	197.27	176.41	98.72	187.27
	22	139.82	277.47	347.66	327.07	222.86	277.90
	23	130.06	75.50	138.06	117.74	347.00	8.54
	24	120.29	233.53	288.46	268.40	111.14	99.17
	25	110.53	31.56	78.86	59.07	235.28	189.81
	26	100.76	189.59	229.26	209.74	359.42	280.45
	27	91.00	347.63	19.67	0.41	123.56	11.08
	28	81.24	145.66	170.07	151.08	247.70	101.72
	29	71.48	303.70	320.48	301.76	11.84	192.35
	30	61.72	101.74	110.89	92.43	135.98	282.99
Dec.	1	51.97	259.78	261.30	243.11	260.12	13.63
	2	42.21	57.82	51.71	33.78	24.26	104.26
	3	32.46	215.86	202.12	184.46	148.40	194.90
	4	22.70	13.91	352.53	335.14	272.54	285.54
	5	12.95	171.95	142.95	125.82	36.69	16.18
	6	3.20	329.99	293.36	276.50	160.83	106.81
	7	353.45	128.04	83.77	67.18	284.97	197.45
	8	343.70	286.08	234.19	217.86	49.12	288.09
	9	333.95	84.13	24.61	8.54	173.26	18.73
	10	324.20	242.18	175.02	159.22	297.41	109.37
	11	314.45	40.22	325.44	309.90	61.55	200.01
	12	304.70	198.27	115.85	100.59	185.70	290.66
	13	294.96	356.31	266.27	251.27	309.85	21.30
	14	285.21	154.36	56.69	41.95	73.99	111.94
	15	275.47	312.41	207.10	192.63	198.14	202.58
	16	265.73	110.45	357.52	343.32	322.29	293.23
	17	255.98	268.50	147.93	134.00	86.44	23.87
	18	246.24	66.54	298.35	284.68	210.59	114.52
	19	236.50	224.59	88.76	75.36	334.75	205.17
	20	226.76	22.63	239.18	226.04	98.90	295.81
	21	217.02	180.67	29.59	16.72	223.05	26.46
	22	207.28	338.72	180.00	167.39	347.21	117.11
	23	197.54	136.76	330.41	318.07	111.36	207.76
	24	187.80	294.80	120.82	108.75	235.52	298.41
	25	178.06	92.84	271.23	259.42	359.68	29.06
	26	168.32	250.87	61.64	50.09	123.83	119.72
	27	158.58	48.91	212.04	200.77	247.99	210.37
	28	148.84	206.94	2.45	351.44	12.15	301.03
	29	139.11	4.98	152.85	142.11	136.32	31.68
	30	129.37	163.01	303.25	292.77	260.48	122.34
	31	119.63	321.04	93.65	83.44	24.64	213.00
	32	109.90	119.06	244.05	234.10	148.81	303.66

ROTATION ELEMENTS FOR MEAN EQUINOX AND EQUATOR OF DATE
ON 1989 JANUARY 0 AT 0^h TDT

		North Pole		Argument of prime meridian		Longitude of Central	Inclination of equator
		Right Ascension	Declin- ation	at epoch	var./day	meridian	to orbit
		α_1	δ_1	W_0	$\dot{W}$	λ_e	
		°	°	°	°	°	°
Mercury		280.98	61.44	142.14	6.13850	36.18	179.99
Venus		272.78	67.21	353.00	−1.48142	80.96	177.34
Mars		317.61	52.85	237.21	350.89198	74.71	25.19
Jupiter	I	268.04	64.49	225.95	877.90000	325.76	3.13
	II	268.04	64.49	263.30	870.27000	3.30	3.13
	III	268.04	64.49	156.03	870.53600	256.02	3.13
Saturn	III	40.09	83.49	223.60	810.79390	203.66	26.72
Uranus		257.27	−15.09	287.17	−499.42197	160.12	97.86
Neptune		295.24	40.62	315.33	468.75000	155.84	29.56
Pluto		311.49	4.14	311.39	−56.36400	40.42	117.56

These data were derived from the "Report of the IAU/IAG/COSPAR Working Group on Cartographic Coordinates and Rotational Elements of the Planets and Satellites: 1985" (Davies *et al.*, *Celest. Mech.*, **39**, 103–113, 1986).

DEFINITIONS AND FORMULAS

α_1, δ_1 right ascension and declination of the north pole of the planet; variations during one year are negligible.

W_0 the angle measured from the planet's equator in the positive sense with respect to the planet's north pole from the ascending node of the planet's equator on the Earth's mean equator of date to the prime meridian of the planet.

$\dot{W}$ the daily rate of change of W_0. The sidereal periods of rotation are given on page E88.

α, δ, Δ apparent right ascension, declination and true distance of the planet at the time of observation (pages E14–E42).

W_1 argument of the prime meridian at the time of observation antedated by the light-time from the planet to the Earth.

$$W_1 = W_0 + \dot{W}\,(d - 0.005\,7755\,\Delta)$$

where d is the interval in days from 1986 Jan. 0 at 0^h TDT.

β_e planetocentric declination of the Earth, positive in the planet's northern hemisphere:

$$\sin \beta_e = -\sin \delta_1 \sin \delta - \cos \delta_1 \cos \delta \cos (\alpha_1 - \alpha), \text{ where } -90° < \beta_e < 90°.$$

p_n position angle of the central meridian, also called the position angle of the axis, measured eastwards from the north point:

$$\cos \beta_e \sin p_n = \cos \delta_1 \sin(\alpha_1 - \alpha)$$
$$\cos \beta_e \cos p_n = \sin \delta_1 \cos \delta - \cos \delta_1 \sin \delta \cos (\alpha_1 - \alpha), \text{ where } \cos \beta_e > 0.$$

λ_e planetographic longitude of the central meridian measured in the direction opposite to the direction of rotation:

$$\lambda_e = W_1 - K, \text{ if } \dot{W} \text{ is positive}$$
$$\lambda_e = K - W_1, \text{ if } \dot{W} \text{ is negative}$$

where K is given by

$$\cos \beta_e \sin K = -\cos \delta_1 \sin \delta + \sin \delta_1 \cos \delta \cos (\alpha_1 - \alpha)$$
$$\cos \beta_e \cos K = \cos \delta \sin (\alpha_1 - \alpha), \text{ where } \cos \beta_e > 0.$$

λ, φ planetographic longitude (measured in the direction opposite to the rotation) and latitude (measured positive to the planet's north) of a feature on the planet's surface.

s apparent semidiameter of the planet (see page E43).

$\Delta\alpha, \Delta\delta$ displacements in right ascension and declination of the feature (λ, φ) from the center of the planet:

$$\Delta\alpha \cos \delta = X \cos p_n + Y \sin p_n$$
$$\Delta\delta = -X \sin p_n + Y \cos p_n$$

where $X = s \cos \varphi \sin (\lambda - \lambda_e)$, if $\dot{W} > 0$; $X = -s \cos \varphi \sin (\lambda - \lambda_e)$, if $\dot{W} < 0$;

$Y = s\,(\sin \varphi \cos \beta_e - \cos \varphi \sin \beta_e \cos (\lambda - \lambda_e))$.

PHYSICAL AND PHOTOMETRIC DATA

Planet	Mass 10^{24} kg	Radius (equ.) km	Angular Diameter (see note 3)	Distance from Earth	Flattening (geom.)	Mean Density g/cm^3	$10^3 J_2$	$10^6 J_3$	$10^6 J_4$
Mercury	0·330 22	2 439	11"·0	0·613	0	5·43	—	—	—
Venus	4·869 0	6 052	60"·2	0·277	0	5·24	0·027	—	—
Earth	5·974 2	6 378·140	—	—	0·003 352 81	5·515	1·082 63	−2·54	−1·61
(Moon)	0·073 483	1 738	31'·08	0·002 57	0	3·34	0·202 7	—	—
Mars	0·641 91	3 393·4	17"·9	0·524	0·005 186 5	3·94	1·964	36	—
Jupiter	1 898·8	71 398	46"·8	4·203	0·064 808 8	1·33	14·75	—	− 580
Saturn	568·50	60 000	19"·4	8·539	0·107 620 9	0·70	16·45	—	−1 000
Uranus	86·625	25 400	3"·9	18·182	0·030	1·30	12	—	—
Neptune	102·78	24 300	2"·3	29·06	0·025 9	1·76	4	—	—
Pluto	0·015	1 500	0"·1	38·44	0	1·1	—	—	—

Planet	Sidereal Period of Rotation	Inclination of Equator to Orbit	Geometric Albedo	$V(1,0)$	V_0	$B - V$	$U - B$
Mercury	58·646 2^{d}	0°·0	0·106	−0·42	—	0·93	0·41
Venus	− 243·01	177·3	0·65	−4·40	—	0·82	0·50
Earth	0·997 269 68	23·45	0·367	−3·86	—	—	—
(Moon)	27·321 66	6·68	0·12	+0·21	− 12·74	0·92	0·46
Mars	1·025 956 75	25·19	0·150	−1·52	− 2·01	1·36	0·58
Jupiter	0·413 54 (System III)	3·12	0·52	−9·40	− 2·70	0·83	0·48
Saturn	0·437 5 (System III)	26·73	0·47	−8·88	+ 0·67	1·04	0·58
Uranus	− 0·65	97·86	0·51	−7·19	+ 5·52	0·56	0·28
Neptune	0·768	29·56	0·41	−6·87	+ 7·84	0·41	0·21
Pluto	− 6·386 7	118?	0·3:	−1·0	+15·12	0·80	0·31

Notes:

1. The values for the masses include the atmospheres but exclude satellites.

2. The mean equatorial radii are given.

3. The angular diameters correspond to the distances from the Earth (in au) given in the adjacent column; they refer to inferior conjunction for Mercury and Venus and to mean opposition for the other planets. (1"·0 = 4·848 microradians.)

4. The flattening is the ratio of the difference of the equatorial and polar radii to the equatorial radius.

5. The notation for the coefficients of the gravitational potential is given in *Trans. IAU*, **XI B**, 173, 1962.

6. The period of rotation refers to the rotation at the equator with respect to a fixed frame of reference; a negative sign indicates that the rotation is retrograde with respect to the pole that lies to the north of the invariable plane of the solar system. The period is given in days of 86 400 SI seconds. The rotation elements for the planets are tabulated on page E87.

7. The data on equatorial radii, flattening, period of rotation and inclination of equator to orbit are based on the report of the IAU Working Group on Cartographic Coordinates and Rotational Elements of the Planets and Satellites, 1982.

8. The geometric albedo is the ratio of the illumination at the Earth from the planet for phase angle zero to the illumination produced by a plane, absolutely white Lambert surface of the same radius as the planet placed at the same position.

9. The quantity $V(1,0)$ is the visual magnitude of the planet reduced to a distance of 1 au from both the Sun and Earth and phase angle zero; V_0 is the mean opposition magnitude. The photometric quantities for Saturn refer to the disk only.

CONTENTS OF SECTION F

Basic orbital data... F2
Basic physical and photometric data F3
Satellites of Mars
     Diagram.. F4
     Times of elongation... F4
     Apparent distance and position angle F6
Satellites of Jupiter
     Diagram.. F10
     V: times of elongation... F10
     VI, VII: differential coordinates... F11
     VIII, IX, X: differential coordinates F12
     XI, XII, XIII: differential coordinates F13
     I–IV: superior geocentric conjunctions.. F14
     I–IV: geocentric phenomena... F16
Rings of Saturn F40
Satellites of Saturn
     Diagram.. F42
     I–V: times of elongation.. F43
     VI–VIII: conjunctions and elongations.. F45
     I–IV: apparent distance and position angle F46
     V–VIII: apparent distance and position angle.. F47
     I–IV: orbital position F52
     V, VI: orbital position... F54
     VII, VIII: orbital position.. F56
     VII: differential coordinates... F58
     VIII: differential coordinates.. F59
     IX: differential coordinates.. F60
     I–VIII: orbital longitude and radius vector.. F61
     I–V: rectangular coordinates.. F62
Rings and Satellites of Uranus
     Diagram (satellites)... F63
     Rings.. F63
     Apparent distance and position angle (satellites)... F64
     Times of elongation (satellites) F65
Satellites of Neptune
     Diagram.. F67
     II: differential coordinates F67
     I: times of elongation.. F68
     I: apparent distance and position angle.. F68
Satellite of Pluto
     Times of elongation... F69

The satellite ephemerides were calculated using $\Delta T = 57$ seconds.

Planet		Satellite	Orbital Period[1] R = Retrograde	Maximum Elongation at Mean Opposition	Semimajor Axis	Orbital Eccentricity	Orbital Inclination to Planetary Equator	Motion of Node on Fixed Plane[4]
			d	o ′ ″	x 10³ km		o	o/yr
Earth		Moon	27.321661		384.400	0.054900489	18.28–28.58	19.34[6]
Mars	I	Phobos	0.31891023	25	9.378	0.015	1.0	158.8
	II	Deimos	1.2624407	1 02	23.459	0.0005	0.9–2.7	6.614
Jupiter	I	Io	1.769137786	2 18	422	0.004	0.04	48.6
	II	Europa	3.551181041	3 40	671	0.009	0.47	12.0
	III	Ganymede	7.15455296	5 51	1070	0.002	0.21	2.63
	IV	Callisto	16.6890184	10 18	1883	0.007	0.51	0.643
	V	Amalthea	0.49817905	59	181	0.003	0.40	914.6
	VI	Himalia	250.5662	1 02 46	11480	0.15798	27.63	
	VII	Elara	259.6528	1 04 10	11737	0.20719	24.77	
	VIII	Pasiphae	735 R	2 08 26	23500	0.378	145	
	IX	Sinope	758 R	2 09 31	23700	0.275	153	
	X	Lysithea	259.22	1 04 04	11720	0.107	29.02	
	XI	Carme	692 R	2 03 31	22600	0.20678	164	
	XII	Ananke	631 R	1 55 52	21200	0.16870	147	
	XIII	Leda	238.72	1 00 39	11094	0.14762	26.07	
	XIV	Thebe	0.6745	1 13	222	0.015	0.8	
	XV	Adrastea	0.29826	42	129			
	XVI	Metis	0.294780	42	128			
Saturn	I	Mimas	0.942421813	30	185.52	0.0202	1.53	365.0
	II	Enceladus	1.370217855	38	238.02	0.00452	0.00	156.2[5]
	III	Tethys	1.887802160	48	294.66	0.00000	1.86	72.25
	IV	Dione	2.736914742	1 01	377.40	0.002230	0.02	30.85[5]
	V	Rhea	4.517500436	1 25	527.04	0.00100	0.35	10.16
	VI	Titan	15.94542068	3 17	1221.83	0.029192	0.33	0.5213[5]
	VII	Hyperion	21.2766088	3 59	1481.1	0.104	0.43	
	VIII	Iapetus	79.3301825	9 35	3561.3	0.02828	14.72	
	IX	Phoebe	550.48 R	34 51	12952	0.16326	177[2]	
	X	Janus	0.6945	24	151.472	0.007	0.14	
	XI	Epimetheus	0.6942	24	151.422	0.009	0.34	
	XII	Helene	2.7369	1 01	377.40	0.005	0.0	
	XIII	Telesto	1.8878	48	294.66			
	XIV	Calypso	1.8878	48	294.66			
	XV	Atlas	0.6019	22	137.670	0.000	0.3	
	XVI	Prometheus	0.6130	23	139.353	0.003	0.0	
	XVII	Pandora	0.6285	23	141.700	0.004	0.0	
Uranus	I	Ariel	2.52037935	14	191.02	0.0034	0.3	6.8
	II	Umbriel	4.1441772	20	266.30	0.0050	0.36	3.6
	III	Titania	8.7058717	33	435.91	0.0022	0.14	2.0
	IV	Oberon	13.4632389	44	583.52	0.0008	0.10	1.4
	V	Miranda	1.41347925	10	129.39	0.0027	4.2	19.8
		1985U1	0.761832	7	86.01	<0.001		
		1986U1	0.513196	5	66.09	<0.001		
		1986U2	0.493066	5	64.35	<0.001		
		1986U3	0.463570	5	61.78	<0.001		
		1986U4	0.558459	5	69.94	<0.001		
		1986U5	0.623525	6	75.26	<0.001		
		1986U6	0.473651	5	62.68	<0.001		
		1986U7	0.335033	4	49.77	<0.001		
		1986U8	0.376409	4	53.79	0.01		
		1986U9	0.434577	4	59.17	<0.001		
Neptune	I	Triton	5.8768433 R	17	354.29	<0.01	159.00	0.578
	II	Nereid	360.2	4 21	5511	0.7483	27.6[3]	
Pluto	I	Charon	6.3872	<1	19.13		94[3]	

1. Sidereal periods, except that tropical periods are given for satellites of Saturn
2. Relative to ecliptic plane
3. Referred to equator of 1950.0
4. Rate of decrease (or increase) in the longitude of the ascending node
5. Rate of increase in the longitude of the apse
6. On the ecliptic plane

	Satellite	Mass (1/Planet)	Radius (km)	Sidereal Period of Rotation [7]	Geometric Albedo (V) [9]	$V(1,0)$	V_0	$B-V$	$U-B$
	Moon	0.01230002	1738	^{d} S	0.12	+ 0.21	−12.74	0.92	0.46
I	Phobos	1.5×10^{-8}	13.5 x 10.8 x 9.4	S	0.06	+11.8	11.3	0.6	
II	Deimos	3×10^{-9}	7.5 x 6.1 x 5.5	S	0.07	+12.89	12.40	0.65	0.18
I	Io	4.68×10^{-5}	1815	S	0.61	− 1.68	5.02	1.17	1.30
II	Europa	2.52×10^{-5}	1569	S	0.64	− 1.41	5.29	0.87	0.52
III	Ganymede	7.80×10^{-5}	2631	S	0.42	− 2.09	4.61	0.83	0.50
IV	Callisto	5.66×10^{-5}	2400	S	0.20	− 1.05	5.65	0.86	0.55
V	Amalthea	38×10^{-10}	135 x 83 x 75	S	0.05	+ 7.4	14.1	1.50	
VI	Himalia	50×10^{-10}	93	0.4	0.03	+ 8.14	14.84	0.67	0.30
VII	Elara	4×10^{-10}	38	0.5	0.03	+10.07	16.77	0.69	0.28
VIII	Pasiphae	1×10^{-10}	25			+10.33	17.03	0.63	0.34
IX	Sinope	0.4×10^{-10}	18			+11.6	18.3	0.7	
X	Lysithea	0.4×10^{-10}	18			+11.7	18.4	0.7	
XI	Carme	0.5×10^{-10}	20			+11.3	18.0	0.7	
XII	Ananke	0.2×10^{-10}	15			+12.2	18.9	0.7	
XIII	Leda	0.03×10^{-10}	8			+13.5	20.2	0.7	
XIV	Thebe	4×10^{-10}	55 x 45		0.05	+ 8.9	15.6		
XV	Adrastea	0.1×10^{-10}	12.5 x 10 x 7.5		0.05	+12.4	19.1		
XVI	Metis	0.5×10^{-10}	20		0.05	+10.8	17.5		
I	Mimas	8.0×10^{-8}	196	S	0.5	+ 3.3	12.9		
II	Enceladus	1.3×10^{-7}	250	S	1.0	+ 2.1	11.7	0.70	0.28
III	Tethys	1.3×10^{-6}	530	S	0.9	+ 0.6	10.2	0.73	0.30
IV	Dione	1.85×10^{-6}	560	S	0.7	+ 0.8	10.4	0.71	0.31
V	Rhea	4.4×10^{-6}	765	S	0.7	+ 0.1	9.7	0.78	0.38
VI	Titan	2.38×10^{-4}	2575	S	0.21	− 1.28	8.28	1.28	0.75
VII	Hyperion	3×10^{-8}	205 x 130 x 110		0.3	+ 4.63	14.19	0.78	0.33
VIII	Iapetus	3.3×10^{-6}	730	S	0.28^8	+ 1.5	11.1	0.72	0.30
IX	Phoebe	7×10^{-10}	110	0.4	0.06	+ 6.89	16.45	0.70	0.34
X	Janus		110 x 100 x 80	S	0.8	+ 4.4:	14:		
XI	Epimetheus		70 x 60 x 50	S	0.8	+ 5.4:	15:		
XII	Helene		18 x 16 x 15		0.7	+ 8.4:	18:		
XIII	Telesto		17 x 14 x 13		0.5	+ 8.9:	18.5:		
XIV	Calypso		17 x 11 x 11		0.6	+ 9.1:	18.7:		
XV	Atlas		20 x 10		0.9	+ 8.4:	18:		
XVI	Prometheus		70 x 50 x 40		0.6	+ 6.4:	16:		
XVII	Pandora		55 x 45 x 35		0.9	+ 6.4:	16:		
I	Ariel	1.8×10^{-5}	579	S	0.34	+ 1.45	14.16	0.65	
II	Umbriel	1.2×10^{-5}	586	S	0.18	+ 2.10	14.81	0.68	
III	Titania	6.8×10^{-5}	790	S	0.27	+ 1.02	13.73	0.70	0.28
IV	Oberon	6.9×10^{-5}	762	S	0.24	+ 1.23	13.94	0.68	0.20
V	Miranda	0.2×10^{-5}	240	S	0.27	+ 3.6	16.3		
	1985U1		85						
	1986U1		40						
	1986U2		40						
	1986U3		30						
	1986U4		30						
	1986U5		25						
	1986U6		30						
	1986U7		25						
	1986U8		25						
	1986U9		25						
I	Triton	1.3×10^{-3}	1900	S	0.4	− 1.24	13.47	0.72	0.29
II	Nereid	2×10^{-7}	150			+ 4.0	18.7		
I	Charon	0.22	750	S	0.3	+ 0.9	16.8		

7. S = Synchronous, rotation period same as orbital period
8. Bright side, 0.5; faint side, 0.05
9. V (Sun) = −26.8

SATELLITES OF MARS, 1989

APPARENT ORBITS OF THE SATELLITES ON JULY 1

South

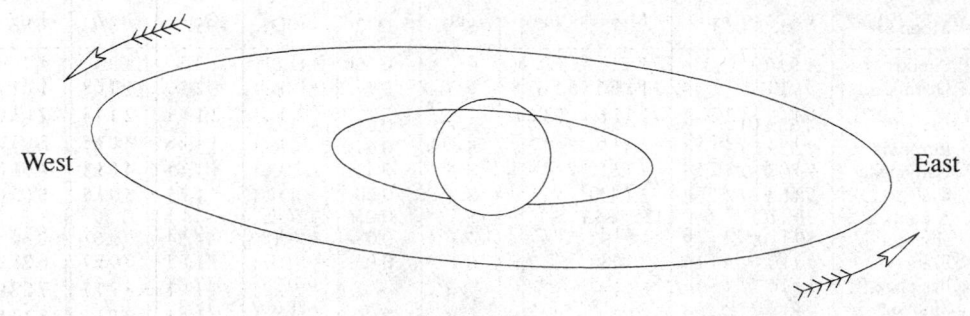

West

East

North

Name		Sidereal Period
		h m s
I	Phobos	7 39 13.85
II	Deimos	30 17 54.87

DEIMOS

UNIVERSAL TIME OF GREATEST EASTERN ELONGATION

Jan.	Feb.	Mar.	Apr.	May	June	July	Aug.	Sept.	Oct.	Nov.	Dec.
d h	d h	d h	d h	d h	d h	d h	d h	d h	d h	d h	d h
0 18.0	1 09.0	1 05.1	1 20.1	2 04.7	1 13.4	1 22.1	1 06.9	1 22.2	1 00.8	1 16.1	2 01.0
2 00.4	2 15.4	2 11.5	3 02.5	3 11.1	2 19.8	3 04.4	2 13.2	3 04.5	2 07.1	2 22.5	3 07.4
3 06.7	3 21.8	3 17.8	4 08.8	4 17.5	4 02.1	4 10.8	3 19.6	4 10.9	3 13.5	4 04.8	4 13.7
4 13.1	5 04.1	5 00.2	5 15.2	5 23.8	5 08.5	5 17.2	5 02.0	5 17.2	4 19.8	5 11.2	5 20.1
5 19.5	6 10.5	6 06.5	6 21.6	7 06.2	6 14.9	6 23.5	6 08.3	6 23.7	6 02.3	6 17.6	7 02.5
7 01.8	7 16.9	7 12.9	8 03.9	8 12.6	7 21.2	8 05.9	7 14.7	8 06.0	7 08.6	8 00.0	8 08.8
8 08.2	8 23.3	8 19.3	9 10.3	9 18.9	9 03.5	9 12.3	8 21.1	9 12.4	8 15.0	9 06.3	9 15.2
9 14.6	10 05.6	10 01.6	10 16.7	11 01.3	10 09.9	10 18.7	10 03.5	10 18.7	9 21.4	10 12.7	10 21.5
10 20.9	11 12.0	11 08.0	11 23.0	12 07.6	11 16.3	12 01.0	11 09.8	12 01.2	11 03.8	11 19.0	12 03.9
12 03.3	12 18.4	12 14.4	13 05.3	13 14.0	12 22.6	13 07.4	12 16.2	13 07.5	12 10.1	13 01.5	13 10.3
13 09.6	14 00.7	13 20.7	14 11.7	14 20.4	14 05.0	14 13.7	13 22.6	14 13.9	13 16.5	14 07.8	14 16.7
14 16.0	15 07.1	15 03.1	15 18.1	16 02.7	15 11.3	15 20.1	15 04.9	15 20.3	14 22.9	15 14.2	15 23.0
15 22.4	16 13.5	16 09.4	17 00.4	17 09.0	16 17.7	17 02.5	16 11.3	17 02.6	16 05.2	16 20.5	17 05.4
17 04.7	17 19.8	17 15.8	18 06.8	18 15.4	18 00.1	18 08.8	17 17.7	18 09.0	17 11.6	18 02.9	18 11.8
18 11.0	19 02.2	18 22.2	19 13.2	19 21.8	19 06.4	19 15.2	19 00.1	19 15.4	18 18.0	19 09.3	19 18.1
19 17.4	20 08.6	20 04.5	20 19.5	21 04.1	20 12.8	20 21.6	20 06.4	20 21.8	20 00.4	20 15.6	21 00.5
20 23.8	21 14.9	21 10.9	22 01.9	22 10.5	21 19.2	22 03.9	21 12.8	22 04.1	21 06.7	21 22.0	22 06.9
22 06.1	22 21.3	22 17.3	23 08.2	23 16.9	23 01.5	23 10.3	22 19.2	23 10.5	22 13.1	23 04.4	23 13.2
23 12.5	24 03.6	23 23.6	24 14.6	24 23.2	24 07.9	24 16.7	24 01.6	24 16.9	23 19.5	24 10.8	24 19.6
24 18.9	25 10.0	25 05.9	25 21.0	26 05.6	25 14.2	25 23.0	25 07.9	25 23.3	25 01.9	25 17.1	26 02.0
26 01.2	26 16.4	26 12.3	27 03.3	27 11.9	26 20.6	27 05.4	26 14.3	27 05.6	26 08.2	26 23.5	27 08.3
27 07.6	27 22.7	27 18.7	28 09.7	28 18.3	28 03.0	28 11.8	27 20.7	28 12.0	27 14.6	28 05.9	28 14.7
28 14.0		29 01.0	29 16.0	30 00.7	29 09.3	29 18.2	29 03.0	29 18.4	28 20.9	29 12.2	29 21.1
29 20.3		30 07.4	30 22.4	31 07.0	30 15.7	31 00.5	30 09.4		30 03.4	30 18.6	31 03.5
31 02.7		31 13.8					31 15.8		31 09.7		32 09.8

PHOBOS

UNIVERSAL TIME OF EVERY THIRD GREATEST EASTERN ELONGATION

Jan.	Feb.	Mar.	Apr.	May	June	July	Aug.	Sept.	Oct.	Nov.	Dec.
d h	d h	d h	d h	d h	d h	d h	d h	d h	d h	d h	d h
0 02.9	1 16.0	1 10.3	1 01.4	1 16.6	1 07.8	1 00.0	1 14.2	1 05.4	1 20.6	1 11.8	1 04.1
1 01.9	2 15.0	2 09.2	2 00.4	2 15.6	2 06.8	1 22.9	2 13.1	2 04.4	2 19.6	2 10.8	2 03.0
2 00.8	3 14.0	3 08.2	2 23.4	3 14.6	3 05.7	2 21.9	3 12.1	3 03.3	3 18.6	3 09.8	3 02.0
2 23.8	4 12.9	4 07.2	3 22.4	4 13.5	4 04.7	3 20.9	4 11.1	4 02.3	4 17.5	4 08.8	4 01.0
3 22.8	5 11.9	5 06.2	4 21.3	5 12.5	5 03.7	4 19.9	5 10.1	5 01.3	5 16.5	5 07.7	5 00.0
4 21.7	6 10.9	6 05.1	5 20.3	6 11.5	6 02.7	5 18.8	6 09.0	6 00.3	6 15.5	6 06.7	5 22.9
5 20.7	7 09.9	7 04.1	6 19.3	7 10.5	7 01.6	6 17.8	7 08.0	6 23.2	7 14.5	7 05.7	6 21.9
6 19.7	8 08.8	8 03.1	7 18.3	8 09.4	8 00.6	7 16.8	8 07.0	7 22.2	8 13.4	8 04.7	7 20.9
7 18.7	9 07.8	9 02.1	8 17.2	9 08.4	8 23.6	8 15.8	9 06.0	8 21.2	9 12.4	9 03.6	8 19.8
8 17.6	10 06.8	10 01.0	9 16.2	10 07.4	9 22.5	9 14.7	10 04.9	9 20.2	10 11.4	10 02.6	9 18.8
9 16.6	11 05.8	11 00.0	10 15.2	11 06.4	10 21.5	10 13.7	11 03.9	10 19.1	11 10.4	11 01.6	10 17.8
10 15.6	12 04.7	11 23.0	11 14.2	12 05.3	11 20.5	11 12.7	12 02.9	11 18.1	12 09.4	12 00.6	11 16.8
11 14.6	13 03.7	12 22.0	12 13.1	13 04.3	12 19.5	12 11.7	13 01.9	12 17.1	13 08.3	12 23.5	12 15.7
12 13.5	14 02.7	13 20.9	13 12.1	14 03.3	13 18.4	13 10.7	14 00.8	13 16.1	14 07.3	13 22.5	13 14.7
13 12.5	15 01.7	14 19.9	14 11.1	15 02.2	14 17.4	14 09.6	14 23.8	14 15.0	15 06.3	14 21.5	14 13.7
14 11.5	16 00.6	15 18.9	15 10.1	16 01.2	15 16.4	15 08.6	15 22.8	15 14.0	16 05.3	15 20.5	15 12.7
15 10.5	16 23.6	16 17.9	16 09.0	17 00.2	16 15.4	16 07.6	16 21.8	16 13.0	17 04.2	16 19.4	16 11.6
16 09.4	17 22.6	17 16.8	17 08.0	17 23.2	17 14.3	17 06.6	17 20.7	17 12.0	18 03.2	17 18.4	17 10.6
17 08.4	18 21.5	18 15.8	18 07.0	18 22.1	18 13.3	18 05.5	18 19.7	18 10.9	19 02.2	18 17.4	18 09.6
18 07.4	19 20.5	19 14.8	19 06.0	19 21.1	19 12.3	19 04.5	19 18.7	19 09.9	20 01.2	19 16.4	19 08.6
19 06.4	20 19.5	20 13.8	20 04.9	20 20.1	20 11.3	20 03.5	20 17.7	20 08.9	21 00.1	20 15.3	20 07.5
20 05.3	21 18.5	21 12.7	21 03.9	21 19.1	21 10.2	21 02.5	21 16.6	21 07.9	21 23.1	21 14.3	21 06.5
21 04.3	22 17.4	22 11.7	22 02.9	22 18.0	22 09.2	22 01.4	22 15.6	22 06.9	22 22.1	22 13.3	22 05.5
22 03.3	23 16.4	23 10.7	23 01.8	23 17.0	23 08.2	23 00.4	23 14.6	23 05.8	23 21.1	23 12.3	23 04.5
23 02.3	24 15.4	24 09.7	24 00.8	24 16.0	24 07.2	23 23.4	24 13.6	24 04.8	24 20.0	24 11.2	24 03.4
24 01.2	25 14.4	25 08.6	24 23.8	25 15.0	25 06.1	24 22.3	25 12.5	25 03.8	25 19.0	25 10.2	25 02.4
25 00.2	26 13.3	26 07.6	25 22.8	26 13.9	26 05.1	25 21.3	26 11.5	26 02.8	26 18.0	26 09.2	26 01.4
25 23.2	27 12.3	27 06.6	26 21.7	27 12.9	27 04.1	26 20.3	27 10.5	27 01.7	27 17.0	27 08.2	27 00.4
26 22.1	28 11.3	28 05.5	27 20.7	28 11.9	28 03.1	27 19.3	28 09.5	28 00.7	28 15.9	28 07.1	27 23.3
27 21.1		29 04.5	28 19.7	29 10.9	29 02.0	28 18.2	29 08.5	28 23.7	29 14.9	29 06.1	28 22.3
28 20.1		30 03.5	29 18.7	30 09.8	30 01.0	29 17.2	30 07.4	29 22.7	30 13.9	30 05.1	29 21.3
29 19.1		31 02.5	30 17.6	31 08.8		30 16.2	31 06.4	30 21.6	31 12.9		30 20.3
30 18.0						31 15.2					31 19.2
31 17.0											32 18.2

SATELLITES OF MARS, 1989

PHOBOS

APPARENT DISTANCE AND POSITION ANGLE

Day (0h UT)	Jan. a/Δ	Jan. p_2	Feb. a/Δ	Feb. p_2	Mar. a/Δ	Mar. p_2	Apr. a/Δ	Apr. p_2	May a/Δ	May p_2	June a/Δ	June p_2
	′	°	′	°	′	°	′	°	′	°	′	°
1	13.25	−30.7	10.20	−33.7	8.41	−33.3	7.09	−28.9	6.23	−21.3	5.63	−11.2
2	13.13	30.9	10.12	33.7	8.36	33.2	7.06	28.7	6.21	21.0	5.61	10.8
3	13.01	31.0	10.05	33.8	8.31	33.1	7.02	28.5	6.18	20.7	5.60	10.4
4	12.89	31.1	9.97	33.8	8.26	33.0	6.99	28.2	6.16	20.4	5.58	10.1
5	12.77	31.3	9.90	33.8	8.21	32.9	6.96	28.0	6.14	20.1	5.57	9.7
6	12.66	−31.4	9.83	−33.9	8.16	−32.8	6.92	−27.8	6.12	−19.8	5.55	− 9.4
7	12.54	31.5	9.76	33.9	8.11	32.7	6.89	27.6	6.09	19.5	5.54	9.0
8	12.43	31.6	9.68	33.9	8.07	32.6	6.86	27.4	6.07	19.2	5.52	8.7
9	12.32	31.8	9.62	33.9	8.02	32.5	6.83	27.1	6.05	18.8	5.51	8.3
10	12.21	31.9	9.55	33.9	7.97	32.4	6.80	26.9	6.03	18.5	5.50	7.9
11	12.10	−32.0	9.48	−33.9	7.93	−32.3	6.77	−26.7	6.01	−18.2	5.48	− 7.6
12	12.00	32.1	9.41	33.9	7.88	32.2	6.74	26.4	5.99	17.9	5.47	7.2
13	11.90	32.2	9.35	33.9	7.84	32.0	6.71	26.2	5.97	17.6	5.45	6.9
14	11.79	32.3	9.28	33.9	7.79	31.9	6.68	25.9	5.95	17.2	5.44	6.5
15	11.69	32.4	9.22	33.9	7.75	31.8	6.65	25.7	5.93	16.9	5.43	6.1
16	11.60	−32.5	9.16	−33.9	7.71	−31.6	6.62	−25.4	5.91	−16.6	5.42	− 5.8
17	11.50	32.6	9.09	33.9	7.66	31.5	6.59	25.2	5.89	16.3	5.40	5.4
18	11.40	32.7	9.03	33.8	7.62	31.3	6.56	24.9	5.87	15.9	5.39	5.0
19	11.31	32.8	8.97	33.8	7.58	31.2	6.54	24.6	5.85	15.6	5.38	4.6
20	11.21	32.9	8.91	33.8	7.54	31.0	6.51	24.4	5.83	15.3	5.37	4.3
21	11.12	−33.0	8.86	−33.7	7.50	−30.9	6.48	−24.1	5.81	−14.9	5.35	− 3.9
22	11.03	33.1	8.80	33.7	7.46	30.7	6.45	23.8	5.80	14.6	5.34	3.5
23	10.94	33.2	8.74	33.6	7.42	30.5	6.43	23.6	5.78	14.3	5.33	3.2
24	10.86	33.2	8.68	33.6	7.38	30.4	6.40	23.3	5.76	13.9	5.32	2.8
25	10.77	33.3	8.63	33.5	7.34	30.2	6.38	23.0	5.74	13.6	5.31	2.4
26	10.68	−33.4	8.57	−33.5	7.31	−30.0	6.35	−22.7	5.73	−13.2	5.30	− 2.0
27	10.60	33.4	8.52	33.4	7.27	29.8	6.33	22.4	5.71	12.9	5.29	1.7
28	10.52	33.5	8.47	−33.3	7.23	29.7	6.30	22.2	5.69	12.5	5.28	1.3
29	10.44	33.6			7.20	29.5	6.28	21.9	5.68	12.2	5.27	0.9
30	10.36	33.6			7.16	29.3	6.25	−21.6	5.66	11.9	5.26	− 0.5
31	10.28	−33.7			7.13	−29.1			5.64	−11.5		

Time from Eastern Elongation	F	p_1	Time from Eastern Elongation	F	p_1	Time from Eastern Elongation	F	p_1	Time from Eastern Elongation	F	p_1
h m		°	h m		°	h m		°	h m		°
0 00	1.000	86.0	2 00	0.294	190.0	4 00	0.991	268.3	6 00	0.351	33.1
0 10	0.991	88.3	2 10	0.348	212.4	4 10	0.965	270.7	6 10	0.436	47.9
0 20	0.966	90.6	2 20	0.432	227.4	4 20	0.922	273.2	6 20	0.532	57.6
0 30	0.924	93.1	2 30	0.528	237.3	4 30	0.864	276.0	6 30	0.628	64.3
0 40	0.867	95.9	2 40	0.625	244.1	4 40	0.793	279.3	6 40	0.720	69.3
0 50	0.796	99.1	2 50	0.716	249.1	4 50	0.710	283.2	6 50	0.802	73.1
1 00	0.713	103.1	3 00	0.799	253.0	5 00	0.617	288.4	7 00	0.872	76.3
1 10	0.621	108.1	3 10	0.869	256.2	5 10	0.520	295.3	7 10	0.928	79.1
1 20	0.524	115.0	3 20	0.926	259.0	5 20	0.425	305.5	7 20	0.968	81.6
1 30	0.429	125.0	3 30	0.967	261.5	5 30	0.342	321.1	7 30	0.993	83.9
1 40	0.345	140.3	3 40	0.992	263.8	5 40	0.292	344.0	7 40	1.000	86.2
1 50	0.293	163.0	3 50	1.000	266.1	5 50	0.295	11.0			

PHOBOS

APPARENT DISTANCE AND POSITION ANGLE

Day (0h UT)	July a/Δ	July p_2	Aug. a/Δ	Aug. p_2	Sept. a/Δ	Sept. p_2	Oct. a/Δ	Oct. p_2	Nov. a/Δ	Nov. p_2	Dec. a/Δ	Dec. p_2
	′	°	′	°	′	°	′	°	′	°	′	°
1	5.24	− 0.2	5.00	+11.7	4.89	+23.3	4.90	+33.2	5.01	+40.3	5.24	+42.5
2	5.23	+ 0.2	5.00	12.1	4.89	23.7	4.90	33.5	5.02	40.5	5.25	42.5
3	5.22	0.6	4.99	12.4	4.89	24.0	4.90	33.8	5.02	40.6	5.26	42.5
4	5.22	1.0	4.99	12.8	4.89	24.4	4.90	34.1	5.03	40.7	5.27	42.5
5	5.21	1.3	4.98	13.2	4.89	24.7	4.90	34.3	5.04	40.9	5.28	42.4
6	5.20	+ 1.7	4.98	+13.6	4.89	+25.1	4.91	+34.6	5.04	+41.0	5.29	+42.4
7	5.19	2.1	4.97	14.0	4.88	25.4	4.91	34.9	5.05	41.1	5.30	42.3
8	5.18	2.5	4.97	14.3	4.88	25.8	4.91	35.2	5.06	41.3	5.31	42.3
9	5.17	2.9	4.96	14.7	4.88	26.1	4.92	35.4	5.06	41.4	5.32	42.2
10	5.16	3.2	4.96	15.1	4.88	26.5	4.92	35.7	5.07	41.5	5.33	42.2
11	5.15	+ 3.6	4.95	+15.5	4.88	+26.8	4.92	+35.9	5.08	+41.6	5.34	+42.1
12	5.14	4.0	4.95	15.9	4.88	27.2	4.92	36.2	5.08	41.7	5.35	42.0
13	5.13	4.4	4.95	16.2	4.88	27.5	4.93	36.4	5.09	41.8	5.36	41.9
14	5.13	4.8	4.94	16.6	4.88	27.9	4.93	36.7	5.10	41.9	5.37	41.8
15	5.12	5.2	4.94	17.0	4.88	28.2	4.93	36.9	5.10	42.0	5.39	41.8
16	5.11	+ 5.5	4.93	+17.4	4.88	+28.5	4.94	+37.2	5.11	+42.1	5.40	+41.7
17	5.10	5.9	4.93	17.8	4.88	28.9	4.94	37.4	5.12	42.1	5.41	41.5
18	5.10	6.3	4.93	18.1	4.88	29.2	4.95	37.6	5.13	42.2	5.42	41.4
19	5.09	6.7	4.92	18.5	4.88	29.5	4.95	37.8	5.13	42.3	5.43	41.3
20	5.08	7.1	4.92	18.9	4.88	29.8	4.95	38.1	5.14	42.3	5.44	41.2
21	5.07	+ 7.4	4.92	+19.3	4.88	+30.2	4.96	+38.3	5.15	+42.4	5.46	+41.1
22	5.07	7.8	4.92	19.6	4.88	30.5	4.96	38.5	5.16	42.4	5.47	40.9
23	5.06	8.2	4.91	20.0	4.88	30.8	4.97	38.7	5.17	42.4	5.48	40.8
24	5.05	8.6	4.91	20.4	4.89	31.1	4.97	38.9	5.18	42.5	5.49	40.6
25	5.05	9.0	4.91	20.7	4.89	31.4	4.98	39.1	5.18	42.5	5.51	40.5
26	5.04	+ 9.4	4.90	+21.1	4.89	+31.7	4.98	+39.3	5.19	+42.5	5.52	+40.3
27	5.03	9.8	4.90	21.5	4.89	32.0	4.99	39.5	5.20	42.5	5.53	40.2
28	5.03	10.1	4.90	21.8	4.89	32.3	4.99	39.6	5.21	42.5	5.55	40.0
29	5.02	10.5	4.90	22.2	4.89	32.6	5.00	39.8	5.22	42.5	5.56	39.8
30	5.02	10.9	4.90	22.6	4.89	+32.9	5.00	40.0	5.23	+42.5	5.57	39.6
31	5.01	+11.3	4.89	+22.9			5.01	+40.1			5.59	+39.4

Apparent distance of satellite: $s = Fa/\Delta$

Position angle of satellite: $p = p_1 + p_2$

The differences of right ascension and declination, in the sense "satellite minus primary," are approximately

$$\Delta\alpha = s \sin p \ \sec (\delta + \Delta\delta)$$
$$\Delta\delta = s \cos p$$

SATELLITES OF MARS, 1989

DEIMOS

APPARENT DISTANCE AND POSITION ANGLE

Day (0h UT)	Jan. a/Δ	Jan. p₂	Feb. a/Δ	Feb. p₂	Mar. a/Δ	Mar. p₂	Apr. a/Δ	Apr. p₂	May a/Δ	May p₂	June a/Δ	June p₂
	′	°	′	°	′	°	′	°	′	°	′	°
1	33.15	−28.7	25.52	−32.2	21.05	−32.2	17.74	−28.2	15.59	−20.9	14.08	−10.9
2	32.85	28.9	25.33	32.3	20.93	32.1	17.66	28.0	15.53	20.6	14.04	10.5
3	32.54	29.0	25.14	32.3	20.80	32.1	17.57	27.8	15.47	20.3	14.01	10.2
4	32.25	29.2	24.95	32.4	20.67	32.0	17.49	27.6	15.42	20.0	13.97	9.8
5	31.95	29.3	24.77	32.4	20.55	31.9	17.41	27.4	15.36	19.7	13.93	9.5
6	31.67	−29.5	24.59	−32.4	20.42	−31.8	17.32	−27.2	15.30	−19.4	13.89	− 9.1
7	31.38	29.6	24.41	32.5	20.30	31.8	17.24	27.0	15.25	19.1	13.86	8.8
8	31.10	29.7	24.23	32.5	20.18	31.7	17.16	26.7	15.19	18.8	13.82	8.4
9	30.83	29.9	24.06	32.5	20.06	31.6	17.09	26.5	15.14	18.5	13.79	8.1
10	30.55	30.0	23.89	32.6	19.95	31.5	17.01	26.3	15.09	18.2	13.75	7.7
11	30.29	−30.1	23.72	−32.6	19.83	−31.4	16.93	−26.1	15.04	−17.8	13.72	− 7.4
12	30.02	30.3	23.55	32.6	19.72	31.3	16.86	25.8	14.98	17.5	13.68	7.0
13	29.77	30.4	23.39	32.6	19.61	31.1	16.78	25.6	14.93	17.2	13.65	6.6
14	29.51	30.5	23.23	32.6	19.50	31.0	16.71	25.4	14.88	16.9	13.62	6.3
15	29.26	30.6	23.07	32.6	19.39	30.9	16.63	25.1	14.83	16.6	13.58	5.9
16	29.01	−30.8	22.91	−32.6	19.28	−30.8	16.56	−24.9	14.78	−16.3	13.55	− 5.6
17	28.77	30.9	22.76	32.6	19.18	30.6	16.49	24.6	14.74	15.9	13.52	5.2
18	28.53	31.0	22.60	32.6	19.07	30.5	16.42	24.4	14.69	15.6	13.49	4.8
19	28.29	31.1	22.45	32.6	18.97	30.4	16.35	24.1	14.64	15.3	13.46	4.5
20	28.06	31.2	22.30	32.6	18.87	30.2	16.28	23.9	14.60	14.9	13.43	4.1
21	27.83	−31.3	22.16	−32.6	18.77	−30.1	16.22	−23.6	14.55	−14.6	13.40	− 3.7
22	27.61	31.4	22.01	32.5	18.67	29.9	16.15	23.4	14.50	14.3	13.37	3.4
23	27.38	31.5	21.87	32.5	18.57	29.8	16.09	23.1	14.46	14.0	13.34	3.0
24	27.16	31.6	21.73	32.5	18.47	29.6	16.02	22.8	14.42	13.6	13.31	2.6
25	26.95	31.7	21.59	32.4	18.38	29.5	15.96	22.5	14.37	13.3	13.28	2.3
26	26.74	−31.8	21.45	−32.4	18.28	−29.3	15.89	−22.3	14.33	−12.9	13.26	− 1.9
27	26.53	31.8	21.32	32.3	18.19	29.1	15.83	22.0	14.29	12.6	13.23	1.5
28	26.32	31.9	21.19	−32.3	18.10	28.9	15.77	21.7	14.25	12.3	13.20	1.2
29	26.12	32.0			18.01	28.8	15.71	21.4	14.20	11.9	13.18	0.8
30	25.91	32.1			17.92	28.6	15.65	−21.1	14.16	11.6	13.15	− 0.4
31	25.72	−32.1			17.83	−28.4			14.12	−11.2		

Time from Eastern Elongation	F	p₁	Time from Eastern Elongation	F	p₁	Time from Eastern Elongation	F	p₁	Time from Eastern Elongation	F	p₁
h m		°	h m		°	h m		°	h m		°
0 00	1.000	86.0	8 00	0.280	194.4	16 00	0.986	268.7	24 00	0.367	41.5
0 40	0.991	88.1	8 40	0.343	216.9	16 40	0.954	271.0	24 40	0.462	54.0
1 20	0.965	90.3	9 20	0.435	231.1	17 20	0.907	273.4	25 20	0.563	62.1
2 00	0.921	92.7	10 00	0.536	240.2	18 00	0.843	276.1	26 00	0.662	67.7
2 40	0.862	95.3	10 40	0.635	246.4	18 40	0.766	279.4	26 40	0.752	72.0
3 20	0.789	98.4	11 20	0.728	250.9	19 20	0.678	283.5	27 20	0.831	75.3
4 00	0.703	102.2	12 00	0.811	254.5	20 00	0.581	288.8	28 00	0.897	78.2
4 40	0.608	107.2	12 40	0.880	257.4	20 40	0.480	296.4	28 40	0.947	80.6
5 20	0.508	114.0	13 20	0.935	260.0	21 20	0.382	307.9	29 20	0.981	82.9
6 00	0.408	124.2	14 00	0.974	262.3	22 00	0.303	326.4	30 00	0.998	85.1
6 40	0.322	140.4	14 40	0.995	264.5	22 40	0.267	353.4	30 40	0.997	87.2
7 20	0.271	165.4	15 20	0.999	266.6	23 20	0.293	21.5			

DEIMOS

APPARENT DISTANCE AND POSITION ANGLE

Day (0^h UT)	July a/Δ	July p_2	Aug. a/Δ	Aug. p_2	Sept. a/Δ	Sept. p_2	Oct. a/Δ	Oct. p_2	Nov. a/Δ	Nov. p_2	Dec. a/Δ	Dec. p_2
	′	°	′	°	′	°	′	°	′	°	′	°
1	13.12	− 0.1	12.52	+11.5	12.24	+22.7	12.25	+32.0	12.54	+38.5	13.11	+40.4
2	13.10	+ 0.3	12.51	11.9	12.24	23.0	12.26	32.3	12.56	38.7	13.13	40.4
3	13.07	0.7	12.49	12.3	12.23	23.4	12.26	32.6	12.57	38.8	13.16	40.4
4	13.05	1.1	12.48	12.6	12.23	23.7	12.27	32.8	12.59	38.9	13.18	40.3
5	13.03	1.4	12.47	13.0	12.23	24.1	12.27	33.1	12.60	39.1	13.21	40.3
6	13.00	+ 1.8	12.45	+13.4	12.22	+24.4	12.28	+33.3	12.62	+39.2	13.23	+40.2
7	12.98	2.2	12.44	13.7	12.22	24.7	12.29	33.6	12.63	39.3	13.26	40.2
8	12.96	2.6	12.43	14.1	12.22	25.1	12.29	33.8	12.65	39.4	13.28	40.1
9	12.93	2.9	12.42	14.5	12.22	25.4	12.30	34.1	12.67	39.5	13.31	40.1
10	12.91	3.3	12.41	14.8	12.22	25.7	12.31	34.3	12.68	39.6	13.34	40.0
11	12.89	+ 3.7	12.40	+15.2	12.22	+26.0	12.31	+34.6	12.70	+39.7	13.36	+39.9
12	12.87	4.0	12.39	15.6	12.21	26.4	12.32	34.8	12.72	39.8	13.39	39.8
13	12.85	4.4	12.38	15.9	12.21	26.7	12.33	35.0	12.74	39.9	13.42	39.8
14	12.83	4.8	12.37	16.3	12.21	27.0	12.34	35.2	12.75	39.9	13.45	39.7
15	12.81	5.2	12.36	16.7	12.21	27.3	12.35	35.5	12.77	40.0	13.48	39.6
16	12.79	+ 5.5	12.35	+17.0	12.21	+27.6	12.36	+35.7	12.79	+40.1	13.50	+39.5
17	12.77	5.9	12.34	17.4	12.21	28.0	12.37	35.9	12.81	40.1	13.53	39.4
18	12.75	6.3	12.33	17.8	12.21	28.3	12.38	36.1	12.83	40.2	13.56	39.2
19	12.73	6.7	12.32	18.1	12.22	28.6	12.39	36.3	12.85	40.2	13.59	39.1
20	12.71	7.0	12.31	18.5	12.22	28.9	12.40	36.5	12.87	40.3	13.62	39.0
21	12.69	+ 7.4	12.31	+18.8	12.22	+29.2	12.41	+36.7	12.89	+40.3	13.65	+38.9
22	12.68	7.8	12.30	19.2	12.22	29.5	12.42	36.9	12.91	40.4	13.68	38.7
23	12.66	8.2	12.29	19.6	12.22	29.8	12.43	37.1	12.93	40.4	13.71	38.6
24	12.64	8.5	12.28	19.9	12.23	30.1	12.44	37.3	12.95	40.4	13.75	38.4
25	12.63	8.9	12.28	20.3	12.23	30.4	12.45	37.4	12.97	40.4	13.78	38.3
26	12.61	+ 9.3	12.27	+20.6	12.23	+30.6	12.46	+37.6	12.99	+40.4	13.81	+38.1
27	12.59	9.7	12.27	21.0	12.23	30.9	12.48	37.8	13.02	40.4	13.84	38.0
28	12.58	10.0	12.26	21.3	12.24	31.2	12.49	37.9	13.04	40.4	13.88	37.8
29	12.56	10.4	12.26	21.7	12.24	31.5	12.50	38.1	13.06	40.4	13.91	37.6
30	12.55	10.8	12.25	22.0	12.25	+31.8	12.52	38.2	13.09	+40.4	13.94	37.4
31	12.53	+11.1	12.25	+22.4			12.53	+38.4			13.98	+37.2

Apparent distance of satellite: $s = Fa/\Delta$

Position angle of satellite: $p = p_1 + p_2$

The differences of right ascension and declination, in the sense "satellite minus primary," are approximately

$$\Delta\alpha = s \sin p \ \sec (\delta + \Delta\delta)$$
$$\Delta\delta = s \cos p$$

SATELLITES OF JUPITER, 1989

APPARENT ORBITS OF SATELLITES I-V AT DATE OF OPPOSITION
DECEMBER 27

South

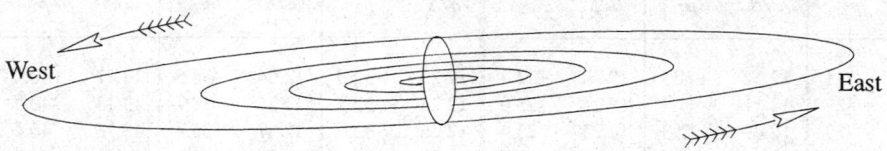

West   East

North

Orbits elongated in ratio of 3 to 1 in direction of minor axes.

NAME		MEAN SYNODIC PERIOD		NAME		SIDEREAL PERIOD
		d h m s	d			d
V	Amalthea	0 11 57 27.619 =	0.498 236 33	XIII	Leda	238.72
I	Io	1 18 28 35.946 =	1.769 860 49	X	Lysithea	259.22
II	Europa	3 13 17 53.736 =	3.554 094 17	XII	Ananke	631
III	Ganymede	7 03 59 35.856 =	7.166 387 22	XI	Carme	692
IV	Callisto	16 18 05 06.916 =	16.753 552 27	VIII	Pasiphae	735
VI	Himalia		266.00	IX	Sinope	758
VII	Elara		276.67			

SATELLITE V

UNIVERSAL TIME OF EVERY TWENTIETH GREATEST EASTERN ELONGATION

	d h		d h		d h		d h		d h
Jan.	0 20.1	Mar.	21 13.5	June	9 07.1	Aug.	28 00.6	Nov.	15 17.6
	10 19.2		31 12.7		19 06.3	Sept.	6 23.7		25 16.7
	20 18.4	Apr.	10 11.9		29 05.5		16 22.9	Dec.	5 15.8
	30 17.5		20 11.1	July	9 04.7		26 22.0		15 14.9
Feb.	9 16.7		30 10.3		19 03.9	Oct.	6 21.2		25 13.9
	19 15.9	May	10 09.5		29 03.1		16 20.3		35 13.0
Mar.	1 15.1		20 08.7	Aug.	8 02.2		26 19.4		
	11 14.3		30 07.9		18 01.4	Nov.	5 18.5		

MULTIPLES OF THE MEAN SYNODIC PERIOD

	d h		d h		d h		d h
1............	0 12.0	6............	2 23.7	11............	5 11.5	16............	7 23.3
2............	0 23.9	7............	3 11.7	12............	5 23.5	17............	8 11.3
3............	1 11.9	8............	3 23.7	13............	6 11.4	18............	8 23.2
4............	1 23.8	9............	4 11.6	14............	6 23.4	19............	9 11.2
5............	2 11.8	10............	4 23.6	15............	7 11.4	20............	9 23.2

DIFFERENTIAL COORDINATES FOR 0^h U.T.

Date	Satellite VI Δα	Satellite VI Δδ	Satellite VII Δα	Satellite VII Δδ	Date	Satellite VI Δα	Satellite VI Δδ	Satellite VII Δα	Satellite VII Δδ
	m s	′	m s	′		m s	′	m s	′
Jan. −2	+ 2 32	+ 23.4	+ 0 30	− 34.0	July 1	− 2 14	− 20.6	− 2 48	− 12.1
2	2 44	27.0	0 50	31.9	5	2 16	20.4	2 55	14.0
6	2 55	30.1	1 09	29.6	9	2 18	19.9	3 01	15.8
10	3 03	32.9	1 26	27.1	13	2 18	19.1	3 06	17.4
14	3 09	35.2	1 43	24.6	17	2 16	18.0	3 11	18.8
18	+ 3 13	+ 37.2	+ 1 57	− 22.1	21	− 2 12	− 16.5	− 3 14	− 20.1
22	3 14	38.7	2 11	19.5	25	2 07	14.9	3 16	21.2
26	3 15	39.9	2 23	17.0	29	2 00	13.0	3 18	22.2
30	3 13	40.7	2 34	14.5	Aug. 2	1 52	10.8	3 19	23.1
Feb. 3	3 10	41.1	2 43	12.1	6	1 42	8.6	3 20	23.8
7	+ 3 06	+ 41.3	+ 2 51	− 9.7	10	− 1 30	− 6.2	− 3 19	− 24.5
11	3 01	41.1	2 58	7.4	14	1 17	3.7	3 18	25.1
15	2 56	40.7	3 04	5.2	18	1 03	− 1.2	3 16	25.6
19	2 49	40.0	3 09	3.1	22	0 48	+ 1.4	3 14	26.0
23	2 42	39.1	3 13	− 0.9	26	0 32	3.9	3 11	26.3
27	+ 2 34	+ 37.9	+ 3 16	+ 1.1	30	− 0 16	+ 6.4	− 3 07	− 26.6
Mar. 3	2 26	36.6	3 18	3.2	Sept. 3	+ 0 02	8.8	3 02	26.7
7	2 17	35.1	3 18	5.2	7	0 20	11.1	2 56	26.7
11	2 08	33.4	3 18	7.2	11	0 38	13.2	2 50	26.6
15	1 59	31.5	3 17	9.1	15	0 56	15.3	2 42	26.4
19	+ 1 49	+ 29.5	+ 3 14	+ 11.0	19	+ 1 15	+ 17.2	− 2 33	− 26.0
23	1 39	27.4	3 10	12.8	23	1 33	19.0	2 24	25.5
27	1 29	25.2	3 04	14.4	27	1 52	20.6	2 13	24.9
31	1 19	22.9	2 57	15.9	Oct. 1	2 10	22.0	2 02	24.1
Apr. 4	1 09	20.6	2 49	17.2	5	2 28	23.3	1 49	23.3
8	+ 0 59	+ 18.1	+ 2 39	+ 18.3	9	+ 2 45	+ 24.4	− 1 36	− 22.3
12	0 49	15.7	2 27	19.1	13	3 02	25.4	1 21	21.2
16	0 38	13.2	2 14	19.7	17	3 17	26.1	1 06	20.1
20	0 28	10.7	2 00	20.0	21	3 32	26.8	0 50	18.8
24	0 17	8.1	1 45	19.9	25	3 46	27.2	0 33	17.5
28	+ 0 07	+ 5.6	+ 1 28	+ 19.6	29	+ 3 59	+ 27.5	− 0 16	− 16.1
May 2	− 0 04	3.1	1 10	18.9	Nov. 2	4 10	27.6	+ 0 02	14.6
6	0 14	+ 0.6	0 51	18.0	6	4 20	27.5	0 21	13.1
10	0 25	− 1.8	0 32	16.7	10	4 28	27.3	0 40	11.4
14	0 35	4.1	+ 0 13	15.2	14	4 34	26.9	1 00	9.6
18	− 0 46	− 6.4	− 0 07	+ 13.4	18	+ 4 38	+ 26.3	+ 1 20	− 7.6
22	0 56	8.6	0 27	11.4	22	4 40	25.5	1 41	5.6
26	1 06	10.7	0 46	9.3	26	4 39	24.6	2 01	3.4
30	1 16	12.6	1 05	6.9	30	4 36	23.4	2 20	− 1.0
June 3	1 25	14.4	1 23	4.5	Dec. 4	4 30	22.1	2 39	+ 1.5
7	− 1 34	− 16.0	− 1 39	+ 2.0	8	+ 4 22	+ 20.6	+ 2 56	+ 4.0
11	1 43	17.4	1 54	− 0.6	12	4 11	18.9	3 11	6.7
15	1 51	18.5	2 08	3.1	16	3 58	17.1	3 24	9.3
19	1 58	19.5	2 20	5.5	20	3 42	15.1	3 34	11.9
23	2 04	20.2	2 31	7.8	24	3 24	12.9	3 41	14.4
27	− 2 10	− 20.6	− 2 40	− 10.0	28	+ 3 03	+ 10.6	+ 3 43	+ 16.7
July 1	− 2 14	− 20.6	− 2 48	− 12.1	32	+ 2 41	+ 8.1	+ 3 42	+ 18.7

Differential coordinates are given in the sense "satellite minus planet".

DIFFERENTIAL COORDINATES FOR 0ʰ U.T.

Date		Satellite VIII		Satellite IX		Satellite X	
		$\Delta\alpha$	$\Delta\delta$	$\Delta\alpha$	$\Delta\delta$	$\Delta\alpha$	$\Delta\delta$
		m s	′	m s	′	m s	′
Jan.	− 6	− 9 18	− 122.3	+ 1 18	+ 38.8	+ 2 51	+ 9.0
	4	9 15	120.2	1 49	43.7	2 07	− 0.1
	14	9 11	117.3	2 21	48.0	1 21	8.7
	24	9 07	113.7	2 52	51.7	+ 0 35	16.4
Feb.	3	9 03	109.7	3 22	54.8	− 0 08	22.8
	13	− 8 59	− 105.3	+ 3 52	+ 57.2	− 0 47	− 27.7
	23	8 54	100.8	4 22	59.0	1 22	30.9
Mar.	5	8 50	96.0	4 50	60.3	1 51	32.4
	15	8 45	91.2	5 16	61.1	2 14	32.2
	25	8 39	86.3	5 41	61.3	2 32	30.4
Apr.	4	− 8 33	− 81.4	+ 6 05	+ 61.2	− 2 43	− 27.1
	14	8 25	76.4	6 26	60.6	2 46	22.4
	24	8 16	71.5	6 44	59.7	2 42	16.7
May	4	8 05	66.6	7 01	58.4	2 30	10.1
	14	7 53	61.7	7 14	56.9	2 09	− 3.2
	24	− 7 38	− 56.9	+ 7 25	+ 55.1	− 1 40	+ 3.5
June	3	7 22	52.2	7 33	53.2	1 04	9.6
	13	7 03	47.6	7 39	51.1	− 0 23	14.6
	23	6 42	43.1	7 41	49.0	+ 0 20	18.1
July	3	6 19	38.8	7 41	46.9	1 04	19.9
	13	− 5 54	− 34.6	+ 7 37	+ 44.8	+ 1 45	+ 20.1
	23	5 26	30.6	7 31	42.7	2 22	18.7
Aug.	2	4 56	26.8	7 23	40.8	2 54	15.9
	12	4 25	23.1	7 12	39.0	3 20	12.0
	22	3 52	19.5	6 58	37.3	3 38	7.2
Sept.	1	− 3 17	− 16.1	+ 6 43	+ 35.9	+ 3 48	+ 1.9
	11	2 41	12.7	6 26	34.5	3 50	− 3.8
	21	2 04	9.3	6 07	33.4	3 43	9.5
Oct.	1	1 26	5.9	5 47	32.3	3 26	15.1
	11	0 49	− 2.3	5 26	31.3	2 59	20.1
	21	− 0 11	+ 1.4	+ 5 05	+ 30.3	+ 2 22	− 24.4
	31	+ 0 27	5.4	4 43	29.3	1 35	27.6
Nov.	10	1 03	9.6	4 21	28.0	+ 0 38	29.6
	20	1 37	14.0	3 58	26.5	− 0 24	30.2
	30	2 10	18.5	3 36	24.8	1 29	29.3
Dec.	10	+ 2 41	+ 23.0	+ 3 13	+ 22.6	− 2 31	− 26.8
	20	3 08	27.1	2 49	20.1	3 23	22.9
	30	3 32	30.7	2 24	17.2	4 00	17.6
	40	+ 3 53	+ 33.4	+ 1 58	+ 14.0	− 4 17	− 11.3

Differential coordinates are given in the sense "satellite minus planet"

DIFFERENTIAL COORDINATES FOR 0ʰ U.T.

Date		Satellite VIII		Satellite IX		Satellite X	
		$\Delta\alpha$	$\Delta\delta$	$\Delta\alpha$	$\Delta\delta$	$\Delta\alpha$	$\Delta\delta$
		m s	′	m s	′	m s	′
Jan.	− 6	− 7 42	+ 4.6	+ 8 58	+ 14.4	+ 2 27	− 9.9
	4	7 57	3.5	8 50	9.6	3 06	11.5
	14	8 08	2.4	8 37	+ 4.7	3 21	11.8
	24	8 16	1.5	8 20	− 0.1	3 11	10.8
Feb.	3	8 21	0.9	7 59	5.0	2 44	8.8
	13	− 8 22	+ 0.5	+ 7 34	− 9.7	+ 2 06	− 6.1
	23	8 20	0.4	7 07	14.3	1 22	− 3.0
Mar.	5	8 16	0.7	6 37	18.8	+ 0 37	+ 0.4
	15	8 08	1.1	6 05	23.1	− 0 07	3.7
	25	7 58	1.9	5 31	27.3	0 46	6.9
Apr.	4	− 7 44	+ 2.9	+ 4 55	− 31.2	− 1 21	+ 9.9
	14	7 28	4.0	4 17	34.8	1 51	12.4
	24	7 08	5.3	3 37	38.1	2 16	14.5
May	4	6 45	6.6	2 56	41.2	2 36	16.1
	14	6 19	7.9	2 14	43.9	2 52	17.2
	24	− 5 49	+ 9.1	+ 1 31	− 46.2	− 3 02	+ 17.5
June	3	5 17	10.2	0 47	48.1	3 08	17.2
	13	4 42	11.1	+ 0 03	49.6	3 09	16.1
	23	4 05	11.7	− 0 41	50.6	3 04	14.2
July	3	3 25	12.1	1 24	51.3	2 52	11.4
	13	− 2 43	+ 12.0	− 2 08	− 51.5	− 2 33	+ 7.8
	23	1 59	11.6	2 50	51.4	2 06	+ 3.3
Aug.	2	1 14	10.8	3 30	50.8	1 31	− 1.8
	12	− 0 28	9.6	4 09	49.8	− 0 47	7.2
	22	+ 0 19	7.9	4 47	48.5	+ 0 03	12.4
Sept.	1	+ 1 06	+ 5.9	− 5 22	− 46.9	+ 0 56	− 16.6
	11	1 53	3.6	5 54	45.0	1 46	19.2
	21	2 40	+ 0.9	6 24	42.8	2 29	19.9
Oct.	1	3 25	− 1.9	6 50	40.3	3 01	18.6
	11	4 09	5.0	7 13	37.5	3 20	15.4
	21	+ 4 52	− 8.1	− 7 32	− 34.5	+ 3 25	− 10.6
	31	5 32	11.1	7 47	31.1	3 16	− 4.5
Nov.	10	6 08	14.0	7 58	27.5	2 53	+ 2.4
	20	6 42	16.6	8 02	23.5	2 15	9.7
	30	7 11	18.9	8 01	19.1	1 26	16.9
Dec.	10	+ 7 35	− 20.7	− 7 54	− 14.3	+ 0 27	+ 23.3
	20	7 54	22.1	7 40	9.2	− 0 36	28.4
	30	8 08	23.2	7 18	− 3.8	1 39	31.8
	40	+ 8 18	− 23.8	− 6 49	+ 1.9	− 2 34	+ 33.4

Differential coordinates are given in the sense "satellite minus planet".

SATELLITES OF JUPITER, 1989

UNIVERSAL TIME OF SUPERIOR GEOCENTRIC CONJUNCTION

SATELLITE I

	d h m		d h m		d h m		d h m
Jan.	1 00 08	Mar.	21 15 30	Aug.	1 11 19	Oct.	20 03 07
	2 18 35		23 10 00		3 05 49		21 21 35
	4 13 02		25 04 30		5 00 19		23 16 03
	6 07 29		26 23 00		6 18 49		25 10 30
	8 01 56		28 17 30		8 13 19		27 04 58
	9 20 23		30 11 59		10 07 49		28 23 25
	11 14 50	Apr.	1 06 29		12 02 19		30 17 53
	13 09 18		3 00 59		13 20 48	Nov.	1 12 20
	15 03 45		4 19 29		15 15 18		3 06 47
	16 22 13		6 13 59		17 09 48		5 01 14
	18 16 40		8 08 30		19 04 18		6 19 41
	20 11 08		10 03 00		20 22 47		8 14 09
	22 05 36		11 21 30		22 17 17		10 08 36
	24 00 04		13 16 00		24 11 46		12 03 02
	25 18 32		15 10 30		26 06 16		13 21 29
	27 13 00		17 05 00		28 00 45		15 15 56
	29 07 28		18 23 30		29 19 15		17 10 23
	31 01 56		20 18 01		31 13 44		19 04 49
Feb.	1 20 24		22 12 31	Sept.	2 08 14		20 23 16
	3 14 53		24 07 01		4 02 43		22 17 42
	5 09 21		26 01 31		5 21 13		24 12 09
	7 03 50		27 20 02		7 15 42		26 06 35
	8 22 18		29 14 32		9 10 11		28 01 02
	10 16 47	May	1 09 02		11 04 40		29 19 28
	12 11 15		3 03 33		12 23 09	Dec.	1 13 54
	14 05 44		4 22 03		14 17 38		3 08 20
	16 00 13		6 16 33		16 12 07		5 02 46
	17 18 42		8 11 04		18 06 36		6 21 13
	19 13 11		10 05 34		20 01 05		8 15 39
	21 07 40		12 00 04		21 19 34		10 10 05
	23 02 09		.. .. ..		23 14 03		12 04 31
	24 20 38	July	7 16 17		25 08 32		13 22 57
	26 15 07		9 10 47		27 03 00		15 17 23
	28 09 36		11 05 17		28 21 29		17 11 49
Mar.	2 04 05		12 23 48		30 15 57		19 06 15
	3 22 35		14 18 18	Oct.	2 10 26		21 00 40
	5 17 04		16 12 48		4 04 54		22 19 06
	7 11 33		18 07 18		5 23 23		24 13 32
	9 06 03		20 01 48		7 17 51		26 07 58
	11 00 32		21 20 19		9 12 19		28 02 24
	12 19 02		23 14 49		11 06 47		29 20 50
	14 13 31		25 09 19		13 01 15		31 15 16
	16 08 01		27 03 49		14 19 44		
	18 02 31		28 22 19		16 14 11		
	19 21 00		30 16 49		18 08 39		

UNIVERSAL TIME OF SUPERIOR GEOCENTRIC CONJUNCTION

SATELLITE II

	d h m		d h m		d h m		d h m
Jan.	0 14 10	Mar.	23 08 00	Aug.	2 00 35	Oct.	22 18 54
	4 03 21		26 21 24		5 13 58		26 08 07
	7 16 33		30 10 48		9 03 21		29 21 20
	11 05 45	Apr.	3 00 13		12 16 43	Nov.	2 10 32
	14 18 59		6 13 37		16 06 06		5 23 43
	18 08 12		10 03 02		19 19 28		9 12 54
	21 21 27		13 16 27		23 08 49		13 02 05
	25 10 42		17 05 52		26 22 11		16 15 15
	28 23 57		20 19 17		30 11 32		20 04 24
Feb.	1 13 14		24 08 43	Sept.	3 00 52		23 17 33
	5 02 31		27 22 09		6 14 13		27 06 41
	8 15 48	May	1 11 35		10 03 32		30 19 49
	12 05 07		5 01 00		13 16 52	Dec.	4 08 57
	15 18 25		8 14 27		17 06 11		7 22 04
	19 07 45		12 03 52		20 19 29		11 11 11
	22 21 04		.. .. ..		24 08 47		15 00 18
	26 10 25	July	8 02 45		27 22 05		18 13 25
Mar.	1 23 46		11 16 10	Oct.	1 11 22		22 02 31
	5 13 07		15 05 35		5 00 39		25 15 37
	9 02 29		18 18 59		8 13 55		29 04 44
	12 15 52		22 08 23		12 03 10		32 17 50
	16 05 14		25 21 47		15 16 25		
	19 18 37		29 11 11		19 05 40		

SATELLITE III

	d h m		d h m		d h m		d h m
Jan.	1 13 51	Mar.	28 13 28	Aug.	4 21 42	Oct.	29 22 48
	8 17 25	Apr.	4 17 49		12 02 04	Nov.	6 02 27
	15 21 02		11 22 12		19 06 24		13 06 02
	23 00 46		19 02 37		26 10 41		20 09 31
	30 04 33		26 07 04	Sept.	2 14 56		27 12 56
Feb.	6 08 26	May	3 11 32		9 19 09	Dec.	4 16 17
	13 12 23		10 16 00		16 23 18		11 19 35
	20 16 24		.. .. ..		24 03 24		18 22 51
	27 20 31	July	7 03 58	Oct.	1 07 26		26 02 07
Mar.	7 00 40		14 08 25		8 11 23		
	14 04 54		21 12 52		15 15 16		
	21 09 10		28 17 18		22 19 04		

SATELLITE IV

	d h m		d h m		d h m		d h m
Jan.	12 01 35	Apr.	5 21 31	Aug.	1 22 16	Oct.	24 20 29
	28 18 10		22 17 51		18 18 23	Nov.	10 12 43
Feb.	14 11 47	May	9 14 29	Sept.	4 14 01		27 03 58
Mar.	3 06 19		.. .. ..		21 09 01	Dec.	13 18 26
	20 01 37	July	16 01 47	Oct.	8 03 13		30 08 29

SATELLITES OF JUPITER, 1989

UNIVERSAL TIME OF GEOCENTRIC PHENOMENA

JANUARY

d	h m		d	h m		d	h m		d	h m	
0	1 43	I.Tr.I.	8	16 19	III.Oc.D.	16	12 56	II.Tr.I.	24	2 23	I.Ec.R.
	2 37	I.Sh.I.		18 30	III.Oc.R.		15 12	II.Sh.I.		20 08	I.Tr.I.
	3 53	I.Tr.E.		20 32	III.Ec.D.		15 14	II.Tr.E.		21 21	I.Sh.I.
	4 46	I.Sh.E.		21 59	I.Tr.I.		17 31	II.Sh.E.		22 17	I.Tr.E.
	13 02	II.Oc.D.		22 47	III.Ec.R.		21 08	I.Oc.D.		23 31	I.Sh.E.
	17 11	II.Ec.R.		23 01	I.Sh.I.	17	0 27	I.Ec.R.	25	9 31	II.Oc.D.
	23 03	I.Oc.D.	9	0 08	I.Tr.E.		18 16	I.Tr.I.		11 52	II.Oc.R.
1	2 08	I.Ec.R.		1 11	I.Sh.E.		19 25	I.Sh.I.		12 02	II.Ec.D.
	12 47	III.Oc.D.		10 31	II.Tr.I.		20 26	I.Tr.E.		14 24	II.Ec.R.
	14 56	III.Oc.R.		12 36	II.Sh.I.		21 35	I.Sh.E.		17 27	I.Oc.D.
	16 30	III.Ec.D.		12 48	II.Tr.E.	18	7 02	II.Oc.D.		20 52	I.Ec.R.
	18 45	III.Ec.R.		14 55	II.Sh.E.		9 22	II.Oc.R.	26	13 30	III.Tr.I.
	20 10	I.Tr.I.		19 18	I.Oc.D.		9 24	II.Ec.D.		14 36	I.Tr.I.
	21 05	I.Sh.I.		22 32	I.Ec.R.		11 45	II.Ec.R.		15 45	III.Tr.E.
	22 20	I.Tr.E.	10	16 26	I.Tr.I.		15 35	I.Oc.D.		15 50	I.Sh.I.
	23 15	I.Sh.E.		17 30	I.Sh.I.		18 56	I.Ec.R.		16 45	I.Tr.E.
2	8 08	II.Tr.I.		18 35	I.Tr.E.	19	9 45	III.Tr.I.		18 00	I.Sh.E.
	10 00	II.Sh.I.		19 40	I.Sh.E.		11 59	III.Tr.E.		18 33	III.Sh.I.
	10 25	II.Tr.E.	11	4 36	II.Oc.D.		12 44	I.Tr.I.		20 48	III.Sh.E.
	12 18	II.Sh.E.		9 07	II.Ec.R.		13 54	I.Sh.I.	27	4 38	II.Tr.I.
	17 30	I.Oc.D.		13 45	I.Oc.D.		14 32	III.Sh.I.		6 57	II.Tr.E.
	20 37	I.Ec.R.		17 01	I.Ec.R.		14 53	I.Tr.E.		7 07	II.Sh.I.
3	14 37	I.Tr.I.	12	6 07	III.Tr.I.		16 04	I.Sh.E.		9 26	II.Sh.E.
	15 34	I.Sh.I.		8 18	III.Tr.E.		16 46	III.Sh.E.		11 55	I.Oc.D.
	16 46	I.Tr.E.		10 31	III.Sh.I.	20	2 10	II.Tr.I.		15 20	I.Ec.R.
	17 44	I.Sh.E.		10 53	I.Tr.I.		4 27	II.Tr.E.	28	9 04	I.Tr.I.
4	2 12	II.Oc.D.		11 59	I.Sh.I.		4 31	II.Sh.I.		10 19	I.Sh.I.
	6 29	II.Ec.R.		12 44	III.Sh.E.		6 50	II.Sh.E.		11 13	I.Tr.E.
	11 57	I.Oc.D.		13 03	I.Tr.E.		10 03	I.Oc.D.		12 29	I.Sh.E.
	15 06	I.Ec.R.		14 09	I.Sh.E.		13 25	I.Ec.R.		22 47	II.Oc.D.
				23 43	II.Tr.I.						
5	2 33	III.Tr.I.	13	1 54	II.Sh.I.	21	7 12	I.Tr.I.	29	1 08	II.Oc.R.
	4 41	III.Tr.E.		2 00	II.Tr.E.		8 23	I.Sh.I.		1 22	II.Ec.D.
	6 30	III.Sh.I.		4 13	II.Sh.E.		9 21	I.Tr.E.		3 43	II.Ec.R.
	8 43	III.Sh.E.		8 13	I.Oc.D.		10 33	I.Sh.E.		6 23	I.Oc.D.
	9 04	I.Tr.I.		11 30	I.Ec.R.		20 17	II.Oc.D.		9 49	I.Ec.R.
	10 03	I.Sh.I.	14	5 21	I.Tr.I.		22 37	II.Oc.R.	30	3 24	III.Oc.D.
	11 14	I.Tr.E.		6 28	I.Sh.I.		22 44	II.Ec.D.		3 32	I.Tr.I.
	12 13	I.Sh.E.		7 30	I.Tr.E.	22	1 05	II.Ec.R.		4 48	I.Sh.I.
	21 19	II.Tr.I.		8 37	I.Sh.E.		4 31	I.Oc.D.		5 42	I.Tr.E.
	23 18	II.Sh.I.		17 49	II.Oc.D.		7 54	I.Ec.R.		5 43	III.Oc.R.
	23 36	II.Tr.E.		22 27	II.Ec.R.		23 37	III.Oc.D.		6 58	I.Sh.E.
6	1 37	II.Sh.E.	15	2 40	I.Oc.D.	23	1 40	I.Tr.I.		8 36	III.Ec.D.
	6 24	I.Oc.D.		5 59	I.Ec.R.		1 54	III.Oc.R.		10 53	III.Ec.R.
	9 34	I.Ec.R.		19 55	III.Oc.D.		2 52	I.Sh.I.		17 54	II.Tr.I.
7	3 31	I.Tr.I.		22 09	III.Oc.R.		3 49	I.Tr.E.		20 12	II.Tr.E.
	4 32	I.Sh.I.		23 49	I.Tr.I.		4 35	III.Ec.D.		20 25	II.Sh.I.
	5 41	I.Tr.E.	16	0 33	III.Ec.D.		5 02	I.Sh.E.		22 44	II.Sh.E.
	6 42	I.Sh.E.		0 57	I.Sh.I.		6 52	III.Ec.R.	31	0 51	I.Oc.D.
	15 24	II.Oc.D.		1 58	I.Tr.E.		15 24	II.Tr.I.		4 18	I.Ec.R.
	19 49	II.Ec.R.		2 49	III.Ec.D.		17 42	II.Tr.E.		22 00	I.Tr.I.
8	0 51	I.Oc.D.		3 06	I.Sh.E.		17 49	II.Sh.I.		23 17	I.Sh.I.
	4 03	I.Ec.R.					20 08	II.Sh.E.			
							22 59	I.Oc.D.			

I. Jan. 15	II. Jan. 14	III. Jan. 16	IV. Jan.
$x_2 = +1.9,\ y_2 = +0.3$	$x_2 = +2.4,\ y_2 = +0.5$	$x_1 = +1.9,\ y_1 = +0.7$ $x_2 = +3.1,\ y_2 = +0.7$	No Eclipse

NOTE.—I. denotes ingress; E., egress; D., disappearance; R., reappearance; Ec., eclipse; Oc., occultation; Tr., transit of the satellite; Sh., transit of the shadow.

CONFIGURATIONS OF SATELLITES I-IV FOR JANUARY

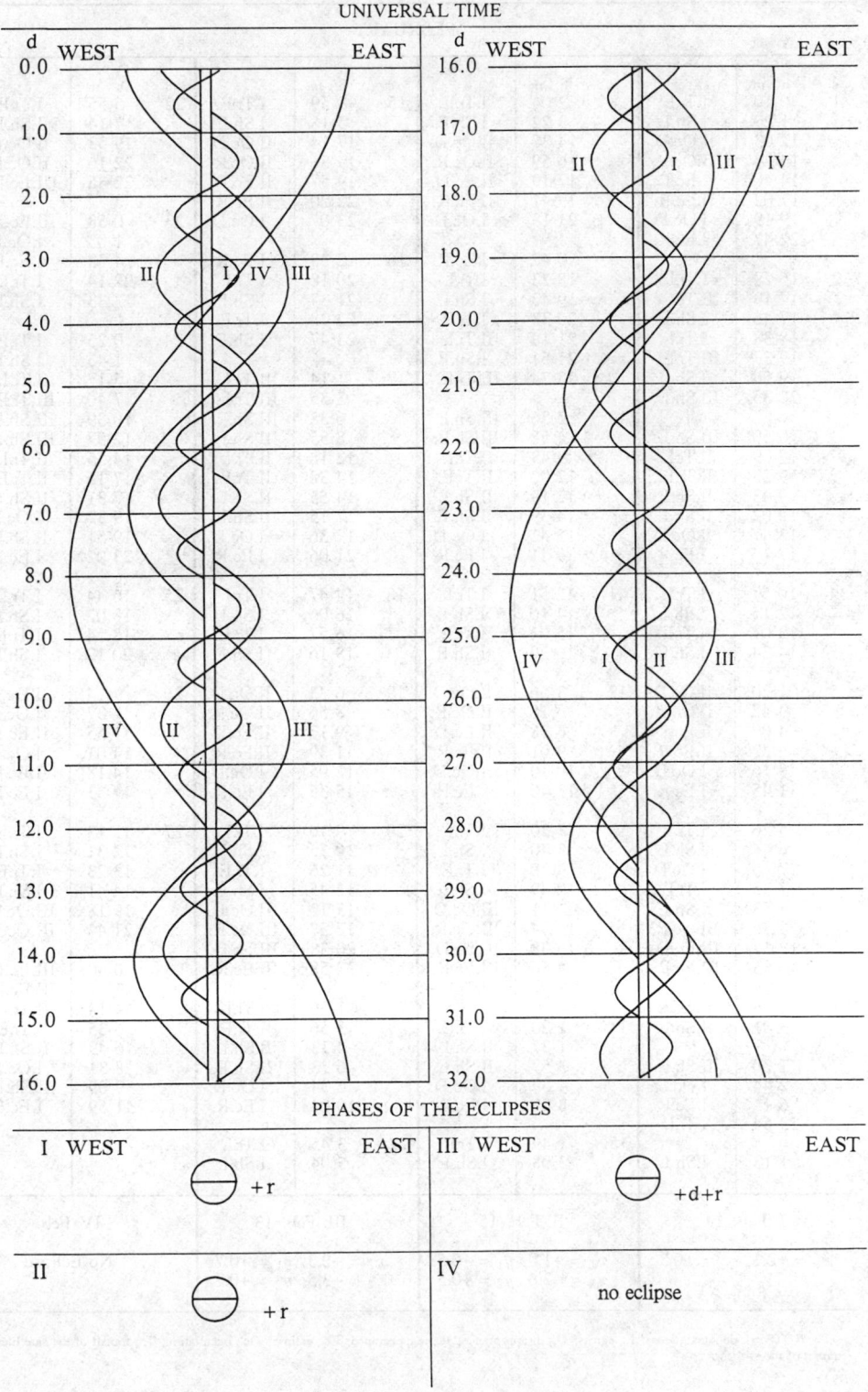

UNIVERSAL TIME

PHASES OF THE ECLIPSES

SATELLITES OF JUPITER, 1989

UNIVERSAL TIME OF GEOCENTRIC PHENOMENA

FEBRUARY

d	h m		d	h m		d	h m		d	h m	
1	0 10	I.Tr.E.	8	2 04	I.Tr.E.	15	3 59	I.Tr.E.	22	5 55	I.Tr.E.
	1 27	I.Sh.E.		3 22	I.Sh.E.		5 18	I.Sh.E.		7 14	I.Sh.E.
	12 03	II.Oc.D.		14 37	II.Oc.D.		17 14	II.Oc.D.		19 53	II.Oc.D.
	14 24	II.Oc.R.		16 59	II.Oc.R.		19 36	II.Oc.R.		22 16	II.Oc.R.
	14 40	II.Ec.D.		17 19	II.Ec.D.		19 57	II.Ec.D.		22 35	II.Ec.D.
	17 02	II.Ec.R.		19 41	II.Ec.R.		22 20	II.Ec.R.	23	0 58	II.Ec.R.
	19 19	I.Oc.D.		21 13	I.Oc.D.		23 07	I.Oc.D.		1 03	I.Oc.D.
	22 47	I.Ec.R.	9	0 42	I.Ec.R.	16	2 38	I.Ec.R.		4 33	I.Ec.R.
2	16 29	I.Tr.I.		18 23	I.Tr.I.		20 18	I.Tr.I.		22 14	I.Tr.I.
	17 19	III.Tr.I.		19 42	I.Sh.I.		21 37	I.Sh.I.		23 33	I.Sh.I.
	17 46	I.Sh.I.		20 33	I.Tr.E.		22 28	I.Tr.E.	24	0 25	I.Tr.E.
	18 38	I.Tr.E.		21 14	III.Tr.I.		23 47	I.Sh.E.		1 43	I.Sh.E.
	19 37	III.Tr.E.		21 51	I.Sh.E.	17	1 14	III.Tr.I.		5 17	III.Tr.I.
	19 56	I.Sh.E.		23 34	III.Tr.E.		3 35	III.Tr.E.		7 40	III.Tr.E.
	22 35	III.Sh.I.	10	2 36	III.Sh.I.		6 38	III.Sh.I.		10 39	III.Sh.I.
3	0 50	III.Sh.E.		4 52	III.Sh.E.		8 55	III.Sh.E.		12 57	III.Sh.E.
	7 09	II.Tr.I.		9 43	II.Tr.I.		12 18	II.Tr.I.		14 55	II.Tr.I.
	9 28	II.Tr.E.		12 02	II.Tr.E.		14 38	II.Tr.E.		17 15	II.Tr.E.
	9 43	II.Sh.I.		12 19	II.Sh.I.		14 55	II.Sh.I.		17 31	II.Sh.I.
	12 02	II.Sh.E.		14 39	II.Sh.E.		17 15	II.Sh.E.		19 32	I.Oc.D.
	13 47	I.Oc.D.		15 41	I.Oc.D.		17 36	I.Oc.D.		19 51	II.Sh.E.
	17 16	I.Ec.R.		19 11	I.Ec.R.		21 06	I.Ec.R.		23 02	I.Ec.R.
4	10 57	I.Tr.I.	11	12 51	I.Tr.I.	18	14 47	I.Tr.I.	25	16 44	I.Tr.I.
	12 15	I.Sh.I.		14 10	I.Sh.I.		16 06	I.Sh.I.		18 02	I.Sh.I.
	13 07	I.Tr.E.		15 01	I.Tr.E.		16 57	I.Tr.E.		18 54	I.Tr.E.
	14 24	I.Sh.E.		16 20	I.Sh.E.		18 16	I.Sh.E.		20 12	I.Sh.E.
5	1 20	II.Oc.D.	12	3 56	II.Oc.D.	19	6 33	II.Oc.D.	26	9 14	II.Oc.D.
	3 42	II.Oc.R.		6 18	II.Oc.R.		8 56	II.Oc.R.		11 37	II.Oc.R.
	4 00	II.Ec.D.		6 38	II.Ec.D.		9 17	II.Ec.D.		11 55	II.Ec.D.
	6 22	II.Ec.R.		9 01	II.Ec.R.		11 39	II.Ec.R.		14 01	I.Oc.D.
	8 16	I.Oc.D.		10 10	I.Oc.D.		12 05	I.Oc.D.		14 18	II.Ec.R.
	11 45	I.Ec.R.		13 40	I.Ec.R.		15 35	I.Ec.R.		17 31	I.Ec.R.
6	5 26	I.Tr.I.	13	7 20	I.Tr.I.	20	9 16	I.Tr.I.	27	11 13	I.Tr.I.
	6 44	I.Sh.I.		8 40	I.Sh.I.		10 35	I.Sh.I.		12 31	I.Sh.I.
	7 15	III.Oc.D.		9 30	I.Tr.E.		11 26	I.Tr.E.		13 23	I.Tr.E.
	7 35	I.Tr.E.		10 49	I.Sh.E.		12 45	I.Sh.E.		14 41	I.Sh.E.
	8 53	I.Sh.E.		11 11	III.Oc.D.		15 12	III.Oc.D.		19 18	III.Oc.D.
	9 36	III.Oc.R.		13 34	III.Oc.R.		17 37	III.Oc.R.		21 44	III.Oc.R.
	12 37	III.Ec.D.		16 38	III.Ec.D.		20 38	III.Ec.D.	28	0 40	III.Ec.D.
	14 55	III.Ec.R.		18 56	III.Ec.R.		22 58	III.Ec.R.		3 01	III.Ec.R.
	20 26	II.Tr.I.		23 00	II.Tr.I.	21	1 36	II.Tr.I.		4 14	II.Tr.I.
	22 45	II.Tr.E.	14	1 20	II.Tr.E.		3 56	II.Tr.E.		6 35	II.Tr.E.
	23 01	II.Sh.I.		1 37	II.Sh.I.		4 13	II.Sh.I.		6 49	II.Sh.I.
7	1 20	II.Sh.E.		3 57	II.Sh.E.		6 33	II.Sh.E.		8 31	I.Oc.D.
	2 44	I.Oc.D.		4 39	I.Oc.D.		6 34	I.Oc.D.		9 09	II.Sh.E.
	6 13	I.Ec.R.		8 09	I.Ec.R.		10 04	I.Ec.R.		11 59	I.Ec.R.
	23 54	I.Tr.I.	15	1 49	I.Tr.I.	22	3 45	I.Tr.I.			
8	1 13	I.Sh.I.		3 08	I.Sh.I.		5 04	I.Sh.I.			

I. Feb. 14	II. Feb. 15	III. Feb. 13	IV. Feb.
$x_2 = +2.1, y_2 = +0.3$	$x_1 = +1.0, y_1 = +0.5$ $x_2 = +2.6, y_2 = +0.5$	$x_1 = +2.3, y_1 = +0.7$ $x_2 = +3.5, y_2 = +0.7$	No Eclipse

NOTE.—I. denotes ingress; E., egress; D., disappearance; R., reappearance; Ec., eclipse; Oc., occultation; Tr., transit of the satellite; Sh., transit of the shadow.

CONFIGURATIONS OF SATELLITES I-IV FOR FEBRUARY

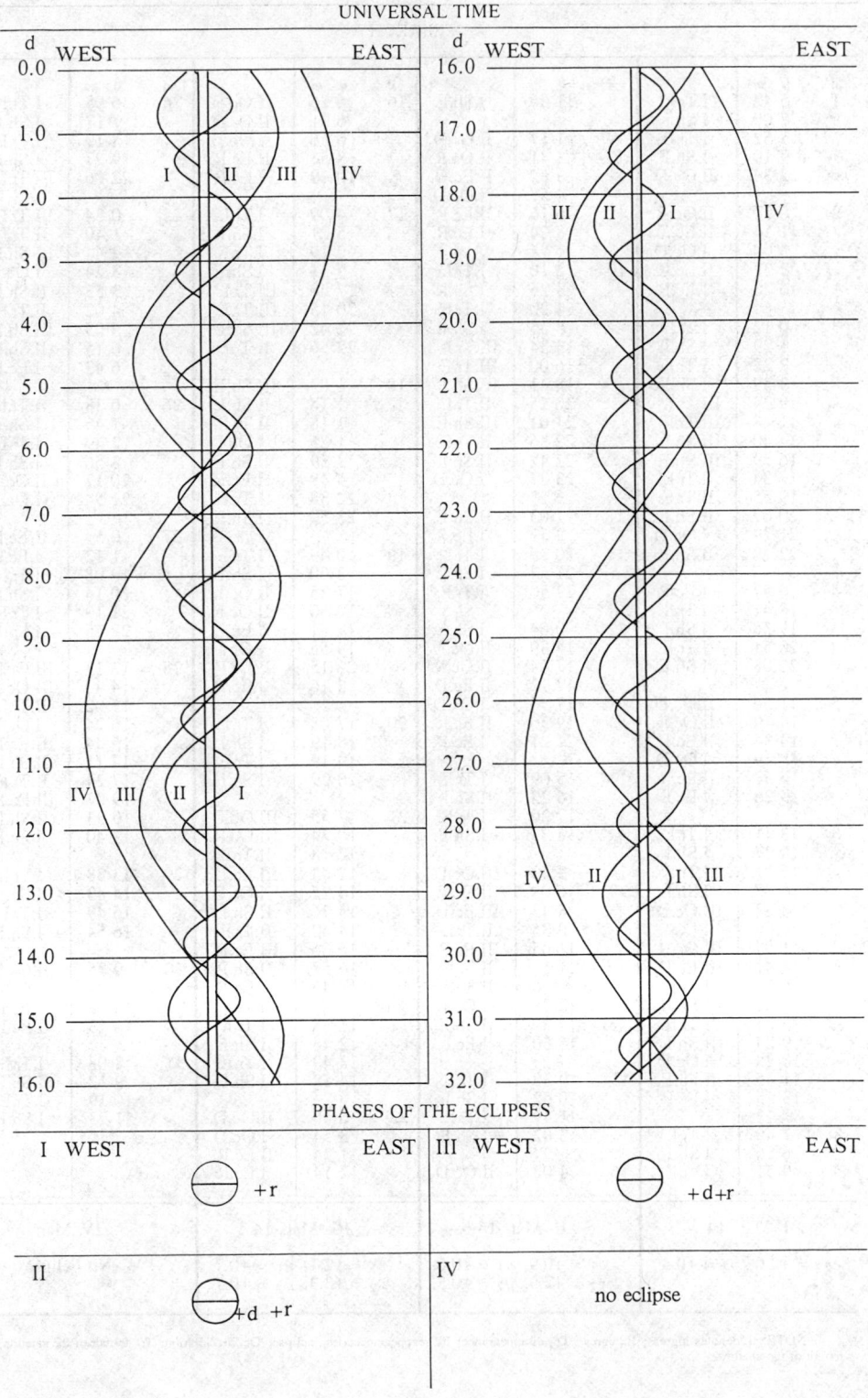

UNIVERSAL TIME

PHASES OF THE ECLIPSES

SATELLITES OF JUPITER, 1989

UNIVERSAL TIME OF GEOCENTRIC PHENOMENA

MARCH

d	h m		d	h m		d	h m		d	h m	
1	5 42	I.Tr.I.	8	11 06	I.Sh.E.	16	6 26	II.Oc.R.	24	6 08	I.Tr.I.
	7 00	I.Sh.I.	9	1 17	II.Oc.D.		6 31	II.Ec.D.		7 17	I.Sh.I.
	7 52	I.Tr.E.		3 41	II.Oc.R.		6 56	I.Oc.D.		8 19	I.Tr.E.
	9 10	I.Sh.E.		3 52	II.Ec.D.		8 55	II.Ec.R.		9 27	I.Sh.E.
	22 34	II.Oc.D.		4 57	I.Oc.D.		10 19	I.Ec.R.		22 06	III.Tr.I.
2	0 57	II.Oc.R.		6 16	II.Ec.R.	17	4 09	I.Tr.I.	25	0 34	III.Tr.E.
	1 14	II.Ec.D.		8 24	I.Ec.R.		5 21	I.Sh.I.		1 40	II.Tr.I.
	3 00	I.Oc.D.	10	2 10	I.Tr.I.		6 19	I.Tr.E.		2 44	III.Sh.I.
	3 37	II.Ec.R.		3 25	I.Sh.I.		7 31	I.Sh.E.		3 24	I.Oc.D.
	6 28	I.Ec.R.		4 20	I.Tr.E.		17 48	III.Tr.I.		3 53	II.Sh.I.
3	0 12	I.Tr.I.		5 35	I.Sh.E.		20 15	III.Tr.E.		4 02	II.Tr.E.
	1 29	I.Sh.I.		13 34	III.Tr.I.		22 42	III.Sh.I.		5 05	III.Sh.E.
	2 22	I.Tr.E.		16 00	III.Tr.E.		22 56	II.Tr.I.		6 15	II.Sh.E.
	3 39	I.Sh.E.		18 41	III.Sh.I.	18	1 03	III.Sh.E.		6 43	I.Ec.R.
	9 24	III.Tr.I.		20 15	I.Tr.I.		1 18	I.Sh.I.	26	0 38	I.Tr.I.
	11 48	III.Tr.E.		21 01	III.Sh.E.		1 18	II.Tr.E.		1 45	I.Sh.I.
	14 40	III.Sh.I.		22 36	II.Tr.E.		1 25	I.Oc.D.		2 49	I.Tr.E.
	16 59	III.Sh.E.		22 42	II.Sh.I.		3 39	II.Sh.E.		3 56	I.Sh.E.
	17 34	II.Tr.I.		23 27	I.Oc.D.		4 48	I.Ec.R.		20 12	II.Oc.D.
	19 55	II.Tr.E.	11	1 03	II.Sh.E.		22 38	I.Tr.I.		21 54	I.Oc.D.
	20 07	II.Sh.I.		2 52	I.Ec.R.		23 50	I.Sh.I.	27	0 54	II.Ec.R.
	21 29	I.Oc.D.		20 39	I.Tr.I.	19	0 49	I.Tr.E.		1 12	I.Ec.R.
	22 27	II.Sh.E.		21 54	I.Sh.I.		2 00	I.Sh.E.		19 08	I.Tr.I.
4	0 57	I.Ec.R.		22 50	I.Tr.E.		17 25	II.Oc.D.		20 14	I.Sh.I.
	18 41	I.Tr.I.	12	0 04	I.Sh.E.		19 50	II.Oc.R.		21 19	I.Tr.E.
	19 58	I.Sh.I.		14 39	II.Oc.D.		19 51	II.Ec.D.		22 25	I.Sh.E.
	20 51	I.Tr.E.		17 04	II.Oc.R.		19 55	I.Oc.D.	28	12 13	III.Oc.D.
	22 08	I.Sh.E.		17 12	II.Ec.D.		22 15	II.Ec.R.		14 43	III.Oc.R.
5	11 56	II.Oc.D.		17 56	I.Oc.D.		23 16	I.Ec.R.		15 02	II.Tr.I.
	14 19	II.Oc.R.		19 36	II.Ec.R.	20	17 08	I.Tr.I.		16 24	I.Oc.D.
	14 34	II.Ec.D.		21 21	I.Ec.R.		18 19	I.Sh.I.		16 44	III.Ec.D.
	15 59	I.Oc.D.	13	15 09	I.Tr.I.		19 19	I.Tr.E.		17 11	II.Sh.I.
	16 57	II.Ec.R.		16 23	I.Sh.I.		20 29	I.Sh.E.		17 24	II.Tr.E.
	19 26	I.Ec.R.		17 20	I.Tr.E.	21	7 55	III.Oc.D.		19 07	III.Ec.R.
6	13 11	I.Tr.I.		18 33	I.Sh.E.		10 24	III.Oc.R.		19 33	II.Sh.E.
	14 27	I.Sh.I.	14	3 40	III.Oc.D.		12 18	II.Tr.I.		19 40	I.Ec.R.
	15 21	I.Tr.E.		6 08	III.Oc.R.		12 43	III.Ec.D.	29	13 38	I.Tr.I.
	16 37	I.Sh.E.		8 43	III.Ec.D.		14 25	I.Oc.D.		14 43	I.Sh.I.
	23 27	III.Oc.D.		9 35	II.Tr.I.		14 36	II.Sh.I.		15 49	I.Tr.E.
7	1 54	III.Oc.R.		11 05	III.Ec.R.		14 40	II.Tr.E.		16 54	I.Sh.E.
	4 41	III.Ec.D.		11 57	II.Tr.E.		15 06	III.Ec.R.	30	9 35	II.Oc.D.
	6 54	II.Tr.I.		12 00	II.Sh.I.		16 57	II.Sh.E.		10 54	I.Oc.D.
	7 02	III.Ec.R.		12 26	I.Oc.D.		17 45	I.Ec.R.		14 09	I.Ec.R.
	9 15	II.Tr.E.		14 21	II.Sh.E.	22	11 38	I.Tr.I.		14 13	II.Ec.R.
	9 24	II.Sh.I.		15 50	I.Ec.R.		12 48	I.Sh.I.	31	8 08	I.Tr.I.
	10 28	I.Oc.D.	15	9 39	I.Tr.I.		13 49	I.Tr.E.		9 12	I.Sh.I.
	11 45	II.Sh.E.		10 52	I.Sh.I.		14 58	I.Sh.E.		10 19	I.Tr.E.
	13 55	I.Ec.R.		11 49	I.Tr.E.	23	6 48	II.Oc.D.		11 23	I.Sh.E.
8	7 40	I.Tr.I.		13 02	I.Sh.E.		8 54	I.Oc.D.			
	8 56	I.Sh.I.	16	4 02	II.Oc.D.		11 34	II.Ec.R.			
	9 51	I.Tr.E.					12 14	I.Ec.R.			

I. Mar. 14	II. Mar. 16	III. Mar. 14	IV. Mar.
$x_2 = +2.0$, $y_2 = +0.3$	$x_1 = +0.9$, $y_1 = +0.5$	$x_1 = +2.1$, $y_1 = +0.7$	No Eclipse
	$x_2 = +2.5$, $y_2 = +0.5$	$x_2 = +3.3$, $y_2 = +0.7$	

NOTE.—I. denotes ingress; E., egress; D., disappearance; R., reappearance; Ec., eclipse; Oc., occultation; Tr., transit of the satellite; Sh., transit of the shadow.

CONFIGURATIONS OF SATELLITES I-IV FOR MARCH

UNIVERSAL TIME

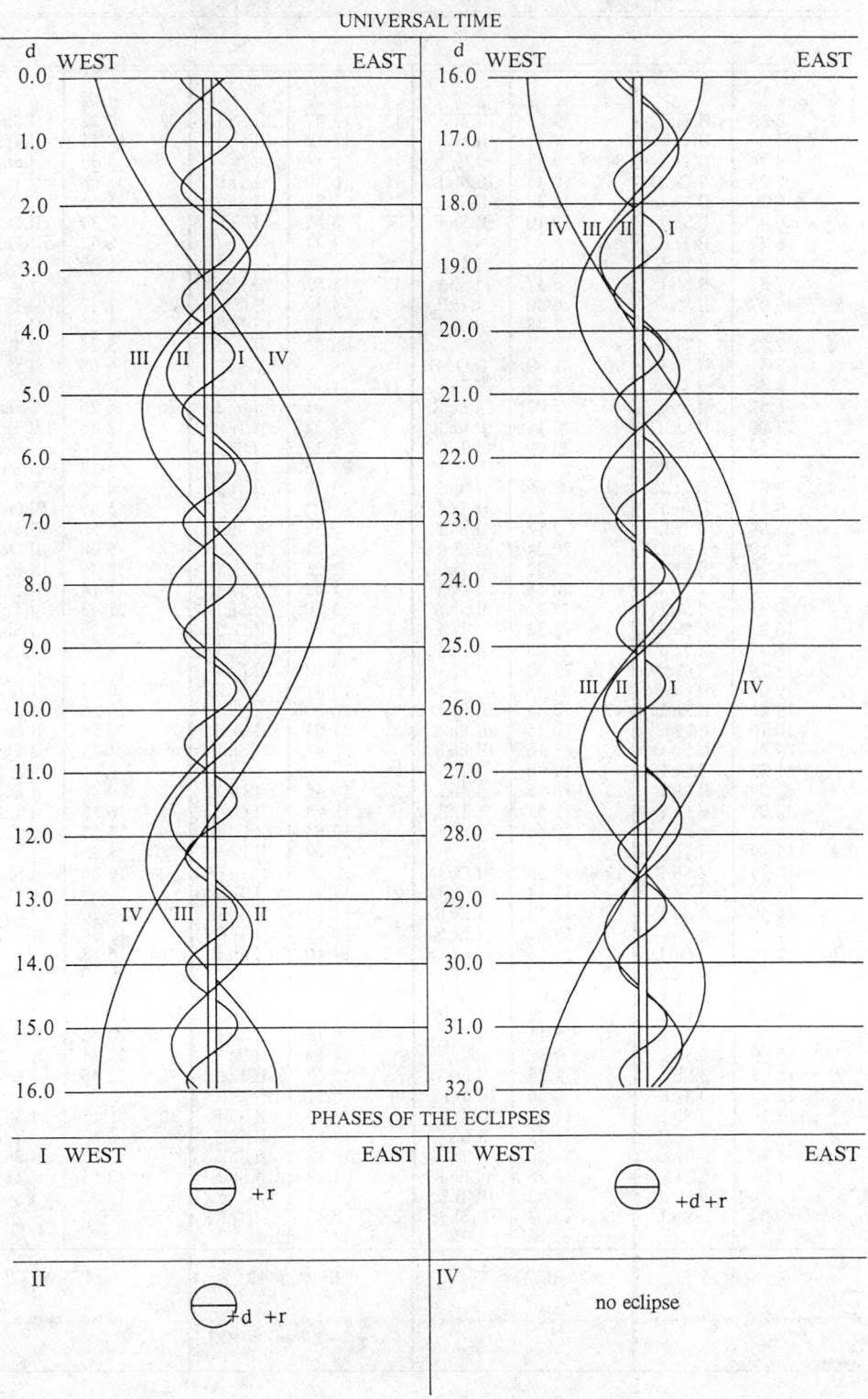

PHASES OF THE ECLIPSES

I WEST	EAST	III WEST	EAST
+r		+d +r	

II		IV	
+d +r		no eclipse	

SATELLITES OF JUPITER, 1989

UNIVERSAL TIME OF GEOCENTRIC PHENOMENA

APRIL

d	h m		d	h m		d	h m		d	h m	
1	2 26	III.Tr.I.	8	9 18	III.Tr.E.	15	14 47	III.Sh.I.	23	9 28	I.Sh.I.
	4 24	II.Tr.I.		9 33	II.Tr.E.		17 12	III.Sh.E.		10 53	I.Tr.E.
	4 54	III.Tr.E.		10 33	I.Ec.R.					11 39	I.Sh.E.
	5 24	I.Oc.D.		10 47	III.Sh.I.	16	6 40	I.Tr.I.			
	6 29	II.Sh.I.		11 27	II.Sh.E.		7 32	I.Sh.I.	24	5 55	I.Oc.D.
	6 45	III.Sh.I.		13 10	III.Sh.E.		8 52	I.Tr.E.		7 30	II.Oc.D.
	6 47	II.Tr.E.					9 44	I.Sh.E.		8 52	I.Ec.R.
	8 38	I.Ec.R.	9	4 39	I.Tr.I.					11 29	II.Ec.R.
	8 51	II.Sh.E.		5 37	I.Sh.I.	17	3 55	I.Oc.D.			
	9 07	III.Sh.E.		6 50	I.Tr.E.		4 39	II.Oc.D.	25	3 12	I.Tr.I.
				7 48	I.Sh.E.		6 57	I.Ec.R.		3 57	I.Sh.I.
2	2 38	I.Tr.I.					8 50	II.Ec.R.		5 24	I.Tr.E.
	3 41	I.Sh.I.	10	1 49	II.Oc.D.					6 08	I.Sh.E.
	4 50	I.Tr.E.		1 54	I.Oc.D.	18	1 11	I.Tr.I.			
	5 52	I.Sh.E.		5 02	I.Ec.R.		2 01	I.Sh.I.	26	0 26	I.Oc.D.
	23 00	II.Oc.D.		6 12	II.Ec.R.		3 22	I.Tr.E.		2 06	II.Tr.I.
	23 54	I.Oc.D.		23 09	I.Tr.I.		4 13	I.Sh.E.		3 20	I.Ec.R.
							22 25	I.Oc.D.		3 32	II.Sh.I.
3	3 07	I.Ec.R.	11	0 06	I.Sh.I.		23 19	II.Tr.I.		4 31	II.Tr.E.
	3 33	II.Ec.R.		1 21	I.Tr.E.					5 47	III.Oc.D.
	21 09	I.Tr.I.		2 17	I.Sh.E.	19	0 57	II.Sh.I.		5 56	II.Sh.E.
	22 10	I.Sh.I.		20 24	I.Oc.D.		1 21	III.Oc.D.		8 20	III.Oc.R.
	23 20	I.Tr.E.		20 32	II.Tr.I.		1 25	I.Ec.R.		8 46	III.Ec.D.
				20 56	III.Oc.D.		1 43	II.Tr.E.		11 14	III.Ec.R.
4	0 21	I.Sh.E.		22 22	II.Sh.I.		3 20	II.Sh.E.		21 43	I.Tr.I.
	16 33	III.Oc.D.		22 56	II.Tr.E.		3 53	III.Oc.R.		22 26	I.Sh.I.
	17 47	II.Tr.I.		23 28	III.Oc.R.		4 46	III.Ec.D.		23 54	I.Tr.E.
	18 24	I.Oc.D.		23 30	I.Ec.R.		7 12	III.Ec.R.			
	19 04	III.Oc.R.					19 41	I.Tr.I.	27	0 37	I.Sh.E.
	19 46	II.Sh.I.	12	0 44	III.Ec.D.		20 30	I.Sh.I.		18 56	I.Oc.D.
	20 10	II.Tr.E.		0 45	II.Sh.E.		21 53	I.Tr.E.		20 55	II.Oc.D.
	20 44	III.Ec.D.		3 10	III.Ec.R.		22 41	I.Sh.E.		21 49	I.Ec.R.
	21 35	I.Ec.R.		17 40	I.Tr.I.						
	22 09	II.Sh.E.		18 35	I.Sh.I.	20	16 55	I.Oc.D.	28	0 48	II.Ec.R.
	23 09	III.Ec.R.		19 51	I.Tr.E.		18 04	II.Oc.D.		16 13	I.Tr.I.
				20 46	I.Sh.E.		19 54	I.Ec.R.		16 55	I.Sh.I.
5	15 39	I.Tr.I.					22 09	II.Ec.R.		18 25	I.Tr.E.
	16 39	I.Sh.I.	13	14 54	I.Oc.D.					19 06	I.Sh.E.
	17 50	I.Tr.E.		15 14	II.Oc.D.	21	14 11	I.Tr.I.			
	18 50	I.Sh.E.		17 59	I.Ec.R.		14 59	I.Sh.I.	29	13 26	I.Oc.D.
				19 31	II.Ec.R.		16 23	I.Tr.E.		15 30	II.Tr.I.
6	12 24	II.Oc.D.					17 10	I.Sh.E.		16 18	I.Ec.R.
	12 54	I.Oc.D.	14	12 10	I.Tr.I.					16 50	II.Sh.I.
	16 04	I.Ec.R.		13 04	I.Sh.I.	22	11 25	I.Oc.D.		17 55	II.Tr.E.
	16 52	II.Ec.R.		14 22	I.Tr.E.		12 42	II.Tr.I.		19 14	II.Sh.E.
				15 15	I.Sh.E.		14 15	II.Sh.I.		20 03	III.Tr.I.
7	10 09	I.Tr.I.					14 23	I.Ec.R.		22 35	III.Tr.E.
	11 08	I.Sh.I.	15	9 24	I.Oc.D.		15 07	II.Tr.E.		22 48	III.Sh.I.
	12 20	I.Tr.E.		9 56	II.Tr.I.		15 37	III.Tr.I.			
	13 19	I.Sh.E.		11 12	III.Tr.I.		16 38	II.Sh.E.	30	1 15	III.Sh.E.
				11 39	II.Sh.I.		18 08	III.Tr.E.		10 43	I.Tr.I.
8	6 48	III.Tr.I.		12 20	II.Tr.E.		18 48	III.Sh.I.		11 23	I.Sh.I.
	7 09	II.Tr.I.		12 28	I.Ec.R.		21 13	III.Sh.E.		12 55	I.Tr.E.
	7 24	I.Oc.D.		13 42	III.Tr.E.					13 35	I.Sh.E.
	9 04	II.Sh.I.		14 03	II.Sh.E.	23	8 42	I.Tr.I.			

I. Apr. 15	II. Apr. 13	III. Apr. 12	IV. Apr.
$x_2 = +1.7,\ y_2 = +0.3$	$x_2 = +2.1,\ y_2 = +0.5$	$x_1 = +1.4,\ y_1 = +0.7$ $x_2 = +2.7,\ y_2 = +0.7$	No Eclipse

NOTE.—I. denotes ingress; E., egress; D., disappearance; R., reappearance; Ec., eclipse; Oc., occultation; Tr., transit of the satellite; Sh., transit of the shadow.

CONFIGURATIONS OF SATELLITES I-IV FOR APRIL

UNIVERSAL TIME

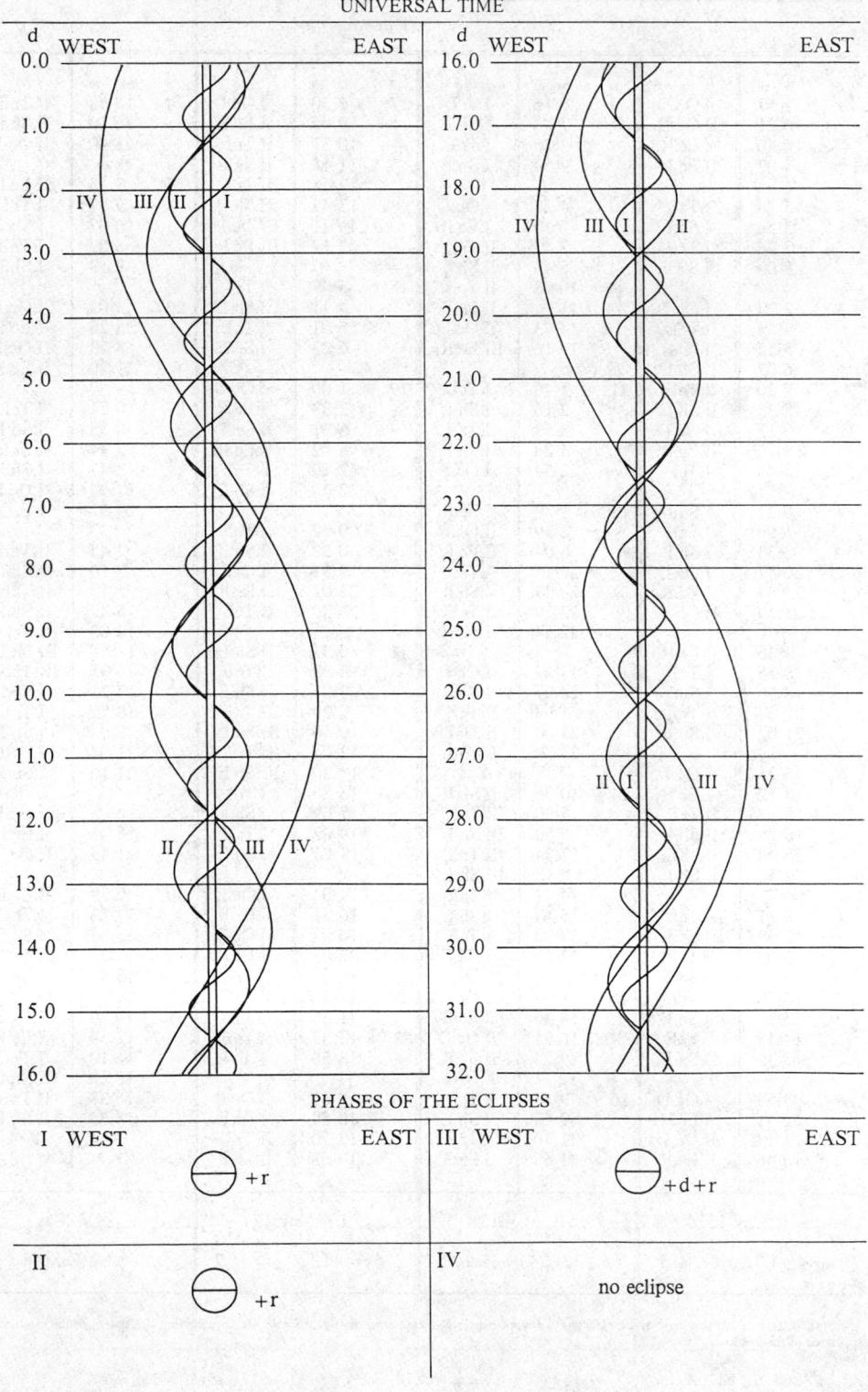

PHASES OF THE ECLIPSES

SATELLITES OF JUPITER, 1989

UNIVERSAL TIME OF GEOCENTRIC PHENOMENA

MAY

d	h m		d	h m		d	h m		d	h m	
1	7 57	I.Oc.D.	9	7 16	I.Tr.I.	17	6 30	I.Oc.D.	24	15 48	II.Tr.E.
	10 21	II.Oc.D.		7 48	I.Sh.I.		9 05	I.Ec.R.		16 19	II.Sh.E.
	10 46	I.Ec.R.		9 28	I.Tr.E.		10 31	II.Tr.I.		23 40	III.Oc.D.
	14 07	II.Ec.R.		9 59	I.Sh.E.		11 18	II.Sh.I.	25	3 18	III.Ec.R.
2	5 14	I.Tr.I.	10	4 28	I.Oc.D.		12 58	II.Tr.E.		5 51	I.Tr.I.
	5 52	I.Sh.I.		7 10	I.Ec.R.		13 43	II.Sh.E.		6 07	I.Sh.I.
	7 26	I.Tr.E.		7 42	II.Tr.I.		19 11	III.Oc.D.		8 03	I.Tr.E.
	8 04	I.Sh.E.		8 43	II.Sh.I.		23 17	III.Ec.R.		8 19	I.Sh.E.
3	2 27	I.Oc.D.		10 08	II.Tr.E.	18	3 49	I.Tr.I.	26	3 02	I.Oc.D.
	4 54	II.Tr.I.		11 08	II.Sh.E.		4 11	I.Sh.I.		5 28	I.Ec.R.
	5 15	I.Ec.R.		14 43	III.Oc.D.		6 01	I.Tr.E.		8 23	II.Oc.D.
	6 07	II.Sh.I.		19 16	III.Ec.R.		6 23	I.Sh.E.		11 20	II.Ec.R.
	7 20	II.Tr.E.	11	1 46	I.Tr.I.	19	1 00	I.Oc.D.	27	0 21	I.Tr.I.
	8 32	II.Sh.E.		2 16	I.Sh.I.		3 33	I.Ec.R.		0 35	I.Sh.I.
	10 15	III.Oc.D.		3 59	I.Tr.E.		5 31	II.Oc.D.		2 34	I.Tr.E.
	15 15	III.Ec.R.		4 28	I.Sh.E.		8 42	II.Ec.R.		2 47	I.Sh.E.
	23 44	I.Tr.I.		22 59	I.Oc.D.		22 19	I.Tr.I.		21 32	I.Oc.D.
4	0 21	I.Sh.I.	12	1 39	I.Ec.R.		22 40	I.Sh.I.		23 57	I.Ec.R.
	1 56	I.Tr.E.		2 39	II.Oc.D.	20	0 32	I.Tr.E.	28	2 45	II.Tr.I.
	2 33	I.Sh.E.		6 04	II.Ec.R.		0 52	I.Sh.E.		3 10	II.Sh.I.
	20 57	I.Oc.D.		20 17	I.Tr.I.		19 31	I.Oc.D.		5 13	II.Tr.E.
	23 44	I.Ec.R.		20 45	I.Sh.I.		22 02	I.Ec.R.		5 37	II.Sh.E.
	23 47	II.Oc.D.		22 29	I.Tr.E.		23 56	II.Tr.I.		14 00	III.Tr.I.
5	3 26	II.Ec.R.		22 57	I.Sh.E.	21	0 35	II.Sh.I.		14 51	III.Sh.I.
	18 15	I.Tr.I.	13	17 29	I.Oc.D.		2 23	II.Tr.E.		16 35	III.Tr.E.
	18 50	I.Sh.I.		20 07	I.Ec.R.		3 01	II.Sh.E.		17 21	III.Sh.E.
	20 27	I.Tr.E.		21 07	II.Tr.I.		9 29	III.Tr.I.		18 52	I.Tr.I.
	21 02	I.Sh.E.		22 00	II.Sh.I.		10 50	III.Sh.I.		19 04	I.Sh.I.
6	15 28	I.Oc.D.		23 33	II.Tr.E.		12 04	III.Tr.E.		21 04	I.Tr.E.
	18 12	I.Ec.R.	14	0 25	II.Sh.E.		13 20	III.Sh.E.		21 16	I.Sh.E.
	18 18	II.Tr.I.		5 00	III.Tr.I.		16 50	I.Tr.I.	29	16 03	I.Oc.D.
	19 25	II.Sh.I.		6 50	III.Sh.I.		17 09	I.Sh.I.		18 25	I.Ec.R.
	20 44	II.Tr.E.		7 34	III.Tr.E.		19 02	I.Tr.E.		21 49	II.Oc.D.
	21 50	II.Sh.E.		9 18	III.Sh.E.		19 21	I.Sh.E.	30	0 39	II.Ec.R.
7	0 31	III.Tr.I.		14 48	I.Tr.I.	22	14 01	I.Oc.D.		13 23	I.Tr.I.
	2 49	III.Sh.I.		15 14	I.Sh.I.		16 31	I.Ec.R.		13 33	I.Sh.I.
	3 04	III.Tr.E.		17 00	I.Tr.E.		18 57	II.Oc.D.		15 35	I.Tr.E.
	5 16	III.Sh.E.		17 26	I.Sh.E.		22 02	II.Ec.R.		15 45	I.Sh.E.
	12 45	I.Tr.I.	15	11 59	I.Oc.D.	23	11 20	I.Tr.I.	31	10 33	I.Oc.D.
	13 19	I.Sh.I.		14 36	I.Ec.R.		11 38	I.Sh.I.		12 54	I.Ec.R.
	14 58	I.Tr.E.		16 05	II.Oc.D.		13 33	I.Tr.E.		16 10	II.Tr.I.
	15 30	I.Sh.E.		19 24	II.Ec.R.		13 50	I.Sh.E.		16 28	II.Sh.I.
8	9 58	I.Oc.D.	16	9 18	I.Tr.I.	24	8 31	I.Oc.D.		18 38	II.Tr.E.
	12 41	I.Ec.R.		9 43	I.Sh.I.		10 59	I.Ec.R.		18 55	II.Sh.E.
	13 13	II.Oc.D.		11 30	I.Tr.E.		13 20	II.Tr.I.			
	16 46	II.Ec.R.		11 55	I.Sh.E.		13 53	II.Sh.I.			

I. May 15	II. May 15	III. May 17	IV. May
$x_2 = +1.3$, $y_2 = +0.3$	$x_2 = +1.4$, $y_2 = +0.5$	$x_2 = +1.5$, $y_2 = +0.7$	No Eclipse

NOTE.—I. denotes ingress; E., egress; D., disappearance; R., reappearance; Ec., eclipse; Oc., occultation; Tr., transit of the satellite; Sh., transit of the shadow.

CONFIGURATIONS OF SATELLITES I-IV FOR MAY

UNIVERSAL TIME

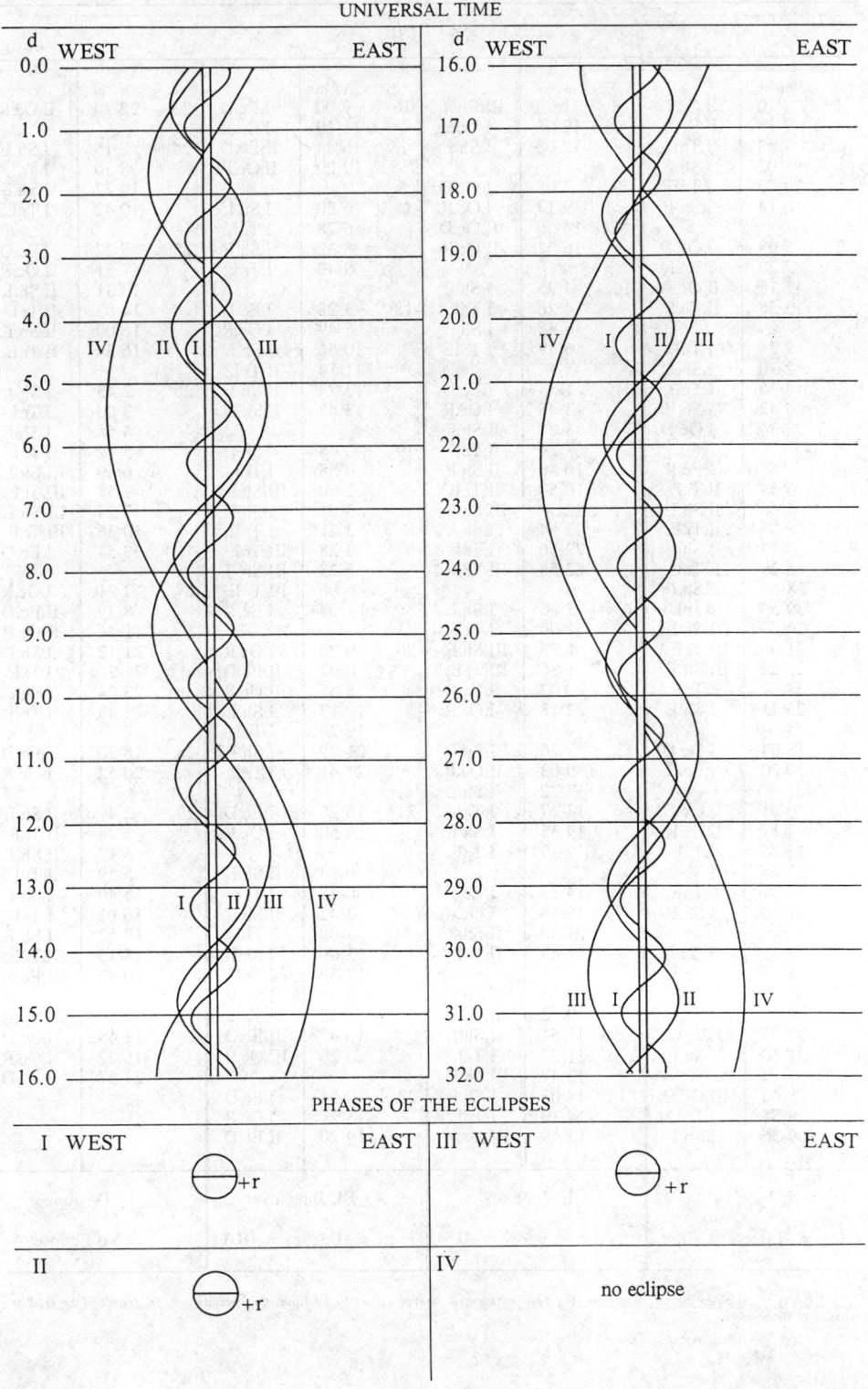

PHASES OF THE ECLIPSES

SATELLITES OF JUPITER, 1989

UNIVERSAL TIME OF GEOCENTRIC PHENOMENA

JUNE

d	h m		d	h m		d	h m		d	h m	
1	4 10	III.Oc.D.	8	11 20	III.Ec.R.	16	9 00	I.Ec.D.	23	22 20	II.Oc.R.
	7 18	III.Ec.R.		12 08	I.Tr.E.		11 19	I.Oc.R.	24	8 15	I.Sh.I.
	7 53	I.Tr.I.		12 08	I.Sh.E.		16 44	II.Ec.D.		8 30	I.Tr.I.
	8 02	I.Sh.I.	9	7 05	I.Oc.D.		19 29	II.Oc.R.		10 27	I.Sh.E.
	10 05	I.Tr.E.		9 17	I.Oc.R.	17	6 20	I.Sh.I.		10 42	I.Tr.E.
	10 14	I.Sh.E.		14 06	II.Oc.D.		6 28	I.Tr.I.	25	5 22	I.Ec.D.
2	5 03	I.Oc.D.		16 37	II.Oc.R.		8 32	I.Sh.E.		7 51	I.Oc.R.
	7 22	I.Ec.R.	10	4 25	I.Sh.I.		8 40	I.Tr.E.		13 31	II.Sh.I.
	11 15	II.Oc.D.		4 26	I.Tr.I.	18	3 28	I.Ec.D.		14 03	II.Tr.I.
	13 58	II.Ec.R.		6 37	I.Sh.E.		5 49	I.Oc.R.		16 00	II.Sh.E.
3	2 24	I.Tr.I.		6 38	I.Tr.E.		10 56	II.Sh.I.		16 34	II.Tr.E.
	2 30	I.Sh.I.	11	1 34	I.Ec.D.		11 14	II.Tr.I.	26	2 43	I.Sh.I.
	4 36	I.Tr.E.		3 48	I.Oc.R.		13 24	II.Sh.E.		3 00	I.Tr.I.
	4 42	I.Sh.E.		8 21	II.Sh.I.		13 43	II.Tr.E.		4 55	I.Sh.E.
	23 34	I.Oc.D.		8 24	II.Tr.I.	19	0 48	I.Sh.I.		5 12	I.Tr.E.
4	1 51	I.Ec.R.		10 48	II.Sh.E.		0 58	I.Tr.I.		6 50	III.Sh.I.
	5 34	II.Tr.I.		10 53	II.Tr.E.		2 50	III.Sh.I.		7 57	III.Tr.I.
	5 46	II.Sh.I.		22 50	III.Sh.I.		3 01	I.Sh.E.		9 24	III.Sh.E.
	8 03	II.Tr.E.		22 54	I.Sh.I.		3 11	I.Tr.E.		10 36	III.Tr.E.
	8 12	II.Sh.E.		22 56	I.Tr.I.		3 28	III.Tr.I.		23 51	I.Ec.D.
	18 29	III.Tr.I.		22 58	III.Tr.I.		5 23	III.Sh.E.	27	2 21	I.Oc.R.
	18 51	III.Sh.I.	12	1 06	I.Sh.E.		6 06	III.Tr.E.		8 39	II.Ec.D.
	20 54	I.Tr.I.		1 09	I.Tr.E.		21 57	I.Ec.D.		11 46	II.Oc.R.
	20 59	I.Sh.I.		1 23	III.Sh.E.	20	0 20	I.Oc.R.		21 12	I.Sh.I.
	21 06	III.Tr.E.		1 36	III.Tr.E.		6 02	II.Ec.D.		21 30	I.Tr.I.
	21 22	III.Sh.E.		20 02	I.Ec.D.		8 55	II.Oc.R.		23 24	I.Sh.E.
	23 07	I.Tr.E.		22 18	I.Oc.R.		19 17	I.Sh.I.		23 43	I.Tr.E.
	23 11	I.Sh.E.	13	3 26	II.Ec.D.		19 29	I.Tr.I.	28	18 20	I.Ec.D.
5	18 04	I.Oc.D.		6 03	II.Oc.R.		21 29	I.Sh.E.		20 52	I.Oc.R.
	20 20	I.Ec.R.		17 22	I.Sh.I.		21 41	I.Tr.E.	29	2 49	II.Sh.I.
6	0 41	II.Oc.D.		17 27	I.Tr.I.	21	16 25	I.Ec.D.		3 28	II.Tr.I.
	3 17	II.Ec.R.		19 35	I.Sh.E.		18 50	I.Oc.R.		5 17	II.Sh.E.
	15 25	I.Tr.I.		19 39	I.Tr.E.	22	0 14	II.Sh.I.		5 59	II.Tr.E.
	15 28	I.Sh.I.	14	14 31	I.Ec.D.		0 38	II.Tr.I.		15 40	I.Sh.I.
	17 37	I.Tr.E.		16 48	I.Oc.R.		2 42	II.Sh.E.		16 01	I.Tr.I.
	17 40	I.Sh.E.		21 38	II.Sh.I.		3 08	II.Tr.E.		17 52	I.Sh.E.
7	12 35	I.Oc.D.		21 49	II.Tr.I.		13 46	I.Sh.I.		18 13	I.Tr.E.
	14 48	I.Ec.R.	15	0 06	II.Sh.E.		13 59	I.Tr.I.		20 47	III.Ec.D.
	18 59	II.Tr.I.		0 18	II.Tr.E.		15 58	I.Sh.E.	30	0 50	III.Oc.R.
	19 03	II.Sh.I.		11 51	I.Sh.I.		16 12	I.Tr.E.		12 48	I.Ec.D.
	21 28	II.Tr.E.		11 57	I.Tr.I.		16 47	III.Ec.D.		15 22	I.Oc.R.
	21 30	II.Sh.E.		12 47	III.Ec.D.		20 20	III.Oc.R.		21 57	II.Ec.D.
8	8 40	III.Oc.D.		14 03	I.Sh.E.	23	10 54	I.Ec.D.			
	9 55	I.Tr.I.		14 10	I.Tr.E.		13 21	I.Oc.R.			
	9 56	I.Sh.I.		15 49	III.Oc.R.		19 20	II.Ec.D.			

I. June 14	II. June 16	III. June 15	IV. June
$x_1 = -1.0$, $y_1 = +0.3$	$x_1 = -1.0$, $y_1 = +0.5$	$x_1 = -0.9$, $y_1 = +0.6$	No Eclipse

NOTE.—I. denotes ingress; E., egress; D., disappearance; R., reappearance; Ec., eclipse; Oc., occultation; Tr., transit of the satellite; Sh., transit of the shadow.

CONFIGURATIONS OF SATELLITES I-IV FOR JUNE

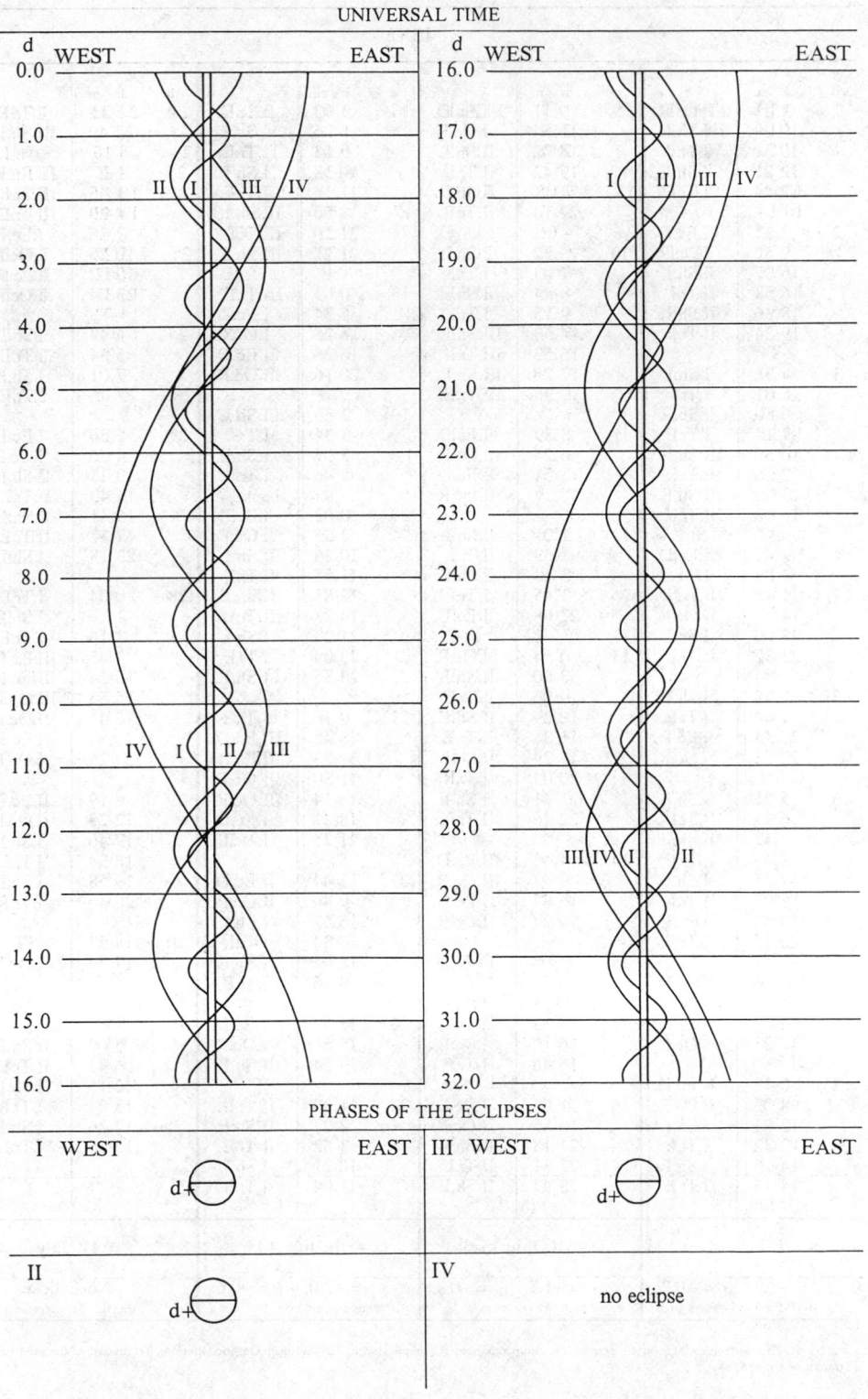

SATELLITES OF JUPITER, 1989

UNIVERSAL TIME OF GEOCENTRIC PHENOMENA

JULY

d	h m		d	h m		d	h m		d	h m	
1	1 11	II.Oc.R.	9	9 11	I.Ec.D.	17	1 03	II.Tr.E.	24	13 16	I.Tr.E.
	10 09	I.Sh.I.		11 54	I.Oc.R.		8 26	I.Sh.I.		22 49	III.Sh.I.
	10 31	I.Tr.I.		18 42	II.Sh.I.		9 03	I.Tr.I.			
	12 21	I.Sh.E.		19 42	II.Tr.I.		10 38	I.Sh.E.	25	1 27	III.Sh.E.
	12 44	I.Tr.E.		21 11	II.Sh.E.		11 16	I.Tr.E.		1 45	III.Tr.I.
				22 14	II.Tr.E.		18 50	III.Sh.I.		4 29	III.Tr.E.
2	7 17	I.Ec.D.					21 20	III.Tr.I.		7 28	I.Ec.D.
	9 52	I.Oc.R.	10	6 32	I.Sh.I.		21 27	III.Sh.E.		10 25	I.Oc.R.
	16 07	II.Sh.I.		7 03	I.Tr.I.					19 02	II.Ec.D.
	16 53	II.Tr.I.		8 44	I.Sh.E.	18	0 03	III.Tr.E.		23 04	II.Oc.R.
	18 36	II.Sh.E.		9 15	I.Tr.E.		5 34	I.Ec.D.			
	19 24	II.Tr.E.		14 50	III.Sh.I.		8 25	I.Oc.R.	26	4 49	I.Sh.I.
				16 53	III.Tr.I.		16 26	II.Ec.D.		5 34	I.Tr.I.
3	4 38	I.Sh.I.		17 26	III.Sh.E.		20 16	II.Oc.R.		7 01	I.Sh.E.
	5 01	I.Tr.I.		19 35	III.Tr.E.					7 46	I.Tr.E.
	6 50	I.Sh.E.				19	2 55	I.Sh.I.			
	7 14	I.Tr.E.	11	3 39	I.Ec.D.		3 34	I.Tr.I.	27	1 56	I.Ec.D.
	10 50	III.Sh.I.		6 24	I.Oc.R.		5 07	I.Sh.E.		4 56	I.Oc.R.
	12 26	III.Tr.I.		13 51	II.Ec.D.		5 46	I.Tr.E.		13 11	II.Sh.I.
	13 25	III.Sh.E.		17 27	II.Oc.R.					14 43	II.Tr.I.
	15 07	III.Tr.E.				20	0 02	I.Ec.D.		15 41	II.Sh.E.
			12	1 01	I.Sh.I.		2 55	I.Oc.R.		17 17	II.Tr.E.
4	1 45	I.Ec.D.		1 33	I.Tr.I.		10 36	II.Sh.I.		23 18	I.Sh.I.
	4 23	I.Oc.R.		3 13	I.Sh.E.		11 55	II.Tr.I.			
	11 15	II.Ec.D.		3 45	I.Tr.E.		13 05	II.Sh.E.	28	0 04	I.Tr.I.
	14 37	II.Oc.R.		22 08	I.Ec.D.		14 28	II.Tr.E.		1 29	I.Sh.E.
	23 06	I.Sh.I.					21 23	I.Sh.I.		2 16	I.Tr.E.
	23 32	I.Tr.I.	13	0 54	I.Oc.R.		22 04	I.Tr.I.		12 45	III.Ec.D.
				8 00	II.Sh.I.		23 35	I.Sh.E.		15 24	III.Ec.R.
5	1 18	I.Sh.E.		9 06	II.Tr.I.					15 55	III.Oc.D.
	1 44	I.Tr.E.		10 29	II.Sh.E.	21	0 16	I.Tr.E.		18 41	III.Oc.R.
	20 14	I.Ec.D.		11 38	II.Tr.E.		8 45	III.Ec.D.		20 25	I.Ec.D.
	22 53	I.Oc.R.		19 29	I.Sh.I.		11 23	III.Ec.R.		23 26	I.Oc.R.
				20 03	I.Tr.I.		11 30	III.Oc.D.			
6	5 25	II.Sh.I.		21 41	I.Sh.E.		14 14	III.Oc.R.	29	8 19	II.Ec.D.
	6 17	II.Tr.I.		22 16	I.Tr.E.		18 31	I.Ec.D.		12 28	II.Oc.R.
	7 53	II.Sh.E.					21 25	I.Oc.R.		17 46	I.Sh.I.
	8 49	II.Tr.E.	14	4 45	III.Ec.D.					18 34	I.Tr.I.
	17 35	I.Sh.I.		9 47	III.Oc.R.	22	5 44	II.Ec.D.		19 58	I.Sh.E.
	18 02	I.Tr.I.		16 37	I.Ec.D.		9 40	II.Oc.R.		20 46	I.Tr.E.
	19 47	I.Sh.E.		19 24	I.Oc.R.		15 52	I.Sh.I.			
	20 15	I.Tr.E.					16 34	I.Tr.I.	30	14 53	I.Ec.D.
			15	3 08	II.Ec.D.		18 04	I.Sh.E.		17 56	I.Oc.R.
7	0 46	III.Ec.D.		6 51	II.Oc.R.		18 46	I.Tr.E.			
	5 19	III.Oc.R.		13 58	I.Sh.I.				31	2 29	II.Sh.I.
	14 42	I.Ec.D.		14 33	I.Tr.I.	23	12 59	I.Ec.D.		4 08	II.Tr.I.
	17 23	I.Oc.R.		16 10	I.Sh.E.		15 55	I.Oc.R.		5 00	II.Sh.E.
				16 46	I.Tr.E.		23 54	II.Sh.I.		6 41	II.Tr.E.
8	0 33	II.Ec.D.								12 15	I.Sh.I.
	4 02	II.Oc.R.	16	11 05	I.Ec.D.	24	1 20	II.Tr.I.		13 04	I.Tr.I.
	12 03	I.Sh.I.		13 55	I.Oc.R.		2 23	II.Sh.E.		14 26	I.Sh.E.
	12 32	I.Tr.I.		21 18	II.Sh.I.		3 52	II.Tr.E.		15 16	I.Tr.E.
	14 16	I.Sh.E.		22 31	II.Tr.I.		10 21	I.Sh.I.			
	14 45	I.Tr.E.		23 47	II.Sh.E.		11 04	I.Tr.I.			

I. July 14	II. July 15	III. July 14	IV. July
$x_1 = -1.5,\ y_1 = +0.2$	$x_1 = -1.7,\ y_1 = +0.4$	$x_1 = -2.0,\ y_1 = +0.6$	No Eclipse

NOTE.—I. denotes ingress; E., egress; D., disappearance; R., reappearance; Ec., eclipse; Oc., occultation; Tr., transit of the satellite; Sh., transit of the shadow.

CONFIGURATIONS OF SATELLITES I-IV FOR JULY

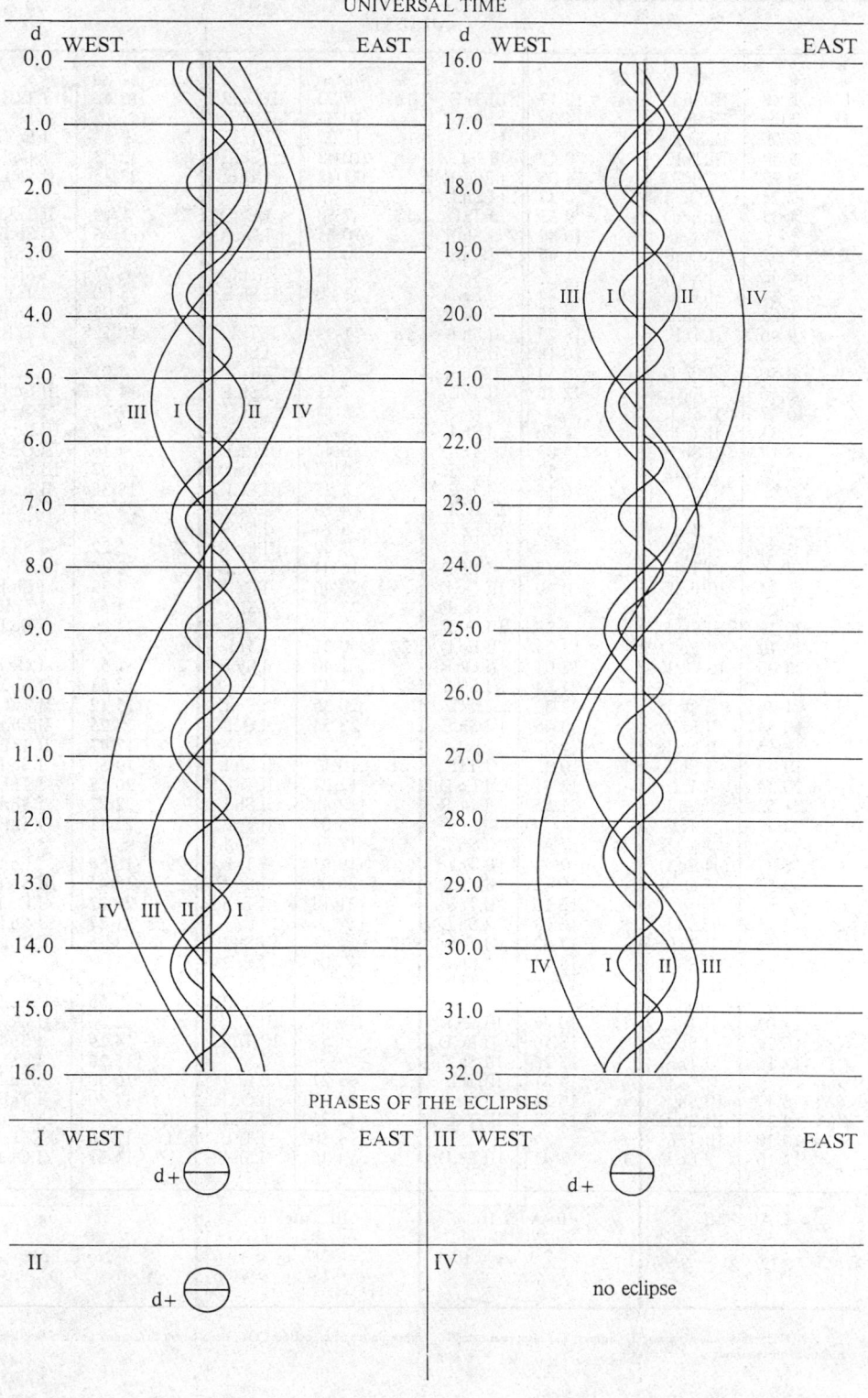

UNIVERSAL TIME

PHASES OF THE ECLIPSES

SATELLITES OF JUPITER, 1989

UNIVERSAL TIME OF GEOCENTRIC PHENOMENA

AUGUST

d	h m		d	h m		d	h m		d	h m	
1	2 48	III.Sh.I.	8	13 17	III.Tr.E.	16	7 23	II.Oc.R.	23	15 42	I.Tr.E.
	5 26	III.Sh.E.		14 26	I.Oc.R.		10 31	I.Sh.I.	24	9 32	I.Ec.D.
	6 09	III.Tr.I.	9	0 12	II.Ec.D.		11 32	I.Tr.I.		12 53	I.Oc.R.
	8 54	III.Tr.E.		4 38	II.Oc.R.		12 43	I.Sh.E.		23 35	II.Sh.I.
	9 22	I.Ec.D.		8 37	I.Sh.I.		13 44	I.Tr.E.	25	1 49	II.Tr.I.
	12 26	I.Oc.R.		9 33	I.Tr.I.	17	7 38	I.Ec.D.		2 06	II.Sh.E.
	21 37	II.Ec.D.		10 49	I.Sh.E.		10 55	I.Oc.R.		4 25	II.Tr.E.
2	1 52	II.Oc.R.		11 45	I.Tr.E.		20 59	II.Sh.I.		6 53	I.Sh.I.
	6 43	I.Sh.I.	10	5 44	I.Ec.D.		23 04	II.Tr.I.		8 00	I.Tr.I.
	7 34	I.Tr.I.		8 55	I.Oc.R.		23 30	II.Sh.E.		9 05	I.Sh.E.
	8 55	I.Sh.E.		18 23	II.Sh.I.	18	1 39	II.Tr.E.		10 12	I.Tr.E.
	9 46	I.Tr.E.		20 18	II.Tr.I.		5 00	I.Sh.I.	26	4 01	I.Ec.D.
3	3 50	I.Ec.D.		20 54	II.Sh.E.		6 02	I.Tr.I.		4 41	III.Ec.D.
	6 56	I.Oc.R.		22 52	II.Tr.E.		7 11	I.Sh.E.		7 23	I.Oc.R.
	15 47	II.Sh.I.	11	3 06	I.Sh.I.		8 14	I.Tr.E.		7 25	III.Ec.R.
	17 31	II.Tr.I.		4 03	I.Tr.I.	19	0 42	III.Ec.D.		9 16	III.Oc.D.
	18 17	II.Sh.E.		5 17	I.Sh.E.		2 07	I.Ec.D.		12 07	III.Oc.R.
	20 05	II.Tr.E.		6 15	I.Tr.E.		3 25	III.Ec.R.		18 38	II.Ec.D.
4	1 12	I.Sh.I.		20 44	III.Ec.D.		4 59	III.Oc.D.		23 29	II.Oc.R.
	2 04	I.Tr.I.		23 25	III.Ec.R.		5 24	I.Oc.R.	27	1 22	I.Sh.I.
	3 23	I.Sh.E.	12	0 13	I.Ec.D.		7 49	III.Oc.R.		2 29	I.Tr.I.
	4 16	I.Tr.E.		0 40	III.Oc.D.		16 04	II.Ec.D.		3 33	I.Sh.E.
	16 44	III.Ec.D.		3 25	I.Oc.R.		20 46	II.Oc.R.		4 41	I.Tr.E.
	19 25	III.Ec.R.		3 29	III.Oc.R.		23 28	I.Sh.I.		22 29	I.Ec.D.
	20 19	III.Oc.D.		13 29	II.Ec.D.	20	0 31	I.Tr.I.	28	1 52	I.Oc.R.
	22 19	I.Ec.D.		18 01	II.Oc.R.		1 40	I.Sh.E.		12 53	II.Sh.I.
	23 06	III.Oc.R.		21 34	I.Sh.I.		2 43	I.Tr.E.		15 12	II.Tr.I.
5	1 26	I.Oc.R.		22 33	I.Tr.I.		20 35	I.Ec.D.		15 25	II.Sh.E.
	10 54	II.Ec.D.		23 46	I.Sh.E.		23 54	I.Oc.R.		17 47	II.Tr.E.
	15 15	II.Oc.R.	13	0 45	I.Tr.E.	21	10 17	II.Sh.I.		19 50	I.Sh.I.
	19 40	I.Sh.I.		18 41	I.Ec.D.		12 27	II.Tr.I.		20 58	I.Tr.I.
	20 34	I.Tr.I.		21 55	I.Oc.R.		12 48	II.Sh.E.		22 02	I.Sh.E.
	21 52	I.Sh.E.	14	7 41	II.Sh.I.		15 02	II.Tr.E.		23 11	I.Tr.E.
	22 46	I.Tr.E.		9 41	II.Tr.I.		17 56	I.Sh.I.	29	16 58	I.Ec.D.
6	16 47	I.Ec.D.		10 12	II.Sh.E.		19 01	I.Tr.I.		18 45	III.Sh.I.
	19 56	I.Oc.R.		12 16	II.Tr.E.		20 08	I.Sh.E.		20 22	I.Oc.R.
7	5 05	II.Sh.I.		16 03	I.Sh.I.		21 13	I.Tr.E.		21 27	III.Sh.E.
	6 55	II.Tr.I.		17 02	I.Tr.I.	22	14 46	III.Sh.I.		23 25	III.Tr.I.
	7 36	II.Sh.E.		18 14	I.Sh.E.		15 04	I.Ec.D.	30	2 14	III.Tr.E.
	9 29	II.Tr.E.		19 15	I.Tr.E.		17 27	III.Sh.E.		7 55	II.Ec.D.
	14 09	I.Sh.I.	15	10 46	III.Sh.I.		18 24	I.Oc.R.		12 50	II.Oc.R.
	15 03	I.Tr.I.		13 10	I.Ec.D.		19 09	III.Tr.I.		14 19	I.Sh.I.
	16 20	I.Sh.E.		13 26	III.Sh.E.		21 57	III.Tr.E.		15 28	I.Tr.I.
	17 16	I.Tr.E.		14 51	III.Tr.I.	23	5 21	II.Ec.D.		16 30	I.Sh.E.
8	6 47	III.Sh.I.		16 25	I.Oc.R.		10 07	II.Oc.R.		17 40	I.Tr.E.
	9 26	III.Sh.E.		17 38	III.Tr.E.		12 25	I.Sh.I.	31	11 26	I.Ec.D.
	10 30	III.Tr.I.	16	2 47	II.Ec.D.		13 30	I.Tr.I.		14 51	I.Oc.R.
	11 16	I.Ec.D.					14 36	I.Sh.E.			

I. Aug. 15	II. Aug. 16	III. Aug. 11	IV. Aug.
$x_1 = -1.8,\ y_1 = +0.2$	$x_1 = -2.3,\ y_1 = +0.4$	$x_1 = -2.9,\ y_1 = +0.6$ $x_2 = -1.4,\ y_2 = +0.6$	No Eclipse

NOTE.—I. denotes ingress; E., egress; D., disappearance; R., reappearance; Ec., eclipse; Oc., occultation; Tr., transit of the satellite; Sh., transit of the shadow.

CONFIGURATIONS OF SATELLITES I-IV FOR AUGUST

UNIVERSAL TIME

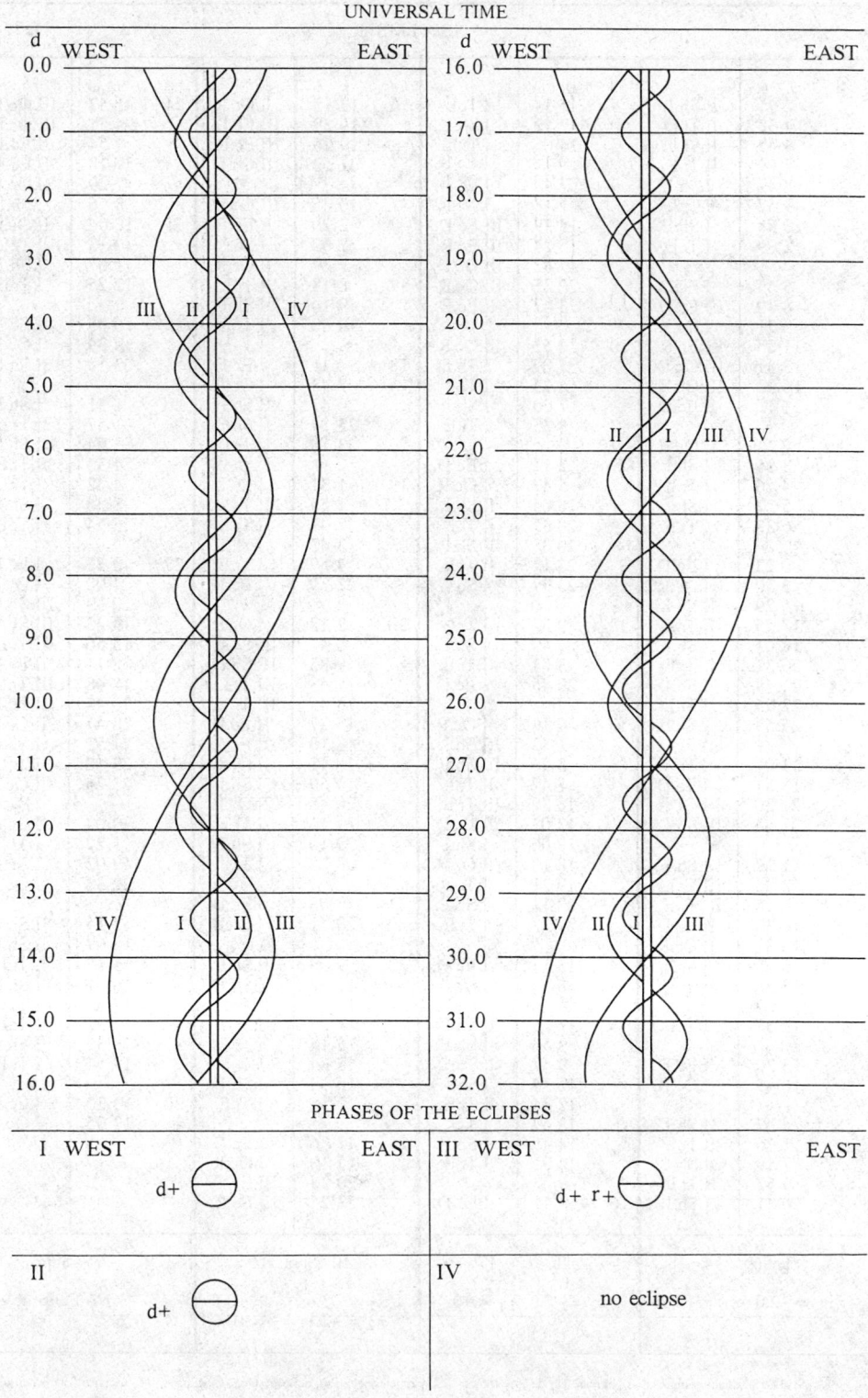

PHASES OF THE ECLIPSES

I WEST	EAST	III WEST	EAST
d+		d+ r+	

II		IV	
d+		no eclipse	

SATELLITES OF JUPITER, 1989

UNIVERSAL TIME OF GEOCENTRIC PHENOMENA

SEPTEMBER

d	h m		d	h m		d	h m		d	h m	
1	2 11	II.Sh.I.	8	11 54	I.Tr.I.	16	13 15	I.Oc.R.	24	1 57	III.Oc.D.
	4 33	II.Tr.I.		12 52	I.Sh.E.		16 39	III.Ec.D.		4 51	III.Oc.R.
	4 43	II.Sh.E.		14 06	I.Tr.E.		19 25	III.Ec.R.		4 54	II.Ec.D.
	7 09	II.Tr.E.	9	7 48	I.Ec.D.		21 52	III.Oc.D.		7 28	II.Ec.R.
	8 47	I.Sh.I.		11 18	I.Oc.R.	17	0 45	III.Oc.R.		7 29	II.Oc.D.
	9 57	I.Tr.I.		12 39	III.Ec.D.		2 20	II.Ec.D.		8 56	I.Sh.I.
	10 58	I.Sh.E.		15 24	III.Ec.R.		7 02	I.Sh.I.		10 06	II.Oc.R.
	12 09	I.Tr.E.		17 42	III.Oc.D.		7 29	II.Oc.R.		10 13	I.Tr.I.
2	5 55	I.Ec.D.		20 35	III.Oc.R.		8 18	I.Tr.I.		11 07	I.Sh.E.
	8 40	III.Ec.D.		23 47	II.Ec.D.		9 14	I.Sh.E.		12 25	I.Tr.E.
	9 21	I.Oc.R.	10	4 51	II.Oc.R.		10 30	I.Tr.E.	25	6 05	I.Ec.D.
	11 25	III.Ec.R.		5 09	I.Sh.I.					9 39	I.Oc.R.
	13 31	III.Oc.D.		6 23	I.Tr.I.	18	4 11	I.Ec.D.		23 18	II.Sh.I.
	16 22	III.Oc.R.		7 20	I.Sh.E.		7 43	I.Oc.R.	26	1 51	II.Sh.E.
	21 12	II.Ec.D.		8 35	I.Tr.E.		20 41	II.Sh.I.		1 57	II.Tr.I.
3	2 11	II.Oc.R.	11	2 17	I.Ec.D.		23 14	II.Sh.E.		3 24	I.Sh.I.
	3 15	I.Sh.I.		5 47	I.Oc.R.		23 18	II.Tr.I.		4 34	II.Tr.E.
	4 26	I.Tr.I.		18 05	II.Sh.I.	19	1 31	I.Sh.I.		4 42	I.Tr.I.
	5 27	I.Sh.E.		20 37	II.Tr.I.		1 55	II.Tr.E.		5 36	I.Sh.E.
	6 38	I.Tr.E.		20 38	II.Sh.E.		2 47	I.Tr.I.		6 54	I.Tr.E.
4	0 23	I.Ec.D.		23 14	II.Tr.E.		3 42	I.Sh.E.	27	0 33	I.Ec.D.
	3 50	I.Oc.R.		23 37	I.Sh.I.		4 59	I.Tr.E.		4 08	I.Oc.R.
	15 29	II.Sh.I.	12	0 52	I.Tr.I.		22 39	I.Ec.D.		10 39	III.Sh.I.
	17 55	II.Tr.I.		1 49	I.Sh.E.	20	2 12	I.Oc.R.		13 25	III.Sh.E.
	18 01	II.Sh.E.		3 04	I.Tr.E.		6 41	III.Sh.I.		15 56	III.Tr.I.
	20 31	II.Tr.E.		20 45	I.Ec.D.		9 25	III.Sh.E.		18 11	II.Ec.D.
	21 44	I.Sh.I.	13	0 16	I.Oc.R.		11 53	III.Tr.I.		18 48	III.Tr.E.
	22 55	I.Tr.I.		2 42	III.Sh.I.		14 45	III.Tr.E.		20 44	II.Ec.R.
	23 55	I.Sh.E.		5 26	III.Sh.E.		15 37	II.Ec.D.		20 47	II.Oc.D.
5	1 07	I.Tr.E.		7 47	III.Tr.I.		18 10	II.Ec.R.		21 52	I.Sh.I.
	18 51	I.Ec.D.		10 38	III.Tr.E.		18 11	II.Oc.D.		23 10	I.Tr.I.
	22 20	I.Oc.R.		13 03	II.Ec.D.		19 59	I.Sh.I.		23 24	II.Oc.R.
	22 44	III.Sh.I.		18 06	I.Sh.I.		20 48	II.Oc.R.	28	0 04	I.Sh.E.
6	1 27	III.Sh.E.		18 10	II.Oc.R.		21 16	I.Tr.I.		1 22	I.Tr.E.
	3 38	III.Tr.I.		19 21	I.Tr.I.		22 10	I.Sh.E.		19 02	I.Ec.D.
	6 28	III.Tr.E.		20 17	I.Sh.E.		23 28	I.Tr.E.		22 36	I.Oc.R.
	10 30	II.Ec.D.		21 33	I.Tr.E.	21	17 08	I.Ec.D.	29	12 35	II.Sh.I.
	15 31	II.Oc.R.	14	15 14	I.Ec.D.		20 41	I.Oc.R.		15 09	II.Sh.E.
	16 12	I.Sh.I.		18 45	I.Oc.R.	22	9 59	II.Sh.I.		15 15	II.Tr.I.
	17 25	I.Tr.I.	15	7 23	II.Sh.I.		12 32	II.Sh.E.		16 21	I.Sh.I.
	18 24	I.Sh.E.		9 56	II.Sh.E.		12 37	II.Tr.I.		17 38	I.Tr.I.
	19 37	I.Tr.E.		9 57	II.Tr.I.		14 27	I.Sh.I.		17 52	II.Tr.E.
7	13 20	I.Ec.D.		12 34	I.Sh.I.		15 14	II.Tr.E.		18 32	I.Sh.E.
	16 49	I.Oc.R.		12 34	II.Tr.E.		15 44	I.Tr.I.		19 50	I.Tr.E.
8	4 47	II.Sh.I.		13 49	I.Tr.I.		16 39	I.Sh.E.	30	13 30	I.Ec.D.
	7 16	II.Tr.I.		14 45	I.Sh.E.		17 56	I.Tr.E.		17 05	I.Oc.R.
	7 19	II.Sh.E.		16 01	I.Tr.E.	23	11 36	I.Ec.D.			
	9 52	II.Tr.E.	16	9 42	I.Ec.D.		15 10	I.Oc.R.			
	10 41	I.Sh.I.					20 38	III.Ec.D.			
							23 25	III.Ec.R.			

I. Sept. 14	II. Sept. 17	III. Sept. 16	IV. Sept.
$x_1 = -2.0$, $y_1 = +0.2$	$x_1 = -2.6$, $y_1 = +0.4$	$x_1 = -3.6$, $y_1 = +0.5$ $x_2 = -2.1$, $y_2 = +0.6$	No Eclipse

NOTE.—I. denotes ingress; E., egress; D., disappearance; R., reappearance; Ec., eclipse; Oc., occultation; Tr., transit of the satellite; Sh., transit of the shadow.

CONFIGURATIONS OF SATELLITES I-IV FOR SEPTEMBER

UNIVERSAL TIME

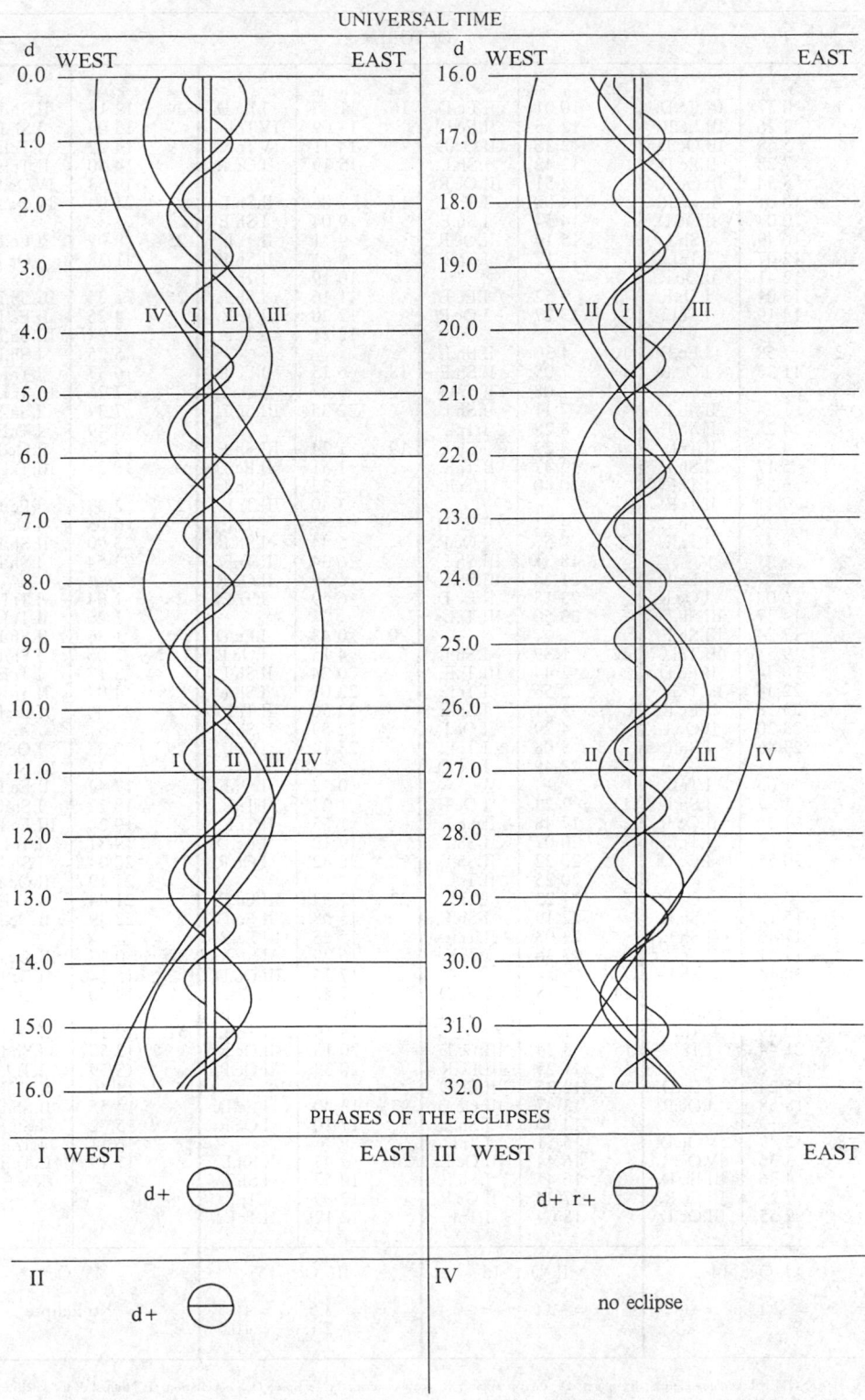

PHASES OF THE ECLIPSES

I WEST	EAST	III WEST	EAST
d+ ⊖		d+ r+ ⊖	

II		IV	
d+ ⊖		no eclipse	

SATELLITES OF JUPITER, 1989

UNIVERSAL TIME OF GEOCENTRIC PHENOMENA

OCTOBER

d	h m		d	h m		d	h m		d	h m	
1	0 37	III.Ec.D.	8	10 01	II.Ec.D.	16	11 46	I.Ec.D.	24	12 18	II.Sh.E.
	3 26	III.Ec.R.		12 35	II.Ec.R.		13 09	IV.Tr.I.		13 09	I.Sh.E.
	5 58	III.Oc.D.		12 36	II.Oc.D.		14 11	IV.Tr.E.		14 22	I.Tr.E.
	7 28	II.Ec.D.		12 42	I.Sh.I.		15 19	I.Oc.R.		14 50	II.Tr.E.
	8 54	III.Oc.R.		12 51	III.Oc.R.	17	7 06	II.Sh.I.		19 53	IV.Oc.D.
	10 01	II.Ec.R.		14 00	I.Tr.I.		9 04	I.Sh.I.		21 04	IV.Oc.R.
	10 04	II.Oc.D.		14 54	I.Sh.E.		9 41	II.Tr.I.	25	8 09	I.Ec.D.
	10 49	I.Sh.I.		15 14	II.Oc.R.		9 41	II.Sh.E.		11 38	I.Oc.R.
	12 07	I.Tr.I.		16 12	I.Tr.E.		10 19	I.Tr.I.	26	2 34	III.Sh.I.
	12 41	II.Oc.R.	9	9 52	I.Ec.D.		11 16	I.Sh.E.		4 25	II.Ec.D.
	13 01	I.Sh.E.		13 27	I.Oc.R.		12 20	II.Tr.E.		5 24	III.Sh.E.
	14 19	I.Tr.E.	10	4 30	II.Sh.I.		12 31	I.Tr.E.		5 25	I.Sh.I.
2	7 58	I.Ec.D.		7 05	II.Sh.E.	18	6 15	I.Ec.D.		6 37	I.Tr.I.
	11 33	I.Oc.R.		7 08	II.Tr.I.		9 47	I.Oc.R.		7 26	III.Tr.I.
3	1 54	II.Sh.I.		7 11	I.Sh.I.		22 35	III.Sh.I.		7 37	I.Sh.E.
	4 28	II.Sh.E.		8 28	I.Tr.I.	19	1 24	III.Sh.E.		8 49	I.Tr.E.
	4 33	II.Tr.I.		9 22	I.Sh.E.		1 51	II.Ec.D.		9 26	II.Oc.R.
	5 17	I.Sh.I.		9 47	II.Tr.E.		3 32	I.Sh.I.		10 21	III.Tr.E.
	6 35	I.Tr.I.		10 40	I.Tr.E.		3 40	III.Tr.I.	27	2 37	I.Ec.D.
	7 11	II.Tr.E.	11	4 21	I.Ec.D.		4 47	I.Tr.I.		6 05	I.Oc.R.
	7 29	I.Sh.E.		7 55	I.Oc.R.		5 44	I.Sh.E.		23 00	II.Sh.I.
	8 47	I.Tr.E.		18 37	III.Sh.I.		6 34	III.Tr.E.		23 54	I.Sh.I.
4	2 27	I.Ec.D.		21 24	III.Sh.E.		6 59	II.Oc.R.	28	1 04	I.Tr.I.
	6 02	I.Oc.R.		23 18	II.Ec.D.		6 59	I.Tr.E.		1 26	II.Tr.I.
	14 37	III.Sh.I.		23 50	III.Tr.I.	20	0 43	I.Ec.D.		1 36	II.Sh.E.
	17 24	III.Sh.E.	12	1 39	I.Sh.I.		4 15	I.Oc.R.		2 06	I.Sh.E.
	19 54	III.Tr.I.		2 44	III.Tr.E.		20 24	II.Sh.I.		3 17	I.Tr.E.
	20 44	II.Ec.D.		2 56	I.Tr.I.		22 01	I.Sh.I.		4 04	II.Tr.E.
	22 48	III.Tr.E.		3 51	I.Sh.E.		22 56	II.Tr.I.		21 06	I.Ec.D.
	23 18	II.Ec.R.		4 29	II.Oc.R.		22 59	II.Sh.E.	29	0 33	I.Oc.R.
	23 20	II.Oc.D.		5 08	I.Tr.E.		23 14	I.Tr.I.		16 32	III.Ec.D.
	23 46	I.Sh.I.		22 49	I.Ec.D.	21	0 12	I.Sh.E.		17 42	II.Ec.D.
5	1 03	I.Tr.I.	13	2 23	I.Oc.R.		1 27	I.Tr.E.		18 22	I.Sh.I.
	1 57	I.Sh.E.		17 48	II.Sh.I.		1 35	II.Tr.E.		19 24	III.Ec.R.
	1 58	II.Oc.R.		20 07	I.Sh.I.		19 12	I.Ec.D.		19 31	I.Tr.I.
	3 15	I.Tr.E.		20 22	II.Sh.E.		22 42	I.Oc.R.		20 34	I.Sh.E.
	20 55	I.Ec.D.		20 25	II.Tr.I.	22	12 33	III.Ec.D.		21 19	III.Oc.D.
6	0 30	I.Oc.R.		21 23	I.Tr.I.		15 08	II.Ec.D.		21 44	I.Tr.E.
	15 12	II.Sh.I.		22 19	I.Sh.E.		15 25	III.Ec.R.		22 39	II.Oc.R.
	17 46	II.Sh.E.		23 03	II.Tr.E.		16 29	I.Sh.I.	30	0 17	III.Oc.R.
	17 51	II.Tr.I.		23 36	I.Tr.E.		17 35	III.Oc.D.		15 34	I.Ec.D.
	18 14	I.Sh.I.	14	17 18	I.Ec.D.		17 42	I.Tr.I.		19 00	I.Oc.R.
	19 31	I.Tr.I.		20 51	I.Oc.R.		18 41	I.Sh.E.	31	12 19	II.Sh.I.
	20 26	I.Sh.E.	15	8 34	III.Ec.D.		19 54	I.Tr.E.		12 50	I.Sh.I.
	20 29	II.Tr.E.		11 25	III.Ec.R.		20 13	II.Oc.R.		13 59	I.Tr.I.
	21 44	I.Tr.E.		12 35	II.Ec.D.		20 33	III.Oc.R.		14 40	II.Tr.I.
7	15 24	I.Ec.D.		13 47	III.Oc.D.	23	13 40	I.Ec.D.		14 55	II.Sh.E.
	18 58	I.Oc.R.		14 36	I.Sh.I.		17 10	I.Oc.R.		15 02	I.Sh.E.
8	2 49	IV.Oc.D.		15 51	I.Tr.I.	24	9 43	II.Sh.I.		16 11	I.Tr.E.
	3 36	IV.Oc.R.		16 44	III.Oc.R.		10 57	I.Sh.I.		17 19	II.Tr.E.
	4 36	III.Ec.D.		16 47	I.Sh.E.		12 09	I.Tr.I.			
	7 25	III.Ec.R.		17 44	II.Oc.R.		12 12	II.Tr.I.			
	9 55	III.Oc.D.		18 04	I.Tr.E.						

I. Oct. 14	II. Oct. 15	III. Oct. 15	IV. Oct.
$x_1 = -2.1, y_1 = +0.2$	$x_1 = -2.6, y_1 = +0.4$	$x_1 = -3.6, y_1 = +0.5$ $x_2 = -2.1, y_2 = +0.5$	No Eclipse

NOTE.—I. denotes ingress; E., egress; D., disappearance; R., reappearance; Ec., eclipse; Oc., occultation; Tr., transit of the satellite; Sh., transit of the shadow.

CONFIGURATIONS OF SATELLITES I-IV FOR OCTOBER

UNIVERSAL TIME

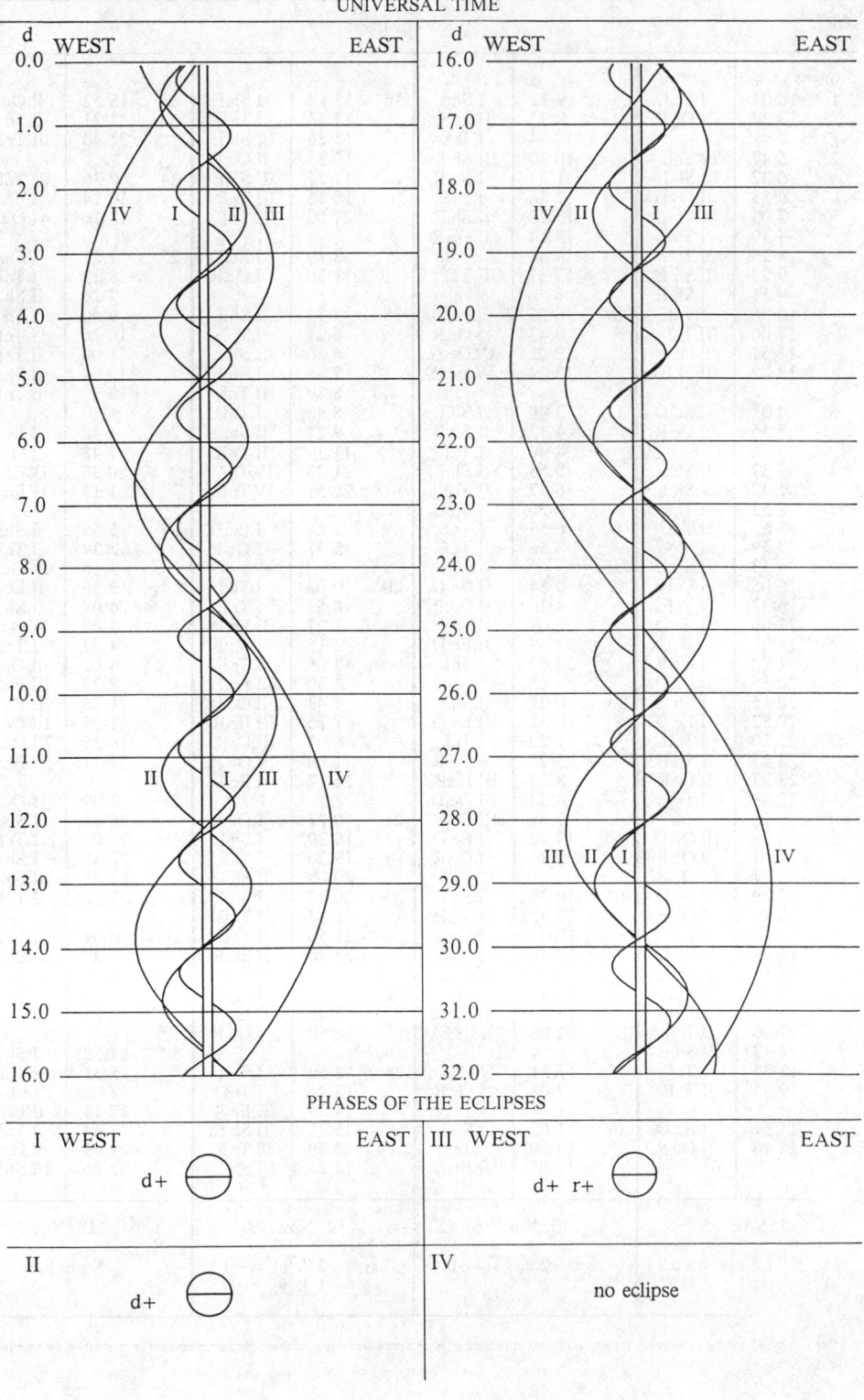

PHASES OF THE ECLIPSES

SATELLITES OF JUPITER, 1989

UNIVERSAL TIME OF GEOCENTRIC PHENOMENA

NOVEMBER

d	h m		d	h m		d	h m		d	h m	
1	10 03	I.Ec.D.	9	9 12	I.Sh.I.	16	13 18	I.Sh.E.	23	18 52	II.Oc.R.
	13 27	I.Oc.R.		9 32	II.Ec.D.		14 13	I.Tr.E.		21 21	III.Sh.E.
2	5 47	IV.Tr.I.		10 14	I.Tr.I.		14 28	III.Sh.I.		21 40	III.Tr.I.
	6 32	III.Sh.I.		10 30	III.Sh.I.		16 34	II.Oc.R.	24	0 36	III.Tr.E.
	6 58	II.Ec.D.		11 24	I.Sh.E.		17 21	III.Sh.E.		10 14	I.Ec.D.
	7 03	IV.Tr.E.		12 26	I.Tr.E.		18 13	III.Tr.I.		13 16	I.Oc.R.
	7 19	I.Sh.I.		13 22	III.Sh.E.		21 09	III.Tr.E.	25	7 27	I.Sh.I.
	8 26	I.Tr.I.		14 14	II.Oc.R.	17	8 19	I.Ec.D.		8 13	I.Tr.I.
	9 23	III.Sh.E.		14 42	III.Tr.I.		11 30	I.Oc.R.		9 26	II.Sh.I.
	9 31	I.Sh.E.		17 37	III.Tr.E.	18	5 33	I.Sh.I.		9 40	I.Sh.E.
	10 38	I.Tr.E.	10	6 25	I.Ec.D.		6 27	I.Tr.I.		10 26	I.Tr.E.
	11 06	III.Tr.I.		9 43	I.Oc.R.		6 50	II.Sh.I.		11 00	II.Tr.I.
	11 51	II.Oc.R.		12 02	IV.Oc.D.		7 46	I.Sh.E.		12 04	II.Sh.E.
	14 02	III.Tr.E.		13 24	IV.Oc.R.		8 39	II.Tr.I.		13 39	II.Tr.E.
3	4 31	I.Ec.D.	11	3 40	I.Sh.I.		8 40	I.Tr.E.	26	4 42	I.Ec.D.
	7 55	I.Oc.R.		4 13	II.Sh.I.		9 27	II.Sh.E.		7 43	I.Oc.R.
4	1 37	II.Sh.I.		4 40	I.Tr.I.		11 19	II.Tr.E.		20 38	IV.Ec.D.
	1 47	I.Sh.I.		5 53	I.Sh.E.		21 28	IV.Tr.I.		21 13	IV.Ec.R.
	2 53	I.Tr.I.		6 17	II.Tr.I.		22 51	IV.Tr.E.	27	1 55	I.Sh.I.
	3 53	II.Tr.I.		6 50	II.Sh.E.	19	2 48	I.Ec.D.		2 39	I.Tr.I.
	3 59	I.Sh.E.		6 53	I.Tr.E.		5 57	I.Oc.R.		3 16	IV.Oc.D.
	4 13	II.Sh.E.		8 56	II.Tr.E.	20	0 02	I.Sh.I.		3 56	II.Ec.D.
	5 05	I.Tr.E.	12	0 54	I.Ec.D.		0 53	I.Tr.I.		4 08	I.Sh.E.
	6 32	II.Tr.E.		4 10	I.Oc.R.		1 22	II.Ec.D.		4 40	IV.Oc.R.
	23 00	I.Ec.D.		22 09	I.Sh.I.		2 15	I.Sh.E.		4 52	I.Tr.E.
5	2 22	I.Oc.R.		22 49	II.Ec.D.		3 06	I.Tr.E.		8 01	II.Oc.R.
	20 15	II.Ec.D.		23 07	I.Tr.I.		4 30	III.Ec.D.		8 29	III.Ec.D.
	20 15	I.Sh.I.	13	0 21	I.Sh.E.		5 43	II.Oc.R.		11 26	III.Ec.R.
	20 32	III.Ec.D.		0 31	III.Ec.D.		7 26	III.Ec.R.		11 27	III.Oc.D.
	21 20	I.Tr.I.		1 20	I.Tr.E.		8 02	III.Oc.D.		14 25	III.Oc.R.
	22 27	I.Sh.E.		3 24	II.Oc.R.		11 00	III.Oc.R.		23 11	I.Ec.D.
	23 25	III.Ec.R.		3 25	III.Ec.R.		21 17	I.Ec.D.	28	2 09	I.Oc.R.
	23 33	I.Tr.E.		4 32	III.Oc.D.	21	0 23	I.Oc.R.		20 24	I.Sh.I.
6	0 58	III.Oc.D.		7 31	III.Oc.R.		18 30	I.Sh.I.		21 05	I.Tr.I.
	1 03	II.Oc.R.		19 22	I.Ec.D.		19 20	I.Tr.I.		22 37	I.Sh.E.
	3 57	III.Oc.R.		22 37	I.Oc.R.		20 08	II.Sh.I.		22 45	II.Sh.I.
	17 28	I.Ec.D.	14	16 37	I.Sh.I.		20 43	I.Sh.E.		23 18	I.Tr.E.
	20 49	I.Oc.R.		17 32	II.Sh.I.		21 33	I.Tr.E.	29	0 09	II.Tr.I.
7	14 44	I.Sh.I.		17 34	I.Tr.I.		21 50	II.Tr.I.		1 23	II.Sh.E.
	14 55	II.Sh.I.		18 49	I.Sh.E.		22 46	II.Sh.E.		2 49	II.Tr.E.
	15 47	I.Tr.I.		19 29	II.Tr.I.	22	0 30	II.Tr.E.		17 39	I.Ec.D.
	16 56	I.Sh.E.		19 47	I.Tr.E.		15 45	I.Ec.D.		20 35	I.Oc.R.
	17 06	II.Tr.I.		20 09	II.Sh.E.		18 50	I.Oc.R.	30	14 52	I.Sh.I.
	17 32	II.Sh.E.		22 08	II.Tr.E.	23	12 59	I.Sh.I.		15 31	I.Tr.I.
	17 59	I.Tr.E.	15	13 51	I.Ec.D.		13 46	I.Tr.I.		17 05	I.Sh.E.
	19 45	II.Tr.E.		17 03	I.Oc.R.		14 39	II.Ec.D.		17 13	II.Ec.D.
8	11 57	I.Ec.D.	16	11 05	I.Sh.I.		15 11	I.Sh.E.		17 44	I.Tr.E.
	15 16	I.Oc.R.		12 00	I.Tr.I.		15 59	I.Tr.E.		21 09	II.Oc.R.
				12 05	II.Ec.D.		18 27	III.Sh.I.		22 26	III.Sh.I.

I. Nov. 15	II. Nov. 16	III. Nov. 13	IV. Nov.
·1.8, $y_1 = +0.2$	$x_1 = -2.2$, $y_1 = +0.4$	$x_1 = -3.0$, $y_1 = +0.5$ $x_2 = -1.4$, $y_2 = +0.5$	No Eclipse

denotes ingress; E., egress; D., disappearance; R., reappearance; Ec., eclipse; Oc., occultation; Tr., transit of the satellite; Sh., 'ow.

CONFIGURATIONS OF SATELLITES I-IV FOR NOVEMBER

UNIVERSAL TIME

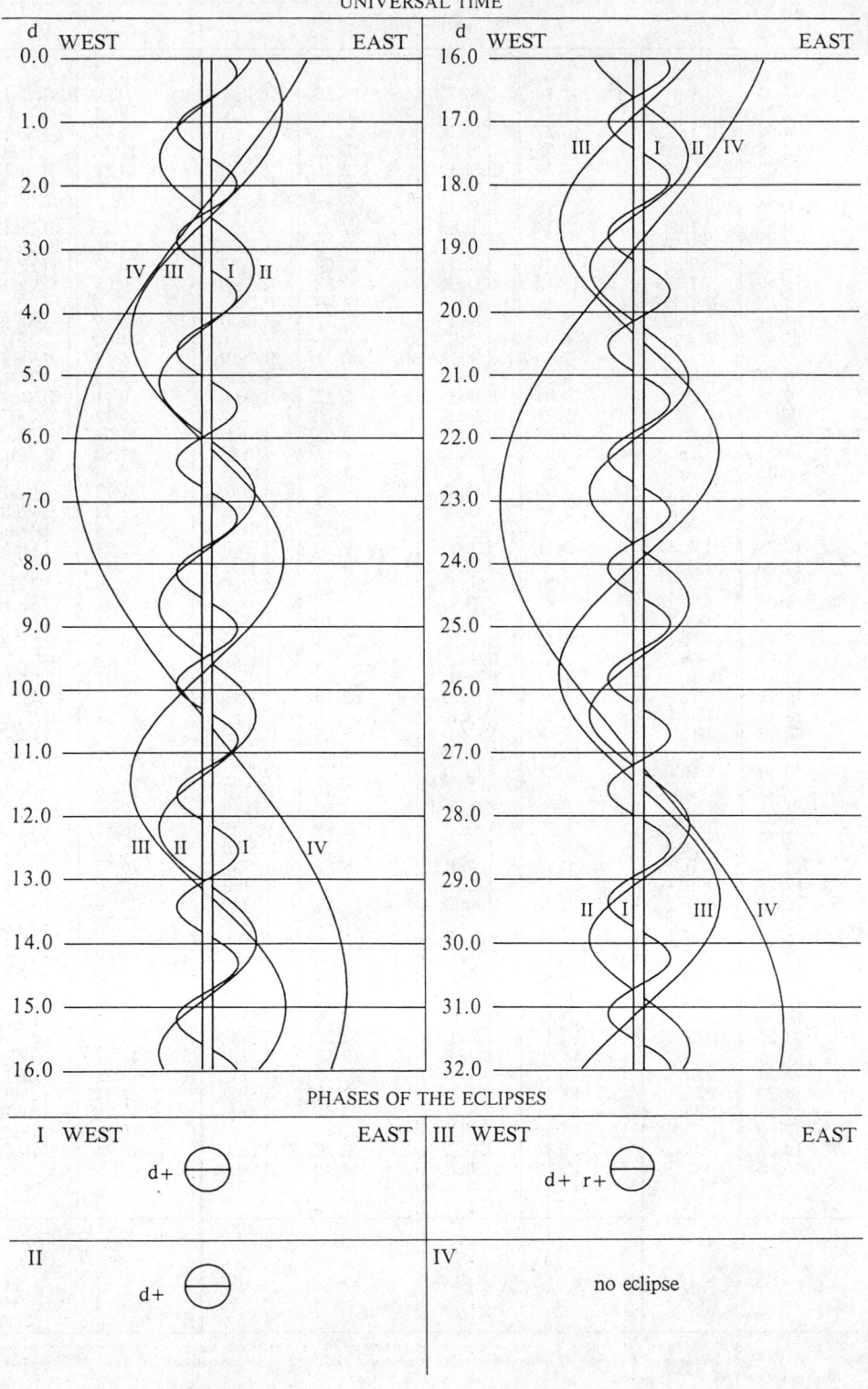

PHASES OF THE ECLIPSES

I WEST	EAST	III WEST	EAST
d+ ⊖		d+ r+ ⊖	

II		IV	
d+ ⊖		no eclipse	

SATELLITES OF JUPITER, 1989

UNIVERSAL TIME OF GEOCENTRIC PHENOMENA

DECEMBER

d	h m		d	h m		d	h m		d	h m	
1	1 03	III.Tr.I.	9	11 14	I.Sh.I.	16	19 56	II.Sh.E.	25	9 30	I.Sh.I.
	1 21	III.Sh.E.		11 41	I.Tr.I.		20 30	II.Tr.E.		9 34	I.Tr.I.
	4 00	III.Tr.E.		13 27	I.Sh.E.	17	10 26	I.Ec.D.		11 44	I.Sh.E.
	12 08	I.Ec.D.		13 55	I.Tr.E.		12 56	I.Oc.R.		11 47	I.Tr.E.
	15 02	I.Oc.R.		14 39	II.Sh.I.	18	7 36	I.Sh.I.		14 12	II.Ec.D.
2	9 20	I.Sh.I.		15 35	II.Tr.I.		7 51	I.Tr.I.		16 57	II.Oc.R.
	9 57	I.Tr.I.		17 18	II.Sh.E.		9 50	I.Sh.E.	26	0 27	III.Ec.D.
	11 34	I.Sh.E.		18 14	II.Tr.E.		10 04	I.Tr.E.		3 36	III.Oc.R.
	12 03	II.Sh.I.	10	8 31	I.Ec.D.		11 38	II.Ec.D.		6 49	I.Ec.D.
	12 10	I.Tr.E.		11 12	I.Oc.R.		14 44	II.Oc.R.		9 05	I.Oc.R.
	13 18	II.Tr.I.	11	5 42	I.Sh.I.		20 27	III.Ec.D.	27	3 59	I.Sh.I.
	14 41	II.Sh.E.		6 07	I.Tr.I.	19	0 21	III.Oc.R.		4 00	I.Tr.I.
	15 57	II.Tr.E.		7 56	I.Sh.E.		4 54	I.Ec.D.		6 13	I.Sh.E.
3	6 37	I.Ec.D.		8 21	I.Tr.E.		7 22	I.Oc.R.		6 13	I.Tr.E.
	9 28	I.Oc.R.		9 04	II.Ec.D.	20	2 05	I.Sh.I.		9 11	II.Sh.I.
4	3 49	I.Sh.I.		12 31	II.Oc.R.		2 16	I.Tr.I.		9 12	II.Tr.I.
	4 23	I.Tr.I.		16 27	III.Ec.D.		4 19	I.Sh.E.		11 52	II.Sh.E.
	6 02	I.Sh.E.		21 04	III.Oc.R.		4 30	I.Tr.E.		11 52	II.Tr.E.
	6 30	II.Ec.D.	12	3 00	I.Ec.D.		6 35	II.Sh.I.	28	1 17	I.Oc.D.
	6 37	I.Tr.E.		5 38	I.Oc.R.		6 58	II.Tr.I.		3 32	I.Ec.R.
	10 16	II.Oc.R.	13	0 11	I.Sh.I.		9 14	II.Sh.E.		22 25	I.Tr.I.
	12 28	III.Ec.D.		0 33	I.Tr.I.		9 37	II.Tr.E.		22 27	I.Sh.I.
	17 46	III.Oc.R.		2 24	I.Sh.E.		23 23	I.Ec.D.	29	0 39	I.Tr.E.
5	1 05	I.Ec.D.		2 47	I.Tr.E.	21	1 48	I.Oc.R.		0 41	I.Sh.E.
	3 54	I.Oc.R.		3 58	II.Sh.I.		20 33	I.Sh.I.		3 25	II.Oc.D.
	7 18	IV.Sh.I.		4 43	II.Tr.I.		20 42	I.Tr.I.		6 08	II.Ec.R.
	8 16	IV.Sh.E.		6 37	II.Sh.E.		22 47	I.Sh.E.		14 10	III.Tr.I.
	12 18	IV.Tr.I.		7 22	II.Tr.E.		22 56	I.Tr.E.		14 21	III.Sh.I.
	13 42	IV.Tr.E.		14 25	IV.Ec.D.	22	0 55	II.Ec.D.		17 07	III.Tr.E.
	22 17	I.Sh.I.		15 40	IV.Ec.R.		1 09	IV.Sh.I.		17 21	III.Sh.E.
	22 49	I.Tr.I.		17 43	IV.Oc.D.		2 31	IV.Tr.I.		19 43	I.Oc.D.
6	0 30	I.Sh.E.		19 09	IV.Oc.R.		2 37	IV.Sh.E.		22 01	I.Ec.R.
	1 03	I.Tr.E.		21 28	I.Ec.D.		3 50	II.Oc.R.	30	7 46	IV.Oc.D.
	1 21	II.Sh.I.	14	0 04	I.Oc.R.		3 55	IV.Tr.E.		10 00	IV.Ec.R.
	2 27	II.Tr.I.		18 39	I.Sh.I.		10 23	III.Sh.I.		16 51	I.Tr.I.
	4 00	II.Sh.E.		18 59	I.Tr.I.		10 55	III.Tr.I.		16 56	I.Sh.I.
	5 06	II.Tr.E.		20 53	I.Sh.E.		13 21	III.Sh.E.		19 05	I.Tr.E.
	19 34	I.Ec.D.		21 12	I.Tr.E.		13 53	III.Tr.E.		19 10	I.Sh.E.
	22 20	I.Oc.R.		22 21	II.Ec.D.		17 51	I.Ec.D.		22 19	II.Tr.I.
7	16 46	I.Sh.I.	15	1 37	II.Oc.R.		20 14	I.Oc.R.		22 30	II.Sh.I.
	17 15	I.Tr.I.		6 24	III.Sh.I.	23	15 02	I.Sh.I.	31	0 59	II.Tr.E.
	18 59	I.Sh.E.		7 40	III.Tr.I.		15 08	I.Tr.I.		1 10	II.Sh.E.
	19 29	I.Tr.E.		9 22	III.Sh.E.		17 16	I.Sh.E.		14 09	I.Oc.D.
	19 47	II.Ec.D.		10 38	III.Tr.E.		17 22	I.Tr.E.		16 30	I.Ec.R.
	23 24	II.Oc.R.		15 57	I.Ec.D.		19 53	II.Sh.I.	32	11 17	I.Tr.I.
8	2 25	III.Sh.I.		18 30	I.Oc.R.		20 05	II.Tr.I.		11 25	I.Sh.I.
	4 23	III.Tr.I.	16	13 08	I.Sh.I.		22 33	II.Sh.E.		13 31	I.Tr.E.
	5 21	III.Sh.E.		13 25	I.Tr.I.		22 44	II.Tr.E.		13 38	I.Sh.E.
	7 20	III.Tr.E.		15 21	I.Sh.E.	24	12 20	I.Ec.D.		16 32	II.Oc.D.
	14 02	I.Ec.D.		15 38	I.Tr.E.		14 40	I.Oc.R.		19 26	II.Ec.R.
	16 46	I.Oc.R.		17 16	II.Sh.I.						
				17 50	II.Tr.I.						

I. Dec. 15	II. Dec. 14	III. Dec. 11	IV. Dec. 13
$x_1 = -1.2,\ y_1 = +0.2$	$x_1 = -1.4,\ y_1 = +0.4$	$x_1 = -1.7,\ y_1 = +0.5$	$x_1 = -1.7,\ y_1 = +0.9$ $x_2 = -1.1,\ y_2 = +0.9$

NOTE.—I. denotes ingress; E., egress; D., disappearance; R., reappearance; Ec., eclipse; Oc., occultation; Tr., transit of the satellite; Sh., transit of the shadow.

CONFIGURATIONS OF SATELLITES I-IV FOR DECEMBER

UNIVERSAL TIME

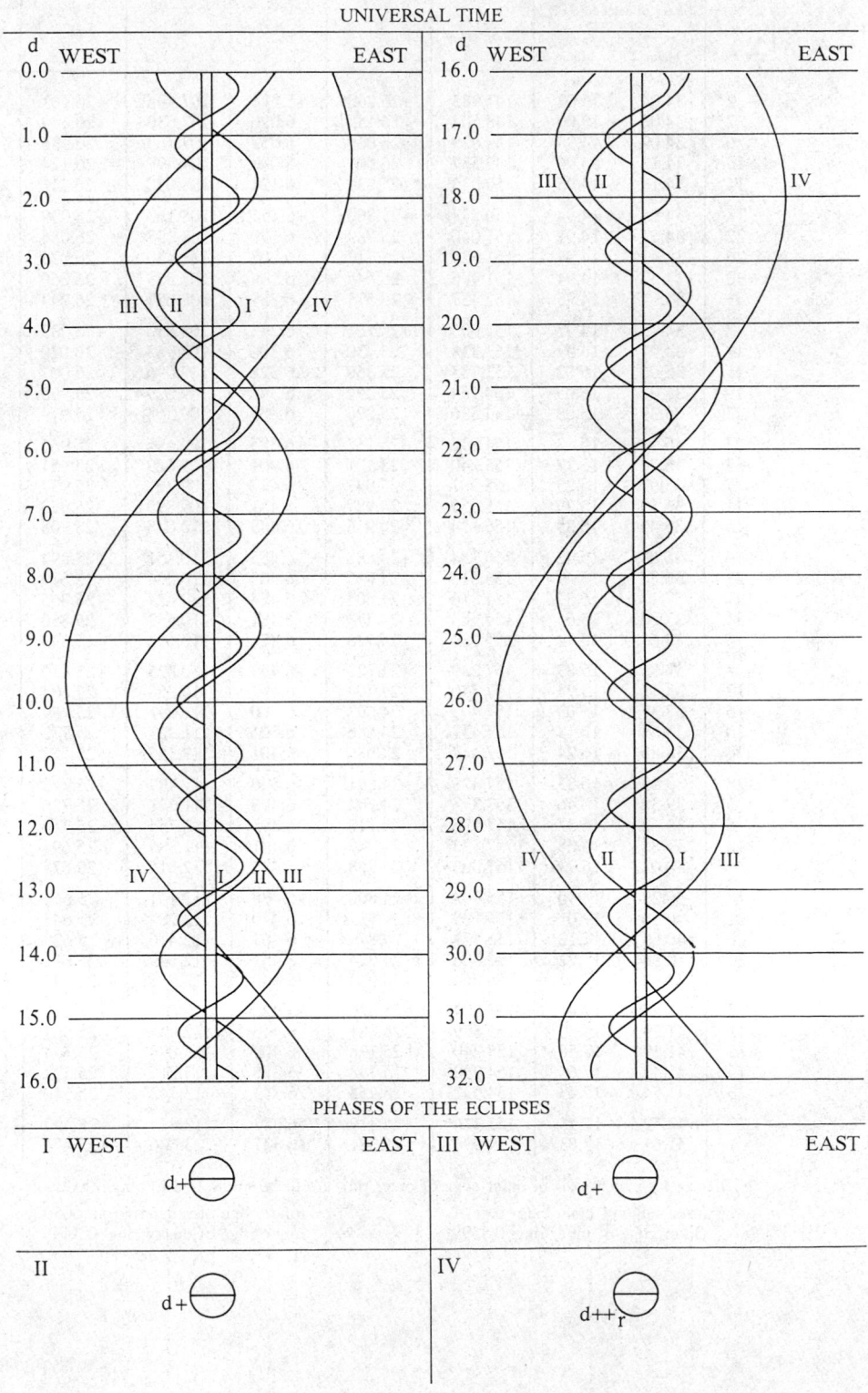

PHASES OF THE ECLIPSES

RINGS OF SATURN, 1989

FOR 0ʰ UNIVERSAL TIME

Date		Axes of outer edge of outer ring		U	B	P	U'	B'	P'
		Major	Minor						
		″	″	°	°	°	°	°	°
Jan.	− 2	34.04	15.03	147.983	+26.200	+5.993	107.496	+26.161	+ 8.134
	2	34.06	15.00	148.504	26.135	6.026	107.630	26.149	8.195
	6	34.09	14.98	149.023	26.069	6.059	107.763	26.136	8.255
	10	34.13	14.96	149.537	26.001	6.090	107.897	26.124	8.315
	14	34.18	14.95	150.045	25.931	6.121	108.030	26.111	8.376
	18	34.25	14.94	150.547	+25.860	+6.151	108.163	+26.099	+ 8.436
	22	34.33	14.93	151.040	25.789	6.179	108.297	26.086	8.496
	26	34.42	14.94	151.524	25.717	6.207	108.430	26.073	8.556
	30	34.52	14.94	151.996	25.645	6.234	108.563	26.060	8.617
Feb.	3	34.64	14.95	152.457	25.573	6.259	108.697	26.047	8.677
	7	34.77	14.97	152.905	+25.501	+6.283	108.830	+26.033	+ 8.737
	11	34.91	14.99	153.338	25.430	6.306	108.963	26.020	8.797
	15	35.06	15.02	153.755	25.360	6.328	109.096	26.007	8.857
	19	35.22	15.05	154.154	25.292	6.348	109.229	25.993	8.917
	23	35.39	15.08	154.536	25.226	6.367	109.363	25.979	8.977
	27	35.58	15.13	154.898	+25.162	+6.385	109.496	+25.965	+ 9.036
Mar.	3	35.77	15.17	155.240	25.101	6.401	109.629	25.951	9.096
	7	35.97	15.23	155.561	25.042	6.417	109.762	25.937	9.156
	11	36.19	15.29	155.859	24.987	6.431	109.895	25.923	9.215
	15	36.41	15.35	156.134	24.936	6.443	110.028	25.908	9.275
	19	36.63	15.42	156.384	+24.888	+6.455	110.161	+25.894	+ 9.335
	23	36.87	15.49	156.610	24.845	6.465	110.294	25.879	9.394
	27	37.11	15.57	156.810	24.807	6.474	110.427	25.865	9.453
	31	37.36	15.65	156.983	24.773	6.481	110.559	25.850	9.513
Apr.	4	37.61	15.74	157.130	24.745	6.488	110.692	25.835	9.572
	8	37.86	15.83	157.249	+24.722	+6.493	110.825	+25.820	+ 9.631
	12	38.11	15.93	157.340	24.704	6.497	110.958	25.804	9.691
	16	38.37	16.03	157.403	24.692	6.500	111.091	25.789	9.750
	20	38.63	16.13	157.437	24.686	6.501	111.223	25.773	9.809
	24	38.88	16.24	157.444	24.686	6.501	111.356	25.758	9.868
	28	39.13	16.35	157.423	+24.691	+6.500	111.489	+25.742	+ 9.927
May	2	39.38	16.46	157.373	24.702	6.498	111.621	25.726	9.986
	6	39.62	16.57	157.296	24.718	6.495	111.754	25.710	10.045
	10	39.85	16.68	157.193	24.740	6.491	111.886	25.694	10.103
	14	40.08	16.79	157.063	24.768	6.485	112.019	25.678	10.162
	18	40.29	16.90	156.908	+24.800	+6.478	112.151	+25.662	+10.221
	22	40.50	17.01	156.729	24.837	6.470	112.284	25.645	10.279
	26	40.69	17.12	156.528	24.879	6.461	112.416	25.629	10.338
	30	40.86	17.22	156.306	24.924	6.451	112.549	25.612	10.397
June	3	41.02	17.32	156.064	24.973	6.440	112.681	25.595	10.455
	7	41.17	17.41	155.804	+25.026	+6.428	112.813	+25.578	+10.513
	11	41.29	17.50	155.529	25.081	6.416	112.945	25.561	10.572
	15	41.39	17.58	155.240	25.138	6.402	113.078	25.544	10.630
	19	41.48	17.66	154.940	25.198	6.388	113.210	25.527	10.688
	23	41.54	17.73	154.631	25.258	6.373	113.342	25.510	10.746
	27	41.59	17.78	154.316	+25.319	+6.357	113.474	+25.492	+10.804
July	1	41.61	17.83	153.996	+25.381	+6.341	113.606	+25.474	+10.862

Factor by which axes of outer edge of outer ring are to be multiplied to obtain axes of:

Inner edge of outer ring 0.8801	Inner edge of inner ring 0.6650
Outer edge of inner ring 0.8599	Inner edge of dusky ring 0.5486

FOR 0ʰ UNIVERSAL TIME

Date		Axes of outer edge of outer ring		U	B	P	U'	B'	P'
		Major	Minor						
		"	"	°	°	°	°	°	°
July	1	41.61	17.83	153.996	+25.381	+6.341	113.606	+25.474	+10.862
	5	41.60	17.87	153.675	25.442	6.325	113.738	25.457	10.920
	9	41.58	17.90	153.356	25.503	6.309	113.870	25.439	10.978
	13	41.54	17.92	153.041	25.562	6.292	114.002	25.421	11.036
	17	41.47	17.93	152.732	25.620	6.276	114.134	25.403	11.094
	21	41.38	17.93	152.432	+25.677	+6.260	114.266	+25.384	+11.152
	25	41.27	17.92	152.143	25.731	6.245	114.398	25.366	11.209
	29	41.15	17.90	151.868	25.782	6.230	114.530	25.348	11.267
Aug.	2	41.00	17.87	151.609	25.831	6.216	114.662	25.329	11.324
	6	40.84	17.82	151.368	25.876	6.202	114.794	25.310	11.382
	10	40.66	17.77	151.147	+25.918	+6.190	114.925	+25.292	+11.439
	14	40.47	17.71	150.947	25.957	6.179	115.057	25.273	11.496
	18	40.27	17.65	150.771	25.992	6.169	115.189	25.254	11.554
	22	40.05	17.57	150.619	26.023	6.160	115.320	25.234	11.611
	26	39.83	17.49	150.492	26.051	6.153	115.452	25.215	11.668
	30	39.59	17.40	150.392	+26.074	+6.148	115.584	+25.196	+11.725
Sept.	3	39.35	17.31	150.320	26.093	6.144	115.715	25.176	11.782
	7	39.11	17.21	150.276	26.108	6.142	115.847	25.157	11.839
	11	38.85	17.11	150.260	26.119	6.141	115.978	25.137	11.896
	15	38.60	17.00	150.273	26.126	6.142	116.109	25.117	11.953
	19	38.35	16.89	150.315	+26.128	+6.145	116.241	+25.097	+12.009
	23	38.09	16.77	150.386	26.126	6.149	116.372	25.077	12.066
	27	37.84	16.66	150.485	26.120	6.156	116.503	25.057	12.122
Oct.	1	37.59	16.54	150.612	26.109	6.163	116.635	25.036	12.179
	5	37.34	16.42	150.768	26.094	6.173	116.766	25.016	12.235
	9	37.10	16.30	150.951	+26.074	+6.184	116.897	+24.995	+12.292
	13	36.86	16.19	151.160	26.050	6.196	117.028	24.975	12.348
	17	36.63	16.07	151.395	26.022	6.210	117.159	24.954	12.404
	21	36.40	15.95	151.655	25.989	6.225	117.290	24.933	12.460
	25	36.18	15.83	151.938	25.952	6.241	117.421	24.912	12.516
	29	35.97	15.72	152.245	+25.910	+6.258	117.552	+24.891	+12.573
Nov.	2	35.77	15.61	152.574	25.864	6.276	117.683	24.869	12.628
	6	35.58	15.49	152.924	25.813	6.295	117.814	24.848	12.684
	10	35.40	15.38	153.293	25.758	6.315	117.945	24.827	12.740
	14	35.23	15.28	153.681	25.698	6.336	118.076	24.805	12.796
	18	35.07	15.17	154.085	+25.635	+6.357	118.207	+24.783	+12.851
	22	34.92	15.07	154.506	25.567	6.378	118.338	24.761	12.907
	26	34.79	14.97	154.941	25.495	6.400	118.468	24.740	12.963
	30	34.66	14.88	155.390	25.419	6.421	118.599	24.717	13.018
Dec.	4	34.55	14.79	155.851	25.339	6.443	118.730	24.695	13.073
	8	34.45	14.70	156.322	+25.256	+6.465	118.860	+24.673	+13.129
	12	34.36	14.61	156.802	25.168	6.487	118.991	24.651	13.184
	16	34.28	14.53	157.291	25.078	6.509	119.121	24.628	13.239
	20	34.22	14.45	157.785	24.984	6.530	119.252	24.605	13.294
	24	34.17	14.38	158.286	24.887	6.551	119.382	24.583	13.349
	28	34.13	14.31	158.790	+24.787	+6.572	119.513	+24.560	+13.404
	32	34.11	14.24	159.296	+24.685	+6.592	119.643	+24.537	+13.459

Factor by which axes of outer edge of outer ring are to be multiplied to obtain axes of:

Inner edge of outer ring 0.8801　　　　　Inner edge of inner ring 0.6650
Outer edge of inner ring 0.8599　　　　　Inner edge of dusky ring 0.5486

APPARENT ORBITS OF SATELLITES I-VII, AT DATE OF OPPOSITION, JULY 2

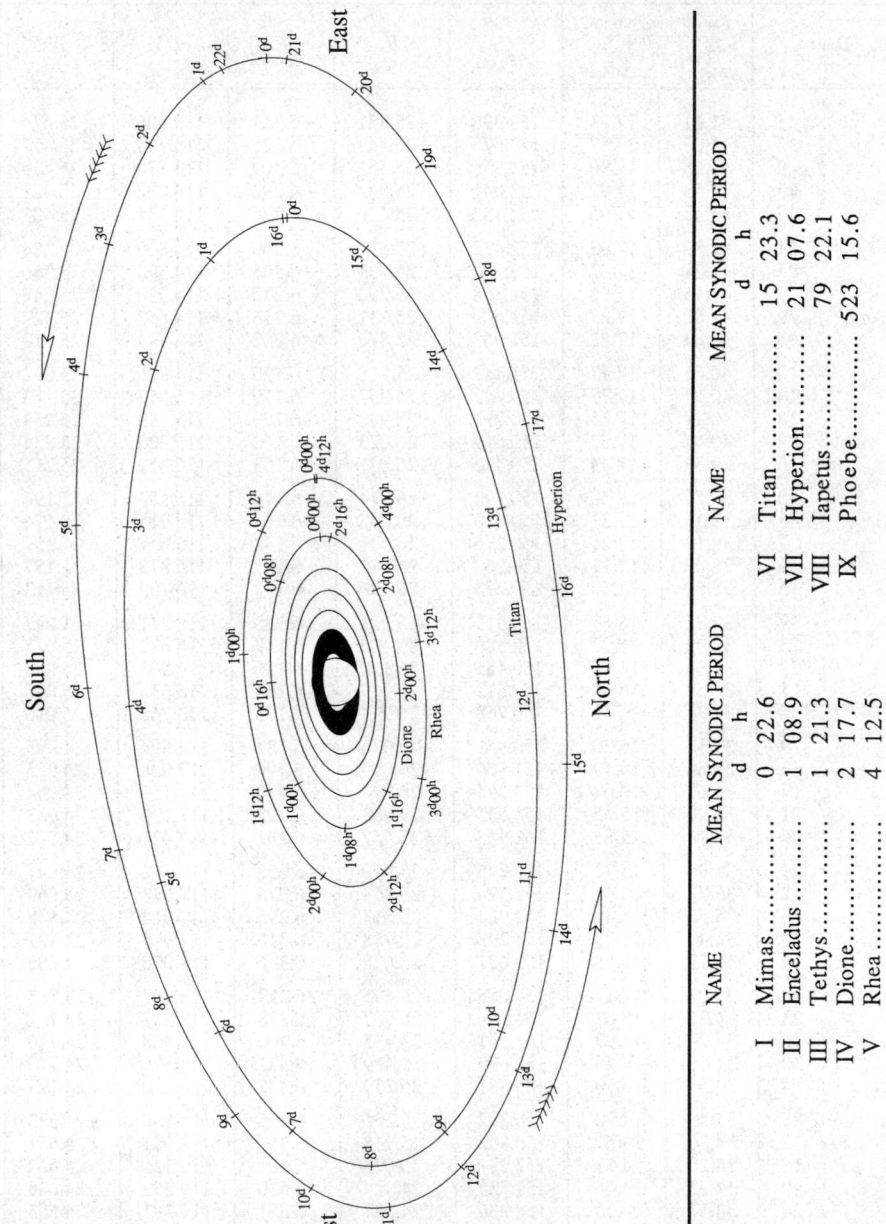

NAME		MEAN SYNODIC PERIOD
		d　　h
I	Mimas	0　22.6
II	Enceladus	1　08.9
III	Tethys	1　21.3
IV	Dione	2　17.7
V	Rhea	4　12.5

NAME		MEAN SYNODIC PERIOD
		d　　h
VI	Titan	15　23.3
VII	Hyperion	21　07.6
VIII	Iapetus	79　22.1
IX	Phoebe	523　15.6

UNIVERSAL TIME OF GREATEST EASTERN ELONGATION

MIMAS

Jan.	Feb.	Mar.	Apr.	May	June	July	Aug.	Sept.	Oct.	Nov.	Dec.
d h	d h	d h	d h	d h	d h	d h	d h	d h	d h	d h	d h
0 04.2	1 05.4	1 12.1	1 14.5	1 18.3	1 20.5	1 01.5	1 03.8	1 06.2	1 10.0	1 12.6	1 16.6
1 02.8	2 04.0	2 10.7	2 13.1	2 16.9	2 19.1	2 00.1	2 02.4	2 04.8	2 08.7	2 11.2	2 15.3
2 01.4	3 02.6	3 09.3	3 11.8	3 15.5	3 17.8	2 22.8	3 01.0	3 03.4	3 07.3	3 09.9	3 13.9
3 00.0	4 01.3	4 07.9	4 10.4	4 14.1	4 16.4	3 21.4	3 23.6	4 02.0	4 05.9	4 08.5	4 12.5
3 22.7	4 23.9	5 06.6	5 09.0	5 12.7	5 15.0	4 20.0	4 22.3	5 00.6	5 04.5	5 07.1	5 11.1
4 21.3	5 22.5	6 05.2	6 07.6	6 11.3	6 13.6	5 18.6	5 20.9	5 23.3	6 03.1	6 05.7	6 09.8
5 19.9	6 21.1	7 03.8	7 06.2	7 09.9	7 12.2	6 17.2	6 19.5	6 21.9	7 01.8	7 04.4	7 08.4
6 18.5	7 19.8	8 02.4	8 04.8	8 08.6	8 10.8	7 15.8	7 18.1	7 20.5	8 00.4	8 03.0	8 07.0
7 17.2	8 18.4	9 01.0	9 03.5	9 07.2	9 09.4	8 14.4	8 16.7	8 19.1	8 23.0	9 01.6	9 05.6
8 15.8	9 17.0	9 23.7	10 02.1	10 05.8	10 08.0	9 13.1	9 15.3	9 17.7	9 21.6	10 00.2	10 04.3
9 14.4	10 15.6	10 22.3	11 00.7	11 04.4	11 06.7	10 11.7	10 14.0	10 16.4	10 20.3	10 22.9	11 02.9
10 13.0	11 14.3	11 20.9	11 23.3	12 03.0	12 05.3	11 10.3	11 12.6	11 15.0	11 18.9	11 21.5	12 01.5
11 11.7	12 12.9	12 19.5	12 21.9	13 01.6	13 03.9	12 08.9	12 11.2	12 13.6	12 17.5	12 20.1	13 00.2
12 10.3	13 11.5	13 18.1	13 20.6	14 00.2	14 02.5	13 07.5	13 09.8	13 12.2	13 16.1	13 18.7	13 22.8
13 08.9	14 10.1	14 16.8	14 19.2	14 22.9	15 01.1	14 06.1	14 08.4	14 10.8	14 14.8	14 17.4	14 21.4
14 07.5	15 08.7	15 15.4	15 17.8	15 21.5	15 23.7	15 04.7	15 07.0	15 09.5	15 13.4	15 16.0	15 20.0
15 06.2	16 07.4	16 14.0	16 16.4	16 20.1	16 22.3	16 03.4	16 05.7	16 08.1	16 12.0	16 14.6	16 18.7
16 04.8	17 06.0	17 12.6	17 15.0	17 18.7	17 20.9	17 02.0	17 04.3	17 06.7	17 10.6	17 13.2	17 17.3
17 03.4	18 04.6	18 11.2	18 13.6	18 17.3	18 19.6	18 00.6	18 02.9	18 05.3	18 09.2	18 11.9	18 15.9
18 02.0	19 03.2	19 09.9	19 12.3	19 15.9	19 18.2	18 23.2	19 01.5	19 03.9	19 07.9	19 10.5	19 14.5
19 00.7	20 01.9	20 08.5	20 10.9	20 14.6	20 16.8	19 21.8	20 00.1	20 02.6	20 06.5	20 09.1	20 13.2
19 23.3	21 00.5	21 07.1	21 09.5	21 13.2	21 15.4	20 20.4	20 22.7	21 01.2	21 05.1	21 07.7	21 11.8
20 21.9	21 23.1	22 05.7	22 08.1	22 11.8	22 14.0	21 19.0	21 21.4	21 23.8	22 03.7	22 06.4	22 10.4
21 20.5	22 21.7	23 04.3	23 06.7	23 10.4	23 12.6	22 17.7	22 20.0	22 22.4	23 02.4	23 05.0	23 09.0
22 19.2	23 20.3	24 03.0	24 05.3	24 09.0	24 11.2	23 16.3	23 18.6	23 21.1	24 01.0	24 03.6	24 07.7
23 17.8	24 19.0	25 01.6	25 03.9	25 07.6	25 09.9	24 14.9	24 17.2	24 19.7	24 23.6	25 02.3	25 06.3
24 16.4	25 17.6	26 00.2	26 02.6	26 06.2	26 08.5	25 13.5	25 15.8	25 18.3	25 22.2	26 00.9	26 04.9
25 15.0	26 16.2	26 22.8	27 01.2	27 04.8	27 07.1	26 12.1	26 14.5	26 16.9	26 20.9	26 23.5	27 03.5
26 13.7	27 14.8	27 21.4	27 23.8	28 03.5	28 05.7	27 10.7	27 13.1	27 15.5	27 19.5	27 22.1	28 02.2
27 12.3	28 13.5	28 20.1	28 22.4	29 02.1	29 04.3	28 09.3	28 11.7	28 14.2	28 18.1	28 20.8	29 00.8
28 10.9		29 18.7	29 21.0	30 00.7	30 02.9	29 08.0	29 10.3	29 12.8	29 16.7	29 19.4	29 23.4
29 09.5		30 17.3	30 19.6	30 23.3		30 06.6	30 08.9	30 11.4	30 15.4	30 18.0	30 22.0
30 08.2		31 15.9		31 21.9		31 05.2	31 07.5		31 14.0		31 20.7
31 06.8											32 19.3

ENCELADUS

Jan.	Feb.	Mar.	Apr.	May	June	July	Aug.	Sept.	Oct.	Nov.	Dec.
d h	d h	d h	d h	d h	d h	d h	d h	d h	d h	d h	d h
−1 22.2	1 19.8	1 05.7	1 18.1	1 21.6	1 00.9	1 04.1	1 16.3	2 04.6	2 08.2	1 11.9	1 15.7
1 07.1	3 04.6	2 14.5	3 03.0	3 06.4	2 09.7	2 13.0	3 01.2	3 13.5	3 17.1	2 20.8	3 00.6
2 16.0	4 13.5	3 23.4	4 11.9	4 15 3	3 18.6	3 21.9	4 10.0	4 22.4	5 02.0	4 05.7	4 09.5
4 00.9	5 22.4	5 08.3	5 20.8	6 00.2	5 03.5	5 06.8	5 18.9	6 07.2	6 10.8	5 14.6	5 18.4
5 09.8	7 07.3	6 17.2	7 05.7	7 09.1	6 12.4	6 15.6	7 03.8	7 16.1	7 19.7	6 23.5	7 03.3
6 18.7	8 16.2	8 02.1	8 14.6	8 18.0	7 21.2	8 00.5	8 12.7	9 01.0	9 04.6	8 08.4	8 12.2
8 03.6	10 01.1	9 11.0	9 23.4	10 02.8	9 06.1	9 09.4	9 21.6	10 09.9	10 13.5	9 17.3	9 21.1
9 12.5	11 10.0	10 19.9	11 08.3	11 11.7	10 15.0	10 18.2	11 06.5	11 18.8	11 22.4	11 02.2	11 06.0
10 21.4	12 18.9	12 04.8	12 17.2	12 20.6	11 23.9	12 03.1	12 15.3	13 03.7	13 07.3	12 11.1	12 14.9
12 06.3	14 03.8	13 13.7	14 02.1	14 05.5	13 08.8	13 12.0	14 00.2	14 12.6	14 16.2	13 20.0	13 23.8
13 15.2	15 12.7	14 22.6	15 11.0	15 14.4	14 17.6	14 20.9	15 09.1	15 21.5	16 01.1	15 04.9	15 08.7
15 00.1	16 21.6	16 07.5	16 19.9	16 23.2	16 02.5	16 05.8	16 18.0	17 06.4	17 10.0	16 13.8	16 17.6
16 09.0	18 06.5	17 16.4	18 04.7	18 08.1	17 11.4	17 14.6	18 02.9	18 15.3	18 18.9	17 22.7	18 02.5
17 17.9	19 15.4	19 01.2	19 13.6	19 17.0	18 20.2	18 23.5	19 11.7	20 00.1	20 03.8	19 07.6	19 11.4
19 02.8	21 00.3	20 10.1	20 22.5	21 01.9	20 05.1	20 08.4	20 20.6	21 09.0	21 12.7	20 16.5	20 20.3
20 11.7	22 09.2	21 19.0	22 07.4	22 10.7	21 14.0	21 17.3	22 05.5	22 17.9	22 21.6	22 01.4	22 05.2
21 20.6	23 18.1	23 03.9	23 16.3	23 19.6	22 22.9	23 02.1	23 14.4	24 02.8	24 06.5	23 10.3	23 14.1
23 05.5	25 03.0	24 12.8	25 01.2	25 04.5	24 07.7	24 11.0	24 23.3	25 11.7	25 15.4	24 19.2	24 23.0
24 14.4	26 11.9	25 21.7	26 10.0	26 13.4	25 16.6	25 19.9	26 08.2	26 20.6	27 00.3	26 04.1	26 07.9
25 23.3	27 20.8	27 06.6	27 18.9	27 22.2	27 01.5	27 04.8	27 17.0	28 05.5	28 09.2	27 13.0	27 16.8
27 08.2		28 15.5	29 03.8	29 07.1	28 10.4	28 13.7	29 01.9	29 14.4	29 18.1	28 21.9	29 01.7
28 17.1		30 00.4	30 12.7	30 16.0	29 19.2	29 22.5	30 10.8	30 23.3	31 03.0	30 06.8	30 10.6
30 02.0		31 09.2				31 07.4	31 19.7				31 19.5
31 10.9											33 04.4

SATELLITES OF SATURN, 1989

UNIVERSAL TIME OF GREATEST EASTERN ELONGATION

TETHYS

Jan.	Feb.	Mar.	Apr.	May	June	July	Aug.	Sept.	Oct.	Nov.	Dec.
d h	d h	d h	d h	d h	d h	d h	d h	d h	d h	d h	d h
−1 16.8	2 16.9	1 03.5	2 05.9	2 10.7	1 15.4	1 20.1	1 00.7	2 02.8	2 07.9	1 13.1	1 18.4
1 14.2	4 14.2	3 00.8	4 03.2	4 08.0	3 12.7	3 17.4	2 22.0	4 00.1	4 05.2	3 10.4	3 15.8
3 11.5	6 11.5	4 22.1	6 00.5	6 05.3	5 10.0	5 14.6	4 19.3	5 21.5	6 02.5	5 07.8	5 13.1
5 08.9	8 08.9	6 19.4	7 21.8	8 02.6	7 07.3	7 11.9	6 16.6	7 18.8	7 23.8	7 05.1	7 10.5
7 06.2	10 06.2	8 16.8	9 19.1	9 23.9	9 04.6	9 09.2	8 13.9	9 16.1	9 21.2	9 02.4	9 07.8
9 03.5	12 03.5	10 14.1	11 16.4	11 21.2	11 01.9	11 06.5	10 11.2	11 13.4	11 18.5	10 23.8	11 05.1
11 00.9	14 00.9	12 11.4	13 13.7	13 18.5	12 23.2	13 03.8	12 08.5	13 10.7	13 15.8	12 21.1	13 02.5
12 22.2	15 22.2	14 08.7	15 11.0	15 15.8	14 20.5	15 01.1	14 05.8	15 08.0	15 13.1	14 18.4	14 23.8
14 19.5	17 19.5	16 06.0	17 08.3	17 13.1	16 17.8	16 22.4	16 03.1	17 05.3	17 10.5	16 15.8	16 21.1
16 16.9	19 16.8	18 03.3	19 05.6	19 10.4	18 15.0	18 19.7	18 00.4	19 02.6	19 07.8	18 13.1	18 18.5
18 14.2	21 14.2	20 00.7	21 02.9	21 07.7	20 12.3	20 17.0	19 21.7	20 24.0	21 05.1	20 10.4	20 15.8
20 11.6	23 11.5	21 22.0	23 00.2	23 05.0	22 09.6	22 14.3	21 19.0	22 21.3	23 02.4	22 07.8	22 13.2
22 08.9	25 08.8	23 19.3	24 21.5	25 02.3	24 06.9	24 11.5	23 16.3	24 18.6	24 23.8	24 05.1	24 10.5
24 06.2	27 06.1	25 16.6	26 18.8	26 23.6	26 04.2	26 08.8	25 13.6	26 15.9	26 21.1	26 02.4	26 07.8
26 03.5		27 13.9	28 16.1	28 20.9	28 01.5	28 06.1	27 10.9	28 13.2	28 18.4	27 23.8	28 05.2
28 00.9		29 11.2	30 13.4	30 18.2	29 22.8	30 03.4	29 08.2	30 10.6	30 15.8	29 21.1	30 02.5
29 22.2		31 08.5					31 05.5				31 23.9
31 19.5											33 21.2

DIONE

Jan.	Feb.	Mar.	Apr.	May	June	July	Aug.	Sept.	Oct.	Nov.	Dec.
d h	d h	d h	d h	d h	d h	d h	d h	d h	d h	d h	d h
−2 11.9	3 02.6	2 11.9	1 14.7	1 17.3	3 13.2	3 15.3	2 17.5	1 19.8	1 22.5	1 01.5	1 04.7
1 05.7	5 20.4	5 05.6	4 08.4	4 10.9	6 06.8	6 08.9	5 11.1	4 13.5	4 16.2	3 19.2	3 22.4
3 23.4	8 14.1	7 23.4	7 02.1	7 04.6	9 00.5	9 02.6	8 04.8	7 07.2	7 10.0	6 13.0	6 16.1
6 17.2	11 07.8	10 17.1	9 19.8	9 22.3	11 18.1	11 20.2	10 22.4	10 00.9	10 03.7	9 06.7	9 09.9
9 10.9	14 01.6	13 10.8	12 13.5	12 15.9	14 11.8	14 13.9	13 16.1	12 18.6	12 21.4	12 00.4	12 03.6
12 04.7	16 19.3	16 04.5	15 07.2	15 09.6	17 05.4	17 07.5	16 09.8	15 12.3	15 15.1	14 18.2	14 21.4
14 22.4	19 13.0	18 22.2	18 00.9	18 03.2	19 23.1	20 01.2	19 03.5	18 06.0	18 08.8	17 11.9	17 15.1
17 16.2	22 06.8	21 15.9	20 18.5	20 20.9	22 16.7	22 18.8	21 21.1	20 23.7	21 02.6	20 05.7	20 08.9
20 09.9	25 00.5	24 09.6	23 12.2	23 14.6	25 10.3	25 12.5	24 14.8	23 17.4	23 20.3	22 23.4	23 02.6
23 03.6	27 18.2	27 03.3	26 05.9	26 08.2	28 04.0	28 06.1	27 08.5	26 11.1	26 14.0	25 17.1	25 20.4
25 21.4		29 21.0	28 23.6	29 01.9	30 21.6	30 23.8	30 02.2	29 04.8	29 07.8	28 10.9	28 14.1
28 15.1				31 19.5							31 07.9
31 08.9											34 01.6

RHEA

Jan.	Feb.	Mar.	Apr.	May	June	July	Aug.	Sept.	Oct.	Nov.	Dec.
d h	d h	d h	d h	d h	d h	d h	d h	d h	d h	d h	d h
0 07.6	5 12.3	4 15.6	5 06.9	2 09.4	2 23.9	4 14.1	5 04.4	1 06.7	2 21.8	3 13.5	5 05.5
4 20.3	10 00.9	9 04.1	9 19.4	6 21.8	7 12.2	9 02.4	9 16.8	5 19.1	7 10.3	8 02.0	9 18.1
9 08.8	14 13.4	13 16.6	14 07.8	11 10.2	12 00.6	13 14.7	14 05.1	10 07.5	11 22.8	12 14.6	14 06.6
13 21.4	19 02.0	18 05.1	18 20.2	15 22.5	16 12.9	18 03.1	18 17.5	14 20.0	16 11.3	17 03.1	18 19.2
18 10.0	23 14.5	22 17.6	23 08.6	20 10.9	21 01.2	22 15.4	23 05.9	19 08.4	20 23.9	21 15.7	23 07.8
22 22.6	28 03.0	27 06.0	27 21.0	24 23.2	25 13.5	27 03.7	27 18.3	23 20.9	25 12.4	26 04.3	27 20.4
27 11.2		31 18.5		29 11.6	30 01.8	31 16.1		28 09.3	30 00.9	30 16.9	32 09.0
31 23.7											36 21.6

UNIVERSAL TIME OF CONJUNCTIONS AND ELONGATIONS

TITAN

Eastern Elongation	d h	Inferior Conjunction	d h	Western Elongation	d h	Superior Conjunction	d h
		Jan.	− 2 10.4	Jan.	2 15.6	Jan.	6 16.1
Jan.	10 11.5		14 11.3		18 16.5		22 16.9
	26 12.2		30 12.2	Feb.	3 17.3	Feb.	7 17.5
Feb.	11 12.7	Feb.	15 12.8		19 17.9		23 17.8
	27 13.0	Mar.	3 13.1	Mar.	7 18.1	Mar.	11 17.8
Mar.	15 12.9		19 13.0		23 17.8		27 17.4
	31 12.4	Apr.	4 12.4	Apr.	8 17.2	Apr.	12 16.5
Apr.	16 11.5		20 11.4		24 16.0		28 15.3
May	2 10.1	May	6 09.9	May	10 14.4	May	14 13.6
	18 08.3		22 07.9		26 12.3		30 11.4
June	3 06.1	June	7 05.6	June	11 09.9	June	15 09.0
	19 03.6		23 02.9		27 07.2	July	1 06.5
July	5 01.0	July	9 00.2	July	13 04.5		17 03.9
	20 22.4		24 21.6		29 02.0	Aug.	2 01.5
Aug.	5 20.1	Aug.	9 19.2	Aug.	13 23.7		17 23.3
	21 18.0		25 17.2		29 21.8	Sept.	2 21.6
Sept.	6 16.4	Sept.	10 15.7	Sept.	14 20.3		18 20.3
	22 15.2		26 14.7		30 19.4	Oct.	4 19.5
Oct.	8 14.5	Oct.	12 14.1	Oct.	16 19.0		20 19.1
	24 14.3		28 14.0	Nov.	1 19.0	Nov.	5 19.1
Nov.	9 14.4	Nov.	13 14.3		17 19.4		21 19.5
	25 14.8		29 14.9	Dec.	3 20.1	Dec.	7 20.0
Dec.	11 15.4	Dec.	15 15.7		19 20.9		23 20.7
	27 16.1		31 16.7		35 21.9		

HYPERION

Eastern Elongation	d h	Inferior Conjunction	d h	Western Elongation	d h	Superior Conjunction	d h
		Jan.	0 01.5	Jan.	5 04.7	Jan.	9 17.4
Jan.	15 04.7		21 09.6		26 11.6		31 00.4
Feb.	5 13.3	Feb.	11 17.5	Feb.	16 18.2	Feb.	21 07.4
	26 21.3	Mar.	5 01.0	Mar.	10 00.6	Mar.	14 14.0
Mar.	20 04.7		26 07.7		31 06.4	Apr.	4 19.9
Apr.	10 11.3	Apr.	16 13.8	Apr.	21 11.8		26 01.3
May	1 17.1	May	7 19.3	May	12 16.8	May	17 06.4
	22 22.2		29 00.3	June	2 21.5	June	7 11.0
June	13 02.8	June	19 04.9		24 02.3		28 15.7
July	4 07.4	July	10 09.8	July	15 07.4	July	19 20.8
	25 12.7		31 15.4	Aug.	5 13.3	Aug.	10 02.7
Aug.	15 19.0	Aug.	21 22.3		26 20.3		31 10.2
Sept.	6 02.9	Sept.	12 06.5	Sept.	17 04.7	Sept.	21 18.9
	27 12.6	Oct.	3 16.3	Oct.	8 14.2	Oct.	13 05.0
Oct.	18 23.8		25 03.5		30 00.9	Nov.	3 16.4
Nov.	9 12.4	Nov.	15 15.5	Nov.	20 12.4		25 04.6
Dec.	1 02.0	Dec.	7 04.3	Dec.	12 00.3	Dec.	16 17.5
	22 16.0		28 17.1		33 12.3		

IAPETUS

Eastern Elongation	d h	Inferior Conjunction	d h	Western Elongation	d h	Superior Conjunction	d h
						Jan.	−14 02.3
Jan.	5 17.7	Jan.	25 08.0	Feb.	15 09.4	Mar.	8 06.4
Mar.	27 13.2	Apr.	15 20.6	May	6 11.0	May	26 18.1
June	14 13.9	July	3 11.0	July	23 17.2	Aug.	12 23.9
Aug.	31 23.7	Sept.	20 02.5	Oct.	10 19.4	Oct.	31 15.1
Nov.	20 01.8	Dec.	9 16.5	Dec.	30 20.7	Dec.	51 19.9

SATELLITES OF SATURN, 1989

APPARENT DISTANCE AND POSTION ANGLE

Time from Eastern Elongation	MIMAS		Time from Eastern Elongation	ENCELADUS		TETHYS		Time from Eastern Elongation	DIONE	
	F	p_1		F	p_1	F	p_1		F	p_1
h		°	d h		°		°	d h		°
0.0	1.000	97.0	0 00	1.000	96.0	1.000	97.0	0 00	1.000	96.0
0.5	0.992	100.6	0 01	0.985	100.7	0.992	100.3	0 02	0.985	100.7
1.0	0.970	104.3	0 02	0.942	105.8	0.969	103.8	0 04	0.941	105.8
1.5	0.932	108.2	0 03	0.872	111.5	0.930	107.5	0 06	0.871	111.5
2.0	0.882	112.6	0 04	0.781	118.4	0.878	111.5	0 08	0.780	118.4
2.5	0.820	117.5	0 05	0.675	127.3	0.814	116.2	0 10	0.674	127.3
3.0	0.750	123.3	0 06	0.568	139.5	0.741	121.7	0 12	0.567	139.6
3.5	0.675	130.4	0 07	0.477	157.0	0.662	128.5	0 14	0.476	157.2
4.0	0.599	139.2	0 08	0.431	180.4	0.582	137.1	0 16	0.430	180.6
4.5	0.530	150.5	0 09	0.450	205.3	0.508	148.4	0 18	0.450	205.5
5.0	0.477	164.7	0 10	0.524	225.5	0.451	163.0	0 20	0.525	225.7
5.5	0.451	181.5	0 11	0.627	239.8	0.421	180.8	0 22	0.628	240.0
6.0	0.457	199.1	0 12	0.735	250.0	0.427	199.6	1 00	0.737	250.2
6.5	0.495	215.0	0 13	0.834	257.7	0.468	216.4	1 02	0.835	257.8
7.0	0.555	228.1	0 14	0.914	263.8	0.533	229.9	1 04	0.915	263.9
7.5	0.628	238.4	0 15	0.969	269.1	0.609	240.1	1 06	0.970	269.2
8.0	0.704	246.5	0 16	0.997	273.9	0.690	248.1	1 08	0.997	274.0
8.5	0.778	253.0	0 17	0.995	278.6	0.767	254.3	1 10	0.995	278.7
9.0	0.845	258.5	0 18	0.964	283.5	0.838	259.5	1 12	0.963	283.6
9.5	0.903	263.1	0 19	0.906	288.9	0.898	263.9	1 14	0.904	289.0
10.0	0.948	267.3	0 20	0.823	295.1	0.945	267.8	1 16	0.821	295.3
10.5	0.980	271.1	0 21	0.723	303.0	0.978	271.4	1 18	0.720	303.2
11.0	0.997	274.8	0 22	0.615	313.6	0.997	274.8	1 20	0.611	313.9
11.5	0.999	278.4	0 23	0.514	328.5	0.999	278.2	1 22	0.511	329.0
12.0	0.985	282.0	1 00	0.444	349.4	0.986	281.5	2 00	0.442	350.2
12.5	0.957	285.8	1 01	0.433	14.5	0.957	285.0	2 02	0.433	15.3
13.0	0.915	289.8	1 02	0.486	37.3	0.914	288.8	2 04	0.488	38.0
13.5	0.860	294.4	1 03	0.580	54.1	0.857	293.1	2 06	0.583	54.6
14.0	0.794	299.6	1 04	0.688	65.9	0.790	298.0	2 08	0.691	66.3
14.5	0.722	305.8	1 05	0.792	74.5	0.714	303.9	2 10	0.795	74.8
15.0	0.645	313.5	1 06	0.881	81.2	0.634	311.2	2 12	0.884	81.5
15.5	0.571	323.2	1 07	0.948	86.8	0.555	320.7	2 14	0.950	87.0
16.0	0.508	335.6	1 08	0.988	91.8	0.486	333.1	2 16	0.989	92.0
16.5	0.464	350.9	1 09	1.000	96.5	0.436	348.9	2 18	1.000	96.7
17.0	0.449	8.3	1 10	0.982	101.3	0.419	7.4	2 20	0.980	101.5
17.5	0.468	25.5	1 11			0.438	25.8			
18.0	0.516	40.4	1 12			0.488	41.5			
18.5	0.582	52.4	1 13			0.558	53.7			
19.0	0.657	61.7	1 14			0.637	63.1			
19.5	0.733	69.2	1 15			0.717	70.4			
20.0	0.804	75.2	1 16			0.793	76.2			
20.5	0.868	80.3	1 17			0.860	81.1			
21.0	0.922	84.8	1 18			0.916	85.3			
21.5	0.962	88.8	1 19			0.958	89.1			
22.0	0.988	92.5	1 20			0.987	92.6			
22.5	1.000	96.2	1 21			0.999	96.0			
23.0	0.996	99.7	1 22			0.996	99.3			

Apparent distance of satellite is Fa/Δ
Position angle of satellite is $p_1 + p_2$

APPARENT DISTANCE AND POSTION ANGLE

Time from Eastern Elongation	RHEA F	p_1	Time from Eastern Elongation	TITAN F	p_1	HYPERION F	p_1	Time from Eastern Elongation	IAPETUS F	p_1
d h		°	d h		°		°	d		°
0 00	1.000	96.0	0 00	0.978	96.0	1.086	97.0	0	0.972	99.0
0 03	0.988	100.4	0 10	0.970	100.2	1.084	99.5	2	0.959	100.7
0 06	0.952	104.9	0 20	0.939	104.5	1.071	102.0	4	0.921	102.6
0 09	0.894	110.0	1 06	0.888	109.3	1.048	104.6	6	0.860	104.6
0 12	0.816	115.9	1 16	0.819	114.7	1.016	107.3	8	0.776	107.1
0 15	0.725	123.2	2 02	0.737	121.3	0.973	110.2	10	0.674	110.2
0 18	0.628	132.6	2 12	0.646	129.7	0.923	113.5	12	0.556	114.5
0 21	0.534	145.6	2 22	0.557	140.7	0.864	117.1	14	0.429	121.3
1 00	0.463	163.2	3 08	0.482	155.6	0.800	121.3	16	0.302	133.9
1 03	0.434	185.2	3 18	0.437	174.8	0.731	126.3	18	0.201	161.8
1 06	0.459	207.3	4 04	0.437	196.0	0.659	132.3	20	0.192	209.3
1 09	0.528	225.4	4 14	0.482	215.2	0.588	139.8	22	0.284	240.6
1 12	0.621	238.6	5 00	0.559	230.0	0.523	149.3	24	0.410	254.7
1 15	0.719	248.3	5 10	0.649	241.0	0.469	161.2	26	0.539	262.1
1 18	0.810	255.7	5 20	0.741	249.3	0.434	175.6	28	0.661	266.6
1 21	0.889	261.6	6 06	0.827	255.8	0.423	191.6	30	0.769	269.8
2 00	0.948	266.7	6 16	0.901	261.1	0.440	207.4	32	0.862	272.3
2 03	0.986	271.3	7 02	0.959	265.7	0.481	221.2	34	0.936	274.3
2 06	1.000	275.7	7 12	0.999	269.8	0.537	232.5	36	0.989	276.0
2 09	0.989	280.0	7 22	1.019	273.7	0.601	241.5	38	1.020	277.6
2 12	0.955	284.6	8 08	1.018	277.5	0.668	248.8	40	1.028	279.2
2 15	0.898	289.6	8 18	0.996	281.4	0.732	254.7	42	1.013	280.8
2 18	0.822	295.4	9 04	0.953	285.6	0.790	259.7	44	0.976	282.4
2 21	0.732	302.6	9 14	0.891	290.3	0.839	264.1	46	0.917	284.2
3 00	0.634	311.9	10 00	0.813	295.8	0.877	268.0	48	0.838	286.3
3 03	0.540	324.5	10 10	0.721	302.5	0.902	271.7	50	0.740	288.9
3 06	0.466	341.8	10 20	0.624	311.4	0.913	275.2	52	0.627	292.4
3 09	0.434	3.6	11 06	0.530	323.4	0.910	278.7	54	0.503	297.6
3 12	0.455	25.9	11 16	0.454	340.2	0.892	282.3	56	0.372	306.3
3 15	0.522	44.3	12 02	0.416	1.6	0.860	286.1	58	0.251	323.9
3 18	0.614	57.8	12 12	0.431	24.3	0.814	290.2	60	0.180	2.7
3 21	0.712	67.7	12 22	0.493	43.2	0.757	295.0	62	0.224	47.1
4 00	0.804	75.2	13 08	0.581	57.2	0.691	300.5	64	0.339	68.9
4 03	0.884	81.2	13 18	0.677	67.3	0.620	307.3	66	0.468	79.2
4 06	0.945	86.4	14 04	0.769	74.9	0.548	315.9	68	0.593	85.1
4 09	0.984	91.0	14 14	0.849	81.0	0.481	327.0	70	0.707	88.9
4 12	1.000	95.4	15 00	0.913	86.1	0.429	341.2	72	0.804	91.8
4 15	0.991	99.7	15 10	0.956	90.6	0.402	358.2	74	0.882	94.1
			15 20	0.976	94.9	0.407	16.3	76	0.936	96.1
			16 06	0.974	99.0	0.442	32.6	78	0.966	97.8
			16 16			0.501	45.8	80	0.970	99.6
			17 02			0.572	56.0	82	0.949	101.3
			17 12			0.649	63.8			
			17 22			0.726	70.0			
			18 08			0.799	75.0			
			18 18			0.867	79.2			
			19 04			0.928	82.8			
			19 14			0.979	86.0			
			20 00			1.021	88.9			
			20 10			1.053	91.6			
			20 20			1.074	94.2			
			21 06			1.085	96.7			
			21 16			1.085	99.1			

Apparent distance of satellite is Fa/Δ

Position angle of satellite is $p_1 + p_2$

SATELLITES OF SATURN, 1989

APPARENT DISTANCE AND POSTION ANGLE

Day (0ʰ UT)	MIMAS a/Δ	MIMAS p_2	ENCELADUS a/Δ	ENCELADUS p_2	TETHYS a/Δ	TETHYS p_2	DIONE a/Δ	DIONE p_2
	"	°	"	°	"	°	"	°
Jan. −2	23.2	−1.6	29.8	0.0	36.9	+0.2	47.2	0.0
2	23.2	1.7	29.8	0.0	36.9	0.2	47.2	0.0
6	23.2	1.8	29.8	0.0	36.9	0.3	47.3	0.0
10	23.3	1.9	29.8	+0.1	36.9	0.3	47.3	+0.1
14	23.3	1.9	29.9	0.1	37.0	0.3	47.4	0.1
18	23.3	−2.0	30.0	+0.1	37.1	+0.4	47.5	+0.1
22	23.4	2.1	30.0	0.2	37.2	0.4	47.6	0.2
26	23.5	2.1	30.1	0.2	37.3	0.4	47.7	0.2
30	23.5	2.2	30.2	0.2	37.4	0.4	47.9	0.2
Feb. 3	23.6	2.2	30.3	0.2	37.5	0.5	48.0	0.2
7	23.7	−2.2	30.4	+0.3	37.6	+0.5	48.2	+0.3
11	23.8	2.3	30.5	0.3	37.8	0.5	48.4	0.3
15	23.9	2.3	30.7	0.3	38.0	0.5	48.6	0.3
19	24.0	2.3	30.8	0.3	38.1	0.5	48.8	0.3
23	24.1	2.3	31.0	0.3	38.3	0.6	49.1	0.4
27	24.3	−2.3	31.1	+0.4	38.5	+0.6	49.3	+0.4
Mar. 3	24.4	2.3	31.3	0.4	38.7	0.6	49.6	0.4
7	24.5	2.2	31.5	0.4	39.0	0.6	49.9	0.4
11	24.7	2.2	31.6	0.4	39.2	0.6	50.2	0.4
15	24.8	2.2	31.8	0.4	39.4	0.6	50.5	0.4
19	25.0	−2.1	32.0	+0.4	39.7	+0.6	50.8	+0.4
23	25.1	2.1	32.2	0.4	39.9	0.6	51.1	0.5
27	25.3	2.0	32.5	0.4	40.2	0.6	51.5	0.5
31	25.5	1.9	32.7	0.5	40.4	0.6	51.8	0.5
Apr. 4	25.6	1.9	32.9	0.5	40.7	0.6	52.1	0.5
8	25.8	−1.8	33.1	+0.5	41.0	+0.6	52.5	+0.5
12	26.0	1.7	33.3	0.5	41.3	0.6	52.9	0.5
16	26.2	1.6	33.6	0.5	41.5	0.6	53.2	0.5
20	26.3	1.5	33.8	0.5	41.8	0.6	53.6	0.5
24	26.5	1.4	34.0	0.5	42.1	0.6	53.9	0.5
28	26.7	−1.3	34.2	+0.5	42.4	+0.6	54.3	+0.5
May 2	26.8	1.2	34.4	0.5	42.6	0.6	54.6	0.5
6	27.0	1.1	34.7	0.5	42.9	0.6	54.9	0.5
10	27.2	1.0	34.9	0.5	43.2	0.5	55.3	0.5
14	27.3	0.9	35.1	0.5	43.4	0.5	55.6	0.5
18	27.5	−0.8	35.2	+0.5	43.6	+0.5	55.9	+0.5
22	27.6	0.7	35.4	0.5	43.8	0.5	56.2	0.5
26	27.7	0.6	35.6	0.4	44.1	0.5	56.4	0.4
30	27.9	0.5	35.7	0.4	44.2	0.5	56.7	0.4
June 3	28.0	0.4	35.9	0.4	44.4	0.5	56.9	0.4
7	28.1	−0.3	36.0	+0.4	44.6	+0.4	57.1	+0.4
11	28.1	0.2	36.1	0.4	44.7	0.4	57.3	0.4
15	28.2	0.1	36.2	0.4	44.8	0.4	57.4	0.4
19	28.3	−0.1	36.3	0.4	44.9	0.4	57.5	0.4
23	28.3	0.0	36.3	0.4	45.0	0.4	57.6	0.4
27	28.4	+0.1	36.4	+0.3	45.0	+0.3	57.7	+0.3
July 1	28.4	+0.2	36.4	+0.3	45.0	+0.3	57.7	+0.3

APPARENT DISTANCE AND POSTION ANGLE

Day (0h UT)		MIMAS		ENCELADUS		TETHYS		DIONE	
		a/Δ	p_2	a/Δ	p_2	a/Δ	p_2	a/Δ	p_2
		″	°	″	°	″	°	″	°
July	1	28.4	+0.2	36.4	+0.3	45.0	+0.3	57.7	+0.3
	5	28.4	0.3	36.4	0.3	45.0	0.3	57.7	0.3
	9	28.3	0.3	36.4	0.3	45.0	0.3	57.7	0.3
	13	28.3	0.4	36.3	0.3	45.0	0.3	57.6	0.3
	17	28.3	0.5	36.3	0.3	44.9	0.2	57.5	0.3
	21	28.2	+0.5	36.2	+0.2	44.8	+0.2	57.4	+0.2
	25	28.1	0.6	36.1	0.2	44.7	0.2	57.2	0.2
	29	28.1	0.6	36.0	0.2	44.6	0.2	57.1	0.2
Aug.	2	28.0	0.7	35.9	0.2	44.4	0.2	56.9	0.2
	6	27.8	0.7	35.7	0.2	44.2	0.1	56.6	0.2
	10	27.7	+0.7	35.6	+0.2	44.0	+0.1	56.4	+0.2
	14	27.6	0.8	35.4	0.2	43.8	0.1	56.1	0.2
	18	27.5	0.8	35.2	0.2	43.6	0.1	55.8	0.2
	22	27.3	0.8	35.0	0.2	43.4	+0.1	55.5	0.1
	26	27.2	0.8	34.8	0.1	43.1	0.0	55.2	0.1
	30	27.0	+0.8	34.6	+0.1	42.9	0.0	54.9	+0.1
Sept.	3	26.8	0.8	34.4	0.1	42.6	0.0	54.6	0.1
	7	26.7	0.8	34.2	0.1	42.3	0.0	54.2	0.1
	11	26.5	0.8	34.0	0.1	42.1	0.0	53.9	0.1
	15	26.3	0.8	33.8	0.1	41.8	0.0	53.5	0.1
	19	26.1	+0.8	33.5	+0.1	41.5	0.0	53.2	+0.1
	23	26.0	0.7	33.3	0.1	41.2	0.0	52.8	0.1
	27	25.8	0.7	33.1	0.2	41.0	−0.1	52.5	0.1
Oct.	1	25.6	0.6	32.9	0.2	40.7	0.1	52.1	0.1
	5	25.5	0.6	32.7	0.2	40.4	0.1	51.8	0.2
	9	25.3	+0.5	32.4	+0.2	40.2	−0.1	51.4	+0.2
	13	25.1	0.5	32.2	0.2	39.9	0.1	51.1	0.2
	17	25.0	0.4	32.0	0.2	39.7	0.1	50.8	0.2
	21	24.8	0.3	31.8	0.2	39.4	0.1	50.5	0.2
	25	24.7	0.2	31.6	0.2	39.2	0.1	50.2	0.2
	29	24.5	+0.1	31.5	+0.3	38.9	−0.1	49.9	+0.2
Nov.	2	24.4	0.0	31.3	0.3	38.7	0.1	49.6	0.3
	6	24.3	−0.1	31.1	0.3	38.5	0.1	49.3	0.3
	10	24.1	0.2	31.0	0.3	38.3	0.1	49.1	0.3
	14	24.0	0.3	30.8	0.3	38.1	0.1	48.9	0.3
	18	23.9	−0.4	30.7	+0.4	38.0	−0.1	48.6	+0.3
	22	23.8	0.5	30.5	0.4	37.8	0.1	48.4	0.4
	26	23.7	0.6	30.4	0.4	37.7	0.1	48.2	0.4
	30	23.6	0.7	30.3	0.4	37.5	0.1	48.1	0.4
Dec.	4	23.6	0.8	30.2	0.5	37.4	0.1	47.9	0.4
	8	23.5	−0.9	30.1	+0.5	37.3	−0.1	47.8	+0.4
	12	23.4	1.0	30.0	0.5	37.2	0.1	47.6	0.5
	16	23.4	1.1	30.0	0.5	37.1	0.1	47.5	0.5
	20	23.3	1.2	29.9	0.5	37.0	0.1	47.5	0.5
	24	23.3	1.3	29.9	0.6	37.0	0.1	47.4	0.5
	28	23.3	−1.4	29.9	+0.6	37.0	−0.1	47.3	+0.5
	32	23.3	−1.5	29.8	+0.6	36.9	−0.1	47.3	+0.6

SATELLITES OF SATURN, 1989

APPARENT DISTANCE AND POSTION ANGLE

Day (0^h UT)		RHEA a/Δ	RHEA p_2	TITAN a/Δ	TITAN p_2	HYPERION a/Δ	HYPERION p_2	IAPETUS a/Δ	IAPETUS p_2
		"	°	"	°	"	°	"	°
Jan.	−2	65.9	−0.2	153	0.0	185	−0.6	445	+1.4
	2	66.0	0.2	153	0.0	185	0.6	445	1.3
	6	66.0	0.1	153	0.0	185	0.6	446	1.2
	10	66.1	0.1	153	+0.1	185	0.6	446	1.1
	14	66.2	−0.1	153	0.1	186	0.5	447	1.0
	18	66.3	0.0	154	+0.1	186	−0.5	448	+0.9
	22	66.5	0.0	154	0.2	186	0.5	449	0.8
	26	66.7	0.0	154	0.2	187	0.5	450	0.7
	30	66.9	+0.1	155	0.2	187	0.5	451	0.6
Feb.	3	67.1	0.1	155	0.2	188	0.4	453	0.5
	7	67.3	+0.1	156	+0.2	189	−0.4	455	+0.4
	11	67.6	0.2	157	0.3	190	0.4	456	0.3
	15	67.9	0.2	157	0.3	190	0.4	458	0.2
	19	68.2	0.2	158	0.3	191	0.4	461	+0.1
	23	68.5	0.2	159	0.3	192	0.4	463	0.0
	27	68.9	+0.2	160	+0.3	193	−0.4	465	−0.1
Mar.	3	69.3	0.3	161	0.3	194	0.3	468	0.1
	7	69.7	0.3	161	0.4	195	0.3	470	0.2
	11	70.1	0.3	162	0.4	197	0.3	473	0.3
	15	70.5	0.3	163	0.4	198	0.3	476	0.3
	19	70.9	+0.3	164	+0.4	199	−0.3	479	−0.4
	23	71.4	0.3	165	0.4	200	0.3	482	0.4
	27	71.9	0.3	167	0.4	202	0.3	485	0.5
	31	72.3	0.4	168	0.4	203	0.3	489	0.5
Apr.	4	72.8	0.4	169	0.4	204	0.3	492	0.6
	8	73.3	+0.4	170	+0.4	206	−0.3	495	−0.6
	12	73.8	0.4	171	0.4	207	0.3	498	0.6
	16	74.3	0.4	172	0.4	209	0.3	502	0.6
	20	74.8	0.4	173	0.4	210	0.3	505	0.6
	24	75.3	0.4	174	0.4	211	0.3	508	0.6
	28	75.8	+0.4	176	+0.4	213	−0.3	512	−0.6
May	2	76.3	0.4	177	0.4	214	0.3	515	0.6
	6	76.7	0.4	178	0.4	216	0.3	518	0.6
	10	77.2	0.4	179	0.4	217	0.3	521	0.6
	14	77.6	0.4	180	0.4	218	0.3	524	0.5
	18	78.0	+0.4	181	+0.4	219	−0.3	527	−0.5
	22	78.4	0.4	182	0.4	220	0.3	530	0.5
	26	78.8	0.3	183	0.4	222	0.3	532	0.4
	30	79.1	0.3	183	0.4	223	0.3	534	0.4
June	3	79.4	0.3	184	0.4	223	0.3	536	0.3
	7	79.7	+0.3	185	+0.4	224	−0.3	538	−0.3
	11	80.0	0.3	185	0.4	225	0.3	540	0.2
	15	80.2	0.3	186	0.3	226	0.3	541	0.1
	19	80.3	0.3	186	0.3	226	0.4	542	−0.1
	23	80.5	0.3	186	0.3	226	0.4	543	0.0
	27	80.5	+0.2	187	+0.3	227	−0.4	544	+0.1
July	1	80.6	+0.2	187	+0.3	227	−0.4	544	+0.1

APPARENT DISTANCE AND POSTION ANGLE

Day (0ʰ UT)	RHEA		TITAN		HYPERION		IAPETUS	
	a/Δ	p_2	a/Δ	p_2	a/Δ	p_2	a/Δ	p_2
	"	°	"	°	"	°	"	°
July 1	80.6	+0.2	187	+0.3	227	−0.4	544	+0.1
5	80.6	0.2	187	0.3	227	0.4	544	0.2
9	80.5	0.2	187	0.3	227	0.4	544	0.3
13	80.4	0.2	186	0.3	227	0.4	543	0.3
17	80.3	0.1	186	0.2	226	0.4	542	0.4
21	80.1	+0.1	186	+0.2	226	−0.4	541	+0.5
25	79.9	0.1	185	0.2	225	0.5	540	0.5
29	79.7	0.1	185	0.2	225	0.5	538	0.6
Aug. 2	79.4	0.1	184	0.2	224	0.5	536	0.6
6	79.1	0.1	183	0.2	223	0.5	534	0.7
10	78.7	+0.1	182	+0.2	222	−0.5	532	+0.7
14	78.4	0.0	182	0.2	221	0.5	529	0.8
18	78.0	0.0	181	0.1	220	0.5	527	0.8
22	77.6	0.0	180	0.1	219	0.5	524	0.8
26	77.1	0.0	179	0.1	217	0.5	521	0.9
30	76.7	0.0	178	+0.1	216	−0.5	518	+0.9
Sept. 3	76.2	0.0	177	0.1	215	0.5	515	0.9
7	75.7	0.0	175	0.1	214	0.5	511	0.9
11	75.2	0.0	174	0.1	212	0.5	508	0.9
15	74.8	0.0	173	0.1	211	0.5	505	0.9
19	74.3	0.0	172	+0.1	209	−0.5	501	+0.9
23	73.8	0.0	171	0.1	208	0.5	498	0.9
27	73.3	0.0	170	0.1	207	0.5	495	0.9
Oct. 1	72.8	0.0	169	0.1	205	0.5	492	0.9
5	72.3	0.0	168	0.2	204	0 5	488	0.8
9	71.8	+0.1	166	+0.2	203	−0.5	485	+0.8
13	71.4	0.1	165	0.2	201	0.5	482	0.7
17	70.9	0.1	164	0.2	200	0.5	479	0.7
21	70.5	0.1	163	0.2	199	0.5	476	0.6
25	70.1	0.1	162	0.2	198	0.5	473	0.6
29	69.7	+0.1	161	+0.2	197	−0.4	470	+0.5
Nov. 2	69.3	0.2	161	0.2	196	0.4	468	0.4
6	68.9	0.2	160	0.3	194	0.4	465	0.4
10	68.6	0.2	159	0.3	193	0.4	463	0.3
14	68.2	0.2	158	0.3	193	0.4	461	0.2
18	67.9	+0.3	157	+0.3	192	−0.4	459	+0.1
22	67.6	0.3	157	0.3	191	0.4	457	0.0
26	67.4	0.3	156	0.4	190	0.4	455	−0.1
30	67.1	0.3	156	0.4	189	0.3	453	0.2
Dec. 4	66.9	0.4	155	0.4	189	0.3	452	0.3
8	66.7	+0.4	155	+0.4	188	−0.3	450	−0.4
12	66.5	0.4	154	0.4	188	0.3	449	0.5
16	66.4	0.4	154	0.4	187	0.3	448	0.6
20	66.3	0.5	154	0.5	187	0.3	447	0.7
24	66.2	0.5	153	0.5	187	0.3	447	0.8
28	66.1	+0.5	153	+0.5	186	−0.3	446	−0.9
32	66.0	+0.5	153	+0.5	186	−0.2	446	−1.0

SATELLITES OF SATURN, 1989

ORBITAL POSITIONS FOR 0ʰ UNIVERSAL TIME

Date		MIMAS			ENCELADUS		TETHYS		DIONE	
		L	M	θ	L	M	L	θ	L	M
		°	°	°	°	°	°	°	°	°
Jan.	− 2	152.166	70.1	217.6	109.559	219.0	285.816	334.8	181.167	309.8
	2	240.147	154.0	213.6	80.490	188.5	328.607	334.0	347.306	115.6
	6	328.128	238.0	209.6	51.420	158.1	11.398	333.2	153.445	281.4
	10	56.108	322.0	205.6	22.351	127.7	54.189	332.4	319.584	87.2
	14	144.089	46.0	201.6	353.281	97.3	96.981	331.6	125.723	253.0
	18	232.070	130.0	197.6	324.212	66.9	139.772	330.8	291.862	58.8
	22	320.051	213.9	193.6	295.142	36.4	182.563	330.0	98.002	224.6
	26	48.032	297.9	189.6	266.072	6.0	225.354	329.3	264.141	30.4
	30	136.012	21.9	185.6	237.003	335.6	268.145	328.5	70.280	196.2
Feb.	3	223.993	105.9	181.6	207.933	305.2	310.936	327.7	236.419	2.0
	7	311.974	189.8	177.6	178.863	274.8	353.727	326.9	42.558	167.8
	11	39.954	273.8	173.6	149.793	244.3	36.519	326.1	208.698	333.6
	15	127.935	357.8	169.6	120.723	213.9	79.310	325.3	14.837	139.4
	19	215.915	81.8	165.6	91.652	183.5	122.101	324.5	180.976	305.2
	23	303.896	165.7	161.6	62.582	153.1	164.892	323.7	347.115	111.0
	27	31.876	249.7	157.6	33.512	122.6	207.683	322.9	153.255	276.8
Mar.	3	119.856	333.7	153.6	4.441	92.2	250.474	322.1	319.394	82.6
	7	207.837	57.7	149.6	335.371	61.8	293.265	321.3	125.533	248.4
	11	295.817	141.7	145.6	306.300	31.4	336.057	320.5	291.672	54.2
	15	23.797	225.6	141.6	277.230	1.0	18.848	319.8	97.812	220.0
	19	111.778	309.6	137.6	248.159	330.5	61.639	319.0	263.951	25.8
	23	199.758	33.6	133.6	219.088	300.1	104.430	318.2	70.090	191.6
	27	287.738	117.6	129.6	190.018	269.7	147.221	317.4	236.229	357.4
	31	15.718	201.5	125.6	160.947	239.3	190.012	316.6	42.369	163.2
Apr.	4	103.698	285.5	121.6	131.876	208.8	232.804	315.8	208.508	329.1
	8	191.678	9.5	117.6	102.804	178.4	275.595	315.0	14.647	134.9
	12	279.658	93.5	113.6	73.733	148.0	318.386	314.2	180.787	300.7
	16	7.638	177.4	109.6	44.662	117.6	1.177	313.4	346.926	106.5
	20	95.618	261.4	105.6	15.591	87.2	43.968	312.6	153.065	272.3
	24	183.598	345.4	101.6	346.519	56.7	86.760	311.8	319.204	78.1
	28	271.578	69.4	97.6	317.448	26.3	129.551	311.0	125.344	243.9
May	2	359.558	153.3	93.6	288.376	355.9	172.342	310.2	291.483	49.7
	6	87.538	237.3	89.6	259.305	325.5	215.133	309.5	97.622	215.5
	10	175.518	321.3	85.6	230.233	295.0	257.924	308.7	263.762	21.3
	14	263.498	45.3	81.6	201.161	264.6	300.715	307.9	69.901	187.1
	18	351.477	129.3	77.6	172.089	234.2	343.507	307.1	236.040	352.9
	22	79.457	213.2	73.6	143.017	203.8	26.298	306.3	42.180	158.7
	26	167.437	297.2	69.6	113.945	173.4	69.089	305.5	208.319	324.5
	30	255.416	21.2	65.6	84.873	142.9	111.880	304.7	14.458	130.3
June	3	343.396	105.2	61.6	55.801	112.5	154.671	303.9	180.598	296.1
	7	71.375	189.1	57.6	26.728	82.1	197.463	303.1	346.737	101.9
	11	159.355	273.1	53.6	357.656	51.7	240.254	302.3	152.877	267.7
	15	247.334	357.1	49.6	328.583	21.2	283.045	301.5	319.016	73.5
	19	335.314	81.1	45.6	299.511	350.8	325.836	300.7	125.155	239.3
	23	63.293	165.0	41.6	270.438	320.4	8.627	300.0	291.295	45.1
	27	151.273	249.0	37.6	241.365	290.0	51.419	299.2	97.434	210.9
July	1	239.252	333.0	33.6	212.293	259.5	94.210	298.4	263.573	16.7
4ᵈ motion		1527.980	1524.0	−4.0	1050.929	1049.6	762.791	−0.8	526.139	525.8

ORBITAL POSITIONS FOR 0ʰ UNIVERSAL TIME

Date		MIMAS			ENCELADUS		TETHYS		DIONE	
		L	M	θ	L	M	L	θ	L	M
		°	°	°	°	°	°	°	°	°
July	1	239.252	333.0	33.6	212.293	259.5	94.210	298.4	263.573	16.7
	5	327.231	57.0	29.6	183.220	229.1	137.001	297.6	69.713	182.5
	9	55.210	140.9	25.6	154.147	198.7	179.792	296.8	235.852	348.3
	13	143.190	224.9	21.6	125.074	168.3	222.583	296.0	41.992	154.1
	17	231.169	308.9	17.6	96.001	137.8	265.375	295.2	208.131	319.9
	21	319.148	32.9	13.6	66.927	107.4	308.166	294.4	14.271	125.7
	25	47.127	116.8	9.6	37.854	77.0	350.957	293.6	180.410	291.5
	29	135.106	200.8	5.6	8.781	46.6	33.748	292.8	346.549	97.3
Aug.	2	223.085	284.8	1.6	339.707	16.1	76.539	292.0	152.689	263.1
	6	311.064	8.8	357.6	310.634	345.7	119.331	291.2	318.828	68.9
	10	39.043	92.7	353.6	281.560	315.3	162.122	290.5	124.968	234.8
	14	127.022	176.7	349.6	252.486	284.9	204.913	289.7	291.107	40.6
	18	215.001	260.7	345.6	223.412	254.4	247.704	288.9	97.247	206.4
	22	302.980	344.7	341.6	194.338	224.0	290.496	288.1	263.386	12.2
	26	30.959	68.7	337.6	165.264	193.6	333.287	287.3	69.526	178.0
	30	118.938	152.6	333.6	136.190	163.2	16.078	286.5	235.665	343.8
Sept.	3	206.916	236.6	329.6	107.116	132.7	58.869	285.7	41.805	149.6
	7	294.895	320.6	325.6	78.042	102.3	101.661	284.9	207.944	315.4
	11	22.874	44.6	321.6	48.968	71.9	144.452	284.1	14.084	121.2
	15	110.853	128.5	317.6	19.893	41.5	187.243	283.3	180.223	287.0
	19	198.831	212.5	313.6	350.819	11.0	230.034	282.5	346.363	92.8
	23	286.810	296.5	309.6	321.744	340.6	272.825	281.7	152.502	258.6
	27	14.788	20.5	305.6	292.670	310.2	315.617	281.0	318.642	64.4
Oct.	1	102.767	104.4	301.6	263.595	279.8	358.408	280.2	124.781	230.2
	5	190.745	188.4	297.6	234.520	249.3	41.199	279.4	290.921	36.0
	9	278.724	272.4	293.6	205.446	218.9	83.990	278.6	97.060	201.8
	13	6.702	356.4	289.6	176.371	188.5	126.782	277.8	263.200	7.6
	17	94.681	80.3	285.6	147.296	158.1	169.573	277.0	69.339	173.4
	21	182.659	164.3	281.6	118.221	127.6	212.364	276.2	235.479	339.2
	25	270.637	248.3	277.6	89.146	97.2	255.155	275.4	41.618	145.0
	29	358.615	332.3	273.6	60.070	66.8	297.947	274.6	207.758	310.8
Nov.	2	86.594	56.2	269.6	30.995	36.4	340.738	273.8	13.897	116.6
	6	174.572	140.2	265.6	1.920	5.9	23.529	273.0	180.037	282.4
	10	262.550	224.2	261.6	332.845	335.5	66.320	272.2	346.177	88.2
	14	350.528	308.2	257.6	303.769	305.1	109.112	271.5	152.316	254.0
	18	78.506	32.1	253.6	274.694	274.6	151.903	270.7	318.456	59.8
	22	166.484	116.1	249.6	245.618	244.2	194.694	269.9	124.595	225.6
	26	254.462	200.1	245.6	216.542	213.8	237.485	269.1	290.735	31.4
	30	342.440	284.1	241.6	187.467	183.4	280.277	268.3	96.874	197.2
Dec.	4	70.418	8.0	237.6	158.391	152.9	323.068	267.5	263.014	3.0
	8	158.396	92.0	233.6	129.315	122.5	5.859	266.7	69.154	168.8
	12	246.374	176.0	229.6	100.239	92.1	48.651	265.9	235.293	334.7
	16	334.352	259.9	225.6	71.163	61.7	91.442	265.1	41.433	140.5
	20	62.330	343.9	221.6	42.087	31.2	134.233	264.3	207.572	306.3
	24	150.308	67.9	217.6	13.011	0.8	177.024	263.5	13.712	112.1
	28	238.285	151.9	213.6	343.935	330.4	219.816	262.7	179.852	277.9
	32	326.263	235.8	209.6	314.859	299.9	262.607	262.0	345.991	83.7
4ᵈ motion		1527.978	1524.0	−4.0	1050.925	1049.6	762.791	−0.8	526.140	525.8

SATELLITES OF SATURN, 1989

ORBITAL POSITIONS FOR 0ʰ UNIVERSAL TIME

Date		RHEA				TITAN			
		L	M	θ	γ	L	M	θ	γ
		°	°	°	°	°	°	°	°
Jan.	− 2	58.765	230.3	90.4	0.317	317.158	118.59	237.24	0.373
	2	17.525	189.0	90.2	0.317	47.466	208.89	237.26	0.373
	6	336.285	147.7	90.1	0.317	137.773	299.19	237.27	0.373
	10	295.045	106.5	90.0	0.317	228.081	29.49	237.29	0.373
	14	253.805	65.2	89.9	0.317	318.389	119.80	237.30	0.373
	18	212.565	23.9	89.8	0.317	48.696	210.10	237.31	0.373
	22	171.325	342.7	89.6	0.317	139.004	300.40	237.33	0.373
	26	130.084	301.4	89.5	0.317	229.312	30.70	237.34	0.373
	30	88.844	260.1	89.4	0.317	319.619	121.01	237.36	0.373
Feb.	3	47.604	218.8	89.3	0.317	49.927	211.31	237.37	0.373
	7	6.364	177.6	89.1	0.317	140.235	301.61	237.38	0.373
	11	325.124	136.3	89.0	0.317	230.542	31.91	237.40	0.373
	15	283.884	95.0	88.9	0.317	320.850	122.22	237.41	0.373
	19	242.644	53.8	88.8	0.317	51.158	212.52	237.43	0.373
	23	201.403	12.5	88.7	0.317	141.465	302.82	237.44	0.373
	27	160.163	331.2	88.5	0.317	231.773	33.12	237.45	0.373
Mar.	3	118.923	290.0	88.4	0.317	322.081	123.43	237.47	0.373
	7	77.683	248.7	88.3	0.317	52.388	213.73	237.48	0.373
	11	36.443	207.4	88.2	0.317	142.696	304.03	237.49	0.373
	15	355.203	166.1	88.1	0.317	233.003	34.33	237.51	0.373
	19	313.963	124.9	87.9	0.316	323.311	124.64	237.52	0.373
	23	272.722	83.6	87.8	0.316	53.619	214.94	237.54	0.373
	27	231.482	42.3	87.7	0.316	143.926	305.24	237.55	0.373
	31	190.242	1.1	87.6	0.316	234.234	35.54	237.56	0.373
Apr.	4	149.002	319.8	87.5	0.316	324.542	125.85	237.58	0.373
	8	107.762	278.5	87.3	0.316	54.849	216.15	237.59	0.373
	12	66.522	237.2	87.2	0.316	145.157	306.45	237.60	0.373
	16	25.282	196.0	87.1	0.316	235.465	36.75	237.62	0.373
	20	344.041	154.7	87.0	0.316	325.772	127.06	237.63	0.373
	24	302.801	113.4	86.8	0.316	56.080	217.36	237.64	0.373
	28	261.561	72.2	86.7	0.316	146.388	307.66	237.66	0.373
May	2	220.321	30.9	86.6	0.316	236.695	37.96	237.67	0.373
	6	179.081	349.6	86.5	0.316	327.003	128.27	237.69	0.373
	10	137.841	308.4	86.4	0.316	57.310	218.57	237.70	0.373
	14	96.600	267.1	86.2	0.316	147.618	308.87	237.71	0.373
	18	55.360	225.8	86.1	0.316	237.926	39.17	237.73	0.373
	22	14.120	184.5	86.0	0.316	328.233	129.48	237.74	0.373
	26	332.880	143.3	85.9	0.316	58.541	219.78	237.75	0.373
	30	291.640	102.0	85.8	0.316	148.849	310.08	237.77	0.373
June	3	250.400	60.7	85.6	0.316	239.156	40.38	237.78	0.373
	7	209.160	19.5	85.5	0.316	329.464	130.69	237.79	0.373
	11	167.919	338.2	85.4	0.316	59.772	220.99	237.81	0.373
	15	126.679	296.9	85.3	0.316	150.079	311.29	237.82	0.373
	19	85.439	255.6	85.1	0.316	240.387	41.59	237.83	0.373
	23	44.199	214.4	85.0	0.316	330.695	131.90	237.85	0.373
	27	2.959	173.1	84.9	0.316	61.002	222.20	237.86	0.373
July	1	321.719	131.8	84.8	0.316	151.310	312.50	237.87	0.373
4ᵈ motion		318.760	318.7	. . .	. . .	90.308	90.30	. . . . .	. . . .

ORBITAL POSITIONS FOR 0ʰ UNIVERSAL TIME

Date		RHEA				TITAN			
		L	M	θ	γ	L	M	θ	γ
		°	°	°	°	°	°	°	°
July	1	321.719	131.8	84.8	0.316	151.310	312.50	237.87	0.373
	5	280.479	90.6	84.7	0.316	241.617	42.80	237.89	0.373
	9	239.238	49.3	84.5	0.316	331.925	133.10	237.90	0.373
	13	197.998	8.0	84.4	0.315	62.233	223.41	237.91	0.373
	17	156.758	326.7	84.3	0.315	152.540	313.71	237.93	0.373
	21	115.518	285.5	84.2	0.315	242.848	44.01	237.94	0.373
	25	74.278	244.2	84.0	0.315	333.156	134.31	237.95	0.373
	29	33.038	202.9	83.9	0.315	63.463	224.62	237.96	0.373
Aug.	2	351.798	161.7	83.8	0.315	153.771	314.92	237.98	0.373
	6	310.557	120.4	83.7	0.315	244.079	45.22	237.99	0.372
	10	269.317	79.1	83.6	0.315	334.386	135.52	238.00	0.372
	14	228.077	37.8	83.4	0.315	64.694	225.83	238.02	0.372
	18	186.837	356.6	83.3	0.315	155.001	316.13	238.03	0.372
	22	145.597	315.3	83.2	0.315	245.309	46.43	238.04	0.372
	26	104.357	274.0	83.1	0.315	335.617	136.73	238.06	0.372
	30	63.117	232.8	82.9	0.315	65.924	227.04	238.07	0.372
Sept.	3	21.876	191.5	82.8	0.315	156.232	317.34	238.08	0.372
	7	340.636	150.2	82.7	0.315	246.540	47.64	238.09	0.372
	11	299.396	108.9	82.6	0.315	336.847	137.94	238.11	0.372
	15	258.156	67.7	82.5	0.315	67.155	228.24	238.12	0.372
	19	216.916	26.4	82.3	0.315	157.463	318.55	238.13	0.372
	23	175.676	345.1	82.2	0.315	247.770	48.85	238.15	0.372
	27	134.435	303.8	82.1	0.315	338.078	139.15	238.16	0.372
Oct.	1	93.195	262.6	82.0	0.315	68.385	229.45	238.17	0.372
	5	51.955	221.3	81.8	0.315	158.693	319.76	238.18	0.372
	9	10.715	180.0	81.7	0.315	249.001	50.06	238.20	0.372
	13	329.475	138.8	81.6	0.315	339.308	140.36	238.21	0.372
	17	288.235	97.5	81.5	0.315	69.616	230.66	238.22	0.372
	21	246.995	56.2	81.4	0.315	159.924	320.97	238.23	0.372
	25	205.754	14.9	81.2	0.315	250.231	51.27	238.25	0.372
	29	164.514	333.7	81.1	0.315	340.539	141.57	238.26	0.372
Nov.	2	123.274	292.4	81.0	0.315	70.847	231.87	238.27	0.372
	6	82.034	251.1	80.9	0.315	161.154	322.17	238.28	0.372
	10	40.794	209.9	80.7	0.315	251.462	52.48	238.30	0.372
	14	359.554	168.6	80.6	0.314	341.769	142.78	238.31	0.372
	18	318.314	127.3	80.5	0.314	72.077	233.08	238.32	0.372
	22	277.073	86.0	80.4	0.314	162.385	323.38	238.33	0.372
	26	235.833	44.8	80.3	0.314	252.692	53.69	238.35	0.372
	30	194.593	3.5	80.1	0.314	343.000	143.99	238.36	0.372
Dec.	4	153.353	322.2	80.0	0.314	73.308	234.29	238.37	0.372
	8	112.113	280.9	79.9	0.314	163.615	324.59	238.38	0.372
	12	70.873	239.7	79.8	0.314	253.923	54.89	238.40	0.372
	16	29.633	198.4	79.6	0.314	344.230	145.20	238.41	0.372
	20	348.392	157.1	79.5	0.314	74.538	235.50	238.42	0.372
	24	307.152	115.9	79.4	0.314	164.846	325.80	238.43	0.372
	28	265.912	74.6	79.3	0.314	255.153	56.10	238.44	0.372
	32	224.672	33.3	79.2	0.314	345.461	146.41	238.46	0.372
4ᵈ motion		318.760	318.7	. . .	. . . .	90.308	90.30	. . . . .	. . . .

SATELLITES OF SATURN, 1989

ORBITAL POSITIONS FOR 0ʰ UNIVERSAL TIME

Date		HYPERION						IAPETUS		
		L	M	θ	γ	e	a	L	M	γ
		°	°	°	°		″	°	°	°
Jan.	− 2	303.144	209.58	260.28	0.905	0.08965	2037.3	205.546	324.16	15.280
	2	11.180	277.86	260.27	0.905	0.08957	2037.3	223.697	342.31	15.280
	6	79.217	346.14	260.25	0.905	0.08949	2037.3	241.849	0.46	15.280
	10	147.252	54.42	260.24	0.905	0.08942	2037.4	260.000	18.61	15.280
	14	215.285	122.70	260.23	0.905	0.08936	2037.4	278.152	36.76	15.281
	18	283.317	190.97	260.21	0.905	0.08931	2037.5	296.303	54.91	15.281
	22	351.345	259.25	260.20	0.905	0.08926	2037.6	314.455	73.07	15.281
	26	59.371	327.52	260.18	0.905	0.08921	2037.6	332.606	91.22	15.281
	30	127.393	35.78	260.17	0.906	0.08918	2037.7	350.758	109.37	15.281
Feb.	3	195.410	104.04	260.15	0.906	0.08914	2037.8	8.909	127.52	15.281
	7	263.423	172.30	260.14	0.906	0.08912	2037.9	27.061	145.67	15.282
	11	331.430	240.55	260.13	0.906	0.08910	2038.1	45.212	163.82	15.282
	15	39.432	308.80	260.11	0.906	0.08908	2038.2	63.364	181.97	15.282
	19	107.427	17.03	260.10	0.906	0.08907	2038.3	81.515	200.12	15.282
	23	175.415	85.27	260.08	0.906	0.08907	2038.5	99.667	218.27	15.282
	27	243.396	153.49	260.07	0.906	0.08907	2038.6	117.818	236.42	15.282
Mar.	3	311.370	221.71	260.05	0.907	0.08908	2038.8	135.970	254.57	15.282
	7	19.335	289.92	260.04	0.907	0.08909	2039.0	154.121	272.72	15.283
	11	87.291	358.11	260.03	0.907	0.08911	2039.2	172.273	290.87	15.283
	15	155.239	66.30	260.01	0.907	0.08913	2039.3	190.424	309.02	15.283
	19	223.177	134.48	260.00	0.907	0.08916	2039.5	208.576	327.17	15.283
	23	291.105	202.65	259.98	0.907	0.08919	2039.8	226.727	345.32	15.283
	27	359.022	270.81	259.97	0.907	0.08922	2040.0	244.879	3.47	15.283
	31	66.929	338.96	259.96	0.907	0.08926	2040.2	263.030	21.62	15.284
Apr.	4	134.825	47.10	259.94	0.908	0.08930	2040.4	281.182	39.77	15.284
	8	202.710	115.22	259.93	0.908	0.08935	2040.7	299.333	57.92	15.284
	12	270.583	183.33	259.91	0.908	0.08940	2040.9	317.485	76.08	15.284
	16	338.444	251.43	259.90	0.908	0.08945	2041.1	335.636	94.23	15.284
	20	46.293	319.52	259.88	0.908	0.08951	2041.4	353.788	112.38	15.284
	24	114.130	27.60	259.87	0.908	0.08956	2041.6	11.939	130.53	15.284
	28	181.953	95.66	259.86	0.908	0.08962	2041.9	30.091	148.68	15.285
May	2	249.764	163.71	259.84	0.908	0.08969	2042.2	48.242	166.83	15.285
	6	317.562	231.74	259.83	0.908	0.08975	2042.4	66.394	184.98	15.285
	10	25.346	299.76	259.81	0.909	0.08982	2042.7	84.545	203.13	15.285
	14	93.116	7.77	259.80	0.909	0.08989	2043.0	102.697	221.28	15.285
	18	160.873	75.76	259.78	0.909	0.08996	2043.2	120.848	239.43	15.285
	22	228.617	143.74	259.77	0.909	0.09003	2043.5	139.000	257.58	15.286
	26	296.346	211.70	259.76	0.909	0.09010	2043.8	157.151	275.73	15.286
	30	4.061	279.65	259.74	0.909	0.09017	2044.1	175.303	293.88	15.286
June	3	71.763	347.59	259.73	0.909	0.09025	2044.4	193.454	312.03	15.286
	7	139.450	55.51	259.71	0.909	0.09032	2044.6	211.606	330.18	15.286
	11	207.123	123.41	259.70	0.910	0.09040	2044.9	229.757	348.33	15.286
	15	274.782	191.30	259.69	0.910	0.09047	2045.2	247.908	6.48	15.286
	19	342.428	259.18	259.67	0.910	0.09054	2045.5	266.060	24.63	15.287
	23	50.059	327.04	259.66	0.910	0.09061	2045.7	284.211	42.78	15.287
	27	117.676	34.89	259.64	0.910	0.09068	2046.0	302.363	60.93	15.287
July	1	185.280	102.72	259.63	0.910	0.09075	2046.3	320.514	79.09	15.287

ORBITAL POSITIONS FOR 0ʰ UNIVERSAL TIME

Date		HYPERION						IAPETUS		
		L	M	θ	γ	e	a	L	M	γ
		°	°	°	°		''	°	°	°
July	1	185.280	102.72	259.63	0.910	0.09075	2046.3	320.514	79.09	15.287
	5	252.870	170.54	259.61	0.910	0.09082	2046.5	338.666	97.24	15.287
	9	320.446	238.34	259.60	0.910	0.09089	2046.8	356.817	115.39	15.287
	13	28.009	306.14	259.59	0.911	0.09095	2047.1	14.969	133.54	15.288
	17	95.559	13.91	259.57	0.911	0.09102	2047.3	33.120	151.69	15.288
	21	163.095	81.68	259.56	0.911	0.09108	2047.6	51.272	169.84	15.288
	25	230.619	149.43	259.54	0.911	0.09113	2047.8	69.423	187.99	15.288
	29	298.131	217.17	259.53	0.911	0.09119	2048.1	87.575	206.14	15.288
Aug.	2	5.630	284.89	259.52	0.911	0.09124	2048.3	105.726	224.29	15.288
	6	73.117	352.60	259.50	0.911	0.09129	2048.5	123.878	242.44	15.288
	10	140.592	60.30	259.49	0.911	0.09134	2048.8	142.029	260.59	15.289
	14	208.056	127.99	259.47	0.911	0.09138	2049.0	160.181	278.74	15.289
	18	275.509	195.67	259.46	0.912	0.09142	2049.2	178.332	296.89	15.289
	22	342.952	263.34	259.44	0.912	0.09145	2049.4	196.484	315.04	15.289
	26	50.384	330.99	259.43	0.912	0.09148	2049.6	214.635	333.19	15.289
	30	117.806	38.64	259.42	0.912	0.09150	2049.8	232.787	351.34	15.289
Sept.	3	185.218	106.27	259.40	0.912	0.09153	2049.9	250.938	9.49	15.289
	7	252.621	173.90	259.39	0.912	0.09154	2050.1	269.090	27.64	15.290
	11	320.016	241.51	259.37	0.912	0.09155	2050.3	287.241	45.79	15.290
	15	27.402	309.12	259.36	0.912	0.09156	2050.4	305.393	63.94	15.290
	19	94.781	16.72	259.34	0.913	0.09156	2050.6	323.544	82.10	15.290
	23	162.152	84.32	259.33	0.913	0.09156	2050.7	341.696	100.25	15.290
	27	229.516	151.90	259.32	0.913	0.09155	2050.8	359.847	118.40	15.290
Oct.	1	296.874	219.48	259.30	0.913	0.09154	2050.9	17.999	136.55	15.291
	5	4.225	287.06	259.29	0.913	0.09152	2051.0	36.150	154.70	15.291
	9	71.572	354.62	259.27	0.913	0.09149	2051.1	54.302	172.85	15.291
	13	138.914	62.19	259.26	0.913	0.09146	2051.2	72.453	191.00	15.291
	17	206.251	129.75	259.25	0.913	0.09142	2051.3	90.605	209.15	15.291
	21	273.584	197.30	259.23	0.913	0.09138	2051.4	108.756	227.30	15.291
	25	340.914	264.85	259.22	0.914	0.09133	2051.4	126.908	245.45	15.291
	29	48.242	332.40	259.20	0.914	0.09128	2051.4	145.059	263.60	15.292
Nov.	2	115.567	39.95	259.19	0.914	0.09122	2051.5	163.211	281.75	15.292
	6	182.891	107.49	259.17	0.914	0.09116	2051.5	181.362	299.90	15.292
	10	250.213	175.04	259.16	0.914	0.09108	2051.5	199.514	318.05	15.292
	14	317.535	242.58	259.15	0.914	0.09101	2051.5	217.665	336.20	15.292
	18	24.857	310.13	259.13	0.914	0.09092	2051.5	235.817	354.35	15.292
	22	92.179	17.67	259.12	0.914	0.09083	2051.5	253.968	12.50	15.293
	26	159.503	85.22	259.10	0.915	0.09074	2051.4	272.120	30.65	15.293
	30	226.828	152.76	259.09	0.915	0.09064	2051.4	290.271	48.80	15.293
Dec.	4	294.155	220.32	259.08	0.915	0.09053	2051.3	308.423	66.95	15.293
	8	1.486	287.87	259.06	0.915	0.09042	2051.2	326.574	85.11	15.293
	12	68.819	355.43	259.05	0.915	0.09030	2051.2	344.726	103.26	15.293
	16	136.156	62.99	259.03	0.915	0.09017	2051.1	2.877	121.41	15.293
	20	203.498	130.55	259.02	0.915	0.09004	2051.0	21.029	139.56	15.294
	24	270.844	198.13	259.00	0.915	0.08991	2050.9	39.180	157.71	15.294
	28	338.196	265.70	258.99	0.915	0.08977	2050.8	57.332	175.86	15.294
	32	45.554	333.29	258.98	0.916	0.08962	2050.6	75.483	194.01	15.294

DIFFERENTIAL COORDINATES OF HYPERION FOR 0ʰ U.T.

Date		Δα	Δδ	Date		Δα	Δδ	Date		Δα	Δδ
		s	′			s	′			s	′
Jan.	0	− 1	− 1.4	May	2	+ 17	− 0.6	Sept.	1	+ 4	+ 1.4
	2	− 8	− 0.9		4	+ 13	− 1.2		3	+ 12	+ 0.8
	4	− 12	− 0.2		6	+ 7	− 1.6		5	+ 16	0.0
	6	− 11	+ 0.7		8	− 2	− 1.4		7	+ 16	− 0.8
	8	− 6	+ 1.2		10	− 10	− 0.8		9	+ 12	− 1.4
	10	+ 2	+ 1.2		12	− 14	+ 0.1		11	+ 5	− 1.6
	12	+ 9	+ 0.7		14	− 12	+ 1.0		13	− 4	− 1.4
	14	+ 14	0.0		16	− 5	+ 1.4		15	− 11	− 0.7
	16	+ 14	− 0.7		18	+ 4	+ 1.3		17	− 14	+ 0.3
	18	+ 11	− 1.2		20	+ 12	+ 0.7		19	− 10	+ 1.1
	20	+ 4	− 1.4		22	+ 17	− 0.1		21	− 3	+ 1.4
	22	− 3	− 1.2		24	+ 16	− 0.9		23	+ 6	+ 1.2
	24	− 10	− 0.7		26	+ 12	− 1.5		25	+ 13	+ 0.6
	26	− 12	+ 0.2		28	+ 4	− 1.6		27	+ 16	− 0.2
	28	− 10	+ 0.9		30	− 5	− 1.3		29	+ 15	− 1.0
	30	− 3	+ 1.3	June	1	− 13	− 0.5	Oct.	1	+ 10	− 1.5
Feb.	1	+ 5	+ 1.1		3	− 15	+ 0.5		3	+ 2	− 1.5
	3	+ 11	+ 0.5		5	− 10	+ 1.2		5	− 6	− 1.2
	5	+ 14	− 0.2		7	− 1	+ 1.5		7	− 12	− 0.4
	7	+ 13	− 0.9		9	+ 8	+ 1.2		9	− 13	+ 0.6
	9	+ 9	− 1.3		11	+ 15	+ 0.4		11	− 8	+ 1.2
	11	+ 2	− 1.4		13	+ 17	− 0.4		13	0	+ 1.4
	13	− 6	− 1.1		15	+ 15	− 1.2		15	+ 8	+ 1.0
	15	− 11	− 0.4		17	+ 9	− 1.6		17	+ 14	+ 0.3
	17	− 12	+ 0.5		19	0	− 1.6		19	+ 16	− 0.4
	19	− 8	+ 1.1		21	− 9	− 1.1		21	+ 13	− 1.1
	21	0	+ 1.3		23	− 14	− 0.1		23	+ 7	− 1.5
	23	+ 8	+ 0.9		25	− 14	+ 0.8		25	0	− 1.4
	25	+ 13	+ 0.3		27	− 7	+ 1.4		27	− 8	− 0.9
	27	+ 15	− 0.5		29	+ 3	+ 1.4		29	− 12	− 0.1
Mar.	1	+ 13	− 1.1	July	1	+ 12	+ 0.9		31	− 12	+ 0.8
	3	+ 7	− 1.4		3	+ 17	+ 0.1	Nov.	2	− 6	+ 1.3
	5	− 1	− 1.4		5	+ 17	− 0.8		4	+ 2	+ 1.3
	7	− 8	− 0.9		7	+ 13	− 1.4		6	+ 10	+ 0.8
	9	− 13	− 0.1		9	+ 5	− 1.7		8	+ 14	+ 0.1
	11	− 12	+ 0.8		11	− 4	− 1.5		10	+ 15	− 0.6
	13	− 6	+ 1.3		13	− 12	− 0.7		12	+ 12	− 1.2
	15	+ 3	+ 1.2		15	− 15	+ 0.3		14	+ 5	− 1.4
	17	+ 10	+ 0.7		17	− 12	+ 1.2		16	− 2	− 1.3
	19	+ 15	0.0		19	− 3	+ 1.5		18	− 9	− 0.7
	21	+ 15	− 0.7		21	+ 6	+ 1.3		20	− 12	+ 0.1
	23	+ 11	− 1.3		23	+ 14	+ 0.6		22	− 10	+ 0.9
	25	+ 4	− 1.5		25	+ 17	− 0.3		24	− 4	+ 1.3
	27	− 4	− 1.3		27	+ 16	− 1.1		26	+ 4	+ 1.2
	29	− 11	− 0.6		29	+ 10	− 1.6		28	+ 11	+ 0.7
	31	− 13	+ 0.3		31	+ 2	− 1.7		30	+ 14	0.0
Apr.	2	− 10	+ 1.0	Aug.	2	− 7	− 1.2	Dec.	2	+ 14	− 0.7
	4	− 3	+ 1.3		4	− 13	− 0.4		4	+ 10	− 1.2
	6	+ 6	+ 1.1		6	− 14	+ 0.6		6	+ 4	− 1.4
	8	+ 13	+ 0.5		8	− 9	+ 1.4		8	− 4	− 1.1
	10	+ 16	− 0.3		10	0	+ 1.5		10	− 10	− 0.5
	12	+ 15	− 1.0		12	+ 10	+ 1.1		12	− 12	+ 0.4
	14	+ 9	− 1.4		14	+ 16	+ 0.3		14	− 9	+ 1.0
	16	+ 2	− 1.5		16	+ 17	− 0.6		16	− 2	+ 1.3
	18	− 7	− 1.1		18	+ 14	− 1.3		18	+ 6	+ 1.1
	20	− 13	− 0.3		20	+ 7	− 1.6		20	+ 12	+ 0.5
	22	− 13	+ 0.6		22	− 1	− 1.6		22	+ 14	− 0.2
	24	− 8	+ 1.3		24	− 10	− 1.0		24	+ 13	− 0.8
	26	+ 1	+ 1.4		26	− 14	0.0		26	+ 9	− 1.2
	28	+ 9	+ 1.0		28	− 13	+ 0.9		28	+ 2	− 1.3
	30	+ 15	+ 0.2		30	− 6	+ 1.4		30	− 6	− 1.0
May	2	+ 17	− 0.6	Sept.	1	+ 4	+ 1.4		32	− 11	− 0.3

Differential coordinates are given in the sense "satellite minus planet".

DIFFERENTIAL COORDINATES OF IAPETUS FOR 0ʰ U.T.

Date		Δα	Δδ	Date		Δα	Δδ	Date		Δα	Δδ
		s	′			s	′			s	′
Jan.	0	+ 28	− 0.5	May	2	− 36	+ 0.8	Sept.	1	+ 36	− 1.4
	2	30	0.8		4	37	1.0		3	35	1.7
	4	31	1.1		6	38	1.3		5	33	1.9
	6	31	1.3		8	38	1.5		7	30	2.0
	8	30	1.5		10	36	1.7		9	27	2.1
	10	29	1.7		12	34	1.8		11	23	2.1
	12	+ 26	− 1.8		14	− 31	+ 1.9		13	+ 18	− 2.1
	14	24	1.8		16	28	2.0		15	13	2.0
	16	20	1.9		18	23	2.0		17	7	1.9
	18	16	1.8		20	18	1.9		19	+ 2	1.7
	20	12	1.8		22	13	1.9		21	− 4	1.5
	22	7	1.7		24	7	1.7		23	9	1.2
	24	+ 2	− 1.5		26	− 1	+ 1.5		25	− 15	− 0.9
	26	− 3	1.3		28	+ 5	1.3		27	19	0.6
	28	8	1.1		30	11	1.1		29	24	− 0.3
	30	12	0.9	June	1	17	0.8	Oct.	1	28	0.0
Feb.	1	17	0.6		3	22	0.5		3	31	+ 0.3
	3	21	− 0.3		5	27	+ 0.2		5	33	0.6
	5	− 25	0.0		7	+ 31	− 0.2		7	− 35	+ 0.9
	7	28	+ 0.2		9	34	0.5		9	35	1.2
	9	30	0.5		11	36	0.8		11	35	1.4
	11	32	0.8		13	37	1.1		13	35	1.6
	13	33	1.0		15	37	1.4		15	33	1.8
	15	34	1.2		17	37	1.6		17	31	1.9
	17	− 33	+ 1.4		19	+ 35	− 1.8		19	− 28	+ 2.0
	19	32	1.6		21	32	2.0		21	24	2.0
	21	30	1.7		23	28	2.1		23	20	2.0
	23	28	1.8		25	23	2.1		25	16	2.0
	25	25	1.8		27	18	2.1		27	11	1.8
	27	21	1.8		29	12	2.0		29	− 6	1.7
Mar.	1	− 17	+ 1.8	July	1	+ 6	− 1.8		31	0	+ 1.5
	3	12	1.7		3	0	1.7	Nov.	2	+ 5	1.3
	5	7	1.6		5	− 6	1.4		4	10	1.0
	7	− 2	1.4		7	12	1.2		6	15	0.8
	9	+ 3	1.2		9	18	0.9		8	19	0.5
	11	8	1.0		11	23	0.5		10	23	+ 0.2
	13	+ 13	+ 0.8		13	− 28	− 0.2		12	+ 26	− 0.1
	15	18	0.5		15	32	+ 0.2		14	29	0.4
	17	22	+ 0.2		17	35	0.5		16	30	0.7
	19	26	0.0		19	38	0.8		18	32	0.9
	21	29	− 0.3		21	39	1.2		20	32	1.2
	23	31	0.6		23	40	1.4		22	31	1.4
	25	+ 33	− 0.9		25	− 39	+ 1.7		24	+ 30	− 1.5
	27	34	1.1		27	38	1.9		26	28	1.6
	29	33	1.3		29	36	2.1		28	25	1.7
	31	32	1.5		31	32	2.2		30	21	1.7
Apr.	2	30	1.6	Aug.	2	29	2.3	Dec.	2	17	1.7
	4	27	1.7		4	24	2.3		4	13	1.7
	6	+ 24	− 1.8		6	− 19	+ 2.2		6	+ 8	− 1.6
	8	20	1.8		8	13	2.1		8	+ 3	1.4
	10	15	1.7		10	8	2.0		10	− 2	1.3
	12	10	1.7		12	− 2	1.8		12	7	1.1
	14	+ 4	1.5		14	+ 4	1.5		14	11	0.9
	16	− 1	1.4		16	10	1.2		16	16	0.6
	18	− 7	− 1.2		18	+ 16	+ 0.9		18	− 20	− 0.4
	20	13	0.9		20	21	0.6		20	24	− 0.1
	22	18	0.7		22	25	+ 0.2		22	27	+ 0.1
	24	23	0.4		24	29	− 0.1		24	29	0.4
	26	27	− 0.1		26	32	0.5		26	31	0.6
	28	31	+ 0.2		28	34	0.8		28	32	0.8
	30	− 34	+ 0.5		30	+ 36	− 1.2		30	− 33	+ 1.0
May	2	− 36	+ 0.8	Sept.	1	+ 36	− 1.4		32	− 32	+ 1.2

Differential coordinates are given in the sense "satellite minus planet" .

SATELLITES OF SATURN, 1989

DIFFERENTIAL COORDINATES OF PHOEBE FOR 0^h U.T.

Date		Δα	Δδ	Date		Δα	Δδ	Date		Δα	Δδ
		m s	'			m s	'			m s	'
Jan.	0	+ 1 40	− 2.0	May	2	− 1 24	− 0.9	Sept.	1	− 1 51	+ 2.3
	2	1 38	2.0		4	1 26	0.9		3	1 49	2.3
	4	1 36	1.9		6	1 29	0.8		5	1 47	2.3
	6	1 34	1.9		8	1 32	0.8		7	1 46	2.3
	8	1 32	1.9		10	1 34	0.7		9	1 44	2.3
	10	1 30	1.8		12	1 37	0.7		11	1 42	2.3
	12	+ 1 28	− 1.8		14	− 1 39	− 0.6		13	− 1 39	+ 2.3
	14	1 26	1.7		16	1 42	0.6		15	1 37	2.2
	16	1 24	1.7		18	1 44	0.5		17	1 35	2.2
	18	1 22	1.7		20	1 46	0.5		19	1 33	2.2
	20	1 19	1.6		22	1 48	0.4		21	1 31	2.2
	22	1 17	1.6		24	1 51	0.4		23	1 28	2.2
	24	+ 1 14	− 1.6		26	− 1 53	− 0.3		25	− 1 26	+ 2.1
	26	1 12	1.6		28	1 55	0.2		27	1 24	2.1
	28	1 09	1.5		30	1 56	0.2		29	1 21	2.1
	30	1 06	1.5	June	1	1 58	− 0.1	Oct.	1	1 19	2.1
Feb.	1	1 04	1.5		3	2 00	0.0		3	1 17	2.0
	3	1 01	1.5		5	2 01	0.0		5	1 14	2.0
	5	+ 0 58	− 1.4		7	− 2 03	+ 0.1		7	− 1 12	+ 2.0
	7	0 55	1.4		9	2 04	0.2		9	1 09	1.9
	9	0 52	1.4		11	2 06	0.2		11	1 06	1.9
	11	0 49	1.4		13	2 07	0.3		13	1 04	1.9
	13	0 46	1.4		15	2 08	0.4		15	1 01	1.8
	15	0 43	1.3		17	2 09	0.5		17	0 58	1.8
	17	+ 0 40	− 1.3		19	− 2 10	+ 0.5		19	− 0 56	+ 1.8
	19	0 36	1.3		21	2 11	0.6		21	0 53	1.8
	21	0 33	1.3		23	2 12	0.7		23	0 50	1.7
	23	0 30	1.3		25	2 13	0.8		25	0 48	1.7
	25	0 26	1.3		27	2 13	0.9		27	0 45	1.7
	27	0 23	1.3		29	2 14	0.9		29	0 42	1.6
Mar.	1	+ 0 20	− 1.3	July	1	− 2 15	+ 1.0		31	− 0 39	+ 1.6
	3	0 16	1.3		3	2 15	1.1	Nov.	2	0 37	1.6
	5	0 13	1.3		5	2 15	1.2		4	0 34	1.6
	7	0 09	1.3		7	2 15	1.2		6	0 31	1.5
	9	0 06	1.3		9	2 16	1.3		8	0 28	1.5
	11	+ 0 02	1.2		11	2 16	1.4		10	0 25	1.5
	13	− 0 01	− 1.2		13	− 2 16	+ 1.4		12	− 0 22	+ 1.5
	15	0 05	1.2		15	2 16	1.5		14	0 20	1.4
	17	0 08	1.2		17	2 15	1.6		16	0 17	1.4
	19	0 12	1.2		19	2 15	1.6		18	0 14	1.4
	21	0 15	1.2		21	2 15	1.7		20	0 11	1.4
	23	0 19	1.2		23	2 14	1.7		22	0 08	1.4
	25	− 0 22	− 1.2		25	− 2 14	+ 1.8		24	− 0 05	+ 1.4
	27	0 26	1.2		27	2 13	1.8		26	− 0 02	1.4
	29	0 29	1.2		29	2 13	1.9		28	0 00	1.4
	31	0 33	1.2		31	2 12	1.9		30	+ 0 03	1.4
Apr.	2	0 36	1.2	Aug.	2	2 11	2.0	Dec.	2	0 06	1.4
	4	0 40	1.2		4	2 10	2.0		4	0 09	1.4
	6	− 0 43	− 1.2		6	− 2 09	+ 2.1		6	+ 0 12	+ 1.4
	8	0 46	1.2		8	2 08	2.1		8	0 15	1.4
	10	0 50	1.2		10	2 07	2.1		10	0 18	1.4
	12	0 53	1.1		12	2 06	2.2		12	0 20	1.4
	14	0 56	1.1		14	2 05	2.2		14	0 23	1.4
	16	0 59	1.1		16	2 04	2.2		16	0 26	1.4
	18	− 1 03	− 1.1		18	− 2 02	+ 2.2		18	+ 0 29	+ 1.4
	20	1 06	1.1		20	2 01	2.3		20	0 31	1.4
	22	1 09	1.0		22	1 59	2.3		22	0 34	1.4
	24	1 12	1.0		24	1 58	2.3		24	0 37	1.4
	26	1 15	1.0		26	1 56	2.3		26	0 40	1.5
	28	1 18	1.0		28	1 55	2.3		28	0 42	1.5
	30	− 1 21	− 0.9		30	− 1 53	+ 2.3		30	+ 0 45	+ 1.5
May	2	− 1 24	− 0.9	Sept.	1	− 1 51	+ 2.3		32	+ 0 48	+ 1.5

Differential coordinates are given in the sense "satellite minus planet".

TRUE ORBITAL LONGITUDE AND RADIUS VECTOR

The formulae and constants for obtaining the true orbital longitude u and the radius vector r of Satellites I–VIII (where γ is the inclination) follow. Quantities that change during the year are tabulated separately.

Mimas

$r/a = 1.0002 - 0.0201 \cos M - 0.0002 \cos 2M$ $a = 255''.9$ $\gamma = 1°31'.0$

$u = L + 2°.303 \sin M + 0°.029 \sin 2M$

Enceladus

$r/a = 1 - 0.0044 \cos M$ $a = 328''.3$ $\gamma = 1'.4$

$u = L + 0°.509 \sin M$ $u - \theta = 36° + 263.15 \, (\mathrm{JD} - 243\,6000.5)$

Tethys

$r/a = 1$ $u = L$ $a = 406''.4$ $\gamma = 1°05'.56$

Dione

$r/a = 1 - 0.0022 \cos M$ $a = 520''.5$ $\gamma = 1'.4$

$u = L + 0°.253 \sin M$ $u - \theta = 214° + 131.62 \, (\mathrm{JD} - 243\,6000.5)$

Rhea, Titan, Hyperion

$r/a = 1 + e^2/2 - e \cos M - e^2/2 \cos 2M - \ldots$

$u = L + 2e \sin M + \ldots$

Rhea

$a = 726''.9$

$e = 0.00121$ January –2 – March 23
$= 0.00122$ March 24 – July 25
$= 0.00123$ July 26 – December 4
$= 0.00124$ December 5 – December 32

Titan

$a = 1684''.4$

$e = 0.02880$ January –2 – March 23
$= 0.02881$ March 24 – July 25
$= 0.02882$ July 26 – November 22
$= 0.02883$ November 23 – December 32

Iapetus

$r/a = 1.0004 - 0.0283 \cos M - 0.0004 \cos 2M$ $a = 4908''.6$

$u = L + 3°.240 \sin M + 0°.057 \sin 2M + 0°.001 \sin 3M$

$\theta = 254.50$ January –2 – January 6
$= 254.49$ January 7 – April 4
$= 254.48$ April 5 – July 1
$= 254.47$ July 2 – September 27
$= 254.46$ September 28 – December 24
$= 254.45$ December 25 – December 32

SATURNICENTRIC RECTANGULAR COORDINATES

Apparent rectangular coordinates, with the x-axis in the plane of the rings, positive toward the east, and the y-axis positive toward the north pole of Saturn, are given by

$$x=\xi/(1+\zeta) \qquad\qquad\qquad y=\eta/(1+\zeta)$$

$$\xi=\frac{a}{\Delta}\frac{r}{a}\,[\cos b\,\sin\,(l-U)]$$

$$\eta=\frac{a}{\Delta}\frac{r}{a}\,[\cos b\,\sin B\,\cos\,(l-U)+\sin b\,\cos B]$$

$$\zeta=\frac{a}{\Delta}\frac{r}{a}\,[\cos b\,\cos B\,\cos\,(l-U)-\sin b\,\cos B],$$

$$\sin b=\sin\,(u-\theta)\,\sin\gamma$$
$$\cos b\,\sin\,(l-\theta)=\sin\,(u-\theta)\,\cos\gamma$$
$$\cos b\,\cos\,(l-\theta)=\cos\,(u-\theta)$$

For Satellites I–V, apparent rectangular coordinates may be obtained with sufficient accuracy from

$$x=\frac{a}{\Delta}\frac{r}{a}\frac{1}{1+\zeta}\sin\,(u-U)=s\,\sin\,(p-P)$$

$$y=\frac{a}{\Delta}\frac{r}{a}\frac{1}{1+\zeta}\,[\sin B\,\cos\,(u-U)+\cos B\,\sin\gamma\,\sin\,(u-\theta)]$$

$$=s\,\cos\,(p-P)$$

and the tables given below. In critical cases ascend.

	Mimas			Tethys			Rhea	
$u-U$	$\frac{1}{1+\zeta}$	$u-U$	$u-U$	$\frac{1}{1+\zeta}$	$u-U$	$u-U$	$\frac{1}{1+\zeta}$	$u-U$
0.0	0.9999	360.0	0.0	0.9998	360.0	0.0	0.9996	360.0
67.3	1.0000	292.7	43.4	0.9999	316.6	18.6	0.9997	341.4
112.6	1.0001	247.4	75.9	1.0000	284.1	47.4	0.9998	312.6
247.3		112.7	104.0	1.0001	256.0	66.0	0.9999	294.0
			136.5	1.0002	223.5	82.2	1.0000	277.8
			223.4		136.6	97.7	1.0001	262.3
						113.9	1.0002	246.1
						132.5	1.0003	227.5
						161.3	1.0004	198.7
						198.6		161.4

	Enceladus			Dione	
$u-U$	$\frac{1}{1+\zeta}$	$u-U$	$u-U$	$\frac{1}{1+\zeta}$	$u-U$
0.0	0.9998	360.0	0.0	0.9997	360.0
25.9	0.9999	334.1	19.0	0.9998	341.0
72.5	1.0000	287.5	55.4	0.9999	304.6
107.4	1.0001	252.6	79.1	1.0000	280.9
154.0	1.0002	206.0	100.8	1.0001	259.2
205.9		154.1	124.5	1.0002	235.5
			160.9	1.0003	199.1
			199.0		161.0

APPARENT ORBITS OF SATELLITES I–IV AT DATE OF OPPOSITION,
June 22

South

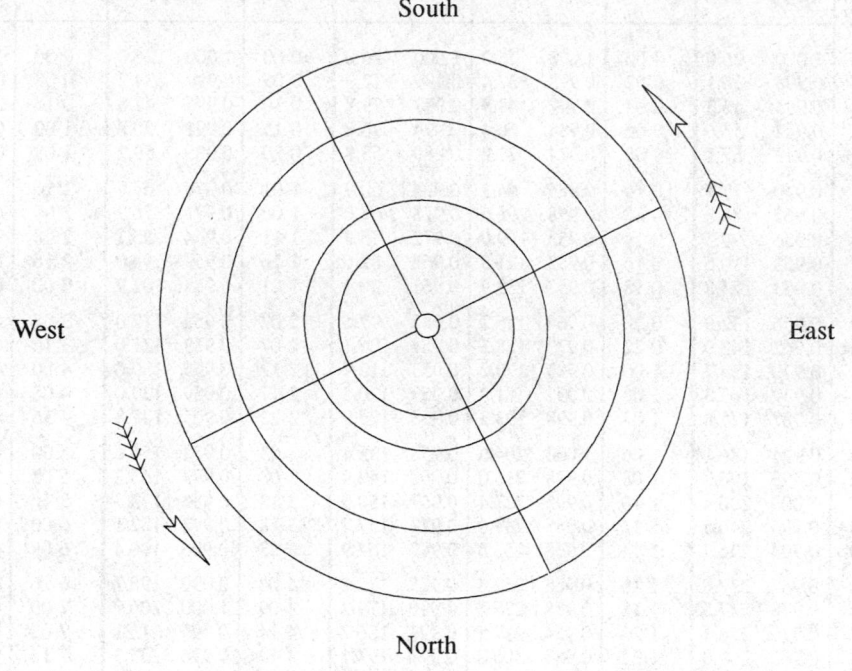

West   East

North

	NAME	SIDEREAL PERIOD	
		d	h
V	Miranda...............	1.4	
I	Ariel...................	2	12.489
II	Umbriel..............	4	03.460
III	Titania................	8	16.941
IV	Oberon...............	13	11.118

RINGS OF URANUS

Ring	Semimajor Axis	Eccentricity	Azimuth of Periapse	Precession Rate
	km		°	%/d
6	41870	0.0014	236	2.77
5	42270	0.0018	182	2.66
4	42600	0.0012	120	2.60
α	44750	0.0007	331	2.18
β	45700	0.0005	231	2.03
η	47210	— —	—	—
γ	47660	— —	—	—
δ	48330	0.0005	140	—
ε	51180	0.0079	216	1.36

Epoch: 1977 March 10, 20^h UT (J.D. 244 3213.33)

SATELLITES OF URANUS, 1989

APPARENT DISTANCE AND POSTION ANGLE

Time from Northern Elongation	Miranda		Time from Northern Elongation	Ariel		Umbriel		Time from Northern Elongation	Titania		Time from Northern Elongation	Oberon	
	F	p_1		F	p_1	F	p_1		F	p_1		F	p_1
d h		°	d h		°		°	d h		°	d h		°
0 00	1.000	26.0	0 00	1.000	26.0	1.000	26.0	0 00	1.000	26.0	0 00	1.000	26.0
0 01	0.998	36.1	0 02	0.998	37.4	0.999	32.9	0 05	0.999	34.2	0 08	0.999	34.5
0 02	0.994	46.3	0 04	0.992	48.8	0.997	39.8	0 10	0.996	42.5	0 16	0.996	43.0
0 03	0.987	56.6	0 06	0.984	60.4	0.994	46.8	0 15	0.991	50.8	1 00	0.991	51.6
0 04	0.979	67.1	0 08	0.974	72.2	0.989	53.8	0 20	0.985	59.2	1 08	0.984	60.3
0 05	0.970	77.7	0 10	0.965	84.3	0.984	60.9	1 01	0.978	67.7	1 16	0.977	69.2
0 06	0.962	88.6	0 12	0.958	96.6	0.978	68.0	1 06	0.971	76.3	2 00	0.970	78.1
0 07	0.956	99.5	0 14	0.953	109.0	0.972	75.3	1 11	0.964	85.1	2 08	0.963	87.2
0 08	0.953	110.6	0 16	0.953	121.5	0.966	82.6	1 16	0.959	94.0	2 16	0.958	96.4
0 09	0.953	121.8	0 18	0.957	133.9	0.961	90.1	1 21	0.955	102.9	3 00	0.954	105.7
0 10	0.956	132.9	0 20	0.964	146.2	0.957	97.6	2 02	0.953	112.0	3 08	0.953	115.1
0 11	0.962	143.9	0 22	0.973	158.3	0.954	105.1	2 07	0.953	121.0	3 16	0.954	124.4
0 12	0.970	154.7	1 00	0.983	170.2	0.953	112.7	2 12	0.955	130.0	4 00	0.957	133.7
0 13	0.979	165.3	1 02	0.992	181.8	0.953	120.3	2 17	0.959	139.0	4 08	0.962	143.0
0 14	0.987	175.8	1 04	0.998	193.3	0.955	127.9	2 22	0.965	147.8	4 16	0.968	152.1
0 15	0.994	186.1	1 06	1.000	204.6	0.958	135.4	3 03	0.972	156.6	5 00	0.976	161.1
0 16	0.999	196.3	1 08	0.998	216.0	0.962	142.9	3 08	0.979	165.2	5 08	0.983	169.9
0 17	1.000	206.4	1 10	0.993	227.4	0.967	150.3	3 13	0.986	173.7	5 16	0.989	178.7
0 18	0.998	216.5	1 12	0.985	239.0	0.973	157.7	3 18	0.992	182.1	6 00	0.995	187.3
0 19	0.994	226.7	1 14	0.976	250.8	0.979	164.9	3 23	0.996	190.4	6 08	0.998	195.8
0 20	0.987	237.0	1 16	0.966	262.8	0.985	172.1	4 04	0.999	198.7	6 16	1.000	204.3
0 21	0.978	247.5	1 18	0.958	275.1	0.990	179.2	4 09	1.000	206.9	7 00	0.999	212.8
0 22	0.970	258.1	1 20	0.954	287.5	0.994	186.2	4 14	0.999	215.1	7 08	0.996	221.4
0 23	0.962	269.0	1 22	0.953	300.0	0.997	193.1	4 19	0.996	223.3	7 16	0.992	230.0
1 00	0.956	280.0	2 00	0.956	312.4	0.999	200.0	5 00	0.991	231.7	8 00	0.986	238.6
1 01	0.953	291.1	2 02	0.963	324.7	1.000	206.9	5 05	0.984	240.1	8 08	0.978	247.4
1 02	0.953	302.2	2 04	0.972	336.8	0.999	213.8	5 10	0.977	248.6	8 16	0.971	256.4
1 03	0.957	313.3	2 06	0.982	348.7	0.997	220.8	5 15	0.970	257.3	9 00	0.964	265.5
1 04	0.963	324.3	2 08	0.991	0.4	0.993	227.7	5 20	0.964	266.0	9 08	0.959	274.6
1 05	0.971	335.1	2 10	0.997	11.9	0.988	234.7	6 01	0.958	274.9	9 16	0.955	283.9
1 06	0.979	345.7	2 12	1.000	23.2	0.983	241.8	6 06	0.955	283.9	10 00	0.953	293.3
1 07	0.988	356.2	2 14	0.999	34.6	0.977	249.0	6 11	0.953	292.9	10 08	0.953	302.6
1 08	0.994	6.5	2 16			0.971	256.3	6 16	0.953	302.0	10 16	0.956	311.9
1 09	0.999	16.7	2 18			0.966	263.6	6 21	0.956	311.0	11 00	0.961	321.2
1 10	1.000	26.8	2 20			0.961	271.1	7 02	0.960	319.9	11 08	0.967	330.3
1 11	0.998	36.9	2 22			0.957	278.6	7 07	0.966	328.8	11 16	0.974	339.3
			3 00			0.954	286.1	7 12	0.973	337.5	12 00	0.981	348.2
			3 02			0.953	293.7	7 17	0.980	346.1	12 08	0.988	357.0
			3 04			0.953	301.3	7 22	0.986	354.6	12 16	0.994	5.6
			3 06			0.955	308.9	8 03	0.992	3.0	13 00	0.998	14.2
			3 08			0.958	316.5	8 08	0.997	11.3	13 08	1.000	22.7
			3 10			0.962	323.9	8 13	0.999	19.5	13 16	1.000	31.2
			3 12			0.968	331.3	8 18	1.000	27.7			
			3 14			0.974	338.7						
			3 16			0.980	345.9						
			3 18			0.985	353.0						
			3 20			0.990	0.1						
			3 22			0.995	7.1						
			4 00			0.998	14.1						
			4 02			1.000	21.0						
			4 04			1.000	27.9						

Apparent distance of satellite is Fa/Δ
Position angle of satellite is $p_1 + p_2$

APPARENT DISTANCE AND POSITION ANGLE

Day (0h UT)	Miranda	Ariel	Umbriel	Titania	Oberon	p_2
	"	"	"	"	"	°
Jan. − 6	8.8	13.0	18.2	29.8	39.8	+ 4.5
4	8.8	13.0	18.2	29.8	39.9	3.2
14	8.8	13.1	18.2	29.9	40.0	2.0
24	8.9	13.1	18.3	30.0	40.1	+ 0.9
Feb. 3	8.9	13.2	18.4	30.1	40.3	− 0.1
13	9.0	13.3	18.5	30.3	40.5	− 0.9
23	9.0	13.4	18.6	30.5	40.8	1.6
Mar. 5	9.1	13.5	18.7	30.8	41.1	2.2
15	9.2	13.6	18.9	31.0	41.5	2.6
25	9.3	13.7	19.1	31.3	41.8	2.9
Apr. 4	9.3	13.8	19.2	31.6	42.2	− 3.0
14	9.4	13.9	19.4	31.8	42.6	3.0
24	9.5	14.0	19.6	32.1	42.9	2.9
May 4	9.6	14.1	19.7	32.3	43.2	2.6
14	9.6	14.2	19.8	32.5	43.5	2.2
24	9.7	14.3	19.9	32.7	43.8	− 1.7
June 3	9.7	14.4	20.0	32.9	43.9	1.1
13	9.8	14.4	20.1	32.9	44.1	− 0.4
23	9.8	14.4	20.1	33.0	44.1	+ 0.4
July 3	9.8	14.4	20.1	33.0	44.1	+ 1.2
July 13	9.7	14.4	20.0	32.9	44.0	+ 2.0
23	9.7	14.3	20.0	32.8	43.8	2.7
Aug. 2	9.7	14.3	19.9	32.6	43.6	3.4
12	9.6	14.2	19.7	32.4	43.3	3.9
22	9.5	14.1	19.6	32.2	43.0	4.4
Sept. 1	9.4	14.0	19.4	31.9	42.7	+ 4.6
11	9.4	13.8	19.3	31.6	42.3	4.7
21	9.3	13.7	19.1	31.4	41.9	4.6
Oct. 1	9.2	13.6	18.9	31.1	41.6	4.3
11	9.1	13.5	18.8	30.8	41.2	3.8
21	9.0	13.4	18.6	30.6	40.9	+ 3.2
31	9.0	13.3	18.5	30.3	40.6	2.4
Nov. 10	8.9	13.2	18.4	30.1	40.3	1.5
20	8.9	13.1	18.3	30.0	40.1	+ 0.5
30	8.8	13.1	18.2	29.8	39.9	− 0.5
Dec. 10	8.8	13.0	18.1	29.7	39.8	− 1.5
20	8.8	13.0	18.1	29.7	39.7	2.5
30	8.8	13.0	18.1	29.7	39.7	3.5
40	8.8	13.0	18.1	29.7	39.7	− 4.4

UNIVERSAL TIME OF GREATEST EASTERN ELONGATION

MIRANDA

Jan. d h	Feb. d h	Mar. d h	Apr. d h	May d h	June d h	July d h	Aug. d h	Sept. d h	Oct. d h	Nov. d h	Dec. d h
0 18.3	2 06.2	1 02.5	1 04.7	2 07.0	2 09.4	2 01.9	2 04.5	2 06.9	1 23.4	2 01.6	1 17.8
2 04.2	3 16.1	2 12.5	2 14.6	3 16.9	3 19.3	3 11.9	3 14.4	3 16.9	3 09.3	3 11.5	3 03.7
3 14.1	5 02.0	3 22.4	4 00.6	5 02.8	5 05.3	4 21.8	5 00.3	5 02.8	4 19.2	4 21.4	4 13.7
5 00.0	6 11.9	5 08.3	5 10.5	6 12.8	6 15.2	6 07.7	6 10.3	6 12.7	6 05.1	6 07.4	5 23.6
6 09.9	7 21.8	6 18.2	6 20.4	7 22.7	8 01.1	7 17.7	7 20.2	7 22.7	7 15.1	7 17.3	7 09.5
7 19.8	9 07.8	8 04.1	8 06.3	9 08.6	9 11.0	9 03.6	9 06.1	9 08.6	9 01.0	9 03.2	8 19.4
9 05.7	10 17.7	9 14.0	9 16.2	10 18.6	10 21.0	10 13.5	10 16.1	10 18.5	10 10.9	10 13.1	10 05.3
10 15.6	12 03.6	11 00.0	11 02.2	12 04.5	12 06.9	11 23.5	12 02.0	12 04.4	11 20.8	11 23.0	11 15.2
12 01.5	13 13.5	12 09.9	12 12.1	13 14.4	13 16.8	13 09.4	13 11.9	13 14.4	13 06.8	13 08.9	13 01.1
13 11.4	14 23.4	13 19.8	13 22.0	15 00.3	15 02.8	14 19.3	14 21.9	15 00.3	14 16.7	14 18.9	14 11.1
14 21.4	16 09.3	15 05.7	15 07.9	16 10.3	16 12.7	16 05.3	16 07.8	16 10.2	16 02.6	16 04.8	15 21.0
16 07.3	17 19.2	16 15.6	16 17.8	17 20.2	17 22.6	17 15.2	17 17.7	17 20.1	17 12.5	17 14.7	17 06.9
17 17.2	19 05.1	18 01.5	18 03.8	19 06.1	19 08.6	19 01.1	19 03.7	19 06.1	18 22.4	19 00.6	18 16.8
19 03.1	20 15.1	19 11.5	19 13.7	20 16.0	20 18.5	20 11.1	20 13.6	20 16.0	20 08.4	20 10.5	20 02.7
20 13.0	22 01.0	20 21.4	20 23.6	22 02.0	22 04.4	21 21.0	21 23.5	22 01.9	21 18.3	21 20.4	21 12.6
21 22.9	23 10.9	22 07.3	22 09.5	23 11.9	23 14.4	23 06.9	23 09.4	23 11.8	23 04.2	23 06.3	22 22.5
23 08.8	24 20.8	23 17.2	23 19.5	25 00.3	24 16.9	24 16.9	24 19.4	24 21.8	24 14.1	24 16.3	24 08.5
24 18.7	26 06.7	25 03.1	25 05.4	26 10.2	26 02.8	26 02.8	26 05.3	26 07.7	26 00.0	26 02.2	25 18.4
26 04.6	27 16.6	26 13.0	26 15.3	27 17.7	27 20.1	27 12.7	27 15.2	27 17.6	27 09.9	27 12.1	27 04.3
27 14.6		27 23.0	28 01.2	29 03.6	29 06.1	28 22.7	29 01.2	29 03.5	28 19.9	28 22.0	28 14.2
29 00.5		29 08.9	29 11.2	30 13.5	30 16.0	30 08.6	30 11.1	30 13.5	30 05.8	30 07.9	30 00.1
30 10.4		30 18.8	30 21.1	31 23.5		31 18.5	31 21.0		31 15.7		31 10.0
31 20.3											32 19.9

SATELLITES OF URANUS, 1989

UNIVERSAL TIME OF GREATEST NORTHERN ELONGATION

ARIEL

Jan.	Feb.	Mar.	Apr.	May	June	July	Aug.	Sept.	Oct.	Nov.	Dec.
d h	d h	d h	d h	d h	d h	d h	d h	d h	d h	d h	d h
0 15.4	2 09.2	2 02.3	1 07.9	1 13.8	3 08.3	1 02.0	2 20.7	2 02.8	2 08.7	1 14.3	1 19.9
3 03.8	4 21.7	4 14.7	3 20.4	4 02.3	5 20.8	3 14.5	5 09.2	4 15.3	4 21.2	4 02.8	4 08.3
5 16.3	7 10.1	7 03.2	6 08.9	6 14.8	8 09.3	6 03.0	7 21.7	7 03.8	7 09.6	6 15.3	6 20.8
8 04.7	9 22.6	9 15.7	8 21.4	9 03.3	10 21.9	8 15.5	10 10.2	9 16.3	9 22.1	9 03.7	9 09.2
10 17.2	12 11.0	12 04.1	11 09.9	11 15.8	13 10.4	11 04.1	12 22.8	12 04.8	12 10.6	11 16.2	11 21.7
13 05.6	14 23.5	14 16.6	13 22.4	14 04.3	15 22.9	13 16.6	15 11.3	14 17.3	14 23.1	14 04.7	14 10.1
15 18.1	17 12.0	17 05.1	16 10.8	16 16.8	18 11.4	16 05.1	17 23.8	17 05.8	17 11.5	16 17.1	16 22.6
18 06.5	20 00.4	19 17.6	18 23.3	19 05.3	20 23.9	18 17.6	20 12.3	19 18.3	20 00.0	19 05.6	19 11.1
20 19.0	22 12.9	22 06.0	21 11.8	21 17.8	23 12.4	21 06.1	23 00.8	22 06.7	22 12.5	21 18.0	21 23.5
23 07.4	25 01.3	24 18.5	24 00.3	24 06.3	26 00.9	23 18.6	25 13.3	24 19.2	25 00.9	24 06.5	24 12.0
25 19.9	27 13.8	27 07.0	26 12.8	26 18.8	28 13.5	26 07.2	28 01.8	27 07.7	27 13.4	26 18.9	27 00.4
28 08.3		29 19.5	29 01.3	29 07.3		28 19.7	30 14.3	29 20.2	30 01.9	29 07.4	29 12.9
30 20.8				31 19.8		31 08.2					32 01.3

UMBRIEL

Jan.	Feb.	Mar.	Apr.	May	June	July	Aug.	Sept.	Oct.	Nov.	Dec.
d h	d h	d h	d h	d h	d h	d h	d h	d h	d h	d h	d h
-3 08.3	3 14.5	4 14.2	2 14.2	1 14.4	3 18.4	2 19.1	4 23.4	2 23.9	2 00.1	4 03.3	3 03.0
1 11.7	7 17.9	8 17.6	6 17.6	5 17.9	7 21.9	6 22.6	9 02.9	7 03.4	6 03.5	8 06.7	7 06.3
5 15.0	11 21.2	12 21.0	10 21.1	9 21.4	12 01.4	11 02.2	13 06.4	11 06.8	10 06.9	12 10.1	11 09.7
9 18.3	16 00.6	17 00.4	15 00.5	14 00.9	16 05.0	15 05.7	17 09.9	15 10.3	14 10.4	16 13.5	15 13.1
13 21.7	20 04.0	21 03.9	19 04.0	18 04.4	20 08.5	19 09.2	21 13.4	19 13.8	18 13.8	20 16.9	19 16.5
18 01.0	24 07.4	25 07.3	23 07.5	22 07.9	24 12.0	23 12.8	25 16.9	23 17.2	22 17.2	24 20.2	23 19.8
22 04.4	28 10.8	29 10.7	27 10.9	26 11.4	28 15.6	27 16.3	29 20.4	27 20.7	26 20.6	28 23.6	27 23.2
26 07.7				30 14.9		31 19.8			31 00.0		32 02.6
30 11.1											

TITANIA

Jan.	Feb.	Mar.	Apr.	May	June	July	Aug.	Sept.	Oct.	Nov.	Dec.
d h	d h	d h	d h	d h	d h	d h	d h	d h	d h	d h	d h
-8 17.1	5 03.4	3 05.3	7 00.5	3 03.5	7 00.1	3 03.8	7 00.8	2 04.1	6 23.7	2 01.7	6 19.9
1 09.4	13 19.9	11 22.0	15 17.5	11 20.6	15 17.3	11 21.1	15 18.0	10 21.1	15 16.4	10 18.3	15 12.5
10 01.9	22 12.6	20 14.8	24 10.5	20 13.7	24 10.5	20 14.3	24 11.1	19 14.0	24 09.1	19 10.8	24 05.0
18 18.3		29 07.6		29 06.9		29 07.6		28 06.9		28 03.4	32 21.6
27 10.8											

OBERON

Jan.	Feb.	Mar.	Apr.	May	June	July	Aug.	Sept.	Oct.	Nov.	Dec.
d h	d h	d h	d h	d h	d h	d h	d h	d h	d h	d h	d h
-2 01.0	7 07.1	6 04.0	2 01.6	12 11.4	8 10.8	5 10.5	1 10.2	10 20.7	7 18.4	3 15.3	13 21.9
11 10.9	20 17.5	19 14.7	15 12.7	25 23.0	21 22.6	18 22.4	14 21.9	24 07.7	21 05.0	17 01.5	27 08.0
24 20.9			29 00.0				28 09.4			30 11.7	40 18.3

APPARENT ORBIT OF TRITON AT DATE OF OPPOSITION, JULY 2

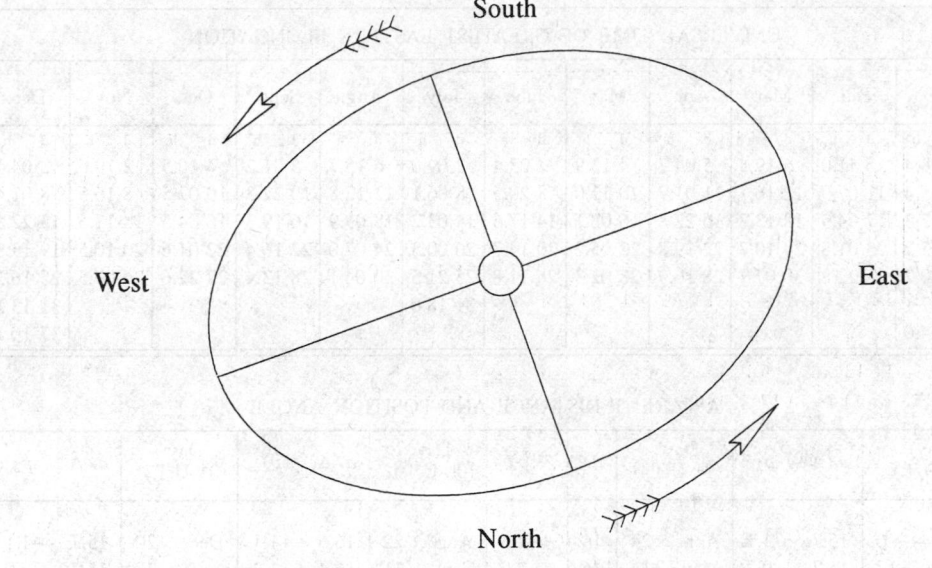

NAME	SIDEREAL PERIOD
I Triton	$5^d\ 21^h.044$
II Nereid	$360^d.2$

DIFFERENTIAL COORDINATES OF NEREID FOR 0^h U.T.

Date		$\Delta\alpha\cos\delta$	$\Delta\delta$	Date		$\Delta\alpha\cos\delta$	$\Delta\delta$	Date		$\Delta\alpha\cos\delta$	$\Delta\delta$
		′ ″	″			′ ″	″			′ ″	″
Jan.	− 6	+3 26.4	+54.3	May	4	+0 01.2	+24.1	Sept.	11	+3 56.8	+41.4
	4	3 16.7	54.2		14	−0 21.3	19.0		21	4 06.9	45.4
	14	3 06.1	53.8		24	0 43.8	13.6	Oct.	1	4 12.5	48.5
	24	2 54.7	53.0	June	3	1 05.4	7.9		11	4 14.6	51.0
Feb.	3	2 42.3	51.9		13	1 24.9	2.1		21	4 14.0	53.1
	13	+2 28.9	+50.5		23	−1 40.0	− 3.8		31	+4 11.3	+54.7
	23	2 14.4	48.6	July	3	1 45.6	9.1	Nov.	10	4 06.9	55.9
Mar.	5	1 58.8	46.4		13	1 26.7	12.2		20	4 01.2	56.8
	15	1 42.0	43.7		23	−0 02.2	− 5.0		30	3 54.4	57.4
	25	1 24.0	40.6	Aug.	2	+1 36.8	+10.1	Dec.	10	3 46.6	57.8
Apr.	4	+1 04.8	+37.1		12	+2 37.3	+21.6		20	+3 37.9	+57.8
	14	0 44.5	33.2		22	3 15.4	30.1		30	3 28.3	57.6
	24	+0 23.2	+28.8	Sept.	1	+3 40.5	+36.5		40	+3 18.0	+57.0

SATELLITES OF NEPTUNE, 1989

TRITON

UNIVERSAL TIME OF GREATEST EASTERN ELONGATION

Jan.	Feb.	Mar.	Apr.	May	June	July	Aug.	Sept.	Oct.	Nov.	Dec.
d h	d h	d h	d h	d h	d h	d h	d h	d h	d h	d h	d h
− 5 08.4	5 11.0	6 19.8	5 04.7	4 13.9	2 23.4	2 09.0	6 15.7	5 01.2	4 10.5	2 19.6	2 04.4
1 05.4	11 07.9	12 16.7	11 01.7	10 11.0	8 20.5	8 06.1	12 12.8	10 22.3	10 07.5	8 16.5	8 01.4
7 02.3	17 04.9	18 13.7	16 22.8	16 08.1	14 17.6	14 03.2	18 09.9	16 19.3	16 04.5	14 13.5	13 22.3
12 23.2	23 01.8	24 10.7	22 19.8	22 05.2	20 14.7	20 00.3	24 07.0	22 16.4	22 01.6	20 10.5	19 19.3
18 20.2	28 22.8	30 07.7	28 16.9	28 02.3	26 11.8	25 21.5	30 04.1	28 13.4	27 22.6	26 07.5	25 16.2
24 17.1						31 18.6					31 13.1
30 14.0											37 10.1

APPARENT DISTANCE AND POSITION ANGLE

Day (0h U.T.)		a/Δ	p_2	Day (0h U.T.)		a/Δ	p_2	Day (0h U.T.)		a/Δ	p_2	Day (0h U.T.)		a/Δ	p_2
		′	°			′	°			′	°			′	°
Jan.	− 6	15.7	+1.1	Apr.	24	16.4	−2.3	Aug.	22	16.6	+1.1	Dec.	20	15.7	−1.1
	14	15.7	+0.2	May	14	16.6	−2.0	Sept.	11	16.4	+1.3		40	15.7	−2.0
Feb.	3	15.8	−0.7	June	3	16.7	−1.4	Oct.	1	16.2	+1.4				
	23	15.9	−1.5		23	16.8	−0.8		21	16.1	+1.1				
Mar.	15	16.1	−2.0	July	13	16.8	−0.1	Nov.	10	15.9	+0.6				
Apr.	4	16.2	−2.3	Aug.	2	16.7	+0.6		30	15.8	−0.2				

Time from Eastern Elongation	F	p_1	Time from Eastern Elongation	F	p_1	Time from Eastern Elongation	F	p_1	Time from Eastern Elongation	F	p_1
d h		°	d h		°	d h		°	d h		°
0 00	1.000	110.0	1 12	0.696	202.7	3 00	0.999	292.6	4 12	0.699	28.1
0 03	0.995	115.3	1 15	0.705	213.6	3 03	0.990	298.0	4 15	0.715	38.8
0 06	0.982	120.8	1 18	0.727	224.0	3 06	0.972	303.5	4 18	0.741	48.9
0 09	0.960	126.4	1 21	0.758	233.7	3 09	0.946	309.3	4 21	0.776	58.1
0 12	0.931	132.4	2 00	0.795	242.5	3 12	0.914	315.5	5 00	0.815	66.6
0 15	0.895	138.8	2 03	0.836	250.5	3 15	0.876	322.1	5 03	0.856	74.2
0 18	0.856	145.7	2 06	0.876	257.8	3 18	0.836	329.4	5 06	0.895	81.1
0 21	0.816	153.3	2 09	0.913	264.5	3 21	0.796	337.4	5 09	0.930	87.5
1 00	0.776	161.7	2 12	0.946	270.6	4 00	0.759	346.2	5 12	0.959	93.5
1 03	0.742	171.0	2 15	0.972	276.4	4 03	0.727	355.8	5 15	0.982	99.1
1 06	0.715	181.0	2 18	0.990	281.9	4 06	0.706	6.2	5 18	0.995	104.6
1 09	0.699	191.7	2 21	0.999	287.3	4 09	0.696	17.1	5 21	1.000	109.9

Apparent distance of satellite is Fa/Δ

Position angle of satellite is $p_1 + p_2$

UNIVERSAL TIME OF GREATEST NORTHERN ELONGATION

Month	d	h	Month	d	h	Month	d	h
Jan.	-3	08	May	5	02	Sept.	9	20
	3	18		11	12		16	06
	10	03		17	21		22	15
	16	12		24	06		29	00
	22	22		30	16	Oct.	5	09
	29	07	June	6	01		11	19
Feb.	4	16		12	10		18	04
	11	02		18	19		24	13
	17	11		25	05		30	23
	23	20	July	1	14	Nov.	6	08
Mar.	2	05		7	23		12	17
	8	15		14	09		19	02
	15	00		20	18		25	12
	21	09		27	03	Dec.	1	21
	27	19	Aug.	2	12		8	06
Apr.	3	04		8	22		14	16
	9	13		15	07		21	01
	15	22		21	16		27	10
	22	08		28	02		33	20
	28	17	Sept.	3	11			

CONTENTS OF SECTION G

	PAGE
Notes	G1
Predicted perihelion passages of comets	G1
Geocentric ephemeris and time of ephemeris transit for:	
Ceres	G2
Pallas	G4
Juno	G6
Vesta	G8
Orbital elements and other data on selected minor planets	G10

See also

Phenomena of the principal minor planets...	A4
Visual magnitudes of the principal minor planets	A5

Notes

The geocentric ephemerides of the four principal minor planets (1 Ceres; 2 Pallas; 3 Juno; 4 Vesta) give, at an interval of 2 days, the astrometric right ascension and declination, referred to the mean equator and equinox of J2000·0, the geometric distance and the time of ephemeris transit. Linear interpolation is sufficient for the distance and ephemeris transit, but for the astrometric right ascension and declination second differences are significant. The tabulations are similar to those for Pluto, and the use of the data is similar to that for major planets.

Opposition dates (in right ascension) and visual magnitudes in 1989, and osculating elements for epoch 1989 October 1·0 TDT (JD 244 7800·5) and ecliptic and equinox J2000·0, for 147 of the larger minor planets are given on pages G10–G12; in these tabulations H is the absolute visual magnitude at zero phase angle and G is the slope parameter which depends upon the albedo. The data were supplied by the Institute of Theoretical Astronomy, Leningrad; the minor planets, together with their diameters, were selected from a list by D. Morrison in *Icarus*, **31**, pp 185–220.

PREDICTED PERIHELION PASSAGES OF COMETS, 1989

Periodic comet	Perihelion date	Revolution period years	Perihelion distance au
Temple 1	Jan. 4	5·5	1·50
d'Arrest	Feb. 4	6·4	1·29
Perrine-Mrkos	Feb. 28	6·8	1·30
Churyumov-Gerasimenko	June 18	6·6	1·30
Pons-Winnecke	Aug. 19	6·4	1·26
Gunn	Sept. 24	6·8	2·47
Brorsen-Metcalf	Sept. 28	70·6	0·48
Lovas	Oct. 10	9·1	1·68
du Toit-Neujmin-Delporte	Oct. 18	6·4	1·72
Schwassmann-Wachmann 1	Oct. 26	14·9	5·77
Gehrels 2	Nov. 2	7·9	2·35
Clark	Nov. 28	5·5	1·56

CERES, 1989

GEOCENTRIC POSITIONS FOR 0ʰ DYNAMICAL TIME

Date	Astrometric J2000·0 R.A.	Dec.	True Distance	Ephemeris Transit	Date	Astrometric J2000·0 R.A.	Dec.	True Distance	Ephemeris Transit
	h m s	o ′ ″		h m		h m s	o ′ ″		h m
Jan. −1	23 57 20·8	− 10 39 27	2·986	17 19·9	Apr. 1	1 49 17·4	+ 4 52 47	3·805	13 10·0
1	23 59 03·8	10 20 48	3·012	17 13·8	3	1 52 11·7	5 12 24	3·811	13 05·0
3	0 00 49·7	10 01 58	3·038	17 07·7	5	1 55 06·7	5 31 55	3·817	13 00·1
5	0 02 38·5	9 42 58	3·064	17 01·7	7	1 58 02·5	5 51 19	3·822	12 55·1
7	0 04 30·0	9 23 47	3·089	16 55·7	9	2 00 59·0	6 10 35	3·827	12 50·2
9	0 06 24·2	− 9 04 27	3·115	16 49·7	11	2 03 56·1	+ 6 29 43	3·831	12 45·3
11	0 08 20·9	8 44 58	3·140	16 43·8	13	2 06 53·9	6 48 42	3·835	12 40·4
13	0 10 20·1	8 25 21	3·164	16 37·9	15	2 09 52·4	7 07 33	3·838	12 35·5
15	0 12 21·7	8 05 35	3·189	16 32·1	17	2 12 51·4	7 26 16	3·840	12 30·6
17	0 14 25·6	7 45 43	3·213	16 26·3	19	2 15 51·0	7 44 48	3·842	12 25·7
19	0 16 31·7	− 7 25 44	3·236	16 20·5	21	2 18 51·2	+ 8 03 12	3·844	12 20·8
21	0 18 40·0	7 05 39	3·260	16 14·8	23	2 21 51·9	8 21 26	3·845	12 16·0
23	0 20 50·3	6 45 28	3·283	16 09·1	25	2 24 53·2	8 39 31	3·845	12 11·1
25	0 23 02·6	6 25 11	3·306	16 03·5	27	2 27 55·1	8 57 25	3·845	12 06·3
27	0 25 16·8	6 04 50	3·328	15 57·8	29	2 30 57·5	9 15 09	3·844	12 01·4
29	0 27 33·0	− 5 44 23	3·350	15 52·3	May 1	2 34 00·4	+ 9 32 43	3·843	11 56·6
31	0 29 50·9	5 23 53	3·372	15 46·7	3	2 37 03·8	9 50 06	3·841	11 51·8
Feb. 2	0 32 10·7	5 03 18	3·393	15 41·1	5	2 40 07·7	10 07 18	3·838	11 47·0
4	0 34 32·2	4 42 40	3·414	15 35·6	7	2 43 12·0	10 24 18	3·835	11 42·2
6	0 36 55·3	4 21 58	3·435	15 30·2	9	2 46 16·7	10 41 07	3·832	11 37·4
8	0 39 20·1	− 4 01 14	3·455	15 24·7	11	2 49 21·9	+10 57 44	3·828	11 32·6
10	0 41 46·5	3 40 28	3·474	15 19·3	13	2 52 27·4	11 14 09	3·823	11 27·8
12	0 44 14·3	3 19 40	3·493	15 13·9	15	2 55 33·2	11 30 22	3·818	11 23·0
14	0 46 43·7	2 58 51	3·512	15 08·5	17	2 58 39·4	11 46 22	3·812	11 18·2
16	0 49 14·4	2 38 00	3·530	15 03·1	19	3 01 45·8	12 02 10	3·806	11 13·5
18	0 51 46·5	− 2 17 10	3·548	14 57·8	21	3 04 52·6	+12 17 45	3·799	11 08·7
20	0 54 19·9	1 56 19	3·565	14 52·5	23	3 07 59·6	12 33 07	3·792	11 04·0
22	0 56 54·5	1 35 28	3·582	14 47·2	25	3 11 06·9	12 48 16	3·785	10 59·2
24	0 59 30·4	1 14 37	3·599	14 41·9	27	3 14 14·5	13 03 11	3·776	10 54·4
26	1 02 07·6	0 53 48	3·614	14 36·7	29	3 17 22·3	13 17 54	3·768	10 49·7
28	1 04 45·9	− 0 32 59	3·630	14 31·5	31	3 20 30·3	+13 32 23	3·758	10 45·0
Mar. 2	1 07 25·4	− 0 12 12	3·645	14 26·2	June 2	3 23 38·5	13 46 38	3·748	10 40·2
4	1 10 06·1	+ 0 08 34	3·659	14 21·0	4	3 26 46·8	14 00 38	3·738	10 35·5
6	1 12 47·8	0 29 17	3·673	14 15·9	6	3 29 55·1	14 14 25	3·727	10 30·7
8	1 15 30·6	0 49 58	3·686	14 10·7	8	3 33 03·6	14 27 58	3·716	10 26·0
10	1 18 14·5	+ 1 10 37	3·699	14 05·6	10	3 36 12·1	+14 41 16	3·704	10 21·3
12	1 20 59·4	1 31 11	3·711	14 00·4	12	3 39 20·5	14 54 19	3·692	10 16·5
14	1 23 45·3	1 51 43	3·723	13 55·3	14	3 42 29·0	15 07 08	3·679	10 11·8
16	1 26 32·0	2 12 10	3·734	13 50·2	16	3 45 37·4	15 19 43	3·666	10 07·0
18	1 29 19·7	2 32 33	3·745	13 45·2	18	3 48 45·6	15 32 03	3·652	10 02·3
20	1 32 08·3	+ 2 52 51	3·755	13 40·1	20	3 51 53·8	+15 44 08	3·638	9 57·6
22	1 34 57·7	3 13 04	3·765	13 35·1	22	3 55 01·9	15 55 58	3·623	9 52·8
24	1 37 48·0	3 33 12	3·774	13 30·0	24	3 58 09·8	16 07 33	3·608	9 48·1
26	1 40 39·1	3 53 14	3·783	13 25·0	26	4 01 17·4	16 18 54	3·593	9 43·3
28	1 43 31·1	4 13 11	3·791	13 20·0	28	4 04 24·9	16 30 00	3·577	9 38·6
30	1 46 23·8	+ 4 33 02	3·798	13 15·0	30	4 07 32·1	+16 40 50	3·560	9 33·8
Apr. 1	1 49 17·4	+ 4 52 47	3·805	13 10·0	July 2	4 10 38·9	+16 51 26	3·543	9 29·0

GEOCENTRIC POSITIONS FOR 0ʰ DYNAMICAL TIME

Date	Astrometric J2000·0 R.A.	Dec.	True Distance	Ephemeris Transit	Date	Astrometric J2000·0 R.A.	Dec.	True Distance	Ephemeris Transit
	h m s	° ′ ″		h m		h m s	° ′ ″		h m
July 2	4 10 38·9	+16 51 26	3·543	9 29·0	Oct. 2	6 09 59·8	+21 21 27	2·416	5 25·9
4	4 13 45·3	17 01 46	3·526	9 24·3	4	6 11 30·8	21 25 10	2·388	5 19·5
6	4 16 51·3	17 11 52	3·508	9 19·5	6	6 12 57·0	21 28 58	2·361	5 13·1
8	4 19 56·8	17 21 43	3·490	9 14·7	8	6 14 18·4	21 32 51	2·333	5 06·6
10	4 23 01·8	17 31 18	3·471	9 09·9	10	6 15 34·7	21 36 50	2·305	5 00·0
12	4 26 06·2	+17 40 39	3·452	9 05·1	12	6 16 45·8	+21 40 57	2·278	4 53·3
14	4 29 10·0	17 49 45	3·433	9 00·3	14	6 17 51·6	21 45 11	2·251	4 46·5
16	4 32 13·1	17 58 36	3·413	8 55·5	16	6 18 51·9	21 49 34	2·224	4 39·6
18	4 35 15·4	18 07 13	3·393	8 50·6	18	6 19 46·5	21 54 07	2·197	4 32·7
20	4 38 17·1	18 15 36	3·372	8 45·8	20	6 20 35·3	21 58 49	2·171	4 25·6
22	4 41 17·9	+18 23 44	3·351	8 40·9	22	6 21 18·0	+22 03 42	2·145	4 18·4
24	4 44 17·8	18 31 38	3·330	8 36·0	24	6 21 54·6	22 08 46	2·119	4 11·2
26	4 47 16·9	18 39 18	3·308	8 31·1	26	6 22 24·8	22 14 02	2·093	4 03·8
28	4 50 15·0	18 46 45	3·286	8 26·2	28	6 22 48·5	22 19 31	2·068	3 56·3
30	4 53 12·0	18 53 57	3·263	8 21·3	30	6 23 05·5	22 25 12	2·044	3 48·7
Aug. 1	4 56 07·9	+19 00 57	3·240	8 16·3	Nov. 1	6 23 15·8	+22 31 06	2·020	3 41·0
3	4 59 02·6	19 07 42	3·217	8 11·4	3	6 23 19·2	22 37 14	1·996	3 33·2
5	5 01 55·9	19 14 15	3·194	8 06·4	5	6 23 15·7	22 43 35	1·973	3 25·3
7	5 04 48·0	19 20 36	3·170	8 01·4	7	6 23 05·1	22 50 10	1·951	3 17·2
9	5 07 38·6	19 26 44	3·146	7 56·3	9	6 22 47·5	22 56 58	1·929	3 09·1
11	5 10 27·7	+19 32 39	3·121	7 51·3	11	6 22 22·7	+23 04 00	1·908	3 00·8
13	5 13 15·2	19 38 24	3·097	7 46·2	13	6 21 50·9	23 11 14	1·888	2 52·4
15	5 16 01·1	19 43 57	3·072	7 41·1	15	6 21 11·9	23 18 40	1·868	2 43·9
17	5 18 45·3	19 49 19	3·046	7 35·9	17	6 20 25·9	23 26 18	1·849	2 35·2
19	5 21 27·8	19 54 30	3·021	7 30·7	19	6 19 32·7	23 34 07	1·831	2 26·5
21	5 24 08·3	+19 59 31	2·995	7 25·5	21	6 18 32·6	+23 42 07	1·814	2 17·6
23	5 26 47·0	20 04 23	2·969	7 20·3	23	6 17 25·5	23 50 16	1·797	2 08·7
25	5 29 23·5	20 09 05	2·943	7 15·0	25	6 16 11·7	23 58 32	1·782	1 59·6
27	5 31 58·0	20 13 38	2·916	7 09·7	27	6 14 51·4	24 06 56	1·767	1 50·4
29	5 34 30·1	20 18 02	2·889	7 04·4	29	6 13 24·9	24 15 25	1·754	1 41·1
31	5 36 59·9	+20 22 19	2·862	6 59·0	Dec. 1	6 11 52·4	+24 23 58	1·741	1 31·7
Sept. 2	5 39 27·2	20 26 29	2·835	6 53·6	3	6 10 14·4	24 32 34	1·729	1 22·2
4	5 41 51·8	20 30 31	2·808	6 48·1	5	6 08 31·1	24 41 11	1·719	1 12·6
6	5 44 13·8	20 34 28	2·781	6 42·6	7	6 06 43·1	24 49 46	1·709	1 02·9
8	5 46 32·9	20 38 19	2·753	6 37·0	9	6 04 50·9	24 58 19	1·701	0 53·2
10	5 48 49·2	+20 42 06	2·725	6 31·4	11	6 02 54·9	+25 06 48	1·694	0 43·4
12	5 51 02·4	20 45 48	2·697	6 25·8	13	6 00 55·7	25 15 11	1·688	0 33·6
14	5 53 12·4	20 49 26	2·670	6 20·0	15	5 58 53·8	25 23 26	1·683	0 23·7
16	5 55 19·2	20 53 02	2·642	6 14·3	17	5 56 49·7	25 31 33	1·679	0 13·8
18	5 57 22·7	20 56 35	2·613	6 08·5	19	5 54 44·0	25 39 30	1·676	0 03·8
20	5 59 22·6	+21 00 07	2·585	6 02·6	21	5 52 37·5	+25 47 16	1·675	23 48·9
22	6 01 18·9	21 03 38	2·557	5 56·6	23	5 50 30·6	25 54 50	1·675	23 38·9
24	6 03 11·3	21 07 09	2·529	5 50·6	25	5 48 24·2	26 02 10	1·676	23 29·0
26	6 04 59·8	21 10 40	2·501	5 44·6	27	5 46 18·7	26 09 17	1·678	23 19·1
28	6 06 44·1	21 14 13	2·473	5 38·4	29	5 44 15·0	26 16 09	1·681	23 09·2
30	6 08 24·2	+21 17 49	2·444	5 32·2	31	5 42 13·7	+26 22 47	1·686	22 59·3
Oct. 2	6 09 59·8	+21 21 27	2·416	5 25·9	33	5 40 15·3	+26 29 10	1·691	22 49·5

Second Transit: December 19ᵈ 23ʰ 58ᵐ·9

PALLAS, 1989

GEOCENTRIC POSITIONS FOR 0ʰ DYNAMICAL TIME

Date	Astrometric J2000·0 R.A.	Dec.	True Distance	Ephemeris Transit	Date	Astrometric J2000·0 R.A.	Dec.	True Distance	Ephemeris Transit
	h m s	o ′ ″		h m		h m s	o ′ ″		h m
Jan. −1	21 09 14·9	− 3 05 11	4·010	14 32·4	Apr. 1	23 08 44·5	+ 1 14 15	4·121	10 29·7
1	21 11 42·4	3 05 17	4·027	14 27·0	3	23 11 17·9	1 22 47	4·107	10 24·4
3	21 14 11·0	3 05 00	4·044	14 21·6	5	23 13 50·8	1 31 18	4·092	10 19·0
5	21 16 40·5	3 04 21	4·060	14 16·2	7	23 16 23·1	1 39 48	4·077	10 13·7
7	21 19 10·9	3 03 20	4·076	14 10·9	9	23 18 54·9	1 48 15	4·061	10 08·4
9	21 21 42·0	− 3 01 57	4·091	14 05·5	11	23 21 26·1	+ 1 56 39	4·045	10 03·0
11	21 24 14·0	3 00 14	4·106	14 00·2	13	23 23 56·6	2 04 59	4·028	9 57·6
13	21 26 46·6	2 58 11	4·120	13 54·8	15	23 26 26·6	2 13 15	4·010	9 52·2
15	21 29 19·9	2 55 47	4·133	13 49·5	17	23 28 55·8	2 21 27	3·991	9 46·9
17	21 31 53·8	2 53 05	4·145	13 44·2	19	23 31 24·4	2 29 34	3·972	9 41·5
19	21 34 28·3	− 2 50 04	4·157	13 38·9	21	23 33 52·3	+ 2 37 35	3·953	9 36·0
21	21 37 03·3	2 46 45	4·168	13 33·6	23	23 36 19·5	2 45 30	3·933	9 30·6
23	21 39 38·7	2 43 09	4·179	13 28·3	25	23 38 45·9	2 53 18	3·912	9 25·2
25	21 42 14·6	2 39 15	4·189	13 23·1	27	23 41 11·5	3 00 59	3·891	9 19·7
27	21 44 51·0	2 35 05	4·198	13 17·8	29	23 43 36·4	3 08 32	3·869	9 14·3
29	21 47 27·7	− 2 30 39	4·207	13 12·5	May 1	23 46 00·4	+ 3 15 56	3·847	9 08·8
31	21 50 04·7	2 25 56	4·215	13 07·3	3	23 48 23·6	3 23 12	3·824	9 03·3
Feb. 2	21 52 42·1	2 20 59	4·222	13 02·0	5	23 50 45·8	3 30 17	3·800	8 57·8
4	21 55 19·8	2 15 46	4·228	12 56·8	7	23 53 07·1	3 37 11	3·776	8 52·3
6	21 57 57·7	2 10 19	4·234	12 51·5	9	23 55 27·4	3 43 54	3·752	8 46·7
8	22 00 35·9	− 2 04 39	4·239	12 46·3	11	23 57 46·6	+ 3 50 25	3·727	8 41·2
10	22 03 14·1	1 58 45	4·244	12 41·1	13	0 00 04·8	3 56 44	3·701	8 35·6
12	22 05 52·6	1 52 39	4·247	12 35·8	15	0 02 21·9	4 02 48	3·676	8 30·0
14	22 08 31·1	1 46 21	4·250	12 30·6	17	0 04 37·9	4 08 39	3·649	8 24·4
16	22 11 09·6	1 39 51	4·252	12 25·4	19	0 06 52·6	4 14 15	3·622	8 18·8
18	22 13 48·2	− 1 33 11	4·254	12 20·1	21	0 09 06·2	+ 4 19 36	3·595	8 13·1
20	22 16 26·8	1 26 20	4·255	12 14·9	23	0 11 18·5	4 24 41	3·568	8 07·5
22	22 19 05·4	1 19 19	4·255	12 09·7	25	0 13 29·5	4 29 29	3·540	8 01·8
24	22 21 44·0	1 12 08	4·254	12 04·4	27	0 15 39·2	4 34 00	3·511	7 56·0
26	22 24 22·5	1 04 49	4·253	11 59·2	29	0 17 47·5	4 38 12	3·483	7 50·3
28	22 27 00·9	− 0 57 21	4·251	11 54·0	31	0 19 54·4	+ 4 42 05	3·453	7 44·5
Mar. 2	22 29 39·2	0 49 45	4·248	11 48·7	June 2	0 21 59·7	4 45 38	3·424	7 38·8
4	22 32 17·5	0 42 01	4·244	11 43·5	4	0 24 03·5	4 48 50	3·394	7 32·9
6	22 34 55·5	0 34 10	4·240	11 38·3	6	0 26 05·6	4 51 40	3·364	7 27·1
8	22 37 33·4	0 26 13	4·235	11 33·0	8	0 28 06·0	4 54 08	3·334	7 21·2
10	22 40 11·1	− 0 18 10	4·229	11 27·8	10	0 30 04·6	+ 4 56 12	3·303	7 15·3
12	22 42 48·5	0 10 01	4·223	11 22·5	12	0 32 01·4	4 57 51	3·272	7 09·4
14	22 45 25·7	− 0 01 48	4·216	11 17·3	14	0 33 56·3	4 59 05	3·241	7 03·4
16	22 48 02·5	+ 0 06 29	4·208	11 12·0	16	0 35 49·2	4 59 53	3·209	6 57·4
18	22 50 39·1	0 14 50	4·200	11 06·7	18	0 37 40·1	5 00 13	3·178	6 51·4
20	22 53 15·3	+ 0 23 14	4·190	11 01·5	20	0 39 28·9	+ 5 00 06	3·146	6 45·3
22	22 55 51·1	0 31 40	4·181	10 56·2	22	0 41 15·6	4 59 30	3·114	6 39·2
24	22 58 26·6	0 40 09	4·170	10 50·9	24	0 43 00·0	4 58 24	3·082	6 33·1
26	23 01 01·7	0 48 39	4·159	10 45·6	26	0 44 42·1	4 56 47	3·050	6 26·9
28	23 03 36·4	0 57 11	4·147	10 40·3	28	0 46 21·8	4 54 37	3·017	6 20·7
30	23 06 10·7	+ 1 05 43	4·134	10 35·0	30	0 47 58·9	+ 4 51 55	2·985	6 14·5
Apr. 1	23 08 44·5	+ 1 14 15	4·121	10 29·7	July 2	0 49 33·4	+ 4 48 37	2·952	6 08·2

GEOCENTRIC POSITIONS FOR 0ʰ DYNAMICAL TIME

Date	Astrometric J2000·0 R.A.	Dec.	True Dist- ance	Ephem- eris Transit	Date	Astrometric J2000·0 R.A.	Dec.	True Dist- ance	Ephem- eris Transit
	h m s	° ′ ″		h m		h m s	° ′ ″		h m
July 2	0 49 33·4	+ 4 48 37	2·952	6 08·2	Oct. 2	0 49 49·2	−10 55 48	1·897	0 06·5
4	0 51 05·2	4 44 44	2·920	6 01·8	4	0 48 16·8	11 26 36	1·895	23 52·5
6	0 52 34·1	4 40 15	2·887	5 55·4	6	0 46 43·7	11 56 51	1·895	23 43·0
8	0 54 00·1	4 35 07	2·855	5 49·0	8	0 45 10·4	12 26 26	1·896	23 33·6
10	0 55 23·1	4 29 21	2·822	5 42·5	10	0 43 37·2	12 55 18	1·898	23 24·2
12	0 56 43·0	+ 4 22 54	2·790	5 35·9	12	0 42 04·7	−13 23 21	1·901	23 14·8
14	0 57 59·6	4 15 46	2·757	5 29·3	14	0 40 33·2	13 50 32	1·906	23 05·5
16	0 59 12·9	4 07 57	2·725	5 22·7	16	0 39 03·1	14 16 48	1·911	22 56·1
18	1 00 22·9	3 59 24	2·693	5 16·0	18	0 37 34·9	14 42 04	1·918	22 46·8
20	1 01 29·3	3 50 07	2·661	5 09·2	20	0 36 08·9	15 06 18	1·926	22 37·6
22	1 02 32·0	+ 3 40 04	2·629	5 02·4	22	0 34 45·6	−15 29 26	1·934	22 28·3
24	1 03 31·0	3 29 15	2·598	4 55·5	24	0 33 25·2	15 51 27	1·944	22 19·2
26	1 04 26·2	3 17 38	2·566	4 48·5	26	0 32 08·3	16 12 19	1·955	22 10·1
28	1 05 17·3	3 05 12	2·535	4 41·5	28	0 30 55·0	16 31 59	1·967	22 01·0
30	1 06 04·3	2 51 56	2·505	4 34·4	30	0 29 45·8	16 50 27	1·979	21 52·0
Aug. 1	1 06 47·0	+ 2 37 49	2·474	4 27·3	Nov. 1	0 28 41·0	−17 07 42	1·993	21 43·1
3	1 07 25·3	2 22 50	2·444	4 20·0	3	0 27 40·7	17 23 44	2·007	21 34·3
5	1 07 59·2	2 06 59	2·415	4 12·7	5	0 26 45·4	17 38 32	2·022	21 25·6
7	1 08 28·5	1 50 15	2·386	4 05·3	7	0 25 55·1	17 52 08	2·038	21 16·9
9	1 08 53·1	1 32 38	2·357	3 57·9	9	0 25 10·1	18 04 31	2·055	21 08·3
11	1 09 13·0	+ 1 14 06	2·329	3 50·3	11	0 24 30·4	−18 15 44	2·072	20 59·8
13	1 09 28·1	0 54 41	2·301	3 42·7	13	0 23 56·3	18 25 47	2·090	20 51·5
15	1 09 38·3	0 34 22	2·274	3 35·0	15	0 23 27·7	18 34 42	2·108	20 43·2
17	1 09 43·5	+ 0 13 08	2·248	3 27·2	17	0 23 04·8	18 42 29	2·127	20 35·0
19	1 09 43·7	− 0 08 59	2·222	3 19·4	19	0 22 47·6	18 49 12	2·146	20 26·8
21	1 09 38·8	− 0 32 00	2·197	3 11·4	21	0 22 36·2	−18 54 50	2·166	20 18·8
23	1 09 28·8	0 55 53	2·173	3 03·4	23	0 22 30·6	18 59 25	2·187	20 10·9
25	1 09 13·6	1 20 39	2·150	2 55·3	25	0 22 30·7	19 03 00	2·207	20 03·1
27	1 08 53·1	1 46 15	2·127	2 47·1	27	0 22 36·7	19 05 36	2·228	19 55·4
29	1 08 27·4	2 12 41	2·105	2 38·8	29	0 22 48·5	19 07 16	2·249	19 47·7
31	1 07 56·6	− 2 39 54	2·084	2 30·4	Dec. 1	0 23 06·0	−19 08 00	2·271	19 40·2
Sept. 2	1 07 20·5	3 07 52	2·065	2 21·9	3	0 23 29·3	19 07 51	2·292	19 32·8
4	1 06 39·4	3 36 33	2·046	2 13·4	5	0 23 58·2	19 06 51	2·314	19 25·4
6	1 05 53·4	4 05 53	2·028	2 04·8	7	0 24 32·6	19 05 03	2·336	19 18·2
8	1 05 02·5	4 35 49	2·011	1 56·0	9	0 25 12·5	19 02 27	2·359	19 11·0
10	1 04 06·9	− 5 06 17	1·995	1 47·3	11	0 25 57·8	−18 59 07	2·381	19 03·9
12	1 03 06·8	5 37 14	1·980	1 38·4	13	0 26 48·3	18 55 04	2·403	18 56·9
14	1 02 02·4	6 08 35	1·966	1 29·5	15	0 27 44·0	18 50 20	2·425	18 50·0
16	1 00 53·8	6 40 17	1·954	1 20·5	17	0 28 44·6	18 44 56	2·448	18 43·2
18	0 59 41·4	7 12 14	1·942	1 11·4	19	0 29 50·2	18 38 54	2·470	18 36·4
20	0 58 25·3	− 7 44 22	1·932	1 02·3	21	0 31 00·7	−18 32 15	2·492	18 29·8
22	0 57 05·8	8 16 35	1·923	0 53·1	23	0 32 15·9	18 25 01	2·514	18 23·2
24	0 55 43·2	8 48 48	1·916	0 43·9	25	0 33 35·7	18 17 14	2·536	18 16·7
26	0 54 17·9	9 20 56	1·909	0 34·6	27	0 35 00·1	18 08 55	2·558	18 10·2
28	0 52 50·2	9 52 52	1·904	0 25·3	29	0 36 28·9	18 00 06	2·580	18 03·9
30	0 51 20·5	−10 24 31	1·900	0 15·9	31	0 38 02·0	−17 50 47	2·602	17 57·6
Oct. 2	0 49 49·2	−10 55 48	1·897	0 06·5	33	0 39 39·3	−17 41 01	2·623	17 51·4

Second Transit: October 3ᵈ 23ʰ 57ᵐ·2

JUNO, 1989

GEOCENTRIC POSITIONS FOR 0ʰ DYNAMICAL TIME

Date	Astrometric J2000·0 R.A.	Dec.	True Distance	Ephemeris Transit	Date	Astrometric J2000·0 R.A.	Dec.	True Distance	Ephemeris Transit
	h m s	° ′ ″		h m		h m s	° ′ ″		h m
Jan. −1	10 34 39·5	− 0 59 17	1·777	3 58·9	Apr. 1	9 47 36·2	+10 06 33	1·859	21 06·2
1	10 34 53·3	0 58 46	1·760	3 51·2	3	9 47 26·9	10 18 17	1·883	20 58·2
3	10 35 00·4	0 57 21	1·743	3 43·5	5	9 47 23·6	10 29 16	1·908	20 50·3
5	10 35 00·7	0 55 00	1·727	3 35·6	7	9 47 26·4	10 39 31	1·934	20 42·6
7	10 34 54·3	0 51 42	1·711	3 27·6	9	9 47 35·1	10 49 01	1·960	20 34·9
9	10 34 41·1	− 0 47 25	1·695	3 19·5	11	9 47 49·7	+10 57 47	1·987	20 27·3
11	10 34 21·2	0 42 10	1·680	3 11·3	13	9 48 10·1	11 05 50	2·014	20 19·8
13	10 33 54·6	0 35 55	1·666	3 03·0	15	9 48 36·1	11 13 09	2·042	20 12·4
15	10 33 21·5	0 28 41	1·652	2 54·6	17	9 49 07·7	11 19 46	2·070	20 05·1
17	10 32 41·9	0 20 27	1·640	2 46·1	19	9 49 44·6	11 25 41	2·099	19 57·9
19	10 31 56·1	− 0 11 14	1·627	2 37·5	21	9 50 26·7	+11 30 55	2·128	19 50·8
21	10 31 04·3	− 0 01 02	1·616	2 28·7	23	9 51 13·8	11 35 30	2·157	19 43·7
23	10 30 06·5	+ 0 10 08	1·605	2 19·9	25	9 52 05·9	11 39 25	2·187	19 36·7
25	10 29 03·1	0 22 15	1·595	2 11·0	27	9 53 02·8	11 42 41	2·217	19 29·9
27	10 27 54·2	0 35 18	1·586	2 02·0	29	9 54 04·3	11 45 20	2·247	19 23·0
29	10 26 40·3	+ 0 49 16	1·578	1 52·9	May 1	9 55 10·2	+11 47 22	2·278	19 16·3
31	10 25 21·5	1 04 07	1·571	1 43·7	3	9 56 20·6	11 48 47	2·309	19 09·6
Feb. 2	10 23 58·3	1 19 48	1·565	1 34·5	5	9 57 35·1	11 49 37	2·340	19 03·0
4	10 22 31·2	1 36 16	1·560	1 25·2	7	9 58 53·8	11 49 52	2·371	18 56·5
6	10 21 00·4	1 53 29	1·556	1 15·8	9	10 00 16·4	11 49 34	2·402	18 50·0
8	10 19 26·6	+ 2 11 23	1·553	1 06·4	11	10 01 42·8	+11 48 42	2·434	18 43·6
10	10 17 50·3	2 29 53	1·551	0 56·9	13	10 03 12·8	11 47 18	2·465	18 37·3
12	10 16 12·0	2 48 57	1·550	0 47·4	15	10 04 46·3	11 45 24	2·497	18 31·0
14	10 14 32·2	3 08 29	1·551	0 37·9	17	10 06 23·2	11 42 59	2·529	18 24·7
16	10 12 51·5	3 28 24	1·552	0 28·4	19	10 08 03·2	11 40 04	2·561	18 18·6
18	10 11 10·4	+ 3 48 39	1·555	0 18·8	21	10 09 46·3	+11 36 41	2·593	18 12·4
20	10 09 29·4	4 09 08	1·558	0 09·3	23	10 11 32·3	11 32 51	2·624	18 06·3
22	10 07 49·2	4 29 48	1·563	23 55·0	25	10 13 21·2	11 28 33	2·656	18 00·3
24	10 06 10·1	4 50 32	1·569	23 45·5	27	10 15 12·7	11 23 50	2·688	17 54·3
26	10 04 32·7	5 11 18	1·577	23 36·1	29	10 17 06·8	11 18 41	2·720	17 48·3
28	10 02 57·5	+ 5 32 00	1·585	23 26·6	31	10 19 03·5	+11 13 06	2·752	17 42·4
Mar. 2	10 01 24·9	5 52 35	1·594	23 17·3	June 2	10 21 02·5	11 07 08	2·783	17 36·6
4	9 59 55·5	6 12 57	1·605	23 08·0	4	10 23 03·9	11 00 45	2·815	17 30·7
6	9 58 29·7	6 33 03	1·617	22 58·7	6	10 25 07·4	10 54 00	2·846	17 24·9
8	9 57 07·8	6 52 48	1·630	22 49·5	8	10 27 13·1	10 46 53	2·878	17 19·2
10	9 55 50·3	+ 7 12 09	1·644	22 40·4	10	10 29 20·8	+10 39 24	2·909	17 13·4
12	9 54 37·6	7 31 03	1·658	22 31·4	12	10 31 30·4	10 31 34	2·940	17 07·7
14	9 53 29·9	7 49 26	1·674	22 22·4	14	10 33 41·8	10 23 24	2·971	17 02·0
16	9 52 27·5	8 07 17	1·691	22 13·6	16	10 35 54·9	10 14 55	3·001	16 56·4
18	9 51 30·5	8 24 31	1·709	22 04·8	18	10 38 09·7	10 06 07	3·032	16 50·8
20	9 50 39·3	+ 8 41 08	1·728	21 56·1	20	10 40 26·0	+ 9 57 01	3·062	16 45·2
22	9 49 53·8	8 57 07	1·748	21 47·6	22	10 42 43·8	9 47 37	3·092	16 39·6
24	9 49 14·3	9 12 24	1·768	21 39·1	24	10 45 03·1	9 37 56	3·122	16 34·1
26	9 48 40·7	9 27 01	1·790	21 30·7	26	10 47 23·7	9 27 59	3·151	16 28·6
28	9 48 13·1	9 40 55	1·812	21 22·4	28	10 49 45·7	9 17 45	3·180	16 23·1
30	9 47 51·6	+ 9 54 06	1·835	21 14·3	30	10 52 08·9	+ 9 07 16	3·209	16 17·6
Apr. 1	9 47 36·2	+10 06 33	1·859	21 06·2	July 2	10 54 33·4	+ 8 56 32	3·238	16 12·1

Second Transit: February 21ᵈ 23ʰ 59ᵐ·8

GEOCENTRIC POSITIONS FOR 0ʰ DYNAMICAL TIME

Date		Astrometric J2000·0 R.A.	Dec.	True Dist-ance	Ephem-eris Transit	Date		Astrometric J2000·0 R.A.	Dec.	True Dist-ance	Ephem-eris Transit
		h m s	° ′ ″		h m			h m s	° ′ ″		h m
July	2	10 54 33·4	+ 8 56 32	3·238	16 12·1	Oct.	2	12 56 33·0	− 1 33 02	4·079	12 11·9
	4	10 56 59·0	8 45 33	3·266	16 06·7		4	12 59 18·2	1 47 03	4·084	12 06·8
	6	10 59 25·8	8 34 20	3·294	16 01·3		6	13 02 03·3	2 00 59	4·089	12 01·7
	8	11 01 53·6	8 22 53	3·322	15 55·8		8	13 04 48·4	2 14 48	4·092	11 56·6
	10	11 04 22·3	8 11 14	3·350	15 50·5		10	13 07 33·3	2 28 32	4·096	11 51·4
	12	11 06 52·1	+ 7 59 23	3·377	15 45·1		12	13 10 18·2	− 2 42 08	4·098	11 46·3
	14	11 09 22·7	7 47 19	3·403	15 39·7		14	13 13 03·0	2 55 38	4·100	11 41·2
	16	11 11 54·1	7 35 05	3·430	15 34·4		16	13 15 47·7	3 09 00	4·101	11 36·0
	18	11 14 26·4	7 22 40	3·456	15 29·0		18	13 18 32·2	3 22 15	4·102	11 30·9
	20	11 16 59·4	7 10 04	3·481	15 23·7		20	13 21 16·6	3 35 22	4·102	11 25·8
	22	11 19 33·1	+ 6 57 19	3·506	15 18·4		22	13 24 00·8	− 3 48 20	4·101	11 20·6
	24	11 22 07·6	6 44 24	3·531	15 13·1		24	13 26 44·9	4 01 10	4·099	11 15·5
	26	11 24 42·7	6 31 19	3·555	15 07·8		26	13 29 28·7	4 13 50	4·097	11 10·3
	28	11 27 18·5	6 18 06	3·579	15 02·6		28	13 32 12·3	4 26 21	4·094	11 05·2
	30	11 29 54·9	6 04 45	3·603	14 57·3		30	13 34 55·6	4 38 42	4·091	11 00·0
Aug.	1	11 32 32·0	+ 5 51 16	3·626	14 52·0	Nov.	1	13 37 38·6	− 4 50 53	4·087	10 54·9
	3	11 35 09·6	5 37 39	3·649	14 46·8		3	13 40 21·2	5 02 52	4·082	10 49·7
	5	11 37 47·8	5 23 56	3·671	14 41·6		5	13 43 03·5	5 14 41	4·077	10 44·5
	7	11 40 26·4	5 10 06	3·692	14 36·3		7	13 45 45·3	5 26 18	4·071	10 39·4
	9	11 43 05·6	4 56 10	3·713	14 31·1		9	13 48 26·8	5 37 43	4·064	10 34·2
	11	11 45 45·2	+ 4 42 08	3·734	14 25·9		11	13 51 07·7	− 5 48 56	4·056	10 29·0
	13	11 48 25·2	4 28 02	3·754	14 20·7		13	13 53 48·1	5 59 56	4·048	10 23·8
	15	11 51 05·6	4 13 51	3·774	14 15·5		15	13 56 28·1	6 10 44	4·040	10 18·6
	17	11 53 46·3	3 59 36	3·793	14 10·3		17	13 59 07·5	6 21 18	4·030	10 13·3
	19	11 56 27·5	3 45 17	3·812	14 05·1		19	14 01 46·3	6 31 39	4·020	10 08·1
	21	11 59 09·0	+ 3 30 54	3·830	13 59·9		21	14 04 24·5	− 6 41 46	4·010	10 02·9
	23	12 01 50·8	3 16 28	3·848	13 54·7		23	14 07 02·0	6 51 39	3·999	9 57·6
	25	12 04 33·0	3 02 00	3·865	13 49·6		25	14 09 38·8	7 01 17	3·987	9 52·4
	27	12 07 15·4	2 47 28	3·881	13 44·4		27	14 12 14·9	7 10 40	3·974	9 47·1
	29	12 09 58·2	2 32 55	3·897	13 39·2		29	14 14 50·2	7 19 47	3·961	9 41·8
	31	12 12 41·3	+ 2 18 20	3·913	13 34·1	Dec.	1	14 17 24·6	− 7 28 39	3·947	9 36·5
Sept.	2	12 15 24·6	2 03 44	3·928	13 28·9		3	14 19 58·1	7 37 15	3·933	9 31·2
	4	12 18 08·1	1 49 07	3·942	13 23·8		5	14 22 30·7	7 45 34	3·918	9 25·8
	6	12 20 51·9	1 34 30	3·956	13 18·6		7	14 25 02·2	7 53 36	3·903	9 20·5
	8	12 23 35·9	1 19 54	3·969	13 13·5		9	14 27 32·7	8 01 21	3·887	9 15·1
	10	12 26 20·0	+ 1 05 17	3·981	13 08·4		11	14 30 02·0	− 8 08 49	3·870	9 09·7
	12	12 29 04·3	0 50 42	3·993	13 03·2		13	14 32 30·2	8 15 59	3·853	9 04·3
	14	12 31 48·7	0 36 08	4·005	12 58·1		15	14 34 57·3	8 22 51	3·835	8 58·9
	16	12 34 33·2	0 21 36	4·015	12 52·9		17	14 37 23·0	8 29 25	3·817	8 53·4
	18	12 37 17·9	+ 0 07 05	4·026	12 47·8		19	14 39 47·5	8 35 41	3·798	8 48·0
	20	12 40 02·6	− 0 07 23	4·035	12 42·7		21	14 42 10·5	− 8 41 37	3·778	8 42·5
	22	12 42 47·5	0 21 48	4·044	12 37·6		23	14 44 32·2	8 47 15	3·759	8 36·9
	24	12 45 32·5	0 36 10	4·052	12 32·4		25	14 46 52·3	8 52 32	3·738	8 31·4
	26	12 48 17·6	0 50 30	4·060	12 27·3		27	14 49 10·8	8 57 30	3·717	8 25·8
	28	12 51 02·7	1 04 45	4·067	12 22·2		29	14 51 27·6	9 02 08	3·696	8 20·2
	30	12 53 47·8	− 1 18 56	4·073	12 17·1		31	14 53 42·7	− 9 06 25	3·674	8 14·6
Oct.	2	12 56 33·0	− 1 33 02	4·079	12 11·9		33	14 55 56·0	− 9 10 21	3·652	8 08·9

VESTA, 1989

GEOCENTRIC POSITIONS FOR 0ʰ DYNAMICAL TIME

Date	Astrometric J2000·0 R.A.	Dec.	True Distance	Ephemeris Transit	Date	Astrometric J2000·0 R.A.	Dec.	True Distance	Ephemeris Transit
	h m s	° ′ ″		h m		h m s	° ′ ″		h m
Jan. −1	15 36 22·4	−14 03 03	2·787	9 00·4	Apr. 1	18 17 53·8	−18 08 19	1·783	5 39·3
1	15 40 22·9	14 16 33	2·769	8 56·5	3	18 20 17·2	18 07 50	1·760	5 33·8
3	15 44 23·1	14 29 40	2·751	8 52·7	5	18 22 35·5	18 07 20	1·737	5 28·2
5	15 48 23·0	14 42 23	2·732	8 48·8	7	18 24 48·7	18 06 51	1·714	5 22·6
7	15 52 22·7	14 54 43	2·714	8 44·9	9	18 26 56·5	18 06 23	1·691	5 16·8
9	15 56 21·9	−15 06 39	2·695	8 41·0	11	18 28 58·8	−18 05 58	1·669	5 11·0
11	16 00 20·7	15 18 11	2·676	8 37·1	13	18 30 55·4	18 05 37	1·647	5 05·0
13	16 04 18·9	15 29 19	2·656	8 33·2	15	18 32 46·1	18 05 22	1·624	4 59·0
15	16 08 16·6	15 40 03	2·637	8 29·3	17	18 34 30·9	18 05 13	1·602	4 52·9
17	16 12 13·6	15 50 23	2·617	8 25·3	19	18 36 09·5	18 05 13	1·581	4 46·6
19	16 16 09·8	−16 00 19	2·597	8 21·4	21	18 37 41·8	−18 05 22	1·559	4 40·3
21	16 20 05·4	16 09 51	2·577	8 17·4	23	18 39 07·6	18 05 42	1·538	4 33·8
23	16 24 00·1	16 18 58	2·556	8 13·5	25	18 40 26·7	18 06 14	1·517	4 27·3
25	16 27 54·0	16 27 42	2·535	8 09·5	27	18 41 38·9	18 06 59	1·496	4 20·6
27	16 31 46·9	16 36 02	2·515	8 05·5	29	18 42 44·0	18 07 59	1·476	4 13·8
29	16 35 38·7	−16 43 58	2·493	8 01·4	May 1	18 43 41·8	−18 09 15	1·456	4 06·9
31	16 39 29·5	16 51 31	2·472	7 57·4	3	18 44 32·1	18 10 49	1·436	3 59·8
Feb. 2	16 43 19·0	16 58 40	2·451	7 53·4	5	18 45 14·8	18 12 41	1·417	3 52·7
4	16 47 07·2	17 05 25	2·429	7 49·3	7	18 45 49·7	18 14 53	1·398	3 45·4
6	16 50 54·1	17 11 47	2·407	7 45·2	9	18 46 16·6	18 17 26	1·380	3 38·0
8	16 54 39·4	−17 17 46	2·385	7 41·0	11	18 46 35·6	−18 20 21	1·362	3 30·4
10	16 58 23·1	17 23 23	2·363	7 36·9	13	18 46 46·6	18 23 39	1·345	3 22·7
12	17 02 05·1	17 28 37	2·341	7 32·7	15	18 46 49·4	18 27 20	1·328	3 14·9
14	17 05 45·3	17 33 30	2·318	7 28·5	17	18 46 44·1	18 31 25	1·312	3 06·9
16	17 09 23·7	17 38 01	2·296	7 24·2	19	18 46 30·6	18 35 55	1·296	2 58·8
18	17 13 00·1	−17 42 12	2·273	7 20·0	21	18 46 08·9	−18 40 49	1·281	2 50·6
20	17 16 34·5	17 46 02	2·250	7 15·7	23	18 45 39·0	18 46 08	1·266	2 42·2
22	17 20 06·7	17 49 32	2·227	7 11·3	25	18 45 01·0	18 51 51	1·253	2 33·7
24	17 23 36·8	17 52 43	2·204	7 06·9	27	18 44 14·9	18 58 00	1·240	2 25·1
26	17 27 04·5	17 55 34	2·181	7 02·5	29	18 43 20·9	19 04 33	1·227	2 16·3
28	17 30 29·7	−17 58 08	2·158	6 58·0	31	18 42 19·1	−19 11 30	1·215	2 07·4
Mar. 2	17 33 52·4	18 00 24	2·135	6 53·5	June 2	18 41 09·7	19 18 50	1·205	1 58·4
4	17 37 12·3	18 02 22	2·111	6 49·0	4	18 39 53·0	19 26 32	1·194	1 49·3
6	17 40 29·4	18 04 05	2·088	6 44·4	6	18 38 29·5	19 34 36	1·185	1 40·0
8	17 43 43·5	18 05 32	2·065	6 39·7	8	18 36 59·5	19 43 00	1·177	1 30·7
10	17 46 54·5	−18 06 44	2·041	6 35·0	10	18 35 23·6	−19 51 42	1·169	1 21·2
12	17 50 02·2	18 07 42	2·018	6 30·3	12	18 33 42·1	20 00 41	1·163	1 11·7
14	17 53 06·6	18 08 28	1·994	6 25·5	14	18 31 55·8	20 09 54	1·157	1 02·0
16	17 56 07·5	18 09 02	1·970	6 20·6	16	18 30 05·1	20 19 20	1·152	0 52·3
18	17 59 04·8	18 09 24	1·947	6 15·7	18	18 28 10·7	20 28 57	1·148	0 42·6
20	18 01 58·4	−18 09 37	1·923	6 10·7	20	18 26 13·3	−20 38 42	1·145	0 32·8
22	18 04 48·1	18 09 41	1·900	6 05·6	22	18 24 13·4	20 48 35	1·143	0 22·9
24	18 07 33·8	18 09 36	1·876	6 00·5	24	18 22 11·8	20 58 32	1·142	0 13·0
26	18 10 15·4	18 09 25	1·853	5 55·3	26	18 20 09·2	21 08 32	1·142	0 03·2
28	18 12 52·7	18 09 07	1·830	5 50·1	28	18 18 06·3	21 18 34	1·143	23 48·3
30	18 15 25·6	−18 08 45	1·806	5 44·7	30	18 16 03·9	−21 28 35	1·145	23 38·4
Apr. 1	18 17 53·8	−18 08 19	1·783	5 39·3	July 2	18 14 02·7	−21 38 34	1·148	23 28·6

Second Transit: June 26ᵈ 23ʰ 58ᵐ·2

GEOCENTRIC POSITIONS FOR 0ʰ DYNAMICAL TIME

Date	Astrometric J2000·0 R.A. h m s	Dec. ° ′ ″	True Distance	Ephemeris Transit h m	Date	Astrometric J2000·0 R.A. h m s	Dec. ° ′ ″	True Distance	Ephemeris Transit h m
July 2	18 14 02·7	−21 38 34	1·148	23 28·6	Oct. 2	18 37 54·9	−26 04 45	1·985	17 52·7
4	18 12 03·6	21 48 29	1·152	23 18·8	4	18 40 51·0	26 04 41	2·010	17 47·8
6	18 10 07·3	21 58 19	1·157	23 09·0	6	18 43 50·8	26 04 16	2·035	17 42·9
8	18 08 14·5	22 08 03	1·163	22 59·3	8	18 46 54·2	26 03 30	2·060	17 38·1
10	18 06 25·9	22 17 39	1·170	22 49·7	10	18 50 00·9	26 02 22	2·085	17 33·4
12	18 04 42·1	−22 27 06	1·177	22 40·1	12	18 53 10·9	−26 00 52	2·110	17 28·7
14	18 03 03·8	22 36 24	1·186	22 30·7	14	18 56 24·0	25 59 00	2·136	17 24·0
16	18 01 31·3	22 45 32	1·195	22 21·3	16	18 59 40·0	25 56 45	2·161	17 19·4
18	18 00 05·2	22 54 29	1·206	22 12·1	18	19 02 58·7	25 54 08	2·186	17 14·9
20	17 58 45·8	23 03 16	1·217	22 03·0	20	19 06 20·1	25 51 07	2·211	17 10·4
22	17 57 33·5	−23 11 52	1·229	21 53·9	22	19 09 44·1	−25 47 44	2·236	17 05·9
24	17 56 28·6	23 20 17	1·241	21 45·1	24	19 13 10·5	25 43 56	2·260	17 01·5
26	17 55 31·3	23 28 30	1·255	21 36·3	26	19 16 39·2	25 39 45	2·285	16 57·1
28	17 54 42·0	23 36 33	1·269	21 27·7	28	19 20 10·2	25 35 10	2·310	16 52·7
30	17 54 00·7	23 44 24	1·284	21 19·2	30	19 23 43·3	25 30 10	2·334	16 48·4
Aug. 1	17 53 27·8	−23 52 04	1·300	21 10·9	Nov. 1	19 27 18·4	−25 24 46	2·359	16 44·2
3	17 53 03·3	23 59 33	1·316	21 02·6	3	19 30 55·3	25 18 58	2·383	16 39·9
5	17 52 47·3	24 06 51	1·333	20 54·6	5	19 34 34·0	25 12 45	2·407	16 35·7
7	17 52 39·8	24 13 57	1·350	20 46·6	7	19 38 14·3	25 06 08	2·431	16 31·5
9	17 52 40·8	24 20 53	1·368	20 38·9	9	19 41 56·1	24 59 06	2·455	16 27·3
11	17 52 50·2	−24 27 37	1·387	20 31·2	11	19 45 39·3	−24 51 40	2·479	16 23·2
13	17 53 08·0	24 34 10	1·406	20 23·7	13	19 49 23·8	24 43 49	2·503	16 19·0
15	17 53 34·0	24 40 31	1·425	20 16·3	15	19 53 09·5	24 35 34	2·526	16 14·9
17	17 54 08·1	24 46 41	1·445	20 09·1	17	19 56 56·3	24 26 55	2·549	16 10·8
19	17 54 50·1	24 52 40	1·466	20 02·0	19	20 00 44·2	24 17 52	2·572	16 06·7
21	17 55 39·8	−24 58 27	1·487	19 55·0	21	20 04 33·0	−24 08 24	2·595	16 02·7
23	17 56 37·2	25 04 02	1·508	19 48·1	23	20 08 22·8	23 58 32	2·618	15 58·6
25	17 57 42·1	25 09 25	1·530	19 41·4	25	20 12 13·4	23 48 16	2·640	15 54·6
27	17 58 54·2	25 14 35	1·552	19 34·8	27	20 16 04·7	23 37 36	2·662	15 50·6
29	18 00 13·6	25 19 33	1·574	19 28·3	29	20 19 56·8	23 26 32	2·684	15 46·6
31	18 01 40·0	−25 24 18	1·597	19 21·9	Dec. 1	20 23 49·4	−23 15 05	2·706	15 42·6
Sept. 2	18 03 13·1	25 28 49	1·619	19 15·6	3	20 27 42·6	23 03 14	2·727	15 38·6
4	18 04 53·0	25 33 06	1·643	19 09·4	5	20 31 36·3	22 51 01	2·748	15 34·6
6	18 06 39·2	25 37 09	1·666	19 03·4	7	20 35 30·3	22 38 25	2·769	15 30·6
8	18 08 31·7	25 40 57	1·690	18 57·4	9	20 39 24·6	22 25 27	2·790	15 26·7
10	18 10 30·2	−25 44 30	1·713	18 51·6	11	20 43 19·1	−22 12 07	2·810	15 22·7
12	18 12 34·6	25 47 48	1·737	18 45·8	13	20 47 13·8	21 58 25	2·830	15 18·7
14	18 14 44·5	25 50 49	1·762	18 40·1	15	20 51 08·7	21 44 22	2·850	15 14·8
16	18 16 59·8	25 53 34	1·786	18 34·5	17	20 55 03·6	21 29 58	2·870	15 10·8
18	18 19 20·2	25 56 02	1·810	18 29·0	19	20 58 58·6	21 15 13	2·889	15 06·9
20	18 21 45·7	−25 58 12	1·835	18 23·6	21	21 02 53·7	−21 00 08	2·908	15 02·9
22	18 24 16·0	26 00 05	1·860	18 18·3	23	21 06 48·7	20 44 43	2·927	14 58·9
24	18 26 51·0	26 01 40	1·885	18 13·0	25	21 10 43·7	20 28 58	2·945	14 55·0
26	18 29 30·6	26 02 55	1·910	18 07·8	27	21 14 38·5	20 12 54	2·963	14 51·0
28	18 32 14·5	26 03 52	1·935	18 02·7	29	21 18 33·3	19 56 30	2·980	14 47·0
30	18 35 02·6	−26 04 28	1·960	17 57·7	31	21 22 27·8	−19 39 49	2·998	14 43·1
Oct. 2	18 37 54·9	−26 04 45	1·985	17 52·7	33	21 26 22·2	−19 22 50	3·015	14 39·1

MINOR PLANETS, 1989

OPPOSITION DATES, MAGNITUDES AND OSCULATING ELEMENTS
FOR EPOCH 1989 OCTOBER 1·0 TDT, ECLIPTIC AND EQUINOX J2000·0

Name	No.	Magnitude Parameters H	G	Opposition Date	Mag.	Dia-meter km	Inclin-ation i °	Long of Asc. Node Ω °	Argument of Peri-helion ω °	Mean Distance a	Daily Motion n °	Eccen-tricity e	Mean Anomaly M °
Ceres	1	3·32	0·11	Dec. 20	6·7	1003	10·607	80·702	71·274	2·7685	0·21396	0·0780	287·265
Pallas	2	4·13	0·15	Oct. 5	8·2	608	34·804	173·323	309·796	2·7703	0·21375	0·2347	273·779
Juno	3	5·31	0·30	Feb. 19	8·6	247	12·993	170·556	246·744	2·6682	0·22614	0·2580	115·411
Vesta	4	3·16	0·34	June 26	5·3	538	7·139	104·015	150·175	2·3613	0·27163	0·0906	43·314
Astraea	5	6·91	0·25	Sept. 12	10·9	117	5·357	141·792	356·519	2·5741	0·23865	0·1917	227·749
Hebe	6	5·70	0·24	Jan. 24	8·8	201	14·782	139·039	238·520	2·4243	0·26111	0·2023	149·309
Iris	7	5·56	0·25	Feb. 7	8·4	209	5·514	260·098	144·723	2·3857	0·26748	0·2296	132·307
Flora	8	6·48	0·33	Mar. 6	9·3	151	5·888	111·122	284·897	2·2013	0·30178	0·1564	176·312
Metis	9	6·32	0·29	Aug. 13	9·4	151	5·585	69·112	5·315	2·3865	0·26733	0·1219	270·833
Hygiea	10	5·37	0·15	June 5	9·0	450	3·840	283·835	316·025	3·1376	0·17734	0·1201	32·963
Parthenope	11	6·62	0·27	Sept. 14	9·1	150	4·621	125·703	193·711	2·4520	0·25669	0·0994	29·828
Victoria	12	7·23	0·24	Aug. 25	8·9	126	8·376	235·863	68·720	2·3340	0·27642	0·2196	29·574
Egeria	13	6·71	0·15	May 12	10·3	224	16·522	43·438	81·163	2·5765	0·23832	0·0863	132·793
Irene	14	6·27	0·09	Aug. 6	10·2	158	9·113	86·867	95·052	2·5867	0·23691	0·1661	128·194
Eunomia	15	5·22	0·20	Aug. 23	8·1	272	11·765	293·619	97·491	2·6437	0·22929	0·1849	327·856
Psyche	16	5·98	0·22	Aug. 3	9·5	250	3·089	150·508	227·581	2·9234	0·19718	0·1335	318·680
Thetis	17	7·77	0·13	Sept. 21	10·9	109	5·586	125·685	135·710	2·4686	0·25412	0·1372	81·977
Fortuna	19	7·09	0·10	July 2	10·5	215	1·569	211·770	181·834	2·4423	0·25824	0·1580	287·857
Massalia	20	6·52	0·26	May 10	9·8	131	0·702	207·029	254·919	2·4091	0·26358	0·1439	152·092
Lutetia	21	7·33	0·16	Dec. 1	10·2	115	3·070	81·024	249·766	2·4362	0·25921	0·1608	64·058
Kalliope	22	6·49	0·22	May 29	10·9	177	13·698	66·479	355·577	2·9120	0·19835	0·0978	212·608
Themis	24	7·07	0·10	Sept. 29	12·0	234	0·763	36·024	110·824	3·1263	0·17831	0·1351	229·945
Euterpe	27	7·07	0·25	Aug. 9	10·4	108	1·584	94·825	356·231	2·3472	0·27407	0·1715	255·230
Bellona	28	7·17	0·22	June 4	11·4	126	9·400	144·681	343·479	2·7791	0·21274	0·1485	134·429
Amphitrite	29	5·84	0·21	May 1	9·6	195	6·110	356·639	62·814	2·5550	0·24134	0·0717	197·926
Urania	30	7·74	0·41	Oct. 9	9·8	91	2·096	308·126	86·273	2·3654	0·27092	0·1268	344·379
Euphrosyne	31	6·53	0·15	Dec. 10	10·2	370	26·344	31·357	63·060	3·1463	0·17661	0·2290	340·953
Pomona	32	7·50	0·11	Jan. 24	10·8	93	5·529	220·700	338·748	2·5859	0·23702	0·0840	354·582
Circe	34	8·37	0·03	Oct. 12	12·2	111	5·480	184·836	328·588	2·6857	0·22394	0·1076	231·805
Atalante	36	8·35	0·15	Mar. 2	12·3	118	18·486	358·948	46·303	2·7450	0·21671	0·3050	124·441
Laetitia	39	6·16	0·25	Jan. 13	10·2	163	10·369	157·422	208·309	2·7670	0·21414	0·1147	151·819
Harmonia	40	7·14	0·31	Mar. 20	10·0	100	4·258	94·398	268·412	2·2673	0·28870	0·0469	230·957
Daphne	41	7·34	0·15	Jan 10	11·7	204	15·773	178·389	46·250	2·7613	0·21480	0·2744	335·061
Isis	42	7·50	0·25	Mar. 30	11·3	97	8·543	84·762	235·640	2·4402	0·25856	0·2256	294·729
Ariadne	43	8·01	0·25	Dec. 6	11·2	85	3·469	265·192	15·406	2·2036	0·30130	0·1678	124·068
Nysa	44	7·05	0·44	May 18	10·3	82	3·703	131·677	342·110	2·4236	0·26123	0·1497	142·707
Eugenia	45	7·27	0·15	Dec. 7	11·4	226	6·594	148·117	85·980	2·7216	0·21951	0·0821	188·883
Hestia	46	8·38	0·11	May 27	11·7	133	2·328	181·349	175·438	2·5256	0·24556	0·1714	299·696
Aglaja	47	7·86	0·13	Sept. 24	11·1	158	4·988	3·587	313·119	2·8795	0·20171	0·1320	36·410
Nemausa	51	7·36	0·06	Mar. 15	9·6	151	9·957	176·280	2·362	2·3660	0·27081	0·0656	50·812
Europa	52	6·29	0·15	Mar. 15	10·4	289	7·439	129·282	337·048	3·1009	0·18050	0·1002	92·559
Melete	56	8·30	0·15	Jan. 4	12·9	146	8·078	193·848	103·037	2·5967	0·23554	0·2348	224·619
Concordia	58	8·79	0·15	May 1	12·2	110	5·060	161·536	32·792	2·7000	0·22216	0·0454	57·035
Echo	60	8·68	0·33	July 13	12·4	51	3·595	192·132	269·606	2·3940	0·26608	0·1827	215·223
Ausonia	63	7·52	0·25	Dec. 16	11·2	91	5·783	338·313	294·330	2·3966	0·26566	0·1250	150·072
Angelina	64	7·65	0·37	May 29	11·4	56	1·310	309·918	179·487	2·6824	0·22435	0·1251	133·794
Cybele	65	6·79	0·15	June 22	11·2	309	3·543	156·049	109·786	3·4369	0·15469	0·1044	20·113
Asia	67	8·36	0·25	May 3	11·2	58	6·010	203·085	105·166	2·4206	0·26171	0·1869	334·919
Panopaea	70	7·99	0·15	Nov. 9	11·6	151	11·592	48·292	254·416	2·6138	0·23323	0·1836	74·249
Niobe	71	7·26	0·37	Aug. 20	11·1	115	23·298	316·471	266·326	2·7544	0·21561	0·1751	97·116

OPPOSITION DATES, MAGNITUDES AND OSCULATING ELEMENTS
FOR EPOCH 1989 OCTOBER 1·0 TDT, ECLIPTIC AND EQUINOX J2000·0

Name	No.	Magnitude Parameters H	G	Opposition Date	Mag.	Diameter km	Inclination i °	Long of Asc. Node Ω °	Argument of Perihelion ω °	Mean Distance a	Daily Motion n °	Eccentricity e	Mean Anomaly M °
Frigga	77	8·57	0·26	Dec. 22	11·3	67	2·433	1·635	61·193	2·6686	0·22608	0·1339	2·495
Eurynome	79	7·83	0·18	Sept. 11	10·0	76	4·624	207·084	200·355	2·4441	0·25794	0·1929	324·743
Sappho	80	8·10	0·30	Apr. 25	11·3	83	8·657	219·079	138·733	2·2962	0·28326	0·1998	278·264
Klio	84	9·26	0·15	Dec. 18	12·4	90	9·330	327·933	14·604	2·3630	0·27134	0·2358	55·465
Io	85	7·56	0·05	Mar. 25	11·7	147	11·961	203·575	122·435	2·6536	0·22801	0·1932	279·040
Thisbe	88	7·05	0·17	Feb. 22	11·7	210	5·220	277·048	35·239	2·7671	0·21412	0·1638	259·014
Julia	89	6·57	0·14	Dec. 11	9·9	155	16·124	311·777	44·898	2·5518	0·24179	0·1805	45·241
Aegina	91	8·79	0·15	Mar. 26	12·1	104	2·120	11·045	72·879	2·5907	0·23637	0·1041	134·774
Minerva	93	7·73	0·15	Mar. 9	11·6	168	8·569	4·637	273·827	2·7538	0·21568	0·1418	309·868
Aurora	94	7·55	0·08	June 4	12·5	188	8·013	3·211	51·844	3·1639	0·17514	0·0814	223·791
Arethusa	95	7·83	0·08	June 9	12·6	230	12·928	243·758	151·413	3·0742	0·18286	0·1432	257·040
Artemis	105	8·89	0·29	Nov. 4	12·7	126	21·480	188·629	55·844	2·3723	0·26974	0·1776	136·647
Dione	106	7·42	0·17	Feb. 22	12·2	139	4·625	62·610	330·663	3·1601	0·17545	0·1810	137·908
Camilla	107	7·09	0·15	May 20	12·4	211	9·922	174·180	295·990	3·4838	0·15157	0·0842	139·708
Amalthea	113	8·63	0·26	July 26	11·4	47	5·035	123·661	79·632	2·3758	0·26915	0·0880	108·449
Kassandra	114	8·24	0·10	July 24	12·3	136	4·939	164·520	352·012	2·6755	0·22522	0·1398	151·386
Thyra	115	7·51	0·14	Nov. 25	9·7	93	11·585	309·324	96·140	2·3800	0·26844	0·1924	358·250
Sirona	116	7·86	0·25	Apr. 15	10·9	80	3·573	64·129	94·174	2·7694	0·21385	0·1382	71·563
Lachesis	120	7·73	0·17	Aug. 5	12·0	173	6·968	341·696	237·604	3·1147	0·17930	0·0645	95·139
Elektra	130	7·06	0·15	Mar. 18	12·4	173	22·876	145·979	234·747	3·1128	0·17946	0·2182	177·205
Hertha	135	8·21	0·19	Nov. 2	10·7	78	2·301	344·225	338·968	2·4292	0·26032	0·2034	47·173
Meliboea	137	8·04	0·10	Feb. 25	13·4	150	13·437	202·586	108·084	3·1105	0·17967	0·2232	262·713
Juewa	139	7·79	0·15	Aug. 2	12·3	163	10·939	2·234	165·933	2·7798	0·21266	0·1770	137·537
Siwa	140	8·20	0·15	Jan. 14	12·7	103	3·189	107·413	196·033	2·7302	0·21849	0·2170	222·639
Lumen	141	8·56	0·15	Apr. 11	13·4	133	11·913	319·134	56·807	2·6662	0·22640	0·2146	234·813
Adeona	145	8·05	0·01	July 13	12·4	195	12·622	77·743	44·890	2·6725	0·22559	0·1461	182·183
Lucina	146	8·15	0·13	Dec. 19	12·2	141	13·097	84·392	144·088	2·7207	0·21963	0·0646	206·665
Aemilia	159	8·07	0·15	Sept. 1	12·7	140	6·125	134·449	338·976	3·1013	0·18047	0·1085	239·515
Baucis	172	8·80	0·25	Nov. 23	11·9	67	10·024	332·367	358·963	2·3801	0·26841	0·1131	64·636
Elsa	182	9·30	0·30	Oct. 11	11·1	39	2·002	107·336	309·660	2·4162	0·26242	0·1864	330·053
Phthia	189	9·51	0·25	Sept. 2	12·3	41	5·174	203·937	165·747	2·4500	0·25701	0·0358	341·035
Nausikaa	192	7·13	0·03	Dec. 4	9·3	94	6·821	343·682	29·908	2·4029	0·26461	0·2469	20·736
Prokne	194	7·66	0·15	Mar. 22	12·0	191	18·519	159·689	163·055	2·6162	0·23291	0·2379	281·063
Philomela	196	6·64	0·47	Apr. 4	11·0	161	7·261	72·752	218·416	3·1131	0·17944	0·0270	295·656
Kallisto	204	9·00	0·25	Dec. 24	13·5	50	8·268	205·687	55·115	2·6742	0·22537	0·1739	178·653
Lacrimosa	208	9·05	0·25	Jan. 6	12·9	42	1·755	4·867	110·949	2·8918	0·20043	0·0109	43·909
Isolda	211	7·84	0·03	July 13	12·6	166	3·875	264·216	175·273	3·0464	0·18536	0·1557	237·415
Oceana	224	8·71	0·25	Feb. 5	12·3	71	5·847	353·345	281·813	2·6443	0·22921	0·0457	278·656
Athamantis	230	7·47	0·35	Oct. 31	10·0	121	9·444	240·120	139·416	2·3821	0·26808	0·0606	9·197
Hypatia	238	8·10	0·15	Dec. 9	12·0	154	12·387	184·422	210·202	2·9074	0·19881	0·0893	21·832
Germania	241	7·50	0·04	Apr. 27	12·1	200	5·507	271·337	73·715	3·0499	0·18505	0·1024	272·539
Eukrate	247	8·00	0·07	Feb. 18	11·7	142	25·026	0·561	54·370	2·7394	0·21738	0·2447	108·219
Libussa	264	8·40	0·25	Oct. 20	11·5	63	10·432	50·053	340·339	2·7979	0·21060	0·1344	351·935
Unitas	306	9·05	0·25	Mar. 28	12·3	43	7·264	142·128	166·887	2·3577	0·27225	0·1517	302·864
Polyxo	308	8·18	0·28	Nov. 28	12·0	138	4·349	182·246	111·557	2·7497	0·21616	0·0374	115·909
Chaldaea	313	8·86	0·05	June 17	12·6	160	11·617	177·010	315·059	2·3769	0·26896	0·1792	145·678
Bamberga	324	6·82	0·10	Mar. 10	11·9	246	11·142	328·560	43·386	2·6809	0·22454	0·3409	189·617
Dembowska	349	5·98	0·32	Mar. 3	10·4	144	8·266	32·828	343·761	2·9233	0·19719	0·0905	178·605
Eleonora	354	6·32	0·32	Sept. 23	10·7	153	18·429	140·731	5·642	2·7957	0·21084	0·1167	220·081
Liguria	356	8·17	0·15	Jan. 13	10·8	150	8·239	355·543	77·061	2·7558	0·21544	0·2399	80·411

MINOR PLANETS, 1989

OPPOSITION DATES, MAGNITUDES AND OSCULATING ELEMENTS
FOR EPOCH 1989 OCTOBER 1·0 TDT, ECLIPTIC AND EQUINOX J2000·0

Name	No.	Magnitude Parameters H	G	Opposition Date	Mag.	Diameter km	Inclination i °	Long of Asc. Node Ω °	Argument of Perihelion ω °	Mean Distance a	Daily Motion n °	Eccentricity e	Mean Anomaly M °
Carlova	360	8·41	0·15	Aug. 16	12·5	130	11·709	132·816	289·776	3·0018	0·18951	0·1774	289·430
Isara	364	9·85	0·25	Mar. 24	12·8	28	6·004	105·759	312·451	2·2207	0·29784	0·1493	164·604
Corduba	365	9·27	0·30	Oct. 2	12·0	99	12·784	185·652	215·949	2·8024	0·21009	0·1550	335·769
Amicitia	367	10·95	0·25	June 8	13·6	20	2·945	83·611	55·239	2·2198	0·29802	0·0952	142·892
Myrrha	381	8·50	0·15	Nov. 8	13·6	126	12·546	125·629	133·611	3·2089	0·17146	0·1087	127·974
Siegena	386	7·42	0·23	June 7	12·2	191	20·263	167·183	219·011	2·8980	0·19978	0·1688	267·367
Aquitania	387	7·48	0·24	Jan. 31	12·1	112	18·075	128·589	156·336	2·7376	0·21760	0·2378	274·232
Industria	389	7·88	0·25	Nov. 8	11·7	81	8·148	282·725	264·469	2·6082	0·23399	0·0650	216·801
Lampetia	393	8·40	0·15	Jan. 27	13·9	129	14·883	213·413	89·475	2·7751	0·21320	0·3323	247·539
Chloris	410	8·26	0·08	Dec. 8	13·1	134	10·950	97·412	171·675	2·7276	0·21879	0·2394	143·453
Palatia	415	9·38	0·32	Jan. 21	11·7	93	8·134	127·553	296·023	2·7882	0·21170	0·3050	85·494
Vaticana	416	7·87	0·26	Apr. 8	11·0	76	12·922	58·506	197·135	2·7876	0·21176	0·2213	356·145
Bathilde	441	8·40	0·25	Feb. 14	12·0	66	8·139	254·070	200·134	2·8062	0·20967	0·0794	95·191
Patientia	451	6·65	0·20	Aug. 24	11·2	276	15·236	89·678	343·267	3·0619	0·18396	0·0709	269·350
Bruchsalia	455	8·96	0·15	Jan. 12	13·0	105	12·037	76·809	272·365	2·6557	0·22774	0·2927	150·411
Papagena	471	6·61	0·29	May 22	11·6	143	14·938	84·528	313·387	2·8919	0·20041	0·2292	239·221
Davida	511	6·17	0·02	July 29	11·3	323	15·937	107·997	339·047	3·1744	0·17426	0·1783	244·482
Amherstia	516	8·25	0·25	Jan. 23	12·0	63	12·958	329·441	257·472	2·6759	0·22516	0·2770	343·182
Herculina	532	5·78	0·25	Oct. 19	10·6	150	16·354	108·073	75·109	2·7711	0·21366	0·1764	199·369
Pauly	537	8·79	0·15	Mar. 31	13·5	136	9·915	120·810	184·136	3·0613	0·18401	0·2386	302·525
Senta	550	9·21	0·25	Jan. 21	13·7	53	10·096	270·998	44·832	2·5897	0·23651	0·2192	220·754
Carmen	558	9·07	0·25	Jan. 14	12·8	64	8·355	144·153	309·883	2·9070	0·19886	0·0403	70·777
Suleika	563	8·61	0·25	Feb. 11	11·8	51	10·233	85·638	335·494	2·7119	0·22070	0·2363	104·719
Scheila	596	8·89	0·15	Dec. 4	13·7	134	14·677	71·199	175·091	2·9315	0·19636	0·1620	175·889
Marianna	602	8·41	0·31	May 8	13·7	137	15·219	332·595	42·138	3·0918	0·18130	0·2428	264·685
Patroclus	617	8·17	0·15	Oct. 31	14·5	147	22·048	44·438	306·838	5·2301	0·08240	0·1396	32·051
Hektor	624	7·47	0·15	Feb. 15	14·2	179	18·238	342·793	178·036	5·1813	0·08357	0·0246	2·870
Zelinda	654	8·43	0·05	July 2	12·1	128	18·130	278·695	213·664	2·2978	0·28297	0·2302	157·599
Crescentia	660	9·45	0·25	Feb. 15	12·9	51	15·238	157·356	105·087	2·5336	0·24439	0·1051	311·609
Pax	679	9·01	0·15	Apr. 26	14·3	73	24·387	112·848	265·760	2·5868	0·23690	0·3114	231·971
Ekard	694	9·01	0·15	Jan. 1	13·2	101	15·849	230·829	110·574	2·6700	0·22591	0·3226	148·164
Interamnia	704	6·00	0·02	June 3	10·7	350	17·301	281·074	92·151	3·0643	0·18375	0·1475	276·754
Arequipa	737	8·84	0·25	Feb. 1	13·6	46	12·370	185·168	133·994	2·5914	0·23626	0·2422	230·595
Winchester	747	7·68	0·15	Nov. 23	10·2	205	18·171	130·273	276·162	2·9950	0·19015	0·3433	354·488
Montefiore	782	11·53	0·25	Sept. 10	14·2	15	5·263	80·655	81·844	2·1795	0·30631	0·0393	189·735
Zwetana	785	9·58	0·25	July 17	12·8	49	12·707	72·579	129·063	2·5722	0·23892	0·2076	87·129
Pretoria	790	8·05	0·15	June 5	12·0	176	20·553	252·277	42·684	3·4090	0·15659	0·1533	348·494
Hispania	804	7·87	0·22	Nov. 12	11·9	141	15·348	348·121	342·310	2·8394	0·20600	0·1377	60·433
Petropolitana	830	9·36	0·25	May 7	14·2	51	3·828	342·076	68·991	3·2134	0·17110	0·0641	201·709
Benkoela	863	9·13	0·40	Oct. 27	14·2	33	25·450	117·264	97·913	3·1947	0·17261	0·0458	163·417
Laodamia	1011	12·85	0·25	Sept. 6	16·8	7	5·475	132·787	353·183	2·3950	0·26591	0·3472	253·130
Grubba	1058	11·99	0·25	Jan. 24	15·3	13	3·687	222·178	93·665	2·1957	0·30293	0·1882	241·003
Aneas	1172	8·26	0·15	Nov. 3	15·3	130	16·715	247·494	48·291	5·1675	0·08390	0·1032	92·007
Anchises	1173	8·91	0·15	Nov. 11	15·8	92	6·910	283·952	38·913	5·3199	0·08032	0·1379	69·049
Irmela	1178	11·82	0·15	July 11	15·9	20	6·963	170·443	356·981	2·6769	0·22504	0·1874	121·750
Alikoski	1567	9·57	0·15	Sept. 19	14·8	72	17·265	51·900	118·422	3·2105	0·17134	0·0854	179·835
Toro	1685	13·96	0·03	Mar. 22	15·5	3	9·376	274·493	126·840	1·3671	0·61662	0·4359	225·102

CONTENTS OF SECTION H

Bright Stars H2
    Notes H31
Photometric Standards
    UBVRI Standard Stars H32
    uvby and Hβ Standard Stars H35
Radial Velocity Standard Stars H42
Bright Galaxies H44
    Notes H48
Selected Open Clusters H49
    Notes H53
Globular Clusters H54
    Notes H56
Radio Sources
    Position Standards H57
    Flux Calibration Standards H62
Identified X-Ray Sources H63
    Notes H67
Variable Stars
    Eclipsing Variables H68
    Pulsating Variables H69
    Eruptive Variables H71
    Other Types of Variables H72
Quasars H73
Pulsars H75

Except for the tables of radio sources and pulsars, positions tabulated in Section H are referred to the mean equator and equinox of 1989.5 = 1989 July 2.375 = JD 244 7709.875. Positions of radio sources are referred to J2000.0 = JD 245 1545.0.

Name	B.S.	Right Ascension	Declination	Notes	V	U - B	B - V	Spectral Type
		h m s	° ′ ″					
θ Oct	9084	0 01 03.9	− 77 07 25	fv	4.78	+1.41	+1.27	K2 III
30 Psc	9089	0 01 25.3	− 6 04 21	fv	4.41	+1.83	+1.63	M3 III
2 Cet	9098	0 03 12.2	− 17 23 40	fv	4.55	−0.12	−0.05	B9 IV
33 Psc	3	0 04 47.9	− 5 45 59	f	4.61	+0.89	+1.04	K1 III
21 α And	15	0 07 50.6	+ 29 01 57	fd	2.06	−0.46	−0.11	B9p
11 β Cas	21	0 08 36.8	+ 59 05 31	fsd	2.27	+0.11	+0.34	F2 III−IV
ε Phe	25	0 08 52.8	− 45 48 19	f	3.88	+0.84	+1.03	K0 III
22 And	27	0 09 46.3	+ 46 00 50	f	5.03	+0.25	+0.40	F2 II
θ Scl	35	0 11 12.1	− 35 11 31	f	5.25		+0.44	dF4
88 γ Peg	39	0 12 41.7	+ 15 07 31	fsv	2.83	−0.87	−0.23	B2 IV
89 χ Peg	45	0 14 03.5	+ 20 08 54	fs	4.80	+1.93	+1.57	M2 III
7 Cet	48	0 14 06.5	− 18 59 27		4.44	+1.99	+1.66	M1 III
25 σ And	68	0 17 46.6	+ 36 43 38	f	4.52	+0.07	+0.05	A2 V
8 ι Cet	74	0 18 53.6	− 8 52 55	f	3.56	+1.25	+1.22	K1.5 III
ζ Tuc	77	0 19 31.7	− 64 56 11	f	4.23	+0.02	+0.58	F9 V
41 Psc	80	0 20 03.4	+ 8 07 55	f	5.37	+1.55	+1.34	gK3
27 ρ And	82	0 20 33.9	+ 37 54 38	f	5.18	+0.05	+0.42	F6 IV
R And	90	0 23 28.6	+ 38 31 09	sv	7.39	+1.25	+1.97	S6.5 Zr6 Ti2
β Hyi	98	0 25 12.6	− 77 18 48	f	2.80	+0.11	+0.62	G1 IV
κ Phe	100	0 25 41.3	− 43 44 17		3.94	+0.11	+0.17	A5 Vn
α Phe	99	0 25 46.0	− 42 21 47	fd7	2.39	+0.88	+1.09	K0 IIIb
	118	0 29 51.2	− 23 50 44	f	5.19		+0.12	A5 Vn
λ¹ Phe	125	0 30 54.7	− 48 51 41	fd	4.77	+0.04	+0.02	A0 V
β¹ Tuc	126	0 31 04.1	− 63 00 57	d	4.37	−0.17	−0.07	B9 V
15 κ Cas	130	0 32 23.8	+ 62 52 26	fs	4.16	−0.80	+0.14	B1 Ia
29 π And	154	0 36 19.1	+ 33 39 42	fd	4.36	−0.55	−0.14	B5 V
17 ζ Cas	153	0 36 22.9	+ 53 50 21	f	3.66	−0.87	−0.20	B2 IV
	157	0 36 47.3	+ 35 20 31	s	5.48	+0.48	+0.88	G3 II
30 ε And	163	0 37 59.9	+ 29 15 17	f	4.37	+0.47	+0.87	G8 IIIp
31 δ And	165	0 38 45.9	+ 30 48 13	fsd	3.27	+1.48	+1.28	K3 III
18 α Cas	168	0 39 54.4	+ 56 28 48	fvd	2.23	+1.13	+1.17	K0− IIIa
μ Phe	180	0 40 49.9	− 46 08 33	f	4.59	+0.72	+0.97	G8 III
η Phe	191	0 42 53.1	− 57 31 14	fd	4.36	−0.02	0.00	B9 Vp
16 β Cet	188	0 43 03.8	− 18 02 39	f	2.04	+0.87	+1.02	K1 III
22 ο Cas	193	0 44 08.2	+ 48 13 37	fd	4.54	−0.51	−0.07	B5 III
34 ζ And	215	0 46 46.8	+ 24 12 37	fvd	4.06	+0.90	+1.12	K1 II
63 δ Psc	224	0 48 08.2	+ 7 31 41	f	4.43	+1.86	+1.50	K5 III
λ Hyi	236	0 48 13.7	− 74 58 50	f	5.07	+1.68	+1.37	K4 III
64 Psc	225	0 48 25.5	+ 16 53 03	f	5.07		+0.51	F8 V
24 η Cas	219	0 48 27.6	+ 57 45 37	sd	3.44	+0.03	+0.57	G0 V
35 ν And	226	0 49 13.9	+ 41 01 19	f	4.53	−0.58	−0.15	B5 V
19 φ² Cet	235	0 49 36.0	− 10 42 03	f	5.19	−0.02	+0.50	F8 V
	233	0 50 04.9	+ 64 11 26	fc	5.39		+0.49	gG0 + A5
20 Cet	248	0 52 28.3	− 1 12 04	f	4.77	+1.93	+1.57	M0− IIIa
λ² Tuc	270	0 54 36.9	− 69 35 01	f	5.45	+1.00	+1.09	K2 III
27 γ Cas	264	0 56 04.1	+ 60 39 36	fvd	2.47	−1.08	−0.15	B0.5 Ive1
37 μ And	269	0 56 10.1	+ 38 26 33	fd	3.87	+0.15	+0.13	A5 V
38 η And	271	0 56 38.7	+ 23 21 40		4.42	+0.69	+0.94	G8 III−IV
α Scl	280	0 58 06.1	− 29 24 51	fs	4.31	−0.56	−0.16	B7 III (C II)
71 ε Psc	294	1 02 23.9	+ 7 50 01	f	4.28	+0.70	+0.96	K0 III

Name		B.S.	Right Ascension	Declination	Notes	V	U - B	B - V	Spectral Type
			h m s	° ′ ″					
β	Phe	322	1 05 37.0	− 46 46 29	27	3.31	+0.57	+0.89	G8 III
ι	Tuc	332	1 06 53.8	− 61 49 52	f	5.37		+0.88	G5 III
		285	1 07 09.5	+ 86 12 04	f	4.25	+1.33	+1.21	K2 III
ν	Phe	331	1 07 19.1	− 41 32 35	fd	5.21	+0.09	+0.16	A3 IV/V
30 μ	Cas	321	1 07 34.1	+ 54 52 09	f	5.17	+0.09	+0.69	G5 Vp
ζ	Phe	338	1 07 56.7	− 55 18 06	vd	3.92	−0.41	−0.08	B7 V
31 η	Cet	334	1 08 03.7	− 10 14 16	f	3.45	+1.19	+1.16	K3 III
42 φ	And	335	1 08 53.4	+ 47 11 10	d7	4.25	−0.34	−0.07	B7 III
43 β	And	337	1 09 08.5	+ 35 33 54	fd	2.06	+1.96	+1.58	M0 IIIa
33 θ	Cas	343	1 10 27.5	+ 55 05 39		4.33	+0.12	+0.17	A7 V
84 χ	Psc	351	1 10 53.3	+ 20 58 44	f	4.66	+0.82	+1.03	G8 III
83 τ	Psc	352	1 11 04.8	+ 30 02 03	f	4.51	+1.01	+1.09	K0 III−IV
86 ζ	Psc	361	1 13 10.9	+ 7 31 12	fd7	4.86	+0.09	+0.32	F0 Vn
κ	Tuc	377	1 15 24.9	− 68 55 54	d7	4.86	+0.03	+0.47	F6 IV
89	Psc	378	1 17 15.4	+ 3 33 34	f	5.16	+0.08	+0.07	A3 V
90 υ	Psc	383	1 18 53.2	+ 27 12 33	f	4.76	+0.10	+0.03	A2 V
34 φ	Cas	382	1 19 24.9	+ 58 10 36	sdm	4.98		+0.68	F0 Ia
46 ξ	And	390	1 21 43.1	+ 45 28 26	f	4.88	+0.99	+1.08	K0 III−IV
45 θ	Cet	402	1 23 29.9	− 8 14 15	fd	3.60	+0.93	+1.06	K0 IIIb
37 δ	Cas	403	1 25 07.3	+ 60 10 52	fsv	2.68	+0.12	+0.13	A5 III−IV
36 ψ	Cas	399	1 25 10.9	+ 68 04 32	fd	4.74	+0.94	+1.05	K0 III
94	Psc	414	1 26 07.6	+ 19 11 10	f	5.50	+1.05	+1.11	gK1
48 ω	And	417	1 27 01.4	+ 45 21 10	fd	4.83	0.00	+0.42	F5 V
γ	Phe	429	1 27 54.6	− 43 22 19	f	3.41	+1.85	+1.57	K5+ IIb−IIIa
48	Cet	433	1 29 05.9	− 21 41 00	fd7	5.12	+0.04	+0.02	A1 V
δ	Phe	440	1 30 49.0	− 49 07 37	f	3.95	+0.70	+0.99	K0 IIIb
99 η	Psc	437	1 30 55.2	+ 15 17 31	fd3	3.62	+0.75	+0.97	G8 III
50 υ	And	458	1 36 10.7	+ 41 21 12	f	4.09	+0.06	+0.54	F8 V
α	Eri	472	1 37 19.5	− 57 17 23	f	0.46	−0.66	−0.16	B3 Vp
51	And	464	1 37 20.6	+ 48 34 31	f	3.57	+1.45	+1.28	K3 III
40	Cas	456	1 37 39.6	+ 72 59 13	fd	5.28		+0.96	G8 II−III
106 ν	Psc	489	1 40 53.1	+ 5 26 05	f	4.44	+1.57	+1.36	K3 III
		490	1 41 26.9	+ 35 11 35	f	5.40	−0.20	−0.09	B9 IV−V
π	Scl	497	1 41 40.2	− 32 22 47	fm	5.26		+1.04	gK0
		500	1 42 11.6	− 3 44 34	f	4.99	+1.58	+1.38	K3 II−III
φ	Per	496	1 42 59.9	+ 50 38 10	fv	4.07	−0.93	−0.04	B2 Ve4p
52 τ	Cet	509	1 43 34.8	− 15 59 33	f	3.50	+0.21	+0.72	G8 Vp
110 o	Psc	510	1 44 50.3	+ 9 06 19	fs	4.26	+0.71	+0.96	G8 III
ε	Scl	514	1 45 09.3	− 25 06 17	fd7	5.31	+0.02	+0.39	dF1
		513	1 45 27.6	− 5 47 08	s	5.34	+1.88	+1.52	K4 III
53 χ	Cet	531	1 49 04.1	− 10 44 17	fd	4.67	+0.03	+0.33	F2 V
55 ζ	Cet	539	1 50 56.5	− 10 23 12	f	3.73	+1.07	+1.14	K2 III
2 α	Tri	544	1 52 28.9	+ 29 31 41	f	3.41	+0.06	+0.49	F6 IV
111 ξ	Psc	549	1 53 00.7	+ 3 08 09	f	4.62	+0.72	+0.94	K0 III
ψ	Phe	555	1 53 13.5	− 46 21 14	f	4.41	+1.70	+1.59	M4 III
45 ε	Cas	542	1 53 37.9	+ 63 37 08	f	3.38	−0.60	−0.15	B3 Vp
φ	Phe	558	1 53 55.9	− 42 32 54	f	5.11	−0.15	−0.06	Ap
6 β	Ari	553	1 54 03.5	+ 20 45 25	f	2.64	+0.10	+0.13	A5 V
η²	Hyi	570	1 54 40.1	− 67 41 56	f	4.69	+0.64	+0.95	G8.5 III
χ	Eri	566	1 55 33.0	− 51 39 39	fd7	3.70	+0.46	+0.85	G8 IIIb CN−2

Name	B.S.	Right Ascension	Declination	Notes	V	U - B	B - V	Spectral Type
		h m s	° ′ ″					
α Hyi	591	1 58 26.4	− 61 37 15	f	2.86	+0.14	+0.28	F0 V
59 υ Cet	585	1 59 30.6	− 21 07 42	f	4.00	+1.91	+1.57	gM1
113 α Psc	596	2 01 30.2	+ 2 42 48	dm8	3.79	−0.05	+0.03	A0p
4 Per	590	2 01 35.8	+ 54 26 14	f	5.04	−0.32	−0.08	B8 III
50 Cas	580	2 02 31.3	+ 72 22 16	f5	3.98	+0.03	−0.01	A2 V
57 γ¹ And	603	2 03 15.1	+ 42 16 47	fd	2.26	+1.58	+1.37	K3− IIb
ν For	612	2 04 01.2	− 29 20 49	f	4.69	−0.51	−0.17	Ap
13 α Ari	617	2 06 34.8	+ 23 24 47	f	2.00	+1.12	+1.15	K2 IIIab
4 β Tri	622	2 08 55.0	+ 34 56 17	f	3.00	+0.10	+0.14	A5 III
65 ξ¹ Cet	649	2 12 26.5	+ 8 47 52	f	4.37	+0.60	+0.89	G8 II CN−2
μ For	652	2 12 26.7	− 30 46 22	f	5.28	−0.06	−0.02	A2 Vn
	645	2 12 54.1	+ 51 01 03	f	5.31	+0.62	+0.93	K0 III
	641	2 12 56.6	+ 58 30 44	s	6.44	+0.23	+0.60	A3 Iab
φ Eri	674	2 16 08.1	− 51 33 38	fd	3.56	−0.39	−0.12	B8.5 V
67 Cet	666	2 16 27.6	− 6 28 13	f	5.51	+0.76	+0.96	G8 II
9 γ Tri	664	2 16 41.3	+ 33 47 57	f	4.01	+0.02	+0.02	A1 Vnn
62 And	670	2 18 35.9	+ 47 19 55	f	5.30		−0.01	A1 V
68 ο Cet	681	2 18 48.9	− 3 01 30	vd	2−10	+1.09	+1.42	M5.5e
1 α UMi	424	2 20 43.7	+ 89 13 02	fvd	2.02	+0.38	+0.60	F8 Ib
δ Hyi	705	2 21 33.6	− 68 42 25	f	4.09	+0.05	+0.03	A2 V
κ For	695	2 22 03.7	− 23 51 50	f	5.20		+0.60	dG1
κ Hyi	715	2 22 48.1	− 73 41 36	f	5.01	+1.04	+1.09	K1 III
λ Hor	714	2 24 36.3	− 60 21 31	f	5.35		+0.39	F2 III
72 ρ Cet	708	2 25 26.5	− 12 20 15	f	4.89	−0.07	−0.03	B9.5 Vn
κ Eri	721	2 26 36.1	− 47 45 03	f	4.25	−0.50	−0.14	B5 IV
12 Tri	717	2 27 32.9	+ 29 37 22	fm	5.28			F0 III
73 ξ² Cet	718	2 27 36.0	+ 8 24 48	f	4.28	−0.12	−0.06	B9 III
ι Cas	707	2 28 11.4	+ 67 21 21	vd	4.52	+0.06	+0.12	A5p
14 Tri	736	2 31 27.5	+ 36 06 04	f	5.15	+1.78	+1.47	K5 III
76 σ Cet	740	2 31 35.4	− 15 17 25	f	4.75	−0.02	+0.45	F5 IV−Vs
μ Hyi	776	2 31 52.7	− 79 09 19	f	5.28	+0.73	+0.98	G8 III
78 ν Cet	754	2 35 19.3	+ 5 32 52	fd7	4.86	+0.53	+0.87	G8 III
	753	2 35 30.3	+ 6 50 14	fs	5.82	+0.81	+0.98	K3 V
	743	2 37 01.0	+ 72 46 23	f	5.16	+0.58	+0.88	G8 III
32 ν Ari	773	2 38 13.1	+ 21 54 59	f	5.30	+0.18	+0.16	A7 V
82 δ Cet	779	2 38 56.6	+ 0 17 01	fv	4.07	−0.87	−0.22	B2 IV
ε Hyi	806	2 39 25.5	− 68 18 42	f	4.11	−0.14	−0.06	B9 V
ι Eri	794	2 40 15.2	− 39 54 00	f	4.11	+0.74	+1.02	K0 III
ζ Hor	802	2 40 20.0	− 54 35 41	f	5.21	−0.01	+0.40	F4 IV
86 γ Cet	804	2 42 45.3	+ 3 11 31	d7	3.47	+0.07	+0.09	A2 V
35 Ari	801	2 42 50.0	+ 27 39 46	f	4.66	−0.62	−0.13	B3 V
14 Per	800	2 43 23.9	+ 44 15 10	f	5.43	+0.65	+0.90	G0 Ib
13 θ Per	799	2 43 28.7	+ 49 11 05	fd	4.12	0.00	+0.49	F7 V
89 π Cet	811	2 43 37.3	− 13 54 10	f	4.25	−0.45	−0.14	B7 V
87 μ Cet	813	2 44 22.4	+ 10 04 13	f	4.27	+0.08	+0.31	F0 IV
1 τ¹ Eri	818	2 44 36.7	− 18 37 00		4.47	0.00	+0.48	F5 V
β For	841	2 48 39.1	− 32 26 59	f	4.46	+0.69	+0.99	gG8
41 Ari	838	2 49 21.8	+ 27 13 04	fd1	3.63	−0.37	−0.10	B8 Vn
16 Per	840	2 49 55.0	+ 38 16 33		4.23	+0.08	+0.34	F2 III
15 η Per	834	2 49 55.5	+ 55 51 09	fd	3.76	+1.89	+1.68	K3− Ib−IIa

Name	B.S.	Right Ascension	Declination	Notes	V	U - B	B - V	Spectral Type
		h m s	° ′ ″					
2 τ² Eri	850	2 50 33.7	− 21 02 49	fd	4.75	+0.63	+0.91	gK0
43 σ Ari	847	2 50 54.7	+ 15 02 21	f	5.49	−0.43	−0.09	B7 V
18 τ Per	854	2 53 30.5	+ 52 43 12	fcd	3.95	+0.46	+0.74	gG5: + A:
R Hor	868	2 53 31.9	− 49 55 58	vm	4.00			M6.5e:
3 η Eri	874	2 55 54.8	− 8 56 22	f	3.89	+1.00	+1.11	K1 III−IV
	875	2 56 05.8	− 3 45 15	f	5.17	+0.05	+0.08	A1 V
θ¹ Eri	897	2 57 51.8	− 40 20 47	fdm8	3.42	+0.12	+0.12	A5 III
θ² Eri	898	2 57 52.4	− 40 20 47	dm8	4.42	+0.12	+0.12	A1 V
24 Per	882	2 58 24.5	+ 35 08 30	f	4.93	+1.29	+1.23	K2 III
91 λ Cet	896	2 59 09.1	+ 8 51 57	f	4.70	−0.45	−0.12	B6 III
92 α Cet	911	3 01 43.8	+ 4 02 56	f	2.53	+1.94	+1.64	M1.5 III
11 τ³ Eri	919	3 01 55.7	− 23 39 55	f	4.09	+0.08	+0.16	A5 V
θ Hyi	939	3 02 13.8	− 71 56 36	fd7	5.53	−0.51	−0.14	B8 III/IV
μ Hor	934	3 03 21.9	− 59 46 42	f	5.11		+0.34	F0 IV
23 γ Per	915	3 04 01.9	+ 53 27 57	fcd	2.93	+0.45	+0.70	G8 III: + A3:
25 ρ Per	921	3 04 30.0	+ 38 48 00	fv	3.39	+1.79	+1.65	M4 IIb−IIIa
	881	3 04 41.4	+ 79 22 41	fd	5.49		+1.57	M2 IIIab
26 β Per	936	3 07 29.0	+ 40 54 57	fvd	2.12	−0.37	−0.05	B8 V
ι Per	937	3 08 18.3	+ 49 34 26	f	4.05	+0.10	+0.61	G0 V
27 κ Per	941	3 08 47.1	+ 44 49 05	d	3.80	+0.83	+0.98	K0 III
57 δ Ari	951	3 11 01.6	+ 19 41 15	f	4.35	+0.87	+1.03	K2 III
α For	963	3 11 37.5	− 29 01 41	d7	3.87	+0.02	+0.52	F6 IV
94 Cet	962	3 12 14.2	− 1 14 06	fd7	5.06	+0.12	+0.57	F8 V
	977	3 12 17.1	− 57 21 38	fs	5.74	+2.83	+2.28	C6:,2.5 Ba2 Y4
58 ζ Ari	972	3 14 17.8	+ 21 00 22	f	4.89	−0.01	−0.01	A1 V
13 ζ Eri	984	3 15 19.4	− 8 51 30	f6	4.80	+0.09	+0.23	A5m:
29 Per	987	3 17 52.7	+ 50 11 04	sm	5.15		−0.05	B3 V
96 κ Cet	996	3 18 48.6	+ 3 19 56	fs	4.83	+0.19	+0.68	G5 V
	961	3 18 58.0	+ 77 41 50	fd	5.45	+0.11	+0.19	A5 III:
16 τ⁴ Eri	1003	3 19 03.0	− 21 47 44	d	3.69	+1.81	+1.62	gM3
	1008	3 19 30.5	− 43 06 34	f	4.27	+0.22	+0.71	G8 III
	999	3 19 42.2	+ 29 00 39		4.47	+1.79	+1.55	K4 III
61 τ Ari	1005	3 20 37.2	+ 21 06 35	f	5.28	−0.52	−0.07	B5 IV
33 α Per	1017	3 23 34.1	+ 49 49 28	fsm	1.80		+0.48	F5 Ib
	1009	3 23 45.3	+ 64 32 57	f	5.23		+2.08	M0 II
1 o Tau	1030	3 24 14.8	+ 8 59 33	f	3.60	+0.61	+0.89	G8 III
	1029	3 25 12.5	+ 49 05 04	sm	6.07		−0.08	B7 V
2 ξ Tau	1038	3 26 35.9	+ 9 41 48	f	3.74	−0.33	−0.09	B9 Vn
	1035	3 28 12.7	+ 59 54 16	fd	4.21	−0.24	+0.41	B9 Ia
	1040	3 29 04.2	+ 58 50 35	s	4.54	−0.11	+0.56	A0 Ia
κ Ret	1083	3 29 11.6	− 62 58 28	fd	4.72	−0.04	+0.40	F5 IV−V
35 σ Per	1052	3 29 49.8	+ 47 57 35	fm	4.35		+1.37	K3 III
17 Eri	1070	3 30 05.8	− 5 06 38	f	4.73	−0.27	−0.09	B9 Vs
5 Tau	1066	3 30 17.5	+ 12 54 04	f	4.11	+1.02	+1.12	K0 II−III
18 ε Eri	1084	3 32 26.1	− 9 29 36	fs	3.73	+0.59	+0.88	K2 V
19 τ⁵ Eri	1088	3 33 19.4	− 21 40 04	fm	4.26		−0.10	B8 V
37 ψ Per	1087	3 35 44.4	+ 48 09 30	m	4.23		−0.06	B5 Ve2
20 Eri	1100	3 35 48.7	− 17 30 05	f	5.23		−0.13	B9p
10 Tau	1101	3 36 20.2	+ 0 22 08	f	4.28	+0.07	+0.58	F8 V
	1106	3 36 43.1	− 40 18 31	f	4.58	+0.77	+1.04	K1 III

Name	B.S.	Right Ascension	Declination	Notes	V	U - B	B - V	Spectral Type
		h m s	° ′ ″					
	1105	3 41 14.2	+ 63 11 01	f	5.10		+1.63	S5,3
δ For	1134	3 41 49.8	− 31 58 17	f	5.00	−0.60	−0.16	B5 IV
39 δ Per	1122	3 42 10.4	+ 47 45 17	f	3.01	−0.51	−0.13	B5 III
23 δ Eri	1136	3 42 44.7	− 9 47 55	f	3.54	+0.69	+0.92	K0 IV
38 o Per	1131	3 43 39.5	+ 32 15 20	vd	3.83	−0.75	+0.05	B1 III
24 Eri	1146	3 43 58.5	− 1 11 45	f	5.25	−0.39	−0.10	B7 V
β Ret	1175	3 44 03.9	− 64 50 23	f	3.85	+1.10	+1.13	K1 IV
17 Tau	1142	3 44 15.0	+ 24 04 51	fm	3.70		−0.11	B6 III
41 ν Per	1135	3 44 28.7	+ 42 32 46	fd	3.77	+0.31	+0.42	F5 II
19 Tau	1145	3 44 34.9	+ 24 26 06	m	4.30		−0.11	B6 IV
29 Tau	1153	3 45 06.9	+ 6 01 04	fd	5.35	−0.61	−0.12	B3 V
20 Tau	1149	3 45 12.0	+ 24 20 08	sm	3.88		−0.07	B7 III (Fe II)
26 π Eri	1162	3 45 38.6	− 12 08 03		4.42	+2.01	+1.63	M2− IIIab
23 Tau	1156	3 45 42.1	+ 23 54 58	m	4.18		−0.06	B6 IV
27 τ⁶ Eri	1173	3 46 23.8	− 23 16 49	f	4.23	0.00	+0.42	F3 III
25 η Tau	1165	3 46 51.5	+ 24 04 24	fdm	2.87		−0.09	B7 III
γ Hyi	1208	3 47 23.6	− 74 16 17	f	3.24	+1.99	+1.62	M2 III
27 Tau	1178	3 48 32.2	+ 24 01 19	fdm	3.63		−0.08	B8 III
	1155	3 48 33.0	+ 65 29 40		4.47	+2.13	+1.88	M2+ II
	1195	3 49 03.7	− 36 13 54	f	4.17	+0.69	+0.95	G5
γ Cam	1148	3 49 14.2	+ 71 18 03	f	4.63	+0.07	+0.03	A2 IVn
44 ζ Per	1203	3 53 28.2	+ 31 51 11	fsd7	2.85	−0.77	+0.12	B1 Ib
45 ε Per	1220	3 57 08.8	+ 39 58 50	fsd7	2.89	−0.99	−0.18	B0.5 III
34 γ Eri	1231	3 57 32.3	− 13 32 17	fd	2.95	+1.96	+1.59	M1 III
46 ξ Per	1228	3 58 16.9	+ 35 45 41	f	4.04	−0.92	+0.01	O7.5
δ Ret	1247	3 58 34.7	− 61 25 47	f	4.56	+1.96	+1.62	M2 IIIab
35 λ Tau	1239	4 00 05.9	+ 12 27 40	fv	3.47	−0.62	−0.12	B3 IV
35 Eri	1244	4 01 00.1	− 1 34 43	f	5.28	−0.55	−0.15	B5 V
38 ν Tau	1251	4 02 35.8	+ 5 57 39	f	3.91	+0.07	+0.03	A1 V
37 Tau	1256	4 04 04.4	+ 22 03 14	f	4.36	+0.95	+1.07	K0 III
47 λ Per	1261	4 05 47.9	+ 50 19 25	f	4.29	−0.04	−0.01	A0 IVn
	1279	4 07 06.3	+ 15 08 07	sdm	6.01		+0.40	F3 V
48 Per	1273	4 07 53.8	+ 47 41 07	f	4.04	−0.55	−0.03	B3 Ve1+
43 Tau	1283	4 08 33.2	+ 19 34 55	f	5.50		+1.07	K1 III
	1270	4 08 33.9	+ 59 52 51	s	6.28	+0.92	+1.14	G8 II
44 Tau	1287	4 10 11.4	+ 26 27 15	f	5.41	+0.06	+0.34	F2 IV−V
38 o¹ Eri	1298	4 11 21.1	− 6 51 52	f	4.04	+0.13	+0.33	F3 V
α Hor	1326	4 13 39.2	− 42 19 12	f	3.86	+1.00	+1.10	K2 III
51 μ Per	1303	4 14 07.4	+ 48 23 00	fd7	4.14	+0.64	+0.95	G0 Ib
α Ret	1336	4 14 17.3	− 62 30 00	fd	3.35	+0.63	+0.91	G9 III
40 o² Eri	1325	4 14 47.3	− 7 40 07	d	4.43	+0.45	+0.82	K0 V
49 μ Tau	1320	4 14 57.8	+ 8 52 00	fm	4.29		−0.05	B3 IV
48 Tau	1319	4 15 10.5	+ 15 22 29	sm	6.32		+0.40	F3 V
γ Dor	1338	4 15 45.0	− 51 30 46	f	4.25	+0.03	+0.30	F0 V
ε Ret	1355	4 16 18.0	− 59 19 37	d	4.44	+1.07	+1.08	K2 IVa
41 Eri	1347	4 17 29.8	− 33 49 25	d7	3.56	−0.37	−0.12	Ap
54 γ Tau	1346	4 19 11.7	+ 15 36 10	fm	3.63		+0.99	K0− IIIab
57 Tau	1351	4 19 22.2	+ 14 00 38	sm	5.59		+0.28	F0 IV
	1327	4 19 40.6	+ 65 06 57	s	5.27	+0.47	+0.81	G5 IIb
54 Per	1343	4 19 43.6	+ 34 32 31	f	4.93	+0.69	+0.94	G8 III

Name	B.S.	Right Ascension	Declination	Notes	V	U - B	B - V	Spectral Type
		h m s	° ′ ″					
	1367	4 20 11.5	− 20 39 51	fm	5.38		−0.02	A1 V
η Ret	1395	4 21 46.4	− 63 24 40	fm	5.23		+0.95	G8 III
61 δ Tau	1373	4 22 19.7	+ 17 31 07	fm	3.76		+0.98	K1 III
63 Tau	1376	4 22 48.8	+ 16 45 12	csm	5.63		+0.30	kA2,mF3 III
42 ξ Eri	1383	4 23 09.4	− 3 46 09	f	5.17	+0.08	+0.08	A2 V
43 Eri	1393	4 23 38.5	− 34 02 27	fm	3.95		+1.49	K5 III
65 κ Tau	1387	4 24 44.5	+ 22 16 13	m	4.22		+0.14	A7 V
68 Tau	1389	4 24 52.9	+ 17 54 17	dm	4.30		+0.05	A3 V
69 υ Tau	1392	4 25 40.7	+ 22 47 25	m	4.29		+0.26	A8 Vn
71 Tau	1394	4 25 44.8	+ 15 35 42	m	4.49		+0.25	A8 Vn
77 θ¹ Tau	1411	4 27 58.4	+ 15 56 22		3.85	+0.76	+0.96	G9 III
74 ε Tau	1409	4 28 00.1	+ 19 09 28	f	3.54	+0.88	+1.02	K1 III
78 θ² Tau	1412	4 28 03.7	+ 15 50 54	s	3.42	+0.15	+0.18	A7 III
δ Cae	1443	4 30 30.8	− 44 58 34	f	5.07		−0.19	B2 IV−V
1 Cam	1417	4 31 11.7	+ 53 53 20	fd	5.77	−0.73	+0.18	B0 IIIn
50 υ¹ Eri	1453	4 33 05.9	− 29 47 15		4.51	+0.72	+0.98	gG6
86 ρ Tau	1444	4 33 15.1	+ 14 49 23	fm	4.65		+0.24	A8 Vn
α Dor	1465	4 33 46.1	− 55 03 59	fd17	3.27	−0.35	−0.10	A0 IIIp
88 Tau	1458	4 35 04.6	+ 10 08 24	d	4.25	+0.11	+0.18	A5m:
52 υ² Eri	1464	4 35 08.5	− 30 35 00	f	3.82	+0.72	+0.98	gG9
87 α Tau	1457	4 35 19.0	+ 16 29 20	fsd	0.85	+1.90	+1.54	K5 III
48 ν Eri	1463	4 35 47.6	− 3 22 24	fv	3.93	−0.89	−0.21	B2 III
58 Per	1454	4 35 57.6	+ 41 14 38	c	4.25	+0.82	+1.22	G5 Ib−II + A
R Dor	1492	4 36 38.2	− 62 05 52	svd	5.40	+0.86	+1.58	M8 III
90 Tau	1473	4 37 34.2	+ 12 29 26	m	4.27		+0.13	A6 Vn
53 Eri	1481	4 37 41.9	− 14 19 26	fd7	3.87	+1.01	+1.09	K2 III
54 Eri	1496	4 39 58.9	− 19 41 29	d	4.32	+1.81	+1.61	gM4
α Cae	1502	4 40 13.4	− 41 53 01	fd3	4.45	+0.01	+0.34	F1 V
94 τ Tau	1497	4 41 36.8	+ 22 56 15	f67	4.28	−0.57	−0.13	B3 V
β Cae	1503	4 41 41.2	− 37 09 52	f	5.05	+0.04	+0.37	F1 V
57 μ Eri	1520	4 44 58.6	− 3 16 24	f	4.02	−0.60	−0.15	B4 IV
4 Cam	1511	4 47 07.6	+ 56 44 22	fdm	5.26		+0.25	A3m
	1533	4 49 12.1	+ 37 28 14	f	4.88	+1.70	+1.44	K4 II
1 π³ Ori	1543	4 49 16.2	+ 6 56 37	f	3.19	−0.01	+0.45	F6 V
2 π² Ori	1544	4 50 02.3	+ 8 52 58		4.36	0.00	+0.01	A1 Vn
3 π⁴ Ori	1552	4 50 38.8	+ 5 35 16	fs	3.69	−0.81	−0.17	B2 III
97 Tau	1547	4 50 45.5	+ 18 49 21	f	5.13	+0.12	+0.21	A9 IIIn
4 o¹ Ori	1556	4 51 56.3	+ 14 14 01	fc	4.74		+1.84	M3− IIIaS
61 ω Eri	1560	4 52 22.7	− 5 28 11		4.39	+0.16	+0.25	A9 IV
9 α Cam	1542	4 53 00.1	+ 66 19 33	f	4.29	−0.88	+0.03	O9.5 Ia
8 π⁵ Ori	1567	4 53 42.2	+ 2 25 27	fv	3.72	−0.83	−0.18	B2 III
η Men	1629	4 55 28.9	− 74 57 12	f	5.47	+1.83	+1.52	K4 III
9 o² Ori	1580	4 55 46.8	+ 13 29 54	d	4.07	+1.11	+1.15	K2 III
3 ι Aur	1577	4 56 18.5	+ 33 09 01	f	2.69	+1.78	+1.53	K3 II
7 Cam	1568	4 56 26.5	+ 53 44 10	d7	4.47	−0.01	−0.02	A1 V
10 π⁶ Ori	1601	4 58 00.2	+ 1 41 55		4.47	+1.55	+1.40	K2 II
7 ε Aur	1605	5 01 12.8	+ 43 48 31	fd	2.99	+0.33	+0.54	F0 Iap
8 ζ Aur	1612	5 01 44.6	+ 41 03 41	fcv	3.75	+0.38	+1.22	K5 II + B
102 ι Tau	1620	5 02 28.0	+ 21 34 32	fm	4.64		+0.15	A7 V
10 β Cam	1603	5 02 28.8	+ 60 25 40	fd	4.03	+0.63	+0.92	G0 Ib

Name	B.S.	Right Ascension	Declination	Notes	V	U - B	B - V	Spectral Type
		h m s	° ′ ″					
11 Ori	1638	5 03 58.1	+ 15 23 24	f	4.68	−0.09	−0.06	A0p
η² Pic	1663	5 04 41.7	− 49 35 30	f	5.03	+1.88	+1.49	K5 III
2 ε Lep	1654	5 05 01.0	− 22 23 05	f	3.19	+1.78	+1.46	K5 III
ζ Dor	1674	5 05 19.8	− 57 29 13	f	4.72	−0.04	+0.52	F7 V
10 η Aur	1641	5 05 46.6	+ 41 13 16	f	3.17	−0.67	−0.18	B3 V
67 β Eri	1666	5 07 20.0	− 5 05 58	f	2.79	+0.10	+0.13	A3 III
69 λ Eri	1679	5 08 38.6	− 8 46 01	f	4.27	−0.90	−0.19	B2 IVn
16 Ori	1672	5 08 44.9	+ 9 49 00	fm	5.43		+0.24	A2m
3 ι Lep	1696	5 11 48.5	− 11 52 52	d	4.45	−0.40	−0.10	B9 V:
5 μ Lep	1702	5 12 27.6	− 16 13 03	fs	3.31	−0.39	−0.11	B9 III (Mn II)
11 μ Aur	1689	5 12 42.5	+ 38 28 22	f	4.86	+0.09	+0.18	A4m:
17 ρ Ori	1698	5 12 44.5	+ 2 50 57	d7	4.46	+1.16	+1.19	K3 III
4 κ Lep	1705	5 12 44.7	− 12 57 12	d7	4.36	−0.37	−0.10	B9 V:
θ Dor	1744	5 13 45.8	− 67 11 50	f	4.83	+1.39	+1.28	K2.5 III
19 β Ori	1713	5 14 02.0	− 8 12 48	fsd	0.12	−0.66	−0.03	B8 Ia
13 α Aur	1708	5 15 54.7	+ 45 59 17	fcd7	0.08	+0.44	+0.80	G8 III: + F
20 τ Ori	1735	5 17 05.8	− 6 51 19	fsd	3.60	−0.47	−0.11	B5 III
o Col	1743	5 17 06.3	− 34 54 18	f	4.83	+0.80	+1.00	sgK0
15 λ Aur	1729	5 18 24.1	+ 40 05 26	fd	4.71	+0.12	+0.63	G0 V
6 λ Lep	1756	5 19 05.5	− 13 11 14	f	4.29	−1.03	−0.26	B0.5 IV
ζ Pic	1767	5 19 06.6	− 50 37 01	f	5.45	+0.01	+0.51	F7 III−IV
	1686	5 20 48.8	+ 79 13 15	fd	5.05		+0.47	F6 V
22 Ori	1765	5 21 13.6	− 0 23 32	f	4.73	−0.79	−0.17	B2 IV−V
29 Ori	1784	5 23 26.4	− 7 49 02		4.14	+0.69	+0.96	G8 III
28 η Ori	1788	5 23 56.9	− 2 24 22	vd	3.36	−0.92	−0.17	B0.5 Vnn
24 γ Ori	1790	5 24 34.0	+ 6 20 27	f	1.64	−0.87	−0.22	B2 III
112 β Tau	1791	5 25 37.6	+ 28 35 57	fs	1.65	−0.49	−0.13	B7 III
115 Tau	1808	5 26 33.3	+ 17 57 14	fd	5.42	−0.53	−0.10	B5 V
9 β Lep	1829	5 27 47.7	− 20 46 02	fd	2.84	+0.46	+0.82	G5 III
	1856	5 29 52.1	− 47 05 06	fvd7	5.46	+0.21	+0.62	G3 IV
32 Ori	1839	5 30 13.3	+ 5 56 27	d7	4.20	−0.55	−0.14	B5 V
ε Col	1862	5 30 50.4	− 35 28 40		3.87	+1.08	+1.14	gK1
34 δ Ori	1851	5 31 28.2	− 0 17 30	sd	6.85	−0.71	−0.16	B2 Vh
34 δ Ori	1852	5 31 28.2	− 0 18 23	fvd	2.23	−1.05	−0.22	O9.5 II
119 Tau	1845	5 31 35.8	+ 18 35 14	v	4.38	+2.21	+2.07	M2 Iab−Ib
25 χ Aur	1843	5 32 02.6	+ 32 11 06	f	4.76	−0.46	+0.34	B5 Iab
11 α Lep	1865	5 32 16.0	− 17 49 45	fsd	2.58	+0.23	+0.21	F0 Ib
γ Men	1953	5 32 17.6	− 76 20 56	fd	5.19	+1.19	+1.13	K2 III
β Dor	1922	5 33 32.0	− 62 29 48	fvm	3.40		+0.80	F9 Ib
37 φ¹ Ori	1876	5 34 14.6	+ 9 28 59	f	4.41	−0.97	−0.16	B0.5 IV−V
39 λ Ori	1879	5 34 33.5	+ 9 55 40	d8	3.66	−1.03	−0.18	O8
	1890	5 34 50.6	− 4 30 00	sm	6.55		−0.14	B2 Vh
	1891	5 34 51.2	− 4 25 53	sdm	6.25		−0.16	B2.5 V
44 ι Ori	1899	5 34 55.1	− 5 54 58	fsdm	2.76		−0.23	O9 III
46 ε Ori	1903	5 35 40.8	− 1 12 29	fs	1.70	−1.04	−0.19	B0 Ia
40 φ² Ori	1907	5 36 19.7	+ 9 17 08	s	4.09	+0.64	+0.95	K0 IIIb CN−2 Fe−
123 ζ Tau	1910	5 37 01.0	+ 21 08 13	fs	3.00	−0.67	−0.19	B1 IV:((e)) (shell)
48 σ Ori	1931	5 38 13.1	− 2 36 20	d	3.81	−1.01	−0.24	O9.5 V
α Col	1956	5 39 16.1	− 34 04 46	fd	2.64	−0.46	−0.12	B7 IV
50 ζ Ori	1948	5 40 13.7	− 1 56 50	dm8	2.05	−1.07	−0.21	O9.5 Ib

Name		B.S.	Right Ascension	Declination	Notes	V	U - B	B - V	Spectral Type
			h m s	° ′ ″					
50 ζ	Ori	1949	5 40 13.7	− 1 56 53	dm8	4.21	−1.07	−0.21	B3n
13 γ	Lep	1983	5 44 01.5	− 22 27 05	fd	3.60	0.00	+0.47	F6 V
δ	Dor	2015	5 44 45.2	− 65 44 22	f	4.35	+0.12	+0.21	A7 IV
27 ο	Aur	1971	5 45 05.2	+ 49 49 21	f	5.47	+0.07	+0.03	A0p
14 ζ	Lep	1998	5 46 28.8	− 14 49 31	f	3.55	+0.07	+0.10	A3 Vn
130	Tau	1990	5 46 49.4	+ 17 43 33	f	5.49	+0.27	+0.30	F0 III
β	Pic	2020	5 47 02.2	− 51 04 12		3.85	+0.10	+0.17	A5 V
53 κ	Ori	2004	5 47 15.5	− 9 40 22	f	2.06	−1.03	−0.17	B0.5 Ia
γ	Pic	2042	5 49 38.2	− 56 10 09	f	4.51	+0.98	+1.10	K1 III
β	Col	2040	5 50 35.4	− 35 46 19	f	3.12	+1.21	+1.16	K2 III
		2049	5 50 39.0	− 52 06 40	f	5.17	+0.72	+0.99	G8 III
32 ν	Aur	2012	5 50 45.7	+ 39 08 46	fd	3.97	+1.09	+1.13	K0 III
15 δ	Lep	2035	5 50 52.2	− 20 52 46	f	3.81	+0.68	+0.99	G8+ III CN−2
136	Tau	2034	5 52 40.0	+ 27 36 38	fd	4.58	+0.03	−0.02	A0 V
54 χ¹	Ori	2047	5 53 45.6	+ 20 16 30		4.41	+0.07	+0.59	G0 V
30 ξ	Aur	2029	5 53 57.9	+ 55 42 20	f	4.99	+0.12	+0.05	A2 V
58 α	Ori	2061	5 54 36.2	+ 7 24 21	fvd	0.50	+2.06	+1.85	M2: Ia−Iab
16 η	Lep	2085	5 55 55.6	− 14 10 09	f	3.71	+0.01	+0.33	F0 IV
γ	Col	2106	5 57 09.9	− 35 17 02	fd	4.36	−0.66	−0.18	B2.5 IV
60	Ori	2103	5 58 17.2	+ 0 33 09	fd6	5.22	+0.01	+0.01	A1 Vs
33 δ	Aur	2077	5 58 39.7	+ 54 17 05	f	3.72	+0.87	+1.00	K0 III
34 β	Aur	2088	5 58 45.5	+ 44 56 50	fvd	1.90	+0.05	+0.03	A2 V
η	Col	2120	5 58 49.5	− 42 48 56	f	3.96	+1.08	+1.14	G8/K1 II
37 θ	Aur	2095	5 59 00.3	+ 37 12 45	d7	2.62	−0.18	−0.08	B9.5pv
35 π	Aur	2091	5 59 09.3	+ 45 56 12		4.26	+1.83	+1.72	M3 II
61 μ	Ori	2124	6 01 48.3	+ 9 38 53	dm	4.12		+0.15	A2m
62 χ²	Ori	2135	6 03 17.8	+ 20 08 21	s	4.63	−0.68	+0.28	B2 Ia
1	Gem	2134	6 03 28.9	+ 23 15 53	fd7	4.16	+0.52	+0.82	G5 III−IV
17	Lep	2148	6 04 31.0	− 16 28 59	sv	4.93	+0.12	+0.24	A(shell)
67 ν	Ori	2159	6 06 58.3	+ 14 46 13	f	4.42	−0.66	−0.17	B3 IV
		2180	6 08 31.4	− 22 25 30	f	5.50		−0.01	A0 IV
ν	Dor	2221	6 08 48.3	− 68 50 29	f	5.06	−0.21	−0.08	B8 V
δ	Pic	2212	6 10 05.6	− 54 57 58	f6	4.81	−1.03	−0.23	B0.5 IV
α	Men	2261	6 10 33.2	− 74 44 59	f	5.09	+0.33	+0.72	G6 V
70 ξ	Ori	2199	6 11 20.6	+ 14 12 42		4.48	−0.65	−0.18	B3 IV
36	Cam	2165	6 11 47.7	+ 65 43 18	f6	5.32	+1.44	+1.34	K2 II−III
7 η	Gem	2216	6 14 14.6	+ 22 30 38	vd	3.28	+1.66	+1.60	M3− IIIab
5 γ	Mon	2227	6 14 20.6	− 6 16 16	d	3.98	+1.41	+1.32	K3 III
44 κ	Aur	2219	6 14 42.5	+ 29 30 10	f	4.35	+0.80	+1.02	G8 III
74	Ori	2241	6 15 51.2	+ 12 16 33	fd	5.04	−0.02	+0.42	F5 IV−V
κ	Col	2256	6 16 10.7	− 35 08 12	f	4.37	+0.83	+1.00	gK0
		2209	6 17 41.5	+ 69 19 29	f	4.80	0.00	+0.03	A0 Vn
2	Lyn	2238	6 18 41.8	+ 59 00 57	f	4.48	+0.03	+0.01	A2 Vs
7	Mon	2273	6 19 12.4	− 7 49 05	f	5.27	−0.75	−0.19	B2.5 V
1 ζ	CMa	2282	6 19 54.6	− 30 03 30	f	3.02	−0.72	−0.19	B2.5 IV
δ	Col	2296	6 21 43.8	− 33 25 51		3.85	+0.52	+0.88	gG4
2 β	CMa	2294	6 22 14.2	− 17 57 01	fs	1.98	−0.98	−0.23	B1 II−III
13 μ	Gem	2286	6 22 19.5	+ 22 31 11	fsd	2.88	+1.85	+1.64	M3 III
8	Mon	2298	6 23 12.7	+ 4 35 56	fdm8	4.44	+0.12	+0.20	A5 IV
		2305	6 23 40.9	− 11 31 26	f	5.22		+1.24	K3 III

Name	B.S.	Right Ascension	Declination	Notes	V	U - B	B - V	Spectral Type
		h m s	° ′ ″					
α Car	2326	6 23 43.1	− 52 41 23	f	−0.72	+0.10	+0.15	F0 II
46 ψ¹ Aur	2289	6 24 05.4	+ 49 17 39	fv	4.91	+2.29	+1.97	K5−M0 Iab−Ib
10 Mon	2344	6 27 26.4	− 4 45 18	fm	5.05		−0.18	B2 V
λ CMa	2361	6 27 46.8	− 32 34 23		4.48	−0.61	−0.17	B4 V
18 ν Gem	2343	6 28 20.4	+ 20 13 10	fd	4.15	−0.48	−0.13	B6 III
4 ξ¹ CMa	2387	6 31 25.1	− 23 24 37	vdm	4.34		−0.25	B1 III
	2392	6 32 17.4	− 11 09 30	s	6.24	+0.78	+1.11	K0 III Ba 3
13 Mon	2385	6 32 20.2	+ 7 20 28	f	4.50	−0.18	0.00	A0 Ib
	2395	6 33 05.9	− 1 12 42	f	5.10	−0.56	−0.14	B5 Vn
5 ξ² CMa	2414	6 34 37.0	− 22 57 22	f	4.54	−0.03	−0.05	A0 V
	2435	6 34 44.7	− 52 58 00		4.39	−0.15	−0.02	A0 II
7 ν² CMa	2429	6 36 13.5	− 19 14 48		3.95	+1.01	+1.06	K1 IV
24 γ Gem	2421	6 37 06.3	+ 16 24 32	f	1.93	+0.04	0.00	A0 IV
8 ν³ CMa	2443	6 37 25.7	− 18 13 40		4.43	+1.04	+1.15	K1 II−III
ν Pup	2451	6 37 26.4	− 43 11 11	f	3.17	−0.41	−0.11	B8 III
15 Mon	2456	6 40 24.0	+ 9 54 22	svdm	4.65		−0.25	O7 V
27 ε Gem	2473	6 43 17.2	+ 25 08 32	fsd	2.98	+1.46	+1.40	G8 Ib
30 Gem	2478	6 43 23.8	+ 13 14 21	d	4.49	+1.16	+1.16	K1 III
	2401	6 44 27.4	+ 79 34 41	f	5.45	−0.02	+0.50	F8 V
9 α CMa	2491	6 44 41.1	− 16 42 06	fd	−1.46	−0.06	0.00	A1 V
31 ξ Gem	2484	6 44 42.0	+ 12 54 27	f	3.36	+0.06	+0.43	F5 IV
	2513	6 45 11.5	− 52 11 23	sm	6.32			G5 Iab
56 ψ⁵ Aur	2483	6 45 59.0	+ 43 35 19	fd	5.25	+0.05	+0.56	G0 V
57 ψ⁶ Aur	2487	6 46 51.6	+ 48 48 05	f	5.22	+1.04	+1.12	K1 III
	2518	6 46 59.8	− 37 55 04	fd	5.26	−0.25	−0.08	B9 IV
18 Mon	2506	6 47 18.8	+ 2 25 27	f	4.47	+1.04	+1.11	K0 III
α Pic	2550	6 48 05.0	− 61 55 48	f	3.27	+0.13	+0.21	A7 Vn
13 κ CMa	2538	6 49 26.9	− 32 29 45	f	3.96	−0.92	−0.23	B1.5 IVne2
	2554	6 49 37.7	− 53 36 35		4.40	+0.61	+0.92	G3: III
τ Pup	2553	6 49 40.5	− 50 36 07	f	2.93	+1.21	+1.20	K1 III
	2534	6 50 12.0	− 8 01 42	s	6.29	+0.02	0.00	A2: V:kn ((Sr II))
ι Vol	2602	6 51 34.3	− 70 57 02	f	5.40	−0.38	−0.11	B7 IV
34 θ Gem	2540	6 52 05.9	+ 33 58 29	fd	3.60	+0.14	+0.10	A3 III
43 Cam	2511	6 52 34.6	+ 68 54 06	f	5.12	−0.43	−0.13	B7 III
16 o¹ CMa	2580	6 53 41.8	− 24 10 13	sm	3.86		+1.73	K2+ Iab
14 θ CMa	2574	6 53 42.1	− 12 01 30	f	4.07	+1.70	+1.43	K4 III
	2591	6 54 06.9	− 42 21 06	s	6.32	+2.79	+2.24	C5,2.5
20 ι CMa	2596	6 55 40.1	− 17 02 24	m	4.38		−0.07	B3 II
15 Lyn	2560	6 56 22.1	+ 58 26 15	d7	4.35	+0.52	+0.85	G5 III−IV
21 ε CMa	2618	6 58 12.8	− 28 57 26	fd4	1.50	−0.93	−0.21	B2 II
	2527	6 58 32.8	+ 76 59 33	f	4.55	+1.66	+1.36	K4 III
22 σ CMa	2646	7 01 18.0	− 27 55 10	fdm	3.46		+1.73	K7 Ib
42 ω Gem	2630	7 01 46.4	+ 24 13 52	fs	5.18	+0.68	+0.94	G5 Ib−II
24 o² CMa	2653	7 02 35.1	− 23 49 03	fsm	3.03		−0.09	B3 Iab
23 γ CMa	2657	7 03 17.0	− 15 37 02	f	4.11	−0.49	−0.12	B8 II
43 ζ Gem	2650	7 03 29.2	+ 20 35 11	fvd	3.79		+0.79	F9 Ib
	2666	7 03 42.8	− 42 19 17	f	5.20	+0.15	+0.20	A3m
	2683	7 04 06.6	− 56 44 01	fm	5.17		−0.04	Ap
25 δ CMa	2693	7 07 57.9	− 26 22 34	fs	1.86	+0.57	+0.65	F8 Ia
γ¹ Vol	2735	7 08 47.8	− 70 28 49	dm8	5.67	+0.60	+0.91	F0/3

Name	B.S.	Right Ascension	Declination	Notes	V	U - B	B - V	Spectral Type
		h m s	° ′ ″					
γ² Vol	2736	7 08 50.4	− 70 28 55	fdm8	3.78	+0.60	+0.91	G9 III
20 Mon	2701	7 09 42.4	− 4 13 13	f	4.92	+0.78	+1.03	K0 III
46 τ Gem	2697	7 10 28.3	+ 30 15 47	d7	4.41	+1.41	+1.26	K2 III
63 Aur	2696	7 10 56.1	+ 39 20 18	f	4.90	+1.74	+1.45	K4 II−III
22 δ Mon	2714	7 11 19.7	− 0 28 29	fd	4.15	+0.02	−0.01	A2 V
48 Gem	2706	7 11 48.1	+ 24 08 48	s	5.85	+0.09	+0.36	F5 III−IV
	2740	7 12 15.7	− 46 44 30	f	4.49	−0.01	+0.32	F0 IV
51 Gem	2717	7 12 46.1	+ 16 10 39	fv	5.00	+1.82	+1.66	M4 IIIab
	2748	7 13 13.1	− 44 37 20	vd	5.10		+1.56	gM5e
27 CMa	2745	7 13 49.5	− 26 20 02	6	4.66	−0.71	−0.19	B3 IIIp
28 ω CMa	2749	7 14 23.1	− 26 45 15		3.85	−0.73	−0.17	B2 IV−Ve1+
π Pup	2773	7 16 46.3	− 37 04 42	f	2.70	+1.24	+1.62	K4 III
δ Vol	2803	7 16 50.2	− 67 56 17	f	3.98	+0.45	+0.79	F9 Ib
54 λ Gem	2763	7 17 29.4	+ 16 33 36	fd7	3.58	+0.10	+0.11	A3 V
30 τ CMa	2782	7 18 16.3	− 24 56 05	dm	4.39		−0.15	O9 Ib
55 δ Gem	2777	7 19 29.8	+ 22 00 08	fd7	3.53	+0.04	+0.34	F0 IV
66 Aur	2805	7 23 24.9	+ 40 41 36	f	5.19	+1.24	+1.23	K0 III
31 η CMa	2827	7 23 40.8	− 29 16 56	fsm	2.44		−0.07	B5 Ia
60 ι Gem	2821	7 25 04.5	+ 27 49 10	f	3.79	+0.85	+1.03	G9 IIIb
3 β CMi	2845	7 26 34.9	+ 8 18 40	f	2.90	−0.28	−0.09	B7 V
4 γ CMi	2854	7 27 35.5	+ 8 56 51	d	4.32	+1.54	+1.43	K3 III
62 ρ Gem	2852	7 28 26.2	+ 31 48 22	fd	4.18	−0.03	+0.32	F0 V
σ Pup	2878	7 28 53.8	− 43 16 48	fd	3.25	+1.78	+1.51	K5 III
6 CMi	2864	7 29 12.7	+ 12 01 44	f	4.54	+1.37	+1.28	K2 III
	2906	7 33 36.2	− 22 16 23	f	4.45	+0.06	+0.51	F6 IV
66 α Gem	2891	7 33 55.7	+ 31 54 43	fdm8	1.99	+0.01	+0.04	A1 V
66 α Gem	2890	7 33 56.0	+ 31 54 44	fdm8	2.85	+0.01	+0.04	A5m
69 υ Gem	2905	7 35 16.6	+ 26 55 11	f	4.06	+1.94	+1.54	M0 III
	2934	7 35 24.1	− 52 30 37	f6	4.94	+1.63	+1.40	K3 III
	2609	7 35 52.7	+ 87 02 40	f	5.07	+1.97	+1.63	M2− IIIab
25 Mon	2927	7 36 45.4	− 4 05 13	fd1	5.13	+0.12	+0.44	F6 III
	2937	7 36 58.8	− 34 56 40	fd7	4.53	−0.31	−0.09	B8 V
	2948	7 38 23.5	− 26 46 39	dm8	4.50	−0.57	−0.17	B6 V
10 α CMi	2943	7 38 45.1	+ 5 15 08	fsd7	0.38	+0.02	+0.42	F5 IV−V
R Pup	2974	7 40 28.3	− 31 38 10	s	6.65	+0.85	+1.20	G2 0−Ia
26 α Mon	2970	7 40 44.7	− 9 31 34	f	3.93	+0.88	+1.02	K0 III
ζ Vol	3024	7 41 57.3	− 72 34 52	fd7	3.95	+0.83	+1.04	G9 III
24 Lyn	2946	7 42 07.4	+ 58 44 09	fd	4.99	+0.08	+0.08	A3 IVn
75 σ Gem	2973	7 42 39.4	+ 28 54 34		4.28	+0.97	+1.12	K1 III
3 Pup	2996	7 43 23.1	− 28 55 46		3.96	−0.09	+0.18	A2 Iab
77 κ Gem	2985	7 43 48.9	+ 24 25 26	fd27	3.57	+0.69	+0.93	G8 IIIa
78 β Gem	2990	7 44 40.5	+ 28 03 08	fd	1.14	+0.85	+1.00	K0 IIIb
	3017	7 44 52.8	− 37 56 34	m	3.59		+1.72	cK
4 Pup	3015	7 45 27.8	− 14 32 16	f	5.04	+0.09	+0.33	A6n
81 Gem	3003	7 45 31.0	+ 18 32 10	f	4.88	+1.75	+1.45	K5 III
11 CMi	3008	7 45 41.6	+ 10 47 40	f	5.30	−0.02	+0.01	A1 Vnn
	2999	7 45 57.3	+ 37 32 37	fm	5.18		+1.58	M2+ IIIb
80 π Gem	3013	7 46 49.8	+ 33 26 32	fd7	5.14	+1.95	+1.60	M1+ IIIa
	3037	7 47 12.5	− 46 34 56	fm	5.23		−0.14	B1.5 IV
o Pup	3034	7 47 39.0	− 25 54 38	d	4.50	−1.02	−0.05	B1 IV:nne2

Name	B.S.	Right Ascension	Declination	Notes	V	U - B	B - V	Spectral Type
		h m s	° ′ ″					
7 ξ Pup	3045	7 48 51.1	− 24 49 59	fd6	3.34	+1.16	+1.24	G3 Ib
	3055	7 48 55.1	− 46 20 47	d	4.11	−1.01	−0.18	B0 III
13 ζ CMi	3059	7 51 09.3	+ 1 47 39	f	5.14	−0.49	−0.12	B8
	3080	7 51 51.4	− 40 32 54	fc	3.73	+0.78	+1.04	K1/2 II + A
	3084	7 52 16.3	− 38 50 08	6	4.49	−0.69	−0.19	B2.5 V
83 φ Gem	3067	7 52 51.3	+ 26 47 37	f5	4.97	+0.10	+0.09	A3 V
	3090	7 52 59.7	− 48 04 31		4.24	−1.00	−0.14	B0.5 Ib
11 Pup	3102	7 56 24.4	− 22 51 06		4.20	+0.42	+0.72	F8 II
χ Car	3117	7 56 30.7	− 52 57 14	f	3.47	−0.67	−0.18	B3 IVp
	3113	7 57 15.0	− 30 18 21	f	4.79	+0.18	+0.15	A2
V Pup	3129	7 57 56.3	− 49 12 58	cvd	4.41	−0.96	−0.17	B1 Vp + B2:
	3075	7 58 57.2	+ 73 56 50	f	5.41	+1.64	+1.42	K3 III
27 Mon	3122	7 59 12.7	− 3 39 02	f	4.93	+1.21	+1.21	K2 III
	3131	7 59 23.8	− 18 22 12	fm	4.62		+0.08	A2 Vn
	3153	7 59 26.9	− 60 33 29	sm	5.16		+1.72	M1.5 IIa
	3145	8 01 43.2	+ 2 21 50		4.39	+1.28	+1.25	K2 III
χ Gem	3149	8 02 52.5	+ 27 49 28	f6	4.94	+1.09	+1.12	K2 III
ζ Pup	3165	8 03 12.9	− 39 58 24	fs	2.25	−1.11	−0.26	O5 If
15 ρ Pup	3185	8 07 05.8	− 24 16 25	fvd	2.81	+0.19	+0.43	F5 IIp
27 Lyn	3173	8 07 40.3	+ 51 32 16	fd	4.84	0.00	+0.05	A2 V
ε Vol	3223	8 07 54.0	− 68 35 11	d7	4.35	−0.46	−0.11	B6 IV
29 ζ Mon	3188	8 08 04.0	− 2 57 10	d	4.38	+0.69	+0.97	G2 Ib
16 Pup	3192	8 08 33.5	− 19 12 50		4.40	−0.60	−0.15	B5 IV
γ¹ Vel	3206	8 09 09.9	− 47 18 52	d	4.27	−0.92	−0.23	B1 IV
γ² Vel	3207	8 09 12.5	− 47 18 19	fcdm8	1.82	−0.99	−0.22	WC8
	3225	8 10 59.0	− 39 35 13		4.45	+1.86	+1.62	K3 Ib
	3182	8 11 46.7	+ 68 30 21	f	5.32	+0.81	+1.04	G8 II
20 Pup	3229	8 12 51.0	− 15 45 22	f	4.99		+1.07	G5 II
	3243	8 13 40.5	− 40 18 56	d	4.44	+1.09	+1.17	K1 II−III
17 β Cnc	3249	8 15 56.8	+ 9 13 06	fd3	3.52	+1.77	+1.48	K4 III
	3270	8 18 09.7	− 36 37 35	f	4.45	+0.11	+0.22	A7 III
α Cha	3318	8 18 48.7	− 76 53 12		4.07	−0.02	+0.39	F4 IV
18 χ Cnc	3262	8 19 25.7	+ 27 15 08	f	5.14	−0.06	+0.47	F6 V
	3282	8 20 58.2	− 33 01 14	f	4.83	+1.60	+1.45	K3− II
θ Cha	3340	8 20 58.2	− 77 27 03	fd	4.35	+1.20	+1.16	K1 III/IV
31 Lyn	3275	8 22 07.1	+ 43 13 21	f	4.25	+1.90	+1.55	K7 III
ε Car	3307	8 22 17.9	− 59 28 32	fc	1.86	+0.19	+1.28	K3: III + B2: V
	3315	8 24 36.5	− 24 00 42	fdm	5.28		+1.48	K5 III
	3314	8 25 08.2	− 3 52 18	f	3.90	−0.02	−0.02	A0 V
β Vol	3347	8 25 37.5	− 66 06 06	f	3.77	+1.14	+1.13	K2 III
1 o UMa	3323	8 29 23.9	+ 60 45 15	fsd	3.36	+0.52	+0.84	G5 IIIa
33 η Cnc	3366	8 32 06.1	+ 20 28 38	f	5.33	+1.39	+1.25	K3 III
4 δ Hya	3410	8 37 06.0	+ 5 44 27	f	4.16	+0.01	0.00	A1 Vnn
	3426	8 37 16.5	− 42 57 07	f	4.14	+0.16	+0.11	A7 II
5 σ Hya	3418	8 38 12.5	+ 3 22 43	f	4.44	+1.28	+1.21	K2 III
6 Hya	3431	8 39 31.6	− 12 26 16	f	4.98		+1.42	K4 III
β Pyx	3438	8 39 41.5	− 35 16 14	d	3.97	+0.65	+0.94	G4 III
o Vel	3447	8 39 59.5	− 52 53 04	fm	3.62		−0.18	B3 IV
	3445	8 40 16.7	− 46 36 40	fd	3.84	+0.30	+0.71	F3 Ia
34 Lyn	3422	8 40 17.7	+ 45 52 17	f	5.37	+0.75	+0.99	G8 IV

Name	B.S.	Right Ascension	Declination	Notes	V	U − B	B − V	Spectral Type
		h m s	° ′ ″					
	3457	8 40 23.2	− 59 43 25	d6	4.33	−0.80	−0.11	B1.5 III
η Cha	3502	8 41 42.1	− 78 55 32	f	5.47	−0.35	−0.10	B8 V
7 η Hya	3454	8 42 40.6	+ 3 26 12		4.30	−0.74	−0.20	B4 V
43 γ Cnc	3449	8 42 40.8	+ 21 30 24	fm	4.67		+0.01	A1 IV
α Pyx	3468	8 43 10.2	− 33 08 54	f	3.68	−0.88	−0.18	B1.5 III
	3477	8 44 01.5	− 42 36 39	dm1	4.05		+0.87	G5 III
47 δ Cnc	3461	8 44 05.4	+ 18 11 36	fd1	3.94	+0.99	+1.08	K0 III
δ Vel	3485	8 44 24.9	− 54 40 11	d7	1.96	+0.07	+0.04	A0 V
	3487	8 45 40.3	− 46 00 10		3.91	−0.05	0.00	A0 II
12 Hya	3484	8 45 52.7	− 13 30 32	d6	4.32	+0.62	+0.90	G8 III
48 ι Cnc	3475	8 46 03.8	+ 28 47 56	fd	4.02	+0.78	+1.01	G8 II
11 ε Hya	3482	8 46 13.3	+ 6 27 28	cd7	3.38	+0.36	+0.68	G1 III + A8 V
	3498	8 46 26.4	− 56 43 51		4.49	−0.73	−0.17	B3 Vne
13 ρ Hya	3492	8 47 52.6	+ 5 52 37	d	4.36	−0.04	−0.04	A0 Vn
14 Hya	3500	8 48 50.1	− 3 24 13	f	5.31	−0.35	−0.09	B9p
γ Pyx	3518	8 50 05.2	− 27 40 14	f	4.01	+1.40	+1.27	K3 III
	3571	8 54 48.6	− 60 36 16	fd	3.84	−0.45	−0.10	B7 II/III
16 ζ Hya	3547	8 54 50.4	+ 5 59 09	f	3.11	+0.80	+1.00	G9 II−III
	3582	8 56 43.0	− 59 11 19	fdm8	5.08	−0.77	−0.19	B2 IV−V
65 α Cnc	3572	8 57 54.8	+ 11 53 56	fd	4.25	+0.15	+0.14	A3m
ζ Oct	3678	8 58 21.5	− 85 37 20	f	5.42	+0.07	+0.31	F0 III
9 ι UMa	3569	8 58 29.5	+ 48 05 01	fd	3.14	+0.07	+0.19	A7 IV
64 σ³ Cnc	3575	8 58 54.1	+ 32 27 35	f	5.20		+0.93	G8 III
	3591	8 59 41.9	− 41 12 45	fc	4.45	+0.38	+0.65	G8/K1 III + A
	3579	8 59 57.7	+ 41 49 30	fd7	3.97	+0.05	+0.44	F5 V
8 ρ UMa	3576	9 01 36.6	+ 67 40 17	f	4.76	+1.88	+1.53	M3 IIIb
α Vol	3615	9 02 17.0	− 66 21 15	f	4.00	+0.13	+0.14	A3m
12 κ UMa	3594	9 02 54.7	+ 47 11 55	fd7	3.60	+0.01	0.00	A1 Vn
	3614	9 03 47.5	− 47 03 21	f	3.75	+1.22	+1.20	K2 III
	3643	9 05 07.9	− 72 33 38		4.48	+0.22	+0.61	F8 II
	3612	9 05 51.8	+ 38 29 41	f	4.56	+0.82	+1.04	G7 Ib−II
76 κ Cnc	3623	9 07 10.7	+ 10 42 39	f	5.24	−0.43	−0.11	B8 IIIp
λ Vel	3634	9 07 36.6	− 43 23 24	fd	2.21	+1.81	+1.66	K4 Ib−IIa
15 UMa	3619	9 08 08.1	+ 51 38 51		4.48	+0.12	+0.27	A1m
77 ξ Cnc	3627	9 08 45.4	+ 22 05 18	f	5.14	+0.80	+0.97	K0 III
13 σ² UMa	3616	9 09 28.4	+ 67 10 40	d7	4.80	+0.02	+0.49	F7 IV−V
a Car	3659	9 10 41.4	− 58 55 26		3.44	−0.70	−0.19	B2 IV−V
	3663	9 11 02.4	− 62 16 26		3.97	−0.67	−0.18	B3 III
β Car	3685	9 13 05.2	− 69 40 26	f	1.68	+0.03	0.00	A1 III
36 Lyn	3652	9 13 07.2	+ 43 15 42	f	5.32	−0.45	−0.14	B8 IIIp
22 θ Hya	3665	9 13 49.1	+ 2 21 32	fd	3.88	−0.12	−0.06	A0p
	3696	9 15 54.4	− 57 29 50		4.34	+1.98	+1.63	K7 III
ι Car	3699	9 16 48.5	− 59 13 52	f	2.25	+0.16	+0.18	A9 Ib
38 Lyn	3690	9 18 11.6	+ 36 50 51	d7	3.82	+0.06	+0.06	A3 V
40 α Lyn	3705	9 20 25.1	+ 34 26 15	f	3.13	+1.94	+1.55	K7 IIIab
θ Pyx	3718	9 21 01.7	− 25 55 14	f	4.72	+2.02	+1.63	gM1
κ Vel	3734	9 21 47.3	− 54 57 56	f	2.50	−0.75	−0.18	B2 IV−V
1 κ Leo	3731	9 24 02.7	+ 26 13 41	fd7	4.46	+1.31	+1.23	K2 III
30 α Hya	3748	9 27 04.3	− 8 36 46	f	1.98	+1.72	+1.44	K3 II−III
ε Ant	3765	9 28 48.7	− 35 54 19	f	4.51	+1.68	+1.44	gK4

Name	B.S.	Right Ascension	Declination	Notes	V	U - B	B - V	Spectral Type
		h m s	° ′ ″					
ψ Vel	3786	9 30 17.1	− 40 25 14	d7	3.60	−0.03	+0.36	F2 IV
23 UMa	3757	9 30 42.6	+ 63 06 30	fd	3.67	+0.10	+0.33	F0 IV
N Vel	3803	9 30 54.2	− 56 59 16	fv	3.13	+1.89	+1.55	K5 III
4 λ Leo	3773	9 31 07.3	+ 23 00 53		4.31	+1.89	+1.54	K5 III
5 ξ Leo	3782	9 31 22.8	+ 11 20 48	f	4.97	+0.86	+1.05	K0 III
	3821	9 31 31.8	− 73 02 04	f	5.47	+1.75	+1.56	K4 III
R Car	3816	9 31 58.9	− 62 44 32	dm	4.00			M5e
25 θ UMa	3775	9 32 09.5	+ 51 43 32	fd2	3.17	+0.02	+0.46	F6 IV
	3808	9 32 43.4	− 21 04 08	f	5.01		+1.02	sgK0
24 UMa	3771	9 33 34.0	+ 69 52 38	f	4.56	+0.34	+0.77	G4 III−IV
10 LMi	3800	9 33 34.9	+ 36 26 40	f	4.55	+0.62	+0.92	G8.5 III
26 UMa	3799	9 34 06.6	+ 52 05 55		4.50	+0.04	+0.01	A2 V
	3825	9 34 08.4	− 59 10 57		4.08	−0.56	+0.01	B5 II
	3751	9 35 39.0	+ 81 22 26	f	4.29	+1.72	+1.48	K3 III
	3836	9 36 27.1	− 49 18 28	d	4.35	+0.13	+0.17	A5 V
	3834	9 37 54.5	+ 4 41 49	f	4.68	+1.46	+1.32	K3 III
35 ι Hya	3845	9 39 19.2	− 1 05 42	f	3.91	+1.46	+1.32	K3 III
38 κ Hya	3849	9 39 48.2	− 14 17 04	f	5.06	−0.57	−0.15	B5 V
14 o Leo	3852	9 40 35.5	+ 9 56 26	fcd	3.52	+0.21	+0.49	F6 II + A2
16 ψ Leo	3866	9 43 09.7	+ 14 04 12	f	5.35		+1.63	M2+ IIIab
θ Ant	3871	9 43 44.0	− 27 43 16	fcd7	4.79	+0.35	+0.51	A8 V + F7 II−III
l Car	3884	9 44 57.5	− 62 27 34	fvm	3.40		+1.20	G8 Ia (CNII)
17 ε Leo	3873	9 45 15.4	+ 23 49 23	f	2.98	+0.47	+0.80	G1 IIab
υ Car	3890	9 46 50.4	− 65 01 23	dm8	3.15	+0.13	+0.27	A8 Ib
R Leo	3882	9 46 59.7	+ 11 28 40	vm	4.40			M7e
	3881	9 47 55.0	+ 46 04 13	f	5.09	+0.10	+0.62	G1 V
29 υ UMa	3888	9 50 15.0	+ 59 05 19	fd3	3.80	+0.10	+0.29	F0 IV
39 υ¹ Hya	3903	9 50 58.4	− 14 47 49		4.12	+0.65	+0.92	G8 III
24 μ Leo	3905	9 52 10.1	+ 26 03 24	fs	3.88	+1.39	+1.22	K2 IIIb CN1 Fe1
	3923	9 54 22.5	− 18 57 34	f6	4.94	+1.93	+1.57	gM1
φ Vel	3940	9 56 29.6	− 54 31 03	fd	3.54	−0.62	−0.08	B5 Ib
19 LMi	3928	9 57 02.6	+ 41 06 22	f	5.14	0.00	+0.46	F5 V
η Ant	3947	9 58 25.2	− 35 50 26	fd3	5.23	+0.08	+0.31	F1 III−IV
29 π Leo	3950	9 59 39.6	+ 8 05 42	f	4.70	+1.93	+1.60	M2− IIIab
20 LMi	3951	10 00 24.5	+ 31 58 32	f	5.36	+0.27	+0.66	G4 V
40 υ² Hya	3970	10 04 36.8	− 13 00 49	f	4.60	−0.27	−0.09	B9 III−IV
30 η Leo	3975	10 06 45.7	+ 16 48 51	fs	3.52	−0.21	−0.03	A0 Ib
21 LMi	3974	10 06 48.7	+ 35 17 47		4.48	+0.08	+0.18	A7 V
31 Leo	3980	10 07 20.9	+ 10 02 58	d3	4.37	+1.75	+1.45	K4 III
15 α Sex	3981	10 07 24.0	− 0 19 12		4.49	−0.07	−0.04	A0 III
32 α Leo	3982	10 07 48.8	+ 12 01 08	fd	1.35	−0.36	−0.11	B7 V
41 λ Hya	3994	10 10 04.6	− 12 18 07	fd	3.61	+0.92	+1.01	K0 III
ω Car	4037	10 13 29.3	− 69 59 08	f	3.32	−0.33	−0.08	B8 III
	4023	10 14 17.7	− 42 04 11	f6	3.85	+0.06	+0.05	A1 V
36 ζ Leo	4031	10 16 06.5	+ 23 28 12	fs	3.44	+0.20	+0.31	F0 III
33 λ UMa	4033	10 16 28.0	+ 42 58 02	fsm	3.45		+0.03	A2 IV
	4050	10 16 43.9	− 61 16 47	f	3.40	+1.72	+1.54	K3 IIa
22 ε Sex	4042	10 17 06.5	− 8 00 59	f	5.24	+0.13	+0.31	F4 V:
	4049	10 17 38.7	− 28 56 21	fm	5.34		+0.24	B9
41 γ¹ Leo	4057	10 19 23.7	+ 19 53 42	dmv8	2.61	+1.00	+1.15	K0 III−

Name	B.S.	Right Ascension	Declination	Notes	V	U - B	B - V	Spectral Type
		h　m　s	°　′　″					
41 γ² Leo	4058	10 19 24.0	+ 19 53 38	dm8	3.80	+1.00	+1.15	G7 III+
	4074	10 20 31.3	− 55 59 24	d7	4.50	−0.58	−0.12	B3 III
34 μ UMa	4069	10 21 42.4	+ 41 33 09	f	3.05	+1.89	+1.59	M0 III
	4080	10 21 52.5	− 41 35 49	f	4.83	+1.08	+1.12	K1 III
	4086	10 23 01.6	− 37 57 23	f	5.33		+0.25	A3
	4072	10 23 23.0	+ 65 37 11	f	4.97	−0.13	−0.06	A0p
	4102	10 24 11.3	− 73 58 41	f	4.00	−0.01	+0.35	F3 V
42 μ Hya	4094	10 25 34.9	− 16 46 57	fm	3.81		+1.48	K5 III
α Ant	4104	10 26 40.2	− 31 00 51	f	4.25	+1.63	+1.45	K4.5 III
31 β LMi	4100	10 27 16.7	+ 36 45 41	fd7	4.21	+0.64	+0.90	G9 IIIab
	4114	10 27 29.5	− 58 41 09	f	3.82	+0.24	+0.31	F0 Ib
29 δ Sex	4116	10 28 56.7	− 2 41 07	f	5.21	−0.12	−0.06	B9.5 V
	4084	10 29 51.7	+ 82 36 45	f	5.26	−0.05	+0.37	F4 V
36 UMa	4112	10 29 57.6	+ 56 02 05	f	4.84	−0.01	+0.52	F8 V
	4140	10 31 38.9	− 61 37 52	f	3.32	−0.72	−0.09	B4 Vne2
47 ρ Leo	4133	10 32 15.5	+ 9 21 39	f	3.85	−0.96	−0.14	B1 Iab
	4143	10 32 30.2	− 46 56 57	fd7	5.02	+0.59	+1.04	K1/2 III
44 Hya	4145	10 33 30.9	− 23 41 27	fd	5.08		+1.60	gK4
	4126	10 34 13.2	+ 75 46 03	f	4.84		+0.96	K0 III
37 UMa	4141	10 34 29.5	+ 57 08 13	f	5.16	−0.02	+0.34	F1 V
	4159	10 35 11.0	− 57 30 11		4.45	+1.79	+1.62	K5 II
γ Cha	4174	10 35 21.0	− 78 33 12	f	4.11	+1.95	+1.58	M0 III
	4167	10 36 51.5	− 48 10 16	d7	3.84	+0.07	+0.30	Am
37 LMi	4166	10 38 07.9	+ 32 01 52	f	4.71	+0.54	+0.81	G3 II
	4180	10 38 53.2	− 55 32 54	fd	4.28	+0.75	+1.04	G2 II
	4181	10 42 19.6	+ 69 07 53	f	5.00		+1.38	K3 III
θ Car	4199	10 42 34.8	− 64 20 22	fm	2.76		−0.23	B0.5 Vp
41 LMi	4192	10 42 50.8	+ 23 14 37	f	5.08	+0.05	+0.04	A3 Vn
	4191	10 42 56.1	+ 46 15 33	fd	5.18	+0.01	+0.33	F5 III
η Car	4210	10 44 39.1	− 59 37 44	vdm	6.22		+0.62	pec.
42 LMi	4203	10 45 17.0	+ 30 44 16	f	5.24	−0.14	−0.06	A1 Vn
δ² Cha	4234	10 45 41.5	− 80 29 05	f	4.45	−0.70	−0.19	B2.5 IV
51 Leo	4208	10 45 50.7	+ 18 56 49	f	5.49		+1.12	gK3
μ Vel	4216	10 46 19.0	− 49 21 52	d7	2.69	+0.57	+0.90	G5 IIIa
53 Leo	4227	10 48 42.4	+ 10 36 03	f	5.25	+0.05	+0.01	A2 V
ν Hya	4232	10 49 06.4	− 16 08 19	f	3.11	+1.30	+1.25	K3 III
46 LMi	4247	10 52 43.6	+ 34 16 18	f	3.83	+0.91	+1.04	K0 III−IV
	4257	10 53 03.9	− 58 47 51		3.78	+0.65	+0.95	K0 IIIb
54 Leo	4259	10 55 02.8	+ 24 48 21	dm8	4.51	+0.01	+0.02	A0 V
ι Ant	4273	10 56 13.6	− 37 04 53	f	4.60	+0.84	+1.03	gK0
47 UMa	4277	10 58 52.8	+ 40 29 11	f	5.05	+0.13	+0.61	G0 V
7 α Crt	4287	10 59 15.7	− 18 14 34	f	4.08	+1.00	+1.09	K0 III
	4293	10 59 40.3	− 42 10 10	f	4.39	+0.12	+0.11	A3 IV
58 Leo	4291	11 00 01.1	+ 3 40 26	f	4.84	+1.12	+1.16	K1 III
48 β UMa	4295	11 01 12.8	+ 56 26 20	f	2.37	+0.01	−0.02	A1 V
60 Leo	4300	11 01 46.2	+ 20 14 10		4.42	+0.05	+0.05	A1m:
50 α UMa	4301	11 03 05.2	+ 61 48 28	fd	1.79	+0.92	+1.07	K0− IIIa
63 χ Leo	4310	11 04 28.6	+ 7 23 34	fd27	4.63	+0.08	+0.33	Fp
χ¹ Hya	4314	11 04 49.5	− 27 14 12	fc7	4.94	+0.04	+0.36	F3 IV
	4337	11 08 08.3	− 58 55 05	fc6	3.91	+0.94	+1.23	G0 Ia+

Name	B.S.	Right Ascension	Declination	Notes	V	U - B	B - V	Spectral Type
		h m s	° ' "					
52 ψ UMa	4335	11 09 04.6	+ 44 33 20	f	3.01	+1.11	+1.14	K1 III
11 β Crt	4343	11 11 08.4	− 22 46 06	f	4.48	+0.06	+0.03	A2 III
	4350	11 12 04.2	− 49 02 38	f6	5.36		+0.18	A3 IV/V
68 δ Leo	4357	11 13 33.1	+ 20 34 53	f	2.56	+0.12	+0.12	A4 V
70 θ Leo	4359	11 13 41.4	+ 15 29 13	f	3.34	+0.06	−0.01	A2 V
74 φ Leo	4368	11 16 07.7	− 3 35 39	f	4.47	+0.14	+0.21	A7 IVn
	4369	11 16 26.2	− 7 04 40	sd7	6.14	+0.15	+0.20	A7: III:kn Sr II
53 ξ UMa	4375	11 17 37.4	+ 31 35 18	cdm8	4.41	+0.04	+0.59	G0 V
54 ν UMa	4377	11 17 54.8	+ 33 09 06	fd3	3.48	+1.55	+1.40	K3 III Ba 0
55 UMa	4380	11 18 33.7	+ 38 14 36	f	4.78	+0.03	+0.12	A2 V
12 δ Crt	4382	11 18 48.9	− 14 43 18	f	3.56	+0.97	+1.12	G8 III−IV
π Cen	4390	11 20 31.5	− 54 26 00	fd7	3.89	−0.59	−0.15	B5 Vn
77 σ Leo	4386	11 20 35.7	+ 6 05 13	f	4.05	−0.12	−0.06	B9.5 Vs
78 ι Leo	4399	11 23 22.7	+ 10 35 14	d7	3.94	+0.07	+0.41	F2 IV
15 γ Crt	4405	11 24 21.4	− 17 37 35	fd2	4.08	+0.11	+0.21	A7 IV−V
84 τ Leo	4418	11 27 23.9	+ 2 54 51	f	4.95	+0.79	+1.00	G8 II−III
1 λ Dra	4434	11 30 47.4	+ 69 23 21	f	3.84	+1.97	+1.62	M0 III
ξ Hya	4450	11 32 29.0	− 31 47 58	fd	3.54	+0.71	+0.94	gG7
λ Cen	4467	11 35 17.6	− 62 57 42	fd	3.13	−0.17	−0.04	B9 III
	4466	11 35 24.9	− 47 35 00	f	5.25	+0.12	+0.25	A7m
21 θ Crt	4468	11 36 08.9	− 9 44 39	f	4.70	−0.18	−0.08	B9.5 Vn
91 υ Leo	4471	11 36 24.7	− 0 45 57	f	4.30	+0.75	+1.00	G9 III
o Hya	4494	11 39 41.4	− 34 41 11	f	4.70	−0.22	−0.07	B8
61 UMa	4496	11 40 29.9	+ 34 15 39	fs	5.33	+0.25	+0.72	G8 V
3 Dra	4504	11 41 53.6	+ 66 48 11	f	5.30		+1.28	K3 III
	4511	11 43 00.9	− 62 25 52	s	5.05	+0.35	+0.80	F9 0−Ia
27 ζ Crt	4514	11 44 13.8	− 18 17 32	f	4.73	+0.74	+0.97	G8 III
λ Mus	4520	11 45 06.4	− 66 40 14	fd	3.64	+0.15	+0.16	A7 V
3 ν Vir	4517	11 45 19.2	+ 6 35 17	f	4.03	+1.79	+1.51	M1 IIIab
63 χ UMa	4518	11 45 29.9	+ 47 50 16	f	3.71	+1.16	+1.18	K0 III
	4522	11 46 00.1	− 61 07 12	f	4.11	+0.58	+0.90	G3 II
93 Leo	4527	11 47 26.7	+ 20 16 38	fc	4.53	+0.28	+0.55	G III + A7 V
	4532	11 48 13.2	− 26 41 29	f	5.11	+1.67	+1.60	gM4
94 β Leo	4534	11 48 31.5	+ 14 37 51	fd	2.14	+0.07	+0.09	A3 V
	4537	11 49 10.1	− 63 43 48		4.32	−0.59	−0.15	B3 V
5 β Vir	4540	11 50 08.9	+ 1 49 26	f	3.61	+0.11	+0.55	F9 V
	4546	11 50 37.0	− 45 06 54	f	4.46	+1.46	+1.30	K3 III
β Hya	4552	11 52 22.6	− 33 50 58	27	4.28	−0.33	−0.10	Ap
64 γ UMa	4554	11 53 16.9	+ 53 45 11	f	2.44	+0.02	0.00	A0 V
95 Leo	4564	11 55 08.2	+ 15 42 19	f	5.53	+0.12	+0.11	A3 V
30 η Crt	4567	11 55 28.8	− 17 05 33	f	5.18	0.00	−0.02	A0 V
8 π Vir	4589	12 00 20.1	+ 6 40 22	f	4.66	+0.11	+0.13	A5 V
θ¹ Cru	4599	12 02 29.2	− 63 15 16	d	4.33	+0.04	+0.27	A3m
	4600	12 03 06.8	− 42 22 31	f	5.15	−0.03	+0.41	F6 V
9 o Vir	4608	12 04 40.5	+ 8 47 28	fs	4.12	+0.63	+0.98	G8 IIIa Ba1
η Cru	4616	12 06 19.7	− 64 33 19	d6	4.15	+0.03	+0.34	F2 III
	4618	12 07 32.4	− 50 36 10	d	4.47	−0.67	−0.15	B2 IIIne3
δ Cen	4621	12 07 48.7	− 50 39 50	fd	2.60	−0.90	−0.12	B2: IVne2+
1 α Crv	4623	12 07 52.2	− 24 40 13		4.02	−0.02	+0.32	F2 V
2 ε Crv	4630	12 09 35.0	− 22 33 41	f	3.00	+1.47	+1.33	K2 III

Name	B.S.	Right Ascension	Declination	Notes	V	U - B	B - V	Spectral Type
		h m s	° ′ ″					
ρ Cen	4638	12 11 06.0	− 52 18 36		3.96	−0.62	−0.15	B3 V
	4646	12 11 42.9	+ 77 40 28	f	5.14		+0.33	A5m
δ Cru	4656	12 14 35.0	− 58 41 26	f	2.80	−0.91	−0.23	B2 IV
69 δ UMa	4660	12 14 54.6	+ 57 05 27	f	3.31	+0.07	+0.08	A3 V
4 γ Crv	4662	12 15 15.9	− 17 29 01	f	2.59	−0.34	−0.11	B8 IIIp
ε Mus	4671	12 16 59.8	− 67 54 09		4.11	+1.55	+1.58	M5 III
β Cha	4674	12 17 42.8	− 79 15 14	f	4.26	−0.51	−0.12	B5 Vn
ζ Cru	4679	12 17 51.7	− 63 56 41	d	4.04	−0.69	−0.17	B2.5 V
3 CVn	4690	12 19 17.8	+ 49 02 33	f	5.29	+1.97	+1.66	M1+ IIIab
15 η Vir	4689	12 19 22.1	− 0 36 31	f	3.89	+0.06	+0.02	A2 IV
16 Vir	4695	12 19 49.0	+ 3 22 15	f	4.96	+1.15	+1.16	K1 III
ε Cru	4700	12 20 47.3	− 60 20 36		3.59	+1.63	+1.42	K3/4 III
12 Com	4707	12 21 58.7	+ 25 54 16	fcd	4.79	+0.26	+0.49	G III + A2 V
6 CVn	4728	12 25 20.0	+ 39 04 36	f	5.02	+0.73	+0.96	G8 III−IV
α¹ Cru	4730	12 26 00.5	− 63 02 27	fcdm8	1.58	−0.96	−0.26	B0.5 IV
α² Cru	4731	12 26 01.2	− 63 02 29	cdm8	2.09	−0.96	−0.26	B1 V
15 γ Com	4737	12 26 24.9	+ 28 19 36	m	4.35		+1.13	K1 III−IV
σ Cen	4743	12 27 28.1	− 50 10 21	f	3.91	−0.78	−0.19	B2 V
	4748	12 27 48.8	− 38 59 00	fm	5.44		−0.08	B8
7 δ Crv	4757	12 29 19.2	− 16 27 25	fd7	2.95	−0.09	−0.05	B9.5 V:n
74 UMa	4760	12 29 28.1	+ 58 27 48	fm	5.32		+0.20	δ Del
γ Cru	4763	12 30 34.7	− 57 03 16	fd	1.63	+1.78	+1.59	M4− IIIb
8 η Crv	4775	12 31 31.7	− 16 08 17		4.31	+0.01	+0.38	F0 IV
γ Mus	4773	12 31 49.7	− 72 04 30	f	3.87	−0.62	−0.15	B5 V
5 κ Dra	4787	12 33 02.3	+ 69 50 46	f	3.87	−0.57	−0.13	B6 IIIp
	4783	12 33 08.0	+ 33 18 20	f	5.42	+0.83	+1.00	K0 III
8 β CVn	4785	12 33 14.7	+ 41 24 52	fs	4.26	+0.05	+0.59	G0 V
9 β Crv	4786	12 33 50.1	− 23 20 20	f	2.65	+0.60	+0.89	G5 III
23 Com	4789	12 34 19.7	+ 22 41 13	f5	4.81	−0.01	0.00	A0 IV
24 Com	4792	12 34 36.2	+ 18 26 05	fd	5.02	+1.11	+1.15	K2 III
α Mus	4798	12 36 32.9	− 69 04 40	fd	2.69	−0.83	−0.20	B2 IV−V
τ Cen	4802	12 37 07.5	− 48 29 01		3.86	+0.03	+0.05	A2 V
26 χ Vir	4813	12 38 42.2	− 7 56 17	f	4.66	+1.39	+1.23	K2 III
γ Cen	4819	12 40 56.0	− 48 54 08	d7	2.17	−0.01	−0.01	A0 IV
29 γ Vir	4826	12 41 07.5	− 1 23 30	cdm8	3.68	−0.03	+0.36	F0 V
29 γ Vir	4825	12 41 07.7	− 1 23 31	cdm8	3.65	−0.03	+0.36	F0 V
30 ρ Vir	4828	12 41 21.2	+ 10 17 36	f	4.88	+0.03	+0.09	A0 V
	4839	12 43 26.8	− 28 15 59	fm	5.48		+1.34	gK4
Y CVn	4846	12 44 38.3	+ 45 29 51	fv	4.99	+6.33	+2.54	C5,5
32 d² Vir	4847	12 45 05.2	+ 7 43 50	f	5.22	+0.15	+0.33	A8m
β Mus	4844	12 45 37.8	− 68 03 03	27	3.05	−0.74	−0.18	B2 V
β Cru	4853	12 47 06.1	− 59 37 53	fvd	1.25	−1.00	−0.23	B0.5 III
	4874	12 50 06.9	− 33 56 32	f	4.91	−0.11	−0.04	A0 IV
31 Com	4883	12 51 11.3	+ 27 35 52	fs	4.94	+0.20	+0.67	G0 III
	4888	12 52 31.0	− 48 53 10		4.33	+1.58	+1.37	K3/4 III
	4889	12 52 51.1	− 40 07 19	f	4.27	+0.12	+0.21	A7 III
77 ε UMa	4905	12 53 34.2	+ 56 01 00	fv	1.77	+0.02	−0.02	A0pv
ι Oct	4870	12 53 47.4	− 85 04 00	fd	5.46	+0.79	+1.02	K0 III
40 ψ Vir	4902	12 53 48.3	− 9 28 56	f	4.79	+1.53	+1.60	M3 III
μ¹ Cru	4898	12 53 58.3	− 57 07 15	d	4.03	−0.76	−0.17	B2 IV−V

Name	B.S.	Right Ascension	Declination	Notes	V	U − B	B − V	Spectral Type
		h m s	o ′ ″					
8 Dra	4916	12 55 03.6	+ 65 29 43	f	5.24	+0.02	+0.28	F0 V
43 δ Vir	4910	12 55 04.5	+ 3 27 16	f	3.38	+1.78	+1.58	M3 III
12 α² CVn	4915	12 55 32.3	+ 38 22 30	fvd	2.90	−0.32	−0.12	B9.5pv
78 UMa	4931	13 00 16.9	+ 56 25 22	sd7	4.93	+0.01	+0.36	F2 V
δ Mus	4923	13 01 32.2	− 71 29 33	f	3.62	+1.26	+1.18	K2 III
47 ε Vir	4932	13 01 39.2	+ 11 00 55	fs	2.83	+0.73	+0.94	G8 III
14 CVn	4943	13 05 15.0	+ 35 51 18	f	5.25	−0.20	−0.08	B9 V
ξ² Cen	4942	13 06 17.6	− 49 51 01	fd	4.27	−0.79	−0.19	B1.5 V
51 θ Vir	4963	13 09 24.3	− 5 28 59	fd	4.38	−0.01	−0.01	A1 V
43 β Com	4983	13 11 23.0	+ 27 55 52	f	4.26	+0.07	+0.57	G0 V
η Mus	4993	13 14 31.6	− 67 50 21	fd	4.80	−0.35	−0.08	B7 V
	5006	13 16 18.0	− 31 27 03	fm	5.10		+0.96	K1
20 CVn	5017	13 17 04.4	+ 40 37 40	fs	4.73	+0.21	+0.30	F3 III
60 σ Vir	5015	13 17 04.5	+ 5 31 30	f	4.80	+1.95	+1.67	M2 IIIa
61 Vir	5019	13 17 51.3	− 18 15 11	f	4.74	+0.26	+0.71	G6 V
46 γ Hya	5020	13 18 20.9	− 23 06 59	f	3.00	+0.66	+0.92	G8 III
ι Cen	5028	13 20 00.3	− 36 39 26	f	2.75	+0.03	+0.04	A2 V
	5035	13 21 56.8	− 60 56 01	fd	4.53	−0.60	−0.13	B3 V
79 ζ UMa	5054	13 23 30.3	+ 54 58 48	fdm8	2.27	+0.03	+0.02	A2 V
79 ζ UMa	5055	13 23 31.1	+ 54 58 35	dm	3.95	+0.09	+0.13	A1m
67 α Vir	5056	13 24 38.3	− 11 06 24	fvm	0.97	−0.93	−0.24	B1 IV
80 UMa	5062	13 24 48.3	+ 55 02 33		4.01	+0.08	+0.16	A5 V
68 Vir	5064	13 26 09.8	− 12 39 12	f	5.25	+1.75	+1.52	M0 III
70 Vir	5072	13 27 55.0	+ 13 50 05	f	4.98	+0.26	+0.71	G5 V
	5085	13 28 04.0	+ 60 00 00	fm	5.40	−0.02	−0.01	A1 Vn
	5089	13 30 26.0	− 39 21 12	d7	3.88	+1.03	+1.17	G8 III
78 Vir	5105	13 33 36.0	+ 3 42 45	f	4.94	0.00	+0.03	A1p
79 ζ Vir	5107	13 34 09.4	− 0 32 33	f	3.37	+0.10	+0.11	A3 Vn
	5110	13 34 19.7	+ 37 14 10	f	4.98	+0.06	+0.40	F2 IV
ε Cen	5132	13 39 13.0	− 53 24 48	fd	2.30	−0.92	−0.22	B1 III
	5134	13 39 20.5	− 49 53 50	sm	6.00	+1.15	+1.50	M6 III
82 Vir	5150	13 41 03.6	− 8 39 01	f	5.01	+1.95	+1.63	M2 IIIa
1 Cen	5168	13 45 05.3	− 32 59 27	f	4.23	0.00	+0.38	F3 IV
	5171	13 46 26.4	− 62 32 16	sd	6.51	+1.19	+1.98	K0 0−Ia
4 τ Boo	5185	13 46 45.8	+ 17 30 32	fd7	4.50	+0.04	+0.48	F7 V
85 η UMa	5191	13 47 07.7	+ 49 21 56	f	1.86	−0.67	−0.19	B3 V
2 Cen	5192	13 48 50.1	− 34 23 55		4.19	+1.45	+1.50	M4.5 IIIab
ν Cen	5190	13 48 52.3	− 41 38 09		3.41	−0.84	−0.22	B2 IV
5 υ Boo	5200	13 48 58.2	+ 15 50 59		4.06	+1.89	+1.52	K5+ III
μ Cen	5193	13 48 58.8	− 42 25 18	fsvd	3.04	−0.72	−0.17	B2 V:e
89 Vir	5196	13 49 18.0	− 18 04 56	f	4.97	+0.92	+1.06	K1 III
10 Dra	5226	13 51 07.5	+ 64 46 30	fd	4.65	+1.89	+1.58	M3 IIIaS
8 η Boo	5235	13 54 11.1	+ 18 27 00	fs	2.68	+0.20	+0.58	G0 IV
ζ Cen	5231	13 54 52.8	− 47 14 13	f	2.55	−0.92	−0.22	B2.5 IV
	5241	13 56 52.8	− 63 38 08	f	4.71	+1.04	+1.11	K0 III
φ Cen	5248	13 57 37.8	− 42 02 59		3.83	−0.83	−0.21	B2 IV
47 Hya	5250	13 57 55.7	− 24 55 17	f6	5.15	−0.39	−0.10	B8n
υ¹ Cen	5249	13 58 01.6	− 44 45 10		3.87	−0.80	−0.20	B2 IV−V
υ² Cen	5260	14 01 03.9	− 45 33 11		4.34	+0.27	+0.60	F6 II
93 τ Vir	5264	14 01 06.7	+ 1 35 42	fd	4.26	+0.12	+0.10	A3 V

Name	B.S.	Right Ascension	Declination	Notes	V	U - B	B - V	Spectral Type
		h m s	° ′ ″					
	5270	14 02 00.9	+ 9 44 13	s	6.20	+0.38	+0.90	K1 CN−5 Fe−4
β Cen	5267	14 03 04.5	− 60 19 22	fdm6	0.61	−0.98	−0.23	B1 III
11 α Dra	5291	14 04 06.3	+ 64 25 33	fs	3.65	−0.08	−0.05	A0 III
θ Aps	5261	14 04 16.9	− 76 44 48	fsvm	5.50	+1.05	+1.55	M6.5 III
χ Cen	5285	14 05 24.1	− 41 07 47		4.36	−0.77	−0.19	B2 V
49 π Hya	5287	14 05 46.3	− 26 37 56	f	3.27	+1.04	+1.12	K2 III
5 θ Cen	5288	14 06 03.7	− 36 19 07	f	2.06	+0.87	+1.01	K0 III−IV
	5299	14 07 30.6	+ 43 54 15	f	5.27	+1.66	+1.59	M4−4.5 III
4 UMi	5321	14 08 52.7	+ 77 35 49	f	4.82		+1.36	K3 III
12 d Boo	5304	14 09 55.2	+ 25 08 28	f	4.83	+0.07	+0.54	F8 IV
98 κ Vir	5315	14 12 20.1	− 10 13 31	f	4.19	+1.47	+1.33	K3 III
16 α Boo	5340	14 15 10.9	+ 19 14 12	f	−0.04	+1.27	+1.23	K2 IIIp
99 ι Vir	5338	14 15 27.8	− 5 57 03	f	4.08	+0.04	+0.52	F7 III−IV
21 ι Boo	5350	14 15 47.6	+ 51 24 56	fd	4.75	+0.06	+0.20	A9 V
19 λ Boo	5351	14 15 59.1	+ 46 08 11	f	4.18	+0.05	+0.08	A0p
	5361	14 17 33.2	+ 35 33 28	f	4.81	+0.92	+1.06	K0 III
100 λ Vir	5359	14 18 32.4	− 13 19 23	f	4.52	+0.12	+0.13	A2m
ι Lup	5354	14 18 43.7	− 46 00 36		3.55	−0.72	−0.18	B2.5 IV
18 Boo	5365	14 18 45.8	+ 13 03 09	f	5.41	−0.03	+0.38	F3 V
	5358	14 19 35.2	− 56 20 19	f	4.33	−0.43	+0.12	B6 Ib
ψ Cen	5367	14 19 54.9	− 37 50 15	fd	4.05	−0.11	−0.03	B9.5 IV
	5378	14 22 23.2	− 39 27 52		4.42	−0.75	−0.18	B7 IIIp
	5392	14 23 40.0	+ 5 52 03	f6	5.10	+0.10	+0.12	A5 V
	5390	14 24 12.6	− 24 45 33	fm	5.32		+0.96	gG8
23 θ Boo	5404	14 24 50.3	+ 51 53 57	f	4.05	+0.01	+0.50	F7 V
δ Oct	5339	14 25 08.5	− 83 37 15		4.32	+1.45	+1.31	K2 III
τ¹ Lup	5395	14 25 27.6	− 45 10 28	fvd	4.56	−0.79	−0.15	B2 IV
τ² Lup	5396	14 25 30.1	− 45 19 57	cd7	4.35	+0.19	+0.43	A7: + F4 IV
22 Boo	5405	14 25 58.0	+ 19 16 25	f	5.39	+0.23	+0.23	F0m
5 UMi	5430	14 27 32.3	+ 75 44 34	fd	4.25	+1.70	+1.44	K4 III
52 Hya	5407	14 27 33.4	− 29 26 41	fd3	4.97	−0.41	−0.07	B8 IV
105 φ Vir	5409	14 27 39.6	− 2 10 53	fsd7	4.81	+0.21	+0.70	G2 IV
25 ρ Boo	5429	14 31 22.6	+ 30 25 02	fd	3.58	+1.44	+1.30	K3 III
27 γ Boo	5435	14 31 39.3	+ 38 21 14	fvd1	3.03	+0.12	+0.19	A7 III
σ Lup	5425	14 31 54.2	− 50 24 39		4.42	−0.84	−0.19	B2 III
28 σ Boo	5447	14 34 13.4	+ 29 47 25	f	4.46	−0.08	+0.36	F2 V
η Cen	5440	14 34 50.2	− 42 06 44	fd7	2.31	−0.83	−0.19	B1.5 Vn
ρ Lup	5453	14 37 10.6	− 49 22 49		4.05	−0.56	−0.15	B5 V
33 Boo	5468	14 38 26.8	+ 44 26 58	fm6	5.39	−0.04	0.00	A1 V
α² Cen	5460	14 38 51.9	− 60 47 42	fdm	1.33	+0.63	+0.88	K1 V
α¹ Cen	5459	14 38 53.4	− 60 47 26	fdm	−0.01	+0.33	+0.71	G2 V
30 ζ Boo	5478	14 40 38.8	+ 13 46 23	cdm8	4.43	+0.05	+0.05	A3 IVn
30 ζ Boo	5477	14 40 38.9	+ 13 46 22	cdm8	4.83	+0.05	+0.05	A3 IVn
α Lup	5469	14 41 13.6	− 47 20 37	fd	2.30	−0.89	−0.20	B1.5 III
	5471	14 41 18.3	− 37 44 56		4.00	−0.70	−0.17	B3 V
α Cir	5463	14 41 38.9	− 64 55 48	fd	3.19	+0.12	+0.24	F1 Vp
107 μ Vir	5487	14 42 30.4	− 5 36 47	f	3.88	−0.02	+0.38	F3 IV
34 Boo	5490	14 42 57.7	+ 26 34 20	fv	4.81	+1.94	+1.66	M3 IIIa
	5485	14 43 00.7	− 35 07 44	f	4.05	+1.53	+1.35	gK5
36 ε Boo	5506	14 44 31.7	+ 27 07 05	dm	2.40		+0.96	K0 II−III

Name		B.S.	Right Ascension	Declination	Notes	V	U - B	B - V	Spectral Type
			h m s	o ′ ″					
109	Vir	5511	14 45 43.0	+ 1 56 12	f	3.72	−0.03	−0.01	A0 V
		5495	14 46 16.9	− 52 20 23	fdm	5.21		+0.98	G8 III
α	Aps	5470	14 46 31.2	− 79 00 04	f	3.83	+1.68	+1.43	K3 III
56	Hya	5516	14 47 07.9	− 26 02 38	f	5.24	+0.65	+0.94	gG5
58	Hya	5526	14 49 40.2	− 27 55 02		4.41	+1.49	+1.40	gK4
8 α¹	Lib	5530	14 50 06.3	− 15 57 15	fd	5.15	−0.03	+0.41	F3 V
9 α²	Lib	5531	14 50 17.8	− 15 59 55	fd	2.75	+0.09	+0.15	A2 IV
7 β	UMi	5563	14 50 43.7	+ 74 11 54	f	2.08	+1.78	+1.47	K4 III
o	Lup	5528	14 50 57.0	− 43 31 57	d7	4.32	−0.61	−0.15	B5 IV
		5552	14 51 10.4	+ 59 20 11	f	5.46	+1.60	+1.36	K4 III
		5558	14 55 05.9	− 33 48 49	fdm	5.34			A0 V
15 ξ²	Lib	5564	14 56 11.9	− 11 22 04	fm	5.46		+1.49	gK4
16	Lib	5570	14 56 38.0	− 4 18 15		4.49	+0.05	+0.32	F0 IV
		5589	14 57 24.8	+ 65 58 27	fv	4.60	+1.59	+1.59	M5 III
β	Lup	5571	14 57 50.5	− 43 05 32	f	2.68	−0.87	−0.22	B2 III
κ	Cen	5576	14 58 28.5	− 42 03 46	fd	3.13	−0.79	−0.20	B2 IV
19 δ	Lib	5586	15 00 24.6	− 8 28 40	fv	4.92	−0.10	0.00	B9.5 V
42 β	Boo	5602	15 01 33.0	+ 40 25 54	f	3.50	+0.72	+0.97	G8 III
110	Vir	5601	15 02 22.2	+ 2 07 55		4.40	+0.88	+1.04	K0 III
20 σ	Lib	5603	15 03 27.2	− 25 14 28	f	3.29	+1.94	+1.70	M3.5 III
43 ψ	Boo	5616	15 03 59.7	+ 26 59 18	f	4.54	+1.33	+1.24	K2 III
		5635	15 05 58.7	+ 54 35 47	f	5.25	+0.64	+0.96	G8 III
45	Boo	5634	15 06 50.4	+ 24 54 35	f	4.93	−0.02	+0.43	F5 V
λ	Lup	5626	15 08 07.9	− 45 14 24	d7	4.05	−0.68	−0.18	B3 V
κ	Lup	5646	15 11 12.0	− 48 41 55	fd	3.87	−0.13	−0.05	B9.5 Vn
ζ	Lup	5649	15 11 31.6	− 52 03 36	fd	3.41	+0.66	+0.92	G8 III
24 ι	Lib	5652	15 11 37.3	− 19 45 09	fd	4.54	−0.35	−0.08	A0p
1	Lup	5660	15 13 58.6	− 31 28 50	f	4.91	+0.28	+0.37	F1 II
		5691	15 14 30.9	+ 67 23 11	f	5.13	+0.08	+0.53	F8 V
3	Ser	5675	15 14 40.0	+ 4 58 40	f	5.33	+0.91	+1.09	gK0
49 δ	Boo	5681	15 15 04.8	+ 33 21 13	fd	3.49	+0.68	+0.95	G8 III CN−1
27 β	Lib	5685	15 16 26.5	− 9 20 41	f	2.61	−0.36	−0.11	B8 V
β	Cir	5670	15 16 41.2	− 58 45 46	f	4.07	+0.09	+0.09	A3 V
2	Lup	5686	15 17 11.4	− 30 06 38		4.34	+1.07	+1.10	gK0
μ	Lup	5683	15 17 47.9	− 47 50 13	d7	4.27	−0.37	−0.08	B8 V
γ	TrA	5671	15 17 55.1	− 68 38 30	f	2.89	−0.02	0.00	A0 IV
δ	Lup	5695	15 20 40.8	− 40 36 37	f	3.22	−0.89	−0.22	B1.5 IV
13 γ	UMi	5735	15 20 44.3	+ 71 52 17	f	3.05	+0.12	+0.05	A3 II−III
φ¹	Lup	5705	15 21 08.3	− 36 13 26	fd	3.56	+1.88	+1.54	gK5
ε	Lup	5708	15 21 57.9	− 44 39 08	d7	3.37	−0.75	−0.18	B2 IV−V
φ²	Lup	5712	15 22 29.0	− 36 49 17	f	4.54	−0.63	−0.15	B4 V
γ	Cir	5704	15 22 32.2	− 59 17 01	c27	4.51	−0.35	+0.19	B5 IV
51 μ¹	Boo	5733	15 24 05.6	+ 37 24 49	fd	4.31	+0.07	+0.31	F2 III−IV
12 ι	Dra	5744	15 24 41.7	+ 59 00 09	f	3.29	+1.22	+1.16	K2 III
9 τ¹	Ser	5739	15 25 18.2	+ 15 27 52		5.17	+1.95	+1.66	M1 IIIa
3 β	CrB	5747	15 27 23.8	+ 29 08 30	f	3.68	+0.11	+0.28	F0p
κ¹	Aps	5730	15 30 21.1	− 73 21 15	fd	5.49	−0.77	−0.12	B1pne2
52 ν¹	Boo	5763	15 30 33.1	+ 40 52 07	f	5.02	+1.90	+1.59	M0− IIIab
4 θ	CrB	5778	15 32 30.4	+ 31 23 39	f	4.14	−0.54	−0.13	B6 Vnn
37	Lib	5777	15 33 36.2	− 10 01 45	f	4.62	+0.86	+1.01	K1 IVa

Name	B.S.	Right Ascension	Declination	Notes	V	U - B	B - V	Spectral Type
		h m s	° ′ ″					
5 α CrB	5793	15 34 14.6	+ 26 44 59	fv	2.23	−0.02	−0.02	A0 V
13 δ Ser	5789	15 34 18.0	+ 10 34 26	dm	4.23			F0 IV
γ Lup	5776	15 34 26.3	− 41 07 56	d7	2.78	−0.82	−0.20	B2 IV
38 γ Lib	5787	15 34 56.3	− 14 45 18	fd1	3.91	+0.74	+1.01	G8 III CN−1
	5784	15 35 28.8	− 44 21 44	f	5.43		+1.50	K4/5 III
ε TrA	5771	15 35 45.0	− 66 16 57	fd	4.11	+1.16	+1.17	K1/2 III
39 υ Lib	5794	15 36 23.1	− 28 06 03	fd	3.58	+1.58	+1.38	K3 III
ω Lup	5797	15 37 20.6	− 42 32 01	d	4.33	+1.72	+1.42	K4.5 III
54 φ Boo	5823	15 37 27.0	+ 40 23 14	f	5.24	+0.53	+0.88	G8 III−IV
40 τ Lib	5812	15 38 00.6	− 29 44 38		3.66	−0.70	−0.17	B2.5 V
	5798	15 38 02.4	− 52 20 20	f	5.44		0.00	B9 V
43 κ Lib	5838	15 41 20.4	− 19 38 43	f6	4.74	+1.95	+1.57	K5 III
8 γ CrB	5849	15 42 18.1	+ 26 19 42	d7	3.84	−0.04	0.00	A0 IV
24 α Ser	5854	15 43 45.0	+ 6 27 29	fd	2.65	+1.24	+1.17	K2 III CN 1.5
16 ζ UMi	5903	15 44 25.0	+ 77 49 38	f	4.32	+0.05	+0.04	A3 Vn
28 β Ser	5867	15 45 42.2	+ 15 27 15	fd	3.67	+0.08	+0.06	A2 IV
27 λ Ser	5868	15 45 56.0	+ 7 23 08		4.43	+0.11	+0.60	G0 V
	5886	15 46 30.3	+ 62 37 55	f	5.19		+0.04	A2 IV
35 κ Ser	5879	15 48 16.0	+ 18 10 25	f	4.09	+1.95	+1.62	M1− IIIab
32 μ Ser	5881	15 49 04.3	− 3 23 55	f6	3.54	−0.11	−0.04	A0 V̇
10 δ CrB	5889	15 49 09.2	+ 26 06 00	s	4.63	+0.37	+0.80	G5 III−IV
5 χ Lup	5883	15 50 17.4	− 33 35 45	f	3.95	−0.13	−0.04	Ap
37 ε Ser	5892	15 50 17.5	+ 4 30 32	f	3.71	+0.11	+0.15	A2m
11 κ CrB	5901	15 50 50.2	+ 35 41 22	fs	4.82	+0.87	+1.00	K1 IVa
1 χ Her	5914	15 52 18.7	+ 42 28 50	f	4.62	0.00	+0.56	F9 V
45 λ Lib	5902	15 52 43.4	− 20 08 11	f	5.03	−0.56	−0.01	B2.5 V
46 θ Lib	5908	15 53 13.6	− 16 41 57		4.15	+0.81	+1.02	K0 III−IV
β TrA	5897	15 54 12.6	− 63 23 57	f	2.85	+0.05	+0.29	F2 III
41 γ Ser	5933	15 55 58.1	+ 15 41 44	f	3.85	−0.03	+0.48	F6 V
5 ρ Sco	5928	15 56 14.1	− 29 11 02	d	3.88	−0.82	−0.20	B2 IV−V
13 ε CrB	5947	15 57 09.2	+ 26 54 28	fsd3	4.15	+1.28	+1.23	K2 III
	5960	15 57 32.4	+ 54 46 45	f	4.95	+0.05	+0.26	F0 IV
48 Lib	5941	15 57 36.0	− 14 14 59	f6	4.88	−0.20	−0.10	B5 IIIp
6 π Sco	5944	15 58 12.9	− 26 05 04	fcd	2.89	−0.91	−0.19	B1 V + B2
	5943	15 58 47.2	− 41 42 54	f	4.99		+1.00	K0 II/III
T CrB	5958	15 59 03.8	+ 25 56 59	vm	2−11			pec
η Lup	5948	15 59 25.4	− 38 22 03	d8	3.43	−0.83	−0.22	B2.5 IV
7 δ Sco	5953	15 59 42.7	− 22 35 33	f	2.32	−0.91	−0.12	B0.3 IV
49 Lib	5954	15 59 44.2	− 16 30 11	f6	5.47	+0.03	+0.52	F8 V
13 θ Dra	5986	16 01 41.5	+ 58 35 35	f	4.01	+0.10	+0.52	F8 IV−V
ξ Sco	5977	16 03 47.4	− 11 20 41	cd7	4.16	+0.03	+0.45	F6 IV
8 β¹ Sco	5984	16 04 49.5	− 19 46 38	fd	2.62	−0.87	−0.07	B0.5 V
8 β² Sco	5985	16 04 49.8	− 19 46 26	sd	4.92	−0.70	−0.02	B2 V
δ Nor	5980	16 05 44.8	− 45 08 44	f	4.72	+0.15	+0.23	A1m
θ Lup	5987	16 05 54.1	− 36 46 28	f	4.23	−0.70	−0.17	B2.5 Vn
9 ω¹ Sco	5993	16 06 11.5	− 20 38 29	s	3.96	−0.81	−0.04	B1 V
10 ω² Sco	5997	16 06 47.3	− 20 50 27		4.32	+0.50	+0.84	gG2
7 κ Her	6008	16 07 36.1	+ 17 04 28	fd	5.00	+0.61	+0.95	G8 III
11 φ Her	6023	16 08 26.3	+ 44 57 44	f	4.26	−0.28	−0.07	B9p
16 τ CrB	6018	16 08 35.2	+ 36 31 02	fd	4.76	+0.86	+1.01	K0 IIIb−IVa

Name	B.S.	Right Ascension	Declination	Notes	V	U - B	B - V	Spectral Type
		h m s	° ′ ″					
19 UMi	6079	16 11 06.9	+ 75 54 15	f	5.48	−0.45	−0.15	B8 V
14 ν Sco	6027	16 11 23.0	− 19 26 02	d	4.01	−0.65	+0.04	B2 IVp
κ Nor	6024	16 12 38.8	− 54 36 15	fd	4.94	+0.78	+1.04	G8 III
1 δ Oph	6056	16 13 47.7	− 3 40 04	f	2.74	+1.96	+1.58	M0.5 III
δ TrA	6030	16 14 28.6	− 63 39 35	fd	3.85	+0.86	+1.11	G2 II
2 ε Oph	6075	16 17 45.9	− 4 40 03	f	3.24	+0.75	+0.96	K0− III
21 η UMi	6116	16 17 48.2	+ 75 46 47	f	4.95	+0.08	+0.37	F5 V
δ¹ Aps	6020	16 18 45.1	− 78 40 15	fd	4.68	+1.69	+1.69	M5 IIb
	6077	16 18 52.8	− 30 52 55	fd	5.49	−0.01	+0.47	F6 III
γ² Nor	6072	16 19 03.1	− 50 07 50	fd	4.02	+1.16	+1.08	K0 III
22 τ Her	6092	16 19 25.5	+ 46 20 17	fd3	3.89	−0.56	−0.15	B5 IV
20 σ Sco	6084	16 20 32.9	− 25 34 06	fvd	2.89	−0.70	+0.13	B1 III
20 γ Her	6095	16 21 27.4	+ 19 10 38	fd	3.75	+0.18	+0.27	A9 III
50 σ Ser	6093	16 21 32.4	+ 1 03 11	f	4.82	+0.04	+0.34	F3 V
4 ψ Oph	6104	16 23 29.3	− 20 00 48		4.50	+0.82	+1.01	K0 III
14 η Dra	6132	16 23 50.8	+ 61 32 16	d7	2.74	+0.70	+0.91	G8 III
24 ω Her	6117	16 24 55.9	+ 14 03 25	fd	4.57	−0.04	0.00	B9p
ε Nor	6115	16 26 24.7	− 47 31 55	d7	4.47	−0.54	−0.07	B4 V
7 χ Oph	6118	16 26 24.8	− 18 25 59	v	4.42	−0.75	+0.28	B1.5 Ve4
ζ TrA	6098	16 27 19.8	− 70 03 43	f	4.91	+0.04	+0.55	F9 V
15 Dra	6161	16 28 00.0	+ 68 47 27	f	5.00	−0.12	−0.06	A0 III
21 α Sco	6134	16 28 45.8	− 26 24 34	fvd	0.96	+1.34	+1.83	M1.5: Iab
27 β Her	6148	16 29 46.1	+ 21 30 43	f	2.77	+0.69	+0.94	G8 III
10 λ Oph	6149	16 30 23.0	+ 2 00 23	d7	3.82	+0.01	+0.01	A2 V
8 φ Oph	6147	16 30 32.2	− 16 35 26	d	4.28	+0.72	+0.92	G8 III
	6143	16 30 41.7	− 34 40 56	f	4.23	−0.80	−0.16	B2 III
9 ω Oph	6153	16 31 30.7	− 21 26 40		4.45	+0.13	+0.13	Ap
γ Aps	6102	16 31 48.9	− 78 52 31	f	3.89	+0.62	+0.91	G8/K0 III
35 σ Her	6168	16 33 45.9	+ 42 27 30	f	4.20	−0.10	−0.01	A1 Vn
23 τ Sco	6165	16 35 13.7	− 28 11 42	fs	2.82	−1.03	−0.25	B0 V
	6166	16 35 41.0	− 35 14 05		4.16	+1.94	+1.57	gK6
13 ζ Oph	6175	16 36 34.8	− 10 32 47	f	2.56	−0.86	+0.02	O9.5 Vnn
42 Her	6200	16 38 27.7	+ 48 56 55	fd1	4.90		+1.55	M3− IIIab
40 ζ Her	6212	16 40 53.4	+ 31 37 17	d7	2.81	+0.21	+0.65	G1 IV
	6196	16 40 57.9	− 17 43 21	f	4.96	+0.87	+1.11	G8 II
β Aps	6163	16 41 33.7	− 77 29 49	d	4.24	+0.95	+1.06	K0 III
44 η Her	6220	16 42 32.2	+ 38 56 31	f	3.53	+0.60	+0.92	G7 III−IV
	6237	16 45 05.8	+ 56 48 02	f	4.85	−0.06	+0.38	F5 V
22 ε UMi	6322	16 47 01.1	+ 82 03 21	fvd	4.23	+0.55	+0.89	G5 III
α TrA	6217	16 47 32.8	− 69 00 35	f	1.92	+1.56	+1.44	K2 IIb−IIIa
η Ara	6229	16 48 52.5	− 59 01 25	fd	3.76	+1.94	+1.57	K5 III
20 Oph	6243	16 49 15.1	− 10 45 54	f	4.65	+0.07	+0.47	F7 III
26 ε Sco	6241	16 49 28.9	− 34 16 30	f	2.29	+1.27	+1.15	K2.5 III
μ¹ Sco	6247	16 51 09.5	− 38 01 49	fvd	3.08	−0.87	−0.20	B1.5 IV
51 Her	6270	16 51 19.1	+ 24 40 25	f	5.04	+1.29	+1.25	K2 II−III
μ² Sco	6252	16 51 37.4	− 38 00 01	d	3.57	−0.85	−0.21	B2 IV
53 Her	6279	16 52 34.1	+ 31 43 07	f	5.32	−0.02	+0.29	F2 V
25 ι Oph	6281	16 53 30.6	+ 10 10 56	f	4.38	−0.32	−0.08	B8 V
ζ² Sco	6271	16 53 50.6	− 42 20 39		3.62	+1.65	+1.37	K4 III
27 κ Oph	6299	16 57 10.3	+ 9 23 27	fsv	3.20	+1.18	+1.15	K2 III

Name	B.S.	Right Ascension	Declination	Notes	V	U - B	B - V	Spectral Type
		h m s	o ′ ″					
ζ Ara	6285	16 57 44.9	− 55 58 28	f	3.13	+1.97	+1.60	K3 III
ε¹ Ara	6295	16 58 44.7	− 53 08 43	f	4.06	+1.71	+1.45	K4 IIIab
58 ε Her	6324	16 59 53.3	+ 30 56 29	f	3.92	−0.10	−0.01	A0 V
30 Oph	6318	17 00 30.3	− 4 12 27	f	4.82	+1.83	+1.48	K4 III
59 Her	6332	17 01 13.1	+ 33 34 59	f	5.25	+0.02	+0.02	A3 IV
60 Her	6355	17 04 53.5	+ 12 45 17	fd1	4.91	+0.05	+0.12	A4 IV
22 ζ Dra	6396	17 08 45.3	+ 65 43 39	f	3.17	−0.43	−0.12	B6 III
35 η Oph	6378	17 09 46.5	− 15 42 45	d7	2.43	+0.09	+0.06	A2.5 V
η Sco	6380	17 11 24.0	− 43 13 34	f	3.33	+0.09	+0.41	F2 V
64 α¹ Her	6406	17 14 10.1	+ 14 24 06	svd	3.08	+1.01	+1.44	M5 Ib−II
65 δ Her	6410	17 14 36.0	+ 24 51 04	fd	3.14	+0.08	+0.08	A3 IV
67 π Her	6418	17 14 40.9	+ 36 49 14	f	3.16	+1.66	+1.44	K3 II
	6452	17 19 51.1	+ 18 04 03	f	5.00		+1.62	M1+ IIIab
53 ν Ser	6446	17 20 14.2	− 12 50 12	d7	4.33	+0.05	+0.03	A2 V
72 Her	6458	17 20 16.0	+ 32 28 51	fd	5.39	+0.07	+0.62	G0 V
40 ξ Oph	6445	17 20 22.4	− 21 06 08	d7	4.39	−0.05	+0.39	F1 Vs
ι Aps	6411	17 20 55.3	− 70 06 48	fd7	5.41	−0.23	−0.04	B8/9 Vn
42 θ Oph	6453	17 21 21.9	− 24 59 23	f	3.27	−0.86	−0.22	B2 IV
β Ara	6461	17 24 25.5	− 55 31 15	f	2.85	+1.56	+1.46	K3 Ib−IIa
γ Ara	6462	17 24 30.5	− 56 22 07	d	3.34	−0.96	−0.13	B1 Ib
44 Oph	6486	17 25 43.7	− 24 09 59	f	4.17	+0.12	+0.28	A9m:
49 σ Oph	6498	17 25 59.6	+ 4 08 56	fs	4.34	+1.62	+1.50	K2 II
	6493	17 26 04.4	− 5 04 41	f	4.54	−0.03	+0.39	F3 IIIs
45 Oph	6492	17 26 41.0	− 29 51 30	f	4.29	+0.09	+0.40	δ Del
34 ν Sco	6508	17 30 03.0	− 37 17 18	f6	2.69	−0.82	−0.22	B2 IV
δ Ara	6500	17 30 08.9	− 60 40 34	fd	3.62	−0.31	−0.10	B8 Vn
23 β Dra	6536	17 30 11.7	+ 52 18 32	fsd	2.79	+0.64	+0.98	G2 Ib
76 λ Her	6526	17 30 18.8	+ 26 07 05	f	4.41	+1.68	+1.44	K4 III
α Ara	6510	17 31 01.7	− 49 52 07	fd	2.95	−0.69	−0.17	B2 Vne2
24 ν¹ Dra	6554	17 31 58.1	+ 55 11 28	fd	4.88	+0.04	+0.26	Am
27 Dra	6566	17 32 00.3	+ 68 08 30	f6	5.05	+0.92	+1.08	K0 III
25 ν² Dra	6555	17 32 03.6	+ 55 10 48	fd	4.87	+0.06	+0.28	Am
35 λ Sco	6527	17 32 53.7	− 37 05 49	f	1.63	−0.89	−0.22	B1.5 IV
55 α Oph	6556	17 34 26.8	+ 12 34 02	f	2.08	+0.10	+0.15	A5 III
23 δ UMi	6789	17 35 34.4	+ 86 35 35	f	4.36	+0.03	+0.02	A1 Vn
	6546	17 35 49.4	− 38 37 43		4.29	+0.90	+1.09	gK0
θ Sco	6553	17 36 33.8	− 42 59 31	f	1.87	+0.22	+0.40	F0 II
55 ξ Ser	6561	17 36 59.1	− 15 23 33	fd	3.54	+0.14	+0.26	F0 IV
28 ω Dra	6596	17 37 00.7	+ 68 45 46	f	4.80	−0.01	+0.43	F4 V
85 ι Her	6588	17 39 10.1	+ 46 00 42	fs	3.80	−0.69	−0.18	B3 IV
56 o Ser	6581	17 40 49.5	− 12 52 13		4.26	+0.10	+0.08	A2 V
κ Sco	6580	17 41 45.7	− 39 01 31	f	2.41	−0.89	−0.22	B1.5 III
31 ψ Dra	6636	17 42 07.4	+ 72 09 15	fd	4.58	+0.01	+0.42	F5 V
58 Oph	6595	17 42 48.0	− 21 40 44	f	4.87	−0.03	+0.47	F7 V:
84 Her	6608	17 42 55.7	+ 24 19 55	s	5.71	+0.27	+0.65	G2 IIIb
60 β Oph	6603	17 42 57.2	+ 4 34 16	f	2.77	+1.24	+1.16	K2 III
μ Ara	6585	17 43 18.6	− 51 49 46	f	5.15		+0.70	G5 V
η Pav	6582	17 44 42.1	− 64 43 12	f	3.62	+1.17	+1.19	K2 II
86 μ Her	6623	17 46 02.8	+ 27 43 35	fsd	3.42	+0.39	+0.75	G5 IV
ι¹ Sco	6615	17 46 51.0	− 40 07 26	fsd6	3.03	+0.27	+0.51	F2 Ia

Name	B.S.	Right Ascension	Declination	Notes	V	U - B	B - V	Spectral Type
		h m s	° ′ ″					
3 X Sgr	6616	17 46 54.0	− 27 49 39	fvm	4.20		+0.70	F3 II
62 γ Oph	6629	17 47 22.0	+ 2 42 38	f	3.75	+0.04	+0.04	A0 V
	6630	17 49 08.6	− 37 02 27	f	3.21	+1.19	+1.17	gK1
35 Dra	6701	17 49 55.1	+ 76 57 53	f	5.04	+0.08	+0.49	F7 IV
32 ξ Dra	6688	17 53 20.8	+ 56 52 27	f	3.75	+1.21	+1.18	K2 III
89 Her	6685	17 54 59.8	+ 26 03 04	fsv6	5.46	+0.27	+0.34	F2 Ib
91 θ Her	6695	17 55 53.6	+ 37 15 05	f	3.86	+1.46	+1.35	K1 IIa CN 2
33 γ Dra	6705	17 56 21.7	+ 51 29 24	fsd	2.23	+1.87	+1.52	K5 III
92 ξ Her	6703	17 57 21.4	+ 29 14 55	f	3.70	+0.70	+0.94	G8 III
94 ν Her	6707	17 58 06.1	+ 30 11 23		4.41	+0.15	+0.39	F2 II
64 ν Oph	6698	17 58 26.9	− 9 46 23	f	3.34	+0.88	+0.99	K0− IIIa CN−1
93 Her	6713	17 59 35.4	+ 16 45 04	f	4.67	+1.22	+1.26	K0 II−III
67 Oph	6714	18 00 07.2	+ 2 55 53	fsd	3.97	−0.62	+0.02	B5 Ib
68 Oph	6723	18 01 13.2	+ 1 18 18	d7	4.45	0.00	+0.02	A2 Vn
W Sgr	6742	18 04 21.0	− 29 34 52	vdm	4.30		+0.80	cG2v
70 Oph	6752	18 04 55.5	+ 2 30 05	d7	4.03	+0.54	+0.86	K0 V
10 γ Sgr	6746	18 05 08.0	− 30 25 30	f6	2.99	+0.77	+1.00	K0 III
θ Ara	6743	18 05 48.8	− 50 05 35	f	3.66	−0.85	−0.08	B2 Ib
72 Oph	6771	18 06 51.1	+ 9 33 43	fd	3.73	+0.10	+0.12	A4 IVs
103 o Her	6779	18 07 08.0	+ 28 45 38	fv	3.83	−0.07	−0.03	B9.5 V
	6791	18 07 09.8	+ 43 27 36	s6	5.00	+0.71	+0.91	G8 III CH−3 CN−1
π Pav	6745	18 07 34.2	− 63 40 12	6	4.35	+0.18	+0.22	A7p
102 Her	6787	18 08 18.6	+ 20 48 44	d2	4.36	−0.81	−0.16	B2 IV
ε Tel	6783	18 10 27.0	− 45 57 25	fd	4.53	+0.78	+1.01	K0 III
13 μ Sgr	6812	18 13 08.1	− 21 03 44	fvd	3.86	−0.49	+0.23	B9 Ia
36 Dra	6850	18 13 50.2	+ 64 23 37	f	5.03	−0.04	+0.38	F5 V
	6819	18 16 14.5	− 56 01 39	f6	5.33	−0.69	−0.05	B3 IIIep
η Sgr	6832	18 16 55.0	− 36 45 56	fd27	3.11	+1.71	+1.56	M3.5 III
1 κ Lyr	6872	18 19 29.6	+ 36 03 34	f	4.33	+1.19	+1.17	K2 III CN 1
19 δ Sgr	6859	18 20 19.3	− 29 50 00	fd	2.70	+1.55	+1.38	K2+ III
74 Oph	6866	18 20 20.6	+ 3 22 19	fd	4.86	+0.62	+0.91	G8 III
58 η Ser	6869	18 20 46.0	+ 2 54 08	f	3.26	+0.66	+0.94	K0 III−IV
43 φ Dra	6920	18 20 54.5	+ 71 19 57	d7	4.22	−0.33	−0.10	A0p
44 χ Dra	6927	18 21 14.8	+ 72 43 43	fd	3.57	−0.06	+0.49	F7 V
ξ Pav	6855	18 22 15.6	− 61 29 59	fd7	4.36	+1.55	+1.48	K4 III
109 Her	6895	18 23 15.0	+ 21 45 52	fs	3.84	+1.17	+1.18	K2.5 IIIab
20 ε Sgr	6879	18 23 28.5	− 34 23 25	fd	1.85	−0.13	−0.03	A0 V
39 Dra	6923	18 23 45.3	+ 58 47 40	d	4.98	+0.04	+0.08	A1 V
α Tel	6897	18 26 11.7	− 45 58 30	f	3.51	−0.64	−0.17	B3 IV
22 λ Sgr	6913	18 27 19.4	− 25 25 42	f	2.81	+0.89	+1.04	K2 III
ζ Tel	6905	18 28 01.4	− 49 04 39		4.13	+0.82	+1.02	G8/K0 III
γ Sct	6930	18 28 36.0	− 14 34 23	f	4.70	+0.06	+0.06	A3 Vn
60 Ser	6935	18 29 08.2	− 1 59 34	f	5.39	+0.76	+0.96	K0 III
θ Cra	6951	18 32 45.2	− 42 19 15	f	4.64	+0.76	+1.01	G8 III
α Sct	6973	18 34 38.2	− 8 15 07	f	3.85	+1.54	+1.33	K3 III
	6985	18 35 57.8	+ 9 06 49	f	5.39	−0.02	+0.37	F5 IIIs
3 α Lyr	7001	18 36 35.0	+ 38 46 25	fsd	0.03	−0.01	0.00	A0 Va
δ Sct	7020	18 41 41.9	− 9 03 48	fvd	4.72	+0.14	+0.35	F3 IIIp
ζ Pav	6982	18 41 48.8	− 71 26 18	fd	4.01	+1.02	+1.14	K2 III
ε Sct	7032	18 42 57.0	− 8 17 10	fd	4.90	+0.87	+1.12	G8 II

Name	B.S.	Right Ascension	Declination	Notes	V	U - B	B - V	Spectral Type
		h m s	° ′ ″					
6 ζ¹ Lyr	7056	18 44 24.7	+ 37 35 37	d	4.36	+0.16	+0.19	A4m
27 φ Sgr	7039	18 45 00.1	− 27 00 08	f	3.17	−0.36	−0.11	B8 III
110 Her	7061	18 45 12.6	+ 20 32 09	fd	4.19	+0.01	+0.46	F6 V
	7064	18 45 39.1	+ 26 39 02	f	4.83	+1.23	+1.20	K3 III
111 Her	7069	18 46 33.4	+ 18 10 10	f	4.36	+0.07	+0.13	A5 III
β Sct	7063	18 46 37.1	− 4 45 35	f	4.22	+0.81	+1.10	G4 IIa
50 Dra	7124	18 46 42.8	+ 75 25 19	fm	5.35		+0.05	A1 Vn
R Sct	7066	18 46 55.3	− 5 43 01	sv	5.20	+1.64	+1.47	K0 Ib:p Ca−1
η¹ Cra	7062	18 48 05.1	− 43 41 32	f	5.49		+0.13	A2 Vn
χ Oct	6721	18 48 47.5	− 87 37 07	f	5.28	+1.60	+1.28	K3 II
10 β Lyr	7106	18 49 41.5	+ 33 21 00	fcvd	3.45	−0.56	0.00	Bpe
47 o Dra	7125	18 51 02.8	+ 59 22 31	fd	4.66	+1.04	+1.19	K0 II−III
λ Pav	7074	18 51 14.8	− 62 12 02	fd	4.22	−0.89	−0.14	B2 II−III
12 δ² Lyr	7139	18 54 08.2	+ 36 53 06	vd	4.30	+1.65	+1.68	M4 II
52 υ Dra	7180	18 54 31.7	+ 71 17 00	f	4.82	+1.10	+1.15	K0 III
34 σ Sgr	7121	18 54 36.9	− 26 18 38	f	2.02	−0.75	−0.22	B2.5 V
13 R Lyr	7157	18 55 00.9	+ 43 55 55	fsv	4.04	+1.41	+1.59	M5 IIIv
63 θ¹ Ser	7141	18 55 41.9	+ 4 11 22	fd	4.61	+0.10	+0.16	A5 V
κ Pav	7107	18 55 52.4	− 67 14 52	vm	3.90		+0.60	F5 I−II
37 ξ² Sgr	7150	18 57 06.2	− 21 07 16	f	3.51	+1.13	+1.18	gK1
λ Tel	7134	18 57 37.5	− 52 57 12	fm6	5.03			A0 V
14 γ Lyr	7178	18 58 33.0	+ 32 40 29	fd1	3.24	−0.09	−0.05	B9 III
13 ε Aql	7176	18 59 08.8	+ 15 03 13	f6	4.02	+1.04	+1.08	K2 III
12 Aql	7193	19 01 07.2	− 5 45 16		4.02	+1.04	+1.09	K1 III
38 ζ Sgr	7194	19 01 56.7	− 29 53 46	d7	2.60	+0.06	+0.08	A2 III
39 o Sgr	7217	19 04 03.3	− 21 45 27	d	3.77	+0.85	+1.01	gG8
17 ζ Aql	7235	19 04 55.7	+ 13 50 50	fd2	2.99	−0.01	+0.01	A0 V:nn
16 λ Aql	7236	19 05 41.5	− 4 53 56	f	3.44	−0.27	−0.09	B9: V:n
γ Cra	7226	19 05 42.6	− 37 04 45	dm8	5.01	+0.02	+0.52	F7 IV−V
40 τ Sgr	7234	19 06 17.1	− 27 41 11	f6	3.32	+1.15	+1.19	K1 III
18 ι Lyr	7262	19 06 55.6	+ 36 05 00	f	5.28	−0.51	−0.11	B6 IV
α Cra	7254	19 08 45.5	− 37 55 18	f	4.11	+0.08	+0.04	A2 IV
41 π Sgr	7264	19 09 08.4	− 21 02 27	fd7	2.89	+0.22	+0.35	F2 II−III
β Cra	7259	19 09 18.5	− 39 21 30		4.11	+1.07	+1.20	gG3
20 Aql	7279	19 12 06.6	− 7 57 28	f	5.34	−0.44	+0.13	B3 V
57 δ Dra	7310	19 12 33.3	+ 67 38 35	f	3.07	+0.78	+1.00	G9 III
20 η Lyr	7298	19 13 24.1	+ 39 07 39	d	4.39	−0.65	−0.15	B2.5 IV
60 τ Dra	7352	19 15 45.4	+ 73 20 10	f6	4.45	+1.45	+1.25	K3 III
21 θ Lyr	7314	19 16 00.2	+ 38 06 53	f	4.36	+1.23	+1.26	K0+ II
1 κ Cyg	7328	19 16 51.6	+ 53 20 56	f	3.77	+0.74	+0.96	G9 III
43 Sgr	7304	19 17 01.3	− 18 58 20	fm	4.96		+1.02	G8 II
25 ω Aql	7315	19 17 19.4	+ 11 34 33	f	5.28	+0.22	+0.20	F0 IV
44 ρ¹ Sgr	7340	19 21 03.9	− 17 52 03		3.93	+0.13	+0.22	F0 IV−V
46 υ Sgr	7342	19 21 07.6	− 15 58 31	fv	4.61	−0.53	+0.10	Apep
β¹ Sgr	7337	19 21 53.1	− 44 28 46	fd	4.01	−0.39	−0.10	B8 V
β² Sgr	7343	19 22 27.8	− 44 49 13		4.29	+0.07	+0.34	F2 III
α Sgr	7348	19 23 09.6	− 40 38 11	f6	3.97	−0.33	−0.10	B8 V
31 Aql	7373	19 24 28.2	+ 11 55 17	f	5.16	+0.42	+0.77	G8 IV
30 δ Aql	7377	19 24 58.2	+ 3 05 36	f	3.36	+0.04	+0.32	F0 IV
6 α Vul	7405	19 28 16.1	+ 24 38 36	f	4.44	+1.81	+1.50	M1 IIIb

BRIGHT STARS, J1989.5

Name	B.S.	Right Ascension	Declination	Notes	V	U - B	B - V	Spectral Type
		h m s	° ′ ″					
10 ι Cyg	7420	19 29 26.5	+ 51 42 26	f	3.79	+0.11	+0.14	A5 Vn
36 Aql	7414	19 30 06.9	− 2 48 41	f	5.03	+2.05	+1.75	M1 IIIab
6 β Cyg	7417	19 30 17.9	+ 27 56 14	fcdm8	3.24	+0.62	+1.13	K3 II: + B:
8 Cyg	7426	19 31 22.9	+ 34 25 49	f	4.74	−0.65	−0.14	B3 IV
61 σ Dra	7462	19 32 22.9	+ 69 38 36	s	4.68	+0.38	+0.79	K0 V
38 μ Aql	7429	19 33 34.6	+ 7 21 22	fd	4.45	+1.26	+1.17	K3 IIIb
ι Tel	7424	19 34 26.4	− 48 07 21	f	4.90		+1.09	K0 III
52 Sgr	7440	19 36 04.2	− 24 54 27	fd3	4.60	−0.15	−0.07	B9
13 θ Cyg	7469	19 36 09.6	+ 50 11 47	fd	4.48	−0.03	+0.38	F4 V
41 ι Aql	7447	19 36 10.7	− 1 18 37	d	4.36	−0.44	−0.08	B5 III
39 κ Aql	7446	19 36 19.6	− 7 03 05	f	4.95	−0.87	0.00	B0.5 IIIn
5 α Sge	7479	19 39 37.6	+ 17 59 21	d	4.37	+0.43	+0.78	G1 IIab
54 Sgr	7476	19 40 07.3	− 16 19 04	fd	5.30	+1.06	+1.13	K2 III
	7495	19 40 30.8	+ 45 29 58	s	5.06	+0.15	+0.40	F5 II−III
6 β Sge	7488	19 40 34.6	+ 17 27 04	f	4.37	+0.89	+1.05	G⁹ IIIa CN 2
16 Cyg	7503	19 41 32.2	+ 50 30 02	sd	5.96	+0.19	+0.64	G3 V
16 Cyg	7504	19 41 35.2	+ 50 29 34	sd	6.20	+0.20	+0.66	G5 V
55 Sgr	7489	19 41 55.1	− 16 08 57	f6	5.06	+0.09	+0.33	F0 IVn:
10 Vul	7506	19 43 16.7	+ 25 44 47	f	5.49	+0.67	+0.93	G8 III
15 Cyg	7517	19 43 53.9	+ 37 19 43	f	4.89	+0.69	+0.95	G8 III
18 δ Cyg	7528	19 44 38.8	+ 45 06 17	d7	2.87	−0.10	−0.03	B9.5 III
56 Sgr	7515	19 45 45.0	− 19 47 13	fm	4.86		+0.93	K1 III
50 γ Aql	7525	19 45 45.6	+ 10 35 14	f	2.72	+1.68	+1.52	K3 II
7 δ Sge	7536	19 46 55.2	+ 18 30 28	fc	3.82	+0.96	+1.41	M2 II: + B:
ν Tel	7510	19 47 10.0	− 56 23 19	f	5.35		+0.20	A9 Vn
63 ε Dra	7582	19 48 12.7	+ 70 14 28	d7	3.83	+0.52	+0.89	G7 IIIb CN−1
χ Cyg	7564	19 50 09.6	+ 32 53 14	v	4.23	+0.96	+1.82	S7,2e
53 α Aql	7557	19 50 16.3	+ 8 50 24	fd	0.77	+0.08	+0.22	A7 IV,V
	7552	19 51 08.0	− 39 54 06	s6	5.33	−0.22	−0.06	A0: IV: (pec.metals)
	7589	19 51 40.1	+ 47 00 00	s	5.62	−0.97	−0.07	O9.5 Iab
9 Sge	7574	19 51 53.7	+ 18 38 40	s	6.23	−0.92	+0.01	O8 If
55 η Aql	7570	19 51 56.3	+ 0 58 41	fv	3.90	+0.51	+0.89	F7 Ibv
	7575	19 52 45.8	− 3 08 32	fs	5.65	+0.10	+0.20	A3: IV:kn Sr II
ι Sgr	7581	19 54 32.4	− 41 53 48	f	4.13	+0.90	+1.08	G8 III
60 β Aql	7602	19 54 47.9	ǀ 6 22 48	fd	3.71	ǀ 0.48	ǀ 0.86	G8 IV
21 η Cyg	7615	19 55 54.7	+ 35 03 19	fd	3.89	+0.89	+1.02	K0 III
61 Sgr	7614	19 57 21.3	− 15 31 12	fm	5.02		+0.05	A3 IV
12 γ Sge	7635	19 58 17.4	+ 19 27 48	fs	3.47	+1.93	+1.57	M0 III
θ¹ Sgr	7623	19 59 03.3	− 35 18 19	f	4.37	−0.67	−0.15	B2.5 IV
ε Pav	7590	19 59 23.5	− 72 56 22	f	3.96	−0.05	−0.03	A0 V
15 Vul	7653	20 00 40.1	+ 27 43 27	f	4.64	+0.16	+0.18	A4 III
62 Sgr	7650	20 02 00.8	− 27 44 23	f	4.58	+1.80	+1.65	gM4
ξ Tel	7673	20 06 35.1	− 52 54 42	f6	4.94	+1.84	+1.62	M1 IIab
δ Pav	7665	20 07 42.3	− 66 12 35	f	3.56	+0.45	+0.76	G6/8 IV
28 Cyg	7708	20 09 02.2	+ 36 48 30	f	4.93	−0.77	−0.13	B2.5 V
1 κ Cep	7750	20 09 15.4	+ 77 40 48	fd27	4.39	−0.11	−0.05	B9 III
65 θ Aql	7710	20 10 45.8	− 0 51 11	f	3.23	−0.14	−0.07	B9.5 III
33 Cyg	7740	20 13 09.3	+ 56 32 07	f6	4.30	+0.08	+0.11	A3 IV−Vn
31 o¹ Cyg	7735	20 13 18.1	+ 46 42 33	fcvd	3.79	+0.42	+1.28	K2 II + B3 V
67 ρ Aql	7724	20 13 47.5	+ 15 09 54	f	4.95	+0.01	+0.08	A2 V

Name	B.S.	Right Ascension	Declination	Notes	V	U - B	B - V	Spectral Type
		h m s	° ′ ″					
32 o² Cyg	7751	20 15 08.8	+ 47 40 54	cv	3.98	+1.03	+1.52	K3 Ib−II + B
24 Vul	7753	20 16 20.1	+ 24 38 18	fm	5.32		+0.95	G8 III
5 α¹ Cap	7747	20 17 04.0	− 12 32 28	fd	4.24	+0.78	+1.07	G3 Ib
34 P Cyg	7763	20 17 23.9	+ 38 00 00	s	4.81	−0.58	+0.42	P CYg
6 α² Cap	7754	20 17 28.4	− 12 34 40	fdm	3.56		+0.94	G9 III
9 β Cap	7776	20 20 25.3	− 14 48 54	fcd7	3.08	+0.28	+0.79	gK0: + late B
37 γ Cyg	7796	20 21 51.1	+ 40 13 22	fsd	2.20	+0.53	+0.68	F8 Ib
	7794	20 22 39.5	+ 5 18 32	f	5.31	+0.77	+0.97	G8 III−IV
39 Cyg	7806	20 23 26.4	+ 32 09 21	s	4.43	+1.50	+1.33	K3 III
α Pav	7790	20 24 49.3	− 56 46 10	f	1.94	−0.71	−0.20	B2.5 V
41 Cyg	7834	20 28 58.0	+ 30 19 59	f	4.01	+0.27	+0.40	F5 II
69 Aql	7831	20 29 06.1	− 2 55 15	f	4.91	+1.22	+1.15	K2 III
2 θ Cep	7850	20 29 24.4	+ 62 57 31	f	4.22	+0.16	+0.20	A7 III
73 Dra	7879	20 31 39.3	+ 74 55 08	fv	5.20	+0.11	+0.07	A0p
2 ε Del	7852	20 32 42.7	+ 11 16 02	f	4.03	−0.47	−0.13	B6 III
α Ind	7869	20 36 49.9	− 47 19 43	fd	3.11	+0.79	+1.00	K0 III CN−1
6 β Del	7882	20 37 03.4	+ 14 33 30	d	3.63	+0.08	+0.44	F5 IV
71 Aql	7884	20 37 47.8	− 1 08 32	d	4.32	+0.69	+0.95	G8 III
29 Vul	7891	20 38 03.2	+ 21 09 50	f	4.82	−0.08	−0.02	A0 V
7 κ Del	7896	20 38 37.2	+ 10 02 56	fd	5.05	+0.24	+0.71	G5 IV
9 α Del	7906	20 39 09.0	+ 15 52 28	fd	3.77	−0.21	−0.06	B9 IV
15 ν Cap	7900	20 39 27.2	− 18 10 34	f	5.10	+1.99	+1.66	gM2
49 Cyg	7921	20 40 37.0	+ 32 16 10	sd	5.51		+0.88	G8 IIb
50 α Cyg	7924	20 41 04.4	+ 45 14 33	fsd	1.25	−0.24	+0.09	A2 Ia
11 δ Del	7928	20 42 58.1	+ 15 02 11	fv	4.43	+0.10	+0.32	F0 IVp
η Ind	7920	20 43 16.3	− 51 57 33	f	4.51	+0.09	+0.27	A9 III−IV
β Pav	7913	20 44 01.3	− 66 14 30	f	3.42	+0.12	+0.16	A7 III
3 η Cep	7957	20 45 04.6	+ 61 47 52	fd	3.43	+0.62	+0.92	K0 IV
	7955	20 45 05.5	+ 57 32 31	f	4.51	+0.10	+0.54	F8 IV−V
52 Cyg	7942	20 45 13.7	+ 30 40 52	d2	4.22	+0.89	+1.05	K0 III
16 ψ Cap	7936	20 45 28.5	− 25 18 33	f	4.14	+0.02	+0.43	F4 V
53 ε Cyg	7949	20 45 47.2	+ 33 55 50	fd	2.46	+0.87	+1.03	K0− III
12 γ² Del	7948	20 46 10.3	+ 16 05 10	fd	4.27	+0.97	+1.04	K1 IV
54 λ Cyg	7963	20 47 00.0	+ 36 27 07	d7	4.53	−0.49	−0.11	B6 IV
2 ε Aqr	7950	20 47 06.5	− 9 32 05	f	3.77	+0.02	0.00	A1 V
3 Aqr	7951	20 47 11.0	− 5 04 00	f	4.42	+1.92	+1.65	M3 III
ι Mic	7943	20 47 46.6	− 44 01 38	fd7	5.11	+0.06	+0.35	F1 IV
55 Cyg	7977	20 48 34.9	+ 46 04 30	sd1	4.84	−0.45	+0.41	B3 Ia
18 ω Cap	7980	20 51 11.8	− 26 57 32	f	4.11	+1.93	+1.64	K5 III
6 μ Aqr	7990	20 52 05.3	− 9 01 23	f	4.73	+0.11	+0.32	A3m
β Ind	7986	20 53 59.7	− 58 29 40	f	3.65	+1.23	+1.25	K1 II
32 Vul	8008	20 54 06.8	+ 28 01 02	f	5.01	+1.79	+1.48	K4 III
	8023	20 56 12.5	+ 44 53 03	s	5.96	−0.85	+0.05	O6 V
58 ν Cyg	8028	20 56 46.9	+ 41 07 35	f6	3.94	0.00	+0.02	A1 Vn
33 Vul	8032	20 57 48.2	+ 22 17 06	f	5.31		+1.40	gK4
20 Cap	8033	20 59 00.4	− 19 04 35	sm	6.23			A0 III (Si II)
σ Oct	7228	20 59 06.8	− 88 59 55	f	5.47	+0.13	+0.27	F0 III
59 Cyg	8047	20 59 28.1	+ 47 28 47	fvd	4.74	−0.94	−0.05	B1.5 Ve2nn
γ Mic	8039	21 00 38.9	− 32 17 57	fd	4.67	+0.54	+0.89	gG4
ζ Mic	8048	21 02 17.9	− 38 40 23	fm	5.35			F3 V

Name	B.S.	Right Ascension	Declination	Notes	V	U - B	B - V	Spectral Type
		h m s	° ′ ″					
α Oct	8021	21 03 28.3	− 77 03 53	f6	5.15	+0.13	+0.49	F4 III
62 ξ Cyg	8079	21 04 32.9	+ 43 53 08	fs6	3.72	+1.83	+1.65	K4.5 Ib−II
23 θ Cap	8075	21 05 21.5	− 17 16 30	f	4.07	+0.01	−0.01	A1 V
61 A Cyg	8085	21 06 25.7	+ 38 41 51	fsd	5.21	+1.11	+1.18	K5 V
61 B Cyg	8086	21 06 27.0	+ 38 41 25	sd	6.03	+1.23	+1.37	K7 V
24 Cap	8080	21 06 30.9	− 25 02 54	fd	4.50	+1.93	+1.61	gM1
13 ν Aqr	8093	21 09 01.4	− 11 24 53	f	4.51	+0.70	+0.94	G8 III
5 γ Equ	8097	21 09 49.9	+ 10 05 20	fd	4.69	+0.10	+0.26	F0pv
o Pav	8092	21 12 22.2	− 70 10 11	f6	5.02	+1.56	+1.58	M1/2 III
64 ζ Cyg	8115	21 12 29.3	+ 30 11 01	fs	3.20	+0.76	+0.99	G8+ III−IIIa Ba 0.6
	8110	21 12 40.1	− 27 39 45	f	5.42		+1.42	K5 III
7 δ Equ	8123	21 13 58.2	+ 9 57 51	d7	4.49	−0.01	+0.50	G1 V
65 τ Cyg	8130	21 14 22.3	+ 38 00 01	d7	3.72	+0.02	+0.39	F3 IV
8 α Equ	8131	21 15 18.0	+ 5 12 15	fc6	3.92	+0.29	+0.53	G0 III + A5 V
67 σ Cyg	8143	21 17 00.2	+ 39 21 01	f	4.23	−0.39	+0.12	B9 Ia
ε Mic	8135	21 17 18.2	− 32 13 01	f	4.71	+0.02	+0.06	A1 V
66 υ Cyg	8146	21 17 29.1	+ 34 51 09	fd	4.43	−0.82	−0.11	B2 Ve1+
5 α Cep	8162	21 18 19.8	+ 62 32 27	fd	2.44	+0.11	+0.22	A7 IV,V
θ Ind	8140	21 19 07.4	− 53 29 39	d27	4.39	+0.12	+0.19	A5 V
θ¹ Mic	8151	21 20 05.5	− 40 51 16	f	4.82	−0.07	+0.02	Ap
1 Peg	8173	21 21 36.0	+ 19 45 33	fd	4.08	+1.06	+1.11	K1 III
32 ι Cap	8167	21 21 39.8	− 16 52 47	f	4.28	+0.58	+0.90	G8 III
18 Aqr	8187	21 23 37.1	− 12 55 25	f	5.49		+0.29	F1 V
69 Cyg	8209	21 25 21.2	+ 36 37 19	sd	5.94	−0.94	−0.08	B0 Ib
γ Pav	8181	21 25 35.1	− 65 24 52	f	4.22	−0.12	+0.49	F6 Vp
34 ζ Cap	8204	21 26 04.2	− 22 27 26	fd	3.74	+0.59	+1.00	G4 Ib:p
36 Cap	8213	21 28 07.6	− 21 51 12		4.51	+0.60	+0.91	gG5
8 β Cep	8238	21 28 31.7	+ 70 30 52	fvd	3.23	−0.95	−0.22	B1 III
71 Cyg	8228	21 29 03.7	+ 46 29 39	f	5.24	+0.80	+0.97	K0 III
2 Peg	8225	21 29 28.3	+ 23 35 33	fd	4.57	+1.93	+1.62	M1 III
22 β Aqr	8232	21 31 00.4	− 5 37 04	fsd	2.91	+0.56	+0.83	G0 Ib
73 ρ Cyg	8252	21 33 35.1	+ 45 32 43	f	4.02	+0.56	+0.89	G8 III CN−1
74 Cyg	8266	21 36 31.7	+ 40 21 58	f	5.01		+0.18	A5 V
23 ξ Aqr	8264	21 37 11.6	− 7 54 06	f	4.69	+0.13	+0.17	A7 V
5 Peg	8267	21 37 15.9	+ 19 16 16	f	5.45	+0.14	+0.30	F1 IV
9 Cep	8279	21 37 38.3	+ 62 02 04	s	4.73	−0.53	+0.30	B2 Ib
40 γ Cap	8278	21 39 30.6	− 16 42 36	f	3.68	+0.20	+0.32	Am
75 Cyg	8284	21 39 46.3	+ 43 13 33	sd	5.11	+1.90	+1.60	M1 III
ν Oct	8254	21 40 20.3	− 77 26 15	fd	3.76	+0.89	+1.00	K0 III
11 Cep	8317	21 41 46.2	+ 71 15 47	f	4.56	+1.10	+1.10	K0 III
μ Cep	8316	21 43 11.1	+ 58 43 54	sd	4.08	+2.42	+2.35	M2 Ia
8 ε Peg	8308	21 43 40.2	+ 9 49 36	fsd	2.39	+1.70	+1.53	K2 Ib
9 Peg	8313	21 44 00.9	+ 17 18 05	s	4.34	+1.00	+1.17	G5 Ib
10 κ Peg	8315	21 44 10.2	+ 25 35 47	d7	4.13	+0.03	+0.43	F5 IV
9 ι PsA	8305	21 44 19.4	− 33 04 27	fd	4.34	−0.11	−0.05	Ap
10 ν Cep	8334	21 45 08.7	+ 61 04 20	f	4.29	+0.13	+0.52	A2 Ia
81 π² Cyg	8335	21 46 24.3	+ 49 15 39	f	4.23	−0.71	−0.12	B2.5 III
49 δ Cap	8322	21 46 27.7	− 16 10 31	fvd	2.87	+0.09	+0.29	Am
14 Peg	8343	21 49 22.8	+ 30 07 30	f	5.04	+0.03	−0.03	A1 Vs
o Ind	8333	21 49 54.7	− 69 40 44	f	5.53	+1.63	+1.37	K2/3 III

Name	B.S.	Right Ascension	Declination	Notes	V	U - B	B - V	Spectral Type
		h m s	° ′ ″					
16 Peg	8356	21 52 35.1	+ 25 52 32	f	5.08	−0.67	−0.17	B3 V
51 μ Cap	8351	21 52 43.5	− 13 36 06	f	5.08	−0.01	+0.37	F2 V
γ Gru	8353	21 53 17.7	− 37 24 53	f	3.01	−0.37	−0.12	B8 III
13 Cep	8371	21 54 31.9	+ 56 33 41	s	5.80	−0.02	+0.73	B8 Ib
δ Ind	8368	21 57 12.5	− 55 02 34	fd7	4.40	+0.10	+0.28	F0 IV
ε Ind	8387	22 02 33.8	− 56 49 46	f	4.69	+0.99	+1.06	K5 V
17 ξ Cep	8417	22 03 29.2	+ 64 34 36	d	4.29	+0.09	+0.34	A3m
20 Cep	8426	22 04 41.3	+ 62 44 03	f	5.27	+1.78	+1.41	K4 III
19 Cep	8428	22 04 49.4	+ 62 13 43	sd	5.11	−0.84	+0.08	O9 Ib
34 α Aqr	8414	22 05 14.7	− 0 22 16	fs	2.96	+0.74	+0.98	G2 Ib
λ Gru	8411	22 05 29.1	− 39 35 40	f	4.46	+1.66	+1.37	K3 III
33 ι Aqr	8418	22 05 52.3	− 13 55 15	f	4.27	−0.29	−0.07	B9 IV−V
24 ι Peg	8430	22 06 31.3	+ 25 17 37	f	3.76	−0.04	+0.44	F5 V
α Gru	8425	22 07 34.5	− 47 00 44	fd	1.74	−0.47	−0.13	B7 IV
14 μ PsA	8431	22 07 46.4	− 33 02 24	f	4.50	+0.05	+0.05	A2 V
29 π Peg	8454	22 09 31.2	+ 33 07 35	f	4.29	+0.18	+0.46	F3 II
24 Cep	8468	22 09 36.4	+ 72 17 22	f	4.79	+0.61	+0.92	G8 III
26 θ Peg	8450	22 09 40.2	+ 6 08 45	f5	3.53	+0.10	+0.08	A2 V
21 ζ Cep	8465	22 10 29.4	+ 58 08 58	f6	3.35	+1.71	+1.57	K1.5 Ib
22 λ Cep	8469	22 11 09.3	+ 59 21 45	s	5.04	−0.74	+0.25	O6 If
	8485	22 13 25.6	+ 39 39 45	fd	4.49	+1.45	+1.39	K3 III
16 λ PsA	8478	22 13 43.2	− 27 49 09	f	5.43	−0.55	−0.16	B8 III
	8546	22 14 09.4	+ 86 03 20	f	5.27	−0.11	−0.03	B9.5 Vn
23 ε Cep	8494	22 14 38.7	+ 56 59 28		4.19	+0.04	+0.28	F0 IV
1 Lac	8498	22 15 30.7	+ 37 41 47		4.13	+1.63	+1.46	K3 II−III
43 θ Aqr	8499	22 16 16.8	− 7 50 09	f	4.16	+0.81	+0.98	G8 III−IV
α Tuc	8502	22 17 47.4	− 60 18 44	fd	2.86	+1.54	+1.39	K3 III
ε Oct	8481	22 18 53.6	− 80 29 33	f	5.10	+1.09	+1.47	M6 III
31 Peg	8520	22 21 00.1	+ 12 09 07	f	5.01	−0.81	−0.13	B2 IV−V
47 Aqr	8516	22 21 01.0	− 21 39 04	fm	5.13		+1.07	gK2
48 γ Aqr	8518	22 21 06.9	− 1 26 26	fd	3.84	−0.12	−0.05	B9 III
3 β Lac	8538	22 23 08.8	+ 52 10 35	f	4.43	+0.77	+1.02	G9 III
52 π Aqr	8539	22 24 44.5	+ 1 19 26	f	4.66	−0.98	−0.03	B1 Ve1
δ Tuc	8540	22 26 35.8	− 65 01 13	d7	4.48	−0.07	−0.03	B9/A0 V
ν Gru	8552	22 28 02.4	− 39 11 07	fd	5.47		+0.95	gG9
55 ζ¹ Aqr	8558	22 28 17.3	− 0 04 27	cdm8	4.59	−0.01	+0.40	F3 IV
55 ζ² Aqr	8559	22 28 17.6	− 0 04 27	cdm8	4.42	−0.01	+0.40	F3 IV
δ¹ Gru	8556	22 28 38.7	− 43 32 58	f	3.97	+0.80	+1.03	G6/8 III
27 δ Cep	8571	22 28 46.8	+ 58 21 41	fvd	3.75		+0.60	F5 Ibv
5 Lac	8572	22 29 05.6	+ 47 39 11	c6	4.36	+1.11	+1.68	M0 Iab + B
δ² Gru	8560	22 29 08.0	− 43 48 12	d	4.11	+1.71	+1.57	M4.5 IIIa
38 Peg	8574	22 29 32.9	+ 32 31 07	f	5.47	−0.25	−0.10	B9.5 V
6 Lac	8579	22 30 02.0	+ 43 04 10		4.51	−0.74	−0.09	B2 IV
57 σ Aqr	8573	22 30 05.5	− 10 43 55	f	4.82	−0.11	−0.06	A0 IVs
7 α Lac	8585	22 30 51.4	+ 50 13 42	fd1	3.77	0.00	+0.01	A1 V
17 β PsA	8576	22 30 54.7	− 32 24 00	fd7	4.29	+0.02	+0.01	A0 V
59 υ Aqr	8592	22 34 07.3	− 20 45 44	f	5.20	0.00	+0.44	F5 V
62 η Aqr	8597	22 34 49.0	− 0 10 19	f	4.02	−0.26	−0.09	B9 IV−V:n
31 Cep	8615	22 35 30.6	+ 73 35 19	f	5.08	+0.16	+0.39	F3 III−IV
63 κ Aqr	8610	22 37 12.8	− 4 16 57	f	5.03	+1.16	+1.14	K2 III

Name		B.S.	Right Ascension	Declination	Notes	V	U - B	B - V	Spectral Type
			h m s	° ′ ″					
30	Cep	8627	22 38 16.6	+ 63 31 47	f	5.19		+0.06	A3 IV
10	Lac	8622	22 38 47.3	+ 38 59 44	fd	4.88	−1.04	−0.20	O9 V
		8626	22 39 05.7	+ 37 32 16	sd1	6.03		+0.86	G3: Ib: CN−2 CH2
11	Lac	8632	22 40 03.1	+ 44 13 17		4.46	+1.36	+1.33	K3 III
18	ε PsA	8628	22 40 04.6	− 27 05 55	f	4.17	−0.37	−0.11	B8 Ve
42	ζ Peg	8634	22 40 56.3	+ 10 46 35	fd	3.40	−0.25	−0.09	B8 V
	β Gru	8636	22 42 02.7	− 46 56 23	f	2.11	+1.60	+1.62	M5 III
44	η Peg	8650	22 42 30.5	+ 30 09 58	fcd	2.94	+0.55	+0.86	G8 II: + F:
13	Lac	8656	22 43 37.3	+ 41 45 50	fd4	5.08		+0.96	K0 III
	β Oct	8630	22 45 01.7	− 81 26 13	f6	4.15	+0.11	+0.20	A9 IV/V
47	λ Peg	8667	22 46 01.5	+ 23 30 37	f	3.95	+0.91	+1.07	G8 II−III
46	ξ Peg	8665	22 46 10.1	+ 12 07 08	d	4.19	−0.03	+0.50	F7 V
68	Aqr	8670	22 46 59.4	− 19 40 06	fm	5.26		+0.94	gG7
	ε Gru	8675	22 47 55.5	− 51 22 20	f	3.49	+0.10	+0.08	A3 V
71	τ Aqr	8679	22 49 02.2	− 13 38 54	f	4.01	+1.95	+1.57	gM0
32	ι Cep	8694	22 49 18.3	+ 66 08 42	fs	3.52	+0.90	+1.05	K0 III
48	μ Peg	8684	22 49 29.7	+ 24 32 46	fs	3.48	+0.68	+0.93	G8 III
		8685	22 50 26.5	− 39 12 46	fm	5.42		+1.43	M0
22	γ PsA	8695	22 51 56.7	− 32 55 53	d7	4.46	−0.14	−0.04	A0 V
73	λ Aqr	8698	22 52 04.0	− 7 38 08	f	3.74	+1.74	+1.64	M2.5 IIIa L−1
76	δ Aqr	8709	22 54 05.6	− 15 52 37	f	3.27	+0.08	+0.05	A3 V
		8748	22 54 31.6	+ 84 17 24	f	4.71	+1.69	+1.43	K4 III
23	δ PsA	8720	22 55 22.1	− 32 35 45	d	4.21	+0.69	+0.97	gG8
		8726	22 55 58.3	+ 49 40 38	s	4.95	+1.96	+1.78	K5 Ib
24	α PsA	8728	22 57 04.3	− 29 40 41	f	1.16	+0.08	+0.09	A3 V
		8732	22 58 00.1	− 35 34 45	s	6.13		+0.58	F8 III−IV
		8752	22 59 38.4	+ 56 53 21	s	5.00	+1.16	+1.42	G5 0−Ia
	ζ Gru	8747	23 00 15.9	− 52 48 38	f6	4.12	+0.70	+0.98	G8/K0 III
1	o And	8762	23 01 26.2	+ 42 16 10	fv	3.62	−0.53	−0.09	B6pev
	π PsA	8767	23 02 55.1	− 34 48 23	f6	5.11	+0.02	+0.29	F0 III
53	β Peg	8775	23 03 15.9	+ 28 01 33	fvd	2.42	+1.96	+1.67	M2.5 II−III
4	β Psc	8773	23 03 20.6	+ 3 45 48	f	4.53	−0.49	−0.12	B6 Ve1
54	α Peg	8781	23 04 14.2	+ 15 08 55	f	2.49	−0.05	−0.04	B9.5 III
86	Aqr	8789	23 06 07.1	− 23 48 00	d	4.47	+0.58	+0.90	gG9
	θ Gru	8787	23 06 17.5	− 43 34 39	d27	4.28	+0.16	+0.42	δ Del
55	Peg	8795	23 06 28.5	+ 9 21 09	f	4.52	+1.90	+1.57	M1 IIIab
33	π Cep	8819	23 07 33.7	+ 75 19 51	d7	4.41	+0.46	+0.80	G2 III
88	Aqr	8812	23 08 53.3	− 21 13 46	f	3.66	+1.24	+1.22	K2 II
	ι Gru	8820	23 09 46.1	− 45 18 13	f	3.90	+0.86	+1.02	K1 III
59	Peg	8826	23 11 12.4	+ 8 39 47	f	5.16	+0.08	+0.13	A5 Vn
90	φ Aqr	8834	23 13 46.8	− 6 06 21	f	4.22	+1.90	+1.56	M1.5 III
91	ψ¹ Aqr	8841	23 15 20.5	− 9 08 42	fd	4.21	+0.99	+1.11	K0 III
6	γ Psc	8852	23 16 37.3	+ 3 13 29	fs	3.69	+0.58	+0.92	K0− IIIb CN−1.5
	γ Tuc	8848	23 16 49.3	− 58 17 36	f	3.99	−0.02	+0.40	F1 III
93	ψ² Aqr	8858	23 17 21.5	− 9 14 24		4.39	−0.56	−0.15	B5 Vn
	γ Scl	8863	23 18 15.5	− 32 35 21	f	4.41	+1.06	+1.13	sgG8
95	ψ³ Aqr	8865	23 18 24.9	− 9 40 06	fd	4.98		−0.02	A0 V
62	τ Peg	8880	23 20 07.0	+ 23 40 58	f	4.60	+0.10	+0.17	A5 V
98	Aqr	8892	23 22 25.2	− 20 09 29	f	3.97	+0.95	+1.10	gK0
4	Cas	8904	23 24 22.1	+ 62 13 30	fm	4.97		+1.68	M2− IIIab

Name		B.S.	Right Ascension	Declination	Notes	V	U - B	B - V	Spectral Type
			h m s	° ′ ″					
68 υ	Peg	8905	23 24 51.3	+ 23 20 46	fsm	4.41		+0.61	F8 III
99	Aqr	8906	23 25 29.7	− 20 41 58	m	4.39		+1.48	K5 III
8 κ	Psc	8911	23 26 23.7	+ 1 11 53	f	4.94	−0.02	+0.03	A0p
τ	Oct	8862	23 26 45.4	− 87 32 25	f	5.49	+1.43	+1.27	K2 III
10 θ	Psc	8916	23 27 26.1	+ 6 19 16	f	4.28	+1.01	+1.07	K1 III
70	Peg	8923	23 28 37.4	+ 12 42 09	f	4.55	+0.73	+0.94	G8 III
		8924	23 28 59.5	− 4 35 24	s	6.25	+1.16	+1.09	K2.5 III−IV CN 1
β	Scl	8937	23 32 24.6	− 37 52 35	f	4.37	−0.36	−0.09	Ap
ι	Phe	8949	23 34 30.8	− 42 40 24	fd	4.71	+0.07	+0.08	Ap
		8952	23 34 31.5	+ 71 35 03	s	5.84	+1.73	+1.80	K0 Ib
16 λ	And	8961	23 37 02.9	+ 46 24 04	fv	3.82	+0.69	+1.01	G8 III−IV
		8959	23 37 17.3	− 45 33 02	f	4.74	+0.09	+0.08	A1/2 V
17 ι	And	8965	23 37 37.2	+ 43 12 36	f	4.29	−0.29	−0.10	B8 V
35 γ	Cep	8974	23 38 54.6	+ 77 34 26	fs	3.21	+0.94	+1.03	K1 III−IV
17 ι	Psc	8969	23 39 24.6	+ 5 34 10	f	4.13	0.00	+0.51	F7 V
19 κ	And	8976	23 39 53.3	+ 44 16 33	fd	4.14	−0.26	−0.08	B9 IVn
μ	Scl	8975	23 40 05.2	− 32 07 52	f	5.31	+0.66	+0.97	K0 III
18 λ	Psc	8984	23 41 30.7	+ 1 43 20	f	4.50	+0.08	+0.20	A7 V
105 ω²	Aqr	8988	23 42 10.7	− 14 36 11	fd	4.49	−0.12	−0.04	B9.5 V
106	Aqr	8998	23 43 39.5	− 18 20 07	f	5.24	−0.27	−0.08	B9 Vn
20 ψ	And	9003	23 45 30.7	+ 46 21 43	f	4.95	+0.82	+1.11	G5 Ib
20	Psc	9012	23 47 24.2	− 2 49 12	f	5.49	+0.70	+0.94	gG8
		9013	23 47 24.3	+ 67 44 54	f	5.04		−0.01	A1 Vn
δ	Scl	9016	23 48 22.8	− 28 11 18	fd	4.57	−0.03	+0.01	B9 V
81 φ	Peg	9036	23 51 57.2	+ 19 03 43	f	5.08	+1.86	+1.60	M3− IIIb
82	Peg	9039	23 52 04.9	+ 10 53 20	fm	5.29			A4 Vn
7 ρ	Cas	9045	23 53 51.3	+ 57 26 28	fv	4.54	+1.12	+1.22	cF8v
84 ψ	Peg	9064	23 57 13.4	+ 25 04 59	fv	4.66	+1.68	+1.59	M3 III
27	Psc	9067	23 58 08.1	− 3 36 51	fvd2	4.86	+0.70	+0.93	G9 III
π	Phe	9069	23 58 23.3	− 52 48 16	fv	5.13	+1.03	+1.13	K0 III
28 ω	Psc	9072	23 58 46.3	+ 6 48 19	fv6	4.01	+0.06	+0.42	F3 V
ε	Tuc	9076	23 59 22.6	− 65 38 08	fv	4.50	−0.28	−0.08	B9 IV

Notes

f	FK4 position and proper motion
s	MK standard
c	composite or combined spectrum
v	variable star
m	magnitude and color from Yale Bright Star Catalog 3rd ed.
d	double star data given in Yale Bright Star Catalog 3rd ed.
1	companion is optical
2	visual binary
3	common proper motion components
4	fixed−separation companion
5	two spectra are indicated on radial velocity plates
6	spectroscopic binary
7	magnitude and colors refer to comined light of two or more stars
8	colors but not magnitudes refer to combined light of two or more stars

UBVRI STANDARD STARS, J1989.5

BS=HR No.	Name			Right Ascension	Declination	Stand-ards Code	V	U–B	B–V	V–R	V–I	Spectral Class
				h m s	° ′ ″							
21	11	β	Cas	0 08 36.8	+59 05 31		2.27	+0.12	+0.34	+0.31	+0.51	F2 III–IV
39	88	γ	Peg	0 12 41.7	+15 07 31	1	2.84	−0.86	−0.23	−0.10	−0.29	B2 IV
45	89	χ	Peg	0 14 03.5	+20 08 54	1	4.80	+1.93	+1.57	+1.34	+2.47	M2 III
63	24	θ	And	0 16 32.5	+38 37 24		4.61	+0.05	+0.06	+0.08	+0.09	A2 V
113				0 29 44.4	+59 55 10		5.94	−0.36	+0.01			B9 IIIn
130	15	κ	Cas	0 32 23.8	+62 52 26		4.16	−0.80	+0.14	+0.14	+0.20	B1 Ia
321	30	μ	Cas	1 07 34.1	+54 52 09		5.18	+0.09	+0.69	+0.63	+1.04	G5 Vp
437	99	η	Psc	1 30 55.2	+15 17 31		3.62	+0.74	+0.97	+0.72	+1.22	G8 III
493	107		Psc	1 41 55.5	+20 13 04	1	5.24	+0.49	+0.84	+0.69	+1.12	K1 V
553	6	β	Ari	1 54 03.5	+20 45 25		2.65	+0.10	+0.13	+0.14	+0.22	A5 V
617	13	α	Ari	2 06 34.8	+23 24 47	2	2.00	+1.13	+1.15	+0.84	+1.46	K2 IIIab
718	73	ξ²	Cet	2 27 36.0	+ 8 24 48	1	4.29	−0.11	−0.06	+0.02	−0.03	B9 III
753				2 35 30.3	+ 6 50 14	1	5.82	+0.79	+0.97	+0.83	+1.36	K3 V
875				2 56 05.8	− 3 45 15	2	5.17	+0.05	+0.08	+0.11	+0.16	A1 V
996	96	κ	Cet	3 18 48.6	+ 3 19 56		4.84	+0.19	+0.68	+0.57	+0.93	G5 V
1034				3 27 18.1	+49 01 37		4.98	−0.55	−0.10	+0.01	−0.09	B3 V
1046				3 29 11.9	+55 24 59		5.10	+0.05	+0.04	+0.09	+0.08	A1 V
1084	18	ε	Eri	3 32 26.1	− 9 29 36	1	3.73	+0.58	+0.88	+0.72	+1.19	K2 V
1131	38	o	Per	3 43 39.5	+32 15 20		3.83	−0.75	+0.05	+0.12	+0.12	B1 III
1144	18		Tau	3 44 32.1	+24 48 25	1	5.65	−0.36	−0.07	+0.03	−0.04	B8 V
1165	25	η	Tau	3 46 51.5	+24 04 24	1	2.87	−0.35	−0.09	+0.03	−0.01	B7 III
1172				3 47 43.5	+23 23 22		5.45	−0.32	−0.07	+0.05	−0.01	B8 V
1228	46	ξ	Per	3 58 16.9	+35 45 41		4.04	−0.93	+0.02	+0.16	+0.15	O7.5
1346	54	γ	Tau	4 19 11.7	+15 36 10		3.65	+0.81	+0.99	+0.73	+1.20	K0⁻ IIIab
1373	61	δ	Tau	4 22 19.7	+17 31 07		3.76	+0.82	+0.99	+0.73	+1.20	K1 III
1409	74	ε	Tau	4 28 00.1	+19 09 28	1	3.54	+0.87	+1.01	+0.73	+1.23	K1 III
1411	77	θ¹	Tau	4 27 58.4	+15 56 22	1	3.83	+0.72	+0.95	+0.71	+1.18	G9 III
1412	78	θ²	Tau	4 28 03.7	+15 50 54	1	3.39	+0.12	+0.18	+0.18	+0.27	A7 III
1543	1	π³	Ori	4 49 16.2	+ 6 56 37	1	3.19	−0.01	+0.46	+0.42	+0.68	F6 V
1552	3	π⁴	Ori	4 50 38.8	+ 5 35 16		3.68	−0.81	−0.16	−0.05	−0.21	B2 III
1641	10	η	Aur	5 05 46.6	+41 13 16	1	3.18	−0.67	−0.18	−0.05	−0.22	B3 V
1666	67	β	Eri	5 07 20.0	− 5 05 58		2.79	+0.10	+0.13	+0.14	+0.22	A3 III
1781				5 23 10.0	− 0 10 08	1	5.70	−0.88	−0.21	−0.08	−0.27	B2 V
1791	112	β	Tau	5 25 37.6	+28 35 57		1.65	−0.49	−0.13	−0.01	−0.11	B7 III
1855	36	υ	Ori	5 31 25.3	− 7 18 31	1	4.62	−1.07	−0.26	−0.12	−0.38	B0 V
1861				5 32 09.4	− 1 35 57	1	5.35	−0.93	−0.19	−0.05	−0.24	B1 V
1938				5 39 55.2	+31 21 12	1	6.04	−0.21	+0.05	+0.11	+0.16	B7 V
2010	134		Tau	5 48 57.5	+12 38 55		4.91	−0.16	−0.07	+0.02	−0.06	B9 IV
2047	54	χ¹	Ori	5 53 45.6	+20 16 30		4.41	+0.08	+0.59	+0.51	+0.82	G0 V
2382	12		Mon	6 31 45.8	+ 4 51 50		5.83	+0.78	+1.00	+0.72	+1.25	K0 III
2421	24	γ	Gem	6 37 06.3	+16 24 32		1.92	+0.05	0.00	+0.06	+0.05	A0 IV
2693	25	δ	CMa	7 07 57.9	−26 22 34		1.84	+0.54	+0.67	+0.51	+0.84	F8 Ia
2763	54	λ	Gem	7 17 29.4	+16 33 36		3.58	+0.09	+0.12	+0.12	+0.17	A3 V
2782	30	τ	CMa	7 18 16.3	−24 56 05		4.40	−0.99	−0.15	−0.04	−0.22	O9 Ib
2787				7 17 56.0	−36 42 52		4.67	−0.79	−0.10	+0.10	+0.05	B3 Ve

BS=HR No.	Name			Right Ascension	Declination	Stand-ards Code	V	U–B	B–V	V–R	V–I	Spectral Class
				h m s	° ′ ″							
2852	62	ρ	Gem	7 28 26.2	+31 48 22	1	4.18	−0.02	+0.32	+0.32	+0.51	F0 V
2990	78	β	Gem	7 44 40.5	+28 03 08		1.14	+0.86	+1.00	+0.75	+1.25	K0 IIIb
3249	17	β	Cnc	8 15 56.8	+ 9 13 06	2	3.53	+1.77	+1.48	+1.12	+1.90	K4 III
3314				8 25 08.2	− 3 52 18		3.90	−0.03	−0.02	+0.03	−0.02	A0 V
3427	39		Cnc	8 39 30.3	+20 02 43	1	6.39	+0.83	+0.98	+0.72	+1.19	K0 III
3454	7	η	Hya	8 42 40.6	+ 3 26 12	2	4.30	−0.74	−0.20	−0.07	−0.26	B4 V
3569	9	ι	UMa	8 58 29.5	+48 05 01		3.14	+0.07	+0.19	+0.22	+0.29	A7 IV
3579				8 59 57.7	+41 49 30		3.97	+0.06	+0.43	+0.40	+0.62	F5 V
3815	11		LMi	9 35 01.9	+35 51 29	1	5.41	+0.44	+0.77	+0.62	+0.99	G8 IV–V
3974	21		LMi	10 06 48.7	+35 17 47	1	4.49	+0.07	+0.18	+0.18	+0.25	A7 V
3982	32	α	Leo	10 07 48.8	+12 01 08	1	1.35	−0.36	−0.11	−0.02	−0.12	B7 V
4031	36	ζ	Leo	10 16 06.5	+23 28 12		3.44	+0.19	+0.31	+0.31	+0.50	F0 III
4033	33	λ	UMa	10 16 28.0	+42 58 02		3.45	+0.06	+0.03	+0.08	+0.07	A2 IV
4054	40		Leo	10 19 09.9	+19 31 28		4.80	+0.01	+0.45	+0.45	+0.68	F6 IV
4112	36		UMa	10 29 57.6	+56 02 05		4.84	−0.01	+0.52	+0.48	+0.76	F8 V
4133	47	ρ	Leo	10 32 15.5	+ 9 21 39		3.85	−0.95	−0.14	−0.05	−0.21	B1 Iab
4456	90		Leo	11 34 09.7	+16 51 18	1	5.95	−0.65	−0.16	−0.06	−0.24	B3 V
4534	94	β	Leo	11 48 31.5	+14 37 51		2.14	+0.08	+0.08	+0.06	+0.08	A3 V
4550				11 52 22.6	+37 47 39	1	6.45	+0.17	+0.75	+0.66	+1.11	G8 Vp
4554	64	γ	UMa	11 53 16.9	+53 45 11		2.44	+0.03	0.00	0.00	−0.03	A0 V
4623	1	α	Crv	12 07 52.2	−24 40 13		4.02	−0.02	+0.32	+0.30	+0.48	F2 V
4660	69	δ	UMa	12 14 54.6	+57 05 27		3.31	+0.07	+0.08	+0.06	+0.06	A3 V
4662	4	γ	Crv	12 15 15.9	−17 29 01	1	2.58	−0.35	−0.11	−0.04	−0.13	B8 IIIp
4707	12		Com	12 21 58.7	+25 54 16	1	4.81	+0.27	+0.49	+0.47	+0.80	G III+A2 V
4751				12 28 13.2	+25 57 26	1	6.65	+0.08	+0.22	+0.15	+0.23	A0p
4752	17		Com	12 28 23.3	+25 58 15	1	5.29	−0.10	−0.06	+0.02	−0.06	A0p (Si)
4785	8	β	CVn	12 33 14.7	+41 24 52		4.27	+0.05	+0.59	+0.54	+0.85	G0 V
4983	43	β	Com	13 11 23.0	+27 55 52	1	4.26	+0.08	+0.58	+0.49	+0.79	G0 V
5019	61		Vir	13 17 51.3	−18 15 11	1	4.74	+0.26	+0.71	+0.58	+0.94	G6 V
5062	80		UMa	13 24 48.3	+55 02 33		4.02	+0.08	+0.16	+0.17	+0.24	A5 V
5185	4	τ	Boo	13 46 45.8	+17 30 32		4.50	+0.05	+0.48	+0.41	+0.65	F7 V
5235	8	η	Boo	13 54 11.1	+18 27 00		2.68	+0.20	+0.58	+0.44	+0.73	G0 IV
5264	93	τ	Vir	14 01 06.7	+ 1 35 42		4.26	+0.13	+0.10	+0.15	+0.21	A3 V
5340	16	α	Boo	14 15 10.9	+19 14 12		−0.05	+1.28	+1.23	+0.97	+1.62	K2 IIIp
5359	100	λ	Vir	14 18 32.4	−13 19 23		4.52	+0.09	+0.13	+0.10	+0.14	A2m
5447	28	σ	Boo	14 34 13.4	+29 47 26		4.47	−0.08	+0.37	+0.34	+0.53	F2 V
5511	109		Vir	14 45 43.0	+ 1 56 12		3.73	−0.03	−0.01	+0.07	+0.05	A0 V
5570	16		Lib	14 56 38.0	− 4 18 15		4.49	+0.04	+0.32	+0.32	+0.49	F0 IV
5634	45		Boo	15 06 50.4	+24 54 35		4.93	−0.02	+0.43	+0.40	+0.61	F5 V
5685	27	β	Lib	15 16 26.5	− 9 20 41	2	2.61	−0.37	−0.11	−0.04	−0.14	B8 V
5854	24	α	Ser	15 43 45.0	+ 6 27 29	2	2.64	+1.25	+1.17	+0.81	+1.37	K2 III CN 1.5
5868	27	λ	Ser	15 45 56.0	+ 7 23 08		4.43	+0.10	+0.60	+0.51	+0.83	G0 V
5933	41	γ	Ser	15 55 58.1	+15 41 44		3.86	−0.03	+0.48	+0.49	+0.73	F6 V
5947	13	ε	CrB	15 57 09.2	+26 54 28	2	4.15	+1.28	+1.23	+0.89	+1.51	K2 III
6092	22	τ	Her	16 19 25.5	+46 20 17	2	3.90	−0.57	−0.15	−0.09	−0.26	B5 IV

BS=HR No.	Name			Right Ascension	Declination	Stand-ards Code	V	U–B	B–V	V–R	V–I	Spectral Class
				h m s	° ′ ″							
6175	13	ζ	Oph	16 36 34.8	−10 32 47		2.56	−0.85	+0.02	+0.10	+0.06	O9.5 Vnn
6603	60	β	Oph	17 42 57.2	+ 4 34 16	1	2.77	+1.24	+1.17	+0.82	+1.39	K2 III
6629	62	γ	Oph	17 47 22.0	+ 2 42 38	1	3.75	+0.04	+0.04	+0.04	+0.04	A0 V
6705	33	γ	Dra	17 56 21.7	+51 29 24		2.22	+1.88	+1.52	+1.14	+1.99	K5 III
7178	14	γ	Lyr	18 58 33.0	+32 40 29		3.24	−0.08	−0.05	−0.03	−0.04	B9 III
7235	17	ζ	Aql	19 04 55.7	+13 50 50		2.99	−0.01	+0.01	+0.01	+0.01	A0 V:nn
7377	30	δ	Aql	19 24 58.2	+ 3 05 36		3.36	+0.04	+0.32	+0.25	+0.41	F0 IV
7446	39	κ	Aql	19 36 19.6	− 7 03 05	1	4.96	−0.87	0.00	+0.06	+0.02	B0.5 IIIn
7602	60	β	Aql	19 54 47.9	+ 6 22 48	1	3.72	+0.49	+0.86	+0.66	+1.15	G8 IV
7906	9	α	Del	20 39 09.0	+15 52 28	1	3.77	−0.21	−0.06	0.00	−0.04	B9 IV
7950	2	ε	Aqr	20 47 06.5	− 9 32 05		3.77	+0.02	0.00	+0.07	+0.07	A1 V
8085†	61		Cyg A	21 06 26.3	+38 41 38		5.22	+1.11	+1.17	+1.03	+1.68	K5 V
8086†	61		Cyg B	21 06 26.3	+38 41 38		6.03	+1.23	+1.37	+1.17	+2.00	K7 V
8469	22	λ	Cep	22 11 09.3	+59 21 45		5.05	−0.74	+0.24	+0.28	+0.43	O6 If
8622	10		Lac	22 38 47.3	+38 59 44	2	4.88	−1.05	−0.20	−0.09	−0.30	O9 V
8781	54	α	Peg	23 04 14.2	+15 08 55		2.48	−0.06	−0.04	+0.01	−0.02	B9.5 III
8832				23 12 46.4	+57 06 37	2	5.57	+0.89	+1.00	+0.83	+1.36	K3 V

†Center of gravity position; see Bright Stars list for orbital position.

BS=HR No.	Name			Right Ascension	Declination	Spectral Type	V	b−y	m_1	c_1	β	Type
				h m s	o ′ ″							
15	21	α	And	0 07 50.6	+29 01 57	B9p	2.06	−0.046	0.120	0.520		
21	11	β	Cas	0 08 36.8	+59 05 31	F2 III–IV	2.27	+0.216	0.177	0.785		
27	22		And	0 09 46.3	+46 00 50	F2 II	5.03	+0.273	0.123	1.082	2.666	AF
39	88	γ	Peg	0 12 41.7	+15 07 31	B2 IV	2.83	−0.106	0.093	0.116	2.629	B
63	24	θ	And	0 16 32.5	+38 37 24	A2 V	4.61	+0.026	0.180	1.050	2.879	AF
68	25	σ	And	0 17 46.6	+36 43 38	A2 V	4.52	+0.026	0.187	1.040		
100		κ	Phe	0 25 41.3	−43 44 17	A5 Vn	3.94	+0.100	0.192	0.915		
114	28		And	0 29 34.0	+29 41 38	Am	5.23	+0.169	0.165	0.869		
153	17	ζ	Cas	0 36 22.9	+53 50 21	B2 IV	3.66	−0.090	0.087	0.134	2.625	B
184	20	π	Cas	0 42 53.2	+46 58 02	A5 V	4.94	+0.087	0.221	0.902		
193	22	o	Cas	0 44 08.2	+48 13 37	B5 III	4.54	+0.007	0.076	0.479		
233				0 50 04.9	+64 11 26	gG0+A5	5.39	+0.355	0.127	0.696		
269	37	μ	And	0 56 10.1	+38 26 33	A5 V	3.87	+0.068	0.194	1.056	2.863	AF
343	33	θ	Cas	1 10 27.5	+55 05 39	A7 V	4.33	+0.087	0.213	0.997		
373	39		Cet	1 16 04.2	− 2 33 20	gG5	5.41*	+0.567	0.291	0.328		
413	93	ρ	Psc	1 25 41.2	+19 07 04	F2 V:	5.38	+0.256	0.148	0.485		
458	50	υ	And	1 36 10.7	+41 21 12	F8 V	4.09	+0.344	0.179	0.409	2.629	AF
493	107		Psc	1 41 55.5	+20 13 04	K1 V	5.24	+0.492	0.364	0.294		
531	53	χ	Cet	1 49 04.1	−10 44 17	F2 V	4.67	+0.209	0.184	0.648		
553	6	β	Ari	1 54 03.5	+20 45 25	A5 V	2.64	+0.064	0.211	0.983		
617	13	α	Ari	2 06 34.8	+23 24 47	K2 IIIab	2.00	+0.696	0.526	0.395		
622	4	β	Tri	2 08 55.0	+34 56 17	A5 III	3.00	+0.071	0.191	1.065		
623	14		Ari	2 08 49.4	+25 53 26	F2 III	4.98	+0.210	0.185	0.874	2.723	AF
660	8	δ	Tri	2 16 24.6	+34 10 36	G0 V	4.87	+0.386	0.191	0.254		
675	10		Tri	2 18 20.4	+28 35 40	A2 V	5.33	+0.011	0.161	1.145		
685	9		Per	2 21 37.1	+55 47 53	A2 Ia	5.17	+0.321	−0.038	0.753		
717	12		Tri	2 27 32.9	+29 37 22	F0 III	5.30	+0.178	0.211	0.780		
773	32	ν	Ari	2 38 13.1	+21 54 59	A7 V	5.30	+0.092	0.182	1.095		
801	35		Ari	2 42 50.0	+27 39 46	B3 V	4.66	−0.052	0.097	0.333	2.682	B
811	89	π	Cet	2 43 37.3	−13 54 10	B7 V	4.25	−0.048	0.096	0.607		
812	38		Ari	2 44 23.2	+12 24 07	A7 IV	5.18	+0.135	0.188	0.837	2.804	AF
813	87	μ	Cet	2 44 22.4	+10 04 13	F0 IV	4.27	+0.189	0.187	0.762		
937		ι	Per	3 08 18.3	+49 34 26	G0 V	4.05	+0.376	0.201	0.376		
1017	33	α	Per	3 23 34.1	+49 49 28	F5 Ib	1.80	+0.302	0.195	1.074	2.677	AF
1030	1	o	Tau	3 24 14.8	+ 8 59 33	G8 III	3.60	+0.547	0.335	0.424		
1140	16		Tau	3 44 10.6	+24 15 25	B7 IV	5.45	−0.001	0.105	0.647		
1144	18		Tau	3 44 32.1	+24 48 25	B8 V	5.64	−0.022	0.109	0.637	2.749	B
1178	27		Tau	3 48 32.2	+24 01 19	B8 III	3.62	−0.019	0.092	0.708	2.697	B
1201				3 52 33.9	+17 17 47	F4 V	5.97	+0.221	0.166	0.610		
1269	42	ψ	Tau	4 06 21.4	+28 58 25	F1 V	5.23	+0.226	0.159	0.588		
1292	45		Tau	4 10 46.7	+ 5 29 47	F1 IV–V	5.73	+0.231	0.163	0.592		
1303	51	μ	Per	4 14 07.4	+48 23 00	G0 Ib	4.14	+0.614	0.268	0.551		
1327				4 19 40.6	+65 06 57	G5 IIb	5.27	+0.510	0.289	0.405		
1329	50	ω	Tau	4 16 38.7	+20 33 12	A3m	4.94	+0.146	0.235	0.745		
1331	51		Tau	4 17 45.8	+21 33 15	A8 V	5.65	+0.175	0.185	0.787		

* *V* magnitude may be or is variable.

BS=HR No.	Name			Right Ascension	Declination	Spectral Type	V	b−y	m_1	c_1	β	Type
				h m s	° ′ ″							
1346	54	γ	Tau	4 19 11.7	+15 36 10	K0⁻ IIIab	3.65	+0.596	0.427	0.388		
1373	61	δ	Tau	4 22 19.7	+17 31 07	K1 III	3.76	+0.597	0.430	0.409		
1376	63		Tau	4 22 48.8	+16 45 12	kA2, mF3 III	5.64	+0.180	0.237	0.738		
1380	64		Tau	4 23 29.4	+17 25 13	A7 V	4.80	+0.081	0.210	0.981		
1387	65	κ	Tau	4 24 44.5	+22 16 13	A7 V	4.22	+0.070	0.200	1.054		
1388	67		Tau	4 24 47.4	+22 10 35	A5n	5.28	+0.149	0.193	0.840		
1389	68		Tau	4 24 52.9	+17 54 17	A3 V	4.30	+0.020	0.193	1.046		
1394	71		Tau	4 25 44.8	+15 35 42	A8 Vn	4.48	+0.150	0.188	0.934		
1409	74	ε	Tau	4 28 00.1	+19 09 28	K1 III	3.54	+0.616	0.448	0.422		
1411	77	θ¹	Tau	4 27 58.4	+15 56 22	G9 III	3.85	+0.580	0.390	0.389		
1412	78	θ²	Tau	4 28 03.7	+15 50 54	A7 III	3.42	+0.099	0.202	1.013	2.830	AF
1414	79		Tau	4 28 14.9	+13 01 30	A5m	5.03	+0.114	0.225	0.912		
1430	83		Tau	4 30 01.8	+13 42 08	F0 Vn	5.43	+0.154	0.201	0.814		
1444	86	ρ	Tau	4 33 15.1	+14 49 23	A8 Vn	4.66	+0.144	0.205	0.823		
1457	87	α	Tau	4 35 19.0	+16 29 20	K5 III	0.85*	+0.955	0.814	0.373		
1543	1	π³	Ori	4 49 16.2	+ 6 56 37	F6 V	3.19	+0.298	0.164	0.412	2.654	AF
1552	3	π⁴	Ori	4 50 38.8	+ 5 35 16	B2 III	3.69	−0.055	0.070	0.131	2.606	B
1577	3	ι	Aur	4 56 18.5	+33 09 01	K3 II	2.69	+0.937	0.775	0.307		
1620	102	ι	Tau	5 02 28.0	+21 34 32	A7 V	4.64	+0.080	0.203	1.031		
1641	10	η	Aur	5 05 46.6	+41 13 16	B3 V	3.17	−0.085	0.104	0.318	2.684	B
1656	104		Tau	5 06 49.7	+18 37 54	G4 V	5.00	+0.415	0.197	0.332		
1672	16		Ori	5 08 44.9	+ 9 49 00	A2m	5.43	+0.138	0.245	0.840		
1729	15	λ	Aur	5 18 24.1	+40 05 26	G0 V	4.71	+0.389	0.206	0.363		
1861				5 32 09.4	− 1 35 57	B1 V	5.35	−0.077	0.074	0.002	2.612	B
1865	11	α	Lep	5 32 16.0	−17 49 45	F0 Ib	2.58	+0.139	0.148	1.504		
1905	122		Tau	5 36 27.2	+17 02 04	F0 V	5.54	+0.133	0.203	0.850		
1956		α	Col	5 39 16.1	−34 04 46	B7 IV	2.64	−0.046	0.086	0.650		
2034	136		Tau	5 52 40.0	+27 36 38	A0 V	4.58*	0.000	0.136	1.153		
2047	54	χ¹	Ori	5 53 45.6	+20 16 30	G0 V	4.41	+0.378	0.194	0.307	2.599	AF
2056		λ	Col	5 52 44.0	−33 48 12	B5 V	4.87	−0.076	0.121	0.408		
2106		γ	Col	5 57 09.9	−35 17 02	B2.5 IV	4.36	−0.076	0.092	0.363		
2143	40		Aur	6 05 51.7	+38 29 04	A4m	5.35	+0.139	0.222	0.923		
2220	71		Ori	6 14 13.8	+19 09 38	F6 V	5.20	+0.293	0.163	0.448		
2241	74		Ori	6 15 51.2	+12 16 33	F5 IV–V	5.04	+0.284	0.153	0.438		
2264	45		Aur	6 20 55.0	+53 27 28	F5 III	5.36	+0.284	0.171	0.632		
2294	2	β	CMa	6 22 14.2	−17 57 01	B1 II–III	1.98	−0.090	0.052	0.002		
2375				6 31 13.1	+11 33 09	A4 V	5.23	+0.101	0.172	0.999		
2421	24	γ	Gem	6 37 06.3	+16 24 32	A0 IV	1.93	+0.007	0.149	1.186	2.869	B
2473	27	ε	Gem	6 43 17.2	+25 08 32	G8 Ib	2.98	+0.869	0.654	0.283		
2483	56	ψ⁵	Aur	6 45 59.0	+43 35 19	G0 V	5.25	+0.357	0.185	0.371		
2484	31	ξ	Gem	6 44 42.0	+12 54 27	F5 IV	3.36	+0.288	0.167	0.552		
2585	16		Lyn	6 56 51.2	+45 06 31	A2 V	4.90	+0.011	0.163	1.101		
2590	19	π	CMa	6 55 10.1	−20 07 21	gF2	4.68	+0.248	0.150	0.649		
2657	23	γ	CMa	7 03 17.0	−15 37 02	B8 II	4.11	−0.045	0.097	0.560		
2707	21		Mon	7 10 51.4	− 0 17 03	A8n	5.45*	+0.184	0.187	0.878		

* *V* magnitude may be or is variable.

BS=HR No.	Name			Right Ascension	Declination	Spectral Type	V	b−y	m_1	c_1	β	Type
				h　m　s	°　′　″							
2763	54	λ	Gem	7 17 29.4	+16 33 36	A3 V	3.58	+0.048	0.198	1.055		
2777	55	δ	Gem	7 19 29.8	+22 00 08	F0 IV	3.53	+0.221	0.156	0.696		
2845	3	β	CMi	7 26 34.9	+ 8 18 40	B7 V	2.90	−0.038	0.113	0.799	2.733	B
2852	62	ρ	Gem	7 28 26.2	+31 48 22	F0 V	4.18	+0.214	0.155	0.613	2.713	AF
2857	64		Gem	7 28 41.2	+28 08 26	A6 V	5.05	+0.062	0.202	1.013		
2880	7	δ¹	CMi	7 31 33.2	+ 1 56 14	F0 III	5.25	+0.131	0.173	1.203		
2886	68		Gem	7 33 00.6	+15 50 59	A1 V	5.25	+0.036	0.149	1.178		
2927	25		Mon	7 36 45.4	− 4 05 13	F6 III	5.13	+0.289	0.169	0.653		
2930	71	o	Gem	7 38 28.9	+34 36 33	F3 III	4.90	+0.266	0.176	0.660		
2948				7 38 23.5	−26 46 39	B6 Vn+B5 IV	3.82	−0.074	0.114	0.402		
2961				7 39 05.1	−38 17 01	B2.5 V	4.84	−0.082	0.100	0.304		
2985	77	κ	Gem	7 43 48.9	+24 25 26	G8 IIIa	3.57	+0.573	0.379	0.398		
2990	78	β	Gem	7 44 40.5	+28 03 08	K0 IIIb	1.14	+0.611	0.427	0.420		
3003	81		Gem	7 45 31.0	+18 32 10	K5 III	4.88	+0.893	0.743	0.444		
3084				7 52 16.3	−38 50 08	B2.5 V	4.49*	−0.083	0.097	0.247		
3131				7 59 23.8	−18 22 12	A2 Vn	4.61	+0.049	0.158	1.128		
3173	27		Lyn	8 07 40.3	+51 32 16	A2 V	4.84	+0.021	0.150	1.099		
3249	17	β	Cnc	8 15 56.8	+ 9 13 06	K4 III	3.52	+0.911	0.765	0.367		
3262	18	χ	Cnc	8 19 25.7	+27 15 08	F6 V	5.14	+0.314	0.146	0.384		
3314				8 25 08.2	− 3 52 18	A0 V	3.90	−0.005	0.158	1.024	2.897	B
3410	4	δ	Hya	8 37 06.0	+ 5 44 27	A1 Vnn	4.16	+0.008	0.153	1.091	2.851	B
3454	7	η	Hya	8 42 40.6	+ 3 26 12	B4 V	4.30	−0.088	0.092	0.240	2.653	B
3459				8 43 09.5	− 7 11 44	G2 Ib	4.62	+0.519	0.289	0.476		
3555	59	σ²	Cnc	8 56 17.9	+32 57 05	A7 IV	5.45	+0.084	0.205	0.968		
3619	15		UMa	9 08 08.1	+51 38 51	A1m	4.48	+0.169	0.233	0.776		
3624	14	τ	UMa	9 10 03.6	+63 33 25	Am	4.67	+0.217	0.238	0.723		
3662	18		UMa	9 15 26.3	+54 03 57	A5 V	4.83	+0.113	0.196	0.892		
3757	23		UMa	9 30 42.6	+63 06 30	F0 IV	3.67	+0.211	0.180	0.752		
3759	31	τ¹	Hya	9 28 36.9	− 2 43 22	F6 V	4.60	+0.296	0.164	0.448		
3771	24		UMa	9 33 34.0	+69 52 38	G4 III–IV	4.56	+0.488	0.254	0.347		
3775	25	θ	UMa	9 32 09.5	+51 43 32	F6 IV	3.17	+0.314	0.153	0.463		
3800	10		LMi	9 33 34.9	+36 26 41	G8.5 III	4.55	+0.562	0.346	0.389		
3815	11		LMi	9 35 01.9	+35 51 29	G8 IV–V	5.41	+0.473	0.304	0.372		
3849	38	κ	Hya	9 39 48.2	−14 17 04	B5 V	5.06	−0.069	0.107	0.405	2.700	B
3852	14	o	Leo	9 40 35.5	+ 9 56 26	F6 II+A2	3.52*	+0.306	0.234	0.615		
3856				9 39 03.6	−61 16 49	B9 V	4.52	−0.042	0.143	0.818		
3881				9 47 55.0	+46 04 13	G1 V	5.09	+0.390	0.203	0.382		
3888	29	υ	UMa	9 50 15.0	+59 05 19	F0 IV	3.80	+0.196	0.162	0.830		
3928	19		LMi	9 57 02.6	+41 06 22	F5 V	5.14	+0.300	0.165	0.457		
3951	20		LMi	10 00 24.5	+31 58 32	G4 V	5.36	+0.416	0.234	0.388		
3974	21		LMi	10 06 48.7	+35 17 47	A7 V	4.48	+0.111	0.196	0.870	2.836	AF
3982	32	α	Leo	10 07 48.8	+12 01 08	B7 V	1.35	−0.041	0.102	0.712	2.723	B
4031	36	ζ	Leo	10 16 06.5	+23 28 12	F0 III	3.44	+0.196	0.169	0.986	2.722	AF
4054	40		Leo	10 19 09.9	+19 31 28	F6 IV	4.79	+0.297	0.171	0.459		
4057	41	γ¹	Leo	10 19 23.7	+19 53 42	K0 III⁻,G7 III⁺	1.99	+0.689	0.457	0.373		

* *V* magnitude may be or is variable.

BS=HR No.			Name	Right Ascension	Declination	Spectral Type	V	$b-y$	m_1	c_1	β	Type
				h m s	° ′ ″							
4090	30		LMi	10 25 18.9	+33 50 59	F0 V	4.74	+0.151	0.195	0.956		
4112	36		UMa	10 29 57.6	+56 02 05	F8 V	4.84	+0.341	0.172	0.331		
4119	30	β	Sex	10 29 45.3	− 0 34 58	B6 V	5.09	−0.064	0.116	0.466	2.730	B
4133	47	ρ	Leo	10 32 15.5	+ 9 21 39	B1 Iab	3.85*	−0.025	0.033	0.039	2.555	B
4141	37		UMa	10 34 29.5	+57 08 13	F1 V	5.16	+0.228	0.159	0.574		
4166	37		LMi	10 38 07.9	+32 01 52	G3 II	4.71	+0.512	0.297	0.477	2.594	AF
4199		θ	Car	10 42 34.8	−64 20 22	B0.5 Vp	2.78	−0.102	0.071	0.075		
4277	47		UMa	10 58 52.8	+40 29 11	G0 V	5.05	+0.392	0.203	0.337		
4288	49		UMa	11 00 15.2	+39 16 07	F0m	5.08	+0.145	0.194	1.007		
4293				10 59 40.3	−42 10 10	A3 IV	4.39	+0.060	0.175	1.121		
4301	50	α	UMa	11 03 05.2	+61 48 28	K0⁻ IIIa	1.79	+0.660	0.437	0.394		
4335	52	ψ	UMa	11 09 04.6	+44 33 20	K1 III	3.01	+0.703	0.524	0.396		
4343	11	β	Crt	11 11 08.4	−22 46 06	A2 III	4.48	+0.010	0.161	1.201		
4392	56		UMa	11 22 15.2	+43 32 26	G8 IIb	4.99	+0.609	0.405	0.401		
4405	15	γ	Crt	11 24 21.4	−17 37 35	A7 IV–V	4.08	+0.117	0.193	0.899	2.821	AF
4456	90		Leo	11 34 09.7	+16 51 18	B3 V	5.95	−0.070	0.104	0.319	2.688	B
4515	2	ξ	Vir	11 44 44.6	+ 8 19 00	A4 V	4.85	+0.091	0.198	0.919		
4527	93		Leo	11 47 26.7	+20 16 38	G III+A7 V	4.53	+0.352	0.186	0.725		
4534	94	β	Leo	11 48 31.5	+14 37 51	A3 V	2.14	+0.044	0.210	0.975	2.900	AF
4540	5	β	Vir	11 50 08.9	+ 1 49 26	F9 V	3.61	+0.354	0.187	0.414	2.628	AF
4550				11 52 22.6	+37 47 39	G8 Vp	6.45	+0.484	0.224	0.166		
4554	64	γ	UMa	11 53 16.9	+53 45 11	A0 V	2.44	+0.006	0.153	1.113	2.885	B
4618				12 07 32.4	−50 36 10	B2 IIIne3	4.47	−0.079	0.102	0.264		
4695	16		Vir	12 19 49.0	+ 3 22 15	K1 III	4.96	+0.720	0.485	0.513		
4707	12		Com	12 21 58.7	+25 54 16	G III+A2 V	4.79	+0.322	0.175	0.779		
4753	18		Com	12 28 55.5	+24 10 01	F5 III	5.48	+0.289	0.172	0.611		
4775	8	η	Crv	12 31 31.7	−16 08 17	F0 IV	4.31	+0.247	0.158	0.550		
4785	8	β	CVn	12 33 14.7	+41 24 52	G0 V	4.26	+0.385	0.182	0.296		
4802		τ	Cen	12 37 07.5	−48 29 01	A2 V	3.86	+0.021	0.159	1.087		
4883	31		Com	12 51 11.3	+27 35 52	G0 III	4.94	+0.435	0.193	0.411	2.594	AF
4889				12 52 51.1	−40 07 19	A7 III	4.27	+0.128	0.176	0.977		
4931	78		UMa	13 00 16.9	+56 25 22	F2 V	4.93	+0.244	0.168	0.578	2.708	AF
4983	43	β	Com	13 11 23.0	+27 55 52	G0 V	4.26	+0.370	0.191	0.337	2.609	AF
5011	59		Vir	13 16 15.2	+ 9 28 44	F8 V	5.22	+0.376	0.191	0.383		
5017	20		CVn	13 17 04.4	+40 37 40	F3 III	4.73	+0.180	0.231	0.913		
5062	80		UMa	13 24 48.3	+55 02 33	A5 V	4.01	+0.097	0.192	0.928	2.847	AF
5168	1		Cen	13 45 05.3	−32 59 27	F3 IV	4.23	+0.247	0.155	0.562		
5191	85	η	UMa	13 47 07.7	+49 21 56	B3 V	1.86	−0.080	0.106	0.296	2.694	B
5235	8	η	Boo	13 54 11.1	+18 27 00	G0 IV	2.68	+0.376	0.203	0.476	2.627	AF
5270				14 02 00.9	+ 9 44 13	K1 CN–5 Fe–4	6.20	+0.633	0.090	0.550	2.540	AF
5285		χ	Cen	14 05 24.1	−41 07 47	B2 V	4.36	−0.095	0.089	0.176		
5304	12		Boo	14 09 55.2	+25 08 28	F8 IV	4.83	+0.348	0.175	0.441		
5340	16	α	Boo	14 15 10.9	+19 14 12	K2 IIIp	−.04	+0.755	0.526	0.491		
5435	27	γ	Boo	14 31 39.3	+38 21 14	A7 III	3.03	+0.116	0.191	1.008		
5447	28	σ	Boo	14 34 13.4	+29 47 26	F2 V	4.46	+0.253	0.132	0.488	2.681	AF

* *V* magnitude may be or is variable.

BS=HR No.	Name			Right Ascension	Declination	Spectral Type	V	$b-y$	m_1	c_1	β	Type
				h m s	° ′ ″							
5511	109		Vir	14 45 43.0	+ 1 56 12	A0 V	3.72	+0.007	0.134	1.081	2.846	B
5530	8	α^1	Lib	14 50 06.3	−15 57 15	F3 V	5.15	+0.262	0.155	0.497	2.678	AF
5531	9	α^2	Lib	14 50 17.8	−15 59 55	A2 IV	2.75	+0.074	0.192	0.996	2.863	AF
5626		λ	Lup	15 08 07.9	−45 14 24	B3 V	4.05	−0.080	0.099	0.282		
5634	45		Boo	15 06 50.4	+24 54 35	F5 V	4.93	+0.285	0.165	0.449		
5660	1		Lup	15 13 58.6	−31 28 50	F1 II	4.91	+0.244	0.136	1.381		
5681	49	δ	Boo	15 15 04.8	+33 21 13	G8 III CN−1	3.47	+0.587	0.346	0.410		
5685	27	β	Lib	15 16 26.5	− 9 20 41	B8 V	2.61	−0.040	0.100	0.750	2.711	B
5744	12	ι	Dra	15 24 41.7	+59 00 10	K2 III	3.29	+0.711	0.567	0.429		
5793	5	α	CrB	15 34 14.6	+26 44 59	A0 V	2.23	0.000	0.144	1.060		
5825				15 40 27.8	−44 37 37	F5 IV–V	4.64	+0.264	0.150	0.470		
5854	24	α	Ser	15 43 45.0	+ 6 27 29	K2 III CN1.5	2.65	+0.715	0.572	0.445		
5868	27	λ	Ser	15 45 56.0	+ 7 23 08	G0 V	4.43	+0.385	0.199	0.354		
5885	1		Sco	15 50 20.7	−25 43 12	B1.5 Vn	4.64*	+0.005	0.068	0.127		
5933	41	γ	Ser	15 55 58.1	+15 41 44	F6 V	3.85	+0.319	0.151	0.401	2.633	AF
5936	12	λ	CrB	15 55 24.7	+37 58 37	F2	5.45	+0.233	0.161	0.662		
5944	6	π	Sco	15 58 12.9	−26 05 04	B1 V+B2	2.89	−0.066	0.058	0.028	2.614	B
5947	13	ε	CrB	15 57 09.2	+26 54 28	K2 III	4.15	+0.751	0.570	0.414		
5953	7	δ	Sco	15 59 42.7	−22 35 33	B0.3 IV	2.32	−0.019	0.038	0.017	2.602	B
5968	15	ρ	CrB	16 00 38.6	+33 20 06	G2 V	5.41	+0.394	0.183	0.322		
5986	13	θ	Dra	16 01 41.5	+58 35 35	F8 IV–V	4.01	+0.354	0.174	0.460		
5993	9	ω^1	Sco	16 06 11.5	−20 38 29	B1 V	3.96	+0.033	0.041	0.022	2.621	B
5997	10	ω^2	Sco	16 06 47.3	−20 50 27	gG2	4.32	+0.521	0.284	0.448	2.579	AF
6027	14	ν	Sco	16 11 23.0	−19 26 02	B2 IVp	4.01	+0.072	0.059	0.150		
6092	22	τ	Her	16 19 25.5	+46 20 17	B5 IV	3.89	−0.056	0.089	0.440	2.702	B
6095	20	γ	Her	16 21 27.4	+19 10 38	A9 III	3.75	+0.168	0.192	1.008		
6141	22		Sco	16 29 34.1	−25 05 34	B2 V	4.79	−0.046	0.085	0.202	2.662	B
6165	23	τ	Sco	16 35 13.7	−28 11 42	B0 V	2.82	−0.100	0.051	0.065		
6175	13	ζ	Oph	16 36 34.8	−10 32 47	O9.5 Vnn	2.56	+0.085	0.012	0.061		
6212	40	ζ	Her	16 40 53.5	+31 37 17	G1 IV	2.81	+0.415	0.207	0.408		
6243	20		Oph	16 49 15.1	−10 45 54	F7 III	4.65	+0.307	0.161	0.536		
6332	59		Her	17 01 13.1	+33 34 59	A3 III	5.25	+0.002	0.180	1.094		
6355	60		Her	17 04 53.5	+12 45 17	A4 IV	4.91	+0.070	0.203	0.988	2.878	AF
6378	35	η	Oph	17 09 46.5	−15 42 45	A2.5 V	2.43	+0.026	0.184	1.084		
6458	72		Her	17 20 16.0	+32 28 51	G0 V	5.39	+0.409	0.182	0.309		
6536	23	β	Dra	17 30 11.7	+52 18 32	G2 Ib	2.79	+0.610	0.323	0.423		
6581	56	o	Ser	17 40 49.5	−12 52 13	A2 V	4.26	+0.047	0.166	1.115		
6588	85	ι	Her	17 39 10.1	+46 00 42	B3 IV	3.80	−0.064	0.078	0.294	2.661	B
6595	58		Oph	17 42 48.0	−21 40 44	F7 V:	4.87	+0.301	0.150	0.413		
6603	60	β	Oph	17 42 57.2	+ 4 34 16	K2 III	2.77	+0.721	0.549	0.453		
6629	62	γ	Oph	17 47 22.0	+ 2 42 38	A0 V	3.75	+0.026	0.165	1.054	2.908	B
6705	33	γ	Dra	17 56 21.7	+51 29 24	K5 III	2.23	+0.943	0.811	0.374		
6714	67		Oph	18 00 07.2	+ 2 55 53	B5 Ib	3.97	+0.079	0.023	0.303	2.590	B
6723	68		Oph	18 01 13.2	+ 1 18 18	A2 Vn	4.45	+0.033	0.136	1.094		
6743		θ	Ara	18 05 48.8	−50 05 35	B2 Ib	3.66	+0.004	0.035	0.027		

* V magnitude may be or is variable.

BS=HR No.	Name			Right Ascension	Declination	Spectral Type	V	b−y	m_1	c_1	β	Type
				h m s	° ′ ″							
6930		γ	Sct	18 28 36.0	−14 34 23	A3 Vn	4.70	+0.044	0.141	1.219		
7001	3	α	Lyr	18 36 35.0	+38 46 25	A0 Va	0.03	+0.004	0.157	1.089		
7069	111		Her	18 46 33.4	+18 10 10	A5 III	4.36	+0.061	0.216	0.942	2.903	AF
7152		ε	CrA	18 58 01.0	−37 07 18	F0 V	4.87*	+0.255	0.149	0.633		
7178	14	γ	Lyr	18 58 33.0	+32 40 29	B9 III	3.24	+0.001	0.093	1.219	2.754	B
7235	17	ζ	Aql	19 04 55.7	+13 50 50	A2 V:nn	2.99	+0.012	0.147	1.080	2.878	B
7253				19 06 12.7	+28 36 42	F0 III	5.55	+0.176	0.190	0.752		
7254		α	CrA	19 08 45.5	−37 55 18	A2 IV	4.11	+0.018	0.185	1.062		
7328	1	κ	Cyg	19 16 51.6	+53 20 56	G9 III	3.77	+0.579	0.390	0.430		
7340	44	ρ¹	Sgr	19 21 03.9	−17 52 03	F0 IV–V	3.93	+0.129	0.188	0.955		
7377	30	δ	Aql	19 24 58.2	+ 3 05 36	F0 IV	3.36	+0.204	0.168	0.715	2.739	AF
7446	39	κ	Aql	19 36 19.6	− 7 03 05	B0.5 IIIn	4.95	+0.079	-0.014	0.022	2.565	B
7447	41	ι	Aql	19 36 10.7	− 1 18 37	B5 III	4.36	−0.017	0.086	0.577	2.711	B
7462	61	σ	Dra	19 32 22.9	+69 38 36	K0 V	4.68	+0.472	0.320	0.261		
7469	13	θ	Cyg	19 36 09.6	+50 11 47	F4 V	4.48	+0.261	0.158	0.506		
7479	5	α	Sge	19 39 37.6	+17 59 21	G1 IIab	4.37	+0.497	0.260	0.466		
7503	16		Cyg	19 41 32.2	+50 30 02	G3 V	5.96	+0.410	0.214	0.375		
7504				19 41 35.2	+50 29 34	G5 V	6.20	+0.416	0.226	0.354		
7525	50	γ	Aql	19 45 45.6	+10 35 14	K3 II	2.72	+0.936	0.760	0.294		
7534	17		Cyg	19 46 01.7	+33 42 10	F5 V	4.99	+0.316	0.155	0.435		
7557	53	α	Aql	19 50 16.3	+ 8 50 24	A7 IV, V	0.77	+0.137	0.178	0.880		
7560	54	o	Aql	19 50 31.5	+10 23 20	F8 V	5.11	+0.356	0.188	0.404		
7602	60	β	Aql	19 54 47.9	+ 6 22 48	G8 IV	3.71	+0.521	0.306	0.341		
7610	61	φ	Aql	19 55 44.4	+11 23 43	A1 V	5.28	+0.002	0.174	1.020		
7730	30		Cyg	20 12 58.2	+46 47 01	A3 III	4.83	+0.068	0.150	1.310		
7747	5	α¹	Cap	20 17 04.0	−12 32 28	G3 Ib	4.24	+0.571	0.327	0.389		
7773	8	ν	Cap	20 20 04.9	−12 47 34	B9 V	4.76	−0.022	0.135	1.025		
7790		α	Pav	20 24 49.3	−56 46 10	B2.5 V	1.94	−0.092	0.087	0.271		
7796	37	γ	Cyg	20 21 51.1	+40 13 22	F8 Ib	2.20	+0.396	0.296	0.885	2.641	AF
7858	3	η	Del	20 33 27.2	+12 59 27	A2 V	5.38	+0.038	0.196	0.975		
7871	4	ζ	Del	20 34 49.1	+14 38 15	A3 V	4.68	+0.066	0.176	1.107		
7906	9	α	Del	20 39 09.0	+15 52 28	B9 IV	3.77	−0.019	0.125	0.893	2.802	B
7936	16	ψ	Cap	20 45 28.5	−25 18 33	F4 V	4.14	+0.271	0.157	0.481		
7949	53	ε	Cyg	20 45 47.2	+33 55 50	K0⁻ III	2.46	+0.627	0.415	0.425		
7977	55		Cyg	20 48 34.9	+46 04 30	B3 Ia	4.84	+0.356	-0.067	0.153	2.530	B
7984	56		Cyg	20 49 42.5	+44 01 10	A4m	5.04	+0.108	0.209	0.897		
8060	22	η	Cap	21 03 48.5	−19 53 49	A5 V	4.84	+0.088	0.186	0.949		
8085†	61		Cyg	21 06 26.3	+38 41 38	K5 V	5.21	+0.656	0.677	0.134		
8086†	61		Cyg	21 06 26.3	+38 41 38	K7 V	6.03	+0.791	0.676	0.067		
8115	64	ζ	Cyg	21 12 29.3	+30 11 01	G8⁺ III–IIIa Ba0.6	3.20	+0.591	0.446	0.296		
8143	67	σ	Cyg	21 17 00.2	+39 21 01	B9 Ia	4.23	+0.138	0.027	0.571	2.584	B
8162	5	α	Cep	21 18 19.8	+62 32 27	A7 IV, V	2.44	+0.125	0.190	0.936		
8181		γ	Pav	21 25 35.1	−65 24 52	F6 Vp	4.22	+0.321	0.124	0.323		
8267	5		Peg	21 37 15.9	+19 16 16	F1 IV	5.45	+0.203	0.170	0.892		
8279	9		Cep	21 37 38.3	+62 02 04	B2 Ib	4.73	+0.275	-0.051	0.135	2.560	B

* *V* magnitude may be or is variable.

†Center of gravity position; see Bright Stars list for orbital position.

BS=HR No.	Name			Right Ascension	Declination	Spectral Type	V	$b-y$	m_1	c_1	β	Type
				h m s	° ′ ″							
8313	9		Peg	21 44 00.9	+17 18 05	G5 Ib	4.34	+0.709	0.468	0.354		
8344	13		Peg	21 49 38.7	+17 14 12	F2 III–IV	5.29	+0.263	0.156	0.545		
8353		γ	Gru	21 53 17.7	−37 24 53	B8 III	3.01	−0.048	0.104	0.734		
8425		α	Gru	22 07 34.5	−47 00 44	B7 IV	1.74	−0.061	0.105	0.576		
8430	24	ι	Peg	22 06 31.3	+25 17 37	F5 V	3.76	+0.296	0.159	0.446		
8431	14	μ	PsA	22 07 46.4	−33 02 24	A2 V	4.50	+0.024	0.172	1.084		
8454	29	π	Peg	22 09 31.2	+33 07 35	F3 II	4.29	+0.304	0.177	0.778		
8494	23	ε	Cep	22 14 38.7	+56 59 28	F0 IV	4.19	+0.169	0.192	0.787	2.757	AF
8551	35		Peg	22 27 19.7	+ 4 38 34	K0 III–IV						
8585	7	α	Lac	22 30 51.4	+50 13 42	A1 V	3.77	+0.001	0.173	1.030	2.908	B
8613	9		Lac	22 36 56.4	+51 29 27	A7 IV	4.63	+0.142	0.174	0.948		
8622	10		Lac	22 38 47.3	+38 59 44	O9 V	4.88	−0.070	0.042	0.110	2.590	B
8630		β	Oct	22 45 01.7	−81 26 13	A9 IV/V	4.15	+0.110	0.198	0.908		
8634	42	ζ	Peg	22 40 56.3	+10 46 35	B8 V	3.40	−0.035	0.114	0.867	2.770	B
8650	44	η	Peg	22 42 30.5	+30 09 58	G8 II:+F?	2.94	+0.535	0.296	0.499		
8665	46	ξ	Peg	22 46 10.1	+12 07 08	F7 V	4.19	+0.330	0.147	0.407		
8675		ε	Gru	22 47 55.5	−51 22 20	A3 V	3.49	+0.041	0.168	1.154		
8709	76	δ	Aqr	22 54 05.6	−15 52 37	A3 V	3.27	+0.034	0.162	1.176		
8728	24	α	PsA	22 57 04.4	−29 40 41	A3 V	1.16	+0.036	0.206	0.991		
8729	51		Peg	22 56 57.0	+20 42 44	G5 V	5.49*	+0.416	0.232	0.364		
8781	54	α	Peg	23 04 14.2	+15 08 55	B9.5 III	2.49	−0.012	0.130	1.128	2.841	B
8826	59		Peg	23 11 12.4	+ 8 39 47	A5 Vn	5.16	+0.075	0.165	1.090		
8830	7		And	23 12 04.0	+49 20 56	A8 III	4.52	+0.181	0.172	0.723		
8848		γ	Tuc	23 16 49.3	−58 17 36	F1 III	3.99	+0.262	0.146	0.579		
8880	62	τ	Peg	23 20 07.0	+23 40 58	A5 V	4.60	+0.104	0.166	1.013		
8905	68	υ	Peg	23 24 51.3	+23 20 46	F8 III	4.40	+0.390	0.186	0.461		
8965	17	ι	And	23 37 37.2	+43 12 36	B8 V	4.29	−0.031	0.100	0.784	2.728	B
8969	17	ι	Psc	23 39 24.6	+ 5 34 10	F7 V	4.13	+0.329	0.164	0.395	2.622	AF
8976	19	κ	And	23 39 53.3	+44 16 33	B9 IVn	4.14	−0.035	0.131	0.831	2.834	B
9039	82		Peg	23 52 04.9	+10 53 20	A4 Vn	5.32	+0.099	0.181	0.967		
9072	28	ω	Psc	23 58 46.3	+ 6 48 19	F3 V	4.01	+0.266	0.150	0.630		
9076		ε	Tuc	23 59 22.6	−65 38 08	B9 IV	4.50	−0.032	0.104	0.894		
9088	85		Peg	0 01 37.2	+27 01 35	G2 V	5.75	+0.428	0.189	0.215	2.563	AF
9091		ζ	Scl	0 01 47.7	−29 46 45	B5 V	5.02	−0.067	0.107	0.461		

* V magnitude may be or is variable.

HD No.	BS=HR No.	Name			Right Ascension	Declination	Vis. Mag.	Spectral Type	Radial Velocity
					h m s	° ′ ″			km/sec
693‡	33	6		Cet	0 10 43.8	−15 31 32	4.89	F6 V	+ 14.7±0.2
3712	168	18	α	Cas	0 39 54.4	+56 28 48	2.23	K0⁻ IIIab	− 3.9 0.1
3765					0 40 14.5	+40 07 53	7.36	dK5	− 63.0 0.2
4128‡	188	16	β	Cet	0 43 03.8	−18 02 39	2.04	K1 III	+ 13.1 0.1
4388					0 45 53.1	+30 53 40	7.51	K3 III	− 28.3 0.6
8779‡	416				1 25 55.0	− 0 27 11	6.41	gK0	− 5.0±0.6
9138	434	98	μ	Psc	1 29 38.1	+ 6 05 24	4.84	K4 III	+ 35.4 0.5
12029					1 58 05.7	+29 19 44	7.80	K2 III	+ 38.6 0.5
12929	617	13	α	Ari	2 06 34.8	+23 24 47	2.00	K2 IIIab	− 14.3 0.2
14969*					2 24 54.2	+29 50 00	7.67	K3 III	− 33.4 0.3
18884‡	911	92	α	Cet	3 01 43.8	+ 4 02 56	2.53	M1.5 III	− 25.8±0.1
20902*	1017	33	α	Per	3 23 34.1	+49 49 28	1.80	F5 Ib	− 2.3 0.2
22484‡	1101	10		Tau	3 36 20.2	+ 0 22 08	4.28	F8 V	+ 27.9 0.1
23169					3 43 15.1	+25 41 34	8.75	G2 V	+ 13.3 0.2
26162‡	1283	43		Tau	4 08 33.2	+19 34 55	5.50	K1 III	+ 23.9 0.6
29139‡	1457	87	α	Tau	4 35 19.0	+16 29 20	0.85	K5 III	+ 54.1±0.1
29587					4 40 51.6	+42 06 00	7.29	dG2	+112.4 0.2
32963					5 07 16.7	+26 18 55	7.72	G2 V	− 63.1 0.4
35410*	1787	27		Ori	5 23 56.9	− 0 54 03	5.08	K0 III	+ 20.5 0.2
36079‡	1829	9	β	Lep	5 27 47.7	−20 46 02	2.84	G5 III	− 13.5 0.1
36673*	1865	11	α	Lep	5 32 16.0	−17 49 45	2.58	F0 Ib	+ 24.7±0.2
42397					6 10 55.9	+25 00 46	8.03	G0 IV	+ 37.4 0.4●
44131*	2275				6 19 28.0	− 2 56 22	4.90	gM1	+ 47.4 0.3
45348*	2326		α	Car	6 23 43.1	−52 41 23	−0.72	F0 II	+ 20.5 0.1
51250	2593	18	μ	CMa	6 55 37.8	−14 01 46	5.00	K2 III+B9V:	+ 19.6 0.5
62509	2990	78	β	Gem	7 44 40.5	+28 03 08	1.14	K0 IIIb	+ 3.3±0.1
65583					7 59 53.3	+29 14 42	7.00	dG7	+ 12.5 0.4
65934					8 01 32.8	+26 40 04	7.94	G8 III	+ 35.0 0.3
66141‡	3145				8 01 43.2	+ 2 21 50	4.39	K2 III	+ 70.9 0.3
75935					8 53 12.6	+26 57 12	8.63	G8 V	− 18.9 0.3
80170*	3694				9 16 32.5	−39 21 26	5.33	K5 III–IV	0.0±0.2
81797‡	3748	30	α	Hya	9 27 04.3	− 8 36 46	1.98	K3 II–III	− 4.4 0.2
84441	3873	17	ε	Leo	9 45 15.4	+23 49 23	2.98	G1 IIab	+ 4.8 0.1
86801					10 00 58.2	+28 37 03	8.88	G0 V	− 14.5 0.4
89449‡	4054	40		Leo	10 19 09.9	+19 31 28	4.79	F6 IV	+ 6.5 0.5
90861					10 29 18.5	+28 38 07	7.20	K2 III	+ 36.3±0.4
92588‡	4182	33		Sex	10 40 52.1	− 1 41 10	6.26	sgK1	+ 42.8 0.1
102494					11 47 23.8	+27 23 55	7.44	G8 IV	− 22.9 0.3
102870	4540	5	β	Vir	11 50 08.9	+ 1 49 26	3.61	F9 V	+ 5.0 0.2
103095	4550				11 52 22.6	+37 47 39	6.45	G8 Vp	− 99.1 0.3
107328‡	4695	16		Vir	12 19 49.0	+ 3 22 15	4.96	K1 III	+ 35.7±0.3
108903	4763		γ	Cru	12 30 34.7	−57 03 16	1.63	M4⁻ IIIb	+ 21.3 0.1
109379	4786	9	β	Crv	12 33 50.1	−23 20 20	2.65	G5 III	− 7.0 0.0
112299					12 54 57.7	+25 47 42	8.66	F8 V	+ 3.4 0.5
114762‡					13 11 49.3	+17 34 21	7.31	dF7	+ 49.9 0.5

*Radial velocity is now known to vary.
‡Candidate for inclusion in revised list of primary standard stars currently in
preparation by IAU Commission 30; recommended for intensive observation.

HD No.	BS=HR No.	Name			Right Ascension	Declination	Vis. Mag.	Spectral Type	Radial Velocity
					h m s	° ′ ″			km/sec
115521*	5015	60	σ	Vir	13 17 04.5	+ 5 31 30	4.80	M2 IIIa	− 26.8±0.3
122693					14 02 23.1	+24 36 44	8.21	F8 V	− 6.3 0.2
123782	5300	13		Boo	14 07 53.8	+49 30 27	5.25	M2 IIIab	− 13.4 0.3
124897‡	5340	16	α	Boo	14 15 10.9	+19 14 12	−0.04	K2 IIIp	− 5.3 0.1
126053	5384				14 22 43.0	+ 1 17 26	6.27	G1 V	− 18.5 0.4
132737					14 59 25.3	+27 12 06	8.02	K0 III	− 24.1±0.3
136202‡	5694	5		Ser	15 18 46.6	+ 1 48 17	5.06	F8 IV–V	+ 53.5 0.2
140913					15 44 41.6	+28 30 09	8.21	G0 V	− 20.8 0.4
144579					16 04 35.0	+39 11 04	6.66	dG8	− 60.0 0.3
145001	6008	7	κ	Her	16 07 36.1	+17 04 28	5.00	G8 III	− 9.5 0.2
146051‡	6056	1	δ	Oph	16 13 47.7	− 3 40 04	2.74	M0.5 III	− 19.8±0.0
149803					16 35 29.6	+29 45 58	8.40	F7 V	− 7.6 0.4
150798	6217		α	TrA	16 47 32.8	−69 00 35	1.92	K2 IIb–IIIa	− 3.7 0.2
154417	6349				17 04 44.8	+ 0 43 02	6.01	G0 V	− 17.4 0.3
156014*	6406	64	α¹	Her	17 14 10.1	+14 24 06	3.08	M5 Ib–II	− 32.5 0.0
157457	6468		κ	Ara	17 25 10.8	−50 37 29	5.23	G8 III	+ 17.4±0.2
161096‡	6603	60	β	Oph	17 42 57.2	+ 4 34 16	2.77	K2 III	− 12.0 0.1
168454	6859	19	δ	Sgr	18 20 19.3	−29 50 00	2.70	K2⁺ III	− 20.0 0.0
171232					18 32 10.4	+25 28 51	7.73	G8 III	− 35.9 0.5
171391‡	6970				18 34 27.4	−10 59 10	5.14	G8 III	+ 6.9 0.2
182572‡	7373	31		Aql	19 24 28.2	+11 55 17	5.16	G8 IV	−100.5±0.4
184467*					19 30 57.2	+58 33 52	6.59	dK5	+ 10.9 0.2
†					19 34 35.2	+29 03 48	9.05	F7 V	− 36.6 0.5
186791	7525	50	γ	Aql	19 45 45.6	+10 35 14	2.72	K3 II	− 2.1 0.2
187691‡	7560	54	o	Aql	19 50 31.5	+10 23 20	5.11	F8 V	+ 0.1 0.3
194071					20 22 11.5	+28 12 45	8.13	G8 III	− 9.8±0.1
203638‡	8183	33		Cap	21 23 34.0	−20 53 49	5.77	K0 III	+ 21.9 0.1
204867‡	8232	22	β	Aqr	21 31 00.4	− 5 37 04	2.91	G0 Ib	+ 6.7 0.1
206778	8308	8	ε	Peg	21 43 40.2	+ 9 49 36	2.39	K2 Ib	+ 5.2 0.2
212943‡	8551	35		Peg	22 27 19.7	+ 4 38 34	4.79	K0 III–IV	+ 54.3 0.3
213014‡					22 27 40.9	+17 12 35	7.70	gG8	− 39.7±0.0
213947					22 34 06.9	+26 32 37	7.53	K4 III	+ 16.7 0.3
222368	8969	17	ι	Psc	23 39 24.6	+ 5 34 10	4.13	F7 V	+ 5.3 0.2
223094					23 45 53.6	+28 38 42	7.45	K5 III	+ 19.6 0.3
223311	9014				23 48 00.1	− 6 26 20	6.07	gK4	− 20.4 0.1
223647	9032		γ¹	Oct	23 51 31.3	−82 04 38	5.11	G5 III	+ 13.8±0.4

*Radial velocity is now known to vary.

†BD 28°3402

‡Candidate for inclusion in revised list of primary standard stars currently in preparation by IAU Commission 30; recommended for intensive observation.

BRIGHT GALAXIES, J1989.5

NGC or IC	Right Ascension	Declination	Revised Morphological Type	T	L	Log D_{25}	Log R_{25}	B_T^w	$B-V$	$U-B$	V	V_0
	h m	o '									km/sec	km/sec
W–L–M	0 01.42	−15 31.4	IB(s)m	+10	8	2.01	0.39	11.27	0.40	−0.24	− 120	− 38
N7814	0 02.72	+16 05.2	SA(s)ab: sp	+ 2		1.80	0.38	11.49	0.90		+1047	+1249
N0045	0 13.53	−23 14.4	SA(s)dm	+ 8	8	1.91	0.15	11.11	0.69	−0.04	+ 468	+ 508
N0055	0 14.38	−39 14.8	SB(s)m: sp	+ 9		2.51	0.70	7.84			+ 131	+ 98
N0134	0 29.9	−33 19	SAB(s)bc	+ 4		1.91	0.50	11.05	0.88	+0.29	+1545	+1531
N0147	0 32.62	+48 26.9	E5p	− 5		2.11	0.20	10.24	0.94		− 263	− 11
N0185	0 38.37	+48 16.7	E3p	− 5		2.06	0.07	10.03	0.90		− 245	+ 4
N0205	0 39.80	+41 37.9	E5p	− 5		2.24	0.25	8.83	0.84		− 239	+ 1
N0221	0 42.13	+40 48.5	cE2	− 6		1.88	0.12	9.09	0.94	+0.47	− 217	+ 21
N0224	0 42.16	+41 12.7	SA(s)b	+ 3	2	3.25	0.45	4.37	0.91	+0.50	− 299	− 61
N0247	0 46.62	−20 49.1	SAB(s)d	+ 7	7	2.30	0.43	9.53	0.65		+ 150	+ 180
N0253	0 47.07	−25 20.8	SAB(s)c	+ 5	4	2.40	0.53	8.13	0.97		+ 249	+ 259
SMC	0 52.4	−72 53	SB(s)mp	+ 9	7	3.45	0.25	2.79	0.50		+ 150	− 30
N0300	0 54.39	−37 44.6	SA(s)d	+ 7	6	2.30	0.13	8.71			+ 145	+ 97
I1613	1 04.25	+ 2 03.7	IAB(s)m	+10	9	2.08	0.03	9.93	0.60		− 238	− 125
N0488	1 21.23	+ 5 12.2	SA(r)b	+ 3	1	1.72	0.11	11.15	0.86		+2180	+2292
N0578	1 29.97	−22 43.3	SAB(rs)c	+ 5	3	1.68	0.18	11.48	0.57	−0.14	+1696	+1689
N0598	1 33.28	+30 36.0	SA(s)cd	+ 6	4	2.79	0.20	6.27	0.55	−0.10	− 183	+ 2
N0613	1 33.81	−29 28.2	SB(rs)bc	+ 4	2	1.76	0.10	10.76	0.76	+0.15	+1500	+1462
N0628	1 36.13	+15 43.7	SA(s)c	+ 5	1	2.01	0.03	9.77	0.58		+ 655	+ 793
N0672	1 47.32	+27 22.9	SB(s)cd	+ 6	5	1.82	0.39	11.41	0.59	−0.11	+ 412	+ 578
N0772	1 58.76	+18 57.5	SA(s)b	+ 3	1	1.85	0.20	11.10	0.77		+2431	+2562
N0891	2 21.89	+42 18.0	SA(s)b? sp	+ 3		2.13	0.68	10.95	0.92	+0.27	+ 524	+ 706
N0908	2 22.60	−21 16.9	SA(s)c	+ 5	1	1.74	0.30	10.87	0.67		+1511	+1470
N0925	2 26.65	+33 32.0	SAB(s)d	+ 7	4	1.99	0.21	10.59	0.59		+ 560	+ 716
N0936	2 27.09	− 1 12.1	LB(rs)0$^+$	− 1		1.72	0.08	11.11	0.96	+0.55	+1317	+1350
FORNX	2 39.48	−34 34.2	E0p	− 5		2.30	0.16	9.04			+ 53	− 51
N1023	2 39.75	+39 01.1	LB(rs)0$^-$	− 3		1.94	0.42	10.38	1.00	+0.55	+ 614	+ 776
N1055	2 41.22	+ 0 23.8	SBb: sp	+ 3	4	1.88	0.40	11.42	0.85	+0.20	+1050	+1077
N1068	2 42.14	− 0 03.4	(R)SA(rs)b	+ 3		1.84	0.07	9.55	0.70	+0.08	+1109	+1134
N1073	2 43.13	+ 1 19.9	SB(rs)c	+ 5	3	1.69	0.03	11.50	0.53	−0.05	+1216	+1245
N1097	2 45.87	−30 19.2	SB(s)b	+ 3	2	1.97	0.15	10.21	1.00		+1320	+1227
N1232	3 09.28	−20 37.2	SAB(rs)c	+ 5	1	1.89	0.05	10.48	0.63		+1720	+1644
N1291	3 16.92	−41 09.8	(R)SB(s)0/a	0		2.02	0.06	9.45	0.93	+0.44	+ 824	+ 674
N1300	3 19.21	−19 26.9	SB(s)d	+ 4	1	1.81	0.18	11.13	0.68	+0.13	+1502	+1422
N1313	3 18.13	−66 32.1	SB(rs)bc	+ 7		1.93	0.11	9.77			+ 448	+ 241
N1316	3 22.29	−37 14.7	LAB(s)0p	− 2		1.85	0.11	9.75	0.90	+0.49	+1774	+1632
N1332	3 25.82	−21 22.2	L(s)0$^-$: sp	− 3		1.66	0.42	11.25	0.90		+1564	+1471
N1365	3 33.21	−36 10.4	SB(s)b	+ 3	2	1.99	0.25	10.20	0.62	+0.05	+1649	+1502
N1380	3 36.05	−35 00.6	LA0	− 2		1.69	0.41	11.21			+1809	+1664
N1398	3 38.42	−26 22.2	(R')SB(r)ab	+ 2	1	1.82	0.10	10.62	0.95		+1419	+1299
N1433	3 41.69	−47 15.3	SB(r)a	+ 1		1.83	0.05	10.67	0.69	+0.23	+ 984	+ 802
N1448	3 44.18	−44 40.6	SAcd: sp	+ 6	5	1.91	0.65	11.38			+1182	+1005
I0342	3 45.79	+68 03.8	SAB(rs)cd	+ 6	2	2.25	0.01	9.16			+ 32	+ 228
I0356	4 06.68	+69 47.1	SA(s)abp	+ 2		1.72	0.11	11.43			+ 822	+1015

NGC or IC	Right Ascension	Declination	Revised Morphological Type	T	L	Log D_{25}	Log R_{25}	B_T^w	B–V	U–B	V	V_0
	h m	° ′									km/sec	km/sec
N1566	4 19.77	−54 57.8	SAB(s)bc	+ 4		1.88	0.09	10.23	0.85	0.00	+1394	+1178
N1617	4 31.43	−54 37.4	SB(s)a	+ 1		1.67	0.29	11.30	0.95	+0.42	+1000	+ 778
N1672	4 45.54	−59 16.0	SB(s)b	+ 3	2	1.68	0.09	11.02			+1309	+1076
N1808	5 07.35	−37 31.7	(R)SAB(s)a	+ 1		1.86	0.25	10.72	0.81	+0.30	+ 981	+ 769
LMC	5 23.7	−69 46	SB(s)m	+ 9	6	3.81	0.07	0.63	0.55		+ 260	+ 13
N2146	6 17.04	+78 21.7	SB(s)ab	+ 2		1.78	0.20	11.24	0.74		+ 838	+1028
N2217	6 21.24	−27 13.7	(R)LB(rs)0⁺	− 1		1.68	0.04	11.48	1.03	+0.54	+1476	+1243
N2336	7 25.27	+80 12.0	SAB(r)bc	+ 4	1	1.84	0.24	11.16	0.66		+2199	+2389
N2366	7 27.81	+69 14.3	IB(s)m	+10	8	1.88	0.33	11.46	0.55		+ 107	+ 252
N2403	7 35.86	+65 37.4	SAB(s)cd	+ 6	5	2.25	0.21	8.90	0.50		+ 131	+ 259
N2442	7 36.43	−69 30.4	SB(s)b	+ 3	2	1.78	0.04	11.12			+ 657	+ 384
HLMII	8 17.84	+70 44.9	Im	+10	8	1.88	0.09	11.11	0.52		+ 158	+ 305
N2613	8 32.91	−22 56.1	SA(s)b	+33		1.86	0.53	11.35	0.93	+0.36	+1712	+1444
N2683	8 52.03	+33 27.6	SA(rs)b	+ 3	4	1.97	0.57	10.61	0.89	+0.29	+ 284	+ 242
N2655	8 54.28	+78 15.8	SAB(s)0/a	0		1.71	0.07	10.95	0.86		+1445	+1623
N2775	9 09.78	+ 7 04.8	SA(r)ab	+ 2		1.65	0.10	11.20	0.87	+0.38	+1135	+ 965
N2768	9 10.81	+60 04.8	E6:	− 5		1.80	0.35	10.96	0.93		+1408	+1502
N2784	9 11.86	−24 07.7	LA(s)0:	− 2		1.71	0.35	11.35	1.15	+0.72	+ 708	+ 435
N2841	9 21.31	+51 01.2	SA(r)b:	+ 3	1	1.91	0.33	10.17	0.85	+0.41	+ 652	+ 700
N2903	9 31.58	+21 32.7	SAB(rs)bc	+ 4	2	2.10	0.28	9.56	0.64	+0.05	+ 569	+ 467
N2997	9 45.19	−31 08.6	SAB(rs)c	+ 5	1	1.91	0.10	10.36			+1089	+ 805
N2976	9 46.41	+67 57.9	SAcp	+ 5		1.69	0.29	10.86	0.70		+ 42	+ 175
N3031	9 54.74	+69 07.1	SA(s)ab	+ 2	2	2.41	0.26	7.86	0.93		− 44	+ 95
N3034	9 54.96	+69 43.7	I0 sp	0		2.05	0.39	9.28	0.87		+ 246	+ 388
N3079	10 01.25	+55 44.0	SB(s)c sp	+ 5	3	1.88	0.65	11.27	0.64		+1137	+1212
N3077	10 02.51	+68 47.1	I0p	0		1.66	0.10	10.67	0.80	+0.15	+ 10	+ 148
N3115	10 04.71	− 7 40.0	L0⁻ sp	− 3		1.92	0.42	10.00	0.95	+0.57	+ 698	+ 476
LEO I	10 07.89	+12 21.6	E3	− 5		2.03	0.11	10.81	0.97			
N3166	10 13.21	+ 3 28.7	SAB(rs)0/a	0		1.72	0.29	11.50	0.91		+1381	+1203
N3169	10 13.68	+ 3 31.4	SA(s)ap	+ 1		1.68	0.18	11.30	0.80		+1229	+1051
N3184	10 17.64	+41 28.1	SAB(rs)cd	+ 6	3	1.84	0.01	10.40	0.65		+ 589	+ 593
N3198	10 19.28	+45 36.1	SB(rs)c	+ 5	3	1.92	0.35	10.92	0.54		+ 665	+ 691
I2574	10 27.59	+68 28.0	SAB(s)m	+ 9	8	2.09	0.32	10.84	0.47		+ 46	+ 185
N3338	10 41.58	+13 48.2	SA(s)c	+ 5	3	1.74	0.17	11.34	0.55		+1316	+1191
N3344	10 42.94	+24 58.7	(R)SAB(r)bc	+ 4	3	1.84	0.03	10.51	0.55		+ 585	+ 513
N3351	10 43.41	+11 45.7	SB(r)b	+ 3	3	1.87	0.16	10.54	0.79	+0.20	+ 807	+ 673
N3359	10 45.94	+63 16.7	SB(rs)c	+ 5	3	1.83	0.20	11.02	0.55		+1007	+1124
N3368	10 46.21	+11 52.6	SAB(rs)ab	+ 2		1.85	0.14	10.11	0.86	+0.27	+ 905	+ 773
N3379	10 47.28	+12 38.3	E1	− 5		1.65	0.05	10.20	0.94	+0.52	+ 885	+ 756
N3384	10 47.73	+12 41.2	LB(s)0⁻:	− 3		1.77	0.35	10.91	0.91	+0.46	+ 770	+ 642
N3486	10 59.85	+29 01.9	SAB(r)c	+ 5	3	1.84	0.11	10.93	0.52		+ 720	+ 674
N3521	11 05.28	+ 0 01.4	SAB(rs)bc	+ 4	3	1.98	0.28	9.99	0.84		+ 815	+ 640
N3556	11 10.92	+55 43.8	SB(s)cd sp	+ 6		1.92	0.52	10.71	0.61	−0.01	+ 685	+ 772
N3623	11 18.37	+13 08.9	SAB(rs)a	+ 1	3	2.00	0.48	10.24	0.90	+0.41	+ 780	+ 666
N3627	11 19.70	+13 02.8	SAB(s)b	+ 3	3	1.94	0.30	9.74	0.70	+0.22	+ 697	+ 583

NGC or IC	Right Ascension	Declination	Revised Morphological Type	T	L	Log D_{25}	Log R_{25}	B_T^w	$B-V$	$U-B$	V	V_0
	h　m	°　′									km/sec	km/sec
N3628	11 19.72	+13 39.1	Sbp sp	+ 3		2.17	0.61	10.31	0.80		+ 839	+ 728
N3631	11 20.45	+53 13.7	SA(s)c	+ 5	1	1.66	0.05	11.04	0.60		+1167	+1245
N3675	11 25.56	+43 38.7	SA(s)b	+ 3	3	1.77	0.26	11.09			+ 701	+ 735
N3718	11 32.00	+53 07.6	SB(s)ap	+ 1		1.94	0.29	11.21	0.73		+1014	+1095
N3726	11 32.77	+47 05.3	SAB(r)c	+ 5	2	1.78	0.13	10.95	0.51		+ 765	+ 818
N3938	11 52.28	+44 10.8	SA(s)c	+ 5	1	1.73	0.04	10.90	0.52		+ 792	+ 838
N3945	11 52.68	+60 44.1	LB(rs)0$^+$	− 1		1.74	0.18	11.44	0.92		+1220	+1340
N3953	11 53.28	+52 23.3	SB(r)bc	+ 4	1	1.82	0.26	10.81	0.70		+ 959	+1043
N3992	11 57.06	+53 26.1	SB(rs)bc	+ 4	1	1.88	0.19	10.64				
N4036	12 00.92	+61 57.3	L0$^-$	− 3		1.65	0.34	11.48	0.90	+0.55	+1382	+1510
N4051	12 02.63	+44 35.5	SAB(rs)bc	+ 4	3	1.70	0.10	10.93	0.67	0.00	+ 674	+ 726
N4088	12 05.06	+50 36.0	SAB(rs)bc	+ 4	2	1.76	0.36	11.14	0.60		+ 742	+ 822
N4096	12 05.50	+47 32.2	SAB(rs)c	+ 5	3	1.81	0.50	11.13	0.44		+ 494	+ 561
N4125	12 07.55	+65 14.1	E6p	− 5		1.71	0.20	10.73	0.88		+1339	+1482
N4151	12 10.00	+39 27.7	(R′)SAB(rs)ab:	+ 2		1.77	0.13	11.12	0.75	0.00	+ 970	+1002
N4192	12 13.27	+14 57.6	SAB(s)ab	+ 2	2	1.98	0.48	10.91	0.79		− 129	− 206
N4214	12 15.12	+36 23.3	IAB(s)m	+10	6	1.90	0.10	10.22	0.46	−0.30	+ 289	+ 309
N4216	12 15.36	+13 12.2	SAB(s)b:	+33		1.92	0.58	10.97	0.99	+0.55	+ 15	− 69
N4236	12 16.19	+69 31.8	SB(s)dm	+ 8	7	2.27	0.43	10.09	0.40		− 1	+ 160
N4244	12 16.97	+37 52.0	SA(s)cd: sp	+ 6	7	2.21	0.81	10.60	0.44		+ 242	+ 270
N4254	12 18.30	+14 28.5	SA(s)c	+ 5	1	1.73	0.05	10.43	0.58	−0.02	+2400	+2324
N4258	12 18.44	+47 21.8	SAB(s)bc	+ 4		2.26	0.36	9.01	0.68		+ 465	+ 537
N4274	12 19.31	+29 40.2	(R)SB(r)ab	+ 2	4	1.84	0.39	11.30	0.93	+0.41	+ 722	+ 715
N4293	12 20.69	+18 26.6	(R)SB(s)0/a	0		1.78	0.31	11.22			+ 882	+ 825
N4303	12 21.38	+ 4 32.0	SAB(rs)bc	+ 4	1	1.78	0.04	10.17	0.54		+1599	+1483
N4314	12 22.03	+29 57.0	SB(rs)a	+ 1		1.68	0.05	11.32	0.84	+0.30	+ 883	+ 879
N4321	12 22.38	+15 52.9	SAB(s)bc	+ 4	1	1.84	0.05	10.11	0.73		+1610	+1543
N4365	12 23.94	+ 7 22.6	E3	− 5		1.79	0.13	10.51			+1177	+1074
N4374	12 24.52	+12 56.7	E1	− 5		1.70	0.06	10.26	0.97	+0.58	+ 933	+ 854
N4382	12 24.87	+18 14.9	LA(s)0$^+$p	− 1		1.85	0.13	10.09	0.88		+ 773	+ 718
N4395	12 25.29	+33 36.4	SA(s)m:	+ 9	8	2.11	0.07	10.39	0.54		+ 294	+ 307
N4406	12 25.66	+13 00.3	E3	− 5		1.87	0.13	10.07	0.93	+0.52	− 341	− 419
N4429	12 26.90	+11 10.0	LA(r)0$^+$	− 1		1.74	0.33	11.15	0.94	+0.54	+1114	+1029
N4438	12 27.23	+13 04.0	SA(s)0/ap:	0		1.97	0.38	10.91	0.83		+ 259	+ 182
N4442	12 27.54	+ 9 51.6	LB(s)0	− 2		1.66	0.37	11.40	0.92	+0.55	+ 580	+ 490
N4449	12 27.70	+44 09.2	IBm	+10	5	1.71	0.14	9.94	0.41	−0.30	+ 200	+ 262
N4450	12 27.96	+17 08.6	SA(s)ab	+ 2		1.68	0.14	10.93	0.82		+2048	+1990
N4472	12 29.25	+ 8 03.6	E2	− 5		1.95	0.08	9.30	0.94		+ 914	+ 817
N4473	12 29.28	+13 29.3	E5	− 5		1.65	0.24	11.07	0.88	+0.53	+2279	+2205
N4490	12 30.08	+41 41.8	SB(s)dp	+ 7	5	1.77	0.28	10.24	0.44	−0.18	+ 577	+ 629
N4486	12 30.29	+12 27.0	E$^+$0−1p	− 4		1.86	0.03	9.58	0.94	+0.57	+1257	+1180
N4494	12 30.88	+25 50.0	E1−2	− 5		1.68	0.10	10.73	0.89	+0.48	+1307	+1289
N4501	12 31.45	+14 28.6	SA(rs)b	+ 3	1	1.84	0.25	10.27	0.75	+0.25	+2057	+1989
N4517	12 32.22	+ 0 10.2	SA(s)cd: sp	+ 6		2.01	0.73	11.20	0.73		+1128	+1001
N4526	12 33.52	+ 7 45.4	LAB(s)0:	− 2		1.86	0.49	10.61	0.94	+0.54	+ 450	+ 355

NGC or IC	Right Ascension	Declination	Revised Morphological Type	T	L	Log D_{25}	Log R_{25}	B_T^w	$B-V$	$U-B$	V	V_0
	h m	° ′									km/sec	km/sec
N4527	12 33.61	+ 2 42.6	SAB(s)bc	+ 4	3	1.80	0.44	11.33	0.88		+1730	+1614
N4535	12 33.81	+ 8 15.5	SAB(s)c	+ 5	1	1.83	0.13	10.52	0.70		+1946	+1853
N4536	12 33.92	+ 2 14.6	SAB(rs)bc	+ 4	3	1.87	0.33	11.01	0.60		+1927	+1810
N4548	12 34.91	+14 33.4	SB(rs)b	+ 3		1.73	0.09	10.98	0.79	+0.30	+ 468	+ 403
N4559	12 35.44	+28 01.1	SAB(rs)cd	+ 6	4	2.02	0.33	10.34	0.45		+ 807	+ 802
N4565	12 35.82	+26 02.6	SA(s)b? sp	+ 3	1	2.21	0.77	10.33	0.83		+1136	+1122
N4569	12 36.30	+13 13.4	SAB(rs)ab	+ 2		1.98	0.31	10.25	0.75	+0.30	− 312	− 382
N4579	12 37.20	+11 52.6	SAB(rs)b	+ 3		1.73	0.09	10.56	0.83	+0.32	+1805	+1730
N4594	12 39.43	−11 34.0	SA(s)a sp	+ 1		1.95	0.34	9.29	0.97		+1128	+ 963
N4605	12 39.53	+61 40.1	SB(s)cp	+ 5		1.74	0.38	10.95			+ 148	+ 286
N4621	12 41.51	+11 42.2	E5	− 5		1.71	0.18	10.80	0.96		+ 414	+ 341
N4631	12 41.61	+32 35.8	SB(s)d sp	+ 7	5	2.18	0.66	9.81	0.54		+ 620	+ 638
N4636	12 42.31	+ 2 44.7	E0-1	− 5		1.79	0.09	10.48	0.94	+0.50	+ 979	+ 869
N4649	12 43.14	+11 36.5	E2	− 5		1.86	0.07	9.82	1.00		+1200	+1128
N4654	12 43.43	+13 11.0	SAB(rs)cd	+ 6	3	1.67	0.20	11.14	0.64	−0.07	+1036	+ 970
N4656	12 43.45	+32 13.5	SB(s)mp	+ 9	7	2.14	0.62	10.86	0.43		+ 645	+ 662
N4697	12 48.05	− 5 44.6	E6	− 5		1.78	0.20	10.20	0.93	+0.39	+1308	+1170
N4725	12 49.94	+25 33.6	SAB(r)abp	+ 2	1	2.04	0.14	9.99	0.74		+1138	+1131
N4736	12 50.39	+41 10.7	(R)SA(r)ab	+ 2	3	2.04	0.08	8.90	0.75	+0.16	+ 269	+ 329
N4754	12 51.77	+11 22.2	LB(r)0⁻:	− 3		1.67	0.26	11.46	0.95	+0.50	+1461	+1393
N4753	12 51.83	− 1 08.6	I0	0		1.73	0.27	10.82	0.95	+0.48	+1255	+1137
N4762	12 52.41	+11 17.2	LB(r)0? sp	− 2		1.94	0.73	11.19	0.90	+0.40	+ 945	+ 878
N4826	12 56.22	+21 44.3	(R)SA(rs)ab	+ 2		1.97	0.24	9.37	0.84	+0.21	+ 397	+ 377
N4856	12 58.78	−14 59.1	SB(s)0/a	0		1.66	0.46	11.48	0.97		+1251	+1088
N4945	13 04.84	−49 24.7	SB(s)cd: sp	+ 6		2.30	0.66	9.63			+ 594	+ 356
N5005	13 10.45	+37 06.8	SAB(rs)bc	+ 4	3	1.73	0.30	10.68	0.82	+0.30	+1015	+1069
N5033	13 12.96	+36 39.3	SA(s)c	+ 5	2	2.02	0.27	10.63	0.5		+ 907	+ 961
N5055	13 15.36	+42 05.3	SA(rs)bc	+ 4	3	2.09	0.21	9.36	0.73		+ 509	+ 587
N5102	13 21.37	−36 34.5	LA0⁻	− 3		1.97	0.43	10.30	0.70	+0.27	+ 454	+ 247
N5128	13 24.85	−42 57.8	L0p	− 2		2.26	0.10	7.83	0.98		+ 541	+ 323
N5194	13 29.42	+47 15.1	SA(s)bcp	+ 4	1	2.04	0.15	9.00	0.60		+ 460	+ 565
N5195	13 29.53	+47 19.6	I0p	0		1.73	0.10	10.52	0.90	+0.40	+ 552	+ 658
N5236	13 36.40	−29 48.9	SAB(s)c	+ 5	2	2.05	0.04	8.21			+ 518	+ 337
N5248	13 37.02	+ 8 56.4	SAB(rs)bc	+ 4	1	1.81	0.12	10.67	0.63	0.00	+1146	+1102
N5247	13 37.49	−17 49.8	SA(s)bc	+ 4	2	1.73	0.06	11.13	0.59	−0.10	+1655	+1511
N5322	13 48.91	+60 14.7	E3-4	− 5		1.74	0.15	10.86	0.88	+0.44	+1902	+2061
N5364	13 55.68	+ 5 04.0	SA(rs)bcp	+ 4	1	1.85	0.15	11.05	0.65		+1393	+1349
N5457	14 02.86	+54 24.2	SAB(rs)cd	+ 6	1	2.43	0.01	8.16	0.46		+ 241	+ 388
N5474	14 04.67	+53 42.8	SA(s)cdp	+ 6	7	1.65	0.03	11.31	0.50		+ 270	+ 416
N5585	14 19.46	+56 46.7	SAB(s)d	+ 7	7	1.74	0.17	11.37	0.50		+ 300	+ 462
N5566	14 19.81	+ 3 58.9	SB(r)ab	+ 2	4	1.81	0.43	11.43	0.86	+0.42	+1518	+1489
N5643	14 32.01	−44 07.6	SAB(rs)c	+ 5	5	1.66	0.05	10.84			+1142	+ 962
N5866	15 06.20	+55 48.2	LA0⁺ sp	− 1		1.72	0.35	10.96	0.85	+0.40	+ 692	+ 874
N5907	15 15.64	+56 21.7	SA(s)c: sp	+ 5	3	2.09	0.84	11.15	0.77		+ 592	+ 780
N5921	15 21.42	+ 5 06.4	SB(r)bc	+ 4	2	1.69	0.07	11.47	0.63	+0.02	+1475	+1503

NGC or IC	Right Ascension	Declination	Revised Morphological Type	T	L	Log D_{25}	Log R_{25}	B_T^w	$B-V$	$U-B$	V	V_0
	h m	° ′									km/sec	km/sec
N6300	17 15.98	−62 48.5	SB(r)b	+ 3		1.73	0.18	11.13			+1140	+ 988
N6384	17 31.90	+ 7 04.1	SAB(r)bc	+ 4	1	1.78	0.15	11.32	0.73		+1660	+1801
N6503	17 49.55	+70 08.9	SA(s)cd	+ 6	5	1.79	0.42	10.94	0.67	+0.05	+ 62	+ 315
N6744	19 08.78	−63 52.5	SAB(r)bc	+ 4	3	2.19	0.18	9.26			+ 644	+ 519
N6822	19 44.36	−14 50.0	IB(s)m	+10	8	2.01	0.03	9.31			− 56	+ 65
N6946	20 34.63	+60 07.2	SAB(rs)cd	+ 6	1	2.04	0.05	9.68	0.80		+ 46	+ 338
N7331	22 36.60	+34 21.8	SA(s)bc	+ 4	2	2.03	0.43	10.39	0.84	+0.25	+ 826	+1105
N7410	22 54.42	−39 43.1	SB(s)a	+ 1		1.74	0.43	11.40	0.92	+0.49	+1638	+1634
I5267	22 56.63	−43 27.2	LA(rs)0:	− 2		1.70	0.09	11.35	0.93	+0.30	+1715	+1691
N7424	22 56.71	−41 07.7	SAB(rs)cd	+ 6	3	1.88	0.05	10.99			+ 862	+ 850
N7582	23 17.82	−42 25.7	(R′)SB(s)ab	+ 2		1.66	0.32	11.47	0.77	+0.16	+1452	+1427
N7640	23 21.62	+40 47.2	SB(s)c	+ 5	3	2.03	0.63	11.44	0.54		+ 369	+ 642
I5332	23 33.90	−36 09.5	SA(s)d	+ 7		1.82	0.11	11.25	0.66	−0.10	+ 702	+ 701
N7793	23 57.29	−32 38.9	SA(s)d	+ 7	6	1.96	0.14	9.64	0.59	−0.10	+ 209	+ 214

```
W-L-M     = A2359-15    = Wolf-Lundmark-Melotte neb. = DDO 221
SMC       = A0051-73    = Small Magellanic Cloud
FORNX     = A0237-34    = Fornax System
LMC       = A0524-69    = Large Magellanic Cloud
HLMII     = A0813+70    = Holmberg II = DDO 50
LEO I     = A1005+12    = Regulus System = DDO 74

NGC  224  = M31         = Andromeda Nebula
NGC  221  = M32
NGC  598  = M33         = Triangulum Nebula
NGC 5194  = M51         = Whirlpool Nebula
NGC 5457  = M101        = Pinwheel Nebula
NGC 4594  = M104        = Sombrero Nebula
NGC 5128              = Centaurus A
```

IAU Desig.	Name	R.A.	Dec.	Ang. Diam.	Dist.	Trumpler Class			Tot. Mag.	Spectrum	Mag.*	Log age	Log Fe / H	A_V
		h m	° '	'	pc									
C0001−302	Blanco 1	0 03.7	−30 00	70	2500	IV	3	m		B5	8	7.70		0.30
C0022+610	N0103	0 24.7	+61 17	5	3000	II	1	m	5.8	B3	11	7.58		1.68
C0027+599	N0129	0 29.3	+60 10	12	1600	III	2	m	9.8	B3	11	8.18		1.83
C0029+628	King 14	0 31.2	+63 06	7	2600	III	1	p		B2	10	7.20		1.71
C0036+608	N0189	0 39.0	+61 01	5	1080	III	1	p	11.1	A0		7.30		1.68
C0039+850	N0188	0 43.3	+85 17	15	1550	I	2	r	9.3	F2	10	9.70	−0.06	0.15
C0040+615	N0225	0 42.8	+61 44	15	630	III	1	p	8.9	A2		8.15		0.87
C0112+585	N0436	1 15.0	+58 46	5	2200	I	2	m	9.3	B5	10	7.90		0.47
C0115+580	N0457	1 18.4	+58 16	20	2800	II	3	r	5.1	B2	6	7.40		1.47
C0126+630	N0559	1 28.8	+63 15	7	900	I	1	m	7.4		9	9.10	−1.00	2.81
C0129+604	N0581	1 32.5	+60 39	6	2600	II	2	m	6.9	B2	9	7.35		1.20
C0132+610	Tr 1	1 35.0	+61 14	3	2200	II	2	p	8.9	B2	10	7.41		1.35
C0140+616	N0654	1 43.3	+61 50	6	1600	II	2	r	8.2	B0	10	7.18		2.67
C0140+604	N0659	1 43.5	+60 39	6	2100	I	2	m	7.2	B0	10	7.30		1.82
C0142+610	N0663	1 45.3	+61 12	15	2200	II	3	r	6.4	B1	9	7.35		2.43
C0149+615	I0166	1 51.8	+61 47	8	3300	II	1	r			17	9.20		2.40
C0154+374	N0752	1 57.2	+37 38	75	400	II	2	r	6.6	F0	8	9.04	0.00	0.09
C0155+552	N0744	1 57.7	+55 26	5	1500	III	1	p	7.8	B7	10	7.59		1.20
C0211+590	Stock 2	2 14.2	+59 13	45	320	I	2	m		B8		8.00		1.32
C0215+569	N0869	2 18.3	+57 06	18	2200	I	3	r	4.3	B1	7	6.75		1.68
C0218+568	N0884	2 21.7	+57 04	18	2300	I	3	r	4.4	B1	7	6.50		1.68
C0228+612	I1805	2 31.9	+61 24	20	2100	II	3	m	4.8	O6	9	6.12		2.55
C0233+557	Tr 2	2 36.5	+55 56	17	600	II	2	p	9.0	B9		7.89		0.96
C0238+613	N1027	2 41.9	+61 30	15	1000	II	3	m	7.4	B3	9	8.54		1.02
C0238+425	N1039	2 41.3	+42 44	25	440	II	3	r	5.8	B8	9	8.29		0.15
C0247+602	I1848	2 50.4	+60 24	18	2200	I	3	p	7.0	O7		6.00		1.98
C0311+470	N1245	3 13.9	+47 13	10	2300	II	2	r	7.7	B9	12	9.04	+0.06	0.84
C0318+484	Mel 20	3 21.3	+48 34	300	170	III	3	m	2.3	B1	3	7.71		0.30
C0328+371	N1342	3 31.0	+37 18	17	550	III	2	m	7.2	A1	8	8.48	−0.41	0.84
C0344+239	Pleiades	3 46.3	+24 05	120	120	I	3	r	1.5	B5	3	7.89		0.18
C0403+622	N1502	4 06.8	+62 18	20	950	I	3	m	4.1	B0	7	7.30		2.22
C0411+511	N1528	4 14.6	+51 13	18	800	II	2	m	6.4	B8	10	8.43		0.90
C0417+501	N1545	4 20.1	+50 14	12	800	IV	2	p	4.6	B8	9	8.29		1.08
C0424+157	Hyades	4 26.3	+15 50	330	40	II	3	m	0.8	A2	4	8.82	+0.20	0.00
C0443+189	N1647	4 45.4	+19 03	40	550	II	2	r	6.2	B7	9	8.33		1.17
C0445+108	N1662	4 47.9	+10 55	12	400	II	3	m	8.0	A0	9	8.48	−0.18	1.02
C0447+436	N1664	4 50.3	+43 41	18	1200	III	1	p	7.2	A0	10	8.48		0.75
C0504+369	N1778	5 07.4	+37 02	8	1350	III	2	p	8.5	B6		8.20		0.99
C0509+166	N1817	5 11.5	+16 41	20	1750	IV	2	r	7.8	A0	9	8.90	+0.02	1.05
C0518−685	N1901	5 17.8	−68 28	40	300	III	3	m				8.70		0.18
C0519+333	N1893	5 22.0	+33 23	25	4000	II	3	r	7.8			6.00		1.68
C0524+352	N1907	5 27.3	+35 19	5	1380	I	1	m	10.2	B3	11	8.64	−0.18	1.41
C0525+358	N1912	5 28.0	+35 50	15	1320	II	2	r	6.8	B5	8	8.35	−0.50	0.72
C0532+341	N1960	5 35.4	+34 07	10	1270	I	3	r	6.5	B3	9	7.40		0.66
C0532−054	Trapez.	5 34.8	− 5 23	48	450					O6		7.40		

* Magnitude of brightest cluster member.

IAU Desig.	Name	R.A.	Dec.	Ang. Diam.	Dist.	Trumpler Class			Tot. Mag.	Spec-trum	Mag.*	Log age	Log Fe / H	A_V
		h m	° '	'	pc									
C0546+336	King 8	5 48.7	+33 38	4	4150	II	2	m		B0	15	9.10		2.58
C0549+325	N2099	5 51.7	+32 33	15	1350	I	2	r	6.2	B9	11	8.48	−0.07	1.02
C0600+104	N2141	6 02.5	+10 26	10	4400	I	2	r	10.8		15	9.60	−0.54	
C0604+241	N2158	6 06.8	+24 06	5	4900	II	3	r	12.1	F0	15	9.51	−0.64	1.29
C0605+139	N2169	6 07.8	+13 58	6	1100	III	3	m	7.0	B1		7.70		0.39
C0605+243	N2168	6 08.2	+24 21	25	870	III	3	r	5.6	B4	8	8.03		0.69
C0606+203	N2175	6 09.1	+20 20	22	1950	III	3	r	6.8	O6	8	6.00		1.20
C0611+128	N2194	6 13.2	+12 48	?	1600	II	2	r	10.0		13	8.90		
C0613−186	N2204	6 15.2	−18 39	10	4450	II	2	r	9.3		13	9.48	−0.38	
C0624−047	N2232	6 26.1	− 4 44	45	400	III	2	p	4.2	B3		7.35		0.03
C0627−312	N2243	6 29.4	−31 17	5	4600	I	2	r	10.5			9.59	−0.54	0.03
C0629+049	N2244	6 31.8	+ 4 52	30	1700	II	3	r	5.2	O5	7	6.48		1.41
C0634+094	Tr 5	6 36.2	+ 9 27	15	2400	III	1	r	10.9		17	9.10		2.10
C0638+099	N2264	6 40.5	+ 9 54	40	750	III	3	m	4.1	O8	5	7.30	−0.15	0.21
C0644−206	N2287	6 46.6	−20 44	40	700	I	3	r	5.0	B5	8	8.29	−0.02	0.00
C0645+411	N2281	6 48.6	+41 04	25	500	I	3	m	7.2	A0	8	8.48	−0.02	0.27
C0649+005	N2301	6 51.2	+ 0 29	15	750	I	3	r	6.3	B	8	8.03		0.13
C0700−082	N2323	7 02.7	− 8 20	15	910	II	3	r	7.2	B8	9	7.89		0.93
C0701+011	N2324	7 03.6	+ 1 04	8	2900	II	2	r	7.9	B9	12	8.82	−0.39	0.18
C0704−100	N2335	7 06.1	−10 04	7	1000	III	2	m	9.3	B9	10	8.20		1.20
C0705−105	N2343	7 07.8	−10 38	6	1000	II	2	p	7.5	A0	8	8.00		0.60
C0706−130	N2345	7 07.8	−13 09	12	1800	II	3	r	8.1	A2	9	7.90		1.80
C0712−102	N2353	7 14.1	−10 17	18	1100	II	3	p	5.2	B0	9	7.10		0.30
C0712−256	N2354	7 13.8	−25 43	18	1850	III	2	r	8.9			8.26		0.42
C0715−155	N2360	7 17.3	−15 36	14	1630	I	3	r	9.1	B8		9.11	−0.12	0.21
C0716−248	N2362	7 18.3	−24 55	6	1550	I	3	r	3.8	O8	8	7.40		0.36
C0717−130	Haf 6	7 19.6	−13 06	7	1100	IV	2	r			16	8.90		0.00
C0722−321	Cr 140	7 23.5	−32 11	30	300	III	3	m	4.2	B3		7.35	−0.10	0.00
C0724−476	Mel 66	7 26.0	−47 43	15	2500	II	1	r	10.7	A0		9.80	−0.49	0.51
C0734−205	N2421	7 35.8	−20 35	8	1900	I	2	r	9.0		11	7.40		1.41
C0734−143	N2422	7 36.1	−14 28	25	480	I	3	m	4.3	B3	5	7.89		0.24
C0734−137	N2423	7 36.6	−13 50	12	870	II	2	m	7.0	B5		8.55	+0.20	0.39
C0735−119	Mel 71	7 37.1	−12 02	8	2800	II	2	r	9.0			8.62	−0.37	0.00
C0735+216	N2420	7 37.8	+21 36	6	2500	I	1	r	10.0		11	9.60	−0.39	0.00
C0738−315	N2439	7 40.4	−31 38	9	1610	II	3	r	7.1	B1	9	7.82		0.75
C0739−147	N2437	7 41.3	−14 48	20	1660	II	2	r	6.6	B9	10	8.48		0.18
C0742−237	N2447	7 44.2	−23 51	10	1100	I	3	r	6.5	B9	9	7.99		0.18
C0743−378	N2451	7 45.0	−37 57	50	260	II	2	m	3.7	B7	6	7.56		0.15
C0750−384	N2477	7 51.9	−38 31	20	1300	I	2	r	5.7		12	8.85	+0.10	0.90
C0752−241	N2482	7 54.5	−24 16	10	800	IV	1	m	8.8			8.60	+0.20	0.12
C0754−299	N2489	7 55.8	−30 02	5	1200	I	2	m	9.3	B8	11	8.38		1.08
C0757−607	N2516	7 58.2	−60 50	22	400	I	3	r	3.3	B3	7	8.03		0.30
C0757−106	N2506	7 59.7	−10 46	12	2200	I	2	r	8.9		11	9.60	−0.54	0.30
C0805−297	N2533	8 06.6	−29 52	6	1700	II	2	r	10.0			8.26		0.78
C0808−126	N2539	8 10.3	−12 48	15	1280	III	2	m	8.0	A0	9	8.82		0.33

* Magnitude of brightest cluster member.

IAU Desig.	Name	R.A.	Dec.	Ang. Diam.	Dist.	Trumpler Class			Tot. Mag.	Spectrum	Mag.*	Log age	Log Fe/H	A_V
		h m	° '	'	pc									
C0809−491	N2547	8 10.4	−49 14	25	400	I	3	r	5.0	B3	7	7.87		0.09
C0810−374	N2546	8 12.1	−37 36	70	1000	III	2	m	5.2	B0	7	7.62		0.33
C0811−056	N2548	8 13.2	− 5 46	30	610	I	3	r	5.5	A0	8	8.48		0.18
C0816−295	N2571	8 18.5	−29 42	7	2100	II	3	m	7.4	B8		7.35		0.93
C0837+201	Praesepe	8 39.5	+20 02	70	160	II	3	m	3.9	A0	6	8.82	+0.08	0.00
C0838−528	I2391	8 39.9	−53 01	60	180	II	3	m	2.6	B5	4	7.56		0.12
C0839−480	I2395	8 40.8	−48 09	17	850	II	3	m	4.6	B5		7.20		0.39
C0840−469	N2660	8 41.9	−47 07	3	2100	I	1	r	10.8		13	9.20	+0.08	1.11
C0843−527	N2669	8 44.5	−52 56	20	1000	III	3	m	6.0	B9		7.80		0.57
C0846−423	Tr 10	8 47.4	−42 27	30	420	II	3	m	5.0	B3		7.67		0.15
C0847+120	N2682	8 49.9	+11 51	25	800	II	3	r	7.4	B8	9	9.51	+0.01	0.18
C1001−598	N3114	10 02.4	−60 03	35	900	II	3	r	4.5	B9	9	8.03	−0.07	0.03
C1025−573	I2581	10 27.0	−57 35	5	1660	II	2	p	5.3	B0		7.00		1.29
C1033−579	N3293	10 35.4	−58 10	6	2600	I	3	r	6.2	B0	8	7.00		0.90
C1040−588	Boc 10	10 41.8	−59 05	20		II	3	m				7.40		
C1041−597	Cr 228	10 42.6	−59 57	15	2600				4.9			6.00		1.50
C1041−641	I2602	10 42.8	−64 20	100	150	I	3	r	1.6	B0	3	7.56		0.12
C1041−593	Tr 14	10 43.5	−59 30	5	1660				6.8	O		7.00		1.56
C1042−591	Tr 15	10 44.3	−59 18	15	1500	III	2	p	9.0	O		6.78		1.59
C1043−594	Tr 16	10 44.7	−59 39	10	1700				6.7	O5		7.00		1.47
C1057−600	N3496	10 59.4	−60 17	7	1100	II	1	r	9.2			8.36		1.53
C1104−584	N3532	11 06.0	−58 37	50	410	II	3	r	3.4	B5	8	8.43		0.00
C1108−599	N3572	11 10.0	−60 11	7	2300	II	3	m	4.5	B0	7	7.10		1.50
C1109−600	Cr 240	11 10.8	−60 14	20		III	2	m		B2		6.00		
C1109−604	Tr 18	11 11.0	−60 37	6	2500	II	3	m	8.2	B2		7.40		1.05
C1115−624	I2714	11 17.4	−62 39	15	1200	II	2	r	8.2		10	8.30		1.35
C1117−632	Mel 105	11 19.0	−63 27	5	2100	I	2	r	9.4			7.77		1.14
C1123−429	N3680	11 25.2	−43 11	7	800	I	2	m	8.6		10	9.26	−0.06	0.12
C1133−613	N3766	11 35.6	−61 33	15	1700	I	3	r	4.6	B0	8	7.35		0.54
C1134−627	I2944	11 36.1	−62 58	35	2100	III	3	m	2.8	O6		7.00		1.05
C1148−554	N3960	11 50.4	−55 38	7		I	2	m	8.8			9.00	−0.39	
C1159−629	N4052	12 01.3	−63 08	10	1900	III	2	r	8.8	B3		8.14		0.90
C1204−609	N4103	12 06.2	−61 11	6	1200	I	2	m	7.4	B	10	7.35		0.84
C1221−616	N4349	12 23.9	−61 50	4	1700	II	2	m	8.0	B8	11	8.35		0.72
C1222+263	Coma Ber	12 24.6	+26 10	120	80	III	3	r	2.9	A0	5	8.60	−0.15	0.00
C1232+365	Upgren 1	12 34.5	+36 22	18	140	IV	2	p		F3				0.25
C1239−627	N4609	12 41.7	−62 55	6	1510	II	2	m	4.5	B4	10	7.56		0.90
C1250−600	κ Cru	12 53.0	−60 17	10	2340	I	3	r	5.2	B3	7	6.85		0.93
C1315−623	Stock 16	13 18.4	−62 30	20	2300	III	3	p		O6	10	7.45		1.59
C1327−606	N5168	13 30.5	−60 53	4	1400	I	2	m	11.5	O6		8.20		1.08
C1343−626	N5281	13 45.9	−62 51	8	1300	I	3	m	8.2	O6	10	7.71		0.78
C1350−616	N5316	13 53.2	−61 49	15	1120	II	2	r	8.8	B8	11	8.29	−0.07	0.54
C1404−480	N5460	14 06.9	−48 16	35	500	I	3	m	6.1	B8	9	8.03		0.42
C1420−611	Lyngå 2	14 23.3	−61 21	10	1100	II	3	m		B		7.50		0.57
C1424−594	N5606	14 27.0	−59 36	3	1700	I	3	p	10.0	O6		7.10		1.38

* Magnitude of brightest cluster member.

IAU Desig.	Name	R.A.	Dec.	Ang. Diam.	Dist.	Trumpler Class			Tot. Mag.	Spec-trum	Mag.*	Log age	Log Fe / H	A_V
		h m	o ′	′	pc									
C1426–605	N5617	14 29.0	–60 41	10	1200	I	3	r	8.5	B3	10	7.66	–0.25	1.53
C1431–563	N5662	14 34.4	–56 30	30		II	3	r	7.7	B8	10	7.80		
C1440+697	Ursa Maj	14 40.8	+69 37		20					A0	2	8.21		0.00
C1445–543	N5749	14 48.1	–54 29	10	900	II	2	m	8.8	B8		7.96		1.23
C1501–541	N5822	15 04.4	–54 18	35	550	II	2	r	6.5	B9	10	8.95	–0.06	0.42
C1502–554	N5823	15 04.9	–55 33	12	700	II	2	r	8.6	F0	13	8.30	–0.30	0.81
C1559–603	N6025	16 02.8	–60 29	15	840	II	3	r	6.0	B3	7	8.03		0.00
C1601–517	Lyngå 6	16 04.0	–51 53	5	1600					B		7.60		3.06
C1603–539	N6031	16 06.8	–54 02	3	3200	I	3	p	12.2	B3		7.34		1.29
C1609–540	N6067	16 12.4	–54 11	15	2100	I	3	r	6.5	B2	10	7.89	–0.13	1.11
C1614–577	N6087	16 18.0	–57 53	15	900	II	2	m	6.0	B5	8	7.74		0.39
C1622–405	N6124	16 24.9	–40 38	40	490	I	3	r	6.3	B8	9	7.71		2.16
C1623–261	Antares	16 25.4	–26 12	505		III	3	p	1.0					
C1624–490	N6134	16 27.0	–49 07	7	790	II	3	m	8.8	B8	11	8.80	+0.14	1.35
C1637–486	N6193	16 40.5	–48 45	15	1350	II	3	p	5.4	O7		6.00		1.56
C1642–469	N6204	16 45.7	–47 00	6	2600	I	3	m	8.4	O6		7.13		1.53
C1645–537	N6208	16 48.7	–53 48	18	1000	III	2	r	9.5			9.00		0.54
C1650–417	N6231	16 53.3	–41 47	15	1800	I	3	p	3.4	O9	6	6.50		1.26
C1652–394	N6242	16 54.9	–39 29	9	1200	I	3	m	8.2	B5		7.71		1.17
C1654–457	N6250	16 57.2	–45 56	10	1020	II	3	r	8.0	B8		7.15		
C1657–446	N6259	17 00.0	–44 39	15	770	II	2	r	8.6	F8	11	8.35	+0.21	1.95
C1714–429	N6322	17 17.7	–42 56	5	1200	I	3	m	6.5	B0		7.00		1.59
C1720–499	I4651	17 23.9	–49 56	10	780	II	2	r	8.0		10	9.38	–0.19	0.33
C1731–325	N6383	17 34.1	–32 34	20	1380	II	3	m	5.4	O7		6.65		0.78
C1732–334	Tr 27	17 35.5	–33 28	7	2100	III	3	m	9.1			7.00		4.20
C1736–321	N6405	17 39.4	–32 12	20	600	II	3	r	4.6	B5	7	7.71		0.51
C1743+057	I4665	17 45.7	+ 5 43	70	430	III	2	m	5.3	B4	6	7.56		0.51
C1747–302	N6451	17 50.0	–30 13	8	570	I	2	r	8.2		12	9.80		0.24
C1750–348	N6475	17 53.2	–34 48	80	240	I	3	r	3.3	B5	7	8.35		0.12
C1753–190	N6494	17 56.2	–19 01	30	660	II	2	r	5.9	B9	10	8.35		0.81
C1800–279	N6520	18 02.7	–27 54	5	1650	I	2	r	7.6	O	9	9.00		0.94
C1801–225	N6531	18 04.0	–22 30	15	1300	I	3	r	7.2	B0	8	6.66		0.90
C1801–243	N6530	18 04.1	–24 20	15	1600	II	2	m	5.1	O5	6	6.30		0.96
C1804–233	N6546	18 06.6	–23 20	15	830	II	1	r	8.2			7.60		
C1815–122	N6604	18 17.5	–12 14	6	700	I	3	m	7.5	O9		6.60		3.00
C1816–138	N6611	18 18.2	–13 47	7	2500	II	3	m	6.5	O7	11	6.74		2.22
C1825+065	N6633	18 27.2	+ 6 34	20	320	III	2	m	5.6	B6	8	8.82	–0.30	0.54
C1828–192	I4725	18 31.0	–19 15	30	580	I	3	m	6.2	B4	8	7.95		1.50
C1834–082	N6664	18 36.1	– 8 14	12	1300	III	2	m	8.5	B3	9	8.16		1.92
C1836+054	I4756	18 38.4	+ 5 26	40	400	II	3	r	5.4	B7	8	8.76	–0.11	0.66
C1840–041	Tr 35	18 42.4	– 4 09	6	1610	I	2	m	10.0	B4		7.62		3.54
C1842–094	N6694	18 44.7	– 9 25	8	1550	II	3	m	9.0	B8	11	7.95		2.22
C1848–052	N6704	18 50.3	– 5 13	6	1810	I	2	m	9.3	B2	12	7.30		3.18
C1848–063	N6705	18 50.5	– 6 17	14	1720	I	2	r	6.1	B8	11	8.35	+0.11	1.14
C1905+041	N6755	19 07.3	+ 4 13	15	1500	II	2	r	8.6	B2	11	7.55		3.55

* Magnitude of brightest cluster member.

IAU Desig.	Name	R.A.	Dec.	Ang. Diam.	Dist.	Trumpler Class	Tot. Mag.	Spectrum	Mag.*	Log age	Log Fe / H	A_V
		h m	o '	'	pc							
C1906+046	N6756	19 08.2	+ 4 40	4	1650	I 1 m	10.6	B3	13	7.67		4.41
C1919+377	N6791	19 20.4	+37 49	10	5100	I 2 r		F2	15	9.80		0.66
C1936+464	N6811	19 37.9	+46 32	15	900	III 1 r	9.0	A3	11	8.73		0.46
C1939+400	N6819	19 41.0	+40 10	5	2200	I 1 r	9.5	A0	11	9.54	−0.16	1.41
C1941+231	N6823	19 42.7	+23 17	7	2700	I 3 m		O7		6.30		2.55
C1948+229	N6830	19 50.6	+23 02	6	1470	II 2 p	8.9	B0	10	8.00		1.74
C1950+292	N6834	19 51.8	+29 23	6	2300	II 2 m	9.7	B2	11	7.90		1.83
C2002+438	N6866	20 03.4	+43 58	15	1200	II 2 r	9.1	A2	10	8.36		0.42
C2004+356	N6871	20 05.5	+35 45	30	1650	II 2 p	5.8	O9		7.00		1.20
C2009+357	N6883	20 10.9	+35 49	35	1380	IV 2 m	8.0	B3		7.17		1.29
C2014+374	I4996	20 16.1	+37 36	7	1620	II 3 p	7.1	B0	8	7.00		2.15
C2021+406	N6910	20 22.7	+40 45	10	1650	I 3 m	7.3	B0		7.00		2.89
C2022+383	N6913	20 23.6	+38 30	10	1250	II 3 m	7.5	B0	9	7.00		2.91
C2030+604	N6939	20 31.2	+60 36	10	1250	II 1 r	10.1	B8		9.26		1.50
C2032+281	N6940	20 34.2	+28 16	25	800	III 2 r	7.2	A2	11	9.04	+0.05	0.75
C2121+461	N7062	21 22.8	+46 20	5	1900	II 2 m	8.3	A1		8.80		1.35
C2122+478	N7067	21 23.8	+47 58	3	3500	II 1 p	8.3	B0		7.10		2.58
C2122+362	N7063	21 24.0	+36 27	9	660	III 1 p	8.9	B8		8.15		0.24
C2130+482	N7092	21 31.8	+48 24	30	270	III 2 m	5.3	A0	7	8.43		0.18
C2144+655	N7142	21 45.6	+65 45	12	1000	I 2 r	10.0	F3	11	9.60	−0.58	0.57
C2151+470	I5146	21 53.0	+47 13	20	1000	III 2 p	8.3	B1		8.36		2.05
C2152+623	N7160	21 53.4	+62 33	5	900	I 3 p	6.4	B2		7.00		1.62
C2203+462	N7209	22 04.8	+46 27	15	900	III 1 m	7.8	A0	9	8.48		0.63
C2210+570	N7235	22 12.2	+57 14	6	3800	II 3 m	9.2	B0		6.30		2.94
C2213+496	N7243	22 14.9	+49 50	30	880	II 2 m	6.7	B6	8	8.03		0.58
C2218+578	N7261	22 20.0	+58 02	6	900	II 3 m	9.8	B2		7.60	−0.70	3.00
C2245+578	N7380	22 46.6	+58 03	20	3600	III 2 m	8.8	O9	10	6.58		1.95
C2306+602	King 19	23 07.9	+60 28	5	1350	III 2 p		B6	12	7.60		2.46
C2309+603	N7510	23 11.1	+60 31	7	3160	II 3 r	9.3	B2	10	7.00		3.30
C2313+602	Mark 50	23 14.8	+60 25	2	2250	III 1 p		B0		7.00		2.58
C2322+613	N7654	23 23.8	+61 32	16	1600	II 2 r	8.2	B7	11	7.55		1.86
C2354+564	N7789	23 56.5	+56 40	25	1900	II 2 r	7.5	B9	10	9.20	−0.35	0.84
C2355+609	N7790	23 57.9	+61 09	5	3200	II 2 m	7.2	B4	10	7.89		1.60

* Magnitude of brightest cluster member.

C0001−302 = ζ Scl Cluster
C0129+604 = M103
C0215+569 = h Per
C0218+568 = χ Per
C0238+425 = M34
C0344+239 = M45
C0525+358 = M38
C0532+341 = M36
C0549+325 = M37
C0605+243 = M35
C0629+049 = Rosette Cluster
C0638+099 = S Mon Cluster
C0644−206 = M41

C0700−082 = M50
C0716−248 = τ CMa Cluster
C0734−143 = M47
C0739−147 = M46
C0742−237 = M93
C0811−056 = M48
C0837+201 = M44 = N2632
C0838−528 = o Vel Cluster
C0847+120 = M67
C1041−641 = θ Car Cluster
C1043−594 = η Car Cluster
C1239−627 = Coal Sack Cluster
C1250−600 = N4755

C1736−321 = M6
C1750−348 = M7
C1753−190 = M23
C1801−225 = M21
C1816−138 = M16
C1828−192 = M25
C1842−094 = M26
C1848−063 = M11
C2022+383 = M29
C2130+482 = M39
C2322+613 = M52

Boc = Bochum; Cr = Collinder; Haf = Haffner; Mark = Markarian; Mel = Melotte; Tr = Trumpler

IAU Desig.	Name	Right Ascension	Declination	Log d'	V	B–V	U–B	$(m-M)_v$	$E_{(B-V)}$	R	Type	V_r	No. Var.	Remarks
		h m	° ′							kpc		km/sec		
C0021–723	N0104	0 23.7	–72 08	1.49	4.03	0.89	0.37	13.16	0.04	4.0	G	– 14.1	30	Xr
C0050–268	N0288	0 52.3	–26 39	1.14	8.10	0.66	0.09	14.70	0.03	8.3	F	– 48.2	2	
C0100–711	N0362	1 02.8	–70 54	1.11	6.58	0.76	0.14	14.90	0.04	9.0	F	+232.4	16	
C0149–447	SW–1	1 50.6	–44 30							100:				
C0310–554	N1261	3 12.0	–55 15	0.84	8.38	0.70	0.14	16.05	0.02	15.8	F	+ 55	14	
C0325+794	Pal 1	3 31.9	+79 33	0.25				20.1	0.12	87.7	F	+ 3	0	
C0353–497	ESO 1	3 54.7	–49 39	0.22						300:				AM–1
C0422–213	SW–2	4 24.3	–21 13					19.2	0.03	69.3	F	– 40.5		
C0435–589	Sersic	4 36.1	–58 51		12.7			18.57	0.02	50.3	F			
C0443+313	Pal 2	4 45.4	+31 21	0.28	13.20	1.9:	1.8:	20.9	1.20	19.1	F	–133		
C0512–400	N1851	5 13.8	–40 03	1.04	7.30	0.78	0.22	15.55	0.07	11.6	F	+318.6	26	Xrb
C0522–245	N1904	5 23.7	–24 32	0.94	8.00	0.63	0.03	15.60	0.01	13.0	F	+185.4	8	M79, Xr
C0647–359	N2298	6 48.6	–35 60	0.83	9.40	0.73	0.19	15.60	0.11	11.2	F	+ 44	3	
C0734+390	N2419	7 37.5	+38 55	0.61	10.37	0.66	0.07	19.90	0.03	91.4	F	– 20	41	
C0911–646	N2808	9 11.9	–64 49	1.14	6.30	0.93	0.29	15.60	0.22	9.5	F	+104.1	9	
C0921–770	ESO 3	9 21.2	–77 14	0.30	11.3:			15.45	0.28	8.1				
C1003+003	Pal 3	10 05.0	+ 0 07	0.44	14.7:			20.0	0.03	95.7	F	+ 22	1	
C1015–461	N3201	10 17.2	–46 22	0.26	6.75	0.98	0.37	14.15	0.21	5.0	F	+494.0	92	
C1126+292	Pal 4	11 28.7	+29 02	0.33	14.20	0.80		19.85	0.00	93.3	F	+168	2	
C1207+188	N4147	12 09.6	+18 36	0.60	10.26	0.60	0.07	16.25	0.02	17.3	F	+182	16	
C1223–724	N4372	12 25.1	–72 36	1.27	7.80	0.97:	0.32	14.90	0.45	4.9	F	+ 83	2	
C1236–264	N4590	12 38.9	–26 41	1.08	8.20	0.63	0.04	15.00	0.03	9.6	F	–116.5	42	M68
C1256–706	N4833	12 58.8	–70 49	1.13	7.35	0.96	0.28	14.85	0.38	5.3	F	+216.6	24	
C1310+184	N5024	13 12.4	+18 13	1.10	7.72	0.64	0.10	16.34	0.05	17.2	F	– 78.9	47	M53
C1313+179	N5053	13 15.9	+17 46	1.02	9.80	0.64	0.06	16.03	0.03	15.4	F		11	
C1323–470	N5139	13 26.2	–47 25	1.56	3.65	0.79	0.19	13.92	0.11	5.2	F	+228.3	200	Xr
C1339+286	N5272	13 41.7	+28 26	1.21	6.35	0.69	0.10	15.00	0.01	9.9	F	–147.1	241	M3, Xr
C1343–511	N5286	13 45.8	–51 19	0.96	7.62	0.87	0.29	15.60	0.27	8.9	F	+ 48.6	22	
C1353–269	AM–4	13 55.2	–27 08	0.26						200				
C1403+287	N5466	14 05.0	+28 35	1.04	9.10	0.71	0.04	15.96	0.05	14.5	F	+119.9	23	
C1427–057	N5634	14 29.1	– 5 56	0.69	9.57	0.67	0.12	17.15	0.07	24.3	F	– 63	7	
C1436–263	N5694	14 39.0	–26 29	0.56	10.20	0.69	0.07	17.8	0.08	32.3	F	–183.8	0	
C1452–820	I4499	14 58.6	–82 11	0.88	10.60	0.88	0.36:	17.05	0.24	18.0	F		88	
C1500–328	N5824	15 03.3	–33 01	0.79	9.00	0.75	0.15	17.40	0.14	24.6	F	– 58	27	Xr
C1513+000	Pal 5	15 15.5	– 0 05	0.84	11.75	0.70		16.75	0.03	21.4	F		5	
C1514–208	N5897	15 16.8	–20 59	1.10	8.55	0.75	0.08:	15.65	0.06	12.3	F		8	
C1516+022	N5904	15 18.0	+ 2 07	1.24	5.75	0.71	0.12	14.51	0.03	7.6	F	+ 51.9	97	M5
C1524–505	N5927	15 27.3	–50 38	1.08	8.33	1.31	0.84	15.80	0.55	6.4	G	– 78	11	
C1531–504	N5946	15 34.7	–50 38	0.85	9.65:	1.24	0.54	16.6	0.56	9.2	F		7	
C1542–376	N5986	15 45.4	–37 45	0.99	7.12	0.90	0.30	15.90	0.27	10.2	F	– 35	12	
C1608+150	Pal 14	16 10.6	+14 59	0.32				19.2	0.03	66.2	F	+ 81.0		
C1614–228	N6093	16 16.5	–22 57	0.95	7.20	0.85	0.24:	15.22	0.21	8.1	F	+ 12.9	8	M80
C1620–720	N6121	16 22.9	–26 30	1.42	5.93	1.03	0.44	12.75	0.35	2.1	F	+ 64.3	46	M4
C1620–264	N6101	16 24.6	–72 10	1.03	9.30	0.68:	0.10	15.7	0.08	12.3	F		15	
C1624–259	N6144	16 26.6	–26 00	0.97	9.12	1.01	0.45	15.90	0.36	8.9	G		1	
C1624–387	N6139	16 27.0	–38 49	0.74	9.18	1.39	0.73	16.9	0.68	8.8	F	+ 7.6	0	
C1629–129	N6171	16 31.9	–13 02	1.00	8.13	1.14	0.55	14.73	0.37	5.1	G	–147	25	M107
C1639+365	N6205	16 41.3	+36 29	1.22	5.86	0.69	0.03	14.35	0.02	7.2	F	–247.8	15	M13
C1644–018	N6218	16 46.7	– 1 56	1.16	6.60	0.82	0.21	14.30	0.19	5.5	F	– 43.5	2	M12
C1645+476	N6229	16 46.7	+47 33	0.65	9.43	0.71	0.05:	17.50	0.01	31.2	F	–154.2	22	

IAU Desig.	Name	Right Ascension	Declination	Log d'	V	B–V	U–B	(m–M)_v	E_(B-V)	R	Type	V_r	No. Var.	Remarks
		h m	° '							kpc		km/sec		
C1650–220	N6235	16 52.8	–22 10	0.70	10.15:	1.04	0.40	16.15	0.38	9.7	F		5	
C1654–040	N6254	16 56.6	– 4 05	1.18	6.57	0.92	0.23	14.05	0.26	4.4	F	+ 70.1	4	M10
C1656–370	N6256	16 58.9	–37 07			1.68	1.04	16.3	(>1)	4?	G			Ter 12
C1657–004	Pal 15	16 59.6	– 0 31	0.92					0.09				0	
C1658–300	N6266	17 00.5	–30 05	1.15	6.60	1.17	0.52	15.35	0.46	6.0	F	– 60.9	89	M62
C1659–262	N6273	17 01.9	–26 15	1.13	7.15	1.00	0.37	16.35	0.38	10.6	F	+121	7	M19
C1701–246	N6284	17 03.9	–24 45	0.75	8.95	0.95	0.37	15.95	0.27	10.4	F	+ 22	15	
C1702–226	N6287	17 04.5	–22 41	0.71	9.25	1.20:	0.65	16.62	0.36	7.8	G		3	
C1707–265	N6293	17 09.6	–26 34	0.90	8.20:	0.98	0.29	15.54	0.34	7.8	F	– 73	7	
C1711–294	N6304	17 13.9	–29 27	0.83	8.42	1.33	0.85	15.20	0.58	4.7	G	– 98	21	
C1713–280	N6316	17 16.0	–28 08	0.69	9.00:	1.27	0.66	16.9	0.48	11.8	G			
C1715+432	N6341	17 16.8	+43 08	1.05	6.52	0.62	0.00	14.50	0.01	7.8	F	–120.5	15	M92
C1714–237	N6325	17 17.3	–23 46	0.63	10.70	1.54:	0.88:	16.7	0.80	6.7	F			
C1716–184	N6333	17 18.6	–18 30	0.97	7.93	0.94	0.30	15.49	0.36	7.4	F	+224.7	13	M9
C1718–195	N6342	17 20.5	–19 34	0.47	9.9:	1.29	0.73	17.1	0.49	12.8	G			
C1720–177	N6356	17 23.0	–17 48	0.86	8.40	1.11	0.60	16.77	0.28	15.0	G	+ 31.6	10	
C1720–263	N6355	17 23.4	–26 20	0.70	9.6:	1.46	0.76	16.6	0.76	6.8	F			
C1721–484	N6352	17 24.7	–48 25	0.85	6.52	1.06	0.63	14.25	0.25	4.9	G		5	
C1724–307	Ter 2	17 26.8	–30 48	0.17										Xrb
C1725–050	N6366	17 27.2	– 5 04	0.92	10.0:	1.47	0.98	14.80	0.65	3.5	G		2	
C1727–315	Ter 4	17 30.0	–31 35	0.00										
C1727–299	HP 1	17 30.4	–29 59	0.46									15	
C1726–670	N6362	17 30.8	–67 03	1.03	8.30	0.85	0.28	14.70	0.12	7.3	F		33	
C1728–336	Gr 1	17 31.2	–33 50											Xrb
C1730–333	Lil 1	17 32.7	–33 23											Xrb
C1731–390	N6380	17 34.7	–39 04	0.59									1	Ton 1
C1732–304	Ter 1	17 35.1	–30 28	0.44										HP 2, Xr
C1733–390	Ton 2	17 35.4	–38 32	0.53									2	
C1732–447	N6388	17 35.5	–44 43	0.94	6.85	1.17	0.66	16.40	0.32	11.9	G	+ 83.8	12	
C1735–032	N6402	17 37.1	– 3 14	1.07	7.56	1.28	0.64	16.90	0.58	10.2	F	–123.4	93	M14
C1735–238	N6401	17 38.0	–23 54	0.75	9.5:	1.58	0.89	16.4	0.79	5.9	G		3	
C1736–536	N6397	17 39.8	–53 40	1.41	5.65	0.75	0.15	12.30	0.18	2.2	F	+ 19.0	3	
C1740–262	Pal 6	17 43.1	–26 13	0.86				18.5	1.8	3.5	F		0	
C1742+031	N6426	17 44.4	+ 3 10	0.50	11.20	1.03	0.34	17.4	0.40	16.7	F		13	
C1745–247	Ter 5	17 47.4	–24 47	0.32		2.77	2.1:		1.8:				2	Xrb
C1746–203	N6440	17 48.2	–20 22	0.73	9.65	1.98	1.51	18.00	1.11	7.8	G	– 84		Xrb
C1746–370	N6441	17 49.5	–37 03	0.89	7.42	1.28	0.83	16.20	0.45	9.0	G	+ 13.9	10	Xrb
C1747–312	Ter 6	17 50.1	–31 17	0.07										HP 5
C1748–346	N6453	17 50.1	–34 36	0.54	9.9:	1.28:	0.65:	17.1	0.67	9.8	F		0	
C1755–442	N6496	17 58.3	–44 16	0.84	9.2	0.93	0.42:	14.0	0.07	5.7	G		0	
C1758–268	Ter 9	18 01.2	–26 52											
C1759–089	N6517	18 01.3	– 8 58	0.63	10.30:	1.79	0.94	17.4	1.14	5.6	F			
C1800–300	N6522	18 02.9	–30 02	0.75	8.60	1.22	0.67	15.65	0.50	6.5	F	+ 8	10	
C1801–003	N6535	18 03.3	– 0 18	0.56	10.60:	0.97	0.31	15.2	0.36	6.5	F		2	
C1801–300	N6528	18 04.1	–30 04	0.57	9.50	1.45	1.10	15.85	0.65	5.7	G	+101	0	
C1802–075	N6539	18 04.2	– 7 35	0.84	9.6:	1.89	1.10:	16.0	1.22	2.6	F		1	
C1804–250	N6544	18 06.7	–24 60	0.95	8.25	1.36	0.67:	15.2	0.63	4.3	F	– 12.0		
C1804–437	N6541	18 07.3	–43 43	1.12	6.64	0.77	0.14	14.60	0.13	6.9	F	–152.8	1	Xr
C1806–259	N6553	18 08.7	–25 55	0.91	8.25	1.62	1.24	16.05	0.79	5.1	G	– 32.6	18	
C1807–317	N6558	18 09.7	–31 46	0.57		1.09	0.48:	15.8	0.40	8.0	G		9	

IAU Desig.	Name	Right Ascension	Declination	Log d'	V	B–V	U–B	(m–M)$_v$	E$_{(B-V)}$	R	Type	V$_r$	No. Var.	Remarks
		h m	° '							kpc		km/sec		
C1808–072	I1276	18 10.1	– 7 12	0.85		1.74	1.0:	17.6	0.92	8.5	G		5	
C1809–227	Ter 11	18 12.0	–22 45											
C1810–318	N6569	18 13.0	–31 49	0.76	8.70	1.34	0.63	16.2	0.63	6.9	G		5	
C1814–522	N6584	18 17.8	–52 13	0.90	9.18	0.79	0.17	16.2	0.11	14.8	F	+180	48	
C1820–303	N6624	18 23.0	–30 22	0.77	8.32	1.10	0.57	15.15	0.25	7.4	G	+ 69	5	Xrb
C1821–249	N6626	18 23.9	–24 53	1.05	6.93	1.10	0.45	15.01	0.33	6.2	F	+ 1.8	24	M28
C1827–255	N6638	18 30.2	–25 30	0.70	9.15	1.16	0.58	15.3	0.36	6.8	G	– 14	45	
C1828–323	N6637	18 30.7	–32 21	0.85	7.70	0.99	0.50	15.30	0.17	8.9	G	+ 50.1	8	M69
C1828–235	N6642	18 31.3	–23 29	0.65		1.08	0.50:	14.6	0.36	4.9	G	– 90		
C1832–330	N6652	18 35.1	–33 00	0.55	8.91	0.92	0.39	15.8	0.11	12.3	G	–124.2	0	
C1833–239	N6656	18 35.8	–23 55	1.38	5.10	0.99	0.30	13.60	0.35	3.1	F	–152.5	32	M22, Xr
C1838–198	Pal 8	18 40.8	–19 50	0.67	11.70	1.19	0.69:	18.6	0.40	28.8	G			
C1840–328	N6681	18 42.6	–32 19	0.89	8.08	0.71	0.14	15.40	0.07	10.8	F	+198	2	M70
C1850–087	N6712	18 52.5	– 8 43	0.86	8.21	1.16	0.56	15.21	0.35	6.6	G	–123.9	21	Xrb
C1851–305	N6715	18 54.4	–30 30	0.96	7.70	0.85	0.24	17.11	0.14	21.5	F	+131.0	80	M54
C1852–227	N6717	18 54.5	–22 43	0.59		0.93	0.37	15.1	0.25	7.2	G		1	Pal 9
C1856–367	N6723	18 58.9	–36 39	1.04	7.32	0.75	0.24	14.58	0.03	7.9	G	+ 35	31	
C1902+017	N6749	19 04.5	+ 1 46	0.80	8.6	1.76:	0.74:		1.40	10.0				
C1906–600	N6752	19 10.0	–60 00	1.31	5.40	0.65	0.07	13.20	0.03	4.2	F	– 32.2	2	
C1908+009	N6760	19 10.7	+ 1 01	0.82	9.10	1.66	1.00:	15.9	0.91	4.0	F		4	
C1914+300	N6779	19 16.1	+30 10	0.85	8.25	0.86	0.18	15.60	0.22	9.5	F	–138.1	12	M56
C1914–347	Ter 7	19 17.0	–34 31						0.12					
C1916+184	Pal 10	19 17.7	+18 32	0.54					1.00	14.5	F		2	
C1925–304	Arp 2	19 28.1	–30 22	0.57					0.11					
C1936–310	N6809	19 39.3	–30 60	1.28	6.95	0.69	0.10	13.80	0.07	5.2	F	+166.6	7	M55
C1942–081	Pal 11	19 44.7	– 8 03	0.50				16.1	0.35	9.9	G	– 68	0	
C1951+186	N6838	19 53.3	+18 45	0.86	8.30	1.13	0.54	13.55	0.28	3.4	G	– 19.3	5	M71
C2003–220	N6864	20 05.4	–21 57	0.78	8.55	0.87	0.28	16.85	0.17	18.2	F	–195.2	14	M75
C2031+072	N6934	20 33.6	+ 7 22	0.77	8.88	0.74	0.19	16.20	0.12	14.6	F	–379	51	
C2050–127	N6981	20 52.9	–12 35	0.77	9.35	0.72	0.13	16.25	0.03	17.0	F	–278	40	M72
C2059+160	N7006	21 01.0	+16 08	0.45	10.60	0.74	0.17	18.12	0.13	34.7	F	–384.8	71	
C2127+119	N7078	21 29.5	+12 07	1.09	6.35	0.68	0.06	15.26	0.12	9.4	F	–112.1	112	M15, Xr
C2130–010	N7089	21 32.9	– 0 52	1.11	6.50	0.67	0.08	15.45	0.06	11.3	F	– 6.1	21	M2
C2137–234	N7099	21 39.7	–23 13	1.04	7.50	0.58	0.03	14.60	0.01	8.2	F	–172.3	12	M30
C2143–214	Pal 12	21 45.9	–21 17	0.46	12.16	0.90	0.29:	16.20	0.02	16.9	G	+ 9	0	
C2304+124	Pal 13	23 06.2	+12 43	0.25	14.50	0.69:	–.14:	17.10	0.05	24.4	F	– 28	4	
C2305–159	N7492	23 07.9	–15 40	0.79	11.50	0.48	0.17:	16.40	0.00	19.1	F	–188.5	4	

AM=Arp–Madore
ESO=European Southern Obs.
Gr=Grindlay
HP=Haute Provence
Lil=Liller

Pal=Palomar
SW=Schuster–West
Ter=Terzan
Ton=Tonantzintla

N0104=47 Tucanae
N5139=Omega Centauri
Sersic=Reticulum cluster
SW–2=Eridanus cluster

IAU Desig.	Name	Right Ascension J2000.0	Declination J2000.0	ID	M(V)	Z	S 5GHz	Code
		h m s	° ′ ″				Jy	
0003−066		0 06 13.895	− 6 23 35.34	G	19.7		1.5	
0008−264		0 11 01.247	−26 12 33.38	Q	19.0			
0016+731		0 19 45.789	+73 27 30.07	Q	18		1.7	
0019−000	4C+00.02	0 22 25.428	+ 0 14 56.14	G	21.1		1.1	
0022−423		0 24 42.993	−42 02 03.58	?	22		1.5	
0026+346	OB 343	0 29 14.242	+34 56 32.22	G	20.2		1.2	
0056−001	4C−00.06	0 59 05.514	+ 0 06 51.66	Q	17.7	0.717	1.4	
0104−408		1 06 45.108	−40 34 19.96	Q	18.1			
0106+013	4C 01.02	1 08 38.771	+ 1 35 00.32	Q	18.5	2.107		
0111+021		1 13 43.144	+ 2 22 17.30	G	16.3	0.047		
0112−017	UM 310	1 15 17.095	− 1 27 04.59	Q	17	1.365	0.9	
0113−118		1 16 12.522	−11 36 15.44	G	18.5			
0116+319	4C 31.04	1 19 34.998	+32 10 50.04	G	15.7	0.059	1.5	
0119+041	OC 033	1 21 56.860	+ 4 22 24.7	Q	19.5	0.637	1.1	
0133+476	OC 457	1 36 58.595	+47 51 29.10	L	18	0.860	2.0	A
0135−247	OC−259	1 37 38.346	−24 30 53.83	Q	16.9	0.831	0.7	
0138−097		1 41 25.832	− 9 28 43.69	L	18		1.2	
0146+056	OC 079	1 49 22.374	+ 5 55 53.55	Q?	20	2.345	0.9	
0149+218		1 52 18.055	+22 07 07.69	Q	18		1.4	
0153+744		1 57 34.976	+74 42 43.26	Q	16		1.1	
0202+149	4C 15.05	2 04 50.414	+15 14 11.05	Q	21.9			
0202+319		2 05 04.925	+32 12 30.01	Q	18	1.466	1.2	
0202−172		2 04 57.676	−17 01 19.78	Q	18.5	1.740	1.2	
0208−512		2 10 46.199	−51 01 01.94	Q	17.5	1.003		
0212+735		2 17 30.820	+73 49 32.63	L	19		2.2	A
0224+671	4C 67.05	2 28 50.052	+67 21 03.03	Q	19.5			
0234+285	CTD20	2 37 52.406	+28 48 08.99	Q	18.5	1.207		A
0235+164	OD 160	2 38 38.930	+16 36 59.28	L	19		1.4	A,a
0237−233	PHL 8462	2 40 08.176	−23 09 15.75	Q	17	2.224	0.9	A
0256+075	OD 094.7	2 59 27.083	+ 7 47 39.6	Q?	18		0.8	
0300+470	4C 47.08	3 03 35.242	+47 16 16.28	L	18			A
0316+413	3C84	3 19 48.160	+41 30 42.11	G	15.1			A
0319+121	OE 131	3 21 53.104	+12 21 14.00	Q	19		1.1	
0332−403		3 34 13.654	−40 08 25.39	Q	18.5	1.445	1.5	A
0333+321	NRAO 140	3 36 30.108	+32 18 29.35	Q	17.0	1.253	2.4	A
0336−019	CTA26	3 39 30.938	− 1 46 35.80	Q	17.9	0.852	2.6	A
0355+508	NRAO 150	3 59 29.748	+50 57 50.17	EF				
0400+258	OF 200	4 03 05.580	+26 00 01.51	Q	18	2.109	1.2	
0402−362		4 03 53.750	−36 05 01.91	Q	16.0	1.417		
0406+121		4 09 22.009	+12 17 39.84	Q	22			A
0414−189		4 16 36.546	−18 51 08.3	Q	19	1.536	1.3	
0420−014	OF−035	4 23 15.801	− 1 20 33.06	Q	18	0.915	3.1	A
0420+417	VR41.04.01	4 23 56.010	+41 50 02.72	Q	19			
0428+205	OF 247	4 31 03.755	+20 37 34.25	G	20	0.219	2.3	
0434−188		4 37 01.483	−18 44 48.62	Q	20.0			
0438−436		4 40 17.180	−43 33 08.60	Q	19.8	2.852	3.9	
0440−003	NRAO 190	4 42 38.661	− 0 17 43.42	Q	18.5	0.844	1.5	A
0451−282		4 53 14.646	−28 07 37.32	Q	19.0			
0454+844		5 08 42.363	+84 32 04.56	L	16.5		1.6	A
0457+024	OF 097	4 59 52.049	+ 2 29 31.08	Q	18.0	2.370	1.2	

IAU Desig.	Name	Right Ascension J2000.0	Declination J2000.0	ID	M(V)	Z	S 5GHz	Code
		h m s	° ′ ″				Jy	
0458−020	4C−02.19	5 01 12.805	− 1 59 13.8	Q	18.4	2.286	1.9	
0500+019		5 03 21.194	+ 2 03 04.55	?	20			
0528−250		5 30 07.964	−25 03 29.80	Q	17	2.765	0.8	
0528+134	OG 147	5 30 56.417	+13 31 55.15	Q	20.3			A
0529+075	OG 050	5 32 38.997	+ 7 32 43.30	Q	19.0			b
0537−441		5 38 50.361	−44 05 08.94	Q	15.5	0.894		A
0539−057		5 41 38.082	− 5 41 49.50	EF				
0552+398	DA 193	5 55 30.806	+39 48 49.17	Q	18	2.365	4.7	A
0605−085		6 07 59.700	− 8 34 49.99	Q	18.0			A,c
0607−157		6 09 40.950	−15 42 40.67	Q	17	0.324	2.4	A
0609+607		6 14 23.859	+60 46 21.81	Q	20		1.1	
0615+820		6 26 02.917	+82 02 25.64	Q	17.5		1.0	
0637−752		6 35 46.517	−75 16 16.86	Q	15.8	0.651		
0642+449	OH 471	6 46 32.017	+44 51 16.61	Q	19	3.40	0.7	
0710+439	OI 417	7 13 38.177	+43 49 17.01	G	19.8		1.6	
0711+356	OI 318	7 14 24.819	+35 34 39.77	Q	19.0	1.62	1.2	
0716+714		7 21 53.448	+71 20 36.44	L	13.2		1.1	
0723−008	OI−039	7 25 50.640	− 0 54 56.54	G	18.0	0.128		A
0727−115		7 30 19.113	−11 41 12.61	EF	(?)		3.0	A
0733−174		7 35 45.814	−17 35 48.39	EF	(?)		1.9	
0735+178	OI 158	7 38 07.394	+17 42 19.00	L	16.5	(0.424)	2.1	A
0736+017	OI 061	7 39 18.032	+ 1 37 04.64	Q	18	0.191	2.2	
0738+313	OI 363	7 41 10.704	+31 12 00.22	Q	17.5	0.630	1.6	A
0742+103	DW0742	7 45 33.060	+10 11 12.69	EF			3.6	A
0743−673		7 43 31.518	−67 26 25.96	Q	17.0	1.51		
0748+126	OI 280	7 50 52.046	+12 31 04.83	Q	18	0.889	1.5	A
0804+499	OJ 508	8 08 39.665	+49 50 36.55	G	18.4	0.351	1.1	
0814+425	OJ 425	8 18 16.000	+42 22 45.41	Q	18.5		1.6	A
0823+033		8 25 50.338	+ 3 09 24.51	Q	18		1.0	A,c
0826−373		8 28 04.785	−37 31 06.19	Q	16		1.8	
0827+243	OJ 248	8 30 52.087	+24 10 59.81	Q	17.5	2.046		
0828+493	OJ 448	8 32 23.214	+49 13 21.04	Q	17.5	1.046	1.5	
0831+557	4C 55.16	8 34 54.903	+55 34 21.09	G	18.5	0.242	5.5	d
0833+585		8 37 22.409	+58 25 01.86	Q	18	2.101	1.2	
0836+710	4C 71.01	8 41 24.368	+70 53 42.18	Q	16.5		2.5	A
0839+187		8 42 05.095	+18 35 40.98	Q	16.5	0.259	1.0	
0851+202	OJ 287	8 54 48.875	+20 06 30.63	L	14.5	(0.306)	2.8	A
0859−140	OJ−199	9 02 16.832	−14 15 30.90	Q	17.8	1.327	2.1	A
0859+470	OJ 499	9 03 03.991	+46 51 04.13	Q	18.7	1.462		
0906+015	4C 01.24	9 09 10.100	+ 1 21 35.4	Q	17.5	1.012	1.4	
0917+624	OK 630	9 21 36.236	+62 15 52.14	Q	19.5		1.2	
0919−260	OK−232	9 21 29.357	−26 18 43.36	Q	19	2.300	2.1	
0923+392	4C 39.25	9 27 03.014	+39 02 20.85	Q	17.8	0.699		A
0941−080		9 43 36.945	− 8 19 30.87	G	19		1.0	
0952+179	VR17.09.04	9 54 56.823	+17 43 31.22	Q	18.0	1.472		
0954+658		9 58 47.247	+65 33 54.81	Q	18		0.6	
1004+141	OL 108.1	10 07 41.498	+13 56 29.59	Q	18.0	2.707		
1015−314		10 18 09.278	−31 44 14.08	G	21		1.3	
1030+415	VR10.41.03	10 33 03.711	+41 16 06.16	Q	18.2	1.120	0.6	
1031+567	OL 553	10 35 07.047	+56 28 46.76	Q	20.3		1.2	

IAU Desig.	Name	Right Ascension J2000.0	Declination J2000.0	ID	M(V)	Z	S 5GHz	Code
		h m s	° ′ ″				Jy	
1032−199		10 35 02.156	−20 11 34.35	Q	19	2.198	0.9	
1034−293	OL−259	10 37 16.080	−29 34 02.82	L	18		1.9	A
1038+064	OL 064.5	10 41 17.162	+ 6 10 16.94	Q	16.5	1.270		
1039+811		10 44 23.086	+80 54 39.45	Q	16.5			c
1040+123	4C 12.37	10 42 44.606	+12 03 31.25	Q	17.3	1.029		
1055+018	4C 01.28	10 58 29.605	+ 1 33 58.81	Q	18.0	0.888		
1104−445		11 07 08.695	−44 49 07.61	Q	18.0	1.598		A
1111+149	OM 118	11 13 58.695	+14 42 26.94	Q	18.0	0.869		
1116+128	4C 12.39	11 18 57.302	+12 34 41.71	Q	19.3	2.118		
1117+146	4C 14.41	11 20 27.803	+14 20 54.95	Q	20		1.1	
1123+264.	PB2704	11 25 53.712	+26 10 19.97	Q	18.5	2.341		A
1127−145	OM−146	11 30 07.052	−14 49 27.39	Q	16.9	1.187	4.7	A
1128+385		11 30 53.283	+38 15 18.54	Q	19.0			
1130+009		11 33 20.056	+ 0 40 52.83	Q	18.5			
1143−245	OM−272	11 46 08.108	−24 47 32.95	Q	18.5	1.95		c
1144−379		11 47 01.370	−38 12 11.03	Q	16.2			
1145−071		11 47 51.559	− 7 24 41.18	Q	18.5		1.0	
1148−001	4C−00.47	11 50 43.870	− 0 23 54.21	Q	17.6	1.982	1.9	A
1150+812		11 53 12.514	+80 58 29.09	Q	18.6	1.25	1.2	
1155+251		11 58 25.790	+24 50 17.93	G	18		0.9	
1213+350	4C 35.28	12 15 55.600	+34 48 15.04	Q	20.0		0.9	
1216+487	ON 428	12 19 06.419	+48 29 56.09	Q	18.5	1.073	1.0	
1219+285	W COM	12 21 31.681	+28 13 58.44	L	15			
1222+037	4C 03.23	12 24 52.422	+ 3 30 50.28	Q	19.0	0.957		
1226+023	3C 273	12 29 06.6997*	+ 2 03 08.59	Q	12.86	0.1584	5.8	A
1228+126	3C 274	12 30 49.423	+12 23 28.04	G	9.6	0.004		e
1237−101	ON−162	12 39 43.065	−10 23 28.77	Q	18.2	0.753	1.0	
1243−072	ON−073	12 46 04.235	− 7 30 46.62	Q	18.5	(0.267)	1.4	
1244−255		12 46 46.802	−25 47 49.30	Q	18.0	0.633		
1245−197		12 48 23.900	−19 59 18.66	Q	20.5		2.3	
1252+119	ON 187	12 54 38.253	+11 41 05.83	Q	16.6	0.870	1.0	
1253−055	3C 279	12 56 11.167	− 5 47 21.53	Q	16.8	0.536		
1255−316		12 57 59.071	−31 55 16.90	Q	19.5		1.0	
1302−102	OP−106	13 05 33.016	−10 33 19.6	Q	15.2	0.286	1.0	
1308+326	OP 313	13 10 28.663	+32 20 43.78	L	19	0.996	2.5	A
1311+678	4C 67.22	13 13 27.984	+67 35 50.36	EF			0.9	
1313−333	OP−322	13 16 07.986	−33 38 59.18	Q	20.0	2.21		A
1323+321	4C 32.44	13 26 16.512	+31 54 09.40	G	19.0		2.3	A
1328+254	3C 287	13 30 37.691	+25 09 10.85	Q	18.0	1.055	3.2	c
1328+307	3C 286	13 31 08.284	+30 30 32.94	Q	17.0	0.846	7.4	
1334−127		13 37 39.783	−12 57 24.70	Q	18.5		1.9	A
1342+663		13 44 08.679	+66 06 11.64	Q	19.0			
1345+125	4C 12.50	13 47 33.359	+12 17 24.21	G	17.0	0.122	2.7	
1349−439		13 52 56.535	−44 12 40.40	L	18.5	0.053		
1354−152		13 57 11.240	−15 27 28.73	Q	18.5		1.5	
1354+195	4C 19.44	13 57 04.436	+19 19 07.37	Q	16.5	0.720	1.8	A
1404+286	OQ 208	14 07 00.394	+28 27 14.67	G	14.0	0.077	3.0	A
1418+546	OQ 530	14 19 46.598	+54 23 14.78	L	14.5		0.7	A
1430−178	OQ−151	14 32 57.690	−18 01 35.24	Q	19.0	2.331		
1435+638		14 36 45.800	+63 36 37.86	Q	15.0	2.060	0.9	

*Reference for origin of right ascension.

IAU Desig.	Name	Right Ascension J2000.0	Declination J2000.0	ID	M(V)	Z	S 5GHz	Code
		h m s	° ′ ″				Jy	
1442+101	OQ 172	14 45 16.461	+ 9 58 36.05	Q	18.4	3.53	1.1	
1502+106	OR 103	15 04 24.980	+10 29 39.19	Q	18.9	1.833	2.1	A
1504−166		15 07 04.791	−16 52 30.16	Q	18.5	0.876		
1510−089		15 12 50.533	− 9 05 59.84	Q	16.5	0.361		
1511+238	4C 23.41	15 13 40.186	+23 38 35.18	?	20		0.8	
1519−273		15 22 37.676	−27 30 10.78	Q	19		2.0	A
1546+027	OR 078	15 49 29.435	+ 2 37 01.15	Q	18.0	0.412	1.3	
1547+507		15 49 17.468	+50 38 05.76	Q	18.5		0.7	
1555+001	DW 1555	15 57 51.434	− 0 01 50.42	Q	19.0	1.770	1.2	A, f
1607+268	CTD93	16 09 13.315	+26 41 28.98	Q	19		1.7	
1610−771		16 17 49.260	−77 17 18.47	Q	19.0	1.710		
1611+343	DA 406	16 13 41.064	+34 12 47.91	Q	17.5	1.404	2.2	A
1633+382	4C 38.41	16 35 15.493	+38 08 04.50	Q	18.0	1.81	1.9	A
1637+574	OS 562	16 38 13.462	+57 20 23.94	Q	17.0	(0.745)	1.6	
1638+398	NRAO 512	16 40 29.633	+39 46 46.03	L	18.5			A
1641+399	3C 345	16 42 58.810	+39 48 36.99	Q	16.3	0.595		A
1652+398	4C 39.49	16 53 52.227	+39 45 36.45	L	14.0	0.033	1.2	
1656+053	OS 094	16 58 33.447	+ 5 15 16.44	Q	16.5	0.879		
1717+178	OT 129	17 19 13.049	+17 45 06.44	Q	18.5			g
1730−130	NRAO 530	17 33 02.706	−13 04 49.55	Q	18.5	0.902		
1732+389		17 34 20.577	+38 57 51.41	G	19.5		1.3	
1738+476	OT 465	17 39 57.127	+47 37 58.37	Q	17.5			
1739+522	4C 51.37	17 40 36.980	+52 11 43.43	Q	18.5	1.375	1.9	
1741−038		17 43 58.857	− 3 50 04.62	Q	18.5		2.2	A
1748−253		17 51 51.265	−25 23 59.80	Q	18.4		0.5	
1749+701		17 48 32.839	+70 05 50.77	L	16.5	(0.76)	1.2	A
1749+096	OT 081	17 51 32.816	+ 9 39 00.68	L	16.5		1.6	
1751+288		17 53 42.474	+28 48 04.91	Q	20.0		0.8	
1803+784		18 00 45.669	+78 28 04.00	L	16.4		2.5	
1807+698	3C 371	18 06 50.680	+69 49 28.11	G	14.2	0.51		
1821+107		18 24 02.855	+10 44 23.77	Q	16.0	1.036	1.1	A
1908−202		19 11 09.654	−20 06 55.03	?	22			
1921−293	OV−236	19 24 51.056	−29 14 30.11	Q	17	0.352	6.8	A
1928+738	4C 73.18	19 27 48.490	+73 58 01.55	Q	15.5	0.36	3.0	A
1933−400		19 37 16.208	−39 58 00.88	Q	19.0		0.7	A
1934−638		19 39 25.006	−63 42 45.68	G	18.4	0.183		e
1936−155		19 39 26.655	−15 25 43.06	Q	20.5			
1947+079	OV 080	19 50 05.536	+ 8 07 13.93	Q?	21		1.2	
1958−179	OV−198	20 00 57.090	−17 48 57.67	Q	18.5	0.65	1.2	A
2007+776		20 05 31.001	+77 52 43.22	L	16.5		1.0	
2008−068		20 11 14.214	− 6 44 03.65	EF				
2021+614	OW 637	20 22 06.681	+61 36 58.82	Q	19.0		2.3	A
2029+121		20 31 54.994	+12 19 41.34	Q	18.5			
2030+547	OW 551	20 31 47.959	+54 55 03.15	?	18.7			
2037+511	3C 418	20 38 37.030	+51 19 12.59	Q	21.0	1.686		
2106−413		21 09 33.184	−41 10 20.48	Q	18.4		2.2	
2113+293		21 15 29.414	+29 33 38.37	Q	19.5		0.8	A
2128+048	3CR 433	21 30 32.874	+ 5 02 17.45	EF			2.1	
2128−123		21 31 35.260	−12 07 04.81	Q	16.0	0.501	2.4	
2131−021	4C−02.81	21 34 10.313	− 1 53 17.28	L	19.0	0.556	1.9	

IAU Desig.	Name	Right Ascension J2000.0	Declination J2000.0	ID	M(V)	Z	S 5GHz	Code
		h m s	° ′ ″				Jy	
2134+004	OX 057	21 36 38.586	+ 0 41 54.21	Q	18	1.936	10.3	A
2136+141	OX 161	21 39 01.303	+14 23 35.97	Q	18.5	2.427	1.2	
2144+092	OX 074	21 47 10.159	+ 9 29 46.65	Q	18.6	(1.609)	0.7	
2145+067	4C 06.69	21 48 05.459	+ 6 57 38.61	Q	17.5	0.990	2.5	A
2150+173		21 52 24.816	+17 34 37.8	G	21.0		0.7	
2155−152	OX−192	21 58 06.282	−15 01 09.32	L	18.0			
2200+420	BL LAC	22 02 43.291	+42 16 39.98	L	14	0.070	2.4	A
2201+315	4C 31.63	22 03 14.968	+31 45 38.29	Q	14.5	0.298		
2203−188	MSH 22−101	22 06 10.413	−18 35 38.77	Q	19.5	0.614	4.1	
2210−257		22 13 02.499	−25 29 30.17	Q	19.5		0.9	
2216−038	4C−03.79	22 18 52.036	− 3 35 36.91	Q	17	0.901	3.2	
2227−088		22 29 40.082	− 8 32 54.43	Q	18		1.2	
2227−399		22 30 40.276	−39 42 52.02	Q	18	0.323	0.6	
2230+114	CTA 102	22 32 36.409	+11 43 50.90	Q	17.3	1.037	3.6	A
2234+282	CTD 135	22 36 22.471	+28 28 57.42	Q	19	0.795	1.3	A
2243−123		22 46 18.232	−12 06 51.28	Q	17	0.63	2.4	A
2245−328		22 48 38.686	−32 35 52.17	Q	18.6	2.268	1.8	A
2251+158	3C 454.3	22 53 57.748	+16 08 53.56	L	16.1	0.859		A
2253+417	OY 489	22 55 36.708	+42 02 52.54	Q	18.8	1.476		
2254+074	OY 091	22 57 17.304	+ 7 43 12.27	L	16.4		0.5	
2255−282		22 58 05.862	−27 58 23.04	Q	17	0.926	1.6	
2318+049	OZ 031	23 20 44.854	+ 5 13 49.94	Q	19	0.623	0.8	
2319+272	4C 27.50	23 21 59.859	+27 32 46.42	Q	20	1.26	0.8	
2320−035		23 23 31.954	− 3 17 05.02	Q	18.0	1.411		
2326−477		23 29 17.707	−47 30 19.19	Q	17.0	1.299		
2328+107	4C 10.73	23 30 40.849	+11 00 18.68	Q	18.1	1.489	1.1	
2329−162		23 31 38.655	−15 56 56.99	Q	20		0.9	
2331−240	OZ−252	23 33 55.275	−23 43 40.74	G	16.5	0.048	1.0	
2337+264		23 40 29.029	+26 41 56.79	Q	20.0		0.8	
2344+092	4C 09.74	23 46 36.839	+ 9 30 45.49	Q	17.5	0.677	1.9	
2345−167	OZ−176	23 48 02.609	−16 31 12.02	Q	18.5	0.6	2.7	A
2351+456	4C 45.51	23 54 21.677	+45 53 04.16	G	19.9		1.2	
2352+495	DA 611	23 55 09.460	+49 50 08.33	G	19	0.237		A

Identification: Q=Quasar, G=Galaxy, L=BL Lac object, EF=Empty field, ?=uncertain.

Code: A—source observed by VLA and JPL

      a—nebulous extension

      b—extended HII

      c—optical double

      d—optical multiple

      e—optically diffuse

      f—nebulous (POSS—E)

      g—diffuse (POSS—O)

Source	Right Ascension	Declination	S_{400}	S_{750}	S_{1400}	S_{1665}	S_{2700}	S_{5000}
	h m s	° ′ ″	Jy	Jy	Jy	Jy	Jy	Jy
3C48 [e]	1 37 41.299	+33 09 35.41	39.4	25.6	15.9	13.9	9.20	5.24
3C123	4 37 04.4	+29 40 15	119.2	77.7	48.7	42.4	28.5	16.5
3C147 [e, g]	5 42 36.127	+49 51 07.23	48.2	33.9	22.4	19.8	13.6	7.98
3C161	6 27 10.0	− 5 53 07	41.2	28.9	19.0	16.8	11.4	6.62
3C218	9 18 06.0	−12 05 45	134.6	76.0	43.1	36.8	23.7	13.5
3C227	9 47 46.4	+ 7 25 12	20.3	12.1	7.21	6.25	4.19	2.52
3C249.1	11 04 11.5	+76 59 01	6.1	4.0	2.48	2.14	1.40	0.77
3C274 [f]	12 30 49.6	+12 23 21	625	365	214	184	122	71.9
3C286 [e]	13 31 08.284	+30 30 32.94	25.1	19.7	14.8	13.6	10.5	7.30
3C295	14 11 20.7	+52 12 09	54.1	36.3	22.3	19.2	12.2	6.36
3C348	16 51 08.3	+ 4 59 26	168.1	86.8	45.0	37.5	22.6	11.8
3C353	17 20 29.5	− 0 58 52	131.1	88.2	57.3	50.5	35.0	21.2
DR 21	20 39 01.2	+42 19 45	—	—	—	—	—	—
NGC7027 [d]	21 07 01.6	+42 14 10	—	—	1.35	1.65	3.5	5.7

Source	S_{8000}	S_{10700}	S_{15000}	S_{22235}	Spec.	Ident.	Polarization (at 5 GHz)	Angular Size (at 1.4 GHz)
	Jy	Jy	Jy	Jy			%	″
3C48 [e]	3.31	2.46	1.72	1.11	C−	QSS	5	<1
3C123	10.6	7.94	5.63	3.71	C−	GAL	2	20
3C147 [e, g]	5.10	3.80	2.65	1.71	C−	QSS	<1	<1
3C161	4.18	3.09	2.14	—	C−	GAL	5	<3
3C218	8.81	6.77	—	—	S	GAL	1	core 25, halo 200
3C227	1.71	1.34	1.02	0.73	S	GAL	7	180
3C249.1	0.47	0.34	0.23	—	S	QSS	—	15
3C274 [f]	48.1	37.5	28.1	—	S	GAL	1	halo 400 [a]
3C286 [e]	5.38	4.40	3.44	2.55	C−	QSS	11	<5
3C295	3.65	2.53	1.61	0.92	C−	GAL	0.1	4
3C348	7.19	5.30	—	—	S	GAL	8	115 [b]
3C353	14.2	10.9	—	—	C−	GAL	5	150
DR 21	21.6	20.8	20.0	19.0	Th	HII	—	20 [c]
NGC7027 [d]	—	6.43	6.16	5.86	Th	PN	<1	10

a) Halo has steep spectral index, so for λ≤6 cm, more than 90% of the flux is in the core. Spectrum curves positively above 20 GHz.
b) Angular distance between the two components.
c) Angular size at 2 cm, but consists of 5 smaller components.
d) Data up to 5 GHz are the direct measurements, not calculated from fit.
e) Suitable for calibration of interferometers and synthesis telescopes.
f) Virgo A.
g) Indications of time variability above 5 GHz.

Designation Discovery	4U	Right Ascension	Declination	Flux[1]	Mag.[2]	Identified Counterpart	Type
		h m s	o ′ ″				
4U0005+20	0005+20	0 05 47.2	+20 08 41	5	14.0*	Mkn 335	G
Cep XR–1	0022+63	0 24 41	+64 05.0	16		Tycho's SNR	R
		0 28 41.1	+13 12 35		14.8	PG0026+129	Q
3U0026–09	0037–10	0 41 18.5	– 9 21.1	5	15.7	Abell 85	C
2U0022+42	0037+39	0 42 10	+41 12.7	4	4.8	M31 = NGC 224	G
		0 48 13.1	+31 53 59		15.5*	Mkn 348	G
		0 53 01.9	+12 38 11		14.3*	I Zw 1	G
		0 59 18.5	+31 46 16		15.0*	Mkn 352	G
		1 02 40	+ 2 18.1		16.0	UMT301	Q
SMC X–1	0115–73	1 16 48.5	–73 29 53	66	13.2	Sanduleak 160	S
		1 21 27.6	– 1 05 42		15.1*	II Zw 1	G
2A0120–591	0106–59	1 23 21.7	–58 51 38	6	13.2	Fairall 9	G
		1 35 49.9	+20 54 15		18.1V	3CR47	Q
		2 14 00.9	– 0 49 03		14.5*	Mkn 590	G
		2 18	+62 36			HB3	R
4U0223+31	0223+31	2 27 37.9	+31 15 57	6	13.9*	NGC 931	G
4U0241+61	0241+61	2 44 07.6	+62 25 28	6	16.4		Q
GX146–15	0253+41	2 53.8	+41 33	9	14.5	NGC 1129	G+C
2U0528+13	0254+13	2 58.4	+13 32		15.6	Abell 401	C
2A0311–227		3 13 45.0	–22 38 01		14.8*		S
Per XR–1	0316+41	3 19.1	+41 27	86	12.7	NGC 1275	G+C
H0324+28		3 25 56.8	+28 40 48		6.5V	UX Ari	S
4U0336+01	0336+01	3 36 14.9	+ 0 33 14	180	5.7	HR 1099	S
2A0335+096	0344+11	3 37.2	+10 04	3	12.2	Zw0335.1+0956	C
H0349+17		3 49 48	+17 13.6		9.2V	V471 Tau	S
2U0352+30	0352+30	3 54 43.5	+31 00 56	55	6.1V	X Per	S
2U0410+10	0410+10	4 12 50.5	+10 26 38	6	17.4	Abell 478	C
H0405–08		4 14 47.3	– 7 40 07		4.4	40 Eri	S
H0415+38	0407+37?	4 17 39.1	+38 00 05	5	18.0	3C111	G
	0432+05	4 32 37.6	+ 5 19 57	5	14.2	3C120	G
2A0431–136		4 33.1	–13 16		15.3	Abell 496	C
		4 35 52.3	–10 23 49		14.5*	Mkn 618	G
H0457+46		5 00	+46 33			HB 9	R
MX0513–40	0513–40	5 13 46.1	–40 03 26	33	8.1	NGC 1851	A
H0523–00		5 15 39.2	– 0 09 40		14.6*	Akn 120	G
LMC X–2	0520–72	5 20 39.4	–71 58 12	29	17		S
		5 25 08	–69 39 01			N132D	R
		5 25 24	–65 59 41			(N49)	R
		5 25 59	–66 05 50			N49	R
2A0526–328		5 29 02.2	–32 49 31		13.5		S
		5 32 08	–71 01 01			N206	R
LMC X–4	0532–66	5 32 49	–66 22 39	7	14.0		S
Tau XR–1	0531+21	5 33 54	+22 00 28	1730	8.4	Crab Nebula	R+P
		5 34 24	–70 33 40			DEM 238	R
		5 35 42	–66 02 30			N63A	R

Designation Discovery	4U	Right Ascension	Declination	Flux[1]	Mag.[2]	Identified Counterpart	Type
		h m s	° ′ ″				
A0538−66		5 35 45.0	−66 50 46		12.8V		S
		5 36 21.8	−70 39 16			DEM 249	R
		5 37 52	−69 10 20			N157B	R
A0535+26	0538+26	5 38 15.4	+26 18 38	4	9.1	HDE 245770	S
LMC X−3	0538−64	5 38 52.9	−64 05 21	46	16.9		S
		5 40 17.1	−69 20 07			N158A	R
		5 45 36.5	−32 18 36		5.2	μ Col	S
		5 47 16	−69 42 36			N135	R
3U0545−32	0543−31	5 50 17.1	−32 16 31	7	16.1	PKS0548−322	G
2S0549−074		5 51 40.9	− 7 27 34		14.0	NGC 2110	G
MX0600+46	0558+46	5 54 06.8	+46 26 20	5	14.5	MCG 8−11−11	G
		6 15 05	+28 34.6		11.3V	KR Aur	S
2U0613+09	0614+09	6 16 32.6	+ 9 08 15	220	18.5		S
2U0601+21	0617+23	6 16.7	+22 33	6		IC 443	R
A0620−00		6 22 12	− 0 20 23		16.4V	V616 Mon	T
4U0720+55	0720+55	7 20 41	+55 47.5	5	13.6	Abell 576	C
		7 36 03.8	+58 47 46		14.5*	Mkn 9	G
		7 41 41.6	+65 12 12		15.0*	Mkn 78	G
		7 54 28	+22 01.9		8.8V	U Gem	S
		7 54 42.9	+39 12 54		15.5*	Mkn 382	G
	0821−42	8 22 39	−42 59.7	14		Puppis A	R
Vela XR−2	0833−45	8 34 59	−45 08 24	17	20.0	PSR0833−45	R+P
		8 50 17.3	+15 24 37		17.7V	LB8755	Q
Vela XR−1	0900−40	9 01 43	−40 30 47	450	6.7	HD 77581	S
3U0901−09	0900−09	9 08.3	− 9 37	9	15.2	Abell 754	C
		10 30 59.1	+28 50 16		16.6	Ton 524A	G
		10 44 39.1	−59 37 44		6.2V	η Car	S+H
A1044−59	1053−58	10 47	−59 36	5		G287.8−0.5	R
2A1052+606		10 55 04.3	+60 31 33		8.8	SAO 015338	S
		11 03.1	+28 56		15.2	IC 3510	G
A1103+38		11 03 52.4	+38 15 56		13.5*	Mkn 421	G
Cen XR−3	1118−60	11 20 48	−60 34 00	360	13.3		S
H1122−59		11 24.0	−59 23			MSH 11−54	R
		11 25 01.5	+54 26 27		16.0*	Mkn 40	G
A1136−37	1136−37	11 38 30.5	−37 40 49	5	12.8*	NGC 3783	G
2U1134−61	1137−65	11 39 00.0	−65 20 22	17	5.2	HD 101379	S
2U1144+19	1143+19	11 44 11	+19 48.5	5	13.5	Abell 1367	G+C
Cen X−5	1145−61	11 47 30	−62 08 54	130	9.2	HD 102567	S
		12 04 10.0	+27 57 42		15.5V	GQ Com	Q
2U1207+39	1206+39	12 10 00	+39 27.7	8	11.2*	NGC 4151	G
H1209−52		12 11.7	−52 55			PKS1209−52	R
		12 17 54.7	+29 52 18		14.0*	Mkn 766	G
		12 21 16.8	+75 22 06		14.5	Mkn 205	Q
		12 24 31	+12 56.7		9.3	M84 = NGC 4374	G
		12 25.3	+12 43		12.7*	NGC 4388	G

Designation Discovery	4U	Right Ascension	Declination	Flux[1]	Mag.[2]	Identified Counterpart	Type
		h m s	° ′ ″				
		12 25 40	+13 00.3		9.7	M86 = NGC 4406	G
GX301−2	1223−62	12 26 02	−62 42 43	73	10.0	Wray 977	S
		12 26.6	+ 9 29		12.5	NGC 4424	G
		12 27 14	+13 04.0		11.3*	NGC 4438	G
		12 27 53.6	+31 32 07		15.9	B2 1225+317	Q
		12 28.5	+14 02		12.0	NGC 4459	G
	1226+02	12 28 34.4	+ 2 06 37	5	13.0	3C273	Q
1E1227.0+1403		12 29 01.9	+13 49 55		17.4		Q
		12 29 17	+13 29.3		11.6*	NGC 4473	G
		12 29.6	+13 42		11.5	NGC 4477	G
Vir XR−1	1228+12	12 30 17	+12 27.0	40	9.2	M87 = NGC 4486	G+C
		12 33 44	+11 08		15.2	IC 3510	G
		12 35 02.5	−39 51 05		12.9	NGC 4507	G
4U1240−05	1240−05	12 39.0	− 5 17	4	12.0	NGC 4593	G
2U1247−41	1246−41	12 48.3	−41 15	9	12.4*	NGC 4696	G+C
2U1253−28	1249−28	12 51 50	−29 12 09	8	11.5V	EX Hya	S
Coma XR−1	1257+28	12 59.4	+27 58.6	27	10.7	Coma Cluster	C
GX304−1	1258−61	13 00 37.0	−61 32 38	100	14.7		S
MX1313+29		13 15.9	+29 10		12.5*	HZ 43	S
	1322−42	13 24 51	−42 57.8	15	7.2*	Cen A = NGC 5128	G
4U1326+11	1326+11	13 28.9	+11 48	4	14.2	NGC 5171	G+C
2U1348+24	1348+25	13 48 23.1	+26 38.6	8	16.0	Abell 1795	C
2A1347−300		13 48 43.3	−30 15 29		12.8*	IC 4329A	G+C
		13 52 57.0	+63 48 50		14.8	PG1351+640	Q
		14 11 17.9	+52 15 06		20.5	3C295	C
TWX−1	1410−03	14 12.8	− 3 09	3	13.6*	NGC 5506	G
2A1415+255	1414+25	14 17 31.2	+25 11 04	6	13.1*	NGC 5548	G
		14 29 00	−62 38.1		12.4V	Proxima Cen	S
		14 34 30.3	+48 42 30		16.5*	Mkn 474	G
Cen XR−4		14 57 43.7	−31 37 37		19.0		T
	1458−41	15 01 41	−41 41.4	4	19.9	SN 1006	R
GX9+50		15 10.5	+ 5 48		16.0	Abell 2029	C
Cir XR−1	1516−56	15 19 52.0	−57 07 45	1300	22.5*		S
2A1519+082		15 21 20.6	+ 7 44 37		15.5	NGC 5920	G+C
		15 26 15.8	+10 01 17		18.0	4C10.43	Q
A1524−61		15 27 23.7	−61 50 49		19.0	Nova TrA 1974	T
		15 35 39.1	+57 56 16		15.0*	Mkn 290	G
2U1537−52	1538−52	15 41 36.0	−52 21 11	33	14.5		S
		15 54 40.1	+19 13 29		15.0*	Mkn 291	G
		15 55 27	−37 54 17		12.0	Thé 12	S
3U1555+27	1556+27	15 57.8	+27 15		16.0	Abell 2142	C
3U1551+15	1601+15	16 01 45.2	+16 02 58	6	13.8	Abell 2147	G+C
		16 04 28.3	+23 56 47		15.0	NGC 6051	G+C
MX1608−52	1608−52	16 11 54.4	−52 23 48	73	21		S
H1615−51		16 16 47.7	−51 00 54			RCW 103	R

Designation Discovery	4U	Right Ascension	Declination	Flux[1]	Mag.[2]	Identified Counterpart	Type
		h m s	° ′ ″				
Sco XR–1	1617–15	16 19 19.1	–15 36 53	31000	12.4V	V818 Sco	S
3U1639+40	1627+39	16 28.3	+39 33	7	13.9	Abell 2199	C
2U1626–67	1626–67	16 31 12.7	–67 26 22	33	18.5		S
2A1630+057		16 32.2	+ 5 36		17.1	Abell 2204	C
2U1637–53	1636–53	16 40 04.2	–53 23 51	460	17.5	V801 Ara	S
Ara XR–1	1642–45	16 45 04	–45 36	820		G339.6–0.1	H
4U1651+39	1651+39	16 53 31.2	+39 46 38	4	13.5*	Mkn 501	G
Her X–1	1656+35	16 57 27	+35 21 27	180	13.0V	HZ Her	S
		17 00 43.3	+29 25 25		17.0*	Mkn 504	G
GX339–4	1658–48	17 02 01.6	–48 46 29	630	15.4V		S
2U1700–37	1700–37	17 03 14	–37 49 47	180	6.7	HD 153919	S
2U1706+78	1707+78	17 04 30.0	+78 39.3	7	15.3	Abell 2256	C
H1705–25		17 07 35.9	–25 04 42		21*	Nova Oph 1977	T
		17 22 15.3	+24 36 53		16.4V	V396 Her	Q
		17 22 16.2	+30 53 21		15.5*	Mkn 506	G
4U1722–30	1722–30	17 26 52.4	–30 47 38	13	17	Terzan 2	A
		17 30.0	–21 28.6		19	Kepler's SNR	R
GX9+9	1728–16	17 31 07.5	–16 57 18	470	16.6		S
GX1+4	1728–24	17 31 23.4	–24 44 28	110	18.7V		S
MXB1730–335		17 32 43	–33 22 56		17.5	Liller 1	A
GX346–7	1735–44	17 38 12.0	–44 26 39	380	17.5	V926 Sco	S
MX1746–20		17 48 15.2	–20 21 24		12.0	NGC 6440	A
		17 48 41.7	+68 42 11		16.0*	Mkn 507	G
L10	1746–37	17 49 29.9	–37 02 54	73	8.4*	NGC 6441	A
2U1808+50	1813+50	18 15 57.7	+49 51 48	10	12.3	AM Her	S
Sgr XR–4	1820–30	18 22 59.9	–30 21 59	580	8.6*	NGC 6624	A
H1832+32		18 34 40.0	+32 41 15		14.7	3C382	G
Ser XR–1	1837+04	18 39 26.3	+ 5 01 41	510	15.1		S
2U1828+81	1847+78	18 42 54	+79 45 35	5	15.0	3C390.3	G
A1850–08	1850–08	18 52 29.9	– 8 43 10	16	8.9	NGC 6712	A
4U1849–31	1849–31	18 54 23	–31 10.8	7	14.7V	V1223 Sgr	S
2U1907+02	1901+03?	18 55 36	+ 1 18.1	160		Westerhout 44	R
	1907+09	19 09 08.5	+ 9 48 45	36	16.4		S
Aql XR–1	1908+00	19 10 43.9	+ 0 34 02	360	16.0	V1333 Aql	S
A1909+04	1908+05	19 11 18.5	+ 4 57 54	7	14.2V	SS433	S
2A1914–589	1924–59	19 20 20.4	–58 41 26	4	14.1	ESO 141–G55	G
2U1926+43	1919+44	19 20 54	+43 55.1	7	15.4	Abell 2319	C
		19 33	+31 15			G65.2+5.7	R
H1938+16		19 41 42	+17 04.3		14.7V	UU Sge	S
Cyg XR–1	1956+35	19 57 57.9	+35 10 22	2100	8.9	HDE 226868	S
3U1956+11	1957+11	19 58 54.3	+11 40 46	32	18.7		S
2U1957+40	1957+40	19 59 06	+40 43	7	16.2	Cyg A	C
1E2014.1+3702		20 15 40.1	+37 10 10			G74.9+1.2	R
Cyg X–3	2030+40	20 32 03	+40 55 19	700			S
2A2040–115		20 43 35.5	–10 45 42		13.0*	Mkn 509	G

Designation Discovery	4U	Right Ascension	Declination	Flux[1]	Mag.[2]	Identified Counterpart	Type
		h m s	o ′ ″				
Vul XR–1?	2046+31?	20 51 23	+31 02	3		Cygnus Loop	R
2U2134+11	2129+12	21 29 28.0	+12 07 14	8	6.0	M15 = NGC 7078	A
2U2130+47	2129+47	21 31 03.1	+47 14 37	36	16.2V		S
		21 42 18	+43 32.2		8.2V	SS Cyg	S
Cyg XR–2	2142+38	21 44 15	+38 16 23	1000	15.5V		S
2A2151–316		21 58 15.2	–30 16 33		17.0	PKS2155–304	G
H2208–47		22 08.7	–47 13		11.8	NGC 7213	G
		22 16 41.1	+14 11 21		15.5*	Mkn 304	G
2S2251–178		22 53 32.3	–17 38 16		17.0	MR2251–178	Q
GF2259+586		23 00 41.5	+58 49 22		15.0	G109.1–1.0	R+S
2A2259+085	2300+08	23 02 44.0	+ 8 49 04	5	13.0*	NGC 7469	G
		23 03 31.9	+22 34 00		15.0*	Mkn 315	G
2A2302–088	2305–07	23 04 10.7	– 8 44 32	4	13.9	MCG–2–58–22	G
2A2315–428		23 17 49	–42 25.7		11.8	NGC 7582	G
Cas XR–1	2321+58	23 22 57	+58 45	97	19.6	Cas A	R
3U2346+26	2345+27	23 50 29	+27 05.8	4	13.8	Abell 2666	C
4U2351+06	2351+06	23 55 29.7	+ 7 27 52	7	15.5*	Mkn 541	G

[1] (2–6) kev flux, units are 10^{-11} ergs cm^{-2}s^{-1}.

[2] V magnitude unless followed by *, then B magnitude. V designates variable magnitude.

Type Designation: A – Globular Cluster
C – Cluster of Galaxies
G – Galaxy
H – HII Region
P – Pulsar
Q – Quasi–Stellar Object
R – Supernova Remnant
S – Stellar
T – Transient (Nova-like optically).

VARIABLE STARS, J1989.5

ECLIPSING VARIABLES

Name		H.D.	Right Ascension	Declination	Type	Magnitude Max	Magnitude Min	Mag. Type	Epoch (2400000+)	Period	Spectrum
			h m s	° ′						d	
U	Cep	5679	1 01 20	+81 49.2	EA	6.75	9.24	V	44541.603	2.493	B7Ve + G8III–IV
ζ	Phe	6882	1 07 57	−55 18.1	EA	3.92	4.42	V	41643.689	1.669	B6V + B9V
RZ	Cas	17138	2 47 58	+69 35.5	EA	6.18	7.72	V	43200.306	1.195	A3V
β	Per	19356	3 07 29	+40 54.9	EA	2.12	3.40	V	40953.465	2.867	B8V + G5IV + Am
λ	Tau	25204	4 00 06	+12 27.7	EA	3.3	3.80	p	35089.204	3.952	B3V + A4IV
HU	Tau	29365	4 37 39	+20 39.8	EA	5.92	6.7	V	42412.456	2.056	A8V
ε	Aur	31964	5 01 12	+43 48.5	EA	2.92	3.83	V	35629	9892	A8Ia–F2Iaep
AR	Aur	34364	5 17 37	+33 45.4	EA	6.15	6.82	V	38402.183	4.134	ApHgMn + B9V
TZ	Men	39780	5 32 15	−84 47.6	EA	6.2	6.9	p	38196.370	8.569	B9.5IV–V
WW	Aur	46052	6 31 47	+32 27.7	EA	5.79	6.54	V	41399.305	2.525	A3m: + A3m:
R	CMa	57167	7 18 59	−16 22.5	EA	5.70	6.34	V	44289.361	1.135	F1V
V	Pup	65818	7 57 57	−49 13.0	EB	4.7	5.2	p	28648.304	1.454	B1Vp + B3IV:
TY	Pyx	77137	8 59 17	−27 46.5	E	6.87	7.47	V	43187.230	3.198	G5 + G5
CV	Vel	77464	9 00 18	−51 30.8	EA	6.5	7.3	p	42048.668	6.889	B2V + B2V
S	Ant	82610	9 31 51	−28 34.9	EW	6.4	6.92	V	35139.929	0.648	A9Vn
W	UMa	83950	9 43 02	+56 00.0	EW	7.9	8.63	V	41004.397	0.333	dF8p + F8p
δ	Lib	132742	15 00 24	− 8 28.6	EA	4.92	5.90	V	42937.423	2.327	B9.5V
i	Boo	133640	15 03 28	+47 41.6	EW	6.5	7.1	v	39370.422	0.267	G2V + G2V
GG	Lup	135876	15 18 15	−40 45.2	EB	5.4	6.0	p	34532.325	2.164	B5 + A0
R	Ara	149730	16 38 52	−56 58.4	EA	6.0	6.9	p	25818.028	4.425	B9IV–V
V1010	Oph	151676	16 48 52	−15 39.0	EB	6.1	7.0	v	38937.771	0.661	A5V
V861	Sco	152667	16 55 52	−40 48.4	EB	6.07	6.69	V		7.848	B0.5Iae
U	Oph	156247	17 15 59	+ 1 13.3	EA	5.88	6.58	V	36727.424	1.677	B5Vnn + B5V
u	Her	156633	17 16 56	+33 06.7	EB	4.6	5.3	p	44069.386	2.051	B1.5Vp + B5III
V539	Ara	161783	17 49 37	−53 36.6	EA	5.66	6.18	V	39314.342	3.169	B2V + B3V
RS	Sgr	167647	18 16 54	−34 06.7	EA	6.0	6.9	p	20586.387	2.415	B3V +A
β	Lyr	174639	18 49 31	+33 21.0	EB	3.34	4.34	V	45342.39	12.935	B7Ve + A8p
RS	Vul	180939	19 17 14	+22 25.3	EA	6.9	7.6	p	32808.257	4.477	B5V + A2
U	Sge	181182	19 18 21	+19 35.5	EA	6.58	9.18	V	40774.463	3.380	B8III + K:
V505	Sgr	187949	19 52 31	−14 37.8	EA	6.48	7.51	V	40087.336	1.182	A0V + F8IV
EE	Peg	206155	21 39 31	+ 9 08.2	EA	6.9	7.6	v	40286.432	2.628	A3Vm + F4:
VV	Cep	208816	21 56 21	+63 34.6	EA	4.80	5.36	V	43360	7430	M2Ia–Iabep + B8:Ve
AR	Lac	210334	22 08 15	+45 41.4	E	6.11	6.77	V	39376.495	1.983	G2IV + K0III

See page H72 for Type codes.

PULSATING VARIABLES

Name		H.D.	Right Ascension	Declination	Type	Magnitude Max	Magnitude Min	Mag. Type	Epoch (2400000+)	Period	Spectrum
			h m s	° ′						d	
S	Scl	1115	0 14 51	−32 06.2	M	5.5	13.6	v	42343	365.32	M3e–M8e
T	Cet	1760	0 21 14	−20 07.0	SRc	5.0	6.9	v	40562	158.9	M5–M6SIIe
R	And	1967	0 23 32	+38 31.2	M	5.8	14.9	v	43135	409.33	S3,5e–S8,8e(M7e)
TV	Psc	2411	0 27 29	+17 50.1	SR	4.65	5.42	V		70	M3IIIv
KK	Per	13136	2 09 32	+56 30.6	Lc	6.6	7.78	V			M1–M3.5 Iab–Ib
o	Cet	14386	2 18 49	− 3 01.4	M	2.0	10.1	v	44839	331.96	M5e–M9e
U	Cet	15971	2 33 14	−13 11.7	M	6.8	13.4	v	42137	234.76	M2e–M6e
R	Tri	16210	2 36 24	+34 13.1	M	5.4	12.6	v	42014	266.48	M4IIIe
R	Hor	18242	2 53 30	−49 56.0	M	4.7	14.3	v	41490	403.97	M7IIIe
ρ	Per	19058	3 04 29	+38 48.1	SRb	3.30	4.0	V		50:	M4II
R	Dor	29712	4 60 13	−62 05.8	SRb	4.8	6.6	v		338:	M8IIIq:e
R	Cae	29844	4 40 08	−38 15.4	M	6.7	13.7	v	40645	390.95	M6e
R	Pic	30551	4 45 52	−49 15.8	SRa	6.7	10.0	v	38091	164.2	M1IIe–M4IIe
R	Lep	31966	4 59 07	−14 49.3	M	5.5	11.7	v	40800	432.13	C6IIe
RX	Lep	33664	5 10 53	−11 51.8	Lb	5.0	7.0	v			M6III
β	Dor	37350	5 33 32	−62 29.8	δ Cep	3.46	4.08	V	35206.44	9.842	F4Ia–G4Iab
α	Ori	39801	5 54 37	+ 7 24.3	SRc	0.40	1.3	V		2110	M1–M2 Ia–Iab
U	Ori	39816	5 55 12	+20 10.5	M	4.8	12.6	v	42280	372.40	M6.5IIIe
η	Gem	42995	6 14 15	+22 30.6	SRb	3.2	3.9	V	37725	232.9	M3III
T	Mon	44990	6 24 39	+ 7 05.5	δ Cep	5.59	6.60	V	36137.090	27.020	F7Iab–K1Iab
RT	Aur	45412	6 27 53	+30 30.0	δ Cep	5.00	5.82	V	42361.155	3.728	F4Ib-G1Ib
IS	Gem	49380	6 49 00	+32 37.2	SRd	6.6	7.3	p		47:	K3II
ζ	Gem	52973	7 03 30	+20 35.2	δ Cep	3.66	4.16	V	36791.922	10.150	F7Ib–G3Ib
L₂	Pup	56096	7 13 13	−44 37.5	SRb	2.6	6.2	v	40813	140.42	M5IIIe
AK	Hya	73844	8 39 25	−17 15.9	SRb	6.33	6.91	V		112:	M4III
R	Car	82901	9 31 59	−62 44.6	M	3.9	10.5	v	42000	308.71	M4e–M8e
R	Leo	84748	9 47 00	+11 28.7	M	4.4	11.3	v	41688	312.43	M8IIIe
S	Car	88366	10 09 02	−61 29.9	M	4.5	9.9	v	42112	149.49	K5e–M6e
VY	UMa	92839	10 44 20	+67 28.0	Lb	5.89	6.5	V			C5II
VW	UMa	94902	10 58 19	+70 02.8	SR	6.85	7.71	V		125	M2
U	Car	95109	10 57 23	−59 40.5	δ Cep	5.72	7.02	V	37320.055	38.768	F6–G7Iab
S	Mus	106111	12 12 13	−70 05.6	δ Cep	5.90	6.44	V	35837.992	9.660	F6Ib
RY	UMa	107397	12 19 58	+61 22.1	SRb	6.68	8.5	V	40810	311	M2–M3IIIe
SS	Vir	108105	12 24 42	+ 0 49.6	M	6.0	9.6	v	40653	354.66	Ne(C5,3e)
BO	Mus	109372	12 34 17	−67 41.9	Lb	6.0	6.7	v			Mb
R	Vir	109914	12 37 58	+ 7 02.8	M	6.0	12.1	v	42512	145.64	M4.5IIIe
R	Mus	110311	12 41 26	−69 21.0	δ Cep	5.93	6.73	V	40896.13	7.476	F7Ib
SW	Vir	114961	13 13 32	− 2 45.1	SRb	6.85	7.88	V	40709	150:	M7III
FH	Vir	115322	13 15 53	+ 6 33.6	SRb	6.92	7.45	V	40740	70:	M6III
V	CVn	115898	13 19 00	+45 35.0	SRa	6.52	8.56	V	43929	191.89	M4e–M6eIIIa:
R	Hya	117287	13 29 09	−23 13.7	M	4.5	9.5	v	41676	389.61	M7IIIe
T	Cen	119090	13 41 10	−33 32.7	SRa	5.5	9.0	v	43242	90.44	K0:e–M4II:e
V412	Cen	121518	13 56 45	−57 39.6	Lb	7.1	9.6	B			M3Iab–Ib –M7
θ	Aps	122250	14 04 18	−76 44.7	SRb	6.4	8.6	p		119	M7III

See page H72 for Type codes.

VARIABLE STARS, J1989.5

PULSATING VARIABLES

Name		H.D.	Right Ascension	Declination	Type	Magnitude Max	Min	Mag. Type	Epoch (2400000+)	Period	Spectrum
			h m s	° ′						d	
R	Cen	124601	14 15 49	−59 51.9	M	5.3	11.8	v	41942	546.2	M4e–M8IIe
τ⁴	Ser	139216	15 35 59	+15 08.1	Lb	7.5	8.9	p			M5IIb–IIIa
R	Ser	141850	15 50 13	+15 09.9	M	5.16	14.4	v	42315	356.41	M7IIIe
AT	Dra	147232	16 17 05	+59 46.8	Lb	6.8	7.5	p			M4IIIa
α	Sco	148478	16 28 45	−26 24.5	SRc	0.88	1.80	V	08600	1733	M1.5Iab–Ib + B4Ve
g	Her	148783	16 28 18	+41 54.3	SRb	5.7	7.2	p		70:	M6III
RS	Sco	152476	16 54 51	−45 05.2	M	6.2	13.0	v	42134	320.06	M5e–M8e
α¹	Her	156014	17 14 10	+14 24.1	SRc	3	4	v			M5Ib–II
VW	Dra	156947	17 16 22	+60 40.9	SRd	6.0	6.5	v		170:	K1.5IIIb
BM	Sco	160371	17 40 17	−32 12.5	SRd	6.8	8.7	p		850:	K2.5Ib
X	Sgr	161592	17 46 54	−27 49.7	δ Cep	4.24	4.84	V	36968.852	7.012	F7II
OP	Her	163990	17 56 30	+45 21.1	Lb	7.7	8.3	p			M5IIb–IIIa
W	Sgr	164975	18 04 21	−29 34.9	δ Cep	4.30	5.08	V	37678.578	7.594	F4–G1Ib
VX	Sgr	165674	18 07 26	−22 13.5	SRc	6.5	12.5	v	36493	732	M4Iae–M9.5
Y	Sgr	168608	18 20 46	−18 51.9	δ Cep	5.40	6.10	V	36230.180	5.773	F8I
T	Lyr	———	18 31 58	+36 59.5	Lb	7.8	9.6	v			R6(C5,3)
X	Oph	172171	18 37 51	+ 8 49.4	M	5.9	9.2	v	41478	334.39	M6IIIe + K1III
XY	Lyr	172380	18 37 45	+39 39.5	Lc	7.3	7.8	p			M4–M5 Ib–II
κ	Pav	174694	18 55 52	−67 14.9	CWa	3.94	4.75	V	40858.53	9.088	F5I–II
R	Lyr	175865	18 55 01	+43 55.8	SRb	3.88	5.0	V	35920	46.0	M5III
FF	Aql	176155	18 57 47	+17 20.8	δ Cep	5.18	5.68	V	41576.428	4.470	F5Ia-F8Ia
MT	Tel	176387	19 01 27	−46 39.9	RRc	8.68	9.28	V	38479.332	0.316	A0
R	Aql	177940	19 05 52	+ 8 12.9	M	5.5	12.0	v	43458	284.2	M5e–M9e
RR	Lyr	182989	19 25 08	+42 46.0	RRab	7.06	8.12	V	42995.405	0.566	A8–F7
UX	Dra	183556	19 21 58	+76 32.4	SRa	5.94	7.1	V		168:	C7,3
χ	Cyg	187796	19 50 10	+32 53.2	M	3.3	14.2	v	42143	406.93	S6,2e–S10,4e
η	Aql	187929	19 51 56	+ 0 58.7	δ Cep	3.48	4.39	V	36084.656	7.176	F6Ib-G4Ib
V449	Cyg	188344	19 52 57	+33 55.2	Lb	7.4	9.0	p			M1–M4
RR	Sgr	188378	19 55 17	−29 13.1	M	5.6	14.0	v	41133	334.58	M5e–M7e
S	Sge	188727	19 55 33	+16 36.4	δ Cep	5.28	6.04	V	36082.168	8.382	F6Ib–G5Ibv
EU	Del	196610	20 37 26	+18 13.9	SRb	5.8	6.9	v	35794	59.5	M6IIIFe
X	Cyg	197572	20 42 59	+35 32.9	δ Cep	5.87	6.86	V	35915.918	16.386	F7Ib-G8Ibv
T	Vul	198726	20 51 01	+28 12.6	δ Cep	5.44	6.06	V	35934.758	4.435	F5Ib-G0Ib
T	Cep	202012	21 09 24	+68 26.9	M	5.2	11.3	v	44177	388.14	M5.5e–M8.8e
W	Cyg	205730	21 35 39	+45 19.6	SRb	6.8	8.9	p	38659.73	126.26	M5IIIae
V460	Cyg	206570	21 41 34	+35 27.7	Lb	5.6	7.0	v			N1(C6,5)
μ	Cep	206936	21 43 11	+58 43.9	SRc	3.43	5.1	V		730	M2Iae
π¹	Gru	212087	22 22 05	−46 00.0	SRb	5.41	6.70	V		150:	S5
δ	Cep	213306	22 28 46	+58 21.7	δ Cep	3.48	4.37	V	36075.445	5.366	F5Ib-G1Ib
ER	Aqr	218074	23 04 52	−22 32.6	Lb	7.14	7.81	V			M3
R	Aqr	222800	23 43 17	−15 20.5	M	5.8	12.4	v	42398	386.96	M5e–M8.5e + P
TX	Psc	223075	23 45 52	+ 3 25.7	Lb	6.9	7.7	p			N0(C6,2)

See page H72 for Type codes.

ERUPTIVE VARIABLES

Name	H.D.	Right Ascension	Declination	Type	Magnitude Max	Magnitude Min	Mag. Type	Epoch (2400000+)	Period	Spectrum
		h m s	° ′						d	
WW Cet	——	0 10 53	−11 32.3	Z Cam	9.3	16.8	p		31.2:	P(UG)
RX And	——	1 04 00	+41 14.6	Z Cam	10.3	14.0	v		14.3	
KT Per	——	1 36 25	+54 47.4	Z Cam	10.7	15	p		12:	
WX Hyi	——	2 09 33	−63 22.0	UG	9.6	14.7	v			
VW Hyi	——	4 09 13	−71 19.2	UG	8.4	14.4	v		27.8:	
SS Aur	——	6 12 35	+47 44.7	UG	10.5	15.0	v		55.8	
IR Gem	——	6 47 00	+28 05.5	UG	10.7	14.5			75:	
U Gem	64511	7 54 28	+22 01.9	UG	8.2	14.9	v		103:	M4.5 + WD
Z Cam	——	8 24 04	+73 08.8	Z Cam	10.2	14.5	v		22:	
SW UMa	——	8 35 56	+53 30.8	UG	10.8	16	v		459:	
BZ UMa	——	8 53 06	+59 29.8	UG	10.5	16	p		110:	
CU Vel	——	8 58 05	−41 45.6	UG	10.7	15.5	p		150:	
SY Cnc	——	9 00 27	+17 56.8	Z Cam	10.6	13.7	p		27.3	
T Pyx	——	9 04 14	−32 20.1	Nr	6.3	14.0	v	39501	7000:	P
CH UMa	——	10 06 36	+68 33.9	UG	10.7	15.9	p		204:	
T Leo	——	11 37 55	+ 3 25.8	UG	10	15.4	p			
BC UMa	——	11 51 47	+56 20.1	UG	10.9	17.5	p			
BV Cen	——	13 30 40	−54 55.2	UG	10.7	13.6	v		149.4:	
Z Aps	——	14 06 01	−71 19.2	Z Cam	10.7	12.7	v		19:	
T CrB	143454	15 59 04	+25 56.9	Nr	2.0	10.8	v	31860	9000:	M3III + P(Q)
U Sco	——	16 21 55	−17 51.2	Nr	8.8	19	p	44048	3400:	
AH Her	——	16 43 44	+25 16.2	Z Cam	10.2	14.7	v		19.8:	
RS Oph	162214	17 49 39	− 6 42.4	Nr	5.3	12.3	p	39791		Ocp + M2ep
MV Lyr	——	19 06 58	+44 00.1	NL	10.5	14.0	p			
WZ Sge	——	20 07 07	+17 40.4	Nr(E)	7.0	15.5	p	32001	900:	P(Q)
P Cyg	193237	20 17 24	+38 00.0	S Dor	3.0	6.0	v			B2pe
V Sge	——	20 19 47	+21 04.2	NL	9.5	13.9	v			
AE Aqr	——	20 39 36	− 0 54.6	UG?	10.4	12.0	B			
VY Aqr	——	21 11 36	− 8 52.3	UG	8.0	16.6	p	45667		
SS Cyg	206697	21 42 18	+43 32.2	UG	8.2	12.4	v		50.1:	A1–dGep
RU Peg	——	22 13 32	+12 39.0	UG	9.0	13.1	v		67.8	sdBe + G8IVn

See Page H72 for Type codes.

OTHER VARIABLES

Name		H.D.	Right Ascension	Declination	Type	Magnitude Max	Magnitude Min	Mag. Type	Epoch (2400000+)	Period	Spectrum
			h m s	° ′						d	
EG	And	4174	0 44 02	+40 37.3	Z And	7.08	7.8	V			M2IIIep
SU	Tau	247925	5 48 28	+19 03.8	RCB	9.1	16.0	v			G0ep(C1,0)
U	Mon	59693	7 30 17	− 9 45.3	RVb	6.1	8.1	p	37395	92.26	F8e–K0Ib:p
AR	Pup		8 02 38	−36 34.0	RVb	8.7	10.9	p		75	cF0–cF8
AI	Vel	69213	8 13 44	−44 32.6	δ Sct	6.4	7.1	v		0.111	A2p–F2p
VZ	Cnc	73857	8 40 18	+ 9 51.8	δ Sct	7.18	7.91	V	41304.364	0.178	A7III–F2III
WY	Vel	81137	9 21 39	−52 31.1	Z And	8.8	10.2	p			M3Ib:ep + B
IW	Car	82085	9 26 38	−63 35.1	RVb	7.9	9.6	p	29401	67.5	F7–F8
RU	Cen	105578	12 08 51	−45 22.0	RV	8.7	10.7	p	28015.51	64.727	A7Ib–G2pe
UW	Cen		12 42 41	−54 28.2	RCB	9.1	14.5	v			K
TX	CVn		12 44 12	+36 49.3	Z And	9.2	11.8	p			B1–B9Veq + K0III–M4
S	Aps		15 08 19	−72 01.1	RCB	9.6	15.2	v			R3
R	CrB	141527	15 48 08	+28 11.3	RCB	5.71	14.8	V			C0,0(F8pep)
AG	Dra		16 01 38	+66 49.9	Z And	8.8	11.8	p			Gep
RY	Ara		17 20 15	−51 06.6	RV	9.2	12.1	p	30220	143.5	G5–K0
V703	Sco	160589	17 41 36	−32 31.2	δ Sct	7.82	8.50	B	37186.365	0.115	F0–F5
RS	Tel		18 18 04	−46 33.1	RCB	9.3	13.0	p			R8
AC	Her	170756	18 29 50	+21 51.5	RVa	7.43	9.74	B	35052	75.461	F2Ibp–K4e
V	CrA	173539	18 46 50	−38 10.1	RCB	8.3	16.5	v			C(R0)
R	Sct	173819	18 46 55	− 5 43.0	RVa	4.45	8.20	V	32078.3	140.05	G0Iae–K0Ibpv
FN	Sgr		18 53 16	−19 00.5	Z And	9.0	13.9	p			P
RY	Sgr	180093	19 15 52	−33 32.4	RCB	6.0	15.0	v			G0Ipe(C1,0)
BF	Cyg		19 23 28	+29 39.2	Z And	9.3	13.4	p			Bep + M5III
CH	Cyg	182917	19 24 16	+50 13.2	Z And	6.4	8.7	V		97	M7IIIab + B
CI	Cyg		19 49 49	+35 39.5	Z And	9.0	11.6	v			
RR	Tel		20 03 26	−55 45.1	Z And	6.5	16.5	p			F5ep
RS	Gru	206379	21 42 24	−48 14.3	δ Sct	7.93	8.49	V	41599.999	0.147	A6–F0
AG	Peg	207757	21 50 32	+12 34.6	Z And	6.0	9.4	v		830.14	WN6 + M1–M3II–III
Z	And	221650	22 16 50	+48 45.7	Z And	8.0	12.4	p			M2III + B1eq
SX	Phe	223065	23 45 59	−41 37.7	δ Sct	6.78	7.51	V	38636.617	0.054	A2V

TYPE OF VARIATION

E	eclipsing	EA	eclipsing, Algol type
EB	eclipsing, β Lyr type	EW	eclipsing, W UMa type
δ Cep	cepheid, classical type	CWa	cepheid, W Vir type
Lb	slow irregular type	Lc	irregular supergiants of late spectral type
RV	RV Tauri type	RVa	RV Tauri type with constant mean brightness
M	Mira, long period variable	RVb	RV Tauri type with varying mean brightness
Nr	recurrent novae	δ Sct	δ Sct type, pulsating stars of spectral class A and F
Nr(E)	recurrent novae and eclipsing variable	NL	nova like stars
UG	U Gem, SS Cyg type, outbursts	Z Cam	Z Cam type, UG type variations with standstills
SR	semi-regular	Z And	Z And type (symbiotic stars)

SRa	semi-regular, late spectral class, strong periodicities
SRb	semi-regular, late spectral class, weak periodicities
SRc	semi-regular, late spectral class, disk component stars
SRd	semi-regular, spectrum F, G, or K
RRab	RR Lyr with sharp asymmetric light curves
RRc	RR Lyr with symmetric sinusoidal light curves
RCB	R CrB type, high luminosity stars with non-periodic drops in brightness
S Dor	high luminosity stars of spectral classes Bpeq-Fpeq, irregular variations

TYPE OF MAGNITUDE

p	photographic magnitudes	V	photoelectric visual magnitudes
v	visual magnitudes	B	photoelectric blue magnitudes

Name	Right Ascension	Declination	Flux 6 cm	Flux 11 cm	V	B–V	z	M(abs)	Code
	h m s	o ′ ″	Jy	Jy					
UM 18	0 04 47.9	+ 5 20 40	0.257	0.17	16.00		1.890	−30.3	R
S5 0014+81	0 16 29.2	+81 31 39	0.551	0.61	16.50		3.410	−30.8	R
PG 0026+12	0 28 41.0	+13 12 36	0.002		14.78	0.26	0.142	−24.8	O
UM 281	0 50 30.2	− 1 06 09			16.00		1.870	−30.2	
PG 0052+251	0 54 18.3	+25 22 15			15.42		0.155		
DHM0054−284	0 55 54.8	−27 47 11			19.55		3.610	−28.1	
UM 294	0 57 52.4	+ 0 37 51			16.00		1.920	−30.3	
PHL 957	1 02 38.1	+13 12 54			16.57	0.40	2.690	−30.5	O
PKS 0106+01	1 08 06.3	+ 1 31 39	3.730	2.04	18.39	0.15	2.107	−28.2	O
UM 100	1 22 23.6	+ 2 54 15			18.00		3.272	−29.3	
Q 0122−380	1 23 49.0	−37 47 40			16.50		2.190	−30.2	
Q 0130−403	1 32 34.2	−40 09 42			17.02	0.66	3.015	−30.5	
UM 673	1 44 46.0	− 9 48 21			17.00		2.720	−30.2	
UM 141	1 48 46.2	+ 1 54 16			17.00		2.909	−30.5	
UM 148	1 56 03.2	+ 4 42 32			17.00		2.990	−30.6	
UM 154	2 01 27.0	+ 3 47 41		0.01	16.00		2.440	−30.7	
NAB 0205+02	2 07 17.2	+ 2 39 57	0.002		15.41	0.26	0.155		O
UM 402	2 09 18.6	+ 0 30 17			16.00		2.840	−31.4	
Q 0207−398	2 09 02.1	−39 41 49			17.15	0.20	2.805	−30.2	
UM 678	2 51 12.4	−22 02 54			18.40		3.200	−28.8	
UM 679	2 51 19.4	−18 16 38			18.60		3.210	−28.6	
Q 0254−334	2 56 22.1	−33 17 53			16.00		1.849	−30.2	
Q 0347−383	3 49 20.2	−38 12 21			17.30		3.230	−29.9	
Q 0401−350B	4 02 47.6	−34 58 40			19.50		3.250	−27.7	
PKS 0405−12	4 07 18.8	−12 13 15	1.990	2.36	14.57	0.18	0.574	−28.4	O
Q 0420−388	4 21 52.8	−38 46 19	0.107	0.14	16.90		3.120	−30.4	O
PKS 0438−43	4 39 57.3	−43 34 19	7.580	6.17	18.80		2.852	−28.6	O
3C 138.0	5 20 33.4	+16 37 46	4.160	5.99	18.84	0.53	0.759	−24.9	O
PKS0537−441	5 38 31.5	−44 05 29	3.960	3.84	16.48	0.52	0.894	−27.5	O
3C 147.0	5 41 47.3	+49 50 51	8.180	12.98	17.80	0.65	0.545	−25.1	O
B2 0552+39A	5 54 46.8	+39 48 45	4.814	3.53	18.00		2.365	−28.6	O
PKS 0637−75	6 36 06.9	−75 15 44	6.190	4.51	15.75	0.33	0.651	−27.6	O
OH 471	6 45 46.0	+44 51 59	0.778	1.27	18.49	1.08	3.400	−28.8	O
MARK 380	7 18 31.2	+74 29 08			17.00		2.737	−30.2	O
1E0754+3928	7 57 17.6	+39 22 10			14.36	0.38	0.096	−24.5	
PG 0804+761	8 09 38.6	+76 04 35			15.15		0.100	−23.7	
3C 196.0	8 12 50.6	+48 14 58	4.360	7.66	17.79	0.57	0.871	−26.2	O
PG 0844+349	8 47 02.9	+34 47 25			14.00		0.064	−23.9	
0846+51W1	8 49 12.9	+51 10 51	0.258	0.25	15.72	0.56	1.860	−30.5	O
PG 0906+48	9 09 27.2	+48 16 17			16.06	0.40	0.118		O
B2 0923+39	9 26 23.6	+39 05 06	7.570	4.54	17.86	0.06	0.698	−25.7	O
PG 0953+415	9 56 13.9	+41 18 41			14.50		0.239	−26.3	
PKS 1004+13	10 06 52.4	+12 52 01	0.420	0.64	15.15	0.13	0.240		O
TON 34	10 19 19.5	+27 49 05			15.69	0.37	1.924	−30.6	
EX 1059+730	11 01 54.0	+72 50 09			14.70	1.7	0.089	−24.0	
Q 1101−264	11 02 54.7	−26 41 52			16.02	0.06	2.145	−30.6	O
PG 1114+445	11 16 31.9	+44 17 04			16.05		0.144		
PG 1115+080	11 17 44.3	+ 7 49 26			15.80		1.722	−30.2	
PG 1116+215	11 18 35.4	+21 22 45			15.17		0.177		
PKS 1127−14	11 29 35.2	−14 45 58	7.310	6.43	16.90	0.27	1.187	−28.0	O

Code: O=Optical position, R=Radio position with an accuracy better than one arc second.

Name	Right Ascension	Declination	Flux 6 cm	Flux 11 cm	V	B–V	z	M(abs)	Code
	h m s	o ′ ″	Jy	Jy					
PG 1138+040	11 40 44.2	+ 3 50 29			16.05		1.876	−30.2	
Q 1159+124	12 01 01.4	+12 10 48					3.510		
PG 1211+143	12 13 45.5	+14 06 42			14.63		0.085	−23.9	
B2 1225+31	12 27 53.5	+31 32 07	0.330	0.33	15.87	0.28	2.200	−30.7	O
PG 1241+176	12 43 39.4	+17 24 31			15.38		1.273		
PG 1247+268	12 49 34.9	+26 34 06			15.80		2.038	−30.7	
3C 279	12 55 38.5	− 5 43 57	5.340	11.96	17.75	0.26	0.536	−25.1	O
PKS1302−102	13 04 59.9	−10 29 58	1.280	1.23	15.23	0.05	0.286		O
PG 1307+085	13 09 15.3	+ 8 23 10			15.28		0.155		
PG 1309+355	13 11 48.5	+35 18 41	0.043		15.45		0.184		
3C 286.0	13 30 39.2	+30 33 46	7.480	10.26	17.25	0.26	0.846	−26.6	O
Q 1346+001	13 48 45.4	− 0 03 56					3.268		O
PG 1351+64	13 52 57.0	+63 48 49	0.032		14.84	0.34	0.088	−23.8	O
PKS1402+044	14 04 29.4	+ 4 18 35	0.710	0.58	18.50		3.202	−28.7	O
PG 1404+226	14 05 52.9	+22 26 42			15.82		0.098	−23.1	
PG 1411+442	14 13 23.5	+44 03 09			14.99		0.089	−23.7	
PG 1415+451	14 16 36.2	+44 59 00			15.74		0.114		
PG 1416−129	14 18 29.6	−13 07 52			15.40		0.129		
S4 1435+63	14 36 31.3	+63 39 21	1.240	1.41	15.00		2.060	−31.5	O
PG 1435−067	14 37 42.9	− 6 55 36			15.54		0.129	−23.8	
OQ 172	14 44 45.9	+10 01 14	1.150	1.77	17.78	0.80	3.530	−29.7	O
3C 309.1	14 59 05.1	+71 42 49	3.760	5.30	16.78	0.46	0.905	−27.3	O
PG 1519+226	15 20 46.7	+22 29 53			16.09		0.137		
PG 1552+085	15 54 14.0	+ 8 24 10			16.02		0.119		
1601+182	16 02 50.5	+18 10 47					3.280		
PKS 1610−77	16 16 21.1	−77 15 47	5.550	3.80	19.00		1.710	−26.9	O
TON 256	16 13 47.0	+26 05 49		0.02	15.41	0.65	0.131		O
PKS1614+051	16 16 06.3	+ 5 01 04	0.850	0.67	19.50		3.208	−27.7	R
1623.7+268B	16 25 22.4	+26 48 34			16.00		2.518	−30.8	
PG 1626+554	16 27 42.5	+55 23 53			16.17		0.133		
B2 1633+38	16 34 53.4	+38 09 19	4.080	2.57	18.00		1.814	−28.1	O
PG 1634+706	16 34 33.6	+70 32 49			14.90		1.334	−30.4	
MC 1635+119	16 37 16.9	+11 51 03	0.080	0.11	16.57	0.49	0.146		O
3C 345.0	16 42 37.5	+39 49 47	5.650	6.01	15.96	0.29	0.594	−27.1	O
PG 1700+518	17 01 09.8	+51 50 14			15.43		0.292		
3C 351.0	17 04 33.4	+60 45 18	1.210	2.03	15.28	0.13	0.371		O
PG 1718+481	17 19 21.3	+48 04 50			15.33		1.084		
NRAO 530	17 32 27.0	−13 04 25	4.220	4.90	18.50		0.902	−25.6	O
PKS2000−330	20 02 43.9	−32 53 35	1.030	0.62	19.00		3.780	−28.8	O
20 05+40	20 07 22.8	+40 27 57	4.450	4.60	19.00		1.736	−27.0	O
3C 418.0	20 38 18.0	+51 16 58	3.790	4.71	21.00		1.687	−24.9	O
PKS 2126−15	21 28 37.3	−15 41 28	1.240	1.17	17.30		3.275	−30.0	O
PKS 2145+06	21 47 34.1	+ 6 54 42	4.410	3.46	16.47	0.38	0.990	−27.8	O
PKS 2203−18	22 05 35.8	−18 38 45	4.240	5.25	18.50		0.618	−24.7	
PKS2204−573	22 07 11.1	−57 10 39	0.360	0.43	16.60		2.725	−30.6	
3C 446	22 25 14.4	− 5 00 13	4.070	4.28	18.39	0.44	1.404	−27.1	O
	22 29 56.2	−39 16 23			18.80		3.450	−28.5	
CTA 102	22 32 05.2	+11 40 36	3.650	4.93	17.33	0.42	1.037	−27.2	O
Q 2313−423	23 15 32.7	−42 08 23			19.50		3.360	−27.7	

Code: O=Optical position, R=Radio position with an accuracy better than one arc second.

PSR	Right Ascension	Declination	Period	$\dot{P}$	Epoch	DM	S_{400}
	h m s	° ′ ″	s	ns/d	24		Jy
0031−07	0 34 08.9	− 7 22 01	0.94295078486	0.40	40690	10.8	25
0136+57	1 39 19.9	+58 14 32.0	0.27244563408	10.68	43890	72.2	50
0138+59	1 41 40.0	+60 09 29.8	1.22294826723	0.39	41794	34.8	55
0329+54	3 32 59.2	+54 34 42.9	0.71451866398	2.04	40621	26.7	1400
0355+54	3 58 53.6	+54 13 14.5	0.15638005591	4.38	41593	57.0	60
0450+55	4 54 07.6	+55 43 39.5	0.34072820672	2.36	43890	15.6	40
0450−18	4 52 34.4	−17 59 25.5	0.5489353684	5.74	41536	39.9	55
0525+21	5 28 52.1	+22 00 22.8	3.74549702902	40.05	41994	50.9	93
0531+21	5 34 31.9	+22 00 52.0	0.03313404075	422.43	41351	56.7	800
0538−75	5 36 30.8	−75 43 59.3	1.2458554349	0.57	43555	18.3	75
0611+22	6 14 16.2	+22 25 10.4	0.33492505401	59.63	42881	96.7	25
0628−28	6 30 49.5	−28 34 43.8	1.2444170726	7.10	44124	34.3	90
0655+64	7 00 37.6	+64 18 11.0	0.19567094486	0.00	43987	8.7	40*
0736−40	7 38 32.4	−40 42 39.4	0.37491871098	1.61	42554	160.8	190
0740−28	7 42 48.9	−28 22 52	0.16675244661	16.83	42554	73.7	195
0808−47	8 09 43.9	−47 53 55.4	0.54719837196	3.08	43556	228.3	46
0809+74	8 14 59.4	+74 29 06.7	1.29224132384	0.16	40689	5.7	50
0818−13	8 20 26.3	−13 50 54.9	1.23812810723	2.10	41006	40.9	90
0818−41	8 20 15.5	−41 14 36.6	0.5454455279	0.02	43557	111	65
0820+02	8 23 09.7	+ 1 59 12.9	0.86487275	<0.5	43419	22.2	22*
0823+26	8 26 51.2	+26 37 25.2	0.53065995906	1.72	42717	19.4	70
0833−45	8 35 20.6	−45 10 35.8	0.08924726825	124.68	43892	69.0	5000
0834+06	8 37 05.5	+ 6 10 13.7	1.27376417152	6.79	41708	12.8	65
0835−41	8 37 21.1	−41 35 14.3	0.75162112843	3.54	43557	147.6	197
0919+06	9 22 13.8	+ 6 38 21.6	0.43061431165	13.72	43890	27.2	40
0940−55	9 42 15.6	−55 52 55.4	0.66436112446	22.73	43555	180.2	55
0950+08	9 53 09.3	+ 7 55 35.7	0.25306506819	0.22	41501	2.9	900
0959−54	10 01 37.9	−55 07 08.8	1.4365681929	51.66	43558	130.6	80
1054−62	10 56 25.5	−62 58 47.6	0.42244618669	3.57	43556	323.4	45
1055−52	10 57 58.7	−52 26 56.5	0.19710760818	5.83	43556	30.1	80
1112+50	11 15 38.3	+50 30 13.9	1.65643808033	2.49	41536	9.1	20
1133+16	11 36 03.3	+15 51 00.8	1.18791153608	3.73	41665	4.8	340
1154−62	11 57 15.2	−62 24 50.6	0.40052094651	3.93	43556	325.2	145
1221−63	12 24 22.2	−64 07 53.7	0.21647481429	4.95	43556	96.9	48
1237+25	12 39 40.5	+24 53 49.1	1.38244861210	0.95	40611	9.2	160
1240−64	12 43 17.2	−64 23 23.4	0.38847933086	4.50	42710	297.4	110
1323−58	13 26 58.3	−58 59 30.1	0.4779896901	3.21	43556	283	120
1323−62	13 27 17.2	−62 22 43	0.5299062943	18.89	43556	318.4	135
1356−60	13 59 58.2	−60 38 08.2	0.12750077685	6.33	43556	295.0	105
1426−66	14 30 40.9	−66 23 04.5	0.78543998083	2.77	43556	65.3	130
1449−64	14 53 32.7	−64 13 15.0	0.17948389392	2.74	43177	71.0	230
1451−68	14 56 00.2	−68 43 38.9	0.26337677865	0.09	42554	8.6	350
1508+55	15 09 25.9	+55 31 35.2	0.73967789896	5.03	40625	19.5	125
1509−58	15 13 56	−59 08 08	0.15021718	520.	45042	235	2
1530−53	15 34 08.3	−53 34 19.1	1.3688805090	1.42	43559	24.8	70
1540−06	15 43 30.1	−06 20 44.0	0.70906364986	0.88	43890	18.6	50
1541+09	15 43 38.8	+09 29 16.9	0.74844817748	0.43	42304	34.9	100

* Member of a binary system

PSR	Right Ascension	Declination	Period	$\dot{P}$	Epoch	DM	S_{400}
	h m s	° ′ ″	s	ns/d	24		Jy
1556−44	15 59 41.5	−44 38 45.9	0.25705572352	1.01	42554	58.8	110
1558−50	16 02 18.9	−51 00 04.4	0.8642020784	69.57	43559	169.5	45
1600−49	16 04 23.0	−49 09 57.3	0.32741728797	1.01	43557	140.8	44
1604−00	16 07 12.1	+ 0 32 40.1	0.42181611020	0.30	42307	10.7	45
1641−45	16 44 49.3	−45 59 09.2	0.45505464292	20.13	43634	475	375
1642−03	16 45 02.0	− 3 17 58.5	0.38768879135	1.78	40622	35.6	300
1706−16	17 09 26.4	−16 40 57	0.65305047326	6.38	40622	24.8	60
1727−47	17 31 41.9	−47 44 33.1	0.82972364148	163.67	43494	121.9	190
1737+13	17 40 07.4	+13 11 57.6	0.80304971623	1.45	43893	48.4	70
1738−08	17 41 22.5	− 8 40 33	2.0430815106	2.27	43891	74	40
1747−46	17 51 42.2	−46 57 24.0	0.74235203333	1.29	43557	21.7	70
1749−28	17 52 58.6	−28 06 37.8	0.56255316830	8.15	40128	50.8	1300
1804−08	18 07 38.0	− 8 47 42.8	0.16372736083	0.02	43891	112.8	55
1818−04	18 20 52.6	− 4 27 40	0.59807263930	6.33	40622	84.3	170
1821−19	18 24 00.4	−19 45 51	0.18933213477	5.23	43557	226	52
1831−04	18 34 25.3	− 4 26 35	0.29010815629	0.19	44054	79	75
1844−04	18 47 23	− 4 02 12	0.5977390	51.9	42004	141.9	100
1845−01	18 48 24	− 1 24 05	0.65942849	5.2	42005	163	60
1857−26	19 00 48	−26 00 38	0.61220908	0.16	42005	38.1	120
1859+03	19 01 31.8	+ 3 31 06.2	0.65544511516	7.48	42100	402.9	125
1900+01	19 03 29.9	+ 1 35 38.2	0.72930163274	4.03	42346	243.4	60
1907+10	19 09 48.7	+11 02 03.3	0.28363867083	2.63	42540	144	55
1911−04	19 13 54.1	− 4 40 47.6	0.82593368968	4.06	40624	89.4	120
1913+16	19 15 28.0	+16 06 27.4	0.05902999526	0.00	42321	167	6*
1914+13	19 16 58.7	+13 12 50.7	0.28184027865	3.61	42847	230	45
1919+21	19 21 44.8	+21 53 01.8	1.33730119226	1.34	40689	12.4	240
1920+21	19 22 53.5	+21 10 42.2	1.07791915514	8.18	42547	220	45
1929+10	19 32 13.8	+10 59 31.4	0.22651715301	1.15	41704	3.1	130
1929+20	19 32 08.1	+20 20 45.3	0.26821490434	4.17	43029	210.0	50
1933+16	19 35 47.8	+16 16 40.6	0.35873624827	6.00	42265	158.5	260
1937+21	19 39 38.5	+21 34 59.1	0.00155780649	0.00	45303	71.2	200
1944+17	19 46 53.0	+18 05 41.5	0.44061846173	0.02	41501	16.3	60
1946+35	19 48 25.0	+35 40 11.1	0.71730676525	7.05	42221	129.1	120
1952+29	19 54 22.6	+29 23 17.9	0.42667678559	0.00	42434	7.9	20
1953+29	19 55 27.9	+29 08 41.9	0.00613317	<0.04		104.5	15*
2016+28	20 18 03.8	+28 39 54.2	0.55795340728	0.14	40689	14.1	150
2020+28	20 22 37.0	+28 54 23.5	0.34340079150	1.89	41348	24.6	250
2021+51	20 22 49.9	+51 54 49	0.52919532782	3.05	40625	22.5	60
2045−16	20 48 35.3	−16 16 45	1.96156687985	10.96	40695	11.5	130
2111+46	21 13 24.3	+46 44 08.4	1.01468444504	0.71	41006	141.5	190
2217+47	22 19 48.1	+47 54 53.9	0.53846739454	2.76	40624	43.5	63
2255+58	22 57 57.7	+59 09 14.6	0.36824365392	5.75	42629	148	60
2303+30	23 05 58.2	+31 00 01.6	1.57588474427	2.89	42341	49.9	25
2310+42	23 13 08.5	+42 53 12.5	0.34943363975	0.11	43891	17.3	40
2319+60	23 21 55.3	+60 24 29.5	2.2564837049	7.03	41535	96	70

*Member of a binary system

CONTENTS OF SECTION J

Explanatory notes.. J1
Index List J2
General List J6

Pages J6–J16 contain as complete a list as possible of observatories that are currently engaged in professional programs of astronomical observations. Entries are in alphabetical order according to geographical location. If only the formal name of an observatory is known, its location can be found in the Index List (pp. J2–J5). In the General List observatories with radio or infrared telescopes are designated with an 'R' or 'I', respectively, in the Description column. The column labelled Ref. specifies the year in which an observatory appeared in the Instrumentation Lists of the 1981–1984 editions. East longitudes and north latitudes are considered to be positive.

INDEX LIST

Name	Place
Abastumani Astrophysical	Mount Kanobili
Aguilar, Félix	San Juan
Alabama, Univ. of	University
Algiers	Bouzaréah
Allegheny	Pittsburgh
Aller, Ramon Maria	Santiago de Compostela
Archenhold	Berlin
Argentine Radio Ast. Inst.	Villa Elisa
Arizona University, Northern	Flagstaff
Arthur J. Dyer	Nashville
Ast. and Astrophysical Institute	Brussels
Ast. and Geophysical Institute	Itatiba
Astronomical Latitude	Borowiec
Astrophotographic	Innerkirchen
Australian National	Parkes
Barros, Profesor Manuel de	Vila Nova de Gaia
Basle Ast. Institute, Univ. of	Binningen
Bavarian	Munich
Behlen	Mead
Beijing (Branch)	Miyun
Beijing (Branch)	Shahe
Beijing (Branch)	Tianjing
Beijing (Branch)	Xinglong
Black Moshannon	Rattlesnake Mountain
Bologna University (Branch)	Loiano
Bordeaux University	Floirac
Bosscha	Lembang
Bowdoin College	Brunswick
Boyden	Mazelspoort
Bradley	Decatur
Brera-Milan (Branch)	Merate
Brera-Milan	Milan
Brevard Community College	Cocoa
British Columbia, Univ. of	Vancouver
Byurakan	Mount Aragatz
Cagigal	Caracas
Cagliari	Capoterra
Calern	Caussols
Cantonal	Neuchâtel
Capodimonte	Naples
Capri	Anacapri
Carter (Branch)	Black Birch Mountain
Carter	Wellington
Catalina	Mount Bigelow
Catalina	Tumamoc Hill
Catania (Branch)	Serra la Nave
Catholic Univ. Ast. Institute	Nijmegen
Cavendish Laboratory	Cambridge
C.E.K. Mees Solar	Haleakala
C.E. Kenneth Mees	Bristol Springs
Center for Radar Astronomy	Stanford
Central	Kiev
Central Inst. for Earth Physics	Potsdam
Central Michigan University	Mount Pleasant
CERGA	Caussols
Cerro El Roble	Capilla de Caleu
Chabot	Oakland
Chamberlin (Branch)	Bailey
Chamberlin	Denver
Chaonis	Chions
Charles Univ. Ast. Institute	Prague
City	Edinburgh
City	Irkutsk
Clark Lake	Borrego Springs
Cointe	Liège
Collurania	Teramo
Colorado, Univ. of	Nederland
Connecticut State College, Western	Danbury
Copenhagen University (Branch)	Brorfelde
Copernicus, Nicholas	Brno
Córdoba (Branch)	Bosque Alegre
Corralitos	Las Cruces
Crane, Zenas	Topeka
Crawford Hill	Holmdel
Crimean Astrophysical	Partizanskoye
Crimean Astrophysical	Simeis
Culgoora Solar	Narrabri
David Dunlap	Richmond Hill
Dearborn	Evanston
Deep Space Station	Cebreros
Deep Space Station	Robledo
Deep Space Station	Tidbinbilla
Dick Mountain Station	Bailey
Dodaira	Mount Dodaira
Dominion Astrophysical (Branch)	Mount Kobau
Dominion Astrophysical	Penticton
Dominion Astrophysical	Victoria
Dudley	Albany
Dudley (Branch)	Bolton Landing
Dunlap, David	Richmond Hill
Dunsink	Castleknock
Dyer, Arthur J.	Nashville
Ebro	Roquetas
Ege University	Bornova
Einstein Tower Solar	Potsdam
Engelhardt	Kazan
Erwin W. Fick	Boone
European Southern	Cerro La Silla
Fabra	Barcelona
Faculty of Physics	Barcelona
Félix Aguilar	San Juan
Fernbank	Atlanta
Fick, Erwin W.	Boone
Figl Astrophysical, L.	St. Corona at Schöpfl
FitzRandolph	Princeton
Five College	New Salem
Flammarion	Juvisy
Fleurs	Kemps Creek
Florence and George Wise	Mount Zin
Florida, Univ. of	Old Town
Flower and Cook	Malvern

INDEX LIST

Name	Place
Fort Skala Station	Cracow
Foster Astrophysical, Manuel	Santiago
Franklin Institute, The	Philadelphia
Fred L. Whipple	Mount Hopkins
Friedrich-Schiller University	Grosschwabhausen
Fujigane Station	Kamikuisshiki-Mura
Geneva	Sauverny
Geodetical Faculty	Zagreb
George R. Wallace Jr. Astrophys.	Westford
German Hydrographic Institute	Hamburg
Ghana, Univ. of	Legon
Goddard Research	Greenbelt
Godlee	Manchester
Goethe Link	Brooklyn
Goldstone Complex	Fort Irwin
Gravimetric	Poltava
Graz, Univ. of (Branch)	Lustbühel
Grenoble	Plateau de Bure
Griffith	Los Angeles
Haig	Dehra Dun
Hale	Cerro Las Campanas
Hale	Mount Wilson
Hall, Wilfred	Alston
Hamburg	Bergedorf
Hartung-Boothroyd	Ithaca
Harvard College	Cambridge
Harvard Station	Fort Davis
Hat Creek	Cassel
Haute-Provence, Obs. of	St. Michel
Haystack	Westford
Heliophysical	Debrecen
Heliophysical (Branch)	Gyula
Hida	Kamitakara
High Alpine Research	Jungfraujoch
Hiraiso Radio Wave	Nakaminato-Shi
Hopkins	Williamstown
Horrocks, Jeremiah	Preston
Hydrographic (Branch)	Kurashiki
Hydrographic (Branch)	Simosato
Hydrographic (Branch)	Sirahama
Hydrographic	Tokyo
Hydrographic Institute	Hamburg
Incoherent Scatter Facility	Chatanika
Institute of Astrophysics	Dushanbe
Institute of Astrophysics	Kyoto
International Latitude	Carloforte
International Latitude	Gaithersburg
International Latitude	Hoshigaoka-Machi
International Latitude	Kitab
International Latitude	Ukiah
Iowa, Univ. of	Riverside
Itapetinga	Atibaia
Jagellonian (Branch)	Cracow
Jagellonian University	Cracow
Jävan Station	Björnstorp
Jeremiah Horrocks	Preston
Joint Obs. for Cometary Research	Socorro
Kagoshima Space Center	Uchinoura
Kandilli	Istanbul
Kansas, Univ. of	Lawrence
Kapteyn	Roden
Karl Schwarzschild	Tautenburg
Kenneth Mees, C.E.	Bristol Springs
Konkoly	Budapest
Konkoly (Branch)	Piszkéstetö
Kryonerion	Mount Killíni
Kuffner	Vienna
Kvistaberg	Sigtuna
Kwasan	Kyoto
Ladd	Providence
La Plata (Branch)	Punta Indio
La Posta Astrogeophysical	Campo
Las Campanas	Cerro Las Campanas
Latitude	Borowiec
Latitude	Gorki
Latitude, International	Carloforte
Latitude, International	Gaithersburg
Latitude, International	Hoshigaoka-Machi
Latitude, International	Kitab
Latitude, International	Ukiah
Latitude Station	Tianjing
Lausanne, Univ. of	Chavannes-des-Bois
Leander McCormick	Charlottesville
Leander McCormick (Branch)	Fan Mountain
Leiden (Branch)	Hartebeespoort
Leuschner	Lafayette
L. Figl Astrophysical	St. Corona at Schöpfl
Lick	Mount Hamilton
Lindheimer Ast. Research Center	Evanston
Link, Goethe	Brooklyn
Llano del Hato	Mérida
Lohrmann	Dresden
London, Univ. of	Mill Hill
Louisiana State University	Clinton
Lowell (Branch)	Anderson Mesa
Lowell	Flagstaff
Lunar and Planetary Lab. Station	Mount Lemmon
Lund (Branch)	Björnstorp
LURE	Haleakala
Lyon University	St. Genis Laval
Maclean	Incline Village
Magnetosphere Research Inst.	Kasugai-Shi
Main	Pulkovo
Manila	Quezon City
Manuel de Barros, Prof.	Vila Nova de Gaia
Manuel Foster Astrophysical	Santiago
Maria Mitchell	Nantucket
Maryland Point	Riverside
Maryland, Univ. of	College Park

INDEX LIST

Name	Place
Max Planck Institute	Effelsberg
McCormick, Leander	Charlottesville
McCormick, Leander (Branch)	Fan Mountain
McDonald	Mount Locke
McGraw-Hill	Kitt Peak
Mees, C.E. Kenneth	Bristol Springs
Mees Solar, C.E.K.	Haleakala
Melton Memorial	Columbia
Metsähovi	Kirkkonummi
Metsähovi (Branch)	Kirkkonummi
Michigan State University	East Lansing
Michigan University, Central	Mount Pleasant
Michigan, Univ. of	Portage Lake
Millimeter Radio Ast. Institute	Pico Veleta
Millimeter Radio Ast. Institute	Plateau de Bure
Millimeter Wave	Mount Locke
Mills	Dundee
Millstone Hill Atm. Sci. Fac.	Westford
Millstone Hill Radar	Westford
MIRA Oliver Station	Chews Ridge
Mitchell, Maria	Nantucket
MMT (Multiple-Mirror Tel.)	Mount Hopkins
Molongo	Hoskinstown
Moore	Brownsboro
Morehead	Chapel Hill
Morrison	Fayette
Morro Santana	Porto Alegre
Mountain	Alma-Ata
Mountain Station	Kislovodsk
Mountain Station	Piszkéstetö
Mount Cuba	Greenville
Mullard	Cambridge
Multiple-Mirror Telescope (MMT)	Mount Hopkins
Nagoya University (Branch)	Chiisagata-Gun
Nagoya University (Branch)	Kamikuisshiki-Mura
Nassau	Montville
National Central University	Chung-li
National Obs. of Athens (Branch)	Pentele
National Obs. of Brazil (Branch)	Itajubá
National Obs. of Brazil	Rio de Janeiro
National Obs. of Colombia	Bogotá
National Obs. of Cosmic Physics	San Miguel
National Obs. of Mexico (Branch)	San Pedro Martir
National Obs. of Mexico	Tonantzintla
National Obs. of South Korea	Danyang
National Obs. of Spain (Branch)	Calar Alto
National Obs. of Spain	Madrid
National Obs. of Spain (Branch)	Yebes
National Obs. of Uruguay	Montevideo
National Radio	Green Bank
National Radio (Branch)	Kitt Peak
National Radio	Socorro
National Solar	Sunspot
Naval	Buenos Aires
Naval	San Fernando
Naval Research Lab. (Branch)	Sugar Grove
Naval Research Laboratory	Washington
New Mexico State Univ. (Branch)	Blue Mesa
New Mexico State Univ. (Branch)	Tortugas Mountain
Nice	Mont Gros
Nicholas Copernicus	Brno
Nizamiah	Hyderabad
Nobeyama Cosmic	Minamimaki-Mura
Nobeyama Solar	Minamimaki-Mura
Norikura Solar	Mount Norikura
Northern Arizona University	Flagstaff
Nuffield Radio Ast. Labs.	Jodrell Bank
Oak Ridge	Harvard
O'Brien	Marine-on-St. Croix
Ohio State	Stratford
Okayama Astrophysical	Mount Chikurin
Oklahoma, Univ. of	Norman
Ole Rømer	Århus
Oliver Station	Chews Ridge
Oslo Solar	Harestua
Ouloug-Beg	Samarkand
Owens Valley	Big Pine
Pagasa	Quezon City
Pan American University	Edinburg
Paris (Branch)	Nançay
Perkins	Stratford
Perth	Bickley
Piedade	Belo Horizonte
POLARIS	Richmond
Prairie	Oakland
Prof. Manuel de Barros	Vila Nova de Gaia
Pulkovo (Branch)	Kislovodsk
Québec	Dolbeau
Québec (Branch)	Mont Mégantic
Radio Ast. Institute	Stanford
Radio Space Research Station	Hartebeeshoek
Ramon Maria Aller	Santiago de Compostela
Remeis	Bamberg
Research Inst. of Magnetosphere	Kasugai-Shi
Ritter	Toledo
Riverview College	Lane Cove
Rome	Monte Mario
Rømer, Ole	Århus
Roque de los Muchachos	La Palma Island
Rosemary Hill	Bronson
Rothney Astrophysical	Priddis
Royal	Edinburgh
Royal Greenwich	Herstmonceux
Royal Obs. Edinburgh (Branch)	Mauna Kea
Royal Obs. Edinburgh (Branch)	Siding Spring Mountain
Royal Obs. of Belgium (Branch)	Humain
Royal Obs. of Belgium	Uccle
Royal University of Sweden	Lund
Royal Radar Establishment	Malvern
Rutherfurd	New York

INDEX LIST

Name	Place
Sacramento Peak	Sunspot
Sagamore Hill	Hamilton
San Vittore	Bologna
Schwarzschild, Karl	Tautenburg
Shaanxi	Lintong
Shanghai (Branch)	Sheshan
Shanghai	Xujiahui
Shattuck	Hanover
Simon Stevin	Hoeven
Slovak Technical University	Bratislava
Smithsonian Astrophysical	Cambridge
Sommers-Bausch	Boulder
Sonnenborgh	Utrecht
South African	Cape Town
South African (Branch)	Sutherland
South Carolina, Univ. of	Columbia
South Gornergrat	Zermatt
Space Radio Systems Facility	El Segundo
Special Astrophysical	Zelenchukskaya
Sproul	Swarthmore
State	Königstuhl
Stellar Station	Serra la Nave
Sternberg State Ast. Institute	Moscow
Stevin, Simon	Hoeven
Steward (Branch)	Kitt Peak
Steward	Tucson
Steward (Branch)	Tumamoc Hill
Stockert	Eschweiler
Stockholm	Saltsjöbaden
Strawbridge	Haverford
Struve Astrophysical, Wilhelm	Tartu
Sugadaira Station	Chiisagata-Gun
Swiss Federal	Zurich
Table Mountain	Boulder
Tasmania, Univ. of	Hobart
Teide	Izaña
Texas, Univ. of	Marfa
Theoretical Geodesy Institute	Hannover
Thompson	Beloit

Name	Place
Three College	Saxapahaw
Tiara	South Park
Tohoku University	Sendai
Tokyo	Mitaka-Shi
Turin	Pino Torinese
Turku-Tuorla	Piikkiö
Urania	Budapest
Urania	Vienna
U.S. Naval (Branch)	Black Birch Mountain
U.S. Naval (Branch)	Flagstaff
U.S. Naval (Branch)	Richmond
U.S. Naval	Washington
Uttar Pradesh State	Manora Peak
Valongo	Rio de Janeiro
Van Vleck	Middletown
Vatican	Castel Gandolfo
Vermilion River	Danville
Wallace Jr. Astrophys., George R.	Westford
Warner and Swasey (Branch)	Kitt Peak
Warsaw University	Ostrowik
Washburn	Madison
Wendelstein Solar	Brannenburg
Western Connecticut State College	Danbury
Whipple, Fred L.	Mount Hopkins
Whitin	Wellesley
Wilfred Hall	Alston
Wilhelm-Foerster	Berlin
Wilhelm Struve Astrophysical	Tartu
Wise, Florence and George	Mount Zin
Wucheng Time	Wuhan
Wyoming Infrared	Jelm Mountain
Yerkes	Williams Bay
Yunnan	Kunming
Zenas Crane	Topeka

Place	Description*		East Longitude	Latitude	Height (Sea Level)	Ref.
			° ′	° ′	m	
Albany, New York	Dudley Obs.		− 73 46.8	+42 39.2	21	82
Algonquin Prov. Park, Ontario	Algonquin Radio Obs.	R	− 78 04.4	+45 57.3	260	81
Alma-Ata, Kazakh S.S.R.	Mountain Obs.		+ 76 57.4	+43 11.3	1450	84
Alston, England	Wilfred Hall Obs.		− 2 35.6	+53 48.1	63	82
Anacapri, Italy	Capri Obs.		+ 14 11.8	+40 33.5	137	82
Anderson Mesa, Arizona	Lowell Obs. Sta.		− 111 32.2	+35 05.8	2198	
Ankara, Turkey	Ankara Univ. Obs.	R	+ 32 46.8	+39 50.6	1266	82
Arcetri, Italy	Arcetri Astrophysical Obs.	R	+ 11 15.3	+43 45.2	184	82
Arecibo, Puerto Rico	Arecibo Obs.	R	− 66 45.2	+18 20.6	496	81
Århus, Denmark	Ole Rømer Obs.		+ 10 11.8	+56 07.7	50	82
Armagh, Northern Ireland	Armagh Obs.		− 6 38.9	+54 21.2	64	82
Arosa, Switzerland	Arosa Astrophysical Obs.		+ 9 40.1	+46 47.0	2050	82
Ashkhabad, Turkmen S.S.R.	Ashkhabad Astrophysical Lab.		+ 58 21.2	+37 57.4	234	84
Asiago, Italy	Asiago Astrophysical Obs.	R	+ 11 31.7	+45 51.7	1045	81
Athens, Greece	National Obs. of Athens		+ 23 43.2	+37 58.4	110	81
Atibaia, Brazil	Itapetinga Radio Obs.	R	− 46 33.8	−23 11.0	800	83
Atlanta, Georgia	Fernbank Obs.		− 84 19.1	+33 46.7	320	81
Auckland, New Zealand	Auckland Obs.		+174 46.7	−36 54.4	80	82
Bailey, Colorado	Chamberlin Obs. Dick Mtn. Sta.		−105 26.2	+39 25.6	2675	83
Bamberg, German Fed. Rep.	Remeis Obs.		+ 10 53.4	+49 53.1	288	82
Barcelona, Spain	Fabra Obs.		+ 2 07.6	+41 25.0	420	82
Barcelona, Spain	Faculty of Physics Obs.		+ 2 07.1	+41 23.2	97	82
Beijing, China	Beijing Normal Univ. Obs.	R	+116 21.6	+39 57.4	70	
Belo Horizonte, Brazil	Piedade Obs.		− 43 30.7	−19 49.3	1746	82
Beloit, Wisconsin	Thompson Obs.		− 89 01.9	+42 30.3	255	82
Bergedorf, German Fed. Rep.	Hamburg Obs.		+ 10 14.5	+53 28.9	45	83
Berlin, German Dem. Rep.	Archenhold Obs.		+ 13 28.7	+52 29.2	32	81
Berlin, German Fed. Rep.	Wilhelm-Foerster Obs.		+ 13 21.2	+52 27.5	78	82
Besançon, France	Besançon Obs.		+ 5 59.2	+47 15.0	312	81
Bickley, Western Australia	Perth Obs.		+116 08.1	−32 00.5	391	83
Big Bear Lake, California	Big Bear Solar Obs.		−116 54.9	+34 15.2	2067	82
Big Pine, California	Owens Valley Radio Obs.	R	−118 16.9	+37 13.9	1236	81
Binningen, Switzerland	Univ. of Basle Ast. Inst.		+ 7 35.0	+47 32.5	318	82
Björnstorp, Sweden	Lund Obs. Jävan Sta.		+ 13 26.0	+55 37.4	145	82
Black Birch Mtn., New Zealand	U.S. Naval Obs. Sta.		+173 48.2	−41 44.9	1399	
Black Birch Mtn., New Zealand	Carter Obs. Sta.		+173 48.2	−41 44.9	1399	
Blue Mesa, New Mexico	N.M. State Univ. Obs. Sta.		−107 09.9	+32 29.5	2025	82
Bochum, German Fed. Rep.	Bochum Obs.	R	+ 7 11.7	+51 25.7	161	81
Bochum, German Fed. Rep.	Bochum Public Obs.		+ 7 13.4	+51 27.9	132	82
Bogotá, Colombia	National Ast. Obs.		− 74 04.9	+ 4 35.9	2640	82
Bologna, Italy	San Vittore Obs.		+ 11 20.5	+44 28.1	280	83
Bolton Landing, New York	Dudley Obs.	R	− 73 40.3	+43 36.9	244	81
Boone, Iowa	Erwin W. Fick Obs.		− 93 56.5	+42 00.3	332	82
Bornova, Turkey	Ege Univ. Obs.		+ 27 16.5	+38 23.9	795	82
Borowiec, Poland	Astronomical Latitude Obs.		+ 17 04.5	+52 16.6	80	84

* 'R' denotes an observatory with radio instruments; 'I' denotes an observatory with infrared instruments.

Place	Description*		East Longitude	Latitude	Height (Sea Level)	Ref.
			° ′	° ′	m	
Borrego Springs, California	Clark Lake Radio Obs.	R	− 116 17.4	+33 20.5	169	81
Bosque Alegre, Argentina	Córdoba Obs. Astrophys. Sta.		− 64 32.8	−31 35.9	1250	81
Boulder, Colorado	Sommers-Bausch Obs.		−105 15.8	+40 00.2	1653	82
Boulder, Colorado	Table Mountain Radio Obs.	R	−105 07.4	+40 05.5	1692	
Bouzaréah, Algeria	Algiers Obs.		+ 3 02.1	+36 48.1	345	82
Brannenburg, German Fed. Rep.	Wendelstein Solar Obs.		+ 12 00.8	+47 42.5	1838	82
Bratislava, Czechoslovakia	Slovak Technical Univ. Obs.		+ 17 07.2	+48 09.3	171	82
Bristol Springs, New York	C.E. Kenneth Mees Obs.		− 77 24.5	+42 42.0	701	82
Brno, Czechoslovakia	Nicholas Copernicus Obs.	R	+ 16 35.3	+49 12.3	310	81
Bronson, Florida	Rosemary Hill Obs.		− 82 35.2	+29 24.0	44	82
Brooklyn, Indiana	Goethe Link Obs.		− 86 23.7	+39 33.0	300	81
Brorfelde, Denmark	Copenhagen Univ. Obs.		+ 11 39.9	+55 37.3	90	82
Brownsboro, Kentucky	Moore Obs.	R	− 85 31.8	+38 20.1	216	82
Brunswick, Maine	Bowdoin College Obs.		− 69 57.8	+43 54.6	25	82
Brussels, Belgium	Ast. and Astrophys. Inst.		+ 4 23.0	+50 48.8	147	81
Bucharest, Romania	Bucharest Ast. Obs.		+ 26 05.8	+44 24.8	81	82
Budapest, Hungary	Konkoly Obs.		+ 18 57.9	+47 30.0	474	82
Budapest, Hungary	Urania Obs.		+ 19 03.9	+47 29.1	166	82
Buenos Aires, Argentina	Naval Obs.		− 58 21.3	−34 37.3	6	82
Calar Alto, Spain	National Obs. Sta.		− 2 32.2	+37 13.8	2168	81
Cambridge, England	Cambridge Univ. Observatories		+ 0 05.7	+52 12.8	30	
Cambridge, England	Cavendish Lab.	R	+ 0 05.7	+52 12.5	27	
Cambridge, England	Mullard Radio Ast. Obs.	R	+ 0 02.6	+52 10.2	17	81
Cambridge, Massachusetts	Harvard College Obs.		− 71 07.8	+42 22.8	24	82
Cambridge, Massachusetts	Smithsonian Astrophysical Obs.		− 71 07.8	+42 22.8	24	82
Campo, California	La Posta Astrogeophysical Obs.	R	− 116 26.1	+32 40.7	1188	81
Cananea, Mexico	Cananea Astrophysical Obs.		− 110 23.0	+31 03.2	2480	
Cape Town, South Africa	South African Ast. Obs.		+ 18 28.7	−33 56.1	18	81
Capilla de Caleu, Chile	Cerro El Roble Ast. Obs.		− 71 01.2	−32 58.9	2220	81
Capilla Peak, New Mexico	Capilla Peak Obs.		− 106 24.3	+34 41.8	2842	82
Capoterra, Sardinia	Cagliari Ast. Obs.		+ 8 58.4	+39 08.2		82
Caracas, Venezuela	Cagigal Obs.		− 66 55.7	+10 30.4	1026	82
Carloforte, Sardinia	International Latitude Obs.		+ 8 18.7	+39 08.2	22	82
Cassel, California	Hat Creek Radio Ast. Obs.	R	− 121 28.4	+40 49.1	1043	81
Castel Gandolfo, Vatican	Vatican Obs.		+ 12 39.1	+41 44.8	450	82
Castleknock, Ireland	Dunsink Obs.		− 6 20.3	+53 23.2	86	82
Catania, Sicily	Catania Astrophysical Obs.		+ 15 05.2	+37 30.2	47	82
Caussols, France	Calern Obs., CERGA	R,I	+ 6 55.6	+43 44.9	1270	84
Cebreros, Spain	Deep Space Sta.	R	− 4 22.0	+40 27.3	789	84
Cerro Calán, Chile	Cerro Calán National Ast. Obs.		− 70 32.8	−33 23.8	860	82
Cerro Las Campanas, Chile	Las Campanas (Hale) Obs.		− 70 42.0	−29 00.5	2282	83
Cerro La Silla, Chile	European Southern Obs.		− 70 43.8	−29 15.4	2347	81
Cerro Tololo, Chile	Cerro Tololo Inter-Amer. Obs.	R	− 70 48.9	−30 09.9	2215	82
Chapel Hill, North Carolina	Morehead Obs.		− 79 03.0	+35 54.8	161	
Charlottesville, Virginia	Leander McCormick Obs.		− 78 31.4	+38 02.0	264	82

* 'R' denotes an observatory with radio instruments; 'I' denotes an observatory with infrared instruments.

Place	Description*		East Longitude	Latitude	Height (Sea Level)	Ref.
			° ′	° ′	m	
Chatanika, Alaska	Chatanika Incoher. Scatter Fac.	R	−147 27.1	+65 06.2	235	81
Chavannes-des-Bois, Switz.	Univ. of Lausanne Obs.		+ 6 08.2	+46 18.4	455	83
Chews Ridge, California	MIRA Oliver Sta.		−121 34.2	+36 18.3	1525	
Chiisagata-Gun, Japan	Nagoya Univ. Sugadaira Sta.	R	+138 19.2	+36 31.3	1280	81
Chilbolton, England	Chilbolton Obs.	R	− 1 26.2	+51 08.7	92	81
Chions, Italy	Chaonis Obs.		+ 12 42.7	+45 50.6	15	
Chung-li, Taiwan	National Central Univ. Obs.		+121 11.2	+24 58.2	152	82
Cincinnati, Ohio	Cincinnati Obs.	R	− 84 25.4	+39 08.3	247	82
Clinton, Louisiana	Louisiana State Univ. Obs.		− 90 58.1	+30 48.1	70	82
Cluj-Napoca, Romania	Cluj-Napoca Ast. Obs.		+ 23 35.9	+46 45.6	412	82
Cocoa, Florida	Brevard Community College Obs.	R	− 80 45.7	+28 23.1	17	82
Coimbra, Portugal	Coimbra Ast. Obs.		− 8 25.8	+40 12.4	99	82
College Park, Maryland	Univ. of Maryland Obs.	R	− 76 57.4	+39 00.1	53	82
Columbia, South Carolina	Melton Memorial Obs.		− 81 01.6	+33 59.8	98	82
Columbia, South Carolina	Univ. of S.C. Radio Obs.	R	− 81 01.9	+33 59.8	127	
Copenhagen, Denmark	Copenhagen Univ. Obs.		+ 12 34.6	+55 41.2	— —	82
Córdoba, Argentina	Córdoba Ast. Obs.		− 64 11.8	−31 25.3	434	82
Cracow, Poland	Jagellonian Obs. Ft. Skala Sta.	R	+ 19 49.6	+50 03.3	314	81
Cracow, Poland	Jagellonian Univ. Ast. Obs.		+ 19 57.6	+50 03.9	225	82
Danbury, Connecticut	Western Conn. State Col. Obs.		− 73 26.7	+41 24.0	128	82
Danville, Illinois	Vermilion River Obs.	R	− 87 33.4	+40 03.9	213	81
Danyang, South Korea	National Ast. Obs.		+128 27.4	+36 56.0	1390	82
Debrecen, Hungary	Heliophysical Obs.		+ 21 37.4	+47 33.6	132	84
Decatur, Georgia	Bradley Obs.		− 84 17.6	+33 45.9	316	82
Dehra Dun, India	Haig Obs.		+ 78 02.9	+30 18.9	681	82
Denver, Colorado	Chamberlin Obs.		−104 57.2	+39 40.6	1644	83
Devon, Alberta	Devon Ast. Obs.		−113 45.5	+53 23.4	708	82
Dolbeau, Québec	Québec Ast. Obs.		− 72 15.3	+48 50.2	110	82
Dresden, German Dem. Rep.	Lohrmann Obs.		+ 13 52.3	+51 03.0	324	83
Dundee, Scotland	Mills Obs.		− 3 00.7	+56 27.9	150	82
Dushanbe, Tadzhik S.S.R.	Inst. of Astrophysics		+ 68 46.9	+38 33.7	820	83
Dwingeloo, Netherlands	Dwingeloo Radio Obs.	R	+ 6 23.8	+52 48.8	25	81
East Lansing, Michigan	Michigan State Univ. Obs.		− 84 29.0	+42 42.4	274	82
Edinburg, Texas	Pan American Univ. Obs.		− 98 10.4	+26 18.3	28	82
Edinburgh, Scotland	City Obs.		− 3 10.8	+55 57.4	107	82
Edinburgh, Scotland	Royal Obs.		− 3 11.0	+55 55.5	146	81
Effelsberg, German Fed. Rep.	Max Planck Inst. for Radio Ast.	R	+ 6 53.1	+50 31.6	369	81
El Segundo, California	Space Radio Systems Facility	R	−118 22.6	+33 54.8	48	81
Eschweiler, German Fed. Rep.	Stockert Radio Obs.	R	+ 6 43.4	+50 34.2	435	81
Evanston, Illinois	Dearborn Obs.		− 87 40.5	+42 03.4	195	82
Evanston, Illinois	Lindheimer Ast. Research Center		− 87 40.3	+42 03.6	205	82
Fan Mountain, Virginia	Leander McCormick Obs. Sta.		− 78 41.6	+37 52.7	566	82
Fayette, Missouri	Morrison Obs.		− 92 41.8	+39 09.1	228	82
Flagstaff, Arizona	U.S. Naval Obs. Sta.		−111 44.4	+35 11.0	2316	81
Flagstaff, Arizona	Lowell Obs.		−111 39.9	+35 12.2	2204	81

* 'R' denotes an observatory with radio instruments; 'I' denotes an observatory with infrared instruments.

Place	Description*		East Longitude	Latitude	Height (Sea Level)	Ref.
			° ′	° ′	m	
Flagstaff, Arizona	Northern Arizona Univ. Obs.		− 111 39.2	+ 35 11.1	2110	82
Floirac, France	Bordeaux Univ. Obs.	R	− 0 31.7	+ 44 50.1	73	82
Fort Davis, Texas	Harvard Radio Ast. Sta.	R	− 103 56.7	+ 30 38.2	1603	82
Fort Irwin, California	Goldstone Complex	R	− 116 50.9	+ 35 23.4	1036	81
Gaithersburg, Maryland	International Latitude Obs.		− 77 12.0	+ 39 08.2	155	82
Glasgow, Scotland	Glasgow Univ. Obs.		− 4 18.3	+ 55 54.1	53	81
Gorki, R.S.F.S.R.	Gorki Latitude Obs.		+ 43 59.0	+ 56 15.5	163	82
Göttingen, German Fed. Rep.	Göttingen Univ. Obs.		+ 9 56.6	+ 51 31.8	161	
Graz, Austria	Univ. of Graz Obs.		+ 15 26.9	+ 47 04.6	375	82
Green Bank, West Virginia	National Radio Ast. Obs.	R	− 79 50.5	+ 38 25.8	836	83
Greenbelt, Maryland	Goddard Research Obs.	R	− 76 49.6	+ 39 01.3	53	81
Greenville, Delaware	Mount Cuba Ast. Obs.		− 75 38.0	+ 39 47.1	92	82
Grosschwabhausen, German D.R.	Friedrich-Schiller Univ. Obs.		+ 11 29.0	+ 50 55.8	356	82
Guaribidanur, India	Guaribidanur Radio Obs.	R	+ 77 26.1	+ 13 36.2	— —	
Gurushikhar, India	Gurushikhar Infrared Obs.	I	+ 72 43.0	+ 24 36.0	1220	
Gyula, Hungary	Heliophysical Obs. Sta.		+ 21 16.2	+ 46 39.2	135	84
Haleakala, Hawaii	C.E.K. Mees Solar Obs.		− 156 15.4	+ 20 42.4	3054	
Haleakala, Hawaii	LURE Obs.		− 156 15.5	+ 20 42.6	3049	82
Hamburg, German Fed. Rep.	German Hydrographic Inst.		+ 10 00.9	+ 53 35.8	20	82
Hamilton, Massachusetts	Sagamore Hill Radio Obs.	R	− 70 49.3	+ 42 37.9	53	81
Hannover, German Fed. Rep.	Theor. Geodesy Inst. Ast. Obs.		+ 9 42.8	+ 52 23.3	71	82
Hanover, New Hampshire	Shattuck Obs.		− 72 17.0	+ 43 42.3	183	82
Harestua, Norway	Oslo Solar Obs.	R	+ 10 45.0	+ 60 12.6	583	82
Harriman, New York	Harriman Obs.		− 74 06.9	+ 41 18.2	433	82
Hartebeeshoek, South Africa	Radio Space Research Sta.	R	+ 27 41.2	− 25 53.4	1382	
Hartebeespoort, South Africa	Leiden Obs. Southern Sta.		+ 27 52.6	− 25 46.4	1220	81
Harvard, Massachusetts	Oak Ridge Obs.	R	− 71 33.5	+ 42 30.3	185	81
Haverford, Pennsylvania	Strawbridge Obs.	R	− 75 18.2	+ 40 00.7	116	82
Helsinki, Finland	Univ. of Helsinki Obs.		+ 24 57.3	+ 60 09.7	33	82
Helwân, Egypt	Helwân Obs.		+ 31 22.8	+ 29 51.5	116	82
Herstmonceux, England	Royal Greenwich Obs.		+ 0 20.3	+ 50 52.3	34	83
Hobart, Tasmania	Univ. of Tasmania Obs.	R	+ 147 32.0	− 42 50.0	300	81
Hoeven, Netherlands	Simon Stevin Obs.	R	+ 4 33.8	+ 51 34.0	9	82
Hoher List, German Fed. Rep.	Hoher List Obs.		+ 6 51.0	+ 50 09.8	533	81
Holmdel, New Jersey	Crawford Hill Obs.	R	− 74 11.2	+ 40 23.5	114	81
Homer, Alaska	Homer Radar Obs.	R	− 151 32.1	+ 59 42.8	464	81
Hoshigaoka-Machi, Japan	International Latitude Obs.		+ 141 07.9	+ 39 08.1	61	82
Hoskinstown, New South Wales	Molongo Radio Obs.	R	+ 149 25.4	− 35 22.3	732	84
Humain, Belgium	Royal Obs. Radio Ast. Sta.	R	+ 5 15.3	+ 50 11.5	293	84
Hvar, Yugoslavia	Hvar Obs.		+ 16 26.9	+ 43 10.7	238	
Hyderabad, India	Nizamiah Obs.		+ 78 27.2	+ 17 25.9	554	82
Incline Village, Nevada	Maclean Obs.		− 119 55.7	+ 39 17.7	2546	82
Innerkirchen, Switzerland	Astrophotographic Obs.		+ 8 14.2	+ 46 42.5	665	82
Irkutsk, R.S.F.S.R.	City Ast. Obs.		+ 104 16.8	+ 52 16.5	432	84
Irkutsk, R.S.F.S.R.	Irkutsk Ast. Obs.		+ 104 20.7	+ 52 16.7	468	83

* 'R' denotes an observatory with radio instruments; 'I' denotes an observatory with infrared instruments.

Place	Description*		East Longitude	Latitude	Height (Sea Level)	Ref.
			° ′	° ′	m	
Istanbul, Turkey	Istanbul Univ. Obs.		+ 28 58.0	+41 00.8	65	82
Istanbul, Turkey	Kandilli Obs.		+ 29 03.7	+41 03.8	120	82
Itajubá, Brazil	National Obs. Astrophys. Sta.		− 45 33.9	−22 31.1	1850	82
Itatiba, Brazil	Ast. and Geophysical Inst.		− 46 58.0	−23 00.1	850	82
Ithaca, New York	Hartung-Boothroyd Obs.		− 76 23.1	+42 27.5	534	82
Izaña, Tenerife Is., Canaries	Teide Obs.	I	− 16 29.8	+28 17.5	238	
Japal, India	Japal-Rangapur Obs.	R	+ 78 43.7	+17 05.9	695	83
Jelm Mountain, Wyoming	Wyoming Infrared Obs.	I	−105 58.6	+41 05.9	2943	
Jodrell Bank, England	Nuffield Radio Ast. Labs.	R	− 2 18.4	+53 14.2	78	81
Jungfraujoch, Switzerland	High Alpine Research Obs.		+ 7 59.1	+46 32.9	3576	81
Juvisy, France	Flammarion Obs.		+ 2 22.3	+48 41.6	92	82
Kaliningrad, R.S.F.S.R.	Kaliningrad Univ. Obs.		+ 20 29.7	+54 42.8	24	83
Kamikuisshiki-Mura, Japan	Nagoya Univ. Fujigane Sta.	R	+138 36.7	+35 26.6	1000	81
Kamitakara, Japan	Hida Obs.		+137 18.5	+36 14.9	1276	84
Kanzelhöhe, Austria	Kanzelhöhe Solar Obs.		+ 13 54.4	+46 40.7	1526	82
Kashima-Machi, Japan	Kashima Space Commun. Center	R	+140 39.8	+35 57.3	32	81
Kasugai-Shi, Japan	Research Inst. of Magnetosphere	R	+137 00.6	+35 16.6	800	81
Kavalur, India	Kavalur Obs.		+ 78 49.6	+12 34.6	725	
Kazan, R.S.F.S.R.	Engelhardt Ast. Obs.		+ 48 48.9	+55 50.3	98	81
Kazan, R.S.F.S.R.	Kazan University Obs.		+ 49 07.3	+55 47.4	79	83
Kemps Creek, New South Wales	Fleurs Radio Obs.	R	+150 46.5	−33 51.8	45	81
Kharkov, Ukrainian S.S.R.	Kharkov Univ. Ast. Obs.		+ 36 13.9	+50 00.2	138	82
Kiev, Ukrainian S.S.R.	Central Ast. Obs.		+ 30 30.5	+50 21.9	188	83
Kiev, Ukrainian S.S.R.	Kiev Univ. Obs.		+ 30 29.9	+50 27.2	184	83
Kirkkonummi, Finland	Metsahovi Obs.		+ 24 23.8	+60 13.2	60	81
Kirkkonummi, Finland	Metsahovi Obs. Radio Rsch. Sta.	R	+ 24 23.6	+60 13.1	61	81
Kiruna, Sweden	Kiruna Geophysical Inst.	R	+ 20 24.8	+67 50.4	407	82
Kisarazu, Japan	Kisarazu Technical College Obs.	R	+139 57.6	+35 22.8	35	81
Kislovodsk, R.S.F.S.R.	Pulkovo Obs. Mountain Sta.		+ 42 31.8	+43 44.0	2130	84
Kiso, Japan	Kiso Obs.		+137 37.7	+35 47.6	1130	81
Kitab, Uzbek S.S.R.	International Latitude Obs.		+ 66 52.9	+39 08.0	658	83
Kitt Peak, Arizona	Kitt Peak National Obs.		−111 36.0	+31 57.8	2120	81
Kitt Peak, Arizona	Steward Obs. Sta.		−111 36.0	+31 57.8	2071	81
Kitt Peak, Arizona	Warner and Swasey Obs. Sta.		−111 35.9	+31 57.6	2084	83
Kitt Peak, Arizona	McGraw-Hill Obs.		−111 37.0	+31 57.0	1925	81
Kitt Peak, Arizona	National Radio Ast. Obs.	R	−111 36.9	+31 57.2	1938	81
Kodaikanal, India	Kodaikanal Solar Obs.	R	+ 77 28.1	+10 13.8	2343	
Königstuhl, German Fed. Rep.	State Obs.		+ 8 43.3	+49 23.9	570	82
Kottamia, Egypt	Kottamia Obs.		+ 31 49.5	+29 55.9	476	81
Kunming, China	Yunnan Obs.	R	+102 47.3	+25 01.5	1940	82
Kurashiki, Japan	Kurashiki Hydrographic Obs.		+133 46.3	+34 35.4	6	
Kutztown, Pennsylvania	Kutztown State College Obs.		− 75 47.1	+40 30.9	158	82
Kyoto, Japan	Inst. of Astrophysics		+135 47.0	+35 01.8	— —	81
Kyoto, Japan	Kwasan Obs.		+135 47.6	+34 59.7	221	84
Lafayette, California	Leuschner Obs.		−122 09.4	+37 55.1	304	82

* 'R' denotes an observatory with radio instruments; 'I' denotes an observatory with infrared instruments.

Place	Description*		East Longitude	Latitude	Height (Sea Level)	Ref.
			° ′	° ′	m	
Lane Cove, New South Wales	Riverview College Obs.		+151 09.5	−33 49.8	25	82
La Palma Island, Canaries	Roque de los Muchachos Obs.	R	− 17 52.8	+28 45.5	2327	
La Plata, Argentina	La Plata Ast. Obs.		− 57 55.9	−34 54.5	17	81
Las Cruces, New Mexico	Corralitos Obs.		−107 02.6	+32 22.8	1453	82
Lawrence, Kansas	Univ. of Kansas Obs.		− 95 15.0	+38 57.6	323	82
Legon, Ghana	Univ. of Ghana Obs.	R	− 0 11.4	+ 5 38.9	96	81
Leiden, Netherlands	Leiden Obs.		+ 4 29.1	+52 09.3	12	81
Lembang, (Java), Indonesia	Bosscha Obs.		+107 37.0	− 6 49.5	1300	84
Leningrad, R.S.F.S.R.	Leningrad Univ. Obs.		+ 30 17.7	+59 56.5	383	
Liège, Belgium	Cointe Obs.		+ 5 33.9	+50 37.1	127	81
Lintong, China	Shaanxi Ast. Obs.	R	+109 33.1	+34 56.7	468	
Lisbon, Portugal	Lisbon Ast. Obs.		− 9 11.2	+38 42.7	111	82
Loiano, Italy	Bologna Univ. Obs.		+ 11 20.2	+44 15.5	785	81
Lomnický Štít, Czechoslovakia	Lomnický Štít Coronal Obs.		+ 20 13.2	+49 11.8	2632	82
Los Angeles, California	Griffith Obs.		−118 17.9	+34 07.1	357	82
Lund, Sweden	Lund Royal Univ. Obs.		+ 13 11.2	+55 41.9	34	82
Lustbühel, Austria	Univ. of Graz Obs.		+ 15 29.7	+47 03.9	— —	82
Lvov, Ukrainian S.S.R.	Lvov Polytechnic Inst. Obs.		+ 24 00.9	+49 50.2	340	83
Lvov, Ukrainian S.S.R.	Lvov Univ. Ast. Inst.		+ 24 01.8	+49 50.0	330	83
Madison, Wisconsin	Washburn Obs.		− 89 24.5	+43 04.6	292	82
Madrid, Spain	National Ast. Obs.		− 3 41.1	+40 24.6	670	82
Maipu, Chile	Maipu Radio Ast. Obs.	R	− 70 51.5	−33 30.1	446	81
Malvern, England	Royal Radar Establishment	R	− 2 20.0	+52 08.1	93	81
Malvern, Pennsylvania	Flower and Cook Obs.		− 75 29.6	+40 00.0	155	81
Manastash Ridge, Washington	Manastash Ridge Obs.		−120 43.4	+46 57.1	1198	82
Manchester, England	Godlee Obs.	R	− 2 14.0	+53 28.6	77	82
Manora Peak, India	Uttar Pradesh State Obs.		+ 79 27.4	+29 21.7	1927	82
Marfa, Texas	Univ. of Texas Radio Ast. Obs.	R	−103 54.5	+30 06.5	1434	82
Marine-on-St. Croix, Minnesota	O'Brien Obs.		− 92 46.6	+45 10.9	308	82
Mauna Kea, Hawaii	Mauna Kea Obs.	I	−155 28.3	+19 49.6	4215	81
Mauna Kea, Hawaii	Royal Obs. Edinburgh Sta.	I	−155 28.3	+19 49.6	4200	
Mazelspoort, South Africa	Boyden Obs.		+ 26 24.3	−29 02.3	1387	81
Mead, Nebraska	Behlen Obs.		− 96 26.8	+41 10.3	362	82
Merate, Italy	Brera-Milan Ast. Obs.		+ 9 25.7	+45 42.0	340	81
Mérida, Venezuela	Llano del Hato Obs.		− 70 52.0	+ 8 47.4	3610	81
Meudon, France	Meudon Obs.		+ 2 13.9	+48 48.3	162	84
Middletown, Connecticut	Van Vleck Obs.		− 72 39.6	+41 33.3	65	82
Milan, Italy	Brera-Milan Ast. Obs.		+ 9 11.5	+45 28.0	146	82
Mill Hill, England	Univ. of London Obs.		− 0 14.4	+51 36.8	81	82
Minamimaki-Mura, Japan	Nobeyama Cosmic Radio Obs.	R	+138 29.0	+35 56.0	1350	
Minamimaki-Mura, Japan	Nobeyama Solar Radio Obs.	R	+138 28.8	+35 56.3	1350	81
Mitaka-Shi, Japan	Tokyo Ast. Obs.	R	+139 32.5	+35 40.3	58	81
Miyun, China	Beijing Obs. Sta.	R	+116 45.9	+40 33.4	160	84
Monte Mario, Italy	Rome Obs.		+ 12 27.1	+41 55.3	152	82
Montevideo, Uruguay	National Obs.		− 56 12.8	−34 54.6	24	84

* 'R' denotes an observatory with radio instruments; 'I' denotes an observatory with infrared instruments.

Place	Description*		East Longitude	Latitude	Height (Sea Level)	Ref.
			° ′	° ′	m	
Mont Gros, France	Nice Obs.		+ 7 18.1	+43 43.4	372	81
Mont Mégantic, Québec	Québec Ast. Obs.		− 71 09.2	+45 27.3	1114	81
Montville, Ohio	Nassau Ast. Obs.		− 81 04.5	+41 35.5	390	83
Moscow, R.S.F.S.R.	Sternberg State Ast. Inst.		+ 37 32.7	+55 42.0	195	83
Mount Aragatz, Armenian S.S.R.	Byurakan Astrophysical Obs.	R	+ 44 17.5	+40 20.1	1500	84
Mount Bigelow, Arizona	Catalina Obs.		−110 43.9	+32 25.0	2510	81
Mount Chikurin, Japan	Okayama Astrophysical Obs.		+133 35.8	+34 34.4	372	81
Mount Dodaira, Japan	Dodaira Obs.		+139 11.8	+36 00.2	879	81
Mount Ekar, Italy	Mount Ekar Obs.		+ 11 34.3	+45 50.8	1365	81
Mount Evans, Colorado	Mount Evans Obs.		−105 38.4	+39 35.2	4313	82
Mount Hamilton, California	Lick Obs.		−121 38.2	+37 20.6	1290	84
Mount Hopkins, Arizona	Fred L. Whipple (MMT) Obs.		−110 53.1	+31 41.3	2608	84
Mount John, New Zealand	Mount John Univ. Obs.		+170 27.9	−43 59.2	1029	83
Mount Kanobili, Georgian S.S.R.	Abastumani Astrophysical Obs.	R	+ 42 49.5	+41 45.3	1580	83
Mount Killíni, Greece	Kryonerion Ast. Obs.		+ 22 37.3	+37 58.4	905	82
Mount Kobau, British Columbia	Dominion Astrophysical Obs.		−119 30.0	+49 07.0	1868	82
Mount Laguna, California	Mount Laguna Obs.		−116 25.6	+32 50.4	1859	82
Mount Lemmon, Arizona	Mount Lemmon Infrared Obs.	I	−110 47.5	+32 26.5	2776	81
Mount Lemmon, Arizona	Lunar and Planetary Lab. Sta.		−110 47.3	+32 26.6	2790	81
Mount Locke, Texas	McDonald Obs.		−104 01.3	+30 40.3	2075	84
Mount Locke, Texas	Millimeter Wave Obs.	R	−104 01.7	+30 40.3	2031	81
Mount Norikura, Japan	Norikura Solar Obs.		+137 33.3	+36 06.8	2876	82
Mount Pleasant, Michigan	Central Michigan Univ. Obs.		− 84 46.5	+43 35.3	258	82
Mount Stromlo, A.C.T., Australia	Mount Stromlo Obs.		+149 00.5	−35 19.2	767	83
Mount Wilson, California	Mount Wilson (Hale) Obs.	R	−118 03.6	+34 13.0	1742	82
Mount Zin, Israel	Florence and George Wise Obs.		+ 34 45.8	+30 35.8	900	81
Munich, German Fed. Rep.	Bavarian Obs.		+ 11 36.5	+48 07.4	573	82
Munich, German Fed. Rep.	Munich Univ. Obs.		+ 11 36.5	+48 08.7	529	82
Nagoya, Japan	Nagoya Univ. Radio Ast. Lab.	R	+136 58.4	+35 08.9	75	81
Nakaminato-Shi, Japan	Hiraiso Radio Wave Obs.	R	+140 37.5	+36 21.9	26	82
Nançay, France	Paris Obs. Radio Ast. Sta.	R	+ 2 11.8	+47 22.8	150	81
Nantucket, Massachusetts	Maria Mitchell Obs.		− 70 06.3	+41 16.8	20	82
Naples, Italy	Capodimonte Ast. Obs.		+ 14 15.3	+40 51.8	150	81
Narrabri, New South Wales	Culgoora Solar Radio Obs.	R	+149 33.7	−30 18.9	217	81
Nashville, Tennessee	Arthur J. Dyer Obs.		− 86 48.3	+36 03.1	345	82
Nederland, Colorado	Univ. of Col. Radio Ast. Obs.	R	−105 30.7	+39 56.8	2659	81
Neuchâtel, Switzerland	Cantonal Obs.		+ 6 57.5	+46 59.9	488	82
New Salem, Massachusetts	Five College Radio Ast. Obs.	R	− 72 20.7	+42 23.5	314	
New York, New York	Rutherfurd Obs.		− 73 57.5	+40 48.6	25	82
Nijmegen, Netherlands	Catholic Univ. Ast. Inst.		+ 5 52.1	+51 49.5	62	82
Nikolaev, Ukrainian S.S.R.	Nikolaev Ast. Obs.		+ 31 58.5	+46 58.3	54	83
Norman, Oklahoma	Univ. of Oklahoma Obs.		− 97 26.6	+35 12.1	363	82
North Liberty, Iowa	North Liberty Radio Obs.	R	− 91 34.5	+41 46.3	241	81
Oakland, California	Chabot Obs.		−122 10.6	+37 47.2	100	82
Oakland, Illinois	Prairie Obs.		− 88 03.2	+39 42.1	221	81

* 'R' denotes an observatory with radio instruments; 'I' denotes an observatory with infrared instruments.

Place	Description*		East Longitude	Latitude	Height (Sea Level)	Ref.
			° ′	° ′	m	
Odessa, Ukrainian S.S.R.	Odessa Obs.		+ 30 45.5	+46 28.6	60	83
Old Town, Florida	Univ. of Florida Radio Obs.	R	− 83 02.1	+29 31.7	8	81
Ondřejov, Czechoslovakia	Ondřejov Obs.	R	+ 14 47.0	+49 54.6	533	
Onsala, Sweden	Onsala Space Obs.	R	+ 11 55.2	+57 23.6	5	81
Ootacamund, India	Ootacamund Radio Ast. Obs.	R	+ 76 40.0	+11 22.9	2150	81
Ostrowik, Poland	Warsaw Univ. Obs.		+ 21 25.2	+52 05.4	138	82
Ottawa, Ontario	Ottawa River Solar Obs.		− 75 53.6	+45 23.2	58	82
Oxford, England	Oxford Univ. Obs.		− 1 15.1	+51 45.6	64	82
Padua, Italy	Padua Ast. Obs.		+ 11 52.3	+45 24.0	38	82
Palermo, Sicily	Palermo Univ. Ast. Obs.		+ 13 21.5	+38 06.7	72	82
Palomar Mountain, California	Palomar Obs.	R	− 116 51.8	+33 21.4	1706	81
Paris, France	Paris Obs.		+ 2 20.2	+48 50.2	67	81
Parkes, New South Wales	Austral. Natl. Radio Ast. Obs.	R	+148 15.7	−33 00.0	392	81
Partizanskoye, Ukrainian S.S.R.	Crimean Astrophysical Obs.		+ 34 01.0	+44 43.7	550	
Pentele, Greece	National Obs. Sta.	R	+ 23 51.8	+38 02.9	509	82
Penticton, British Columbia	Dominion Radio Astrophys. Obs.	R	− 119 37.2	+49 19.2	545	81
Philadelphia, Pennsylvania	The Franklin Inst. Obs.		− 75 10.4	+39 57.5	30	82
Pic du Midi, France	Pic du Midi Obs.		+ 0 08.7	+42 56.2	2861	82
Pico Veleta, Spain	Millimeter Radio Ast. Inst.	R	+ 3 24.0	+37 04.1	2850	
Piikkiö, Finland	Turku-Tuorla Univ. Obs.		+ 22 26.8	+60 25.0	40	83
Pine Bluff, Wisconsin	Pine Bluff Obs.		− 89 41.1	+43 04.7	366	82
Pino Torinese, Italy	Turin Ast. Obs.		+ 7 46.5	+45 02.3	622	83
Piszkéstető, Hungary	Konkoly Obs. Mountain Sta.		+ 19 54.0	+47 55.0	946	81
Pittsburgh, Pennsylvania	Allegheny Obs.		− 80 01.3	+40 29.0	380	82
Piwnice, Poland	Piwnice Ast. Obs.	R	+ 18 33.3	+53 05.8	91	82
Plateau de Bure, France	Grenobel Obs.		+ 5 54.5	+44 38.0	2552	
Plateau de Bure, France	Millimeter Radio Ast. Inst.	R	+ 5 54.4	+44 38.0	2552	
Poltava, Ukrainian S.S.R.	Gravimetric Obs.		+ 34 32.8	+49 36.3	151	84
Portage Lake, Michigan	Univ. of Mich. Radio Ast. Obs.	R	− 83 56.2	+42 23.9	345	81
Porto Alegre, Brazil	Morro Santana Obs.		− 51 07.6	−30 03.2	300	
Potsdam, German Dem. Rep.	Potsdam Astrophysical Obs.		+ 13 04.0	+52 22.9	107	
Potsdam, German Dem. Rep.	Central Inst. for Earth Physics		+ 13 04.0	+52 22.9	91	82
Potsdam, German Dem. Rep.	Einstein Tower Solar Obs.	R	+ 13 03.9	+52 22.8	100	83
Poznań, Poland	Poznań Univ. Ast. Obs.		+ 16 52.7	+52 23.8	85	82
Prague, Czechoslovakia	Charles Univ. Ast. Inst.		+ 14 23.7	+50 04.6	267	82
Preston, England	Jeremiah Horrocks Obs.		− 2 42.2	+53 46.5	34	82
Priddis, Alberta	Rothney Astrophysical Obs.	I	− 114 17.3	+50 52.1	1272	82
Princeton, New Jersey	FitzRandolph Obs.		− 74 38.8	+40 20.7	43	81
Prostějov, Czechoslovakia	Prostějov Obs.		+ 17 09.8	+49 29.2	225	83
Providence, Rhode Island	Ladd Obs.		− 71 24.0	+41 50.3	69	82
Pulkovo, R.S.F.S.R.	Main Ast. Obs.	R	+ 30 19.6	+59 46.4	75	83
Punta Indio, Argentina	La Plata Ast. Obs.	R	− 57 17.2	−35 20.7	— —	82
Purple Mountain, China	Purple Mountain Obs.	R	+118 49.3	+32 04.0	367	83
Quezon City, Philippines	Manila Obs.		+121 04.6	+14 38.2	58	82
Quezon City, Philippines	Pagasa Ast. Obs.		+121 04.3	+14 39.2	70	82

* 'R' denotes an observatory with radio instruments; 'I' denotes an observatory with infrared instruments.

Place	Description*		East Longitude	Latitude	Height (Sea Level)	Ref.
			° ′	° ′	m	
Quito, Ecuador	Quito Ast. Obs.		− 78 29.9	− 0 13.0	2818	82
Rattlesnake Mtn., Pennsylvania	Black Moshannon Obs.		− 78 00.3	+40 55.3	738	
Rattlesnake Mtn., Washington	Rattlesnake Mountain Obs.	R	− 119 35.7	+46 23.7	1085	82
Richmond, Florida	Richmond POLARIS Obs.	R	− 80 23.1	+25 36.8	11	
Richmond, Florida	U.S. Naval Obs. Time Sta.		− 80 23.1	+25 36.8	7	81
Richmond Hill, Ontario	David Dunlap Obs.		− 79 25.3	+43 51.8	244	81
Riga, Latvian S.S.R.	Riga Polytechnic Inst. Obs.		+ 24 07.0	+56 57.1	39	84
Riga, Latvian S.S.R.	Riga Radio-Astrophysical Obs.	R	− 24 24.0	+56 47.0	75	
Rio de Janeiro, Brazil	National Obs.		− 43 13.4	−22 53.7	33	81
Rio de Janeiro, Brazil	Valongo Obs.		− 43 11.2	−22 53.9	52	82
Riverside, Iowa	Univ. Of Iowa Obs.		− 91 33.6	+41 30.9	221	82
Riverside, Maryland	Maryland Point Obs.	R	− 77 13.9	+38 22.4	20	81
Robledo, Spain	Deep Space Sta.	R	− 4 14.9	+40 25.8	774	
Roden, Netherlands	Kapteyn Obs.		+ 6 26.6	+53 07.8	12	82
Roquetas, Spain	Ebro Obs.	R	+ 0 29.6	+40 49.2	50	82
Rostov-on-Don, R.S.F.S.R.	Rostov Univ. Ast. Obs.		+ 39 40.0	+47 15.0	100	82
St. Andrews, Scotland	St. Andrews Univ. Obs.		− 2 48.9	+56 20.2	30	82
St. Corona at Schöpfl, Austria	L. Figl Astrophysical Obs.		+ 15 55.4	+48 05.0	890	82
St. Genis Laval, France	Lyon Univ. Obs.		+ 4 47.1	+45 41.7	299	82
St. Michel, France	Obs. of Haute-Provence	R	+ 5 42.8	+43 55.9	665	81
Saltsjöbaden, Sweden	Stockholm Obs.		+ 18 18.5	+59 16.3	60	82
Samarkand, Uzbek S.S.R.	Ouloug-Beg Obs.		+ 67 01.5	+39 40.6	— —	83
San Fernando, California	San Fernando Obs.	R	− 118 29.5	+34 18.5	371	81
San Fernando, Spain	Naval Obs.		− 6 12.2	+36 28.0	27	81
San Juan, Argentina	Félix Aguilar Obs.		− 68 37.2	−31 30.6	700	82
San Miguel, Argentina	National Obs. of Cosmic Physics		− 58 43.9	−34 33.4	37	82
San Pedro Martir, Mexico	National Ast. Obs.		− 115 27.8	+31 02.6	2830	81
Santiago, Chile	Manuel Foster Astrophys. Obs.		− 70 37.8	−33 25.1	840	82
Santiago de Compostela, Spain	Ramon Maria Aller Obs.		− 8 33.6	+42 52.5	240	82
Sauverny, Switzerland	Geneva Obs.		+ 6 08.2	+46 18.4	465	81
Saxapahaw, North Carolina	Three College Obs.		− 79 24.4	+35 56.7	183	
Schauinsland Mtn., German F.R.	Schauinsland Obs.		+ 7 54.3	+47 54.8	1240	82
Sendai, Japan	Sendai Ast. Obs.		+140 51.9	+38 15.4	45	82
Sendai, Japan	Tohoku Univ. Obs.		+140 50.6	+38 15.4	153	82
Serra la Nave, Sicily	Catania Obs. Stellar Sta.		+ 14 58.4	+37 41.5	1735	81
Shahe, China	Beijing Obs. Sta.	R	+116 19.7	+40 06.1	40	84
Sheshan, China	Shanghai Obs. Sheshan Sta.		+121 11.2	+31 05.8	100	
Siding Spring Mtn., New So. Wales	Siding Spring Obs.	R	+149 03.7	−31 16.4	1149	83
Siding Spring Mtn., New So. Wales	Royal Obs. Edinburgh Sta.		+149 04.2	−31 16.5	1145	
Sigtuna, Sweden	Kvistaberg Obs.		+ 17 36.4	+59 30.1	— —	81
Simeis, Ukrainian S.S.R.	Crimean Astrophysical Obs.	R	+ 34 01.0	+44 32.1	676	84
Simosato, Japan	Simosato Hydrographic Obs.	R	+135 56.4	+33 34.5	63	
Sirahama, Japan	Sirahama Hydrographic Obs.		+138 59.3	+34 42.8	172	
Skalnaté Pleso, Czechoslovakia	Skalnaté Pleso Obs.		+ 20 14.7	+49 11.3	1783	82
Skibotn, Norway	Skibotn Obs.		+ 20 21.9	+69 20.9	157	82

* 'R' denotes an observatory with radio instruments; 'I' denotes an observatory with infrared instruments.

Place	Description*		East Longitude	Latitude	Height (Sea Level)	Ref.
			° ′	° ′	m	
Socorro, New Mexico	Joint Obs. for Cometary Rsch.		− 107 11.3	+33 59.1	3235	82
Socorro, New Mexico	National Radio Ast. Obs.	R	− 107 37.1	+34 04.7	2124	81
Sonneberg, German Dem. Rep.	Sonneberg Obs.		+ 11 11.5	+50 22.7	640	81
South Park, Colorado	Tiara Obs.		− 105 31.0	+38 58.2	2679	82
Stanford, California	Radio Ast. Inst.	R	− 122 11.3	+37 23.9	80	81
Stanford, California	Stanford Center for Radar Ast.	R	− 122 10.6	+37 24.3	168	
Stephanion, Greece	Stephanion Obs.		+ 22 49.7	+37 45.3	800	
Strasbourg, France	Strasbourg Obs.		+ 7 46.2	+48 35.0	142	81
Stratford, Ohio	Ohio State Radio Obs.	R	− 83 02.9	+40 15.1	282	81
Stratford, Ohio	Perkins Obs.		− 83 03.3	+40 15.1	280	81
Sugar Grove, West Virginia	Naval Research Lab. Radio Sta.	R	− 79 16.4	+38 31.2	705	81
Sunspot, New Mexico	Sacr. Peak Natl. Solar Obs.	R	− 105 49.2	+32 47.2	2811	82
Sutherland, South Africa	South African Ast. Obs. Sta.		+ 20 48.7	−32 22.7	1771	81
Swarthmore, Pennsylvania	Sproul Obs.		− 75 21.4	+39 54.3	63	82
Syracuse, New York	Syracuse Univ. Obs.		− 76 08.3	+43 02.2	160	82
Table Mountain, California	Table Mountain Obs.	R	− 117 40.8	+34 22.9	2287	82
Taipei, Taiwan	Taipei Obs.		+121 31.6	+25 04.7	31	
Tartu, Estonian S.S.R.	Wilhelm Struve Astrophys. Obs.		+ 26 43.3	+58 22.8	67	83
Tashkent, Uzbek S.S.R.	Tashkent Obs.		+ 69 17.6	+41 19.5	477	83
Tautenburg, German Dem. Rep.	Karl Schwarzschild Obs.		+ 11 42.8	+50 58.9	331	83
Teramo, Italy	Collurania Ast. Obs.		+ 13 44.0	+42 39.5	388	82
Thessaloníki, Greece	Univ. of Thessaloníki Obs.		+ 22 57.5	+40 37.0	28	82
Tianjing, China	Beijing Obs. Latitude Sta.		+117 03.5	+39 08.0	584	
Tidbinbilla, A.C.T., Australia	Deep Space Sta.	R	+148 58.8	−35 24.1	656	82
Tokyo, Japan	Tokyo Hydrographic Obs.		+139 46.2	+35 39.7	41	
Toledo, Ohio	Ritter Obs.		− 83 36.8	+41 39.7	201	81
Tomsk, R.S.F.S.R.	Tomsk Univ. Obs.		+ 84 56.8	+56 28.1	130	84
Tonantzintla, Mexico	National Ast. Obs.		− 98 18.8	+19 02.0	2150	82
Topeka, Kansas	Zenas Crane Obs.		− 95 41.8	+39 02.2	306	82
Tortugas Mountain, New Mexico	N.M. State Univ. Obs. Sta.		− 106 41.8	+32 17.6	1505	82
Toulouse, France	Toulouse Univ. Obs.		+ 1 27.8	+43 36.7	195	82
Toyokawa, Japan	Toyokawa Obs.	R	+137 22.3	+34 50.2	18	81
Tremsdorf, German Dem. Rep.	Tremsdorf Radio Ast. Obs.	R	+ 13 08.2	+52 17.1	35	83
Trieste, Italy	Trieste Ast. Obs.	R	+ 13 52.5	+45 38.5	400	81
Tübingen, German Fed. Rep.	Tübingen Univ. Ast. Obs.	R	+ 9 03.5	+48 32.3	470	82
Tucson, Arizona	Steward Obs.		− 110 56.9	+32 14.0	757	81
Tumamoc Hill, Arizona	Catalina Obs.		− 111 00.3	+32 12.8	950	82
Tumamoc Hill, Arizona	Steward Obs. Sta.		− 111 00.3	+32 12.8	950	81
Uccle, Belgium	Royal Obs. of Belgium	R	+ 4 21.5	+50 47.9	105	81
Uchinoura, Japan	Kagoshima Space Center	R	+131 04.0	+31 13.7	228	82
Ukiah, California	International Latitude Obs.		− 123 12.6	+39 08.2	200	82
U.S. Air Force Academy, Col.	U.S. Air Force Academy Obs.		− 104 52.5	+39 00.4	2187	82
University, Alabama	Univ. of Alabama Obs.	R	− 87 32.5	+33 12.6	87	82
Uppsala, Sweden	Uppsala Univ. Ast. Obs.		+ 17 37.5	+59 51.5	21	82
Utrecht, Netherlands	Sonnenborgh Obs.		+ 5 07.8	+52 05.2	14	82

* 'R' denotes an observatory with radio instruments; 'I' denotes an observatory with infrared instruments.

Place	Description*		East Longitude	Latitude	Height (Sea Level)	Ref.
			° ′	° ′	m	
Valašské Meziříči, Czech.	Valašské Meziříči Obs.		+ 17 58.5	+49 27.8	338	82
Vancouver, British Columbia	Univ. of British Columbia Obs.	R	−123 13.9	+49 15.2	50	81
Victoria, British Columbia	Dominion Astrophysical Obs.		−123 25.0	+48 31.2	238	84
Victoria, British Columbia	Univ. of Victoria Obs.		−123 18.5	+48 27.8	74	82
Vienna, Austria	Kuffner Obs.		+ 16 17.8	+48 12.8	302	82
Vienna, Austria	Urania Obs.		+ 16 23.1	+48 12.7	193	82
Vienna, Austria	Vienna Univ. Obs.		+ 16 20.2	+48 13.9	241	82
Vila Nova de Gaia, Portugal	Prof. Manuel de Barros Obs.	R	− 8 35.3	+41 06.5	232	82
Villa Elisa, Argentina	Argentine Radio Ast. Inst.	R	− 58 08.2	−34 52.1	11	81
Villanova, Pennsylvania	Villanova Univ. Obs.	R	− 75 20.5	+40 02.4	— —	82
Vilnius, Lithuanian S.S.R.	Vilnius Ast. Obs.		+ 25 17.2	+54 41.0	122	83
Washington, D.C.	NRL Radio Ast. Obs.	R	− 77 01.6	+38 49.3	30	81
Washington, D.C.	U.S. Naval Obs.		− 77 04.0	+38 55.3	92	81
Wellesley, Massachusetts	Whitin Obs.		− 71 18.2	+42 17.7	32	82
Wellington, New Zealand	Carter Obs.		+174 46.0	−41 17.2	129	83
Westerbork, Netherlands	Westerbork Radio Obs.	R	+ 6 36.3	+52 55.0	5	81
Westford, Massachusetts	George R. Wallace Jr. Aph. Obs.		− 71 29.1	+42 36.6	107	82
Westford, Massachusetts	Haystack Obs.	R	− 71 29.3	+42 37.4	146	81
Westford, Massachusetts	Millstone Hill Atm. Sci. Fac.	R	− 71 29.7	+42 36.6	— —	
Westford, Massachusetts	Millstone Hill Radar Obs.	R	− 71 29.5	+42 37.0	156	81
Westford, Massachusetts	Westford Antenna Facility	R	− 71 29.7	+42 36.8	115	
Williams Bay, Wisconsin	Yerkes Obs.		− 88 33.4	+42 34.2	334	81
Williamstown, Massachusetts	Hopkins Obs.	R	− 73 12.1	+42 42.7	215	82
Wroclaw, Poland	Wroclaw Univ. Ast. Obs.		+ 17 05.3	+51 06.7	117	82
Wuhan, China	Wucheng Time Obs.		+114 20.7	+30 32.5	— —	
Xinglong, China	Beijing Obs. Sta.		+117 34.5	+40 23.7	870	84
Xujiahui, China	Shanghai Obs. Xujiahui Sta.	R	+121 25.6	+31 11.4	5	
Yebes, Spain	National Obs. Sta.	R	− 3 06.0	+40 31.5	914	82
Zagreb, Yugoslavia	Geodetical Faculty Obs.		+ 16 01.3	+45 49.5	146	82
Zelenchukskaya, R.S.F.S.R.	Special Astrophysical Obs.	R	+ 41 26.5	+43 39.2	2100	81
Zermatt, Switzerland	South Gornergrat Obs.	R,I	+ 7 47.1	+45 59.1	3167	81
Zimmerwald, Switzerland	Zimmerwald Obs.		+ 7 27.9	+46 52.6	929	81
Zürich, Switzerland	Swiss Federal Obs.		+ 8 33.1	+47 22.6	469	81

* 'R' denotes an observatory with radio instruments; 'I' denotes an observatory with infrared instruments.

CONTENTS OF SECTION K

		PAGE
Julian Day Numbers		
A.D. 1950–2000	... ...	K2
A.D. 2000–2050	... ...	K3
Julian Dates of Gregorian Calendar Dates	... ...	K4
Astronomical Constants		
Former System—IAU (1964)	... ...	K5
IAU (1976) System	... ...	K6
Reduction of Time Scales		
1620–1819	... ...	K8
From 1820	... ...	K9
Coordinates of the celestial pole (1979 BIH system)	... ...	K10
Reduction of terrestrial coordinates	... ...	K11
Geodetic reference systems	... ...	K13
Interpolation methods	... ...	K14
Bessel's interpolation formula	... ...	K14
Inverse interpolation	... ...	K15
Coefficients for Bessel's interpolation formula	... ...	K15
Examples of interpolation methods	... ...	K16
Subtabulation	... ...	K17

OF DAY COMMENCING AT GREENWICH NOON ON:

Year	Jan. 0	Feb. 0	Mar. 0	Apr. 0	May 0	June 0	July 0	Aug. 0	Sept. 0	Oct. 0	Nov. 0	Dec. 0
1950	243 3282	3313	3341	3372	3402	3433	3463	3494	3525	3555	3586	3616
1951	3647	3678	3706	3737	3767	3798	3828	3859	3890	3920	3951	3981
1952	4012	4043	4072	4103	4133	4164	4194	4225	4256	4286	4317	4347
1953	4378	4409	4437	4468	4498	4529	4559	4590	4621	4651	4682	4712
1954	4743	4774	4802	4833	4863	4894	4924	4955	4986	5016	5047	5077
1955	243 5108	5139	5167	5198	5228	5259	5289	5320	5351	5381	5412	5442
1956	5473	5504	5533	5564	5594	5625	5655	5686	5717	5747	5778	5808
1957	5839	5870	5898	5929	5959	5990	6020	6051	6082	6112	6143	6173
1958	6204	6235	6263	6294	6324	6355	6385	6416	6447	6477	6508	6538
1959	6569	6600	6628	6659	6689	6720	6750	6781	6812	6842	6873	6903
1960	243 6934	6965	6994	7025	7055	7086	7116	7147	7178	7208	7239	7269
1961	7300	7331	7359	7390	7420	7451	7481	7512	7543	7573	7604	7634
1962	7665	7696	7724	7755	7785	7816	7846	7877	7908	7938	7969	7999
1963	8030	8061	8089	8120	8150	8181	8211	8242	8273	8303	8334	8364
1964	8395	8426	8455	8486	8516	8547	8577	8608	8639	8669	8700	8730
1965	243 8761	8792	8820	8851	8881	8912	8942	8973	9004	9034	9065	9095
1966	9126	9157	9185	9216	9246	9277	9307	9338	9369	9399	9430	9460
1967	9491	9522	9550	9581	9611	9642	9672	9703	9734	9764	9795	9825
1968	9856	9887	9916	9947	9977	*0008	*0038	*0069	*0100	*0130	*0161	*0191
1969	244 0222	0253	0281	0312	0342	0373	0403	0434	0465	0495	0526	0556
1970	244 0587	0618	0646	0677	0707	0738	0768	0799	0830	0860	0891	0921
1971	0952	0983	1011	1042	1072	1103	1133	1164	1195	1225	1256	1286
1972	1317	1348	1377	1408	1438	1469	1499	1530	1561	1591	1622	1652
1973	1683	1714	1742	1773	1803	1834	1864	1895	1926	1956	1987	2017
1974	2048	2079	2107	2138	2168	2199	2229	2260	2291	2321	2352	2382
1975	244 2413	2444	2472	2503	2533	2564	2594	2625	2656	2686	2717	2747
1976	2778	2809	2838	2869	2899	2930	2960	2991	3022	3052	3083	3113
1977	3144	3175	3203	3234	3264	3295	3325	3356	3387	3417	3448	3478
1978	3509	3540	3568	3599	3629	3660	3690	3721	3752	3782	3813	3843
1979	3874	3905	3933	3964	3994	4025	4055	4086	4117	4147	4178	4208
1980	244 4239	4270	4299	4330	4360	4391	4421	4452	4483	4513	4544	4574
1981	4605	4636	4664	4695	4725	4756	4786	4817	4848	4878	4909	4939
1982	4970	5001	5029	5060	5090	5121	5151	5182	5213	5243	5274	5304
1983	5335	5366	5394	5425	5455	5486	5516	5547	5578	5608	5639	5669
1984	5700	5731	5760	5791	5821	5852	5882	5913	5944	5974	6005	6035
1985	244 6066	6097	6125	6156	6186	6217	6247	6278	6309	6339	6370	6400
1986	6431	6462	6490	6521	6551	6582	6612	6643	6674	6704	6735	6765
1987	6796	6827	6855	6886	6916	6947	6977	7008	7039	7069	7100	7130
1988	7161	7192	7221	7252	7282	7313	7343	7374	7405	7435	7466	7496
1989	7527	7558	7586	7617	7647	7678	7708	7739	7770	7800	7831	7861
1990	244 7892	7923	7951	7982	8012	8043	8073	8104	8135	8165	8196	8226
1991	8257	8288	8316	8347	8377	8408	8438	8469	8500	8530	8561	8591
1992	8622	8653	8682	8713	8743	8774	8804	8835	8866	8896	8927	8957
1993	8988	9019	9047	9078	9108	9139	9169	9200	9231	9261	9292	9322
1994	9353	9384	9412	9443	9473	9504	9534	9565	9596	9626	9657	9687
1995	244 9718	9749	9777	9808	9838	9869	9899	9930	9961	9991	*0022	*0052
1996	245 0083	0114	0143	0174	0204	0235	0265	0296	0327	0357	0388	0418
1997	0449	0480	0508	0539	0569	0600	0630	0661	0692	0722	0753	0783
1998	0814	0845	0873	0904	0934	0965	0995	1026	1057	1087	1118	1148
1999	1179	1210	1238	1269	1299	1330	1360	1391	1422	1452	1483	1513
2000	245 1544	1575	1604	1635	1665	1696	1726	1757	1788	1818	1849	1879

OF DAY COMMENCING AT GREENWICH NOON ON:

Year	Jan. 0	Feb. 0	Mar. 0	Apr. 0	May 0	June 0	July 0	Aug. 0	Sept. 0	Oct. 0	Nov. 0	Dec. 0
2000	245 1544	1575	1604	1635	1665	1696	1726	1757	1788	1818	1849	1879
2001	1910	1941	1969	2000	2030	2061	2091	2122	2153	2183	2214	2244
2002	2275	2306	2334	2365	2395	2426	2456	2487	2518	2548	2579	2609
2003	2640	2671	2699	2730	2760	2791	2821	2852	2883	2913	2944	2974
2004	3005	3036	3065	3096	3126	3157	3187	3218	3249	3279	3310	3340
2005	245 3371	3402	3430	3461	3491	3522	3552	3583	3614	3644	3675	3705
2006	3736	3767	3795	3826	3856	3887	3917	3948	3979	4009	4040	4070
2007	4101	4132	4160	4191	4221	4252	4282	4313	4344	4374	4405	4435
2008	4466	4497	4526	4557	4587	4618	4648	4679	4710	4740	4771	4801
2009	4832	4863	4891	4922	4952	4983	5013	5044	5075	5105	5136	5166
2010	245 5197	5228	5256	5287	5317	5348	5378	5409	5440	5470	5501	5531
2011	5562	5593	5621	5652	5682	5713	5743	5774	5805	5835	5866	5896
2012	5927	5958	5987	6018	6048	6079	6109	6140	6171	6201	6232	6262
2013	6293	6324	6352	6383	6413	6444	6474	6505	6536	6566	6597	6627
2014	6658	6689	6717	6748	6778	6809	6839	6870	6901	6931	6962	6992
2015	245 7023	7054	7082	7113	7143	7174	7204	7235	7266	7296	7327	7357
2016	7388	7419	7448	7479	7509	7540	7570	7601	7632	7662	7693	7723
2017	7754	7785	7813	7844	7874	7905	7935	7966	7997	8027	8058	8088
2018	8119	8150	8178	8209	8239	8270	8300	8331	8362	8392	8423	8453
2019	8484	8515	8543	8574	8604	8635	8665	8696	8727	8757	8788	8818
2020	245 8849	8880	8909	8940	8970	9001	9031	9062	9093	9123	9154	9184
2021	9215	9246	9274	9305	9335	9366	9396	9427	9458	9488	9519	9549
2022	9580	9611	9639	9670	9700	9731	9761	9792	9823	9853	9884	9914
2023	9945	9976	*0004	*0035	*0065	*0096	*0126	*0157	*0188	*0218	*0249	*0279
2024	246 0310	0341	0370	0401	0431	0462	0492	0523	0554	0584	0615	0645
2025	246 0676	0707	0735	0766	0796	0827	0857	0888	0919	0949	0980	1010
2026	1041	1072	1100	1131	1161	1192	1222	1253	1284	1314	1345	1375
2027	1406	1437	1465	1496	1526	1557	1587	1618	1649	1679	1710	1740
2028	1771	1802	1831	1862	1892	1923	1953	1984	2015	2045	2076	2106
2029	2137	2168	2196	2227	2257	2288	2318	2349	2380	2410	2441	2471
2030	246 2502	2533	2561	2592	2622	2653	2683	2714	2745	2775	2806	2836
2031	2867	2898	2926	2957	2987	3018	3048	3079	3110	3140	3171	3201
2032	3232	3263	3292	3323	3353	3384	3414	3445	3476	3506	3537	3567
2033	3598	3629	3657	3688	3718	3749	3779	3810	3841	3871	3902	3932
2034	3963	3994	4022	4053	4083	4114	4144	4175	4206	4236	4267	4297
2035	246 4328	4359	4387	4418	4448	4479	4509	4540	4571	4601	4632	4662
2036	4693	4724	4753	4784	4814	4845	4875	4906	4937	4967	4998	5028
2037	5059	5090	5118	5149	5179	5210	5240	5271	5302	5332	5363	5393
2038	5424	5455	5483	5514	5544	5575	5605	5636	5667	5697	5728	5758
2039	5789	5820	5848	5879	5909	5940	5970	6001	6032	6062	6093	6123
2040	246 6154	6185	6214	6245	6275	6306	6336	6367	6398	6428	6459	6489
2041	6520	6551	6579	6610	6640	6671	6701	6732	6763	6793	6824	6854
2042	6885	6916	6944	6975	7005	7036	7066	7097	7128	7158	7189	7219
2043	7250	7281	7309	7340	7370	7401	7431	7462	7493	7523	7554	7584
2044	7615	7646	7675	7706	7736	7767	7797	7828	7859	7889	7920	7950
2045	246 7981	8012	8040	8071	8101	8132	8162	8193	8224	8254	8285	8315
2046	8346	8377	8405	8436	8466	8497	8527	8558	8589	8619	8650	8680
2047	8711	8742	8770	8801	8831	8862	8892	8923	8954	8984	9015	9045
2048	9076	9107	9136	9167	9197	9228	9258	9289	9320	9350	9381	9411
2049	9442	9473	9501	9532	9562	9593	9623	9654	9685	9715	9746	9776
2050	246 9807	9838	9866	9897	9927	9958	9988	*0019	*0050	*0080	*0111	*0141

K4 JULIAN DATES OF GREGORIAN CALENDAR DATES

The Julian date (JD) corresponding to any instant is the interval in mean solar days elapsed since 4713 BC January 1 at Greenwich mean noon (12^h UT). To determine the JD at 0^h UT for a given Gregorian calendar date, sum the values from Table A for century, Table B for year and Table C for month; then add the day of the month. Julian dates for the current year are given on page B4.

A. Julian date at January 0^d 0^h UT of centurial year

Year	1600†	1700	1800	1900	2000†	2100
Julian date	230 5447·5	234 1971·5	237 8495·5	241 5019·5	245 1544·5	248 8068·5

† Centurial years that are exactly divisible by 400 are leap years in the Gregorian calendar. To determine the JD for any date in such a year, subtract 1 from the JD in Table A and use the leap year portion of Table C. (For 1600 and 2000 the JDs tabulated in Table A are actually for January 1^d 0^h.)

B. Addition to give Julian date for January 0^d 0^h UT of year

Year	Add	Year	Add	Year	Add	Year	Add
0	0	25	9131	50	18262	75	27393
1	365	26	9496	51	18627	76*	27758
2	730	27	9861	52*	18992	77	28124
3	1095	28*	10226	53	19358	78	28489
4*	1460	29	10592	54	19723	79	28854
5	1826	30	10957	55	20088	80*	29219
6	2191	31	11322	56*	20453	81	29585
7	2556	32*	11687	57	20819	82	29950
8*	2921	33	12053	58	21184	83	30315
9	3287	34	12418	59	21549	84*	30680
10	3652	35	12783	60*	21914	85	31046
11	4017	36*	13148	61	22280	86	31411
12*	4382	37	13514	62	22645	87	31776
13	4748	38	13879	63	23010	88*	32141
14	5113	39	14244	64*	23375	89	32507
15	5478	40*	14609	65	23741	90	32872
16*	5843	41	14975	66	24106	91	33237
17	6209	42	15340	67	24471	92*	33602
18	6574	43	15705	68*	24836	93	33968
19	6939	44*	16070	69	25202	94	34333
20*	7304	45	16436	70	25567	95	34698
21	7670	46	16801	71	25932	96*	35063
22	8035	47	17166	72*	26297	97	35429
23	8400	48*	17531	73	26663	98	35794
24*	8765	49	17897	74	27028	99	36159

Example: 1981 November 14

1900 Jan. 0	241 5019·5
+Table B	+2 9585
1981 Jan. 0	244 4604·5
+Table C	+ 304
1981 Nov. 0	244 4908·5
+Day of Month	+ 14
1981 Nov. 14	244 4922·5

* Leap years

C. Addition to give Julian date for beginning of month (0^d 0^h UT)

	Jan.	Feb.	Mar.	Apr.	May	June	July	Aug.	Sept.	Oct.	Nov.	Dec.
Normal year	0	31	59	90	120	151	181	212	243	273	304	334
Leap year	0	31	60	91	121	152	182	213	244	274	305	335

WARNING: prior to 1925 Greenwich mean noon (i.e. 12^h UT) was usually denoted by 0^h GMT in astronomical publications.

IAU (1964) System of Astronomical Constants

This system of constants was replaced for the 1984 edition of the *Astronomical Almanac* by the IAU (1976) System of Astronomical Constants given on pages K6 to K7.

Defining constants

Number of ephemeris seconds in one tropical year (1900)	$s = 31\ 556\ 925 \cdot 974\ 7$
Gaussian gravitational constant	$k = 0 \cdot 017\ 202\ 098\ 950\ 000$
	$= 3\ 548'' \cdot 187\ 606\ 965\ 1$

Primary constants

Astronomical unit	$149\ 600 \times 10^6$ m
Velocity of light	$299\ 792 \cdot 5 \times 10^3$ m/sec
Equatorial radius of the Earth	$6\ 378\ 160$ m
Dynamical form-factor for Earth	$0 \cdot 001\ 082\ 7$
Geocentric gravitational constant	$398\ 603 \times 10^9$ m^3 s^{-2}
Mass ratio: Earth / Moon	$81 \cdot 30$
General precession in longitude per tropical century (1900)	$5025'' \cdot 64$
Constant of nutation (1900)	$9'' \cdot 210$

Derived constants

Solar parallax	$8'' \cdot 794$
Light-time for unit distance	$499^s \cdot 012$
Constant of aberration	$20'' \cdot 496$
Flattening factor for Earth	$1 / 298 \cdot 25$
	$= \quad 0 \cdot 003\ 352\ 89$
Heliocentric gravitational constant	$132\ 718 \times 10^{15}$ m^3 s^{-2}
Mass ratio: Sun / Earth	$332\ 958$
Mass ratio: Sun / (Earth + Moon)	$328\ 912$
Mean distance of the Moon	$384\ 400 \times 10^3$ m
Constant of sine parallax for Moon	$3\ 422'' \cdot 451$

Constants related to the Figure of the Earth

Equatorial radius (primary)	$a = 6\ 378\ 160$ m
Polar radius	$a(1 - f) = 6\ 356\ 774 \cdot 7$ m
Square of eccentricity	$e^2 = 0 \cdot 006\ 694\ 54$

Reduction from geodetic latitude ϕ to geocentric latitude ϕ'

$$\phi' - \phi = -11'\ 32'' \cdot 743\ 0 \sin 2\phi + 1'' \cdot 163\ 3 \sin 4\phi - 0'' \cdot 002\ 6 \sin 6\phi$$

Radius vector

$$\rho = a\,(0 \cdot 998\ 327\ 073 + 0 \cdot 001\ 676\ 438 \cos 2\phi - 0 \cdot 000\ 003\ 519 \cos 4\phi$$
$$+ 0 \cdot 000\ 000\ 008 \cos 6\phi)$$

One degree of latitude (m)
$$111\ 133 \cdot 35 - 559 \cdot 84 \cos 2\phi + 1 \cdot 17 \cos 4\phi \ (\phi = \text{mid-latitude of arc})$$
One degree of longitude (m)
$$111\ 413 \cdot 28 \cos \phi - 93 \cdot 51 \cos 3\phi + 0 \cdot 12 \cos 5\phi$$

The complete system of astronomical constants is given in *Supplement to the A.E. 1968* (pages 4s–7s).

Old Constants

The IAU (1964) system was introduced into the planetary ephemerides in 1968 except that those for the Sun and inner planets continued to be based on the following values of the constants that were in use immediately prior to the introduction of the IAU (1964) System.

Solar parallax	$8'' \cdot 80$
Light-time for unit distance	$498^s \cdot 38$
Constant of aberration	$20'' \cdot 47$
Mass ratio	
Sun / (Earth + Moon)	$329\ 390$
Earth / Moon (planetary theory)	$81 \cdot 45$

IAU (1976) System of Astronomical Constants
Units:

The units meter (m), kilogram (kg), and second (s) are the units of length, mass, and time in the International System of Units (SI).

The astronomical unit of time is a time interval of one day (D) of 86400 seconds. An interval of 36525 days is one Julian century.

The astronomical unit of mass is the mass of the Sun (S).

The astronomical unit of length is that length (A) for which the Gaussian gravitational constant (k) takes the value 0·017 202 098 95 when the units of measurement are the astronomical units of length, mass, and time. The dimensions of k^2 are those of the constant of gravitation (G), i.e., $L^3 M^{-1} T^{-2}$. The term "unit distance" is also used for the length A.

In the preparation of the ephemerides and the fitting of the ephemerides to all the observational data available, it was necessary to modify some of the constants and planetary masses. The modified values of the constants are indicated in brackets following the (1976) System values.

Defining constants:

  1. Gaussian gravitational constant $k = 0·017\ 202\ 098\ 95$
  2. Speed of light $c = 299\ 792\ 458\ \mathrm{m\ s}^{-1}$

Primary constants:

  3. Light-time for unit distance $\tau_A = 499·004\ 782\ \mathrm{s}$
                                               $[499·004\ 7837\ldots]$
  4. Equatorial radius for Earth $a_e = 6378\ 140\ \mathrm{m}$
      [IUGG value $a_e = 6378\ 137\ \mathrm{m}]$
  5. Dynamical form-factor for Earth $J_2 = 0·001\ 082\ 63$
  6. Geocentric gravitational constant $GE = 3·986\ 005 \times 10^{14}\ \mathrm{m^3\ s^{-2}}$
                                               $[3·986\ 004\ 48\ldots \times 10^{14}]$
  7. Constant of gravitation $G = 6·672 \times 10^{-11}\ \mathrm{m^3\ kg^{-1}\ s^{-2}}$
  8. Ratio of mass of Moon to that of Earth $\mu = 0·012\ 300\ 02$
                                              $[0·012\ 300\ 034]$
  9. General precession in longitude, per Julian
      century, at standard epoch 2000 $\rho = 5029''·0966$
10. Obliquity of the ecliptic, at standard
      epoch 2000 $\varepsilon = 23°\ 26'\ 21''·448$
                                              $[23°\ 26'\ 21''·4119]$

Derived constants:

11. Constant of nutation, at standard
      epoch 2000 $N = 9''·2025$
12. Unit distance $c\tau_A = A = 1·495\ 978\ 70 \times 10^{11}\ \mathrm{m}$
                                                $[1·495\ 978\ 706\ 6 \times 10^{11}]$
13. Solar parallax $\arcsin(a_e / A) = \pi_\odot = 8''·794\ 148$
14. Constant of aberration, for
      standard epoch 2000 $\kappa = 20''·49\ 552$
15. Flattening factor for the Earth $f = 0·003\ 352\ 81$
                                         $= 1/298·257$
16. Heliocentric gravitational constant $A^3 k^2 / D^2 = GS = 1·327\ 124\ 38 \times 10^{20}\ \mathrm{m^3\ s^{-2}}$
                                               $[1·327\ 124\ 40\ldots \times 10^{20}]$
17. Ratio of mass of Sun to that $(GS)/(GE) = S/E = 332\ 946·0$
      of the Earth $[332\ 946·038\ldots]$
18. Ratio of mass of Sun to that $(S/E)/(1+\mu) = 328\ 900·5$
      of Earth + Moon $[328\ 900·55]$
19. Mass of the Sun $(GS)/G = S = 1·9891 \times 10^{30}\ \mathrm{kg}$

IAU' (1976) System of Astronomical Constants (continued)

20. System of planetary masses

Ratios of mass of Sun to masses of the planets

Mercury	6 023 600	Jupiter	1 047·355	[1 047·350]
Venus	408 523·5	Saturn	3 498·5	[3 498·0]
Earth + Moon	328 900·5	Uranus	22 869	[22 960]
Mars	3 098 710	Neptune	19 314	
		Pluto	3 000 000	[130 000 000]

Other Quantities for Use in the Preparation of Ephemerides

It is recommended that the values given in the following list should normally be used in the preparation of new ephemerides.

21. Masses of minor planets

Minor planet	Mass in solar mass
(1) Ceres	$5·9 \times 10^{-10}$
(2) Pallas	1.1×10^{-10} $[1·081 \times 10^{-10}]$
(4) Vesta	$1·2 \times 10^{-10}$ $[1·379 \times 10^{-10}]$

22. Masses of satellites

Planet	Satellite	Satellite / Planet
Jupiter	Io	$4·70 \times 10^{-5}$
	Europa	$2·56 \times 10^{-5}$
	Ganymede	$7·84 \times 10^{-5}$
	Callisto	$5·6 \times 10^{-5}$
Saturn	Titan	$2·41 \times 10^{-4}$
Neptune	Triton	2×10^{-3}

23. Equatorial radii in km

Mercury	2 439	Jupiter	71 398	Pluto	2 500
Venus	6 052	Saturn	60 000		
Earth	6 378·140	Uranus	25 400	Moon	1 738
Mars	3 397·2	Neptune	24 300	Sun	696 000

24. Gravity fields of planets

Planet	J_2	J_3	J_4
Earth	$+0·001\ 082\ 63$	$-0·254 \times 10^{-5}$	$-0·161 \times 10^{-5}$
Mars	$+0·001\ 964$	$+0·36 \times 10^{-4}$	
Jupiter	$+0·014\ 75$		$-0·58 \times 10^{-3}$
Saturn	$+0·016\ 45$		$-0·10 \times 10^{-2}$
Uranus	$+0·012$		
Neptune	$+0·004$		

(Mars: $C_{22} = -0·000\ 055$, $S_{22} = +0·000\ 031$, $S_{31} = +0·000\ 026$)

25. Gravity field of the Moon

$$\gamma = (B - A)/C = 0·000\ 2278 \qquad C/MR^2 = 0·392$$
$$\beta = (C - A)/B = 0·000\ 6313 \qquad I = 5552''·7 = 1°\ 32'\ 32''·7$$

$C_{20} = -0·000\ 2027$ $C_{30} = -0·000\ 006$ $C_{32} = +0·000\ 0048$

$C_{22} = +0·000\ 0223$ $C_{31} = +0·000\ 029$ $S_{32} = +0·000\ 0017$

                 $S_{31} = +0·000\ 004$ $C_{33} = +0·000\ 0018$

                                     $S_{33} = -0·000\ 001$

$$\Delta T = ET - UT$$

Year	ΔT	Year	ΔT	Year	ΔT	Year	ΔT	Year	ΔT
	s		s		s		s		s
1620·0	+124	1660·0	+37	1700·0	+ 9	1740·0	+12	1780·0	+17
1621	119	1661	36	1701	9	1741	12	1781	17
1622	115	1662	35	1702	9	1742	12	1782	17
1623	110	1663	34	1703	9	1743	12	1783	17
1624	106	1664	33	1704	9	1744	13	1784	17
1625·0	+102	1665·0	+32	1705·0	+ 9	1745·0	+13	1785·0	+17
1626	98	1666	31	1706	9	1746	13	1786	17
1627	95	1667	30	1707	9	1747	13	1787	17
1628	91	1668	28	1708	10	1748	13	1788	17
1629	88	1669	27	1709	10	1749	13	1789	17
1630·0	+ 85	1670·0	+26	1710·0	+10	1750·0	+13	1790·0	+17
1631	82	1671	25	1711	10	1751	14	1791	17
1632	79	1672	24	1712	10	1752	14	1792	16
1633	77	1673	23	1713	10	1753	14	1793	16
1634	74	1674	22	1714	10	1754	14	1794	16
1635·0	+ 72	1675·0	+21	1715·0	+10	1755·0	+14	1795·0	+16
1636	70	1676	20	1716	10	1756	14	1796	15
1637	67	1677	19	1717	11	1757	14	1797	15
1638	65	1678	18	1718	11	1758	15	1798	14
1639	63	1679	17	1719	11	1759	15	1799	14
1640·0	+ 62	1680·0	+16	1720·0	+11	1760·0	+15	1800·0	+13·7
1641	60	1681	15	1721	11	1761	15	1801	13·4
1642	58	1682	14	1722	11	1762	15	1802	13·1
1643	57	1683	14	1723	11	1763	15	1803	12·9
1644	55	1684	13	1724	11	1764	15	1804	12·7
1645·0	+ 54	1685·0	+12	1725·0	+11	1765·0	+16	1805·0	+12·6
1646	53	1686	12	1726	11	1766	16	1806	12·5
1647	51	1687	11	1727	11	1767	16	1807	12·5
1648	50	1688	11	1728	11	1768	16	1808	12·5
1649	49	1689	10	1729	11	1769	16	1809	12·5
1650·0	+ 48	1690·0	+10	1730·0	+11	1770·0	+16	1810·0	+12·5
1651	47	1691	10	1731	11	1771	16	1811	12·5
1652	46	1692	9	1732	11	1772	16	1812	12·5
1653	45	1693	9	1733	11	1773	16	1813	12·5
1654	44	1694	9	1734	12	1774	16	1814	12·5
1655·0	+ 43	1695·0	+ 9	1735·0	+12	1775·0	+17	1815·0	+12·5
1656	42	1696	9	1736	12	1776	17	1816	12·5
1657	41	1697	9	1737	12	1777	17	1817	12·4
1658	40	1698	9	1738	12	1778	17	1818	12·3
1659·0	+ 38	1699·0	+ 9	1739·0	+12	1779·0	+17	1819·0	+12·2

This table is based on an adopted value of $-26''/cy^2$ for the tidal term ($\dot{n}$) in the mean motion of the Moon from the results of analyses of observations of lunar occultations of stars, eclipses of the Sun, and transits of Mercury. (See F. R. Stephenson and L. V. Morrison, 1984, *Phil. Trans. R. Soc. London*, in press.)

To calculate the values of ΔT for a different value of the tidal term ($\dot{n}'$), add

$$-0\cdot000\ 091\ (\dot{n}' + 26)(year - 1955)^2 \text{ seconds}$$

to the tabulated values of ΔT.

1820–1983, $\Delta T = ET - UT$.   FROM 1984, $\Delta T = TDT - UT$.

Year	ΔT	Year	ΔT	Year	ΔT	Year	ΔT	Year	ΔT
	s		s		s		s		s
1820·0	+12·0	1860·0	+7·88	1900·0	− 2·72	1940·0	+24·33	1980·0	+50·54
1821	11·7	1861	7·82	1901	1·54	1941	24·83	1981	51·38
1822	11·4	1862	7·54	1902	− 0·02	1942	25·30	1982	52·17
1823	11·1	1863	6·97	1903	+ 1·24	1943	25·70	1983	52·96
1824	10·6	1864	6·40	1904	2·64	1944	26·24	1984·0	+53·79
1825·0	+10·2	1865·0	+6·02	1905·0	+ 3·86	1945·0	+26·77	1985·0	+ 54·34
1826	9·6	1866	5·41	1906	5·37	1946	27·28	1986	54·87
1827	9·1	1867	4·10	1907	6·14	1947	27·78	1987	55·32
1828	8·6	1868	2·92	1908	7·75	1948	28·25		
1829	8·0	1869	1·82	1909	9·13	1949	28·71		
1830·0	+ 7·5	1870·0	+1·61	1910·0	+10·46	1950·0	+29·15		
1831	7·0	1871	+0·10	1911	11·53	1951	29·57	Extrapolated	
1832	6·6	1872	−1·02	1912	13·36	1952	29·97		
1833	6·3	1873	1·28	1913	14·65	1953	30·36	1988·0	+ 55·8
1834	6·0	1874	2·69	1914	16·01	1954	30·72	1989	56·3
1835·0	+ 5·8	1875·0	−3·24	1915·0	+17·20	1955·0	+31·07	1990·0	+ 56·7
1836	5·7	1876	3·64	1916	18·24	1956	31·35		
1837	5·6	1877	4·54	1917	19·06	1957	31·68		
1838	5·6	1878	4·71	1918	20·25	1958	32·18		
1839	5·6	1879	5·11	1919	20·95	1959	32·68		
1840·0	+ 5·7	1880·0	−5·40	1920·0	+21·16	1960·0	+33·15		
1841	5·8	1881	5·42	1921	22·25	1961	33·59		
1842	5·9	1882	5·20	1922	22·41	1962	34·00		
1843	6·1	1883	5·46	1923	23·03	1963	34·47		
1844	6·2	1884	5·46	1924	23·49	1964	35·03		

Difference
TAI–UTC

Date	ΔAT
	s
1972 Jan. 1	+ 10·00
1972 July 1	+ 11·00
1973 Jan. 1	+ 12·00
1974 Jan. 1	+ 13·00
1975 Jan. 1	+ 14·00
1976 Jan. 1	+ 15·00
1977 Jan. 1	+ 16·00
1978 Jan. 1	+ 17·00
1979 Jan. 1	+ 18·00
1980 Jan. 1	+ 19·00
1981 July 1	+ 20·00
1982 July 1	+ 21·00
1983 July 1	+ 22·00
1985 July 1	+ 23·00

Year	ΔT	Year	ΔT	Year	ΔT	Year	ΔT
1845·0	+ 6·3	1885·0	−5·79	1925·0	+23·62	1965·0	+35·73
1846	6·5	1886	5·63	1926	23·86	1966	36·54
1847	6·6	1887	5·64	1927	24·49	1967	37·43
1848	6·8	1888	5·80	1928	24·34	1968	38·29
1849	6·9	1889	5·66	1929	24·08	1969	39·20
1850·0	+ 7·1	1890·0	−5·87	1930·0	+24·02	1970·0	+40·18
1851	7·2	1891	6·01	1931	24·00	1971	41·17
1852	7·3	1892	6·19	1932	23·87	1972	42·23
1853	7·4	1893	6·64	1933	23·95	1973	43·37
1854	7·5	1894	6·44	1934	23·86	1974	44·49
1855·0	+ 7·6	1895·0	−6·47	1935·0	+23·93	1975·0	+45·48
1856	7·7	1896	6·09	1936	23·73	1976	46·46
1857	7·7	1897	5·76	1937	23·92	1977	47·52
1858	7·8	1898	4·66	1938	23·96	1978	48·53
1859·0	+ 7·8	1899·0	−3·74	1939·0	+24·02	1979·0	+49·59

In critical cases descend

$$\frac{\Delta ET}{\Delta TT} = \Delta AT + 32^s \cdot 184$$

See page B4 for a summary of the notation for time-scales.

1979 BIH SYSTEM

Date	x	y	Date	x	y	Date	x	y
1970	"	"	**1977**	"	"	**1984**	"	"
Jan. 1	−0·140	+0·144	Jan. 1	−0·065	+0·076	Jan. 1	−0·125	+0·089
Apr. 1	−0·097	+0·397	Apr. 1	−0·226	+0·362	Apr. 1	−0·211	+0·410
July 1	+0·139	+0·405	July 1	+0·085	+0·500	July 1	+0·119	+0·543
Oct. 1	+0·174	+0·125	Oct. 1	+0·281	+0·230	Oct. 1	+0·313	+0·246
1971			**1978**			**1985**		
Jan. 1	−0·081	+0·026	Jan. 1	+0·007	+0·015	Jan. 1	+0·051	+0·025
Apr. 1	−0·199	+0·313	Apr. 1	−0·231	+0·240	Apr. 1	−0·196	+0·220
July 1	+0·050	+0·523	July 1	−0·042	+0·483	July 1	−0·044	+0·482
Oct. 1	+0·249	+0·263	Oct. 1	+0·236	+0·353	Oct. 1	+0·214	+0·404
1972			**1979**			**1986**		
Jan. 1	+0·045	+0·050	Jan. 1	+0·140	+0·076	Jan. 1	+0·187	+0·072
Apr. 1	−0·180	+0·174	Apr. 1	−0·107	+0·133	Apr. 1	−0·041	+0·139
July 1	−0·031	+0·409	July 1	−0·117	+0·351	July 1	−0·075	+0·324
Oct. 1	+0·142	+0·344	Oct. 1	+0·092	+0·408	Oct. 1	+0·062	+0·395
1973			**1980**			**1987**		
Jan. 1	+0·129	+0·139	Jan. 1	+0·129	+0·251	Jan. 1	+0·146	+0·315
Apr. 1	−0·035	+0·129	Apr. 1	+0·014	+0·189			
July 1	−0·075	+0·286	July 1	−0·044	+0·280			
Oct. 1	+0·035	+0·347	Oct. 1	−0·006	+0·338			
1974			**1981**					
Jan. 1	+0·115	+0·252	Jan. 1	+0·056	+0·361			
Apr. 1	+0·037	+0·185	Apr. 1	+0·088	+0·285			
July 1	+0·014	+0·216	July 1	+0·075	+0·209			
Oct. 1	+0·002	+0·225	Oct. 1	−0·045	+0·210			
1975			**1982**					
Jan. 1	−0·055	+0·281	Jan. 1	−0·091	+0·378			
Apr. 1	+0·027	+0·344	Apr. 1	+0·093	+0·431			
July 1	+0·151	+0·249	July 1	+0·231	+0·239			
Oct. 1	+0·063	+0·115	Oct. 1	+0·036	+0·060			
1976			**1983**					
Jan. 1	−0·145	+0·204	Jan. 1	−0·211	+0·249			
Apr. 1	−0·091	+0·399	Apr. 1	−0·069	+0·538			
July 1	+0·159	+0·390	July 1	+0·269	+0·436			
Oct. 1	+0·227	+0·158	Oct. 1	+0·235	+0·069			

The angles x, y, are defined on page B59.

Introduction

In the reduction of astrometric observations of high precision it is necessary to distinguish between several different systems of terrestrial coordinates that are used to specify the positions of points on or near the surface of the Earth. The formulae on page B60 for the reduction for polar motion give the relationships between the representations of a geocentric vector referred to the celestial reference frame of the true equator and equinox of date and to the current conventional terrestrial reference frame. The pole and prime meridian of this terrestrial reference frame are the same as those of the current international geodetic reference system (IUGG, 1980), which is based on a spheroid whose size, shape and gravity field are specified by a set of adopted parameters, and whose centre coincides with the centre of mass of the Earth. (The term "spheroid" is here used in the sense of an ellipsoid whose equatorial section is a circle and for which each meridional section is an ellipse.) A spheroid provides a suitable approximation to mean sea level (i.e. to the geoid) and so is used as a reference surface for the specification of geodetic coordinates. Many different spheroids are in use for regional mapping, but in general the centres of these spheroids do not coincide with the centre of mass of the Earth. A few have been used for global purposes, and the associated gravity fields for which the spheroid is an equipotential surface have also been specified. The geoid may, however, differ from a global reference spheroid by as much as 100 m in some regions. The parameters for a selection of reference spheroids are given in the table on page K13.

Reduction from geodetic to geocentric coordinates

The position of a point relative to a terrestrial reference frame may be expressed in three ways:

(i) geocentric equatorial rectangular coordinates, x, y, z;
(ii) geocentric longitude, latitude and radius, λ, ϕ', ρ;
(iii) geodetic longitude, latitude and height, λ, ϕ, h.

The geodetic and geocentric longitudes of a point are the same, while the relationship between the geodetic and geocentric latitudes of a point is illustrated in the figure on page K13, which represents a meridional section through the reference spheroid. The geocentric radius ρ is usually expressed in units of the equatorial radius of the reference spheroid. The following relationships hold between the geocentric and geodetic coordinates:

$$x = a\rho \cos \phi' \cos \lambda = (aC + h) \cos \phi \cos \lambda$$
$$y = a\rho \cos \phi' \sin \lambda = (aC + h) \cos \phi \sin \lambda$$
$$z = a\rho \sin \phi' \qquad = (aS + h) \sin \phi$$

where a is the equatorial radius of the spheroid and C and S are auxiliary functions that depend on the geodetic latitude and on the flattening f of the reference spheroid. The polar radius b and the eccentricity of e of the ellipse are given by:

$$b = a(1 - f) \qquad e^2 = 2f - f^2 \qquad \text{or} \qquad 1 - e^2 = (1 - f)^2$$

It follows from the geometrical properties of the ellipse that:

$$C = \{\cos^2 \phi + (1 - f)^2 \sin^2 \phi\}^{-1/2} \qquad S = (1 - f)^2 C$$

Geocentric coordinates may be calculated directly from geodetic coordinates but an iterative procedure must be used for the inverse calculation. Series expressions and tables are available for certain values of f for the calculation of C and S and also of ρ and $\phi - \phi'$ for points on the spheroid ($h = 0$). The quantity $\phi - \phi'$ is sometimes known as the "reduction of the latitude" or the "angle of the vertical", and it is of the order of $10'$ in mid-latitudes. To a first approximation when h is small the geocentric radius is increased by h/a and the angle of the vertical is unchanged. The height h refers to a height above the reference spheroid and differs from the height above mean sea level (i.e. above the geoid) by the "undulation of the geoid" at the point.

Reduction from geodetic to geocentric coordinates (continued)

An iterative procedure for calculating λ, ϕ, h from x, y, z is as follows:

Calculate: $\lambda = \tan^{-1}(y/x)$ $r = (x^2 + y^2)^{1/2}$ $e^2 = 2f - f^2$

Calculate the first approximation to ϕ from: $\phi = \tan^{-1}(z/r)$

Then perform the following iteration until ϕ is unchanged to the required precision:

$\phi_1 = \phi$ $C = (1 - e^2 \sin^2 \phi_1)^{-1/2}$ $\phi = \tan^{-1}((z + aCe^2 \sin \phi_1)/r)$

Then: $h = r/\cos \phi - aC$

Other geodetic reference systems

In practice, most geodetic positions are referred either (a) to a regional geodetic datum that is represented by a spheroid that approximates to the geoid in the region considered or (b) to a global reference system that is defined for a particular system of measurement (e.g. a satellite navigation system). Data for the reduction of such geodetic coordinates to the conventional reference frame are not readily available, but it is hoped that the following notes, formulae and data will be useful and that more detailed and more up-to-date information will be included in future volumes.

(a) Each regional geodetic datum is specified by the size and shape of an adopted spheroid and by the coordinates of an "origin point". The principal axis of the spheroid is generally close to the mean axis of rotation of the Earth, but the centre of the spheroid may not coincide with the centre of mass of the Earth. The offset is usually represented by the geocentric rectangular coordinates (x_0, y_0, z_0) of the centre of the regional spheroid. The reduction from regional geodetic coordinates (λ, ϕ, h) to geocentric rectangular coordinates referred to the conventional reference frame (and hence to geodetic coordinates relative to a reference spheroid) may then be made by using the expressions:

$$x = x_0 + (aC + h) \cos \phi \cos \lambda$$
$$y = y_0 + (aC + h) \cos \phi \sin \lambda$$
$$z = z_0 + (aS + h) \sin \phi$$

Current estimates of x_0, y_0, z_0 are given, to an accuracy of about 10 m, for some regional datums in the lower table on page K13.

(b) The global reference systems for the various space techniques of measurement differ slightly, although all give good approximations (in some cases to within 1 m) to the conventional reference frame. The transformations from one system to another involve translation, rotation and scaling (i.e. 7 parameters in all) and are still the subject of specialist study.

Astronomical coordinates

Many astrometric observations that are used in the determination of the terrestrial coordinates of the point of observation use the local vertical, which defines the zenith, as a principal reference axis; the coordinates so obtained are called "astronomical coordinates". The local vertical is in the direction of the vector sum of the acceleration due to the gravitational field of the Earth and of the apparent acceleration due to the rotation of the Earth on its axis. The vertical is normal to the equipotential (or level) surface at the point, but it is inclined to the normal to the geodetic reference spheroid; the angle of inclination is known as the "deflection of the vertical".

The astronomical coordinates of an observatory may differ significantly (e.g. by as much as 1') from its geodetic coordinates, which are required for the determination of the geocentric coordinates of the observatory for use in computing, for example, parallax corrections for solar system observations. The size and direction of the deflection may be estimated by studying the gravity field in the region concerned. The deflection may affect both the latitude and the longitude, and hence local time. Astronomical coordinates also vary with time because they are affected by polar motion (see page B60).

GEODETIC REFERENCE SPHEROIDS

Name and Date	Equatorial Radius, a m	Reciprocal of Flattening, $1/f$	Gravitational Constant, GM 10^{14} m^3 s^{-2}	Dynamical Form Factor, J_2	Ang. Velocity of Earth, ω 10^{-5} rad s^{-1}
MERIT 1983	637 8137	298·257	—	—	—
GRS 80 (IUGG, 1980)	8137	298·257 222	3·986 005	0·001 082 63	7·292 115
IAU 1976	8140	298·257	3·986 005	0·001 082 63	—
South American 1969	8160	298·25	—	—	—
GRS 67 (IUGG, 1967)	8160	298·247 167	3·986 03	0·001 082 7	7·292 115 146 7
Australian National 1965	8160	298·25	—	—	—
IAU 1964	8160	298·25	3·986 03	0·001 082 7	7·292 1
Krassovski 1942	8245	298·3	—	—	—
International 1924 (Hayford)	8388	297	—	—	—
Clarke 1880 mod.	8249·145	293·466 3	—	—	—
Clarke 1866	8206·4	294·978 698	—	—	—
Bessel 1841	7397·155	299·152 813	—	—	—
Everest 1830	7276·345	300·801 7	—	—	—
Airy 1830	7563·396	299·324 964	—	—	—

IUGG, 1980. See H. Moritz, Geodetic Reference System 1980, *Bull. Géodésique*, **58** (3), 388–398, 1984.

REGIONAL GEODETIC DATUMS

Geodetic Datum	Spheroid	Origin	Latitude ° ′ ″	Longitude ° ′ ″	Centre Offset x_0 m	y_0 m	z_0 m
New Arc 1950	Clarke 1880 mod.	Buffelsfontein	−33 59 32·000	25 30 44·622	—		
Australian Geodetic 1966	Australian National 1965	Johnston Memorial Cairn	−25 56 54·55	133 12 30·08	−122	−43	138
European 1950	International 1924	Helmert Tower	52 22 51·45	13 03 58·74	−84	−105	−126
Indian 1938	Everest 1830	Kalianpur	24 07 11·26	77 39 17·57	—		
North American 1927	Clarke 1866	Meades Ranch	39 13 26·686	261 27 29·494	−22	158	176
Ordnance Survey GB SN80	Airy 1830	Herstmonceux	50 51 55·271	00 20 45·882	372	−127	433
Pico de las Nieves (Canaries)	International 1924	Pico de las Nieves	27 57 41·273	344 25 49·476	—		
Potsdam	Bessel 1841	Helmert Tower	52 22 53·954	13 04 01·153	—		
Pulkovo 1942	Krassovski 1942	Pulkovo Obs.	59 46 18·55	30 19 42·09	—		
South American 1969	S. American 1969	Chua	−19 45 41·653	311 53 55·936	−75	5	−43
Tokyo	Bessel 1841	Tokyo Obs. (old)	35 39 17·51	139 44 40·50	−143	514	675

GEODETIC AND GEOCENTRIC COORDINATES

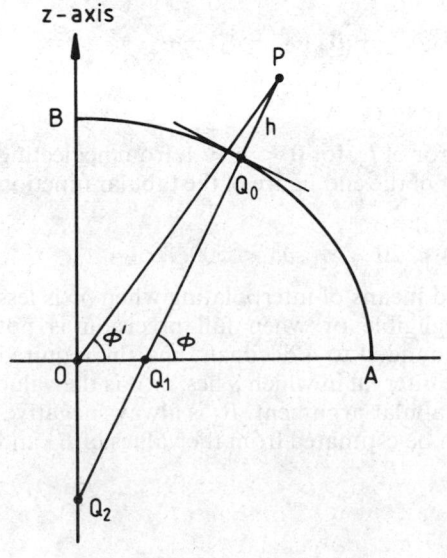

O is centre of Earth

OA = equatorial radius, a

OB = polar radius, b
$= a(1-f)$

OP = geocentric radius, $a\rho$

PQ$_0$ is normal to the reference spheroid

$Q_0 Q_1 = aS$

$Q_0 Q_2 = aC$

ϕ = geodetic latitude

ϕ' = geocentric latitude

INTRODUCTION AND NOTATION

The interpolation methods described in this section, together with the accompanying tables, are usually sufficient to interpolate to full precision the ephemerides in this volume. Additional notes, formulae and tables are given in the booklets *Interpolation and Allied Tables* and *Subtabulation* (see p. ix) and in many textbooks on numerical analysis. It is recommended that interpolated values of the Moon's right ascension, declination and horizontal parallax are derived from the daily polynomial coefficients that are provided for this purpose on pages D23–D45.

f_p denotes the value of the function $f(t)$ at the time $t = t_0 + ph$, where h is the interval of tabulation, t_0 is a tabular argument, and $p = (t - t_0)/h$ is known as the interpolating factor. The notation for the differences of the tabular values is shown in the following table; it is derived from the use of the central-difference operator δ, which is defined by:

$$\delta f_p = f_{p+1/2} - f_{p-1/2}$$

The symbol for the function is usually omitted in the notation for the differences. Tables are given for use with Bessel's interpolation formula for p in the range 0 to $+1$. The differences may be expressed in terms of function values for convenience in the use of programmable calculators or computers.

Arg.	Function	Differences			
		1st	2nd	3rd	4th
t_{-2}	f_{-2}		δ^2_{-2}		
		$\delta_{-3/2}$		$\delta^3_{-3/2}$	
t_{-1}	f_{-1}		δ^2_{-1}		δ^4_{-1}
		$\delta_{-1/2}$		$\delta^3_{-1/2}$	
t_0	f_0		δ^2_0		δ^4_0
		$\delta_{1/2}$		$\delta^3_{1/2}$	
t_{+1}	f_{+1}		δ^2_1		δ^4_1
		$\delta_{3/2}$		$\delta^3_{3/2}$	
t_{+2}	f_{+2}		δ^2_2		

$$\delta_{1/2} = f_1 - f_0$$
$$\delta^2_0 = \delta_{1/2} - \delta_{-1/2}$$
$$= f_1 - 2f_0 + f_{-1}$$
$$\delta^2_0 + \delta^2_1 = f_2 - f_1 - f_0 + f_{-1}$$
$$\delta^3_{1/2} = \delta^2_1 - \delta^2_0$$
$$= f_2 - 3f_1 + 3f_0 - f_{-1}$$
$$\delta^4_0 = \delta^3_{1/2} - \delta^3_{-1/2}$$
$$= f_2 - 4f_1 + 6f_0 - 4f_{-1} + f_{-2}$$
$$\delta^4_0 + \delta^4_1 = f_3 - 3f_2 + 2f_1 + 2f_0 - 3f_{-1} + f_{-2}$$

$$p \equiv \text{the interpolating factor} = (t - t_0)/(t_1 - t_0) = (t - t_0)/h$$

BESSEL'S INTERPOLATION FORMULA

In this notation Bessel's interpolation formula is:

$$f_p = f_0 + p\,\delta_{1/2} + B_2\,(\delta^2_0 + \delta^2_1) + B_3\,\delta^3_{1/2} + B_4\,(\delta^4_0 + \delta^4_1) + \cdots$$

where
$$B_2 = p\,(p - 1)/4 \qquad B_3 = p\,(p - 1)\,(p - \tfrac{1}{2})/6$$
$$B_4 = (p + 1)\,p\,(p - 1)\,(p - 2)/48$$

The maximum contribution to the truncation error of f_p, for $0 < p < 1$, from neglecting each order of difference is less than 0·5 in the unit of the end figure of the tabular function if

$$\delta^2 < 4 \qquad \delta^3 < 60 \qquad \delta^4 < 20 \qquad \delta^5 < 500.$$

The critical table of B_2 opposite provides a rapid means of interpolating when δ^2 is less than 500 and higher-order differences are negligible or when full precision is not required. The interpolating factor p should be rounded to 4 decimals, and the required value of B_2 is then the tabular value opposite the interval in which p lies, or it is the value above and to the right of p if p exactly equals a tabular argument. B_2 is always negative. The effects of the third and fourth differences can be estimated from the values of B_3 and B_4 given in the last column.

INVERSE INTERPOLATION

Inverse interpolation to derive the interpolating factor p, and hence the time, for which the function takes a specified value f_p is carried out by successive approximations. The first estimate p_1 is obtained from:

$$p_1 = (f_p - f_0)/\delta_{1/2}$$

This value of p is used to obtain an estimate of B_2, from the critical table or otherwise, and hence an improved estimate of p from:

$$p = p_1 - B_2(\delta_0^2 + \delta_1^2)/\delta_{1/2}$$

This last step is repeated until there is no further change in B_2 or p; the effects of higher-order differences may be taken into account in this step.

CRITICAL TABLE FOR B_2

p	B_2	p	B_2	p	B_2	p	B_2	p	B_2
0·0000		0·1101		0·2719		0·7280		0·8898	
	·000		·025		·050		·049		·024
0·0020		0·1152		0·2809		0·7366		0·8949	
	·001		·026		·051		·048		·023
0·0060		0·1205		0·2902		0·7449		0·9000	
	·002		·027		·052		·047		·022
0·0101		0·1258		0·3000		0·7529		0·9049	
	·003		·028		·053		·046		·021
0·0142		0·1312		0·3102		0·7607		0·9098	
	·004		·029		·054		·045		·020
0·0183		0·1366		0·3211		0·7683		0·9147	
	·005		·030		·055		·044		·019
0·0225		0·1422		0·3326		0·7756		0·9195	
	·006		·031		·056		·043		·018
0·0267		0·1478		0·3450		0·7828		0·9242	
	·007		·032		·057		·042		·017
0·0309		0·1535		0·3585		0·7898		0·9289	
	·008		·033		·058		·041		·016
0·0352		0·1594		0·3735		0·7966		0·9335	
	·009		·034		·059		·040		·015
0·0395		0·1653		0·3904		0·8033		0·9381	
	·010		·035		·060		·039		·014
0·0439		0·1713		0·4105		0·8098		0·9427	
	·011		·036		·061		·038		·013
0·0483		0·1775		0·4367		0·8162		0·9472	
	·012		·037		·062		·037		·012
0·0527		0·1837		0·5632		0·8224		0·9516	
	·013		·038		·061		·036		·011
0·0572		0·1901		0·5894		0·8286		0·9560	
	·014		·039		·060		·035		·010
0·0618		0·1966		0·6095		0·8346		0·9604	
	·015		·040		·059		·034		·009
0·0664		0·2033		0·6264		0·8405		0·9647	
	·016		·041		·058		·033		·008
0·0710		0·2101		0·6414		0·8464		0·9690	
	·017		·042		·057		·032		·007
0·0757		0·2171		0·6549		0·8521		0·9732	
	·018		·043		·056		·031		·006
0·0804		0·2243		0·6673		0·8577		0·9774	
	·019		·044		·055		·030		·005
0·0852		0·2316		0·6788		0·8633		0·9816	
	·020		·045		·054		·029		·004
0·0901		0·2392		0·6897		0·8687		0·9857	
	·021		·046		·053		·028		·003
0·0950		0·2470		0·7000		0·8741		0·9898	
	·022		·047		·052		·027		·002
0·1000		0·2550		0·7097		0·8794		0·9939	
	·023		·048		·051		·026		·001
0·1050		0·2633		0·7190		0·8847		0·9979	
	·024		·049		·050		·025		·000
0·1101		0·2719		0·7280		0·8898		1·0000	

p	B_3
0·0	0·000
0·1	+0·006
0·2	0·008
0·3	0·007
0·4	+0·004
0·5	0·000
0·6	−0·004
0·7	0·007
0·8	0·008
0·9	−0·006
1·0	0·000

p	B_4
0·0	0·000
0·1	+0·004
0·2	0·007
0·3	0·010
0·4	0·011
0·5	+0·012
0·6	0·011
0·7	0·010
0·8	0·007
0·9	+0·004
1·0	0·000

In critical cases ascend. B_2 is always negative.

POLYNOMIAL REPRESENTATIONS

It is sometimes convenient to construct a simple polynomial representation of the form

$$f_p = a_0 + a_1 p + a_2 p^2 + a_3 p^3 + a_4 p^4 + \cdots$$

which may be evaluated in the nested form

$$f_p = (((a_4 p + a_3)p + a_2)p + a_1)p + a_0$$

Expressions for the coefficients $a_0, a_1, \ldots$ may be obtained from Stirling's interpolation formula, neglecting fifth-order differences:

$$a_4 = \delta_0^4/24 \qquad a_2 = \delta_0^2/2 - a_4 \qquad a_0 = f_0$$
$$a_3 = (\delta_{1/2}^3 + \delta_{-1/2}^3)/12 \qquad a_1 = (\delta_{1/2} + \delta_{-1/2})/2 - a_3$$

This is suitable for use in the range $-\frac{1}{2} \leqslant p \leqslant +\frac{1}{2}$, and it may be adequate in the range $-2 \leqslant p \leqslant 2$, but it should not normally be used outside this range. Techniques are available in the literature for obtaining polynomial representations which give smaller errors over similar or larger intervals. The coefficients may be expressed in terms of function values rather than differences.

EXAMPLES

To find (a) the declination of the Sun at $16^h 23^m 14^s.8$ TDT on 1984 January 19, (b) the right ascension of Mercury at $17^h 21^m 16^s.8$ TDT on 1984 January 8, and (c) the time on 1984 January 8 when Mercury's right ascension is exactly $18^h 04^m$.

Difference tables for the Sun and Mercury are constructed as shown below, where the differences are in units of the end figures of the function. Second-order differences are sufficient for the Sun, but fourth-order differences are required for Mercury.

1984 Jan	Sun Dec.	δ	δ^2		1984 Jan	Mercury R.A.	δ	δ^2	δ^3	δ^4
18	$-20°44'\ 48''.3$				6	$18^h 10^m\ 10.12$				
		$+7212$					-18709			
19	$-20\ 32\ 47.1$		$+233$		7	$18\ 07\ 03.03$		$+4299$		
		$+7445$					-14410		-16	
20	$-20\ 20\ 22.6$		$+230$		8	$18\ 04\ 38.93$		$+4283$		-104
		$+7675$					-10127		-120	
21	$-20\ 07\ 35.1$				9	$18\ 02\ 57.66$		$+4163$		-76
							-5964		-196	
					10	$18\ 01\ 58.02$		$+3967$		
							-1997			
					11	$18\ 01\ 38.05$				

(a) Use of Bessel's formula

The tabular interval is one day, hence the interpolating factor is 0.68281. From the critical table, $B_2 = -0.054$, and

$$f_p = -20°\ 32'\ 47''.1 + 0.68281\ (+744''.5) - 0.054\ (+23''.3 + 23''.0)$$
$$= -20°\ 24'\ 21''.2$$

(b) Use of polynomial formula

Using the polynomial method, the coefficients are:

$a_4 = -1^s.04/24 = -0^s.043$ $a_1 = (-101^s.27 - 144^s.10)/2 + 0^s.113 = -122^s.572$

$a_3 = (-1^s.20 - 0^s.16)/12 = -0^s.113$ $a_0 = 18^h + 278^s.93$

$a_2 = +42^s.83/2 + 0^s.043 = +21^s.458$

where an extra decimal place has been kept as a guarding figure.

Then $f_p = 18^h + 278^s.93 - 122^s.572p + 21^s.458p^2 - 0^s.113p^3 - 0^s.043p^4$
The interpolating factor $p = 0.72311$, hence $f_p = 18^h 03^m 21^s.46$

(c) Inverse interpolation

Since $f_p = 18^h 04^m$ the first estimate for p is:

$$p_1 = (18^h 04^m - 18^h 04^m 38^s.93)/(-101^s.27) = 0.38442$$

From the critical table, with $p = 0.3844$, $B_2 = -0.059$. Also

$$(\delta_0^2 + \delta_1^2)/\delta_{1/2} = (+42.83 + 41.63)/(-101.27) = -0.834$$

The second approximation to p is:

$$p = 0.38442 + 0.059\ (-0.834) = 0.33521 \text{ which gives } t = 8^h 02^m 42^s;$$

as a check, using the polynomial found in (b) with $p = 0.33521$ gives

$$f_p = 18^h 04^m 00^s.25.$$

The next approximation is $B_2 = -0.056$ and $p = 0.38442 + 0.056\ (-0.834) = 0.33772$ which gives $t = 8^h 06^m 19^s$; using the polynomial in (b) with $p = 0.33772$ gives

$$f_p = 18^h 03^m 59^s.98.$$

SUBTABULATION

Coefficients for use in the systematic interpolation of an ephemeris to a smaller interval are given in the following table for certain values of the ratio of the two intervals. The table is entered for each of the appropriate multiples of this ratio to give the corresponding decimal value of the interpolating factor p and the Bessel coefficients. The values of p are exact or recurring decimal numbers. The values of the coefficients may be rounded to suit the maximum number of figures in the differences.

BESSEL COEFFICIENTS FOR SUBTABULATION

| Ratio of intervals | | | | | | | | | | | | Bessel Coefficients | | |
$\frac{1}{2}$	$\frac{1}{3}$	$\frac{1}{4}$	$\frac{1}{5}$	$\frac{1}{6}$	$\frac{1}{8}$	$\frac{1}{10}$	$\frac{1}{12}$	$\frac{1}{20}$	$\frac{1}{24}$	$\frac{1}{40}$	p	B_2	B_3	B_4
										1	0·025	−0·006094	0·00193	0·0010
									1		0·0416	−0·009983	0·00305	0·0017
								1		2	0·050	−0·011875	0·00356	0·0020
										3	0·075	−0·017344	0·00491	0·0030
							1		2		0·0833	−0·019097	0·00530	0·0033
						1		2		4	0·100	−0·022500	0·00600	0·0039
					1				3	5	0·125	−0·027344	0·00684	0·0048
								3		6	0·150	−0·031875	0·00744	0·0057
				1			2		4		0·1666	−0·034722	0·00772	0·0062
										7	0·175	−0·036094	0·00782	0·0064
			1			2		4		8	0·200	−0·040000	0·00800	0·0072
									5		0·2083	−0·041233	0·00802	0·0074
										9	0·225	−0·043594	0·00799	0·0079
		1			2		3	5	6	10	0·250	−0·046875	0·00781	0·0085
										11	0·275	−0·049844	0·00748	0·0091
									7		0·2916	−0·051649	0·00717	0·0095
						3		6		12	0·300	−0·052500	0·00700	0·0097
										13	0·325	−0·054844	0·00640	0·0101
	1			2			4		8		0·3333	−0·055556	0·00617	0·0103
								7		14	0·350	−0·056875	0·00569	0·0106
					3				9	15	0·375	−0·058594	0·00488	0·0109
			2			4		8		16	0·400	−0·060000	0·00400	0·0112
							5		10		0·4166	−0·060764	0·00338	0·0114
										17	0·425	−0·061094	0·00305	0·0114
								9		18	0·450	−0·061875	0·00206	0·0116
									11		0·4583	−0·062066	0·00172	0·0116
										19	0·475	−0·062344	0·00104	0·0117
1	2	3	4	5	6		10	12	20		0·500	−0·062500	0·00000	0·0117
										21	0·525	−0·062344	−0·00104	0·0117
									13		0·5416	−0·062066	−0·00172	0·0116
								11		22	0·550	−0·061875	−0·00206	0·0116
										23	0·575	−0·061094	−0·00305	0·0114
							7		14		0·5833	−0·060764	−0·00338	0·0114
			3			6		12		24	0·600	−0·060000	−0·00400	0·0112
					5				15	25	0·625	−0·058594	−0·00488	0·0109
								13		26	0·650	−0·056875	−0·00569	0·0106
	2			4			8		16		0·6666	−0·055556	−0·00617	0·0103
										27	0·675	−0·054844	−0·00640	0·0101
						7		14		28	0·700	−0·052500	−0·00700	0·0097
									17		0·7083	−0·051649	−0·00717	0·0095
										29	0·725	−0·049844	−0·00748	0·0091
	3				6		9	15	18	30	0·750	−0·046875	−0·00781	0·0085
										31	0·775	−0·043594	−0·00799	0·0079
									19		0·7916	−0·041233	−0·00802	0·0074
			4			8		16		32	0·800	−0·040000	−0·00800	0·0072
										33	0·825	−0·036094	−0·00782	0·0064
				5			10		20		0·8333	−0·034722	−0·00772	0·0062
								17		34	0·850	−0·031875	−0·00744	0·0057
					7				21	35	0·875	−0·027344	−0·00684	0·0048
						9		18		36	0·900	−0·022500	−0·00600	0·0039
							11		22		0·9166	−0·019097	−0·00530	0·0033
										37	0·925	−0·017344	−0·00491	0·0030
								19		38	0·950	−0·011875	−0·00356	0·0020
									23		0·9583	−0·009983	−0·00305	0·0017
										39	0·975	−0·006094	−0·00193	0·0010

This explanation specifies the sources for the theories and data used in constructing the ephemerides in this volume, explains basic concepts required to use the ephemerides, and where appropriate states the precise meaning of tabulated quantities. Definitions of individual terms are given in the Glossary (Section M).

The IAU (1976) System of Astronomical Constants was adopted by the General Assembly of the IAU at Grenoble. These constants are given on page K6 of this volume. Additional resolutions concerning time scales and the astronomical reference system were adopted by the IAU in 1979 at Montreal and in 1982 at Patras. A complete list of these resolutions, with constants, formulae and explanatory notes, is given in the *Supplement to the Astronomical Almanac for 1984*, which is published in the 1984 *Astronomical Almanac.*

Fundamental ephemerides of the Sun, Moon and planets were calculated by a simultaneous numerical integration at the Jet Propulsion Laboratory in a cooperative effort with the U.S. Naval Observatory. These ephemerides, designated DE200/LE200, cover the period 1800–2050. Optical, radar, laser, and spacecraft observations were analyzed to determine starting conditions for the numerical integration. In order to obtain the best fit of the ephemerides to the observational data, some modifications to the IAU (1976) System of Astronomical Constants were necessary. These modifications are listed on pages K6 and K7. A satisfactory ephemeris for Uranus for the 1980's could be computed only by excluding observations made before 1900. Additional information about the new ephemerides is included in the *Supplement to the Astronomical Almanac for 1984.* DE200/LE200 is available on magnetic tape.

Reference Frame

Beginning in 1984 the standard epoch of the fundamental astronomical coordinate system is 2000 January 1, 12^h TDB (JD 2451545.0), which is denoted J2000.0. The numerical integration used as the basis for ephemerides in this volume is in a reference frame defined by the mean equator and dynamical equinox of J2000.0. Rigorous reduction methods presented in Section B were used to construct the published tabular ephemerides.

In practice, the dynamical equinox, defined by the ascending node of the ecliptic on the mean equator at epoch J2000.0, differs from the origin of right ascension (the catalog equinox) of the FK5 star catalog. Although the exact value of the difference is uncertain, it is thought to be less than 0″.04 at the current time. Likewise, the radio reference frame may differ from optical reference frames.

Time Scales

Terrestrial dynamical time (TDT) is the tabular argument of the fundamental geocentric ephemerides. For ephemerides referred to the barycenter of the solar system, the argument is barycentric dynamical time (TDB). In the terminology of the general theory of relativity, TDT corresponds to a proper time, while TDB corresponds to a coordinate time. These scales are defined so that the difference between them is purely periodic, with an amplitude less than 0ˢ.002. Like their predecessor, ephemeris time (ET), TDT and TDB are independent of the Earth's rotation.

In the astronomical system of units, the unit of time is the day of 86400 seconds of barycentric dynamical time (TDB). For long periods, however, the

Julian century of 36525 days is used. Use of the tropical year and Besselian epochs was discontinued in 1984.

International atomic time (TAI) is the most precisely determined time scale that is now available for astronomical use. This scale results from analyses by the Bureau International des Poids et Mesures in Paris of data from atomic time standards of many countries. Although TAI was not introduced until 1972 January 1, atomic time scales have been available since 1956. Therefore, TAI may be extrapolated backwards for the period 1956–1971. The fundamental unit of TAI is the unit of time in the international system of units, the SI second; it is defined as the duration of 9 192 631 770 periods of the radiation corresponding to the transition between two hyperfine levels of the ground state of the cesium 133 atom.

Universal time (UT), which serves as the basis of civil timekeeping, is formally defined by a mathematical formula which relates UT to Greenwich mean sidereal time. Thus UT is determined from observations of the diurnal motions of the stars. It implicitly contains nonuniformities due to variations in the rotation of the Earth. A UT scale determined directly from stellar observations is dependent on the place of observation; these scales are designated UT0. A time scale that is independent of the location of the observer is established by removing from UT0 the effect of the variation of the observer's meridian due to the observed motion of the geographic pole; this time scale is designated UT1. A tabulation of the quantity $\Delta T = \text{TDT} - \text{UT1}$ is given on page K9.

Since 1972 January 1, the time scale distributed by most broadcast time services has been based on the redefined coordinated universal time (UTC), which differs from TAI by an integral number of seconds. UTC is maintained within $0\overset{s}{.}90$ of UT1 by the introduction of one second steps (leap seconds) when necessary, normally at the end of June or December. DUT1, an approximation to the difference UT1 minus UTC, is transmitted in code on broadcast time signals. Beginning in 1962, an increasing number of broadcast time services cooperated to provide a consistent time standard, until most broadcast signals were synchronized to the redefined UTC in 1972. For a while prior to 1972, broadcast time signals were kept within $0\overset{s}{.}1$ of UT2 (UT1 corrected by an adopted formula for the seasonal variation) by the introduction of step adjustments, normally of $0\overset{s}{.}1$, and occasionally by changes in the duration of the second. Since the table on page K9 is based on the signals broadcast by WWV, special corrections may be required to derive UT1 times from other signals broadcast prior to 1972.

Universal time and UT are commonly used to mean UT0, UT1 or UTC, according to context. In this volume, UT1 is always implied where the differences are significant.

Greenwich mean sidereal time (GMST) is defined as the Greenwich hour angle of the mean equinox of date. The defining relation between sidereal and universal time is:

$$\text{GMST of } 0^h\ \text{UT1} = 6^h41^m50\overset{s}{.}54841 + 8640\ 184\overset{s}{.}812\ 866\ T + 0\overset{s}{.}093\ 104\ T^2$$
$$- 6\overset{s}{.}2 \times 10^{-6}\ T^3$$

where T is measured in Julian centuries of 36525 days of UT1 from 2000 January 1, 12^h UT1 (JD 2451545.0 UT1). (S. Aoki *et al.*, *Astron. Astrophys.*, **105**, 359, 1982).

To provide continuity with pre-1984 practices, the difference between TDT and TAI was set to the current estimate of the difference between ET and TAI:

$$TDT = TAI + 32\overset{s}{.}184.$$

Thus procedures analogous to those used with ephemerides tabulated as functions of ET are generally applicable to ephemerides based on TDT. The tabulations for 0^h TDT may be converted to 0^h UT1 by interpolation to time ΔT.

Since TDT is independent of the Earth's rotation, calculations of hour angles and phenomena referred to a geographic meridian are provisionally referred to the ephemeris meridian, which is 1.002738 ΔT east of the Greenwich meridian. Only when ΔT is specified can quantities be referred to the Greenwich meridian.

Section A: Summary of Principal Phenomena

The lunations given on page A1 are numbered in continuation of E. W. Brown's series, of which No. 1 commenced on 1923 January 16 (*Mon. Not. Roy. Astr. Soc,* **93**, 603, 1933).

The list of occultations of planets and bright stars by the Moon on page A2 gives the approximate times and areas of visibility for the major planets, except Neptune and Pluto, and the bright stars Aldebaran, Antares, Pollux, Regulus and Spica. More detailed information about these events and of other occultations by the Moon may be obtained from the International Lunar Occultation Centre at the address given at the foot of page A2.

Times tabulated on page A3 for the stationary points of the planets are the instants at which the planet is stationary in apparent geocentric right ascension; but for elongations of the planets from the Sun, the tabular times are for the geometric configurations. From inferior conjunction to superior conjunction for Mercury or Venus, or from conjunction to opposition for a superior planet, the elongation from the Sun is west; from superior to inferior conjunction, or from opposition to conjunction, the elongation is east. Because planetary orbits do not lie exactly in the ecliptic plane, elongation passages from west to east or from east to west do not in general coincide with oppositions and conjunctions.

Dates of heliocentric phenomena are given on page A3. Since they are determined from the actual perturbed motion, these dates generally differ from dates obtained by using the elements of the mean orbit. The date on which the radius vector is a minimum may differ considerably from the date on which the heliocentric longitude of a planet is equal to the longitude of perihelion of the mean orbit. Similarly, when the heliocentric latitude of a planet is zero, the heliocentric longitude may not equal the longitude of the mean node.

Configurations of the Sun, Moon and Planets (pages A9–A11) is a chronological listing, with times to the nearest hour, of geocentric phenomena. Included are eclipses; lunar perigees, apogees and phases; phenomena in apparent geocentric longitude of the planets and of the minor planets Ceres, Pallas, Juno and Vesta; times when the planets and minor planets are stationary in right ascension and when the geocentric distance to Mars is a minimum; and geocentric conjunctions in apparent right ascension of the planets with the Moon, with each other, and with the bright stars Aldebaran, Pollux, Regulus, Spica and Antares, provided these conjunctions are considered to occur sufficiently far from the Sun to permit observation. Thus conjunctions in right ascension are excluded if they occur within 15° of the Sun for the Moon, Mars and Saturn; within 10° for Venus and Jupiter; and within approximately 10° for Mercury, depending on Mercury's brightness. The occurrence of occultations of planets and bright stars is indicated by "Occn."; the areas of visibility are given in the list on page A2. Geocentric phenomena differ from the actually observed configurations by the effects of the geocentric parallax at the place of observation, which for configurations with the Moon may be quite large.

The explanation for the tables of sunrise and sunset, twilight, moonrise and moonset is given on page A12; examples are given on page A13.

Eclipses

The elements and circumstances are computed according to Bessel's method from apparent right ascensions and declinations of the Sun and Moon. From 1986 onwards, positions of the Sun and Moon are derived from DE200/LE200. Semidiameters of the Sun and Moon used in the calculation of eclipses do not include irradiation. The adopted semidiameter of the Sun at unit distance is $15'59''.63$ (A. Auwers, *Astronomische Nachrichten,* No. 3068, 367, 1891), the same as in the ephemeris of the Sun. The apparent semidiameter of the Moon is equal to arcsin ($k \sin \pi$), where π is the Moon's horizontal parallax and k is an adopted constant. In 1982, to be consistent with the System of Astronomical Constants (1976) and the ephemeris based on DE200/LE200, the IAU adopted $k=0.272\,5076$, corresponding to the mean radius of Watts' datum as determined by observations of occultations and to the adopted radius of the Earth. This value is introduced for 1986 onwards. Corrections to the ephemerides, if any, are noted in the beginning of the eclipse section.

In calculating lunar eclipses the radius of the geocentric shadow of the Earth is increased by one-fiftieth part to allow for the effect of the atmosphere. Refraction is neglected in calculating solar and lunar eclipses. Because the circumstances of eclipses are calculated for the surface of the ellipsoid, refraction is not included in Besselian elements. For local predictions, corrections for refraction are unnecessary; they are required only in precise comparisons of theory with observation in which many other refinements are also necessary.

The solar eclipse maps show the path of the eclipse, beginning and ending times of the eclipse, and the region of visibility, including restrictions due to rising and setting of the Sun. The short-dash and long-dash lines show, respectively, the progress of the leading and trailing edge of the penumbra; thus, at a given location, times of first and last contact may be interpolated.

Besselian elements characterize the geometric position of the shadow of the Moon relative to the Earth. The exterior tangents to the surfaces of the Sun and Moon form the umbral cone; the interior tangents form the penumbral cone. The common axis of these two cones is the axis of the shadow. To form a system of geocentric rectangular coordinates, the geocentric plane perpendicular to the axis of the shadow is taken as the xy-plane. This is called the fundamental plane. The x-axis is the intersection of the fundamental plane with the plane of the equator; it is positive toward the east. The y-axis is positive toward the north. The z-axis is parallel to the axis of the shadow and is positive toward the Moon. The tabular values of x and y are the coordinates, in units of the Earth's equatorial radius, of the intersection of the axis of the shadow with the fundamental plane. The direction of the axis of the shadow is specified by the declination d and hour angle μ of the point on the celestial sphere toward which the axis is directed.

The radius of the umbral cone is regarded as positive for an annular eclipse and negative for a total eclipse. The angles f_1 and f_2 are the angles at which the tangents that form the penumbral and umbral cones, respectively, intersect the axis of the shadow.

Section B: Time Scales and Coordinate Systems

Calendar

Over extended intervals, civil time is ordinarily reckoned according to conventional calendar years and adopted historical eras; in constructing and regulating civil calendars and fixing ecclesiastical calendars, a number of auxiliary cycles and periods are used.

To facilitate chronological reckoning, the system of Julian day (JD) numbers maintains a continuous count of astronomical days, beginning with JD 0 on 1 January 4713 B.C., Julian proleptic calendar. Julian day numbers for the current year are given on page B4 and in the Universal and Sidereal Times table, pages B8–B15. To determine JD numbers for other years on the Gregorian calendar, consult the Julian Day Number tables, pages K2–K4.

Note that the Julian day begins at noon, whereas the calendar day begins at the preceding midnight. Thus the Julian day system is consistent with astronomical practice before 1925, with the astronomical day being reckoned from noon. For critical applications, the Julian date should include a specification as to whether UT, TDT or TDB is used.

Universal and Sidereal Times

The tabulations of Greenwich mean sidereal time (GMST) at 0^h UT are calculated from the defining relation between sidereal time and universal time (see the introductory discussion of Time Scales in this Explanation). The tabulation of Greenwich apparent sidereal time (GAST) is calculated by adding the equation of the equinoxes (the total nutation in longitude, multiplied by the cosine of the obliquity of the ecliptic) to GMST. Following the general practice of this volume, UT implies UT1 in critical applications. Useful formulae and examples are given on pages B6–B7.

Reduction of Astronomical Coordinates

Formulae and tables for a variety of methods of apparent place reduction are presented. Choice of a particular method should be made according to accuracy requirements.

Reduction to apparent place from mean place for standard epoch J2000.0 is most accurately accomplished by formulae given on pages B36–B41. These require the rectangular position and velocity components of the Earth with respect to the solar system barycenter (even pages B44–B58) and the precession and nutation matrix (odd pages B45–B59). The Earth's position and velocity components are derived from the simultaneous numerical integration DE200/LE200 described on page L1. In critical applications the tabular argument of the barycentric ephemeris is barycentric dynamical time (TDB).

Beginning in 1984 the standard epoch of the stellar data tabulations (Section H) is the middle of the Julian year, rather than the beginning of the Besselian year. Thus the Besselian and second-order day numbers are referred to the mean equator and equinox of the middle of the current Julian year. Formulae for precessing positions from the standard epoch J2000.0 to the current year are given on page B18. These formulae are based on expressions for annual rates of precession given by J. H. Lieske *et al.* (*Astron. Astrophys.*, **58**, 1–16, 1977), in conformance with the IAU (1976) value of the constant of precession.

Section C: The Sun

Apparent geocentric coordinates of the Sun are given on even pages C4–C18; geocentric rectangular coordinates referred to the mean equator and equinox of J2000.0 are given on pages C20–C23. These ephemerides are based on the simultaneous numerical integration DE200/LE200 described on page L1. The tabular argument of the solar ephemerides is terrestrial dynamical time (TDT). Although the apparent right ascension and declination are antedated for light-time, the true geocentric distance in astronomical units is the geometric distance at the tabular time.

The rotation elements listed on page C3, as well as the daily tabulations of rotational parameters (odd pages C5–C19), are due to R. C. Carrington (*Observations of the Spots on the Sun*, 1863). The synodic rotation numbers are in continuation of Carrington's Greenwich photoheliographic series, of which Number 1 commenced on 1853 November 9. The tabular values of the semidiameter are computed by taking the arc sine of the quantity formed by dividing the IAU solar radius (696 000 km) by the true distance in km.

Formulae for geocentric and heliographic coordinates are given on pages C1–C3.

Section D: The Moon

The geocentric ephemerides of the Moon are based on the numerical integration DE200/LE200 described on page L1. The tabular argument is terrestrial dynamical time (TDT).

For high precision calculations the polynomial ephemeris on pages D23–D45 should be used; procedures for evaluating the polynomials are given on page D22. A daily geocentric ephemeris to lower precision is given on the even numbered pages D6–D20. Although the tabular apparent right ascension and declination are antedated for light-time, the horizontal parallax is the geometric value for the tabular time. It is derived from $\sin^{-1}(1/r)$, where r is the true distance in units of the Earth's equatorial radius. The semidiameter s is computed from $s = \sin^{-1}(k \sin \pi)$, where $k = 0.272493$ is the ratio of the equatorial radius of the Moon to the equatorial radius of the Earth and π is the horizontal parallax. No correction is made for irradiation.

Beginning in 1985 the physical ephemeris (odd pages D7–D21) is based on the formulae and constants for physical librations given by D. Eckhardt (*The Moon and the Planets*, **25**, 3, 1981; *High Precision Earth Rotation and Earth-Moon Dynamics*, ed. O. Calame, pages 193–198, 1982), but with the IAU value of $1°32'32''7$ for the inclination of the mean lunar equator to the ecliptic. Although values of Eckhardt's constants differ slightly from those of the IAU, this is of no consequence to the precision of the tabulation. Optical librations are first calculated from rigorous formulae; then the total librations (optical and physical) are calculated from the rigorous formulae by replacing I with $I + \rho$, Ω with $\Omega + \sigma$ and $\mathbb{C}$ with $\mathbb{C} + \tau$. Included in the calculations are perturbations for all terms greater than $0°0001$ in solution 500 of the first Eckhardt reference and in Table I of the second reference. Since apparent coordinates of the Sun and Moon are used in the calculations, aberration is fully included, except for the inappreciable difference between the light-time from the Sun to the Moon and from the Sun to the Earth.

The selenographic coordinates of the Earth and Sun specify the point on the lunar surface where the Earth and Sun are in the selenographic zenith. The selenographic longitude and latitude of the Earth are the total geocentric, optical and physical librations in longitude and latitude, respectively. When the longitude is positive, the mean central point of the disk is displaced eastward on the celestial sphere, exposing to view a region on the west limb. When the latitude is positive, the mean central point is displaced toward the south, exposing to view the north limb. If the principal moment of inertia axis toward the Earth is used as the origin for measuring librations, rather than the traditional origin in the mean direction of the Earth from the Moon, there is a constant offset of $214''.2$ in τ, or equivalently a correction of $-0°.059$ to the Earth's selenographic longitude.

The tabulated selenographic colongitude of the Sun is the east selenographic longitude of the morning terminator. It is calculated by subtracting the selenographic longitude of the Sun from 90° or 450°. Colongitudes of 270°, 0°, 90° and 180° correspond to New Moon, First Quarter, Full Moon and Last Quarter, respectively.

The position angles of the axis of rotation and the midpoint of the bright limb are measured counterclockwise around the disk from the north point. The position angle of the terminator may be obtained by adding 90° to the position angle of the bright limb before Full Moon and by subtracting 90° after Full Moon.

For precise reductions of observations, the tabular data should be reduced to topocentric values. Formulae for this purpose by R. d'E. Atkinson (*Mon. Not. Roy. Astr. Soc.,* **111**, 448, 1951) are given on page D5.

Additional formulae and data pertaining to the Moon are given on pages D2–D5, D46.

Section E: Major Planets

The heliocentric and geocentric ephemerides of the planets are based on the numerical integration DE200/LE200 described on page L1. Terrestrial dynamical time (TDT) is the tabular argument of the geocentric ephemerides. The argument of the heliocentric ephemerides is barycentric dynamical time (TDB).

Although the apparent right ascension and declination are antedated for light-time, the true geocentric distance in astronomical units is the geometric distance for the tabular time. For Pluto the astrometric ephemeris is comparable with observations referred to catalog mean places of comparison stars (corrected for proper motion and annual parallax, if significant, to the epoch of observation), provided the catalog is referred to the J2000.0 reference frame and the observations are corrected for geocentric parallax.

Ephemerides for Physical Observations of the Planets

The physical ephemerides of the planets have been calculated from the fundamental solar system ephemerides used elsewhere in this volume. Except where otherwise noted, physical data are based on the "Report of the IAU Working Group on Cartographic Coordinates and Rotational Elements of the Planets and Satellites" (M. E. Davies *et al., Celest. Mech.,* **29**, 309–321, 1983; hereafter referred to as the IAU Report on Cartographic Coordinates).

All tabulated quantities are corrected for light-time, so the given values apply to the disk that is visible at the tabular time. Except for planetographic longitudes, all tabulated quantities vary so slowly that they remain unchanged if the time argument is considered to be universal time rather than dynamical time. Conversion from dynamical to universal time affects the tabulated planetographic longitudes by several tenths of a degree for all planets except Mercury, Venus and Pluto.

The tabulated light-time is the travel time for light arriving at the Earth at the tabular time. Expressions for the visual magnitudes of the planets are due to D. L. Harris (*Planets and Satellites*, ed. G. P. Kuiper and B. L. Middlehurst, page 272, 1961), except that values for $V(1,0)$, the visual magnitude at unit distance, are those given on page E88 of this volume. The tabulated surface brightness is the average visual magnitude of an area of one square arc-second of the illuminated portion of the apparent disk. For a few days around inferior and superior conjunctions, the tabulated magnitude and surface brightness of Mercury and Venus are only approximate; surface brightness is not tabulated near inferior conjunction. For Saturn the magnitude includes the contribution due to the rings, but the surface brightness applies only to the disk of the planet.

The apparent disk of an oblate planet is always an ellipse, with an oblateness less than or equal to the oblateness of the planet itself, depending on the apparent tilt of the planet's axis. For planets with significant oblateness, the apparent equatorial and polar diameters are separately tabulated.

The phase is the ratio of the apparent illuminated area of the disk to the total area of the disk, as seen from the Earth. The phase angle is the planetocentric elongation of the Earth from the Sun. In the accompanying diagram of the apparent disk of a planet, the defect of illumination is designated by q. It is the length of the unilluminated section of the diameter passing through the sub-Earth point e (the center of the disk) and the sub-solar point s. The position angle of the defect of illumination can be computed by adding 180° to the tabulated position angle of the sub-solar point. Calculations of phase and defect of illumination are based on the geometric terminator, which is defined by the plane crossing through the planet's center of mass, orthogonal to the direction of the Sun.

The tabulated quantity L_s is the planetocentric orbital longitude of the Sun, measured eastward in the planet's orbital plane from the planet's vernal equinox. Instantaneous orbital and equatorial planes are used in computing L_s. Values of L_s of 0°, 90°, 180°, and 270° correspond to the beginning of spring, summer, autumn and winter, respectively, for the planet's northern hemisphere.

The orientation of the pole of a planet is specified by the right ascension α_0 and declination δ_0 of the north pole, with respect to the Earth's mean equator and equinox of J2000.0. According to the IAU definition, the north pole is the pole that lies on the north side of the invariable plane of the solar system. Because of precession of a planet's axis, α_0 and δ_0 may vary slowly with time; values for the current year are given on page E87.

The angle W of the prime meridian is measured counterclockwise (when viewed from above the planet's north pole) along the planet's equator from the ascending node of the planet's equator on the Earth's mean equator of J2000.0. For a planet with direct rotation (counterclockwise as viewed from the planet's north pole), W increases with time. Values of W and its rate of change are given on page E87.

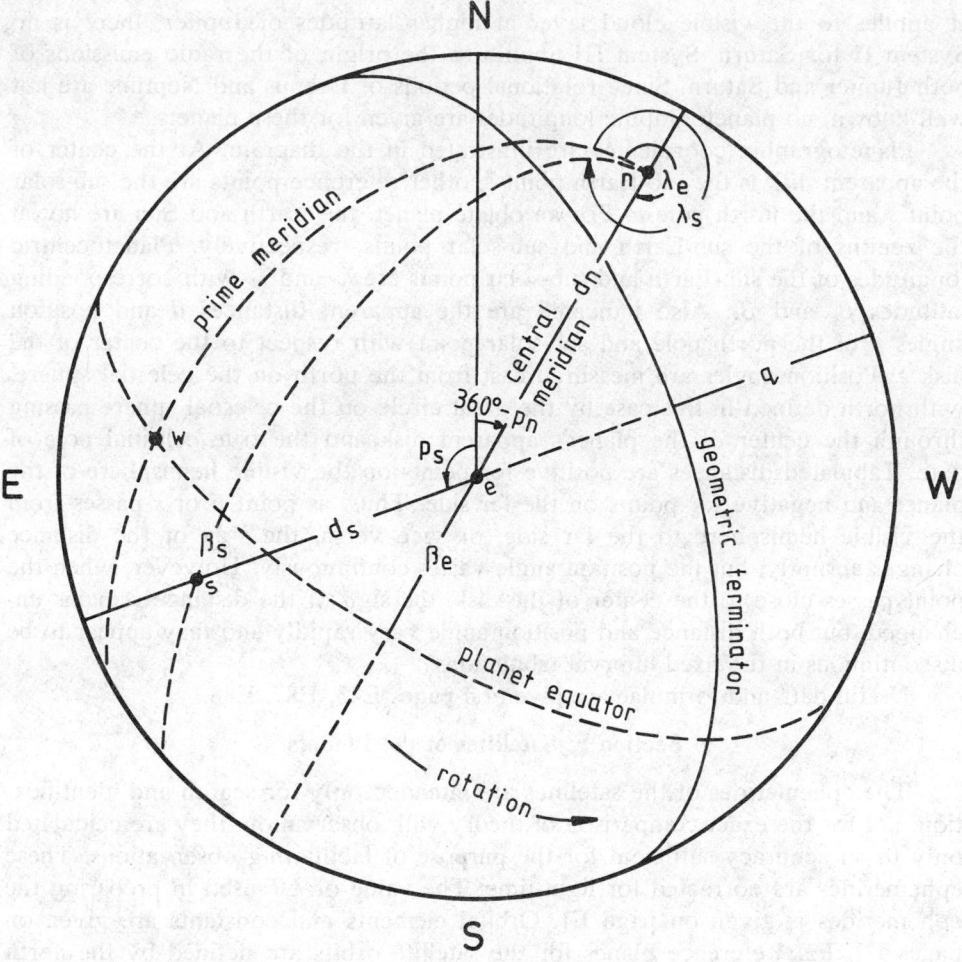

Except for Saturn and Pluto, expressions for the pole and prime meridian of each planet are based on the IAU Report on Cartographic Coordinates. The rotation of Saturn was provided by M. D. Desch and M. L. Kaiser. For Pluto the pole and rotation are due to R. S. Harrington and J. W. Christy (*Astr. Jour.*, **86**, 442, 1981), under the assumptions that the orbital motion of Pluto's satellite is synchronous with Pluto's rotation and that the satellite's orbital plane is coincident with Pluto's equatorial plane.

Tabulated longitudes and latitudes of the sub-Earth and sub-solar points are in planetographic coordinates. Planetographic longitude is reckoned from the prime meridian and increases from 0° to 360° in the direction opposite rotation. The planetographic latitude of a point is the angle between the planet's equator and the normal to the reference spheroid at the point. Latitudes north of the equator are positive. For Jupiter and Saturn multiple longitude systems are defined, each system corresponding to a different apparent rate of rotation. System I applies to the visible cloud layer in the equatorial region of each planet. System

II applies to the visible cloud layer at higher latitudes of Jupiter; there is no System II for Saturn. System III applies to the origin of the radio emissions of both Jupiter and Saturn. Since rotational periods of Uranus and Neptune are not well known, no planetographic longitudes are given for these planets.

Planetographic coordinates are illustrated in the diagram. At the center of the apparent disk is the sub-Earth point e; other reference points are the sub-solar point s and the north pole n. For an oblate planet, the Earth and Sun are not at the zeniths of the sub-Earth and sub-solar points, respectively. Planetocentric longitudes of the sub-Earth and sub-solar points are λ_e and λ_s with corresponding latitudes β_e and β_s. Also indicated are the apparent distances d and position angles p of the north pole and sub-solar point with respect to the center of the disk e. Position angles are measured east from the north on the celestial sphere, with north defined in this case by the great circle on the celestial sphere passing through the center of the planet's apparent disk and the true celestial pole of date. Tabulated distances are positive for points on the visible hemisphere of the planet and negative for points on the far side. Thus, as point n or s passes from the visible hemisphere to the far side, or vice versa, the sign of the distance changes abruptly, but the position angle varies continuously. However, when the point passes close to the center of the disk, the sign of the distance remains unchanged, but both distance and position angle vary rapidly and may appear to be discontinuous in the fixed interval tabulations.

Useful data and formulae are given on pages E43, E87, E88.

Section F: Satellites of the Planets

The ephemerides of the satellites are intended only for search and identification, not for the exact comparison of theory with observation; they are calculated only to an accuracy sufficient for the purpose of facilitating observations. These ephemerides are corrected for light-time. The value of ΔT used in preparing the ephemerides is given on page F1. Orbital elements and constants are given on pages F2, F3. Reference planes for the satellite orbits are defined by the north poles of rotation given in the "Report of the IAU Working Group on Cartographic Coordinates and Rotational Elements of the Planets and Satellites" (M. E. Davies *et al., Celest. Mech.,* **29,** 309–321, 1983).

The apparent orbit of a satellite is an ellipse on the celestial sphere, with semimajor axis $a/\triangle$, where a is the apparent semimajor axis at unit distance in seconds of arc and $\triangle$ is the geocentric distance of the primary. In calculating the tables for finding the position angle and apparent angular distance with respect to the primary, the value of the eccentricity of the apparent orbit at opposition is used. The apparent geocentric distance s is measured from the central point of the geometric disk of the primary, and the position angle p is measured eastward from the north celestial pole. Neglected in the calculations are the effect of the eccentricity of the actual orbit upon its projection onto the apparent orbit and the variation of the eccentricity of the apparent orbit. Approximately, therefore, $s=F(a/\triangle)$, where F is the ratio of s to the apparent distance at greatest elongation. At greatest elongations $p=P\pm90°$, where P is the position angle of the extremity of the minor axis of the apparent orbit that is directed toward the pole of the orbit from which motion appears counterclockwise. With P_0 denoting an arbitrary fixed integral number of degrees, usually the approximate value of P at opposition, the value of p at any time is expressed in the form p_1+p_2, where p_1 is the sum of $P_0+90°$ plus the amount of motion in position angle since elongation, and p_2 denotes the correction $P-P_0$. In the tables of p_1 the tabular entry for argument 0^h00^m is the value of $P_0+90°$.

Approximate formulae for calculating differential coordinates of satellites are given with the relevant tables.

Satellites of Mars

The ephemerides of the satellites of Mars are computed from the orbital elements given by H. Struve (*Sitzungsberichte der Königlich Preuss. Akad. der Wiss.*, p. 1073, 1911).

Satellites of Jupiter

The ephemerides of Satellites I–IV are based on the theory of J. H. Lieske (*Astron. Astrophys.*, **65**, 83, 1978), with constants due to J.-E. Arlot (*Astron. Astrophys.*, **107**, 305, 1982).

The elongations of Satellite V are computed from circular orbital elements determined by A. J. J. Van Woerkom (*Astr. Pap. Amer. Eph.*, Vol. XIII, Part I, pp. 8, 14 and 16, 1950). The differential coordinates of Satellites VI and VII are computed from J. Bobone's tables (*Astr. Nach.*, **262**, 321, 1937, and **263**, 401, 1937), Satellites VIII–XII from the orbital elements of P. Herget (*Pub. Cincinnati Obs.*, No. 23, 1968), and Satellite XIII from orbital elements of K. Aksnes (*Astr. Jour.*, **83**, 1249, 1978).

The actual geocentric phenomena of Satellites I–IV are not instantaneous. Since the tabulated times are for the middle of the phenomena, a satellite is usually observable after the tabulated time of eclipse disappearance (EcD) and before the time of eclipse reappearance (EcR). In the case of Satellite IV the difference is sometimes quite large. Light curves of eclipse phenomena are discussed by D. L. Harris (*Planets and Satellites,* ed. G. P. Kuiper and B. M. Middlehurst, pages 327–340, 1961).

To facilitate identification, approximate configurations of Satellites I–IV are shown in graphical form on pages facing the tabular ephemerides of the geocentric phenomena. Time is shown by the vertical scale, with horizontal lines denoting 0^h UT. For any time the curves specify the relative positions of the satellites in the equatorial plane of Jupiter. The width of the central band, which represents the disk of Jupiter, is scaled to the planet's equatorial diameter.

For eclipses the points d of immersion into the shadow and points r of emersion from the shadow are shown pictorially at the foot of the right-hand pages for the superior conjunctions nearest the middle of each month. At the foot of the left-hand pages rectangular coordinates of these points are given in units of the equatorial radius of Jupiter. The x-axis lies in Jupiter's equatorial plane, positive toward the east; the y-axis is positive toward the north pole of Jupiter. The subscript 1 refers to the beginning of an eclipse, subscript 2 to the end of an eclipse.

Satellites and Rings of Saturn

The ephemeris of the rings of Saturn is computed from the elements of the plane of the rings determined by G. Struve (*Veröff. der Universitätssternwarte zu Berlin-Babelsberg,* Vol. VI, Pt. 4, p. 49, 1930). The apparent outer dimensions of the outer ring are according to H. Struve (*Pub. de l'Obs. Central Nicolas,* XI, p. 226, 1898); factors for computing relative dimensions of the rings are from F. W.

Bessel (*Abhandlungen,* I, pp. 110, 150, 319, 1875), except those for the dusky ring which are based on the observations of various astronomers.

Since the appearance of the rings depends upon the Saturnicentric positions of the Earth and Sun, the following quantities are tabulated in the ephemeris:

U, the geocentric longitude of Saturn, measured in the plane of the rings eastward from its ascending node on the mean equator of the Earth; the Saturnicentric longitude of the Earth, measured in the same way, is $U+180°$.

B, the Saturnicentric latitude of the Earth, referred to the plane of the rings, positive toward the north; when B is positive the visible surface of the rings is the northern surface.

P, the geocentric position angle of the northern semiminor axis of the apparent ellipse of the rings, measured eastward from north.

U', the heliocentric longitude of Saturn, measured in the plane of the rings eastward from its ascending node on the ecliptic; the Saturnicentric longitude of the Sun, measured in the same way, is $U'+180°$.

B', the Saturnicentric latitude of the Sun, referred to the plane of the rings, positive toward the north; when B' is positive the northern surface of the rings is illuminated.

P', the heliocentric position angle of the northern semiminor axis of the rings on the heliocentric celestial sphere, measured eastward from the great circle that passes through Saturn and the poles of the ecliptic.

The ephemeris of the rings is corrected for light-time.

The ephemerides of Satellites I–VI and of Iapetus are computed from the orbital elements determined by G. Struve (*Veröff. der Universitätssternwarte zu Berlin-Babelsberg*, Vol. VI, Pt. 4, 1930, and Pt. 5, 1933). The ephemeris of Hyperion is computed from the elements given by J. Woltjer, Jr. (*Annalen van de Sterrewacht te Leiden,* Vol. XVI, Pt. 3, p. 64, 1928), and of Phoebe from the theory by F. E. Ross (*Annals of Harvard College Obs.,* Vol. LIII, No. VI, 1905).

For Satellites I–V times of eastern elongation are tabulated; for Satellites VI–VIII times of all elongations and conjunctions are tabulated. Tables for finding approximate distance s and position angle p are given for Satellites I–VIII. On the diagram of the orbits of Satellites I–VII, points of eastern elongation are marked "0". From the tabular times of these elongations the apparent position of a satellite at any other time can be marked on the diagram by setting off on the orbit the elapsed interval since last eastern elongation. For Hyperion and Iapetus ephemerides of differential coordinates are also included. An ephemeris of differential coordinates is given for Phoebe.

Solar perturbations are not included in calculating the tables of elongations and conjunctions, distances and position angles for Satellites I–VIII. For Satellites I–IV, the orbital eccentricity e is neglected. However, the 4-day tabulations of mean orbital longitude L and mean anomaly M for Satellites I–VIII are calculated from accurate values of the orbital elements; in the case of Titan, solar perturbations are included. Also tabulated are values of the elements that have large variations. The tabular values of the elements can thus be used to obtain perturbed orbital positions. Therefore, using the Saturnicentric position of the Earth, referred to the orbital plane of the satellite, one can calculate the perturbed apparent distance and position angle, and hence differential coordinates in right ascension and declination.

The ascending node of the ring-plane on the mean equator of the Earth serves as the origin for measuring mean orbital longitude L, true longitude u, and the longitude of the ascending node θ of the orbit on the plane of the rings. L and u are reckoned along the ring-plane to the node of the orbit, then along the orbit. Tabulated values of L and M are geometric values at the tabular times, not corrected for light-time.

Satellites and Rings of Uranus

Data for the Uranian Rings are from the analysis of J. L. Elliot *et al.* (*Astr. Jour.*, **86**, 444, 1981). The ephemerides of Ariel and Umbriel are calculated from orbital elements determined by Newcomb (*Washington Obs. for 1873*, App. I). For Titania and Oberon elements of H. Struve (*Abhand. der Königlich Preuss. Akad. der Wiss.*, 1912) are used. For all four of these satellites Struve's elements of the plane of the orbits are adopted. Elements determined by D. W. Dunham (Dissertation, Yale U., 1971) are used for calculating the ephemeris of Miranda.

Satellites of Neptune

The ephemeris of Triton is calculated from elements by W. S. Eichelberger and A. Newton (*Astr. Pap. Amer. Eph.*, Vol. IX, Pt. III, 1926). Elements and theory by F. Mignard (*Astr. Jour.*, **86**, 1728, 1981) are used for Nereid.

Satellite of Pluto

The ephemeris of the satellite of Pluto is calculated from the elements of D. J. Tholen (*Astr. Jour.*, **90**, 2353, 1985).

Section G: Minor Planets

The ephemerides of Ceres, Pallas, Juno and Vesta give astrometric right ascensions and declinations, referred to the mean equator and equinox of J2000.0, geometric distances from the Earth, and times of ephemeris transit. Astrometric positions are obtained by adding planetary aberration to the geometric positions, referred to the origin of the FK5 system, and then subtracting stellar aberration. Thus these positions are comparable with observations that are referred to catalog mean places of reference stars on the FK5 system, provided the observations are corrected for geocentric parallax and the star positions are corrected for proper motion and annual parallax, if significant, to the epoch of observation. These ephemerides are based on the heliocentric ephemerides of R. L. Duncombe (*Astr. Pap. Amer. Ephem.*, Vol. XX, Pt. II, 1969).

Orbital elements and opposition dates for the larger minor planets are based on data from the Minor Planet Center and the Institute of Theoretical Astronomy. Data concerning physical characteristics are from D. Morrison (*Icarus*, **31**, 185, 1977).

Section H: Stellar Data

Except for the positions of radio sources and pulsars (pages H57–H62, H75, H76) all positions in this section are mean places for the middle of the current Julian year, referred to the origin of the FK5 system. The positions of radio sources and pulsars are mean places for J2000.0.

Bright Stars

Included in the list of bright stars are 1482 stars chosen according to the following criteria:

     a. all stars of visual magnitude 4.5 or brighter, as listed in the third revised edition of the *Yale Bright Star Catalog* (BSC);

     b. all FK5 stars brighter than 5.5;

     c. all MK standards (W. W. Morgan *et al., Revised MK Spectral Atlas for Stars Earlier Than the Sun,* 1978; and P. C. Keenan and R. C. McNeil, *Atlas of Spectra of the Cooler Stars: Types G, K, M, S, and C,* 1976) in the BSC.

Flamsteed and Bayer designations are given with the constellation name and the BSC number. For FK5 stars, positions referred to J2000.0 are taken directly from the "basic" FK5 and precessed to the equator and equinox of the middle of the current year. For the remainder of the stars, B1950.0 positions are taken from the SAO Catalog and converted to J2000.0 by precepts given on page B42, then precessed to the equator and equinox of the middle of the current year. Orbital positions are given for these binary stars: BS 1948/49, 2890/91, 4825/26, 5477/78, 8085/86, 2491, 3579, 5459/60, 6134. Orbital elements were taken from the *Third Catalog of Orbits of Visual Binary Stars* (W. S. Finsen and C. E. Worley, Republic Obs. Circ. 129, 1970). Whenever possible visual magnitudes V and color indices U–B and B–V are due to B. Nicolet (*Astron. Astrophys. Supp.,* **34**, 1, 1978); otherwise these data are taken from the BSC. Spectral types for MK standards are taken from the spectral catalogs cited above. For all other stars spectral types were provided by W. P. Bidelman. Codes in the Notes column are explained at the end of the table (p. H31).

Photometric Standards

A selection of 107 stars to serve as standards of the *UBVRI* photometric system was supplied by H. L. Johnson. Photometric data for these stars are due to Johnson *et al.* (*Comm. Lunar Planetary Lab.,* Vol. 4, Pt. 3, Table 2, 1966). Primary standards of the *UBVRI* and *UBV* systems are specified by 1 and 2, respectively, in the Standards Code column. As given in the above reference, the filter bands have the following effective wavelengths: U, 3600 Å; B, 4400 Å; V, 5500 Å; R, 7000 Å; I, 9000 Å.

The selection and photometric data (except V magnitudes) for standards for the Strömgren four-color system are those of D. L. Crawford and J. V. Barnes (*Astr. Jour.,* **75**, 978, 1970). The u band is centered at 3500 Å; v at 4100 Å; b at 4700 Å; and y at 5500 Å. Three indices are tabulated: b–y, $m_1 = (v$–$b) - (b$–$y)$, and $c_1 = (u$–$v) - (v$–$b)$. The column labelled β gives photometric standards on the Hβ system as given by Crawford and J. Mander (*Astr. Jour.,* **71**, 114, 1966), except for 56 Tauri which was dropped because of variability in Hβ. V magnitudes and variability notes were supplied by W. H. Warren, Jr.

In both photometric tables, star names and numbers are taken from the *Yale Bright Star Catalog.* Spectral types are taken from the Bright Stars list (pp. H2–H31) or from the photometric references cited above. Positions are obtained by the procedures used for the Bright Stars list.

Radial Velocity Standards

The selection and data for radial velocity standards are taken from the report of IAU Sub-Commission 30a On Standard Velocity Stars (*Trans. IAU*, **IX**, 442, 1957). A list of fainter stars (*Trans. IAU*, **XVA**, 409, 1973) is also included. *V* magnitudes are due to B. Nicolet (*Astron. Astrophys. Supp.*, **34**, 1, 1978) when possible; otherwise they are estimated from the given photographic magnitudes and spectral types. The spectral types are from the Bright Stars list (pp. H2–H31), the *Yale Bright Star Catalog*, or the original IAU list, in that order of preference. Positions are obtained by the procedures used for the Bright Stars list.

Bright Galaxies

The list of galaxies is comprised of the brightest ($B^w_T \leqslant 11.50$) and largest ($\log D_{25} \geqslant 1.65$) galaxies, as compiled by G. de Vaucouleurs from the *Second Reference Catalog of Bright Galaxies* (G. de Vaucouleurs *et al.*, 1976), hereafter referred to as RC2. In addition to serving as an identification list, the precision of the diameters, photometric data and velocities makes these data suitable for calibration purposes.

Identification numbers from the *New General Catalog* (NGC) have the prefix N; those from the *Index Catalog* (IC) have the prefix I. Other abbreviations are interpreted at the end of the table (page H48). Morphological types are based on the revised Hubble system (see G. de Vaucouleurs, *Handbuch der Physik*, **53**, 275, 1959; *Astrophys. Jour. Supp.*, **8**, 31, 1963).

The column headed T gives a numerical index to the stages of the Hubble sequence:

T	-6	-5	-4	-3	-2	-1	0	$+1$	$+2$	$+3$	$+4$	$+5$	$+6$	$+7$	$+8$	$+9$	$+10$	$+11$
type	cE	E	E$^+$	L$^-$	L	L$^+$	S0/a	Sa	Sab	Sb	Sbc	Sc	Scd	Sd	Sdm	Sm	Im	cI

where E=elliptical, L=lenticular, S=spiral, I=irregular, c=compact.

The column headed L gives the luminosity class in the David Dunlap Observatory system:

L	1	2	3	4	5	6	7	8	9
class	I	I-II	II	II-III	III	III-IV	IV	IV-V	V

Columns headed Log D_{25} and Log R_{25} give logarithms to base 10 of the apparent isophotol diameter (D_{25}) and the ratio of the major diameter to the minor diameter ($R_{25} = D_{25}/d_{25}$), measured at or reduced to the surface brightness level $\mu_s = 25.0$ mag/arcsec^2.

The total magnitude in the B system is given in the column headed B^w_T. This quantity is a revision of B_T in RC2 (see G. de Vaucouleurs and G. Bollinger, *Astrophys. Jour. Supp.*, **34**, 469, 1977). Total (asymptotic) color indices in the standard *UBV* system are given in the columns $B-V$ and $U-B$. The tabulated values are derived by extrapolation from photoelectric color-aperture data or from precise photographic surface photometry with photoelectric zero point.

Observed radial velocities V in km/s are weighted means, corrected for systematic errors, of all optical and radio observations. A few values not listed in RC2 are from new or revised determinations. Radial velocities, corrected for solar motion relative to the Local Group of galaxies, are calculated from $V_0 = V + 300 \cos b \sin l$, as recommended by IAU Commission 28 (*Trans, IAU*, **XVIB**, 201, 1977).

Star Clusters

The list of 213 open clusters was supplied by G. Lyngå. It is a selection from the 3rd edition of the Lund-Strasbourg catalogue (originally described by G. Lyngå, *Astron. Data Cen. Bul.,* 2, 1981). For each cluster, two identifications are given. First is the designation adopted by the IAU, while the second is the traditional name (G. Alter *et al., Catalogue of Star Clusters and Associations,* 2nd ed., 1970).

Positions are referred to the mean equator and equinox of the middle of the Julian year. The tabulated angular diameter of a cluster pertains to the cluster's nucleus. Trumpler classification is defined by R. S. Trumpler (*Lick Obs. Bul.,* **XIV,** 154, 1930).

The total magnitude of the cluster usually refers to the integrated blue magnitude. The tabulated spectrum refers to the hottest member of the cluster. Under the heading Mag. is tabulated the magnitude of the brightest cluster member.

The logarithm to the base 10 of the cluster age is determined from the turn-off point on the main sequence. Log (Fe/H) is mostly determined from photometric narrow band or intermediate band studies.

Extinction in V is tabulated under A_V. This is determined using the assumption that $A_V = 3E_{(B-V)}$, where the color excess $E_{(B-V)}$ is derived from some of the brightest cluster members.

The list of 137 globular clusters was supplied by H. Sawyer Hogg and R.E. White. It is based on the compilations of B. V. Kukarkin (*The Catalogue of Globular Star Clusters of Our Galaxy,* 1974) and W. E. Harris and R. Racine (*Annual Rev. of Astron. Astrophys.,* **17,** 241–274, 1979). Included in the list are clusters currently considered to be both globular and members of our galaxy, plus a few that are more distant but not yet shown to be associated with other galaxies.

All clusters are identified by their IAU designations. In addition, most clusters are identified by their number in the *New General Catalogue*; these are denoted with the prefix N. The prefix I refers to the *Index Catalogue.* Designations of clusters newly recognized as globular are explained at the end of the table (page H56).

Positions are referred to the mean equator and equinox of the middle of the Julian year and, when possible, based on the 1950.0 positions derived by S.J. Shawl and R.E. White (Astron. Jour., **91,** 312, 1986). Logarithms to base 10 of the apparent diameters (Log d') in minutes of arc are taken mainly from Kukarkin's catalog.

Apparent integrated visual magnitudes V and integrated color indices on the *UBV* system are taken mainly from the compilation of Harris and Racine cited above. The V magnitudes are taken as $(m-M)_V + M_V$, where $(m-M)_V$ is the tabulated apparent distance modulus. Values of the distance modulus are based on the assumption that the ratio of visual absorption A_V to color excess $E_{(B-V)}$ is 3.2. Heliocentric distances are tabulated under R.

The column headed Type gives spectral types, taken from the compilation of Harris and Racine cited above. Radial velocities V_r with respect to the Sun are due to R. F. Webbink (*Astrophys. Jour. Supp.,* **45,** No. 2, 259, 1981), from all available data.

No. Var. is the number of stars found to vary in light within the apparent region of sky occupied by the cluster. These data, which may include field stars, are from Sawyer Hogg's *Third Catalogue* (*David Dunlap Obs. Pub.*, **3**, No. 6, 1973) or her unpublished files.

In the Remarks column are included other designations of the clusters. A cluster appearing within the error box of an X-ray source, according to P. Hertz and J. E. Grindlay (*Astrophys. Jour.*, **267**, L 84 1983), is denoted by Xr or, for a burst source, Xrb. Data for Gr 1 are due to J. E. Grindlay and P. Hertz (*Astrophys. Jour.*, **247**, L 17, 1981).

Radio Source Standards

The list of 233 radio source positions is that of Argue *et al.* (*Astron. Astrophys.* **130**, 191, 1984). This list was compiled by a working group under IAU Commission 24 as a first step in defining a catalog of extragalactic objects that have both radio and optical counterparts. Positions in the list were compiled from a number of previously published catalogs. The origin of right ascension is defined by the right ascension of 1226+023 (3C273B) at epoch J2000.0, $12^h\ 26^m\ 06\overset{s}{.}6997$, as computed by Kaplan *et al.* (*Astron. Jour.* **87**, 570, 1982), based on the B1950.0 position determined for the source by C. Hazard *et al.* (*Nature Phys. Sci.*, **233**, 89, 1971). An indication of the uncertainty of a position is given by the number of digits in the tabulated coordinates; the end figures may be subject to revision. The column headed $S_{5\,GHz}$ gives the flux density in Janskys at 5 GHz. Fluxes of many of the sources vary, however, and the tabulated flux is meant to serve only as a rough guide.

Data for the list of flux standards are due to J. W. M. Baars *et al.* (*Astron. Astrophys.*, **61**, 99, 1977), as updated by the authors. Flux densities S, measured in Janskys, are given for ten frequencies ranging from 400 to 22235 MHz. Positions are referred to the mean equinox and equator of J2000.0. For flux calibration of interferometers, positions of three sources are given with increased precision. Positions of 3C 48 and 3C 147 are due to B. Elsmore and M. Ryle (*Mon. Not. Roy. Astr. Soc.*, **174**, 411, 1976); the position of 3C 286 is from the list of astrometric radio sources, pages H57–H61. Positions of the other sources are due to Baars *et al.*, as cited above.

Identified X-Ray Sources

The X-ray sources were selected by J. F. Dolan from his unpublished survey file. Two common designations of X-ray sources are tabulated: the discovery designation, usually taken from the first published detection of the source, and the designation in the *Fourth Uhuru Catalog* (4U) of W. Forman *et al.* (*Astrophys. Jour. Supp.*, **38**, 357, 1978). When no discovery designation is listed, the source is consistently referred to by the common name of the identified counterpart. Although the listed counterparts are usually optical, the common designation of the radio or infrared counterpart is given in the absence of an optical counterpart. When no identified counterpart is listed, the counterpart has no common designation.

Tabulated positions are based on published positions of identified counterparts. The (2–6) kev flux, in units of 10^{-11} erg cm^{-2} s^{-1} (10^{-14} watts m^{-2}), is taken from the 4U catalog. For sources with variable X-ray intensities, the maximum observed flux from the 4U catalog is tabulated. The tabulated magnitude is the optical magnitude of the counterpart in the V filter, unless marked by an asterisk, in which case the B magnitude is given. Variable magnitude objects are denoted by V; for these objects the tabulated magnitude pertains to maximum brightness.

Codes specifying the type of the identified counterpart are explained at the end of the table (page H67).

Variable Stars

The list containing 181 variable stars has been compiled by J. A. Mattei, using as reference the Third Edition of the *General Catalogue of Variable Stars* and its three *Supplements,* the *Sky Catalog 2000.0, Volume 2,* and the data files of the American Association of Variable Star Observers. The brightest stars for each class with amplitude of 0.5 magnitude or more have been selected. The following magnitude criteria at maximum brightness have been used:

a. eclipsing variables brighter than magnitude 7.0;
b. pulsating variables:
  RR Lyrae stars brighter than magnitude 9.0;
  Cepheids brighter than 6.0;
  Mira variables brighter than 7.0;
  Semiregular variables brighter than 7.0;
  Irregular variables brighter than 8.0;
c. eruptive variables:
  U Geminorum, Z Camelopardalis, recurrent novae, and nova-like variables brighter than magnitude 11.0;
d. other types:
  RV Tauri variables brighter than magnitude 9.0;
  R Coronae Borealis variables brighter than 10.0;
  Symbiotic stars (Z Andromedae) brighter than 10.0;
  δ Scuti variables brighter than 9.0.

Selected Quasars

With the collaboration of T. M. Heckman, a set of 99 quasars was selected from the catalog of M.-P. Véron-Cetty and P. Véron (*A Catalogue of Quasars and Active Nuclei,* ESO Scientific Report No. 1, 1984). The following selection criteria were used:

$V \leqslant 15.45$ (24 quasars);
$M(abs.) \leqslant -30.2$ (27 quasars);
z (redshift) $\leqslant 0.150$ (19 quasars) or $z \geqslant 3.200$ (18 quasars);
6 cm flux density $\geqslant 3.6$ Janskys (23 quasars).

No objects classified as Seyfert, BL Lac or HII were included.

Positions are given for the equator and equinox of the middle of the current year. Flux densities are given for 6 cm and 7 cm. Although the column labels V and $B-V$ imply that the apparent magnitude and color index are on the UBV system, the authors of the catalog are quick to point out that the V magnitudes are, in fact, "mostly" m_{pg} and B magnitudes. In any case they are quite inaccurate and inhomogeneous. Absolute magnitudes are computed assuming $H_0 = 50$ kms $^{-1}$Mpc^{-1}, $q_0 = 0$, and an optical index of 0.7.

Selected Pulsars

A selection of 92 pulsars was provided by J. H. Taylor. The selection criterion is that S_{400}, the mean flux density at 400 MHz, be greater than 40 milli-

Janskys. In addition about a dozen pulsars of special interest are included, such as the binary and millisecond pulsars.

Positions are referred to the equator and equinox of J2000.0. For each pulsar the period P in seconds and the time rate of change $\dot{P}$ in units of 10^{-15} s/s are given for the specified epoch. The dispersion measure DM is in cm^{-3} pc.

aberration: the apparent angular displacement of the observed position of a celestial object from its **geometric position**, caused by the finite velocity of light in combination with the motions of the observer and of the observed object. (See **aberration, planetary**.)

aberration, annual: the component of stellar aberration (see **aberration, stellar**) resulting from the motion of the Earth about the Sun.

aberration, diurnal: the component of stellar aberration (see **aberration, stellar**) resulting from the observer's diurnal motion about the center of the Earth.

aberration, E-terms of: terms of annual aberration (see **aberration, annual**) depending on the **eccentricity** and longitude of **perihelion** (see **longitude of pericenter**) of the Earth.

aberration, elliptic: see **aberration, E-terms of**.

aberration, planetary the apparent angular displacement of the observed position of a celestial body produced by motion of the observer (see **aberration, stellar**) and the actual motion of the observed object (see **correction for light-time**).

aberration, secular: the component of stellar aberration (see **aberration, stellar**) resulting from the essentially uniform and rectilinear motion of the entire solar system in space. Secular aberration is usually disregarded.

aberration, stellar: the apparent angular displacement of the observed position of a celestial body resulting from the motion of the observer. Stellar aberration is divided into diurnal, annual and secular components (see **aberration, diurnal**; **aberration, annual**; **aberration, secular**).

altitude: the angular distance of a celestial body above or below the **horizon**, measured along the great circle passing through the body and the **zenith**. Altitude is 90° minus **zenith distance**.

aphelion: the point in a planetary **orbit** that is at the greatest distance from the Sun.

apparent place: the position on a **celestial sphere**, centered at the Earth, determined by removing from the directly observed position of a celestial body the effects that depend on the **topocentric** location of the observer; i.e., **refraction**, diurnal aberration (see **aberration, diurnal**) and geocentric (diurnal) **parallax**. Thus the position at which the object would actually be seen from the center of the Earth, displaced by planetary aberration (except the diurnal part − see **aberration, planetary** & **aberration, diurnal**) and referred to the **true equinox and equator**.

apparent solar time: the measure of time based on the diurnal motion of the true Sun. The rate of diurnal motion undergoes seasonal variation because of the **obliquity** of the **ecliptic** and because of the **eccentricity** of the Earth's **orbit**. Additional small variations result from irregularities in the rotation of the Earth on its axis.

astrometric ephemeris: an ephemeris of a solar system body in which the tabulated positions are essentially comparable to catalog **mean places** of stars at a **standard epoch**. An astrometric position is obtained by adding to the **geometric position**, computed from gravitational theory, the correction for **light-time**. Prior to 1984, the E-terms of annual aberration (see **aberration, annual** & **aberration, E-terms of**) were also added to the geometric position.

astronomical coordinates: the longitude and latitude of a point on the Earth relative to the **geoid**. These coordinates are influenced by local gravity anomalies. (See **zenith**.)

astronomical unit (a.u.): the radius of a circular orbit in which a body of negligible mass, and free of perturbations, would revolve around the Sun in $2\pi/k$ days, where k is the **Gaussian gravitational constant**. This is slightly less than the **semimajor axis** of the Earth's **orbit**.

atomic second: see **second, Système International**.

augmentation: the amount by which the apparent **semidiameter** of a celestial body, as observed from the surface of the Earth, is greater than the semidiameter that would be observed from the center of the Earth.

azimuth: the angular distance measured clockwise along the **horizon** from a specified reference point (usually north) to the intersection with the great circle drawn from the **zenith** through a body on the **celestial sphere**.

barycenter: the center of mass of a system of bodies; e.g., the center of mass of the solar system or the Earth-Moon system.

barycentric dynamical time (TDB): the independent argument of ephemerides and equations of motion that are referred to the **barycenter** of the solar system. A family of time scales results from the transformation by various theories and metrics of relativistic theories of **terrestrial dynamical time (TDT)**. TDB differs from TDT only by periodic variations. In the terminology of the general theory of relativity, TDB may be considered to be a coordinate time. (See **dynamical time**.)

catalog equinox: the intersection of the **hour circle** of zero **right ascension** of a star catalog with the **celestial equator**. (See **dynamical equinox & equator**.)

celestial ephemeris pole: the reference pole for **nutation** and **polar motion**; the axis of figure for the mean surface of a model Earth in which the free motion has zero amplitude. This pole has no nearly-diurnal nutation with respect to a space-fixed or Earth-fixed coordinate system.

celestial equator: the projection onto the **celestial sphere** of the Earth's **equator**. (See **mean equator and equinox & true equator and equinox**.)

celestial pole: either of the two points projected onto the **celestial sphere** by the extension of the Earth's axis of rotation to infinity.

celestial sphere: an imaginary sphere of arbitrary radius upon which celestial bodies may be considered to be located. As circumstances require, the celestial sphere may be centered at the observer, at the Earth's center, or at any other location.

conjunction: the phenomenon in which two bodies have the same apparent celestial longitude (see **longitude, celestial**) or **right ascension** as viewed from a third body. Conjunctions are usually tabulated as **geocentric** phenomena, however. For Mercury and Venus, geocentric inferior conjunction occurs when the planet is between the Earth and Sun, and superior conjunction occurs when the Sun is between the planet and Earth.

constellation: a grouping of stars, usually with pictorial or mythical associations, that serves to identify an area of the **celestial sphere**. Also one of the precisely defined areas of the celestial sphere, associated with a grouping of stars, that the International Astronomical Union has designated as a constellation.

coordinated universal time (UTC): the time scale available from broadcast time signals. UTC differs from TAI (see **international atomic time**) by an integral number of seconds; it is maintained within ±0.90 second of UT1 (see **universal time**) by the introduction of one second steps (leap seconds).

culmination: passage of a celestial object across the observer's **meridian**; also called "meridian passage". More precisely, culmination is the passage through the point of greatest **altitude** in the diurnal path. Upper culmination (also called "culmination above pole" for circumpolar stars and the Moon) or transit is the crossing closer to the observer's **zenith**. Lower culmination (also called "culmination below pole" for circumpolar stars and the Moon) is the crossing farther from the zenith.

day: an interval of 86 400 SI seconds (see **second, Système International**), unless otherwise indicated.

day numbers: quantities that facilitate hand calculations of the reduction of **mean place** to **apparent place**. Besselian day numbers depend solely on the Earth's position and motion; second-order day numbers, used in higher precision reductions, depend on the positions of both the Earth and the star.

declination: angular distance on the **celestial sphere** north or south of the **celestial equator**. It is measured along the **hour circle** passing through the celestial object. Declination is usually given in combination with **right ascension** or **hour angle**.

defect of illumination: the angular amount of the observed lunar or plantary disk that is not illuminated to an observer on the Earth.

deflection of light: the angle by which the apparent path of a photon is altered from a straight line by the gravitational field of the Sun. The path is deflected radially away from the Sun by up to $1.''75$ at the Sun's limb. Correction for this effect, which is independent of wavelenght, is included in the reduction from **mean place** to **apparent place**.

deflection of the vertical: the angle between the astronomical vertical and the geodetic vertical. (See **zenith**; **astronomical coordinates**; **geodetic coordinates**.)

Delta T (ΔT): the difference between **dynamical time** and **universal time**; specifically the difference between **terrestrial dynamical time** (TDT) and UT1: $\Delta T = \text{TDT} - \text{UT1}$.

direct motion: for orbital motion in the solar system, motion that is counterclockwise in the orbit as seen from the north pole of the **ecliptic**; for an object observed on the celestial sphere, motion that is from west to east, resulting from the relative motion of the object and the Earth.

DUT1: the predicted value of the difference between UT1 and UTC, transmitted in code on broadcast time signals: DUT1 = UT1 − UTC. (See **universal time** & **coordinated universal time**.)

dynamical equinox: the ascending **node** of the Earth's mean **orbit** on the Earth's **equator**; i.e., the intersection of the **ecliptic** with the **celestial equator** at which the Sun's **declination** is changing from south to north. (See **catalog equinox** & **equinox**.)

dynamical time: the family of time scales introduced in 1984 to replace **ephemeris time** as the independent argument of dynamical theories and ephemerides. (See **barycentric dynamical time** & **terrestrial dynamical time**.)

eccentric anomaly: in undisturbed elliptic motion, the angle measured at the center of the ellipse from **pericenter** to the point on the circumscribing auxiliary circle from which a perpendicular to the major axis would intersect the orbiting body. (See **mean anomaly** & **true anomaly**.)

eccentricity: a parameter that specifies the shape of a conic section; one of the standard elements used to describe an elliptic **orbit** (see **elements, orbital**).

eclipse: the obscuration of a celestial body caused by its passage through the shadow cast by another body.

eclipse, annular: a solar **eclipse** (see **eclipse, solar**) in which the solar disk is never completely covered but is seen as an annulus or ring at maximum eclipse. An annular eclipse occurs when the apparent disk of the Moon is smaller than that of the Sun.

eclipse, lunar: an **eclipse** in which the Moon passes through the shadow cast by the Earth. The eclipse may be total (the Moon passing completely through the Earth's **umbra**), partial (the Moon passing partially through the Earth's umbra at maximum eclipse), or penumbral (the Moon passing only through the Earth's **penumbra**).

eclipse, solar: an **eclipse** in which the Earth passes through the shadow cast by the Moon. It may be total (observer in the Moon's **umbra**), partial (observer in the Moon's **penumbra**), or annular (see **eclipse, annular**).

ecliptic: the mean plane of the Earth's **orbit** around the Sun.

elements, Besselian: quantities tabulated for the calculation of accurate predictions of an **eclipse** or **occultation** for any point on or above the surface of the Earth.

elements, orbital: parameters that specify the position and motion of a body in **orbit**. (See **osculating elements & mean elements**.)

elongation, greatest: the instants when the **geocentric** angular distances of Mercury and Venus are at a maximum from the Sun.

elongation (planetary): the **geocentric** angle between a planet and the Sun, measured in the plane of the planet, Earth and Sun. Planetary elongations are measured from $0°$ to $180°$, east or west of the Sun.

elongation (satellite): the **geocentric** angle between a satellite and its primary, measured in the plane of the satellite, planet and Earth. Satellite elongations are measured from $0°$ east or west of the planet.

ephemeris hour angle: an **hour angle** referred to the **ephemeris meridian**.

ephemeris longitude: longitude (see **longitude, terrestrial**) measured eastward from the **ephemeris meridian**.

ephemeris meridian: a fictitious **meridian** that rotates independently of the Earth at the uniform rate implicitly defined by **terrestrial dynamical time** (TDT). The ephemeris meridian is $1.002\,738\,\Delta T$ east of the Greenwich meridian, where $\Delta T = \text{TDT} - \text{UT1}$.

ephemeris time (ET): the time scale used prior to 1984 as the independent variable in gravitational theories of the solar system. In 1984, ET was replaced by **dynamical time**.

ephemeris transit: the passage of a celestial body or point across the **ephemeris meridian**.

equation of center: in elliptic motion the **true anomaly** minus the **mean anomaly**. It is the defference between the actual angular position in the elliptic **orbit** and the position the body would have if its angular motion were uniform.

equation of the equinoxes: the **right ascension** of the mean **equinox** (see **mean equator and equinox**) referred to the **true equator and equinox**; apparent **sidereal time** minus mean sidereal time. (See **apparent place & mean place**.)

equation of time: the **hour angle** of the true Sun minus the hour angle of the **fictitious mean sun**; alternatively, **apparent solar time** minus **mean solar time**.

equator: the great circle on the surface of a body formed by the intersection of the surface with the plane passing through the center of the body perpendicular to the axis of rotation. (See **celestial equator**.)

equinox: either of the two points on the **celestial sphere** at which the **ecliptic** intersects the **celestial equator**; also the time at which the Sun passes through either of these intersection points; i.e., when the apparent longitude (see **apparent place & longitude, celestial**) of the Sun is $0°$ or $180°$. (See **catalog equinox & dynamical equinox** for precise useage.)

fictitious mean sun: an imaginary body introduced to define **mean solar time**; essentially the name of a mathematical formula that defined mean solar time. This concept is no longer used in high precision work.

flattening: a parameter that specifies the degree by which a planet's figure differs from that of a sphere; the ratio $f = (a-b)/a$, where a is the equatorial radius and b is the polar radius.

Gaussian gravitational constant (k=0.0172 0209 895): the constant defining the astro-
nomical system of units of length (**astronomical unit**), mass (solar mass) and time
(**day**), by means of Kepler's third law. The dimensions of k^2 are those of Newton's
constant of gravitation: $L^3 M^{-1} T^{-2}$.

geocentric: with reference to, or pertaining to, the center of the Earth.

geocentric coordinates: the latitude and longitude of a point on the Earth's surface
relative to the center of the Earth; also celestial coordinates given with respect to the
center of the Earth. (See **zenith**; **latitude, terrestrial**; **longitude, terrestrial**.)

geodetic coordinates: the latitude and longitude of a point on the Earth's surface deter-
mined from the geodetic vertical (normal to the specified spheroid). (See **zenith**; **lati-
tude, terrestrial**; **longitude, terrestrial**.)

geoid: an equipotential surface that coincides with mean sea level in the open ocean. On
land it is the level surface that would be assumed by water in an imaginary network of
frictionless channels connected to the ocean.

geometric position: the **geocentric** position of an object on the **celestial sphere** referred to
the **true equator and equinox**, but without the displacement due to planetary aberra-
tion. (See **apparent place**; **mean place**; **aberration, planetary**.)

Greenwich sidereal date (GSD): the number of **sidereal days** elapsed at Greenwich since
the beginning of the Greenwich sidereal day that was in progress at **Julian date** 0.0.

Greenwich sidereal day number: the integral part of the **Greenwich sidereal date**.

Gregorian calendar: the calendar introduced by Pope Gregory XIII in 1582 to replace the
Julian calendar; the calendar now used as the civil calendar in most countries. Every
year that is exactly divisible by four is a leap year, except for centurial years, which
must be exactly divisible by 400 to be leap years. Thus 2000 is a leap year, but 1900
and 2100 are not leap years.

heliocentric: with reference to, or pertaining to, the center of the Sun.

horizon: a plane perpendicular to the line from an observer to the **zenith**. The great circle
formed by the intersection of the **celestial sphere** with a plane perpendicular to the line
from an observer to the zenith is called the astronomical horizon.

horizontal parallax: the difference between the **topocentric** and **geocentric** positions of an
object, when the object is on the astronomical **horizon**.

hour angle: angular distance on the **celestial sphere** measured westward along the **celestial
equator** from the **meridian** to the **hour circle** that passes through a celestial object.

hour circle: a great circle on the **celestial sphere** that passes through the **celestial poles** and
is therefore perpendicular to the **celestial equator**.

inclination: the angle between two planes or their poles; usually the angle between an
orbital plane and a reference plane; one of the standard orbital elements (see **elements,
orbital**) that specifies the orientation of an **orbit**.

international atomic time (TAI): the continuous scale resulting from analyses by the
Bureau International des Poids et Mesures of atomic time standards in many countries.
The fundamental unit of TAI is the SI second (see **second, Système International**), and
the epoch is 1958 January 1.

invariable plane: the plane through the center of mass of the solar system perpendicular
to the angular momentum vector of the solar system.

irradiation: an optical effect of contrast that makes bright objects viewed against a dark
background appear to be larger than they really are.

Julian calendar: the calendar introduced by Julius Caesar in 46 BC to replace the Roman calendar. In the Julian calendar a common year is defined to comprise 365 days, and every fourth year is a leap year comprising 366 days. The Julian calendar was superseded by the **Gregorian calendar**.

Julian date (JD): the interval of time in days and fraction of a day since 1 January 4713 BC, Greenwich noon, **Julian proleptic calendar**. In precise work the time scale, e.g., **dynamical time** or **universal time**, should be specified.

Julian date, modified (MJD): the Julian date minus 240 0000.5.

Julian day number (JD): the integral part of the **Julian date**.

Julian proleptic calendar: the calendric system employing the rules of the **Julian calendar**, but extended and applied to dates preceding the introduction of the Julian calendar.

Julian year: a period of 365.25 days. This period served as the basis for the **Julian calendar**.

Laplacian plane: for planets see **invariable plane**; for a system of satellites, the fixed plane relative to which the vector sum of the disturbing forces has no orthogonal component.

latitude, celestial: angular distance on the **celestial sphere** measured north or south of the **ecliptic** along the great circle passing through the poles of the ecliptic and the celestial object.

latitude, terrestrial: angular distance on the Earth measured north or south of the **equator** along the **meridian** of a geographic location.

librations: variations in the orientation of the Moon's surface with respect to an observer on the Earth. Physical librations are due to variations in the rate at which the Moon rotates on its axis. The much larger optical librations are due to variations in the rate of the Moon's orbital motion, the **obliquity** of the Moon's **equator** to its orbital plane, and the diurnal changes of geometric perspective of an observer on the Earth's surface.

light-time: the interval of time required for light to travel from a celestial body to the Earth. During this interval the motion of the body in space causes an angular displacement of its **apparent place** from its geometric place (see **aberration, planetary**.)

light year: the distance that light traverses in a vacuum during one year.

local sidereal time: the local **hour angle** of a **catalog equinox**.

longitude, celestial: angular distance on the **celestial sphere** measured eastward along the **ecliptic** from the **dynamical equinox** to the great circle passing through the poles of the ecliptic and the celestial object.

longitude, terrestrial: angular distance measured along the Earth's **equator** from the Greenwich **meridian** to the meridian of a geographic location.

lunar phases: cyclically recurring apparent forms of the Moon. New Moon, First Quarter, Full Moon and Last Quarter are defined as the times at which the excess of the apparent celestial longitude (see **longitude, celestial**) of the Moon over that of the Sun is $0°$, $90°$, $180°$ and $270°$, respectively.

lunation: the period of time between two consecutive New Moons.

magnitude, stellar: a measure on a logarithmic scale of the brightness of a celestial object considered as a point source.

magnitude of a lunar eclipse: the fraction of the lunar diameter obscured by the shadow of the Earth at the greatest phase of a lunar eclipse (see **eclipse, lunar**), measured along the common diameter.

magnitude of a solar eclipse: the fraction of the solar diameter obscured by the Moon at the greatest phase of a solar eclipse (see **eclipse, solar**), measured along the common diameter.

mean anomaly: in undisturbed elliptic motion, the product of the **mean motion** of an orbiting body and the interval of time since the body passed **pericenter**. Thus the mean anomaly is the angle from pericenter of a hypothetical body moving with a constant angular speed that is equal to the mean motion. (See **true anomaly** & **eccentric anomaly**.)

mean distance: the **semimajor axis** of an elliptic **orbit**.

mean elements: elements of an adopted reference **orbit** (see **elements, orbital**) that approximates the actual, perturbed orbit. Mean elements may serve as the basis for calculating **perturbations**.

mean equator and equinox: the celestial reference system determined by ignoring small variations of short period in the motions of the **celestial equator**. Thus the mean equator and equinox are affected only by **precession**. Positions in star catalogs are normally referred to the mean catalog equator and equinox (see **catalog equinox**) of a **standard epoch**.

mean motion: in undisturbed elliptic motion, the constant angular speed required for a body to complete one revolution in an **orbit** of a specified **semimajor axis**.

mean place: the coordinates, referred to the **mean equator and equinox** of a **standard epoch**, of an object on the **celestial sphere** centered at the Sun. A mean place is determined by removing from the directly observed position the effects of **refraction**, geocentric and stellar **parallax**, and stellar aberration (see **aberration, stellar**), and by referring the coordinates to the mean equator and equinox of a standard epoch. In compiling star catalogs it has been the practice not to remove the secular part of stellar aberration (see **aberration, secular**). Prior to 1984, it was additionally the practice not to remove the elliptic part of annual aberration (see **aberration, annual** & **aberration, E-terms of**).

mean solar time: a measure of time based conceptually on the diurnal motion of the **fictitious mean sun**, under the assumption that the Earth's rate of rotation is constant.

meridian: a great circle passing through the **celestial poles** and through the **zenith** of any location on Earth. For planetary observations a meridian is half the great circle passing through the planet's poles and through any location on the planet.

moonrise, moonset: the times at which the apparent upper limb of the Moon is on the astronomical **horizon**; i.e., when the true **zenith distance**, referred to the center of the Earth, of the central point of the disk is $90°34' + s - \pi$, where s is the Moon's semidiameter, π is the **horizontal parallax**, and $34'$ is the adopted value of horizontal **refraction**.

nadir: the point on the **celestial sphere** diametrically opposite to the **zenith**.

node: either of the points on the **celestial sphere** at which the plane of an **orbit** intersects a reference plane. The position of a node is one of the standard orbital elements (see **elements, orbital**) used to specify the orientation of an orbit.

nutation: the short-period oscillations in the motion of the pole of rotation of a freely rotating body that is undergoing torque from external gravitational forces. Nutation of the Earth's pole is discussed in terms of components in **obliquity** and longitude (see **longitude, celestial.**)

obliquity: in general the angle between the equatorial and orbital planes of a body or, equivalently, between the rotational and orbital poles. For the Earth the obliquity of the **ecliptic** is the angle between the planes of the **equator** and the ecliptic.

occultation: the obscuration of one celestial body by another of greater apparent diameter; especially the passage of the Moon in front of a star or planet, or the disappearance of a satellite behind the disk of its primary. If the primary source of illumination of a reflecting body is cut off by the occultation, the phenomenon is also called an **eclipse**. The occultation of the Sun by the Moon is a solar eclipse (see **eclipse, solar.**)

opposition: a configuration of the Sun, Earth and a planet in which the apparent **geo-centric** longitude (see **longitude, celestial**) of the planet differs by 180° from the apparent geocentric longitude of the Sun.

orbit: the path in space followed by a celestial body.

osculating elements: a set of parameters (see **elements, orbital**) that specifies the instantaneous position and velocity of a celestial body in its perturbed **orbit**. Osculating elements describe the unperturbed (two-body) orbit that the body would follow if **perturbations** were to cease instantaneously.

parallax: the difference in apparent direction of an object as seen from two different locations; conversely the angle at the object that is subtended by the line joining two designated points. Geocentric (diurnal) parallax is the difference in direction between a **topocentric** observation and a hypothetical **geocentric** observation. Heliocentric or annual parallax is the difference between hypothetical geocentric and **heliocentric** observations; it is the angle subtended at the observed object by the **semimajor axis** of the Earth's **orbit**. (See also **horizontal parallax**.)

parsec: the distance at which one **astronomical unit** subtends an angle of one second of arc; equivalently the distance to an object having an annual **parallax** of one second of arc.

penumbra: the portion of a shadow in which light from an extended source is partially but not completely cut off by an intervening body; the area of partial shadow surrounding the **umbra**.

pericenter: the point in an **orbit** that is nearest to the center of force. (See **perigee & perihelion**.)

perigee: the point at which a body in **orbit** around the Earth most closely approaches the Earth. Perigee is sometimes used with reference to the apparent orbit of the Sun around the Earth.

perihelion: the point at which a body in **orbit** around the Sun most closely approaches the Sun.

period: the interval of time required to complete one revolution in an **orbit** or one cycle of a periodic phenomenon, such as a cycle of **phases**.

perturbations: deviations between the actual **orbit** of a celestial body and an assumed reference orbit; also the forces that cause deviations between the actual and reference orbits. Perturbations, according to the first meaning, are usually calculated as quantities to be added to the coordinates of the reference orbit to obtain the precise coordinates.

phase: the ratio of the illuminated area of the apparent disk of a celestial body to the area of the entire apparent disk taken as a circle. For the Moon, phase designations (see **lunar phases**) are defined by specific configurations of the Sun, Earth and Moon. For eclipses phase designations (total, partial, penumbral, etc.) provide general descriptions of the phenomena. (See **eclipse, solar; eclipse, annular; eclipse, lunar**.)

phase angle: the angle measured at the center of an illuminated body between the light source and the observer.

polar motion: the irregularly varying motion of the Earth's pole of rotation with respect to the Earth's crust. (See **celestial ephemeris pole**.)

precession: the uniformly progressing motion of the pole of rotation of a freely rotating body undergoing torque from external gravitational forces. In the case of the Earth, the component of precession caused by the Sun and Moon acting on the Earth's equatorial bulge is called lunisolar precession; the component caused by the action of the planets is called planetary precession. The sum of lunisolar and planetary precession is called general precession. (See **nutation**.)

proper motion: the projection onto the **celestial sphere** of the space motion of a star relative to the solar system; thus the transverse component of the space motion of a star with respect to the solar system. Proper motion is usually tabulated in star catalogs as changes in **right ascension** and **declination** per year or century.

quadrature: a configuration in which two celestial bodies have apparent longitudes (see **longitude, celestial**) that differ by 90° as viewed from a third body. Quadratures are usually tabulated with respect to the Sun as viewed from the center of the Earth.

radial velocity: the rate of change of the distance to an object.

refraction, astronomical: the change in direction of travel (bending) of a light ray as it passes obliquely through the atmosphere. As a result of refraction the observed **altitude** of a celestial object is greater than its geometric altitude. The amount of refraction depends on the altitude of the object and on atmospheric conditions.

retrograde motion: for orbital motion in the solar system, motion that is clockwise in the **orbit** as seen from the north pole of the **ecliptic**; for an object observed on the **celestial sphere**, motion that is from east to west, resulting from the relative motion of the object and the Earth. (See **direct motion**.)

right ascension: angular distance on the **celestial sphere** measured eastward along the **celestial equator** from the **equinox** to the **hour circle** passing through the celestial object. Right ascension is usually given in combination with **declination**.

second, Système International (SI): the duration of 9 192 631 770 cycles of radiation corresponding to the transition between two hyperfine levels of the ground state of cesium 133.

selenocentric: with reference to, or pertaining to, the center of the Moon.

semidiameter: the angle at the observer subtended by the equatorial radius of the Sun, Moon or a planet.

semimajor axis: half the length of the major axis of an ellipse; a standard element used to describe an elliptical **orbit** (see **elements, orbital**.)

sidereal day: the interval of time between two consecutive **transits** of the **catalog equinox**. (See **sidereal time**.)

sidereal hour angle: angular distance on the **celestial sphere** measured westward along the **celestial equator** from the **catalog equinox** to the **hour circle** passing through the celestial object. It is equal to 360° minus **right ascension** in degrees.

sidereal time: the measure of time defined by the apparent diurnal motion of the **catalog equinox**; hence a measure of the rotation of the Earth with respect to the stars rather than the Sun.

solstice: either of the two points on the **ecliptic** at which the apparent longitude (see **longitude, celestial**) of the Sun is 90° or 270°; also the time at which the Sun is at either point.

standard epoch: a date and time that specifies the reference system to which celestial coordinates are referred. Prior to 1984 coordinates of star catalogs were commonly referred to the **mean equator and equinox** of the beginning of a Besselian year (see **year, Besselian**). Beginning with 1984 the **Julian year** has been used, as denoted by the prefix J, e.g., J2000.0.

stationary point (of a planet): the position at which the rate of change of the apparent **right ascension** (see **apparent place**) of a planet is momentarily zero.

sunrise, sunset: the times at which the apparent upper limb of the Sun is on the astronomical **horizon**; i.e., when the true **zenith distance**, referred to the center of the Earth, of the central point of the disk is 90° 50′, based on adopted values of 34′ for horizontal **refraction** and 16′ for the Sun's **semidiameter**.

surface brightness (of a planet): the visual magnitude of an average square arc-second area of the illuminated portion of the apparent disk.

synodic period: for planets, the mean interval of time between successive **conjunctions** of a pair of planets, as observed from the Sun; for satellites, the mean interval between successive conjunctions of a satellite with the Sun, as observed from the satellite's primary.

terrestrial dynamical time (TDT): the independent argument for apparent **geocentric** ephemerides. At 1977 January $1^d 00^h 00^m 00^s$ TAI, the value of TDT was exactly 1977 January $1^d 000\ 3725$. The unit of TDT is 86 400 SI seconds at mean sea level. For practical purposes TDT=TAI+$32^s 184$. (See **barycentric dynamical time**; **dynamical time**; **international atomic time**.)

terminator: the boundary between the illuminated and dark areas of the apparent disk of the Moon, a planet or a planetary satellite.

topocentric: with reference to, or pertaining to, a point on the surface of the Earth, usually with reference to a coordinate system.

transit: the passage of a celestial object across a **meridian**; also the passage of one celestial body in front of another of greater apparent diameter (e.g., the passage of Mercury or Venus across the Sun or Jupiter's satellites across its disk); however, the passage of the Moon in front of the larger apparent Sun is called an annular eclipse (see **eclipse, annular**). The passage of a body's shadow across another body is called a shadow transit; however, the passage of the Moon's shadow across the Earth is called a solar eclipse (see **eclipse, solar**).

true anomaly: the angle, measured at the focus nearest the **pericenter** of an elliptical **orbit**, between the pericenter and the radius vector from the focus to the orbiting body; one of the standard orbital elements (see **elements, orbital**). (See also **eccentric anomaly**, **mean anomaly**.)

true equator and equinox: the celestial coordinate system determined by the instantaneous positions of the **celestial equator** and **ecliptic**. The motion of this system is due to the progressive effect of **precession** and the short-term, periodic variations of **nutation**. (See **mean equator and equinox**.)

twilight: the interval of time preceding sunrise and following sunset (see **sunrise, sunset**) during which the sky is partially illuminated. Civil twilight comprises the interval when the **zenith distance**, referred to the center of the Earth, of the central point of the Sun's disk is between $90°50'$ and $96°$, nautical twilight comprises the interval from $96°$ to $102°$, astronomical twilight comprises the interval from $102°$ to $108°$.

umbra: the portion of a shadow cone in which none of the light from an extended light source (ignoring **refraction**) can be observed.

universal time (UT): a measure of time that conforms, within a close approximation, to the mean diurnal motion of the Sun and serves as the basis of all civil timekeeping. UT is formally defined by a mathematical formula as a function of **sidereal time**. Thus UT is determined from observations of the diurnal motions of the stars. The time scale determined directly from such observations is designated UT0; it is slightly dependent on the place of observation. When UT0 is corrected for the shift in longitude of the observing station caused by **polar motion**, the time scale UT1 is obtained. Whenever the designation UT is used in this volume, UT1 is implied.

vernal equinox: the ascending **node** of the **ecliptic** on the **celestial equator**; also the time at which the apparent longitude (see **apparent place & longitude, celestial**) of the Sun is $0°$. (See **equinox**.)

vertical: apparent direction of gravity at the point of observation (normal to the plane of a free level surface.)

year: a period of time based on the revolution of the Earth around the Sun. The calendar year (see **Gregorian calendar**) is an approximation to the tropical year (see **year, tropical**). The anomalistic year is the mean interval between successive passages of the Earth through **perihelion**. The sidereal year is the mean period of revolution with respect to the background stars. (See **Julian year** & **year, Besselian**.)

year, Besselian: the period of one complete revolution in **right ascension** of the **fictitious mean sun**, as defined by Newcomb. The beginning of a Besselian year, traditionally used as a **standard epoch**, is denoted by the suffix ".0". Since 1984 standard epochs have been defined by the **Julian year** rather than the Besselian year. For distinction, the beginning of a Besselian year is now identified by the prefix B (e.g., B1950.0).

year, tropical: the period of one complete revolution of the mean longitude of the Sun with respect to the **dynamical equinox**. The tropical year is longer than the Besselian year (see **year, Besselian**) by 0^s148T, where T is centuries from B1900.0.

zenith: in general, the point directly overhead on the **celestial sphere**. The astronomical zenith is the extension to infinity of a plumb line. The geocentric zenith is defined by the line from the center of the Earth through the observer. The geodetic zenith is the normal to the geodetic ellipsoid or spheroid at the observer's location. (See **deflection of the vertical**.)

zenith distance: angular distance on the **celestial sphere** measured along the great circle from the **zenith** to the celestial object. Zenith distance is $90°$ minus **altitude**.

Aberration, constant of K6
   differential...B21
   diurnal B61
   reduction B17, B61
Altitude & azimuth formulas B61
Ariel F63, L13
   apparent distance & position angle F64
   elongations F66
   orbital elements F2
   physical & photometric data F3
Ascending node, major planets.....A3, E3, E4
   minor planets G10
   Moon...D2
Astrometric position B21, L7, L13
Astronomical constants L1
   current, IAU (1987) System K6
   old, IAU (1964) System K5
Astronomical unit K6
Atomic time L2

Barycentric dynamical time (TDB)
   ....B5, B6, L1
Besselian day numbers B22, B24, L5
Besselian elements L4

Calendar B2, K2, L5
   religious B3
Callisto F10, L11
   conjunctions F15
   orbital elements F2
phenomena F16
   physical & photometric data...........F3, K7
Ceres, geocentric ephemeris G2, L13
   geocentric phenomena A4, A9
   magnitude A5, G10
   mass K7
   opposition A4, G10
   orbital elements.....................................G10
Charon L13
   elongations F69
   orbital elements F2
   physical & photometric data F3
Chronological cycles & eras B2
Color indices, major planets E88
   Moon E88
   planetary satellites F3
   stars H2, H32, H35, L14
Comets, perihelion passage G1

Conjunctions, major planets A3, A9
   minor planets A4
Constants, astronomical K5, K6, L1
Coordinates, astronomical K12
   conversion from B1950.0 to
     J2000.0 ....B42
   geocentric D3, K11, L7
   geodetic K11
   heliocentric L7
   planetocentric...............................E87, L8
   planetographic E87, L8
   reductions between apparent &
     mean places B16, B36, B39, L5
   reference frame L1
   selenographic.................................D4, L7
   topocentric D3
Day numbers, Besselian B22, B24, L5
   Julian...............................B4, K2, L5
   second order B32, L5
Deimos F4, L11
   apparent distance & position angle F8
   elongations F4
   orbital elements F2
   physical & photometric data F3
ΔT, definition.....................................B5, L2
   table K8
Differential aberration B21
Differential nutation B21
Differential precession B21
Dione F42, L12
   apparent distance & position
     angle F46, F48
   elongations F44
   orbital elements F2, F52, F61
   physical & photometric data F3
   rectangular coordinates F62
DUT B4, L2
Dynamical time B5, L1

Earth, aphelion and perihelion A1
   barycentric coordinates B44, L5
   ephemeris, basis of L1
   equinoxes and solstices A1
   heliocentric coordinates E3
   orbital elements......................................E3, E4
   physical & photometric data E88, K6
   rotation elements E87
   Saturnicentric latitude L12

Definitions of astronomical terms are provided in the Glossary, Section M. Entries in the Glossary are not cited in the Index.

Earth, selenographic coordinates D4, D7, L7
Eclipses, lunar and solar A1, A78, L4
  satellites of Jupiter F16, L11
Eclipsing variable stars H68, L18
Ecliptic, obliquity B18, B24, C1, C24, K6
  precession B18
Enceladus F42, L12
  apparent distance & position
    angle F46, F48
  elongations F43
  orbital elements F2, F52, F61
  physical & photometric data F3
  rectangular coordinates F62
Ephemerides, fundamental L1
Ephemeris meridian L3
Ephemeris time L1
  reduction to universal time K8
  relation to other time scales B5
Ephemeris transit, major planets E43, E44
  minor planets G2
  Moon D3, D6
  Sun C2, C5
Equation of the equinoxes B6, B8, L5
Equation of time C2, C24
Equinox, catalog L1
  dynamical L1
Equinoxes, dates of A1
Eras, chronological B2
Eruptive variable stars H71, L18
Europa F10, L11
  conjunctions F15
  orbital elements F2
  phenomena F16
  physical & photometric data F3, K7

Flattening, major planets & Moon E88
Flux standards, radio telescope H62, L17

Galaxies, bright H44, L15
  X-ray sources H63
Ganymede F10, L11
  conjunctions F15
  orbital elements F2
  phenomena F16
  physical & photometric data F3, K7
Gaussian gravitational constant K6
General precession, annual rate B19

  constant of B19, K6
Geocentric planetary phenomena A3, A9, L3
Globular star clusters H54, L16
Gravitational constant K6
Greenwich meridian L3
Greenwich sidereal date B8

Heliocentric coordinates,
  calculation of E2, E4
  major planets E3, E6, E42, L7
Heliocentric planetary phenomena A3, L3
Heliographic coordinates C3, C5, L6
Horizontal parallax, major planets E43
  Moon D3, D6, D22, D23, L6
  Sun C5, C24
Hour angle B6
  topocentric, Moon D3
Hubble sequence L15
Hyperion F42, L12
  apparent distance & position
    angle F47, F50
  conjunctions & elongations F45
  differential coordinates F58
  orbital elements F2, F56, F61
  physical & photometric data F3
Iapetus F42, L12
  apparent distance & position
    angle F47, F50
  conjunctions & elongations F45
  differential coordinates F59
  orbital elements F2, F56, F61
  physical & photometric data F3
International Atomic Time (TAI) L2
Interpolation K14
Io F10, L11
  conjunctions F14
  orbital elements F2
  phenomena F16
  physical & photometric data F3
Isophotol diameter, galaxies L15

Julian date B4, K2, L5
  modified B4
Julian day numbers K2, L5
Juno, geocentric ephemeris G6, L13
  geocentric phenomena A4, A9
  magnitude A5, G10

Definitions of astronomical terms are provided in the Glossary, Section M. Entries in the Glossary are not cited in the Index.

Juno, opposition A4, G10
   orbital elements......................................G10
Jupiter, central meridian............E79, E87, L9
   elongation A5
   ephemeris, basis of L1
   geocentric coordinates E26, L7
   geocentric phenomena A3, A9, L3
   heliocentric coordinates E3, E13, L7
   heliocentric phenomena A3, L3
   magnitude A5, E68, E88, L8
   opposition A3
   orbital elements...................................E3, E5
   physical & photometric data E88, K7
   physical ephemeris E68, L8
   rotation elements E87
   satellites F2, F10, L11
   semidiameter...............................E26, E43
   transit times........................A7, E43, E44
   visibility A8

Latitude, terrestrial, from observations
   of Polaris...............................B60, B64
Leap second L2
Librations, Moon D5, D7, L6
Light, deflection of B17
   speed K6
Local hour angle B6
Local mean solar time B6, C2
Local sidereal time.................................B6
Luminosity class, galaxies H44, L15
Lunation A1, D1, L3
Lunar eclipses A1, A78, L4
Lunar phases A1, D1, L7
Lunar phenomena A2

Magnitude, galaxies H44, L15
   bright stars H2, L14
   globular clusters H54, L16
   major planets (see individual
     planets) A4, A5, L8
   minor planets A5, G10
   open clusters H49, L16
   photometric standard
     stars H32, H35, L14
   radial velocity standard stars H42, L15
   variable stars.............................H68, L18
Mars, central meridian E79, E87, L8
   elongation A5

ephemeris, basis of L1
geocentric coordinates E22, L7
geocentric phenomena A3, A9, L3
heliocentric coordinates E3, E12, L7
heliocentric phenomena A3, L3
magnitude A5, E64, E88, L8
opposition A3
orbital elements...................................E3, E4
physical & photometric data E88, K7
physical ephemeris E64, L8
rotation elements E87
satellites F2, F4, L11
transit times........................A7, E43, E44
visibility A8
Mean distance, major planets E3, E4, E5
   minor planets G10
Mean solar time B6, C2
Mercury, elongations A3, A4
   ephemeris, basis of L1
   geocentric coordinates E14, L7
   geocentric phenomena A3, A9, L3
   heliocentric coordinates E3, E6, L7
   heliocentric phenomena A3, L3
   magnitude A4, E52, E88, L8
   orbital elements...................................E3, E4
   physical & photometric data E88, K7
   physical ephemeris E52, L8
   rotation elements E87
   semidiameter...............................E14, E43
   transit times........................A7, E43, E44
   visibility A8
Mimas F42, L12
   apparent distance & position
     angle F46, F48
   elongations F43
   orbital elements F2, F52, F61
   physical & photometric data F3
   rectangular coordinates F62
Minor planets L13
   geocentric coordinates G2
   geocentric phenomena A4, A9
   occultation A3
   opposition dates G10
   orbital elements..................................G10
Miranda....................................F63, L13
   apparent distance & position angle F64
   elongations F65
   orbital elements F2

Definitions of astronomical terms are provided in the Glossary, Section M. Entries in the Glossary are not cited in the Index.

Miranda, physical & photometric data F3
Modified Julian date B4
Month, lengths D2
Moon, age D4, D7
    apogee & perigee A2, D1
    appearance D4
    eclipses A1, A78, L4
    ephemeris, basis of L1, L6
    latitude & longitude D3, D6, D46
    librations D5, D7, L6
    lunations A1, D1, L3
    occultations A2
    orbital elements D2, F2
    phases A1, D1, L7
    phenomena A9, L3
    physical & photometric data ..E83, F3, K7
    physical ephemeris D4, D7, L6
    polynomial ephemeris D22, D23, L6
    right ascension & declination
                ....D3, D6, D22, D23, D46, L6
    rise & set A12, A46
    selenographic coordinates D4, D7, L7
    semidiameter D6, L4, L6
    topocentric reductions D3, D46, L7
    transit times D3, D6
Moonrise & moonset A12, A46
    examples A13

Nautical twilight A12, A30
Neptune, elongations A5
    ephemeris, basis of L1
    geocentric coordinates E38, L7
    geocentric phenomena A3, A9, L3
    heliocentric coordinates E3, E13, L7
    heliocentric phenomena A3, L3
    magnitude A5, E77, E88, L8
    opposition A3
    orbital elements E3, E5
    physical & photometric data E88, K7
    physical ephemeris E77, L8
    rotation elements E87
    satellites F2, F67, L13
    semidiameter E38, E43
    transit times E43, E44
    visibility A8
Nereid F67, L13
    differential coordinates F67
    orbital elements F2

    physical & photometric data F3
Nutation, constant of K6
    differential B21
    in longitude & obliquity B24
    reduction formulas B20, B22, B37
    rotation matrix B43
Oberon F63, L13
    apparent distance & position angle F64
    elongations F66
    orbital elements F2
    physical & photometric data F3
Obliquity of the ecliptic B24, C1, C24, K6
Observatories J1, J6
    index of names J2
Occultations A2, A3
Open star clusters H49, L16
Pallas, geocentric ephemeris G4, L13
    geocentric phenomena A4, A9
    magnitude A5, G10
    mass K7
    opposition A4, G10
    orbital elements G10
Parallax, annual B16
    diurnal (geocentric) B61
    equatorial horizontal, planets E43
    equatorial horizontal, Moon D6, L6
Phobos F4, L11
    apparent distance & position angle F6
    elongations F5
    orbital elements F2
    physical & photometric data F3
Phoebe F42, L12
    differential coordinates F60
    orbital elements F2
    physical & photometric data F3
Photometric standards, stars H32, L14
    UBVRI H32
    uvby & Hβ H35
Planetocentric coordinates E87, L8
Planetographic coordinates E87, L8
Planets, elongations A3, A4, A5
    ephemeris, basis of L1, L7
    geocentric phenomena A3, A9, L3
    heliocentric phenomena A3, L3
    magnitude A4, A5, L8
    orbital elements E2, E3, E5
    physical & photometric data E88, K7

Definitions of astronomical terms are provided in the Glossary, Section M. Entries in the Glossary are not cited in the Index.

Planets, rise & set E43
    rotation elements E87
    satellites F2, L10
    transit times A7, E43, E44
    visibility A6, A8
Pluto, elongations A5
    ephemeris, basis of L1
    geocentric coordinates E42, L7
    geocentric phenomena A3, A9, L3
    heliocentric coordinates E3, E42, L7
    heliocentric phenomena A3, L3
    magnitude A5, E78, E88, L8
    opposition A3
    orbital elements..............................E3, E5
    physical & photometric data E88, K7
    physical ephemeris E78, L8
    rotation elements E87
    satellite F2, F69, L13
    transit times E43, E44
Polaris B62, B64
Polar motion.............................B60, K10
Precession, annual rates B19, L5
    differential...B21
    general, constant of K6
    reduction, day number formulas B22
    reduction, rigorous formulas B18
    rotation matrix.................................B45
Proper motion reduction B16, B39
Pulsars H75, L18
    X-ray sources H62, L17

Quasars...................................H73, L18
    X-ray sources H63, L17

Radial velocity standard stars H42, L15
Radio sources L17
    astrometric standards H57
    flux standards H62
Refraction, correction formula B62
    rising & setting phenomena A12
Rhea F42, L12
    apparent distance & position
        angle F47, F50
    elongations F44
    orbital elements F2, F54, F61
    physical & photometric data F3
    rectangular coordinates F62
Right ascension, origin of L1

Rising & setting phenomena A12
    major planets E43
    Moon.......................................A12, A46
    Sun A12, A14

Saturn, central meridian E79, E87, L8
    elongations A5
    ephemeris, basis of L1
    geocentric coordinates E30, L7
    geocentric phenomena A3, A9, L3
    heliocentric coordinates E3, E13, L7
    heliocentric phenomena A3, L3
    magnitude A5, E72, E88, L8
    opposition A3
    orbital elements..............................E3, E5
    physical & photometric data E88, K7
    physical ephemeris E72, L8
    rings F40, L11
    rotation elements E87
    satellites F2, F42, L11
    semidiameter.................................E30, E43
    transit times A7, E43, E44
    visibility A8
Second-order day numbers B22, B32
Sidereal time.................................B6, L2
    relation to universal time B6, B8, L5
SI second L2
Solstices A1
Star clusters L16
    globular H54
    open H49
Stars, bright H2, L14
    occultations of................................A2, A3
    photometric standards H32, H35, L14
    radial velocity standards H42, L15
    reduction of coordinates
        ....B16, B39, B43, L5
    variable H68, L18
Sun, apogee & perigee..............................A1
    eclipses A1, A78, L4
    ephemeris, basis of L1, L6
    equation of time............................C2, C24
    equinoxes and solstices........................A1
    geocentric rectangular coordinates
        ....C2, C20
    heliographic coordinates C3, C5
    latitude & longitude, apparent C2, C24
    latitude & longitude, geometric C4

Definitions of astronomical terms are provided in the Glossary, Section M. Entries in the Glossary are not cited in the Index.

Sun, orbital elements C1
  phenomena A1, A9
  physical ephemeris.................C3, C5, L6
  right ascension & declination
    ....C4, C24, L6
  rise & set A12, A14
  rotation elements C3
  synodic rotation numbers C3, L6
  transit times C2, C5
  twilight A12, A22, A30, A38
Sunrise & sunset A12, A14
Supernova remnants, X-ray sources
    ....H63, L17
Surface brightness, planets L8

TAI (International Atomic Time) L2
Terrestrial dynamical time (TDT)
    ....B5, B6, L2, L3
Tethys F42, L12
  apparent distance & position
    angle...........................F46, F48
  elongations F44
  orbital elements F2, F52, F61
  physical & photometric data F3
  rectangular coordinates F62
Time scales B4, L1
  reduction tables B5, K8
Titan F42, L12
  apparent distance & position
    angle F47, F50
  conjunctions & elongations F45
  orbital elements F2, F54, F61
  physical & photometric data F3, K7
Titania F63, L13
  apparent distance & position angle F64
  elongations F66
  orbital elements F2
  physical & photometric data F3
Topocentric coordinates, Moon
    ....D3, D5, D46, L7
Transit, Moon D3, D6
  planets...E43
  Sun.......................................C2, C5
Triton F67, L13
  apparent distance & position angle F68
  elongations F68
  orbital elements F2
  physical & photometric data F3, K7

Tropical year, length C1
Twilight A12
  astronomical....................................A38
  civil A22
  nautical..A30

UBVRI photometric standards.........H32, L14
Umbriel F63, L13
  apparent distance & position angle F64
  elongations F66
  orbital data F2
  physical & photometric data F3
Universal time (UT) B5, L2
  conversion of ephemerides to L3
  definition L2
  relation to dynamical time B5
    ephemeris time B5, K8
    local mean time B6
    sidereal time.................B6, B8, L2, L5
Uranus, elongations A5
  ephemeris, basis of L1
  geocentric coordinates E34, L7
  geocentric phenomena A3, A9, L3
  heliocentric coordinates E3, E13, L7
  heliocentric phenomena A3, L3
  magnitude A5, E76, E88, L8
  opposition A3
  orbital elements...............................E3, E5
  physical & photometric data E88, K7
  physical ephemeris E76, L8
  rings F63, L13
  rotation elements E87
  satellites F2, F63, L13
  semidiameter E34, E43
  transit times...........................E43, E44
  visibility A8
UTC B4, L2
  table...B5
uvby & Hβ photometric standards ..H35, L14

Variable stars L18
  Cepheids L18
  δ Scuti L18
  eclipsing H68, L18
  eruptive H71, L18
  irregular L18
  Mira Ceti L18
  pulsating H70, L18

Definitions of astronomical terms are provided in the Glossary, Section M. Entries in the Glossary are not cited in the Index.

Variable stars, R Coronae Borealis L18

RR Lyrae L18

semiregular L18

symbiotic L18

U Geminorum L18

Z Camelopardalis L18

Venus, elongations A4

ephemeris, basis of L1

geocentric coordinates E18, L7

geocentric phenomena A3, A9, L3

heliocentric coordinates E3, E10, L7

heliocentric phenomena A3, L3

magnitude A5, E60, E88, L8

orbital elements E3, E4

physical & photometric data E88, K7

physical ephemeris E60, L8

rotation elements E87

semidiameter E18, E43

transit times A7, E43, E44

visibility A8

Vesta, geocentric ephemeris G8, L13

geocentric phenomena A4, A9

magnitude A5, G10

mass K7

opposition A4, G10

orbital elements...................................G10

X-ray sources H63, L17

occultations of......................................A2

Year, length C1

Definitions of astronomical terms are provided in the Glossary, Section M. Entries in the Glossary are not cited in the Index.

☆ U.S. GOVERNMENT PRINTING OFFICE : 1988 O - 486-019 : QL 3